EUROPA-FACHBUCHREIHE
für Naturwissenschaften

AF868571

Molekulare Biologie und Mikrobiologie

Basiswissen und Labormethoden

Dr. Heribert Keweloh
Dr. Linda Frintrop

3. aktualisierte und erweiterte Auflage

VERLAG EUROPA LEHRMITTEL · Nourney, Vollmer GmbH & Co. KG
Düsseldorfer Straße 23 · 42781 Haan-Gruiten

Europa-Nr.: 69733

Autoren:
Dr. rer. nat. Heribert Keweloh, Priv.-Doz.
Dr. rer. nat. Linda Frintrop, M.Sc., Institut für Anatomie, Universitätsmedizin Rostock

Verlagslektorat:
Dr. Astrid Grote-Wolff

Bildbearbeitung:
Zeichenbüro des Verlags Europa-Lehrmittel, 73760 Ostfildern

3. Auflage 2022, korrigierter Nachdruck 2023

Druck 5 4 3 2

Alle Drucke derselben Auflage sind parallel einsetzbar, da sie bis auf die Korrektur von Druckfehlern identisch sind.

ISBN 978-3-8085-6468-4

Satz: Satzherstellung Dr. Naake, 09212 Limbach-Oberfrohna
Umschlag: braunwerbeagentur, Radevormwald
Umschlagfotos: © Sergey Nivens, Fotolia.com; © Manfred Rhode, Helmholtz-Zentrum für Infektionsforschung GmbH, Braunschweig
Druck: Plump Druck und Medien GmbH, 53619 Rheinbreitbach

Vorwort

Die Biologie, insbesondere die Mikrobiologie, spielt in den modernen industriellen Produktionsprozessen eine wichtige Rolle. Biochemische Stoffe wie Enzyme, aber auch Zellen werden zur Entwicklung neuer, hocheffizienter Syntheseverfahren sowie neuer Diagnosemethoden eingesetzt. Das für das Verständnis, die Entwicklung und die weitere Optimierung dieser Verfahren erforderliche Fachwissen kann nicht mehr nur einer Naturwissenschaft zugeschrieben werden. Viele naturwissenschaftliche Fachrichtungen haben die traditionellen Grenzen ihrer Disziplin überschritten, Fachkenntnisse und Arbeitsmethoden der Molekularbiologie, der Biochemie, der Mikrobiologie, der Genetik und der Bioinformatik fließen mit dem Fachwissen der Medizin und der Ingenieurwissenschaften, insbesondere der Verfahrens- und Lebensmitteltechnik, zu einer Einheit zusammen.

Auf dieses neue Anforderungsprofil der in der Forschung und Industrie tätigen Fachkräfte sind die modernen Ausbildungs- und Studiengänge abgestimmt. Der molekularen Biologie und Mikrobiologie kommt in den folgenden Fachdisziplinen eine besondere Bedeutung zu:

- **Naturwissenschaften**, wie Biologie, Chemie und Physik,
- **Ingenieurwissenschaften**, wie Biotechnologie-, Chemie- und Verfahrenstechnik,
- **Ernährungs- und Lebensmittelwissenschaften**, wie Ökotrophologie, Lebensmittelchemie und Lebensmitteltechnologie,
- **Medizin** und **Pharmazie**,
- **Geo- und Umweltwissenschaften**, wie Geologie und Umwelttechnik.

Das Lehrbuch **„Molekulare Biologie und Mikrobiologie – Basiswissen und Labormethoden“** ist auf die Studienordnungen dieser Studiengänge sowie auf die Rahmenlehrpläne der Ausbildung zum/zur **Biologielaborant/-in**, zum/zur **Chemielaborant/-in**, zum/zur **Chemisch-technischen Assistent/-in** und zum/zur **Medizinisch-technischen Laboratoriumsassistent/-in** abgestimmt. Es vermittelt die grundlegenden Fachinhalte der molekularen Biologie und der Mikrobiologie sowie die aktuellen, in den biologischen und mikrobiologischen Laboren angewandten Arbeitsmethoden. Dabei wird stets auf die Verknüpfung mit den verwandten Fachdisziplinen sowie auf die Praxisnähe besonderer Wert gelegt.

Das Buch schafft aufgrund seiner didaktischen Besonderheiten auch für Lernende mit geringen Vorkenntnissen die Möglichkeit, sich umfassend und mit minimalem Zeitaufwand in diese Wissensgebiete einzuarbeiten. Es ist zum Selbststudium, aber auch zum begleitenden Einsatz von Vorlesungen, Seminaren, Unterricht und Praktika geeignet.

In den **Teilen I und II zu den theoretischen Grundlagen der molekularen Biologie und der Mikrobiologie** wird das Verständnis der im Text dargestellten Fachinhalte durch eine reichhaltige Bebilderung unterstützt. Zum Lernerfolg tragen zahlreiche Begriffsdefinitionen für Leser mit geringem Vorwissen sowie Merksätze zu prüfungsrelevanten Inhalten bei. Eine große Anzahl Aufgaben schließt jedes Hauptkapitel ab und regt den Leser zur Überprüfung und Vertiefung seines Wissens an.

Die **Teile III und IV zu den Labormethoden der molekularen Biologie und Mikrobiologie** bieten zu jedem der dargestellten Verfahren die jeweils zugrunde liegenden Prinzipien sowie in übersichtlicher Weise die genauen Arbeitsvorschriften, ergänzt durch eine Auflistung der bei der Durchführung des Verfahrens möglicherweise auftretenden Fehler und Empfehlungen zur Fehlerkorrektur.

Die **3. Auflage** wurde aktualisiert und um das Kapitel zum Hämoglobin, zur Genschere CRISPR/Cas und zu Coronaviren, insbesondere SARS-COV-2, erweitert.

Unseren Leserinnen und Lesern wünschen wir viel Freude bei der Beschäftigung mit den für das Verständnis vieler Prozesse so wichtigen Grundlagen der molekularen Biologie und Mikrobiologie sowie bei der Durchführung oder auch dem theoretischen Durchdenken der wesentlichen Labormethoden. Hinweise, die zur Verbesserung und Weiterentwicklung des Buches beitragen, nehmen wir gerne unter der Verlagsadresse oder per E-Mail (lektorat@europa-lehrmittel.de) entgegen.

Sommer 2022 — Autoren und Verlag

Inhaltsverzeichnis

Teil I Molekulare Biologie

Die Biologie ist die Naturwissenschaft, die sich mit den Prozessen des Lebens beschäftigt (griech. *bíos*: Leben und *lógos*: Lehre). Sie untersucht die unterschiedlichen Lebewesen (Organismen) und erklärt deren Lebensvorgänge. Diese stehen mit den chemischen und physikalischen Gesetzmäßigkeiten in Einklang, besitzen aber oft eine hohe Komplexität.

Die Biologie ist eine Wissenschaft, die die **Lebensprozesse** auf unterschiedlichen Ebenen betrachtet. Ihr Spektrum reicht von der Untersuchung von molekularen Strukturen über die Untersuchung von **Zellen**, aus denen alle Organismen aufgebaut sind, bis hin zur Untersuchung von Lebewesen in ihrem Lebensraum und ihren Beziehungen untereinander.

Zellen
Kleinste selbstständig lebens- und vermehrungsfähige biologische Strukturen

Die Erforschung der Strukturen von Lebewesen ist durch deren außerordentliche Vielfalt und einen zumeist sehr komplexen Aufbau der Organismen gekennzeichnet. Aufgrund dieser Strukturenfülle und der Komplexität ist die biologische Wissenschaft in zahlreiche Einzelfachdisziplinen gegliedert, die in der Regel auch spezielle Arbeitstechniken und Forschungsmethoden anwenden (Tabelle 1).

Tabelle 1 Fachrichtungen der Biologie

Fachdisziplin	Untersuchungsschwerpunkt
Zoologie	Tierische Lebewesen
Botanik	Pflanzliche Lebewesen
Mikrobiologie	Mikroorganismen
Molekularbiologie	Biologische Strukturen und Funktionen auf molekularer Ebene
Zellbiologie (Zytologie)	Strukturen und Funktionen der Zelle
Entwicklungsbiologie	Entwicklung des Organismus aus einer befruchteten Eizelle zu Gewebe und Organen
Systematik der Biologie	Bestimmung, Beschreibung und Klassifikation von Organismen
Physiologie	Biophysikalische und biochemische Funktionen der Organismen
Genetik	Erbgut der Organismen und die Weitergabe der Erbinformationen
Verhaltensbiologie	Verhalten von Tieren und Menschen
Immunbiologie (Immunologie)	Immunsystem, Abwehr des Körpers von Krankheitserregern
Morphologie	Körpergestalt, Aufbau der Organismen
Ökologie	Beziehungen der Lebewesen zueinander und mit der unbelebten Natur
Neurobiologie	Strukturen und Funktionen von Nervenzellen bzw. -systemen

Die Aufteilung der Biologie in verschiedene Fachdisziplinen mit ihren jeweiligen Schwerpunkten ist ein historischer Prozess. Die Biologie als theoretische und experimentelle Erforschung des Lebens entwickelte sich im 16. und 17. Jahrhundert. Durch den Bau leistungsfähiger Mikroskope (*Antoni van Leeuwenhoek*, 1632 – 1723) wurde den Forschern die Möglichkeit der Untersuchung von Zellen und ihren Strukturen gegeben.

Die Beobachtung von Bakterien und anderen **Mikroorganismen** führte zur Entstehung der Fachdisziplin **Mikrobiologie**. Im 20. Jahrhundert gewann die Biologie vor allem durch die Fortschritte in der Erkundung der Mechanismen und molekularen Grundlagen der Lebensvorgänge an Bedeutung für Industrie sowie für das tägliche Leben.

Mikroorganismen
Mit dem Auge nicht sichtbare Lebewesen, die überwiegend aus einer Zelle bestehen

1 Eigenschaften von Lebewesen

Die Erkennung von Lebewesen fällt in der Regel leicht; auch völlig unbekannte Lebewesen können aufgrund ihrer Eigenschaften fast immer dem Bereich des Lebens zugeordnet werden.

Andererseits gibt es Organismen wie die Flechten, die auf den ersten Blick nicht als Lebewesen zu erkennen sind. Dabei sind Flechten sogar eine Art von Doppel-Lebewesen. Sie bestehen aus zwei völlig verschiedenen Organismen, aus einem Pilz und einer Alge oder einem Bakterium, die in engem Kontakt zusammenleben. Eine solche Lebensgemeinschaft zweier verschiedener Organismen wird **Symbiose** genannt und sie führt bei den Flechten zu völlig neuen Eigenschaften und Lebensformen.

Bild 1
Flechtenüberzug auf einem Fels

Leben ist von einer ungeheuren Komplexität gekennzeichnet, die auch heute erst in groben Zügen bekannt ist. Es gibt keine allgemein gültige, umfassende Definition dessen, was Leben ist. Vielmehr ist es eine Reihe von Eigenschaften, die Lebewesen von unbelebter Materie abgrenzen. Organismen weisen folgende **Kennzeichen bzw. Merkmale des Lebens** auf:

- **Stoffwechsel**
  Unter Stoffwechsel (Metabolismus) werden die Aufnahme von Stoffen in den Organismus oder in seine Zellen, die Verarbeitung in Form von chemischen Umwandlungen sowie die Abgabe von Stoffen verstanden. Die chemischen und physikalischen Stoffwechselvorgänge dienen dem Aufbau und der Erhaltung der Zell- und Körperstrukturen sowie der Energiegewinnung. Der Stoffwechsel ist eine der wesentlichen Eigenschaften der Lebewesen und der Zelle (s. Kap. I.5).

- **Wachstum**
  Die Stoffwechselaktivitäten führen zum **Wachstum** eines Organismus. Mit der Masse (oder der Größe) nimmt zumeist auch die Zahl der Zellen zu. Einzeller teilen sich bei einer bestimmten Zellgröße in Tochterzellen; das Wachstum führt bei ihnen stets auch zur **Vermehrung**.

Wachstum
Zunahme der Masse eines Organismus durch Neubildung von Körpersubstanz

Vermehrung
Zunahme der Zahl neuer Individuen

- **Fortpflanzung**
  Die Fortpflanzung (Reproduktion) von Lebewesen kann auf sexuellem oder nicht sexuellem Wege erfolgen. Bei der **sexuellen** oder geschlechtlichen Fortpflanzung kommt es zu einer Verschmelzung (Fusion) von zwei Zellen, einer weiblichen und einer männlichen Keimzelle (Gameten). Die Nachkommen erhalten dadurch Erbanlagen von beiden Elternteilen. Der Vorgang der Zellfusion wird auch als **Befruchtung** bezeichnet und das Verschmelzungsprodukt als **Zygote**.

Die sexuelle Fortpflanzung ist bei Pflanzen und Tieren der gewöhnliche Fortpflanzungsmodus. **Ungeschlechtliche** Fortpflanzung, bei der keine Befruchtung stattfindet, ist typisch für Bakterien, aber auch bei Pflanzen häufig, z. B. durch Bildung von Ablegern.

- **Vererbung**
  Ein essenzielles Merkmal aller Lebewesen besteht darin, dass sie genetische Informationen an ihre Nachkommen weitergeben. Die Erbinformationen sind als **Gene** in der Molekülform der DNA (s. Kap. I.2.4) gespeichert.

  Mit Ausnahme der Bildung von Keimzellen werden die Gene bei jeder Zellteilung vollständig an die Tochterzellen übertragen.

- **Beweglichkeit**
  Während die Fähigkeit zu aktiven Bewegungen bei tierischen Lebewesen klar ersichtlich ist, zeigen Pflanzen langsame Bewegungen wie z. B. das Ausrichten der Blätter in Richtung des einstrahlenden Lichtes. Auch zahlreiche Mikroorganismen können sich aktiv fortbewegen.

- **Reaktion auf Reize**
  Lebewesen können auf Reize, auf Informationen aus der Umwelt, reagieren und ihr Verhalten auf die Angebote sowie Notwendigkeiten ihrer Umgebung einstellen. Bakterien können die Konzentration vieler Stoffe in der Umwelt wahrnehmen und auf sie reagieren. Sie bewegen sich beispielsweise in die Richtung einer Nahrungsquelle hin und von einer Substanz fort, die sie schädigen kann (Schreckstoffe).

Stoffwechsel, Wachstum, Fortpflanzung, Vererbung, Beweglichkeit und Reaktion auf Reize sind in der Summe **Kennzeichen für Leben**.

Gene
Einheiten der im Erbgut vorhandenen Erbinformation, die zur Bildung von Proteinen dienen

Proteine (Eiweiße)
Gefaltete Ketten aus zahlreichen Bausteinen (Aminosäuren) mit festgelegter Reihenfolge

Wasserstoffbrücken
Wechselwirkungen zwischen Molekülen über positiv polarisierte Wasserstoff-Atome und Atome mit freiem Elektronenpaar (z. B. Sauerstoff)

Wasser, die Grundlage des Lebens

Leben und Lebensprozesse sind ohne **Wasser** nicht möglich. Alle Lebewesen bestehen zu einem Großteil aus Wasser, Pflanzen beispielsweise oft zu 95 %. Die ständig in den Zellen ablaufenden Reaktionen des Stoffwechsels sind auf ein wässriges Milieu angewiesen. Wasser ist das Lösemittel der Zellkomponenten und das Transportmittel für die gelösten Stoffe. Wasser ist besonders wichtig für die räumliche Struktur der **Proteine**, da es **Wasserstoffbrücken** mit Atomen eines Proteins und Wasserhüllen um die Eiweiße bildet. Wasser kann zusätzlich ein Ausgangs- oder Endprodukt von biochemischen Reaktionen sein.

Das Wasser, das sich im Inneren der Zelle befindet, übt einen Druck auf die **Zellwand** aus und verleiht Pflanzen sowie Bakterien Festigkeit und Form.

Bild 1
Wasser, für das Leben auf dem Planeten Erde von existenzieller Bedeutung

Zellwand
Stabile Hüllschicht um die Zelle von Pflanzen und Bakterien zum Schutz z. B. vor mechanischen Kräften

Lebewesen bestehen zum großen Teil aus **Wasser**, das Lösemittel der zellulären Verbindungen. Ohne Wasser sind Lebensprozesse nicht möglich.

Gibt es auf dem Planeten Mars außerirdisches Leben?

Die Astrobiologie ist eine Fachdisziplin der Biologie, welche die Existenz von außerirdischem Leben und die Möglichkeit der Entstehung von Leben auf fremden Planeten untersucht. Einige Astrobiologen halten Leben auf dem Roten Planeten für möglich, sogar, dass das irdische Leben auf dem Mars entstanden ist und bakterienähnliche Lebewesen in Meteoriten vom Mars zur Erde transportiert wurden. Strukturen im Marsgestein, kettenartig angeordnete Kügelchen, wurden von einigen Forschern als Spuren von Bakterien gedeutet.

Auch außerirdisches Leben kann nicht ohne Wasser auskommen, wenn sich die Lebensformen von denen der Erde nicht radikal unterscheiden. Gefrorenes Wasser wurde auf dem Mars von der NASA, der Luft- und Raumfahrtbehörde der USA, schon vor längerer Zeit nachgewiesen; so besitzt der Mars vereiste Polkappen. Doch für Organismen ist flüssiges Wasser lebensnotwendig. Inzwischen gibt es auch dafür Hinweise, beispielsweise flussbettähnliche Strukturen auf der Marsoberfläche, die auf ehemalige fließende Gewässer hindeuten könnten.

Bild 1 **Mars, der Rote Planet, dessen Farbe von Eisenoxyden in Gesteinen herrührt**

Auf dem Mars herrschen große Temperaturunterschiede zwischen +20 °C und −100 °C. Zahlreiche Forschungsergebnisse zeigen jedoch, dass Leben auch auf der Erde unter extremen Bedingungen existieren kann. Sogenannte extremophile Bakterien sind auf der Erde an äußerst lebenswidrige Standorte angepasst und können bei sehr niedrigen oder hohen pH-Werten leben. Forscher haben in der Antarktis Bakterien entdeckt, die im Eis überleben können und Stoffwechselaktivitäten zeigen.

Strukturebenen lebender Systeme

Bei der Untersuchung biologischer Objekte wird oft angestrebt, kleinere Bestandteile der Objekte zu gewinnen und separat von den anderen biologischen Komponenten zu untersuchen. Nur dann können die besonderen Eigenschaften erkannt werden. Dabei muss berücksichtigt werden, dass lebende Systeme hierarchisch aufgebaut und organisiert sind. Sie besitzen verschiedene biologische **Strukturebenen** (Bild 1, S. 13).

Auch biologische Objekte können bis hin zu den kleinsten Materieteilchen, den Atomen, zerlegt werden. Genau wie die Moleküle atomunabhängige Eigenschaften besitzen, weisen auch separierte biologische Objekte andere Eigenschaften auf, als wenn sie im Verband vorliegen. Das Zusammenwirken relativ einfacher biologischer Komponenten ermöglicht besondere Leistungen der Objekte einer höheren Strukturebene. Ein Organismus, wie z. B. der menschliche Organismus, ist mehr als die Summe der Leistungen seiner Organe.

Durch die Untersuchung verschiedener biologischer Strukturebenen können bei einem Lebewesen unterschiedliche Erkenntnisse gewonnen werden. Zur Aufklärung der Wachstumsansprüche einer Pflanze müssen beispielsweise Studien auf der Ebene der Organismen durchgeführt werden. Untersuchungen der niedrigeren Strukturebenen wie der Zelle oder der zellulären Grundstrukturen können hingegen Hinweise liefern, über welche molekularen Strukturen die Nährstoffe aufgenommen und verarbeitet werden. Erkenntnisse auf verschiedenen Ebenen helfen, die komplexen Lebenszusammenhänge zu verstehen.

Komplexe biologische Strukturen sind immer aus kleineren, einfacheren und zusammenwirkenden Einheiten aufgebaut.

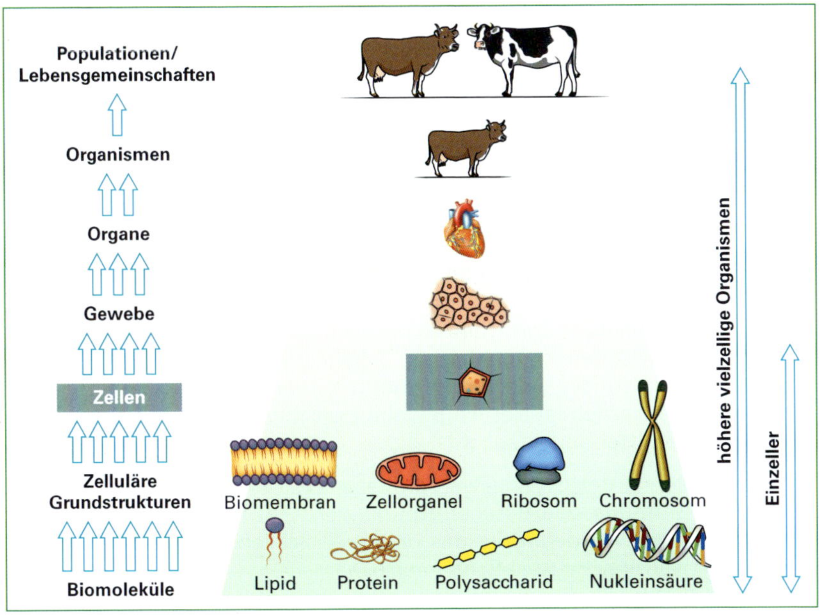

Bild 1
Strukturebenen von Lebewesen

Die Strukturebenen von Lebewesen können in der Reihenfolge zunehmender Größe und höherer Komplexität folgendermaßen unterteilt werden:

- **Biomoleküle**
  Um biologische Systeme in Größendimensionen zu betrachten, die kleiner als die Zelle sind, werden spezielle Instrumente und Methoden eingesetzt, die vorwiegend aus der **chemischen Analytik** stammen. Auf der untersten Strukturebene werden in allen Lebewesen stets die gleichen organischen Verbindungen gefunden, die Biomoleküle. Dazu zählen Aminosäuren, Lipide und **Makromoleküle**, wie Proteine, Polysaccharide und Nukleinsäuren.

- **Zelluläre Grundstrukturen**
  Aus Lipiden und Makromolekülen werden die zelltypischen Grundstrukturen aufgebaut, wie **Organellen**, Zellkern, Chromosomen, Ribosomen und Biomembranen. Die Organellen und andere Grundstrukturen haben in der Zelle bestimmte Aufgaben wahrzunehmen, wie z. B. die Energiegewinnung und -bereitstellung.

- **Zellen**
  Die strukturelle Grundeinheit der Lebewesen ist die Zelle, ein geschlossener, durch eine Biomembran abgegrenzter Raum. Eine Zelle ist eigenständig; sie enthält alle Informationen, die der gesamte Organismus für alle seine Aktivitäten und Funktionen benötigt. Zellen haben die grundlegenden Fähigkeiten, die als Merkmale des Lebens bezeichnet werden. Die Entwicklung von Zellen in einen stark spezialisierten Zustand wird als **Differenzierung** bezeichnet.

- **Gewebe**
  In Vielzellern bilden Zellen gleicher Funktion und gleichen Aussehens Verbände, die Gewebe. Die Zellen im Gewebe sind aufgrund ihrer Spezialisierung und Arbeitsteilung allein meist nicht lebensfähig.

Chemische Analytik
Identifizierung und Mengenbestimmung von chemischen Substanzen

Makromoleküle
Moleküle, die aus vielen gleichen oder unterschiedlichen Bausteinen bestehen und damit eine relativ große Molekülmasse besitzen

Organellen
Zellstrukturen, die eine spezifische Funktion innerhalb der Zelle erfüllen und von einer Membran umgeben sind

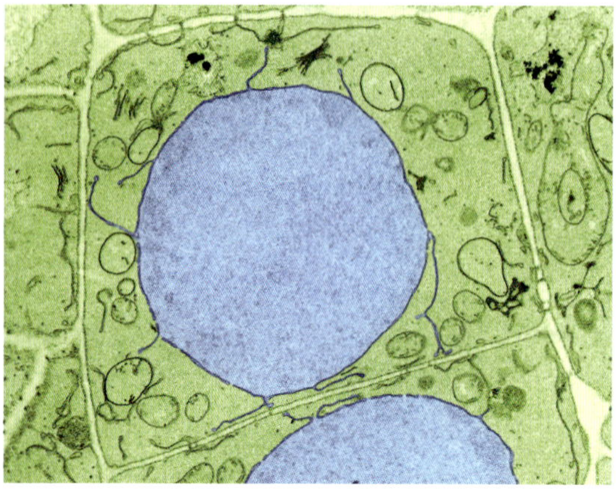

Bild 1
Pflanzliche Zellen (Transmissionselektronenmikroskopie, 19000-fache Vergrößerung)

▶ **Organe**
Verschiedene Gewebetypen bilden in Vielzellern wie Menschen und Tieren abgegrenzte Funktionseinheiten, die Organe. Sie haben im Körper bestimmte Aufgaben zu erfüllen: Beispielsweise wird im Magen die Nahrung gemischt und angesäuert. Organe wie der Magen können mit anderen Funktionseinheiten, wie Leber und Dünndarm, zu Organsystemen mit übergeordneten Aufgaben, zum Verdauungssystem, zusammengeschlossen werden.

Die Arbeitsteilung der Zellen in einem vielzelligen Organismus erfordert, dass Botschaften ausgetauscht werden, dass also eine **Kommunikation** zwischen den Zellen bzw. den Organen existiert. Sie kann zwischen benachbarten Zellen oder körperweit von Organ zu Organ stattfinden und erfolgt durch körpereigene Signalstoffe. Beispielsweise werden im Nervengewebe zwischen einzelnen Nervenzellen **Neurotransmitter** ausgetauscht.

Auf der Ebene der Organe werden Lebensvorgänge über **Hormone** gesteuert. Hormone sind Botenstoffe, die von spezialisierten Drüsenzellen ausgeschüttet werden, über das Blut zu Zielzellen transportiert werden und dort spezifische Reaktionen auslösen.

Neurotransmitter
Botenstoffe, die Reize zwischen Nervenzellen an deren Kontaktstelle, den Synapsen, weiterleiten

▶ **Organismen**
An einem lebenden Organismus, wie einem Tier oder einer Pflanze, lassen sich die Merkmale des Lebens am deutlichsten erkennen. Voraussetzung für die Existenz des Organismus ist das Zusammenwirken aller Strukturebenen, von der Vielfalt der Moleküle in der Zelle bis zum Zusammenspiel der Organe.

▶ **Populationen und Biozönosen**
Da Organismen nicht allein, sondern mit Artgenossen und mit Lebewesen anderer **Arten** (Spezies) zusammenleben, gibt es weitere Organisationseinheiten. Die Gruppe von Individuen, die der gleichen Art angehören und die in mehreren aufeinanderfolgenden Generationen im gleichen Lebensraum wohnen, wird Population genannt. Werden auch andere Arten, mit denen der gleiche Lebensraum geteilt wird, in die Betrachtung einbezogen, spricht man von Biozönosen (Lebensgemeinschaften).

Art, Spezies
Gruppe von Organismen, die sich von anderen Organismengruppen unterscheiden, sich untereinander fortpflanzen und fruchtbaren Nachwuchs erzeugen können

Die **Strukturebenen** bzw. **Organisationseinheiten** lebender Systeme sind Biomoleküle, zelluläre Grundstrukturen (z. B. Zellorganellen), Zellen, Gewebe, Organe, Organismen, Populationen und Biozönosen.

Aufgaben

1. Erläutern Sie den Begriff der Symbiose.
2. Nennen und erklären Sie die Kennzeichen des Lebens.
3. Erläutern Sie die Bedeutung, die Wasser für alle Lebensprozesse hat.
4. Geben Sie die Strukturebenen von vielzelligen Organismen an.
5. Stellen Sie die Bedeutung der Zelle als strukturelle Grundeinheit der Lebewesen dar.
6. Geben Sie an, welche zellulären Grundstrukturen in Lebewesen vorhanden sind.

2 Biologische Stoffklassen

Die Substanzen der belebten Welt, die **Naturstoffe**, bestehen aus nur wenigen chemischen Elementen. Vor allem die vier Elemente Kohlenstoff (C), Wasserstoff (H), Sauerstoff (O) und Stickstoff (N) sind in den Bioverbindungen enthalten, die bei lebenden sowie toten Lebewesen zu finden sind. Als **Biomoleküle** werden die in Zellen vorhandenen, biologisch aktiven Moleküle bezeichnet, die beispielsweise an den Stoffwechselvorgängen und anderen biologischen Prozessen beteiligt sind.

Der größte Teil der Zellen besteht aus den **organischen Verbindungen des Kohlenstoffs**. Kohlenstoffatome können mit verschiedenen Elementen stabile Bindungen eingehen und bilden so das Grundgerüst für zahlreiche Biomoleküle. Weitere vorteilhafte Charakteristika der Kohlenstoffverbindungen sind:

- Die Fähigkeit des Kohlenstoffs, vier **Einfachbindungen** zu anderen Atomen eingehen zu können
- Das Potenzial der C-Atome mit weiteren C-Atomen kurze oder lange Ketten zu bilden, wobei auch Doppel- und Dreifachbindungen zwischen den C-Atomen möglich sind
- Die Möglichkeit, sowohl Verzweigungen der Kohlenstoffketten als auch Ringschlüsse zu bilden

Einfachbindung
Kovalente chemische Bindung, die durch ein Elektronenpaar gebildet wird und in sich selbst drehbar ist

Makromoleküle
Moleküle, die aus vielen gleichen oder unterschiedlichen Bausteinen bestehen und meist eine große Molekülmasse besitzen

Enzyme
Biochemische Katalysatoren der Reaktionen im Stoffwechsel

> Lebewesen sind aus Molekülen (Biomolekülen) aufgebaut, die überwiegend **organische Verbindungen (Kohlenstoffverbindungen)** sind.

Die in Lebewesen vorkommenden Verbindungen können in hochmolekulare und niedermolekulare Stoffe eingeteilt werden. Die hochmolekularen organischen Substanzen werden **Makromoleküle** genannt. Sie sind zumeist **Polymere**, die aus gleichen oder gleichartigen Bausteinen, den sogenannten **Monomeren**, bestehen. Die biologischen Polymere kommen zusammen mit ihren Monomeren und weiteren niedermolekularen Stoffwechselprodukten in fast jeder Zelle vor.

Die organischen Biomoleküle können in typische **Stoffklassen** eingeteilt werden, von denen die vier folgenden die größte Bedeutung besitzen:

- **Proteine** (Eiweiße), die aus Aminosäuren aufgebaut sind und beispielsweise als **Enzyme** zentrale Funktionen in den Zellen erfüllen
- **Kohlenhydrate**, wie der Zucker, die den mengenmäßig größten Teil der **Biomasse** ausmachen
- **Lipide**, die in Biomembranen vorkommen oder als Fette gespeichert werden
- **Nukleinsäuren**, die als Erbsubstanz und im Stoffwechsel essenzielle Bedeutung haben

Biomasse
Durch Lebewesen gebildetes organisches Material

> Die wichtigsten Stoffklassen der Biomoleküle sind **Proteine, Kohlenhydrate, Lipide** und **Nukleinsäuren.**

In den Zellen der Organismen finden sich noch viele weitere organische niedermolekulare Verbindungen sowie einige anorganische Verbindungen. Die Biomasse – besonders wenn sie von Pflanzen gebildet wird – enthält darüber hinaus einige weitere biologische Substanzklassen. Dies können Gerüstsubstanzen sein wie z. B. das im Holz enthaltene **Lignin** oder die sogenannten **sekundären Pflanzenstoffe**, ausschließlich von Pflanzen für verschiedene Funktionen hergestellte Stoffe mit chemisch nicht einheitlichem Aufbau.

Lignin
Dreidimensionales Polymer, das Bestandteil der Zellwände verholzter pflanzlicher Gewebe ist

2.1 Proteine und Aminosäuren

Proteine (Eiweiße), die es in jeder Zelle in großer Vielfalt gibt, sind in allen lebenden Systemen unentbehrlich. Sie sind aus gleichartigen Monomeren, den Aminosäuren, aufgebaut.

2.1.1 Aufbau der Aminosäuren

Funktionelle Gruppe
Atomgruppen in organischen Verbindungen, die das Reaktionsverhalten der Verbindungen bestimmen

Alle zwanzig in Proteinen vorkommenden Aminosäuren enthalten Kohlenstoff-, Wasserstoff-, Sauerstoff- und Stickstoffatome, zwei der Aminosäuren besitzen zusätzlich Schwefelatome. Sämtliche Aminosäuremoleküle enthalten mindestens zwei **funktionelle Gruppen**, nämlich eine Carboxylgruppe (-COOH) und eine Aminogruppe (-NH_2).

Bild 1 zeigt den allgemeinen Aufbau einer Aminosäure. Das zentrale C-Atom, das in Nachbarschaft zur Carboxylgruppe steht und deswegen α-C-Atom genannt wird, trägt zusätzlich die Aminogruppe. Das α-C-Atom besitzt außerdem ein H-Atom und eine Seitengruppe, die auch Rest (R) genannt wird. Die zwanzig verschiedenen Aminosäuren haben unterschiedliche Seitengruppen, in denen sich weitere funktionelle Gruppen befinden können.

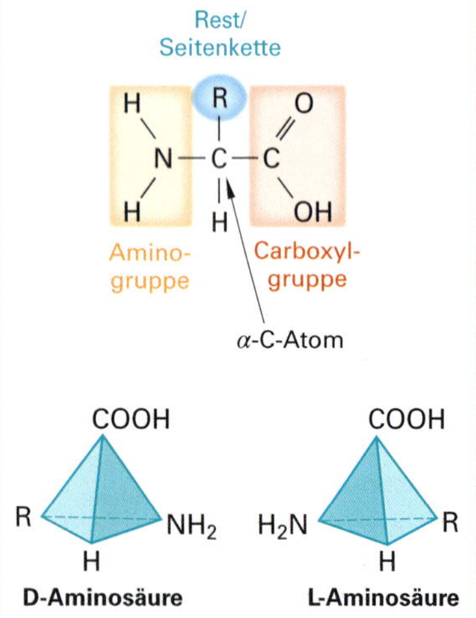

Bild 1
Aufbau von Aminosäuren und enantiomere Formen

> Aminosäuren enthalten sowohl eine **Carboxylgruppe** als auch eine **Aminogruppe**. Das α-C-Atom, das diese beiden Gruppen trägt, enthält darüber hinaus ein H-Atom und eine Seitengruppe, die spezifisch für die jeweilige Aminosäure ist.

Substanzen, die ein Kohlenstoffatom enthalten, das Bindungen zu vier verschiedenen Nachbargruppen oder Substituenten aufweist, sind sogenannte **Enantiomere** oder Stereoisomere. Die vier Substituenten gruppieren sich um das zentrale Kohlenstoffatom annähernd wie ein Tetraeder. Dabei sind zwei verschiedene Anordnungen der Substituenten möglich, die sich wie Bild und Spiegelbild verhalten. Die zwei stereoisomeren Formen werden als D- und als L-Form bezeichnet (lat.: *dexter*: rechts; *laevus*: links). Alle enantiomeren Verbindungen sind **optisch aktiv**.

Aminosäuren, die vier verschiedene Substituenten am α-C-Atom aufweisen und damit ein asymmetrisch substituiertes C-Atom besitzen, sind ebenfalls Enantiomere und müssen folglich entweder als L- oder als D-Aminosäuren vorliegen (Bild 1). Dies trifft nur auf die kleinste Aminosäure Glyzin nicht zu, die anstelle einer Seitengruppe ein zweites H-Atom trägt und optisch nicht aktiv ist.

Enantiomere
Chemische Verbindungen, die sich in ihrer räumlichen Struktur unterscheiden (wie Bild und Spiegelbild)

Optisch aktiv
Eigenschaft von Enantiomeren, die Schwingungsebene von polarisiertem Licht zu drehen

Aus Lebewesen stammende Proteine enthalten ausschließlich L-Aminosäuren. D-Aminosäuren kommen ebenfalls in der Natur vor, beispielsweise bei Bakterien und sind dort ein Bestandteil der Zellwand (s. S. 160). Auch in Antibiotika kommen häufig D-Aminosäuren vor. Diese Strukturen und Verbindungen sind vor dem Abbau durch Enzyme geschützt, die auf L-Aminosäuren spezialisiert sind.

> Aminosäuren sind **optisch aktive Substanzen**, die aufgrund des asymmetrisch substituierten α-C-Atoms in einer von zwei enantiomeren Formen vorliegen. Die Aminosäuren der Proteine sind **L-Aminosäuren**.

2.1.2 Eigenschaften von Aminosäuren

Aminosäuren sind **Ampholyte**, d. h. Verbindungen, die sowohl als **Säure** und auch als **Base** reagieren können. Zum einen hat die Carboxylgruppe die Neigung, ein Proton (H^+) abzugeben. Somit wirkt sie als **Protonendonator** und hat eine Säurefunktion. Die Carboxylgruppe wird dabei zu einer negativ geladenen Gruppe ($-COO^-$). Zum anderen kann die Aminogruppe positiv geladene Teilchen wie Protonen anlagern, da das Stickstoffatom ein freies Elektronenpaar aufweist. Solche Moleküle oder Molekülgruppen sind **Protonenakzeptoren** und besitzen einen basischen Charakter. Die Aminogruppe enthält dann eine positive Ladung ($-NH_3^+$).

Aminosäuren sind Ampholyte, da sie sowohl Protonen aufnehmen als auch abgeben können. Durch Protonenwanderung innerhalb des Aminosäuremoleküls entstehen **Zwitterionen**, die gleichzeitig eine positive und eine negative Ladung aufweisen. Die Moleküle sind dann insgesamt elektrisch neutral.

Säure (Definition nach Brønsted)
Molekül, das ein Proton abspaltet oder abgibt (Protonendonator)

Base
Molekül, das ein Proton anlagert oder empfängt (Protonenakzeptor)

Aminosäuren können als Säure und Base reagieren; sie liegen häufig als **Zwitterionen** vor, die eine positive und eine negative Ladung besitzen.

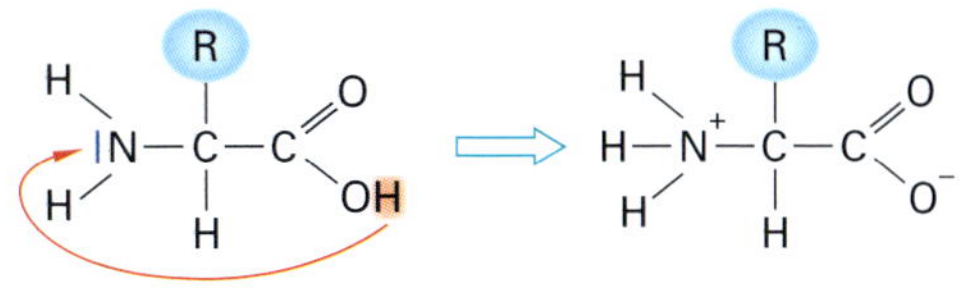

Bild 1
Aminosäuren bilden Zwitterionen

Wird der pH-Wert einer aminosäurehaltigen wässrigen Lösung gesenkt, z. B. indem eine Säure zugegeben wird, werden Protonen von der negativen Carboxylgruppe gebunden (Protonierung). Die Aminosäuremoleküle besitzen dann nur eine positive Ladung, wodurch sie zu Kationen werden.

Wird einer Aminosäurelösung eine Base zugefügt, wird das der Aminogruppe angelagerte Proton abgespalten (Deprotonierung) und verbindet sich mit OH^--Ionen (Hydroxidionen) zu H_2O-Molekülen. Aus dem Zwitterion entsteht aufgrund der weiterhin deprotonierten Carboxylgruppe ein negatives Ion, ein Anion.

Im **physiologischen pH-Bereich**, der um den Wert von 7 liegt, liegen Aminosäuren überwiegend als Zwitterionen vor. Auch die kationische und die anionische Molekülform liegen zu einem geringen Anteil in der Lösung vor.

Physiologisch
Den normalen Abläufen und Körperfunktionen des menschlichen Organismus entsprechend

Eine Lösung aus Aminosäuren besitzt eine **Pufferwirkung**. Bei einer Änderung des pH-Wertes kann es zu einer Protonierung oder Deprotonierung der Aminosäuren kommen, je nachdem ob die Lösung saurer oder basischer wird. Weil eine Aminosäure sowohl wie eine Base als auch wie eine Säure reagieren kann, wird der pH-Wert der Lösung nicht stark verändert. Da jede Aminosäure mindestens zwei protonierbare oder deprotonierbare Gruppen besitzt, gibt es auch immer zwei gute Pufferbereiche. Die Histidin-Seitenkette ist besonders gut im physiologischen pH-Bereich als Puffer wirksam.

Bei einem bestimmten pH-Wert liegen genau gleiche Mengen an Anionen und Kationen der Aminosäuren vor. Dieser pH-Wert wird als **isoelektrischer Punkt** bezeichnet, da die Moleküle in einem elektrischen Feld aufgrund der neutralen Gesamtladung der Aminosäuren nicht wandern. Der isoelektrische Punkt der verschiedenen Aminosäuren der Proteine ist unterschiedlich, da die Restgruppen Einfluss auf die Moleküleigenschaften ausüben.

Isoelektrischer Punkt
Der pH-Wert, bei dem die Gesamtladung des Moleküls gleich Null ist und sich positive sowie negative Ladungen ausgleichen

Aminosäuren besitzen eine **Pufferwirkung**, d. h. sie können bei Zugabe kleiner Mengen an Säuren oder Basen den pH-Wert konstant halten. Der **isoelektrische Punkt** ist der pH-Wert, bei dem Aminosäuren gleich viele negativ geladene Säuregruppen wie positiv geladene Aminogruppen besitzen.

Kondensationsreaktion
Chemische Reaktion, bei der sich zwei Moleküle unter Abspaltung eines einfachen Moleküls (meist Wasser) miteinander verbinden

Hydrolyse
Spaltung einer chemischen Verbindung durch Reaktion mit Wasser

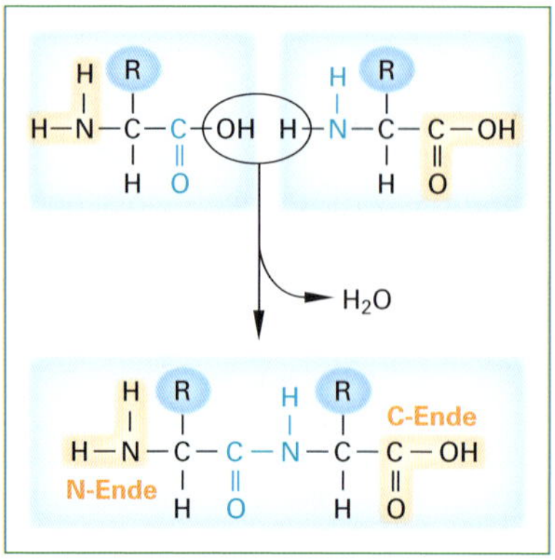

Bild 1 Peptidbindung zwischen zwei Aminosäuren

Aminosäuren können über **Peptidbindungen** miteinander verknüpft werden (Bild 1). Zwischen der Aminogruppe einer Aminosäure und der Carboxylgruppe einer anderen Aminosäure entsteht durch Wasserabspaltung und Bildung einer Peptidbindung ein Dipeptid. Diese Reaktion ist eine **Kondensationsreaktion**. Durch eine **Hydrolyse**-Reaktion, bei der ein Wassermolekül benötigt wird, kann die Peptidbindung wieder gespalten werden. Wird eine dritte Aminosäure über eine weitere Peptidbindung mit dem Dipeptid verknüpft, entsteht ein Tripeptid und durch Einbau weiterer Aminosäuren kann eine längere Polypeptidkette (Oligopeptid) entstehen.

> Aminosäuren können über **Peptidbindungen** miteinander verknüpft werden, indem die Aminogruppe mit der Carboxylgruppe einer anderen Aminosäure unter Wasserabspaltung reagiert.

2.1.3 Einteilung der Aminosäuren

Proteinogene Aminosäuren
Für die Proteinsynthese verwendete Aminosäuren

Die in Proteinen zu findenden Aminosäuren können üblicherweise 20 verschiedene Restgruppen enthalten: Somit existieren 20 verschiedene **proteinogene Aminosäuren**. Die **Seitenketten** sind von entscheidender Bedeutung für die Ausbildung der dreidimensionalen Struktur, die ein Protein im wässrigen Milieu der Zelle einnehmen kann.

Für diese Aminosäuren gibt es zwei Systeme von Abkürzungen. Das eine **Abkürzungssystem** besteht aus jeweils drei Buchstaben für eine Aminosäure, das andere benutzt einen Ein-Buchstaben-Code. Letzterer Code dient vor allem dazu, die oft langen Sequenzen der Aminosäuren in Peptiden und Proteinen darzustellen. Die Proteinbausteine können aufgrund ihrer chemischen Eigenschaften, die für die Struktur und die Funktion der Eiweiße von großer Bedeutung sind, in mehrere Klassen unterteilt werden.

> Die **Restgruppen der 20 proteinogenen Aminosäuren** sind für die Ausbildung der dreidimensionalen Proteinstruktur entscheidend.

Aminosäuren mit hydrophoben Restgruppen

Hydrophob
Eigenschaft eines Stoffes, keine Affinität zu Wasser zu haben und sich nicht oder nur in geringem Maße in Wasser zu lösen

Aliphatische Verbindungen
Organische Verbindungen, die aus Kohlenstoff und Wasserstoff bestehen (ohne aromatische Ringsysteme)

Hydrophobe Restgruppen wie die **aliphatischen Seitenketten** (Bild 1, S. 19) stoßen Wassermoleküle ab und haben die Neigung, sich zusammenzulagern. Als unpolare Moleküle können sie keine Wasserstoffbrücken (H-Brücken) mit Wassermolekülen eingehen und sind in Wasser schlecht löslich. Die Kohlenwasserstoffketten können aber miteinander kompakte Strukturen ohne größere Zwischenräume bilden. **Glyzin** besitzt als Seitenkette nur ein Wasserstoffatom und ist räumlich die kleinste Aminosäure. **Alanin** als zweitkleinste weist eine Methylgruppe ($-CH_3$) auf. **Valin, Leucin** und **Isoleucin** haben noch größere Kohlenwasserstoffreste und nehmen mehr Platz im Protein ein.

> **Aminosäuren mit aliphatischen Seitenketten** sind hydrophob und bestrebt, sich zur Vermeidung von Wasserkontakt zusammenzulagern.

Aminosäure	Abkürzung	Restgruppe
Glycin	Gly, G	$-H$
Alanin	Ala, A	$-CH_3$
Valin	Val, V	$-CH(CH_3)_2$
Leucin	Leu, L	$-CH_2-CH(CH_3)_2$
Isoleucin	Ile, I	$-\underset{\underset{CH_3}{\mid}}{CH}-CH_2-CH_3$
Methionin	Met, M	$-CH_2-CH_2-S-CH_3$
Prolin	Pro, P	$-CH_2-CH_2-CH_2-$ (Ring)

Bild 1
Aminosäuren mit hydrophoben Restgruppen

Eine hydrophobe Seitenkette besitzt auch **Methionin**, eine der zwei schwefelhaltigen Aminosäuren (Bild 1). Die Aminosäure **Prolin** verfügt über eine **sekundäre Aminogruppe** und unterscheidet sich von allen anderen Aminosäuren dadurch, dass die Seitenkette nicht nur mit dem α-C-Atom, sondern auch mit dem Stickstoffatom der Aminogruppe kovalent verbunden ist.

Sekundäre Aminogruppe
Aminogruppe, deren Stickstoffatom mit zwei Kohlenstoffatomen verbunden ist

Aminosäuren mit aromatischen Seitenketten

Einige der Aminosäuren mit **aromatischen** Seitenketten wie Phenylalanin und Tryptophan sind stark hydrophob (Bild 2). Die Aminosäure **Phenylalanin** besitzt einen Phenylring (Benzolring) und **Tryptophan** einen Indolring, der außer Kohlenstoff- und Wasserstoffatomen noch ein Stickstoffatom enthält. Die aromatische Aminosäure **Tyrosin** besitzt eine Hydroxylgruppe (-OH), die dazu führt, dass diese Aminosäure weniger hydrophob als Phenylalanin ist.

Aromatische Verbindungen
Organische Verbindungen, die Ringstrukturen besitzen und stabil bzw. wenig reaktiv sind

Aminosäure	Abkürzung	Restgruppe
Phenylalanin	Phe, F	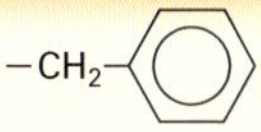
Tyrosin	Tyr, Y	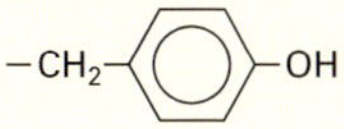
Tryptophan	Trp, W	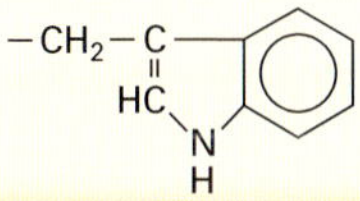

Bild 2
Aminosäuren mit aromatischen Restgruppen

Polare Aminosäuren mit geladenen Restgruppen

Verschiedene Aminosäuren besitzen polare Aminosäurereste, die eine hohe Affinität zu Wasser und damit **hydrophile** Eigenschaften haben. Die Seitengruppen dieser Aminosäuren können geladen oder ungeladen sein.

Hydrophil
Eigenschaft eines Stoffes, Affinität zu Wasser zu haben und sich in Wasser zu lösen

Die **geladenen Seitengruppen** bestehen aus einer Aminogruppe oder einer Carboxylgruppe (Bild 1, S. 20). Entsprechend werden die polaren Aminosäuren mit einer Ladung an der Restgruppe in basische und saure Aminosäuren unterteilt.

Aminosäuren mit einem polaren Rest besitzen eine hydrophile Seitengruppe, die geladen oder ungeladen sein kann.

Aminosäure	Abkürzung	Restgruppe	
Lysin	Lys, K	$-(CH_2)_4-NH_3^+$	basische Aminosäuren
Arginin	Arg, R	$-(CH_2)_3-NH-C(NH_2)=NH_2^+$	
Histidin	His, H	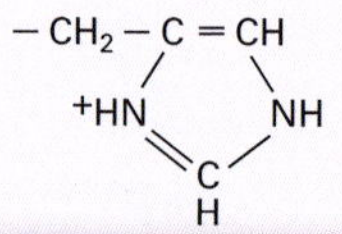	
Asparaginsäure	Asp, D	$-CH_2-COO^-$	saure Aminosäuren
Glutaminsäure	Glu, E	$-(CH_2)_2-COO^-$	

Bild 1
Aminosäuren mit geladenen Restgruppen

Physiologischer pH-Wert
pH-Wert innerhalb von Zellen, zwischen 7,0 und 7,5

Zu den **basischen Aminosäuren** gehören Lysin, Arginin und Histidin. **Lysin** und **Arginin** haben sehr lange Seitenketten und sind aufgrund der zusätzlichen Aminogruppe bei neutralem pH-Wert positiv geladen. Die Seitenkette von **Histidin** hat eine aromatische Ringstruktur aus drei Kohlenstoff- und zwei Stickstoffatomen, einen sogenannten Imidazolring. Er kann im **physiologischen pH-Bereich** protoniert oder deprotoniert sein und damit in ungeladener Form oder mit positiver Ladung vorliegen.

> **Basische Aminosäuren** sind Lysin, Arginin und Histidin. Sie enthalten im Rest eine Aminogruppe, die im physiologischen pH-Bereich positiv geladen ist.

Asparaginsäure und **Glutaminsäure** sind die **sauren Aminosäuren**, die in Proteinen enthalten sind. Bei physiologischem pH-Wert liegen ihre Seitenketten überwiegend negativ geladen vor. Die Anionen, die bei der Deprotonierung der Carboxylgruppen entstehen, werden **Aspartat** bzw. **Glutamat** genannt.

> **Saure Aminosäuren** wie Asparaginsäure und Glutaminsäure enthalten im Rest eine Carboxylgruppe, die bei pH 7 negativ geladen ist.

Polare Aminosäuren mit ungeladenen Restgruppen

Amide, Säureamide
Verbindung einer organischen Säure mit einem Amin (formal: Ersetzung der OH-Gruppe der Carboxylgruppe durch -NH oder $-NH_2$)

Weitere Aminosäuren besitzen hydrophile Seitenketten z. B. solche, die wie **Serin** und **Threonin** eine Hydroxylgruppe an ihren aliphatischen Seitenketten besitzen (Bild 1, S. 21).

Asparagin und **Glutamin** sind von den sauren Aminosäuren Asparaginsäure und Glutaminsäure abgeleitete Verbindungen (Derivate). Sie haben statt der endständigen Carboxylgruppe eine **Amidgruppe** und weisen damit keine Ladung am Rest auf. Die zweite Aminosäure mit einem Schwefelatom **Cystein** enthält eine Sulfhydrylgruppe (-SH), die sehr reaktiv ist und mit anderen Cysteinmolekülen Disulfidgruppen (S-S- oder Schwefelbrücken) bilden kann.

> Aminosäuren mit **ungeladenen polaren Restgruppen** sind Serin und Threonin, die eine OH-Gruppe am Rest aufweisen, die Säureamide Asparagin und Glutamin sowie Cystein mit einer SH-Gruppe.

Aminosäure	Abkürzung	Restgruppe
Serin	Ser, S	$-CH_2OH$
Threonin	Thr, T	$-CH(OH)-CH_3$
Asparagin	Asn, N	$-CH_2-C(=O)-NH_2$
Glutamin	Gln, Q	$-(CH_2)_2-C(=O)-NH_2$
Cystein	Cys, C	$-CH_2-SH$

Bild 1
Aminosäuren mit ungeladenen polaren Restgruppen

Weitere Aminosäuren

Zusätzlich zu diesen 20 bei allen Lebewesen vorkommenden Aminosäuren sind bislang noch zwei weitere Aminosäuren in Proteinen gefunden worden:

- **Selenocystein**, das ein Selenatom enthält, und
- **Pyrrolysin**, eine Verbindung, die der Aminosäure Lysin ähnelt.

Diese beiden Aminosäuren kommen allerdings nur selten vor.

Inzwischen sind auch zahlreiche Aminosäuren bekannt, die im Stoffwechsel oder bei der Kommunikation zwischen Zellen eine Rolle spielen, aber keine Bausteine der Proteine sind. So dienen einige Aminosäuren und davon abgeleitete Verbindungen als Botenstoffe des Körpers. Beispiele sind L-Thyroxin, ein Hormon der **Schilddrüse**, und γ-Aminobuttersäure, ein **Neurotransmitter**, der von Nervenzellen gebildet wird.

Der menschliche Körper kann im Gegensatz zu vielen Mikroorganismen nicht alle von ihm benötigten Aminosäuren selbst herstellen. Er muss die **essenziellen Aminosäuren** über die Proteine der Nahrung aufnehmen. Dabei handelt es sich um die acht Aminosäuren Valin, Leucin, Isoleucin, Threonin, Phenylalanin, Tryptophan, Methionin und Lysin. Es gibt Hinweise darauf, dass Kleinkinder mit weiteren Aminosäuren wie Histidin und Tyrosin versorgt werden müssen.

Schilddrüse
Hormondrüse, die sich bei Säugetieren unterhalb des Kehlkopfes befindet und iodhaltige Hormone wie Thyroxin sowie Peptidhormone bildet

Neurotransmitter
Biomoleküle, die Signale zwischen Nervenzellen übertragen

Die vielen Seiten des Glutamats

Die Aminosäure Glutaminsäure kommt in den Zellen aller Lebewesen vor, da sie ein Baustein von Proteinen ist. Alle Eiweiße in Lebensmitteln enthalten die Aminosäure in gebundener Form, die in den Verdauungsprozessen freigesetzt wird. Einige Lebensmittel wie Pilze, Tomaten und Käse weisen darüber hinaus hohe Konzentrationen an freiem Glutamat auf.

Der Geschmacksverstärker Glutamat, das Natriumsalz der Glutaminsäure, ist ein genauso beliebtes wie umstrittenes Würzmittel. Glutamat ist für den **Umami-Geschmack** verantwortlich, eine spezielle Wahrnehmung unseres Geschmackssinnes, die wahrscheinlich die Nahrungsaufnahme von Eiweißen fördern soll.

Glutamat ist der am häufigsten verwendete Zusatzstoff der Lebensmittelindustrie. Pro Jahr werden weltweit 1,5 Millionen Tonnen hergestellt. Ein Großteil der Aminosäure wird durch bakterielle Fermentationen produziert. Vor allem coryneforme Bakterien bilden die Aminosäure in großen Mengen und geben sie in die Kulturbrühe ab, aus der sie anschließend isoliert werden kann.

Glutamat ist im Gehirn ein wichtiger **Neurotransmitter**. Bei vielen Erkrankungen des Zentralnervensystems wie Alzheimer-Demenz und Parkinson wird ein erhöhter Glutamatspiegel beobachtet. Es ist noch nicht geklärt, ob die Veränderung des Glutamatspiegels nur eine Folge des Erkrankungsprozesses ist. Glutamat wird außerdem für das **Chinarestaurant-Syndrom** verantwortlich gemacht, das nach mit Glutamat gewürztem Essen Übelkeit, Herzrasen und Kopfschmerzen hervorrufen soll.

Wissenschaftliche Studien zeigen allerdings keine Indizien für gesundheitsschädliche Wirkungen von Glutamat. Jedoch bestehen Hinweise auf einen Zusammenhang von häufigem Glutamatgebrauch und der Entstehung von Übergewicht.

Bild 1 **Glutamat, ein häufig verwendetes Gewürz der chinesischen Küche**

2.1.4 Struktur der Proteine

Wenn in einer Polypeptidkette mehr als 50 Aminosäuren miteinander verknüpft sind, wird das Polypeptid Protein genannt. In jedem Protein sind Aminosäuren in einer besonderen und charakteristischen Reihenfolge verknüpft, die eng mit der Funktion des Proteins verbunden ist. Die Eigenschaften der Proteine werden durch die Eigenschaften der vorhandenen Aminosäurereste bestimmt. Die Wechselwirkungen der unterschiedlichen Restgruppen der Aminosäuren innerhalb der Polypeptidkette bestimmen die Proteinstruktur.

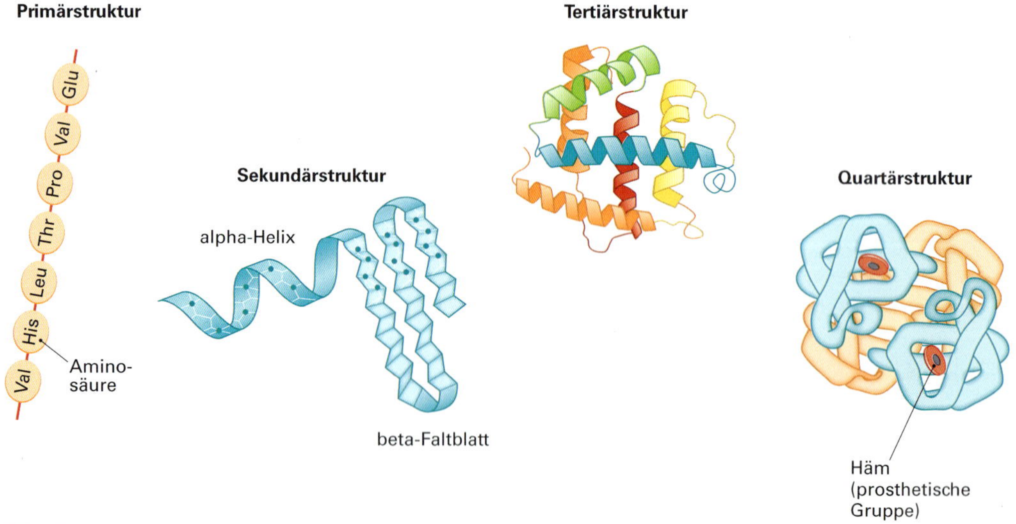

Bild 2 **Die vier Strukturebenen eines Proteins**

Unter der **Konfiguration** eines Proteins wird die räumliche Anordnung des Moleküls verstanden, wobei die Drehungen um die C-C-Einfachbindungen nicht berücksichtigt werden.

Makromoleküle wie Proteine sind keine starren Gebilde, sondern haben viele drehbare Bindungen. Trotz der theoretisch unzähligen Möglichkeiten der Wechselwirkungen der Aminosäuren nehmen Proteine zumeist eine charakteristische räumliche Struktur oder **Konformation** ein, die energetisch besonders günstig ist. Die Struktur eines Proteins kann in vier Betrachtungsebenen aufgeteilt werden (Bild 2, S. 22).

Konformation
Die vorliegende räumliche Anordnung der Atome des Moleküls, die aufgrund der freien Drehbarkeit um Einfachbindungen entsteht

Primärstruktur

Die Primärstruktur eines Proteins ist die Sequenz (Abfolge) der einzelnen Aminosäuren in der Polypeptidkette. Proteine haben wie alle Peptidverbindungen eine bestimmte **Richtung**, da sie zwei unterschiedliche Enden besitzen. Am einen Ende befindet sich eine freie Aminogruppe (N-Ende bzw. N-Terminus) und am anderen eine Carboxylgruppe (C-Ende bzw. C-Terminus). Das N-Ende gilt als Anfang des Proteins, da dort die zelluläre Synthese eines Proteins beginnt.

Die Sequenz der Aminosäuren in einem Polypeptidpolymer wird so geschrieben, dass das aminoendständige Monomer zu Beginn steht. Beispielsweise ist in einem Protein mit der Abfolge AMVKELRESTGA...ILPFTMVALAGV (Abkürzungen s. Bilder in Kap. 2.1.3, ab S. 19) Alanin der N-Terminus und Valin der C-Terminus. Die Primärstruktur allein bestimmt, welche Konformation ein Protein letztendlich einnimmt.

> Die **Primärstruktur** eines Proteins gibt an, in welcher Reihenfolge die Aminosäuren verknüpft sind.

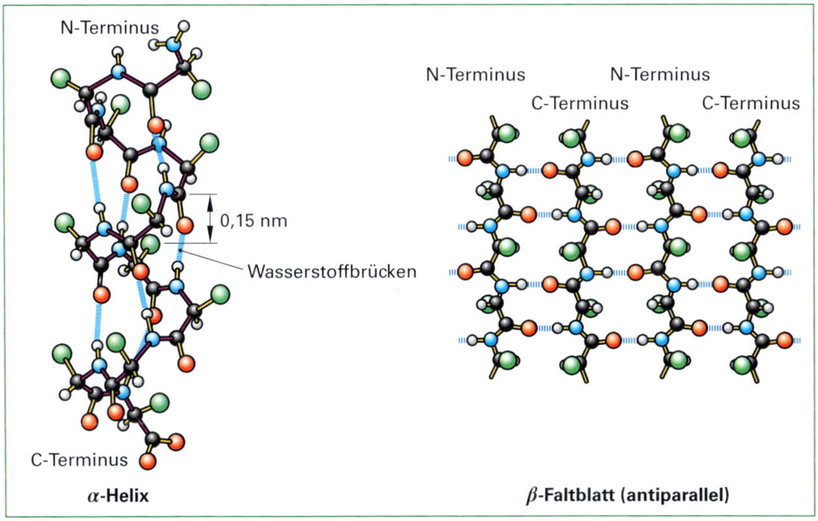

Bild 1
Sekundärstrukturen von Proteinen; C-Atome (schwarz), O-Atome (rot), N-Atome (blau), H-Atom (weiß), Seitenketten (grün)

Sekundärstruktur

Die Sekundärstruktur ist die räumliche Anordnung von benachbarten Aminosäuren, die durch die Bildung von Wasserstoffbrücken zwischen den Aminosäurebausteinen entsteht. Bestimmte Strukturen sind regelmäßig in zahlreichen Proteinen zu finden, deren Zustandekommen von den jeweiligen Seitenketten der Aminosäuren abhängt (Bild 1).

Die spiralförmige ***α*-Helix** ist die häufigste Sekundärstruktur, die oft von einem Drittel der Aminosäuren eines Proteins eingenommen wird. Die α-Helix wird durch **Wasserstoffbrücken** zwischen der CO-Gruppe einer Peptidbindung und der NH-Gruppe einer Bindung in der benachbarten Spiralwindung stabilisiert.

Bei **Wasserstoffbrücken** kann ein positiv polarisiertes Wasserstoffatom mit einem benachbarten negativ polarisierten Atom wie Sauerstoff oder Stickstoff in Wechselwirkung treten

Alle CO- und NH-Gruppen der Hauptkette bilden Wasserstoffbrücken aus, wobei eine Aminosäure von der vorhergehenden um 0,15 nm entlang der Helixachse versetzt ist. Helixbereiche des Proteins besitzen eine relativ starre zylinderartige Form, die Seitenketten stehen nach außen hin ab.

Die α-Helix ist eine Spirale mit durchschnittlich 3,6 Aminosäuren pro Umdrehung. Die Aminosäuren, die in der Primärstruktur drei und vier Reste voneinander entfernt sind, befinden sich so in unmittelbarer Nähe. Deswegen können sich Wasserstoffbrücken zwischen der CO-Gruppe einer Aminosäure und der NH-Gruppe der Aminosäure vier Positionen weiter in der Kette ausbilden.

β-Faltblattstrukturen sind im Vergleich zur α-Helix eher flach, in dreidimensionaler Sicht erinnern sie an ein gefaltetes Blatt. Die gestreckt nebeneinanderliegenden Polypeptidketten eines Faltblattes werden als β-Stränge bezeichnet. Sie bilden eine typische Zickzackstruktur aus, wobei die Seitenketten der Aminosäuren abwechselnd unter- und oberhalb der Faltblattfläche liegen. Die β-Faltblattstruktur wird durch Wasserstoffbrücken zwischen CO- und NH-Gruppen verschiedener Polypeptidstränge stabilisiert und nicht – wie bei der α-Helix – zwischen in der Sequenz benachbarten Aminosäuren. Die verschiedenen, räumlich nebeneinanderliegenden Stränge können dieselbe Richtung aufweisen (parallele Faltblattstruktur) mit gleicher Anordnung von N- und C-Terminus oder entgegengesetzt (antiparallel) verlaufen.

> Die **Sekundärstruktur** betrachtet die räumliche Anordnung der Aminosäuren, die in einzelnen Bereichen der Peptidkette durch Wasserstoffbrücken α-Helices oder β-Faltblattstrukturen bilden.

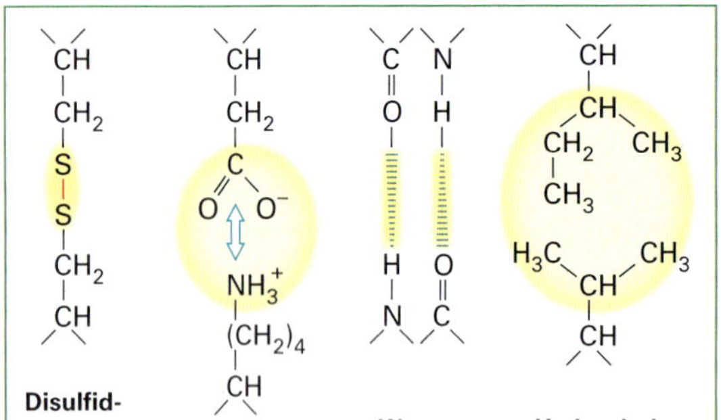

Bild 1 Bindungen und Wechselwirkungen, die für die Tertiärstruktur von Proteinen verantwortlich sind

Tertiärstruktur

Unter der Tertiärstruktur der Proteine wird die übergeordnete räumliche Struktur der gesamten Polypeptidkette verstanden, die charakteristische Konformation eines Proteins. Sie wird durch anziehende und abstoßende Kräfte sowie Bindungen der Aminosäurenreste bestimmt, die in der linearen Aminosäuresequenz weit voneinander entfernt liegen können.

Bild 1 zeigt die Bindungen und Wechselwirkungen, die von den Seitenketten der Aminosäuren ausgehen und die Proteinkonformation stabilisieren:

- **Disulfidbrücken** sind feste kovalente Bindungen zwischen den Schwefelatomen zweier Cysteinreste, die die Proteinstruktur wesentlich bestimmen.
- **Ionenbindungen** sind mittelstarke Kräfte, die auf der elektrostatischen Anziehung positiv und negativ geladener Ionen der Seitengruppen basieren.
- **Wasserstoffbrückenbindungen** zwischen polaren Gruppen sind von elektrostatischer Natur und haben eine geringe Stabilität.
- **Hydrophobe Wechselwirkungen** oder **Van-der-Waals-Kräfte** sind sehr schwach. Sie beruhen auf der Tatsache, dass unpolare Aminosäureseitenketten den Kontakt mit der wässrigen Umgebung meiden und eine enge Nachbarschaft zueinander bevorzugen.

Hydrophobe Wechselwirkungen, die ständig gelöst werden und wieder neu entstehen, können große Makromoleküle wie Proteine durch ihre Vielzahl stabilisieren

Proteine falten sich zumeist so, dass hydrophobe Aminosäuren im Inneren des Proteinmoleküls liegen. Die hydrophilen Aminosäuren befinden sich an der Proteinoberfläche und damit in Berührung mit der umgebenden wässrigen Flüssigkeit. Die relativ starren α-Helix- und β-Faltblattstrukturen werden von flexibleren kurzen Aminosäuresequenzen (Schleifen, *Loops*, *Turns*) unterbrochen, in denen die Polypeptidkette abknickt und ihre Richtung ändert.

Besonders **Prolin** mit seiner für Aminosäuren ungewöhnlichen Ringstruktur übt einen großen Einfluss auf die Tertiärstruktur von Proteinen aus. Da Prolin keine freie Aminogruppe besitzt, brechen Sekundärstrukturen wie α-Helices ab. Die Aminosäure ist häufig in den Knicken gefalteter Proteinketten zu finden. Aufgrund der Richtungsänderungen der Polypeptidkette besitzen viele Proteine eine kompakte, kugelförmige Gestalt.

> Die **Tertiärstruktur** ist die gesamte räumliche Struktur, die **Konformation**, die ein Protein einnimmt. Von Bedeutung für die Ausbildung der Konformation sind die Restgruppen der Aminosäuren, die untereinander Wasserstoffbrückenbindungen, hydrophobe und ionische Wechselwirkungen sowie kovalente Bindungen (Disulfidbrücken) eingehen können.

Die Aminosäurenkette kann sich auch um eine Nichtproteinverbindung anordnen, die **prosthetische Gruppe** genannt wird. Prosthetische Gruppen sind kleine Moleküle, die fest, meist kovalent an das Protein gebunden sind. Der rote Blutfarbstoff Hämoglobin, der als Bestandteil der **Erythrozyten** für den Sauerstofftransport verantwortlich ist, besteht aus der Eiweißkomponente Globin, die mehrere α-Helices enthält, und einer prosthetischen Gruppe, dem **Häm**.

Erythrozyten
Rote Blutkörperchen, zellkernlose Blutzellen mit der Aufgabe, Sauerstoff von der Lunge in den Körper zu transportieren

Häm
Komplexverbindung mit einem Eisenion als Zentralatom und einer aromatischen Ringstruktur (Porphyrin) als Ligand

Quartärstruktur

Die Quartärstruktur bezeichnet die Zusammenlagerung mehrerer Proteine, die einzeln biologisch nicht aktiv sind, zu einer gemeinsamen Funktionseinheit. Die Proteinuntereinheiten können identisch oder unterschiedlich sein. Proteine mit gleichen Untereinheiten werden als **homomere** Proteine bezeichnet. **Heteromere** Proteine besitzen verschiedene Untereinheiten.

Hämoglobin ist ein Beispiel für ein heteromeres Protein (Bild 2, S. 22). Es besteht aus vier Untereinheiten, von denen je zwei identisch sind (Heterotetramer). Die zwei α- und die zwei β-Untereinheiten bestehen jeweils aus dem Proteinanteil und der prosthetischen Gruppe, dem Häm, an dem molekularer Sauerstoff bindet. Die α- und β-Untereinheiten bestehen aus 141 Aminosäuren bzw. 146 Aminosäuren und werden vorwiegend über hydrophobe Wechselwirkungen zusammengehalten. Der Protein-Verband Hämoglobin kann somit gleichzeitig vier O_2-Moleküle transportieren.

> Proteine mit einer **Quartärstruktur** bestehen aus mehreren Proteinuntereinheiten, die gemeinsam eine Funktionseinheit bilden.

Zusammengesetzte Proteine

Proteine, die einen Nichtproteinanteil besitzen, sind häufig und werden **zusammengesetzte** bzw. **konjugierte Proteine** genannt (veraltet: Proteide). Tabelle 1, S. 26, enthält die wichtigsten Klassen, unterteilt nach der Art ihres Nichteiweißanteils. Dieser Bestandteil wird als **prosthetische Gruppe** bezeichnet, wenn er fest mit dem Protein verbunden ist und für die biologische Aktivität essenziell ist.

Metalle wie Eisen (Fe), Magnesium (Mg), Chrom (Cr), Mangan (Mn), Kobalt (Co) und Kupfer (Cu), sind häufig in Enzymen vorkommende prosthetische

Komplexe Verbindungen aus einem Zentralatom wie z. B. einem Metallion, das von einem oder mehreren Liganden umgeben ist

Plasmaproteine ca. 100 verschiedene, im Blutplasma (Blutflüssigkeit ohne Blutzellen) enthaltene Proteine

Organische Chromophore Farbstoffmoleküle, die aus Systemen mit zahlreichen Doppelbindungen oder aus aromatischen Ringen bestehen

Gruppen. Diese konjugierten Proteine werden **Metalloproteine** genannt. Die Metallionen bilden mit dem Proteinanteil **Komplexe**, bei denen als Liganden vor allem polare Aminosäureseitenketten beteiligt sind.

Glykoproteine enthalten kovalent gebundene Kohlenhydratbestandteile.

Zahlreiche Proteine und viele Glykoproteine enthalten zudem kovalent gebundene Phosphorsäure. Ein wichtiges **Phosphoprotein** ist das Casein der Milch, das nach der Geburt die Versorgung mit Calciumphosphat und Aminosäuren sicherstellt.

Lipoproteine, die häufig in Bakterien vorkommen, sind dort kovalent an ein Lipid gebundene Proteine, die über die Lipidkomponente in der Membran verankert werden. Außerdem werden bestimmte **Plasmaproteine** Lipoproteine genannt, die exakter als Plasma-Lipoprotein-Partikel bezeichnet werden. Diese stellen nicht kovalent verbundene Aggregate aus Lipid und Protein dar und dienen dem Transport der wasserunlöslichen Lipide im Blut.

Tabelle 1 Zusammengesetzte Proteine

Proteinklasse	Nichtprotein-bestandteil
Metalloproteine	Metallionen
Glykoproteine	Kohlenhydrate
Phosphoproteine	Phosphorsäure
Nukleoproteine	Nukleinsäuren
Lipoproteine	Lipide
Chromoproteine	Chromophore (oft Metallion)

Chromoproteine besitzen **organische Chromophore**, farbige Verbindungen, als prosthetische Gruppe. Ein Beispiel für ein organisches Chromophor ist das Hämoglobin mit der Hämgruppe.

Zusammengesetzte Proteine besitzen einen Nichtproteinanteil. Dieser kann eine organische Verbindung sein und aus Kohlenhydraten, Nukleinsäuren, Lipiden oder einer chromophoren Gruppe bestehen. Als anorganische Proteinkomponente spielen viele Metallionen eine Rolle.

Die Aufklärung der Struktur von Proteinen hat gezeigt, dass eine längere Polypeptidkette oft aus mehreren Teilen besteht, die **Proteindomänen** genannt werden. Diese Abschnitte eines Proteins falten sich eigenständig in einer für sie typischen Weise und haben oft eine besondere Teilfunktion in der Gesamtfunktion des Proteins. Solche Proteine sind modular aufgebaut, d. h. sie bestehen aus mehreren kleinen funktionellen Einheiten.

2.1.5 Eigenschaften der Proteine

Ein **Dalton** (Da) ist die in der Biochemie gebräuchliche Einheit, die das **Molekulargewicht** bzw. die Molekülmasse angibt. Sie ist als der zwölfte Teil der Masse des ^{12}C-Isotops definiert und ist äquivalent zu der Einheit u

Proteine haben Eigenschaften, die aufgrund ihres generellen Aufbaus aus Aminosäuren erklärbar sind. Allerdings handelt es sich bei Proteinen um wesentlich größere Moleküle als Aminosäuren mit **Molekulargewichten** von 10000 **Dalton** und höher. Die Eigenschaften der einzelnen Proteine hängen auch stark von den Aminosäuren ab, aus denen sie bestehen.

Wie bei Aminosäuren spielt bei Proteinen die Anwesenheit geladener Gruppen in den Seitengruppen eine große Rolle. Die **Gesamtladung** eines Proteins wird beispielsweise durch das Vorhandensein von sauren und basischen Gruppen bestimmt. So hat ein Protein mit einer größeren Anzahl an Carboxylgruppen als Aminogruppen in den Resten eine negative Nettoladung. Der pH-Wert der Lösung beeinflusst die Protonierung und Deprotonierung der Gruppen. Proteine sind wie die Aminosäuren **Ampholyte**, sie wirken als Puffer und besitzen einen isoelektrischen Punkt, bei dem sie im elektrischen Feld nicht wandern.

Löslichkeit von Proteinen

Die Löslichkeit eines Proteins im Lösungsmittel Wasser ist für viele Labormethoden von großer Bedeutung. Proteine wie die **Albumine** sind gut wasserlöslich, während sich andere Proteine nur in verdünnten Salzlösungen lösen. Des Weiteren existieren Proteine, die mehr oder weniger unlöslich in Wasser sind, sich aber z. B. in Alkohol lösen.

Gut wasserlösliche Proteine haben eine Oberfläche mit vielen polaren Seitengruppen, an die sich Wassermoleküle anlagern. Diese Anlagerung wird **Hydratation** genannt. Um das Proteinmolekül bilden sich verschiedene Hydratschichten, deren Wasser unterschiedlich stark gebunden ist. Die Hydrathülle kann 0,2 bis 0,6 g Wasser pro g Protein betragen.

Die Hydrathülle bleibt bei der **Kristallisation des Proteins** erhalten.

Die Löslichkeit eines Proteins wird durch den jeweiligen **pH-Wert** in der wässrigen Lösung bestimmt. Bei dem pH-Wert, der dem isoelektrischen Punkt des Proteins entspricht, ist die Löslichkeit am geringsten, da elektrisch neutrale Moleküle geringere Wechselwirkungen mit Wassermolekülen eingehen als geladene. Der isoelektrische Punkt der Proteine, der bei vielen Proteinen im schwach sauren Bereich (pH 5 bis 7) liegt, ist stark von der jeweiligen Zusammensetzung der Aminosäuren abhängig.

> Die **Eigenschaften der Proteine**, wie die **Löslichkeit**, hängen von der Zusammensetzung der Aminosäuren und von der räumlichen Faltung des Proteins ab. Die Löslichkeit eines Proteins kann durch den pH-Wert der Lösung beeinflusst werden.

Die Löslichkeit vieler Proteine kann durch die Erhöhung der **Salzkonzentration** in der wässrigen Lösung verändert werden:

- **Einsalzeffekt**
  Der Einsalzeffekt bezeichnet den Anstieg der Löslichkeit eines Proteins in Wasser, wenn Salze wie Natriumchlorid zugegeben werden. Durch die Zugabe von Salz in geringen Mengen verringern die Anionen und Kationen des gelösten Salzes die elektrostatischen Anziehungskräfte zwischen den Proteinmolekülen und verhindern deren **Aggregation**.
- **Aussalzeffekt**
  Der Zusatz einer hohen Salzmenge wirkt meist entgegengesetzt und setzt die Löslichkeit herab. Da die Salze als **Elektrolyte** selber Wassermoleküle binden, werden die Hydrathüllen der Proteine abgebaut. Die Proteine aggregieren und fallen aus.

> Die Löslichkeit vieler Proteine kann durch Erhöhung der **Salzkonzentration** gesteigert, jedoch auch erniedrigt werden.

Denaturierung von Proteinen

Durch physikalische Einwirkungen wie z. B. hohe Temperaturen und durch Zugabe verschiedener chemischer Verbindungen kann es zu einer **Denaturierung** von Proteinen kommen. Das Protein verliert seine biologische Aktivität und verändert seine spezifischen Eigenschaften. Die ursprüngliche räumliche Struktur, die **native Struktur**, wird zerstört, obgleich die Primärstruktur, die Sequenz der Aminosäuren, unverändert bleibt.

Die Denaturierung eines Proteins kann reversibel oder irreversibel sein. Bei einer **reversiblen Denaturierung** werden Ionen- und Wasserstoffbrückenbindungen, die die Tertiär- und Quartärstruktur ausmachen, gelöst, die Sekundärstrukturen zumeist nicht (Bild 1, S. 28).

Albumine
Globuläre Proteine, die in der Leber synthetisiert werden und ca. 52–62 % des Gesamteiweißes im Blutplasma ausmachen

Proteinkristalle
bestehen aus gereinigtem Protein sowie großen Anteilen von Wasser und können zur Bestimmung der räumlichen Proteinstruktur mithilfe der Röntgenstrukturanalyse untersucht werden

Aggregation
Zusammenlagerung von Molekülen zu einem größeren Verband, die durch unterschiedliche Bindungskräfte verursacht werden kann

Elektrolyt
Substanz, die in wässriger Lösung in geladene Teilchen (Ionen) zerfällt

Die teilweise ungeordneten Proteinstränge falten sich nach einiger Zeit spontan wieder in die ursprüngliche Konformation, da diese den energetisch stabilsten Zustand darstellt. Dies wird als **Renaturierung** bezeichnet.

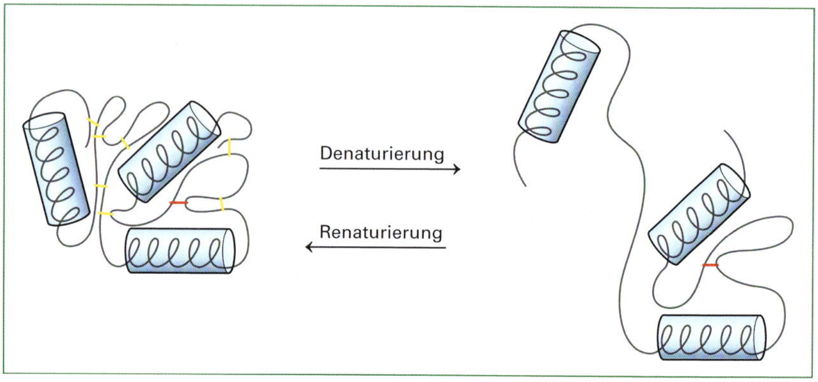

Bild 1 Reversible Denaturierung eines Proteins unter Auflösung der nicht kovalenten Bindungen (gelb) und Beibehaltung der Disulfidbrücke (rot)

Viele Denaturierungsvorgänge, wie beim Kochen von Eiern, sind allerdings **irreversibel** (nicht umkehrbar). Dies gilt besonders dann, wenn zusätzlich kovalente Bindungen wie Disulfidbrücken aufgespalten werden und mehr oder weniger ungefaltete Proteinstrukturen entstehen. Die Proteine fallen als Feststoffe aus, da sie unter Bildung neuer Wasserstoffbrücken aggregieren und sich nicht mehr in ihre native Konformation zurückfalten können. Das Ausfällen von Proteinen wird **Präzipitation** genannt.

Bei der **Denaturierung** von Proteinen kommt es zu einer reversiblen oder in den meisten Fällen irreversiblen Zerstörung der Struktur der Proteine.

Chaotrope Agenzien Substanzen, die geordnete Wassermolekülstrukturen zerstören und Wasserstoffbrücken aufbrechen

Detergenzien Substanzen, die die Oberflächenspannung von Wasser herabsetzen

Eine Denaturierung kann auf folgenden Ursachen beruhen:

- **Erhitzen**, das fast alle Proteine bei einer proteinspezifischen Temperatur irreversibel denaturiert.
- **Energiereiche Strahlung**, wie Infrarot-, UV- oder Röntgenstrahlung.
- **Mechanische Beanspruchung**, wie zu starkes Rühren und Schütteln oder zu intensive Ultraschall-Behandlung.
- **Hohe** oder **niedrige pH-Werte** (z. B. unter pH 3 bzw. über pH 9), besonders in Kombination mit einer Temperaturerhöhung.
- **Chaotrope Agenzien**, wie z. B. Harnstoff und Guanidin.
- **Detergenzien**, wie z. B. Natriumdodecylsulfat (SDS) oder Cetyltrimethylammoniumbromid (CTAB).

Eine Denaturierung von Proteinen kann durch physikalische Einwirkungen wie **Hitze**, aber auch Zusatz bestimmter **Chemikalien** wie Säuren, Basen, chaotropen Agenzien oder Detergenzien, hervorgerufen werden.

2.1.6 Funktionen der Proteine

Die Funktion eines Proteins in einem Organismus, die nach Abtrennung aus der zellulären Umgebung oft weiterbesteht, ergibt sich aus seiner Konformation. Die definierte 3D-Struktur ermöglicht an ausgewählten lokalen Stellen den Kontakt mit bestimmten Substanzen und eine bestimmte biologische Aktivität. Dieselbe Polypeptidkette in einem lang gestreckten bzw. ungeordneten Zustand ist hingegen inaktiv. Aufgrund der Vielzahl der möglichen Aminosäuresequenzen und den daraus resultierender Strukturen können Proteine eine beträchtliche Anzahl von Aufgaben erledigen.

Die Funktion eines Proteins steht in engem Zusammenhang mit seiner Konformation.

Schon die äußere Gestalt eines Proteins lässt Rückschlüsse auf seine Funktion zu. Proteine können nach ihrer räumlichen Struktur in fibrilläre (faserförmige) und globuläre (kugelförmige) Proteine unterteilt werden.

Fibrilläre Proteine

Zu den Proteinen mit faserförmigem gestrecktem Aussehen gehören **Myosin** und **Aktin**, in Muskelzellen vorkommende Eiweiße. Sie bilden zusammen die kontraktilen (zusammenziehbaren) Elemente der Muskelfasern, die **Actomyosin** genannt werden. Aktin ist eines der häufigsten Proteine in **eukaryontischen Zellen**, ein Filamente bildendes Strukturprotein, das auch Bestandteil des **Zytoskeletts** ist.

Von fibrillärer Natur sind auch die **Skleroproteine** (Gerüsteiweiße), die innerhalb oder außerhalb von Zellen Schutz- und Stützfunktionen ausüben. Ihre oft starre Konformation und längliche Ausrichtung ermöglicht die Bildung von Fasern mit sehr geringer Löslichkeit in Wasser und großer mechanischer Festigkeit.

Durch **Proteasen** können Skleroproteine nicht oder nicht effizient abgebaut werden. Oft sind mehrere nebeneinanderliegende Polypeptidketten durch H-Brücken, Disulfidbrücken oder andere Bindungen quervernetzt. Durch solche vielfachen intermolekularen Bindungen zwischen unterschiedlichen Molekülen wird die Quartärstruktur stabilisiert.

Die wasserunlöslichen **fibrillären Proteine** werden durch **intermolekulare Bindungen**, wie H-Brücken und Disulfidbrücken, zwischen den nebeneinander angeordneten Polypeptidketten stabilisiert.

Typische Skleroproteine sind die **Kollagene**, die die Grundstruktur des tierischen **Bindegewebes** bilden. Sie stellen die häufigste Proteinklasse im menschlichen Organismus dar und sind in Haut, Knochen, Sehnen sowie Knorpel zu finden.

Es gibt eine Reihe unterschiedlicher Typen von Kollagenen. Sie bestehen alle aus drei Polypeptidketten mit einer α-Helix-Sekundärstruktur, die sich schraubenförmig zusammenlagern und eine Tripelhelix bilden (Bild 1). Diverse Tripelhelices bilden dann unter kovalenter Quervernetzung miteinander die Fibrillen oder Kollagenfasern, die eine enorme Zugfestigkeit besitzen. Auffallend an der Primärstruktur des Kollagens ist, dass sie nur aus wenigen Aminosäuren besteht, vor allem aus Glyzin (27 %), Prolin und **Hydroxyprolin**.

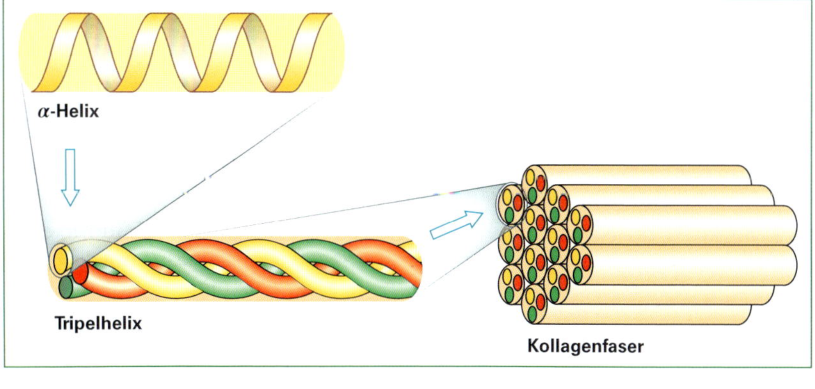

Bild 1
Aufbau der Kollagenfasern

Eukaryontische Zelle
Komplex aufgebaute Zelle mit Zellkern und Zellorganellen, typisch für Tiere und Pflanzen

Zytoskelett
Dreidimensionales Netzwerk in eukaryontischen Zellen, das aus Proteinfasern aufgebaut ist und die Gestalt der Zelle bestimmt

Proteasen
Die Peptidbindung spaltende Enzyme, die Proteine vom Ende der Peptidkette oder im Inneren der Kette abbauen

Bindegewebe
Aus Bindegewebszellen und Zwischenzellsubstanz aufgebautes Füll- und Stützgewebe des Körpers

Hydroxyprolin
Aminosäure, die aus Prolin entsteht, das mithilfe eines spezifischen Enzyms umgewandelt (hydroxyliert) wird

Ein weiteres Beispiel für Skleroproteine sind die **Keratine**, die der Hauptbestandteil der Haare sind. Keratine kommen auch als Gerüstsubstanz in Nägeln, Federn, Hörnern und in der Wolle vor. Von den verschiedenen Keratintypen liegen einige ebenfalls vorwiegend als Helix vor, andere besitzen β-Faltblattstrukturen (Bild 1, S. 23). Die Keratine enthalten Cystein mit einem Gehalt von bis zu 20 % der Aminosäuren. Die nebeneinanderliegenden Proteinketten können so durch zahlreiche Disulfidbrücken fest miteinander vernetzt werden. Keratine sind in wässrigen Lösungen unlöslich und können durch Mikroorganismen in der Natur nur extrem langsam abgebaut werden.

> Fibrilläre Proteine sind die Muskeleiweiße **Myosin** und **Aktin** sowie die als Stütz- und Gerüstsubstanzen dienenden Skleroproteine, wie z. B. **Kollagene** und **Keratine**.

Globuläre Proteine

Intramolekulare Stabilisierung
Ausbildung von Bindungen zwischen Molekülgruppen innerhalb des Proteins

Zu den globulären Proteinen gehören die Enzyme. Ihre meist kugelförmige Gestalt beruht auf einer **intramolekularen Stabilisierung** durch Wechselwirkungen einzelner Aminosäuren, verbunden mit einer meist komplexen und dichten Faltung der Peptidkette. Abwechselnd treten neben geordneten Bereichen aus Sekundärstrukturen ungeordnetere Regionen auf.

> **Globuläre Proteine** sind dicht gefaltet und meist von kugelförmiger Gestalt. Sie werden durch **intramolekulare** Wechselwirkungen von Aminosäuren stabilisiert.

Katalysatoren
Stoffe, die chemische Reaktionen beschleunigen, ohne dabei bleibend verändert zu werden

Creutzfeldt-Jakob-Krankheit
Seltene Erkrankung des Zentralnervensystems beim Menschen, die durch schwammartigen Zerfall der Gehirnsubstanz gekennzeichnet ist

BSE
Abkürzung für *Bovine Spongiforme Enzephalopathie*, eine Gehirnkrankheit bei Rindern und Rinderwahnsinn genannt

Globuläre Proteine und Peptide übernehmen eine Vielzahl von **Aufgaben** innerhalb des Organismus:

- Die **Enzyme** dienen in großer Vielfalt als **Katalysatoren**, die für die chemischen Reaktionen in der Zelle benötigt werden und den Stoffwechsel gewährleisten (s. Kap. 5.2). Einige Enzyme lagern sich in der Zelle mit weiteren zu **Multienzym-Komplexen** zusammen, die mehrere Schritte einer Reaktionsfolge katalysieren. Die Produkte der Reaktionen können dann leicht zum nächsten Enzym gegeben werden und die enzymatischen Reaktionen werden erheblich beschleunigt.
- **Speicher- und Transportproteine** transportieren spezifisch kleine Moleküle sowie Ionen. Beispielsweise bindet Hämoglobin Sauerstoff und transportiert ihn innerhalb des Organismus zum Ort des Verbrauchs. Eisen wird im Blutplasma durch das Protein Transferrin gebunden, das es im Blutsystem überall dorthin befördert, wo es benötigt wird.

  Viele Proteine, die in **Membranen** integriert sind, sind Transportproteine. Diese kontrollieren, welche Stoffe von der Zelle über die Zellmembran aufgenommen und abgegeben werden (s. Kap. 3.3.3). Proteine als Bestandteile biologischer Membranen, die nicht nur für Transportprozesse, sondern auch zur Energiegewinnung benötigt werden, sind für die Zelle unverzichtbar.
- Als **Antikörper** dienen hochspezifische Proteine des Immunsystems, die Immunglobuline, der Abwehr von körperfremden Stoffen wie beispielsweise von Krankheitserregern.
- **Prionen** sind Proteine, die tödliche Krankheiten, wie die **Creutzfeldt-Jakob-Krankheit** beim Menschen und **BSE** bei Rindern auslösen können. Prionen können ihre Konformation ändern, von einer löslichen, ungefährlichen Form zu einer unlöslichen, pathogenen Konformation.

- **Signalproteine** vermitteln die Antwort von Zellen auf spezifische Reize. Bei der Signalübertragung werden Botschaften von Zelle zu Zelle und auf zellularer Ebene weitergegeben. Dies geschieht oft über Proteine, die miteinander in Kontakt treten und auf diese Weise eine **Signalkaskade** bilden. Das Ergebnis einer solchen Signalkette ist in der Regel die Änderung von Aktivitäten der Zelle. Dabei kommt es oft zu kovalenten Proteinmodifikationen (z. B. Übertragung einer Phosphatgruppe) sowie Konformationsänderungen der Signalproteine. Zu den Signalproteinen gehören die **Rezeptorproteine**, die durch spezifische kleine Signalmoleküle wie Neurotransmitter (z. B. Acetylcholin) oder Hormone stimuliert werden. In Nervenzellen befinden sich Rezeptorproteine in den **Synapsen**, an denen die Nervenimpulse von Zelle zu Zelle übertragen werden.
- **Regulatorproteine** sind wichtige Steuerelemente innerhalb der Zelle, die auch zur Kontrolle von Wachstum und **Differenzierung** des Organismus eingesetzt werden. Regulatorische Proteine dienen dazu, aktive Gene abzulesen und nicht benötigte Gene stillzulegen.

Synapsen
Kontaktstellen zwischen Nervenzellen, an denen Nervenimpulse auf chemischem und nicht auf elektrischem Wege weitergeleitet werden

Differenzierung
Entwicklung von Zellen oder Geweben von einem mehr oder weniger gleichen in einen stärker spezialisierten Zustand

Proteine spielen bei der **Speicherung** und dem **Transport** von Stoffen, als Antikörper bei der **Immunabwehr**, als **Krankheitsauslöser** der Prionenerkrankungen, bei der Übertragung von **Signalen** und bei **Regulationsprozessen** in der Zelle eine wichtige Rolle.

2.1.7 Hämoglobin: Struktur und Funktion eines Proteins

Der rote Blutfarbstoff Hämoglobin ist als Bestandteil der **Erythrozyten** für den Sauerstofftransport verantwortlich. Hämoglobin besteht aus der Proteinkomponente Globin und einer prosthetischen Gruppe, dem **Häm**, an dem molekularer Sauerstoff bindet. Häme sind Komplexverbindungen mit einem Eisen-Ion als Zentralatom und einer aromatischen Ringstruktur, dem Porphyrin, als Ligand. An das Häm kann ein Sauerstoff-Molekül locker angelagert werden; dies wird im Gegensatz zu einer chemischen Reaktion (Oxidation) Oxygenierung genannt.

Erythrozyten
Rote Blutkörperchen, zellkernlose Blutzellen mit der Aufgabe, Sauerstoff von der Lunge in den Körper zu transportieren

Das Eisen(II)-Ion ist dabei in der Lage, 5 oder 6 Ligandenbindungen aufzubauen, abhängig davon, ob Sauerstoff gebunden ist oder nicht. Vier koordinative Bindungen entstehen mit den Stickstoffatomen der Porphyrin-Gruppe. Diese bildet einen scheibenartigen, annähernd planaren Ring, bei dem das zentrale Eisenion über einen Histidin-Rest mit dem Globinpeptid verbunden ist (Bild 1).

Häme finden sich als prosthetische Gruppe ebenfalls in anderen Proteinen, wie z. B. den Cytochromen der Atmungskette, und übernehmen dort die Aufgabe der Übertragung von Elektronen. Auch **Myoglobin**, das Sauerstoff bindende Protein des Muskels, enthält eine Hämgruppe und zeigt strukturelle und funktionelle Ähnlichkeiten zum Hämoglobin.

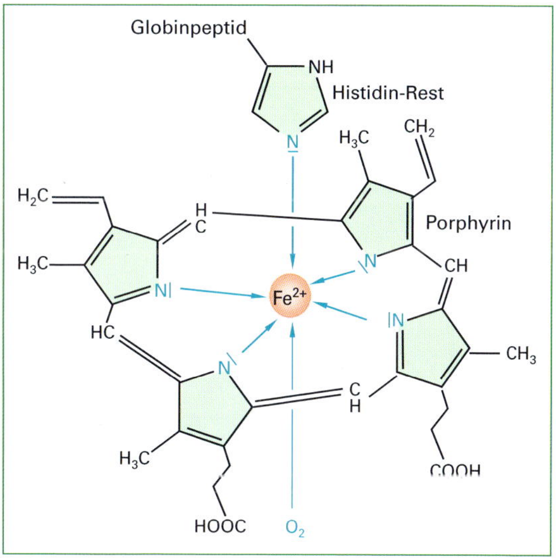

Bild 1
Hämstruktur mit Liganden

Struktur von Hämoglobin

Hämoglobin ist ein Beispiel für ein **heteromeres Protein**. Es besteht aus vier Untereinheiten, von denen je zwei identisch sind, sodass die Quartärstruktur ein Heterotetramer ist. Die zwei α- und die zwei β-Untereinheiten bestehen jeweils aus dem Proteinanteil und der prosthetischen Gruppe. Die α- und β-Untereinheiten enthalten 141 bzw. 146 Aminosäuren und werden untereinander über hydrophobe Wechselwirkungen, Ionenbindungen und Wasserstoffbrückenbindungen zusammengehalten.

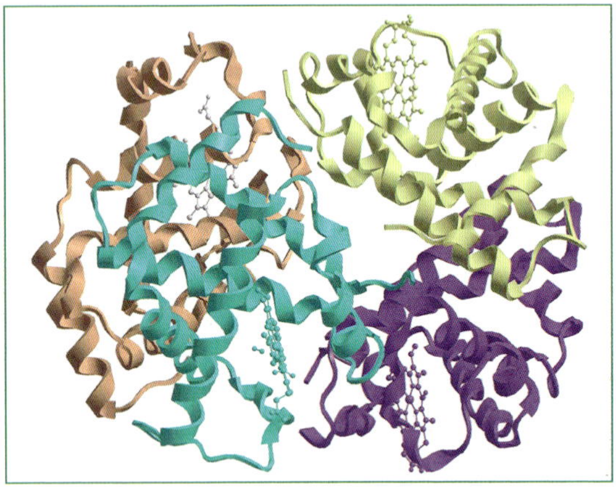

Bild 1 **3D-Struktur von Hämoglobin**

Bei allen Untereinheiten können Kohlenhydrate an spezielle Aminosäuren angehängt sein. Diese ohne Enzyme stattfindende Reaktion wird **Glykation** genannt und ist die Folge einer hohen Glukosekonzentration im Blut. Der Prozess kann in der Labordiagnostik genutzt werden, um den durchschnittlichen Blutzuckerspiegel der letzten Monate zu ermitteln.

Hämoglobinmoleküle sind globuläre Proteine, die mehrere α-Helices enthalten und räumlich ausgedehnt sind (Bild 1). Sie haben so im Inneren genug Platz für die Einlagerung von Sauerstoff. Jede Hämoglobin-Untereinheit ist in der Lage, ein Molekül Sauerstoff zu binden; die Bindung erfolgt an das Eisenion des Häms. Das Gesamtprotein, das Hämoglobin-Molekül, kann also vier Sauerstoffmoleküle binden und transportieren. Hingegen kann Myoglobin nur ein Sauerstoff-Molekül binden, da es nur aus einer Peptidkette und einer Hämgruppe pro Molekül besteht.

Hämoglobin besteht aus vier Untereinheiten, jeweils zwei α- und β-Ketten. In jeder Untereinheit ist eine **Hämgruppe** eingebettet, ein Eisen(II)-Porphyrin-Komplex, an dem das Sauerstoff-Molekül als Ligand locker binden kann.

Sauerstoffbindung, ein kooperativer Prozess

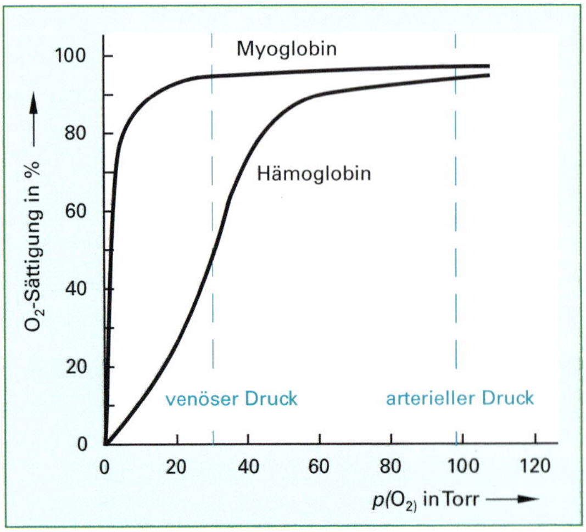

Bild 2 **Sauerstoff-Bindungskurven von Hämoglobin und Myoglobin in Abhängigkeit vom O_2-Partialdruck**

Hämoglobin hat im Organismus die Aufgabe, in der Lunge möglichst viel Sauerstoff zu binden und diesen im peripheren Gewebe möglichst vollständig abzugeben. Dazu verfügt Hämoglobin über die besondere Eigenschaft, dass seine Affinität zu Sauerstoff mit zunehmendem Sauerstoffpartialdruck $p(O_2)$ steigt, was die O_2-Aufnahme in der Lunge begünstigt. Bei abfallenden $p(O_2)$, der im Gewebe herrscht, sinkt hingegen die Sauerstoffaffinität.

Die Bindung von Sauerstoff an Hämoglobin ist ein **kooperativer** Prozess, d.h. die Bindung eines Moleküls begünstigt die Bindung weiterer O_2-Moleküle. Die kooperative Bindung von Sauerstoff führt zu einem sigmoiden Kurvenverlauf, da die O_2-Affinität des Hämoglobins mit steigender Beladung zunimmt. Die Einzelpeptidkette Myoglobin zeigt hingegen ohne kooperative O_2-Bindung eine hyperbolische Bindungskurve (Bild 2). In den Muskelzellen wird Sauerstoff auf Myoglobin übertragen, das bei niedrigem Partialdruck eine viel höhere Affinität zu O_2 als Hämoglobin aufweist, was anhand der sehr steilen O_2-Bindungskurve ersichtlich wird.

Der kooperative Bindungseffekt beruht auf Änderungen der nativen Struktur des Hämoglobins. Das O_2-Transportprotein kommt in zwei verschiedenen Konformationen vor, im entspannten **R-Zustand** (engl. *relaxed*) der oxygenierten Form mit hoher Sauerstoffaffinität und im angespannten, kompakteren **T-Zustand** (engl. *tense*) der sauerstofffreien Form. Letztere ist durch eine höhere Anzahl von Ionenbindungen zwischen den verschiedenen Untereinheiten charakterisiert und weist eine bedeutend geringere O_2-Affinität auf.

Die **Konformationsänderung vom T- in den R-Zustand** ist die Folge der Bindung eines O_2-Moleküls. Dabei verschiebt sich die Anordnung der α- und β-Untereinheiten zueinander. Im T-Zustand liegt das Häm-Eisenatom außerhalb der Ebene des Porphyrinrings. Durch die Sauerstoffbindung bewegt sich das Eisenatom in die Häm-Ebene hinein und einige Aminosäuren verändern daraufhin ihre Position. Dies führt zum Aufbrechen von Ionen- und Wasserstoffbindungen sowie von hydrophoben Wechselwirkungen zwischen den Untereinheiten. Durch die Strukturänderungen an den Kontaktflächen zwischen den einzelnen Untereinheiten sind auch entfernte Molekülbereiche betroffen. Diese räumlichen Effekte sind für die Kooperativität des Hämoglobins verantwortlich, sichtbar an der sigmoiden O_2-Bindungskurve.

Ein **Hämoglobinkomplex** kann vier Sauerstoffmoleküle in einem kooperativen Prozess binden, wobei die Bindung an eine Untereinheit zu einer **Konformationsänderung** des Gesamtmoleküls führt. Hämoglobin existiert in zwei alternativen Strukturen, dem **R-Zustand** mit hoher Sauerstoffaffinität und dem **T-Zustand**, in dem O_2 freigesetzt wird.

Das vom Sauerstoffpartialdruck abhängige Gleichgewicht zwischen R- und T-Form wird auch vom pH-Wert beeinflusst, ein als **Bohr-Effekt** bekannter Mechanismus. Bei einem niedrigen pH-Wert, wie er aufgrund von **Zellatmung** und Milchsäuregärung im aktiven Muskel herrscht, kommt es zu Protonierungen der Aminosäurereste. Die weniger sauerstoffaffine T-Form wird gebildet und Sauerstoff freigesetzt. Ein hoher CO_2-Partialdruck führt zur reversiblen Carboxylierung des Proteins und erleichtert diese Konformationsänderungen.

Bei der **Zellatmung** wird Glukose zur Energieversorgung der Zelle vollständig zu Kohlenstoffdioxid und Wasser abgebaut.

Seit langem ist bekannt, dass die Sauerstoffaffinität von Hämoglobin in freier Lösung höher als die Sauerstoffaffinität von Hämoglobin in den Erythrozyten ist. Dieser Effekt wird durch **2,3-Diphosphoglycerat** (2,3-DPG) verursacht. 2,3-DPG wird in Erythrozyten synthetisiert, bindet dort an Hämoglobin und reduziert dadurch die Sauerstoffaffinität. Wird die Affinität nicht durch die Bindung von 2,3-DPG verringert, kann Hämoglobin im Gewebe nicht hinreichend viel Sauerstoff abgeben.

Das Gleichgewicht zwischen R- und T-Zustand des Hämoglobins ist vom **pH-Wert** abhängig **(Bohr-Effekt)**. Hohe Protonen- und Kohlenstoffdioxid-Konzentrationen sowie eine Bindung von **2,3-Diphosphoglycerat** begünstigen die vollständige O_2-Entladung des Hämoglobins im Gewebe.

Transport von Kohlenstoffdioxid

Das Abfallprodukt CO_2 muss im Gewebe aufgenommen, in die Lungen transportiert und dort abgegeben werden. CO_2 kann an die endständige Aminogruppe am N-terminalen Ende der vier Polypeptidketten des Hämoglobins gekoppelt werden. 10 bis 20 % des CO_2 kann so gebunden im Blut transportiert werden.

Kohlenstoffdioxid wird jedoch hauptsächlich in Form von **Bicarbonat** (HCO_3^-, **Hydrogencarbonat**) transportiert. CO_2 diffundiert im Gewebe in die Erythrozyten und reagiert mit H_2O, katalysiert durch das Enzym Carboanhydrase, zu Kohlensäure (H_2CO_3); diese dissoziiert zu H^+ und HCO_3^-. Die Richtung der Reaktionen wird durch die Bindung der Protonen von Hämoglobin bestimmt. HCO_3^- diffundiert aus den Erythrozyten ins Blut und gelangt im Blutstrom bis zur Lunge. Dort spielen sich dieselben Vorgänge in umgekehrter Reihenfolge ab, sodass CO_2 abgeatmet werden kann.

Kohlenstoffdioxid wird hauptsächlich in Form von **Bicarbonat** (HCO_3^-) zur Lunge transportiert, wobei die Protonierung von Hämoglobin einen entscheidenden Einfluss hat.

Hämoglobin-Varianten des Menschen

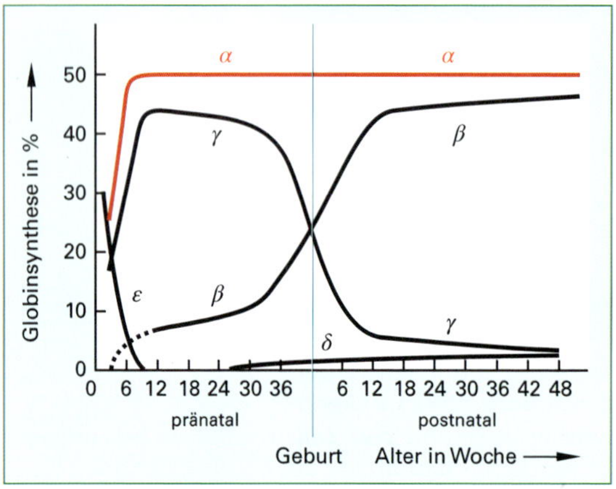

Bild 1
Bildung verschiedener Hämoglobinketten während der Embryonal- und Fetalzeit sowie nach der Geburt

Der Mensch weist in seinen Erythrozyten unterschiedliche Hämoglobine auf. Sie unterscheiden sich in ihrer Affinität für Sauerstoff. Bei Erwachsenen herrscht das **Hämoglobin A** aus den α- und β-Ketten vor (HbA: $\alpha_2\beta_2$). Zu etwa 2 % ist allerdings die β-Polypeptidkette durch ein anderes Globin, die δ-Kette, ersetzt, die das Produkt eines weiteren Globingens darstellt (Bild 1).

In der frühen embryonalen Entwicklung sowie in der Fetalphase bis zur Geburt und kurz nach der Geburt werden weitere Hämoglobin-Zusammensetzungen beobachtet. Auch sie bestehen aus jeweils vier Untereinheiten mit jeweils zwei Paaren von Ketten. Das **fetale Hämoglobin** (HbF: $\alpha_2\gamma_2$) ist im Blut des Fötus dominierend und bei Erwachsenen noch in Spuren nachweisbar. Da es eine höhere Sauerstoffaffinität als HbA hat, sorgt es für eine gute Sauerstoffübertragung aus dem mütterlichen Blut auf den Fötus. Die erhöhte O_2-Affinität hat seine molekulare Ursache in Modifizierungen einiger Aminosäuren der Peptidkette.

Verschiedene Globine mit unterschiedlicher Sauerstoff-Bindungsstärke können in das Hämoglobin der Menschen integriert werden. Im Fötus dominiert das besonders O_2-affine **fetale Hämoglobin**.

Bei einer Anämie kann das Blut zu wenig Sauerstoff transportieren und die Leistungsfähigkeit des Organismus ist vermindert.

Hämoglobindefekte

Krankheitsbedingten Störungen in der Synthese oder in der Funktion des Proteins Hämoglobin sind vielfältig:

- Ein Mangel an verwertbarem **Eisen**, das für Hämoglobin eine essentielle Komponente darstellt, bzw. eine Störung der Aufnahme des Eisens im Darm stellt die wichtigste Ursache für eine Anämie dar, eine Verminderung der Hämoglobinkonzentration im Blut unter den Normwert.
- Bei der **Thalassämie** liegt eine vererbbare Störung der Synthese der Globinpolypeptide vor, die zu einer Verminderung von α-Ketten (α-Thalassämie) oder β-Ketten (β-Thalassämie) führt. Besonders letztere ist in Mitteleuropa verbreitet und kann leichte bis schwere Anämien hervorrufen.

- **Sichelzellerkrankungen** beruhen auf der Bildung eines abnormen Hämoglobins, wobei die β-Ketten betroffen sind. Die Erbkrankheit führt zu einer Verformung der Erythrozyten und einer chronischen Anämie, ist aber bei Malaria-Erkrankungen vorteilhaft.
- Bei einer **Polyglobulie** können ein erhöhter Hämoglobinwert bzw. erhöhte Mengen an Erythrozyten zu Durchblutungsstörungen führen. Die Ursache können u. a. Hämoglobinvarianten mit erhöhter O_2-Affinität sein, die mit einer verminderten O_2-Abgabe im Gewebe verbunden sind.
- **Kohlenstoffmonoxid** CO bindet 200- bis 300-mal stärker an Hämoglobin als Sauerstoff. Es blockiert die Bindungsstellen für Sauerstoff und kann lediglich durch eine Sauerstoffbehandlung in einer Druckkammer verdrängt werden. Bei starken Rauchern sind bis zu 10 % des Hämoglobins mit CO besetzt.
- **Methämoglobin** entsteht, wenn das zweiwertige Eisen im Hämoglobin zu dreiwertigem Eisen oxidiert wird. Zwar kann noch Sauerstoff gebunden werden, dieser kann allerdings nicht mehr im Gewebe abgegeben werden. Methämoglobin wird bei Vergiftungen durch Oxidationsmittel und bei Anwendung einiger Medikamente (z. B. Sulfonamide, Glyceroltrinitrat) gebildet. Es wird auch unter physiologischen Bedingungen durch Autooxidation in geringen Mengen gebildet und kann durch das Enzym Methämoglobin-Reduktase zu Hämoglobin reduziert werden.

2.2 Kohlenhydrate

Kohlenhydrate, die auch **Saccharide** genannt werden, kommen überall in der belebten Natur vor. Sie werden durch Pflanzen, Algen und einige Mikroorganismen (z. B. Purpurbakterien) bei der Fotosynthese synthetisiert und machen den weitaus größten Teil der Biomasse aus. Kohlenhydrate kommen in den Zellen der Lebewesen in zahlreichen Variationen als niedermolekulare Moleküle (Monomere) und als **Polymere** vor.

Polymere
Hochmolekulare chemische Verbindungen, die aus gleichen oder gleichartigen Einheiten aufgebaut sind

Kohlenhydrate (Saccharide) sind ein wichtiger Bestandteil der Biomasse. Sie kommen als monomere oder polymere Biomoleküle vor.

2.2.1 Aufbau und Eigenschaften der Kohlenhydrate

Kohlenhydrate bestehen alle aus Kohlenstoff-, Wasserstoff- und Sauerstoffatomen, wobei die Wasserstoff- und Sauerstoffmoleküle in allen Kohlenhydratmolekülen im Verhältnis 2 zu 1 vorliegen (z. B. $C_6H_{12}O_6$). Kohlenhydrate werden oft als **Zucker** bezeichnet. Der Begriff Zucker wird allerdings unterschiedlich gehandhabt und kann verschiedene Bedeutungen haben:

Trivialname
Bezeichnung, die nicht der offiziellen Namenssystematik entspricht, welche in wissenschaftlichen Fachgebieten benutzt wird

1. **Trivialname** für alle Kohlenhydrate.
2. Sammelbegriff für süß schmeckende Kohlenhydrate, vor allem die **Einfachzucker (Monosaccharide)** und **Zweifachzucker (Disaccharide)**.
3. Lebensmittelname für den Zweifachzucker Saccharose.

Chemisch handelt es sich bei Kohlenhydraten immer um Oxidationsprodukte **mehrwertiger Alkohole**. Die funktionelle Gruppe der Alkohole, die OH-Gruppe, wird Hydroxylgruppe (Hydroxygruppe) genannt. Zuckerverbindungen besitzen meist mehrere Hydroxylgruppen, die dem Molekül polare Eigenschaften verleihen, sodass sie sich gut in Wasser lösen.

Mehrwertige Alkohole, Polyalkohole
Organische Verbindungen, die mehr als eine OH-Gruppe enthalten

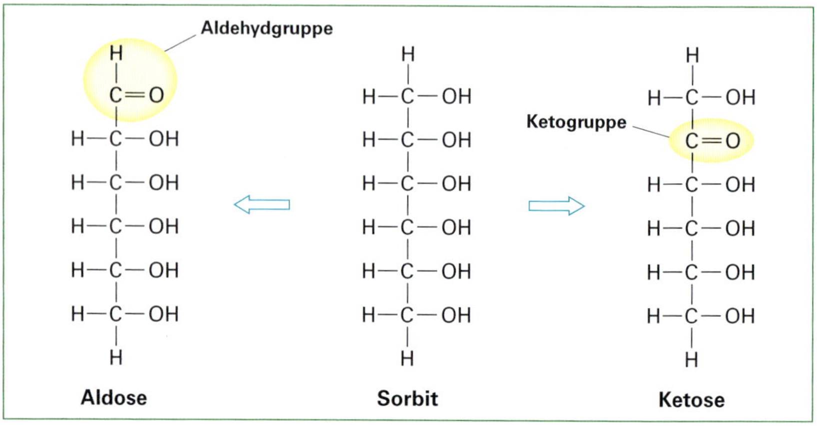

Bild 1 Aldose und Ketose, mögliche Oxidationsprodukte des Polyalkohols Sorbit

Carbonylgruppe
Stark polare Gruppe aus einem Kohlenstoff- und einem Sauerstoffatom, die über eine Doppelbindung verbunden sind (-C=O)

Kohlenhydrate enthalten zusätzlich eine **Carbonylgruppe**, entweder eine Aldehydgruppe oder eine Ketogruppe (Bild 1). Die entsprechenden Verbindungen werden **Aldosen** oder **Ketosen** genannt. Aus dem Polyalkohol Sorbit kann beispielsweise durch Oxidation am endständigen C-Atom eine Aldose entstehen oder bei einer Oxidation an einem mittelständigen C-Atom eine Ketose.

Kohlenhydrate sind Aldehyde oder Ketone mit zusätzlichen Hydroxylgruppen. Sie werden entsprechend **Aldosen** oder **Ketosen** genannt.

Unterteilung nach Anzahl der Kohlenstoffatome

Die einfach aufgebauten, nicht miteinander verknüpften Monosaccharide können auch nach ihrer Anzahl an C-Atomen unterteilt werden. Folgende natürliche, d. h. in der Natur vorkommende Einfachzucker mit drei bis neun C-Atomen sind in Lebewesen von beträchtlicher Bedeutung:

Glykolyse
Abbauweg des Monosaccharids Glukose zu Brenztraubensäure

- **Triosen** sind die kleinsten Einfachzucker mit drei C-Atomen; die Aldose Glyzerinaldehyd und die Ketose Dihydroxyaceton sind wichtige Stoffwechselprodukte der **Glykolyse**.
- **Pentosen** sind in allen Zellen vorhandene Zucker mit fünf C-Atomen. Ribose und Desoxyribose spielen als Bausteine der DNA und RNA eine wichtige Rolle.
- **Hexosen** sind besonders häufige Monosaccharide mit sechs C-Atomen, wie z. B. Glukose (Traubenzucker).
- **Heptosen**, die beispielsweise in den Lipopolysacchariden von Bakterien gefunden werden, enthalten sieben C-Atome.

Die Zucker mit der kleinsten Molekülgröße sind **Triosen** mit drei C-Atomen. **Pentosen** mit fünf und **Hexosen** mit sechs C-Atomen sind in Zellen unentbehrliche Struktur- und Stoffwechselkomponenten.

Isomere
Chemische Verbindungen, die aus den gleichen Anzahlen von Atomen bestehen, sich jedoch hinsichtlich ihrer Atomanordnung unterscheiden

D- und L-Formen

Zuckermoleküle können wie die Aminosäuren in der D-Form und in der L-Form auftreten, da sie asymmetrische Kohlenstoffatome enthalten, die vier verschiedene Substituenten besitzen. An diesen Atomen sind zwei verschiedene Anordnungen der Substituenten möglich, die als **optische Isomere**, **Stereoisomere oder Enantiomere** bezeichnet werden.

Glyzerinaldehyd hat mit dem C-Atom 2 nur ein asymmetrisches Zentrum, sodass zwei stereoisomere Formen, die D- und die L-Form, existieren können (Bild 1). Um die Raumstruktur einer stereoisomeren Verbindung zweidimensional abzubilden, wird die sogenannte *Fischer*-Projektion eingesetzt. Steht die OH-Gruppe im Zuckermolekül rechts, handelt es sich um die D-Form, bei einer L-Form steht sie links.

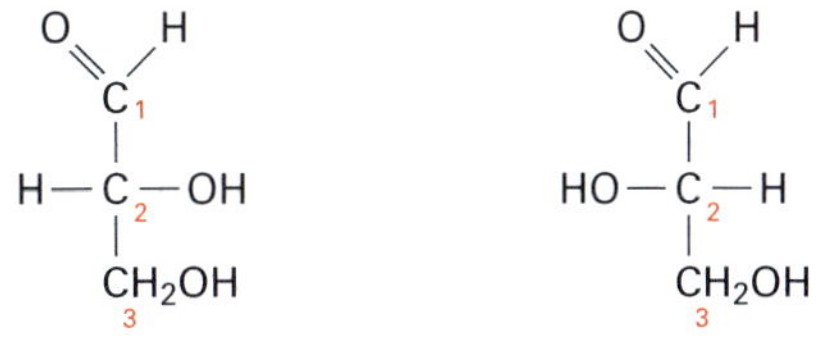

Bild 1
Die Stereoisomere D- und L-Glyzerinaldehyd in der *Fischer*-Projektion

Alle Hexosen wie die Glukose besitzen mit den C-Atomen 2, 3, 4 und 5 insgesamt vier asymmetrische Kohlenstoffatome (Bild 2), Pentosen wie die Ribose weisen drei (C-Atome 2, 3 und 4) auf. Über die Zuordnung als D- oder L-Form entscheidet die Stellung der OH-Gruppe an dem asymmetrischen C-Atom, das am weitesten von der Carbonylgruppe entfernt ist, maßgebend. Bei der D-Form des Zuckers, steht die OH-Gruppe an diesem C-Atom rechts und bei der L-Form links.

Kohlenhydrate besitzen ein oder mehrere asymmetrische C-Atome, sodass verschiedene **Stereoisomere (Enantiomere)** wie die D- und L-Formen unterschieden werden können.

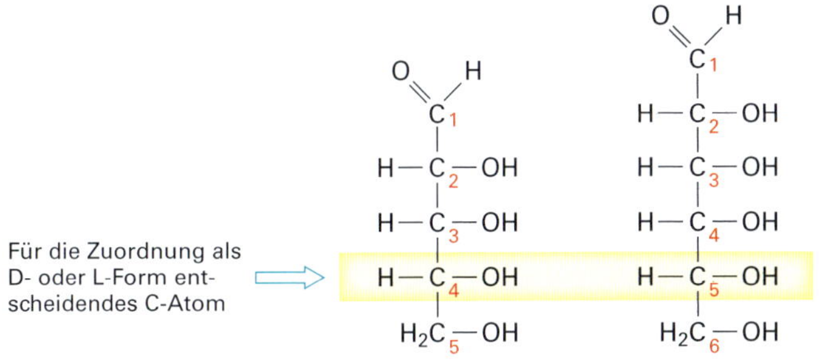

Bild 2
Strukturformeln von D-Ribose und D-Glukose

Optisch aktive Verbindungen können am einfachsten unterschieden werden, indem die Zuckerlösungen mit **linear polarisiertem Licht** durchstrahlt werden. Je nach vorhandenem optischem Isomer wird die Schwingungsebene des Lichtes um einen bestimmten Betrag entgegen oder im Uhrzeigersinn gedreht. (+)-Enantiomere drehen die Ebene polarisierten Lichts im Uhrzeigersinn, (-)-Enantiomere gegen den Uhrzeigersinn. Die natürlich vorkommende **D-(+)-Glukose** ist also das Glukose-Isomer, das am C-Atom 5 eine Hydroxylgruppe in Rechtsstellung trägt und polarisiertes Licht im Uhrzeigersinn dreht.

Linear polarisiertes Licht
Licht, dessen elektromagnetische Schwingungen in einer Ebene stattfinden, sodass elektrisches und magnetisches Feld nur eine Richtung einnehmen

Zyklisierung zum Halbacetal

Bild 1, S. 38, zeigt, dass ein Zucker wie Glukose sowohl in Form einer offenen Kette als auch in **geschlossener Ringform** vorliegen kann. Die Carbonylgruppe kann mit der Hydroxylgruppe unter Bildung eines **Halbacetals** reagieren. Die Hydroxylgruppe am C-Atom 5 von Glukose geht dazu mit der Aldehydgruppe eine Reaktion ein (Bild 1, S. 38). Hierbei entsteht eine sogenannte **Pyranose**, ein Sechsring mit einem Sauerstoffatom im Ring. Auch Hexosen, die eine Ketose sind, können Ringe bilden, die dann nur aus fünfatomigen Ringen bestehen und **Furanosen** genannt werden.

Halbacetal
Reaktionsprodukt einer Carbonylfunktion mit einem Alkohol wie z. B. bei der intramolekularen Zyklisierungsreaktion (Ringbildung) der Zucker

***Haworth*-Formel**
Eine nach dem Chemiker *W. N. Haworth* benannte räumliche Darstellungsweise für ringförmige Moleküle

Bei Monosacchariden mit fünf oder sechs C-Atomen ist ein Ringschluss besonders gut möglich, da diese Zucker eine niedrige Ringspannung aufweisen.

Das chemische Gleichgewicht zwischen offenkettiger und zyklischer Form liegt bei Glukose stark aufseiten der geschlossenen Moleküle. In wässriger Lösung liegt Traubenzucker zu über 99 % in Pyranose-Form vor.

> Hexosen und Pentosen liegen zumeist in geschlossener **Ringform** vor.

Zur grafischen Darstellung der Kohlenhydrate gibt es verschiedene Möglichkeiten der Schreibweise. Eine Darstellung, in der die räumliche Struktur gut erkennbar ist, ist die ***Haworth*-Formel** (Bild 1). Dabei befinden sich alle Ringatome auf einer Ebene und die dicker gezeichnete C-C-Bindung ist die, die dem Betrachter am nächsten liegt. Die Bindung der Substituenten (der OH-Gruppen und der endständigen CH_2OH-Gruppe) nach oben oder nach unten zeigt an, ob diese oberhalb oder unterhalb der Ringebene liegen.

Durch die Zyklisierung (Ringbildung) von Glukose können zwei verschiedene Ringstrukturen entstehen, die α- oder die β-Form des Halbacetals. Dies ist für die Bildung von polymeren Kohlenhydraten von großer Bedeutung.

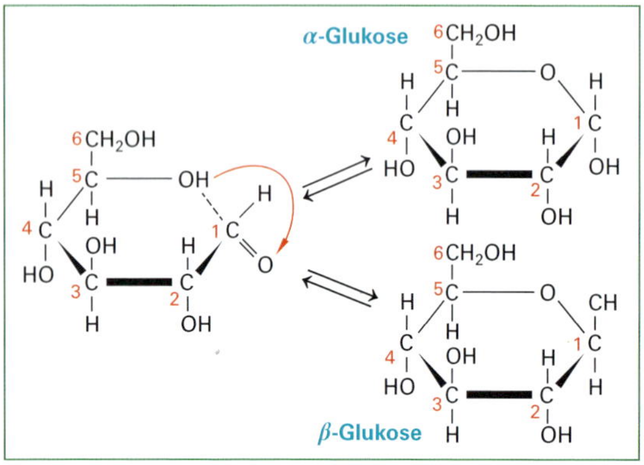

Bild 1
Bildung von geschlossenen Ringstrukturen, der α- und β-Glukose

- Bei der **α-Form** liegt die Hydroxylgruppe, die aufgrund der Ringbildung am C-Atom 1 entsteht, unter der Ringebene.
- Bei der **β-Form** ist die Hydroxylgruppe über der Ringebene angeordnet.

> Die Stellung der **halbacetalischen OH-Gruppe** in der Ringform bestimmt die Zugehörigkeit zur α- oder zur **β-Form** des Zuckermoleküls.

Glykosidbildung

Kondensationsreaktion
Chemische Reaktion, bei der sich zwei Moleküle unter Abspaltung eines einfachen Moleküls (meist Wasser) miteinander verbinden

Glykosidische Bindung
Bindung zwischen dem Ring bildenden Kohlenstoffatom des Zuckers und einer alkoholischen Hydroxylgruppe

Die Hydroxylgruppe des Halbacetals kann in einer **Kondensationsreaktion** unter Wasserabspaltung mit anderen Stoffen, auch mit anderen Monosacchariden, reagieren. Dabei entstehen **Glykoside**. Die chemische Bindung wird als **glykosidische Bindung** bezeichnet.

Werden zwei Zuckermoleküle miteinander kovalent über eine glykosidische Bindung verknüpft, entstehen Disaccharide (Bild 2).

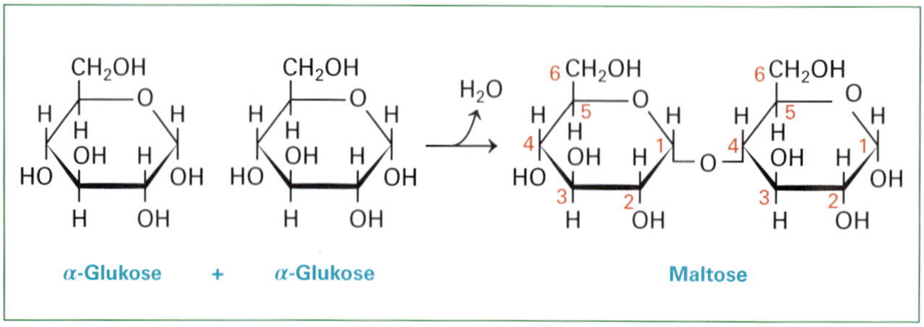

Bild 2 Bildung eines Disaccharids über eine glykosidische Bindung

Da es zahlreiche unterschiedliche Monosaccharide gibt, die auf diese Weise verbunden werden können, kann auch eine Fülle verschiedener Disaccharide entstehen. Reagieren beispielsweise zwei Moleküle α-Glukose miteinander, entsteht Maltose als Disaccharid. Es entsteht eine α-1,4-glykosidische Bindung, da die Hydroxylgruppe am Ring bildenden Kohlenstoffatom (C-Atom 1) des einen Monosaccharids mit der OH-Gruppe in Position 4 eines anderen Zuckers reagiert. 1,4-glykosidische Bindungen sind aus räumlichen Gründen bei Mehrfachzuckern besonders häufig, aber auch andere glykosidische Bindungen wie 1,3 oder 1,6 sind möglich.

Die Hydroxylgruppe des **Halbacetals**, das bei der Zyklisierung von Monosacchariden entsteht, kann mit anderen Zuckern unter Bildung einer **glykosidischen Bindung** reagieren.

Zuckerderivate

In vielen Zellen werden **Derivate** von Zuckern gefunden, die oft Bestandteile von Makromolekülen sind. Denn Saccharide können mit ihren funktionellen Gruppen verschiedene chemische Reaktionen eingehen. Bausteine von polymeren Glykosiden sind häufig **Aminozucker**, bei denen eine Hydroxylgruppe durch eine Aminogruppe (-NH_2) ersetzt ist.

Derivat
Von einer chemischen Verbindung abgeleiteter Stoff mit ähnlicher Molekülstruktur

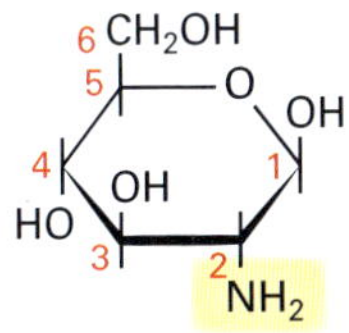

Bild 1
D-Glukosamin

Ein häufiger Aminozucker ist 2-Desoxy-2-Amino-D-Glukose oder vereinfacht D-Glukosamin (Bild 1). Da freie Aminozucker stark basisch reagieren, liegen sie in den Zellen der Organismen oft acetyliert vor: Die Aminogruppe ist wie bei N-Acetyl-D-Glukosamin an Essigsäure gebunden (Bild 2).

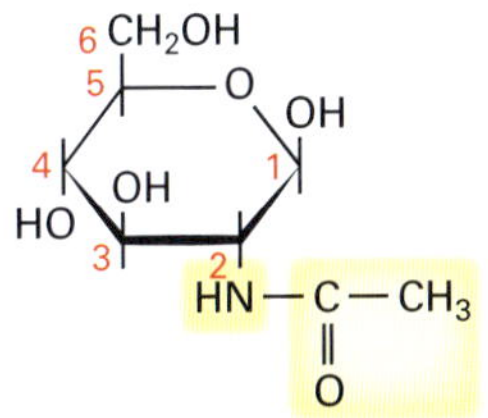

Bild 2
N-Acetyl-D-Glukosamin

Monosaccharide können außerdem an den Enden (z. B. bei Glukose an den C-Atomen 1 und 6) oxidiert werden; dabei entstehen **Zuckersäuren** oder **saure Monosaccharide**. Glukuronsäure ist ein Oxidationsprodukt der D-Glukose, bei der am C-Atom 6 eine Carboxylgruppe (-COOH) statt einer Hydroxylgruppe vorliegt.

Aminozucker, bei denen eine OH-Gruppe durch eine NH_2-Gruppe ersetzt ist, und **Zuckersäuren**, die eine COOH-Gruppe enthalten, sind Bausteine polymerer Kohlenhydrate.

Für den Stoffwechsel sind weiterhin die **Ester** der Monosaccharide mit Phosphorsäure von großer Bedeutung. Sie werden oft als **phosphorylierte Zucker** bezeichnet. Sie entstehen durch die Reaktion von Phosphorsäure mit einer alkoholischen OH-Gruppe unter Abspaltung von Wasser. Phosphorsäureester sind am Aufbau wichtiger Moleküle wie DNA und RNA beteiligt (s. Kap. I.2.4). Bei **Glukose-6-phosphat** (Bild 1, S. 40) ist am sechsten Kohlenstoffatom von Glukose ein Phosphatrest angehängt, wodurch das Zuckermolekül „aktiviert" wird und in einen energiereicheren Zustand umgewandelt wird. Die dafür verbrauchte Energie, die in der Phosphorsäureesterbindung enthalten ist, kann in späteren Reaktionsschritten wieder freigesetzt und genutzt werden.

Ester
Produkt einer Kondensationsreaktion eines Alkohols mit einer organischen oder anorganischen Säure

Phosphorylierung
Anhängen einer Phosphatgruppe an ein organisches Molekül durch ein Enzym

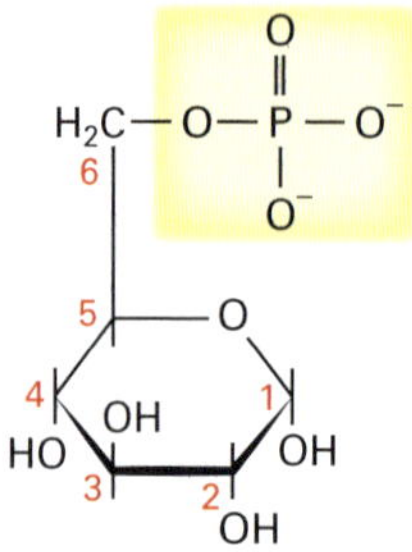

Bild 1 D-Glukose-6-phosphat

Der erste Schritt des Glukoseabbaus in der Glykolyse (s. S. 127) ist die **Phosphorylierung** zu Glukose-6-phosphat. Im Verlauf der Glykolyse treten weitere phosphorylierte Monosaccharide als Zwischenprodukte auf.

Zucker können durch Veresterung mit Phosphorsäure phosphoryliert und damit aktiviert werden. In der **Phosphorsäureesterbindung** ist besonders viel chemische Energie gespeichert.

2.2.2 Einteilung und Funktionen der Kohlenhydrate

Die bekanntesten Zuckerarten, wie Trauben- und Rohrzucker, sind Monosaccharide und Disaccharide. Oligosaccharide enthalten drei bis neun Zuckermonomere. Die Polysaccharide sind kettenförmige Polymere aus Zuckerbausteinen, die sich in der Art der Monomere, Kettenlänge und Anordnung der Zuckerketten unterscheiden. Tabelle 1 zeigt die Kohlenhydrattypen, Vertreter dieser Gruppen und ihr Vorkommen.

Tabelle 1 Einteilung der Kohlenhydrate

	Beispiele	Vorkommen (Auswahl)
Monosaccharide (Einfachzucker)	Glukose (Traubenzucker)	Honig, Obst, Süßwaren
	Fruktose (Fruchtzucker)	Honig, Früchte
	Galaktose (Schleimzucker)	Zellen (Lipide und Mehrfachzucker)
	Ribose	Zellen (RNA-Bestandteil)
	Desoxyribose	Zellkern (DNA-Bestandteil)
Disaccharide (Zweifachzucker)	Maltose (Malzzucker)	Keimendes Getreide, Bier, Brot
	Saccharose (Rohrzucker)	Zuckerrüben, Zuckerrohr, Lebensmittel
	Laktose (Milchzucker)	Milch von Säugetieren, Medikamente
Oligosaccharide (Drei- bis Neunfachzucker)	Raffinose (Dreifachzucker)	Pflanzen, z. B. Leguminosen (Hülsenfrüchtler)
	Stachyose (Vierfachzucker)	Pflanzen, z. B. Leguminosen (Hülsenfrüchtler)
Polysaccharide (Vielfachzucker)	Stärke	Pflanzen (Getreide, Kartoffeln), Gemüse, Mehl
	Dextrine	Stärkeprodukte (Abbauprodukte)
	Glykogen	Leber, Muskeln von Säugetieren
	Zellulose	Pflanzen (Zellwand), Holz, Baumwolle, Papier
	Chitin	Pilze (Zellwand), Insekten (Exoskelett)

Monosaccharide

Unter den Monosacchariden hat die Hexose **Glukose** eine in der Biologie einzigartige Bedeutung. Glukose, welche die Summenformel $C_6H_{12}O_6$ hat, ist mit ihrer endständigen Aldehydgruppe eine Aldose (Bild 1, S. 36). Sie ist der in der Natur am weitesten verbreitete Zucker, der mithilfe des Sonnenlichts in der Fotosynthese produziert wird. Glukose kann von fast allen Organismen als Energie- und Kohlenstoffquelle genutzt werden und ist phosphoryliert zu Glukose-6-phosphat ein zentrales Stoffwechselprodukt.

In der **menschlichen Ernährung** ist der Traubenzucker ebenfalls von großer Bedeutung. Glukose ist der alleinige Baustein vieler polymerer Kohlenhydrate. Weder Glukose noch viele andere Kohlenhydrate sind für den Menschen **essenziell**, da die Körperzellen Zucker aus anderen Nahrungsbestandteilen, wie Proteinen bzw. Aminosäuren, selbst herstellen können.

Essenzielle Stoffe
Lebensnotwendige chemische Verbindungen, die der Körper nicht selbst synthetisieren kann und die mit der Nahrung aufgenommen werden müssen

Ein bekanntes Monosaccharid ist **Fruktose**, die häufig in Früchten vorkommt. Sie hat die gleiche Summenformel wie Glukose, ist aber eine Ketose mit vier C-Ringatomen (Bild 1). Wie Glukose spielt Fruktose in phosphorylierter Form als Phosphorsäureester, wie D-Fruktose-6-phosphat und D-Fruktose-1,6-diphosphat, eine wichtige Rolle im Stoffwechsel. Beide Zucker werden bevorzugt abgebaut und sind wichtige Energielieferanten.

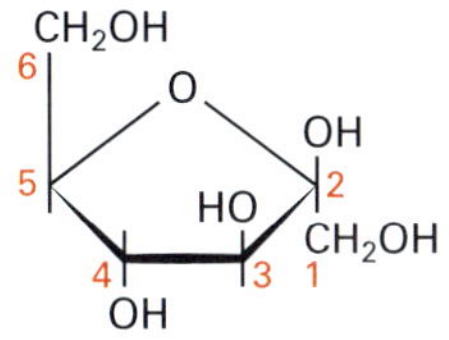

Bild 1 Fruktose

Monosaccharide, vor allem die **Hexosen** Glukose und Fruktose, werden in der Zelle zur Energiegewinnung abgebaut. In phosphorylierter Form sind sie zentrale Stoffwechselprodukte.

Die **Galaktose** ist eine weitere Hexose, die als Baustein des Milchzuckers in den menschlichen Körper gelangt. Pentosen, die wie **Ribose** und **Desoxyribose** Bestandteile der Nukleinsäuren sind, kommen außerdem als Monomere einiger pflanzlicher Polysaccharide wie der **Pentosane** vor.

Pentosane
Polymere aus β-1,4-verknüpften Pentosen, die zu den Hemizellulosen der pflanzlichen Zellwand gezählt werden und als Schleimstoffe bei der Teigbildung von Roggenmehlen eine Bedeutung haben

Was ist eigentlich der „Blutzucker"?

Unter Blutzucker wird gewöhnlich die Konzentration von Glukose im Blut verstanden. Glukose hat als Energielieferant für die Zellen im Körper und deren Stoffwechsel eine überragende Bedeutung. Besonders das Gehirn ist auf die kontinuierliche Zufuhr von Glukose angewiesen. Für den Organismus ist es notwendig, dass die Glukosekonzentration im Blut annähernd gleich bleibt und nicht zu stark schwankt. Die Nahrungsaufnahme und die Verdauung von Kohlenhydraten führen aber dazu, dass nach einer Mahlzeit beträchtliche Zuckermengen in relativ kurzer Zeit das Blutsystem überschwemmen.

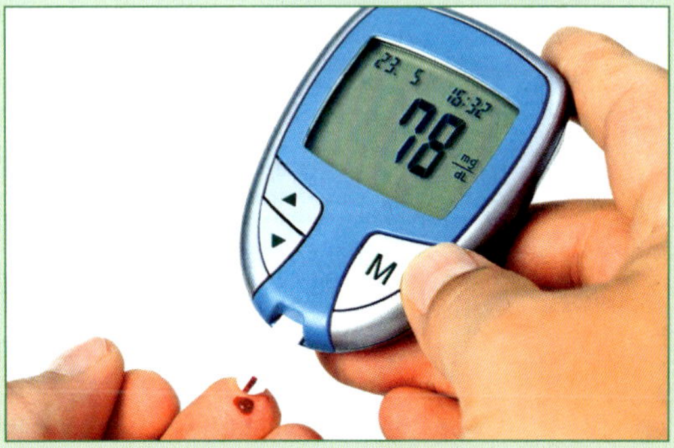

Bild 2 Messung des Blutzuckers

Bei gesunden Menschen liegt der Blutzuckerwert vor dem Essen knapp unter einem Wert von 100 mg/dL (oder 5,6 mmol/L), steigt beim Essen an und ist zwei Stunden danach wieder abgesunken. Dies liegt daran, dass der Blutzuckerspiegel durch verschiedene Hormone reguliert wird. Die wichtigsten dieser Hormone werden in den sogenannten Inselzellen der Bauchspeicheldrüse gebildet:

- **Insulin** ist das Hormon, das den Blutzucker nach Mahlzeiten wieder absenkt, da eine zu hohe Glukosekonzentration im Blut langfristig die Körperzellen schädigt.
- Das Hormon **Glukagon** wird bei einer zu niedrigen Zuckerkonzentration im Blut gebildet und ins Blutsystem abgegeben, um den Blutzucker zu erhöhen. Dieses Hormon aktiviert in der Leber Enzyme, die Glykogen abbauen und Glukosemoleküle freisetzen.

Ist der Blutzuckerwert dauerhaft erhöht, liegt eine **Diabetes**-Erkrankung vor. Bei der „Zuckerkrankheit" handelt es sich um eine Stoffwechselkrankheit, die auf einen Mangel an Insulin bzw. der Wirksamkeit des Insulins zurückzuführen ist. Diabetes sind eigentlich zwei verschiedene Krankheiten. Bei der selteneren Form, der Typ-1-Diabetes, werden bestimmte Drüsenzellen in der Bauchspeicheldrüse zerstört, die auf die Produktion von Insulin spezialisiert sind. Häufiger ist die Typ-2-Diabetes, bei der es zur Insulinresistenz kommt. Insulin wird zwar ausreichend von der Bauchspeicheldrüse ausgeschüttet, die Körperzellen reagieren jedoch weniger empfindlich auf das Hormon, das den Transport von Glukose ins Zellinnere veranlasst. Dadurch bleibt der Glukosegehalt im Blut hoch und schädigt – oft unbemerkt – langfristig die Blutgefäße des Körpers und Organe wie die Niere.

Diabetes entwickelt sich in Deutschland mit rund sechs Millionen Erkrankten zur Volkskrankheit. Bei weiteren Millionen Menschen ist die Krankheit noch nicht erkannt oder es besteht ein hohes Risiko für Diabetes.

Disaccharide

α-Glukosidase
Enzym, das die Abspaltung der Glukose von α-Glukoseketten katalysiert

Hydrolyse
Spaltung einer chemischen Verbindung durch Reaktion mit Wasser

Der Malzzucker, **Maltose**, ist ein Disaccharid aus zwei Glukosemolekülen, die mit einer α-1,4-glykosidischen Bindung gebunden sind (Bild 2, S. 38). Maltose ist ein Abbauprodukt der Stärke und tritt überall dort auf, wo Stärke durch Enzyme, die Amylasen, abgebaut wird. Der Malzzucker ist die Substanz in der Malz, die durch das Quellen und Keimen von Getreide, z. B. beim Bierbrauen, entsteht und von Bierhefen zu Alkohol vergärt werden kann. Dazu wird Maltose im Inneren der Hefezellen durch das Enzym **α-Glukosidase** in zwei Glukosemoleküle **hydrolysiert**.

Die **Zellobiose**, ein Abbauprodukt der Zellulose, ist ebenfalls ein Disaccharid aus zwei Glukosemolekülen, die aber β-1,4-glykosidisch miteinander verknüpft sind (Bild 1). Um eine Sauerstoffbrücke bzw. eine glykosidische Bindung zwischen den OH-Gruppen am C-Atom 1 des einen Zuckermoleküls und am C-Atom 4 des zweiten Moleküls zu bilden, ist das zweite Molekül um 180° gedreht. Dadurch stehen sich die OH-Gruppen, die die Bindung eingehen, direkt gegenüber.

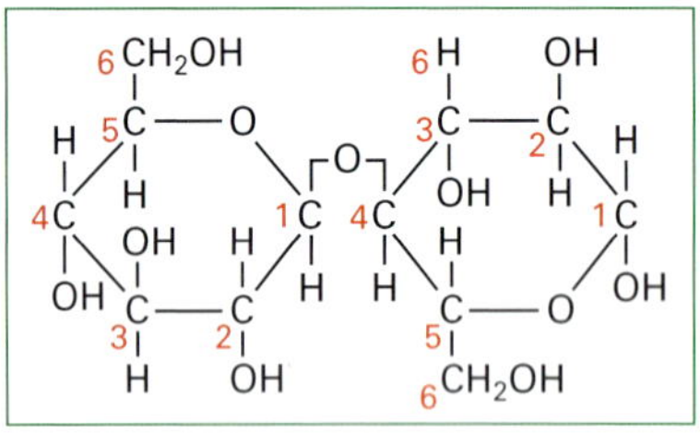

Bild 1 **Zellobiose**

Saccharose ist ein Disaccharid, das als Rohrzucker, Rübenzucker oder Haushaltszucker bekannt ist. Es besteht aus den Monosacchariden α-D-Glukose und β-D-Fruktose, die über eine 1,2-glykosidische Bindung verbunden sind. Die Saccharose ist bei Pflanzen die Kohlenhydratform, die über größere Wege transportiert wird, da sie wie auch andere Mono- und Disaccharide gut wasserlöslich ist. Da Saccharose eine hohe Süßkraft hat, wird sie in der Lebensmittelverarbeitung zum Süßen von Speisen genutzt. Rohrzucker kann aus Zuckerrohr oder aus Zuckerrüben gewonnen werden.

Laktose, die aus den Molekülen D-Galaktose und D-Glukose zusammengesetzt ist, kommt in der Milch von Säugetieren sowie in Milchprodukten vor. Laktose kann von vielen Bakterien als Energiequelle genutzt werden; auch Menschen sind hierzu in der Lage. Dazu muss Laktose zuerst in D-Galaktose und D-Glukose gespalten werden. Bei der menschlichen Verdauung wird das Enzym Laktase dafür benötigt. Viele Menschen, bei denen eine **Laktoseintoleranz** vorliegt, können das Enzym nur noch in geringer Menge bilden.

Disaccharide bestehen aus zwei Zuckern, die durch eine glykosidische Bindung verknüpft sind. Maltose, Saccharose und Laktose sind häufig auftretende Disaccharide, die für die menschliche Ernährung von Bedeutung sind.

Bild 1
Rohrzucker in verschiedenen Sorten

Oligosaccharide

Oligosaccharide bestehen aus drei bis neun Einfachzuckermolekülen. Beispiele sind die **Raffinose**, ein Trisaccharid aus Glukose, Fruktose und Galaktose, sowie die **Stachyose**, ein Tetrasaccharid mit einem weiteren Galaktosebaustein. Diese Oligosaccharide kommen in Pflanzen vor, hauptsächlich in Hülsenfrüchten wie Erbsen, Bohnen und Sojabohnen. Da sie im menschlichen Dünndarm nicht in größerem Maße abgebaut werden, gelangen sie in den Dickdarm, wo sie von der **Darmflora** genutzt werden. Die Kohlenhydrate können durch spezielle Bakterien vergärt werden. Dabei entwickeln die Bakterien Gase wie Kohlenstoffdioxid, die zu Blähungen führen können.

Darmflora
Gesamtheit der Mikroorganismen, die den Darmtrakt, in erster Linie den Dickdarm, besiedeln

Oligosaccharide können auch an Proteinen kovalent gebunden sein, die dann **Glykoproteine** genannt werden. Proteine mit einer spezifischen Kohlenhydratkette, in denen acht verschiedene Zuckermonomere enthalten sein können, sind in eukaryontischen Zellen weitverbreitet und wichtig für Erkennungsprozesse und zur Signalübertragung.

Oligosaccharide, die aus drei bis neun Zuckerbausteinen bestehen, bilden den kovalent angehängten Kohlenhydratanteil von Glykoproteinen.

Polysaccharide

Kohlenhydrate können als Polymere vorliegen, die Polysaccharide genannt werden. Zellulose, Stärke und Glykogen sind bekannte Vertreter der Polysaccharide. Sie weisen völlig unterschiedliche Funktionen auf, obwohl sie alle aus Glukose als Grundbaustein bestehen. Polysaccharide können entsprechend ihrer Funktion im Organismus unterteilt werden:

- **Gerüstsubstanzen** sind z. B. Zellulose, Chitin und Mucopolysaccharide, die der Bildung zellulärer Strukturen (z. B. der Zellwand) dienen oder den **extrazellulären Raum** von **Geweben** ausfüllen.
- **Reservestoffe** sind z. B. Stärke und Glykogen, die über längere Zeiträume gespeichert werden können und bei Bedarf in den Stoffwechsel fließen.

Extrazellulär Raum
Raum außerhalb der Zellen

Gewebe
Verband von relativ gleichartigen Zellen mit gleicher Funktion

Polysaccharide, Polymere aus zahlreichen Zuckerbausteinen, werden von Organismen als Gerüstsubstanzen oder als Reservestoffe benutzt.

Die Gerüstsubstanz **Zellulose** ist das auf der Erde am weitesten verbreitete Polysaccharid. Das Polymer ist in den **Zellwänden** von pflanzlichen Zellen als Hauptbestandteil zu finden, sowohl in verholzenden als auch in nicht verholzenden Pflanzen. Zellulose wird von den Pflanzen in weitaus größeren Mengen als der Reservestoff Stärke synthetisiert. Tabelle 1, S. 44, zeigt, dass sich Pflanzen und Tiere in der Zusammensetzung der Biomasse deutlich unterscheiden. Pflanzen besitzen außer Zellulose weitere Strukturpolysaccharide wie **Pektine**. Hingegen dominieren in tierischen Lebewesen neben Proteinen die Reservestoff-Kohlenhydrate.

Pektin
Aus Galacturonsäure aufgebautes Zellwandpolymer, als Gelier- und Bindemittel in Lebensmitteln eingesetzt

Tabelle 1 Makromoleküle in Pflanzen und Tieren (Trockenbiomasse)

Bestandteil	Anteil in Pflanzen	Anteil in Tieren
Zellulose (Polysaccharid)	30 % ... 50 %	-
Pektin (Polysaccharid)	3 % ... 10 %	-
Stärke (Polysaccharid)	2 % ... 3 %	-
Glykogen und andere tierische Polysaccharide	-	5 % ... 10 %
Lignin	15 % ... 30 %	-
Proteine	2 % ... 5 %	50 % ... 80 %
Lipide, Fette	2 % ... 5 %	10 % ... 5 %
DNA bzw. RNA	2 %	5 %

In der Zellulose sind einige Tausend β-Glukosemoleküle zu langen, nicht verzweigten Ketten verknüpft (Bild 1). Die β-1,4-glykosidische Bindung der Glukosemonomere führt, wie bei der Zellobiose, dazu, dass die aufeinanderfolgenden Glukosebausteine jeweils um 180° gegeneinander verdreht sind. Dadurch können die Makromoleküle lange, gerade Ketten bilden, die in sogenannten **Mikrofibrillen** parallel zueinander liegen. Die benachbarten Zuckerpolymere sind durch Wasserstoffbrücken miteinander verbunden, an denen die OH-Gruppen und die O-Atome der glykosidischen Bindung beteiligt sind. Dadurch dass die OH-Gruppen der Zellulosemoleküle solche H-Brücken bilden, sind sie für andere Bindungspartner wie Wassermoleküle blockiert. Aus diesem Grund sind Zellulosefasern wasserabstoßend und können im Gegensatz zur Stärke kaum in Wasser aufquellen.

Kristall
Körper, dessen Atome oder Moleküle regelmäßig und gitterartig angeordnet sind (z. B. NaCl-Kristall)

Die β-Glukoseketten der Mikrofibrillen sind wiederum Bestandteil größerer Fibrillen, die zusammen die mikroskopisch sichtbaren **Zellulosefasern** bilden. Da die Gerüstpolymere in der Zellwand sehr dicht und gleichmäßig aneinander gelagert sind, können sie **kristall**artige Bereiche bilden. Diese Zellulosestruktur ist eine wesentliche Ursache für die enorme Festigkeit pflanzlicher Zellen und Gewebe. Sie sorgt dafür, dass Zellulose gegenüber Reaktionspartnern gut abgeschirmt ist und einen schlechten Angriffsort für chemische Reaktionen oder die Anlagerung von Enzymen darstellt.

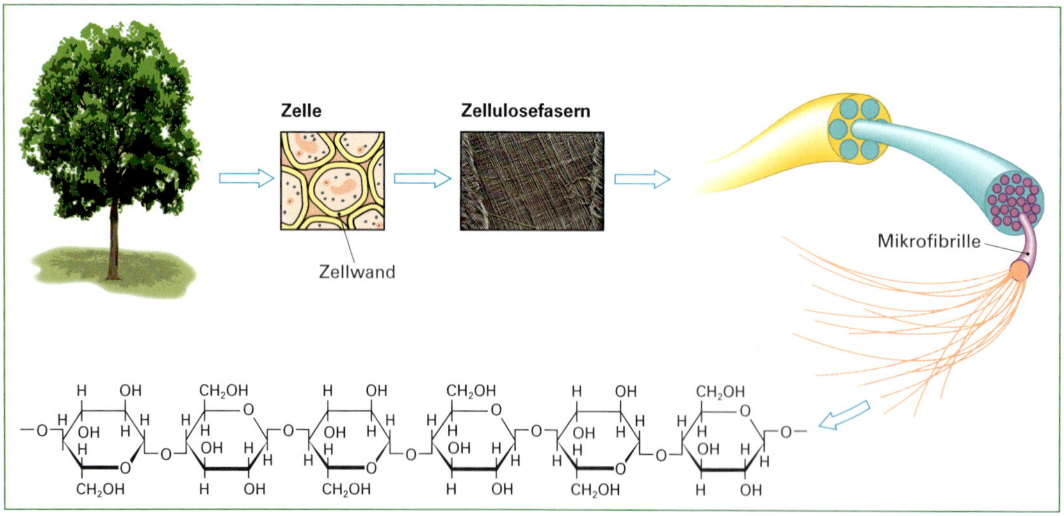

Bild 1 **Vorkommen und Aufbau von Zellulose**

Zellulose findet technisch z. B. in der Papierindustrie und als Baumwolle in der Textilbranche breite Verwendung.

Zellulose, der Grundstoff pflanzlicher Zellwände und das häufigste Polysaccharid der Erde, besteht aus unverzweigten, linearen Ketten, die β-1,4-glykosidisch verbundene Glukosemonomere enthalten. Die Zellulosemoleküle lagern sich bei der Bildung pflanzlicher Zellwände zu regelmäßig strukturierten Mikrofibrillen zusammen.

Chitin ist das nach Zellulose am weitesten verbreitete Polysaccharid. Die monomeren Baueinheiten des Chitins sind N-Acetyl-D-Glukosamin-Moleküle (s. S. 39), die wie die Zellulose β-1,4-verknüpft vorliegen. Chitin weist große strukturelle Ähnlichkeiten zu Zellulose auf; es bildet ebenfalls lange lineare Moleküle. In der Natur kommt Chitin vor allem in den Zellwänden vieler Pilze und bei den **Arthropoden** vor. Dort bildet es zusammen mit anderen Substanzen das Exoskelett, die feste äußere Hülle. Diese wird beim Wachstum der Organismen regelmäßig abgeworfen und neu gebildet.

Aus Chitin kann durch Entfernung der Acetylgruppen (Deacetylierung) z. B. mit starken Laugen **Chitosan** gewonnen werden, ein in der chemischen Industrie begehrter Rohstoff.

Arthropoden, Gliederfüßer
Tierstamm mit Organismen, deren Körper in Segmente aufgeteilt sind (Insekten, Tausendfüßer, Krebstiere, Spinnentiere)

Das Strukturpolysaccarid **Chitin**, das aus N-Acetyl-D-Glukosamin-Einheiten zusammengesetzt ist, ist ein wichtiger Bestandteil der Zellwände vieler Pilze und des Exoskeletts der Arthropoden.

Mucopolysaccharide (Glykosaminoglykane) sind saure Polysaccharide, die linear aus sich wiederholenden Disacchariden aufgebaut sind. Die **Hyaluronsäure** ist ein wichtiger Vertreter dieser bei Menschen und Tieren vorkommenden Gerüstsubstanzen. Sie besteht aus β-1,3-glykosidisch verbundenen Disaccharideinheiten aus Glukuronsäure (s. S. 39) und N-Acetylglukosamin (Bild 1), von denen wiederum bis zu 100000 Einheiten über β-1,4-glykosidische Bindungen zu Ketten verknüpft sind.

Die Hyaluronsäure ist Bestandteil des Bindegewebes. Sie wird vor allem in der Haut, im **Knorpel** und im **Glaskörper** des Auges gefunden. Die wasserreiche gelartige Substanz hat die Funktion eines Schmiermittels. Sie dient der Verringerung von Reibung und damit von Verschleiß. Die Moleküle der Hyaluronsäure besitzen ein hohes Wasserbindungsvermögen. Sie können ein Wasservolumen binden, das 10000-mal größer ist als das Eigenvolumen.

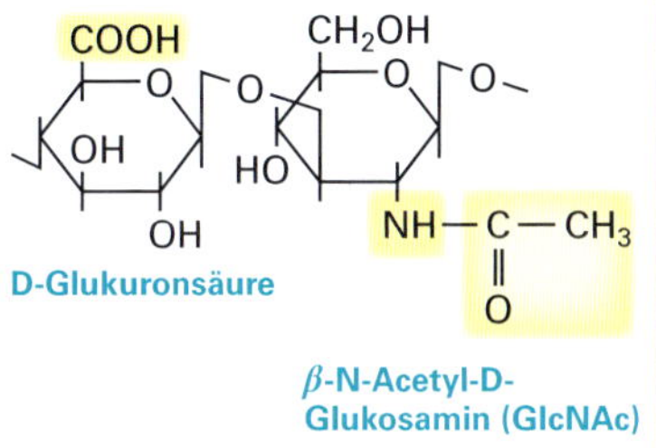

Bild 1 **Disaccharideinheit der Hyaluronsäure**

Knorpel
Festes und druckelastisches Stützgewebe, eine spezielle Form des Bindegewebes, das aus Knorpelzellen und umgebenden Substanzen besteht

Glaskörper
Bestandteil der Augen von gelartiger, durchsichtiger Beschaffenheit, der zwischen Linse und Netzhaut liegt

Mucopolysaccharide können auch kovalent an Proteine gebunden sein. Die Makromoleküle werden dann **Proteoglykane** genannt. Ihr Polysaccharid- oder Glykananteil ist mit 80 bis 94 % größer als der Peptidanteil.

Mucopolysaccharide bestehen aus Disaccharideinheiten, die eine Zuckersäure, wie z. B. die Glukuronsäure, und einen Aminozucker enthalten. Das Mucopolysaccharid **Hyaluronsäure** hat beim Menschen als Gerüstsubstanz in Bindegeweben eine wichtige Funktion.

Gerüstpolymere wie z. B. Zellulose können im menschlichen Darmtrakt nicht oder nur begrenzt verdaut werden. Die unverdaulichen pflanzlichen Polysaccharide in der Nahrung werden **Ballaststoffe** genannt. Sie können zum Teil von der menschlichen Bakterienflora im Dickdarm genutzt werden.

Von **Wiederkäuern** können viele Gerüstpolymere verwertet werden, bei denen Bakterien in einer Kammer ihres Magens, dem **Pansen**, angesiedelt sind. Diese Mikroben können die β-glykosidischen Bindungen der Strukturkohlenhydrate aufbrechen. Sie setzen beim Abbau der Glukose Stoffwechselprodukte wie kurze Fettsäuren frei, die vom tierischen Körper genutzt werden.

Pansen
Der größte der Wiederkäuermägen, in dem pflanzliche Polysaccharide durch anaerobe Bakterien abgebaut werden

Ballaststoffe sind für den Menschen unverdauliche Polysaccharide (Gerüstpolymere), die im **Pansen** von Wiederkäuern durch Bakterien verwertet werden können.

Amylasen
Amylasen sind Enzyme, die glykosidische Bindungen der Stärke in Oligosaccharid- bzw. Disaccharideinheiten aufspalten

Resorption
Aufnahme von Nahrungsbestandteilen im Darm, um mit dem Blut im Körper verteilt zu werden

Andere Polysaccharide dienen Pflanzen wie Tieren als Reservestoff und Energiespeicher. In Pflanzen und Pflanzenprodukten wie Kartoffeln und Gemüse sowie in Getreideprodukten wie Brot und Reis sind Polysaccharide in Form von **Stärke** enthalten (Bild 1).

Stärke besteht aus α-Glukosemolekülen, die zu langen Molekülen miteinander verknüpft sind. Sie enthält zwei verschiedene Polymerfraktionen:

- **Amylose** ist ein aus linearen Glukoseketten mit α-1,4-glykosidischen Bindungen bestehendes Polysaccharid, das aufgrund der Bindungsgeometrie eine schraubenförmige Gestalt einnimmt, die durch Wasserstoffbrückenbindungen stabilisiert wird.
- **Amylopektin** ist mit 70 bis 80 %igem Anteil der Hauptbestandteil der natürlichen Stärke, der aus verzweigten Ketten besteht und α-1,4- sowie α-1,6-glykosidische Verknüpfungen aufweist.

Der Reservestoff der Pflanzen **Stärke** ist aus zahlreichen α-Glukosemolekülen aufgebaut. Stärke besteht aus der linearkettigen **Amylose**, in der Glukosemoleküle α-1,4-glykosidisch verknüpft sind, und aus dem verzweigten **Amylopektin.**

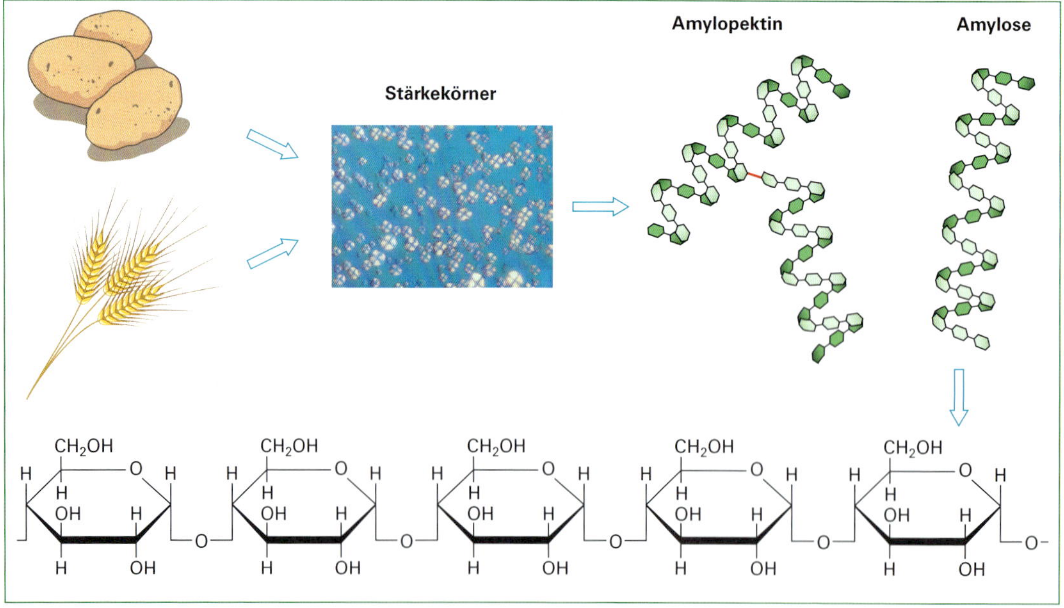

Bild 1
Vorkommen und Aufbau von Stärke

Stärke kann im Labor gut mit **Iod** nachgewiesen werden. Die Schraubenstruktur der Amylose führt dazu, dass nach Iodzugabe eine Blau- bzw. Violettfärbung eintritt. Aus Iodmolekülen aufgebaute Atomketten lagern sich passgenau in den kanalartigen Hohlraum der Amylosehelix ein.

Stärke ist für den **Energiehaushalt** des Menschen von großer Bedeutung. Im Verdauungssystem, vorwiegend im Dünndarm, werden die Polymere durch **Amylasen** in Oligosaccharide, und dann durch weitere Enzyme in Maltose- und Glukosemoleküle gespalten, die durch **Resorption** ins Körperinnere gelangen.

Wird Stärke aus Pflanzenmaterial gewonnen und gereinigt, liegt sie als native (chemisch nicht modifizierte) Stärke in Form von Körnern oder als weißes Pulver vor. Native Stärke ist in kaltem Wasser nicht löslich. In heißem Wasser beginnt ab einer Temperatur von etwa 60 °C ein Prozess, der **Verkleisterung** genannt wird: Die Stärkekörner platzen auf, Wasserstoffbrücken werden gelöst, die Stärke ändert ihre strukturelle Anordnung und bindet ein Vielfaches ihres Eigengewichtes an Wasser.

Insbesondere **modifizierte Stärken** sind ein wichtiges Verdickungsmittel in der Lebensmittelindustrie. Bei der Spaltung von Stärke durch Amylasen in technischen Prozessen und während der Verdauung im Dünndarm entstehen Stärkebruchstücke, die **Dextrine** genannt werden.

Modifizierte Stärken
Durch physikalische, enzymatische oder chemische Verfahren hergestellte Stärkeprodukte mit veränderten Eigenschaften

Glykogen ist wie Amylopektin aus verzweigten α-Glukoseketten mit bis zu 100 000 Glukosebausteinen aufgebaut. Glykogen ist allerdings deutlich stärker verzweigt als Amylopektin. Es hat im menschlichen und tierischen Körper die gleiche Reservestofffunktion wie Stärke bei Pflanzen. Bei Überschuss von Traubenzucker im Blut wird Glykogen in der Leber und in den Muskeln gebildet und gespeichert.

> **Glykogen**, das im Organismus von Tieren als Energiespeicher synthetisiert wird, ist wie Amylopektin verzweigtkettig aus α-Glukose aufgebaut.

2.3 Lipide

Lipide sind organische Substanzen mit unterschiedlichem chemischem Aufbau. Gemeinsam ist ihnen, dass sie sich in Wasser nicht oder nur geringfügig, in organischen **Lösemitteln** wie Ethanol oder **Hexan** jedoch meist gut lösen. Sie erfüllen in den Zellen der Organismen bei der Energiespeicherung, beim Aufbau von Zellmembranen und als Signalmoleküle wichtige Funktionen.

Lösemittel, Lösungsmittel
Flüssigkeit (häufig: Wasser), die andere Stoffe lösen kann, ohne sie chemisch zu verändern

Hexan
Aliphatischer Kohlenwasserstoff mit 6 C-Atomen (C_6H_{14}), der z. B. in Erdöl und Benzin vorkommt

Lipide besitzen lange Kohlenwasserstoffketten, die ihnen hydrophobe (lipophile) Eigenschaften verleihen und sie unlöslich in Wasser machen. Zahlreiche Lipide sind **amphiphil**, da sie zusätzlich zum hydrophoben Molekülteil eine hydrophile Gruppe aufweisen. Diese Lipide befinden sich vor allem in Biomembranen.

Amphiphile Stoffe
Stoffe, die sowohl hydrophile als auch hydrophobe Eigenschaften besitzen

Aufgrund ihres chemischen Aufbaus werden Lipide in folgende Gruppen eingeteilt:

- **Fettsäuren** sind langkettige organische Säuren, die überall bei Lebewesen vorhanden sind, meist als Bausteine von Lipiden.
- **Fette (Neutralfette)** sind aus Glyzerin und Fettsäuren gebildete Verbindungen (Triacylglyzeride), die bei Tieren und Pflanzen vorkommen.
- **Wachse** sind glyzerinlose Stoffe von harter, fester Struktur, die von Tieren und Pflanzen gebildet werden.
- **Phospholipide** sind weitverbreitete Strukturkomponenten der Membranen.
- **Glykolipide** sind Zucker enthaltende Lipide, die oft in eukaryontischen Zellmembranen vorkommen.
- **Etherlipide** sind in den Membranen von Archaeen (s. Kap. II.1.2) vorkommende Strukturelemente.
- **Lipopolysaccharide** sind Bestandteile der Zellhülle vieler Bakterien mit langen Kohlenhydratketten, die als **Endotoxin** wirken.
- **Isoprenoide** sind aus Isopreneinheiten aufgebaut, enthalten zumeist keine Fettsäuren und sind bei Pflanzen sowie Tieren weitverbreitet.

Endotoxin
Beim Zerfall von Bakterien frei werdende Giftstoffe, die Entzündungsreaktionen in Gang setzen

Lipide sind Naturstoffe mit ähnlichen Eigenschaften, aber unterschiedlicher chemischer Struktur. Sie sind vollständig oder weitgehend hydrophob und damit wasserunlöslich.

2.3.1 Fettsäuren

Monocarbonsäuren
Chemische Verbindungen, die eine Carboxylgruppe (-COOH) besitzen

Fettsäuren sind **Monocarbonsäuren** mit zumeist unverzweigten, langen Kohlenwasserstoffketten. Die Carboxylgruppe befindet sich am Ende der Kette (Bild 1) und hat polaren Charakter, da sie als Säure ein Proton abgeben kann. Freie (nicht gebundene) Fettsäuren liegen bei physiologischen pH-Werten aufgrund Deprotonierung der Carboxylgruppe als Anionen vor. Der Rest der Fettsäure, der nur aus Kohlenstoff- und Wasserstoffatomen besteht, verhält sich unpolar oder hydrophob.

Fettsäuren sind Monocarbonsäuren, die aus einer Carboxylgruppe und einer hydrophoben langen Kohlenstoffkette bestehen.

Tab. 1, S. 49, zeigt wichtige Vertreter dieser Gruppe. Fettsäuren unterscheiden sich in der **Kettenlänge**. In Nahrungsfetten kommen Fettsäuren mit 16 oder 18 C-Atomen besonders häufig vor. Aufgrund der Synthese aus C_2-Einheiten, nämlich Essigsäureresten, in den Zellen der Organismen haben natürliche Fettsäuren immer eine gerade Anzahl von C-Atomen.

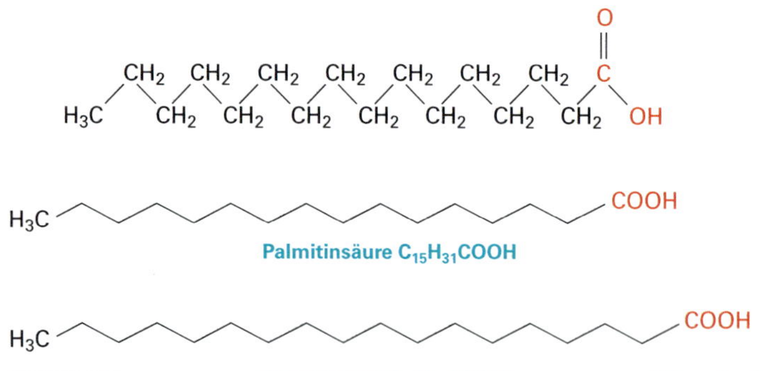

Bild 1
Strukturformeln von Fettsäuren (ausführliche und vereinfachte Darstellung)

Gesättigte und ungesättigte Fettsäuren

Fettsäuren können eine oder sogar mehrere **C-C-Doppelbindungen** aufweisen. Sie werden entsprechend als einfach oder mehrfach ungesättigt bezeichnet. Fettsäuren ohne Doppelbindung sind gesättigt.

Gesättigte Fettsäuren besitzen keine, ungesättigte eine oder mehrere **C-C-Doppelbindungen.**

Konfiguration
Räumliche Struktur eines Moleküls (ohne Berücksichtigung der Möglichkeiten, die sich durch Rotationen um Einfachbindungen ergeben)

Weisen die Kohlenstoffatome der Doppelbindung unterschiedliche Reste auf, sind zwei verschiedene räumliche Atomanordnungen möglich. Diese werden als ***cis-trans*-Isomerie** bezeichnet (Bild 1, S. 49). Während die C-C-Einfachbindungen von gesättigten Fettsäuren frei drehbar sind, ist eine Drehung der C-C-Doppelbindung ungesättigter Fettsäuren nicht möglich.

Natürlich vorkommende ungesättigte Fettsäuren besitzen überwiegend Doppelbindungen mit der *cis*-**Konfiguration**, wie beispielsweise die in Fetten mengenmäßig wichtigste Fettsäure, die einfach ungesättigte Ölsäure.

***Cis*-ungesättigte Fettsäuren** weisen an der *cis*-Doppelbindung einen Knick in der Kette auf. Dadurch werden die hydrophoben Wechselwirkungen (Van-der-Waals-Kräfte) zu anderen Molekülen abgeschwächt und die Kohlenwasserstoffketten können miteinander keine dicht gepackten Strukturen bilden.

Tabelle 1 Häufig vorkommende natürliche Fettsäuren

Fettsäure	Anzahl der C-Atome	Anzahl der Doppelbindungen
Laurylsäure	12	0
Myristinsäure	14	0
Palmitinsäure	16	0
Stearinsäure	18	0
Palmitoleinsäure	16	1 *cis*
Ölsäure	18	1 *cis*
Elaidinsäure	18	1 *trans*
Linolsäure	18	2 *cis*
Linolensäure	18	3 *cis*
Arachidonsäure	20	4 *cis*

Neben *cis*-ungesättigten Fettsäuren kommen in der Natur auch Fettsäuren mit *trans*-konfigurierten Doppelbindungen vor, sogenannte ***trans*-Fettsäuren**, wie beispielsweise die Elaidinsäure, das *trans*-Isomer der Ölsäure. *Trans*-Fettsäuren liegen in weitgehend gestreckter Konformation vor und ähneln in ihrer räumlichen Struktur einer gesättigten Fettsäure.

Einige Bakterienarten sind in der Lage *trans*-Fettsäuren zu synthetisieren bzw. *cis*-Fettsäuren in die *trans*-Isomere umzuwandeln. Diese Bakterien sind besonders zahlreich im Pansen der Wiederkäuer vertreten. Deshalb sind im Milchfett *trans*-Fettsäuren enthalten, die bis zu sechs Prozent der Fettsäuren in Milchprodukten ausmachen. Außerdem entstehen *trans*-Fettsäuren bei der **Fetthärtung** zur Herstellung von Margarine und beim Erhitzen von Pflanzenölen bei einer Temperatur von ca. 130 °C.

Fetthärtung
Technisches Verfahren, um flüssige pflanzliche Öle in feste, streichfähige Fette umzuwandeln

Die Doppelbindung der meisten natürlichen Fettsäuren liegt in der ***cis*-Form** vor. Von einigen Bakterien können auch Fettsäuren mit ***trans*-Form** der Doppelbindung gebildet werden.

Mehrfach ungesättigte Fettsäuren

Mehrfach ungesättigte Fettsäuren, wie Linolsäure, Linolensäure und Arachidonsäure (s. Tabelle 1), enthalten ausschließlich *cis*-Doppelbindungen. Um die Positionen der Doppelbindungen in der Kohlenstoffkette zu kennzeichnen, werden die C-Atome durchnummeriert. Dabei gibt es zwei Zählweisen: Entweder wird beim C-Atom der Carboxylgruppe (COOH) (Delta-Fettsäuren) oder beim endständigen C-Atom der Kohlenstoffkette (**Omega**-Fettsäuren) mit der Nummerierung der C-Atome begonnen.

Omega (ω)
Letzter Buchstabe (Ende) des griechischen Alphabets

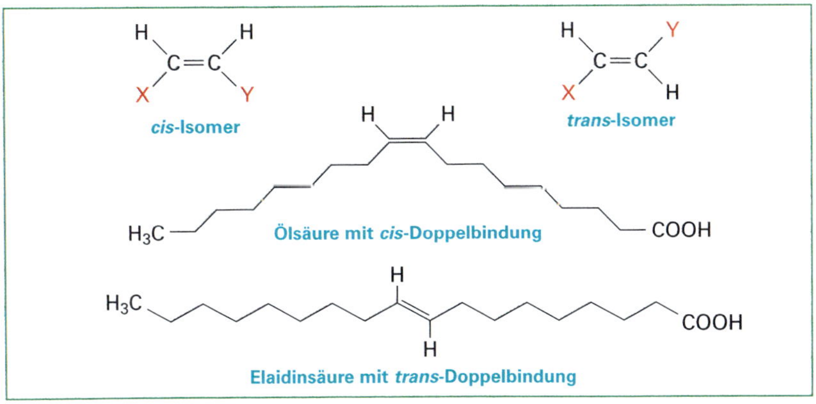

Bild 1
***Cis*-*trans*-Isomerie bei ungesättigten Fettsäuren**

Beispielsweise ist die dreifach ungesättigte Fettsäure α-Linolensäure eine Omega-3-Fettsäure mit der ersten Doppelbindung am dritten C-Atom, vom Methylende aus gesehen. Nach der zweiten Schreibweise, die in Bild 1 dargestellt ist, wird die Fettsäure α-Linolensäure als C18:3(9c,12c,15c) gekennzeichnet (18 = Kettenlänge, 3 = Zahl der Doppelbindungen, c = *cis*).

Bild 1 α-Linolensäure als Delta-Fettsäure geschrieben

Mehrfach ungesättigte Fettsäuren werden vom menschlichen Organismus für viele Stoffwechselprozesse benötigt. Allerdings können sie vom Menschen nicht selber synthetisiert werden und müssen mit der Nahrung aufgenommen werden; sie werden als **essenzielle Fettsäuren** bezeichnet. Mehrfach ungesättigte Fettsäuren werden oft nach der Position, an der die erste Doppelbindung in den Fettsäuremolekülen steht, eingeteilt:

Kardiovaskuläre Krankheiten Erkrankungen des Herz-Kreislauf-Systems

- **Omega-3-Fettsäuren**, wie α-Linolensäure, Docosahexaensäure und Eicosapentaensäure: Besonders die beiden letztgenannten Fettsäuren sollen bei der Entstehung von **kardiovaskulären Krankheiten** beteiligt sein. Eicosapentaensäure dient zur Bildung reaktiver Signalstoffe im Körper, die **Eicosanoide**. Sie haben Einfluss auf Entzündungsprozesse, das Immunsystem, die Blutgerinnung und die Regulation des Blutdrucks.
- **Omega-6-Fettsäuren**, wie Linolsäure und Arachidonsäure: Letztere, eine Fettsäure mit 20 C-Atomen und vier Doppelbindungen, ist das Ausgangsmolekül für die Bildung verschiedener anderer Eicosanoide wie z. B. der Prostaglandine und Leukotriene, die wahrscheinlich eine Rolle bei entzündlichen Prozessen im Körper spielen.

Mehrfach ungesättigte Fettsäuren sind für den Menschen essenziell und können nicht von ihm synthetisiert werden. Sie sind Ausgangsverbindungen für die Entstehung wichtiger Signalstoffe des Körpers.

2.3.2 Neutrale Lipide (Fette, Öle, Wachse)

Ester Produkt einer Kondensationsreaktion aus einem Alkohol und einer organischen oder anorganischen Säure

Acylgruppe Funktionelle Gruppe mit der Struktur R-(C=O)-, wobei R die C-Kette einer Fettsäure sein kann

Fette, Öle und Wachse sind Reaktionsprodukte der Fettsäuren mit Alkoholen. Die Carboxylgruppe der Fettsäuren reagiert unter Abspaltung von Wasser mit der alkoholischen OH-Gruppe, wobei eine **Esterbindung** entsteht. Sie werden oft als neutrale oder unpolare Lipide bezeichnet, da sie hydrophobe Stoffeigenschaften besitzen und unpolar sind.

Fette und Öle

Fette sind für viele Organismen energiereiche Speichersubstanzen, die auch bei der menschlichen Ernährung von großer Bedeutung sind. Die Verbindungen werden Triacylglyzerine, Triacylglyzeride oder Triglyzeride genannt. Die Moleküle enthalten drei **Acylgruppen**, die von drei meist unterschiedlichen Fettsäuren herrühren, die über Esterbindungen mit Glyzerin verknüpft worden sind (Bild 1, S. 51). Glyzerin ist ein Alkohol, der drei reaktionsfähige OH-Gruppen enthält, die mit Carbonsäuren reagieren können. Da die Ester, die Triacylglyzerine, keine elektrische Ladung tragen, werden sie auch als **Neutralfette** bezeichnet.

Neutralfette, Ester des Glyzerins mit drei Fettsäuren, werden auch Triglyzeride oder Triacylglyzerine genannt.

Triglyzeride können hydrolysiert werden. Hierbei entstehen in einem Prozess, der **Verseifung** genannt wird, Glyzerin und die Salze der Fettsäuren.

Fette, die als Lebensmittel von Bedeutung sind, können bei Raumtemperatur fest oder flüssig vorliegen. Fette, die bei Raumtemperatur flüssig sind, werden Öle genannt. Die natürlichen Fette enthalten Mischungen aus Triglyzeriden, d. h. die Moleküle sind nicht einheitlich mit Fettsäuren verestert. Die Fettmoleküle können gesättigte und ungesättigte Fettsäuren enthalten, die von unterschiedlicher Kettenlänge sein können. Die Fettsäurezusammensetzung hat entscheidenden Einfluss auf die **Schmelztemperatur** der Fette bzw. auf das Temperaturintervall, in dem es zu Fetterweichung kommt.

Die **Fettsäurezusammensetzung** und damit die Schmelztemperatur der Lebensmittelfette hängt z. B. davon ab, welches Tier oder welche Pflanze die Fette aufgebaut hat.

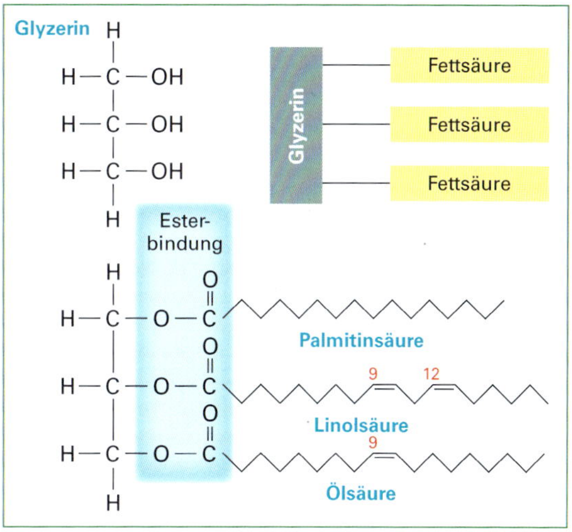

Bild 1
Aufbau von Triglyzeriden

- Triglyzeride, die aus **Tieren** stammen (z. B. Butter oder Schmalz), sind bei Raumtemperatur fest, da sie einen hohen Anteil an gesättigten Fettsäuren aufweisen.
- Öle, Fette **pflanzlicher** Herkunft, sind bei Raumtemperatur flüssig, weil sie überwiegend einfach oder mehrfach ungesättigte Fettsäuren enthalten. Beispielsweise besteht Olivenöl zu über 70 % aus Ölsäure, einer einfach ungesättigten Fettsäure.

Die Schmelztemperatur der Fette ist außerdem von der Kettenlänge der Fettsäuren abhängig. Je länger die Kohlenstoffkette einer Fettsäure ist, desto höher ist die Schmelztemperatur der Fette.

Verseifung
Hydrolytische Spaltung der Fette z. B. durch Alkali zu Glyzerin und den Alkalisalzen der Fettsäuren, die Seifen genannt werden

Aufgrund der **Fettsäurezusammensetzung** unterscheiden sich Fette in der **Schmelztemperatur**. Bei Raumtemperatur feste Fette haben einen hohen Anteil an gesättigten Fettsäuren, während die Triglyzeride der flüssigen Öle zahlreiche ungesättigte Fettsäuren besitzen und bei Raumtemperatur flüssig vorliegen.

Wachse

Wachse sind Ester langkettiger, unverzweigter **einwertiger Alkohole** mit einer oft sehr langen Fettsäure; sie sind keine Ester des Glyzerins. Dabei kann die Kettenlänge von Alkohol und Fettsäure unterschiedlich sein. Die Anzahl der C-Atome kann bei beiden Molekülen über 30 betragen.

Wachse haben einen erheblich höheren Schmelzpunkt als Fette und dienen auch nicht als Energiespeicher. Sie bilden beispielsweise in Pflanzen hydrophobe Barrieren wie die **Cuticula**, die den Durchtritt von Wassermolekülen verhindert und so pflanzliche Gewebe vor Wasserverlust schützt.

Einwertige Alkohole
Organische Verbindungen mit nur einer Hydroxylgruppe

Cuticula
Bei Pflanzen eine wachsartige Schutzschicht, die z. B. an der Blattoberfläche gebildet wird

Wachse sind Ester langkettiger Fettsäuren mit einwertigen Alkoholen. Sie besitzen eine hohe Schmelztemperatur.

2.3.3 Phospholipide

Ein wesentliches Strukturelement aller Membranen, die in Zellen vorkommen, sind **Membranlipide**. Sie werden aufgrund ihrer chemischen Struktur in mehrere Gruppen eingeteilt (Bild 1).

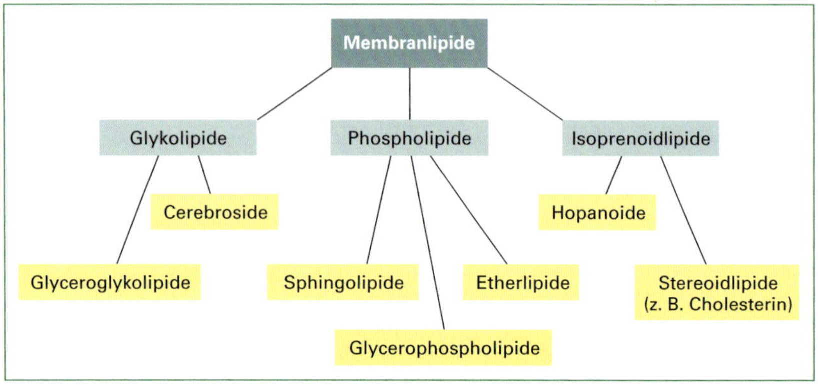

Bild 1
Übersicht über die Gruppen der Membranlipide

Ein Großteil der Membranlipide sind **Phospholipide**, die eine Phosphatgruppe enthalten, ähnlich wie Fettmoleküle aufgebaut sind und wiederum in drei Gruppen unterteilt werden können:

- **Glycerophospholipide**, bei denen Glyzerin das Zentralmolekül darstellt.
- **Sphingolipide** mit Sphingosin als Zentralmolekül.
- **Etherlipide** mit Glyzerin als Zentralmolekül, jedoch mit Etherbindungen statt Esterbindungen.

Zusätzlich zu den Phospholipiden enthalten vor allem die Membranen von Eukaryonten Glykolipide (s. Kap. 2.3.4) und Isoprenoidlipide (s. Kap. 2.3.6).

Glycerophospholipide

Die erste Gruppe der Phospholipde besteht aus den häufig vorkommenden **Glycerophospholipiden**. Bei ihnen sind zwei Fettsäuren mit Glyzerin verestert und sie besitzen eine polare Kopfgruppe. Glyzerin weist nämlich eine Esterbindung mit Phosphorsäure auf. An dem Phosphatrest ist eine weitere polare, oft geladene Verbindung mit einer alkoholischen OH-Gruppe gebunden. Die Phospholipide der Biomembranen enthalten unterschiedliche polare Kopfgruppen:

Bild 2
Allgemeiner Aufbau von Glycerophospholipiden sowie Phosphatidylcholin

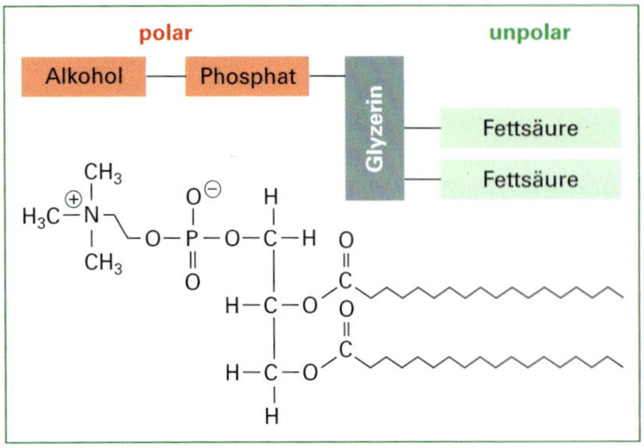

- **Cholin**, ein Aminoalkohol mit positiver Ladung ($HO\text{-}CH_2\text{-}CH_2\text{-}N^+(CH_3)_3$).
- **Ethanolamin**, ein ebenfalls bei pH 7 positiv geladener Aminoalkohol ($HO\text{-}CH_2\text{-}CH_2\text{-}NH_3^+$).
- **Serin**, eine der 20 Aminosäuren der Proteine.
- **Glyzerin**, das in diesem Fall zweifach im Phospholipid enthalten ist.
- **Inosit**, ein zyklischer sechswertiger Alkohol.

Die Phospholipide werden nach dieser zweiten Alkoholkomponente benannt. Beispielsweise heißt das Phospholipid, das den Aminoalkohol Cholin als polare Kopfgruppe enthält, **Phosphatidylcholin** (Bild 2).

Dieses Phospholipid, das in fast allen Lebewesen gefunden wird, ist zumeist mengenmäßig das häufigste Phospholipid in den Membranen. Phosphatidylcholin wird auch Lecithin genannt; es hat als **Emulgator** in Lebensmitteln eine wichtige Bedeutung.

Emulgator
Stoff, der in der Lage ist, zwei miteinander nicht mischbare Flüssigkeiten wie Öl und Wasser in einem stabilen Gemisch (Emulsion) zu verbinden

Glycerophospholipide sind Lipide, die aus einem hydrophilen Teil und zwei hydrophoben Kohlenwasserstoffketten, veresterten Fettsäuren, aufgebaut sind. Der polare Lipidanteil besteht aus Glyzerin, einer Phosphatgruppe und einer Kopfgruppe, häufig einem Alkohol.

Sphingolipide

Eine zweite Gruppe phosphorhaltiger Lipide stellen die Sphingolipide dar. Sie enthalten als Zentralmolekül statt des Alkohols Glyzerin den langkettigen Aminoalkohol **Sphingosin** (Bild 1).

Die Sphingolipide ähneln in ihrer Struktur den glyzerinhaltigen Phospholipiden. Sie besitzen auch eine hydrophile Kopfgruppe und zwei hydrophobe Kohlenstoffketten. Nur enthält der zentrale Baustein Sphingosin selbst eine lange Acylkette und zusätzlich noch eine Fettsäure, die über eine Amidbindung statt einer Esterbindung mit dem Zentralmolekül verbunden ist. Sphingosin besitzt eine Doppelbindung und ist deshalb wie entsprechende Fettsäuren ungesättigt. Als hydrophile Kopfgruppe weisen die Sphingolipide gebunden an den Phosphatrest die gleichen Molekülgruppen auf wie die Glycerophospholipide, nämlich Serin, Ethanolamin oder Cholin.

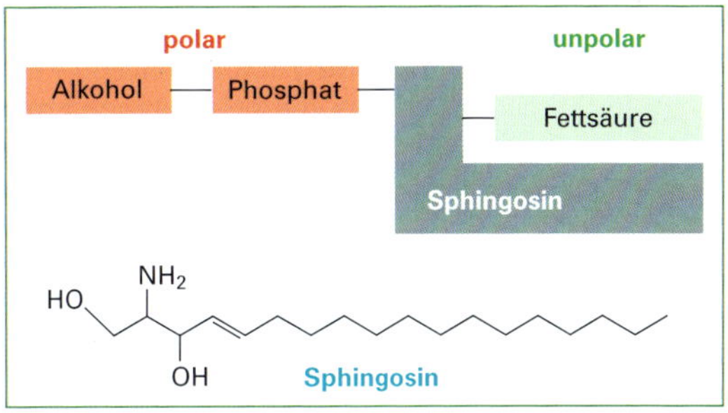

Bild 1
Allgemeiner Aufbau von phosphorhaltigen Sphingolipiden sowie Sphingosin

Bei **Sphingolipiden** bildet der Aminoalkohol Sphingosin das Zentralmolekül.

Etherlipide

Als dritte Gruppe der Phospholipide sind Etherlipide bekannt. Bei ihnen werden an das Glyzerin ein oder zwei langkettige Alkohole gebunden, die die Fettsäuren ersetzen. Dadurch liegen im Lipid anstelle der Esterbindungen **Etherbindungen** vor. Die Ether besitzen stabilere Bindungen als Ester. Bekannte Etherlipide sind:

Ether
Substanzgruppe, bei der zwei Kohlenwasserstoffreste über ein Sauerstoffatom miteinander verbunden sind

- **Archaeenlipide**
  Etherlipide wurden in Archaeen (s. Kap. II.1.2) gefunden, die oft bei extrem hohen Temperaturen und in saurer oder basischer Umgebung leben. Die Lipide enthalten als Hauptbestandteil Di- und Tetraether des Glyzerins. Letztere sind Doppellipide, die die gesamte Membran durchspannen und dadurch den Zusammenhalt der beiden Membranhälften unter Extrembedingungen gewährleisten.
- **Plasmalogene**
  In Gehirn und Muskeln werden in hohen Mengen gemischte Ether-Esterlipide gefunden, die Plasmalogene genannt werden. Die Phospholipide enthalten ein als **Enolether** gebundenes **Fettaldehyd**-Molekül und zusätzlich eine als Ester gebundene ungesättigte Fettsäure.

Enolether
Ether mit einer C-C-Doppelbindung in Nachbarschaft zum Sauerstoffatom (RC = CR–O–R, R = Restgruppe)

Fettaldehyde
Aldehyde mit langer Kohlenstoffkette

In **Etherlipiden**, die beispielsweise in Membranen von Archaeen angetroffen werden, ist Glyzerin über stabile Etherbindungen mit den hydrophoben Lipidbereichen verbunden.

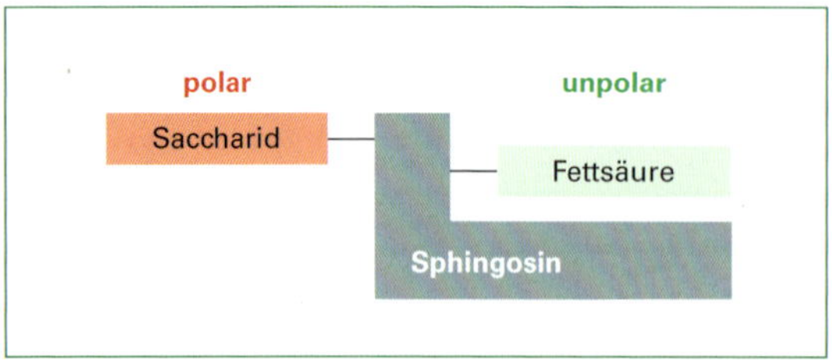

Bild 1
Allgemeiner Aufbau von Glykolipiden

2.3.4 Glykolipide

Glykolipide enthalten als polare Kopfgruppe einen oder mehrere Zucker, die mit glykosidischer Bindung an Sphingosin gebunden sind. Eine Phosphatgruppe ist in der Regel bei Glykolipiden nicht vorhanden (Bild 1). Die Fettsäure ist wie bei Sphingolipiden über eine Amidbindung mit dem Sphingosin verbunden.

Glykolipide sind Bestandteile eukaryontischer Zellmembranen. Die Glykolipide befinden sich ausschließlich auf der Außenseite der Membranen, sodass sich der oft große Kohlenhydratanteil außerhalb der Zelle befindet. Dort wird er für biologische Prozesse, wie die Signalerkennung, genutzt, indem beispielsweise Botenstoffe wie Hormone an die Zuckerstrukturen spezifisch binden. Zusammen mit Glykoproteinen bilden diese Lipide die **Glykokalyx**, eine zuckerreiche Schicht auf der Außenfläche tierischer Zellen.

Myelin Lipidreiche Schicht, die die Fortsätze von Nervenzellen umhüllt und elektrisch isoliert

Eine wichtige Gruppe der Sphingolipide sind die sogenannten **Cerebroside**, die in großer Menge im Nervengewebe vorkommen. Dort bauen sie gemeinsam mit anderen Lipiden das **Myelin** auf, das auch Myelin- oder Markscheide genannt wird.

Glykolipide mit Glyzerin anstelle von Sphingosin, die **Glyceroglykolipide**, sind zahlreich in den Membranen von **Chloroplasten** zu finden. Sie enthalten zumeist Galaktose als Zuckerbaustein.

Chloroplasten Zellorganellen, in denen die Fotosynthese stattfindet

> **Glykolipide** sind Membranlipide, die einen glykosidisch an Sphingosin gebunden Kohlenhydratanteil enthalten. Die Zuckerbausteine liegen außerhalb der Zelle und können der Signalerkennung dienen.

2.3.5 Eigenschaften von Membranlipiden

Membranlipide, wie die Phospholipide und Glykolipide, sind **amphiphile** Substanzen, d. h. sie besitzen einen hydrophilen und einen hydrophoben Bereich. Der hydrophile Anteil besteht bei Phospholipiden aus dem negativ geladenen Phosphatrest und der alkoholischen Kopfgruppe, die oft positiv geladen ist. Dieser Molekülteil strebt danach, sich mit Wassermolekülen zu umgeben. Die langen Kohlenwasserstoffketten, die den hydrophoben Bereich darstellen, bevorzugen hingegen eine unpolare Umgebung. Amphiphile Substanzen haben somit ähnliche Eigenschaften wie **Detergenzien**.

Detergenzien Substanzen, die die Oberflächenspannung von Wasser oder die Grenzflächenspannung zwischen zwei Phasen herabsetzen

> **Membranlipide** weisen amphiphile Eigenschaften auf. Sie streben mit dem polaren Kopfbereich Wasserkontakt an, den sie mit dem hydrophoben Fettsäurebereich zu vermeiden versuchen.

Amphiphile Lipide neigen in einer wässrigen Phase zu einer spontanen Selbstorganisation der Moleküle (Bild 1, S. 55). Phospholipide ordnen sich dabei so an, dass die polaren Kopfgruppen mit Wassermolekülen bzw. mit den Kopfgruppen weiterer Phospholipide in Kontakt treten. Die unpolaren Kohlenwasserstoffketten lagern sich eng nebeneinander an und vermeiden so den Kontakt mit Wasser.

Dadurch bilden sich **Lipid-Doppelschichten** (engl. *bilayer*), in denen die hydrophoben Molekülbereiche innen liegen und von Wasserkontakt ausgeschlossen sind. Aus den Lipid-Doppelschichten können **Liposomen**, kleine kugelförmige Vesikel, entstehen.

Liposomen bestehen aus einer, manchmal auch aus mehreren aufeinanderliegenden Doppelschichten und weisen einen wasserhaltigen Kern auf. Die Lipid-Doppelschichten der Phospholipide sind außerdem die Grundlage der **Biomembranen** (s. Kap. I.3.3).

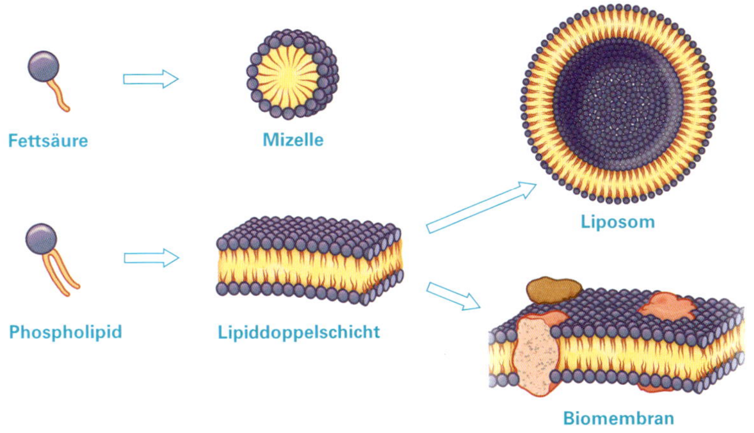

Bild 1
Strukturen von Phospholipiden in wässrigen Lösungen

Auch **Fettsäuren** sind amphiphile Substanzen, die im Gegensatz zu Phospholipiden in einer wässrigen Phase spontan kleine Tröpfchen oder **Mizellen** bilden. Dies liegt daran, dass Fettsäuren eine kegelförmige Gestalt besitzen, mit einem kleineren hydrophoben als hydrophilen Anteil, während Phospholipide mit ihren zwei Fettsäuren eine eher zylinderförmige Geometrie aufweisen.

Mizellen
Aggregate aus amphiphilen Molekülen, die sich in einer Wasserphase spontan zusammenlagern und Wasser im Inneren ausschließen

Sphingolipide dienen nicht nur als Membranbausteine, sie wirken auch als zentrale Signalmoleküle in eukaryontischen Zellen. Bakterielle Membranen enthalten fast ausschließlich Glycerophospholipide. Bei Bakterien gibt es nur wenige Gruppen, die Sphingolipide synthetisieren können.

Die Phospholipide bilden spontan in wässrigen Lösungen **Lipid-Doppelschichten**, welche die Grundsubstanz der Biomembranen darstellen.

2.3.6 Isoprenoide

Isoprenoide sind Lipidverbindungen, die aus **Isopreneinheiten** aufgebaut sind und selbst keine Fettsäuren beinhalten (Bild 1, S. 56). Isopren, ein C_5-Baustein mit zwei Doppelbindungen, ist eine weitverbreitete Vorstufe unterschiedlicher Biomoleküle. Werden mehrere Isopreneinheiten durch Enzyme miteinander verknüpft, entstehen Kohlenwasserstoffketten, die oft mit 20 oder 30 C-Atomen ihre Herkunft aus den C_5-Einheiten verraten. Aufgrund der verzweigten Grundstruktur des Isoprens besitzen sie darüber hinaus meist zahlreiche **Methylgruppen**. Viele Isoprenoidverbindungen haben relativ lange Kohlenwasserstoffketten und einen hydrophoben Charakter; einige Verbindungen enthalten jedoch polare Gruppen und besitzen somit hydrophile Eigenschaften.

Methylgruppe
CH_3-Gruppe

Isoprenoide sind zumeist hydrophobe Verbindungen, die aus C_5-Isopreneinheiten aufbaut sind.

In den **Membranlipiden der Archaeen** kommen statt Fettsäuren Isoprenoidverbindungen als Vielfachverknüpfungen der C_5-Vorstufen vor. Sie sind über Etherbindungen mit Glyzerinmolekülen verknüpft und bilden den hydrophoben inneren Membranbereich der Etherlipide.

Sekundäre Pflanzenstoffe
Organische Verbindungen, die von Pflanzen synthetisiert werden und in der Regel nicht lebensnotwenig sind

Zu den Isoprenoiden zählen weiterhin zahlreiche Verbindungen, die von Pflanzen synthetisiert werden. Sie werden **Terpene** genannt und zählen zu den **sekundären Pflanzenstoffen**.

Zwei auch für den Menschen bedeutsame und weitverbreitete Isoprenoidmolekülgruppen sind die Steroide und die Carotinoide.

> Isoprenoide stellen das Grundgerüst vieler Biomoleküle wie z. B. der **Membranlipide der Archaeen** und vieler **sekundärer Pflanzenstoffe** wie der Terpene dar.

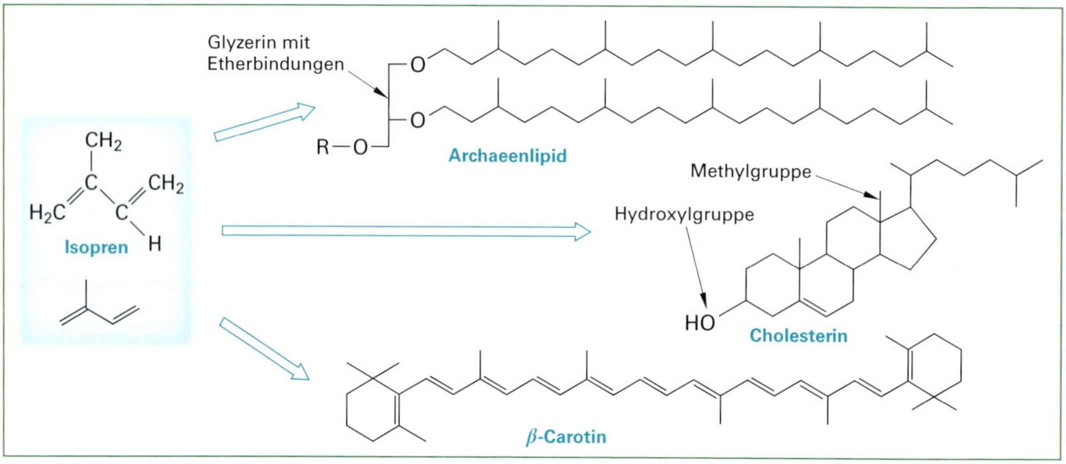

Bild 1
Isoprenoidverbindungen, Isoprenvorstufe und daraus abgeleitete Molekülgruppen

Steroide

Alle Steroide haben als Grundstruktur ein System aus vier miteinander verbundenen Kohlenstoffringen. Steroide haben aufgrund der verbundenen Ringstruktur eine starre Molekülgestalt; nur die Seitenkette an dem Ring mit 5 C-Atomen ist flexibel (Beispiel: Cholesterin in Bild 1).

Eine Untergruppe der Steroide mit vielen biologisch wichtigen Vertretern sind die **Sterine** oder **Sterole**; sie besitzen eine OH-Gruppe und sind damit Alkohole. Der bekannteste Vertreter der Sterine ist das **Cholesterin**, das in tierischen und menschlichen Organismen eine lebenswichtige Bedeutung hat. Pflanzen enthalten kein Cholesterin, dafür andere, ähnlich aufgebaute Steroidverbindungen. Auch Bakterien besitzen Isoprenverbindungen, die **Hopanoide**, die eine strukturelle Ähnlichkeit zu Steroiden aufweisen.

Membranfluidität
Grad der Beweglichkeit der Fettsäureketten im Innenteil der Lipid-Doppelschicht der Biomembranen

Cholesterin ist ein amphiphiles Molekül, da es eine polare OH-Gruppe besitzt. Die Hydroxylgruppe kann allerdings mit einer Fettsäure verestert sein. Steroide wie Cholesterin sind essenzielle Bestandteile der eukaryontischen Membranen. In den Zellmembranen von Bakterien kommen Sterol-Membranlipide gewöhnlich nicht vor, nur die zellwandlosen Mykoplasmen besitzen solche Lipide.

Das nicht bewegliche Ringsystem der Steroide beeinflusst die **Membranfluidität** erheblich und macht die Membranen starrer (s. Kap. I.3.3.2). Cholesterin verhindert, dass sich die Lipide und Proteine in der Membran intensiv bewegen und ihre Positionen verändern.

Bei sehr niedrigen Temperaturen hat Cholesterin einen gegensätzlichen Effekt: Es hält die Membran in einem flüssigen Zustand. Durch seine Anwesenheit verhindert das Steroid, dass sich die Phospholipide zusammenlagern und die Membran erstarrt.

Steroide wie **Cholesterin** haben ein Grundgerüst aus vier verbundenen Ringen. Sie sind essenzielle Lipidbestandteile der eukaryontischen Membranen.

Das Molekül Cholesterin ist auch eine Vorstufe für zahlreiche Hormone. Sogenannte **Steroidhormone** sind beispielsweise Sexualhormone, wie Progesteron, Östrogen und Testosteron. Auch Vitamin D ist eine Steroidverbindung, die im Körper mithilfe von UV-Licht gebildet werden kann.

Carotinoide

Carotinoide sind Isoprenoide mit ungesättigten Kohlenwasserstoffketten, die in einigen Fällen oxidiert sind und sauerstoffhaltige funktionelle Gruppen aufweisen. Carotinoide werden aus acht Isopreneinheiten aufgebaut, sodass das Grundskelett aus 40 Kohlenstoffatomen besteht. In vielen Carotinoiden wie z. B. bei **β-Carotin** wird eine zentrale kettenförmige Anordnung der C-Atome durch ringförmige Strukturen an den Enden eingeschlossen (Bild 1, S. 56).

Das ausgedehnte System **konjugierter Doppelbindungen** führt dazu, dass alle Carotinoide **gefärbte Verbindungen** sind. Oft sind Carotinoide für die gelbe oder rote Färbung von Pflanzenorganen verantwortlich. Die Fähigkeit der Lichtabsorption wird beispielsweise bei der Fotosynthese genutzt (s. Kap. I.5.3.2), wo Carotinoide neben Chlorophyllen Lichtenergie aufnehmen. Carotinoide dienen außerdem dem Schutz vor **oxidativem Stress**, da sie mit freien **Radikalen** reagieren und diese abfangen können.

Bild 1 **β-Carotin, der Farbstoff der Karotte**

Ein bekanntes Carotinoid ist das bei Tomaten zu findende **Lycopin**, das ihnen die charakteristische Rotfärbung verleiht. Das am häufigsten vorkommende Carotinoid ist das β-Carotin, das nicht nur bei Karotten zu finden ist, sondern auch für die Färbung von Eigelb und Butter verantwortlich ist. Es ist als Provitamin A bekannt, da es die Vorstufe von **Retinol** (Vitamin A) darstellt. Das fettlösliche Carotinoid-Vitamin ist wiederum ein Ausgangsstoff für die Synthese der Sehpigmente, wie z. B. **Rhodopsin**. Dabei handelt es sich um konjugierte Proteine (s. S. 25), die in der Netzhaut des Auges eingelagert sind, Licht absorbieren und den Sehprozess ermöglichen.

Konjugierte Doppelbindungen
C-C-Doppelbindungen, die durch jeweils eine Einfachbindung getrennt sind

Oxidativer Stress
Überschuss an freien Radikalen bzw. reaktiven Sauerstoffverbindungen im Organismus

Radikale
Instabile hochreaktive Verbindungen (mit einem einzelnen ungepaarten Elektron), die in der Zelle mit organischen Molekülen wie ungesättigten Fettsäuren reagieren

Carotinoide sind Isoprenoidverbindungen, die oft zahlreiche konjugierte Doppelbindungen aufweisen. Carotinoide können **Licht** im sichtbaren Wellenlängenbereich absorbieren. Sie sind Bestandteile des Fotosyntheseapparates, Farbstoffe zahlreicher Pflanzen (**β-Carotin**) und ein Sehpigment im Auge (**Rhodopsin**).

2.3.7 Lipopolysaccharide

Lipopolysaccharide (Abk.: LPS) sind eine von Bakterien gebildete Lipidgruppe, die aus Fettsäuren und zahlreichen Zuckerbausteinen aufgebaut ist. LPS sind Bestandteile der äußeren Membran der Zellhülle vieler Bakterien (s. S. 159). Die LPS ragen mit ihren langen Polysaccharidketten weit hinaus in das äußere Milieu der Einzeller.

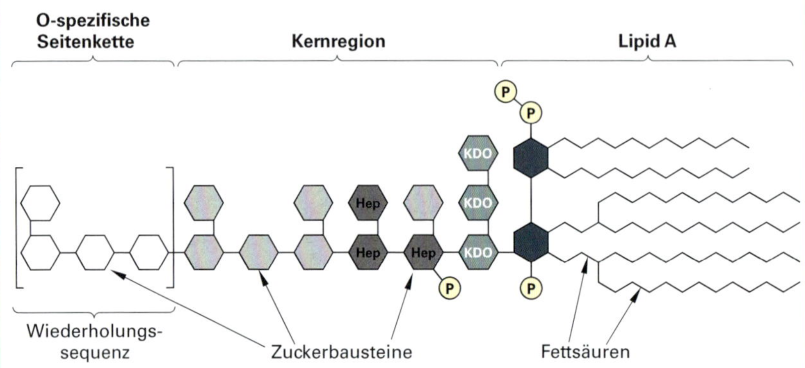

Bild 1
Allgemeiner Aufbau von Lipopolysacchariden (KDO: Keto-Desoxy-Octonsäuren, Hep: Heptose, P: Phosphatgruppe)

Die LPS-Moleküle sind von beträchtlicher Größe und bestehen aus drei Teilen:

- **Lipid A:** Als Verankerung in der Membran dient ein Disaccharid aus Glukosamin (Bild 1, S. 39) mit angehängten Phosphatgruppen und meist sechs Fettsäuren, von denen einige über Esterbindungen direkt mit den Zuckern verknüpft sind.
- **Kernregion:** Sie besteht aus unterschiedlichen Zuckerbausteinen. In der Kernregion befinden sich neben Hexosen (s. S. 36) ungewöhnliche Zuckermoleküle mit sieben (Heptosen) und mit acht C-Atomen (Keto-Desoxy-Octonsäure).
- **O-spezifische Seitenkette:** Eine Sequenz aus drei bis fünf Zuckerbausteinen, die sich vielfach wiederholt, führt zu einer langen Polysaccharidkette. Sie wird als O-spezifische Seitenkette oder O-Polysaccharid bezeichnet, da sie mit dem **O-Antigen** von Bakterien identisch ist.

O-Antigen
Antigene Strukturen der bakteriellen Zelloberfläche, gegen die der Wirtsorganismus hochspezifische Antikörper bildet

Lipopolysaccharide (LPS) sind bakterielle Moleküle, die aus dem **Lipid A**, einem fettsäurenreichen Membranbestandteil, dem **Kernbereich** mit Zuckerbausteinen aus sechs, sieben und acht C-Atomen sowie der **O-spezifischen Seitenkette** bestehen, einer als Antigen wirkenden langen Polysaccharidkette.

Lipopolysaccharide werden auch **Endotoxine** genannt. Werden diese Lipide beim Absterben von Bakterien im Körper des Menschen freigesetzt, können sie Entzündungsreaktionen und Fieber hervorrufen. Endotoxine gehören deshalb zu den **pyrogenen** Stoffen. Die toxischen Eigenschaften der LPS beruhen hauptsächlich auf der Lipid-A-Komponente.

Pyrogene
Fiebererzeugende Stoffe (von zumeist mikrobieller Herkunft)

Lipopolysaccharide führen im Körper zu Fieber und Entzündungsreaktionen. Sie werden **Endotoxine** genannt.

2.4 Nukleinsäuren

In allen Lebewesen kommen zwei verschiedene Arten von Nukleinsäuren vor: **DNA** (engl. *deoxyribonucleic acid*: Desoxyribonukleinsäure oder DNS) und **RNA** (engl. *ribonucleic acid*: Ribonukleinsäure oder RNS). Die Makromoleküle dienen der Informationsspeicherung und -verarbeitung in den Zellen, wobei die Erbsubstanz DNA den Träger der Erbinformationen darstellt. DNA und RNA sind fast identisch aufgebaut, es handelt sich um lange Ketten aus miteinander verknüpften Nukleotiden, den Monomeren der Nukleinsäuren.

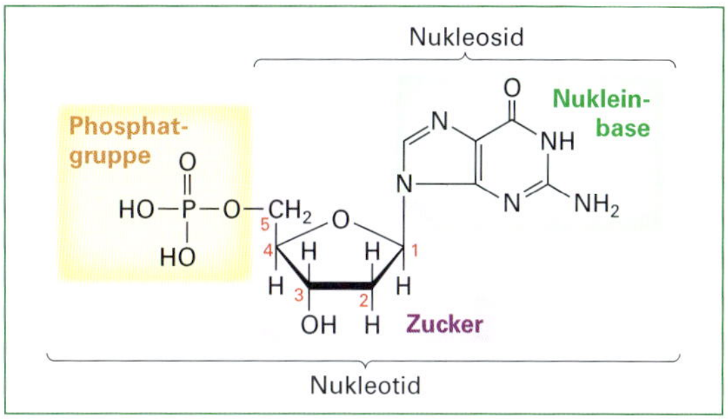

Bild 1
Aufbau von Nukleotiden und Nukleosiden

2.4.1 Nukleotide, die Monomere der Nukleinsäuren

Die **Nukleotide** sind aus drei Komponenten zusammengesetzt. Bild 1 zeigt den Nukleotidaufbau aus einer Pentose (Zucker mit fünf C-Atomen), einem Phosphorsäurerest (Phosphatgruppe, Abkürzung: P) und einer Nukleinbase (kurz: Base):

- **Pentose**
  Die beiden Nukleinsäuren unterscheiden sich im Zuckerbaustein: Bei der DNA liegt Desoxyribose, bei der RNA Ribose vor. Die Ribose hat am C-Atom 2 eine OH-Gruppe, während die Desoxyribose dort keine Hydroxylgruppe besitzt.

- **Phosphorsäurerest**
  An das C-Atom 5 des Zuckermoleküls ist über eine Esterbindung eine **Phosphatgruppe** gebunden. Der Phosphatrest besitzt eine negative Ladung, somit sind DNA und RNA vielfach negativ geladene Verbindungen. Diese Eigenschaft der Nukleinsäuren ist für die Arbeit im Labor von Bedeutung.

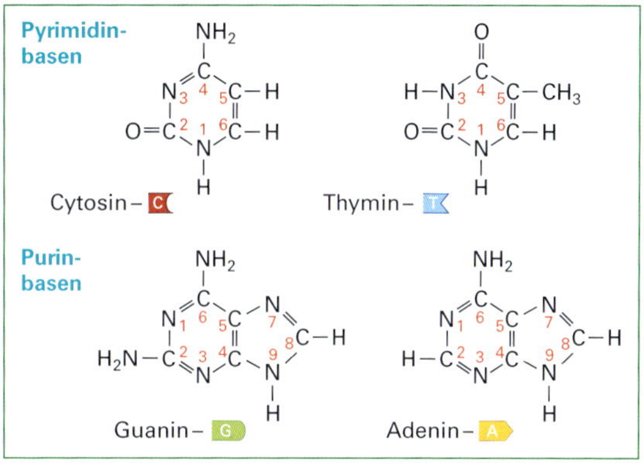

Bild 2
Nukleinbasen der DNA

- **Nukleinbase**
  An das C-Atom 1 des Zuckers ist eine Nukleinbase gebunden, die eine oder mehreren Aminogruppen enthält. Sowohl DNA- als auch RNA-Nukleotide können vier unterschiedliche Basen enthalten. Bild 2 zeigt die vier Basen der DNA: Thymin (Abkürzung: T), Cytosin (C), Adenin (A) und Guanin (G). Thymin und Cytosin leiten sich von dem **heterozyklischen Molekül** Pyrimidin ab und werden als Pyrimidinbasen bezeichnet. Das Grundgerüst von Guanin und Adenin ist die aromatische Doppelringverbindung Purin.

RNA enthält die gleichen Basen bis auf Thymin, das durch Uracil ersetzt wird. Uracil unterscheidet sich von Thymin durch das Fehlen der Methylgruppe am C-Atom 5.

Heterozyklische Verbindung
Organische Verbindung mit einem Ringgerüst, das neben Kohlenstoffatomen ein oder mehrere andere Atome enthält

Die Bausteine der Nukleinsäuren DNA und RNA sind die **Nukleotide.** Ein Nukleotid besteht aus einem Pentosezucker, einer Phosphatgruppe und einer Nukleinbase (Base). **DNA** enthält Desoxyribose als Zucker sowie Adenin, Thymin, Guanin und Cytosin als Basen. **RNA** enthält Ribose als Zucker sowie Adenin, Uracil, Guanin und Cytosin als Basen.

Tabelle 1 Bezeichnungen von DNA-Nukleotiden und Bestandteilen

Nukleinbase Name	Abk.	Nukleosid (ohne Phosphat)	Nukleotid (mit Phosphatgruppe) Name	Abk.
Thymin	T	Thymidin	Thymidinmonophosphat	TMP
Cytosin	C	Cytidin	Cytidinmonophosphat	CMP
Adenin	A	Adenosin	Adenosinmonophosphat	AMP
Guanin	G	Guanosin	Guanosinmonophosphat	GMP

Ist an der Pentose kein Phosphatrest gebunden, wird von **Nukleosiden** gesprochen, die nur aus dem Zucker mit der daran gebundenen Nukleinbase bestehen. Der Nukleosid-Name wird von der entsprechenden Base abgeleitet (Tabelle 1).

Nukleotide enthalten nicht immer nur einen Phosphatrest. Neben den Nukleotidmonophosphaten, den Bausteinen der Nukleinsäuren, gibt es in Zellen auch Di- oder Triphosphate, bei denen zwei bzw. drei Phosphatreste an den Zucker gebunden sind. Triphosphat-Nukleotide wie ATP (Adenosintriphosphat) und GTP (Guanosintriphosphat) haben wichtige Funktionen in den Zellen und dienen der Energieübertragung bzw. der Stoffwechselregulation.

DNA-Synthese
Herstellung identischer Kopien der DNA-Stränge vor Beginn der Zellteilung

Die Phosphatreste sind miteinander durch energiereiche Bindungen verbunden (s. S. 109). Bei der Synthese der Nukleinsäuren muss das zu verknüpfende Nukleotid in der Triphosphat-Verbindung vorliegen. Durch Abspaltung von Diphosphat (auch Pyrophosphat genannt) wird die für den Bindungsvorgang benötigte Energie frei.

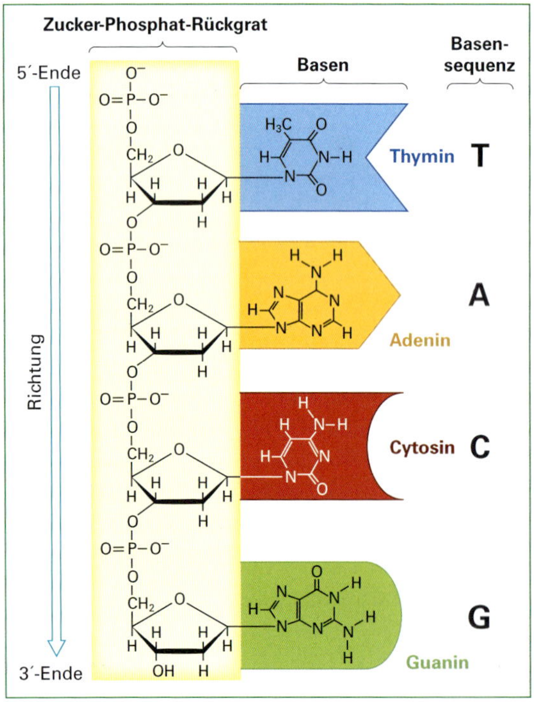

Bild 1 Aufbau des DNA-Einzelstranges aus Nukleotiden

2.4.2 Aufbau und Struktur der DNA

Nukleinsäuren wie die DNA entstehen durch die kettenförmige Verknüpfung von Nukleotiden zu Strängen (Bild 1). Da die DNA-Nukleotide vier verschiedene Basen enthalten, gibt es vier unterschiedliche Bausteine der DNA.

Ähnlich wie ein Protein besitzt jede DNA eine charakteristische Abfolge ihrer vier möglichen Nukleotide. Diese Abfolge wird als **Basensequenz** bezeichnet, sie enthält die genetische Information eines DNA-Moleküls.

In der DNA sind die Nukleotide zu einer Kette verknüpft. Die **Basensequenz**, die Reihenfolge der vier möglichen Nukleotide, beinhaltet die genetische Information der DNA.

In den DNA-Strängen sind die Nukleotide über die Pentose eines Nukleotids mit dem Phosphatrest eines anderen Nukleotids verknüpft. Die Verknüpfung erfolgt bei der **DNA-Synthese** in der Zelle (s. Kap. I.4.1) mithilfe bestimmter Enzyme immer in derselben Richtung.

Das C-Atom 3 des Zuckers eines bereits synthetisierten Nukleotidstrangs wird an den Phosphatrest eines freien Nukleotids gebunden. Jeder DNA-Strang besitzt zwei verschiedene Enden: ein 5'- und ein 3'-Ende. Am 5'-Ende (5-Strich-Ende, C-Atom 5 der Desoxyribose) hängt der Phosphatrest; an der 3'-Position ist eine OH-Gruppe vorhanden. Die fortlaufende Reihenfolge der Basen der DNA-Kette in der Syntheserichtung (5' → 3') der Zelle ist die **Richtung** (Leserichtung, Polarität) eines DNA-Abschnittes. Die Basensequenz des Beispiels in Bild 1, S. 60, ist demnach 5'-TACG-3'.

Die **DNA** ist ein kettenförmiges Makromolekül, bei dem die Zucker-Phosphat-Einheiten der Nukleotide miteinander verbunden sind. Die **Leserichtung** ist stets vom 5'- zum 3'-Ende der Nukleotidkette.

DNA-Doppelstrang

Natürliche DNA besteht immer aus zwei Einzelsträngen, die einen **Doppelstrang** formen. Dieser entsteht dadurch, dass die Basen eines DNA-Strangs **Paare** mit Basen eines anderen Einzelstrangs bilden. Zwischen den Basen zweier nebeneinanderliegender Stränge werden dabei zahlreiche Wasserstoffbrückenbindungen gebildet. Dabei können die DNA-Basen nur zwei mögliche Paarbildungen eingehen, die über Wasserstoffbrücken stabilisiert werden (Bild 1):

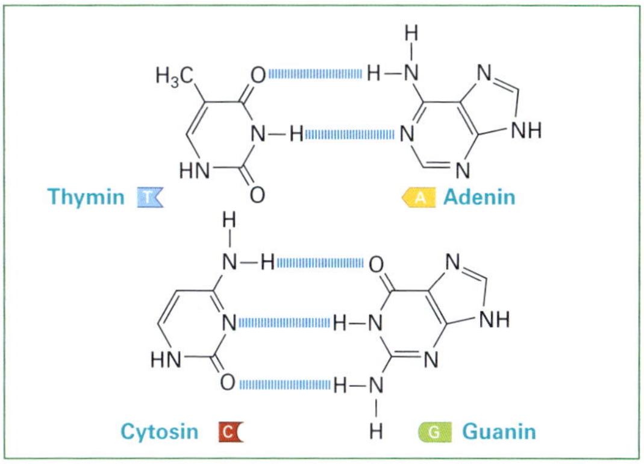

Bild 1
Komplementäre Basenpaarung der DNA-Nukleinbasen

- Adenin paart sich über zwei Wasserstoffbrücken mit Thymin.
- Guanin bildet über drei Wasserstoffbrücken ein Basenpaar mit Cytosin.

Zwischen Guanin und Cytosin besteht folglich eine etwas festere Bindung als zwischen Adenin und Thymin. Die DNA als Doppelstrang besitzt aufgrund der Basenpaarung immer eine gleich hohe Gesamtanzahl (oder Gehalt) von Adenin wie Thymin sowie von Guanin und Cytosin.

Da die sich im DNA-Doppelstrang gegenüberstehen Basen komplementär genannt werden, wird diese Art und Weise der Bindung zwischen den Nukleinbasen als **komplementäre Basenpaarung** bezeichnet (Bild 2).

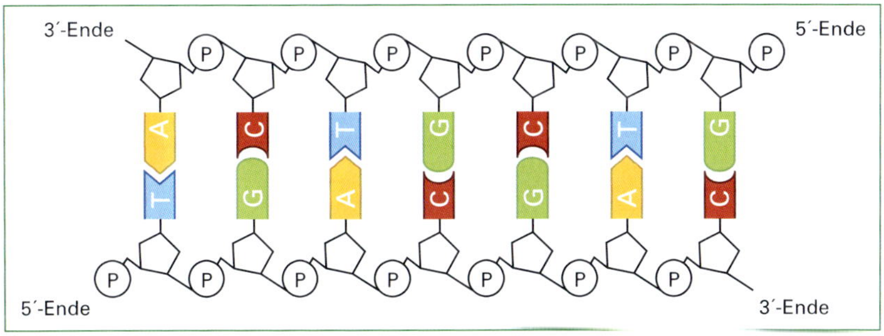

Bild 2
Bildung eines DNA-Doppelstrangs über komplementäre Basenpaarung

DNA besteht aus zwei Einzelsträngen, die über **komplementäre Basenpaarung** einen Doppelstrang bilden. Diese Basenpaarung beruht auf spezifischen Wechselwirkungen in Form von Wasserstoffbrücken zwischen einerseits Adenin und Thymin sowie Guanin und Cytosin.

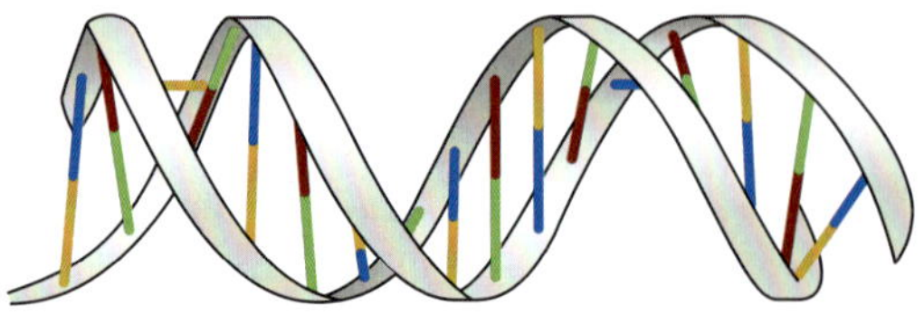

Bild 1
Räumliche Struktur der DNA

Die komplementäre Basenpaarung führt zur Bildung eines Doppelstrangs mit typischer räumlicher Struktur und mit vorgegebener Basensequenz der Einzelstränge:

▶ **Räumliche Struktur**
Der strukturelle Aufbau der DNA wurde im Jahr 1953 vom US-Amerikaner *James Watson* und dem Briten *Francis Crick* aufgeklärt. Sie fanden, dass die DNA in der Zelle in Form einer **Doppelhelix** vorliegt (Bild 1). Die Nukleinbasen sind ins Innere der schraubenförmigen Konformation gerichtet, während die Zucker- und Phosphorsäuremoleküle in den Nukleinsäuren das Rückgrat der Einzelstränge bilden.

> Die zwei komplementär verbundenen DNA-Stränge bilden eine **Doppelhelix**, in derem Inneren sich die Basenpaare befinden.

▶ **Basensequenz der beiden Einzelstränge**
Da die Sequenz der Nukleotide des einen Strangs über die Regeln der Basenpaarung die Reihenfolge der Basen in dem anderen Strang der Doppelhelix bestimmt, sind die gepaarten Nukleinsäurestränge komplementär zueinander. Ist die Basensequenz des einen Strangs ermittelt, ist auch die des anderen bekannt, da der eine Strang die exakte komplementäre Kopie des anderen darstellt. Die beiden Einzelstränge im Doppelstrang sind gegenläufig (antiparallel) ausgerichtet, sodass sich immer am 5′-Ende des einen Strangs das 3′-Ende des anderen befindet (Bild 2).

5′– T T G C G T A –3′
|| || ||| ||| ||| || ||
3′– A A C G C A T –5′

5′-TTGCGTA-3′ ist komplementär zum Strang 3′-AACGCAT-5′.

3′-AACGCAT-5′ ist komplementär zu 5′-TTGCGTA-3′

Bild 2
Beispiel für komplementäre DNA-Stränge mit gegenläufiger Polarität

> Der **gegenläufige Strang** einer DNA-Doppelhelix trägt die zum anderen Einzelstrang komplementäre Sequenz, die sich aus den wechselseitigen Basenpartnern ergibt.

Denaturierung und Renaturierung

Unter der **Denaturierung** der DNA wird die Aufspaltung der Doppelhelix in die zwei Einzelstränge verstanden, die im Labor häufig vorgenommen wird. Die Wasserstoffbrücken zwischen den komplementären Basen können durch Erhöhung der Temperatur wieder gelöst werden. Besitzen DNA-Präparate eine unterschiedliche Basenzusammensetzung, so weisen sie auch unterschiedliche Schmelztemperaturen auf: Je höher der Gehalt an Guanin und Cytosin, auch GC-Gehalt genannt, desto höher ist die Schmelztemperatur der DNA. Der Grund besteht darin, dass diese beiden Basen eine stabilere Bindung eingehen als Adenin und Thymin.

> **Hybridisierung**
> Bildung von DNA-, DNA-RNA- oder RNA-RNA-Doppelsträngen, die auf der Komplementarität der Basen von Nukleinsäuren beruhen

Die Denaturierung ist ein reversibler Vorgang. Wird eine DNA-Lösung aus den aufgespaltenen Einzelsträngen langsam abgekühlt, findet eine **Renaturierung** statt. Die Einzelstränge lagern sich wieder zu dem Doppelstrang zusammen, indem Wasserstoffbrücken zwischen den jeweils komplementären Basen ausgebildet werden. Die gentechnische Methode der **Hybridisierung** beruht auf den Prozessen der De- und Renaturierung von Nukleinsäuren.

DNA-Denaturierung ist die durch Hitze erfolgende Trennung eines DNA-Doppelstrangs in Einzelstränge. Der umgekehrte Vorgang, die **Renaturierung**, erfolgt bei langsamem Abkühlen.

2.4.3 Aufbau und Funktionen der RNA

Die **RNA**, die bei der Ablesung der genetischen Informationen und der Herstellung von Proteinen benötigt wird, ist die zweite wichtige Nukleinsäure in den Zellen aller Lebewesen. Zahlreiche **Viren**, die RNA-Viren, können RNA anstelle der DNA zur Speicherung ihrer Erbanlagen nutzen.

Viren (Singular: Virus) haben keinen eigenen Stoffwechsel und brauchen eine Wirtszelle zur Vermehrung. Sie zählen nicht zu den Lebewesen

RNA besteht wie die DNA aus einem Rückgrat, das aus den Zuckermolekülen sowie den Phosphorsäureresten aufgebaut ist, und vier angehängten Basen. RNA weist im Vergleich zur DNA drei wichtige strukturelle Unterschiede auf:

1. Ribose ersetzt die Desoxyribose als Zuckerbaustein.
2. Die Base Thymin wird durch Uracil ersetzt.
3. RNA besteht zumeist aus Einzelsträngen.

Die Nukleinsäure **RNA** enthält Ribose als Zucker sowie Adenin, Uracil, Guanin und Zytosin als Basen.

RNA-Moleküle haben in der Zelle verschiedene **Aufgaben**. Folgende RNA-Klassen werden unterschieden:

- **mRNA** (Boten-RNA, engl. *messenger* RNA)
  Sie ist die über die Basenpaarung hergestellte komplementäre Kopie von DNA-Bereichen, die in der Regel **Gene** darstellen. Die mRNA, die eine Länge von mehreren Tausend Nukleotiden aufweisen kann, trägt „als Bote" die genetische Information zum **Ribosom**. Dort werden die RNA-Sequenzinformationen in Proteinsequenzen übertragen.

- **tRNA** (Transfer-RNA)
  Als Hilfsmolekül der Proteinbiosynthese (s. Kap. I.4.2) befördern die tRNAs, die aus weniger als 100 Nukleotiden aufgebaut sind, Aminosäuren zum Ribosom. Sie binden dazu spezifisch bestimmte Aminosäuren und übertragen sie auf die wachsende Polypeptidkette.

- **rRNA** (ribosomale RNA)
  Ribosomale RNAs sind neben Proteinen strukturelle Bestandteile der Ribosomen und damit an der Proteinbiosynthese beteiligt.

- **sRNA** (engl. *small* RNA)
  Kleine RNA-Moleküle, die oft nur wenige Nukleotide besitzen, sind in eukaryontischen Zellen weitverbreitet und wurden auch in Bakterien gefunden. Im Gegensatz zu den übrigen RNA-Gruppen haben sie keine Funktion bei der Herstellung von Proteinen. Sie dienen der Regulation der Genablesung, indem sie in die Prozesse eingreifen, die bei der Proteinsynthese ablaufen. Die sRNA kann weiter in Untergruppen aufgeteilt werden wie z. B. die miRNA (*micro* RNA) und die siRNA (*small interfering* RNA). Letztere spielt eine bedeutende Rolle in einem Prozess, der als **RNA-Interferenz** bezeichnet wird.

Gene
Durch die Basensequenz festgelegte Informationen der DNA zur Synthese von RNA (und zumeist zum Bau von Proteinen)

Ribosomen
Partikel aus RNA und Protein, an denen die Proteinsynthese stattfindet

RNA-Interferenz
Mechanismus der Genabschaltung, bei der über komplementäre kurze RNA-Moleküle spezifische mRNAs blockiert werden

Die Genregulation durch die verschiedenen sRNA-Gruppen erfolgt oft durch die Bindung über komplementäre Basen an Moleküle einer anderen RNA-Klasse, nämlich an die mRNA. Dadurch wird der weitere Ablauf der Proteinsynthese gehemmt oder anderweitig verändert.

Verschiedene RNA-Klassen, wie **mRNA, tRNA** und **rRNA**, sind an der Übertragung der genetischen Informationen bei der Biosynthese von Proteinen beteiligt. Kleine RNA-Moleküle der **sRNA** haben regulatorische Aufgaben in der Zelle.

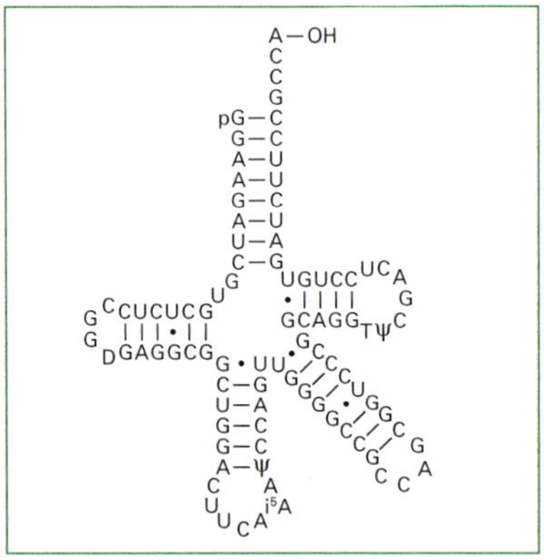

Bild 1
Basensequenz einer tRNA mit H-Brücken (Sekundärstruktur)

Auch die RNA besitzt wie die DNA Basen, die zur komplementären Basenpaarung neigen. Uracil kann wie die DNA-Base Thymin mit Adenin ein Basenpaar bilden. So können auch einzelsträngige RNA-Moleküle an Stellen mit geeigneten Basensequenzen Doppelstrangbereiche aufweisen und innerhalb des Strangs dann Schlaufenstrukturen, sogenannte ***loops***, ausbilden. Eine RNA-Klasse mit einzel- und doppelsträngigen Strukturen sind die tRNA (Bild 1). Neben den vier Grundbausteinen der RNA enthalten die tRNAs auch abgewandelte Basen wie z. B. das Pseudouridin (Abk.: Ψ).

RNA-Moleküle liegen in Zellen als **Einzelstränge** vor, die aufgrund interner Bildung von komplementären Basenpaaren schleifenförmige Strukturen bilden können.

Aufgaben

(1) Nennen Sie die wesentlichen biologischen Stoffklassen und erklären Sie ihren grundsätzlichen Aufbau und ihre wichtigsten Funktionen.

(2) Beschreiben Sie den Aufbau von Aminosäuren und unterteilen Sie die Peptidbausteine nach den generellen Unterschieden in ihren Seitenketten.

(3) Geben Sie die vier verschiedenen Strukturebenen von Proteinen und die häufigsten Sekundärstrukturen von Polypeptiden an.

(4) Definieren Sie die Konfiguration und die Konformation eines Proteins.

(5) Erklären Sie anhand von Beispielen den Unterschied zwischen fibrillären und globulären Proteinen.

(6) Nennen Sie Möglichkeiten der Einteilung von Kohlenhydraten.

(7) Unterscheiden Sie Aldosen von Ketosen sowie Hexosen von Pentosen.

(8) Stellen Sie die Bedeutung von Glukose für die Zelle dar.

(9) Nennen Sie weitere wichtige Monosaccharide und ihre biologischen Funktionen.

(10) Vergleichen Sie Stärke und Zellulose hinsichtlich Aufbau, Bausteinen, Funktion und Vorkommen.

(11) Erklären Sie, warum Stärke gut mit Iod nachgewiesen werden kann.

(12) Grenzen Sie die Lipide von anderen Stoffklassen ab und teilen Sie sie unter chemischen Gesichtspunkten in Klassen ein.

(13) Erklären Sie den Aufbau von Nukleinsäuren aus den Nukleotiden.

(14) Benennen Sie die strukturellen Unterschiede zwischen RNA und DNA.

(15) Erläutern Sie, weshalb die Bindung zwischen den Nukleinbasen der DNA-Einzelstränge als komplementäre Basenpaarung bezeichnet wird.

(16) Nennen Sie unterschiedliche Klassen von RNA-Molekülen in der Zelle und erklären Sie die Funktionen der Molekülklassen.

3 Die Zelle als biologische Grundstruktur

Als Grundstruktur aller biologischen Systeme gilt die **Zelle**, die kleinste selbstständig lebensfähige Struktur der Lebewesen. Zellen erfüllen bereits alle Kennzeichen des Lebens (s. S. 10), die für die aus Zellen aufgebauten Lebewesen gelten.

Eine Zelle ist ein **offenes System**, das ständig Energie, Stoffe und Informationen mit seiner Umgebung austauscht. Jede Zelle muss Nährstoffe aufnehmen und die Energie dieser Stoffe oder energiereiche Strahlung im Stoffwechsel für Lebensprozesse nutzen. Sie muss außerdem Informationen aus der Umwelt empfangen, um auf Umweltänderungen reagieren zu können.

In der Welt der Lebewesen werden zwei grundsätzlich verschiedene zelluläre Systeme gefunden; deswegen werden alle Organismen in Prokaryonten und Eukaryonten unterteilt:

- **Prokaryonten** (Prokaryoten) sind Lebewesen, die einfach aufgebaute Zellen ohne einen **Zellkern** besitzen. Sowohl Bakterien als auch Archaeen (früher Archaebakterien) weisen den prokaryontischen Zelltyp, auch Protozyte genannt, auf. Diese beiden Gruppen sind in der Evolution der Lebewesen auf der Erde zuerst entstanden.
- **Eukaryonten** (Eukaryoten) sind Lebewesen mit komplex aufgebauten Zellen (Euzyten). Sie besitzen einen Zellkern und Membran-umschlossene **Organellen**. Zu den Eukaryonten gehören einzellige Mikroorganismen, wie z. B. Hefepilze, und mehrzellige Lebewesen, wie Tiere und Pflanzen.

Zellkern
Membranumhüllte Struktur, die die Erbanlagen in Form von Chromosomen enthält

Organellen
Zellstrukturen, die eine spezifische Funktion innerhalb der Zelle erfüllen und von einer Membran umgeben sind

Ribosomen
Partikel aus RNA und Protein, an denen die Proteinsynthese stattfindet

> Die Zellen der **Prokaryonten** (Bakterien und Archaeen) sind im Vergleich zu denen der **Eukaryonten** einfacher aufgebaut und besitzen weder einen Zellkern noch Organellen. Prokaryonten sind Einzeller. Zu den Eukaryonten zählen einige Gruppen der Einzeller und alle mehrzelligen Lebewesen.

Tab. 1 fasst die wesentlichen Unterschiede zwischen Prokaryonten und Eukaryonten zusammen, auf die im weiteren Text eingegangen wird.

Tabelle 1 Generelle Unterschiede zwischen Prokaryonten und Eukaryonten (durchschnittliche Werte)

	Prokaryonten		Eukaryonten
	Bakterien	Archaeen	
Zellkern	–	–	+
Vermehrung	Querteilung	Querteilung	Mitose, Meiose
Aufbau	einzellig	einzellig	ein- oder mehrzellig
Zelldurchmesser	1 µm	1 µm	10 µm (Hefen)
Zellvolumen	1 $µm^3$	1 $µm^3$	1000 $µm^3$ (Hefen)
Organellen	–	–	+
Zellwand	+	+	+ (Pilze, Algen, Pflanzen) – (Protozoen, Tiere)
Membranlipide	Esterlipide	Etherlipide	Esterlipide, Steroide
Ribosomen	70 S	70 S	80 S (70 S in Organellen)
DNA (Basenpaare)	$4 \cdot 10^6$	$4 \cdot 10^6$	$2 \cdot 10^7$ (Hefe)
Chromosomen	–	–	+
Fotosynthese	+ oder –	–	+ (Algen, Pflanzen) oder –

Die Zellen der Prokaryonten sind in der Regel wesentlich kleiner als die Zellen der Eukaryonten. Bakterien besitzen eine durchschnittliche **Größe** von 1 bis 2 μm Durchmesser, während eukaryontische Zellen ungefähr einen 10 Mal so großen Durchmesser und damit ein 1000 Mal größeres Volumen besitzen. Ein entscheidender Vorteil der kleinen Zellen von Prokaryonten ist, dass sie in der Lage sind, genügend Stoffe über ihre Außenfläche aufzunehmen und Abfallstoffe abzugeben, um im Inneren hohe Stoffwechselumsatzraten zu erzielen. Denn umso kleiner das Zellvolumen ist, umso günstiger ist das **Oberflächen/Volumen-Verhältnis**.

Prokaryonten können sich rasant vermehren, da sie aufgrund ihrer geringen **Zellgröße** ein günstiges **Oberflächen/Volumen-Verhältnis** besitzen.

3.1 Zellen der Prokaryonten

Kompartiment
Durch Membranen abgegrenzter Reaktionsraum der Zelle

Die Zellen der Prokaryonten bestehen nur aus einem **Kompartiment**, das durch eine Zellmembran und eine Zellwand von der Umwelt abgetrennt ist (Bild 1). Diese beiden Begrenzungen nach außen werden auch unter dem Begriff Zellhülle zusammengefasst. Sie umschließen das **Zytoplasma** (Zellinnere). Es besteht aus dem **Zytosol**, der viskos-flüssigen Grundmatrix aller Zellen, die vor allem Wasser enthält. Außerdem ist sie reich an organischen und anorganischen gelösten Stoffen. Zahlreiche unterschiedliche Proteine befinden sich im Zytosol, die beispielsweise die Reaktionen des Stoffwechsels katalysieren. Im Zytoplasma liegen Partikel mit Reservestoffen und zahlreiche Ribosomen vor, die zur Proteinbiosynthese dienen (s. Kap. I.4.2).

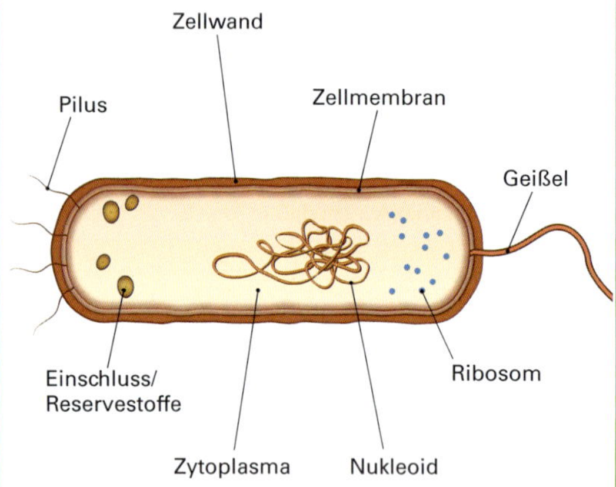

Bild 1
Zelle von Prokaryonten

Die Prokaryontenzelle zeichnet sich durch folgende Strukturen aus:

▶ **Zellwand**
Die überwiegende Zahl der Prokaryonten besitzt eine Zellwand, eine relativ starre äußere Hülle. Die Zellwand bestimmt die Form und bietet Schutz vor äußeren Einflüssen. Die Zellwand der Bakterien (s. Kap. II.1.1.1) besteht aus **Murein**, einem netzartigen riesengroßen Molekül aus langen Zuckerketten mit internen Verkettungen durch Aminosäuren.

Die meisten Prokaryonten besitzen eine feste starre Zellwand, die bei Bakterien aus **Murein**, über Peptide vernetzte Zuckerketten, besteht.

Plasmide
Kleine, ringförmig geschlossene DNA-Stränge vieler Bakterien, die für das Wachstum in der Regel entbehrlich sind

▶ **Nukleoid und Plasmide**
Die Erbinformationen liegen bei Prokaryonten hauptsächlich auf einer ringförmig geschlossenen DNA, die als **Nukleoid** oder bei Bakterien als **Bakterienchromosom** bezeichnet wird. Häufig sind in Bakterienzellen weitere, wesentlich kleinere Träger von Erbinformationen vorhanden, die **Plasmide**. Sie können beispielsweise Gene für Resistenzen gegenüber Antibiotika enthalten. Dies Resistenzgene können die Inaktivierung z. B. Spaltung von Antibiotika bewirken.

Die **Erbinformationen** von Prokaryonten sind nicht in einem Zellkern eingeschlossen, sondern liegen auf einer ringförmig geschlossenen DNA im Zytoplasma vor.

▶ Geißeln

Viele Bakterien und Archaeen besitzen zur Fortbewegung **Geißeln**, die auch **Flagellen** genannt werden. Auf der Zelloberfläche können eine oder mehrere Geißeln verankert sein. Prokaryonten, die keine Geißeln ausbilden, können sich nicht aktiv schwimmend, sondern nur passiv, z. B. über Wasserströmungen, fortbewegen. Es gibt allerdings einige Bakterienarten, die auch ohne Flagellen bewegungsfähig sind.

Viele, aber nicht alle Prokaryonten können sich mithilfe von **Geißeln** (Flagellen) schwimmend fortbewegen.

▶ Pili

Pili, auch Fimbrien genannt, sind auf der Zelloberfläche aufsitzende Anhängsel, die aus Proteinen bestehen und zur Anheftung an ortsfesten Materialien dienen. So können Bakterien und Archeen an Orten mit günstigen Wachstumsvoraussetzungen verbleiben, ohne mit dem Flüssigkeitsstrom fortgeschwemmt zu werden. Über Pili können sich Krankheitserreger an Körperzellen anlagern. Sogenannte Sex-Pili ermöglichen es einigen Keimen, Verbindung zu anderen Bakterienzellen herzustellen, um Erbmaterial auszutauschen.

Pili (Fimbrien) dienen der Anheftung an Oberflächen und damit der Lagefixierung der Prokaryonten.

3.2 Zellen der Eukaryonten

Die eukaryontischen Zellen bilden nicht nur bei Pflanzen und Tieren die Grundstruktur differenzierter Lebewesen. Sie sind auch der Zelltyp von Pilzen und vielen Einzellern, wie den Protozoen. Diese Zellen besitzen grundsätzlich die Fähigkeit zur **Differenzierung** und zum Aufbau vielzelliger Gewebe und Organe. Durch die Entwicklung unterschiedlicher **Kompartimente**, die **Zellorganellen** genannt werden, besitzt diese Zellform eine große Zahl von Strukturelementen (Bild 1). Auf diese Weise erreichen die Zellen einen hohen Grad der Organisation und Arbeitsteilung. Dadurch können Stoffwechselreaktionen gleichzeitig ablaufen, ohne sich gegenseitig zu stören.

Differenzierung
Entwicklungsprozess, bei dem aus gleichartigen, unspezialisierten Zellen funktionell und strukturell unterschiedliche Zellen entstehen

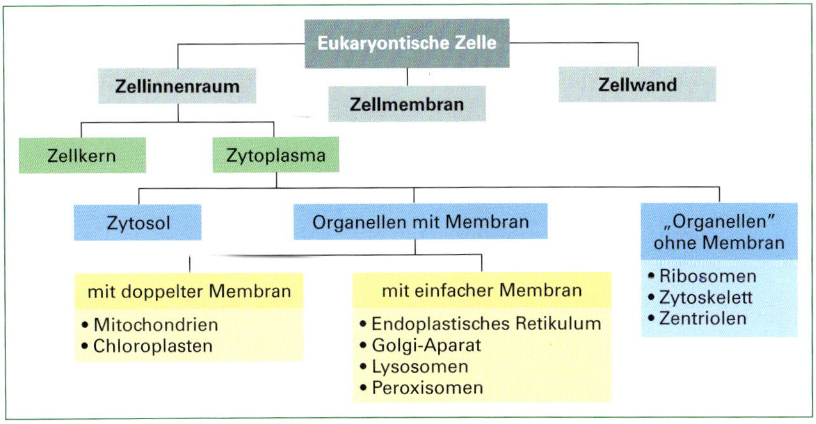

Bild 1
Strukturelemente der eukaryontischen Zelle

Eukaryontische Zellen weisen aufgrund von Zellorganellen einen hohen Grad räumlicher **Organisation** und **Arbeitsteilung** auf.

Die eukaryontische Zelle wird von der **Zellmembran** umgeben, die auch Zytoplasma- oder Plasmamembran genannt wird. Der Zellinnenraum enthält den Zellkern und das Zytoplasma, das wiederum aus der Grundsubstanz, dem Zytosol, und den Zellorganellen besteht. Die Organellen können hinsichtlich ihrer äußeren Umhüllung durch Biomembranen weiter differenziert werden (Bild 1, S. 67). Sie sind von einer Einzelmembran oder einer Doppelmembran umschlossen.

In allen eukaryontischen Zellen sind ein Zellkern, ein endoplasmatisches Retikulum, ein *Golgi*-Apparat, Mitochondrien, Lysosomen, Ribosomen und ein Zytoskelett zu finden (Bild 1).

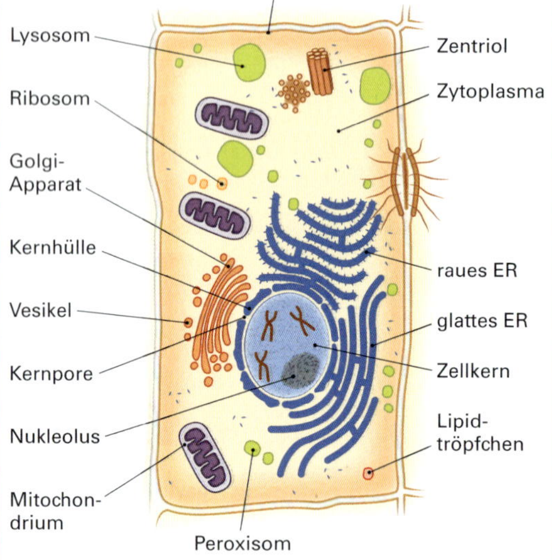

Bild 1
Strukturen einer eukaryontischen (tierischen) Zelle

Zellkern (Nukleus)

Im Zellkern oder Nukleus sind die genetischen Informationen auf mehreren Chromosomen aufgeteilt und gespeichert. Das Material, aus dem die Chromosomen bestehen, ein Aggregat aus DNA und Proteinen, wird **Chromatin** genannt. Der kugelförmige Zellkern ist durch die **Kernhülle**, die aus zwei Membranen besteht, vom Zytoplasma abgetrennt. Durch Poren in der Kernhülle existieren Verbindungen zwischen beiden Räumen. Der Zellkern enthält auch ein oder mehrere **Kernkörperchen** oder **Nukleoli**, die mit dem Lichtmikroskop erkennbar sind. Die Aufgabe der Kernkörperchen besteht in der Bildung von Vorstufen der Ribosomen.

Im **Zellkern (Nukleus)** befinden sich die Chromosomen, die die Erbinformationen beinhalten, und Nukleoli, die an der Ribosomenbildung beteiligt sind.

Endoplasmatisches Retikulum

Das endoplasmatische Retikulum (ER) ist ein weitverzweigtes System von Membranen und Hohlräumen, das an einigen Stellen direkt in die Zellkernhülle übergeht. Das ER durchzieht die Zelle wie ein Kanalsystem und besitzt somit eine große Membranoberfläche. Stoffe wie z. B. Eiweiße können mithilfe des ER durch die gesamte Zelle transportiert werden. Das endoplasmatische Retikulum kommt in zwei Formen vor, als glattes und raues ER. Das glatte ER enthält keine Ribosomen, während zahlreiche dieser Partikel auf der Oberfläche des rauen ER vorhanden sind.

Das **glatte endoplasmatische Retikulum** hat zahlreiche Aufgaben. Dazu zählen:

- Synthese von Lipiden, vor allem Phospholipiden, sowie von Kohlenhydraten.
- Speicherung von Calcium.

Das **raue ER** hat vor allem folgende Funktionen:

- Synthese von Membranproteinen sowie **sekretorischen Proteinen**.
- Chemische Modifizierung von Proteinen, die danach in Membranvesikeln zu einem festgelegten Bestimmungsort innerhalb oder außerhalb der Zelle gebracht werden.

Sekretorische Proteine
Proteine, die aus der Zelle ausgeschleust und in den extrazellulären Raum abgegeben werden

Das **endoplasmatische Retikulum** ist ein weit verzweigtes Membransystem mit flachen Hohlräumen, das vor allem der Synthese bzw. Modifizierung von Membrankomponenten sowie sekretorischen Proteinen dient.

Golgi-Apparat

Der *Golgi*-Apparat ist ebenfalls ein Membransystem, das mit dem ER in Verbindung steht. Er besteht aus flachen, aufeinandergestapelten Membranen, den **Dictyosomen**. Hier werden Stoffe, wie die im ER neu synthetisierten Eiweiße, aufgenommen, chemisch modifiziert und zum Weitertransport vorbereitet. Die Proteine werden in Vesikeln, kleinen Bläschen, abgeschnürt und zu ihrem Bestimmungsort weitergeschickt. Verschmelzen die Membranen der Bläschen mit der Zellmembran (Fusion), wird deren Inhalt außerhalb der Zelle freigesetzt.

Der ***Golgi*-Apparat** besteht aus abgeplatteten Membranstapeln, die im Randbereich Vesikel abschnüren. Mit seiner Hilfe werden Proteine modifiziert, sortiert und an ihren Bestimmungsort transportiert.

Mitochondrien

Die Mitochondrien, die Kraftwerke einer Zelle, sind von einer Doppelmembran umgeben. Die innere Membran ist zur Oberflächenvergrößerung in Form von Scheiben (Cristae) oder Röhren (Tubuli) gefaltet. Mitochondrien werden nicht neu gebildet, sondern gehen durch Teilung auseinander hervor. Sie können in vielen Zellen zu einem röhrenförmigen Netzwerk fusionieren. Der Raum innerhalb der inneren Membran wird **Matrix** genannt.

Mitochondrien produzieren die Energie, die jede lebende Zelle benötigt, indem sie über die **Atmungskette** das energiereiche Molekül ATP (Adenosintriphosphat) synthetisieren (s. S. 129). Die Anzahl der Mitochondrien in einer Zelle ist von ihrem Energiebedarf abhängig; die Zellen des Herzmuskels haben beispielsweise eine sehr große Anzahl von Mitochondrien.

Organellen wie Mitochondrien (und auch Chloroplasten) sind nach der **Endosymbiontenhypothese** aus Bakterien entstanden, die in die eukaryontische Vorläuferzelle einwanderten und dort zuerst als **Symbionten** blieben. Für diese Theorie spricht, dass die innere Membran der Mitochondrien andere Proteine und Lipide enthält als die äußere. Während die innere die ursprüngliche Bakterienmembran darstellt, ist die äußere eine eukaryontische Membran.

Symbiont
Lebewesen, das mit einem Lebewesen einer anderen Art eine Lebensgemeinschaft mit beidseitigem Nutzen bildet

Mit der Zeit verloren die eingedrungenen Bakterien zahlreiche Gene, die in den Zellkern übertragen wurden. Mitochondrien besitzen immer noch eigene Erbsubstanz (mitochondriale DNA), die meist, wie bei Bakterien, zirkulär vorliegt.

Mitochondrien sind Zellorganellen mit einer Doppelmembran und eigener Erbsubstanz. Sie dienen der **Energiegewinnung** der Zelle. Nach der **Endosymbiontenhypothese** haben sie sich aus symbiontischen Bakterien entwickelt.

Proteasen
Enzyme, die die Peptidbindungen von Proteinen spalten

Lipasen
Enzyme, die Fette und andere Lipide in ihre Bausteine Glyzerin und Fettsäuren spalten

Lysosomen

Die Lysosomen sind von einer einfachen Membran umschlossene Organellen, die vom *Golgi*-Apparat abgeschnürt werden. Sie besitzen einen sauren pH-Wert und enthalten hydrolytische Enzyme wie **Proteasen** und **Lipasen**, die im sauren Milieu eine hohe Aktivität besitzen.

Lysosomen umschließen in die Zelle eingedrungene Fremdkörper oder nicht mehr funktionstüchtige Zellbestandteile und bauen Makromoleküle wie Proteine ab.

Lysosomen sind membranumgrenzte Organellen, die zahlreiche **hydrolytische Enzyme** beinhalten und dem Abbau von Makromolekülen dienen.

Ribosomen

***Svedberg* (S)**
Einheit der Sedimentationskonstanten, die zur Bestimmung des Molekulargewichtes von hochmolekularen Substanzen dient

Ribosomen sind membranlose Partikel, die aus Eiweiß- und RNA-Komponenten bestehen und an denen Proteine neu synthetisiert werden. Sie sind bei Eukaryonten größer als bei Prokaryonten. Die Größe bzw. Masse der Ribosomen wird durch ihr Sedimentationsverhalten bei einer Zentrifugation bestimmt und in ***Svedberg***-Einheiten (S) angegeben.

Eukaryontische Ribosomen haben eine Masse von 80S, während in den Zellen von Prokaryonten und in den Mitochondrien 70S-Ribosomen vorliegen. Sämtliche Ribosomen bestehen aus zwei unterschiedlich großen Untereinheiten, die nur während der Proteinsynthese zusammengelagert sind.

Ribosomen liegen entweder frei im Zytoplasma vor und synthetisieren dort intrazelluläre Proteine oder sind an das endoplasmatische Retikulum gebunden. Diese membrangebundenen Ribosomen werden für die Bildung sekretorischer Proteine eingesetzt. Sogenannte **Polysomen** sind eine Aneinanderreihung zahlreicher Einzelribosomen, die gleichzeitig an einem mRNA-Molekül Polypeptidketten herstellen.

Aktin
Eukaryontisches fibrilläres Strukturprotein

Ribosomen sind Partikel aus Eiweißen und RNA, deren Aufgabe in der Proteinsynthese besteht.

Zytoskelett

Das Zytoplasma wird von einem Geflecht aus Gerüstproteinen, den Proteinfilamenten, durchzogen (Bild 1). Sie bilden ein sich stetig veränderndes Zellskelett, das für Bewegungen und Strömungen innerhalb der Zelle sowie für Formveränderungen der ganzen Zelle verantwortlich ist. Eine typische Komponente des Zytoskeletts sind die **Mikrofilamente**, dünne Fasern, die aus **Aktin** bestehen, und die **Mikrotubuli**, lang gestreckte röhrenförmige Proteinfilamente.

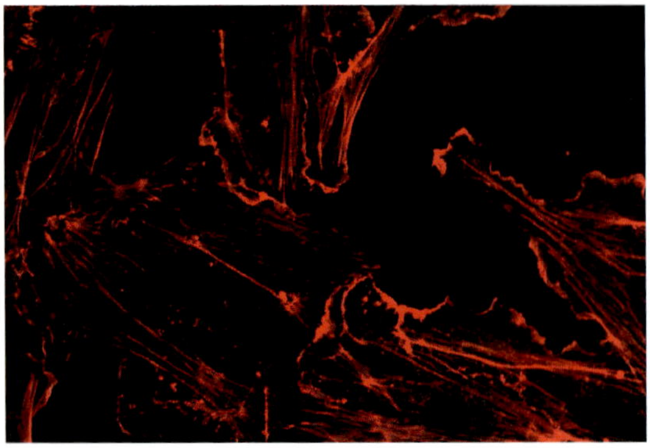

Bild 1 Zytoskelett, Fluoreszenzmikroskopie mit Aktin Anfärbung einer tierischen Zelle

Mikrotubuli können größere Strukturen bilden, in denen sie mit bestimmten Proteinen, wie den Motorproteinen Dynein und Kinesin, assoziiert sind. Diese Proteine binden an die Mikrotubuli, die ihnen als Transportschienen in der Zelle dienen. Über diese Mikrotubuli findet ein Transport von Membranvesikeln statt.

Mikrotubuli spielen außerdem eine Rolle bei der Beweglichkeit von Zellanhängseln, z. B. bei Zilien, wie die Flimmerhaare in den Atemwegen, und bei **eukaryontischen Flagellen**.

Hier bilden die Mikrotubuli ein Bündel, in dem außen neun Doppelmikrotubuli und innen zwei einzelne vorliegen (9x2+2-Struktur). Die Mikro- oder Aktinfilamente dienen ebenfalls dem Transport von Vesikeln über kurze Strecken in der Zelle, wozu sie spezifische Motorproteine besitzen.

Zum **Zytoskelett**, dem dynamischen inneren Gerüst der Zellen, gehören die **Mikrofilamente** aus Aktin sowie die **Mikrotubuli**. Das Zytoskelett sorgt für die Änderung der Zellgestalt, für Transportprozesse innerhalb der Zelle und für aktive Bewegungen von Zellanhängseln.

Aus Mikrotubuli aufgebaut sind auch die **Zentriolen** oder **Zentralkörperchen**. Hierbei handelt es sich um Strukturen, die in der Nähe des Zellkerns liegen und bei der Zellteilung eine Rolle spielen. Ihre Funktion besteht darin, die Chromosomen auseinanderzuziehen und gleichmäßig auf beide Tochterzellen zu verteilen.

Die aus Mikrotubuli aufgebauten **Zentriolen** sind für die Chromosomen-Bewegungen während der Zellteilung zuständig.

Weitere relativ kleine Organellen, in denen biochemische Reaktionen getrennt vom Zytoplasma ablaufen, sind die **Peroxisomen**, die eine einfache Membranumhüllung besitzen. In Peroxisomen werden zytotoxische Verbindungen wie **Peroxide** und **Radikale** umgesetzt, die im übrigen Teil der Zelle zerstörerisch wirken würden. Diese auch ***Microbodies*** genannten Organellen enthalten beispielsweise das Enzym Katalase, das mit hohen Reaktionsraten Wasserstoffperoxid inaktiviert.

Peroxide
Vom Wasserstoffperoxid abgeleitete, reaktive Verbindungen mit einer Peroxogruppe (-O-O-)

Radikale
Instabile hochreaktive Verbindungen (mit einem einzelnen ungepaarten Elektron)

Besondere Grundstrukturen der Pflanzenzelle

Pflanzenzellen enthalten besondere Zellbestandteile, die in tierischen Zellen nicht vorkommen. Beispielsweise besitzen Pflanzen, ebenso wie die Zellen von Pilzen, eine **Zellwand**. Zellwände haben die Aufgabe, der Zelle Festigkeit, Schutz und Stabilität zu geben. Außerdem sollen sie verhindern, dass die Zelle anschwillt, wenn aufgrund osmotischer Prozesse Wasser aufgenommen wird.

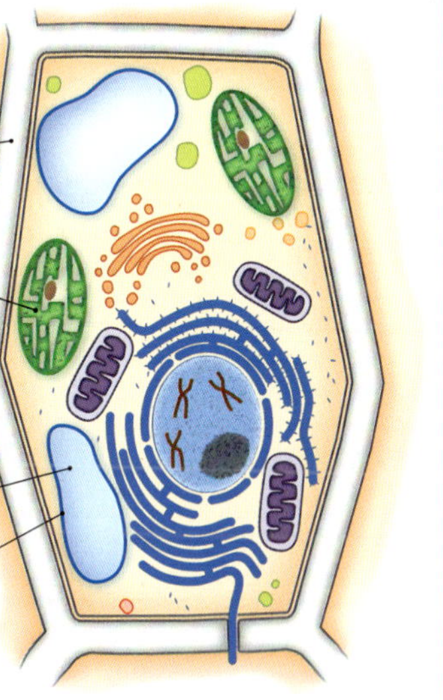

Bild 1
Strukturen einer pflanzlichen Zelle (weitere Bezeichnungen, s. Bild 1, S. 64)

Chloroplasten sind von einer Doppelmembran begrenzte Organellen, die im Dienst der Fotosynthese stehen. Sie enthalten den grünen Blattfarbstoff **Chlorophyll**, der eine zentrale Rolle bei der Umwandlung der Lichtenergie spielt. Die innere Membran der Chloroplasten bildet zahlreiche Ausstülpungen, die in die Grundsubstanz der Chloroplasten, das **Stroma**, hinein reichen. Sie stellen flache Membranvesikel dar, die **Thylakoide**. In den Thylakoidmembranen befinden sich verschiedene Pigmente der Fotosynthese wie z. B. Chlorophyll.

Ein weiteres pflanzentypisches Organell ist die **Vakuole**. Eine Membran, Tonoplast genannt, trennt die Vakuole vom Zytoplasma. Die Flüssigkeit in der Vakuole, der Zellsaft, dient der Speicherung von Vorrats- und Abfallstoffen. Die Vakuole nimmt in vielen Pflanzenzellen den größten Teil des Zellvolumens ein.

Pflanzliche Zellen besitzen Zellwände, die der Zelle Festigkeit und Schutz geben. Außerdem enthalten sie Chloroplasten, in denen die Fotosynthese stattfindet, und Vakuolen, die Vorrats- bzw. Entsorgungsfunktionen haben.

3.2.1 Zellteilung und Zellzyklus

Zellen können sich teilen und Tochterzellen bilden, eine Fähigkeit, die bei ausdifferenzierten Zellen verloren geht. In vielzelligen Organismen müssen jedoch neue Zellen bei Wachstums- und Reparaturprozessen gebildet und abgestorbene Zellen ersetzt werden. Die **Zellteilung** der Eukaryonten erfolgt nach einem komplexen Ablauf von Vorgängen, wobei garantiert sein muss, dass die Erbinformationen vollständig an die entstehenden Tochterzellen weitergegeben werden.

Zellkörper
Zelle ohne Kern und Fortsätze

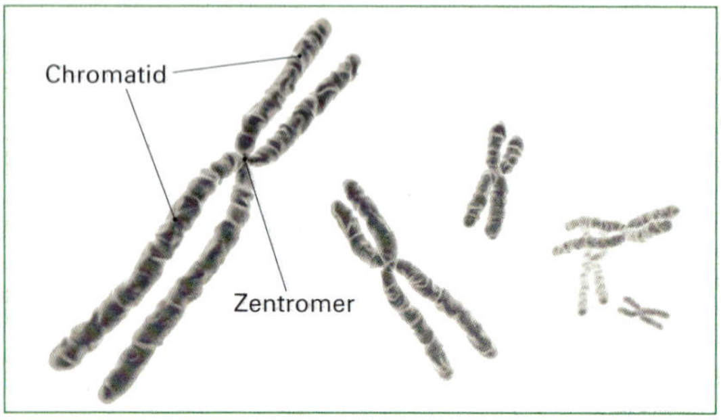

Bild 1
Chromosomen mit je zwei Chromatiden

Die Zellteilung kann in zwei Abschnitte unterteilt werden:

- **Mitose**, die Teilung des Zellkerns, sowie
- **Zytokinese**, die Teilung des **Zellkörpers**.

Bei der Mitose entstehen aus einem Zellkern zwei Tochterkerne mit gleichem Erbgut. Bei Eukaryonten ist das Erbmaterial in Form von **Chromosomen** strukturiert (Bild 1) und im Zellkern lokalisiert.

Bei der Mitose müssen beispielsweise in menschlichen Zellen alle vorhandenen 46 Chromosomen an die Tochterzellen weitergegeben werden. Um dies zu gewährleisten, werden zuerst sämtliche Chromosomen im Zellkern der Mutterzelle verdoppelt. Anschließend werden die Chromosomen so auf die Tochterzellen aufgeteilt, dass sie beide die gleichen Chromosomen und damit auch dieselbe Chromosomenanzahl (46) besitzen. Die Vorgänge der Mitose können mit einem Lichtmikroskop beobachtet werden, da sich die Chromosomen in dieser Zeit in einem stark kondensierten Zustand befinden. Während der Mitose wird mikroskopisch beobachtet, dass jedes Chromosom aus zwei identischen Hälften besteht, den **Chromatiden**. Diese sind an einer Stelle, dem **Zentromer**, miteinander verbunden, sodass jeweils zwei Arme, ein kurzer und ein langer, vorhanden sind (Bild 1).

Chromosomen
Im Mikroskop sichtbare, aus DNA und Proteinen bestehende Strukturen der Zellkerne höherer Organismen

Bei der Kernteilung werden die beiden Chromatiden der Chromosomen mithilfe des **Spindelapparates** auf die zwei neu entstehenden Tochterkerne verteilt. Die Kernteilung kann in die vier Phasen **Prophase, Metaphase, Anaphase** und **Telophase** unterteilt werden (Tab. 1, S. 73).

Spindelapparat
Bei der Zellteilung ausgebildetes System aus Spindelfasern, die aus Mikrotubuli bestehen und die Chromosomen voneinander wegziehen

Die neu entstandenen Zellkerne enthalten gleiche Chromosomen und damit identisches Genmaterial. Nach der Kernteilung erfolgt die **Zytokinese**, die Einschnürung und Teilung des Zellkörpers, sodass aus einer Zelle zwei Tochterzellen entstehen. Dazu wird das gesamte Zytoplasma nebst eingeschlossenen Organellen geteilt.

Die Teilung eukaryontischer Zellen gliedert sich in die **Mitose**, die Teilung des Zellkerns mit gleichmäßiger Aufteilung der Chromosomen, und in die **Zytokinese**, die Teilung des Zellkörpers. Die Mitose besteht aus den vier Phasen **Prophase, Metaphase, Anaphase** und **Telophase**.

Tabelle 1 Die vier Phasen der Kernteilung (Mitose)

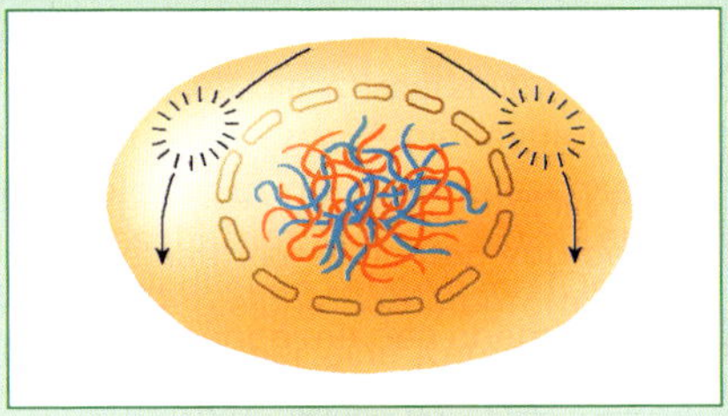

1. Prophase

Die Chromosomen werden dichter gepackt und sind im Mikroskop gut sichtbar. Die Zentriolen wandern zu den Zellpolen. Dort bilden sie Eiweißfäden, die Spindelfasern, die die Zellpole und die Chromosomen miteinander verbinden. Die Zellkernmembran und die Kernkörperchen lösen sich auf.

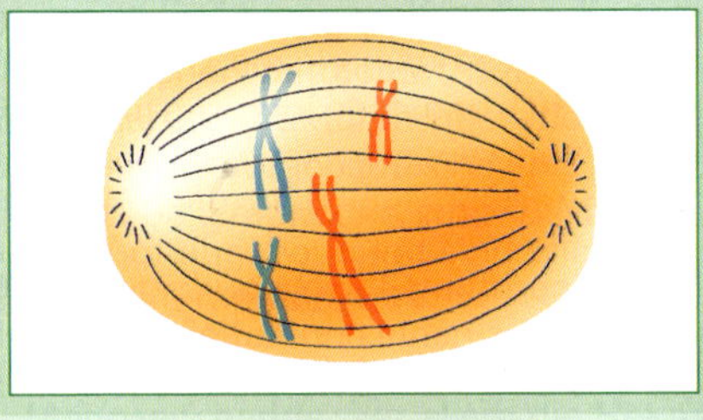

2. Metaphase

Die Chromosomen werden mithilfe der dünnen Fasern des Spindelapparates in die Mitte der Zelle (Äquatorialebene) bewegt. Die beiden Chromatiden der Chromosomen sind noch an einem Punkt, dem Zentromer, miteinander verbunden.

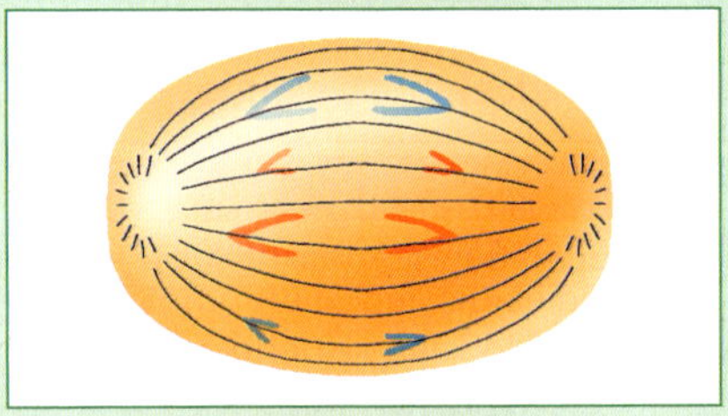

3. Anaphase

Die beiden Chromatiden der Chromosomen trennen sich voneinander. Sie werden in Richtung der beiden Zellpole auseinandergezogen, indem sich die Spindelfasern verkürzen.

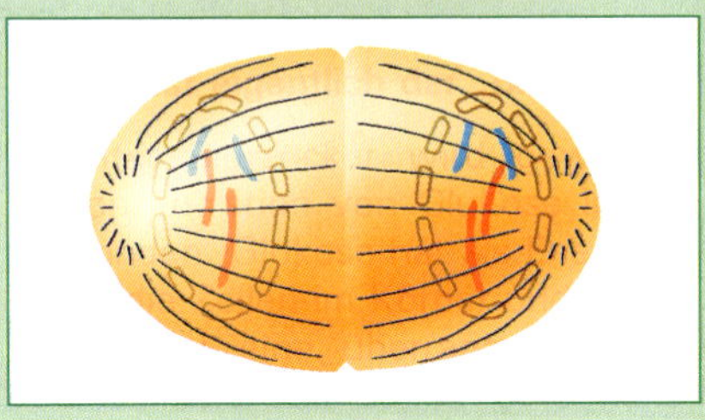

4. Telophase

Erreichen die Tochterchromosomen die Pole, löst sich der Spindelapparat auf. Die Verdichtung der Chromosomen wird wieder rückgängig gemacht, sodass sie mikroskopisch nicht mehr sichtbar sind. Um die Zellkerne herum wird eine neue Kernmembran gebildet.

Nach der Teilung der Zelle folgt eine Phase mit hoher Produktivität und Stoffwechselaktivität, in der sich die Zelle vergrößert, bis die ursprüngliche Zellgröße wieder erreicht ist. Der Zeitraum zwischen einer Kernteilung und der darauffolgenden Kernteilung wird **Interphase** genannt.

Der regelmäßige Wechsel zwischen der Interphase und der Phase der Zellteilung wird als **Zellzyklus** bezeichnet. Die Chromosomen werden während der Interphase in einen aufgelockerten (dekondensierten) Zustand gebracht, in dem es möglich ist, dass Enzyme mit den DNA-Strängen in Kontakt treten. Gene können zur RNA- und Proteinbiosynthese abgelesen werden, und eine Replikation der Chromosomen (s. Kap. I.4.1) kann erfolgen.

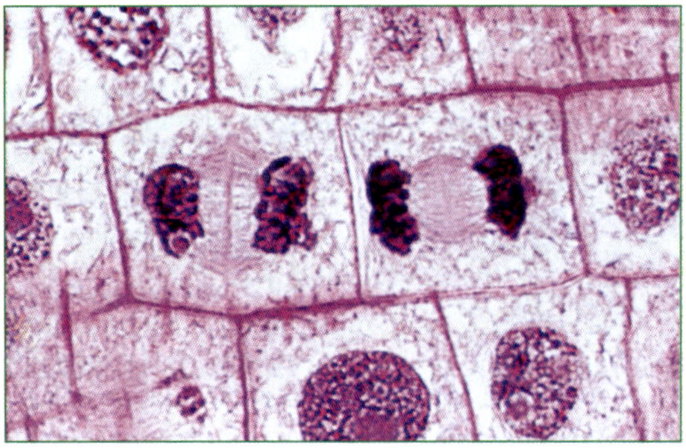

Bild 1
Zellen in der Telophase bei der Zwiebel *Allium cepa*

Auch die Zeit der Interphase kann unterteilt werden, und zwar in drei Phasen (Bild 1):

1. **G_1-Phase**, die stoffwechselaktive Wachstumsphase der Zelle (G steht für engl. *gap*: Lücke, Zwischenphase).
2. **S-Phase**, die Phase in der die DNA der Zelle bzw. die Chromosomen verdoppelt werden (engl. *synthesis*: Synthese).
3. **G_2-Phase**, die Vorbereitungsphase für die Kernteilung, in der beispielsweise das endoplasmatische Retikulum eingeschmolzen wird.

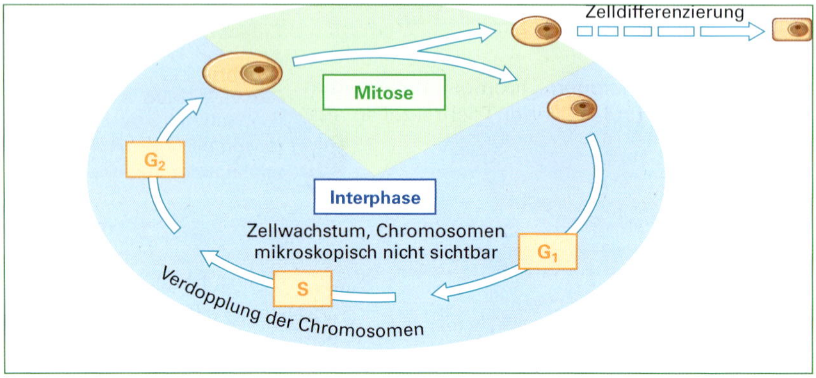

Bild 1
Zellzyklus mit Mitose und Interphase

Wird eine Zelle durch Differenzierung zu einer Dauerzelle, verlässt sie den Zellzyklus und teilt sich nicht mehr.

Der **Zellzyklus** ist der regelmäßige Wechsel zwischen der **Interphase**, in der die Zellen eine hohe Stoffwechselaktivität besitzen und die Chromosomen verdoppelt werden, und der Zellteilungsphase, in der die Erbinformationen auf die beiden Tochterzellen verteilt werden.

3.2.2 Bildung von Keimzellen in der Meiose

Chromosomensatz
Gesamtheit der Chromosomen einer Zelle (einfacher Chromosomensatz in den Keimzellen und doppelter in Körperzellen)

Die Zellkerne menschlicher Körperzellen wie auch die meisten tierischen und pflanzlichen Zellkerne verfügen über einen doppelten **Chromosomensatz**. Dies ist darin begründet, dass z. B. von den 46 menschlichen Chromosomen 23 von der Mutter und 23 von dem Vater stammen. Die mütterliche Herkunft wird als maternal bezeichnet, die väterliche paternal. Somit sind von jedem Chromosom zwei gleiche Ausfertigungen vorhanden, die homologe Chromosomen genannt werden. In allen Körperzellen (somatischen Zellen) sind somit die Chromosomen doppelt vorhanden: Die Zellkerne besitzen einen **diploiden Chromosomensatz** und alle Gene sind in mindestens zweifacher Zahl vorhanden.

Keimzellen, Gameten
Zellen, z. B. Eizellen und Spermien, die der geschlechtlichen Fortpflanzung dienen und bei der Befruchtung verschmelzen

Die Anzahl der Chromosomen wird dupliziert, wenn bei der geschlechtlichen Fortpflanzung und Erzeugung eines neuen Individuums weibliche und männliche **Keim**- bzw. **Geschlechtszellen** miteinander verschmelzen (fusionieren). Das Verschmelzungsprodukt der Keimzellen ist die **Zygote**. Dabei kommt es zu einer Verdopplung des Chromosomensatzes. Folglich muss an irgendeiner Stelle der Entwicklung der Lebewesen der verdoppelte Chromosomensatz wieder auf den einfachen Satz halbiert werden, damit nicht von Generation zu Generation eine ständige Verdopplung der Chromosomenanzahl erfolgt.

Dies geschieht bei der Bildung der Gameten in den Fortpflanzungsorganen, bei der ein **haploider** (halbierter) Chromosomensatz entsteht (Bild 1, S. 75). Bei Menschen und vielen Tieren sind die Eizellen die weiblichen Keimzellen und die Spermien die männlichen.

Eukaryontische Zellen verfügen über eine besondere Form der Zellteilung, die **Meiose**, **Reifeteilung** oder **Reduktionsteilung** genannt wird. Sie findet bei der Gametenbildung statt und reduziert den diploiden Chromosomensatz auf einen haploiden Bestand.

Bei der Meiose finden nacheinander zwei Zellteilungen statt, und es entstehen statt zweier diploider vier haploide Zellen. Zuerst kommt es zur Paarung der homologen Chromosomen, d. h. die paternalen Chromosomen ordnen sich nahe ihrer homologen maternalen Chromosomen an. Die Paare der homologen Chromosomen werden zuerst getrennt und auf zwei Tochterzellen aufgeteilt, die anschließend eine Mitose-Zellteilung durchmachen.

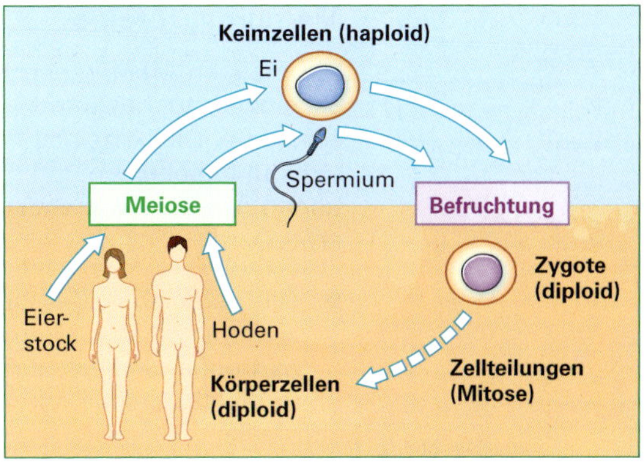

Bild 1
Änderung des Chromosomensatzes im Lebenszyklus des Menschen

Bei der Verschmelzung (Fusion) einer männlichen mit einer weiblichen Keimzelle entsteht eine **Zygote** (befruchtete Eizelle) mit homologen Chromosomen, die jeweils zur Hälfte von Vater und Mutter stammen. Damit die Zahl der Chromosomen nicht von Generation zu Generation ansteigt, wird der diploide Chromosomensatz durch die **Meiose** auf einen haploiden Satz reduziert.

3.3 Biologische Membranen und Stofftransport

Die Zellen aller Pro- und Eukaryonten sind nach außen durch eine ringsum völlig geschlossene **Zellmembran** (Zytoplasmamembran) abgetrennt. Innerhalb einer eukaryontischen Zelle sind Organellen ebenfalls durch Biomembranen voneinander getrennt.

Steroide
Hydrophobe Verbindungen (Membranlipide und Hormone) mit einer Grundstruktur aus vier Kohlenstoffringen

3.3.1 Membranaufbau

Biologische Membranen bestehen aus Lipiden in Verbund mit Proteinen und besitzen eine Dicke von 7 bis 8 nm (Bild 1). Die **Membranlipide** sind bei Bakterien fast ausschließlich Phospholipide (s. Kap. I.2.3.3), bei Eukaryonten kommen weitere Lipidgruppen hinzu. Beispielsweise sind Cholesterin und andere **Steroide** Bestandteile aller tierischen Membranen. Membranlipide organisieren sich spontan zu einer flexiblen, beweglichen **Doppelschicht** (engl. *bilayer*), in der die hydrophilen Köpfe nach außen zeigen und die hydrophoben Ketten der Fettsäuren innen liegen.

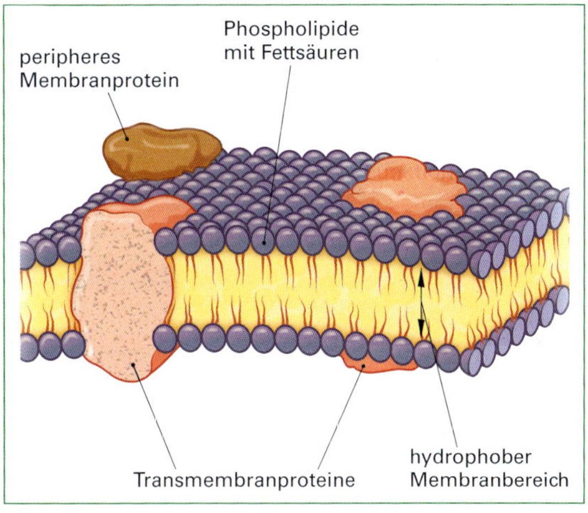

Bild 2
Aufbau einer Biomembran

Biomembranen umgeben alle Zellen sowie einen Großteil der zellulären Organellen. Sie sind dünne Doppelschichten aus Lipiden, meist **Phospholipiden**, und **Proteinen**.

Membranproteine

Die meisten Membranen besitzen einen **Proteinanteil** von etwa 60 %, der bei einigen auf bestimmte Funktionen spezialisierten Membranen noch höher sein kann. Die einzelnen Proteine können sich je nach Zelle oder Zellorganell stark unterscheiden und die Eigenschaften der Biomembran sowie die Funktionen der Zelle wesentlich bestimmen. Es gibt zwei Typen von Membranproteinen:

- Die **peripheren Membranproteine** befinden sich an der Innen- oder der Außenseite der Membran. Diese Proteine haben an ihrer Oberfläche hydrophile Aminosäuren, die mit den Kopfgruppen der Membranlipide in molekularem Kontakt stehen und so eine Bindung zur Membran herstellen.
- Die **integralen Membranproteine** tauchen zumindest teilweise in das hydrophobe Membraninnere ein. Die Proteine haben ausgedehnte hydrophobe Bereiche, in denen aliphatische und aromatische Aminosäuren anzutreffen sind. Diese Proteinanteile sind in die Lipid-Doppelschicht integriert und durchdringen die Lipid-Doppelschicht meist mit mehreren **α-Helices**. Diese Proteine können nicht ohne Auflösung der Lipid-*bilayer* freigesetzt und isoliert werden.

α-Helices
Häufige Sekundärstrukturen mit schraubenförmiger Form bei Proteinen

Viele der integralen Membranproteine sind **Transmembranproteine**, die mit hydrophilen Aminosäurebereichen an beiden Seiten aus der Membran herausragen. An viele eukaryontische Membranproteine sind Kohlenhydratketten geknüpft, die immer außerhalb der Zelle zu finden sind. Bedingt durch ihre Proteinanordnung können sich die beiden Seiten einer Biomembran stark unterscheiden. Dies wird als **Asymmetrie** der Biomembran bezeichnet.

Das Flüssig-Mosaik-Modell wurde 1972 von S. J. *Singer* und G. L. *Nicholson* vorgeschlagen. Es betont die dynamische Struktur und Organisation der Biomembranen

Periphere Membranproteine befinden sich an der Oberfläche der Lipid-Doppelschicht, **integrale Membranproteine** sind in der Membran eingebettet.

Membranfluidität

Nach dem heutzutage weitgehend anerkannten **Flüssig-Mosaik-Modell** sind integrale Membranproteine nicht starr in der Membran fixiert, sondern können sich in der fluiden Lipidmatrix bewegen. Biomembranen besitzen somit eine veränderliche Mosaikstruktur, in der sich Membranproteine zusammenlagern und wieder trennen können.

Amphiphile Stoffe
Stoffe, die sowohl hydrophile als auch hydrophobe Eigenschaften besitzen

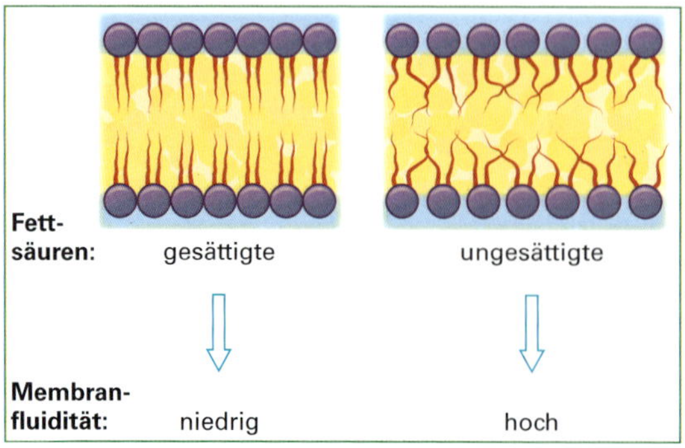

Bild 1
Einfluss der Lipidfettsäuren auf die Membranfluidität

Lipid-Doppelschichten ähneln zweidimensionalen Flüssigkeiten. Die Lipide und Membranproteine können sich in der Ebene der Membran in zwei Dimensionen bewegen. Aufgrund ihrer **amphiphilen** Eigenschaften können sie sich allerdings nicht in der Membran um 180° drehen.

Die **Membranfluidität** beschreibt die Größe der Fließfähigkeit einer Biomembran. Sie ist eine wichtige Eigenschaft jeder Membran, die einen wesentlichen Einfluss auf Membranfunktionen wie z. B. den Stoffaustausch hat.

Die Membranfluidität hängt von den Umweltbedingungen, insbesondere von der Temperatur ab. Bei Erniedrigung der **Temperatur** geht die Lipid-Doppelschicht in einen nicht flüssigen, parakristallinen Zustand über und die Beweglichkeit der Membrankomponenten ist nicht mehr gegeben.

Bei Erhöhung der Temperatur können Biomembranen instabil werden und ihre Eigenschaft als Stoffbarriere verlieren.

Biomembranen müssen zur Aufrechterhaltung ihrer Funktionen in einem fluiden Zustand sein. Die **Membranfluidität** ist von der herrschenden **Temperatur** abhängig.

Lebewesen können die Membranfluidität ihrer Zellen anpassen und sie annähernd konstant halten, indem sie die **Lipidzusammensetzung** variieren. Dies ist besonders für Mikroorganismen und **wechselwarme Lebewesen** von Bedeutung, da sie von einer schwankenden Umwelttemperatur direkt betroffen sind. Die Organismen besitzen verschiedene Mechanismen, um den Ordnungsgrad in der Membran und damit ihre Fluidität anzupassen:

Wechselwarme Lebewesen
Organismen, die ihre Körpertemperatur nicht konstant halten können z. B. Reptilien

- Fast alle Organismen können die Zahl der **ungesättigten Fettsäuren** der Membranlipide erhöhen, indem sie Einfachbindungen in Doppelbindungen umwandeln. *Cis*-ungesättigte Kohlenwasserstoffketten haben eine geknickte Struktur, die ein dichtes Zusammenrücken der Moleküle verhindert und die Fluidität erhöht (Bild 1, S. 76).
- Viele Bakterien können zur Erhöhung der Membranfluidität verzweigtkettige Fettsäuren in ihre Lipide einbauen. Einige Mikroorganismen können *cis*- in ***trans*-ungesättigte Fettsäuren** umwandeln (s. S. 49), die die Membranfluidität absenken.
- Eukaryonten regulieren die Membranfluidität zumeist über den Einbau von **Cholesterin** in die Membranen, das bei tiefen Temperaturen die Fluidität erhöht, bei hohen dagegen senkt (s. S. 56).

Die **Membranfluidität** wird bei einer Änderung der Umwelttemperatur angepasst. Sie wird häufig durch Regulation des Anteils von gesättigten zu ungesättigten Fettsäuren auf einem geeigneten Niveau gehalten. In eukaryontischen Zellen steuert insbesondere der Gehalt an Cholesterin die Fluidität der Membranen.

3.3.2 Permeabilität von Biomembranen

Der geordnete Ablauf des Stoffwechsels und anderer Lebensprozesse hängt davon ab, dass bestimmte Stoffe in gewissen Konzentrationen in den zellulären Räumen vorhanden sind. Dazu müssen die Substanzen über die Membranen in die Zellen und Organellen hineingelangen und dort zurückgehalten werden. Anderen Stoffen muss der Zutritt verwehrt werden.

Da die Konzentrationen vieler Substanzen inner- und außerhalb der Zelle höchst unterschiedlich sein können, treten Prozesse der **Diffusion** auf. Diffusion ist die spontane Bewegung gelöster Stoffe aus einem Bereich mit hoher Konzentration in einen mit niedrigerer Konzentration, bis ein Konzentrationsausgleich erreicht ist (Bild 1).

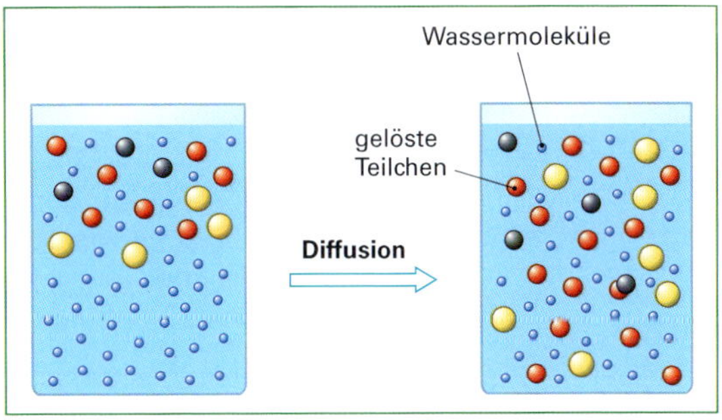

Bild 1
Diffusion

Ist eine Membran für eine bestimmte Substanz **permeabel**, d. h. durchlässig, wandern diese Stoffe entsprechend ihrem **Konzentrationsgefälle** durch die Membran. Umso größer das Konzentrationsgefälle ist, desto höher ist die Geschwindigkeit der Diffusion. Sie hängt auch von physikalischen Parametern wie der Temperatur und der Teilchengröße ab.

Diffusion ist die spontane Bewegung gelöster Substanzen entlang ihrem Konzentrationsgefälle. Die ungleichmäßige Verteilung gelöster Stoffe innerhalb und außerhalb der Zelle führt zu Stoffbewegungen durch die Membran.

Die Zellmembran ist für viele Stoffe eine **Diffusionsbarriere**, die verhindert, dass die für die Zelle wichtigen Stoffe nach außen diffundieren und verloren gehen. Membranen kontrollieren den Stoffaustausch; sie ermöglichen eine selektive Aufnahme sowie Abgabe von Substanzen. Biologische Membranen gelten als **semipermeabel** (halbdurchlässig). Nur einige Stoffe können die Lipid-Doppelschichten gut durchqueren, zahlreiche andere schlecht oder gar nicht (Bild 1):

- Für **unpolare** Stoffe wie Gase und organische Lösungsmittel (z. B. Benzol) sind Biomembranen gut durchlässig.
- Für **gering polare** Substanzen von geringer Größe wie beispielsweise Wasser und Ethanol sind Biomembranen mäßig permeabel.
- **Stark polare** sowie größere Moleküle und alle geladenen Verbindungen (Ionen) können aufgrund des hydrophoben Membraninneren Lipid-Doppelschichten nicht durchdringen.

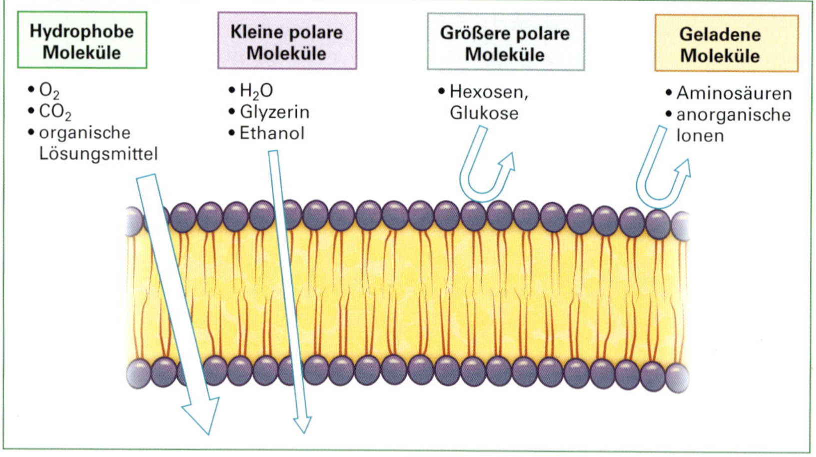

Bild 1
Permeabilitätseigenschaften von Biomembranen

Die Zellmembran ist eine **Diffusionsbarriere**, die den Stoffaustausch der Zelle kontrolliert. Die Lipid-Doppelschichten der Biomembranen sind für hydrophobe und einige kleine Substanzen permeabel und für viele größere hydrophile Zellbestandteile undurchlässig.

Osmose

Der Fluss von Wasser durch eine semipermeable Membran wird **Osmose** genannt. Biologische Membranen sind für Wassermoleküle durchlässig, aber nicht für die meisten in Wasser gelösten Stoffe, wie z. B. anorganische Ionen, Zucker, Aminosäuren und viele andere Biomoleküle.

Dabei hat das Wasser oft die Tendenz in Zellen hineinzuströmen, da diese an Salzen und anderen Substanzen konzentrierter sind als der Außenraum. Der dabei entstehende Überdruck wird **osmotischer Druck** bezeichnet, für den nur die Konzentration der gelösten Teilchen und nicht die Art der Substanzen von Bedeutung ist.

Osmotischer Druck
Kraft, mit der Wasser durch eine semipermeable Membran strömt, um in der (angrenzenden) Zelle dieselbe Konzentration an gelösten Teilchen herzustellen

Das Wasser fließt bei der Osmose immer von der **hypotonischen** Lösung, die die geringere Konzentration an gelösten Teichen besitzt, zur **hypertonischen** Lösung mit der höheren Gesamtkonzentration (Bild 1). Erhöhen Zellen die Gesamtkonzentration ihrer Zellsubstanzen, z. B. indem sie Polymere wie Polysaccharide zu den Monomeren hydrolysieren, erhöhen sie als Folge davon die Zellwassermenge.

In biologischen Systemen tritt **Osmose** auf, die Diffusion des Lösungsmittels Wasser durch die semipermeable Zellmembran. Das Wasser fließt dabei in den Zellbereich mit der Lösung, die die höhere Konzentration an gelösten Teilchen besitzt.

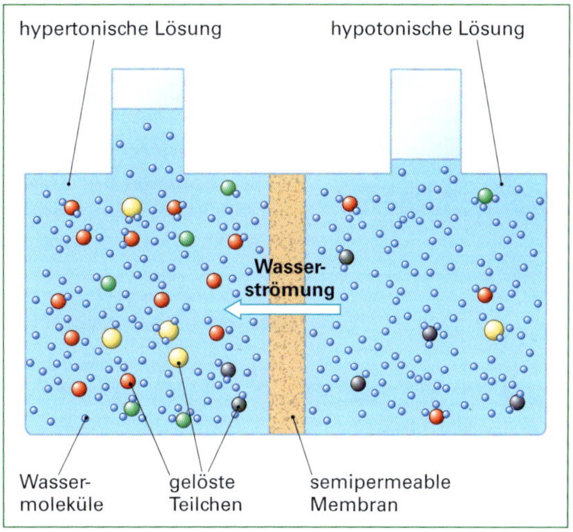

Bild 1
Osmose

Tierzellen benötigen in ihren Zellen und Geweben ein **isotonisches** Milieu mit gleichen Konzentrationen an gelösten Teilchen, damit es nicht durch Wassereintritt oder -verlust zu Volumenveränderungen der Zelle kommt.

Pflanzliche Zellen besitzen ein wenig veränderliches Volumen, das durch die Zellwand vorgegeben ist. Bei ihnen kann mikroskopisch ein Phänomen beobachtet werden, das **Plasmolyse** genannt wird. Werden die Zellen in eine hypertonische Lösung gebracht, die beispielsweise Salze oder Zucker als gelöste Teilchen enthält, strömt aufgrund des osmotischen Drucks Wasser aus dem Zytoplasma über die Plasmamembran nach außen. Auch aus den Zellvakuolen dringt Wasser über die ebenfalls semipermeable Vakuolenmembran, den Tonoplasten, nach. Als Folge schrumpft das Protoplasma der Zellen und die Plasmamembran löst sich von der Zellwand ab (Bild 1).

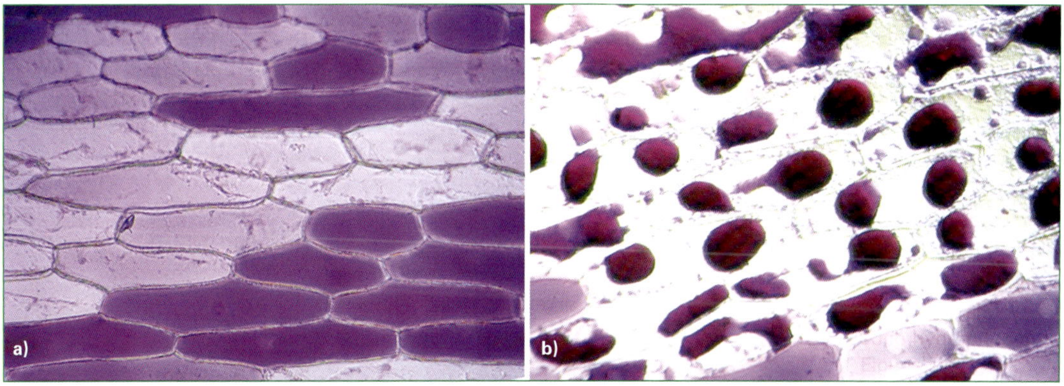

Plasmolyse ist ein osmotischer Prozess, bei dem Zellen in Pflanzengeweben Wasser abgeben, sodass sich der zytoplasmatische Raum in der Zelle mikroskopisch sichtbar verkleinert.

Bild 2
Pflanzenzellen vor (a) und nach (b) der Plasmolyse der Zwiebel *Allium cepa*

3.3.3 Membrantransport

Einfache Diffusion
Diffusion durch die Lipid-Doppelschicht ohne Beteiligung von Transportproteinen

Eine Reihe von Membranproteinen dient dem Stoffaustausch zwischen den Zellkompartimenten und zwischen Zellen und ihrer Umgebung. Spezielle Transportproteine sorgen bei Bedarf der Zellen für eine Aufnahme oder eine Abgabe derjenigen Substanzen, welche nicht über eine **einfache Diffusion** die Membranen der Zellen passieren können. Die Transportproteine sind für den **selektiven Transport** von Stoffen zuständig, d. h. sie können bestimmte Moleküle erkennen und gezielt transportieren.

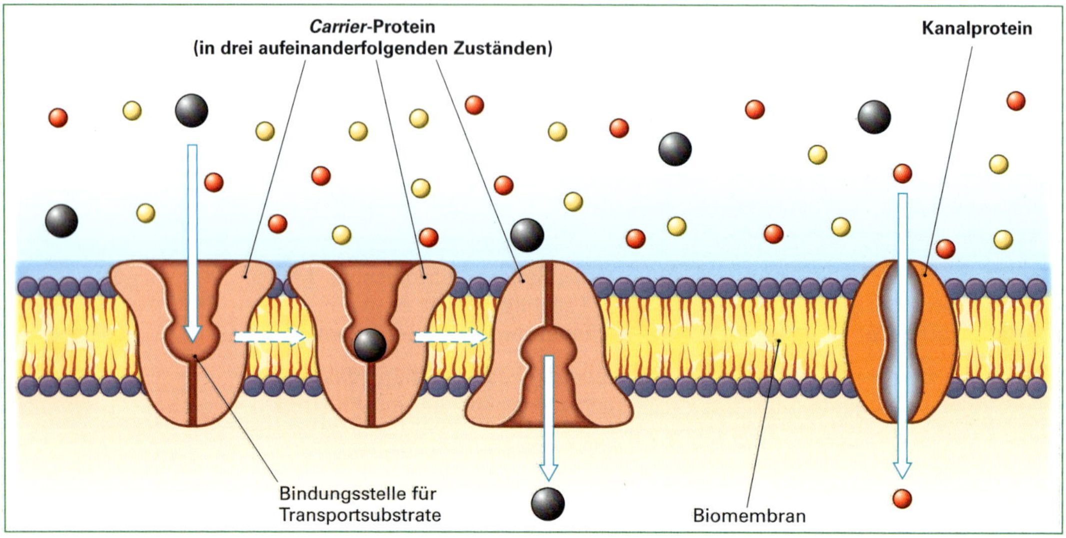

Bild 1
Transportproteine in Biomembranen

Bild 1 zeigt die zwei Klassen von Transportproteinen, die sich in Biomembranen befinden:

- **Kanalproteine**
  Diese Transmembranproteine besitzen im Molekülinneren wassergefüllte tunnelartige Poren. Dadurch können polare Moleküle oder Ionen Membranen durchqueren. Neben Ionenkanälen für bestimmte Kationen und Anionen gibt es die Aquaporin-Kanäle, die die schnelle Membrandiffusion von Wasser ermöglichen. Ohne Aquaporine können Wassermoleküle über Lipid-Doppelschichten nur langsam diffundieren. Viele Kanäle können, ausgelöst durch bestimmte Signale, geöffnet und wieder geschlossen werden.

- ***Carrier*-Proteine**
  Sie besitzen ähnlich wie Enzyme eine spezifische Bindungsstelle für Moleküle. *Carrier*-Proteine binden die Moleküle an der Seite der Membran, an der sie sich gewöhnlich in hoher Konzentration befinden, und können sie auf der anderen Membranseite wieder abgeben. Die Bindung führt zu einer Konformationsänderung der Transportproteine, sodass die Bindungsstelle zur anderen Seite hinweist.

Transportproteine können **Kanalproteine** sein, die wassergefüllte Kanäle bilden, durch die verschiedene Ionen passieren können.

***Carrier*-Proteine**, die membrangebundenen Enzymen ähneln, können Moleküle auf einer Membranseite spezifisch binden und sie nach einer Konformationsänderung auf der anderen Membranseite wieder freisetzen.

Grundsätzlich können zwei Formen von Membrantransport unterschieden werden: der passive und der aktive Transport.

Passive Transportprozesse benötigen keinen Einsatz von Energie durch die Zelle. Die Prozesse können jedoch nur in Richtung des vorhandenen Konzentrationsgefälles verlaufen und ähneln der einfachen Diffusion. Der Konzentrationsunterschied, der zwischen den beiden Seiten einer Membran besteht, kann hierdurch ausgeglichen werden. Da der Diffusionsprozess durch Tunnelproteine oder *Carrier* ermöglicht wird, wird er **katalysierte** oder **erleichterte Diffusion** genannt.

Katalysator
Substanz, die die Aktivierungsenergie für eine Reaktion herabsetzt und unverändert aus dieser Reaktion hervorgeht

Passiver Transport ist die mithilfe von Membranproteinen erleichterte Diffusion von Stoffen durch die Membran. Sie findet ohne Energieverbrauch entlang eines Konzentrationsgradienten statt.

Beim **aktiven Membrantransport** werden Moleküle durch *Carrier*-Proteine unter Verbrauch von Energie befördert, die im Stoffwechsel der Zelle erzeugt wird. Dadurch können Stoffe auch entgegen dem Konzentrationsgradienten transportiert und im Zellinneren angereichert werden. Dies ermöglicht Zellen über hohe Konzentrationen wichtiger Substanzen zu verfügen, trotz niedriger Konzentrationen außerhalb der Zelle.

Aktiver Transport ist die Energie verbrauchende Beförderung von Stoffen entgegen deren Konzentrationsgradienten durch die Membran.

ATP
Abkürzung für Adenosin-Tri-Phosphat, die universelle Energieform der Zellen

Die Transportvorgänge können auf unterschiedliche Weise mit Energie liefernden Prozessen gekoppelt sein und damit von verschiedenen Energieträgern angetrieben werden.

Beim **primär aktiven Transport** werden Moleküle unter **ATP**-Verbrauch durch eine Biomembran gepumpt. Bild 1, S. 82, zeigt als Beispiel eine **Protonenpumpe**, die Protonen von der inneren zur äußeren Seite der Membran pumpt, während als Energie liefernder Prozess ATP zu ADP und anorganischem Phosphat hydrolysiert wird. Durch die Anreicherung von H^+-Ionen auf einer Membranseite entsteht, wie bei jedem aktiven Transport geladener Teilchen, ein **elektrochemischer Gradient**. Bei vielen Bakterien sind Protonenpumpen in der Zellmembran lokalisiert, die Protonen aus der Zelle herauspumpen. Sie bilden dadurch über der Membran einen pH-Gradienten und eine Ladungsdifferenz, das Membranpotenzial, das außen positiv und innen negativ ist.

Der **elektrochemische Gradient** setzt sich aus dem chemischen Gradienten der Substanz (Konzentrationsunterschied) und dem elektrischen Gradient (Spannungsunterschied) zusammen

Beim **primär aktiven Transport** wird die Energie der Hydrolyse von energiereichen Verbindungen wie z. B. ATP direkt genutzt.

Der **sekundär aktive Transport** nutzt die potenzielle Energie eines elektrochemischen Gradienten aus, um andere Moleküle zu transportieren. Mithilfe der Energie des Protonengradienten können z. B. zahlreiche Zucker oder Aminosäuren auf der Grundlage eines **gekoppelten Transports** transportiert werden. Dazu sind Transportproteine erforderlich, die zwei oder noch mehr Molekülarten gleichzeitig transportieren können.

Bild 1, S. 82, zeigt einen Transporter, der zwei verschiedene Moleküle in die gleiche Richtung transportiert und einen vorhandenen Membrangradienten energetisch nutzt. Dies ist oft der von primär aktiv transportierten Kationen (H^+, Na^+) aufgebaute elektrochemische Gradient. Auch das Membranpotenzial allein kann genutzt werden, z. B. zum Transport von Kationen in die Zelle oder von Anionen nach außen.

Der **sekundär aktive Transport** wird energetisch von einem elektrochemischen Konzentrationsgradienten angetrieben, der vorher über ein primär aktives Transportsystem aufgebaut wurde.

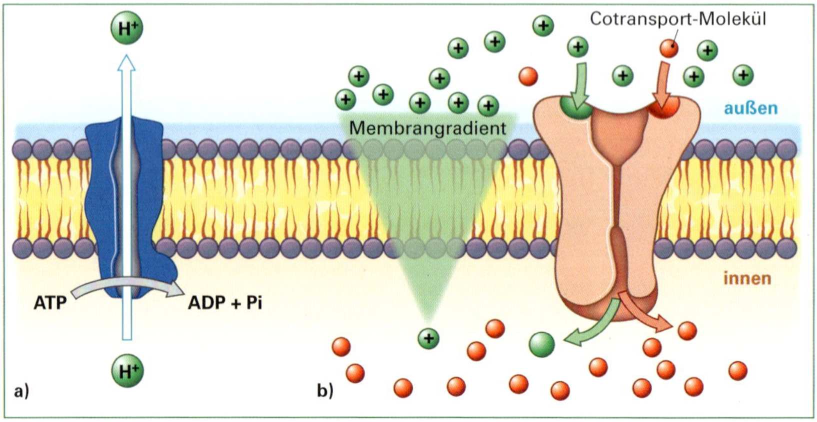

Bild 1
a) Primär und b) sekundär aktiver Transport

Die **Gruppentranslokation** ist ein bei vielen Bakterien vorkommender Transportmechanismus, bei dem die transportierte Substanz chemisch verändert wird. Ein gut untersuchtes System ist das **Phosphotransferasesystem** (Abk.: PTS), das spezifisch verschiedene Zucker transportiert und dabei in einem energieabhängigen Schritt **phosphoryliert**. Da sich dadurch innerhalb der Zelle chemisch eine andere Substanz als außerhalb der Zelle befindet, ist kein Konzentrationsgradient des Zuckers an der Membran vorhanden, der einer weiteren Aufnahme von Zuckermolekülen in die Zelle im Weg stehen würde.

Phosphorylierung
Enzymatische Anlagerung einer Phosphatgruppe, die von ATP oder einem anderen energiereichen Molekül stammt

Die **Gruppentranslokation** ist ein Transportmechanismus von Bakterien, der auf der chemischen Modifikation der transportierten Moleküle beruht.

Endozytose und Exozytose

Makromoleküle, wie Proteine oder Nukleinsäuren, können aufgrund ihrer Größe nicht mithilfe von Transportproteinen die Zellmembran durchqueren. Eukaryontische Zellen können durch Membranabschnürungen und -verschmelzungen auch große gelöste Moleküle und feste Partikel, wie Bakterien und Viren, aufnehmen oder abgeben. Endozytose und Exozytose werden auch als **Membranfluss** bezeichnet, da sie mit einem Austausch von Membrananteilen verbunden sind.

Die **Endozytose** (Bild 1, S. 83) ist die Aufnahme von zellfremdem Material in die Zelle durch Einstülpung der Zellmembran, Abschnüren des Membranteils und Bildung eines Vesikels. Die auch Endosomen genannten Vesikel können mit einem der membranumschlossenen Zellkompartimente wie dem endoplasmatischen Retikulum verschmelzen. Die Aufnahme ungelöster Partikel, wie z. B. ganzer Bakterien, wird auch **Phagozytose** genannt.

Mit der **rezeptorvermittelten Endozytose** können Zellen spezielle Moleküle aufnehmen. Dabei binden diese zuerst an spezifische Rezeptoren in der Membran. Nach der Bindung bildet sich eine Struktur, die im elektronenmikroskopischen Bild einer ummantelten Grube (engl. *coated pit*) ähnelt und die durch besondere Proteine wie z. B. Clathrin gekennzeichnet ist. Danach stülpt sich die Zellmembran ein und schnürt sich als Endosom ab.

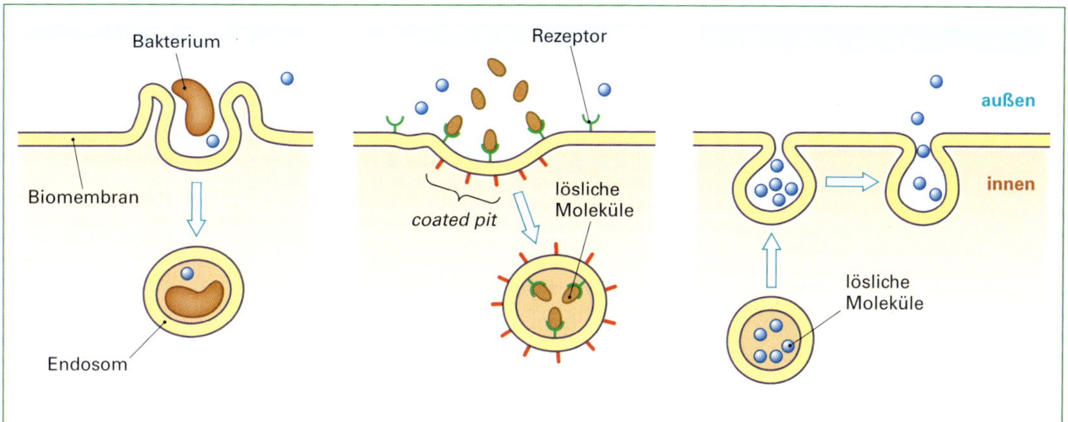

a) Endozytose (Phagozytose) b) Rezeptorvermittelte Endozytose c) Exozytose

Bild 1
Transportprozesse mit Membranfluss

Die **Exozytose** ist ein Prozess, der zur Endozytose umgekehrt verläuft und der **Sekretion** oder **Exkretion** dient. Bei der Exozytose verschmelzen Vesikel mit der Plasmamembran, und der gesamte Inhalt der Vesikel wird dabei nach außen abgegeben. Die Vesikelmembran verbleibt in der Plasmamembran. Mithilfe der Exozytose werden Proteine aus der Zelle exportiert, die am endoplasmatischen Retikulum gebildet und oft über Dictyosomen ausgeschleust werden. Ebenso können durch Exozytose Substanzen, die nicht mehr benötigt werden oder die für die Zelle toxisch sind, ausgeschieden werden.

Sekretion
Abgabe von Substanzen (Hormone, Enzyme) durch spezialisierte Zellen, wie z. B. Drüsenzellen

Exkretion
Ausscheidung unverdaulicher bzw. nicht benötigter Substanzen aus dem Organismus

Die **Endozytose** und die **Exozytose** sind Transportprozesse in eukaryontischen Zellen. Durch sie können große Moleküle wie Proteine, eingeschlossen in Vesikeln, in die Zelle hinein oder heraus verlagert werden.

3.3.4 Weitere Funktionen von Biomembranen

Biomembranen erfüllen neben dem Transport von Stoffen eine Vielzahl weiterer Funktionen:

- **Kompartimentierung**
In von Biomembranen abgeschlossenen Zellräumen können verschiedene Reaktionen gleichzeitig ablaufen, ohne sich gegenseitig zu beeinflussen.

- **Energieumwandlung**
Systeme zur Energiegewinnung, wie die Fotosynthese und die Atmung, nutzen elektrochemische Gradienten, die über Membranen in speziellen Organellen (Chloroplasten, Mitochondrien) aufgebaut werden. Für die komplexen Reaktionen der Fotosynthese und der Atmungskette (s. S. 129) sind aufeinander abgestimmte räumliche Orientierungen der einzelnen Proteinkomponenten notwendig, die durch die Einlagerung in eine Membran gewährleistet sind.

- **Oberflächenvergrößerung**
Bei Biomembranen können Ausstülpungen, die in Chloroplasten oder Mitochondrien vorkommen, die Oberfläche vergrößern und so das besonders stoffwechselaktive Areal ausdehnen. In Dünndarmzellen dienen Dünndarmzotten oder Mikrovilli der Vergrößerung der Resorptionsfläche.

- **Informationsübertragung in die Zelle**
In Biomembranen sind Rezeptorproteine, die auf externe Signale reagieren, eingebettet und ragen aus der Membran heraus. Die Rezeptoren besitzen

an dieser Stelle spezifisch geformte Bindungsstellen, die zur Struktur von Signalstoffen wie z. B. von Hormonen passen. Die Bindung des Botenstoffs löst eine Konformationsänderung des Rezeptorproteins aus, die in der Zelle erkannt und als Information weitergegeben wird.

▶ **Wechselwirkungen mit anderen Zellen**
Zellen in Geweben vielzelliger Organismen bilden auf der Oberfläche Strukturen aus, die der Bindung und Haftung dienen oder zur Kommunikation der Zellen untereinander bestimmt sind. Feste Zell-Zell-Verbindungen werden bei tierischen Zellen *Junctions* genannt. Ein Beispiel sind die ***Tight Junctions***, fest miteinander verbundene Membranproteine benachbarter Zellen. Sie bilden eine Diffusionsbarriere und verhindern, dass sich die Stoffe in den Zellzwischenräumen durch Diffusion ausbreiten können.

Ein anderes Beispiel sind ***Gap Junctions***, Kanal bildende Proteinkomplexe, welche die zytoplasmatischen Kompartimente benachbarter Zellen direkt miteinander verbinden. Durch sie können kleine Signalmoleküle von Zelle zu Zelle weitergegeben werden.

Biomembranen können zahlreiche Funktionen erfüllen. Sie teilen die Zelle in unterschiedliche **Räume** auf, die zum Teil wichtige Aufgaben der **Energiegewinnung** durchführen. Membranen können die **Zelloberfläche** enorm vergrößern, die **Übertragung externer Signale** in die Zelle vermitteln, und sie sind an wichtigen **Interaktionen benachbarter Zellen** in Geweben beteiligt.

Aufgaben

1. Grenzen Sie prokaryontische von eukaryontischen Zellen ab und erklären Sie, welchen Vorteil die prokaryontische Zellstruktur bietet.
2. Erläutern Sie den Aufbau und die Strukturen der Zellen von Bakterien.
3. Beschreiben Sie die Strukturen und Funktionen des endoplasmatischen Retikulums in der eukaryontischen Zelle.
4. Erklären Sie den Aufbau und die Aufgabe von Mitochondrien.
5. Nennen Sie die Besonderheiten einer Pflanzenzelle und die chemischen Verbindungen, aus denen die pflanzliche Zellwand aufgebaut ist.
6. Erklären Sie, welche jeweilige Bedeutung die Mitose sowie die Interphase für den Zellzyklus eukaryontischer Zellen besitzen.
7. Nennen und beschreiben Sie die Phasen der Mitose.
8. Geben Sie Gemeinsamkeiten und Unterschiede zwischen Mitose und Meiose an und erklären Sie die Rolle der Meiose bei der Bildung von Keimzellen.
9. Beschreiben Sie den allgemeinen Aufbau von Biomembranen und nennen Sie die Komponenten, aus denen sie zusammengesetzt sind.
10. Erläutern Sie das Flüssig-Mosaik-Modell von Membranen sowie die Bedeutung der Membranfluidität für die Zelle als Anpassung an Umweltfaktoren.
11. Legen Sie dar, welche Permeabilitätseigenschaften Biomembranen besitzen. Definieren Sie Diffusion und stellen Sie den Zusammenhang mit Stoffkonzentrationen an Membranen her.
12. Erklären Sie, aus welchem Grund Zellen einen osmotischen Druck besitzen.
13. Beschreiben Sie den selektiven Stofftransport über Membranen und erklären Sie, wie aktive Transportsysteme energetisch angetrieben werden.
14. Vergleichen Sie Endozytose und Exozytose und stellen Sie die Vorteile von Membranfluss-Prozessen dar.

4 Vom Gen zum Protein

Die Vererbung von Eigenschaften und Merkmalen, ihre Weitergabe an die Nachkommen, ist ein wesentliches Kennzeichen von Lebewesen. Die Funktionseinheiten der vererbbaren Informationen sind die **Gene**, die für die Ausprägung bestimmter Merkmale verantwortlich sind. Die DNA ist der molekulare Träger der Erbinformationen und damit der Gene. Das gesamte Erbgut eines Lebewesens wird als **Genom** bezeichnet. In jeder Zelle eines Organismus sind alle Informationen gespeichert, die beispielsweise als Baupläne für Enzyme und andere Proteine benötigt werden.

> Die **Gene** beinhalten die Informationen für die Ausprägung bestimmter Merkmale. Die Gesamtheit der Gene eines Organismus wird Genom genannt.

Die **Genomgröße** ist die in jedem Zellkern eines Organismus vorhandene DNA-Menge, die sich bei Eukaryonten meist auf den haploiden **Chromosomensatz** der **Keimzellen** bezieht und als Zahl der anwesenden Basenpaare (bp) angegeben werden kann (Mensch: $3 \cdot 10^9$ bp). Folglich enthält eine diploide menschliche Körperzelle ein Genom von ca. 6 Milliarden bp und die DNA wäre als einzelner Faden fast zwei Meter lang. Da der Zellkern nur einen Durchmesser von etwa 10 µm besitzt, sind die Erbinformationen bei Eukaryonten in hoher Verdichtung auf den **Chromosomen** gespeichert. Bild 1 zeigt, wie die aus DNA bestehenden Gene in den Chromosomen in mehreren Stufen organisiert sind, sodass die riesige DNA-Menge im Zellkern Platz hat.

Chromosomensatz ist die für eine Art charakteristische Anzahl der Chromosomen im Zellkern

Keimzellen
Zellen mit einfachem (haploidem) Chromosomensatz, die der geschlechtlichen Fortpflanzung dienen und bei der Befruchtung verschmelzen

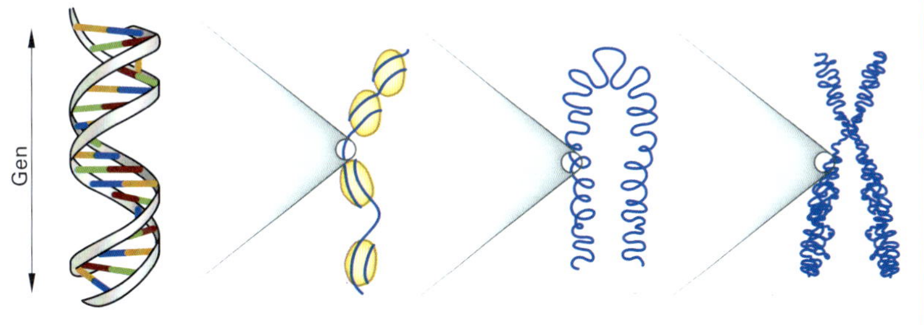

Bild 1
Organisation der Gene

Eine besondere Rolle bei der DNA-Verpackung spielen die **Histone**, die nur bei Eukaryonten vorkommen. Diese Proteine lagern sich zu Verpackungseinheiten, den **Nukleosomen**, zusammen, indem die fadenförmige DNA um die Histonkomplexe gewickelt wird. Die Nukleosomen sind wie in einer Perlenkette aneinandergereiht. Dieser Strang aus zahlreichen Nukleosomen ist schraubenartig aufgewunden und weiterhin in zahlreichen Schleifen angeordnet. Diese verdichtete Struktur aus DNA, Histonen, einigen anderen Protein- und RNA-Molekülen wird als **Chromatin** bezeichnet. Während der Zellteilung werden die Chromosomen aufgrund weiterer Kondensation im Lichtmikroskop sichtbar.

Chromatin
Material, aus dem die Chromosomen bestehen und das sich im Zellkern spezifisch anfärben lässt

> Die DNA ist im Zellkern eukaryontischer Zellen aus Platzgründen mithilfe von **Histonen** und anderen DNA-Bindeproteinen stark verdichtet und hochorganisiert.
>
> Als **Chromatin** wird das gesamte chromosomale Material einer Zelle bezeichnet, das aus DNA, Proteinen und zu einem geringen Anteil aus RNA besteht.

Ein **Gen** ist ein Abschnitt auf der DNA, der über die Sequenzen der vier DNA-Basen die Information zur Synthese eines Proteins bzw. eines RNA-Moleküls enthält. Die Gene werden mithilfe des genetischen Codes zuerst in ein RNA-Molekül übertragen und können danach in ein Protein mit festgelegter Aminosäuresequenz übersetzt werden. Gene sind somit kodierende DNA-Abschnitte.

Während früher davon ausgegangen wurde, dass jedes Gen für die Bildung eines einzelnen Enzyms zuständig ist (ein-Gen-ein-Enzym-Hypothese), wird der Begriff Gen heute aus mehreren Gründen im Sinne der **ein-Gen-ein-Polypeptid-Hypothese** gedeutet:

- Zahlreiche Gene kodieren keine Enzyme, sondern Strukturproteine.
- Es gibt Proteine, die aus mehreren Untereinheiten bestehen. Die unterschiedlichen Polypeptide können von entfernt voneinander liegenden DNA-Abschnitten kodiert werden, die als einzelne Gene gelten.
- Aus eukaryontischen Genen können durch unterschiedliche Spleiß-Vorgänge verschiedene Proteine entstehen.

Eine große Anzahl von Genen kodiert überhaupt keine Polypeptide, sondern RNA-Moleküle mit einer bestimmten Funktion, wie beispielsweise rRNAs oder tRNAs.

> **Gene** sind DNA-Sequenzen im Erbgut, die ein bestimmtes Polypeptid oder ein RNA-Molekül kodieren.

Intron
DNA-Abschnitt innerhalb eines Gens, der nicht für einen Proteinteil kodiert und herausgespleißt wird

Zwischen den einzelnen Genen gibt es **nicht kodierende DNA-Abschnitte**, die oft dazu dienen, die Nutzung der Gene zu regulieren. Bei Eukaryonten befinden sich innerhalb von kodierenden Abschnitten, Exons genannt, häufig nicht kodierende DNA-Stücke, die **Introns**. Diese werden bei der Proteinbiosynthese herausgeschnitten (s. Kap. I.4.2.4). Bei Prokaryonten ist diese Intron-Exon-Struktur der Gene, die auch **Mosaikgene** genannt werden, nicht vorhanden.

Wie das Genom vieler Tiere, Pflanzen und Mikroorganismen ist auch das Genom des Menschen inzwischen vollständig entschlüsselt, d. h. die komplette Sequenz der DNA-Basen ist aufgeklärt. Es zeigte sich, dass beim Menschen ein Großteil der DNA nicht in Proteine übersetzt wird, ihre Bedeutung wurde noch nicht geklärt.

4.1 Replikation der DNA

Werden in einem Organismus neue Zellen gebildet, müssen die genetischen Informationen identisch reproduziert werden. Zu Beginn jeder Zellteilung muss die gesamte DNA kopiert werden, damit die Tochterzellen sämtliche Gene zur Verfügung haben. Die DNA-Kopien müssen mit den Originalen, den **DNA-Matrizen**, exakt übereinstimmen, also die gleichen Basensequenzen aufweisen, damit die „Baupläne" für die Proteine in jeder Zelle fehlerfrei sind. Der Prozess, in dem das Genom identisch verdoppelt wird, wird **Replikation** genannt.

Der Ablauf der Replikation beruht wesentlich darauf, dass die zelluläre DNA eine Doppelhelix bildet, bei der komplementäre Basen miteinander gepaart sind.

Jeder Einzelstrang kann als Vorlage für die Synthese eines komplementären zweiten Strangs dienen. Prinzipiell sind drei Mechanismen der Replikation vorstellbar (Bild 1, S. 87):

- **Konservativer Mechanismus:** Der ursprüngliche DNA-Doppelstrang bleibt erhalten und ein komplett neuer Doppelstrang wird synthetisiert.
- **Semikonservativer Mechanismus:** Die DNA-Doppelhelix wird in zwei Einzelstränge aufgetrennt. An beiden wird ein Tochterstrang nach den Regeln der komplementären Basenpaarung synthetisiert.
- **Disperser Mechanismus:** Die Neusynthese der DNA wird an verschiedenen Stellen und an beiden Strängen gleichzeitig durchgeführt.

Untersuchungen an zahlreichen Prokaryonten und Eukaryonten zeigen, dass das Erbgut über eine **semikonservative Replikation** weitergegeben wird. Jeder der beiden DNA-Einzelstränge dient als Matrize, d. h. als Vorlage für einen komplementären Strang. Dadurch besitzen die Tochterzellen identische Doppelstränge, die jeweils aus einem ursprünglichen Matrizenstrang und einem völlig neu synthetisierten Einzelstrang bestehen.

Die **Replikation**, die vor jeder Zellteilung notwendige identische Verdoppelung der DNA, verläuft nach dem **semikonservativen Mechanismus**. Dazu lösen sich die Einzelstränge der DNA-Doppelhelix und an ihnen werden komplementäre Tochterstränge synthetisiert.

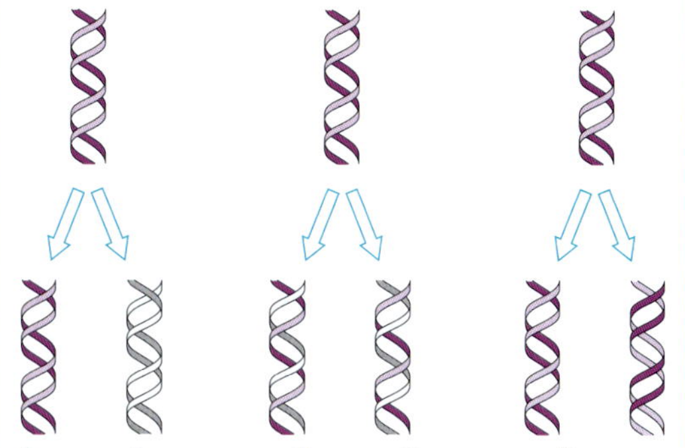

Bild 1
Mögliche Mechanismen der Replikation

Ablauf der Replikation

Bild 1, S. 88, zeigt den komplexen Ablauf der Replikation, der durch mehrere Enzymsysteme gestaltet wird und in allen Prokaryonten sowie Eukaryonten grundsätzlich gleich verläuft.

Die Replikation verläuft in drei Phasen:

- **Initiation**

Die Replikation beginnt an einem Startpunkt, dem ***Origin***. Der gesamte DNA-Abschnitt, der von diesem Startpunkt aus repliziert wird, wird **Replikon** genannt. Das bakterielle Genom, das Bakterienchromosom, hat nur einen einzigen Replikationsursprung. Auch **Plasmide** stellen eigene Replikons dar. Hingegen haben die Chromosomen der Eukaryonten Hunderte von Startpunkten, sodass sie gleichzeitig an mehreren Stellen repliziert werden können. Initiatorproteine binden an die speziellen DNA-Sequenzen des *Origin*-Bereichs und starten die Replikation.

Replikon
DNA-Abschnitt, der ausgehend von einem Replikationsursprung an einem Stück repliziert wird

Plasmide
Kleine ringförmige DNA-Moleküle, die zwischen Bakterien übertragen werden können und beispielsweise Resistenzfaktoren gegen Antibiotika enthalten

Die Replikation beginnt mit der **Initiation**, die an speziellen DNA-Sequenzen, den ***Origins*** (Startpunkten) stattfindet. Davon besitzen Prokaryonten einen und Eukaryonten zahlreiche.

- **Öffnung der DNA**

Am Startpunkt der Replikation muss die DNA-Doppelhelix geöffnet werden, damit die beteiligten Enzymsysteme Zugang zu ihren Reaktionsorten haben. Dazu wird das Enzym Helikase gebraucht, das den DNA-Doppelstrang in die zwei Einzelstränge trennt und eine Entwindung der Spiralstruktur herbeiführt. Das Enzym löst unter ATP-Verbrauch die Wasserstoffbrücken zwischen den komplementären Basen auf. Die dadurch entstehenden Einzelstränge werden mithilfe spezieller Proteine stabilisiert; die Y-förmige Struktur an dieser Stelle wird **Replikationsgabel** genannt.

Torsion
Die Verdrehung einer Struktur um die eigene Längsachse

Die Helikase muss mit dem Enzym Topoisomerase zusammenarbeiten. Denn als Folge der Entwindung der DNA im Bereich der Replikationsgabel kommt es zu einer Verdrillung des DNA-Strangs, die die Topoisomerase auflösen kann. Sie öffnet dazu vorübergehend das Phosphodiester-Rückgrat der Doppelhelix und lagert die Stränge zur Entlastung der auftretenden **Torsionsspannung** um.

> Durch Auftrennung des DNA-Doppelstrangs entsteht eine **Replikationsgabel**, in der die Replikationssysteme arbeiten können. Die bei der Strangtrennung entstehende **Torsionsspannung** wird enzymatisch durch zwischenzeitliche Strangschnitte aufgelöst.

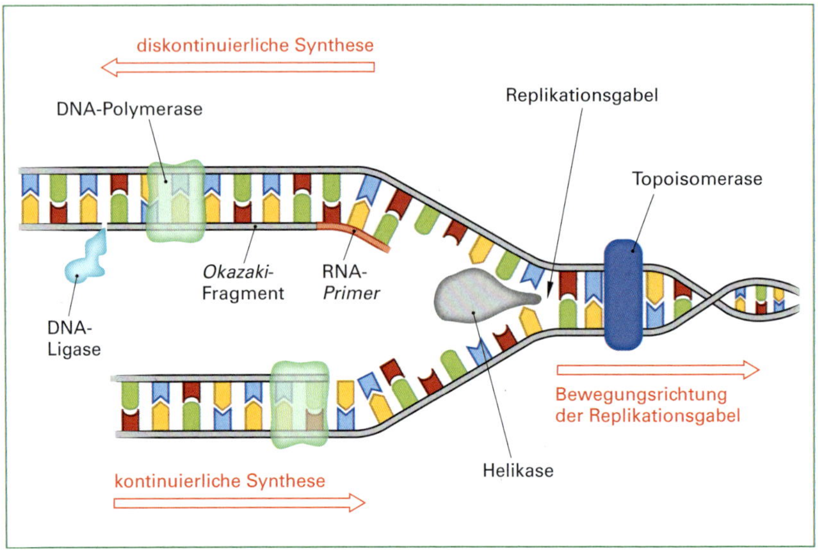

Bild 1
Ablauf der Replikation

▶ DNA-Synthese

Die freien Einzelstränge stehen für die komplementäre Synthese eines neuen Strangs zur Verfügung. Zuerst lagern sich Nukleotide spontan an die komplementären Basen der Einzelstränge an. Die über Wasserstoffbrückenbindungen gepaarten Nukleotide werden durch das Enzym **DNA-Polymerase** zu einem Strang miteinander verknüpft (polymerisiert). Das Enzym katalysiert eine Reaktion der endständigen 3'-Hydroxylgruppe eines DNA-Einzelstrangs mit einer Phosphatgruppe eines Nukleotids unter Freisetzung von Diphosphat.

Der Mechanismus der Replikation mit den daran beteiligten Enzymen hat mehrere Konsequenzen:

- Die Synthese eines neuen DNA-Strangs erfolgt stets vom 5'- zum 3'-Ende.
- Die DNA-Polymerase benötigt ein Startermolekül mit einer freien OH-Gruppe, an das das erste Nukleotid kovalent gebunden werden kann. Dazu wird von dem Enzym Primase ein kurzer ***Primer*** gebildet, ein kurzer RNA-Strang mit einer freien 3'-Hydroxylgruppe.
- Die DNA-Polymerisierung kann nur an einem der beiden Einzelstränge kontinuierlich erfolgen, da der komplementäre Strang in Richtung 5'-Ende verläuft. An diesem Strang verläuft die DNA-Synthese nicht in derselben Richtung, in der der Doppelstrang geöffnet wird. In einer dis-

kontinuierlichen DNA-Synthese werden deshalb in entgegengesetzter Richtung *Primer* angeheftet und kurze DNA-Stücke gebildet, die nach ihrem Entdecker ***Okazaki*-Fragmente** genannt werden.

- Alle *Primer* aus RNA werden abschließend durch DNA ersetzt und die DNA-Fragmente durch das Enzym DNA-Ligase miteinander verknüpft.

Die DNA-Synthese durch die **DNA-Polymerase** benötigt ***Primer***, kurze RNA-Startstücke, und erfolgt immer in Richtung 3'-Ende. Deshalb kann nur ein Strang kontinuierlich synthetisiert werden, während die Synthese des zweiten in diskreten Stücken, den *Okazaki*-Fragmenten, erfolgt.

Im Laufe der Replikation wird die Replikationsgabel immer weiter vorgeschoben, bis das Ende des Replikons erreicht ist. Die Replikationsgabel bewegt sich dabei mit hoher Geschwindigkeit; bei Prokaryonten werden bis zu 500 Nukleotide pro Sekunde eingebaut. Dennoch arbeitet die DNA-Polymerase sehr exakt, sodass beispielsweise bei dem Bakterium *Escherichia coli (E. coli)* nur eines von einer Milliarde Nukleotiden falsch eingebaut wird. Diese Präzision erreichen gewisse DNA-Polymerasen, die die Fähigkeit des **Korrekturlesens** besitzen.

Beim **Korrekturlesen** werden schon eingebaute Nukleotide wieder ausgeschnitten, wenn die korrekte Paarung zur komplementären Base nicht stimmt, und danach die korrekten Nukleotide eingefügt

Der Mensch besitzt fünf unterschiedliche **DNA-Polymerasen**, sogar *E. coli* hat drei verschiedene Varianten dieses wichtigen Enzyms. Zwei der menschlichen Polymerasen besitzen die Korrekturlesefähigkeit, sie sind wahrscheinlich für die Replikation besonders wichtig.

4.2 Proteinbiosynthese

Die Biosynthese von Proteinen verläuft in allen Lebewesen in gleichartiger Weise. Dieser Prozess wird **Genexpression** genannt, die Ausprägung der genetischen Informationen in Proteine.

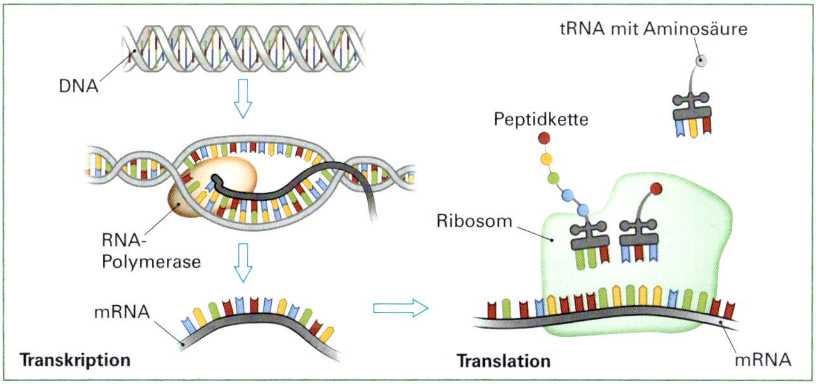

Bild 1
Ablauf der Proteinbiosynthese

Die Proteinbiosynthese erfolgt bei Prokaryonten sowie Eukaryonten in zwei aufeinanderfolgenden Schritten (Bild 1):

1. **Transkription** (Umschreibung): Zunächst werden die in DNA kodierten Gene in einen RNA-Strang umgeschrieben, *messenger*-RNA (mRNA) wird gebildet.
2. **Translation** (Übersetzung): Anschließend wird an den Ribosomen die mRNA mithilfe des genetischen Codes in ein Polypeptid übersetzt.

Reverse Transkriptase
Enzym, das einen DNA-Strang mit RNA als Matrize synthetisiert (RNA-abhängige DNA-Polymerase)

Die Erkenntnis, dass die zelluläre Synthese von Proteinen bei sämtlichen Lebewesen und in allen Zellen über die Schritte der Transkription und Translation verläuft, führte zur Aufstellung des **zentralen Dogmas** der Molekularbiologie (Bild 1). Das Dogma fand nur bei der Entdeckung der Retroviren eine Ausnahme. Diese Viren, zu denen auch die AIDS-Erreger gehören, sind in der Lage, ihr RNA-Erbgut in DNA-Moleküle umzuschreiben. Retroviren besitzen dafür das Enzym **reverse Transkriptase**.

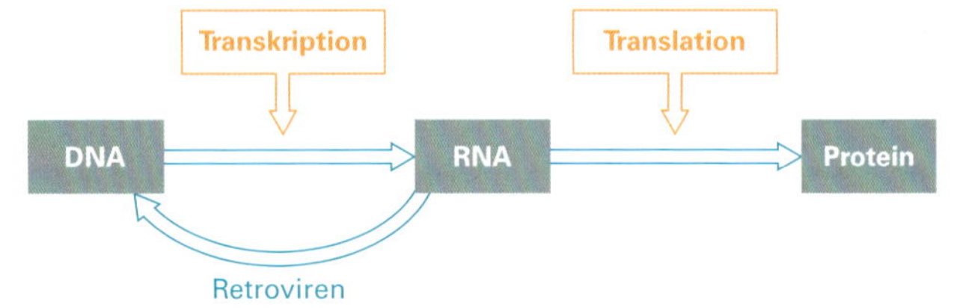

Bild 1
Das zentrale Dogma der Molekularbiologie

Das **zentrale Dogma** der Molekularbiologie ist für alle Lebewesen gültig und besagt, dass die DNA-Gene in RNA umgeschrieben und anschließend in Proteine übersetzt werden.

4.2.1 Transkription

RNA-Polymerase
Enzym, das bei der Transkription die Synthese von RNA mit DNA als Matrize katalysiert (DNA-abhängige RNA-Polymerase)

Promotor
Transkriptionsstartpunkt, eine DNA-Nukleotidsequenz, die die regulierte Expression eines Gens erlaubt

Die Umschreibung der DNA-Gene in mRNA-Moleküle wird durch das Enzym **RNA-Polymerase** katalysiert und erfolgt bei eukaryontischen Organismen im Zellkern (Bild 1, S. 89). Bei der Transkription wird nur die Basensequenz eines Einzelstrangs, des Matrizenstrangs (kodogener Strang), abgelesen. Welcher der beiden Einzelstränge dies ist, ist von Gen zu Gen verschieden. Die Transkription wird in drei Phasen unterteilt:

1. Initiation
Die RNA-Polymerase bindet zusammen mit anderen Proteinen, den Transkriptionsfaktoren, an eine DNA-Region, die **Promotor** genannt wird. Der Promotor befindet sich vor dem kodierenden Bereich und enthält die TATA-Box, eine Basensequenz aus zahlreichen Thymin- (T) und Adenin-Basen (A). Die RNA-Polymerase öffnet an dieser Stelle die Wasserstoffbindungen, die den Doppelstrang bilden, und legt damit die dortigen DNA-Basen frei.

2. Elongation
Bei der Elongation synthetisiert die RNA-Polymerase den RNA-Strang von 5′ nach 3′. Die RNA-Nukleotide, die sich über die komplementäre Basenpaarung an den geöffneten DNA-Strang anlagern, werden mithilfe des Enzyms verknüpft. Der neu entstehende RNA-Strang löst sich vom DNA-Strang ab, nachdem ein RNA-Stück transkribiert worden ist, und die beiden DNA-Stränge binden sich wieder zusammen. Ein Gen kann gleichzeitig von mehreren RNA-Polymerasen abgelesen werden.

3. Termination
Am Ende der transkribierten DNA-Sequenz, die durch eine terminationsspezifische Sequenz charakterisiert ist, wird die RNA-Synthese durch die RNA-Polymerase abgebrochen und die mRNA freigesetzt.

Im ersten Schritt der Proteinbiosynthese, der **Transkription**, wird ein DNA-Abschnitt in eine mRNA umgeschrieben. Dazu synthetisiert das Enzym **RNA-Polymerase** aus RNA-Nukleotiden eine RNA-Kette, die zur Gensequenz komplementär ist.

4.2.2 Genetischer Code

Der genetische Code ist eine universell gültige Regel, mit der eine mRNA in ein Protein übersetzt wird. Bild 1 zeigt, dass dabei jede in Proteinen vorkommende Aminosäure einer Gruppe von drei aufeinanderfolgenden RNA-Basen, auch **Tripletts** oder **Codons** genannt, zugeordnet ist. Die RNA besitzt wie die DNA vier verschiedene Basen und damit Buchstaben der genetischen Sprache.

Proteine besitzen gewöhnlich 20 unterschiedliche Aminosäuren. Die Kodierung der RNA-Sequenz in Dreiergruppen ermöglicht, dass insgesamt $4^3 = 64$ mögliche Codons zur Verfügung stehen. Beispielsweise wird das Triplett „CCU“ auf der RNA in die Aminosäure Prolin übersetzt.

Bei einer Kodierung der Basen in Zweiergruppen würden nur $4^2 = 16$ Codons und damit für alle 20 Aminosäuren zu wenige zur Verfügung stehen. Bei 64 möglichen Codons gibt es allerdings für zahlreiche Aminosäuren mehrere Kodierungen. Beispielsweise können zum Einbau der Aminosäure Leucin (Leu) vier verschiedene Codons genutzt werden, und zwar CUA, CUU, CUG und CUC.

Als Startsignal der Translation dient das Triplett AUG, das gleichzeitig den Einbau der Aminosäure Methionin veranlasst. Drei Codons sind als Stoppcodons für die Beendigung (Termination) der Translation verantwortlich.

> Mithilfe des universellen **genetischen Codes** übersetzen Lebewesen die in RNA übertragene DNA-Schrift in spezifische Proteine mit definierter Aminosäuresequenz. Dabei sind jeweils drei aufeinanderfolgende RNA-Basen (Tripletts, Codons) einer bestimmten Aminosäure zugeordnet.

Erste Base	Zweite Base				Dritte Base
5′	U	C	A	G	3′-Ende
U	Phe	Ser	Tyr	Cys	U
	Phe	Ser	Tyr	Cys	C
	Leu	Ser	*„Stop“*	*„Stop“*	A
	Leu	Ser	*„Stop“*	Trp	G
C	Leu	Pro	His	Arg	U
	Leu	Pro	His	Arg	C
	Leu	Pro	Gln	Arg	A
	Leu	Pro	Gln	Arg	G
A	Ile	Thr	Asn	Ser	U
	Ile	Thr	Asn	Ser	C
	Ile	Thr	Lys	Arg	A
	Met (Start)	Thr	Lys	Arg	G
G	Val	Ala	Asp	Gly	U
	Val	Ala	Asp	Gly	C
	Val	Ala	Glu	Gly	A
	Val	Ala	Glu	Gly	G

CCU ⇒ Pro = Prolin

Bild 1 Der genetische Code

4.2.3 Translation

Im zweiten Schritt der Proteinbiosynthese wird die Nukleotidsequenz der mRNA mithilfe des genetischen Codes in eine spezifische Kette von Aminosäuren übersetzt. Die Translation findet außerhalb des Zellkerns an den **Ribosomen** statt, sowohl an den freien im Zytoplasma, als auch an den membrangebundenen Ribosomen des rauen ER (s. S. 68).

Beim Ablauf der Translation spielen mehrere Zellkomponenten eine wichtige Rolle, die zusammen komplexe Funktionseinheiten in der Zelle bilden:

- **Ribosomen**
  Ribosomen bestehen aus zwei Untereinheiten, einer kleinen und einer großen, die getrennt voneinander vorliegen und sich nur bei der Proteinsynthese zusammenlagern. Die Ribosomen bestehen aus verschiedenen Proteinen, den ribosomalen Proteinen, und unterschiedlichen rRNA-Elementen, von denen das längste bei Eukaryonten 4718 Nukleotide enthält. Bei Bakterien ist z. B. die kleine Untereinheit aus 21 verschiedenen Proteinen und einer 16-**S**-ribosomalen RNA zusammengesetzt. Ribosomen dienen dazu, eine Aminosäure in die räumliche Nähe einer wachsenden Peptidkette zu bringen, damit zwischen ihnen eine Peptidbindung ausgebildet werden kann.

> ***Svedberg* (S)**
> Einheit der Sedimentationskonstanten, die zur Bestimmung des Molekulargewichts von hochmolekularen Substanzen dient

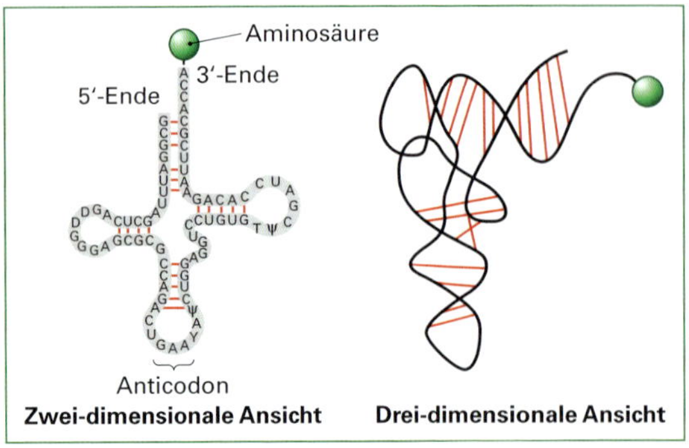

Bild 1
Struktur einer tRNA

- **tRNAs**
  tRNAs sind relativ kleine Moleküle aus nur 70 bis 80 Nukleotiden. Sie besitzen eine kleeblattähnliche Form mit drei Schleifen, da einige Nukleotide innerhalb des Moleküls gepaart vorliegen (Bild 1). tRNAs binden bei der Translation an ihre spezifischen Aminosäuren und transportieren diese an den Ort der Proteinsynthese.

- **mRNA**
  Jede mRNA von Bakterien, die translatiert werden soll, muss eine bestimmte Basensequenz aufweisen, die Ribosomenbindungsstelle. Sie wird nach ihren Entdeckern ***Shine-Dalgarno-Sequenz*** (SD-Sequenz) genannt. Diese Nukleotidfolge (5'-AGGAGGU-3') geht eine Basenpaarung mit einem Teil der 16S rRNA ein und ermöglicht so die Bindung der mRNA an die kleine Untereinheit der Ribosomen. Mit der Wechselwirkung der Nukleotide an der Ribosomenbindungsstelle ist auch das Startcodon der mRNA, an der die Translation beginnt, korrekt positioniert. Das Startcodon liegt üblicherweise etwa 10 Nukleotide hinter der SD-Sequenz.

- **Translationsfaktoren**
  Diese Proteine sind an bestimmten Vorgängen beteiligt, vor allem zu Beginn und am Ende der Translation.

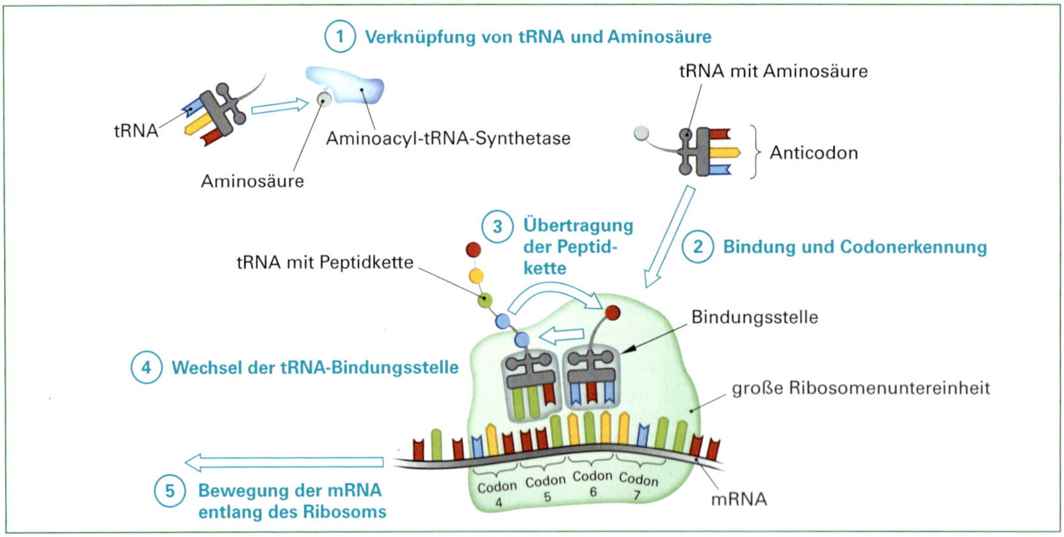

Bild 2
Prozesse der Translation

Während des Translationsprozesses werden die benötigten **Aminosäuren aktiviert**, indem sie an tRNAs gebunden werden (Bild 2). Alle zwanzig in der Proteinsynthese eingesetzten Aminosäuren werden mit jeweils für sie spezifischen tRNAs zu Aminoacyl-tRNAs verestert. Dadurch werden die Aminosäuren in die Lage versetzt, eine Peptidbindung einzugehen. Die Aktivierung der Aminosäuren geschieht durch bestimmte Enzyme, die Aminoacyl-tRNA-Synthetasen. Sie sind ebenfalls für die Aminosäuren spezifisch und hängen diese am 3´-Ende der tRNA an.

Bei der **Translation** wird an den Ribosomen die Nukleotidsequenz der mRNA in die Aminosäuresequenz des Proteins übersetzt. Die Aminosäuren werden durch Aminoacyl-tRNA-Synthetasen an spezifische tRNAs gebunden und aktiviert.

Die Translation erfolgt ebenso wie die Transkription in drei Phasen:

1. **Initiation:** Die Translation beginnt, wenn sich ein **Initiationskomplex** bildet. Dieser besteht aus der kleinen ribosomalen Untereinheit, der mRNA und einer speziellen tRNA, die das Startcodon trägt. Diese Initiator-tRNA ist bei Bakterien mit N-Formylmethionin beladen. Außerdem sind mehrere Proteine als Initiationsfaktoren erforderlich.
2. **Elongation** (Verlängerung der Polypeptidkette): Sobald sich der Initiationskomplex gebildet hat, wird die große Ribosomenuntereinheit angelagert und die Polypeptidkette Aminosäure für Aminosäure synthetisiert.
3. **Termination:** Ein Stoppcodon auf der mRNA führt zum Abbruch der Proteinsynthese, da es keine tRNA mit komplementärem Codon und damit keine Aminosäure dazu gibt.

Zur **Ausbildung der Peptidbindung** am Ribosom während der Elongation müssen die richtigen Aminosäuren in räumliche Nähe zur Peptidkette gebracht werden. Das der Aminosäure zugehörige Codon auf der mRNA muss von der tRNA erkannt werden. Dazu besitzt jede tRNA ein spezielles Codon, das **Anticodon**, das über Wasserstoffbrücken eine Basenpaarung mit dem komplementären Codon auf der mRNA eingeht.

Die Ribosomen besitzen tRNA-Bindungsstellen, an der tRNAs angelagert werden: eine tRNA mit einer einzelnen Aminosäure und eine tRNA, die die entstehende Kette von Aminosäuren gebunden hat. Ein ribosomales RNA-Molekül wirkt als **Ribozym** und katalysiert die Bildung einer neuen Peptidbildung zwischen der entstehenden Kette und der einzelnen Aminosäure. Die tRNA mit der verlängerten Peptidkette wechselt dann in die andere Bindungsstelle des Ribosoms über, die von der entladenen tRNA freigegeben wird. Anschließend geht der Zyklus mit der Bindung einer weiteren beladenen tRNA an die nun freie Bindungsstelle weiter.

Ribozyme
RNA-Moleküle, die chemische Reaktionen katalysieren (Wortbildung aus Ribonukleinsäure und Enzym)

Die Aminosäuren werden mithilfe der Basenpaarung zwischen dem **Anticodon** der tRNA und dem komplementären Codon auf der mRNA in richtiger Reihenfolge geordnet und durch Peptidbindungen miteinander verknüpft. Ein **Stoppcodon** sorgt für die Termination der Translation.

Abgesehen von Start- und Stoppcodons gibt es 61 Codons (Tripletts), die für Aminosäuren kodieren. Allerdings gibt es nicht für alle 61 Tripplets verschiedene tRNAs mit einem Codon-komplementären Anticodon, sondern je nach Organismus nur maximal 41 verschiedene tRNAs. Dies ist möglich, weil einige tRNAs mehrere Codons als Bindungspartner erkennen. Die dritte Base des Anticodons bindet nicht nur an die komplementäre Base, sondern auch an andere Basen. Diese Beobachtung erklärt sich durch die Verbiegung der tRNA-Schleife, die das Anticodon enthält, im Ribosom und wird ***Wobble*-Hypothese** (engl. *wobble*: wackeln) genannt. Der genetische Code wird aufgrund des *Wobble*-Effekts als degenerierter Code bezeichnet.

Die ***Wobble*-Hypothese** besagt, dass die Basen an der dritten Position bei der Codon-Anticodon-Bindung nicht den üblichen Regeln der Basenpaarung folgen.

4.2.4 mRNA-Prozessierung in eukaryontischen Zellen

Während in Prokaryonten die Produkte der Transkription, die mRNAs, direkt an Ribosomen translatiert werden und beide Prozesse oft gleichzeitig stattfinden, ist die Proteinbiosynthese in eukaryontischen Zellen durch Reifungsprozesse der mRNA zwischen Transkription und Translation gekennzeichnet.

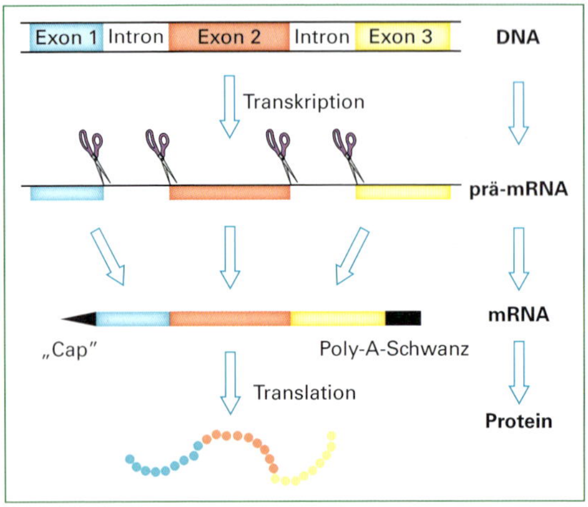

Bild 1
Prozessierung der eukaryontischen RNA

Eukaryontische Gene enthalten oft zahlreiche nicht kodierende Bereiche, die Introns. Die Gene werden zunächst komplett in RNA, die prä-mRNA transkribiert (Bild 1). Im nachfolgenden Schritt werden die Introns aus der prä-mRNA durch **RNA-Spleißen** herausgeschnitten. Die vorausgehenden und nachfolgenden kodierenden DNA-Abschnitte, die Exons, werden direkt miteinander verbunden, bevor die auf diese Weise gereifte mRNA vom Zellkern durch die Kernporen ins Zytoplasma der Zelle transportiert wird.

Bei einigen Genen können durch unterschiedliche Spleißvorgänge verschiedene mRNAs und damit Proteine entstehen. Das **alternative RNA-Spleißen** beruht darauf, dass von Fall zu Fall entweder RNA-Abschnitte als Exon beibehalten oder als Intron ausgeschnitten werden. Durch das alternative Spleißen der mRNA können aus einem Gen mehrere Proteine entstehen.

RNA-Spleißen
Verknüpfen der kodierenden Bestandteile von Mosaikgenen durch Herausschneiden der Introns

Die Spleißvorgänge werden in den meisten Fällen von einem **Spleißosom**, einem Komplex aus RNA und Proteinen, durchgeführt, während einige Introns allein durch RNAs ohne Beteiligung von Proteinen ausgeschnitten werden.

In Zellen der Eukaryonten erfolgen Modifikationen der mRNA (Prozessierung, Reifung). Über **Spleißprozesse** werden Introns, nicht kodierende Bereiche der RNA, herausgeschnitten.

Alternatives RNA-Spleißen ermöglicht, dass mehrere Proteine aus einem Gen entstehen können.

Bei der weiteren Prozessierung der eukaryontischen RNA im Zellkern wird die prä-mRNA auf zweifache Weise verändert:

- **Capping**, die chemische Modifikation des Anfangs (5'-Ende) der mRNA.
- **Anhängen des Poly(A)-Schwanzes** (Polyadenylierung) aus 30 bis 200 Adenin-Nukleotiden, am Ende der mRNA.

Ribonukleasen
Enzyme, die RNA spalten und evtl. zu Nukleotiden abbauen

Beide Vorgänge dienen dem Schutz der RNA vor der Verdauung durch **Ribonukleasen**. Sie signalisieren außerdem der Zelle, dass die mRNA zum Verlassen des Zellkerns bereit ist.

Das Anhängen einer **5'-Cap-Struktur** und eines **3'-Poly(A)-Schwanzes** an die transkribierte RNA ist eine Voraussetzung dafür, dass die mRNA den Zellkern verlassen und an Ribosomen translatiert werden kann.

4.3 Veränderungen des Erbguts

Bei der identischen Verdopplung der DNA und der Verteilung der Chromosomen während der Zellteilung kann es zu Fehlern kommen, die zu Abweichungen der genetischen Informationen der Zellen führen. Die fortbestehenden Veränderungen von Genen werden als **Mutationen** und die genetisch abweichenden Individuen als **Mutanten** bezeichnet.

Mutationen sind dauerhafte Veränderungen des Erbguts.

Nicht nur Mutationen, auch die Prozesse der **Rekombination** verändern den **Genotyp** von Organismen, ohne dass hierbei neue Genvarianten entstehen. Eine Neuordnung der Gene findet vor allem bei der Reifeteilung, der Meiose, im Rahmen der Entstehung von Keimzellen statt (s. S. 75). Dabei können geänderte Genkombinationen entstehen, die wiederum neue Merkmalskombinationen bewirken. Rekombinationen ereignen sich deutlich häufiger als Mutationen, jedoch können nur Mutationen die Bildung neuer Merkmale herbeiführen. Bei Mutationen kann zwischen Genom-, Chromosomen- und Genmutationen unterschieden werden.

Rekombination
Vorgang, bei dem Gene oder Chromosomen neu kombiniert werden

Genotyp
Gesamtheit der in den Genen festgelegten Erbinformationen

Genommutationen

Genommutationen sind Änderungen in der Anzahl der Chromosomen. Besonders bei Pflanzen kann es häufig zu einer Vervielfachung kompletter Chromosomensätze kommen. Besitzen die Zellen eines Organismus mehr als zwei Sätze von Chromosomen, spricht man von polyploiden Chromosomensätzen oder **Polyploidie**. Kulturpflanzen wie Weizen oder Gemüsearten werden meist durch polyploide Chromosomensätze größer und ertragreicher als die **Wildtypen**.

Wildtyp
Nicht mutierter Organismus in einer Erscheinungsform, die in der freien Natur häufig (am häufigsten) angetroffen wird

Bei Genommutationen können auch einzelne Chromosomen überzählig oder fehlend sein. Beispielsweise ist das menschliche Chromosom 21 bei der **Trisomie 21**, die auch als **Down-Syndrom** bekannt ist, dreifach im Zellkern vorhanden. Das Down-Syndrom mit seinen typischen körperlichen Merkmalen, bei dem auch Fehlbildungen innerer Organe auftreten können, ist die häufigste Genommutation des Menschen.

Bei **Genommutationen** ist die Anzahl der Chromosomen im Zellkern verändert.

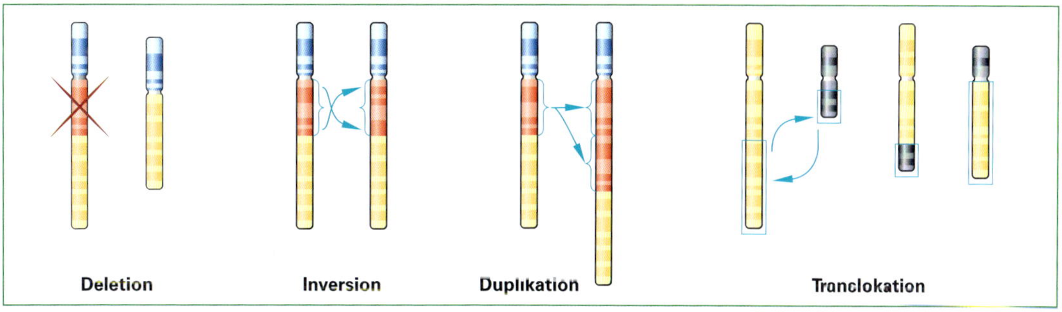

Bild 1 **Chromosomenmutationen**

Chromosomenmutationen

Veränderungen in der Struktur einzelner Chromosomen, denen meist Brüche in den Chromosomen vorausgehen, werden Chromosomenmutationen genannt. Bild 1 zeigt verschiedene Möglichkeiten:

- **Deletion:** Bruchstücke der Chromosomen gehen verloren.
- **Inversion:** DNA-Stücke werden nach einem doppelten Bruch umgedreht eingebaut.
- **Duplikation:** DNA-Stücke werden in doppelter Form eingebaut.
- **Translokation:** DNA-Stücke werden an ein anderes Chromosom angelagert.

Chromosomenmutationen können beim Menschen zu schweren Krankheiten, Behinderungen und Fehlbildungen führen.

Durch die Mutationsereignisse kann die Zahl bestimmter Gene im Genom erhöht oder reduziert werden. Dadurch können Abweichungen von der üblichen Zahl der Gene auftreten, die in einem diploiden Chromosomensatz meist zweifach auftreten. In diesem Fall kann die in der Zelle vorliegende Menge des vom Gen kodierten Proteins verändert sein.

Bei **Chromosomenmutationen** sind einzelne Chromosomen nach Brüchen in anderer Weise zusammengesetzt.

Genmutationen

Leseraster
Raster, mit dem die Tripletts der mRNA bei der Proteinbiosynthese in eine Aminosäuresequenz übersetzt werden

Genmutationen sind dauerhafte Veränderungen der Basensequenz der DNA, die nur ein einziges Gen betreffen. Bei Genmutationen gibt es folgende Möglichkeiten:

- **Punktmutationen**, bei denen eine einzelne DNA-Base verändert ist.
- **Rastermutationen**, bei denen ein DNA-Nukleotid entfernt oder hinzugefügt ist.

Punktmutationen entstehen, wenn durch Fehler bei der Replikation eine Base gegen eine andere ausgetauscht wird; der Vorgang wird **Substitution** genannt. Als Folge kann eine andere Aminosäure in dem Protein, das vom betroffenen Gen kodiert wird, eingebaut werden. Bild 1 zeigt die unterschiedlichen Auswirkungen von Genmutationen auf eine DNA-Sequenz, die eine Peptidkette aus mehreren Serin-Aminosäuren kodiert. Oft haben die Mutationen keine Auswirkungen auf die Merkmale des Organismus und werden **stille Mutationen** genannt. Denn aufgrund der Degeneration des genetischen Codes (s. Kap. I.4.2.2) führt eine Punktmutation nicht immer zum Einbau einer anderen Aminosäure, da viele Aminosäuren durch mehrere Codons codiert werden.

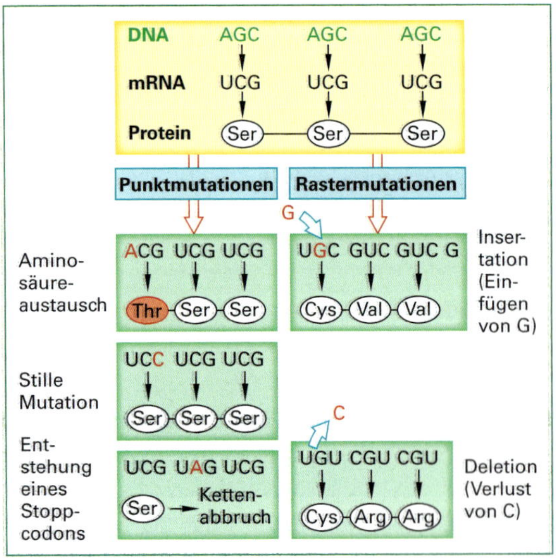

Bild 1
Mögliche Folgen von Punkt- und Rastermutationen auf eine Peptidkette aus Serin-Aminosäuren

Führt die Basensubstitution zur Entstehung eines Stoppcodons wie z. B. UAG wird die Translation an dieser Stelle abgebrochen, da keine Aminosäure eingebaut werden kann. Dafür ist der Begriff *nonsense*-Mutation (engl. *nonsense*: Unsinn) gebräuchlich.

Das zusätzliche Einfügen eines Nukleotids (Insertion) oder der Verlust einer einzelnen Nukleinbase (Deletion) hat meist drastischere Folgen auf das Genprodukt als ein Austausch der Basen. Es kommt zu einer Verschiebung des **Leserasters** des Gens ab der Position des Einbaus bzw. des Verlustes des Nukleotids (Bild 1).

Der Effekt dieser **Rastermutationen** oder ***Frameshift*-Mutationen** ist, dass nach der Mutation meist sämtliche Aminosäuren durch andere ersetzt werden und das Protein fast immer funktionsunfähig ist.

Genmutationen sind Änderungen in der Basensequenz der DNA. Der Austausch einer Base der DNA-Sequenz gegen eine andere wird **Punktmutation** bezeichnet. Sie kann zum Einbau einer anderen Aminosäure in die Peptidkette führen. Insertion oder Deletion eines Nukleotids führen zu **Rastermutationen (*Frameshift*-Mutationen)**, die das Leseraster des Gens verändern.

Bei **Rückmutationen (Reversionen)** wird durch eine zweite Mutation, die später an der gleichen Stelle der DNA-Sequenz erfolgt, die sichtbare Folge der ersten Mutation (z. B. Funktionsverlust des Proteins) aufgehoben. Dabei kann die ursprüngliche Basensequenz der DNA exakt wiederhergestellt werden oder ein Codon entstehen, das aufgrund des ***Wobble*-Effekts** die gleiche Aminosäure einbauen lässt.

***Wobble*-Effekt**
Effekt, dass bei der Translation das dritte Nukleotid eines Tripletts zur Bestimmung der Aminosäure unwichtig sein kann

Rückmutationen sind bei Rastermutationen möglich, wenn einer Deletion die Einfügung eines zusätzlichen Nukleotids folgt und das originale Leseraster wiederherstellt. Eine Insertion kann entsprechend durch den Verlust eines Nukleotids aufgehoben werden. Die nachfolgenden Mutationen, die nicht zur gleichen Basensequenz zurückführen, aber die Wirkung der ersten aufheben und z. B. die Proteinfunktion wiederherstellen, werden **Suppressormutationen** genannt.

Auswirkungen von Mutationen

Mutationen verändern immer den Genotyp und können in positiver oder negativer Hinsicht Auswirkungen auf den **Phänotyp** haben.

Phänotyp
Durch Gene und Umweltfaktoren bestimmtes äußeres Erscheinungsbild eines Organismus

Am Beispiel der Punktmutationen wird ersichtlich, dass Änderungen der DNA-Sequenzen oft keine Folgen für die Bildung der Genprodukte haben, da die Aminosäuresequenz von Peptiden nicht beeinflusst wird. Möglich ist ebenfalls, dass die Funktion des Proteins trotz veränderter Aminosäurezusammensetzung nicht beeinträchtigt ist. Dies ist oft dann der Fall, wenn eine Aminosäure mit ähnlichen Eigenschaften eingebaut wird.

Mutationen sind ein natürliches Phänomen, das eine wichtige Voraussetzung für die **Evolution** der Lebewesen darstellt und die Entwicklung neuer Arten ermöglicht (s. Kap. I.6.1). Da die Lebewesen in der Regel optimal an ihre Umwelt angepasst sind, führen die meisten Mutationen zu einem Nachteil für das betreffende Individuum.

Stille oder stumme Mutationen führen dazu, dass bestimmte Gene innerhalb einer **Population** unterschiedliche Nukleotidsequenzen aufweisen. Diese Unterschiede werden **Polymorphismus** genannt.

Population
Gruppe von Individuen der gleichen Art

Mutationen haben oft keine Auswirkungen auf den Organismus. Falls ein Genprodukt aufgrund einer Mutation in veränderter Form gebildet wird, hat dies meist keine oder negative Folgen. Nur in seltenen Fällen haben Mutationen eine positive evolutionäre Bedeutung.

Während alle bei Bakterien auftretenden Mutationen bei der Zellteilung an die Tochterzellen weitergegeben werden, können bei mehrzelligen Eukaryonten nur die Mutationen an die Nachkommen weitergegeben werden, die sich in der **Keimbahn** ereignen. Alle anderen Mutationen sind **somatische Mutationen**, die nur zu einer Anhäufung der Mutation in einem Individuum führen können und nicht vererbt werden.

Keimbahn
Abfolge von Zellen, die in der individuellen Entwicklung eines Lebewesens direkt von der befruchteten Eizelle zu den Keimzellen (Eizellen, Spermien) führt

Von besonderer Bedeutung sind diese Mutationen in Immunzellen, wo sie bei der Bildung von Antikörpern (Immunglobulinen) eine Rolle spielen. Sie erhöhen die Vielfalt und Spezifität dieser Immunkomponenten.

Eine somatische Mutation kann auch dazu führen, dass eine normale Körperzelle in eine Krebszelle umgewandelt wird. Bei etwa 80 Prozent aller Tumorerkrankungen kann in den Krebszellen die Mutation eines Gens nachgewiesen werden.

Bei vielzelligen Organismen können nur Mutationen in der **Keimbahn** an die Nachkommen weitergegeben werden. **Somatische Mutationen**, die außerhalb der Keimbahn auftreten, sind an der Herstellung der Antikörpervielfalt beteiligt, können aber auch zur Tumorbildung führen.

Durch Mutationen können **Erbkrankheiten** wie beispielsweise die **Sichelzellenanämie** entstehen. Dieser Blutkrankheit liegt eine Punktmutation im Gen für Hämoglobin zugrunde. Bild 1 zeigt, dass an der Position sechs des Hämoglobins die Aminosäure Glutaminsäure durch Valin ausgetauscht wurde, da in der DNA-Sequenz des Gens ein Thymin-Nukleotid durch einen Adeninbaustein ersetzt wurde. Die Punktmutation führt zu einem teilweisen Funktionsverlust des Proteins und einer schwerwiegenden Erkrankung, obgleich nur eine einzige Aminosäure im Protein verändert ist.

Aufgrund der Mutation wird ein abnormes Hämoglobin gebildet. Die roten Blutkörperchen, die dieses Hämoglobin besitzen, haben ein sichelförmiges Aussehen. Obgleich die Erkrankten eine verringerte Sauerstoffaufnahme der Blutzellen aufweisen, ist die Erbkrankheit z. B. in Afrika weitverbreitet, da sie einen gewissen Schutz vor Malaria bietet.

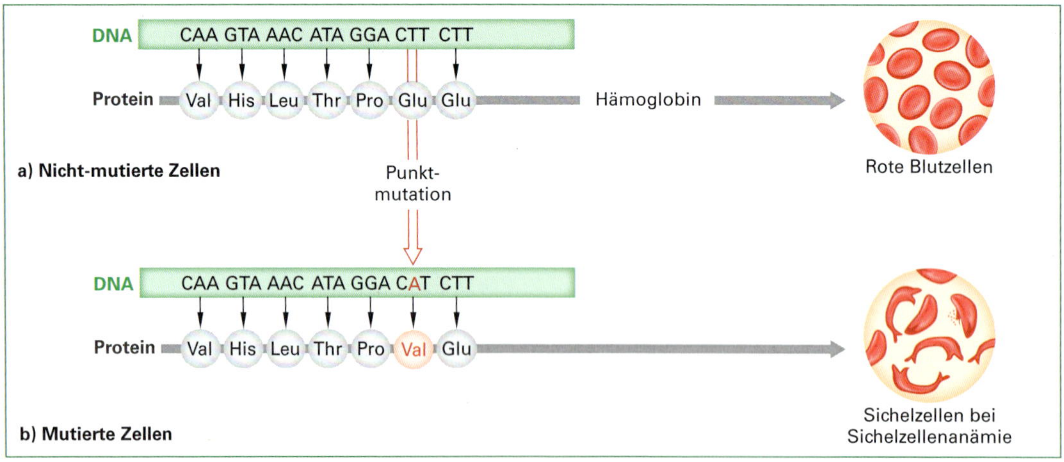

Bild 1
Punktmutation im Hämoglobin-Gen bei der Sichelzellenanämie

Mutationsauslösung

In allen Lebewesen treten zufällig spontane Mutationen mit einer sehr geringen Häufigkeit auf, die als **natürliche Mutationsrate** bezeichnet wird. Sie liegt für Bakterien meist bei ca. 10^{-8} Mutationen pro Gen und Generation, d. h. bei der Bildung von 10^{8} Zellen besitzt durchschnittlich nur eine Zelle eine Mutation eines bestimmten Gens. Die Mehrzahl aller Mutationen sind Punktmutationen. Insbesondere entstehen durch die DNA-Polymerasen bei der Replikation Ablesefehler, die Sequenzänderungen der DNA verursachen.

Neben den spontan auftretenden Mutationen können diese auch induziert, d.h. künstlich durch Anwendung oder Zugabe sogenannter **Mutagene** erzeugt werden. Dadurch kann die Mutationsrate erheblich gesteigert werden.

In der Mikro- und Zellbiologie werden Mutagene deshalb experimentell zur Gewinnung von Mutanten eingesetzt, die zur Aufklärung vieler biologischer Fragestellungen genutzt werden. Die Erzeugung von Mutationen wird **Mutagenese** genannt.

Mutationen treten spontan mit einer sehr geringen Häufigkeit auf, der **natürlichen Mutationsrate.** Durch Einsatz von **Mutagenen** können Mutationen in höherer Rate induziert werden.

Aflatoxine
Von Schimmelpilzen z. B. *Aspergillus flavus* (Name!) gebildete Giftstoffe

Tabelle 1 zeigt, dass verschiedene Chemikalien bei unterschiedlicher Wirkungsweise mutagene Effekte ausüben.

Tabelle 1 Chemische Mutagene

Wirkstoffklasse	Vertreter	Wirkung	Mutationstyp
Basenanaloga	5-Bromuracil 2-Aminopurin	Einbau bei der Replikation aufgrund Ähnlichkeit mit DNA-Basen	Punktmutation
Reaktive Sauerstoffverbindungen	Wasserstoffperoxid (H_2O_2) Hydroxyl-Radikale (·OH)	Oxidative Schäden	Punktmutation
Alkylierende Chemikalien	Ethylmethansulfonat (EMS) Nitrosamine	Alkylierung der DNA-Basen (z. B. Methylierung)	Punktmutation
Desaminierende Verbindungen	Salpetrige Säure	Abspaltung von Aminogruppen und Fehlpaarung der Basen	Punktmutation
Polyzyklische Kohlenwasserstoffe	Benz(a)pyren **Aflatoxin**	Kovalente Reaktion mit Nukleobasen u. a. Effekte	Punktmutation
Interkalierende Substanzen	Akridinfarbstoffe Ethidiumbromid	Einlagerung in DNA-Doppelhelix und Störung der Replikation	Rastermutation

Die Mutagene können auch physikalischer Natur sein, vor allem zwei Arten von Strahlung sind als äußerst wirksam bekannt:

- **Radioaktive und Röntgen-Strahlung**
  Radioaktive Gamma-Strahlen und Röntgen-Strahlen sind **ionisierende Strahlen**, die direkt von der DNA absorbiert werden und vor allem Chromosomenbrüche verursachen. Dabei kommt es zu Brüchen von DNA-Einzelsträngen und auch von Doppelsträngen.

- **UV-Strahlung**
  Die Ultraviolettstrahlung, die von der Sonne ausgesendet wird, kann leicht im Labor erzeugt und zur Mutagenese eingesetzt werden. Das kurzwellige UV-Licht, das für ein erhöhtes Hautkrebsrisiko verantwortlich ist, kann zu einer Schädigung der DNA führen. Vor allem werden durch UV-Strahlung zwei auf dem DNA-Strang benachbarte Thymin-Basen zu Thymin-Dimeren kovalent verbunden. Die Thymin-Dimere können sich nicht mehr mit den komplementären Basen Adenin paaren, sodass es zum Abbruch der Replikation kommt. Durch UV-Licht verursachte Schäden können oft von Zellsystemen repariert werden.

Ionisierende Strahlung
Strahlung, die aus Atomen oder Molekülen Elektronen entfernen kann, sodass Ionen entstehen

Energiereiche Strahlung aus natürlichen und künstlichen Quellen kann Mutationen auslösen. **Radioaktive** und **Röntgen-Strahlen** bewirken vor allem Chromosomenveränderungen, während **UV-Strahlung** zur Bildung von Thymin-Dimeren führt.

Springende Gene verändern die Gehirnaktivität

Seitdem sie von der amerikanischen Botanikerin *Barbara McClintock* entdeckt wurden, die dafür 1983 mit dem Nobelpreis geehrt wurde, ist bekannt, dass das Erbgut vieler Pflanzen sogenannte springende Gene enthält. Inzwischen wurden springende Gene, die auch als Transposons oder transposable Elemente bezeichnet werden, in nahezu allen Lebewesen gefunden. Fast die Hälfte des menschlichen Erbguts besteht aus transposablen Elementen oder deren Relikten, die die Fähigkeit zum Springen verloren haben.

Bei Transposons handelt es sich um mobile DNA-Abschnitte, die sich innerhalb des Genoms einer Zelle bewegen können. Sie sind in der Lage, sich über verschiedene Mechanismen an andere Stellen des Genoms zu kopieren und damit ihre Position auf den Chromosomen zu verändern. Springen Transposons in funktionelle Gene hinein, führen sie zu genetischen Veränderungen und lösen Mutationen aus.

Gut erkennbar sind die Auswirkungen der springenden Gene in Maiskolben, in denen einzelne Körner des Maiskolbens bunt gefärbt sind (Bild 1). Die Gene der Farbstoffsynthese werden durch die Transposons ein- und ausgeschaltet. Als *Barbara McClintock* im Jahre 1947 die Farbabweichungen der Maiskörner mit mobilen genetischen Elementen begründete, wurde ihre Erklärung noch stark angezweifelt, da das Erbgut und die Position von Genen in damaliger Zeit für extrem konstant gehalten wurden.

Transposons werden oftmals von kurzen Wiederholungssequenzen von Nukleotiden (*Repeats*) umgeben. Sie enthalten ein Gen, das für eine sogenannte Transposase kodiert. Dies ist ein Enzym, das das Ausschneiden und Einfügen der DNA-Elemente katalysiert, ein Prozess, der Transposition genannt wird. Das selbst kodierte Enzym Transposase bindet an beide *Repeats*, sodass sich eine Schlaufe bildet, die herausgeschnitten wird. An einer beliebig anderen Stelle des Genoms schneidet das gleiche Enzym die DNA auf und fügt das Transposon ein. Andere Transposons werden dagegen zuerst dupliziert und nur die DNA-Kopie wird an anderer Stelle eingebaut.

Bild 1 Mehrfarbigkeit von Maiskolben, verursacht durch springende Gene

Neuere Forschungen deuten darauf hin, dass springende Gene die Reifung von Nervenzellen im Gehirn beeinflussen und dadurch zu Unterschieden im Denken, Lernen und Verhalten zwischen Menschen beitragen. Die Transposons der Nervenzellen verändern durch die Integration in Gene deren Aktivität und beeinflussen die Entwicklung der Zellen im Nervensystem des Hirns.

DNA-Reparaturmechanismen

Mutationen sind sehr selten, obgleich DNA-Schädigungen chemischer und physikalischer Art durchaus häufig eintreten. Dies liegt an den effizienten Reparatursystemen, die in allen Zellen vorhanden sind. Durch enzymatisch gesteuerte Prozesse der DNA-Reparatur können Schäden der DNA erkannt und beseitigt werden. Folgende Mechanismen der DNA-Reparatur sind bislang aufgeklärt worden:

- **Exzisionsreparatur**
  Dieser Reparaturmechanismus beruht auf der Entfernung des DNA-Schadens durch Exzision (Ausschneidung). Er kann die Folgen der Thymin-Dimerisierung beheben, die durch UV-Licht verursacht wird.

Bild 1 zeigt, dass die dimeren Nukleobasen zusammen mit den benachbarten Nukleotiden durch eine **Endonuklase** herausgeschnitten werden können. Die entstandene Lücke im Einzelstrang wird durch die DNA-Polymerase, die DNA-Stücke synthetisiert, mit den zum zweiten Strang komplementären Nukleotiden ersetzt. Das zuletzt eingefügte neue Nukleotid muss mit dem benachbarten Nukleotid von einem weiteren Enzym, der DNA-Ligase, kovalent verbunden werden, sodass wieder ein geschlossener DNA-Strang entsteht.

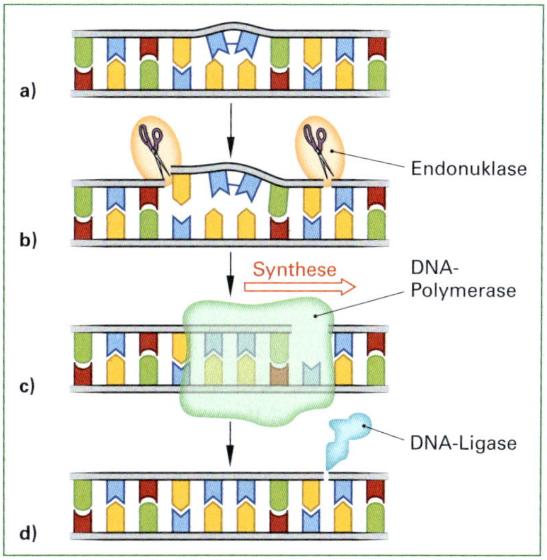

Bild 1
DNA-Reparatur von Thymin-Dimeren nach UV-Licht-Einwirkung

- **Fotoreaktivierung**
  Einige Enzyme, die Fotolyasen, können ohne Herausschneiden und Einfügen von Basen die korrekte Struktur der DNA wiederherstellen, indem sie beispielsweise Elektronen direkt auf die beschädigten Stellen leiten und die Thymin-Dimere wieder trennen. Diese Enzymsysteme werden durch Licht, das durch seinen UV-Anteil DNA-Schäden verursacht, aktiviert. Diese Lichtaktivierung ist sinnvoll, da die Reparatursysteme schnell ihre Arbeit aufnehmen können und die Schäden rückgängig machen. In vielen, aber nicht allen Organismen der Prokaryonten und Eukaryonten konnten Fotolyasen nachgewiesen werden.

- **Fehlpaarungsreparatur**
  Einige der DNA-Polymerasen (s. S. 89) besitzen die Fähigkeit, den neuen DNA-Strang noch während der Synthese auf Fehler, also falsch gepaarte Basen, zu überprüfen (engl. *proofreading*: Korrekturlesen). Weitere Fehler können anschließend durch Enzyme behoben werden, die eine Fehlpaarung in DNA-Doppelsträngen erkennen und herausschneiden können.

- **Postreplikations-Reparatur**
  Während beispielsweise die Fotoreaktivierung vor der Replikation aktiv wird, erfolgt die postreplikative Reparatur erst nach Vollendung der Replikation. Bei der Replikation können z. B. an Stellen mit Thymin-Dimeren keine komplementären DNA-Stränge synthetisiert werden, sodass lückenhafte Einzelstrangbereiche entstehen. Zur Reparatur werden **homologe DNA-Sequenzen** mit identischer oder weitgehend ähnlicher Nukleotidsequenz als Vorlage benötigt. Dazu kann ein bei der Replikation entstandenes intaktes Chromosom benutzt werden, das entsprechende korrekte DNA-Sequenzen enthält.

  Bei der **homologen Rekombination** kommt es zur Paarung zweier doppelsträngiger DNA-Moleküle, sodass die homologen Nukleotidbereiche auf gleicher Höhe liegen. In einem **Crossing-over** werden anschließend DNA-Abschnitte zwischen den beiden DNA-Doppelsträngen durch Ausschneiden und Wiederverbindung der DNA-Stücke ausgetauscht.

Zellen besitzen **Reparatursysteme**, die mithilfe von Enzymen Schäden in der DNA beseitigen. Durch verschiedene Mechanismen, die z. T. von Licht aktiviert werden, können Fehlpaarungen der Basen oder Thymin-Dimere erkannt und in den ursprünglichen Zustand zurückgesetzt werden, bevor sie als Mutationen dauerhaft das Erbgut verändern.

Endonuklease
Enzym, das im Inneren der DNA (griech. *endo*: innen) diese aufspaltet, d. h. eine Phosphodiesterbindung hydrolysiert

Homologe DNA-Sequenz
Übereinstimmung der DNA-Sequenzen, die auf eine gemeinsame Herkunft schließen lässt

Crossing-over
Wechselseitiger Austausch von Bruchstücken der Chromosomen

4.4 Genregulation

Jede Zelle eines Organismus hat eine vollständige Abschrift des genetischen Materials. Sie besitzt damit alle Gene, über die der Organismus verfügt. In einer Zelle werden aber zu keiner Zeit alle vorhandenen genetischen Informationen benötigt. Nur wenn Proteine für bestimmte Aufgaben gebraucht werden, werden deren Gene abgelesen und die Genprodukte hergestellt. Diese Gene werden als aktive Gene bezeichnet. Sie sind daran zu erkennen, dass von ihnen gebildete mRNA in der Zelle nachgewiesen werden kann. Die **Genaktivität** ist in allen Organismen somit der zellulären Regulation unterworfen.

Bei **Eukaryonten**, die ein größeres Genom als Prokaryonten besitzen, sind die Möglichkeiten der Genregulation vielfältiger und komplexer. In ihren Zellen wird nur ein kleiner Anteil der Gene genutzt, der Rest ist inaktiv. Vielzellige Organismen differenzieren ihre Zellen im Laufe ihrer Individualentwicklung in verschiedene Zelltypen mit unterschiedlichen Aufgaben. In einer Nervenzelle werden deshalb andere Proteine benötigt als in einer Leberzelle, sodass andere Gene abgelesen werden müssen. Die Menge der Enzyme in einer Zelle ist auch nicht zu jeder Zeit gleich hoch, sondern wird der Situation und der Gesamtaktivität der Zelle angepasst.

Die Genregulation dient den **Prokaryonten** vor allem der Anpassung an die herrschenden Umweltbedingungen, wie z. B. an das Angebot an Nährstoffen. Bakterien können sich schnell auf Veränderungen der Umwelt einstellen, indem sie bestimmte Gene ein- oder ausschalten und die Synthese notwendiger Enzyme beschleunigen oder drosseln.

In allen Zellen und Organismen wird nur ein Teil der Gene zur Proteinbiosynthese benötigt. Die **Genaktivität** wird bei Eukaryonten und Prokaryonten auf vielfältige Weise reguliert.

4.4.1 Regulation der Genexpression in Prokaryonten

Die Stoffwechselwege von Bakterien, in denen oft zahlreiche Enzyme hintereinandergeschaltete Reaktionen katalysieren, sind zum großen Teil aufgeklärt und ihre genetische Organisation ist bekannt. Nur in wenigen Stoffwechselwegen sind Gene vorhanden, die keinen Regulationsvorgängen unterliegen. Dies ist der Fall, wenn die Enzyme ständig wichtige Aufgaben in der Zelle, wie z. B. den Abbau von Glukose, erfüllen. Die Gene solcher Enzyme werden deshalb fortwährend transkribiert. Diese Art der Genexpression wird **konstitutiv** genannt. Die Gene werden als ***Housekeeping*-Gene** bezeichnet.

Die Gene der **Prokaryonten** werden im Gegensatz zu denen der Eukaryonten zumeist nicht einzeln, sondern zusammen abgelesen. Oft liegen zahlreiche Gene hintereinander, die in demselben Stoffwechselweg benötigt werden. Solch eine Einheit von Genen, deren Genexpression gemeinsam reguliert wird, wird **Operon** genannt (s. Bild 1, S. 103) und besteht aus folgenden Komponenten:

Promotor
Sequenzabschnitt der DNA, der einen Start der Transkription ermöglicht

- **Promotor:** Die RNA-Polymerase kann mit dem DNA-Doppelstrang im Bereich des **Promotors** eine Bindung eingehen, sich anschließend entlang des DNA-Strangs fortbewegen und mRNA synthetisieren.
- **Operator:** An diese Promotor-benachbarte DNA-Region kann ein spezifisches Regulationsprotein binden und so die Transkription in hemmender oder fördernder Weise beeinflussen.
- **Strukturgene:** Sie enthalten die Bauanweisungen der Enzyme, und nur sie werden in Proteine umgeschrieben.

Zur Regulation der Transkription des Operons sind außerdem ein oder mehrere **Regulationsproteine** notwendig, die von oft außerhalb des Operons liegenden Regulatorgenen kodiert werden. Die an DNA bindenden Proteine können als **Repressor** die Transkription hemmen bzw. verlangsamen (negative Genregulation) oder als **Aktivator** (positive Genregulation) ermöglichen bzw. beschleunigen.

Prokaryonten besitzen genetische Regulationseinheiten oder Operons, die aus einem Promotor, einem Operator sowie mehreren gemeinsam transkribierten Strukturgenen bestehen. Die Transkription der Operons ist das Ziel der bakteriellen Regulationsmechanismen.

Mechanismen der Genregulation, wie die Katabolitrepression, die Substratinduktion und die Endproduktrepression, haben eine große Bedeutung für die Organisation der prokaryontischen Zelle. Außerdem gibt es weitere Möglichkeiten der Genkontrolle bei Bakterien.

Endproduktrepression

Bakterien sind in der Lage, Aminosäuren, die sie für die Proteinsynthese benötigen, aus anorganischen Vorstufen selbst herzustellen. Solche Biosynthesewege, die für die Zelle aufwendige Prozesse mit vielen Enzym-katalysierten Schritten sind, besitzen als Endprodukt eine Aminosäure, wie z. B. Tryptophan, und unterliegen der **Endproduktrepression**.

Bild 1 zeigt, dass das Repressorprotein, das für das Tryptophan-Operon spezifisch ist, allein inaktiv vorliegt und nicht an den Operator des Tryptophan-Operons binden kann. Dies ist der Fall, solange die Aminosäure Tryptophan für die Proteinbiosynthese benötigt wird und deshalb in der Zelle in niedriger Konzentration vorliegt. Die Strukturgene werden transkribiert und eine zusammenhängende mRNA gebildet, die an den Ribosomen zur Bildung der Enzyme für die Tryptophan-Synthese dient.

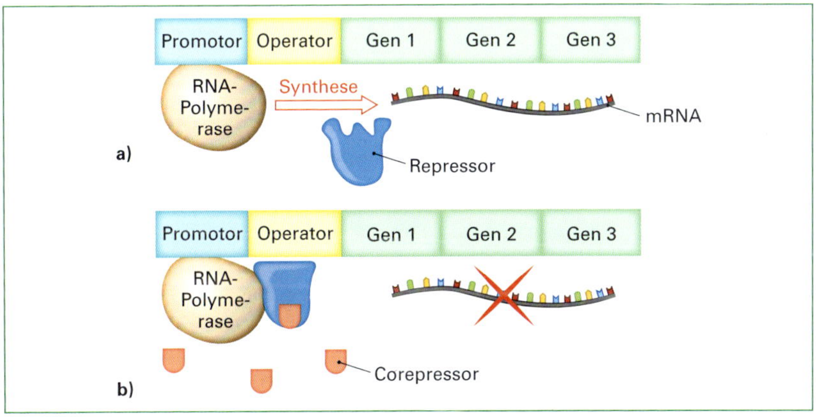

Bild 1
Genregulation eines Operons über Endproduktrepression a) in Abwesenheit und b) in Anwesenheit eines Corepressors

Erst wenn die Aminosäure in der Zelle in hoher Konzentration vorliegt, kann sie ihre eigene Biosynthese reprimieren und die Transkription der Tryptophan-Biosynthesegene verhindern. Dies geschieht beispielsweise, wenn Tryptophan in das Nährmedium gegeben wird oder wenn Aminosäuren in der Zelle aufgrund einer Wachstumseinstellung nicht mehr zur Proteinsynthese benötigt werden. Tryptophan bindet dann als **Corepressor** an den Repressor, wodurch sich dessen Konformation ändert. Der **aktivierte Repressor** geht mit der DNA des Operators eine Bindung ein. Dadurch kann die RNA-Polymerase die nachfolgenden Gene nicht effektiv transkribieren und keine oder nur wenig mRNA wird gebildet.

Bei der **Endproduktrepression** wird die Genaktivität von Stoffwechselwegen (z. B. zur Biosynthese von Aminosäuren) durch ein angehäuftes Endprodukt abgeschaltet. Dabei wird ein vorher inaktiver **Repressor** durch das Endprodukt als **Corepressor** aktiviert.

Substratinduktion

Bakterien besitzen außerdem zahlreiche Operons, deren Transkription durch spezifische Regulationsproteine eingeschaltet wird. Diese Art der Regulation wird als **Substratinduktion** bezeichnet. Die Enzyme, die nur bei Bedarf in höheren Mengen gebildet werden, werden **induzierbare Enzyme** genannt.

Das ***lac*-Operon** (Laktose-Operon) von *E. coli* ist ein schon lange bekanntes Beispiel einer Enzyminduktion. Es enthält drei Strukturgene, die der Synthese von Enzymen zum Abbau des Milchzuckers Laktose dienen, und ein Regulator-Gen (Bild 1):

- Das Gen *lacZ* kodiert für die β-Galactosidase, die Laktose in Glukose und Galaktose spalten kann.
- Das Genprodukt von *lacY* ist eine Permease, ein Membranprotein, das der Aufnahme des Milchzuckers in die Zelle dient.
- Die Funktion des Genprodukts von *lacA* ist noch unklar.
- Direkt am *lac*-Operon befindet sich das Regulator-Gen, das für die Synthese des *lac*-Repressors verantwortlich ist. Der gebildete Repressor bindet ohne Beteiligung eines Corepressors an den Operator und verhindert die Transkription der Laktose-Strukturgene.

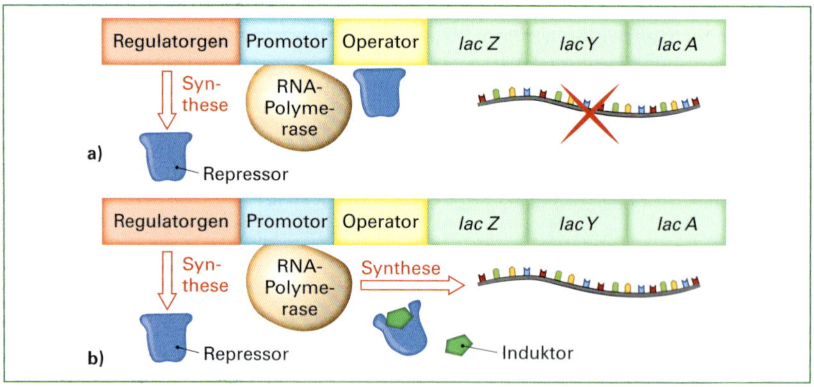

Bild 1
Genregulation über Substratinduktion a) in Abwesenheit und b) in Anwesenheit eines Induktors

Isomer
Chemische Verbindungen, die aus den gleichen Anzahlen der Atome bestehen, sich jedoch hinsichtlich ihrer Atomanordnung unterscheiden

Konformation
Die vorliegende räumliche Anordnung der Atome des Moleküls, die aufgrund der freien Drehbarkeit um Einfachbindungen entsteht

Laktose ist ein Substrat, mit dem *E. coli*-Bakterien gut wachsen können. Durch die Substratinduktion können die Bakterien schnell auf Änderungen des Angebotes an Nährsubstraten reagieren. Wenn Laktose als Substrat im Nährmedium vorhanden ist, induziert der Zucker das *lac*-Operon, indem es den Repressor hemmt. Allolaktose, ein **Isomer** der Laktose, ist der **Induktor**, der in der Zelle mit dem *lac*-Repressor einen Komplex bildet. Dadurch wird dessen **Konformation** so verändert, dass der Operator nicht mehr gebunden werden kann und frei wird. Die Transkription der Strukturgene durch die RNA-Polymerase führt zur Bildung der mRNA, die die Synthese neuer Enzyme ermöglicht.

Bei der **Substratinduktion** wird die Transkription der Gene des *lac*-Operons vom Substrat Laktose selbst angeschaltet. Dazu stellt das Regulator-Gen einen aktiven Repressor her, der bei Bindung des Substrats als **Induktor** inaktiviert wird und die Transkription nicht mehr hemmen kann.

Katabolitrepression

Das *lac*-Operon unterliegt einer weiteren Kontrolle, die durch einen Aktivator gesteuert und **Katabolitrepression** genannt wird. Dabei wird die Expression von Enzymen z. B. zum Laktose-Abbau so lange unterdrückt, wie andere Stoffwechselprodukte in bedeutsamer Menge zur Verfügung stehen.

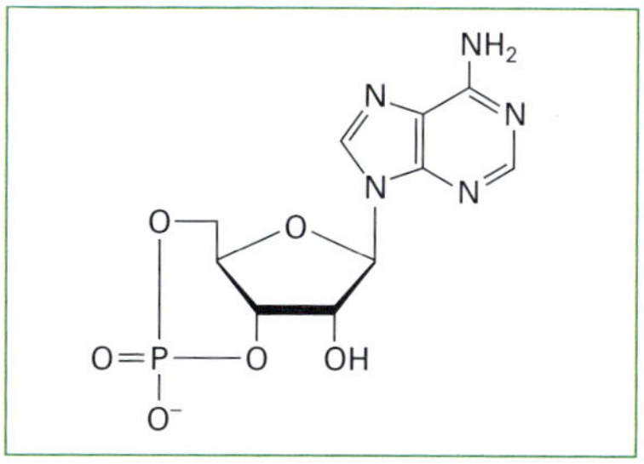

Bild 1
cAMP

Der Grund für die zusätzliche Steuerung besteht darin, dass die Induktion der Laktose abbauenden Enzyme dann nicht notwendig ist, wenn zusätzlich zum Milchzucker auch **Glukose** im Nährmedium vorhanden ist. Glukose ist ein Zucker, der ohne zusätzliche Enzyme sofort verwertet werden kann. Solange Glukose im Medium vorhanden ist, unterbleibt deshalb die Synthese von Laktose abbauenden Enzymen.

Das hierfür verantwortliche regulatorische Aktivatorprotein (Abk.: CAP, engl. *catabolite activator protein*) ist der zentrale Punkt der Katabolitrepression. Das **CAP-Protein** wird aktiv, wenn es mit **cAMP** einen Komplex bildet. Es lagert sich dann an eine DNA-Bindungsstelle des *lac*-Operons an und erhöht die Affinität der RNA-Polymerase zum Promotor, sodass es zu einer gesteigerten Transkription kommt.

cAMP
Zyklisches Adenosinmonophosphat, wichtiges innerzelluläres Signalmolekül (engl. *second messenger*)

cAMP ist bei Bakterien ein Signal für Glukose-Mangel („Hungersignal"). In Gegenwart von reichlich Glukose im Medium ist die zelluläre Konzentration von cAMP gering. Fällt die Glukose-Konzentration ab, steigt die Konzentration des Signalstoffs an und die *lac*-Gene können transkribiert werden.

Durch die **Katabolitrepression** kann die Aktivität des *lac*-Operons in Anwesenheit von Glukose abgeschaltet werden, das leichter als Laktose verstoffwechselt wird. Ein Komplex aus dem Regulatorprotein CAP und dem Signalstoff cAMP führt bei Glukosemangel zur Aktivierung der *lac*-Gene.

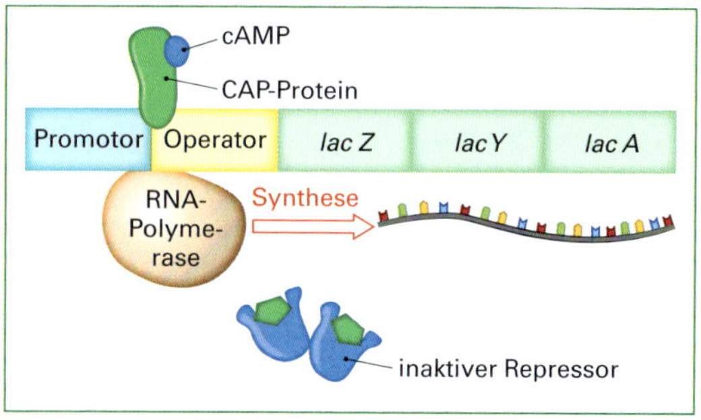

Bild 2
Aktivierung des *lac*-Operons durch den CAP-cAMP-Komplex

4.4.3 Regulation der Genexpression in Eukaryonten

Eukaryonten haben vielseitige und oft andere Wege der Genregulation als Prokaryonten, da ihr Genom wesentlich größer und anders organisiert ist. Auf verschiedenen Ebenen der Genexpression setzen die Mechanismen der Genregulation an.

Regulation auf der Stufe der DNA

Um das Genom der Eukaryonten mit den oft zahlreichen Chromosomen im Zellkern unterbringen zu können, wird es mithilfe der Histonproteine auf engem Raum dicht zusammengepackt (s. S. 85). Die konzentrierte Lagerung der DNA im Zellkern als **Chromatin** behindert allerdings die Transkription von Genen. Insbesondere die DNA-Bereiche, die in den Nukleosomen aufgewickelt werden, sind den Transkriptionswerkzeugen wie den RNA-Polymerasen nicht zugänglich.

Chromatin
Material, aus dem die Chromosomen aufgebaut sind und das DNA, Proteine und RNA enthält

Transkriptionsfaktoren Proteine, die Einfluss auf die Initiation der Transkription und DNA-Bindung der RNA-Polymerase haben

Nur die Bereiche, die in einem nicht kondensierten Zustand vorliegen, können wahrscheinlich transkribiert werden, da RNA-Polymerase und **Transkriptionsfaktoren** Zugang zur DNA benötigen. Die räumliche Freisetzung von Genen zur Transkription kann über die **chemische Modifikation der Histone** reguliert werden. Dazu können einzelne Aminosäurereste der Histone durch Methylierung (Anhängen einer CH_3-Gruppe) oder Acetylierung (Anhängen einer CH_3-CO-Gruppe) verändert werden.

Epigenetik Vererbung von Informationen über chemische Modifikationen oder Organisationsänderungen des Genoms ohne Änderung der DNA-Sequenzen

Eine weitere Möglichkeit der Genregulation ist die Veränderung der DNA durch **Methylierung** der DNA-Basen. Eine verstärkte Methylierung in der Promotorregion eines Genes kann verhindern, dass die zugehörigen Gene abgelesen werden. Die Methylierung innerhalb spezifischer DNA-Sequenzen dient nicht nur der Regulation der aktuellen Transkription von Genen. Die methylierten Sequenzen können bei der Zellteilung an die Tochterzellen weitergegeben werden und sogar in der darauffolgenden Generation auftauchen. Solche vererbbaren Veränderungen wie die Methylierungen von DNA-Basen, die Auswirkungen auf die Genexpression haben, werden als **epigenetische Genregulation** bezeichnet. Dabei handelt es sich um Vorgänge, die nicht auf Änderungen der DNA-Sequenz beruhen.

Die enge **Verpackung** der chromosomalen DNA im Zellkern behindert die Transkription, die durch chemische Modifikation von **Histonen** aktiviert werden kann. Durch **Methylierung der DNA-Basen** kann verhindert werden, dass bestimmte Gene abgelesen werden.

Regulation auf der Stufe der Transkription

Hormone Botenstoffe, die über das Blut zu Zielzellen transportiert werden und dort spezifische Reaktionen auslösen

Zahlreiche Gene werden auf der Ebene der Transkription mit Mechanismen reguliert, die denen der Prokaryonten ähneln. Dabei hat jedoch jedes eukaryontische Gen einen eigenen Promotor. Die Proteinprodukte der Regulatorgene werden **Transkriptionsfaktoren** genannt. Sie können spezifisch an bestimmte DNA-Stellen binden und die Transkription positiv oder negativ beeinflussen. Sie müssen oft selbst noch aktiviert werden, z. B. durch Bindung eines **Hormons**, das wiederum vorher in die Zelle und dann in den Zellkern, den Ort der Transkription, befördert werden muss (Bild 1).

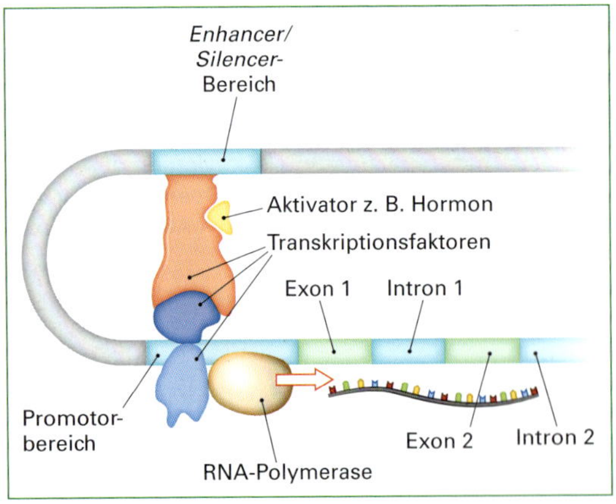

Bild 1
Transkriptionskontrolle eines eukaryontischen Gens

Die Transkriptionsfaktoren können sich je nach Zielsequenz in der Nähe des Promotors oder in einer weit entfernten DNA-Region anlagern. Letzteres ist möglich, da der DNA-Strang durch die Anlagerung der Transkriptionsfaktoren eine Schleife bilden kann, sodass das Regulatorprotein eine Verbindung zur Promotorregion herstellen kann. Diese weit entfernten DNA-Kontrollsequenzen werden ***Enhancer*** genannt, wenn sie die Genexpression steigern. DNA-Abschnitte, die auf diese Weise die Genexpression unterbinden oder abschwächen, heißen ***Silencer***. Zum Start der Transkription ist oft ein Transkriptionskomplex aus zahlreichen Transkriptionsfaktoren und der RNA-Polymerase notwendig.

Die Transkription eukaryontischer Gene kann mithilfe von Regulatorproteinen, den **Transkriptionsfaktoren**, und DNA-Kontrollsequenzen, ***Enhancern*** bzw. ***Silencern,*** kontrolliert werden.

Regulation auf der Stufe der Prozessierung

Eukaryontische Zellen besitzen Mechanismen zur Prozessierung von mRNA (s. S. 94), die weitere regulatorische Ansatzpunkte bieten. Proteine, die Signale auf der RNA erkennen, bestimmen beim **alternativen Spleißen**, welche Introns aus dem Gen gespleißt werden und welche Exons bei der Reifung der mRNA miteinander kombiniert werden. So können aus einem Gen unterschiedliche Proteine hergestellt werden.

Die **Prozessierung** der mRNA erlaubt die kontrollierte Auswahl an Introns und Exons beim Spleißen der RNA.

mRNA-Halbwertszeit
Zeitdauer, nach der die mRNA-Menge in der Zelle zur Hälfte durch RNA-Nukleasen abgebaut worden ist

Regulation auf der Stufe der Translation

Genregulation auf der Translationsstufe geschieht zum einen über die **Halbwertszeit der mRNA**. Damit Proteine nicht zu lange in der Zelle verbleiben, ist ihre mRNA oft instabil und wird schnell abgebaut. Im Gegensatz dazu sind stabile langlebige mRNAs viel länger in der Lage translatiert zu werden.

Eine weitere Möglichkeit der Genregulation ist die Bildung von ***Antisense*-RNA**. Die *Antisense*-RNA ist eine einzelsträngige RNA, die komplementär zur mRNA ist. Sie wird vom gleichen DNA-Bereich transkribiert wie die mRNA, allerdings vom anderen Einzelstrang, sodass sie die komplementäre Basenfolge besitzt. Damit kann sie sich mithilfe der komplementären Basenpaarung an diese mRNA anlagern, einen Doppelstrang bilden und die Translation an den Ribosomen hemmen. Diese bei Eukaryonten häufige Genregulation auf Translationsebene wird **RNA-Interferenz** genannt.

RNA-Interferenz
Natürlicher Mechanismus der Genregulation durch zur mRNA komplementäre RNA und experimentelle Möglichkeit zur Abschaltung von Genen

Die **Translationsdauer** kann über die Stabilität der mRNA beeinflusst werden. Die Bildung von ***Antisense*-RNA** und ihre Bindung an die komplementäre mRNA verhindern die Proteinbiosynthese von Genen, da deren Transkripte bei der Translation blockiert sind.

Aufgaben

1. Definieren Sie den Begriff Gen und beschreiben Sie, wie die DNA im Zellkern eukaryontischer Zellen organisiert ist.
2. Nennen und erklären Sie die theoretisch möglichen Mechanismen der Replikation und beschreiben Sie den bei Prokaryonten und Eukaryonten gemeinsamen Ablauf der Replikation.
3. Stellen Sie die Funktionen und Eigenschaften der DNA-Polymerasen dar.
4. Definieren Sie die Begriffe Genexpression, Transkription und Translation und nennen Sie das zentrale Dogma der Molekularbiologie sowie eine Ausnahme dieser Regel.
5. Erklären Sie, wie eine mRNA mithilfe des genetischen Codes in ein Protein übersetzt wird.
6. Erklären Sie, warum die Codons bei der Proteinbiosynthese aus drei RNA-Basen bestehen.
7. Geben Sie an, welche Makromoleküle und Zellkomponenten bei der Translation eine Rolle spielen, und beschreiben Sie den Ablauf des Prozesses.
8. Grenzen Sie Mutationen von Rekombinationsereignissen ab. Nennen und erläutern Sie unterschiedliche Mutationsmöglichkeiten.
9. Erläutern Sie die Notwendigkeit der Genregulation in Zellen und stellen Sie die dazu vorhandenen Mechanismen bei Prokaryonten und Eukaryonten dar.
10. Beschreiben Sie das Operon-Modell der Genregulation in Bakterien und nennen Sie die einzelnen genetischen Komponenten sowie deren Funktionen.
11. Erklären Sie am Beispiel des Laktose-Operons das System der Substratinduktion.
12. Beschreiben Sie, welche Bedeutung die Prozessierung von mRNA bei Eukaryonten für die Regulation der Genexpression besitzt.

5 Stoffwechsel und Energieumwandlung

Jeder Organismus ist ein offenes System, das mit seiner Umgebung in ständigem Austausch von Materie und Energie steht. Die Gesamtheit der chemischen Umwandlungen, die in allen Zellen eines Organismus ablaufen, wird **Stoffwechsel** oder **Metabolismus** genannt. Der Stoffwechsel ist ein Kennzeichen des Lebens und dient der Erhaltung der Lebensfähigkeit, dem Wachstum und der Neusynthese von Zellbestandteilen. Dazu muss im Stoffwechsel Energie in biologisch nutzbarer Form zur Verfügung gestellt werden.

5.1 Biologische Energieumwandlung

Thermodynamik
Allgemeine Theorie zur Umwandlung von Energie und Stoffen

Die Frage, welche Art von Energie chemische Reaktionen in Lebewesen antreibt, kann mithilfe der **Thermodynamik** beantwortet werden. Die Thermodynamik zeigt auf, welche Vorgänge spontan und welche nur unter Energieaufwand ablaufen. Wärmeenergie (thermische Energie) kann beispielsweise Arbeit verrichten, wenn ein Temperaturgradient auftritt. Dies ist aber in Organismen nicht der Fall. In den Zellen der Lebewesen herrschen im Wesentlichen eine konstante Temperatur und ein konstanter Druck.

Die Energie, die Zellen nutzen können, ist die **freie Energie** (freie Enthalpie, *G*). Sie erlaubt die Richtung von chemischen Reaktionen vorauszusagen und die mögliche Menge an Arbeit zu berechnen. Die Änderung der freien Energie gibt an, ob chemische Reaktionen freiwillig ablaufen, und kann mithilfe der ***Gibbs Helmholtz*-Gleichung** berechnet werden:

- $\Delta G = \Delta H - T\Delta S$
- ΔG ist der Energiebetrag, der bei konstantem Druck in Arbeit umgesetzt werden kann.
- ΔH ist die Enthalpieänderung oder der Wärmeumsatz.
- ΔS ist die Entropieänderung und damit ein Maß für die Unordnung eines Systems.
- T steht für die absolute Temperatur.

Chemische Reaktionen können hinsichtlich der Änderung der freien Enthalpie aller an der Reaktion beteiligten Komponenten unterschieden werden:

$\Delta G < 0$: **Exergone** (exergonische) Reaktionen laufen unter den gegebenen Bedingungen spontan ab, da in ihrem Verlauf die freie Enthalpie G abnimmt.

$\Delta G > 0$: **Endergone** (endergonische) Reaktionen benötigen Energiezufuhr, damit sie in der angegebenen Richtung ablaufen.

Die von Organismen nutzbare Energie ist die **freie Energie** oder **freie Enthalpie** *G*. Eine Reaktion läuft dann freiwillig ab, wenn die freie Energie einen negativen Wert annimmt. In diesem Fall ist die Reaktion **exergon. Endergone** Reaktionen finden nur unter Energiezufuhr statt.

Säureanhydridbindungen
Derivate sauerstoffhaltiger Säuren, die formal durch Abspaltung von Wasser aus einer Säure entstehen

Zellen können die freie Enthalpie aus Nährstoffmolekülen in die freie Enthalpie bestimmter Verbindungen überführen. Die universelle Speicherform der chemischen Energie in den Zellen aller Lebewesen ist **Adenosintriphosphat (ATP)**. Gleichzeitig ist ATP ein Baustein der Nukleinsäure RNA. Das Nukleotid ATP besteht aus der organischen Base Adenin, dem Zucker Ribose und drei Phosphatgruppen. Zwei Bindungen der Phosphatgruppen von ATP sind außerordentlich energiereiche **Säureanhydridbindungen**.

Werden diese Bindungen durch Enzyme gelöst, entsteht zuerst Adenosindiphosphat (ADP) und danach Adenosinmonophosphat (AMP). Pro Phosphatbindung werden etwa 32 kJ/mol Energie freigesetzt.

ATP entsteht im Stoffwechsel aus ADP, das schon zwei energiereiche Phosphatgruppen enthält, durch Bindung einer weiteren Phosphatgruppe (Bild 1). Die Reaktion ist stark endergon, und die notwendige Energie muss von der Zelle zur Verfügung gestellt werden. Dies geschieht durch die energetische Kopplung an exergone Reaktionen, die in der Zelle zumeist Oxidationen organischer Verbindungen sind.

Redoxreaktion
Chemische Reaktion, bei der ein Reaktionspartner Elektronen auf einen anderen überträgt

Eine **Oxidation** kann eine Reaktion mit Sauerstoff sein. Allgemein ist sie jede Reaktion, bei der einer Verbindung Elektronen entzogen werden bzw. bei der die Verbindung Elektronen abgibt. Einen chemischen Prozess, bei dem Elektronen von einem Atom oder Molekül aufgenommen werden, wird als **Reduktion** bezeichnet. Eine Reduktionsreaktion ist immer an eine Oxidation gekoppelt. Eine **Redoxreaktion** ist eine Kombination aus Oxidation und Reduktion.

In biologischen Systemen spielen Redoxreaktionen eine große Rolle. Die diese Reaktionen antreibende freie Energie kann genutzt werden, um eine thermodynamisch ungünstige Reaktion wie die Synthese von ATP zu ermöglichen. Dabei werden die Reaktionen miteinander gekoppelt, sodass die gesamte freie Energie des Systems ausreichend ist.

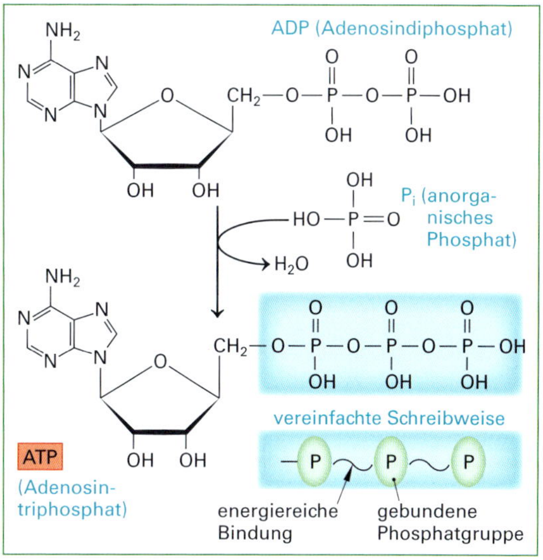

Bild 1
Bildung des zellulären Energiespeichers ATP aus ADP

Die ATP-Moleküle können frei in der Zelle diffundieren und dorthin gelangen, wo sie bei Energie-verbrauchenden Prozessen, also für endergone Reaktionen, benötigt werden. Dort wird das ATP wieder zu ADP und anorganischem Phosphat (P_i) hydrolysiert.

Adenosintriphosphat (ATP) ist die Energiespeicherform der Zelle, die die benötigte Energie zahlreichen Reaktionen und Stoffwechselprozessen bereitstellt. Die stark endergone ATP-Synthese ist durch Kopplung an exergone Reaktionen möglich. **Redoxreaktionen** spielen bei den Prozessen der Energieübertragung eine wichtige Rolle.

5.2 Enzyme

Enzyme besitzen in jeder Zelle eine große Bedeutung und sind auch in biotechnologischen Anwendungen weitverbreitet. Enzyme sind biologische **Katalysatoren**, die an fast allen Reaktionen des Stoffwechsels beteiligt sind. Sie erhöhen die Geschwindigkeit der Reaktionen, die ansonsten zu niedrig für effektiv ablaufende Stoffwechselumsätze wären.

Katalysator
Stoff, der die Aktivierungsenergie für eine Reaktion herabsetzt

Enzyme gehen wie alle Katalysatoren unverändert aus der Reaktion wieder hervor. Sie haben keinen Einfluss auf die freie Enthalpie ΔG einer chemischen Reaktion, also darauf, in welcher Richtung die Reaktion verläuft bzw. wo das **chemische Gleichgewicht** der Reaktion liegt. Enzyme beschleunigen also die Einstellung des chemischen Gleichgewichts, indem sie die **Aktivierungsenergie** einer chemischen Reaktion senken.

Chemisches Gleichgewicht
Punkt einer umkehrbaren chemischen Reaktion, an dem die freie Energie ΔG minimal ist und Hin- und Rückreaktionen gleich schnell in beide Richtungen ablaufen

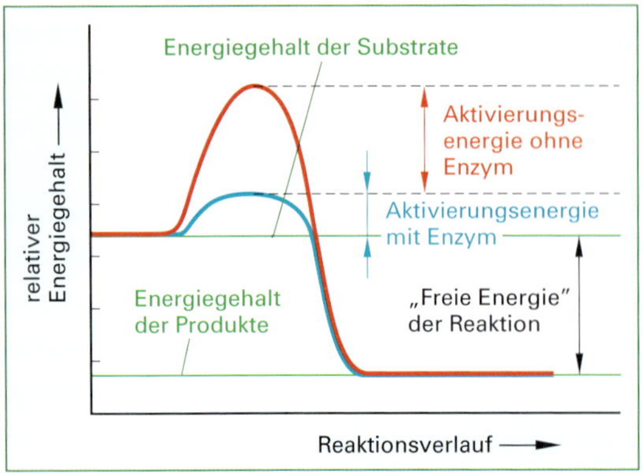

Bild 1
Senkung der Aktivierungsenergie einer Reaktion durch ein Enzym

Bild 1 zeigt, dass bei einer Reaktion ohne Katalysator bzw. Enzym zuerst ein größerer Energiebetrag investiert werden muss, um die Reaktion in Gang zu setzen. Diese Aktivierungsenergie wird am Ende der Reaktion wieder frei. Sie ist notwendig, da die Ausgangsmoleküle der Reaktion, die Substrate, zuerst einen energetisch ungünstigen Übergangszustand einnehmen müssen, bevor sie reagieren können.

Enzyme sind **Biokatalysatoren,** die die Aktivierungsenergie einer chemischen Reaktion herabsetzen und dadurch die Geschwindigkeit der Reaktion erhöhen.

Die katalytische Wirksamkeit der Enzyme beruht darauf, dass die Proteine ein **aktives Zentrum** (katalytisches Zentrum) besitzen, in dem das Substrat oder die Substrate der Reaktion binden (Bild 2). Das aktive Zentrum besteht aus einem eng begrenzten Teil der gefalteten Polypeptidkette, oft einer Einkerbung, in die die Substrate räumlich hineinpassen. Die Erkennung und Bindung der Reaktionspartner im aktiven Zentrum geschieht durch nicht kovalente Wechselwirkungen wie Wasserstoffbrücken oder elektrostatische Wechselwirkung mit ganz bestimmten Aminosäuren des Enzyms.

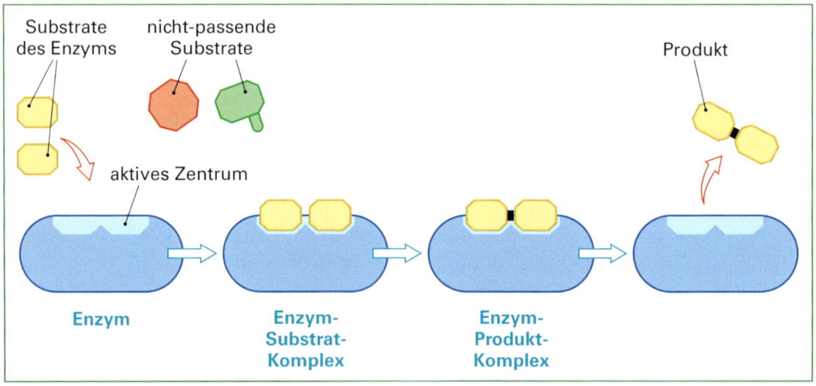

Bild 2
Katalytische Wirkung von Enzymen am Beispiel einer Disaccharidsynthese aus zwei Monosacchariden

Es gibt zwei Vorstellungen, auf welche Weise ein Substrat im aktiven Zentrum eines Enzyms bindet:

- Das **Schlüssel-Schloss-Modell** besagt, dass das aktive Zentrum wie ein Schloss so vorgeformt ist, dass das Substrat wie ein Schlüssel dazu passt.
- Das ***Induced-fit*-Modell** geht davon aus, dass die genaue Passform des aktiven Zentrums erst bei der Bindung des Substrats induziert wird, quasi wie ein Handschuh die Form der Hand annimmt.

Welches Modell den Vorgang besser beschreibt, hängt vom jeweiligen Enzym ab. Oft treffen beide Modelle in einer Mischform zu. Beide Modelle erklären die hohe **Substratspezifität** von Enzymen. Darunter wird die Eigenschaft von Enzymen verstanden, nur ein bestimmtes Substrat oder strukturell sehr ähnliche Moleküle zu binden und umzusetzen.

Enzyme reagieren nur mit bestimmten Substratmolekülen, sie sind **substratspezifisch**. Die Enzymmoleküle besitzen ein **aktives Zentrum**, an das das Substrat gebunden wird. Dabei muss eine räumliche Übereinstimmung des Substrats mit dem aktiven Zentrum bestehen.

Sind die Substrate im aktiven Zentrum gebunden, liegt ein Substrat-Enzym-Komplex vor. Mithilfe spezifischer Aminosäurereste oder anderer molekularer Enzymgruppen am aktiven Zentrum kann nun ein instabiler Übergangszustand der Substrate hergestellt werden. Dieser Zustand ist für eine bestimmte chemische Reaktion günstig, z. B. für die Bildung einer **glykosidischen Bindung** zwischen zwei Zuckermolekülen (Bild 2, S. 110). Somit kann ein Enzym nur eine bestimmte Reaktion katalysieren. Nachdem die Substrate in ein oder mehrere Produkte umgesetzt sind, werden diese freigesetzt, und das Enzym kann mit einem neuen Katalysezyklus beginnen. Die Eigenschaft der Enzyme, nur eine bestimmte Veränderung des Substrates zu bewirken, wird als **Wirkungsspezifität** eines Enzyms bezeichnet.

Glykosidische Bindung
Kovalente Bindung zwischen der Hydroxylgruppe eines Halbacetals (Ringform) eines Monosaccharids und z. B. der OH-Gruppe eines weiteren Zuckers

Enzyme können aufgrund der molekularen Anordnung am aktiven Zentrum nur eine bestimmte Reaktion katalysieren, sie sind **wirkungsspezifisch.**

5.2.1 Enzymkinetik

Die Enzymkinetik untersucht den zeitlichen Verlauf enzymatischer Reaktionen und damit die Reaktionsgeschwindigkeit von Enzymen. Wie viel Substrat ein bestimmtes Enzym pro Zeiteinheit umsetzt, wird von der **Substratkonzentration** beeinflusst: Je höher sie ist, desto größer ist auch die Umsetzungsgeschwindigkeit.

Das allgemein anerkannte Modell der Enzymkinetik wird ***Michaelis-Menten*-Modell** genannt: Es geht davon aus, dass die Reaktionsgeschwindigkeit der meisten Enzymreaktionen von der Konzentration des Enzym-Substrat-Komplexes bestimmt wird. Die Gleichung einer Enzym-katalysierten Reaktion kann zu Beginn, wenn noch keine Produkte vorliegen, folgendermaßen geschrieben werden:

$$E + S \rightleftharpoons ES \rightarrow E + P$$

Nach der Bildung des Enzym-Substrat-Komplexes (ES) kann dieser in Enzym (E) und Produkt (P) umgesetzt werden oder zurück in seine Ausgangsbestandteile zerfallen, wobei alle drei Teilreaktionen Enzym-abhängige spezifische Geschwindigkeitskonstanten besitzen. Diese können als *Michaelis-Menten*-Konstante K_M zusammengefasst werden. Die *Michaelis-Menten*-Gleichung drückt die Abhängigkeit der Reaktionsgeschwindigkeit v von der Substratkonzentration c_S aus:

$$v = v_{max} \cdot \frac{c_S}{K_M + c_S} \text{ (Michaelis-Menten-Gleichung)}$$

Die *Michaelis-Menten*-Konstante (K_M) entspricht der Substratkonzentration, bei der das Enzym mit halber Maximalgeschwindigkeit

$\frac{1}{2} = v_{max}$ arbeitet.

Wird die Reaktionsgeschwindigkeit gegen die Substratkonzentration aufgetragen (Bild 1), wird ersichtlich, dass die Reaktionsgeschwindigkeit mit zunehmender Substratkonzentration zunächst ansteigt, um dann einer Sättigungs- oder Maximalgeschwindigkeit zuzustreben. Aus dieser Sättigungskurve kann die Affinitätskonstante, die *Michaelis-Menten*-Konstante des Enzyms, abgelesen werden.

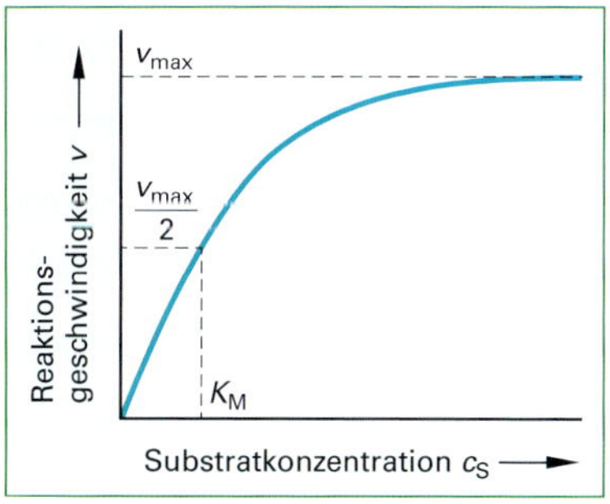

Bild 1
Abhängigkeit der Reaktionsgeschwindigkeit von der Substratkonzentration

Affinität
Neigung zur Bindung und Zusammenlagerung (zwischen Substrat und Enzym)

Die Affinitätskonstante K_M ist ein Maß für die katalytische Effizienz des Enzyms bzw. der Enzymaktivität. Je kleiner der K_M-Wert ist, desto größer ist die **Affinität** des Enzyms zum Substrat und ebenso die Beschleunigung der Reaktion.

Bild 1, S. 111 zeigt, dass für **niedrige Substratkonzentrationen** ein linearer Zusammenhang zur Reaktionsgeschwindigkeit besteht. Unter diesen Bedingungen kann in der *Michaelis-Menten*-Gleichung c_S im Nenner vernachlässigt werden. Da K_M und v_{max} konstant sind, ist die Reaktionsgeschwindigkeit nur von der jeweiligen Substratkonzentration abhängig.

Bei **hohen Konzentrationen** ist hingegen K_M vernachlässigbar. Die Geschwindigkeit nähert sich einem Maximalwert (v_{max}) an, bei dem sie durch eine Erhöhung der Substratkonzentration nicht mehr gesteigert werden kann. Unter diesen Bedingungen sind die Enzyme mit Substratmolekülen gesättigt, d. h. die aktiven Zentren der Enzyme sind ständig mit Substraten besetzt, sodass keine freien Enzyme mehr vorliegen.

Das ***Michaelis-Menten*-Modell** zur Enzymkinetik geht davon aus, dass die Reaktionsgeschwindigkeit bei niedrigen Substratkonzentrationen linear ansteigt und bei hohen einem Maximalwert zustrebt. Sind alle Enzyme mit Substrat besetzt, führt eine Steigerung der Substratkonzentration nicht zu einer weiteren Geschwindigkeitserhöhung der Enzymreaktion.

5.2.2 Einflüsse auf die Enzymaktivität

Enzyme sind Proteine, sie besitzen entsprechende charakteristische Eigenschaften. Die Aktivität von Enzymen und damit die Reaktionsgeschwindigkeit Enzym-vermittelter Reaktionen sind stark von **äußeren Faktoren** wie der Temperatur und dem pH-Wert abhängig. Eine Enzymhemmung kann auch durch chemische Substanzen, durch Hemmstoffe, erfolgen.

Temperatur

Denaturierung
Irreversible Zerstörung der Struktur (genauer: Tertiärstruktur) von Proteinen

Eine Temperaturerhöhung steigert die Geschwindigkeit einer enzymatischen Reaktion. Dafür ist die beschleunigte Bewegung der Moleküle in wässriger Lösung verantwortlich, die als **Brownsche Molekularbewegung** bekannt ist. Sie führt zu einem häufigeren und heftigeren Zusammentreffen der Reaktionspartner. Wird die Temperatur um 10 °C erhöht, verdoppelt sich nach der **RGT-Regel** (Reaktions-Geschwindigkeits-Temperatur-Regel) die Geschwindigkeit einer chemischen Reaktion. Dies gilt allerding nur solange, bis die Temperatur eine kritische Grenze kurz nach der optimalen Enzymtemperatur überschreitet. Bei Übersteigen dieser Temperaturgrenze kommt es zur **Denaturierung** der Proteine und zu einem steilen Abfall der Enzymaktivität (Bild 1). Jedes Enzym besitzt ein spezifisches Temperaturoptimum.

Eine wichtige biotechnologische Bedeutung haben Enzyme, die aus extremophilen Organismen stammen (s. S. 199). Thermostabile Eiweiß-abbauende Enzyme, Proteasen, haben ein hohes Temperaturoptimum von bis zu 95 °C. Solche Enzyme werden heute schon vielfach kommerziell genutzt, beispielsweise in Waschmitteln, wo sie als Fleckenlöser dienen.

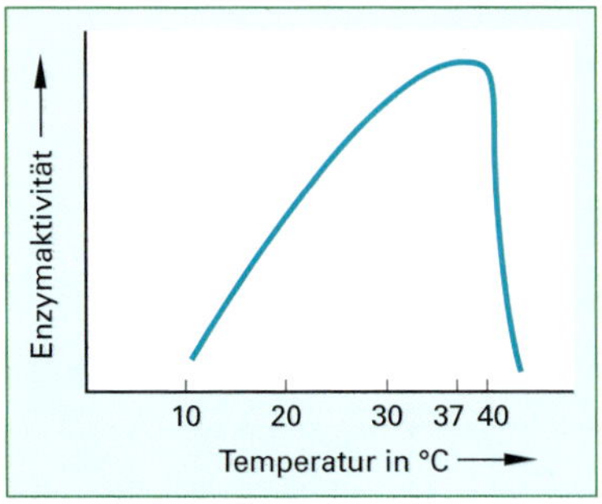

Bild 1 **Temperaturabhängigkeit der Enzymaktivität**

Bei Erhöhung der Temperatur steigt die Enzymaktivität an, bis das **Temperaturoptimum** der Enzymreaktion erreicht ist. Über diesem Punkt kommt es zur Denaturierung der Proteine.

pH-Wert

Die Tertiärstruktur vieler Proteine wird vom pH-Wert ihrer Umgebung beeinflusst. Änderungen im pH-Wert haben oft eine drastische Folge für die Enzymaktivität. Durch Veränderung der Ladung von Aminosäuren kann die Konformation der Enzyme und damit auch die Struktur des aktiven Zentrums beeinflusst werden. Enzyme besitzen ein pH-Optimum, an dessen pH-Wert ihre Aktivität am höchsten ist. Die meisten Enzyme sind im neutralen pH-Bereich aktiv, einige bei niedrigen pH-Werten wie das Enzym Pepsin, das im Magen vorkommt.

Enzyme besitzen ein **pH-Optimum**. Änderungen des pH-Wertes können zu Ionisierungen von funktionellen Gruppen, Konformationsänderungen und zum Verlust der Enzymaktivität führen.

Enzymhemmstoffe

Durch Hemmstoffe (Inhibitoren) kann die Geschwindigkeit einer katalysierten Reaktion herabgesetzt werden. In der Zelle kann die Hemmung von Enzymen eine Möglichkeit der Regulation darstellen, beispielsweise wenn bestimmte Stoffwechselprozesse schnell beendet werden sollen. Es kann zwischen kompetitiver und nicht kompetitiver Hemmung unterschieden werden.

Kompetitive Hemmstoffe sind Verbindungen, die Strukturähnlichkeiten mit dem Substrat besitzen und mit ihm um die Bindungsstelle im aktiven Zentrum des Enzyms konkurrieren (Bild 1). Diese Hemmstoffe werden nicht umgesetzt und blockieren eine Zeit lang das aktive Zentrum. Durch eine Erhöhung der Substratkonzentration kann die reversible Hemmung aufgehoben werden, da die konkurrierenden Inhibitormoleküle vom Enzym verdrängt werden. Die maximale Umsatzgeschwindigkeit v_{max} der Reaktion ändert sich nicht, allerdings steigt die *Michaelis-Menten*-Konstante K_M an.

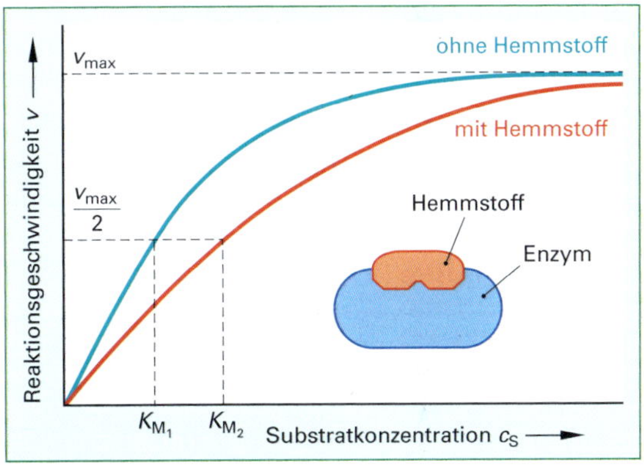

Bild 1
Kompetitive Enzymhemmung

Bei der **kompetitiven Hemmung** besetzen Hemmstoffe das aktive Zentrum von Enzymen und verhindern die Bildung des Enzym-Substrat-Komplexes. Die Hemmung wird durch überschüssiges Substrat aufgehoben, sie ist reversibel.

Bei der **nicht kompetitiven Hemmung** (Bild 1, S. 114) bindet ein Inhibitormolekül an das Enzym, aber nicht im aktiven Zentrum, sondern an einer anderen Stelle. Die Inhibitorbindung führt zu einer Konformationsänderung des Enzyms und damit zur Hemmung der Katalyse. Die maximale Umsatzgeschwindigkeit v_{max} wird hierbei reduziert. Die *Michaelis-Menten*-Konstante K_M bleibt unverändert, da die Substratbindung selbst nicht beeinträchtigt ist.

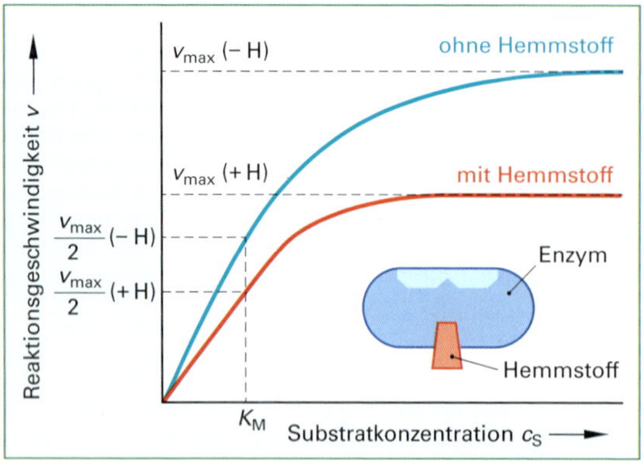

Bild 1
Nicht kompetitive Enzymhemmung

Schwermetalle wie Blei oder Quecksilber können nicht kompetitive Inhibitoren sein. Deren Bindung ist in der Regel nicht rückgängig zu machen und hat den irreversiblen Verlust der Enzymfunktion zur Folge.

Bei der **nicht kompetitiven Enzymhemmung** binden Inhibitoren außerhalb des aktiven Zentrums. Sie reduzieren die maximale Umsatzgeschwindigkeit und heben die Enzymaktivität irreversibel auf.

5.2.3 Einteilung von Enzymen

Die zahlreich in der Natur vorkommenden Enzyme können nach den von ihnen katalysierten Reaktionen unterschieden werden; jedem Enzym wird dabei eine **EC-Nummer** (engl. *enzyme commission*) zugeordnet. Das Enzym **Lysozym** ist beispielsweise ein Enzym mit der EC-Nummer 3.2.1.17, das β-1,4-glykosidische Bindungen hydrolysiert. Es gehört zur Hauptgruppe 3, den Hydrolasen, und speziell den Glykosidasen (EC 3.2). Sechs EC-Hauptgruppen werden unterschieden:

EC-Nummer
Hierarchisches Klassifikationssystem für Enzyme, das aus vier durch Punkte voneinander getrennten Zahlen besteht

Lysozym
Enzym, das die Zellwand von Bakterien angreift und beim Menschen u. a. in der Tränenflüssigkeit zu finden ist

- **Gruppe 1: Oxidoreduktasen**, die Redoxreaktionen katalysieren.
- **Gruppe 2: Transferasen**, die chemische Gruppen von einem Donor- auf ein Zielmolekül übertragen.
- **Gruppe 3: Hydrolasen**, die Verbindungen hydrolytisch spalten.
- **Gruppe 4: Lyasen**, die bei Spaltung oder Bildung chemischer Bindungen auf nicht hydrolytischer Weise beteiligt sind.
- **Gruppe 5: Isomerasen**, die die Umwandlung einer Verbindung in eine isomere Struktur katalysieren.
- **Gruppe 6: Ligasen**, die die kovalente Verknüpfung von Molekülen unter Energieeinsatz z. B. mithilfe von ATP katalysieren.

Enzyme werden nach der chemischen Reaktion, die sie katalysieren, unter Anwendung eines hierarchisch aufgebauten Ordnungssystems eingeteilt. Jedem in Organismen gefundenen Enzym wird eine **EC-Nummer** zugeteilt.

Enzyme lassen sich auch hinsichtlich ihrer Zusammensetzung aus einer Protein- und einer Nichtproteinkomponente einteilen.

- **Reine Protein-Enzyme**, die ausschließlich aus Protein bestehen und bei denen das aktive Zentrum nur aus Aminosäuren gebildet wird.
- **Holoenzyme**, die aus einem Proteinanteil, dem Apoenzym, sowie aus einem Nichteiweißanteil, dem Cofaktor, bestehen, der ein organisches Molekül oder ein Metallion sein kann.

Cofaktoren sind niedermolekulare Substanzen, die für die Wirkung vieler Enzyme notwendig sind und zum Ablauf der chemischen Reaktion beitragen. Cofaktoren, die kovalent an das Apoenzym gebunden sind, werden als **prosthetische Gruppen** bezeichnet. Falls ein Enzym eine prosthetische Gruppe besitzt, ist diese in der Nähe der Substratbindungsstelle lokalisiert.

Einige Enzyme brauchen zur katalytischen Umsetzung Metallionen wie z. B. Eisen- oder Kupferionen.

Sind die Cofaktoren keine Metallionen, sondern organische Moleküle, werden sie auch **Coenzyme** genannt. Ein weiterer gebräuchlicher Ausdruck ist **Cosubstrat**, da diese Verbindungen wie Substrate aus der Reaktion chemisch verändert hervorgehen. Sie werden dann durch ein anderes Enzym wieder in den Ursprungszustand überführt.

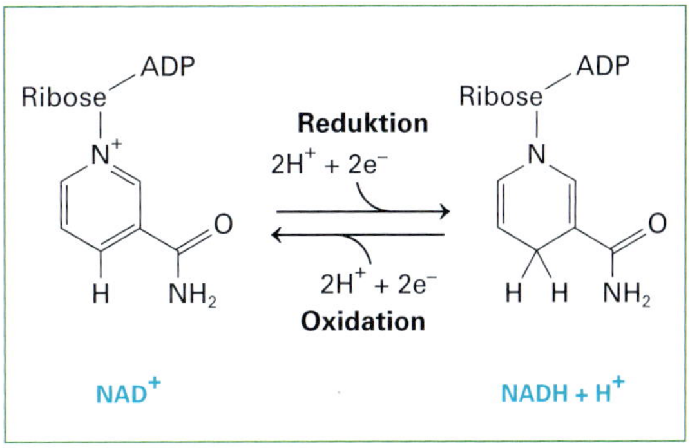

Bild 1 **Reduktion von NAD^+ zu $NADH + H^+$**

Neben Enzymen, die nur aus einem Protein bestehen, gibt es Enzyme mit einem an der Katalyse beteiligten **Cofaktor**. Dieser kann organischer Natur oder ein Metallion sein.

Häufige Cosubstrate sind **Adenosintriphosphat** (ATP) und **Nicotinamidadenindinukleotid** (NAD^+), das an zahlreichen Redoxreaktionen des Stoffwechsels beteiligt ist. NAD^+ überträgt zwei Elektronen zusammen mit zwei Protonen (Bild 1).

Das Coenzym spielt beim Abbau von Kohlenhydraten und der biologischen Energieumwandlung eine zentrale Rolle. Es fungiert als Elektronenakzeptor bei der Oxidation von Energiesubstraten und wird dabei reduziert. An einer anderen Stelle des Stoffwechsels können die NADH-Moleküle die Elektronen wieder abgeben. Sie werden dabei oxidiert, während ein anderes Substrat reduziert wird (Bild 2). Das Coenzym NAD^+ muss so ständig regeneriert werden, damit Energie gewinnende Stoffwechselprozesse nicht zum Erliegen kommen.

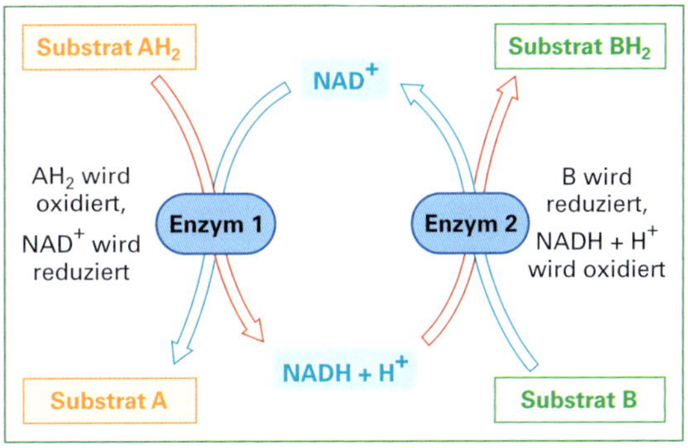

Bild 2
NAD^+ / NADH-Zyklus

NAD^+ ist ein weitverbreitetes Coenzym der **Dehydrogenasen**, Enzyme der EC-Gruppe 1, zu denen auch die **Alkoholdehydrogenase** zählt. NAD^+ wird aufgrund seiner universellen Verwendung von Dehydrogenasen als Überträger von Elektronen (oder formal auch von Wasserstoff) als **Reduktionsäquivalent** bezeichnet. Weitere wichtige, in fast allen Zellen vorkommende Reduktionsäquivalente sind:

- **$NADP^+$**, ein Cofaktor, der sich von NAD^+ nur durch die Anwesenheit einer Phosphatgruppe unterscheidet und vor allem im Biosynthesestoffwechsel eingesetzt wird.
- **FAD** (Flavinadenindinukleotid), das im Gegensatz zu NAD^+ auch einzelne, ungepaarte Elektronen übertragen kann.

Alkoholdehydrogenase
Enzym, das die Oxidation von Alkoholen zu den Aldehyden und die Rückreaktion katalysiert

Reduktionsäquivalente sind im Stoffwechsel aktive Elektronenüberträger wie NAD^+, $NADP^+$ und FAD.

Nicotinamidadenindinukleotid (NAD^+) ist ein häufiges Coenzym z. B. von Dehydrogenasen, auf das zur Energiegewinnung Elektronen übertragen werden können.

5.3 Stoffwechsel

Assimilation und Dissimilation sind die zwei möglichen Ernährungsstrategien von Lebewesen und damit die Grundlagen des Stoffwechsels, der in den Zellen der Organismen abläuft. Die sich auf die unterschiedliche Ernährungsweise der Organismen beziehenden Begriffe Assimilation und Dissimilation können folgendermaßen definiert werden:

- **Assimilation** ist die Aufnahme von Stoffen in den Organismus und die Umwandlung in körpereigene Stoffe.
- **Dissimilation** ist der Abbau körpereigener Stoffe in den Zellen der Organismen unter Freisetzung von Energie.

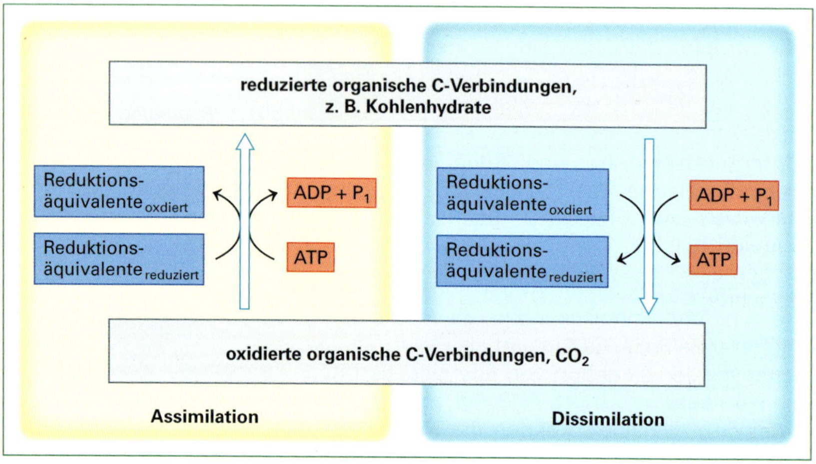

Bild 1
Assimilation und Dissimilation des Kohlenstoffs

Die Prozesse der Assimilation und Dissimilation können für alle chemischen Elemente betrachtet werden, die von Lebewesen genutzt werden. Bild 1 verdeutlicht den wesentlichen Unterschied für Kohlenstoffverbindungen. Bei der **Kohlenstoffassimilation** werden aufgenommene Stoffe, entweder organische Verbindungen oder Kohlenstoffdioxid (CO_2), in energiereiche organische Verbindungen umgewandelt. Dabei muss Energie zumeist in Form von ATP zugeführt und Reduktionsäquivalente wie NADH oxidiert werden. Bei der **Dissimilation** werden energiereiche organische Verbindungen zu energieärmeren organischen oder anorganischen Stoffen abgebaut. Hierbei werden sie unter Energiegewinn und ATP-Synthese oxidiert, wobei reduzierte Reduktionsäquivalenten anfallen.

Als **Assimilation** wird der zumeist Energie verbrauchende Prozess des Aufbaus körpereigener Substanzen bezeichnet. Unter **Dissimilation** wird der Abbau körpereigener Stoffe in den Zellen des Organismus unter Gewinnung von ATP verstanden.

5.3.1 Stoffwechselvielfalt der Organismen

Hinsichtlich der Kohlenstoffassimilation können grundsätzlich zwei Ernährungstypen unterschieden werden (Bild 1, S. 117):

- **Autotrophe Organismen** können aus Kohlenstoffdioxid (CO_2) körpereigene organische Verbindungen wie Kohlenhydrate, Fette und Proteine synthetisieren. Sie sind nicht auf die Aufnahme organischer Substanzen angewiesen. Auch anorganische Stickstoff-, Phosphor- und Schwefelverbindungen wie z. B. Nitrate, Phosphate und Sulfate können autotrophe Organismen zumeist nutzen.

- **Heterotrophe Organismen** sind hingegen nicht in der Lage, anorganische Verbindungen in körpereigene organische Substanzen umzuwandeln. Sie sind bei ihrer Ernährung auf organische Substanzen angewiesen.

Die zur Assimilation erforderliche Energie können viele autotrophe Organismen wie Pflanzen und einige Bakterien über die Fotosynthese gewinnen. Sie werden als **fototroph** bezeichnet.

Als **chemotroph** werden Organismen bezeichnet, die aus chemischen Reaktionen ihre Energie gewinnen. Die Mehrheit der Bakterienarten, alle Tiere und der Mensch sind chemotroph.

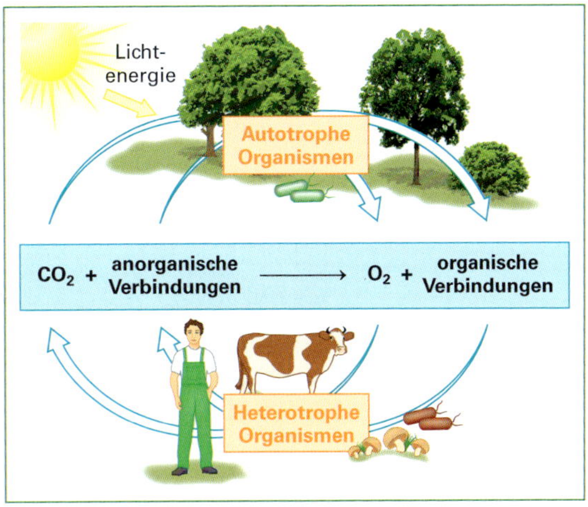

Bild 1
Bedeutung der autotrophen und heterotrophen Organismen für den Kohlenstoffkreislauf

Fototrophe Pflanzen und Bakterien sowie einige chemotrophe Bakterien sind in der Lage, alle Makromoleküle der Zelle allein aus Kohlenstoffdioxid und anderen anorganischen Substanzen aufzubauen und damit Biomasse zu produzieren. Fototrophe Organismen, die an der Basis der **Nahrungpyramide** stehen, bilden den weit überwiegenden Teil der globalen Biomasse. Die Lebewesen, die Fotosynthese betreiben und sich ausschließlich von anorganischen Stoffen ernähren, werden als **Produzenten** oder **Primärproduzenten** bezeichnet.

Autotrophe Organismen sind in der Lage, aus anorganischen Stoffen wie CO_2 energiereiche organische Verbindungen wie die Kohlenhydrate aufzubauen.

Heterotrophe Lebewesen wie Menschen, Tiere, Pilze und Bakterien, die organische Substanzen nicht aufbauen können, sondern nur umwandeln, werden **Konsumenten** genannt. Heterotrophe Organismen spielen auch eine wichtige Rolle beim Abbau organischer Biomasse zu anorganischen Verbindungen. Sie stellen dadurch den autotrophen Organismen die mineralischen Substanzen, die diese dringend benötigen, zur Verfügung. Diese Mikroben werden als **Destruenten** bezeichnet, und ihre Tätigkeit als **Mineralisation**.

Nahrungspyramide
Quantitative Darstellung der Nahrungsmengenverhältnisse der Nahrungsketten (Abfolge der Organismen bezüglich ihrer Ernährung)

Heterotrophe Organismen können organische Substanzen nicht aus anorganischen synthetisieren. Sie sind auf deren Zufuhr über die Nahrung angewiesen.

Mineralisation
Abbau toter organischer Substanz zu anorganischer (mineralischer) Substanz durch Mikroorganismen

Tabelle 1, S. 118, gibt eine Übersicht über die wichtigsten Ernährungs- und Stoffwechseltypen, wobei auch die Auswahl des **Elektronendonors** der Organismen einbezogen wird. Alle Organismen benötigen für Reduktionen einen Elektronendonor, der es ermöglicht, reduzierte Elektronenüberträger wie NADH bzw. NADPH für Biosynthese-Reaktionen bereitzustellen.

Organotrophe Lebewesen, zu denen die meisten Organismenarten auf der Erde gehören, müssen dafür organische Stoffe (z. B. Glukose) als Elektronendonor oxidieren.

Lithotroph (griech. *lithos*: Stein) sind einige Bakterienarten, wie beispielsweise die nitrifizierenden Bakterien (s. S. 247). Sie können anorganische Stoffe wie Ammonium (NH_4^+) als Elektronendonor nutzen und oxidieren diese im Energiestoffwechsel.

Tabelle 1 Definition der Ernährungs- und Stoffwechseltypen

Stoffwechselkriterium	Ernährungstyp	genutzte Verbindungen bzw. Energiequelle
Kohlenstoffquelle	autotroph	anorganische Verbindungen
	heterotroph	organische Verbindungen
Energiequelle	fototroph	Lichtenergie
	chemotroph	chemische Energie (Redoxreaktionen)
Elektronendonor	lithotroph	anorganische Verbindungen
	organotroph	organische Verbindungen

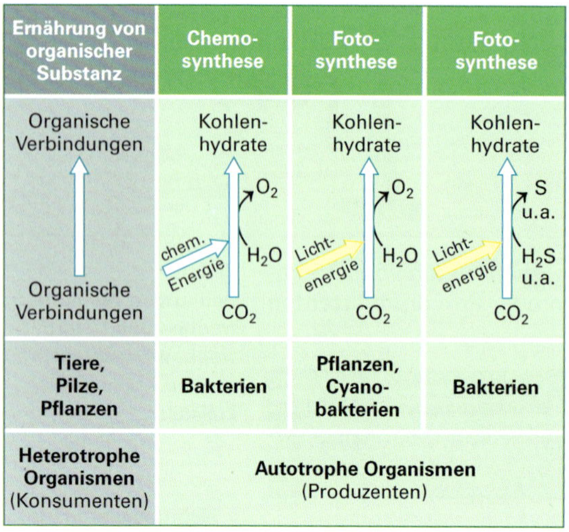

Bild 1
Assimilationsprozesse für Kohlenstoff

Bild 1 zeigt die Vielfalt der assimilatorischen Stoffwechselmöglichkeiten in der Biologie. Zu den autotrophen Organismen zählen einige Bakterienarten, die **Chemosynthese** betreiben, von der chemischen Energie sauerstoffabhängiger Redoxreaktionen leben und damit organische Verbindungen wie Kohlenhydrate aufbauen können (chemolithotrophe, s. S. 186).

5.3.2 Fotosynthese

Fototrophe Lebewesen nutzen die Möglichkeit der Energiegewinnung durch Absorption von Licht. Die dazu fähigen Organismen führen verschiedene Arten der **Fotosynthese** durch, die sich grundsätzlich dadurch unterscheiden, ob **Sauerstoff** (O_2) freigesetzt wird oder nicht:

- Viele fototrophe Bakterien betreiben eine **anoxygene Fotosynthese**, eine einfache Form der Fotosynthese, bei der kein O_2 gebildet und freigesetzt wird. Statt Wasser liefern reduzierte Verbindungen wie H_2S die Elektronen für die Fotosynthese.
- Alle eukaryontischen Organismen führen eine **oxygene Fotosynthese** durch. Diese Form der Fotosynthese findet man bei den Pflanzen und den Algen, allerdings auch bei einer Gruppe der Prokaryonten, den Cyanobakterien (früher Blaualgen).

Die oxygene Fotosynthese findet bei den Pflanzen in den **Chloroplasten** statt, den typischen pflanzlichen Zellorganellen. Dabei wird Wasser als Elektronendonor gespalten, und die Sauerstoffatome aus den Wassermolekülen werden als O_2 freigesetzt. Die dabei frei werdenden Elektronen dienen der Reduktion von Kohlenstoffdioxid.

Bei der oxygenen Fotosynthese werden mithilfe von Lichtenergie aus anorganischen Stoffen wie Kohlenstoffdioxid (CO_2) und Wasser (H_2O) energiereiche organische Substanzen wie Glukose ($C_6H_{12}O_6$) gebildet.

Die **Gesamtgleichung** der Fotosynthese lautet:

$$6\ CO_2 + 6\ H_2O \rightarrow C_6H_{12}O_6 + 6\ O_2$$

Bei der **oxygenen Fotosynthese** werden mithilfe von Lichtenergie aus anorganischen Stoffen, im wesentlichen Kohlenstoffdioxid und Wasser, energiereiche organische Substanzen wie Glukose produziert. Außerdem wird Sauerstoff (O_2) gebildet und als Gas freigesetzt.

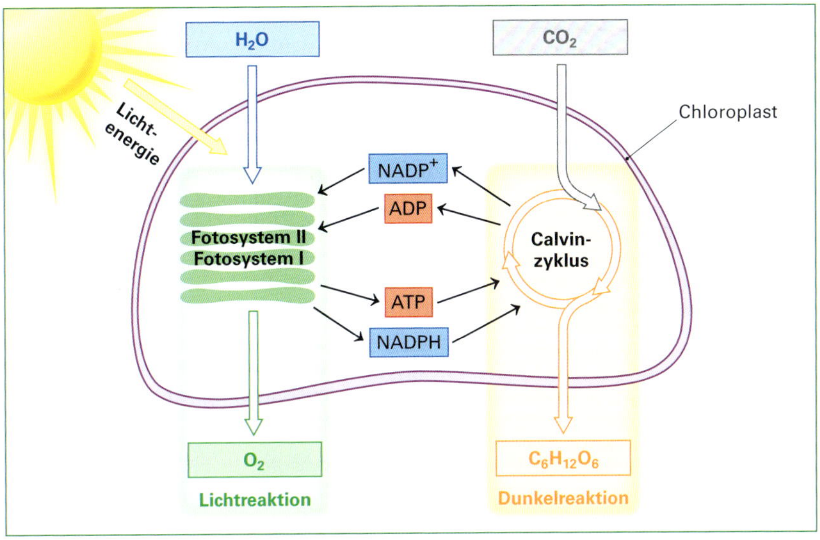

Bild 1
Umwandlung von Lichtenergie in chemische Energie bei der Fotosynthese

Der Gesamtstoffwechselprozess der Fotosynthese kann in zwei Teilbereiche untergliedert werden (Bild 1), die nacheinander ausgeführt werden:

1. Die **Lichtreaktionen** sind direkt von der Lichteinstrahlung abhängig. Hierbei wird Lichtenergie in chemische Energie umgewandelt und NADPH sowie ATP gebildet.
2. Bei den lichtunabhängigen **Dunkelreaktionen** werden die bei der Lichtreaktion gewonnenen Reduktionsäquivalente (Elektronen) in Form von NADPH und zellulären Energiespeicher wie ATP genutzt, um Kohlenhydrate aus Kohlenstoffdioxid aufzubauen.

Fototrophe Eukaryonten und Cyanobakterien betreiben eine oxygene Fotosynthese, die aus lichtabhängigen Prozessen, den **Lichtreaktionen**, und aus lichtunabhängigen **Dunkelreaktionen** besteht.

Lichtreaktionen

Die primäre Energiequelle ist bei allen fototrophen Organismen das Licht, insbesondere die für den Menschen sichtbare elektromagnetische Strahlung mit einer Wellenlänge von ca. 380 nm bis 780 nm. Grüne Pflanzen setzen zur **Absorption** der Strahlung bestimmte Farbstoffe wie Chlorophylle und Carotinoide ein. Die Farbstoffe der Fotosynthese werden auch als **Chromophore** oder **Pigmente** bezeichnet.

Absorption
Aufnahme von Energie in Form von elektromagnetischer Strahlung, z. B. Licht

Chlorophyll ist der grüne Farbstoff der Pflanzen, der in den Chloroplasten der Blattzellen lokalisiert ist (Bild 2). Dieser Farbstoff besteht aus einem Porphyrin-Ring, einem zentralen Mg^{2+}-Ion und einer Phytolseitenkette, die eine Isoprenoidverbindung (s. S. 55) darstellt.

Porphyrine, die aus vier Pyrrol-Ringen (Tetrapyrrol) bestehen, sind ringförmige organische Moleküle, die mit Ionen Komplexverbindungen eingehen und auch in vielen anderen Biomolekülen wie dem Hämoglobin vorhanden sind.

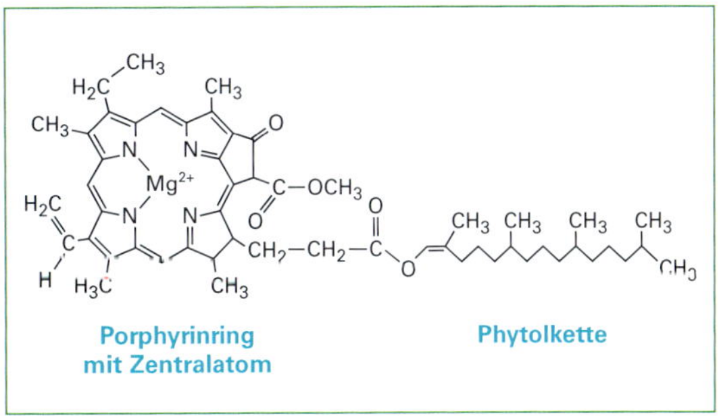

Bild 2 **Aufbau von Chlorophyll a**

Konjugierte Doppelbindungen
Doppelbindungen zwischen zwei Kohlenstoffatomen, die jeweils durch eine Einfachbindung getrennt sind

Chlorophylle absorbieren aufgrund des großen Molekülbereichs mit **konjugierten Doppelbindungen** sichtbares Licht, vor allem im blauen (400 bis 500 nm) und roten Spektralbereich (600 bis 700 nm). Die Blätter, die Orte der Fotosynthese der Pflanzen, erscheinen grün, da das von ihnen nicht benötigte grüne Licht (520 bis 565 nm) auch nicht absorbiert wird.

Chlorophyll, das nicht belichtet wird, befindet sich in einem energetischen Grundzustand. Durch Absorption von rotem oder blauem Licht werden Elektronen des Chlorophylls so stark aktiviert, dass sie in einen angeregten Zustand befördert werden. In diesem Zustand steigt das Redoxpotenzial des Chlorophylls stark an und die Elektronen können leicht an andere Moleküle, an **Elektronenüberträger,** abgegeben werden. Das **Redoxpotenzial** ist ein Maß für die Fähigkeit einer Substanz, Elektronen abzugeben oder aufzunehmen. Je negativer das Redoxpotenzial ist, desto stärker ist die Kraft, Elektronen abzugeben. Stoffe mit starker Anziehungskraft für Elektronen, wie z. B. Sauerstoff, haben hingegen ein positives Redoxpotenzial.

Einige Hundert dieser Licht absorbierenden Moleküle (Chlorophylle und Carotinoide) bilden zusammen mit Proteinen einen **Antennenkomplex** (**Lichtsammelkomplex**). Sie sind in den Thylakoidmembranen der Chloroplasten eingebettet und dienen dazu, Licht von unterschiedlichen Wellenlängen einzufangen. Alle diese Lichtsammelfallen enthalten ein **Reaktionszentrum**. Die Pigmente in den Antennenkomplexen geben die Anregung durch die Lichtenergie an andere Pigmenten weiter, bis sie das Reaktionszentrum erreicht, indem sich zwei speziell angeordnete Chlorophyllmoleküle befinden. Von diesen Molekülen können Elektronen im angeregten Zustand auf ein anderes Molekül, einen Elektronenakzeptor, abgegeben werden. Die Elektronen werden anschließend in eine Folge von Elektronenüberträgern, in eine **Elektronentransportkette** eingespeist (Bild 1).

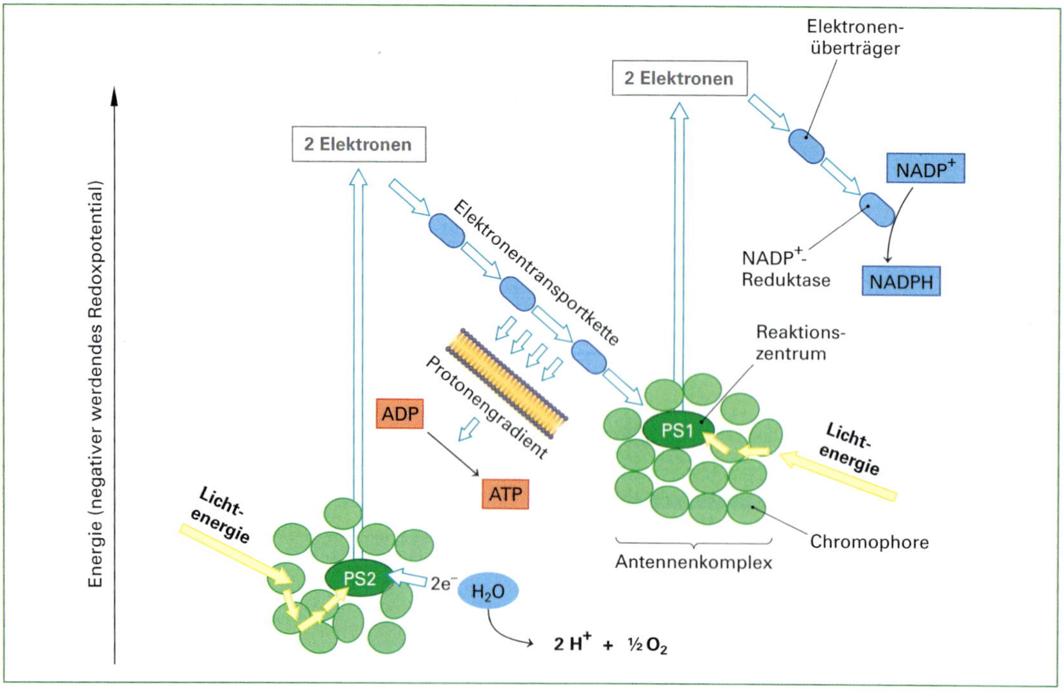

Bild 1
Ablauf der Lichtreaktionen

Die **Lichtreaktionen** dienen der Gewinnung von NADPH und ATP. Zu den diese Reaktionen durchführenden Molekülen gehören Licht absorbierende Farbstoffe (Chromophore) wie Chlorophylle und Carotinoide, die in **Antennenkomplexen** als Funktionseinheiten organisiert sind, und Elektronen übertragende Komponenten. Die Moleküle unterscheiden sich im Redoxpotenzial, der Größe der Fähigkeit, Elektronen abzugeben oder aufzunehmen.

In den Antennenkomplexen bilden je zwei Chlorophyllmoleküle ein **Reaktionszentrum**, das der Freisetzung von Elektronen dient, die in eine **Elektronentransportkette** überführt werden.

Bei der Fotosynthese durchlaufen die Elektronen eine Kette von Elektronenüberträgern, die ein zunehmend positiveres Redoxpotenzial aufweisen. Dabei wird Energie frei, die genutzt werden kann, um andere chemische Reaktionen anzutreiben oder in Form eines Konzentrationsgradienten an einer Membran gespeichert werden kann. Der Elektronentransport wird an den Transport von Protonen über die Thylakoidmembran gekoppelt und der dabei entstehende Protonengradient ermöglicht die Bildung von ATP (s. S. 125).

Eine Besonderheit der oxygenen Fotosynthese ist die Existenz von zwei unterschiedlichen Reaktionszentren in den Antennenkomplexen, die **Fotosystem 1** oder **PS1** (engl. *photosystem*) und **Fotosystem 2** oder **PS2** genannt werden. Sie unterscheiden sich in ihrem Redoxpotenzial sowie in der Wellenlänge des bevorzugt absorbierten Lichts. Nach ihren Absorptionsmaxima bei 700 bzw. 680 nm werden sie auch P700 (PS1) und P680 (PS2) genannt. Beide Fotosysteme besitzen ein wesentlich negativeres Redoxpotenzial, wenn sie durch Lichtenergie angeregt werden, sodass sie in diesem Zustand leicht Elektronen abgeben können.

Das Fotosystem 2 (P680) ist bei der Fotosynthese grüner Pflanzen dem Fotosystem 1 vorgeschaltet (Bild 1, S. 120). Nach der lichtinduzierten Elektronenabgabe von P680 gleichen die Chlorophylle des Reaktionszentrums das Elektronendefizit wieder aus. Sie übernehmen Elektronen, die bei der Spaltung von Wassermolekülen, der **Fotolyse**, freigesetzt werden. Denn die nach der Elektronenabgabe positiv geladenen Chlorophyllmoleküle haben eine so große Zugkraft für Elektronen, dass mithilfe eines Proteinkomplexes Wassermoleküle zerfallen. Dabei werden Protonen und Sauerstoff frei:

$$H_2O \rightarrow 2\,H^+ + 2e^- + \frac{1}{2}\,O_2$$

Die bei der Spaltung des Wassers freigesetzten Elektronen werden anschließend über eine Kette von Redoxsystemen transportiert, bis sie das Fotosystem 1 (P700) erreichen.

Nach erneuter Anregung werden die Elektronen über eine weitere Elektronentransportkette letztlich auf $NADP^+$ übertragen. Das letzte Glied der Kette ist das Enzym NADP-Reduktase, das als Cofaktor FAD enthält (s. S. 115).

Bei der **oxygenen Fotosynthese** werden Elektronen in den Reaktionszentren von Antennenkomplexen angeregt und durchlaufen anschließend Elektronentransportketten. Durch die Hintereinanderschaltung zweier Fotosysteme können Elektronen genutzt werden, die bei der Spaltung von Wasser freigesetzt werden.

Die Lichtreaktionen der oxygenen Fotosynthese führen insgesamt zu folgenden Ergebnissen:

1. **Bildung von NADPH**
   $NADP^+$ wird mithilfe von Elektronen der Elektronentransportkette und des Enzyms NADP-Reduktase reduziert.

2. **Synthese von ATP**
   Der Elektronentransport dient der Herstellung eines Protonengradienten, der zur Synthese von ATP genutzt wird.

3. **Bildung von Sauerstoff**
   O_2 wird als Abfallprodukt der Wasserspaltung freigesetzt.

Fotophosphorylierung
Bildung von ATP durch die Anlagerung einer Phosphatgruppe an ADP während der Lichtreaktionen der Fotosynthese

Elektronen, die vom Fotosystem 1 angeregt und abgegeben werden, gelangen nicht immer bis zur $NADP^+$-Reduktase. Die Elektronen können auch zurückgeführt werden, wobei sie wieder zu PS1 gelangen. In diesem Fall wird zwar kein NADPH gebildet, jedoch ATP. Dieser kreislaufförmige Prozess der Energiegewinnung wird **zyklische Fotophosphorylierung** genannt.

Bei der **anoxygenen Fotosynthese** werden anorganische (z. B. H_2, H_2S, Schwefelverbindungen) und einige organische Verbindungen zur Gewinnung von Elektronen oxidiert. Bakterien, die diese Form der Fotosynthese betreiben, sind nicht in der Lage, Wasser als Elektronendonor zu nutzen und setzen darum auch keinen Sauerstoff frei. Sie besitzen nur ein einziges Fotosystem, das evolutionär entweder mit PS1 oder PS2 verwandt ist. Das Redoxpotenzial eines einzelnen Fotosystems reicht bei der anoxygenen Fotosynthese nicht aus, um Wasser als Elektronenquelle zur $NADP^+$-Reduktion zu verwenden.

Die Bakterien, die eine anoxygene Fotosynthese betreiben, besitzen in den Reaktionszentren andere Chromophore, die den Chlorophyllen strukturell ähneln und deshalb **Bakteriochlorophylle** genannt werden.

> Mehrere Bakteriengruppen üben eine **anoxygene Fotosynthese** aus. Diese fototrophen Bakterien kommen mit einem Typ Fotosystem aus und enthalten Bakteriochlorophylle. Sie sind nicht in der Lage, Wasser zu spalten und als Elektronendonor zu nutzen.

Dunkelreaktionen

Während die Fotosysteme der Lichtreaktionen in und an den Thylakoidmembranen der Chloroplasten lokalisiert sind, finden die lichtunabhängigen enzymatisch-katalysierten Reaktionen der Fotosynthese im Stroma der Chloroplasten statt (s. S. 71). Die in der Lichtreaktion gewonnenen Reduktionsäquivalente und ATP werden zum Aufbau von Kohlenhydraten genutzt, was auch in Abwesenheit von Licht, also beispielsweise nachts, stattfinden kann. Dabei wird anorganisches Kohlenstoffdioxid (CO_2) der Luft gebunden, sodass organische Verbindungen und damit Biomasse neu synthetisiert werden.

Organismen mit oxygener Fotosynthese benutzen dazu den ***Calvin*-Zyklus**, der nach seinem Entdecker *Melvin Calvin*, einem amerikanischen Biochemiker, benannt wurde. Bei Mikroorganismen mit anoxygener Fotosynthese werden auch andere Wege der CO_2-Fixierung gefunden.

> In den **Dunkelreaktionen** werden NADPH und ATP gebraucht, um Kohlenhydrate wie Glukose aufzubauen. Dazu wird in Organismen mit oxygener Fotosynthese der *Calvin*-Zyklus eingesetzt.

Die Dunkelreaktionen können in drei Abschnitte unterteilt werden (Bild 1):

1. **Kohlenstoff- oder CO_2-Fixierung**
   CO_2 wird an den CO_2-Akzeptor Ribulose-1,5-bisphosphat, eine zweifach phosphorylierte Pentose, gebunden. Diese Reaktion wird durch das Enzym Ribulose-1,5-bisphosphat-Carboxylase (Kurzname: **RuBisCO**) katalysiert. Das Produkt dieser **Carboxylierung** ist ein C_6-Zucker, der jedoch instabil ist und sofort in zwei gleiche C_3-Moleküle zerfällt, nämlich Phosphoglyzerat (Phosphoglyzerinsäure).

2. **Reduktion zum Zucker**
   Die Produkte der Lichtreaktionen NADPH und ATP werden genutzt, um Phosphoglyzerat zu Bisphosphoglyzerat zu aktivieren und anschließend zu Phosphoglyzerinaldehyd zu reduzieren. Letztere Verbindung ist ein Kohlenhydrat mit drei C-Atomen, eine Triose. Die Reduktionsreaktion ist stark endergonisch und wird durch die Energiezufuhr aus der ATP-Hydrolyse ermöglicht.

3. **Regeneration des CO_2-Akzeptors und Neubildung von Kohlenhydraten**
   Ein Teil der entstandenen Triosen wird in C_6-Zucker wie Glukose umgebaut. Die Hexosen können anschließend in die Kohlenhydrat-Speicherform Stärke umgewandelt werden. Um den *Calvin*-Zyklus kontinuierlich laufen zu lassen, muss der CO_2-Akzeptor Ribulose-1,5-bisphosphat ständig neu gebildet werden. Über komplexe Reaktionswege wird ein Teil der Phosphoglyzerinaldehydmoleküle unter ATP-Verbrauch benutzt, um Ribulose-1,5-bisphosphat zu regenerieren.

Das Enzym **RuBisCO**, das in allen grünen Pflanzen vorkommt, ist das häufigste auf der Erde vorkommende Protein

Carboxylierung
Reaktion, die eine Carboxylgruppe (-COOH) in eine organische Verbindung einführt

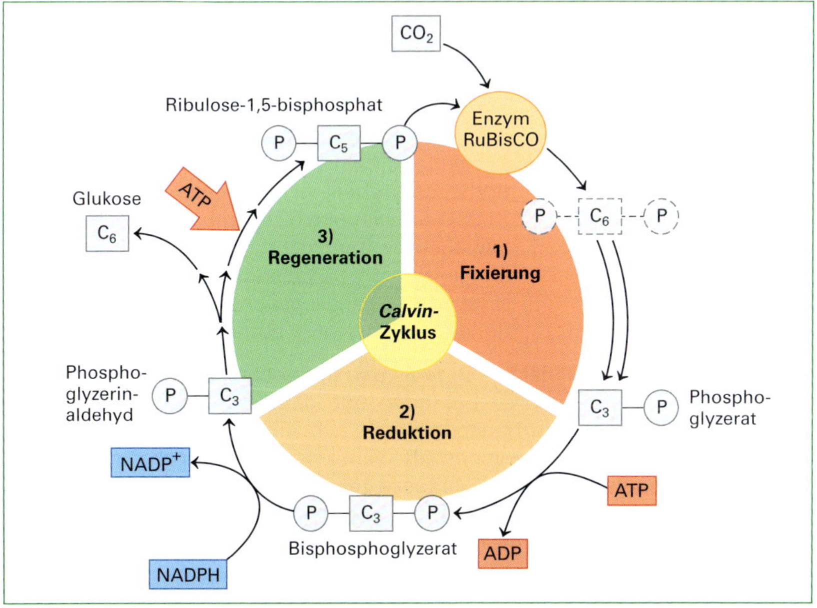

Bild 1
Der *Calvin*-Zyklus zur CO_2-Assimilation

Im ***Calvin*-Zyklus** wird im ersten Schritt Kohlenstoff fixiert, indem Kohlenstoffdioxid an Ribulose-1,5-bisphosphat gebunden wird. Anschließend wird das Fixierungsprodukt zu einer Zuckerverbindung reduziert. Damit der Zyklus kontinuierlich ablaufen kann, muss der CO_2-Akzeptor Ribulose-1,5-bisphosphat durch Umwandlung der Zuckermoleküle ständig regeneriert werden.

Heterotroph
Organismen, die sich von organischen Stoffen ernähren und sie in körpereigene Substanzen umwandeln

5.3.3 Bau- und Energiestoffwechsel

Heterotrophe Lebewesen, wie Tiere, Pilze und viele Bakterien, verwenden organische Kohlenstoffverbindungen wie Kohlenhydrate als Energie- und Baustoffquelle. Der Stoffwechsel von heterotrophen Zellen lässt sich in zwei Teilbereiche unterteilen, die eng miteinander verbunden sind (Bild 1).

- Im **Baustoffwechsel (Anabolismus)** müssen die Grundbausteine (engl. *precursor*: Vorläufer) bereitgestellt werden, aus denen die biologischen Makromoleküle Proteine, Polysaccharide, Lipide, RNA und DNA hergestellt werden, die wiederum zur Synthese neuer Zellen oder Zellstrukturen dienen.
- Der **Energiestoffwechsel (Katabolismus)** dient der Gewinnung von Energie in einer Form, die für die Zelle nutzbar ist. Beim Abbau einer energiereichen organischen Verbindung wie Glukose wird die zelluläre Energiespeicherform ATP gebildet, die in der Zelle für Synthesen und andere energieaufwendige Aufgaben genutzt werden kann.

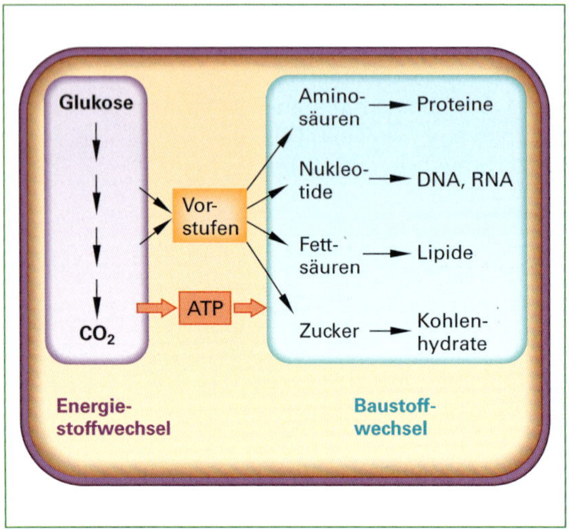

Bild 1 **Energie- und Baustoffwechsel**

Baustoffwechsel

Im Anabolismus können viele heterotrophe Bakterien ein Nährsubstrat wie Glukose, das zur Energiegewinnung oxidiert wird, ebenfalls zur Synthese sämtlicher Zellmoleküle nutzen. Direkt aus dem Abbau der Verbindungen im Energiestoffwechsel entstehen die Vorstufen für die Grundbausteine, verschiedene Zucker, Aminosäuren, Fettsäuren, Nukleotide und einige andere Verbindungen (Bild 1). Einige Bausteine wie die 20 Aminosäuren sind Endprodukte zum Teil langer Biosyntheseketten.

Auch fototrophe Organismen müssen Zuckermoleküle, die im Laufe der Fotosynthese-Reaktionen entstehen, zu allen anderen notwendigen Stoffwechselmolekülen umbauen. Die Synthesewege des Baustoffwechsels der Organismen ähneln sich oft auffallend, da in allen Zellen ähnliche oder sogar die gleichen Makromoleküle aus denselben Vorstufen aufgebaut werden.

Vitamine
Organische Verbindungen, oft Vorstufen von Coenzymen, die im Stoffwechsel eines Organismus nicht oder nicht ausreichend synthetisiert werden

Essenzielle Aminosäuren
Aminosäuren, die vom menschlichen Körper nicht gebildet werden können

Der Baustoffwechsel **tierischer Organismen** unterscheidet sich oft erheblich von dem vieler heterotropher Bakterien und dem autotropher Lebewesen wie z. B. der Pflanzen. Aufbauende Stoffwechselwege z. B. für Aminosäuren oder Coenzyme sind bei ihnen oft nicht vorhanden. Deshalb benötigen sie zur Synthese ihrer eigenen Biomasse zahlreiche Verbindungen wie **Vitamine** und **essenzielle Aminosäuren**, die in der Nahrung enthalten sein müssen. Bestimmte Aminosäuren können auch durch Umwandlung einer anderen Aminosäure synthetisiert werden.

Als **Anabolismus** werden die Reaktionen des Stoffwechsels zusammengefasst, die dem Aufbau zell- oder körpereigener Verbindungen dienen. Die Bausteine der Makromoleküle, wie beispielsweise die Aminosäuren, sind oft Endprodukte langer Biosynthesewege. Organismen, die diese aufbauenden Wege nicht besitzen, müssen die Biomoleküle oder deren Vorstufen mit der Nahrung aufnehmen.

Energiestoffwechsel am Beispiel des Glukoseabbaus

Die heterotrophen Lebewesen bauen im Katabolismus energiereiche Verbindungen der Nahrungsstoffe ab. Dabei nutzen sie exergone chemische Reaktionen zur Energiegewinnung. Die Bildung von ATP kann über zwei grundsätzlich verschiedene Wege erfolgen. Beide Energieübertragungswege sind an die Oxidation eines Stoffs gekoppelt, der von außen aufgenommen wird und aufgrund eines niedrigen Redoxpotenzials leicht Elektronen abgibt:

- **Substratstufenphosphorylierung**
  An diesem auch als Substratkettenphosphorylierung bezeichneten membranunabhängigen Weg sind lösliche Enzyme beteiligt. Ein Phosphatrest wird von ihnen an ein Zwischenprodukt beim Abbau der Energiequelle gebunden. Die z. B. als Säureanhydrid vorliegende energiereiche Phosphatgruppe wird im weiteren Verlauf auf ADP übertragen. Ein bekanntes Beispiel der Substratstufenphosphorylierung ist die Reaktion der **Phosphoglyzeratkinase** in der Glykolyse. Das Enzym katalysiert die Dephosphorylierung von 1,3-Bisphosphoglyzerat zu 3-Phosphoglyzerat unter Bildung von ATP (Bild 1).

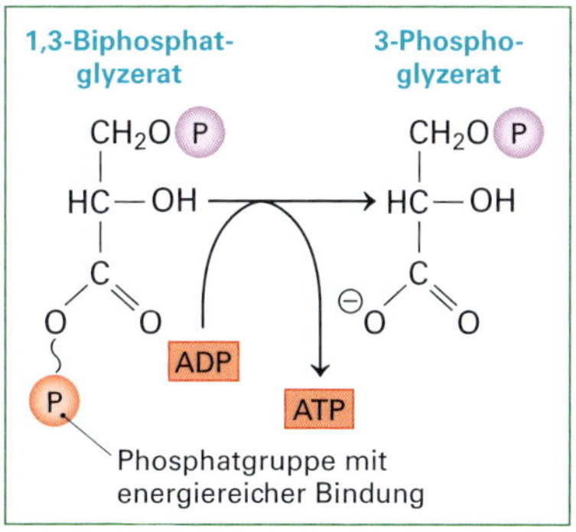

Bild 1 Substratstufenphosphorylierung am Beispiel der Phosphoglyzeratkinase

Kinasen
Enzyme, die einen Phosphatrest von einem Nukleosidtriphosphat, wie z. B. ATP, auf andere Substrate übertragen, und umgekehrt

Bei der **Substratstufenphosphorylierung** wird ein Phosphatrest, der an ein phosphoryliertes, energiereiches Zwischenprodukt des Abbauweges gebunden ist, auf ADP übertragen.

- **Elektronentransportphosphorylierung**
  In einer Kette aus nacheinander durchlaufenden Elektronenüberträgern, einer **Elektronentransportkette**, sind die einzelnen Überträger so angeordnet, dass der Elektronentransport immer in Richtung des positiveren Redoxpotenzials erfolgt. Der Elektronentransport ist in einigen Kettenkomponenten mit der Aufnahme und der Abgabe von Protonen gekoppelt (Bild 2), sodass Protonen auf einer Seite der Membran angereichert werden.

  Die räumliche Organisation dieser Prozesse führt zur Entstehung eines **elektrochemischen Protonengradienten** oder **PMF** (engl. *proton motive force*: protonenmotorische Kraft), der aus zwei Komponenten besteht. Er enthält eine chemische Komponente, einen Konzentrationsgradienten, und eine elektrische Komponente, ein **Membranpotenzial**.

Membranpotenzial
Elektrische Potenzialdifferenz oder Spannung, die zwischen der Außen- und Innenseite einer Zellmembran besteht

Die in der PMF enthaltende Energie kann durch einen membrangebundenen Proteinkomplex, die **ATP-Synthase**, zur ATP-Bildung aus ADP und anorganischem Phosphat genutzt werden.

Das Enzym, ein Transmembranprotein, kann abhängig von der Konzentration der Substrate und Produkte und der PMF-Höhe eine Protonen-getriebene ATP-Synthese durchführen oder unter ATP-Verbrauch Protonen nach außen pumpen.

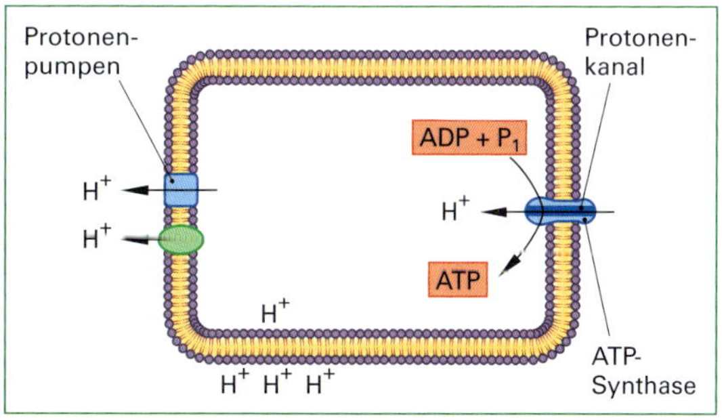

Bild 2 Elektronentransportphosphorylierung

Dieser Enzymkomplex besitzt einen protonenspezifischen Kanal, durch den die Protonen entlang ihres Konzentrationsgefälles strömen können. Die Elektronentransportphosphorylierung wird im Katabolismus auch **oxidative Phosphorylierung** oder **Atmungskettenphosphorylierung** genannt. Sie ist nur in geschlossenen Zellräumen mit für geladene Teilchen nicht permeablen Membranen möglich, da sonst ein Protonengradient nicht aufrechterhalten werden kann.

Bei der **Elektronentransportphosphorylierung** wird als Zwischenstadium ein Protonengradient an einer Biomembran aufgebaut. Den Ausgleich des elektrochemischen Gradienten nutzt die membrangebundene **ATP-Synthase** zur ATP-Synthese.

Neben energiereichen Energiequellen wie Fetten und Proteinen sind es vor allem Kohlenhydrate (Kap. I.2.2), die in enzymatisch katalysierten Stoffwechselwegen abgebaut werden. Besonders der Zucker **Glukose** wird von vielen Organismen bevorzugt genutzt und zu Kohlenstoffdioxid und Wasser oxidiert. Glukose ist als Monomer der Stärke und der Zellulose weitverbreitet. Dieser Zucker ist das primäre Syntheseprodukt der pflanzlichen Fotosynthese.

Die Stoffwechselwege des Glukoseabbaus kommen in fast allen Lebewesen vor. Der gesamte Abbau von Glukose erfolgt bei Prokaryonten im Zytoplasma und an der Zellmembran (Bild 1).

Bei Eukaryonten sind nur die Enzyme für den ersten Abbauabschnitt, die Glykolyse, im Zytoplasma zu finden. Die nachfolgenden Abschnitte sind in den Mitochondrien, den Organellen zur Energiegewinnung, lokalisiert.

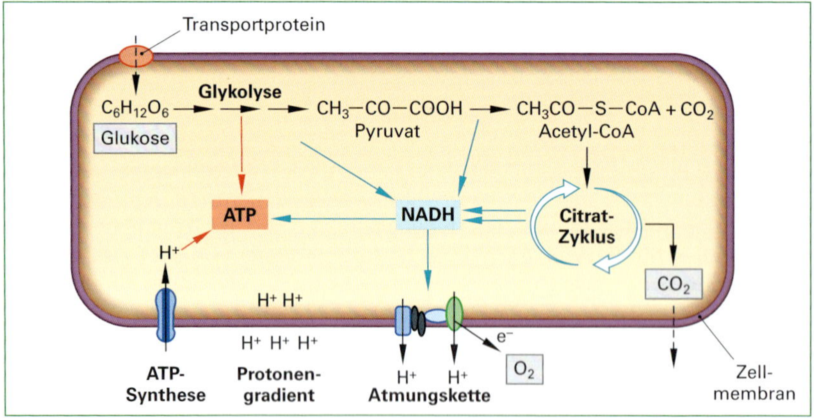

Bild 1
Abbau von Glukose bei Bakterien (Übersicht)

Wenn Glukose in der Zelle abgebaut wird, können aus einem Molekül Zucker sechs Moleküle Kohlenstoffdioxid und Wasser entstehen. Der Glukoseabbau (Bild 1) läuft bei Eukaryonten und vielen Prokaryonten gemäß der folgenden Reaktionsgleichung ab:

$$C_6H_{12}O_6 + 6\ O_2 \rightarrow 6\ CO_2 + 6\ H_2O$$

Im Katabolismus werden Nährstoffe wie die Kohlenhydrate zur Energiegewinnung oxidiert und abgebaut. Der **Abbau von Glukose** ist für fast alle Organismen ein zentraler Stoffwechselweg.

Ist Sauerstoff am Glukoseabbau beteiligt, liegt der Stoffwechselprozess Atmung vor. Als Atmung oder Zellatmung werden die Prozesse des Stoffwechsels bezeichnet, bei denen die Oxidation eines energiereichen organischen Substrats und die Reduktion eines **externen Elektronenakzeptors wie O_2** mit einer Energiespeicherung gekoppelt sind.

Glykolyse

Die **Glykolyse** ist als erster Abschnitt des Glukoseabbaus ein zentraler Stoffwechselweg der Zelle. Er verläuft in zehn Einzelschritten (Bild 1), an denen folgende Enzyme beteiligt sind:

1. **Hexokinase**
Zuerst wird Glukose unter Energieverbrauch durch eine Kinase phosphoryliert, indem die Hexokinase von ATP eine Phosphatgruppe auf den Zucker überträgt. Das entstandene Anion Glukose-6-phosphat ist aktiviert und zudem nicht in der Lage, die Zelle zu verlassen, da die Zellmembran für geladene Moleküle völlig undurchlässig ist.

2. **Phosphoglukose-Isomerase**
Anschließend wird die Aldose Glukose-6-phosphat zur Ketose Fruktose-6-phosphat umgebaut. Über dieses Zwischenprodukt, das besser als Glukose in zwei Triosen gespalten werden kann, wird auch Fruktose in die Glykolyse eingeschleust.

3. **Phosphofruktokinase**
Die Phosphofruktokinase verbraucht zur Bildung von Fruktose-1,6-bisphosphat ein weiteres Molekül ATP. Dieser Energieeinsatz führt dazu, dass die Glykolyse irreversibel in Richtung Zuckerspaltung (Schritt 4) verläuft.

4. **Aldolase**
Das Enzym katalysiert die Spaltung des Zuckerrings, die durch die Phosphorylierungen ermöglicht wurde. Dabei entstehen die C3-Zucker Dihydroxyacetonphosphat und Glyzerinaldehyd-3-phosphat.

5. **Triosephosphat-Isomerase**
Das Triosephosphat Dihydroxyacetonphosphat kann in das **Isomer** Glyzerinaldehyd-3-phosphat umgewandelt werden. Jedes der beiden Spaltprodukte kann durch dieselben Enzyme umgesetzt werden. In der folgenden Phase der Glykolyse werden pro Glukosemolekül zwei Moleküle Triosephosphate durchgeschleust.

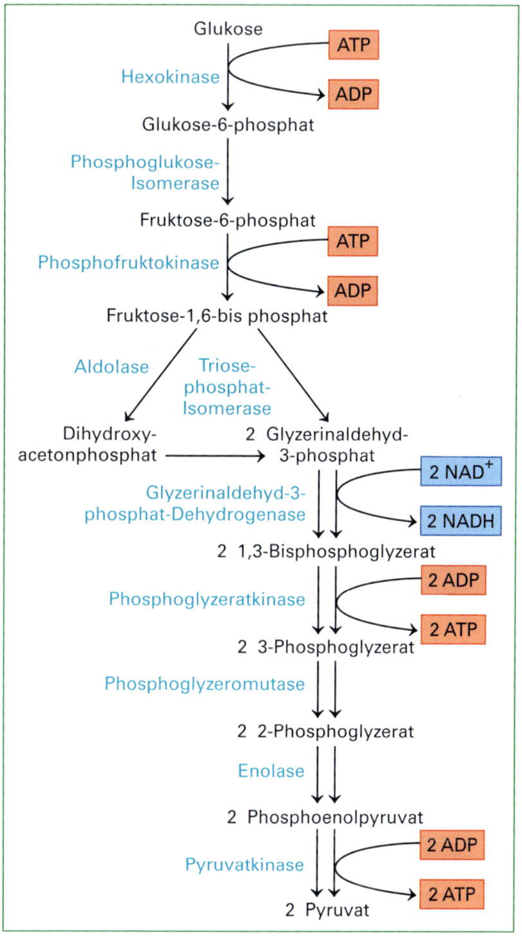

Bild 1 Ablauf der Glykolyse

Isomere
Chemische Verbindungen, die die gleichen Anzahlen an Atomen besitzen, sich jedoch hinsichtlich ihrer Atomanordnung unterscheiden

6. **Glyzerinaldehyd-3-phosphat-Dehydrogenase**
Die Glyzerinaldehyd-3-phosphat-Moleküle werden nun zu 1,3-Bisphosphoglyzerat oxidiert. Dabei wird NAD^+ zu NADH reduziert.

7. **Phosphoglyzeratkinase**
Das Enzym kann pro Molekül 1,3-Bisphosphoglyzerat ein Molekül ATP synthetisieren, indem es die energiereiche Phosphatgruppe auf ein Molekül ADP überträgt (Substratstufenphosphorylierung).

Mutasen
Enzyme, die eine funktionelle Gruppe innerhalb eines Moleküls an einen anderen Ort verschieben

8. **Phosphoglyzeromutase**
Die **Mutase** katalysiert die Umwandlung von 3-Phosphoglyzerat zu 2-Phosphoglyzerat.

9. **Enolase (2-Phosphoglyzerat-Dehydratase)**
2-Phosphoglyzerat wird mithilfe des Enzyms unter Abspaltung eines Wassermoleküls zu Phosphoenolpyruvat umgewandelt (Dehydratisierung).

10. **Pyruvatkinase**
Phosphoenolpyruvat ist eine phosphorylierte Verbindung, in deren Phosphatgruppenbindung genügend Energie steckt, um ein weiteres Molekül ATP zu gewinnen. Im letzten Schritt der Glykolyse entsteht Pyruvat (Brenztraubensäure).

Acylgruppe
Funktionelle Gruppe mit der Struktur R-(C = O)-, z. B. die Acetylgruppe mit der Summenformel CH_3-(C = O)-

Nach Durchlaufen der Glykolyse sind aus einem Molekül Glukose zwei Moleküle Pyruvat entstanden. Die Gesamtreaktion der Glykolyse lautet:

$C_6H_{12}O_6$ + 2 NAD^+ + 2 ADP + 2 $P_i \rightarrow$ 2 CH_3-CO-COOH + 2 NADH + H^+ + 2 ATP

Die Glykolyse benötigt keinen Sauerstoff und liefert neben Reduktionsäquivalenten (NADH) nur eine geringe Menge an ATP. Pro Molekül Glukose werden insgesamt vier Moleküle ATP erzeugt. Da zwei Moleküle ATP zur Ermöglichung der Energiekonservierung investiert werden, werden netto nur zwei Moleküle ATP gewonnen.

***β*-Oxidation**
Mechanismus zum Abbau von Fettsäuren, die am *β*-C-Atom (3. C-Atom von der Carboxylgruppe aus gesehen) oxidiert werden, sodass wiederholt C_2-Einheiten abgespalten werden

Kohlenhydrate wie Glukose werden zuerst über die **Glykolyse** abgebaut. Dabei entstehen pro Molekül Glukose ein Molekül Pyruvat, zwei Moleküle ATP und zwei Moleküle NADH.

Aus Pyruvat wird durch CO_2-Abspaltung (Decarboxylierung) und gleichzeitige Oxidation **Acetyl-CoA**, eine aktivierte Acetateinheit, hergestellt. Die Umwandlung erfolgt an einem Multienzym-Komplex aus mehreren Enzymen und Coenzymen, dem **Pyruvat-Dehydrogenase-Komplex**. Bei der Oxidationsreaktion wird NAD^+ zu NADH reduziert. Die Acetylgruppe wird an die SH-Gruppe von Coenzym A (HS-CoA), ein Überträger von **Acylgruppen**, gebunden, wodurch sie aktiviert wird.

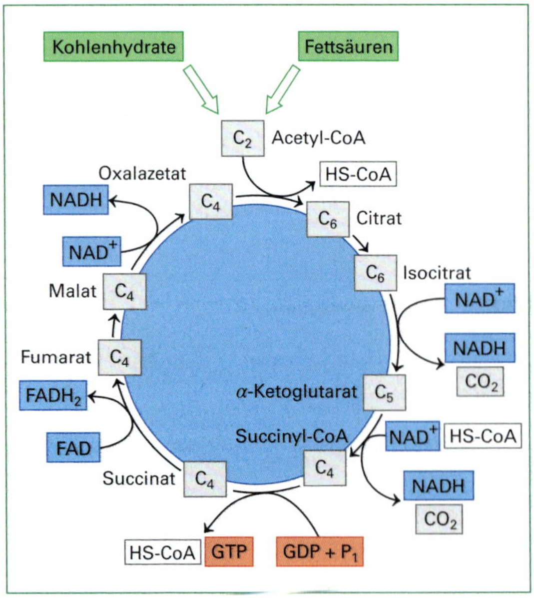

Bild 1 **Citrat-Zyklus**

Citrat-Zyklus

Das Endprodukt der Pyruvat-Decarboxylierung wird in einen kreisförmigen Stoffwechselweg eingespeist, den **Citrat-** oder **Zitronensäure-Zyklus** (Bild 1). Acetyl-CoA entsteht im Organismus nicht nur beim Abbau von Glukose und anderen Kohlenhydraten. Auch beim Abbau von Fettsäuren im Rahmen der ***β*-Oxidation** und im Katabolismus einiger Aminosäuren wird diese C_2-Einheit gebildet. Acetyl-CoA als zentrales Eingangsmolekül für den Citrat-Zyklus gewährleistet, dass ein einziger Stoffwechselweg zur Oxidation zahlreicher Kohlenstoffverbindungen ausreichend ist. Dies ist für die Zellen von großem ökonomischem Vorteil, da sie sich so die genetische und enzymatische Ausstattung mehrerer Wege im Katabolismus sparen.

Das C_6-Molekül **Citrat** entsteht als Produkt des ersten Zyklusschritts, indem der Acetylrest mit dem C_4-Molekül **Oxalazetat** zu Citrat **kondensiert** wird. Citrat wird anschließend unter zweimaliger Abspaltung von CO_2 zu der C_4-Verbindung **Succinat** abgebaut. Diese wird über zwei Stufen zur Dicarbonsäure Oxalacetat oxidiert. Damit wird das Substrat des ersten Zyklusschritts wiederhergestellt.

Kondensation (Chemie)
Reaktion, bei der durch Vereinigung von zwei Molekülen unter Austritt von einfachen Molekülen (z. B. Wasser) ein neues Molekül entsteht

Die eingespeisten C_2-Einheiten werden nach den acht Teilschritten des Citrat-Zyklus vollständig zu CO_2 oxidiert. Für alle sauerstoffabhängigen Organismen ist die hier erfolgende Bildung von Reduktionsäquivalenten wie NADH und $FADH_2$ von großer Bedeutung. Die Oxidationsreaktionen des Zyklus werden genutzt, um die Energie in den reduzierten Cofaktoren zwischenzuspeichern. Das im Zyklus entstehende GTP kann zum Aufbau eines ATP-Moleküls aus ADP und Phosphat genutzt werden.

Der Citrat-Zyklus dient gleichzeitig der Lieferung von Ausgangsstoffen für den Anabolismus. So werden beispielsweise die Aminosäuren Aspartat und Asparagin, die vier C-Atome enthalten, aus Oxalacetat hergestellt, während die C_5-Aminosäuren Glutamat und Glutamin aus α-Ketoglutarat gebildet werden.

Im **Citrat-Zyklus** werden C_2-Verbindungen in Form von **Acetyl-CoA** eingespeist. Als Akzeptor dient das C_4-Molekül Oxalacetat, es entsteht die C_6-Verbindung Citrat. Der aktivierte Acetylrest, ein zentrales Produkt des Stoffwechsels, wird schrittweise zu CO_2 abgebaut. Dabei werden an vier Stellen Reduktionsäquivalente und ein Molekül GTP gewonnen. Nach der Regeneration von Oxalacetat läuft der Zyklus erneut ab.

Atmung und Atmungskette

Die bei der Glykolyse und zum großen Teil im Citrat-Zyklus gebildeten NADH-Moleküle sowie **$FADH_2$** werden anschließend in der Atmungskette oxidiert. In der Atmungskette wird die Oxidationsenergie in einem elektrochemischen Protonengradienten an der Membran konserviert. Dazu wird die Oxidation von NADH von kettenförmig angeordneten Membranproteinen katalysiert. Die dabei schrittweise frei werdende Oxidationsenergie wird genutzt, um Protonen über die Membran zu transportieren.

$FADH_2$ (Flavin-adenindinucleotid) ist ein Elektronenüberträger, der die Elektronen statt an Komplex I an Komplex II in die Atmungskette einspeist, die anschließend auf Ubichinon und weiter übertragen werden

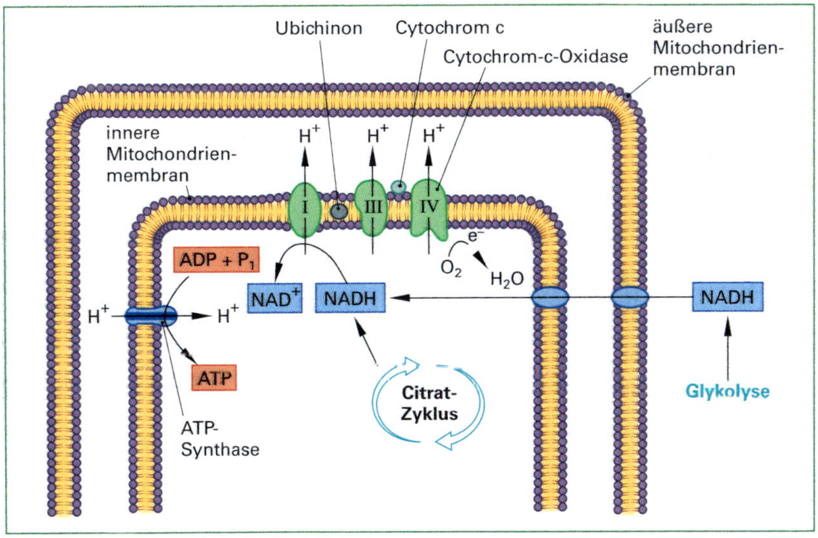

Bild 1
Atmungskette in Mitochondrien

Cytochrome Proteine, die Hämgruppen mit einem zentralen Eisenion als prosthetische Gruppe enthalten und Reduktionsäquivalente übertragen

Ubichinone Chinonverbindungen (Oxidationsprodukte von Aromaten wie Phenol), die eine lipophile Isoprenoidseitenkette enthalten (auch Q10 oder Coenzym Q10 genannt)

Bei Prokaryonten befinden sich die Proteinkomplexe der Atmungskette in der Zellmembran (Bild 1, S. 126), die Protonen werden aus der Zelle heraustransportiert. Bei Eukaryonten ist die Atmungskette in der inneren Mitochondrienmembran lokalisiert. Bild 1, S. 129, zeigt, dass sie vier große Proteinkomplexe (I, II, III und IV) enthält. Diese befinden sich in der inneren Mitochondrienmembran und drei von ihnen (I, III und IV) pumpen Protonen in den Raum zwischen innerer und äußerer Mitochondrienmembran. Zur Elektronentransportkette gehören mit **Cytochrom** c und **Ubichinon** zwei relativ kleine Überträgermoleküle, die in bzw. auf der Membran beweglich sind und die Elektronen von Komplex zu Komplex übertragen. Der Komplex IV ist die **Cytochrom-c-Oxidase**, die die Elektronen von Cytochrom c erhält und anschließend auf den Endakzeptor Sauerstoff leitet, der zu Wasser reduziert wird.

Im letzten Schritt der Energieumwandlung wird der Membrangradient genutzt, um ADP in ATP umzuwandeln. Diese ATP-Synthese wird durch die **ATP-Synthase** katalysiert und von dem Protonengradienten der Membran angetrieben. Pro NADH-Molekül können so mithilfe der Atmungskette und ATP-Synthase drei Moleküle ATP im Energiestoffwechsel produziert werden. Insgesamt können beim Abbau von einem Molekül Glukose bis zu 38 Moleküle ATP gewonnen werden. Voraussetzung dafür ist allerdings die Verfügbarkeit von Sauerstoff.

Die **Atmungskette** ist ein membrangebundener Prozess, bei dem NADH unter Sauerstoffverbrauch oxidiert wird. Dabei entsteht ein **Protonengradient**, der mithilfe eines Enzymsystems in der Membran, der ATP-Synthase, die Synthese von ATP antreibt.

Aufgaben

1. Definieren Sie exergone und endergone Reaktionen. Stellen Sie die Bedeutung von Adenosintriphosphat (ATP) im Stoffwechsel heraus.
2. Erklären Sie, wie Enzyme chemische Reaktionen beeinflussen und weshalb Enzyme substratspezifisch sind.
3. Beschreiben Sie den Einfluss der Substratkonzentration auf enzymatisch katalysierte Reaktionen anhand des *Michaelis-Menten*-Modells.
4. Stellen Sie dar, in welche Gruppen Enzyme nach den von ihnen katalysierten Reaktionen eingeteilt werden.
5. Definieren Sie Assimilation, Dissimilation, chemotrophe und heterotrophe Organismen.
6. Vergleichen Sie die oxygene und die anoxygene Fotosynthese.
7. Unterscheiden Sie Licht- und Dunkelreaktionen bei der Fotosynthese und beschreiben Sie die wichtigsten Prozesse dieser Reaktionen.
8. Erklären Sie die Rolle und räumliche Organisation von Chlorophyllen sowie Carotinoiden bei den Lichtreaktionen.
9. Grenzen Sie Katabolismus und Anabolismus voneinander ab. Beschreiben Sie die Energieübertragungsmöglichkeiten im Energiestoffwechsel sowie die Stoffwechselwege am Beispiel des Glukoseabbaus.
10. Nennen Sie die Einzelschritte der Glykolyse mitsamt Enzymen und beschreiben Sie die Energiegewinnung in diesem Stoffwechselweg.
11. Zeigen Sie auf, welche Metaboliten in den Citrat-Zyklus eingespeist sowie entnommen werden oder Endprodukte des Stoffwechsels darstellen.
12. Erklären Sie, welche Rolle die Atmungskette in atmenden Organismen besitzt und stellen Sie die wesentlichen Schritte ihres Reaktionsablaufs in Mitochondrien dar.

6 Evolution

Die Evolutionstheorie bietet die fundamentale Erklärung für die Fakten und Prinzipien der Biologie. Das Wirken der Evolution ist auf allen Strukturebenen und bei allen biologischen Organisationseinheiten (s. S. 12) sichtbar, angefangen von den Biomolekülen und Zellstrukturen bis hin zu den Organismen und ihren Lebensgemeinschaften.

Die ungeheure **Vielfalt** der belebten Welt kann von der Evolutionstheorie fundiert erklärt werden. Fast zwei Millionen Arten von Lebewesen sind inzwischen beschrieben worden, von vielen weiteren Millionen noch unbekannter Arten muss ausgegangen werden. Alle bekannten Lebewesen sind in ihren elementaren Strukturen und Funktionen so ähnlich, dass von einem **gemeinsamen Ursprung des Lebens** in der Urgeschichte der Erde ausgegangen werden muss. Auch die Grundeinheit aller Lebewesen, die Zelle, die Grundfunktionen der Zelle und die biologischen Molekültypen sind soweit identisch, dass auf eine gemeinsame Herkunft aller Lebewesen geschlossen werden kann.

Die Evolutionstheorie wurde erstmals von dem englischen Naturwissenschaftler *Charles Darwin* (1809 – 1882) aufgestellt. Sie kann die Existenz der heute auf der Erde lebenden Organismen begründen und ist in ihrer erweiterten Form aufgrund zahlreicher Belege wissenschaftlich anerkannt. Im Jahr 1858 formulierte *Darwin* sie zum ersten Mal in seinem Werk „Über die Entstehung der Arten durch natürliche Selektion". Dabei war zu der damaligen Zeit ein wichtiger Evolutionsmechanismus, die Entstehung neuer Gene durch **Mutationen**, noch nicht bekannt. Darwin wusste ebenfalls nicht, wie die Merkmale der Lebewesen von Generation zu Generation weitergegeben werden.

Mutationen
Ungerichtete, stabile Veränderung des Erbguts (z. B. Änderungen der DNA-Sequenz)

Die Evolutionstheorie wurde seitdem vor allem durch Erkenntnisse über die Mechanismen der Veränderung und Entstehung neuer Arten erweitert. Die moderne Evolutionstheorie wird **synthetische Evolutionstheorie** genannt, weil sie Ideen aus verschiedenen Bereichen der Biologie vereinigt.

Die Evolutionstheorie liefert die Erklärung, warum sich die auf der Erde beheimateten Arten von Lebewesen verändern und neue Arten entstehen. Sie zeigt, wie aus einfachen Lebensformen früherer Zeit die heute lebenden Organismen hervorgegangen sind. Die Evolution führte in Millionen von Jahren zur Weiterentwicklung der Lebensformen und zu ihrer Aufgliederung in unzählig viele Arten, von denen heute 99 % schon wieder ausgestorben sind. Als geschichtlicher Prozess ist die Evolution, so wie sie auf der Erde abgelaufen ist, ein zufallsabhängiger, einmaliger und unumkehrbarer Vorgang.

Bild 1
***Charles Darwin*, der Begründer der Evolutionslehre**

Die **Evolutionstheorie** ist das fundamentale Erklärungsmodell der Biologie, das die Entstehung neuer Arten von Organismen und die Mannigfaltigkeit der Lebenserscheinungen deutet.

Die Evolution ist ein einmaliger und unumkehrbarer Prozess, eng verbunden mit der Entstehung und Veränderung der Erde.

6.1 Mechanismen der Evolution

Die Mechanismen der Evolution, auch **Evolutionsfaktoren** genannt, wirken zusammen und lösen die Prozesse der evolutionären Veränderungen bei Lebewesen aus:

- **Mutationen:** ungerichtete Veränderungen des Erbguts.
- **Rekombination:** Neukombination von genetischem Material bei der sexuellen Fortpflanzung.
- **Natürliche Selektion (Auslese):** Auswahl von Individuen hinsichtlich Überleben und Fortpflanzungserfolg.
- **Isolation:** Trennung des **Genflusses** zwischen Populationen, die zur Bildung einer neuen Art notwendig ist.
- **Gendrift:** zufällige Veränderungen der Genzusammensetzung einer Population.

Genfluss
Ungehinderter Austausch von genetischem Material zwischen Populationen

Population
Gruppe von Individuen derselben Art, die über mehrere Generationen ein bestimmtes Gebiet bewohnen und sich untereinander fortpflanzen

6.1.1 Bedeutung des Erbguts für die Evolution

Die Individuen einer Art in einem bestimmten Lebensraum, die zusammen eine **Population** bilden, sind niemals völlig einheitlich. Sie weisen in ihren Eigenschaften bzw. Merkmalen kleinere oder größere Unterschiede auf. Eine Mauspopulation kann sich beispielsweise in der Größe, in der Fellfarbe oder in der Geschwindigkeit der Fortbewegung von einer anderen Mauspopulation unterscheiden. Diese Unterschiede können eine genetische Ursache haben oder allein aufgrund unterschiedlicher Umweltbedingungen entstanden sein. Letztere auf Umweltfaktoren zurückzuführenden Unterschiede in den Merkmalen werden von den Individuen im Laufe ihres Lebens erworben und sind nicht an die Nachkommen vererbbar.

Genotyp
Genetische Gesamtausstattung eines Lebewesens

Phänotyp
Die ausgeprägten Eigenschaften eines Organismus

Hingegen werden in einer Population die erblichen Eigenschaften von Generation zu Generation weitergegeben. Die Informationen zur Ausbildung vererbbarer Merkmale sind in den Genen des Erbguts (s. Kap. I.4) festgehalten und die Gesamtheit der Gene, die Einfluss auf ein bestimmtes Merkmal ausüben, wird **Genotyp** genannt.

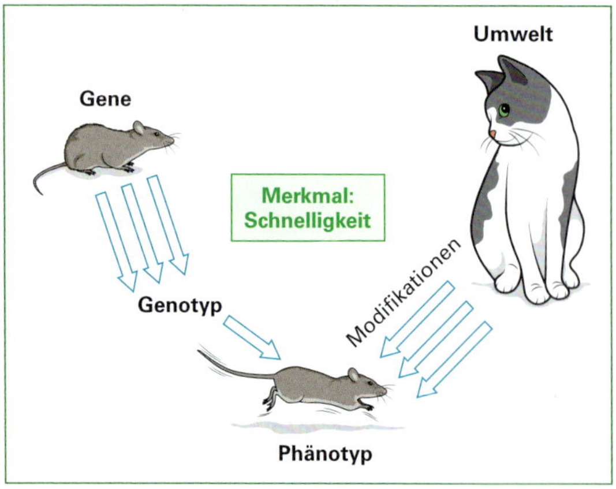

Bild 1
Zusammenhang zwischen Genotyp und Phänotyp

Der **Phänotyp** stellt das äußere Erscheinungsbild eines oder mehrerer Merkmale dar. Bild 1 zeigt, dass der Phänotyp, z. B. die Laufgeschwindigkeit eines Lebewesens, nicht nur vom Genotyp, sondern auch von Umweltfaktoren bestimmt wird. Phänotypische Einflüsse, die allein durch Umweltänderungen wie Nahrungsangebot oder Fressfeinde verursacht werden, werden **Modifikationen** genannt.

Die Evolution beruht darauf, dass die genetische Ausstattung der Individuen jeder Population keine Konstanz aufweist, obgleich die Organismen von ihren Eltern im Rahmen der Vererbung prinzipiell identische Kopien von deren Genen erhalten. Beim Kopieren der Erbanlagen zur Übergabe der Gene an die nächste Generation können allerdings Fehler auftreten, die **Mutationen** genannt werden (s. Kap. I.4.3). Mutationen gelten als Motor der Evolution, da sie das Potenzial für neue Eigenschaften der Organismen beinhalten.

Evolutionäre Veränderungen der Lebewesen beruhen darauf, dass die **Vererbung konstanter Erbanlagen** durch das gelegentliche Auftreten von veränderten Kopien der Gene aufgrund von **Mutationen** unterbrochen wird.

Als unmittelbare Folge einer Mutation entstehen unterschiedliche Varianten eines Gens, die **Allele**. Allele Gene können veränderte Merkmale hervorrufen, müssen dies wie z. B. im Fall der stillen Mutationen aber nicht (s. S. 96). Im günstigen Fall besitzen mutierte Gene das Potenzial für neue Eigenschaften der Organismen. Die Gesamtheit aller Genvariationen einer Population wird als **Genpool** bezeichnet. Der Genpool wird durch jede neu auftretende Mutation vergrößert.

Die Gesamtzahl der Genvarianten oder Allele, die in einer Population vorhanden sind, wird als **Genpool** bezeichnet.

An die Nachkommen werden nur die genetischen Informationen der Keimzellen weitergegeben und damit auch die Mutationen ihrer Gene. Keimzellen besitzen einen einfachen, haploiden Satz an Chromosomen und werden in den Fortpflanzungsorganen erzeugt (s. S. 74). Mutationen in den diploiden Körperzellen spielen für die Nachkommen keine Rolle.

Homologe Chromosomen
Zwei sich jeweils in Form und Größe entsprechende Chromosomen, die von Mutter und Vater stammen

Rolle der sexuelle Fortpflanzung

Die sexuelle Fortpflanzung hat aufgrund der dort stattfindenden Rekombination (s. Kap. I.4.3) eine große Bedeutung für die Evolution. Die geschlechtliche Fortpflanzung sorgt für eine Durchmischung der in einer Population vorhandenen Gene und damit für eine Verbreitung von Allelen.

In den diploiden Körperzellen eukaryontischer Organismen liegen die Chromosomen in doppelter Ausführung als Paare vor, sodass immer zwei Chromosomen in der Form, der Größe und in der Abfolge der Gene exakt zueinander passen. Diese **homologen Chromosomen** sind nicht identisch, da sie an vielen Genorten verschiedene Allele der Gene enthalten. Bei der Bildung der haploiden Keimzellen in der Meiose sowie bei der Verschmelzung (Befruchtung) der von beiden Eltern stammenden Gameten laufen die fundamentalen Prozesse der Rekombination ab.

Bild 1 zeigt die Wirkung der Rekombination am Beispiel eines Lebewesens mit einem Chromosomensatz von nur drei unterschiedlichen Chromosomen.

Bei der Meiose werden die in den diploiden Körperzellen doppelt vorhandenen Chromosomen voneinander getrennt und es erfolgt eine zufallsmäßige Kombination der Chromosomen in den Keimzellen. Diese erhalten von jedem Chromosomentyp ein Chromosom, das entweder von der Mutter oder vom Vater stammt.

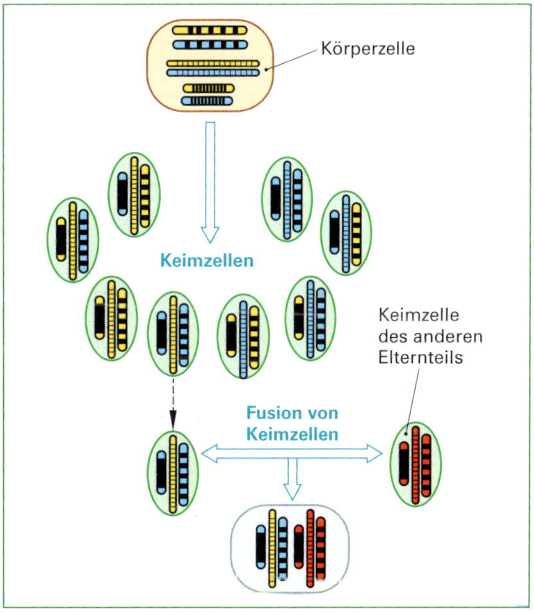

Bild 1 **Erhöhung der genetischen Vielfalt bei der Bildung von Keimzellen einer Organismenart mit 3 Chromosomenpaaren**

Somit hat jede Keimzelle, sowohl Ei- als auch Samenzelle, die Hälfte der Chromosomen und damit die Hälfte der elterlichen Gene verloren.

Die genetische Rekombination führt dazu, dass die Keimzellen in der Regel eine Mischung aus väterlichen und mütterlichen Chromosomen enthalten. Die Zahl möglicher Kombinationen in den Keimzellen ist 2^n, wobei n die Zahl unterschiedlicher Chromosomen in der Zelle ist. Ein Organismus mit einem Chromosomensatz aus drei homologen Chromosomenpaaren (Bild 1, S. 133) kann $2^3 = 8$ genetisch unterschiedliche Gameten bilden. Der Mensch besitzt 23 Chromosomenpaare; bei ihm sind somit $2^{23} = 8388608$ verschiedene Kombinationen der Chromosomen möglich.

Individualentwicklung
Entwicklung des Individuums von der befruchteten Eizelle bis zum Tod

Das Verschmelzen der haploiden Keimzellen zur diploiden Zygote ist der Beginn der **Individualentwicklung**. Hier kommt es ebenfalls zu einer Neukombination des genetischen Materials durch die Verdopplung der tatsächlichen Chromosomenzahl. Bei diesem ebenfalls zufallsabhängigen Prozess ergeben sich dann insgesamt $2^{23} \times 2^{23}$ Möglichkeiten der Kombination von Chromosomen, insgesamt über 70 Billionen. Dieses riesige Kombinationspotenzial wird noch durch die **Crossing-over**-Ereignisse zwischen väterlichen und mütterlichen Chromosomen bei der Erzeugung der Keimzellen erhöht.

Crossing-over
Wechselseitiger Austausch von Bruchstücken der Chromosomen

Während Mutationen relativ selten auftreten, ist die Rekombination ein bei jeder Fortpflanzung bedeutungsvoller Mechanismus: Die **genetische Variabilität** in der Population wird erhöht und neu entstandene Allele werden in Zellen der Nachkommen zusammengeführt. Die Rekombination liefert neue Genotypen und damit auch Phänotypen, welche durch die natürliche Selektion ausgelesen werden können.

Bei Eukaryonten ist die bei der sexuellen Fortpflanzung stattfindende **Rekombination** von großer Bedeutung für die Evolution. Sie sorgt für eine Neukombination der genetischen Anlagen in jedem Individuum einer neuen Generation, sodass die **genetische Variabilität** in der Population ansteigt.

6.1.2 Bedeutung der Umwelt für die Evolution

Fitness
Ausdruck für den genetischen Beitrag eines Individuums zur nächsten Generation, der in der Zahl der überlebenden Nachkommen ersichtlich wird

Während Mutation und Rekombination die genetische Vielfalt in einer Population erhöhen, wirken Umwelteinflüsse über die Selektion dem entgegen. Die **natürliche Auslese** oder **Selektion** führt dazu, dass die am besten an die Umwelt angepassten Individuen einer Population in höherem Maße überleben als andere Artgenossen. Diese Individuen besitzen eine höhere **Fitness** aufgrund von Merkmalen, die erblich bedingt und damit für die Evolution relevant sind. Der Selektion unterliegen allerdings nur Gene, die sich phänotypisch auswirken.

In Populationen wird zumeist so viel Nachwuchs erzeugt, dass nicht alle in ihrem Lebensraum überleben können (Überproduktion an Nachkommen). Die besser an die Umwelt angepassten Individuen erzeugen mehr (überlebensfähige) Nachkommen und bringen dadurch ihre allelen Gene verstärkt in die nachfolgenden Generationen ein. Dadurch verändert die Selektion den Genpool der Population.

Beispielsweise kann in einer Population von Mäusen durch das Auftauchen räuberischer Lebewesen, die Mäuse jagen und fressen, ein **Selektionsdruck** aufgebaut werden (Bild 1, S. 135). Da die Fressfeinde die langsameren Mäuse häufiger als die schnellen fangen und damit öfter eliminieren, besitzen letztere größere Überlebenschancen.

Diese Mäuse produzieren mehr Nachkommen, welche die Gene der Eltern erhalten, auch Gene, die die Laufgeschwindigkeit erhöhen. Durch den von Fressfeinden ausgeübten Selektionsdruck wird die Verteilungskurve von Individuen einer Population verschoben, deutlich ersichtlich an der Veränderung des Mittelwertes der Merkmalausprägung (Bild 1).

Die zu diesem Beispiel konträre Selektionssituation ist ebenfalls möglich. Das Fehlen von Fressfeinden führt zu einer Verschiebung der Verteilungskurve in die andere Richtung. Werden Systeme oder Organe wie die Muskulatur für schnelles Laufen nicht mehr benötigt, so ist ihr Aufbau eine Verschwendung von **Ressourcen** und benachteiligt diese Individuen in der Konkurrenz mit Artgenossen: Ihre Reproduktion ist weniger erfolgreich. Bekannte Beispiele dafür sind Tiere, die sich an das Leben in völlig lichtlosen Lebensräumen wie z. B. Höhlen angepasst haben und die ihre Augen ganz oder teilweise zurückgebildet haben.

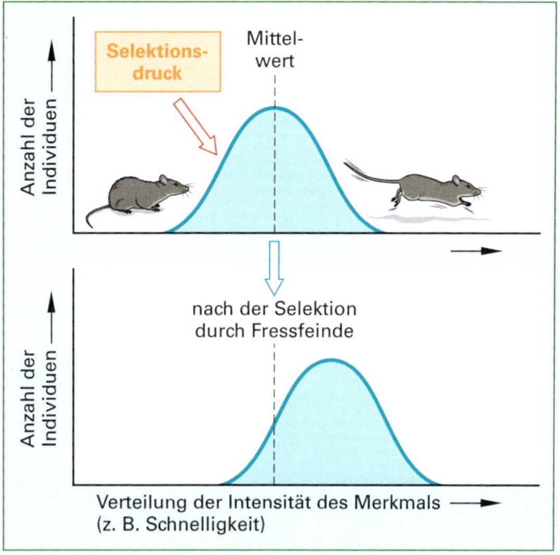

Bild 1
Beispiel für eine gerichtete Selektion

Die **Selektion** ist der Evolutionsfaktor, der den Genpool der Population dadurch verändert, dass vor allem die Gene der gut an die jeweiligen Umweltbedingungen angepassten Individuen in die nachfolgenden Generationen übertragen werden.

Individuen mit Merkmalen, die für das Überleben und die Fortpflanzung vorteilhaft sind, können mehr **Nachwuchs** produzieren als andere Individuen der Population.

Ressourcen
Lebenswichtige Faktoren wie Energie (z. B. Licht für Pflanzen), Nahrungsstoffe und Raum, um die eine Konkurrenz zwischen Lebewesen besteht

Die Richtung der Selektion wird von den herrschenden **Umweltbedingungen** eines Lebewesens bestimmt. Die Umweltfaktoren, die als Selektionsdruck die Fortpflanzungsrate der Individuen beeinflussen, können abiotischer oder biotischer Natur sein:

- **Abiotische Selektionsfaktoren** sind Faktoren der unbelebten Umwelt, wie z. B. Kälte, Hitze, Windverhältnisse oder Nährstoffangebot sowie pH-Wert des Lebensraums (Wasser, Boden).
- **Biotische Selektionsfaktoren** sind Faktoren der belebten Umwelt, wie z. B. Fressfeinde, Nahrungskonkurrenten, Krankheitserreger oder **Parasiten**.

Parasiten
Organismen, die sich auf Kosten eines anderen Lebewesens ernähren, in dem oder an dem sie sich aufhalten

Für die Evolution ist von großer Bedeutung, dass auf der Erde ständig Umweltveränderungen wie z. B. Klimaänderungen stattfanden und noch immer stattfinden. Katastrophale Umweltveränderungen haben in der Vergangenheit der Erde zum Massenaussterben von Tier- und Pflanzenarten geführt und anderen Lebewesen neue Chancen zur Entwicklung gegeben. Für Organismen mit guter Anpassungsfähigkeit entstehen bei jeder Umweltänderung neue Lebensmöglichkeiten.

Da zu den Umweltfaktoren eines Lebenswesens auch andere Organismenarten gehören, ist jede Veränderung einer Population aufgrund von Selektionsdruck eine Veränderung der Umwelt anderer Lebewesen: Wenn Mäuse schneller oder wendiger zu laufen vermögen, können Jäger wie die Raubvögel ihre Nahrung schlechter finden und damit schwerer überleben.

Abiotische und biotische Umweltfaktoren geben der Evolution eine Richtung. Sie üben auf Lebewesen einen Selektionsdruck aus und beeinflussen damit deren Fortpflanzungsrate.

Drei Formen der Selektion können voneinander unterschieden werden:

▶ **Natürliche Selektion**
Bei der natürlichen Selektion, die mit dem Begriff Selektion zumeist gemeint ist, bestimmen Faktoren der Umwelt den Fortpflanzungserfolg der Individuen innerhalb einer Population.

Die **natürliche Selektion** wird durch die natürliche Umwelt der Organismen ausgeübt.

Bild 1 Geweih des Hirsches, ein Beispiel für sexuelle Selektion

▶ **Sexuelle Selektion**
Durch die sexuelle Selektion werden die Erbanlagen derjenigen Merkmale weitergegeben, die die Sexualpartner bevorzugen. Die von den Sexualpartnern getroffene Auswahl bestimmter Individuen muss nicht im Sinne einer optimalen Umweltanpassung sein. Oft sind es imposante Eigenschaften, wie Größe und Stärke, die die sexuellen Partner besonders beeindrucken.

So sind bei männlichen Tieren oft auffallende Merkmale vorhanden, wie z. B. die riesigen, aber hinderlichen Geweihe von Hirschen oder das leuchtend-farbige Federkleid von Pfauen, das auf Beute ausgehende Angreifer anlockt. Diese Entwicklungen erleichtern das Überleben in der Natur nicht und können durch den Selektionsdruck der natürlichen Auslese nicht erklärt werden.

Die **sexuelle Selektion** beruht darauf, dass die Erbanlagen derjenigen Merkmale weitergegeben werden, die von den Sexualpartnern bevorzugt werden.

Domestikation
Allmähliche Umwandlung von Wildtieren und -pflanzen in Haustiere bzw. Nutzpflanzen durch menschliche Züchtungstätigkeiten

▶ **Künstliche Selektion**
Bei der künstlichen Selektion wird die Fortpflanzung derjenigen Individuen durchgesetzt, die die vom Züchter gewünschten Eigenschaften besitzen. Seitdem der Mensch durch Ackerbau und Viehzucht eine neue Lebensgrundlage geschaffen hat, greift er durch **Domestikation** in die Evolution vieler Tier- und Pflanzenarten ein. Die klassischen Haustiere, wie Schaf, Rind und Ziege, wurden schon vor Jahrtausenden von Menschen der Steinzeit aus ihren Wildformen gezüchtet. Dabei wurden die unter natürlichen Bedingungen herrschenden Selektionsfaktoren durch eine künstliche, vom Menschen getroffene Auswahl ersetzt.

Bei der **künstlichen Selektion** bestimmt der Mensch bzw. seine unterschiedlichen Bedürfnisse die Durchsetzung bestimmter Merkmale von Tieren oder Pflanzen und die evolutionäre Wandlung der Arten.

6.1.3 Artbildung über Isolation und Gendrift

Die Neuentstehungen von **Arten** sind wichtige Ereignisse in der Evolution, die parallel zum Aussterben anderer Arten verlaufen, die weniger gut angepasst sind. Die biologische Art ist durch einen ungehinderten **Genfluss** charakterisiert, dem freien Austausch der genetischen Elemente zwischen den Populationen einer Art. Nur wenn der freie Genfluss behindert wird, können sich Populationen einer Art unterschiedlich entwickeln, und eine Art kann sich in zwei neue Arten aufspalten. Die Behinderung tritt beispielsweise auf, wenn die Individuen einer Population durch **geografische Barrieren** voneinander getrennt werden (geografische Isolation), was durch verschiedene Faktoren ausgelöst werden kann:

- **Geologische Faktoren**, wie Vulkanismus, Landhebungen und -senkungen aufgrund der **Plattentektonik**, Änderungen von Flussläufen oder in der räumlichen Ausdehnung von Gewässern und Seen.
- **Klimatische Änderungen**, wie Vereisung, Versteppung oder Wüstenbildung.
- **Einwanderung** einzelner Individuen in vorher unbewohnte Lebensräume z. B. auf neu entstandene Inseln oder in Seen.
- **Menschliche Eingriffe** in zusammenhängende **Biotope**, z. B. durch den Bau von Autobahnen.

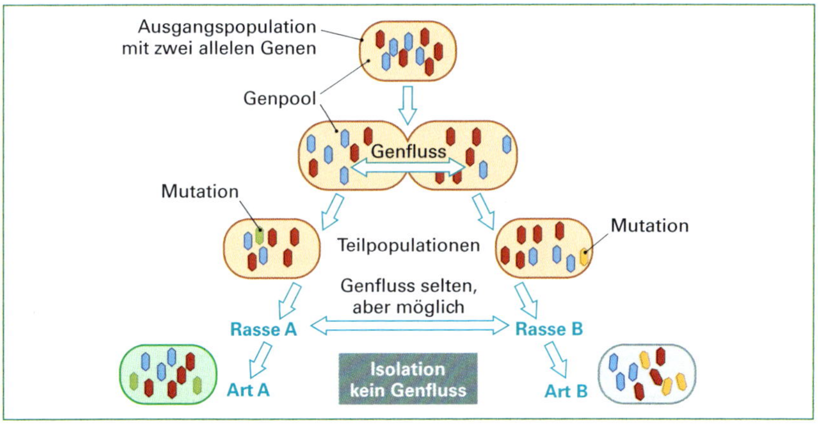

Bild 1 Evolutionäre Schritte der Artbildung

Die **Artbildung** verläuft immer in mehreren Schritten, die oft lange Zeiträume einnehmen (Bild 1). Zunächst wird eine Population in zwei Teile getrennt, die aber so lange zu einer Art gehören, solange noch Genfluss zwischen den Teilpopulationen vorhanden ist und somit ein Austausch zwischen den Genbeständen besteht. Die beiden getrennten Fortpflanzungsgemeinschaften entwickeln sich in der Zusammensetzung ihrer allelen Gene unabhängig voneinander weiter, da mit der Zeit in jeder Population neue Mutationen auftreten.

Die verschiedenartigen Selektionsprozesse in den unterschiedlichen Lebensräumen führen zu weiteren Unterschieden im Genpool der Populationen. Es entstehen unterschiedliche **Rassen** oder **Unterarten**, zwischen denen ein Genfluss durch eine **Paarung** möglich ist, jedoch oft in geringem Maße stattfindet. Wenn die genetischen Unterschiede so groß geworden sind, dass zwischen den Individuen der Teilpopulationen bzw. Rassen keine **Kreuzung** mit fruchtbaren Nachkommen mehr möglich ist, sind durch den Prozess der **Isolation** neue Arten entstanden.

Art, Spezies
Gruppe von Organismen, die sich von anderen Organismengruppen unterscheiden, sich untereinander fortpflanzen und fruchtbaren Nachwuchs erzeugen können

Plattentektonik, Kontinentaldrift
Theorie zur großräumigen Struktur und Dynamik der Erdkruste, ausgehend von Bewegungen (Verschiebungen) der Kontinentalplatten

Biotop
Räumlich begrenzter Lebensraum mit einer typischen Lebensgemeinschaft (Biozönose) sowie speziellen Umweltfaktoren

Paarung
Körperliche Vereinigung zweier Individuen zum Zweck der Übertragung der männlichen Keimzellen in den Körper des weiblichen Partners

Kreuzung
Paarung zwischen genetisch unterschiedlichen Individuen z. B. aus verschiedenen Unterarten

Bild 1
Rabenkrähe (oben) und Nebelkrähe

Ein **Beispiel für eine unvollständige Artbildung** stellen die beiden europäischen Krähenpopulationen dar, die Rabenkrähe und die Nebelkrähe, die sich im Gefieder deutlich unterscheiden (Bild 1). Während der letzten Eiszeit wurde die damalige Krähenpopulation durch die Gletscherbildung in Mitteleuropa isoliert. Die beiden Teilpopulationen entwickelten sich in unterschiedliche Richtung weiter, und es entstanden zwei Unterarten: die Rabenkrähen im westlichen und die Nebelkrähen im östlichen Europa.

Nach Beendigung der Eiszeitphase vor ca. 12 000 Jahren kamen die beiden Krähenrassen wieder räumlich in Kontakt. Die Kontaktzone verläuft in Deutschland entlang der Elbe und dort kommt es zur Paarung von Raben- und Nebelkrähen. Da die Nachkommen dieser Mischungen, **Hybride** oder **Bastarde** genannt, zumeist fruchtbar sind und sich weiter fortpflanzen können, handelt es sich bei Raben- und Nebelkrähen nicht um getrennte Arten, sondern um Rassen.

Durch Unterbrechung des **Genflusses** (Genaustausches) kommt es im Laufe längerer Zeiträume in Populationen zur Bildung von Rassen. Es können neue Arten entstehen, wenn zwischen den Individuen keine **Kreuzungen** mit fruchtbaren Nachkommen mehr stattfinden können.

Bei der **geografischen Isolation** werden Populationen durch Barrieren in der Landschaft, wie Gewässer, Berge oder Gletscher, voneinander getrennt.

Für die Isolation von Populationen ist es nicht unbedingt notwendig, dass die Mitglieder der Teilpopulationen durch geografische Barrieren voneinander getrennt werden. Andere Formen von Isolation sind:

Ökologische Nische
Ansprüche, die eine Art an ihre Umwelt stellt und die durch Umweltfaktoren und die Nutzung von lebensnotwendigen Ressourcen wie Ort oder Art des Nahrungserwerbs bestimmt werden

▶ Ökologische Isolation

Leben zwei Populationen geografisch in demselben Gebiet, kann ein Genfluss zwischen ihnen auch verhindert werden, wenn sie unterschiedliche **ökologische Nischen** besetzen. Jede Art bildet dann spezifische Wechselbeziehungen zu ihrer Umwelt aus, sodass mehrere Arten denselben Lebensraum in unterschiedlicher Weise nutzen und nebeneinander existieren können. Organismen können sich beispielsweise auf verschiedene Futterquellen spezialisieren, die an anderer Stelle (Körner auf dem Boden oder Früchte an Bäumen), oder zu einer anderen Tageszeit vorhanden sind. Treffen die Partner dann nicht mehr aufeinander, findet keine gemeinsame Fortpflanzung statt.

▶ Reproduktive Isolation

Reproduktiv isoliert sind Lebewesen, die sich aus fortpflanzungsbiologischen Gründen nicht mehr paaren können, bzw. nicht in der Lage sind, fortpflanzungsfähige Nachkommen zu zeugen. Reproduktive Isolation entsteht beispielsweise, wenn sich ein Populationsteil zu einer anderen Jahreszeit fortzupflanzen beginnt, wenn sich das Sexual- bzw. **Balzverhalten** ändert oder wenn sich die Geschlechtsorgane so verändert haben, dass eine Paarung rein physisch nicht mehr möglich ist.

Balzverhalten
Verhaltensweisen, die der Begattung vorausgehen oder zur Förderung der Paarbildung dienen

▶ Genetische Isolation

Eine erfolgreiche Fortpflanzung mit fruchtbaren Nachkommen ist ebenfalls nicht mehr möglich, wenn sich im Zellkern unterschiedliche Chromosomen, eine unterschiedliche Chromosomenanzahl (**Polyploidie**) oder unterschiedliche Genanordnungen entwickelt haben. Beispielsweise kann so eine geordnete Aufteilung der Chromosomen bei der Zellteilung verhindert werden.

Polyploidie
Vorhandensein von mehr als zwei Chromosomensätzen in der Zelle z. B. bei vielen Zuchtpflanzen

> Zur **Artbildung führende Isolation** tritt auf, wenn sich zwei Populationen auf unterschiedliche ökologische Nischen spezialisieren oder wenn der Genfluss aus fortpflanzungsbiologischen oder genetischen Gründen unterbrochen wird.

Die **Gendrift** stellt einen weiteren wichtigen Faktor bei der Neubildung von Arten und damit bei der Evolution dar. Während die natürliche Selektion zu gerichteten, vom Selektionsdruck abhängigen Änderungen des Genpools führt, beschreibt der Begriff Gendrift die aufgrund von Zufall entstehenden genetischen Veränderungen innerhalb einer Population.

Auch ohne Selektion bleibt die **Häufigkeit von Allelen** in einer Population von Generation zu Generation nicht konstant, sondern nimmt zufallsbedingt zu oder ab. Dies kann im Extremfall dazu führen, dass die Häufigkeit eines Allels 0 oder 100 % erreichen kann. Im ersten Fall ist das Allel in der Population völlig verloren gegangen, im zweiten Fall hat es sich gegenüber den anderen durchgesetzt (Fixierung des Allels). Ob Gendrift einen großen Einfluss auf die Verbreitung von Mutationen hat, hängt vor allem von der Größe der Population ab.

Genetischer Drift tritt vor allem auf, wenn ein großer Teil der Population aufgrund zufälliger Naturereignisse wie Umweltkatastrophen oder größere Krankheitsausbrüche eliminiert werden. Dadurch können Allele im Genpool zufällig, also ohne Selektionseinfluss, verloren gehen, und die genetische Variabilität einer Population wird stark verringert (Bild 1). Diese Möglichkeit von Gendrift wird auch **Flaschenhalseffekt** genannt: Aus der genetisch verarmten Restpopulation, dem engen Flaschenhals, bildet sich eine neue Population mit einem Genpool, der sich vom Genpool der ursprünglichen Population deutlich unterscheiden kann.

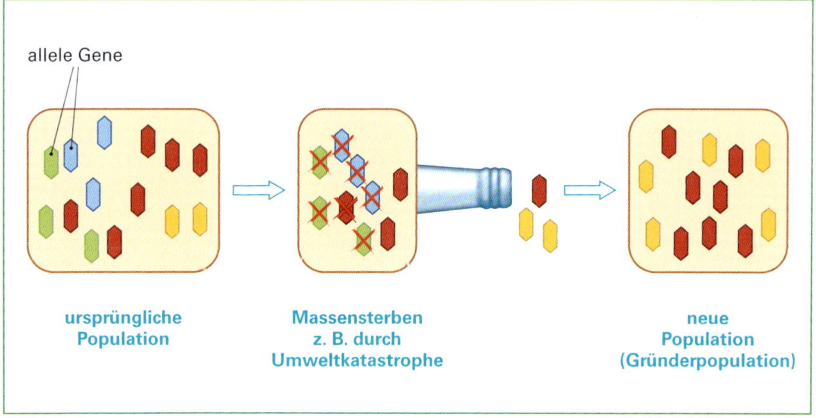

Bild 1
Entstehung einer Gründerpopulation durch Gendrift (Flaschenhalseffekt)

Gründerpopulation
Population, die außerhalb des bisherigen Verbreitungsgebietes einer Art von einer kleinen Zahl an Individuen gegründet wird

Ein Beispiel für die Artbildung über Gendrift ist die Neubesiedlung einer Insel durch Pflanzen oder Tiere, die z. B. über Treibgut oder aufgrund von Sturmfolgen auf ein Terrain gelangt sind, auf dem es diese Lebewesen vorher nicht gab. In diesen sehr kleinen Populationen, den sogenannten **Gründerpopulationen**, können vorher seltene Allele nun häufiger auftreten. Es kommt leicht zur Ausbildung neuer Merkmale und zum Entstehen neuer Arten.

Gendrift ist die Veränderung von Genfrequenzen in Populationen als Folge zufälliger Ereignisse. Je kleiner eine Population ist, desto größer ist der Einfluss der Gendrift auf die Weitergabe neuer Mutationen und desto kleiner ist die Beeinflussung durch die natürliche Selektion.

6.2 Belege für die Evolution

Die Evolution, die Entwicklung des Lebens auf der Erde in Millionen von Jahren bis hin zur Gegenwart, liefert eine fundierte Erklärung für die vielfältigen Lebensprozesse auf der Erde und wird durch eine Fülle von Belegen und Indizien gestützt. Sämtliche Lebewesen der Erde haben aufgrund einer gemeinsamen evolutionären Entstehungsgeschichte die folgenden biochemisch-molekularen Eigenschaften:

- Einheitliche **biologische Moleküle** in der Zelle, wie Proteine, Lipide, DNA und RNA, mit jeweils gleichen Funktionen, z. B. als **Enzyme** oder Vererbungseinheiten (s. Kap. I.2).
- Gleichartiges Zusammenwirken von Proteinen und Nukleinsäuren in **Replikation, Transkription** und **Translation** (s. Kap. I.4).
- Der universelle **genetische Code** (s. Kap. I.4.2).
- Identische **Stoffwechselwege**, wie z. B. der Citrat-Zyklus (s. Kap. I.5.3.3).
- Übereinstimmende Prozesse der **Energieumwandlung** in der Zelle und die universelle Energiespeicherform ATP (s. Kap. I.5.3.3).
- Auffällige **Ähnlichkeiten von Genen** unterschiedlicher Lebewesen und ihrer DNA-Sequenzen (s. Kap. I.6.2).

In allen Zellen der Lebewesen werden aufgrund der gemeinsamen Evolution die gleichen biologischen **Moleküle** und **Grundprozesse** gefunden.

Der Vergleich von Proteinen und DNA von verschiedenen Lebewesen zeigt, dass viele Gene in relativ weit voneinander entfernten Organismengruppen, wie z. B. Mensch und Bakterien, sehr ähnlich sind. Dies sind vor allem Gene, die für die grundlegenden Zellprozesse, wie z. B. für Informationsverarbeitung und Energiegewinnung, wichtig sind.

Intron
DNA-Abschnitt innerhalb eines Gens, der nicht für einen Proteinteil kodiert und herausgespleißt wird

Die auffälligen molekularen Gemeinsamkeiten der Lebewesen sind die Grundlage vieler **biotechnologischer Verfahren**. Gentechnische Methoden können zur Herstellung neu kombinierter DNA über Art-Grenzen hinweg verwendet werden. So können Gene des Menschen in die Zellen von Bakterien eingeschleust, dort abgelesen werden und zur Synthese von Proteinen genutzt werden. Bei der Expression von eukaryontischen Genen in Bakterien muss allerdings berücksichtigt werden, dass eukaryontische Gene eine **Intron**-Exon-Struktur haben und im Gegensatz zur prokaryontischen Proteinsynthese posttranslationale Veränderungen durchgeführt werden (s. S. 94).

Die molekulare Ähnlichkeit aller Lebewesen erlaubt es, dass Gene mit **gentechnischen** Methoden in entfernt verwandte Organismen übertragen und biotechnologisch genutzt werden können.

Homologe Gene

Gene und die von ihnen kodierten Proteine sind homolog, wenn sie von einem Vorläufergen eines gemeinsamen Vorfahrens abstammen. Da die Aminosäuresequenz eines Proteins durch die Nukleotidsequenz ihres Gens vorgegeben ist, kann die Aminosäuresequenz nach der DNA-Sequenzierung des Gens mithilfe des genetischen Codes (Bild 1, S. 91) direkt ermittelt werden.

Insulin
Hormon, das den Blutzuckerspiegel senkt und in der Bauchspeicheldrüse gebildet wird

Bild 1 zeigt die DNA-Basensequenzen der **Insulingene** des Menschen und zweier anderer Säugetiere, des Schimpansen und der Maus, mitsamt der Aminosäureabfolge in den Proteinen. Die starken Gemeinsamkeiten sowohl der Aminosäure- als auch der DNA-Sequenzen der drei verschiedenen Organismen sind Ausdruck einer Abstammung von gemeinsamen Vorfahren, die schon das Vorläufergen für **Insulin** besaßen.

Codon-Nummer: 1 … 11 … 20

Mensch: ATG GCC CTG TGG ATG CGC CTC CTG CCC CTG CTG GCG CTG CTG GCC CTC TGG GGA CCT GAC
Homo sapiens Met Ala Leu Trp Met Arg Leu Leu Pro Leu Leu Ala Leu Leu Ala Leu Trp Gly Pro Asp

Schimpanse: ATG GCC CTG TGG ATG CGC CTC CTG CCC CTG CTG GTG CTG CTG GCC CTC TGG GGA CCT GAC
Pan troglodytes Met Ala Leu Trp Met Arg Leu Leu Pro Leu Leu Val Leu Leu Ala Leu Trp Gly Pro Asp

Maus: ATG GCC CTG TGG ATG CGC CTC CTG CCC CTG CTG GCC CTG CTC TTC CTC TGG GAG TCC CAC
Mus musculus Met Ala Leu Trp Met Arg Leu Leu Pro Leu Leu Ala Leu Leu Phe Leu Trp Glu Ser His

Codon-Nummer: 21 … 31

Mensch: CCA GCC GCA GCC TTT GTG AAC CAA CAC CTG TGC GGC TCA CAC CTG GTG GAA GCT CTC TAC....
Homo sapiens Pro Ala Ala Ala Phe Val Asn Gln His Leu Cys Gly Ser His Leu Val Glu Ala Leu Tyr....

Schimpanse: CCA GCC TCG GCC TTT GTG AAC CAA CAC CTG TGC GGC TCA CAC CTG GTG GAA GCT CTC TAC....
Pan troglodytes Pro Ala Ser Ala Phe Val Asn Gln His Leu Cys Gly Ser His Leu Val Glu Ala Leu Tyr....

Maus: CCC ACC CAG GCT TTT GTC AAG CAG CAC CTT TGT GGT TCC CAC CTG GTG GAG GCT CTC TAC....
Mus musculus Pro Thr Gln Ala Phe Val Lys Gln His Leu Cys Gly Ser His Leu Val Glu Ala Leu Tyr....

Bild 1
Nukleotidsequenz (weiß) und Aminosäuresequenz (gelb) von Insulin (vorderer Teil der Gene des nicht prozessierten Transkriptes)

Das Gen für Insulin, die Vorlage für das primäre Transkriptionsprodukt Präproinsulin, besteht aus ca. 300 Nukleotiden und enthält zwei Introns. In den Ribosomen des rauen endoplasmatischen Retikulums wird anhand des Gens zunächst ein inaktives **Präproinsulin** gebildet. Dieses enthält eine **Signalsequenz**, die aus den zuerst synthetisierten Aminosäuren besteht und die dafür sorgt, dass es in das richtige Zellkompartiment transportiert wird. Durch Abspaltung der Signalsequenz sowie nach Bildung von Disulfidbrücken und proteolytischen Spaltungen im Proteininneren entsteht das aktive Hormon.

In Bild 1, S. 141, sind die Nukleotide bzw. Aminosäuren, die sich von den menschlichen Sequenzen unterscheiden, schwarz bzw. rot unterlegt. Das Insulingen des Menschen unterscheidet sich von dem des Schimpansen, der zum Menschen verwandtschaftlich am nächsten stehenden Art, im ersten Drittel nur in drei Codons und in zwei Aminosäuren.

Eine Alanin-Aminosäure an Position 12 ist gegen Valin und ein weiteres Alanin an Position 23 gegen Serin ausgetauscht. Aufgrund der Degeneration des genetischen Codes bewirkt jedoch nicht jede Veränderung der Basensequenz einen Aminosäureaustausch. Die Sequenz des gesamten Peptids unterscheidet sich nur in sechs von 330 Nukleotiden bzw. in zwei von 110 Aminosäuren und ist damit nahezu identisch mit dem menschlichen Präproinsulin (zu 98 % für DNA und Protein).

Wobble-Effekt
Effekt, dass einige tRNAs bei der Translation an verschiedene Codons mit unterschiedlichen Basen in der dritten Position binden

Die Aminosäure- und Nukleotidsequenzen der Insulingene anderer Säugetiere unterscheiden sich aufgrund entfernterer Verwandtschaft in deutlicherer Weise vom menschlichen Gen. Das Insulingen der Maus zeigt häufiger auf Mutationen beruhende Änderungen in den dritten Stellen der Codons, die jedoch aufgrund des **_Wobble_-Effektes** keine Auswirkung auf die Aminosäurezusammensetzung haben. Auch tauchen häufiger neue Aminosäuren an verschiedenen Positionen des Proteins auf, die jedoch offensichtlich keinen großen Einfluss auf die Funktion von Insulin haben. Insgesamt hat das Insulingen der Maus eine Identität (Homologie) zu 83 % auf Nukleotidebene und zu 82 % auf Aminosäureebene zum menschlichen Peptidhormon.

Die inzwischen durchgeführte Sequenzierung zahlreicher Gene, sogar kompletter Genome von Organismen, hat eine überwältigende Fülle homologer Gene offenbart. Weisen zwei Gene in ihrer Nukleotidsequenz mehr als 30 % Identität, also gleiche DNA-Base in der Abfolge auf, ist eine zufällige Übereinstimmung unwahrscheinlich. Von einer gleichen Herkunft der Gene und einer gemeinsame Abstammung der Organismen, bei denen diese Gene angetroffen werden, muss ausgegangen werden. Der Vergleich zahlreicher homologer Gene zeigt deutlich, dass die Sequenzhomologie der Gene umso größer ist, desto enger die Organismen verwandt sind.

Homologe Gene der Organismen zeigen in der Nukleotidsequenz und der Aminosäuresequenz ihrer zugehörigen Proteine ein hohes Maß an Gemeinsamkeiten, das durch die Herkunft der Gene von gemeinsamen Vorfahren erklärt werden kann. Das Ausmaß der Homologie lässt auf den Grad der Verwandtschaft schließen.

Genduplikationen

Pseudogene
Gensequenzen, die durch Mutationen inaktiviert sind, jedoch im Genom fortbestehen

Homologe Gene existieren nicht nur in Organismen verschiedener Arten mit gemeinsamen Vorfahren, sondern auch innerhalb des Genoms von Individuen derselben Art. In zahlreichen Genomen werden DNA-Abschnitte mit Ähnlichkeiten zu anderen Genen gefunden. Dies können aktive Gene sein, die in mRNAs umgeschrieben werden, und inaktive Gene, sogenannte **Pseudogene**. Diese Gene sind wahrscheinlich durch **Genduplikationen** entstanden, durch Verdoppelung von DNA-Abschnitten des Chromosoms, die als Folge von Chromosomenmutationen erfolgen können.

Eine Genverdoppelung tritt besonders häufig bei solchen Genen auf, deren Genprodukte zeitweise in hohen Mengen benötigt werden. Alle aktiven Gene unterliegen der Selektion. Solche Mutationen sind günstig, die zu Genduplikationen und damit zu Wiederholungen der Gene führen, wenn deren Produkte in hoher Zahl einen Überlebensvorteil für den Organismus darstellen. So sind beispielsweise Hunderte von Genen für ribosomale RNA hintereinander angeordnet. Wenn in der Zelle zahlreiche Ribosomen für die Proteinbiosynthese benötigt werden, können diese Proteinfabriken schnell gebildet werden, indem die Transkription der rRNA stark erhöht wird.

Bild 1 zeigt, welche Folgen eine Genduplikation haben kann. Durch Mutationen können aus aktiven Genkopien inaktive Pseudogene entstehen. Dies kann beispielsweise geschehen, indem durch eine Punktmutation der Promotor verändert wird oder ein Stopcodon inmitten der Gensequenz entsteht und zum Abbruch der Translation führt.

Wenn die Genkopie nicht mehr in ein Protein übersetzt wird und somit keine Funktion hat, sind die nun auftretenden Mutationen neutral. Sie unterliegen keinem Selektionsdruck, da das ursprüngliche Protein ja noch vorhanden ist.

In Pseudogenen, die als eine „Spielwiese der Evolution" betrachtet werden, können sich somit im Laufe langer Zeiträume Mutationen anhäufen. Das potenzielle Genprodukt kann sich stark verändern. Wenn nun irgendwann, z. B. nach einer weiteren chromosomalen Umlagerung, der Fall eintritt, dass das vielfach mutierte Gen wieder angeschaltet wird (Genreaktivierung), tritt ein homologes Gen in Erscheinung, das z. B. ein Enzym mit einer neuen enzymatischen Funktion kodiert. Ist dieses neue Enzym von Vorteil für die Zelle, kann es durch die Selektion verbreitet werden.

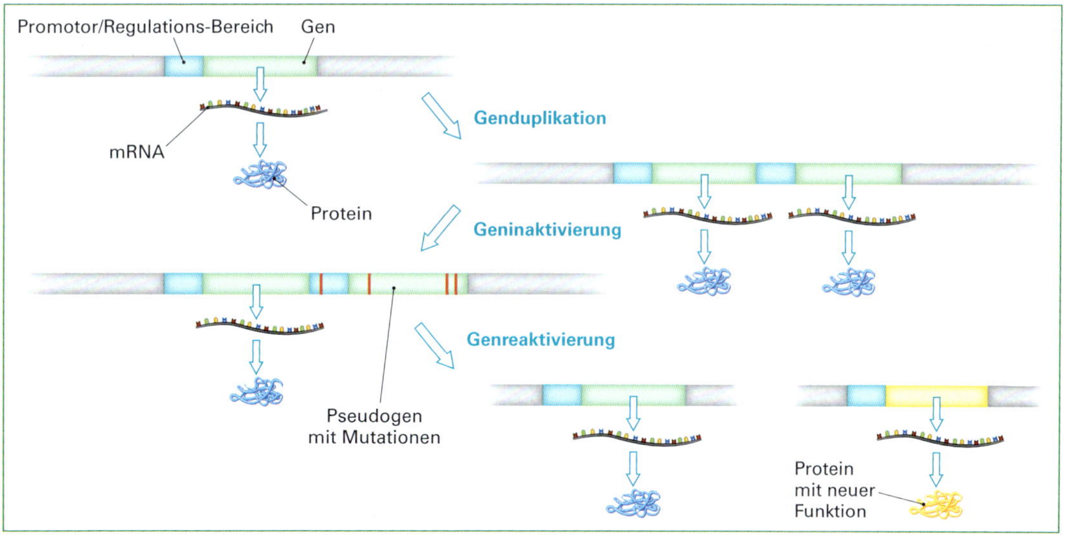

Bild 1
Entstehung neuer Gene durch Genduplikation

Genduplikationen gelten als die wichtigsten biologischen Prozesse, die im Laufe der Evolution zu einer Erhöhung der Anzahl der Gene im Genom der Organismen geführt haben.

Durch **Genduplikation** (Genverdopplung) können im Einklang mit der Evolutionstheorie neue Gene entstehen. Dabei spielen **Pseudogene**, funktionslose Kopien von aktiven Genen, eine wichtige Rolle, da sie aufgrund des Fehlens eines Selektionsdrucks die Ansammlung von Mutationen erlauben.

Erbgut des Menschen im Jahr 2003 erstmals entziffert

300 Millionen Dollar hat es gekostet und 13 Jahre gedauert, bis im Jahr 2003 das erste menschliche Genom durch eine Zusammenarbeit von über 1000 Wissenschaftlern im Humangenprojekt vollständig sequenziert war. Die drei Milliarden Buchstaben des Erbguts eines Menschen können heute dank neuer Sequenzierungsmethoden in einigen Tagen und für einen Bruchteil der Kosten entziffert werden.

Die größte Überraschung der menschlichen DNA-Daten war die nur geringe Zahl von ca. 23000 Genen im Genom; dies entspricht nur zwei Prozent des Erbguts. Es gibt Tiere, wie den Wasserfloh mit etwa 31000 Genen und vor allem viele Pflanzen, die wesentlich mehr Gene besitzen.

Die restlichen 98 Prozent des menschlichen Genoms, die zunächst als DNA-Schrott angesehen wurden, sind wahrscheinlich ebenfalls von enormer Bedeutung, obgleich sie keine Proteine kodieren. Ein Teil dieser DNA wird regelmäßig abgelesen, indem RNA-Kopien gebildet werden. Es gibt viele Hinweise, dass diese Bereiche die Regulation der komplexen zellulären Zusammenhänge des Menschen leisten und sich hier die wirklichen Unterschiede zu tierischen Genomen manifestieren. Ein großer Teil der nicht kodierenden DNA sind Transposons. Die springenden Gene sind vor allem für die Evolution wichtig; es sind molekulare Werkzeuge, die Gene auseinandernehmen und neu kombinieren können.

Die Genome des Menschen und anderer Lebewesen, die inzwischen sequenziert wurden, zeigen erstaunliche Ähnlichkeiten. So weisen die Genome des Menschen und beispielsweise der Maus eine übereinstimmende Zahl der Gene auf, die überwiegend noch große Gemeinsamkeiten in den DNA-Sequenzen besitzen. Im menschlichen Genom finden sich viele Gene, die in ähnlicher Form sogar schon bei Einzellern wie Bakterien vorhanden sind.

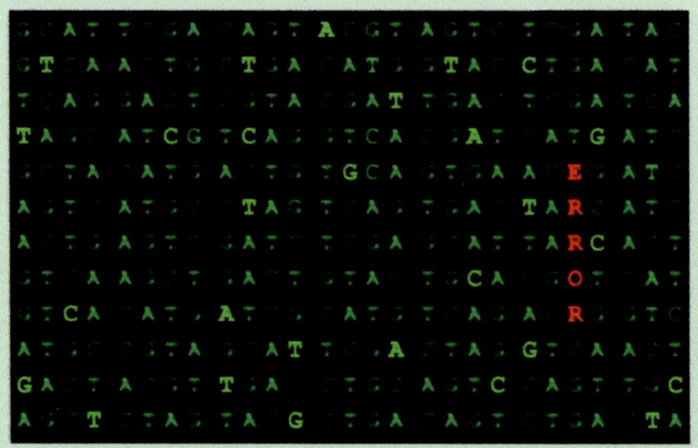

Bild 1 **Gensequenzen mit den vier DNA-Buchstaben**

Inzwischen ist das Erbgut von mehr als 1000 Menschen von fast allen Kontinenten entschlüsselt. Individuelle Menschen unterscheiden sich untereinander in nur etwa 0,1 % ihrer DNA. Doch diese kleinen Differenzen beeinflussen offenbar, ob eine Person für eine bestimmte Krankheit anfällig ist und ob bestimmte Medikamente gut oder weniger gut wirken.

6.3 Abstammung und Einteilung der Lebewesen

Die enge Zusammengehörigkeit aller Lebewesen wird durch übereinstimmende Strukturen und Prozesse verdeutlicht, die auf eine gemeinsame Abstammung aller Organismen von einfachen Lebensformen hinweisen. Die ersten Lebewesen auf der Erde sind nach Meinung vieler Wissenschaftler vor ca. 3,8 Milliarden Jahren entstanden. Der Prozess der Entstehung der Biomoleküle aus anorganischen Molekülen wird **chemische Evolution** genannt; über ihren Ablauf gibt es keine gesicherten Erkenntnisse.

Biologische Makromoleküle
In Lebewesen aktive Moleküle wie z. B. Nukleinsäuren und Proteine

Im Urmeer der Erde waren anorganische und organische Vorstufen vorhanden, die zur Bildung erster **biologischer Makromoleküle** und erster **primitiver Lebensformen** geeignet waren. Diese allerersten Vorgänger der heutigen Lebewesen müssen zumindest einen einfachen Stoffwechsel besessen haben und in der Lage gewesen sein, informationstragende Strukturen zu kopieren und sie an Nachkommen weiterzugeben (Vererbung).

Möglicherweise entstanden die ersten Lebensformen in der Tiefsee im Bereich der Schwarzen Raucher (engl. *black smoker*), extrem heißen Wasserquellen, an denen viele energiereiche chemische Verbindungen zur Verfügung stehen. Wichtige Biomakromoleküle der ersten Lebensformen können **RNA-Moleküle** gewesen sein, da RNA sowohl Funktionen als Enzyme (sogenannte Ribozyme) als auch als Vererbungseinheiten (heute noch bei Viren vorhanden) ausüben können.

Prokaryontische Zelle
Einfach aufgebaute Zelle ohne Zellkern und Zellorganellen, typisch für Bakterien

Die **chemische Evolution** hat vor ca. 3,8 Milliarden Jahren auf der Erde zur Entstehung biologischer Makromoleküle und einfacher Lebensformen geführt.

Entfaltung des Lebens während der Erdgeschichte

An die chemische schloss sich die **biologische Evolution** an, die mit der Entstehung einfacher Zellen, nämlich der **Prokaryonten** begann. Zu einem Großteil der Zeit, in der es Leben auf der Erde gibt, waren **prokaryontische Zellen** allein unter sich.

Alter (Millionen Jahre)	Erdzeitalter		Biologische Entwicklungen
0 – 2,6	Känozoikum	Quartär	Eiszeiten, Entwicklung des Menschen
2,6 – 65	Känozoikum	Tertiär	Ausbreitung der Säugetiere
65 – 145	Mesozoikum	Kreide	Entfaltung der Blütenpflanzen, Aussterben der Dinosaurier
145 – 200	Mesozoikum	Jura	Entfaltung der Dinosaurier, erstes Auftreten der Vögel
200 – 251	Mesozoikum	Trias	Erstes Auftreten von Säugetieren
251 – 299	Paläozoikum	Perm	Ausbreitung von Reptilien darunter „säugetierähnliche“ Reptilien
299 – 359	Paläozoikum	Karbon	Entfaltung der Amphibien, Ausbreitung großer Wälder (Kohlebildung)
359 – 416	Paläozoikum	Devon	Erste Wirbeltiere (Amphibien) gehen an Land
416 – 444	Paläozoikum	Silur	Fische mit Kiefern Erste Arthropoden und Gefäßpflanzen gehen an Land
444 – 488	Paläozoikum	Ordovizium	Auftreten von kieferlosen Fischen (erste Wirbeltiere) Landgang der ersten Pflanzen
488 – 542	Paläozoikum	Kambrium	Kambrische Artenexplosion Entwicklung der rezenten Tierstämme
542 – 2500	Präkambrium	Proterozoikum	Älteste Fossilien mehrzelliger Tier („Ediacara“-Fauna)
2500 – 4000	Präkambrium	Archäikum	Entstehung von Einzellern, Bildung von Stromatolithen

Massensterben (an den Grenzen Kreide/Tertiär und Trias/Jura)

Bild 1 Geologische Zeitskala der Erdgeschichte mit wichtigen Ereignissen der Evolution

Die Differenzierung dieser einfachen Zellen zu den **eukaryontischen Zellen**, die heute die Zellformen aller tierischen und pflanzlichen Organismen darstellen, war der Beginn einer neuen Lebensära. Nach der heute weitgehend akzeptierten **Endosymbiontenhypothese** sind bei diesem Ereignis Bakterien in die eukaryontische Vorläuferzelle eingedrungen und haben dort ursprünglich als **Symbionten** gelebt. Im Lauf langer Zeiträume wurden die symbiontischen Bakterien von der Wirtszelle völlig abhängig.

Eukaryontische Zelle
Komplex aufgebaute Zelle mit Zellkern und Zellorganellen, typisch für Tiere und Pflanzen

Symbiont
Lebewesen, das mit einem Lebewesen einer anderen Art eine Lebensgemeinschaft mit beidseitigem Nutzen bildet

Die Bakterien verloren einen Großteil ihrer Erbinformationen, die vom Zellkern übernommen wurden. Die eigenständigen Organismen wurden so allmählich zu Zellorganellen. Vermutlich vor ca. 1,4 Milliarden Jahren entstanden so die ersten Einzeller mit der Struktur einer eukaryontischen Zelle. Ca. 700 Millionen Jahre später tauchten die ersten vielzelligen Organismen auf, die heute als Fossilien konserviert sind.

Die **biologische Evolution** begann mit der Entstehung **prokaryontischer** Zellen, die als einzige Lebewesen in der Frühzeit des Lebens existierten. Später bildeten sich über die Aufnahme symbiontischer Bakterien in die Urzellen **eukaryontische** Zellen und daraus **mehrzellige** Organismen.

Die Evolution der Lebewesen machte im Laufe der Erdgeschichte eine wechselhafte Entwicklung durch. Es wechselten Zeiten der Entstehung zahlreicher neuer Arten mit Massenaussterben von Organismengruppen, geprägt von den globalen und klimatischen Bedingungen der jeweiligen Erdzeitperioden. Bild 1, S. 145, zeigt, welche Bedeutung die Zeitalter der Erdgeschichte für die Entwicklung des Lebens hatten.

Klassifikation der Lebewesen

Die Klassifikation ist die systematische Einteilung und Einordnung der Lebewesen in bestimmte Abteilungen. Naturforscher haben sich schon im Altertum, vor allem aber in der Neuzeit bemüht, die Lebewesen in ihrer Vielfalt zu ordnen. Zuerst wurden Pflanzen und Tiere beschrieben und in Gruppen eingeteilt, später auch die Mikroorganismen. Inzwischen sind etwa 1,5 Millionen Arten von Lebewesen erfasst worden. Die Gesamtzahl aller Arten der Erde ist wahrscheinlich noch deutlich höher. Bevor die Evolutionstheorie von *Darwin* veröffentlicht wurde und solange die gemeinsame Abstammung und Verwandtschaft der Lebewesen nicht bekannt war, war die Ähnlichkeit das alleinige **Ordnungskriterium**.

Morphologie
Lehre von den Strukturen und Formen der Organismen wie Körperteilen und Organen

Parthenogenese, Jungfernzeugung
Form der eingeschlechtlichen Fortpflanzung, bei der aus unbefruchteten Eiern Nachkommen entstehen

Der schwedische Naturforscher *Carl von Linné* (1707–1778) begründete das erste wissenschaftliche Ordnungssystem der Organismen. Die Art wurde dabei als kleinste Einheit der **Klassifikation** festgesetzt. *Linné* trennte Organismen als verschiedene Arten voneinander ab, wenn sie sich in wesentlichen Merkmalen unterschieden, wie z. B. bei Pflanzen im Aufbau der Blüten. Er ging davon aus, dass Angehörige derselben Art in ihren wichtigsten körperlichen Merkmalen übereinstimmen (**morphologischer** Artbegriff).

Bis auf den heutigen Tag wird in der Biologie die Art (Spezies) als **Grundeinheit der Klassifikation** benutzt, allerdings mit neuer Definition. Eine Art ist danach eine Gruppe von Organismen, die sich untereinander fortpflanzen und fruchtbaren Nachwuchs erzeugen. Es handelt sich um die Populationen, unter denen Genfluss besteht. Dieser **biologische Artbegriff** versagt aber beispielsweise, wenn sich Lebewesen nicht sexuell, wie die Bakterien, oder über **Parthenogenese** fortpflanzen. Oft ist es zudem schwierig in der Natur eine fruchtbare Kreuzung zu beobachten. Deshalb wird heutzutage der ältere, morphologische Artbegriff weiter benutzt, wenn die biologische Artdefinition nicht anwendbar ist.

Die **Art** ist die Grundeinheit der Klassifikation, die entweder biologisch als Fortpflanzungsgemeinschaft oder morphologisch aufgrund ähnlicher Merkmale definiert wird.

Obgleich *Carl von Linné* davon ausging, dass die Zahl der Arten für immer konstant bleibt, ist seine Klassifikation der Pflanzen und Tiere noch heute von Bedeutung für die Biologie. Denn *Linné* entwickelte ein für alle Lebewesen **einheitliches Klassifikationssystem** mit einer eindeutigen Benennung der Arten. Er schuf dazu die **binominale Nomenklatur**, ein System mit zweiteiligen Artnamen, wie z. B. *Mus musculus* für die Hausmaus.

Danach setzt sich die Artbezeichnung eines Lebewesens aus dem Namen der Gattung (*Mus*) und einer Ergänzung (*musculus*) zusammen, die in Kombination mit dem Gattungsnamen die Art eindeutig charakterisiert. Beide Namensteile werden kursiv geschrieben. Der vorangestellte Gattungsnamen wird immer groß und der artspezifische Name klein geschrieben.

Die **Gattung** ist die zur Art nächsthöhere Ordnungskategorie. Verschiedene Arten, die gemeinsame Kennzeichen teilen, werden in einer Gattung vereinigt. Die Gattungen können wiederum in höheren systematischen Gruppen, wie Familien, Ordnungen, Klassen, Stämme und Reiche sowie in weitere Untergliederungen dieser Gruppen, wie Unterfamilien usw., zusammengefasst werden.

Binomen
Zweiteiliger Name wie z. B. die Zusammensetzung von Vor- und Familiennamen

Nomenklatur
Namensgebung oder Namensverzeichnis

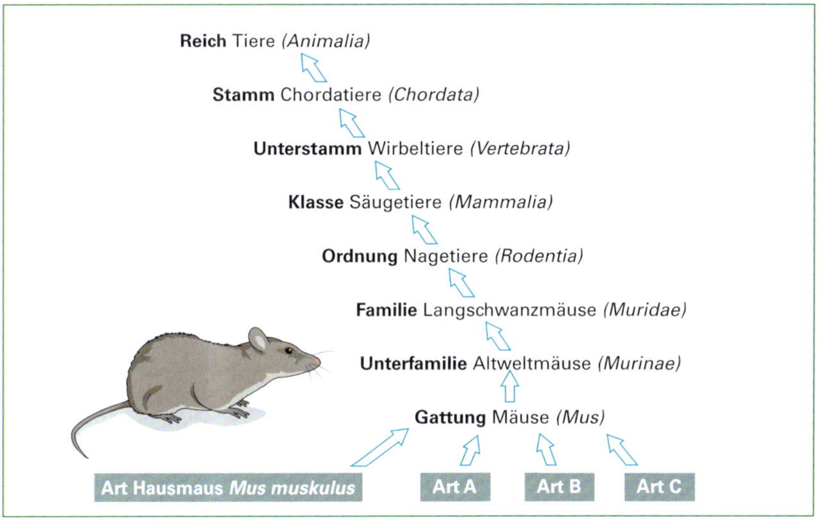

Bild 1
Das hierarchische System der Einteilung von Lebewesen in der Biologie

Bild 1 zeigt am Beispiel der Maus das System von Kategorien, die **hierarchisch** strukturiert sind und ausgehend von den Arten immer übergeordnetere Abteilungen darstellen. Die Gruppen der Organismen, die in die verschiedenen Kategorien eingeordnet sind, werden **Taxa** (Singular: Taxon) genannt. Das Fachgebiet der Biologie, das die Vielfältigkeit der Lebewesen untersucht, die Organismen gegeneinander abgrenzt und die Taxa in einem hierarchischen System ordnet, heißt **Systematik**.

> Die **Klassifikation** von Lebewesen ist die systematische Einordnung von Lebewesen in Klassen, wie Gattung, Familie und Ordnung. Die Klassifikation ist **hierarchisch** strukturiert, für verschiedene Untergruppen existiert eine Übergruppe.

Sobald sich in der Biologie die Erkenntnis durchsetzte, dass alle Lebewesen von gemeinsamen Vorfahren abstammen, wurden die **verwandtschaftlichen Beziehungen** als eigentliche Grundlage des biologischen Ordnungssystems festgesetzt. Als Ergebnis entstand ein natürliches System im Gegensatz zu dem vorherigen, dem künstlichen von *Linné*, bei dem Merkmale über die Einordnung entscheiden, die mit einer gewissen Willkür ausgewählt wurden.

Natürliche Verwandtschaftsgruppen zeichnen sich dadurch aus, dass sie aufgrund ihrer Abstammung von gemeinsamen Vorfahren zusammengehören, wie dies z. B. für die Wirbeltiere der Fall ist.

Hingegen sind die Wirbellosen ein Taxon, das nur aufgrund des Fehlens eines Merkmals, nämlich der Wirbelsäule, existiert. Wirbellose Tiere, wie die Insekten und andere Gliederfüßer, Schwämme oder Seesterne, sind sehr entfernt miteinander verwandt und keine natürliche Verwandtschaftsgruppe.

Die Biologie ist heutzutage bestrebt, die Organismen in ein **natürliches Ordnungssystem** einzugliedern, das auf den während der Evolution entstandenen verwandtschaftlichen Beziehungen der Lebewesen beruht.

Aufklärung der Verwandtschaftsbeziehungen

Homologie
Übereinstimmung von Merkmalen und Bauplänen von Organen, die auf eine Abstammung von gemeinsamen Vorfahren zurückgeführt werden kann

Analogie
Ähnlichkeit von Organen aufgrund gleicher Funktion als Anpassung an den Lebensraum

Alle Arten der Lebewesen haben gemeinsame Vorfahren, die sich an einem bestimmten Zeitpunkt der Evolution, vor vielen Millionen oder vor einigen Tausend Jahren, auseinanderentwickelt haben. Ist die Trennung der Arten vor sehr langer Zeit erfolgt, ist die verwandtschaftliche Beziehung entfernter als bei Bildung einer neuen Art vor nicht so langer Zeit.

Zur Aufklärung der Verwandtschaft ist es nützlich, die bei Arten ähnelnden **Merkmale** daraufhin zu analysieren, ob es sich um **Homologien**, also Hinweise auf engere Verwandtschaft, oder um **Analogien** handelt. Analoge Merkmale, die oft durch große Ähnlichkeit auffallen, sind unabhängig voneinander entwickelt worden. Der Erwerb von Flügeln ist beispielsweise mehrmals im Laufe der Evolution bei unterschiedlichen Tiergruppen erfolgt (Insekten, Flugsauriern, Vögeln und Fledermäusen). Aus dem Grad der Differenz homologer Merkmale kann jedoch auf die verwandtschaftliche Distanz zweier Arten geschlossen werden.

Auch aus frühen Stadien in der **Embryonalentwicklung** der Organismen können Rückschlüsse auf die Abstammung und die Stammesgeschichte der Organismen gezogen werden. Die frühen Embryonalstadien des Menschen und aller anderen Landwirbeltiere gleichen z. B. den Embryonen der Fische. So besitzen Embryonen von Menschen und Fischen bogenartige Wülste, die die Anlagen für Kiemen darstellen, und eine Schwanzwirbelsäule, die beim Menschen später zurückgebildet werden.

Besonders **DNA und Proteine** lassen sich zu Verwandtschaftsuntersuchungen von Lebewesen nutzen. Je länger der letzte gemeinsame Vorfahre zweier Lebewesen zurückliegt, desto stärker unterscheiden sich homologe Gene und ihre Proteinprodukte voneinander. Wurden anfangs häufig die Aminosäuresequenzen der Proteine analysiert, werden nun aufgrund gewaltiger Fortschritte in der **DNA-Sequenzierung** einzelne Gene oder vollständige Genome erforscht. Außerdem enthält die DNA-Sequenz mehr Informationen, da eine Aminosäure im Protein durch mehrere DNA-Einheiten kodiert werden kann, und die Proteinsequenz lässt sich von der DNA-Sequenz des zugehörigen Gens ableiten.

Zur Aufklärung der verwandtschaftlichen Beziehungen der Lebewesen werden insbesondere deren **DNA- und Proteinsequenzen** analysiert.

Die Genome der Lebewesen weisen sowohl konservative Abschnitte auf, die bei entfernt Verwandten nur wenige Änderungen offenbaren, als auch hochvariable Bereiche:

- **Konservative DNA-Bereiche** enthalten Gene, die für die Organismen von existenzieller Bedeutung sind und die oft bei allen Lebewesen gefunden werden. Diese Gene sind im Laufe der Evolutionsgeschichte selten bzw. wenig verändert worden, da die Selektion verhindert hat, dass Mutationen die lebenswichtigen Gene inaktivierten. Nur solche Mutationen hatten die Möglichkeit sich durchzusetzen, die die Funktionen der Genprodukte nicht wesentlich beeinträchtigten.

Deshalb eignet sich die Analyse dieser konservativen Bereiche für die Verwandtschaftsaufklärung von Lebewesengruppen, die schon früh in der Geschichte des Lebens getrennt wurden und verwandtschaftlich weit voneinander entfernt sind.

Häufig werden für Verwandtschaftsuntersuchungen die Gene für die **ribosomale RNA** verwendet, die in allen Lebewesen vorhanden sind. Überwiegend werden bei Prokaryonten die 16 S rRNA und bei Eukaryonten die 18 S rRNA untersucht, die hinsichtlich der Größe genügend genetische Informationen liefern. Dazu gibt es inzwischen umfangreiche Sequenzdatenbanken, die im Internet jedermann zugänglich sind (z. B. blast.ncbi.nlm.nih.gov).

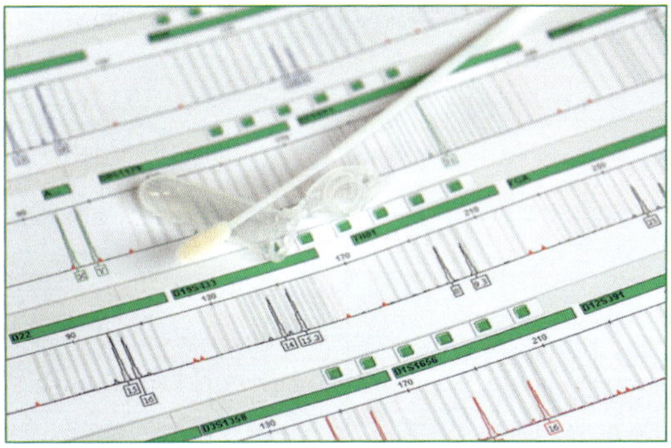

Bild 1
Genetischer Fingerabdruck: Abstrichtupfer und Ergebnisausdruck

- **Hochvariable DNA-Bereiche** sind dort zu finden, wo weniger wichtige (oder gar keine) genetische Informationen enthalten sind. Untersuchungen dieser Bereiche eignen sich für den **genetischen Fingerabdruck** (Bild 1), da die Individuen einer Art z. B. des Menschen in diesen DNA-Sequenzen bereits Unterschiede aufweisen (s. Kap. III.3.4).

Beim genetischen Fingerabdruck wird mit molekularbiologischen Methoden das DNA-Profil eines Individuums gewonnen, das für diesen charakteristisch ist, wobei die DNA aus kleinsten Gewebeteilen und Körperflüssigkeiten isoliert werden kann.

Ribosomale RNA
Makromoleküle, die am Aufbau der Ribosomen (Proteinsynthesestätten der Zelle) beteiligt sind

Konservierte Genbereiche können zur Ermittlung weit entfernter Verwandtschaftsbeziehungen herangezogen werden.

DNA-Regionen, die ein **hohes Maß an genetischer Variabilität** aufweisen, werden bei nahe verwandten Arten oder zur Identifizierung von Individuen untersucht.

Großgruppen und Domänen

Die Gesamtheit der Lebewesen wurde lange Zeit in zwei Großgruppen (Reiche) unterteilt: in die Tiere (Animalia) und Pflanzen (Plantae). Aus den beiden wurden später fünf Reiche, indem die Pilze (Fungi) von den Pflanzen abgetrennt wurden und die einzelligen eukaryontischen Organismen als Protisten sowie die prokaryontischen Mikroorganismen hinzukamen. In den 1970er Jahren wurden die ebenfalls prokaryontischen Archaeen entdeckt, die zuerst als Archaebakterien zu den Bakterien gezählt wurden.

Das Reich der **Protisten** ist eine heterogene Gruppe von eukaryontischen Mikroorganismen, die nicht näher miteinander verwandt sind. Zu den Protisten werden die mikroskopisch kleinen Algen, Protozoen und Schleimpilze gezählt. Letztere sind nicht mit den Pilzen verwandt. Schleimpilze können sich wie Amöben fortbewegen, aber auch große Fruchtkörper bilden.

Mithilfe moderner genetischer Methoden wie DNA-Sequenzierungen wurde inzwischen ein neuer **Stammbaum des Lebens** erstellt, der sämtliche auf der Erde gefundenen Lebewesen umfasst. Das Leben auf der Erde hat sich schon in sehr früher Zeit in drei Linien aufgespalten, deren Vertreter sich in fundamentalen molekularen Eigenschaften unterscheiden. Deshalb wurde mit der **Domäne** oder dem **Urreich** eine höhere Klassifizierungskategorie eingeführt.

Die Gesamtheit der Lebewesen wird heutzutage in drei Domänen eingeordnet, da die Arten innerhalb einer Domäne zu den Organismen der anderen beiden Domänen eine geringe Verwandtschaft zeigen (Bild 1).

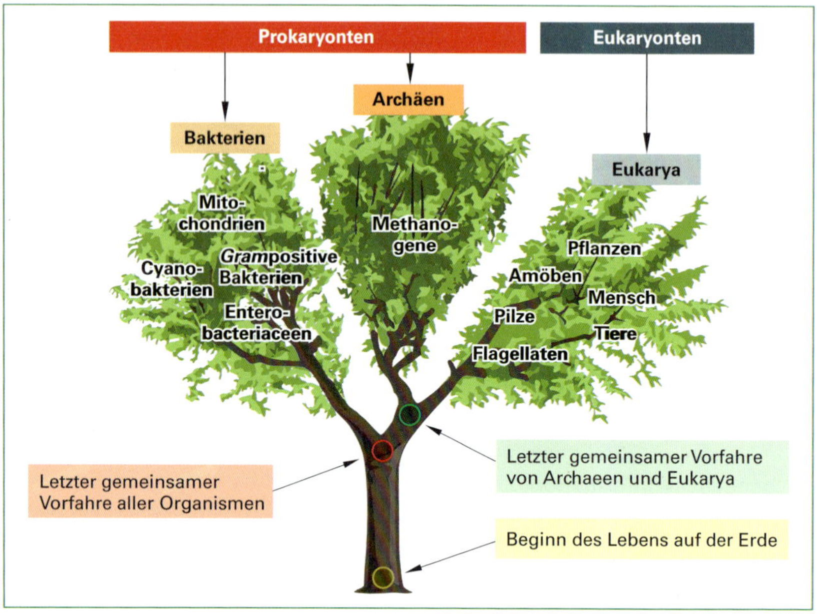

Bild 1 Stammbaum des Lebens

Die drei Domänen sind:

- **Bakterien** (Eubakterien)
Die Bakterien (s. Kap. II.1.1), die schon lange als eigenständige Gruppe geführt wurden, haben sich früh in der Evolution von den beiden anderen Domänen abgespalten. Sie werden heute in mehrere große Taxa aufgeteilt. Beispiele sind die **grampositiven Bakterien** und die Fotosynthese treibenden Cyanobakterien. Viele bekannte Krankheitserreger wie die Salmonellen und die Pesterreger gehören zur Gruppe der Enterobacteriaceen. Mitochondrien und Chloroplasten, die Organellen der eukaryontische Zelle, können auch in den Stammbaum des Lebens integriert werden, da sie ursprünglich Bakterien waren, die ihre Selbstständigkeit im Laufe der Evolution verloren haben.

Grampositive Bakterien
Bakteriengruppe mit mehrschichtiger Zellwand, die durch die Gramfärbung von anderen Bakterien unterschieden werden kann

- **Archaeen** (Archaebakterien)
Die Archaeen (s. Kap. II.1.2), die zuerst zu den Bakterien gezählt wurden, kommen oft an unwirtlichen Standorten wie extrem sauren oder heißen Quellen vor, an denen lange Zeit nicht nach Lebensformen gesucht wurde. Vertreter sind beispielsweise die **anaeroben** Methanogenen, die Methan als Endprodukt des Stoffwechsels bilden.

  Archaeen ähneln im Zellaufbau den Bakterien, sodass diese beiden Domänen als Prokaryonten zusammengefasst werden. Genetische und biochemische Untersuchungen zeigten, dass die Archaeen mit der dritten Domäne, den Eukarya, enger verwandt sind als mit Bakterien. Diese beiden Gruppen haben wahrscheinlich gemeinsame entfernte Vorfahren, die sie nicht mit den Bakterien teilen.

Anaerobe Mikroorganismen
Organismen, die nur in Abwesenheit von Luftsauerstoff wachsen können

- **Eukarya** (Eukaryonten)
Diese oft als höhere Organismen bezeichneten Lebewesen haben eine eukaryontische Zelle, die einen komplexeren Aufbau als die prokaryon-

tische Zelle besitzt. Nur im Urreich der Eukarya haben sich mehrzellige Organismen, wie die Pflanzen und Tiere, entwickelt. Verschiedene eukaryontische Einzeller werden hier ebenfalls angesiedelt.

Zu den Eukarya werden folgende Reiche bzw. Großgruppen gezählt, die sich in typischen Eigenschaften unterscheiden:

- **Pflanzen:** Fotosynthese, fester Standort, Zellen mit Zellwand.
- **Tiere:** **heterotrophe Ernährungsweise**, Beweglichkeit, Zellen ohne Zellwand.
- **Pilze:** heterotrophe Ernährungsweise, fester Standort, Zellen mit Zellwand.
- **Protozoen** (tierische Einzeller): heterotrophe Ernährungsweise, Beweglichkeit, Zellen ohne Zellwand.
- **Algen:** Fotosynthese, Leben im Wasser, einfach aufgebaute Ein- oder Mehrzeller.

Heterotrophe Ernährungsweise
Nutzung organischer Stoffe, die zur Energiegewinnung und zum Aufbau körpereigener Stoffe benötigt werden

Bei den Protozoen und Algen handelt sich nicht um zusammengehörige Verwandtschaftsgruppen, da ihre Untergruppen an verschiedenen Stellen im Stammbaum der Lebewesen eingegliedert werden müssen. Zu den Protozoen werden Amöben, Ciliaten, Flagellaten und Sporozoen gezählt (s. Kap. II.2.2). Den Algen werden die Kieselalgen, Braunalgen, Rotalgen sowie die Grünalgen zugeordnet.

Moderne molekularbiologische Methoden haben gezeigt, dass es drei **Domänen (Urreiche)** gibt, in die alle heute bekannten Organismen eingeordnet werden können: die Bakterien, die Archaeen und die Eukarya. Organismen aus den verschiedenen Urreichen sind miteinander nur sehr entfernt verwandt.

Aufgaben

1. Nennen und beschreiben Sie die wichtigsten Evolutionsfaktoren.
2. Grenzen Sie Genotyp und Phänotyp voneinander ab.
3. Erklären Sie, welche Bedeutung Mutationen und Rekombination für den Evolutionsverlauf besitzen.
4. Beschreiben Sie, wie die Selektion die Individuen einer Population beeinflusst.
5. Geben Sie an, welche abiotischen und welche biotischen Umweltfaktoren die Evolution prägen.
6. Grenzen Sie die sexuelle und künstliche Selektion von der natürlichen Auslese ab.
7. Erklären Sie, wie durch Isolation neue Arten von Organismen entstehen und welche Faktoren dafür verantwortlich sein können.
8. Definieren Sie Genfluss und Gendrift.
9. Legen Sie dar, welche biochemischen und molekularen Belege die Evolutionstheorie stützen und erklären Sie den Begriff homologe Gene.
10. Grenzen Sie die chemische Evolution von der biologischen Evolution ab und nennen Sie die wichtigsten Etappen der Entstehung der Lebewesen.
11. Beschreiben Sie die Grundprinzipien der Klassifikation der Lebewesen und erklären Sie das System der binominalen Nomenklatur.
12. Stellen Sie die Definition der biologischen Art vor und erklären Sie die Problematik des Artbegriffes.
13. Beschreiben Sie den Stammbaum des Lebens.

Teil II Mikrobiologie

Systematik
Einordnung der Organismen in Gruppen, vornehmlich auf der Grundlage gemeinsamer evolutionärer Abstammung

Mikroskop (Lichtmikroskop)
Optisches Instrument zur Vergrößerung, geeignet für Bakterien (nicht für die viel kleineren Viren)

Das Forschungs- und Arbeitsobjekt der Mikrobiologie sind die **Mikroorganismen**, die oft Mikroben oder Keime genannt werden. Letzterer Begriff wird allerdings auch in der Bedeutung von Krankheitserregern benutzt. Als Mikroorganismen werden die Lebewesen bezeichnet, die so klein sind, dass sie mit bloßem Auge nicht mehr gesehen werden können. Die Mikroorganismen sind keine natürliche **systematische** Gruppe, d. h. es besteht unter den Mikroorganismen keine gemeinsame Verwandtschaft, die sie von anderen Lebewesen abgrenzt.

Die Entdeckung der Mikroorganismen und die klassischen mikrobiologischen Untersuchungen sind eng mit dem **Mikroskop** verbunden. Der Niederländer *Antony van Leeuwenhoek* (1623 – 1732) beobachtete wahrscheinlich als Erster im Jahre 1674 Mikroorganismen, Bakterien und Protozoen, in seinem selbst gebauten Lichtmikroskop.

Trotz ihrer geringen Größe sind Mikroorganismen oder ihre Aktivitäten manchmal mit dem Auge sichtbar und zwar dann, wenn sie sich massenhaft vermehrt haben:

- In Kontakt mit Wasser bilden sie einen sich schleimig anfühlender Aufwuchs auf den Oberflächen z. B. auf Zähnen im Mund (Bild 1), auf Steinen im Bach oder innerhalb von Wasserrohren. Der mikrobielle Bewuchs wird **Biofilm** genannt.
- Bakterien wachsen auch innerhalb von Wasser und Getränken und verursachen eine **Trübung** der Flüssigkeiten.
- **Schimmelpilze** bilden Beläge auf Lebensmitteln und zahlreichen anderen Substraten, wenn sie zur Vermehrung in großer Zahl Sporen produzieren.
- **Verdorbene Lebensmittel** verraten die Aktivitäten der Mikroben, die übel riechende Stoffe ausscheiden und den Zustand der Produkte verändern.

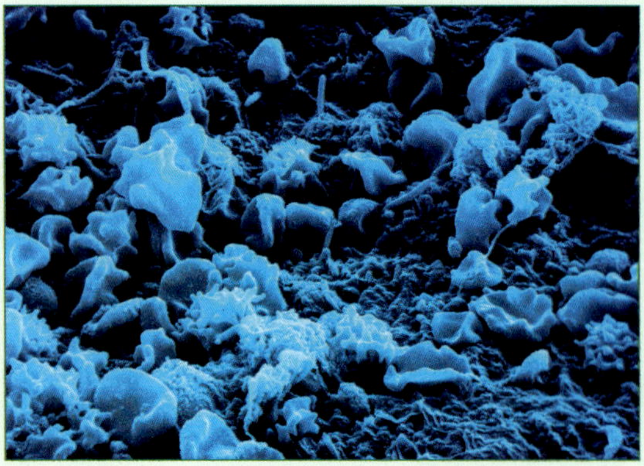

Bild 1 Bakterien in einem Biofilm (Zahnbelag)

Unter **Mikroorganismen** werden die Lebewesen verstanden, die aufgrund ihrer geringen Größe nur mit einem Mikroskop beobachtet werden können. Nach einer massenhaften Vermehrung der Mikroben können sie als Biofilme, Trübungen von Flüssigkeiten oder Beläge auf Lebensmitteln wahrgenommen werden.

Bild 1, S. 153, gibt eine Übersicht über die vielfältige Bedeutung, die Mikroorganismen für die Menschen haben. Die **Lebensmittel** des Menschen werden in positiver und negativer Hinsicht von Mikroben beeinflusst. Mikroorganismen werden in allen Ländern der Welt handwerklich und industriell zur Herstellung und Veredlung von Lebensmitteln eingesetzt. Die Erzeugung von Bier, Wein, Brot, Speiseessig, Milchprodukten und Sauergemüse beruht auf den Stoffwechselaktivitäten von Pilzen und Bakterien. Die mithilfe von Mikroorganismen hergestellten Produkte werden **fermentierte Lebensmittel** genannt. Andere Mikroben sind für den Verderb von Lebensmitteln verantwortlich und können die Nahrung ungenießbar machen.

Bekannt sind Bakterien und andere Mikroben als Erreger von **Infektionskrankheiten** beim Menschen (Kap. II.6), auch Tiere und Pflanzen haben zahlreiche Krankheitserreger. Weniger bekannt ist, dass der menschliche Körper auf der Haut und den Schleimhäuten im Inneren des Körpers dicht mit unterschiedlichen Mikroben besiedelt ist, die einen wichtigen positiven Einfluss auf den Körper und auf die Gesundheit haben.

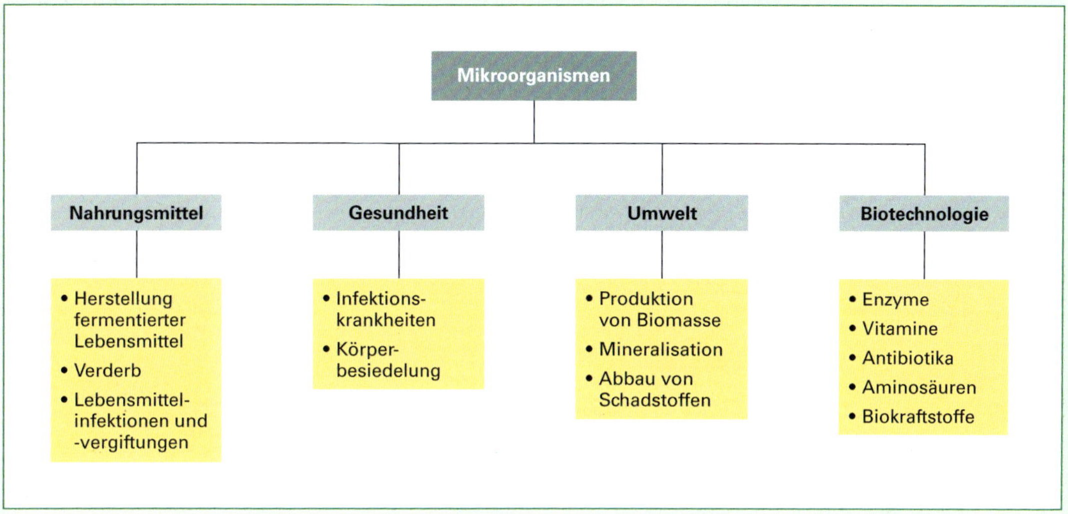

Bild 1
Bedeutung der Mikroorganismen für den Menschen

Ohne die Beteiligung der Mikroorganismen an den ökologischen Stoffkreisläufen der **Umwelt** (s. Kap. II.4) ist die menschliche Existenz nicht möglich. Neben Pflanzen sind Mikroben für die Entstehung von Biomasse verantwortlich. Sie produzieren mithilfe von Lichtenergie oder chemischer Energie aus energiearmen anorganischen Stoffen energiereichere organische Verbindungen. Mikroorganismen sind die einzigen Lebewesen, die die gebildete organische Biomasse wieder zu anorganischen Stoffen abbauen können (Mineralisation) und dadurch den Kreislauf des Lebens aufrechterhalten.

> Mikroorganismen haben einen vielfältigen **Einfluss auf den Menschen**. Sie beeinflussen seine Nahrungsmittel und die Gesundheit, schädigen ihn durch Infektionskrankheiten und halten die Kreisläufe der Natur aufrecht.

Der Einsatz von Mikroben in technisch nutzbaren Verfahren mit dem Ziel der Bereitstellung von Gütern und Dienstleistungen wird als **Biotechnologie (Biotechnik)** bezeichnet. Obgleich heutzutage auch andere Organismen, aus Pflanzen oder Tieren stammende vereinzelte Zellen oder Zellbestandteile wie Enzyme biotechnisch genutzt werden, spielen Mikroorganismen weiterhin eine wichtige Rolle und haben in vielen Verfahren eine lange Tradition.

In biotechnischen Verfahren werden Rohstoffe verschiedenster Art in wertvolle Stoffe oder Energien umgewandelt. Bild 1, S. 154, zeigt, dass in verschiedenen Sparten der Biotechnologie Mikroorganismen gebraucht werden:

▶ **Landwirtschaft bzw. Agrobiotechnologie**
In der Landwirtschaft werden Futterstoffe eingesetzt, die mithilfe bestimmter Mikroben produziert werden. Durch eine Milchsäuregärung entsteht aus pflanzlichen und verderblichen Materialien haltbares Tierfutter, genannt Silage. In landwirtschaftlichen Biogasanlagen werden tierische Exkremente und Energiepflanzen als Substrat genutzt und von anaeroben Mikroorganismen zu Methan umgesetzt (s. Kap. II.4.2.2).

Diagnostik
Verfahren zur Feststellung einer Erkrankung, bei Infektionen im Wesentlichen Identifizierung des Erregers

▶ Medizintechnik, Pharmazie bzw. Gesundheitsbiotechnologie

Von großer wirtschaftlicher Bedeutung ist die Produktion von Antibiotika durch Bakterien und Pilze (s. Kap. II.6.2.6). Viele Wirkstoffe in der Medizin wie Hormone (z. B. Insulin) und zur **Diagnostik** notwendige Substanzen werden heutzutage durch gentechnisch veränderte Mikroben erzeugt.

Mit Mikroorganismen können Stoffumwandlungen, auch **Biotransformationen** oder **Biokonversionen** genannt, ausgeführt werden. Dadurch werden chemisch schwierig durchzuführende Synthesewege ermöglicht.

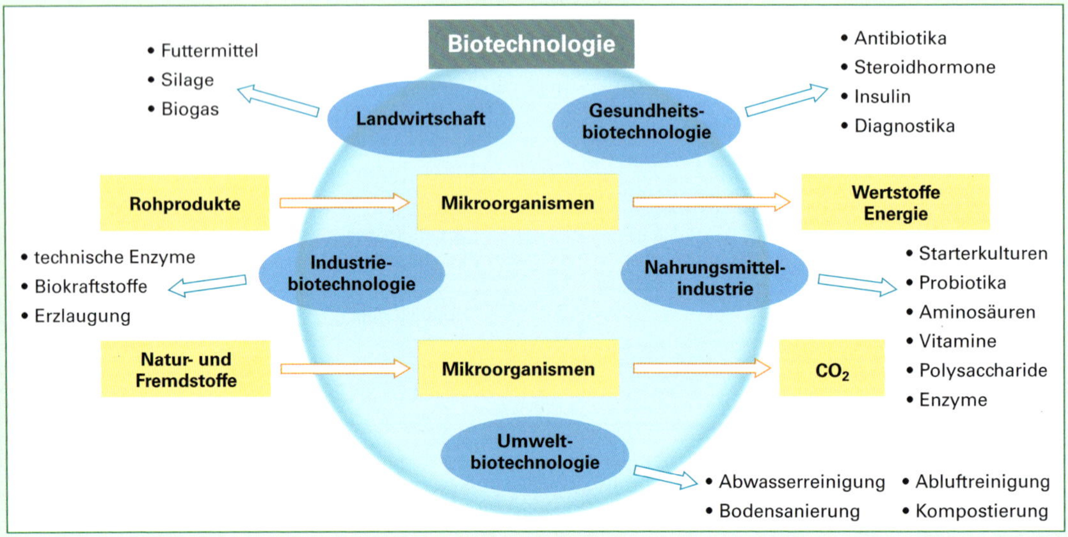

Bild 1
Einsatz von Mikroorganismen in der Biotechnologie

▶ Industrielle Biotechnologie

Die Industrie setzt an vielen Stellen auf die Mitarbeit der Mikroorganismen. Diese produzieren Enzyme, die von der Waschmittelindustrie, aber auch von der Textil-, Leder- und Papierindustrie benötigt werden. Chemikalien wie Ethanol dienen als Kraftstoffe oder Lösungsmittel. Bei der Laugung (engl. *leaching*) minderwertiger Kupfer- und Uranerze bringen Mikroorganismen die Metalle in wasserlösliche Form, sodass sie in wirtschaftlichen Mengen gewonnen werden können.

Starterkulturen
Industriell gezüchtete Kulturen von Mikroorganismen, die zur Herstellung und Veredlung von Lebensmitteln genutzt werden

▶ Nahrungsmittelindustrie

Neben der klassischen Herstellung fermentierter Lebensmittel sind Mikroorganismen an zahlreichen modernen Verfahren beteiligt. Ein großer Teil unserer Nahrung wird heutzutage mithilfe von **Starterkulturen** hergestellt, wie z. B. Sauermilchprodukte, Joghurt, Käse, Rohwurst, Bier und Wein. **Probiotische** Bakterienkulturen werden vor allem in der Milchindustrie eingesetzt. Darüber hinaus werden Bakterien, Hefen und Schimmelpilze kultiviert, um verschiedene Hilfs- und Zusatzstoffe für die Lebensmittelproduktion zu produzieren. Mikroorganismen, oft gentechnisch veränderte, spielen eine Rolle bei der Produktion von Vitaminen (z. B. Vitamin C), Aminosäuren (z. B. Glutamat), Enzymen (z. B. Amylasen für die Backindustrie), Polysacchariden (z. B. Alginat als Speiseeiszusatz), organischen Säuren (z. B. Zitronensäure) und Aromastoffen.

Probiotika
Lebende Mikroorganismen, die einen positiven Effekt auf die Gesundheit haben sollen und z. B. Joghurt-Produkten zugegeben werden

▶ Umweltbiotechnologie

Vielfältige Aufgaben leisten Mikroorganismen im Dienst der Umwelt. In Klärwerken und Abluftfiltern, bei Kompostierungen und der Reinigung belasteter Böden bauen sie Abfall- oder Problemstoffe ab.

1 Bakterien und Archaeen

Bakterien und **Archaeen** sind die Mikroorganismen, die einen prokaryontischen Zellaufbau besitzen (s. Kap. I.3.1).

Als die klassischen Mikroorganismen galten lange die Bakterien, zu denen alle einzelligen Organismen, die keinen echten Zellkern besitzen, gezählt wurden. Gegen Ende der 1970er Jahre wurden einzellige prokaryontische Lebewesen an unerwarteten Standorten gefunden, wie z. B. in kochend heißen Schwefelquellen. Diese Organismen zeigten im Laufe der weiteren Forschung oft ungewöhnliche Eigenschaften und erhebliche Unterschiede zu den herkömmlichen Bakterien. Daher wurden diese Organismen, die zuerst Archaebakterien (griech. *archaíos*: uralt, ursprünglich) und heutzutage Archaeen genannt werden, von den klassischen Bakterien getrennt, die manchmal als **Eubakterien** (echte Bakterien) bezeichnet werden. Während der Evolution zweigten beide Entwicklungslinien offensichtlich schon sehr früh voneinander ab.

Da wahrscheinlich nur wenige Mikroorganismen mit den gängigen Kulturverfahren im Labor gezüchtet werden können, wird von vielen Arbeitsgruppen versucht, die DNA einer mikrobiellen Gemeinschaft im Ganzen zu isolieren und zu untersuchen. Dieses Forschungsgebiet wird **Metagenomik** genannt. Als ein Metagenom wird die Mischung von DNA-Fragmenten aus den Genomen unterschiedlicher Mikroorganismen einer **Biozönose** bezeichnet.

Biozönose
Gesamtheit der Lebewesen, die in einem einheitlichen Lebensraum (Biotop) leben

1.1 Bakterien

In der Mikrobiologie und Biotechnik hat die Gruppe der Bakterien eine herausragende Bedeutung. Dies hat verschiedene Gründe wie z. B. die Vielzahl von Nutzungsmöglichkeiten, die relativ leichte Handhabbarkeit und die enge Beziehung vieler Bakterien zum Menschen.

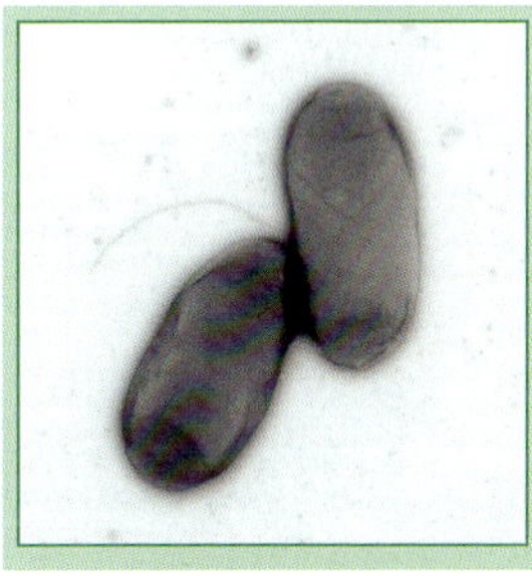

Escherichia coli

Theodor Escherich (1857 – 1911); griech. *colon*: Darm

- Bewohner des Darmtrakts bei Mensch und Tieren
- Indikatorstamm für Fäkalverunreinigung bei Trinkwasser, Lebensmitteln und unhygienischen Produktionsbedingungen
- Nicht pathogen, einige Stämme rufen Krankheiten hervor
- Studienobjekt für molekulargenetische Fragestellungen („Haustier der Mikrobiologie")
- Biotechnische Nutzung in der Industrie als Produktionsstamm

Die Eigenschaften der bekannten Bakterien sind Merkmale vor allem von Organismen, die leicht aus dem natürlichen Lebensraum isoliert, im Labor gezüchtet und somit studiert werden können. *Escherichia coli* und *Bacillus subtilis* sind die beiden häufigsten Bakterienarten, die in mikrobiologischen Laboren zur Untersuchung eingesetzt werden.

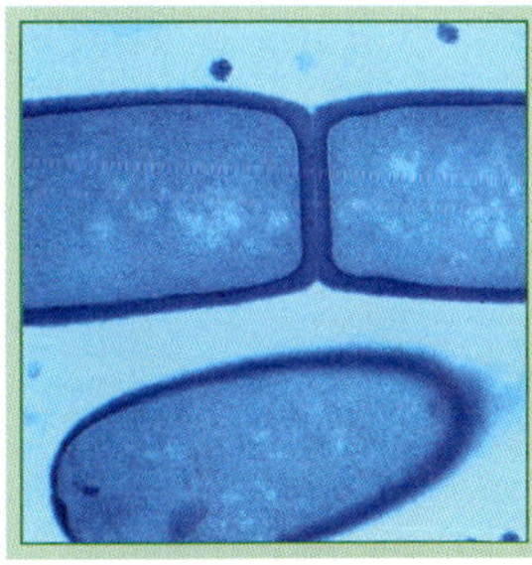

Bacillus subtilis

lat. *bacillum*: Stäbchen; *subtilis*: schlicht

- Vorkommen: fast überall in der Natur, besonders im Boden
- Heubazillus genannt, da es leicht in einem Heuaufguss angereichert wird
- Bildung von Endosporen
- Grampositiver Modellkeim für molekularbiologische Untersuchungen
- Nutzung in der biotechnologischen Industrie z. B. zur Herstellung von Waschmittelenzymen

Größe und Zellform

Trotz der Vielfalt der Lebensmöglichkeiten von Bakterien sind die zellulären Strukturen aller Bakterien oft gleich oder zumindest ähnlich. Die meisten Bakterien haben einen Durchmesser von 0,5 bis 1,0 µm und eine Länge von etwa 1 bis 5 µm. Allerdings existieren Bakterien, die wesentlich kleinere Durchmesser besitzen wie z. B. die Spirochäten. Andere Bakterien sind wesentlich größer. *Thiomargarita namibiensis* ist mit einem Durchmesser von ca. 0,7 mm das größte bekannte Bakterium und schon mit bloßem Auge erkennbar.

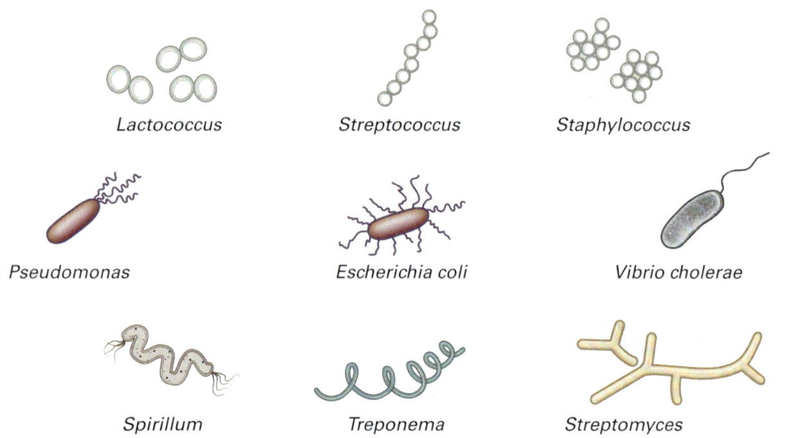

Bild 1
Zellformen von Bakterien

Die äußere Gestalt der Bakterien, auch als die **Morphologie** bezeichnet, ist im mikroskopischen Bild leicht zu erkennen (Bild 1):

- **Kokken** sind kugelförmige Bakterien. Sie können einzeln, in Paaren, Ketten oder Haufen vorkommen. Beispielsweise bleiben *Lactococcus*-Bakterien oft als Paare (sogenannte Diplokokken) zusammen, da sie sich nach der Querteilung der Mutterzelle nicht sofort trennen. Staphylokokken sind kugelige Bakterien in traubenförmigen Aggregaten, Streptokokken sind in langen, perlenförmigen Ketten aufgereihte Kokken.
- Bakterien mit **Stäbchenform** wie z. B. *Escherichia coli* oder *Pseudomonas*-Bakterien werden Bacillen oder Bazillen genannt. Mit diesem Begriff ist jedoch oft auch eine bestimmte Gattung grampositiver Bakterien gemeint (s. S. 174). Stäbchenförmige Mikroben können einzeln, in Paaren oder Ketten vorliegen. Kommaförmig gebogene Stäbchenbakterien wie die Choleraerreger *Vibrio cholerae* werden Vibrionen genannt.
- **Spirillen** sind relativ große, schraubig gewundene (helikale) Bakterien mit starrer Form.
- **Spirochäten** sind ebenfalls schraubenförmige Bakterien, die jedoch sehr schmal und flexibel sind. Von ihnen sind zahlreiche Vertreter Krankheitserreger wie *Treponema pallidum*, der Erreger der Syphilis.
- **Unregelmäßige Zellformen**, die auch verzweigt sein können, werden von bestimmten Bakteriengruppen gebildet. Beispielsweise bilden *Streptomyces*-Arten ein Zellgeflecht aus fädigen **Hyphen**.

Hyphen
Fadenförmige lang gestreckte Zellen der Pilze und Streptomyzeten

Bakterienzellen besitzen **unterschiedliche Gestalten.** Häufig sind kugelige (Kokken) und zylinderförmige Formen (Stäbchen). Bakterien kommen auch in spiraliger Form oder als lange Fäden (Hyphen) vor.

Fortbewegung der Bakterien

Zahlreiche Bakterien besitzen die Fähigkeit, sich aktiv fortzubewegen, allerdings sind verschiedene Arten der Bewegung bei Bakterien bekannt. Neben vielen bewegungslosen Bakterien können zahlreiche Keime mithilfe von Geißeln (Flagellen) in Flüssigkeiten schwimmen. Dabei unterscheiden sich die schwimmaktiven Bakterien in der **Begeißelung** des Zellkörpers (Bild 1, S. 156). Die Geißeln (Bild 1, S. 165), die der Fortbewegung dienen, sind entweder an einem oder an beiden Enden (Polen) der Zellen verankert oder gleichmäßig im Zellkörper angeordnet. Sie sind nur nach spezieller Anfärbung lichtmikroskopisch zu sehen. Sie können wie folgt am Zellkörper verteilt sein:

- **Monopolar:** Am einen Ende der Zellen ist eine einzige Geißel (monotrich) wie z. B. bei *Vibrio cholerae* oder ein Büschel aus Flagellen (polytrich) wie z. B. bei *Pseudomonas*.
- **Bipolar:** Die Geißeln sind an beiden Enden der Zellen verankert wie z. B. bei *Spirillum*.
- **Peritrich:** Der gesamte Zellkörper ist überall gleichmäßig mit Geißeln besetzt. Dies ist typisch für alle Enterobacteriaceen wie z. B. *Escherichia coli* und Salmonellen.

Spirochäten besitzen keine nach außen ragenden Flagellen, sondern einen aus Flagellen zusammengesetzten internen Bewegungsapparat, das **Axialfilament**, um das der flexible, lang gestreckte Zellkörper herumgewunden ist. Es ermöglicht eine Rotation der gesamten Spirochätenzelle und führt zu einer schlängelnden, korkenzieherartigen Bewegung.

Einige Bakterien bewegen sich mit einer gleitenden oder kriechenden Bewegung auf festen Oberflächen, wobei schleimartige Substanzen wie z. B. Polysaccharide ausgeschieden werden. Dazu sind zahlreiche Cyanobakterien und Myxobakterien in der Lage.

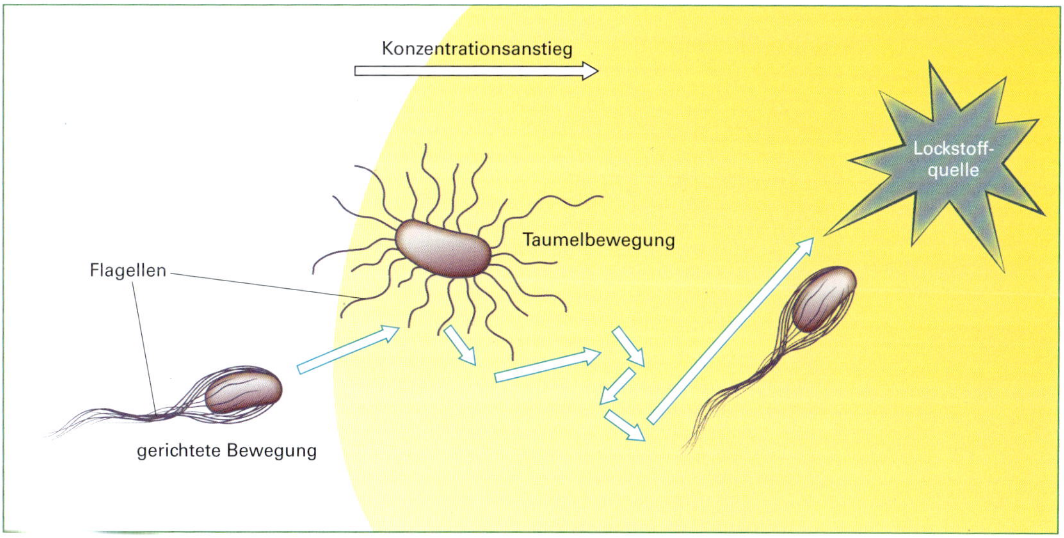

Bild 1
Positive Chemotaxis von peritrich begeißelten schwimmenden Bakterien

> Viele Bakterien können sich **aktiv bewegen**, wobei die schwimmende Bewegung mithilfe von Flagellen weitverbreitet ist. Spirochäten führen eine Schlängelbewegung mithilfe eines Axialfilaments durch und Cyanobakterien sowie Myxobakterien eine gleitende Bewegung auf Oberflächen.

Verschiedene Umweltfaktoren wie z. B. Licht, Sauerstoff oder chemische Substanzen können die Richtung der schwimmenden Bewegung vieler Bakterien beeinflussen. Die aktive Bewegung hin zu gelösten chemischen Substanzen oder von diesen weg wird **positive** bzw. **negative Chemotaxis** genannt. Die chemischen Substanzen sind im ersten Fall Lockstoffe (*Attractants*) wie z. B. Aminosäuren und Zucker, die als Nährsubstrate dienen. Im zweiten Fall lösen Schreckstoffe (*Repellents*), zumeist toxische Substanzen, eine negative Chemotaxis aus.

Chemotaxis ist die gerichtete Bewegung von Bakterien, die oft durch chemische Substanzen ausgelöst und gelenkt wird.

Peritrich begeißelte Bakterien sind grundsätzlich zu zwei Bewegungsarten fähig (Bild 1, S. 157): Sie können geradeaus schwimmen oder taumeln. Die gerichtete Bewegung entsteht, wenn sich alle Flagellen gegen den Uhrzeigersinn drehen und zu einem Bündel anlegen. Die ungerichtete Taumelbewegung erscheint, wenn sich die Flagellen im Uhrzeigersinn drehen und dabei vom Zellkörper abspreizen.

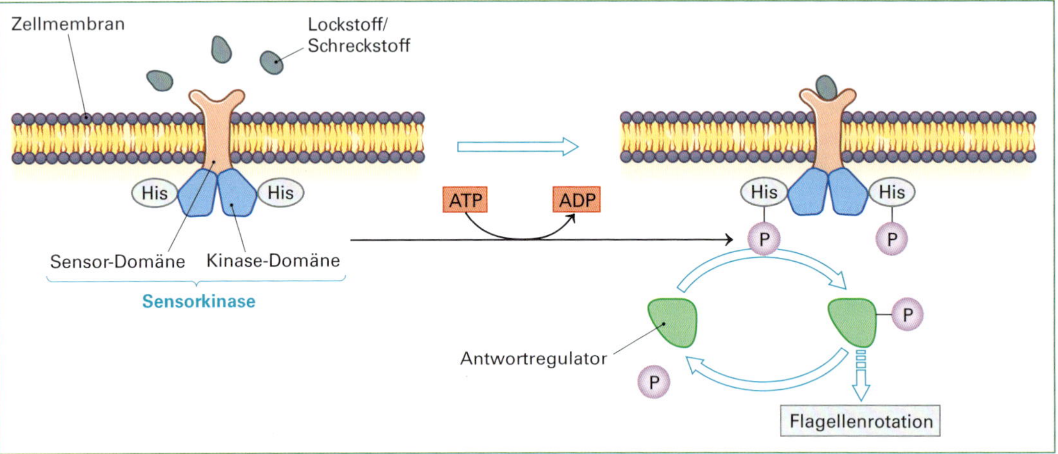

Bild 1
Signaltransduktion bei der Chemotaxis über Zwei-Komponenten-Histidinkinase-System

Eine schwimmende Bakterienzelle zeigt einen ständigen Wechsel zwischen den beiden Bewegungsarten, hervorgerufen durch Änderung der Rotationsrichtungen der Geißeln. Die Taumelbewegung führt zu einer Änderung der Schwimmrichtung und die Bakterienzelle schwimmt in eine zufällig eingeschlagene Richtung weiter. Steigt während dieser Schwimmphase die Stoffkonzentration des *Attractant* an, so behält das Bakterium diese Richtung bei. Sinkt das Konzentrationsgefälle, so wird die Bewegungsrichtung durch Umschaltung der Drehrichtung der Flagellen schnell umgestellt. Das Ergebnis dieses Verhaltens auf Reize ist, dass sich das Bakterium allmählich in Richtung steigender Konzentrationen eines Lockstoffes hin bewegt.

Die **Richtung der Bewegung** eines peritrich begeißelten Bakteriums wird durch Änderungen der Rotationsrichtung der Flagellen erreicht, wobei Geradeausschwimmen und Taumeln sich abwechseln. Ein Nährstoffgradient verändert die Länge bzw. die Häufigkeit der einzelnen Phasen.

Mit der Fähigkeit zur Chemotaxis besitzen Bakterien gleich zwei wichtige Kennzeichen des Lebens (s. S. 10), nämlich Bewegung und Reaktion auf Reize. Die Reaktion auf veränderte Umweltreize ist für alle Organismen lebenswichtig.

Bei der chemotaktischen Bewegung muss die Bakterienzelle in der Lage sein, die Höhe von Konzentrationen bestimmter Stoffe festzustellen. Diese Wahrnehmung der chemotaktischen Reize beruht auf bakteriellen **Signaltransduktionswegen**, die zu den Zwei-Komponenten-Systemen zählen. Diese Signalwege sind in Prokaryonten weitverbreitet. Dabei erkennen Rezeptoren in der Zellmembran der Bakterien, sogenannte **Chemorezeptoren**, bestimmte Stoffe als Signale und vermitteln diese an die Zelle weiter.

Zwei-Komponenten-Systeme bestehen aus einer als Sensor fungierenden **Histidinkinase**, die einen extrazellulären Reiz wahrnimmt, sowie einem **Antwortregulator**, der das Signal intrazellulär weiterträgt (Bild 1, S. 158). Die Signalübertragung erfolgt innerhalb des Systems, indem eine Phosphatgruppe von der ersten auf die zweite Komponente übertragen wird. Die Sensorkinase besteht gewöhnlich aus zwei gleichen Proteinmonomeren (Homodimer) und ist in der Zellmembran verankert. Der Antwortregulator *(Response Regulator)* löst eine für den speziellen Umweltreiz spezifische Reaktion aus. Viele Antwortregulatoren können in aktivierter Form die Genexpression aktivieren oder hemmen. Es handelt sich dann um DNA bindende Proteine, die mit der **RNA-Polymerase** interagieren können und die Transkriptionsstärke der **Operons** verändern.

Bei der Chemotaxis dient die Histidinkinase zur Erkennung von Lockstoffen oder Schreckstoffen, für die verschiedene Chemorezeptoren eine jeweils spezifische Bindungsstelle besitzen. Nach der Bindung an die extrazelluläre Proteindomäne wird ein Signal über die Membran an die intrazelluläre Domäne der Histidinkinase, die **Kinase**-Domäne, vermittelt. Dies führt dazu, dass unter ATP-Spaltung eine bestimmte Histidin-Aminosäure der Kinase phosphoryliert wird.

Von dem phosphorylierten Histidinrest wird die Phosphatgruppe weiter auf den Antwortregulator übertragen und zwar auf einen speziellen Aspartatrest. Dadurch wird das Regulatorprotein aktiviert. Diese Aktivierung führt im Falle der bakteriellen Chemotaxis zu einer Änderung in der Rotationsrichtung der Flagellen und damit zu einer Beeinflussung der Bewegungsrichtung der Zelle.

RNA-Polymerase
Enzym, das bei der Transkription die Synthese von RNA mit DNA als Matrize katalysiert

Operon
DNA-Regulationseinheit von Bakterien aus Promotor, Operator und mehreren Strukturgenen

Kinasen
Enzyme, die einen Phosphatrest von einem Nukleosidtriphosphat wie z. B. ATP auf andere Substrate übertragen

> Bakterien können Umweltreize über **Zwei-Komponenten-Systeme** wahrnehmen, die die Signale über Phosphorylierungen der beteiligten Proteine weiterleiten. Diese bestehen aus einer **Sensorkinase (Histidinkinase)**, die in der Zellmembran lokalisiert ist, und einem **Antwortregulator**, der häufig die Genexpression beeinflusst.

1.1.1 Grundstrukturen der Bakterienzellen

Die chemische-molekulare Zusammensetzung bakterieller Zellen (Tabelle 1, S. 160) zeigt, dass neben zahlreichen organischen Verbindungen auch einige anorganische Stoffe vorhanden sind. Wie bei allen Zellen ist auch in Bakterien der Wasseranteil sehr hoch.

Proteine besitzen eindeutig den höchsten Gehalt des wasserfreien Teils der Zellmasse, des Trockengewichts der Bakterien. Neben intrazellulären Enzymen enthalten Bakterien zahlreiche Membranproteine. Auch in den 70-S-Ribosomen der Bakterien (s. S. 66) finden sich 52 verschiedene Proteine.

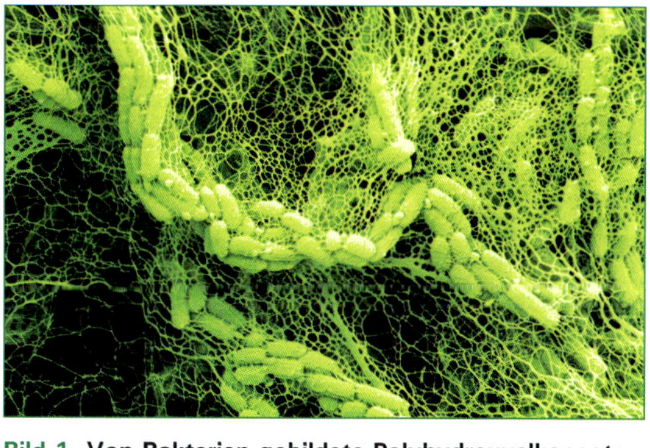

Bild 1 **Von Bakterien gebildete Polyhydroxyalkanoate**

Tabelle 1 Zellbestandteile von Bakterien

Stoffe	Beispiele	Anteil/Vorkommen	Bedeutung
Wasser		80 % des Feuchtgewichts	Lösungsmittel, Reaktionspartner
Proteine	Enzyme, Membranproteine, ribosomale Proteine	50 % des TG*	Reaktionskatalysatoren, Membrantransport, Ribosomenaufbau
Nukleinsäuren	RNA	5 % ... 15 % des TG*	Proteinsynthese
	DNA	3 % des TG*	Genmaterial
Lipide	Phospholipide	5 % ... 10 % des TG*	Zellmembran
	Lipopolysaccharide	bei gramnegativen Bakterien	Äußere Membran
Kohlenhydrate	Glykogen	bei einigen Bakterien	Reservestoff
Polyhydroxyalkanoate	Polyhydroxybuttersäure	bei vielen Bakterien	Reservestoff
Murein (Peptidoglycan)		20 % des TG*	Zellwandsubstanz
Kleine organische Verbindungen	Nukleotide, Aminosäuren, Zucker	1 % ... 5 % des TG*	Bausteine/Vorstufen im Stoffwechsel
Anorganische Ionen	K^+, Mg^{2+}, Ca^{2+}	1 % ... 5 % des TG*	Cofaktoren, Membranstabilität

* Trockengewicht
Alle Angaben sind variabel, da sie von Bakterienart, Wachstumsbedingungen und anderen Faktoren abhängen.

Die RNA kann in schnell wachsenden Bakterienzellen einen hohen Anteil von ca. 15 % ausmachen. In solchen Zellen werden zahlreiche rRNA enthaltende Ribosomen benötigt, die neue Proteine synthesieren.

Polyhydroxyalkanoate
Wasserunlösliche Polyester aus Hydroxyalkansäuren

Als Energie- und Kohlenstoffspeicherstoffe häufen viele Bakterien sogenannte **Polyhydroxyalkanoate** (Polyhydroxyfettsäuren) an, besonders die Verbindung Polyhydroxybuttersäure. Diese bakteriellen Reservestoffe sind von großem Interesse für die Forschung, da sie natürliche Kunststoffe (Biokunststoffe) darstellen, die biologisch abbaubar sind.

Zellhülle von Bakterien

Neben den in allen pro- und eukaryontischen Zellen vorkommenden Lipiden, Nukleinsäuren und Kohlenhydraten ist bei Bakterien der mengenmäßige Anteil der **Zellwand** von besonderer Bedeutung. Dieses starre äußere Gerüst der Zellen bestimmt die Form der Bakterien. Sie besteht vor allem aus einer einzigartigen chemischen Substanz, dem **Murein (Peptidoglycan)** (Bild 1, S. 161).

Milchsäure
C_3-Verbindung mit einer Carboxylgruppe und einer Hydroxygruppe; die Salze der Milchsäure heißen Laktate

Ein Bakterium ist von einem einzigen großen, netzartigen Murein-Makromolekül umgeben. Das Murein wurde bislang nur bei Bakterien und nicht bei Archaeen oder Eukaryonten gefunden. Es besteht aus Strängen von zwei β-glykosidisch miteinander verknüpften Zuckermolekülen, nämlich **N-Acetylglukosamin** und **N-Acetylmuraminsäure**, die als lineare Ketten das Rückgrat des Mureins bilden. N-Acetylmuraminsäure ist ein N-Acetylglukosamin-Molekül, das mit einem Molekül **Milchsäure** verbunden ist.

An jedem N-Acetylmuraminsäure-Molekül ist über die Milchsäure-Gruppe eine Kette aus vier Aminosäuren angeknüpft, die mit der Peptidkette eines benachbarten Strangs verbunden ist (Quervernetzung, *Crosslinking*) und somit ein riesiges Netzwerk bildet. Die Zusammensetzung der Aminosäuren der Ketten ist bei verschiedenen Bakterien nicht einheitlich.

Einige dieser Aminosäuren sind insofern ungewöhnlich, weil es sich bei ihnen nicht um die L-Formen handelt, die in Proteinen ausschließlich vorkommen, sondern um die D-Formen wie z. B. D-Alanin und D-Glutaminsäure (s. S. 16).

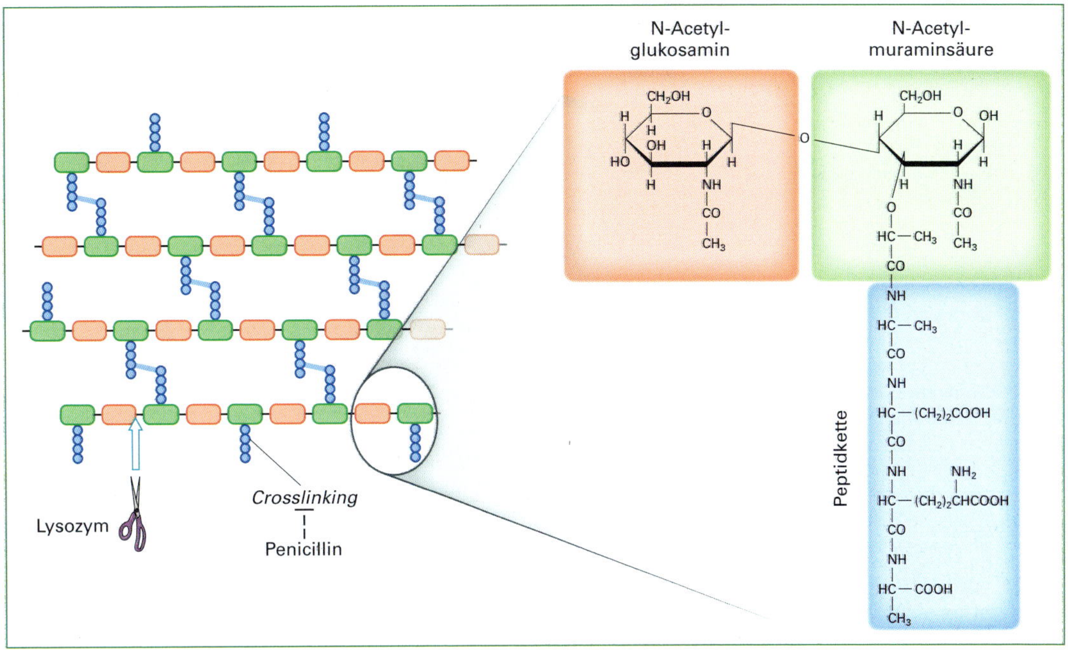

Bild 1
Die Mureinhülle der Zellwand von Bakterien

Ausschließlich Bakterien besitzen eine Zellwand aus **Murein (Peptidoglycan)**. Es besteht aus langen Kohlenhydratketten mit den Monomeren N-Acetylglukosamin und N-Acetylmuraminsäure. Die Ketten sind über Peptide aus **D-Aminosäuren** miteinander verbunden und bilden ein netzartiges Riesenmolekül.

Lysozym ist ein Bakterien zerstörendes Enzym, das die β-1,4-glykosidischen Bindungen des Mureins zwischen N-Acetylmuraminsäure und N-Acetylglukosamin spaltet (Bild 1). Lysozym ist als Schutz vor Bakterien in hohen Mengen in der Tränenflüssigkeit oder im Hühnereiweiß zu finden.

Die Anwendung von Lysozym in Lösungen unterschiedlicher Salz- oder Zuckerkonzentrationen zeigt, dass die Aufgabe der netzartigen Mureinhülle darin besteht, dem osmotischen Innendruck der Zelle (s. S. 78) Widerstand zu leisten.

Werden die Mureinhüllen von Bakterien in einer **isotonischen Lösung** durch das Enzym Lysozym zerstört, entstehen aus den zytoplasmatischen Inhalten der Zellen Protoplasten, die weiterhin einen aktiven Stoffwechsel besitzen (Bild 1, S. 162). Protoplasten haben immer eine kugelförmige Gestalt, unabhängig davon wie die ursprüngliche Gestalt der Bakterienzelle war. Die Zellwand entscheidet offensichtlich, welche Form die Zelle besitzt.

Isotonische Lösung
Lösung mit gleicher Konzentration an gelösten Molekülen (wie im Zytoplasma)

Bakterien befinden sich häufig in hypotonischen Lösungen, in denen die Konzentration an gelösten Stoffen niedriger als im Zytoplasma ist. Hier kann der Protoplast nach Zellwandauflösung durch Lysozym osmotisch Wasser aufnehmen und sich ungehindert vergrößern, bis die Zellmembran auseinandergerissen wird und der Protoplast platzt. Diese sogenannte Zelllyse oder -lysis (Auflösung der Zelle) führt zum Erliegen der Zellfunktionen und Tod des Bakteriums.

Die Bakterienzellwand aus Murein bestimmt die Form der Zelle. Das Enzym **Lysozym** spaltet die Stränge zwischen den beiden Kohlenhydratmonomeren und kann zum Platzen des entstehenden Protoplasten führen.

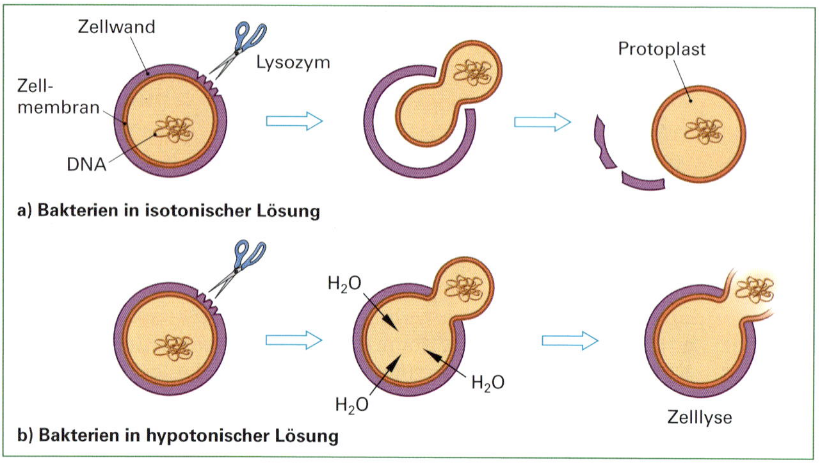

Bild 1
Wirkung von Lysozym auf Bakterien in iso- und hypotonischer Lösung

Die **Neusynthese** des Mureins beim Wachstum der Bakterienzelle kann in verschiedenen Stadien durch Antibiotika gestört werden, während die bereits bestehenden Zellwandstrukturen von Antibiotika nicht mehr angegriffen werden. Penicilline und Cephalosporine, die aufgrund ihrer chemischen Struktur (Bild 2) zu den **β-Laktam-Antibiotika** gehören, hemmen die Quervernetzung *(Crosslinking)* der Murein-Peptidketten (Bild 1, S. 161).

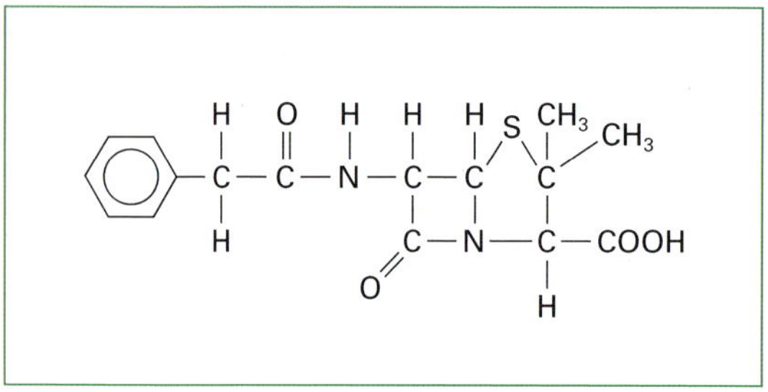

Bild 2
Penicillin G, ein β-Laktam-Antibiotikum

Für die Quervernetzung wird von den Bakterien ein Enzym eingesetzt, das **Transpeptidase** oder **Penicillin-bindendes-Protein** genannt wird und die Peptidketten verschiedener Kohlenhydratketten miteinander verknüpfen kann. Die Reaktion, die Bildung einer neuen Peptidbindung, wird energetisch ermöglicht, indem die endständige Aminosäure der ursprünglich aus fünf Aminosäuren bestehenden Kette abgespalten wird.

Viele Antibiotika greifen in die Neusynthese des Mureins ein. Beispielsweise hemmen **β-Laktam-Antibiotika** wie das **Penicillin** die Transpeptidase-Reaktion und damit die Quervernetzung der Peptidketten.

Für die Einteilung und Identifizierung von Bakterien ist der Aufbau der Zellwand aus Murein und anderen Substanzen von Bedeutung. Die zwei typischen Zellwandstrukturen der Bakterien können durch eine **Gramfärbung** (s. Kap. IV.6.2) unterschieden werden. Die Bakterienzellen werden daraufhin untersucht, ob sie einen Farbstoff nach Zugabe von Alkohol wieder freisetzen oder nicht.

Teichonsäuren
Zellwand-assoziierte Polymere aus Phosphat und Alkoholen, z. B. Glyzerin

Die **grampositiven Bakterien** besitzen eine sehr dicke Zellwand, die aus vielen, bis zu hundert Schichten Murein besteht (Bild 1, S. 163). In diese Schichten ein- oder angelagert sind Strukturproteine und **Teichonsäuren**. Ein bekannter Vertreter der grampositiven Bakterien ist *Bacillus subtilis*.

Anhand der Gramfärbung, die auf Unterschieden in der Zellwandstruktur beruht, werden Bakterien unterteilt. **Grampositive Bakterien** weisen eine dicke Zellwand aus bis zu hundert Schichten Murein auf.

Teil II Mikrobiologie

Eine besonders feste, undurchlässige Zellwand besitzen die **Mykobakterien**, die sogenannte Mykolsäuren enthalten. Mykolsäuren sind extrem langkettige und verzweigte Fettsäuren, die an Murein gebunden sind. Durch ihre Einlagerung werden die Zellen stark hydrophob (wasserabstoßend).

Zellhülle gramnegativer Bakterien

Die Zellwand **gramnegativer Bakterien**, zu denen Enterobacteriaceen wie *Escherichia coli* gehören, enthält nur sehr wenige Mureinschichten. Stattdessen besitzen diese Keime außerhalb der Mureinschicht eine weitere Membran, die **äußere Membran** genannt wird. Das Zellkompartiment zwischen Zytoplasmamembran und äußerer Membran wird **periplasmatischer Raum** genannt. Dieser Raum enthält spezifische Enzyme der Bakterien und beispielsweise Bindeproteine für bestimmte Nährstoffe, die im Rahmen von Transportprozessen (s. Kap. I.3.3.3) an Substrate binden.

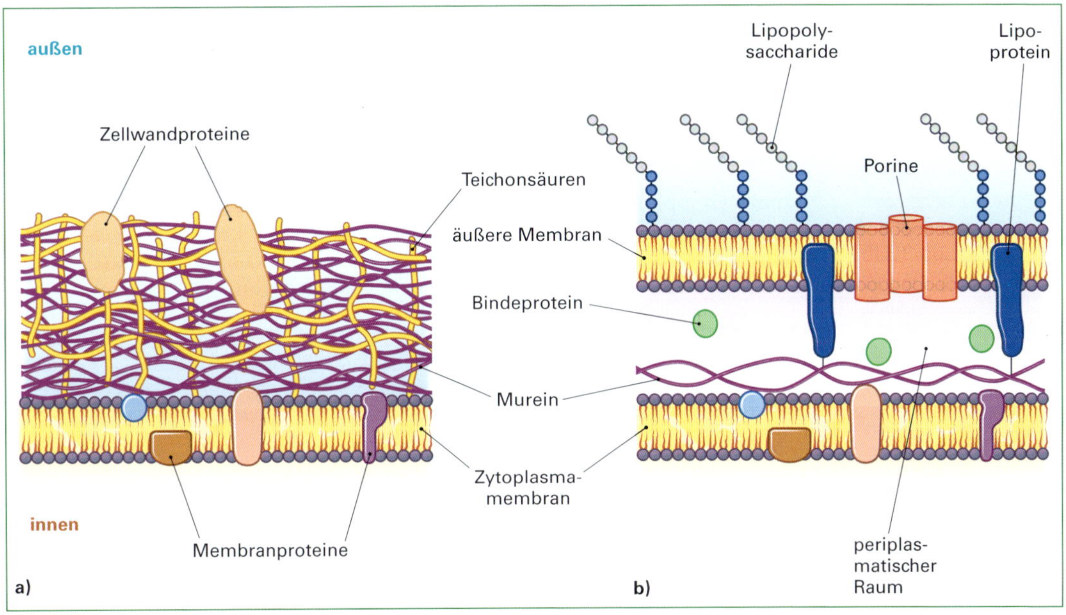

Bild 1
Zellhülle von a) grampositiven und b) gramnegativen Bakterien

Die **äußere Membran** besteht als *bilayer* (s. S. 75) aus einer inneren Schicht, die Phospholipide enthält, und aus einer äußeren Schicht mit Lipopolysacchariden (s. S. 54).

Die äußere Membran besitzt Proteine, die für sie spezifisch sind und nicht in der Zytoplasmamembran gefunden werden. In ihr sind porenformende Transmembranproteine eingelagert, die sogenannten **Porine**. Diese Proteinkanäle ermöglichen den Stoffaustausch von kleinen Molekülen und von Ionen. Die äußere Membran der Bakterien ist somit eine Diffusionsbarriere besonders für große Moleküle wie z. B. Proteine. Diese Kanäle haben bei einigen krankheitserregenden Bakterien wie *Pseudomonas aeruginosa* eine sehr geringe Öffnungsweite und können von Antibiotika des β-Laktam-Typs nur in geringem Maße passiert werden.

Gramnegative Bakterien haben eine dünne Mureinhülle und eine zusätzliche **äußere Membran** aus Phospholipiden, Lipopolysacchariden und Proteinen. Der **periplasmatische Raum** ist das Zellkompartiment zwischen Zytoplasmamembran und äußerer Membran.

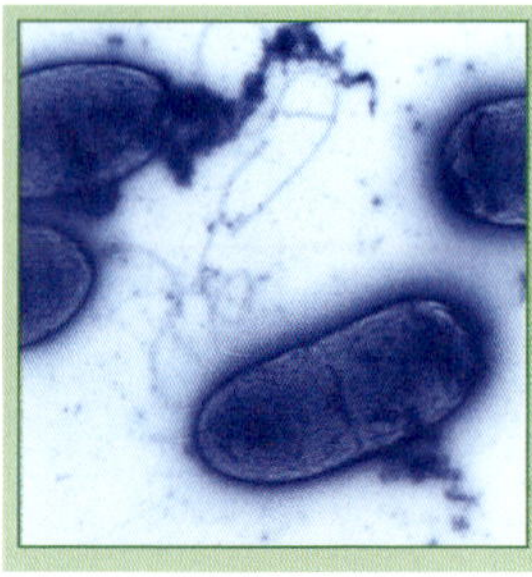

Pseudomonas aeruginosa

lat. *aerugo*: Grünspan (Eiterfarbe!)

- Weitverbreitet in Wasser (z. B. Leitungs- oder Badewasser) und im Boden sowie gelegentlich im menschlichen Darm
- Verursacht Lungenentzündungen, eitrige Hautinfektionen und Blutvergiftungen
- Krankheitserreger für immungeschwächte Menschen
- Nosokomialer Keim (Krankenhauskeim), oft mehrfach resistent gegenüber Antibiotika
- Bildet fluoreszierende Farbstoffe (s. Name: *aeruginosa*)

Antikörper Proteine des Immunsystems, die an spezifische Oberflächenmoleküle z. B. von Bakterien binden

Die äußere Membran hat für gramnegative Bakterien eine wichtige Bedeutung. Sie verhindert das Eindringen vieler gefährlicher Verbindungen wie beispielsweise Antibiotika (s. Kap. II.6.2.6) in die Zelle. Die äußere Membran ist auch für Enzyme und andere Proteine wie **Antikörper** nicht durchlässig. Das Enzym Lysozym kann vor allem grampositive Bakterien zerstören, während gramnegative Bakterien durch die äußere Membran gut geschützt sind und das Enzym nicht an den Zielort, die Mureinschicht, gelangen kann.

Eine große Gruppe der gramnegativen Keime sind die **Enterobacteriaceen**, die häufig im Darmtrakt (griech. *enteron*: Darm) von Tieren und Mensch gefunden werden.

Gallensäuren In der Leber zur Fettverdauung hergestellte Verbindungen, die mit der Gallenflüssigkeit in den Dünndarm freigesetzt werden

In diese Gruppe gehören *Escherichia coli* und die Salmonellen. Sie sind durch ihre äußere Membran besonders gut an das Darmmilieu angepasst. Besonders im Dünndarm schützt ihre besondere Zellhülle sie vor den dort vorhandenen Verdauungsenzymen und vor den **Gallensäuren**.

Die **äußere Membran** ist eine Diffusionsbarriere und verhindert den Eintritt von Enzymen, Antikörpern und in einigen Fällen von Antibiotika.

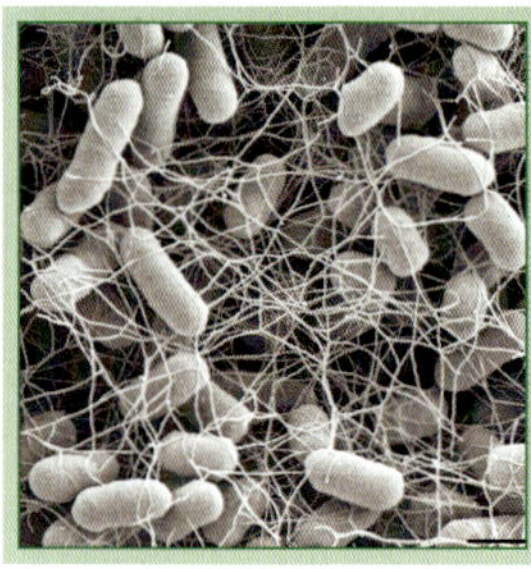

Salmonella

nach dem US-amerikanischen Tierarzt *Daniel Salmon* (1850–1914) benannt

- Vorkommen: im Darmtrakt zahlreicher Tiere, in Lebensmitteln und bisweilen im Boden
- Erreger von Durchfallerkrankungen, von Typhus und Paratyphus
- Alle Stämme pathogen
- Wachstum mit und ohne Sauerstoff
- Mitglied der Familie der Enterobacteriaceen

Die Zellhülle gramnegativer Bakterien enthält außerdem in großer Zahl sogenannte **Lipoproteine**. Diese Proteine verbinden die äußere Membran mit der Mureinschicht und dehnen den periplasmatischen Raum aus. Sie sind über kovalente Bindungen an die Mureinschicht gebunden und mit einem hydrophoben Proteinteil in der äußeren Membran verankert.

Serologie Teilgebiet der Immunologie, das sich mit dem spezifischen Nachweis von Antigenen und Antikörpern beschäftigt

Bakterielle Antigene

Die Oberflächenmoleküle der Bakterien sind Strukturen, die als **Antigene** wirken und von Antikörpern spezifisch gebunden werden. Sie werden in der **Serologie** genutzt, um beispielsweise Bakterien ein und derselben Art in verschiedene **Serotypen** zu differenzieren. Denn Bakterien sind in diesen Oberflächenmolekülen sehr variabel, um dem Immunsystem möglichst geringe Angriffsmöglichkeiten zu bieten.

Die Antigene können aufgrund ihrer Zugehörigkeit zu bestimmten Zellstrukturen in folgende Gruppen eingeteilt werden:

- **H-Antigene** sind Bestandteil der Bakteriengeißeln (Flagellen). Die Antigene erhielten den Namen H-Antigene, da sich die beweglichen Bakterien wie ein Hauch über die Oberfläche eines **Agar-Nährbodens** verbreiten.
- **O-Antigene** sind Bestandteile der Lipopolysaccharide. Das O steht für „ohne Hauch", da diese Antigene zuerst bei unbeweglichen Stämmen gefunden wurden.
- **K-Antigene** sind Bestandteile der Kapseln der Bakterien.

Antigene
Molekülstrukturen, die von Antikörpern des Immunsystems eines höheren Organismus erkannt werden

Agar-Nährboden
Festes Nährmedium, das zur Kultivierung von Mikroorganismen dient

Bei **H-Antigenen** handelt sich um den äußeren Teil der **Flagellen**. Dieses fädige Filament ist aus einem einzigem Proteinmonomer, dem sogenannten Flagellin, aufgebaut. Bild 1 zeigt den Aufbau der Flagellen von Bakterien. Das starre Filament ist über einen flexiblen Haken mit einem Motorkomplex verbunden, der in der Zellwand und in der Zellmembran verankert ist. Die Flagellen bestehen ausschließlich aus Proteinen. Beim Aufbau der Filamente werden die Flagellinproteine durch das hohle Filament transportiert und am Ende angebaut.

Das spiralig gewundene Filament kann sich selber nicht aktiv bewegen. Die Flagellenbewegung wird durch einen elektrochemischen Protonengradienten (s. S. 125) an der Zellmembran angetrieben, die der Motorkomplex in eine Drehbewegung umsetzt, sodass der Flagellenfaden wie ein Propeller rotieren kann.

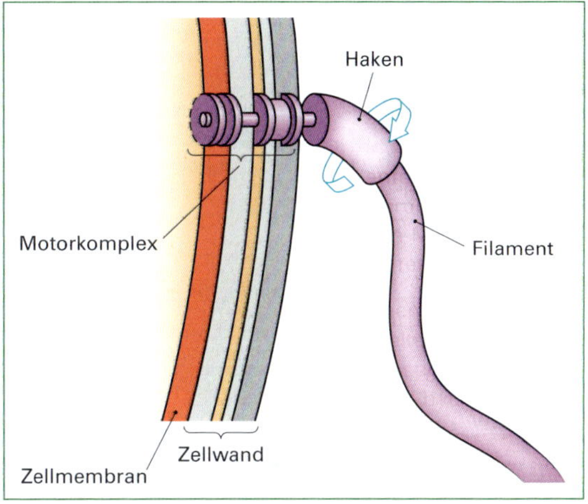

Bild 1
Aufbau der Bakteriengeißel

Die **Flagellen** der Bakterien, die H-Antigene, sind spiralig gedrehte Proteinfäden, die sich nicht aktiv bewegen können und durch einen in der Zellhülle inserierten Motor in Drehung versetzt werden.

O-Antigene kommen nur bei gramnegativen Keimen vor. Die **Lipopolysaccharide** der äußeren Membran, die mit langen Zuckerketten aus der Zellwand herausragen (Bild 1, S. 163), stellen die äußerste Umgrenzung der Zelle dar. Für das menschliche Immunsystem sind diese Membrananhängsel Antigene, die eine starke Immunreaktion auslösen. Diese Substanzen werden beim Tod der Mikroben freigesetzt und führen zu Fieber und Entzündungsreaktionen. Diese Verbindungen, die von lebenden gramnegativen Keimen nicht ausgeschieden werden, sondern im Zellinneren zu finden sind, werden **Endotoxine** (griech. *endon*: innen) genannt.

Lipopolysaccharide, die O-Antigene von Bakterien, sind starke Antigene für das Immunsystem und werden **Endotoxine** genannt.

Zahlreiche Bakterien scheiden an der Zelloberfläche schleimige Substanzen aus bzw. umgeben ihre Zellen mit einer **Schleimkapsel**. Bei den Schleimsubstanzen handelt es sich meist um Polysaccharide, manchmal sind auch Proteine enthalten. Vor allem Krankheitserreger bilden solche Kapseln, die als **K-Antigene** von bestimmten Antikörpern gebunden werden, aber von den Bakterien leicht abgestoßen werden.

Fresszellen
Zellen des Immunsystems wie z. B. Makrophagen, die durch Phagozytose Mikroorganismen aufnehmen und zerstören

Mit Kapseln können Bakterien ihre Zellwandstrukturen vor dem Immunsystem schützen und verhindern, dass die Keime von **Fresszellen** aufgenommen werden.

Viele Bakterien, besonders Krankheitserreger, bilden **Kapseln** um ihren Zellkörper, die **K-Antigene** darstellen können. Die schleimigen Kapselsubstanzen können oft abgestoßen werden und dienen dem Schutz vor Antikörpern und Immunzellen.

Die in der Natur vorkommenden **Bakterientypen** werden nach der Identifizierung ihrer Antigene benannt, indem die einzelnen Antigenvarianten dem Artnamen hinzugefügt werden. Ein möglicher Serotyp von *E. coli* ist z. B. O157:H7:K19. Das O-Antigen 157 ist beispielsweise ein O-Antigen, das bei EHEC-Bakterien häufig gefunden wird und deshalb auf die pathogene *E. coli*-Variante hinweist.

Bakterielle Dauerformen

Vegetative Zellen
Wachstumsfähige Stadien von Bakterien (Gegensatz zu Ruhestadien)

Ein Großteil der Bakterien kann spezielle Dauerformen ausbilden, mit denen sie ungünstige Umweltbedingungen wie z. B. Nahrungsmangel überleben können (Tabelle 1). Die Überdauerungs- und Ruheformen können bei Verbesserung der Lebensbedingungen wieder zu **vegetativen Bakterienzellen** auskeimen.

Tabelle 1 Dauerformen von Bakterien

Dauerform	gebildet von	Hitzeresistenz
Zysten	vielen Bodenbakterien	gering
Konidien (Exosporen)	Aktinomyzeten	gering
Myxosporen	Myxobakterien	gering
VBNC-Formen	*Vibrio, Salmonella, E. coli* u. a.	gering
Endosporen	Clostridien, Bazillen	hoch

Zysten (Mikrobiologie)
Überdauerungsformen von Bakterienzellen mit verdickter Zellwand

Sporen
Widerstandsfähige Ruheformen bzw. der Fortpflanzung dienende Zellstadien verschiedener Mikroorganismen

Von Bodenbakterien ist bekannt, dass sie ihre gesamten Zellen in **Zysten** umwandeln können. Diese können zwar Austrocknung, mechanische Einwirkungen und Strahlung gut überleben, werden aber wie die vegetativen Zellen durch hohe Temperaturen abgetötet.

Die fädig wie Pilze wachsenden Aktinomyzeten (s. S. 172) bilden spezielle **Sporen**, die **Konidien** oder **Exoporen** genannt werden: Indem in regelmäßigen Abständen Zwischenwände eingezogen und die Zellabschnitte abgeschnürt werden, werden die in die Luft ragenden Zellhyphen dieser Bakterien in Exosporen umgewandelt. Obgleich sie keine besonders dicke Zellhülle besitzen, sind sie so ausgestattet, dass sie gegen Austrocknung und toxische Stoffe gut geschützt sind.

Bei den Myxobakterien wie beispielsweise *Myxococcus xanthus* entstehen sogenannte **Myxosporen**, indem zahlreiche Einzelzellen durch die Bildung einer gemeinsamen Hülle eingeschlossen und geschützt werden.

Viele Bakterien bilden **Ruheformen** wie Zysten, Konidien (Exosporen) oder Myxosporen, mit denen sie ungünstige Lebensbedingungen wie Trockenheit überdauern.

Viele gramnegative Bakterien, darunter bekannte Krankheitserreger wie die Salmonellen, bilden bei ungünstigen Umweltbedingungen Dauerformen, die einen stark eingeschränkten Stoffwechsel aufweisen. Ihre Fähigkeit, sich zu vermehren, ist in dieser Phase eingestellt. Im Labor können sie nicht auf Agar-Nährböden angezüchtet werden. Sie werden deshalb **VBNC-Formen** genannt (engl. *viable but non-culturable*: lebensfähig, aber nicht kultivierbar). Trotz bislang geringer Erkenntnisse über diese Dauerzellen gilt es als gesichert, dass Krankheitserreger in dieser Form in einen Wirt wie den Menschen eindringen. Im Milieu des Darms können sie sich wahrscheinlich in fortpflanzungsfähige Mikroben zurückwandeln und eine Krankheit auslösen.

Endosporen

Zwei Bakterienfamilien, die Clostridien und die Bazillen (z. B. *Bacillus subtilis*), bilden besondere Dauerformen. Sie werden **Endosporen** (griech. *endo*: innen) genannt, da sie im Inneren der Bakterienzellen entstehen. Einige Arten der Clostridien sind Krankheitserreger, wie z. B. *Clostridium perfringens* und *C. botulinum*.

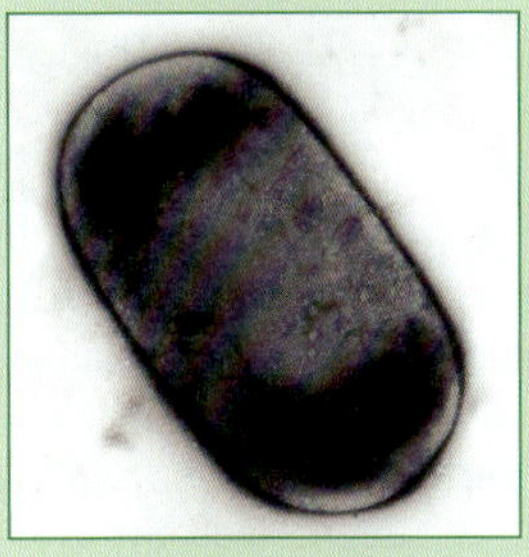

Clostridium perfringens

griech. *chloster*: Spindel (spindelförmige Aufblähung der Zelle durch die Sporen); lat. *perfringere*: durchbrechen

- Grampositiver, anaerober und Endosporen bildender Keim
- Vorkommen: Darm von Menschen und Tieren, Boden, Wasser, Staub, Lebensmittel
- Erreger des Gasbrandes (schwere Form von Wundinfektion)
- Bildet in Lebensmitteln Toxine und löst Lebensmittelvergiftungen aus
- Indikatorstamm für Fäkalverunreinigung von Trinkwasser

Die **Sporulation** (Sporenbildung) beginnt mit einer Replikation, der Verdopplung des bakteriellen Chromosoms (Bild 1, S. 168). Ein kleiner Teil der Zelle wird abgetrennt, indem eine Zytoplasmamembran eingezogen wird. Dieses kleinere Zellkompartment, das ein Bakterienchromosom enthält, wird daraufhin von der Zytoplasmamembran der restlichen Zelle umwachsen. Anschließend synthetisiert die innere der beiden Sporenmembranen eine Zellwand, die **Cortex** genannt wird und zahlreiche Mureinschichten enthält. Die äußere Membran wird zur **Sporenhülle** (engl. *coat*) umgebaut. Nach Fertigstellung der dick umhüllten Sporen im Inneren der Bakterienzelle werden diese freigesetzt, indem die Mutterzellen **lysieren**.

Lyse
Zerstörung der Zelle und Auflösung der Zellmembran

Eine wichtige Gruppe von Proteinen, die an der Regulation der Sporenbildung beteilig sind, sind die **Sigma-Faktoren**. Dabei handelt es sich um Untereinheiten der RNA-Polymerase, die für die Erkennung der Promotoren verantwortlich sind. In Endosporen bildenden Bakterien gibt es mehrere Sigma-Faktoren, die unterschiedliche DNA-Sequenzen als Promotoren erkennen. Die Sigma-Faktoren werden zu Beginn der aufeinanderfolgenden Stadien der Sporenentwicklung neu gebildet und verändern die Genexpression der Zelle, indem sie die Synthese eines neuen Satzes von Genen veranlassen. Alle diese Gene, die so zu einer bestimmten Zeit abgelesen werden, haben die gleichen Sequenzen im Promotorbereich, die durch den zugehörigen Sigma-Faktor erkannt werden.

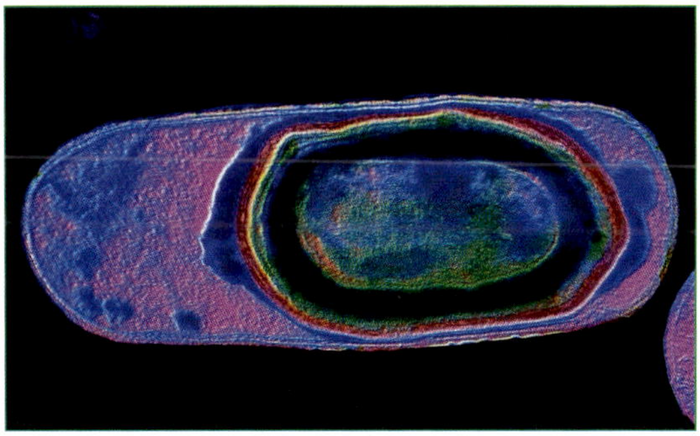

Bild 1
***Bacillus subtilis* mit Endospore**

Die Endosporenbildung ist begleitet von einer Akkumulation von Calciumionen und der Synthese bestimmter Verbindungen wie z. B. **Dipicolinsäure** (Pyridin-2,6-dicarbonsäure).

Eine drastische Absenkung des Wassergehalts im Sporeninneren führt u. a. dazu, dass Endosporen stark lichtbrechend sind und mikroskopisch leicht erkannt werden (Bild 2).

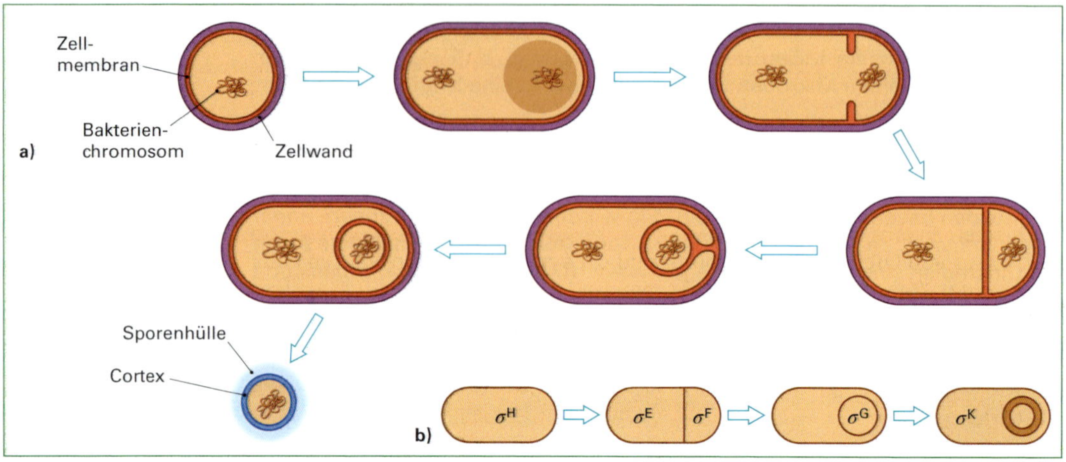

Bild 1
Bildung von Endosporen (a) und Beteiligung von Sigma-Faktoren (b)

Nährmedium
Lösung mit sämtlichen Nährstoffen, die für die Vermehrung der Mikroorganismen notwendig sind

Die Bildung der Endosporen dient nicht der Vermehrung, da aus jeder Zelle höchstens eine Endospore entstehen kann. Clostridien und Bazillen bilden Endosporen bei ungünstigen Lebensbedingungen wie beispielsweise **Nährstoffmangel**. Zur Sporenbildung kommt es nach Verbrauch der Substrate am Ende der exponentiellen Wachstumsphase (s. S. 290). Der Sporulationsgrad, d. h. der Anteil der sporulierenden Zellen, variiert in Abhängigkeit vom **Nährmedium** und von der jeweiligen Bakterienart. Verbessern sich die Lebensbedingungen bzw. erreichen neue Nährstoffe den Aufenthaltsort der Endosporen, keimen die Sporen aus. Sie wandeln sich wieder in Zellen um, die einen aktiven Stoffwechsel besitzen und sich durch Querteilung (s. S. 288) vermehren.

Zwei Bakteriengruppen, die **Bazillen** und die **Clostridien**, sind in der Lage, bei schlechten Wachstumsbedingungen Endosporen im Inneren der Zellen zu bilden. Endosporen besitzen eine dicke Umhüllung und sind aufgrund eines geringen Wassergehalts im mikroskopischen Bild stark lichtbrechend.

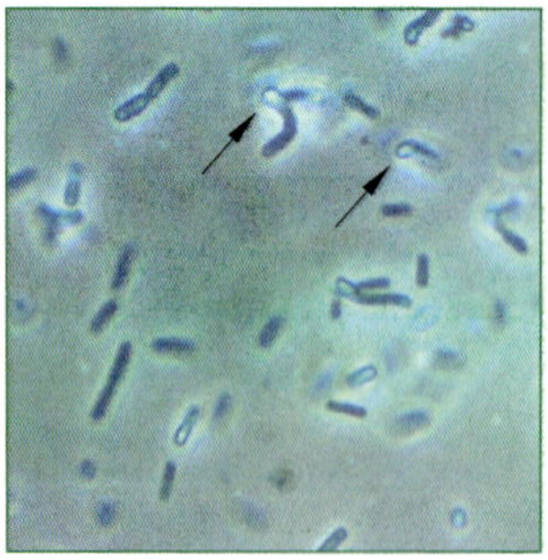

Bild 2
Endosporen von *Bacillus cereus* im Phasenkontrastmikroskop (Pfeile)

Die strukturellen Veränderungen bei der Sporenbildung sind für die außergewöhnliche **Hitzeresistenz** und die hohe Widerstandsfähigkeit gegenüber Austrocknung, Strahlung, extremen pH-Werten und chemischen Agentien verantwortlich. Die Dauerformen vieler Arten der Endosporenbildner können mehrere Stunden in kochendem Wasser überleben. Endosporen können lang andauernde Trockenphasen überstehen und besitzen oft noch nach Tausenden von Jahren die Fähigkeit, zu keimen und in eine vitale Lebensphase überzugehen.

Bakterielle **Endosporen** sind extrem robust und halten lebensfeindliche Zustände wie Trockenheit aus. Sie besitzen eine hohe **Hitzeresistenz**, sodass zur Inaktivierung von Sporen Temperaturen von über 100 °C erforderlich sein können.

1.1.2 Klassifikation der Bakterien

Bakterien werden wie Tiere und Pflanzen in **Gattungen** und **Arten** (Spezies) eingeteilt (s. S. 146). Gattungs- und Artnamen werden kursiv und der Artnamen klein geschrieben. Bei wiederholter Nennung einer Bakterienart wird der Gattungsname mit dem ersten Buchstaben abgekürzt. So steht z.B. *Escherichia coli* oder kurz *E. coli* für eine Art der Gattung *Escherichia*, die aus dem Darm des Menschen isoliert werden kann.

Die Art kann wiederum aus verschiedenen Unterarten (Subtypen, Varianten) mit genetisch geringfügigen Unterschieden bestehen. Als **Bakterienstamm** (Kulturstamm) werden die Nachkommen einer einzelnen Bakterienzelle mit bekannten Eigenschaften bezeichnet. Der Begriff steht nicht nur für eine **Reinkultur** von Organismen, sondern wird oft synonym für den Subtyp einer Art benutzt. Bezeichnungen für Subtypen und Stämme werden in nicht kursiver Schreibweise dem Artnamen angefügt (z.B. *E. coli* K12).

Mehrere näher verwandte Gattungen sind in größere Gruppen wie z.B. Familien eingeordnet. *Escherichia* ist beispielsweise zusammen mit *Salmonella*, dem Erreger von Typhus und **Salmonellose**, in die Gruppe (Familie) der **Enterobacteriaceen** eingereiht. Die Mitglieder dieser Familie werden auch oft als **Enterobakterien** bezeichnet.

> Der Name eines Bakteriums besteht aus einem **Gattungsnamen** und dem nachgestellten **Artnamen.** Der Artname wird klein geschrieben und der Gattungsname kann mit dem großen Anfangsbuchstaben abgekürzt werden.

Reinkultur
Klon; Nachkommen einer einzigen Zelle

Salmonellose
Durch Salmonellen hervorgerufene Infektion der Darmschleimhaut (Enteritis)

Phänotyp
Durch Gene und Umweltfaktoren bestimmtes äußere Erscheinungsbild eines Organismus

Phänotypische Klassifizierung

Zur Einteilung der Bakterien wird auch heutzutage noch der **Phänotyp** der Organismen genutzt, besonders die leicht erkennbaren Merkmale der Keime. Diese Kriterien zur Unterscheidung von Bakterien haben vor allem praktische Vorzüge. Die untersuchten Eigenschaften können schnell und ohne großen Aufwand im mikrobiologischen Labor festgestellt werden. Somit können die schon bekannten Bakterien zuverlässig wiedererkannt werden. Die Einordnung der Bakterien beruht häufig auf folgende Eigenschaften:

Bild 1
Kolonien von *Streptomyces*

- **Morphologische** Merkmale wie die Zellform, Fortbewegungsart und das Aussehen der **Kolonien** (z.B. Form, Farbe, Rand, Profil der Kolonien).
- Eigenschaften der Zellen nach **Färbungen** wie z.B. der Gramfärbung.
- **Antigene** Merkmale, sodass serologisch unterscheidbare Varianten (Serotypen) erfasst werden können.
- **Physiologische** Merkmale wie Stoffwechselleistungen und die Reaktion auf Sauerstoff.

> Die **phänotypische Klassifizierung** von Bakterien erfasst die sichtbaren Merkmale von Zellen und Kolonien, Ergebnisse von Färbungen und serologischen Bestimmungen sowie Stoffwechseleigenschaften.

Kolonie
Separate Zellansammlung auf einem festen Nährboden, die sich aus einem Keim entwickelt hat

Einordnung nach dem Sauerstoffverhalten

Auf Sauerstoff reagieren Bakterien vor allem wegen ihrer besonderen Stoffwechseleigenschaften unterschiedlich. Es können mehrere **Sauerstoffklassen** von Bakterien unterschieden werden.

Oxisch
Standort, an dem Sauerstoff zur Verfügung steht

Aerobe Keime (lat. *aer*: Luft) nutzen den Sauerstoff (Anteil in der Luft: 21 %) zum Wachstum. Sie leben an **oxischen** Standorten, an denen Sauerstoff, gelöst in der wässrigen Phase, zur Verfügung steht. Von strikt (oder obligat) aeroben Bakterien wird geredet, wenn der Sauerstoff unbedingt benötigt wird und die Organismen keinen O_2-unabhängigen Energiestoffwechsel besitzen. Strikte Aerobier wie z. B. zahlreiche Pseudomonaden besitzen ausschließlich einen auf Sauerstoff beruhenden Atmungsstoffwechsel (s. S. 187).

> **Aerobe** Bakterien benötigen Sauerstoff, um sich vermehren zu können.

Anoxisch
Sauerstofffreier Raum

Anaerobe Keime benötigen keinen Sauerstoff zum Leben, da sie einen Gärungsstoffwechsel oder einen sauerstoffunabhängigen Atmungsstoffwechsel (s. Kap. II.1.1.4) besitzen. Sie leben an **anoxischen** Standorten. Für Anaerobier wie z. B. Clostridien ist Sauerstoff toxisch und tötet die vegetativen Zellen (aber nicht die Endosporen) ab.

Katalase
Enzym, das Wasserstoffperoxid (H_2O_2) zu Sauerstoff und Wasser umsetzt

Die Gründe für die Sauerstoffempfindlichkeit können O_2-sensitive Enzyme der Anaerobier sein oder Sauerstoffradikale, vor denen diese Bakterien keine Schutzsysteme wie z. B. das Enzym **Katalase** besitzen. Sollen O_2-empfindliche Mikroorganismen kultiviert werden, ist es notwendig, sauerstofffreie Kulturbedingungen zu schaffen und den Zutritt von O_2 z. B. durch gasdichte Verschlüsse zu verhindern.

> **Anaerobe** Bakterien beanspruchen keinen Sauerstoff, um sich zu vermehren, und werden von O_2 im Wachstum gehemmt.

Viele Bakterien sind **fakultativ anaerob** wie z. B. die Darmbakterien *Escherichia coli* und *Salmonella* sowie alle anderen Enterobacteriaceen. Sie können bei Anwesenheit von Sauerstoff aerob und bei Sauerstoffmangel anaerob wachsen. Diese Bakterien können ihren Stoffwechsel auf Gärung oder auf sauerstofffreie Atmung umstellen.

> **Fakultativ anaerobe** Bakterien nutzen vorhandenen Sauerstoff und verfügen zusätzlich über einen O_2-unabhängigen Stoffwechsel.

Superoxid-Dismutase
Enzym, das reaktive Sauerstoffradikale (Superoxid-Anionen) zu Wasserstoffperoxid umwandelt

Die **aerotoleranten** Keime können in einer Sauerstoff enthaltenden Umgebung wachsen, obgleich sie keinen Sauerstoff zum Wachstum benötigen. Im Gegensatz zu den strikt anaeroben Bakterien werden sie von O_2 nicht gehemmt oder abgetötet. Das klassische Beispiel für Aerotolerante sind Milchsäurebakterien, die zwar in der Regel das Enzym Katalase besitzen, aber keine anderen Schutzenzyme wie die **Superoxid-Dismutase**.

> **Aerotolerante** Bakterien sind O_2-unempfindlich und benötigen keinen Sauerstoff zur Vermehrung.

Mikroaerophile Bakterien wie z. B. *Campylobacter* benötigen Sauerstoff für ihre Stoffwechselprozesse, tolerieren aber nur einen geringen O_2-Gehalt in ihrer Umwelt; eine Konzentration von 5 % ist für ihr Wachstum geeignet.

> **Mikroaerophile** Bakterien benötigen einen niedrigen Sauerstoffgehalt.

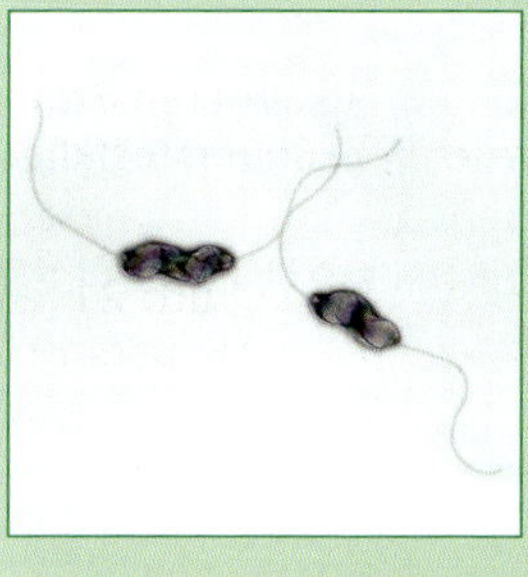

Campylobacter jejuni

griech. *campylos*: gekrümmt; lat. *bacillus*: Stäbchen; Jejunum: Abschnitt des Dünndarms

- In Deutschland häufigster Erreger von Lebensmittelinfektionen
- Gramnegatives spiralförmiges Bakterium
- Darmbakterium bei vielen Tieren
- Häufig in Geflügel und Geflügelfleisch zu finden
- Optimales Wachstum bei einer Temperatur von etwa 43 °C
- Erkrankung mit Fieber, Durchfall und Erbrechen; bricht 2 bis 5 Tage nach der Keimübertragung aus

Bild 1 zeigt das Verhalten der unterschiedlichen Sauerstoffgruppen der Bakterien in einem Laborversuch. Dabei werden Röhrchen mit einem Nährmedium, das durch Zugabe von Agar verfestigt ist, mit Reinkulturbakterien angeimpft.

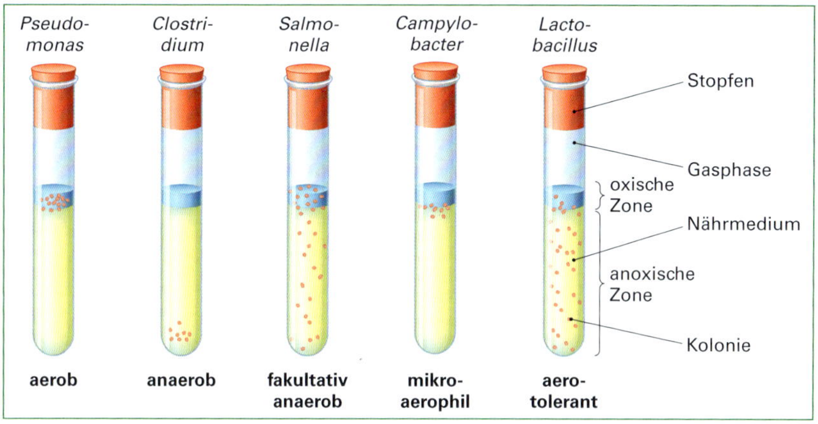

Bild 1
Wachstum der unterschiedlichen Sauerstoffklassen in Agar-Kultur-Röhrchen (Informationen im Text)

- **Strikt aerobe Bakterien** vermehren sich ausschließlich im obersten Bereich des Nährmediums und bilden dort Kolonien. Dort steht den Bakterienzellen Sauerstoff zur Verfügung, der aus der Gasphase des Röhrchens ein Stück weit in das Nährmedium hinein diffundiert.
- **Strikt anaerobe Bakterien** vermehren sich nur am unteren Ende des anoxischen Bereichs, da dort keine Spuren von Sauerstoff sind.
- **Fakultativ anaerobe Bakterien** zeigen im oxischen Bereich starkes Wachstum (Bildung großer Kolonien). Sie wachsen zusätzlich in den tieferen Teilen des Nährmediums und bilden dort aufgrund des ineffektiveren Stoffwechsels kleine Kolonien.
- **Mikroaerophile Bakterien** wachsen in einer Zone mit Abstand zum Gasraum, in der die für sie optimale O_2-Konzentration herrscht.
- **Aerotolerante Bakterien** werden nicht durch Sauerstoff beeinflusst und wachsen daher gleichmäßig im gesamten Nährmedium.

Streptomyces

(griech. *streptos*: gewunden; *myces*: Pilz)

- Vorkommen: fast überall in der Natur, besonders im Boden
- Energiegewinnung durch Oxidation organischer Stoffe
- Bildet pilzähnliche fadenförmige, meist verzweigte Hyphen innerhalb eines festen Nährbodens und oberhalb (Lufthyphen)
- Bildung von Exosporen an den Lufthyphen
- Produktion von Antibiotika

Einteilung der Bakterien

Da alle Bakterien bis auf wenige zellwandlose Keime wie die Mykoplasmen eine Mureinzellwand besitzen, können die Bakterien in die beiden Großgruppen der grampositiven und der gramnegativen Bakterien eingeteilt werden. Die **grampositiven Bakterien** werden hauptsächlich nach dem **GC-Gehalt** der Bakterien weiter in die zwei Klassen der Aktinobakterien und der Firmicutes unterteilt (Bild 1, S. 174).

Die **Aktinobakterien** besitzen einen hohen **GC-Gehalt** und bestehen aus mehreren Teilgruppen:

GC-Gehalt
Anteil der komplementären Basen Guanin und Cytosin in der DNA

Kompostierung
Verfahren, bei dem organische Substanzen wie Grünabfälle vorwiegend durch aerobe Bakterien und Pilze abgebaut werden

Intrazelluläre Parasiten
Lebewesen, die in den Zellen anderer Organismen leben und sich auf deren Kosten ernähren

- Die **Aktinomyzeten**, die oft unregelmäßig geformte oder filamentöse (fädige) Zellen ausbilden und sogar pilzartige Kolonien bilden, haben dieser Großgruppe ihren Namen gegeben. Die Aktinomyzeten (übersetzt: Strahlenpilze) wurden zuerst für Pilze gehalten, sind aber Prokaryonten. Zu ihnen zählen biotechnisch wichtige Organismen wie die Antibiotika bildenden *Streptomyces*-Arten. Die Aktinomyzeten leben überwiegend aerob, einige sind thermophil und können die hohen Temperaturen bei einer **Kompostierung** nutzen. Sie zerlegen dabei schwer abbaubare Substanzen wie Chitin.
- **Coryneforme Bakterien** fallen durch bakterienuntypische unregelmäßige, z. T. keulenartig verdickte Zellen auf. Einige Arten von Corynebakterien werden in der Biotechnologie zur Herstellung von Aminosäuren eingesetzt. Sie sind aerob oder fakultativ anaerob mit frei lebenden sowie pathogenen Arten.
- **Bifidobakterien** sind obligate Anaerobier und führen eine besondere Form der Milchsäuregärung durch. *Bifidobacterium*-Arten sind in sauerstofffreien Biotopen zu finden, z. B. im Pansen von Wiederkäuern und im Darm von Menschen, besonders von Säuglingen.
- Die **Mykobakterien** sind aerobe Bakterien, die zumeist frei lebend in Böden und Gewässern vorkommen. Einige Vertreter sind **intrazelluläre Parasiten** und höchst pathogen, wie die Erreger der Tuberkulose (*Mycobacterium tuberculosis*) und der Lepra (*Mycobacterium leprae*). Mykobakterien wachsen zum Teil extrem langsam und haben eine Verdopplungszeit von bis zu 24 Stunden.

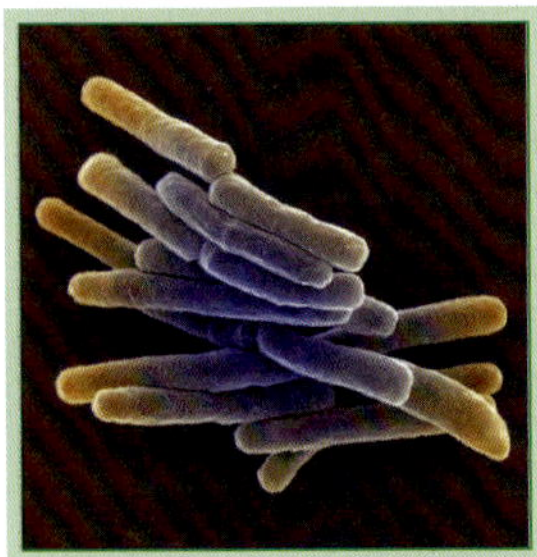

Mycobacterium tuberculosis

Namensbedeutung: Tuberkulose verursachendes pilzartiges Bakterium

- Weltweit verbreitet
- Wachstum manchmal mit Bildung langer Fäden
- Sehr langsame Vermehrung
- Erreger der Tuberkulose mit jährlich über 2 Millionen Toten
- Wird durch Tröpfcheninfektion übertragen und infiziert die Lunge, später evtl. weitere Organe
- Säurefestigkeit (Zellen entfärben sich nach Anfärbung mit dem Farbstoff Fuchsin bei Zugabe von HCl/Ethanol nicht)

- **Propionsäurebakterien** oder Propionibakterien führen eine Propionsäuregärung durch (Bild 1, S. 193). Sie leben anaerob oder aerotolerant. Einige der Propionibakterien gehören zur natürlichen Hautflora. Propionsäurebakterien spielen auch bei der Reifung von Käse eine Rolle und verursachen aufgrund der Gasbildung die Käselöcher.

Die **Firmicutes** (lat. *firmus*: stark; *cutis*: Haut) sind nach ihrer typischen grampositiven Zellwandstruktur benannt. Sie besitzen einen niedrigen GC-Gehalt. Zu ihnen gehören folgende Gruppen von Bakterien:

- Die **Milchsäurebakterien** besitzen große Bedeutung für die Lebensmittelherstellung. Die aerotoleranten Bakterien haben keinen Atmungsstoffwechsel. Sie vergären Zucker zu Milchsäure (s. S. 193) und benötigen deshalb keinen Sauerstoff zum Wachstum.

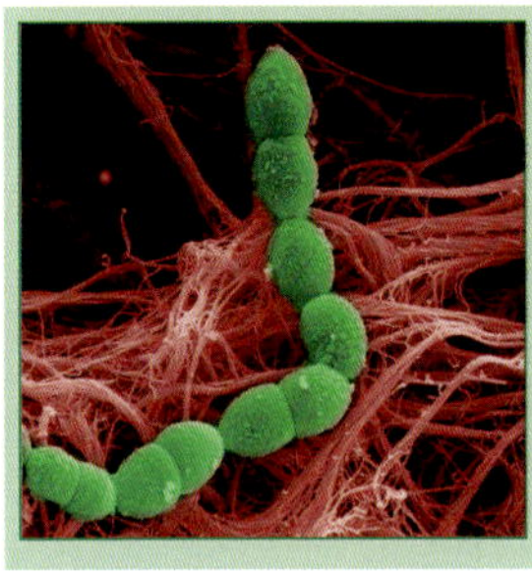

für Infektionsforschung GmbH

Streptococcus pneumoniae

griech. *streptos*: gewunden; *pneumonia*: Lungenentzündung

- Vorkommen: weit verbreitet, beispielsweise bei über 50 % der Menschen in der Rachenschleimhaut
- Als Pneumokokken bekannt; verursachen schwere Infektionen wie Lungenentzündungen
- Pathogene Varianten besitzen meist eine Schleimkapsel, nicht-pathogene keine
- Eine Impfung ist möglich und wird für verschiedene Bevölkerungsgruppen empfohlen

Natürliche Standorte der Milchsäurebakterien sind der Darm und die Schleimhäute von Menschen und Tieren. Sie finden sich ebenfalls auf Pflanzen, vor allem wenn sie im Zerrottungszustand sind. Für die Standorte von Milchsäurebakterien ist charakteristisch, dass Gärsubstrate wie Zucker sowie Aminosäuren und Vitamine reichlich zur Verfügung stehen. Die gute Versorgungslage in diesen Biotopen hat dazu geführt, dass diese Bakterien die Gene für viele nicht benötigte Enzyme verloren haben.

Milchsäurebakterien, die zahlreiche Aminosäuren und Vitamine nicht selber herstellen können, werden deshalb oft in Lebensmitteln wie Milch angetroffen oder sie besiedeln nährstoffreiche Lebensräume am menschlichen oder tierischen Körper. Einige Arten wie *Streptococcus pneumoniae* haben sich dort zu Krankheitserregern des Menschen entwickelt.

Extrazelluläre Parasiten
Lebewesen, die auf der Oberfläche anderer Organismen leben und sich auf deren Kosten ernähren

- **Staphylokokken** besiedeln oder infizieren die Haut und Schleimhäute von Menschen sowie Tieren. Besonders *Staphylococcus aureus* ist ein häufiger Krankheitserreger des Menschen. Andere Arten der Staphylokokken gehören zu den Starterkulturen (s. S. 194).

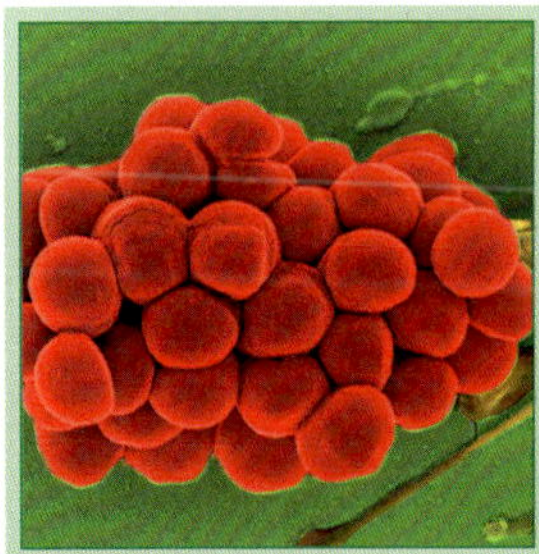

für Infektionsforschung GmbH

Staphylococcus aureus

griech. *staphyle*: Traube; lat. *aureus*: goldfarben

- Bildung von goldgelben Kolonien auf Agar-Nährböden
- Besiedelt die Haut sowie Schleimhäute von Menschen und warmblütigen Wirbeltieren; auch in der Umwelt zu finden
- Bei jedem dritten Menschen in der Nasenschleimhaut vorhanden
- Eiterbakterium; kann lokal oberflächliche Infektionen wie z. B. Furunkel verursachen
- Bakterientoxine führen häufig zu Lebensmittelvergiftungen
- Krankenhauskeim, gefürchtet sind antibiotikaresistente Stämme (MRSA: methicillinresistente *Staphylococcus aureus*)

- **Mykoplasmen** leben parasitär, besitzen (als Abkömmlinge von ehemals grampositiven Bakterien) keine Zellwand und haben das kleinste Genom aller Bakterien. Mykoplasmen sind intra- oder **extrazelluläre Parasiten**, die bei Menschen, Tieren und Pflanzen die Ursache für zahlreiche Krankheiten sind.

- Die strikt oder fakultativ aeroben **Bacillaceen** (**Bacillaceae**, auch Bazillen genannt) mit der Gattung *Bacillus* und die anaeroben **Clostridien** (Clostridiaceae) mit der Gattung *Clostridium* sind neben wenigen anderen die Bakteriengruppen, die in der Lage sind Endosporen zu bilden.

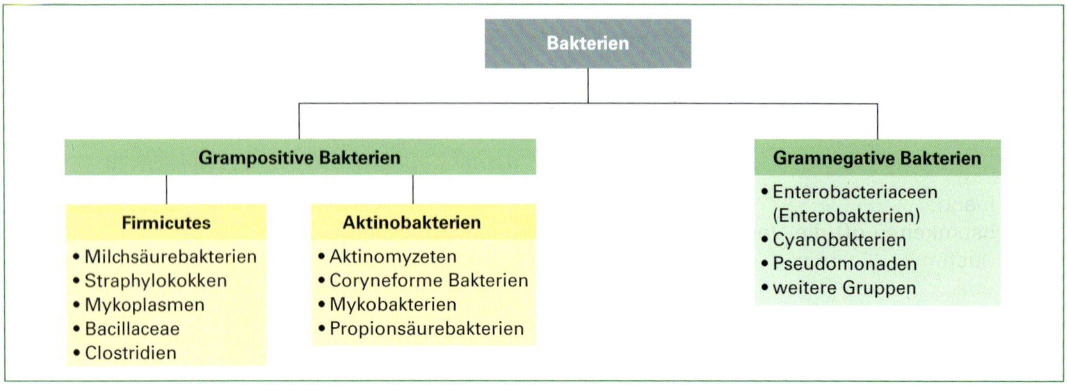

Bild 1
Phänotypische Klassifizierung der Bakterien

Bakterienruhr
Infektionskrankheit, die bei schlechten hygienischen Bedingungen auftritt und mit blutigen Durchfällen verbunden ist

Zu den **gramnegativen Bakterien** gehören u. a. folgende Gruppen:

- **Enterobacteriaceen** oder Enterobakterien sind bewegliche, peritrich begeißelte fakultativ anaerobe Stäbchen, die häufig im Darmtrakt von Tieren und Mensch gefunden werden.

  Zu dieser Gruppe gehören *Escherichia coli* und zahlreiche Krankheitserreger, wie *Salmonella, Shigella*, der Auslöser der **Bakterienruhr**, und der Pesterreger *Yersinia pestis*. Zu den Enterobacteriaceen gehören auch die Gattung *Enterobacter*, die im menschlichen Darm und in der Umwelt vorkommt, und die Gattung *Serratia*, deren bekanntester Vertreter *S. marcescens* rote Pigmente produziert und deswegen durch rote Kolonien auffällt. Zahlreiche Arten von *Erwinia* sind Pflanzenschädlinge, während *Klebsiella*-Arten wie vor allem *K. pneumoniae* bei immungeschwächten Menschen Krankheiten auslösen können.

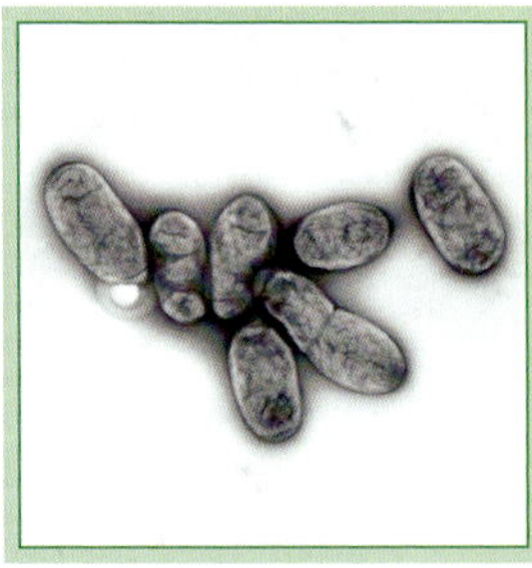

Yersinia pestis

Alexandre Yersin (1863–1943), Entdecker des Keims

- Unbegeißeltes Stäbchenbakterium (oft von einer Kapsel umgeben)
- Vorkommen: in vielen Nagetierpopulationen
- Erreger der Pest, hauptsächlich eine Erkrankung von Nagetieren wie Ratten
- Wird über blutsaugende Flöhe auf den Menschen übertragen
- Führt zur beulenartigen Anschwellung von Lymphknoten (Beulenpest) und nach weiterer Verbreitung im Körper zum Befall der Lunge (Lungenpest)

- Die **Pseudomonaden** sind bewegliche, polar begeißelte aerobe Stäbchen, die in der Umwelt wie im Wasser und in der Erde anzutreffen sind. Einige Arten können für Menschen mit geschwächtem Immunsystem als Krankheitserreger gefährlich werden. Pseudomonaden, die sich oft bei niedrigen Temperaturen vermehren können, verursachen auch Verderb von Lebensmitteln.

  Einige Pseudomonaden wie *Pseudomonas aeruginosa* (S. 268) sind typische Wasserkeime und leben im Süßwasser. Verschiedene Pseudomonaden sind in der Lage, ein riesiges Spektrum an Substraten zu verwerten und gehören beispielsweise zu den Erdöl abbauenden Mikroorganismen.

Genotypische Klassifizierung

Die Einordnung der Bakterien in ein systematisches System soll ihre Verwandtschaftsbeziehungen widerspiegeln, die sich aus der Evolutionsgeschichte der Lebewesen ergeben haben. Auf **genotypischer** Ebene können das Gesamtgenom von Organismen oder die Nukleotidsequenz einzelner Gene untersucht werden. Die Analyse der Gensequenzen, besonders die Sequenzierung von Genen ribosomaler RNA wird zur Bestimmung und Klassifizierung von Bakterien eingesetzt.

Durch die Analyse der Gensequenzen zahlreicher Bakterienarten in den letzten Jahren werden die verwandtschaftlichen Verhältnisse der Bakterien untereinander allmählich erkannt. Es zeigt sich, dass die phänotypischen Gemeinsamkeiten oft die Verwandtschaftsbeziehungen verschleierten, teilweise auch gute Übereinstimmungen beider Klassifizierungssysteme bestehen. Tabelle 1, S. 176, zeigt die **phylogenetischen** Hauptgruppen innerhalb der Bakterien, die als Bakterienreiche oder Abteilungen bezeichnet werden, mitsamt einigen bekannten Vertretern (Gattungen). Einige dieser Bakterienreiche wurden aufgrund von Sequenzanalysen der **16S rRNA** neu aufgestellt.

Genotyp
Gesamtheit der in den Genen festgelegten Erbinformationen

Phylogenetisch
Die Abstammung (Stammesgeschichte) der Lebewesen betreffend

16S rRNA
RNA-Komponente der kleineren Ribosomen-Untereinheit der Bakterien

> Die **genotypische Klassifizierung** dient der Einordnung in ein System, das auf Verwandtschaftsbeziehungen beruht. Sie stützt sich hauptsächlich auf 16S-rRNA-Analysen.

- **Proteobakterien:** Sie wurden aufgrund von Sequenzanalysen als völlig neue Gruppe etabliert. Zu ihr gehören viele gramnegative Bakterien wie Pseudomonaden, Enterobacteriaceen und die Purpurbakterien.
- **Grampositive Bakterien:** Durch 16S-rRNA-Analysen zeigte sich, dass die grampositiven Bakterien im Gegensatz zu den gramnegativen eine eigene, sehr umfangreiche Verwandtschaftsgruppe darstellen.
- **Cyanobakterien:** Die früher als Blaualgen bezeichneten Organismen sind Bakterien und keine eukaryontischen Algen. Sie führen eine oxygene Fotosynthese (s. S. 118) wie die Pflanzen durch, nutzen H_2O als Elektronendonator für die CO_2-Reduktion und setzen molekularen Sauerstoff frei. Sie besitzen wie die fototrophen Eukaryonten zwei Fotosysteme und Chlorophylle als Farbpigmente. Cyanobakterien sind einzellig oder mehrzellig. In letzterem Fall sind zahlreiche Zellen hintereinander zu langen Fäden angeordnet. Einige der Zellen können dann als sogenannte **Heterozysten** morphologisch und physiologisch spezialisiert sein.

Heterozysten
Zellen, in denen die Stickstofffixierung (Reduktion des Luftstickstoffs zu Ammonium) stattfindet

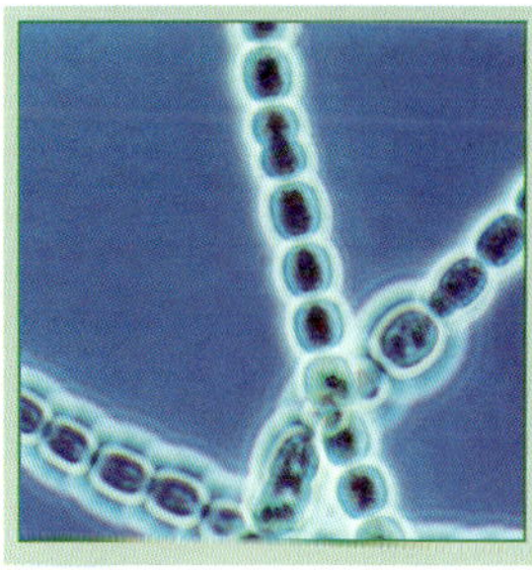

Michael Grzimek & Co

Anabaena

griech. *anabainein*: aufsteigen (im Wasser)

- Vorkommen: einige Arten im Süßwasser, andere im Meerwasser, andere in Symbiose mit Pflanzen (z. B. *Azolla*)
- Bildet oft unverzweigte Fäden
- Betreibt eine oxygene Fotosynthese (mit Sauerstoffbildung)
- Bildet Heterozysten (dickwandige, etwas größere Zellen), die Luftstickstoff fixieren, indem sie N_2 zu Ammonium reduzieren
- Können durch Massenvermehrung Wasserblüten verursachen

- **Chlamydien:** Die gramnegativen Chlamydien sind obligat parasitäre Bakterien und vermehren sich ausschließlich innerhalb einer Wirtszelle. Sie wurden aufgrund ihrer geringen Größe lange Zeit für Viren gehalten. Chlamydien lösen Erkrankungen aus, die mit β-Laktam-Antibiotika nicht behandelt werden können, da sie keine Zellwand besitzen.

- **Planktomyzeten:** Es handelt sich um eine Gruppe meist im Wasser lebender Bakterien, die in einer sessilen (sesshaften) Phase einen Stiel bilden, mit dem sie sich auf einem festen Untergrund anheften können. Sie besitzen keine Zellwand aus Murein, sondern aus Proteinen.
- ***Bacteroides*-Gruppe:** In dieser Gruppe sind obligat anaerobe Gattungen wie *Bacteroides* und *Flavobacterium* vereint. *Bacteroides*-Arten kommen oft im Darm des Menschen und von Tieren vor. Ungewöhnlich für Bakterien ist, dass ihre Zellmembranen Sphingolipide enthalten.
- **Grüne Schwefelbakterien:** Sie werden nach der bekannten Gattung *Chlorobium* auch Chlorobien genannt und besitzen einen einfach aufgebauten Fotosyntheseapparat, der nur aus dem Fotosystem I besteht. Das Fotosynthesesystem befindet sich zu einem Teil in der Zytoplasmamembran, zum anderen Teil in den **Chlorosomen**. Die Bakterien sind anaerob und produzieren keinen Sauerstoff. Schwefelwasserstoff wird von ihnen zum elementaren Schwefel oxidiert, der außerhalb der Zellen abgelagert wird.

Chlorosomen
Partikel an der Innenseite der Zellmembran, die der Absorption von Licht dienende Antennenkomplexe enthalten

- **Grüne Nichtschwefelbakterien:** Die fototrophen anaeroben Bakterien besitzen wie die Purpurbakterien und die Grünen Schwefelbakterien Bakteriochlorophylle, die ähnliche Strukturen wie die Chlorophyllmoleküle besitzen. Die Gattung *Chloroflexus* kommt in heißen Quellen vor.
- **Spirochäten:** Die schraubenförmigen, extrem schmalen Bakterien haben ein besonderes Organ zur Fortbewegung, das Axialfilament. Die Gruppe enthält mehrere gefährliche Krankheitserreger.
- **Deinokokken:** Der Gruppe gehören Arten wie *Deinococcus radiodurans* an, die eine hohe Resistenz gegenüber radioaktiver und UV-Strahlung aufweisen. Sie besitzen effektive Reparatursysteme für geschädigte DNA und ungewöhnlich aufgebaute Zellwände.

Tabelle 1 Phylogenetische Hauptgruppen der Bakterien

	Hauptgruppen	Beschreibung	Gattungen (Auswahl)
I	Proteobakterien	Neu errichtete Gruppe von gramnegativen Keimen aus fünf Untergruppen (α-, β-, γ-, δ- und ε-Proteobakterien)	*Pseudomonas, Salmonella*
II	Grampositive Bakterien	Gruppe aus Endosporenbildnern, Milchsäurebakterien, Aktinobakterien (z. B. Aktinomyzten) und anderen	*Clostridium, Streptomyces*
III	Cyanobakterien	Bakterien mit oxygener Fotosynthese (O_2-Bildung)	*Anabaena, Oscillatoria*
IV	Chlamydien	Obligat intrazelluläre parasitäre Bakterien	*Chlamydia*
V	Planktomyzeten	Meist aquatische Bakterien mit Proteinzellwand	*Planctomyces*
VI	*Bacteroides*-Gruppe	Obligat anaerobe, gramnegative Besiedler des Darms	*Bacteroides, Flavobacterium*
VII	Grüne Schwefelbakterien	Obligat anaerobe Bakterien mit anoxygener Fotosynthese (H_2S-Reduktion)	*Chlorobium*
VIII	Spirochäten	Schraubenförmige, flexible Keime mit geringem Durchmesser, viele Krankheitserreger	*Treponema Borrelia*
IX	Deinokokken	Grampositive Keime z. T. von großer Strahlungsresistenz, oft thermophil	*Deinococcus, Thermus*
X	Grüne Nichtschwefelbakterien	Gramnegative thermophile Bakterien mit überwiegend anoxygener Fotosynthese	*Chloroflexus*
XI-XIII	Hyperthermophile Bakterien	„Urtümliche" Bakterien aus heißen Quellen (Wachstumsoptimum über 80 °C)	*Thermotoga Aquifex*

1.1.3 Genübertragung bei Bakterien, Werkzeuge der Gentechnk

Die Weitergabe von genetischem Material an andere Organismen kann grundsätzlich auf zwei Arten erfolgen:

- **Vertikaler Gentransfer**, bei dem das Erbmaterial direkt an die Nachkommen und damit an Zellen der gleichen Art weitergegeben wird.
- **Horizontaler** oder **lateraler Gentransfer**, bei dem die Weitergabe von genetischem Material an andere Organismen, auch aus nicht verwandten Arten, erfolgt.

Der vertikale Gentransfer erfolgt bei Eukaryonten in der Regel durch die geschlechtliche Fortpflanzung, eine horizontale Genübertragung ist sehr selten.

Bei Bakterien wird die Genausstattung, die auf dem Bakterienchromosom sowie häufig auf **Plasmiden** liegt, vertikal bei jeder Zellteilung an die Nachkommen weitergegeben (Bild 1). Durch horizontale Genübertragung können Bakterien Gene derselben Spezies und manchmal von anderen Arten aufnehmen und ihrem eigenen Genrepertoire zufügen. Diese übertragbaren Gene sind häufig Bestandteil von Plasmiden.

Plasmid
Ringförmiges DNA-Molekül von Bakterien und einigen Hefearten, das unabhängig vom Bakterienchromosom repliziert wird

Transposon, springendes Gen
DNA-Element, das seine Position im Genom verändern kann

Eine horizontale Genübertragung ist für die Anpassungsfähigkeit und Fitness von Bakterien in vielen Biotopen sehr wichtig. Die Mikroorganismen erwerben dadurch Gene, die in ihrem Lebensraum relevant sind. Diese Gene können ihnen die Möglichkeit geben, sich gegenüber der Konkurrenz anderer Mikroben zu behaupten. Überleben diese Keime, werden sie ihre Gene an ihre Nachkommen weitergeben und für eine Verbreitung der Gene sorgen.

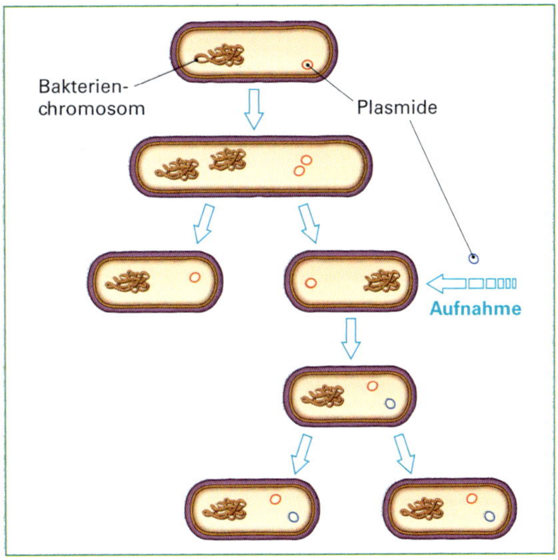

Bild 1
Horizontaler Gentransfer (rotes Plasmid) und vertikaler Gentransfer (blaues Plasmid) bei Bakterien

Viele dieser von Bakterien erworbenen Gene liegen auf mobilen genetischen Elementen wie den **Transposons** und können in das Bakterienchromosom integriert werden.

Die durch horizontalen Gentransfer erworbenen Gene können technisch relativ einfach erkannt werden. Sie fallen in den DNA-Sequenzen der Organismen dadurch auf, dass sie einen **GC-Gehalt** besitzen, der sich vom übrigen Genom unterscheidet. Dies liegt daran, dass diese Gene in anderen Organismenarten mit einem oft deutlich unterschiedlichen GC-Gehalt entstanden sind. Bei Bakterien finden sich zahlreiche Gene mit meist unbekannter Herkunft, beispielsweise besitzt *E. coli* zu 17 % Gene, die durch horizontalen Gentransfer erworben wurden.

Bei Bakterien sind drei Mechanismen des horizontalen Gentransfers bekannt, Transformation, Konjugation und Transduktion. Diese Möglichkeiten des Genaustauschs von Bakterien, die keine sexuelle Fortpflanzung aufweisen, werden unter dem Begriff **Parasexualität** (griech. *para*: neben) zusammengefasst.

Bakterien können mithilfe des **horizontalen Gentransfers**, der Weitergabe von Erbmaterial an andere Organismen, Gene vor allem innerhalb der Arten und in seltenen Fällen auch über Artgrenzen hinweg austauschen.

GC-Gehalt
Anteil an Guanin- und Cytosin-Basen an der gesamten DNA-Basenmenge

Transformation

Homologe Rekombination
Austausch von Genen/DNA-Stücken über ähnliche Sequenzbereiche an den Enden

Die Transformation hat für den natürlichen horizontalen Gentransfer von Bakterien die größte Bedeutung. Darunter wird die Übertragung von genetischem Material in Form von **isolierter DNA** verstanden, die nicht in einer Zelle oder einem Viruspartikel eingeschlossen ist, sondern frei in der Umwelt der Bakterien vorliegt (Bild 1). Dabei kann es sich um Plasmide oder DNA-Fragmente handeln, die in die Bakterienzelle aufgenommen werden. DNA-Fragmente entstehen vor allem dann, wenn Bakterienzellen absterben und das Bakterienchromosom auseinanderbricht. Die DNA-Fragmente können in der Zelle durch **homologe Rekombination** in das Chromosom integriert werden, wenn sie nicht vorher durch zelleigene Enzyme gespalten und abgebaut werden.

Transformation ist die Übertragung von frei im umgebenden Medium vorliegender DNA auf ein Bakterium.

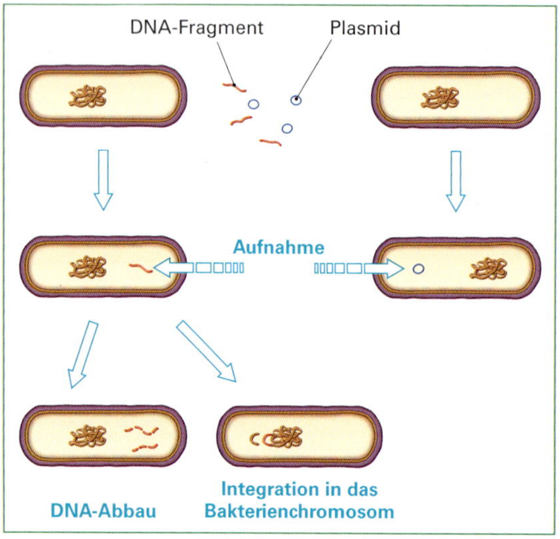

Bild 1
Transformation von Plasmiden und DNA-Fragmenten bei Bakterien

Verschiedene Arten von Bakterien, besondere viele grampositive, können DNA direkt und ohne eine besondere Vorbehandlung über Transformation aufnehmen. Diese Bereitschaft zur Transformation wird **natürliche Kompetenz** genannt. Die Bakterien müssen dazu in einer bestimmten Wuchsphase, der Kompetenzphase, sein. Die weitverbreitete Fähigkeit zur Transformation spricht für das häufige Auftreten von Gentransfer unter Bakterien in natürlichen Lebensräumen.

Andere Bakterien, wie beispielsweise *E. coli*, besitzen keine natürliche Kompetenz. Die Zellmembran und wahrscheinlich auch die äußere Membran der Zellhülle vieler gramnegativer Bakterien stellen für größere DNA-Elemente eine nicht zu überwindende Barriere dar. Eine Bereitschaft zur Transformation kann allerdings durch verschiedene Methoden hergestellt werden.

- Die Behandlung mit einer hohen Konzentration an zweiwertigen Ionen, meist **Ca^{2+}-Ionen**, erhöht die Permeabilität der Zellen so, dass eine gesteigerte Aufnahmefähigkeit für DNA aus der Umwelt erlangt wird.
- Bei der **Elektroporation** werden die Bakterien durch elektrische Pulse kurzzeitig permeabilisiert, sodass DNA in die Zellen gelangen kann.

Elektroporation
Methode zur Bildung von Poren in biologischen Membranen durch Erzeugung kurzer elektrischer Impulse mit hoher Feldstärke

Kompetente Zellen werden vor allem für gentechnische Versuche benötigt, wenn beispielsweise Gene auf Plasmiden ins Zellinnere eingeschleust werden sollen. Die Transferprozesse der Transformation werden in der **Gentechnologie** zur Übertragung ausgewählter Gene genutzt.

Zahlreiche Bakterienarten sind in der Lage, über Transformation DNA aufzunehmen und an die Nachkommen weiterzugeben. Diese Fähigkeit der Bakterien, die als **Kompetenz** bezeichnet wird, kann auch im Labor für gentechnische Zwecke induziert werden, z. B. durch eine Behandlung der Zellen mit Calciumionen.

Konjugation

Die Konjugation (lat. *coniugare*: verbinden) ist ein bei vielen Bakterien üblicher Genaustausch zwischen nah verwandten Organismen. Sie wird von bestimmten Plasmiden, den **konjugativen Plasmiden**, gesteuert, die die Gene für den Konjugationsmechanismus wie z. B. die Transfergene oder *tra*-Gene besitzen. Bekannte Plasmidbeispiele sind die **Fertilitätsfaktoren** oder **F-Plasmide** (F von engl. *fertility*: Fruchtbarkeit), die bei *E. coli* entdeckt wurden.

Pilus, Fimbrie
Fadenförmige Zellfortsätze bei Bakterien, die aus Proteinen bestehen

Der Gentransfer bei der Konjugation ist gerichtet: Er findet zwischen einer Donorzelle (F^+-Zelle), die ein konjugatives Plasmid enthält, und einer Empfänger- oder Rezipientenzelle (F^--Zelle) statt, die ein solches vor der Konjugation nicht besitzt. Da somit zwei verschiedenartige Bakterienzellen vorhanden sein müssen und da bei sexuellen Vorgängen ebenfalls zwei verschiedene Geschlechter beteiligt sind, wird die Konjugation als einfachste Form der sexuellen Fortpflanzung bezeichnet. Sie führt allerdings nicht zu einer Vermehrung der Bakterienzellen.

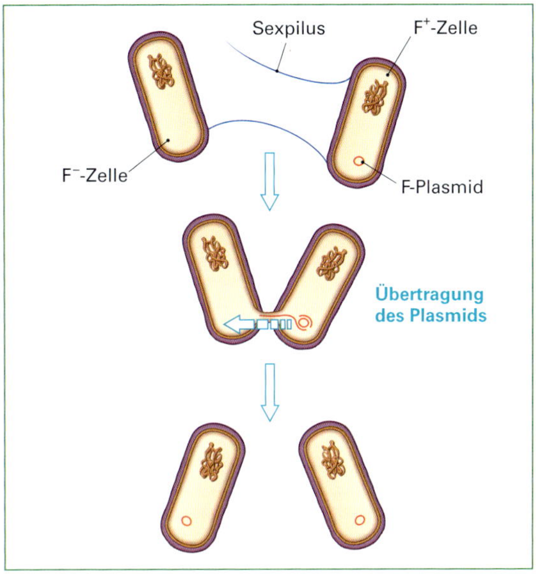

Bild 1
Konjugation bei Bakterien mit F-Plasmid

Im Verlauf der Konjugation (Bild 1) wird zuerst ein direkter Kontakt zwischen zwei Zellen hergestellt. Hierbei werden spezielle, vom F-Faktor kodierte **Pili** eingesetzt, die als **F-Pili** oder **Sexpili** bezeichnet werden. Nach der Kontaktaufnahme der Zellen wird der verbindende Pilus abgebaut. Dabei werden die Zellen so nahe zusammengebracht, dass eine **Plasmabrücke** zwischen den beiden Zellen errichtet werden kann. In der Donorzelle wird der DNA-Doppelstrang in die Einzelstränge aufgewunden, wobei ein Bruch in einem der Stränge erfolgt. Dieser nicht mehr zirkuläre Einzelstrang wird abgerollt und freigesetzt. Dabei wird er durch einen neu synthetisierten Strang ersetzt. Während des Gentransfers findet somit eine Verdopplung des Plasmids statt (sogenannter ***rolling-circle***-Mechanismus der Replikation).

Rolling-circle
Replikationsprinzip bei kleinen ringförmigen DNA-Molekülen wie Plasmiden und Viren

Der freigesetzte DNA-Strang wird über die Plasmabrücke zwischen den Zellen in die Rezipientenzelle geleitet. Dort wird der zum Einzelstrang komplementäre Strang synthetisiert, sodass das F-Plasmid in beiden Zellen als Doppelstrang und somit eine komplette Kopie des DNA-Elements vorliegt.

Konjugation ist die bei direktem Zellkontakt erfolgende Übertragung eines konjugativen Plasmids von einer Donorzelle auf eine Rezipientenzelle.

Während bei einer gewöhnlichen Konjugation nur das F-Plasmid übertragen wird, kann unter bestimmten Umständen auch ein großer Teil des bakteriellen Chromosoms mit transferiert werden. Das ist dann möglich, wenn die Donorzelle in **Hfr-Form** vorliegt (Hfr von engl. *high frequency of recombination*). In diesem Fall ist das F-Plasmid in das Bakterienchromosom eingebaut worden und wird dann als **Episom** bezeichnet. Dieser Einbau (Insertion) kann geschehen, wenn das Plasmid DNA-Sequenzbereiche besitzt, die homolog zu Sequenzen im Bakterienchromosom sind. Solche DNA-Bereiche werden **Insertionssequenzen** (IS-Sequenzen) genannt.

Transduktion

Bei der Transduktion wird DNA durch Viren, den Bakteriophagen (s. Kap. II.3.1), übertragen. Dabei gelangt am Ende der Virusvermehrung Bakterien-DNA statt Virus-DNA in das Viruspartikel. Diese DNA wird bei einer Infektion in eine andere Bakterienzelle überführt und kann dort durch **homologe Rekombination** in das Chromosom integriert werden (Bild 1). Der horizontale Gentransfer durch Transduktion ist auf nah verwandte Bakterien beschränkt, da Viren einen sehr engen Wirtsbereich besitzen und meist nur eine Bakterienart infizieren können.

Es wird zwischen allgemeiner und spezieller Transduktion unterschieden:

▶ **Allgemeine (unspezifische) Transduktion**
Bei der Infektion einer Bakterienzelle durch Bakteriophagen übernimmt die virale DNA die Steuerung der Zelle, wobei die Wirts-DNA inaktiviert werden muss. Sie wird häufig abgebaut bzw. in Bruchstücke zerschnitten. Gelangt ein Fragment bakterieller DNA bei der Phagenzusammensetzung in ein neues Viruspartikel, können darauf enthaltene Bakteriengene mit den Phagen in andere Bakterienzellen transportiert werden. Diese transduzierenden Phagen enthalten keine Viren-DNA, sodass auch keine Virenvermehrung mehr stattfinden kann. Da bei der allgemeinen Transduktion der Einbau der Bakterien-DNA in die Phagenhüllen ein zufälliger Prozess ist, können alle Gene davon betroffen werden.

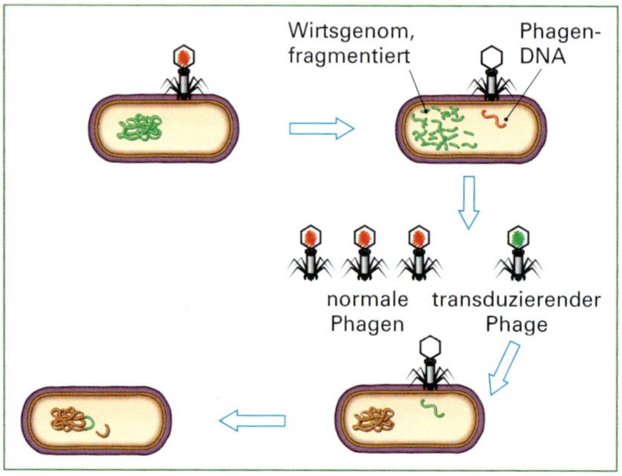

Bild 1
Horizontaler Gentransfer durch allgemeine Transduktion

▶ **Spezielle (spezifische) Transduktion**
Verschiedene Bakteriophagen bauen ihre DNA an einer bestimmten Stelle in das Bakterienchromosom ein, wo sie für viele Bakteriengenerationen verbleiben kann (lysogener Zyklus, s. S. 234). Unter bestimmten Bedingungen kann sich das Phagengenom wieder herauslösen, um neue Viruspartikel zu bilden. Wird dabei die Viren-DNA ungenau aus dem Bakterienchromosom herausgeschnitten, können bakterielle DNA-Bereiche mitgenommen und in die Phagenhüllen gepackt werden. Sie können bei einer nachfolgenden Virusinfektion in andere Bakterien gelangen. Bei dieser Art der Transduktion werden nur bestimmte Bakteriengene übertragen, die in unmittelbarer Nähe des Integrationsortes des Virus liegen.

Bei der **Transduktion** wird Bakterien-DNA in Viruspartikel eingebaut und auf andere Bakterienzellen übertragen. Bei der **speziellen Transduktion** werden nur solche Gene übertragen, die am Integrationsort des Virus liegen.

Schicksal der transferierten DNA in der Bakterienzelle

Selektion
Auslese der besser angepassten Lebewesen durch die Evolution

Ob die durch horizontalen Gentransfer in die Zelle aufgenommenen Gene langfristig in den Bakterien überdauern, hängt von vielen Faktoren ab. Plasmide können nur stabil in der Zelle etabliert und an nachkommende Generationen weitergegeben werden, wenn sie erfolgreich repliziert werden können und z. B. einen geeigneten Replikationsstartpunkt (s. Kap. I.4.1) besitzen. Außerdem müssen sie aus Gründen der **Selektion** der Zelle einen Überlebensvorteil verschaffen.

Plasmide, die von Bakterien nicht zum Überleben benötigt werden, gehen mit der Zeit leicht verloren, z. B. wenn bei einer Zellteilung alle Plasmidkopien zufällig in nur eine Tochterzelle gelangen. Die Tochterzelle ohne Plasmid kann schneller als die andere Tochterzelle wachsen, da sie die Plasmide nicht replizieren muss, und das Plasmid verschwindet mit der Zeit aus der Bakterienpopulation.

DNA-Bruchstücke, die in die Zelle aufgenommen werden, können in das bakterielle Genom integriert werden, wenn Homologien (s. S. 142) zwischen den Nukleotidsequenzen des Bakterienchromosoms und der aufgenommenen DNA vorliegen. Der dabei zugrundeliegende Prozess wird **homologe Rekombination** genannt. In Bereichen mit ähnlicher Sequenz kommt es zu Doppelstrangbrüchen und das dazwischenliegende DNA-Stück wird zwischen der Donor-DNA und dem Bakterienchromosom ausgetauscht.

Restriktion
Schutzmechanismus von Bakterien vor Virusinfektionen durch Abbau viraler Nukleinsäuren

DNA-Fragmente, die nicht in das Bakterienchromosom eingebaut werden, können durch Nukleasen in der Zelle zu Nukleotidbausteinen abgebaut werden, die für die DNA-Synthese der Bakterien wiederverwendet werden können. Die enzymatische Spaltung von zellfremder DNA ist auch ein Schutzmechanismus z. B. vor der Übernahme der Zelle durch Viren-DNA. Dazu haben Bakterien bestimmte Schutzsysteme wie die **Restriktion** entwickelt.

Die sogenannten **Restriktionsenzyme** durchschneiden eingedrungene DNA an bestimmten Stellen, um sie als genetische Vorlage zur Proteinsynthese unbrauchbar zu machen. Die Restriktionsenzyme sind **Restriktionsendonukleasen**, da sie DNA nicht von den Enden der Stränge, sondern im inneren Bereich (*endo*) zerschneiden. Sie erkennen die fremde DNA an einer kurzen Sequenz aus vier bis acht Basenpaaren, die in ihrer eigenen DNA nicht vorkommt oder die in ihrem Genom durch **Methylierung** modifiziert und damit markiert ist. Zahlreiche Restriktionsendonukleasen sind bekannt, die jeweils eine bestimmte Basensequenz auf der DNA erkennen.

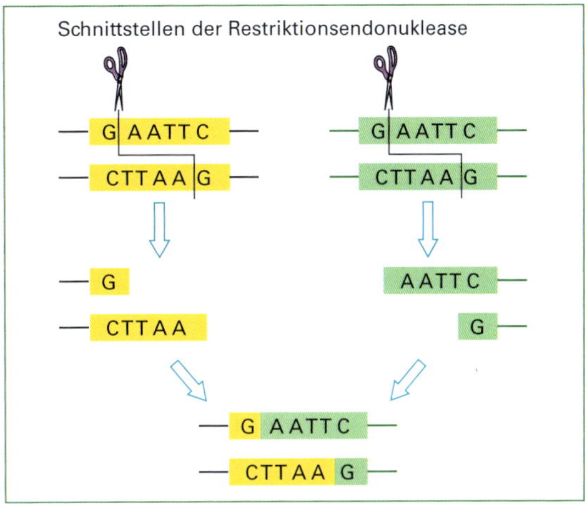

Bild 1
Schneiden von DNA-Elementen durch die Restriktionsendonuklease *Eco*R1 und Bildung eines neuen DNA-Konstrukts

Die Restriktionsenzyme haben für die Gentechnologie eine große Bedeutung. Mit ihrer Entdeckung war es möglich, gezielt bestimmte DNA-Fragmente aus beliebiger DNA herzustellen. Bild 1 zeigt die Aktivität der Restriktionsendonuklease ***Eco*R1** (Enzym aus *E. coli*), die eine bestimmte Sequenz des DNA-Doppelstrangs erkennt und schneidet. Der Schnitt ist bei den zwei Strängen nicht an der gleichen Stelle, sondern um einige Nukleotide versetzt. Dadurch entstehen sogenannte überlappende oder klebrige Enden (engl. *sticky ends*), die sich leicht wieder miteinander verbinden lassen. Werden mehrere DNA-Stücke mit derselben Restriktionsendonuklease geschnitten, haben sie alle zueinander passende Enden und können sich über die komplementäre Basenpaarung zusammenlagern. Mit dem Enzym Ligase können sie wieder zu einem Doppelstrang kovalent verknüpft werden. So können DNA-Elemente verschiedener Herkunft miteinander verbunden werden.

Methylierung
Anhängen einer Methylgruppe (CH_3-Gruppe)

Restriktionsenzyme schneiden fremde DNA an spezifischen Schnittstellen. Die Enzyme dienen Bakterien zur Abwehr von viraler DNA und werden in der Gentechnologie eingesetzt. Das eigene Genom ist durch Methylierungen von DNA-Basen vor der Zerstörung geschützt.

Antibiotikaresistenzgene

Resistenzgene sind Gene, die häufig auf Plasmiden lokalisiert sind und für Faktoren kodieren, die die Zellen gegenüber bestimmten Antibiotika oder Schwermetallen unempfindlich machen. Plasmide, die Resistenzgene enthalten und Resistenz auf andere Bakterien übertragen können, werden R-Plasmide genannt. Meist enthalten sie Gene für mehrere Antibiotikaresistenzen, wie das in Bild 1 gezeigte Plasmid, und *tra*-Gene, die die Konjugation zur Plasmidübertragung erlauben.

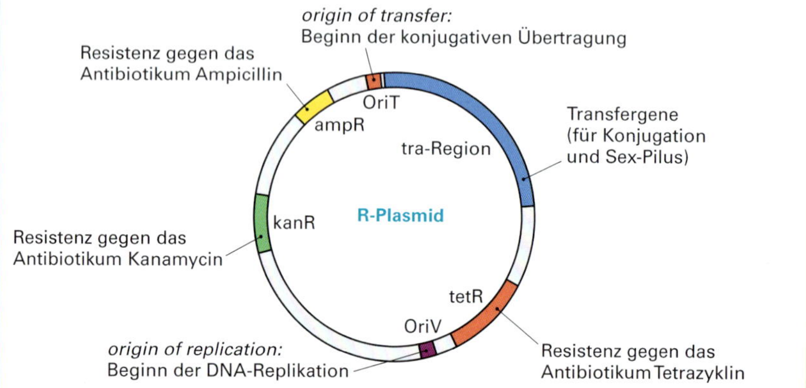

Bild 1
Konjugatives R-Plasmid aus einem antibiotikaresistenten Bakterienstamm

In der **Gentechnik** werden Antibiotikaresistenzgene oft als Marker eingesetzt. Sie bieten die Möglichkeit, die Existenz von genetischen Elementen nachzuverfolgen, die z. B. beim Klonieren von Bedeutung sind. Durch die Zugabe des entsprechenden Antibiotikums ins Nährmedium kann geprüft werden, welche Keime in Anwesenheit des Antibiotikums wachsen können, weil sie das Resistenzgen, und damit das gewünschte DNA-Element, besitzen.

Agar
Aus Rotalgen gewonnenes Verfestigungsmittel für Nährböden

Bild 2 zeigt, wie ein Ansatz von kompetenten Bakterien zusammen mit einem Plasmid auf eine erfolgreiche Transformation getestet werden kann. Während alle nicht transformierten Bakterien, die große Mehrheit im Transformationsansatz, in einem Nährmedium ohne Antibiotikum wachsen können und einen dichten Rasen auf einem Agar-Nährboden bilden, können sie auf dem **Agar**-Nährmedium mit Zusatz von Antibiotikum nicht wachsen. Hier können nur die das eingeführte Plasmidkonstrukt besitzenden resistenten Bakterien Kolonien bilden.

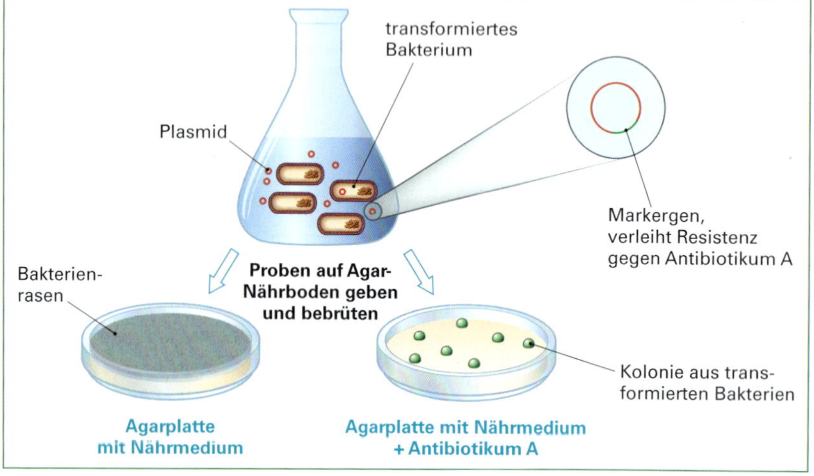

Bild 2
Nachweis von Genübertragung durch Antibiotikaresistenzmarkergene

Übertragung prokaryontischer DNA auf Eukaryonten

Bodenbakterien wie *Agrobacterium tumefaciens* sind in der Lage, genetisches Material auf Pflanzen zu übertragen und in das Genom von Pflanzenzellen einzubauen. Die **pflanzenpathogenen** Bakterien besitzen ein Plasmid, das sogenannte Ti (Tumor induzierend)-Plasmid, das die Fähigkeit für den Transfer der prokaryontischen Gene in eine eukaryontische Zelle vermittelt. Auf dem Plasmid befindet sich der Bereich der DNA, der in die Pflanze übertragen wird, die T-DNA (Transfer-DNA), außerdem **Virulenzgene** und regulatorische Elemente.

Pflanzenpathogen
Krankheiten bei Pflanzen hervorrufend

Virulenzgene
Gene von Mikroorganismen, die für die Expression von wirtsschädigenden Proteinen z. B. Toxinen verantwortlich sind

Die Bakterien können verletzte Pflanzen infizieren und lösen im weiteren Verlauf der Infektion Wucherungen an den infizierten Pflanzenteilen aus, die im Wurzelhalsbereich **Wurzelhalsgallen** genannt werden (Bild 1). Die Infektion der Bakterien und der nachfolgende Gentransfer werden durch pflanzliche Substanzen aktiviert, die aus verwundeten Pflanzenteilen austreten.

Die T-DNA auf dem Plasmid der Bakterien wird zusammen mit bakteriellen Proteinen in die Pflanzenzelle geschleust (Bild 2) und in den pflanzlichen Zellkern transportiert. Sie wird ins Wirtsgenom integriert und ist dort vor Abbau geschützt. Die T-DNA wird dort repliziert und kann zur Synthese von Proteinen transkribiert werden. Sie besitzt dazu Promotoren, die von den eukaryontischen RNA-Polymerasen erkannt werden.

Bild 1
Pflanzenwucherung, verursacht durch *Agrobacterium tumefaciens*

Auf der T-DNA befinden sich Gene, deren Produkte das Wachstum von Wurzelhalsgallen hervorrufen. Zusätzlich werden Gene für Enzyme zur Synthese von **Opinen** abgelesen. Diese Opine sind aus Aminosäuren aufgebaute organische Verbindungen, die von den Bakterien im **Katabolismus** abgebaut werden und eine geeignete Nahrungsquelle in der Pflanze darstellen.

Die einzigartige Fähigkeit der Genübertragung zwischen unterschiedlichen Organismenreichen durch *A. tumefaciens* hat sich die Gentechnik zur Erzeugung **transgener** Pflanzen zunutze gemacht. Die auf der T-DNA vorhandenen Gene können relativ leicht gegen andere ausgetauscht werden. Dazu werden die Gene mithilfe von Restriktionsendonukleasen aus dem Plasmid herausgeschnitten und stattdessen gewünschte Gene eingebaut.

Katabolismus
Dissimilatorischer Stoffwechsel zur Gewinnung von Energie

Das pflanzenpathogene Bakterium ***Agrobacterium tumefaciens*** verfügt über die Fähigkeit, Gene in pflanzliche Zellen zu übertragen. Es ist dadurch ein in der Gentechnik eingesetzter Modellorganismus, der zur Übertragung von Genen auf Pflanzen eingesetzt werden kann.

Transgen
Lebewesen, das in seinem Genom zusätzliche Gene aus anderen Arten enthält

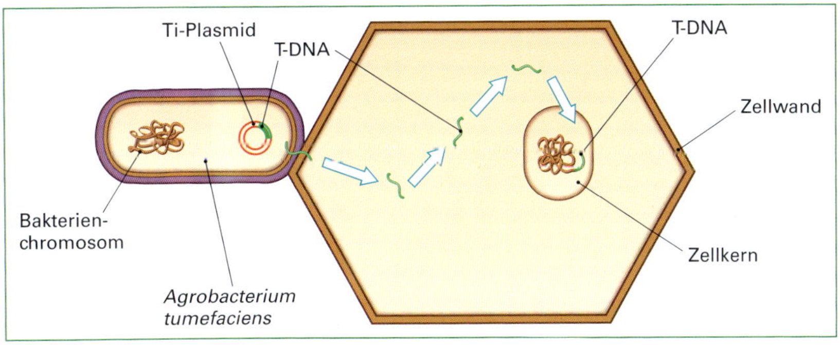

Bild 2
***Agrobacterium tumefaciens* überträgt die T-DNA in Pflanzenzelle**

Das CRISPR/Cas-System

Das CRISPR/Cas-System stellt einen Abwehrmechanismus von Bakterien und Archaeen dar, mit dem sie fremde DNA abbauen und sich insbesondere gegen Bakteriophagen schützen. Dieser Mechanismus ergänzt damit die Arbeit der Restriktionsendonukleasen, die eingedrungene DNA ebenfalls zerstören, indem sie die DNA auf fremde Sequenzen hin absuchen und diese zerschneiden.

Nukleasen Enzyme, die Nukleinsäuren durchschneiden oder vollständig abbauen

Viele Bakterien und Archaaen besitzen in ihrer DNA besondere Bereiche, die CRISPR (*clustered regularly interspaced palindromic repeats*) genannt werden. Zuerst wurden diese in der DNA von *E. coli* gefunden und ihre Funktion war lange Zeit unbekannt. In dieser Region wechseln sich repetierende (*Repeats*) und variable Sequenzmotive (*Spacer*) ab. Benachbarte Gene heißen cas-Gene (CRISPR-assoziierte Gene); sie kodieren unterschiedliche Proteine wie z. B. **Nukleasen**.

Palindrom Abfolge von Sequenzen oder Buchstaben, die vorwärts wie rückwärts gelesen genau denselben Text (Sinn) ergeben

Die Wiederholungssequenzen, die *Repeats*, stellen zusätzlich **Palindrome** dar. Die vier Basenmoleküle Adenin, Cytosin, Thymin und Guanin des einen DNA-Stranges haben dieselbe Reihenfolge wie ein Bereich des komplementären DNA-Stranges, allerdings in entgegengesetzter Richtung. Wenn DNA ein Palindrom aufweist, können intramolekulare Basenpaarungen in der abgelesenen RNA dazu führen, dass doppelstrangähnliche Aneinanderlagerungen gebildet werden. Da diese stabilen Sekundärstrukturen Haarnadeln ähneln, werden sie Haarnadelstrukturen genannt.

Teil II Mikrobiologie

Die variablen Abschnitte in der CRISPR-Region, die *Spacer*, sind Relikte der Viren, mit denen das Bakterium und ihre Vorgängerzellen konfrontiert waren. Die *Spacer*-Sequenzen können den Mikroorganismen eine Resistenz gegen die zugehörigen Phagen verleihen. Bakterien, die mit einem Phagen erstmals infiziert werden, schneiden Teile der Fremd-DNA aus und bauen sie als *Spacer* in den CRISPR-Bereich ihres Genoms ein (Bild 1).

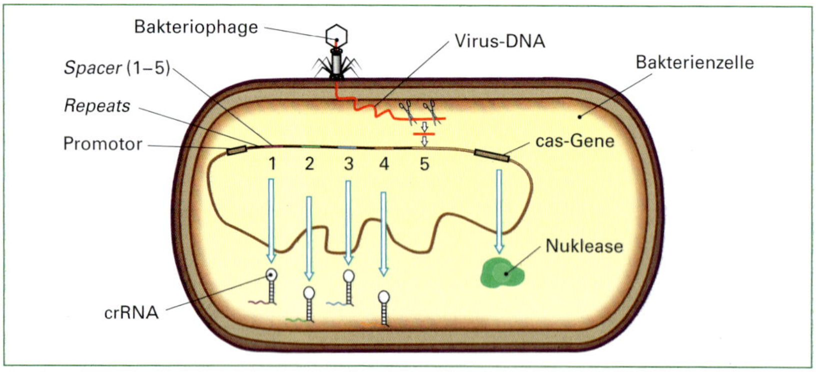

Bild 1
CRISPR/Cas, das Phagenabwehrsystem der Bakterien

Promotor Transkriptionsstartpunkt, eine DNA-Nukleotid-Sequenz, die die regulierte Expression eines Gens erlaubt

Die Anfangssequenz des CRISPR-Bereichs beinhaltet einen **Promotor**, der die Transkription des gesamten Bereichs in ein langes RNA-Molekül bewirkt. Dieses wird dann in Einzelteile zerlegt, die jeweils einen *Spacer* und die palindromischen *Repeats* enthalten. Nach weiteren Reifungsschritten entstehen die Viren-spezifischen crRNA-Moleküle (für CRISPR-RNA). Auch die cas-Gene werden abgelesen, und an den Ribosomen werden Proteine gebildet, die bei Bakterien von Art zu Art verschieden sind. Es gibt aufgrund der beteiligten Cas-Proteine sowie der Erkennungsmerkmale auf der Ziel-DNA drei unterschiedliche CRISPR/Cas-Systeme. Relativ einfach und gut bekannt ist der Typ II, der die Endonuklese Cas9 einsetzt.

Die Cas-Proteine bilden in der Bakterienzelle Komplexe mit den crRNA-Molekülen. Diese wiederum können über die komplementäre Basenpaarung an passende DNA-Zielsequenzen von Phagen binden, die in die Bakterienzelle eingedrungen sind. Sie liefern dem Enzym die Erkennungssequenz, an der die Nuklease die DNA durchtrennt und die Phagen unschädlich macht.

Das CRISPR/Cas-System dient Bakterien zur Abwehr von Viren, indem sie virale DNA-Abschnitte in ihrem Genom speichern. Nach Erkennen komplementärer Abschnitte auf Virus-Nukleinsäuren durch RNA-Transkripte werden diese durch eine Endonuklease wie Cas9 zerschnitten.

Molekularbiologische Methoden können eingesetzt werden, um DNA an einer gewünschten Stelle mithilfe von CRISPR/Cas zu durchtrennen. Obgleich das System nur in Prokaryonten vorkommt, funktioniert es auch als **Genschere** in eukaryontischen Zellen von Pflanzen und Tieren sowie in menschlichen Zellen. Die Sequenz der Ziel-DNA muss allerdings bekannt sein. Dann können entsprechende RNA-Abschnitte synthetisiert und zusammen mit der Cas-Nuklease in Zellen eingeführt werden. Beispielsweise kann *Agrobacterium tumefaciens* zur Übertragung der Genschere in pflanzliche Zellen eingesetzt werden.

Der Doppelstrangschnitt durch Cas9 kann zu unterschiedlichen Folgeereignissen führen (Bild 1). Durch zelleigene Reparaturmechanismen versucht die Zelle den Doppelbruch der DNA zu schließen. Dabei können Punktmutationen aufgrund einer Basenänderung, **Deletionen** oder **Insertionen** entstehen. Ist der Schnitt innerhalb eines kodierenden Abschnitts, werden Gene in ihrer Funktion gestört. Die betroffenen Gene können so ausgeschaltet werden.

Deletion
Entfernung eines Nukleotids oder eines DNA-Abschnitts aus einer DNA-Sequenz

Insertion
Einfügen eines Nukleotids oder eines DNA-Abschnitts in eine DNA-Sequenz

Verschiedene Anwendungsmöglichkeiten von CRISPR/Cas sind vorstellbar, z. B. Resistenzentwicklungen gegen Krankheitserreger bei der Züchtung von Nutzpflanzen. Wird das Verfahren entsprechend gesteuert, können einzelne Gene nach dem Schnitt auch durch Veränderung der Basensequenz zielgenau umgeschrieben werden. Bekommt eine Zelle eine bestimmte Genvorlage bei der DNA-Reparatur angeboten, können die Reparaturenzyme ein neues Gen in die Schnittstelle einfügen.

Molekularbiologische Techniken zur Veränderung von DNA-Sequenzen, einschließlich des Erbguts von Pflanzen, Tieren und Menschen, werden **Genom-Editierung** oder ***Genome Editing*** genannt; die Genschere CRISPR/Cas bietet zurzeit die hierzu vielversprechendste Methodik. Während es bei der klassischen Gentechnik vom Zufall abhängt, an welcher Stelle im Genom Veränderungen hervorgerufen und unbeabsichtigt intakte Gene zerstört werden, sind durch die Genschere CRISPR/Cas zielgerichtete genetische Umgestaltungen möglich.

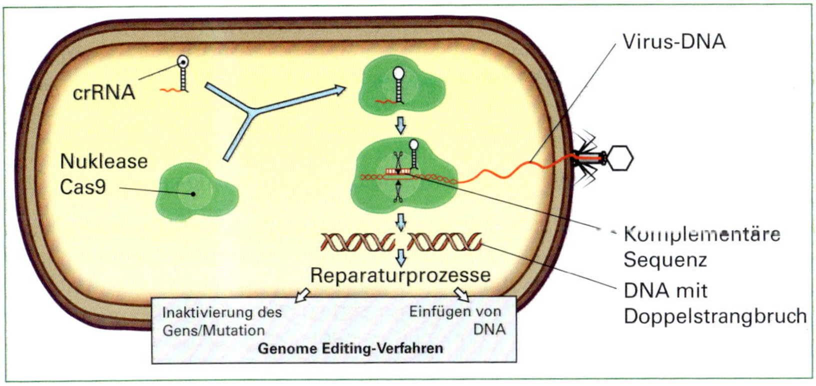

Bild 1
Das CRISPR/Cas-System, Arbeitsweise und Einsatz als Genschere

Autotroph
Organismen, die zum Aufbau ihrer Biomasse nur anorganische Stoffe benötigen

Chemolithotroph
Organismen, die Energie durch die Oxidation von anorganischen Stoffen gewinnen

1.1.4 Stoffwechsel von Bakterien

Unter den Bakterien gibt es eine große Vielfalt an Möglichkeiten der Energiegewinnung bzw. -umwandlung. Dabei besitzen die Mitglieder der Bakteriengruppen zumeist den gleichen Typus von Energiestoffwechsel, da er ein wichtiges Kriterium der Klassifizierung darstellt. Zu den **autotrophen** Organismen gehören neben den fototrophen Bakterien, die die Sonnenenergie als primäre Energiequelle nutzen, die **chemolithotrophen** Bakterien. Auch sie sind in der Lage, alle Makromoleküle der Zelle allein aus Kohlenstoffdioxid und anderen anorganischen Substanzen aufzubauen und damit Biomasse zu produzieren.

Chemolithotrophe Bakterien

Protonengradient
Konzentrationsunterschied von Protonen zwischen zwei durch eine Membran getrennten Phasen

Chemolithotrophe Bakterien oxidieren zur **Energiegewinnung** keine organischen Substanzen, wie es für alle Eukaryonten typisch ist, sondern anorganische Substrate (Bild 1). Die Bakterien benötigen dazu einen Elektronendonator, eine reduzierte anorganische Verbindung wie H_2 oder H_2S, sowie einen Elektronenakzeptor, der fast immer Sauerstoff ist. Dabei kann über eine Elektronentransportkette in der Zellmembran die frei werdende Energie zur Bildung eines **Protonengradienten** und zur ATP-Synthese genutzt werden. Der Verzicht auf die Nutzung organischer Substrate bedeutet gleichzeitig, dass die zellulären Substanzen ähnlich wie bei Pflanzen durch die Reduktion von Kohlenstoffdioxid entstehen müssen. Die Reduktionskraft der Elektronen aus den anorganischen Substanzen wird auch für die **CO_2-Fixierung** der autotrophen Organismen genutzt.

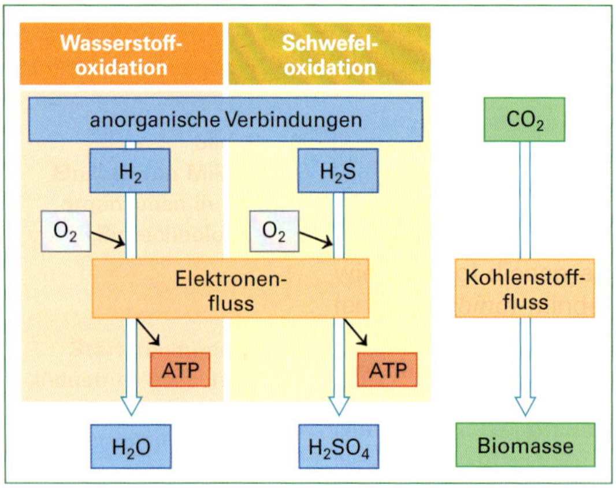

Bild 1 Chemolithotropher Stoffwechsel von Bakterien

Die reduzierten anorganischen Substanzen sind besonders in anoxischen (sauerstofffreien) **Lebensräumen** vorhanden. Die chemolithotrophen Bakterien sind allerdings nicht anaerob, sondern benötigen molekularen Sauerstoff. Deshalb finden sich diese Bakterien meist in den Grenzschichten anoxischer (sauerstofffreier) und oxischer Bereiche von Böden und Gewässern, in die die benötigten Verbindungen – aus unterschiedlichen Richtungen kommend – hineindiffundieren.

Je nach den anorganischen Substanzen, die verwertet werden, können mehrere Ausprägungen der Chemolithotrophie unterschieden werden:

Bioleaching
Mikrobielle Erzlaugung, bei der Schwermetalle aus ihren Erzen durch Umwandlung von unlöslichen Erzmineralen zu wasserlöslichen Salzen gewonnen werden

- **Wasserstoffoxidation:** Die nach der Knallgas-Reaktion ($2\ H_2 + O_2 \rightarrow 2\ H_2O$) benannten Knallgasbakterien wie z. B. *Ralstonia* können die Elektronen des Wasserstoffs auf Sauerstoff leiten.
- **Schwefeloxidation:** Bakterien wie *Acidithiobacillus thiooxidans* (früher: *Thiobacillus thiooxidans*) können Schwefelwasserstoff mithilfe von Sauerstoff zu Schwefelsäure oxidieren ($H_2S + 2\ O_2 \rightarrow H_2SO_4$). Sie können beim ***Bioleaching***, einem industriellen Verfahren zur Metallgewinnung, eingesetzt werden.
- **Nitrifikation:** An der Oxidation von Ammonium (NH_4^+) zu Nitrat (NO_3^-), genannt Nitrifikation, sind zwei unterschiedliche Mikroorganismengruppen beteiligt. Die Ammonium-Oxidierer wie z. B. *Nitrosomonas* bilden und scheiden Nitrit (NO_2^-) als Endprodukt aus. Die Nitrit-Oxidierer wie z. B. *Nitrobacter* oxidieren diese Substanz weiter zu Nitrat. In der Na-

tur kommen beide Bakteriengruppen gewöhnlich zusammen vor, sodass sich Nitrit, das sehr reaktiv und toxisch ist, nicht anreichert.

- **Eisenoxidation:** Die Oxidation von zweiwertigem Eisen (Fe^{2+}) zu dreiwertigem Eisen (Fe^{3+}) wird von einigen Bakterien wie *Leptospirillum ferrooxidans* durchgeführt, bevorzugt unter sauren Bedingungen ($pH < 4$), bei denen die Eisenionen stabiler vorliegen.

Chemolithotrophe Bakterien oxidieren zur Energiegewinnung anorganische Substrate wie Wasserstoff (H_2), Schwefelwasserstoff (H_2S), Ammonium (NH_4^+), Nitrit (NO_2^-) oder Fe^{2+}-Ionen. Die autotrophen Bakterien bauen ihre Biomasse aus CO_2 auf und sind auf Sauerstoff angewiesen.

Atmungstypen bei Chemoorganotrophen

Organismen, die organische Verbindungen zur Energiegewinnung oxidieren und daraus ihre für den Stoffwechsel notwendigen Reduktionsmittel gewinnen, werden **Chemoorganotrophe** genannt. Sie sind gleichzeitig **heterotroph**, da sie nicht in der Lage sind, Biomasse aus CO_2 aufzubauen. Bild 1 zeigt die grundsätzlich möglichen Stoffwechseltypen bei Bakterien mit dieser Lebensweise.

Heterotroph
Organismen, die sich von organischen Stoffen ernähren und sie in körpereigene Substanzen umwandeln

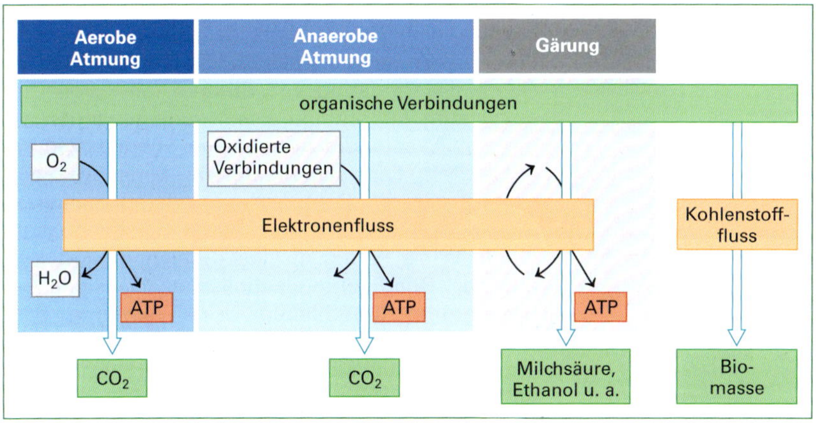

Bild 1
Chemoorganotropher Stoffwechsel von Bakterien

In einem **Atmungsstoffwechsel** werden organische Substrate zumeist zu CO_2 oxidiert und die dabei freigesetzten Elektronen über die Atmungskette auf einen Elektronenakzeptor übertragen (s. S. 129). Der Begriff Atmung ist in der Mikrobiologie eng mit der Energiegewinnung über den Mechanismus der **Elektronentransportphosphorylierung** an einer Membran verbunden.

Der Energiestoffwechsel heterotropher Bakterien ist entsprechend davon abhängig, ob die Organismen die enzymatische Ausrüstung für einen Atmungsstoffwechsel besitzen und ob den Zellen Sauerstoff in gelöster Form zur Verfügung steht. Verschiedene Gruppen von Mikroorganismen können in Abwesenheit des O_2-Gases auf alternative Substanzen als Elektronenakzeptor ausweichen.

Die Energiegewinnung der Bakterien kann auf verschiedene Weise erfolgen:

- Bei der **aeroben Atmung** werden die Elektronen der Atmungskette auf O_2 als Endakzeptor übertragen und als H_2O freigesetzt.
- Um eine **anaerobe Atmung** handelt es sich, wenn nicht O_2, sondern andere Stoffe als terminale Elektronenakzeptoren eingesetzt werden.
- Bei einer **Gärung** werden organische Verbindungen des eigenen Stoffwechsels als Elektronenakzeptoren benutzt.

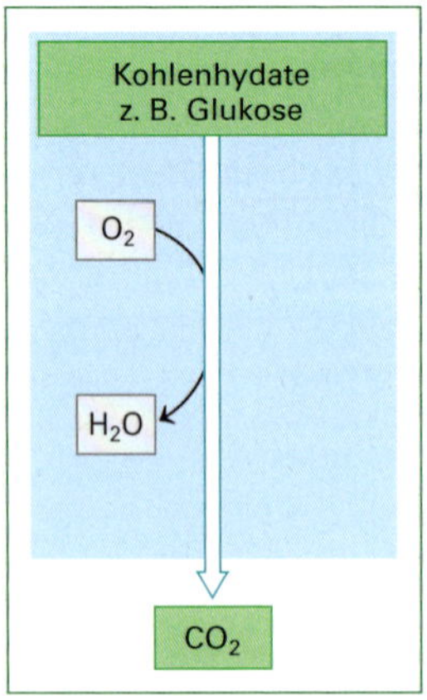

Bild 1
Vollständige Atmung bei aeroben und fakultativ anaeroben Bakterien

Von diesen drei Möglichkeiten der Energiegewinnung liefert die **aerobe Atmung** mit Sauerstoff als Elektronenakzeptor aufgrund der freien Enthalpie der Gesamtreaktionen (s. S. 108) die meiste Energie für die Zellen. Die Substrate, vor allem Kohlenhydrate, werden im Atmungsstoffwechsel vollständig zu CO_2 und Wasser abgebaut. Dies wird als **vollständige Atmung** bezeichnet (Bild 1). Die überwiegende Zahl der Bakterienarten ist dazu in der Lage. Allerdings entsprechen der Aufbau und die Komponenten der Atmungskette nicht immer denen der eukaryontischen Zellen, sodass auch die ATP-Ausbeute pro Molekül Glukose kleiner als in Mitochondrien sein kann.

Ein Großteil der Bakterien kann Energie mit der **aeroben Atmung** gewinnen, bei der Sauerstoff als terminaler Elektronenakzeptor dient. Die aeroben Bakterien oxidieren organische Nährstoffe, wobei die frei werdenden Elektronen eine Atmungskette durchlaufen.

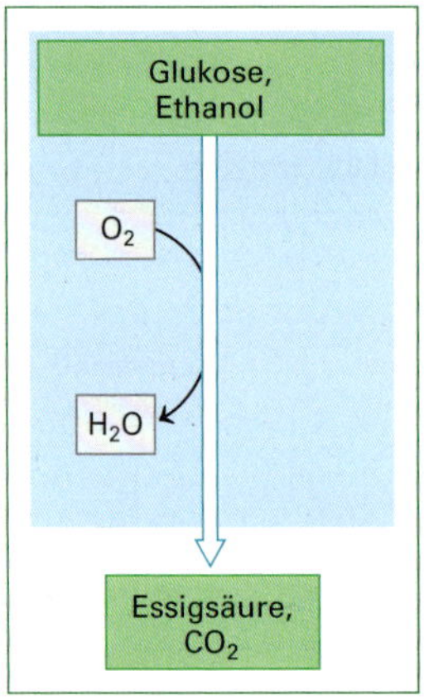

Bild 2
Unvollständige Atmung bei Essigsäurebakterien

Bakterien wie *Acetobacter* und *Gluconobacter* können eine Sonderform der aeroben Atmung durchführen, eine **unvollständige Atmung** (Bild 2). Durch die Oxidation von Ethanol (oder von Glukose) zum Endprodukt Essigsäure gewinnen sie die zum Wachstum notwendige Energie. Die sogenannten **Essigsäurebakterien** kommen überall dort vor, wo Bakterien oder Hefen Zucker zu Ethanol vergären. Da sie aerobe Organismen sind, wachsen sie häufig in einer Schicht (Kahmhaut) auf der Oberfläche alkoholischer Flüssigkeiten. Um Verderb zu verhindern, wird Wein unter Sauerstoffabschluss gelagert, z. B. in Edelstahltanks unter einer Stickstoffschicht oder in Holzfässern, die randvoll gefüllt werden.

Citrat-Zyklus
Zentraler zyklischer Stoffwechselweg aerober Organismen, in dem Acetyl-Coenzym A zu CO_2 abgebaut wird

Essigsäurebakterien sind säuretolerante Organismen und können im Gegensatz zu fast allen anderen Bakterien bei pH-Werten unter 5 leben. Diese Bakterien schaffen sich durch die massive Produktion von Säuren Umweltbedingungen, in denen sie die Konkurrenz mit anderen Mikroorganismen vermeiden. Allerdings ist ihre Atmungskette mit einer geringeren Energieausbeute verbunden. *Acetobacter* kann jedoch bei Bedarf Ethanol vollständig zu Kohlenstoffdioxid oxidieren. Vertreter der Bakteriengattung *Gluconobacter* sind dazu nicht in der Lage, da ihnen einige Enzyme des **Citrat-Zyklus** fehlen.

Essigsäurebakterien führen eine **unvollständige Atmung** durch, indem sie Ethanol zu Essigsäure und nicht weiter zu CO_2 oxidieren. Durch Ausscheidung von Essigsäure hemmen sie das Wachstum anderer Keime.

Die **anaerobe Atmung** ist eine Option vieler Bakterien, auch bei Abwesenheit von Sauerstoff Energie zu gewinnen. Sie kommt fast ausschließlich bei Prokaryonten vor. Die von organischen Substraten stammenden und nach Durchlaufen der Elektronentransportkette freigesetzten Elektronen werden von verschiedenen Elektronenakzeptoren aufgenommen. Atmungsvorgänge sind mit einem höheren Energiegewinn verbunden als Gärungen.

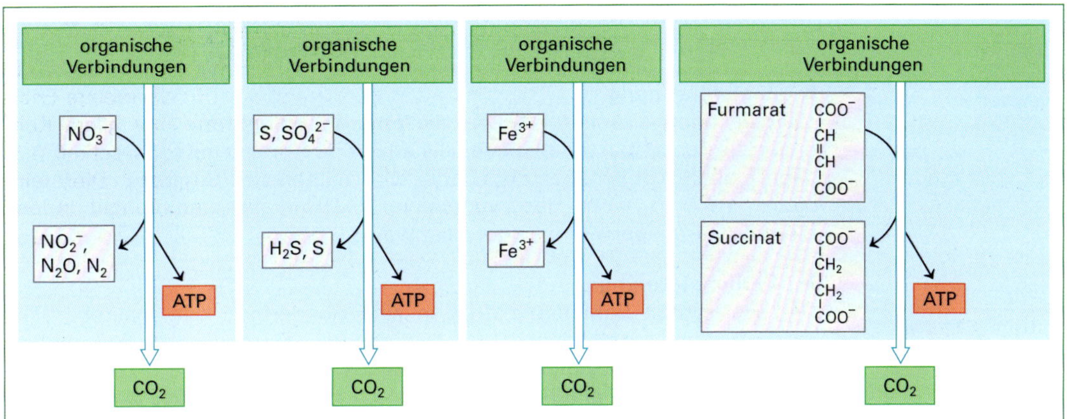

Bild 1
Nitrat-, Sulfat-, Eisen- und Fumaratatmung

Zur anaeroben Atmung können anorganische, bisweilen auch organische Substanzen (siehe: Fumaratatmung), aufgenommen werden bzw. in der Zelle vorliegen (Bild 1):

▶ **Nitratatmung** (dissimilatorische Nitratreduktion, Denitrifikation)
Die häufigste Form der anaeroben Atmung von Bakterien ist die Nitratatmung, wobei Nitrat (NO_3^-) als Elektronenakzeptor dient. Der hierdurch erfolgende Abbau des in Nitrat gebundenen Stickstoffs zu gasförmigen Verbindungen wie NO (Stickstoffmonoxid), N_2O (Distickstoffoxid) und N_2 spielt eine bedeutende Rolle bei globalen Stoffumwandlungen von Stickstoff (s. Kap. II.4.1.2). Durch die anaeroben Bakterienaktivitäten treten beispielsweise Stickstoffverluste im Boden auf, wenn Nitrate und organischer Dünger gleichzeitig aufgetragen und die Endprodukte der Nitratatmung an die Atmosphäre abgegeben werden. Der Denitrifikation genannte Prozess erfolgt vor allem in nassen und schlecht durchlüfteten Böden, in denen schnell Sauerstoffmangel auftritt.

Denitrifizierende Organismen wie die Enterobacteriaceen und einige Pseudomonaden können unter aeroben sowie anaeroben Bedingungen leben, da sie über beide Atmungssysteme verfügen. Da aerobe Atmungsvorgänge energetisch günstiger sind, werden die anaeroben Atemsysteme nur bei Sauerstoffmangel und Anwesenheit von Nitraten **induziert**.

Induktion
Kontrolle der Genexpression, bei der enzymatische Systeme nur synthetisiert werden, wenn bestimmte Stoffe im Nährmedium vorliegen

▶ **Sulfatatmung** (dissimilatorische Sulfatreduktion, Desulfurikation)
Die aus dem Abbau organischer Verbindungen stammenden Elektronen werden über eine Atmungskette auf Sulfat (SO_4^{2-}) als Elektronenakzeptor übertragen. Die Sulfatmoleküle werden dabei über elementaren Schwefel zu H_2S (bzw. S^{2-}) reduziert.

Die Sulfatatmung wird von strikt anaeroben Bakterien durchgeführt. Sulfatreduzierer sind nicht zur aeroben Atmung befähigt und werden zumeist von Sauerstoffgas abgetötet. Die Desulfurikation findet in allen anoxischen Bereichen statt, die Sulfat und organische Verbindungen enthalten. Die organischen Substanzen, die oxidiert werden, sind häufig Gärungsprodukte anderer anaerober Bakterien wie Alkohole, organische Säuren und elementarer Wasserstoff.

▶ **Eisenatmung**
Einige strikt anaerobe Bakterien wie z. B. *Desulfuromonas*-Arten gewinnen durch die Reduktion von dreiwertigen Eisenionen (Fe^{3+}) zu zweiwertigen (Fe^{2+}) Energie. Oft sind diese Mikroben auch in der Lage, andere Formen der anaeroben Atmung durchzuführen. Sie können elementaren Schwefel

zu Schwefelwasserstoff oder vierwertige Manganionen (Mn^{4+}) zu zweiwertigen Ionen (Mn^{2+}) reduzieren.

Fumaratatmung

Viele fakultative Anaerobier wie die Enterobacteriaceen, aber auch strikt anaerobe Pansenbakterien nutzen die anaerobe Atmung mit Fumarat (Fumarsäure) als Elektronenakzeptor. Dabei wird Fumarat zu Succinat (Bernsteinsäure) reduziert, wobei das entstehende NADH in eine membrangebundene Elektronentransportkette eingespeist wird.

Carbonatatmung

Die **acetogenen Bakterien** betreiben eine Sonderform der anaeroben Atmung. Sie bilden unter anaeroben Bedingungen Essigsäure als Endprodukt, indem sie CO_2 reduzieren, wozu sie molekularen Wasserstoff (H_2) benötigen. Acetogene Bakterien wie z. B. *Acetobacterium woodii* sollten nicht mit den ebenfalls Essigsäure bildenden, jedoch aeroben Essigsäurebakteren (s. S. 188) verwechselt werden.

Einige Bakterien können bei fehlendem Sauerstoff eine **anaerobe Atmung** betreiben. Dabei werden anorganische Verbindungen wie z. B. NO_3^-, SO_4^{2-}, S, Fe^{3+} und Mn^{4+} reduziert. In einigen Fällen können auch organische Substanzen wie Fumarat als externe Elektronenakzeptoren eingesetzt werden.

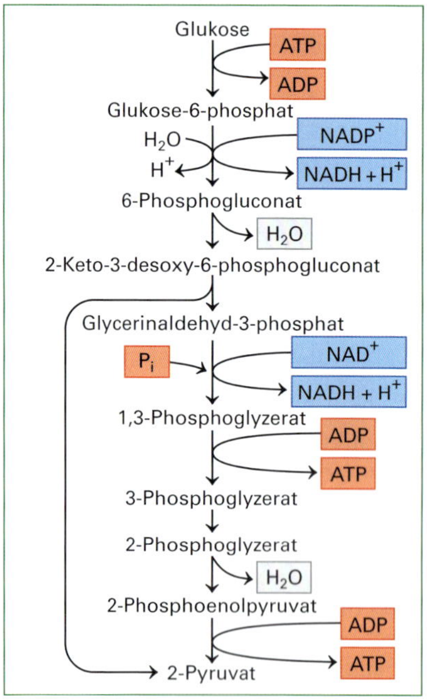

Bild 1
Glukoseabbau über den KDPG-Weg

Glukoseabbau

Aufgrund der weitgehenden Verfügbarkeit von Kohlenhydraten, insbesondere von Glukose, in der pflanzlichen Biomasse haben sich während der Evolution der Bakterien mehrere Abbauwege für Glukose entwickelt. In diesen Wegen entstehen C_3- und C_2-Moleküle wie Pyruvat oder Acetat, die bei atmenden Organismen im Citrat-Zyklus weiter oxidiert werden:

***Embden-Meyerhof-Parnass*-Weg** (EMP-Weg, Fruktose-1,6-diphosphat-Weg)

Der unter Bakterien weitverbreitete EMP-Weg ist identisch mit dem Glukoseabbau in der Glykolyse (s. S. 127). Der Abbau erfolgt über Fruktose-1,6-diphosphat zu Pyruvat unter Gewinnung von ATP und NADH durch eine **Substratkettenphosphorylierung**.

Substratkettenphosphorylierung Atmungskettenunabhängiger Weg der ATP-Synthese, indem eine energiereiche Phosphatgruppe auf ADP übertragen wird

***Entner-Doudoroff*-Weg** (KDPG-Weg)

Einige Bakterien, z. B. viele Pseudomonaden, bauen Glukose zu Pyruvat über den KDPG-Weg ab (Bild 1). Dabei wird Glukose zuerst unter ATP-Verbrauch zu Glukose-6-phosphat aktiviert. Das Oxidationsprodukt 6-Phosphogluconat wird anschließend durch eine **Hydratase** in 2-Keto-3-desoxy-6-phosphogluconat (KDPG) überführt, die für diesen Stoffwechselweg charakteristische Zwischenverbindung. Der KDPG-Weg dient sowohl der Gewinnung

Hydratase Enzym, das ein Wassermolekül abspaltet

von NADH und ATP wie auch von NADPH, das für Biosynthesen in der Zelle benötigt wird. Während im EMP-Weg 2 ATP pro Molekül Glukose gewonnen werden, wird im KDPG-Weg nur ein Molekül ATP gebildet.

▶ **Pentosephosphat-Weg** (PP-Weg, 6-Phosphogluconat-Weg)
Glukose kann von nahezu allen Mikroorganismen auch über einen Weg abgebaut werden, der über unterschiedliche Pentosephosphate verläuft. Beim PP-Weg wird Glukose ebenfalls zuerst phosphoryliert, anschließend oxidiert und zu der Pentose Ribulose-5-phosphat decarboxyliert. Im zweiten nicht-oxidativen Teil werden verschiedene Kohlenhydrate ineinander umgewandelt. Im Gegensatz zum glykolytischen Abbauweg dient der PP-Weg nicht der Gewinnung von ATP, sondern vor allem der Bereitstellung von NADPH und der Synthese von Ribosephosphaten, die zur Nukleinsäuresynthese benötigt werden.

Bakterien können Glukose über mehrere Abbauwege verwerten, den über Fructose-1,6-bisphosphat verlaufenden **Embden-Meyerhof-Parnas-Weg**, den über 2-Keto-3-desoxy-6-phosphogluconat ablaufenden **Entner-Doudoroff-Weg** und den **Pentosephosphat-Weg**. Die beiden letzteren Abbauwege ermöglichen die direkte Erzeugung von NADPH, das in Biosynthesereaktionen eingesetzt wird.

Das beim Glukoseabbau anfallende NADH kann in einem Atmungsstoffwechsel zur Einspeisung in die Atmungskette und der ATP-Synthese durch Elektronentransportphosphorylierung dienen. Im Gärungsstoffwechsel kann es jedoch nicht zur Energiegewinnung genutzt werden.

Gärungen

Gärungen sind Stoffwechselprozesse, bei denen Energie durch partielle Oxidation organischer Moleküle gewonnen wird. Bei einer Gärung wird ATP ausschließlich durch **Substratkettenphosphorylierung** erzeugt. Die bei den Abbaureaktionen freigesetzten Elektronen werden zuerst auf NAD^+ übertragen. Das hierbei entstehende NADH kann nicht zur ATP-Synthese genutzt werden, jedoch muss der Elektronenakzeptor NAD^+ regeneriert werden, um für weitere Substratkettenphosphorylierungen zur Verfügung zu stehen. Deshalb werden die Elektronen von NADH weiter auf Verbindungen des eigenen Stoffwechsels (interne Elektronenakzeptoren) übertragen, die oft direkt als Gärprodukte ausgeschieden werden.

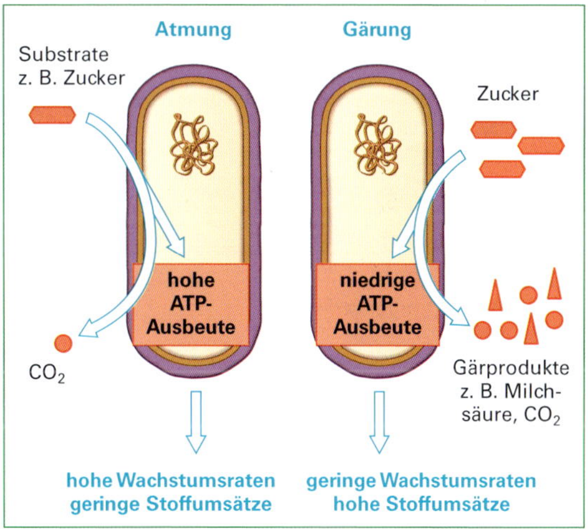

Bild 1
Vergleich von atmenden und gärenden Mikroorganismen

Bakterien führen Gärungen aus zwei Gründen durch:

▶ Bakterien wie die Clostridien verfügen nur über einen **Gärungsstoffwechsel**. Sie besitzen keine membranassoziierte Atmungskette und damit keine Möglichkeit der oxidativen Phosphorylierung.

▶ Gärungen stellen für einige Bakterien eine **Stoffwechselalternative** zur Atmung dar. Beispielsweise besitzen Bakterien wie *E. coli* die Fähigkeit eine Atmungskette aufzubauen. Stehen den Zellen jedoch keine externen Elektronenakzeptoren wie Sauerstoff oder Nitrat zur Verfügung, führen sie eine Gärung durch. Diese Bakterien können ihren Stoffwechsel umstellen, wenn der Luftsauerstoff verbraucht ist oder neuer in die Zellen hineindiffundiert.

In Gärungen kann wesentlich **weniger Energie** gewonnen werden als in einem Atmungsstoffwechsel (Bild 1, S. 191). Als Elektronenakzeptoren dienen organische Verbindungen, die beim Abbau der Substrate entstehen wie z. B. Pyruvat. Der Abbau der Substrate ist unvollständig und energiereiche Abbauprodukte werden ausgeschieden. Die ATP-Ausbeute ist im Vergleich zur Atmung gering und liegt bei 2 bis 4 mol ATP pro mol Substrat.

Gärung ist eine partielle Oxidation organischer Stoffe zum Zweck der Energiegewinnung, bei der keine externen Elektronenakzeptoren wie Sauerstoff eingesetzt werden. Zur Regeneration des Cofaktors NADH werden interne organische Verbindungen reduziert und als Gärprodukte ausgeschieden.

Fermentierte Lebensmittel
Lebensmittel, deren Herstellung auf Stoffumwandlungen durch Mikroorganismen oder deren Enzyme beruht

Der niedrige ATP-Gewinn führt dazu, dass gärende Zellen eine niedrige Biomassezunahme in der Wachstumsphase aufweisen. Die Zellen kompensieren dies, indem sie im Vergleich zu atmenden Zellen hohe Mengen an Substraten umsetzen und entsprechend hohe Mengen an Gärsubstraten wie z. B. Ethanol oder Milchsäure bilden. Der **hohe Stoffumsatz** der gärenden Bakterien und Hefen ist der entscheidende Grund, weswegen sich der Einsatz gärender Mikroben bei der Herstellung von Lebensmitteln lohnt (Tabelle 1). Neben den in hohen Mengen gebildeten Endprodukten (Hauptgärungsprodukten), produzieren die Gärmikroben weitere Endprodukte, die Nebenprodukte, die den **fermentierten Lebensmitteln** Geschmack und Aroma geben.

Gärende Bakterien werden häufig als fermentierende oder fermentative Keime bezeichnet und Gärungen als **Fermentationen**. Dieser Sprachgebrauch ist jedoch nicht einheitlich, da unter einer Fermentation auch allgemein eine Umwandlung organischer Stoffe durch biologische Systeme wie Mikroorganismen oder Enzyme verstanden wird.

Tabelle 1 Fermentative Bakterien in der Lebensmittelherstellung

Streptococcus thermophilus	Milchsäuregärung	Joghurt
Lactococcus lactis	Milchsäuregärung	Sauermilchprodukte
Lactobacillus sanfrancisco	Milchsäuregärung	Sauerteig
Lactobacillus u. a. Milchsäurebakterien	Milchsäuregärung	Sauerkraut, saure Gemüse, Salzgurken, Pökelwaren, Rohwurst
Zymomomas mobilis	Alkoholische Gärung	Pulque (Agavenwein)
Propionibacterium	Propionsäuregärung	Emmentaler Käse

Überall in der Natur, wo organische Verbindungen vorliegen und Mangel an Sauerstoff sowie Elektronenakzeptoren für die anaerobe Atmung herrscht, finden sich zahlreiche gärende Mikroorganismen. Während im Atmungsstoffwechsel von Mikroben fast alle Naturstoffe abgebaut werden können, ist nur eine begrenzte Zahl von **Nährsubstraten** zum Vergären geeignet, besonders Monosaccharide und Aminosäuren. Zahlreiche Monosaccharide kommen in der Natur vor und werden von Bakterien vergärt und abgebaut. Für alle in Proteinen vorhandenen Aminosäuren ist mindestens ein Gärungsstoffwechselweg bekannt.

Gärende Mikroorganismen sind an O_2-freien Standorten weitverbreitet. Sie werden wegen ihrer hohen Stoffumsätze und der Bildung nützlicher Gärprodukte für die **Herstellung fermentierter Lebensmittel** genutzt.

Bei Bakterien ist eine Vielzahl unterschiedlicher **Gärungstypen** bekannt; Bild 1 zeigt die bekanntesten Formen.

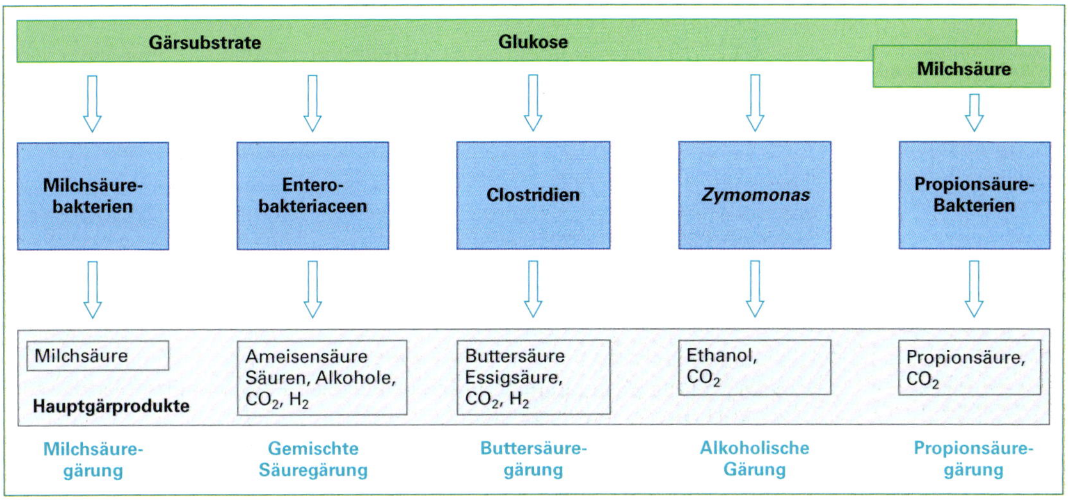

Bild 1
Gärungstypen von Bakterien

Milchsäuregärung

Bei der Milchsäuregärung, die von Milchsäurebakterien durchgeführt wird, wird Glukose als Gärsubstrat in der Glykolyse abgebaut. Die Elektronen von NADH werden direkt auf Pyruvat übertragen, wobei Milchsäure (Laktat) entsteht (Bild 2). Die Reaktionsgleichung lautet:

$$C_6H_{12}O_6 + 2\,ADP + 2P_i \rightarrow 2\,CH_3\text{-}CHOH\text{-}COOH + CO_2 + 2\,ATP$$

Wie bei allen Gärungen ist wichtig, dass die **Redoxbilanz** der Reaktion der Milchsäuregärung ausgeglichen ist. Die Gesamtzahl der abgegebenen und aufgenommenen Elektronen muss auf beiden Seiten der Reaktionsgleichung übereinstimmen. Die Gesamtreaktion der Gärung muss gewährleisten, dass der Elektronenüberträger (NAD^+) vollständig regeneriert wird, damit die Stoffwechselabläufe nicht zum Erliegen kommen.

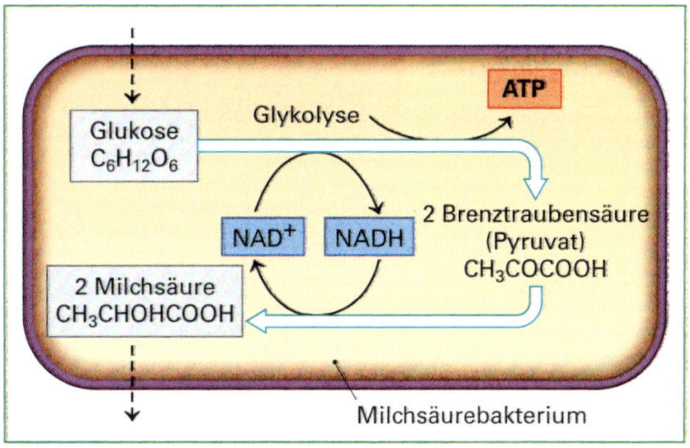

Bild 2
Gärung der Milchsäurebakterien

Da bei der Milchsäuregärung nur 2 mol ATP pro mol eingesetzter Glukose entstehen, ist das Wachstum von Milchsäurebakterien generell langsam. Die Milchsäurebakterien verwerten neben Glukose weitere Zucker wie die in der Milch enthaltene Laktose. Dieses Disaccharid wird durch das Enzym ß-Galactosidase zuerst in Glukose und Galaktose gespalten, wobei letzterer Zucker in Glukosephosphat überführt und ebenfalls vergärt werden kann.

Bei der Milchsäuregärung wird Glukose glykolytisch abgebaut und dabei Pyruvat als Elektronenakzeptor zu Milchsäure reduziert. Beim Abbau von Laktose muss das Disaccharid durch die ß-Galactosidase vorher in Glukose und Galaktose gespalten werden.

Von großer Bedeutung ist die Gärung der Milchsäurebakterien bei der Herstellung von Milch- und Fleischerzeugnissen sowie von Sauergemüse und Sauerkraut. Vor allem die Absenkung des pH-Wertes, die zur **Konservierung** der Lebensmittel führt, spielt eine entscheidende Rolle z. B. bei der milchsauren Vergärung von Salzgurken.

Konservierung
Verfahren zum Schutz von Lebensmitteln vor Verderb durch Mikroorganismen, wie z. B. Erhitzen, Räuchern oder Trocknen

Starterkulturen
Speziell gezüchtete Mikroorganismen, die sich in Lebensmitteln vermehren und sie auf eine gewünschte Art verändern

Nach Zusatz von Salz, Gewürzen und Kräutern tritt eine natürliche Milchsäuregärung auf, sodass der pH-Wert innerhalb einiger Wochen auf 3,8 bis 3,5 sinkt. Um die durch die Gärung ausgelösten Prozesse der Säuerung und Aromabildung in die gewünschte Richtung zu lenken, werden heutzutage oft Milchsäurebakterien als **Starterkulturen** eingesetzt. Sie ersetzen die ortsansässige (autochthone) Mikrobenflora des pflanzlichen Materials, die ansonsten die Gärung auslöst.

Auch für die Haltbarmachung von pflanzlichen Materialien als Tierfutter (Silage) sind Milchsäurebakterien verantwortlich.

> Bei der Herstellung von gesäuerten Lebensmitteln findet eine Milchsäuregärung statt. Die Milchsäurebakterien stammen aus den pflanzlichen Rohstoffen oder werden als **Starterkulturen** zugesetzt.

Das Hauptgärprodukt der Milchsäurebakterien ist ein stereospezifisches Molekül, das in zwei räumlich unterschiedlichen Formen auftritt (s. S. 16). Bestimmte Arten der Milchsäurebakterien produzieren die linksdrehende, im menschlichen Körper schwerer abbaubare D-(-)-Milchsäure, andere die rechtsdrehende, leichter abbaubare L-(+)-Milchsäure. Dies hängt davon ab, welches der stereospezifisch arbeitenden Enzyme von ihrem Erbgut kodiert wird und ihnen somit zur Verfügung steht.

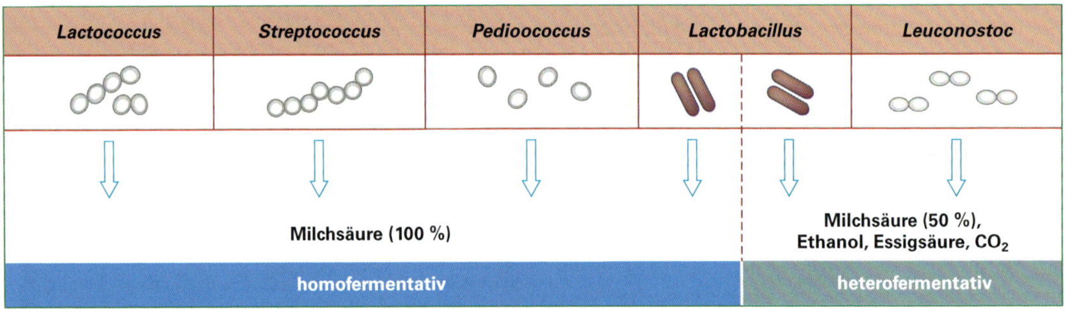

Bild 1
Homo- und heterofermentative Milchsäurebakterien

Milchsäurebakterien, die Monosaccharide vollständig zu Milchsäure umsetzen, werden als **homofermentativ** bezeichnet (Bild 1). Hierzu zählen die meisten *Lactobacillus*-Arten sowie die *Lactococcus*-, *Streptococcus*- und *Pediococcus*-Gattungen. Hingegen bilden **heterofermentative** Milchsäurebakterien wie *Leuconostoc* sowie einige *Lactobacillus*-Arten nur zu 50 % Milchsäure und zusätzlich weitere Gärprodukte, nämlich Ethanol, Essigsäure und CO_2. Den Bakterien, die diesen Weg nutzen, fehlen einige Schlüsselenzyme der Glykolyse. Sie verwenden als einleitende Abbaureaktionen den oxidativen Pentosephosphat-Weg (s. S. 191) und sind deshalb auch in der Lage, Pentosen (häufiger Bestandteil pflanzlicher Polysaccharide) zu vergären.

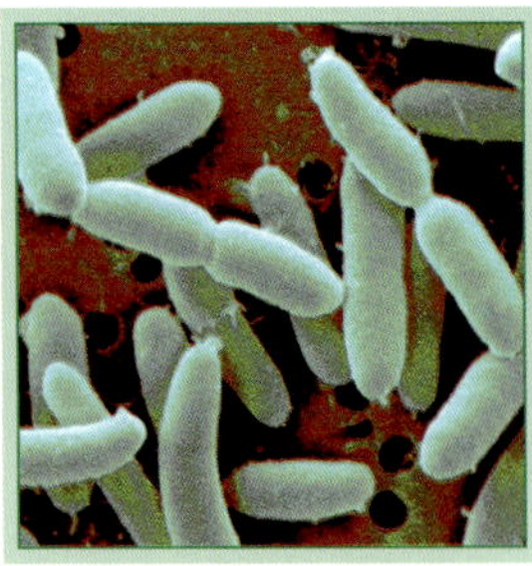

Lactobacillus acidophilus

Namensbedeutung: Säure liebendes Stäbchenbakterium der Milch

- Vertreter der Milchsäurebakterien; vergärt Laktose zu Milchsäure
- Besiedelt beim Menschen den Mund, den Verdauungstrakt und die Scheide
- An saures Milieu angepasst (Wachstum bei pH 4,0)
- Wird häufig probiotischen Lebensmitteln zugesetzt
- Nutzung in der Milchwirtschaft zur Herstellung und Konservierung von Milchprodukten (Joghurt, Buttermilch)

Homofermentative Milchsäurebakterien bilden ausschließlich Milchsäure als Gärprodukt. **Heterofermentative** Milchsäurebakterien scheiden neben Milchsäure auch Ethanol, Essigsäure und CO_2 aus.

Gemischte Säuregärung (Ameisensäuregärung)

Die Enterobacteriaceen (Enterobakterien), zu denen Darmbakterien wie *E. coli* und Krankheitserreger wie die Salmonellen gehören, können bei Sauerstoffmangel und in Abwesenheit von Nitrat eine Gärung durchführen. Diese wird gemischte Säuregärung genannt, weil die Bakterien dabei neben neutralen Verbindungen verschiedene Säuren produzieren können.

Bernsteinsäure, Butandisäure
$HOOCCH_2CH_2COOH$

Ameisensäure
HCOOH

Neben Essigsäure, Milchsäure und **Bernsteinsäure** (Succinat) entsteht ebenfalls in geringen Mengen **Ameisensäure** (Formiat). Da diese Säure ansonsten nicht von Gärorganismen gebildet wird, wird der Gärungstyp der Enterobakterien auch Ameisensäuregärung genannt. Außerdem werden Gase wie Wasserstoff (H_2) und CO_2 sowie Alkohole abgegeben.

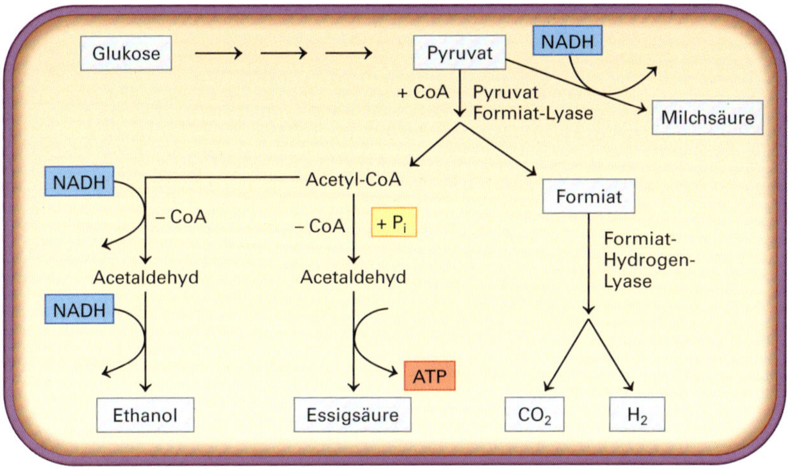

Bild 1
Gemischte Säuregärung

Bild 1 zeigt die Hauptabbauwege im Gärungsstoffwechsel von Enterobacteriaceen. Gärende Enterobakterien bilden ein Enzym, die **Pyruvat-Formiat-Lyase**, die Pyruvat in Acetyl-CoA und Ameisensäure spaltet. Da durch die Ausscheidung von Säuren wie Essigsäure und Ameisensäure das Medium stark angesäuert wird, können die Bakterien Formiat in die Gase CO_2 und H_2 umwandeln. Dazu wird ein weiteres Enzym **induziert**, das für die Gärung der Enterobacteriaceen charakteristisch ist, die **Formiat-Hydrogen-Lyase**.

Induktion
Bildung von Enzymen als Antwort auf das Vorliegen einer Substanz im Nährmedium

Acetyl-CoA kann weiter zu Essigsäure umgewandelt werden, wobei zuerst das Coenzym-A gegen eine Phosphatgruppe ausgetauscht wird. Anschließend kann diese aufgrund der energiereichen Acetylphosphatbildung auf ADP übertragen werden, sodass hierbei ATP entsteht. Andererseits muss im Gärungsstoffwechsel der Redox-*Carrier* NAD^+ regeneriert werden. Dies kann erreicht werden, indem alternativ Acetyl-CoA unter Verbrauch von zwei Molekülen NADH über Acetaldehyd zu Ethanol reduziert wird.

Die einzelnen Arten der Enterobacteriaceen unterscheiden sich darin, dass sie die einzelnen Gärprodukte in unterschiedlichen Mengen und bestimmte Produkte gar nicht bilden.

Fäkalindikator
Mikroorganismen, die z. B. im Trinkwasser vorhanden sein können und deren Nachweis als Hinweis für eine Verschmutzung mit Fäkalien gilt

Tab. 1 zeigt, welche Produkte von *E. coli* und *Enterobacter aerogenes* ausgeschieden werden und in welchen Mengen. *Enterobacter, Klebsiella, Serratia* und *Erwinia* betreiben eine Sonderform der gemischten Säuregärung, die **2,3-Butandiolgärung**. Diese Gattungen bilden als charakteristisches Endprodukt 2,3-Butandiol und als Zwischenprodukt dieses Weges Acetoin (Bild 1).

Tabelle 1 Gärprodukte von *Escherichia coli* und *Enterobacter aerogenes*

		E. coli	*E. aerogenes*
Säuren	Ameisensäure	+	+ +
	Essigsäure	+ + +	+
	Milchsäure	+ + +	+
	Bernsteinsäure	+ +	-
Alkohole	Butandiol	-	+ + +
	Ethanol	+ +	+ + +
Gase	H_2	+ +	+ +
	CO_2	+ +	+ + +

Die **gemischte Säuregärung** dient den fakultativ anaeroben Enterobacteriaceen zum Abbau von Glukose bei O_2-Mangel. Dabei werden verschiedenartige Gärendprodukte gebildet: Alkohole, Säuren wie Ameisensäure, Essigsäure und Milchsäure sowie die Gase H_2 und CO_2.

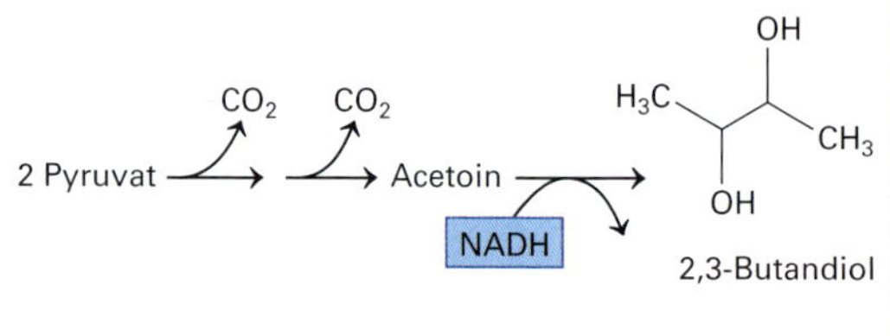

Bild 1
Bildung von 2,3-Butandiol

Bei Butandiol bildenden Bakterienstämmen werden Säuren nur in geringer Menge gebildet. Dies führt dazu, dass der pH-Wert einer Kultur von *Enterobacter* nicht so stark absinkt wie beispielsweise bei *E. coli*. Die Unterschiede dieser beiden Gärungstypen hinsichtlich Gärprodukten und pH-Wert sind bei der Identifizierung der Enterobakterien von Bedeutung.

Mithilfe von Farbreaktionen können Säurebildung und bestimmte Gärprodukte nachgewiesen werden, die vor allem der Identifizierung des **Fäkalindikators** *E. coli* dienen (s. Kap. IV.4.1).

Clostridiengärungen

Die obligat anaeroben Clostridien, die ausschließlich über Gärung Energie gewinnen können, weisen eine Reihe unterschiedlicher Gärungswege auf. Sie sind auf bestimmte Nährstoffe spezialisiert und können grundsätzlich in zwei Gruppen eingeteilt werden:

- **Saccharolytische Clostridien**, die Kohlenhydrate vergären
- **Proteolytische Clostridien**, die Eiweiße abbauen und die Aminosäuren vergären

Buttersäure, Butansäure
$CH_3CH_2CH_2COOH$

Viele **saccharolytische** Clostridien, die wie z. B. *Clostridium acetobutylicum* Zucker und andere Kohlenhydrate abbauen, führen eine **Buttersäuregärung** durch. Zusätzlich zu **Buttersäure** bilden sie große Mengen an Gasen (H_2 und CO_2) und Essigsäure sowie Alkohole in geringen Mengen.

Der Glukoseabbau zum Pyruvat erfolgt über die Glykolyse. Ein Schlüsselenzym der Buttersäuregärung ist die **Pyruvat-Ferredoxin-Oxidoreduktase**, ein bei Clostridien weitverbreitetes Enzym, das die Umsetzung von Pyruvat zu Acetyl-CoA katalysiert. Die bei dieser Oxidation freigesetzten Elektronen werden nicht NAD^+, sondern dem Elektronenüberträger Ferredoxin übergeben. Dieses eisen- und schwefelhaltige Protein, das nur in anaeroben Bakterien und in Eukaryonten vorkommt, ist ein viel stärkeres Reduktionsmittel als NADH, sodass die Elektronen direkt auf Protonen geleitet und als elementarer Wasserstoff freigesetzt werden können.

Einige Clostridien wie *C. acetobutylicum* führen eine **Aceton-Butanol-Gärung** durch. Bei Ausscheidung neutraler Endprodukte wie **Butanol**, **Aceton** und **Propanol** vermeiden sie eine zu starke Säurebildung wie sie in der Buttersäuregärung auftritt.

Butanol
$CH_3CH_2CH_2CH_2OH$

Aceton, Propanon
CH_3COCH_3

Propanol
$CH_3CH_2CH_2OH$

Die Herstellung dieser **organischen Lösungsmittel** ist ein frühes Beispiel der biotechnologischen Nutzung von Mikroorganismen. Im Ersten Weltkrieg und danach wurden die Bakterienprodukte anstelle von Ölprodukten in der chemischen Industrie eingesetzt. *C. acetobutylicum* wurde in England zur Acetongewinnung für die Sprengstoffherstellung gezüchtet.

Beim Abbau von Eiweißen spielen **proteolytische** Clostridien eine große Rolle. Aminosäuren werden nach Aufnahme in die Zelle **desaminiert** und **decarboxyliert**, bevor sie als Energiequelle genutzt werden. Häufig werden auch zwei Aminosäuren gleichzeitig genutzt, eine wird oxidiert und dient als Elektronendonator, während die andere als Akzeptor reduziert wird.

Desaminierung
Abspaltung einer Aminogruppe als NH_3

Decarboxylierung
Abspaltung einer Carboxylgruppe als CO_2

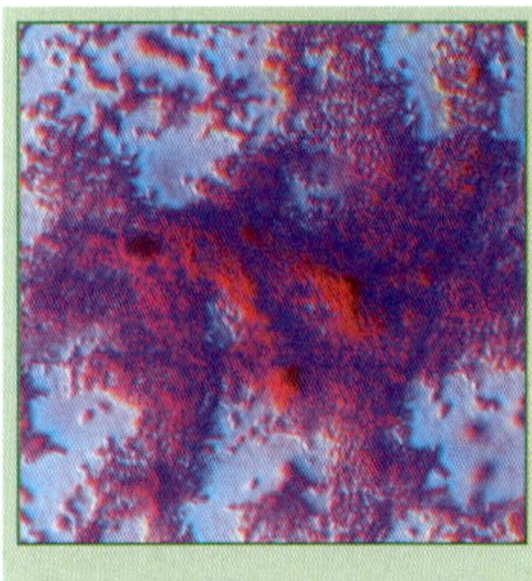

Grzimek & Co

Clostridium botulinum
lat. *botulismus*: Wurst; Verzehr von verdorbenen Würsten

- Grampositiver, anaerober und Endosporen bildender Keim
- Vorkommen: Boden, Wasser, Staub, Lebensmittel, Darm von Menschen und Tieren
- Vertreter mit unterschiedlichen Stoffwechseltypen (saccharolytische und proteolytische Gärungen)
- Bildet Botulinumtoxine (sieben verschiedene Toxine: A bis G)
- Verursacht oft tödliche Vergiftungen bei Wachstum in Lebensmitteln und Bildung des Toxins

Wie die saccharolytischen sind auch die proteolytischen Clostridien an vielen **Verderbprozessen** in sauerstofffreien Lebensräumen beteiligt. Dabei werden geruchsintensive Gärungsprodukte wie Buttersäure, **Isovaleriansäure** und **Capronsäure** gebildet. Clostridien mit Buttersäuregärung spielen beim Verderb von Lebensmitteln wie Käse eine Rolle. Bei der Herstellung von festen Käsen kann es beispielsweise durch *C. tyrobutyricum* zur sogenannten Spätblähung kommen. Die starke Gasbildung führt zur Aufblähung der Käselaibe und die entstandene Buttersäure zur Geschmacksschädigung.

Isovaleriansäure, 3-Methylbuttersäure
$C_5H_{10}O_2$

Capronsäure, Hexansäure
$C_6H_{12}O_2$

Saccharolytische und proteolytische **Clostridien** bauen Zucker sowie Aminosäuren ausschließlich über Gärungswege ab und sind oft für den fäulnisartigen Verderb von Lebensmitteln verantwortlich.

Clostridien mit **Buttersäuregärung** bilden hohe Mengen an Säuren und Gasen, während Clostridien mit einer **Aceton-Butanol-Gärung** zur industriellen Produktion organischer Lösungsmittel geeignet sind.

Alkoholische Gärung

Wie verschiedene Hefen sind auch Bakterien in der Lage, eine alkoholische Gärung durchzuführen. Insbesondere *Zymomonas mobilis* vergärt Glukose zu Ethanol und CO_2 unter Bildung geringer Mengen an Milchsäure. In Mexiko wird aus dem Saft der Agave mithilfe dieser Mikroben ein alkoholisches Gärgetränk, Pulque, mit etwa 5 % Ethanol hergestellt. In vielen tropischen Ländern werden Zuckerrohrlösungen und Pflanzensäfte durch diese Bakterien zu alkoholischen Getränken wie z. B. Palmwein vergoren.

Z. mobilis ist fakultativ anaerob, der Hauptstoffwechsel beruht bei Abwesenheit von Sauerstoff auf der alkoholischen Gärung. Im Gegensatz zu Hefen vergären sie Glukose nicht über die Glykolyse, sondern über den *Entner-Doudoroff*-Weg (s. S. 190). *Zymomonas* ist für eine biotechnologische Ethanolsynthese interessant, da die Gärung schneller abläuft als mit Hefen.

Plasmide
Kleine, ringförmig geschlossene DNA-Stränge vieler Bakterien, die für das Wachstum meist entbehrlich sind

Das Bakterium ***Zymomonas mobilis*** vergärt Zucker zu Ethanol und CO_2.

1.2 Archaeen

Die Archaeen oder Archaea (griech. *archaios*: uralt, Singular: Archaeon), die nach ihrer Entdeckung zuerst Archaebakterien genannt wurden, bilden neben Bakterien und Eukaryonten eine eigene Domäne der Lebewesen (s. S. 145). Sie weisen einige typisch bakterielle Eigenschaften auf wie beispielsweise die prokaryontische Zellstruktur (s. Tabelle 1, S. 65). Die Gestalt der Zellen ähnelt oft denen der Bakterien, jedoch sind wie z. B. bei *Pyrodictium* (Bild 1) auch ungewöhnliche Zellformen und -aggregate zu finden. Bei diesem Organismus sind die Zellen durch ein Netzwerk von Proteinfäden verbunden, die wahrscheinlich der Anheftung an Mineralien dienen.

Bild 1
Das Archaeon *Pyrodictium*

Archaeen besitzen keinen Zellkern sondern ein ringförmiges DNA-Molekül sowie Ribosomen mit dem Sedimentationskoeffizienten 70 S. Das Genom ist wie bei Bakterien in Operons organisiert und kann **Plasmide** enthalten. Viele Archaeen können sich mit bakterienähnlichen Geißeln fortbewegen. Daneben bestehen einige wichtige Unterschiede zu den Bakterien:

- Die **Zellwand** besteht bei Archaeen nicht aus Murein, sondern aus Polysacchariden, Proteinen oder aus dem Pseudomurein. Letzteres besteht wie Murein aus Kohlenhydratsträngen, die über Peptide miteinander vernetzt sind, enthält aber keine N-Acetylmuraminsäure als Baustein. Zahlreiche Archaeen besitzen als Zellwand Glykoproteinschichten, die ***S-layer*** (engl. *surface layer*: Oberflächenschicht) genannt werden. Sie bilden aufgrund ihrer regelmäßigen Anordnung zweidimensionale kristalline Oberflächen auf den Einzellern.
- Die **Zellmembran** enthält Isoprenoidlipide, die über Etherbindungen mit dem Glyzerinanteil des Lipids verknüpft sind, während Bakterien Fettsäuren besitzen, die über Esterbindungen an Glyzerin gebunden sind.
- Die Prozesse der **Replikation** und der **Proteinbiosynthese**, besonders die Transkription, ähneln denjenigen der Eukaryonten. Beispielsweise enthält die RNA-Polymerase der Archaeen ähnliche Proteinuntereinheiten wie das eukaryontische Enzym. Sie wird im Gegensatz zur bakteriellen RNA-Polymerase nicht durch **Rifampicin** gehemmt.

Rifampicin
Antibiotikum, das spezifisch die bakterielle RNA-Polymerase hemmt

Die molekularbiologischen Eigenschaften der Archaeen und die DNA-Sequenzen ihrer Genome lassen darauf schließen, dass Archaeen mit den Eukaryonten näher als mit den Bakterien verwandt sind.

Archaeen haben wie die Bakterien eine prokaryontische Zelle. In vielen molekularbiologischen Eigenschaften sind sie allerdings den Eukaryonten ähnlicher als den Bakterien. Besonders im Aufbau der Zellwand und in den Lipiden der Zellmembran besitzen Archaeen einzigartige Eigenschaften.

Die zuerst entdeckten Arten der Archaeen existieren an außerordentlich lebensfeindlichen **Standorten**, an denen lange Zeit keine Lebewesen vermutet wurden. Viele Archaeen wurden aus Böden und Gewässern isoliert, die Schwefel und Sulfide (Salze des Schwefelwasserstoffs) enthalten. Sie leben oft in sehr heißen oder sauren Gewässern sowie in schwefelreichen Gegenden, die **Solfataren** genannt werden (Bild 1). Da solche für viele andere Organismen widrigen Umweltbedingungen vermutlich kurz nach der Entstehung der Erde vorgeherrscht haben, können Archaeen zu den frühesten Lebensformen auf der Erde gezählt haben.

Allerdings zeigten jüngere Untersuchungen, dass Archaeen zusammen mit Bakterien auch in gewöhnlichen Lebensräumen wie im Meer- und Süßwasser sowie in Böden vorkommen. Am Meeresboden stellen Archaeen einen großen Anteil der dortigen Lebewesen dar. Sie spielen offenbar eine wichtige Rolle beim Abbau von Proteinen. Einige Wissenschaftler gehen davon aus, dass Archaeen die Domäne der Lebewesen sind, die mit den meisten Individuen auf der Erde vertreten ist.

Krankheitserreger aus der Gruppe der Archaeen sind bislang dagegen nicht bekannt, obgleich einige Archaeen in der Mikrobengemeinschaft des Menschen wie z. B. im Darm zu finden sind.

Bild 1
Solfatare

Einige Arten der Archaeen sind auf extrem heiße, saure und schwefelreiche **Lebensräume** spezialisiert. Zahlreiche andere Arten sind im Meerwasser, aber auch in Böden zu finden.

Neben einigen Bakterien sind zahlreiche Archaeen an extreme Biotope angepasst. Diese Organismen werden als **Extremophile** bezeichnet. Zu den extremophilen Archaeen zählen folgende Organismen:

- **Hyperthermophile:** Als hyperthermophil werden Organismen bezeichnet, deren optimale Wachstumstemperatur bei über 80 °C liegt. Solche Organismen werden beispielsweise im Wasser heißer Quellen gefunden wie z. B. in vulkanischen Gebieten. Diese Mikroorganismen werden oft in kochendem Wasser nicht abgetötet, sie vermehren sich sogar noch bei Temperaturen über 100 °C. Die optimale Wachstumstemperatur von *Pyrodictium* (Bild 1, S. 198) beträgt beispielsweise 110 °C.
- **Acidophile:** Acidophile Organismen können in vulkanischen Böden leben, wie z. B. *Sulfolobus* mit einem pH-Optimum von 2 bis 3. Die Art *Sulfolobus acidocaldarius* lebt in schwefelreichen Quellen und wurde zuerst aus sauren, heißen Quellen des Yellowstone-Nationalparks isoliert. Sie hat ein Temperaturoptimum von etwa 75 °C. Andere Archaeen leben in extrem sauren Gewässern bei bis zu einem pH-Wert von 1.
- **Alkaliphile:** Alkaliphile Mikroorganismen, die in basischen Biotopen wie z. B. alkalischen Sodaseen vorkommen, besitzen ein pH-Optimum zwischen 9 und 11.
- **Halophile:** Diese Organismen (griech. *halos*: Salz) sind an hohe Salzkonzentrationen (hohe Salinität) angepasst. Wenn Wasser durch gelöste Salze gebunden wird, ist die Wasseraktivität (s. Kap. II.5.3.4) reduziert und nicht halophile Mikroorganismen sind ab einem bestimmten Schwellenwert im Wachstum gehemmt. Halophile können sich dann aufgrund spezieller Anpassungen vermehren, während sie in salzarmen Gewässern

Hydrostatischer Druck
Druck, der sich innerhalb einer Flüssigkeit oder eines Gases durch den Einfluss der Gravitation einstellt

ihr Wachstum einstellen. Sie kommen wie beispielsweise *Halobacterium* in Salzseen wie dem Toten Meer vor. Halobakterien benötigen zum Wachstum einen Salzgehalt von mindestens 9 % und vertragen einen Salzgehalt von bis zu 30 %. Die Halobakterien sind Archaeen, die früher dem Bakterienreich zugeordnet wurden. Sie üben eine exklusive Form der fototrophen Energiegewinnung aus, da sie eine durch Licht angetriebene Protonenpumpe in ihrer Zellmembran bilden können.

- **Barophile:** Barophile (griech. *barys*: schwer) Mikroorganismen haben sich an hohe Wasserdrücke angepasst, wie sie in der Tiefsee herrschen. Sie können bei einem hohen **hydrostatischen Druck** von z. B. 500 bar wachsen. Sie müssen auch im Labor unter hohen Drücken gezüchtet werden.

Bild 1
Salzlake, gefärbt von halophilen Mikroorganismen

Extremophile Archaeen können **hyperthermophil** (Wachstumsoptimum über 80 °C), **acidophil** (pH-Optimum unter 3), **alkaliphil** (pH-Optimum über 9), **halophil** (an hohe Salzkonzentrationen angepasst) oder **barophil** (an hohe Wasserdrücke angepasst) sein.

Zahlreiche, aber nicht alle der bisher bekannten Arten der Archaeen sind autotroph und sie gewinnen durch Assimilation von Kohlenstoffdioxid den Kohlenstoff zum Zellaufbau. Viele Archaeen besitzen einen **anaeroben** Stoffwechsel und sie können nur in völliger Abwesenheit von O_2 existieren.

Methanogene

Die **Methanogenen (Methanbildner)**, die in ihrem Stoffwechsel Methan (CH_4) produzieren, sind eine Gruppe strikt anaerober Organismen. Die Methanbildung oder Methanogenese ist ein wichtiger Prozess im anaeroben Stoffkreislauf (s. Kap. II.4.2) und kann nur von Archaeen durchgeführt werden. Aus historischen Gründen werden die Archaeen auch heute noch oft Methanbakterien genannt. Bei diesen Mikroorganismen wurde eine Reihe einzigartiger Cofaktoren wie z. B. die **Coenzyme** F_{420} und F_{430} sowie Methanofuran gefunden.

Coenzym
Organisches Molekül, das für die katalytische Aktivität eines Enzyms benötigt wird

Methan kann von den Archaeen aus anorganischem Kohlenstoffdioxid (CO_2) gebildet werden und als Elektronendonator dient ihnen elementarer **Wasserstoff** (H_2). Bei der schrittweisen Reduktion von CO_2 zu CH_4 gewinnen sie Energie (Bild 1, S. 201). Da sie CO_2 als einzige Kohlenstoffquelle verwerten und daraus auch alle zellulären Bestandteile synthetisieren können, sind Methanogene autotroph. Andererseits können viele Methanogene auch heterotroph wachsen und einfache organische C1-Verbindungen wie Ameisensäure oder Methanol nutzen, die in gebundener Form als Zwischenstufen auch bei der von CO_2 ausgehenden Methanbildung vorliegen.

Exergon
Reaktion, die unter Energiefreisetzung spontan abläuft (bei Abnahme der freien Energie des Systems)

Die Methanbildung aus Kohlenstoffdioxid und elementarem Wasserstoff erfolgt mit folgender Gesamtreaktion:

$$CO_2 + H_2 \rightarrow CH_4 + H_2O$$

Die Gesamtreaktion ist **exergon** und eine geringe Menge Energie, die den Methanbildnern zum Leben reicht, wird dabei frei.

Im Verlauf der CH_4-Bildung werden sowohl ein Protonen- als auch ein Natriumionengradient über der Zellmembran erzeugt. Die dadurch energetisierte Zellmembran kann zum Transport gelöster Stoffe in die Zelle und der Protonengradient zur ATP-Synthese mithilfe der ATP-Synthase genutzt werden.

Verschiedene, aber nicht alle Methanogene können **Acetat** als Energiequelle verwenden, indem sie die Essigsäure in Methan und Kohlenstoffdioxid spalten sowie das CO_2 in CH_4 umwandeln. Andere gängige Gärungsprodukte wie Milchsäure oder Propionsäure können dagegen von Methanogenen nicht als Substrat genutzt werden.

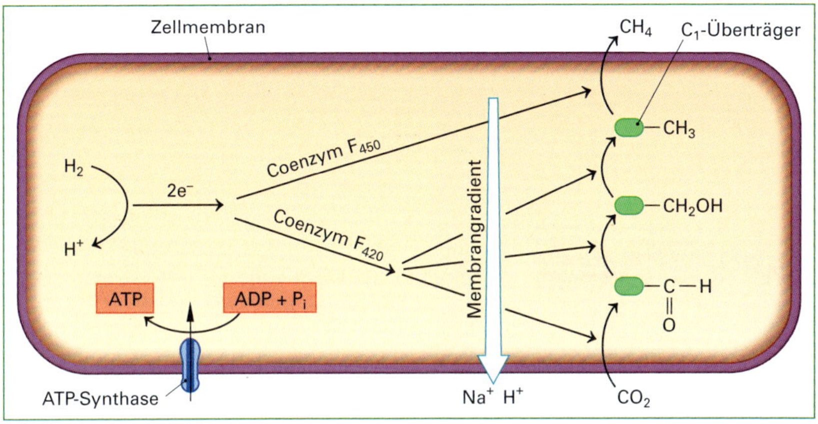

Bild 1
Methanbildung im Stoffwechsel von Methanogenen

Svedberg (S)
Einheit der Sedimentationskonstanten, die zur Bestimmung des Molekulargewichtes von hochmolekularen Substanzen dient

Die **Methanogenen** nutzen die exergone Methanbildung im **Stoffwechsel** zur Gewinnung von Energie und können in Anwesenheit von H_2 als Elektronendonator mit CO_2 als einzige Kohlenstoffquelle anaerob wachsen.

Viele Methanbildner können neben CO_2 einfache organische C_1-Verbindungen verwerten. Acetat dient einigen Methanogenen ebenfalls als Energie- und Kohlenstoffquelle.

Die **Energiekonservierung** erfolgt bei Methanogenen über eine Elektronentransportphosphorylierung.

Einteilung der Archaeen

Vier Hauptgruppen der Archaeen werden zurzeit unterschieden (Tabelle 1), wobei vor allem Analysen der 16**S** rRNA die natürliche Verwandtschaft der Archaeen widerspiegeln sollen.

Psychrophile
Kälte liebende Mikroben (Wachstumsoptimum bei Temperaturen unter 20 °C)

Tabelle 1 Phylogenetische Hauptgruppen der Archaeen

Archaeen-Hauptgruppen		Beschreibung	Gattungen (Auswahl)
I	Euryarchaeota	Methanogene	*Methanobacterium*
		Hyperthermophile Organismen	*Pyrococcus*
		Acidophile Organismen (z. T. ohne Zellwand)	*Thermoplasma*
		Halophile Organismen (z. T. alkaliphil)	*Halobacterium*
II	Crenarchaeota	Hyperthermophile Organismen	*Sulfolobus* *Pyrodictium*
		Psychrophile Organismen	
III	Korarchaeota	Hyperthermophile Organismen	
IV	Nanoarchaeota	Nur eine Art bekannt	*Nanoarchaeum (equitans)*

Die **Euryarchaeota** enthält viele Extremophile wie hyperthermophile, halophile und acidophile Organismen sowie die mitgliedreiche Untergruppe der Methanogenen und auch zahlreiche marine Archaeen ohne Extremeigenschaften.

Teil II Mikrobiologie

Zahlreiche **Crenarchaeota** sind stark thermophil. Ihr Stoffwechsel ist außerordentlich vielfältig, wobei viele Schwefel und Schwefelverbindungen verstoffwechseln. Crenarchaeota kommen beispielsweise in den Schwarzen Rauchern (*black smokers*) der Tiefsee vor (Bild 1). Aus diesen schornsteinförmigen Quellen am Meeresgrund tritt Wasser mit einer Temperatur von über 400 °C aus, das vor allem Sulfide sowie andere Mineralien enthält und im kalten Meerwasser trübe Sedimentwolken bildet.

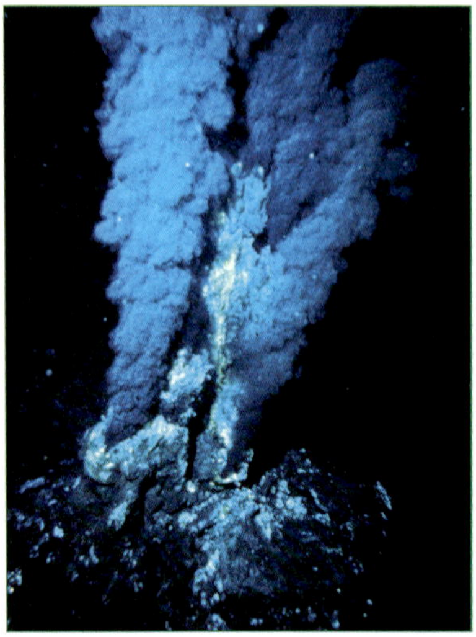

Bild 1
Schwarze Raucher *(black smokers)* auf dem Meeresgrund der Tiefsee

Die psychrophilen Archaeen im Meerwasser gehören häufig zu den Crenarchaeota. Einige leben im arktischen **Plankton** bei Temperaturen, die aufgrund der Gefrierpunkterniedrigung durch die gelösten Salze unter 0 °C sein können. Die Zellmembran der Crenarchaeota besteht nicht aus der üblichen Lipid-Doppelschicht, sondern aus einer einzigen Schicht (engl. *monolayer*), die von Glyzerin-Isoprenoid-Ethern (s. Kap. I.2.3.6) gebildet wird.

Plankton
Mikroorganismen, die frei an der Wasseroberfläche schweben

Die beiden Gruppen der **Korarchaeota** und **Nanoarchaeota** sind erst kürzlich aufgestellt worden. Sie wurden durch Sequenzierung von DNA, hauptsächlich der der 16S-rRNA-Gene, von den beiden schon länger etablierten Hauptgruppen der Euryarchaeota und Crenarchaeota abgegrenzt. Innerhalb der Korarchaeota wurden noch keine gültigen **Taxa** festgelegt, da sie bislang im Labor nicht gezüchtet werden können. Ihre Existenz ist nur über DNA-Analysen von Umweltproben bekannt.

Taxa
Systematische Gruppen der Lebewesen wie z. B. Familien und Gattungen, in die Organismen eingeordnet werden

Der bislang einzige bekannte Vertreter der Nanoarchaeota ist *Nanoarchaeum equitans* (übersetzt: das reitende Zwergarchaeon). Der Organismus erhielt diesen Namen wegen seiner geringen Größe und weil er eng an andere Archaeen wie z. B. *Ignicoccus* angeheftet ist. Im Unterschied zu *Ignicoccus* wächst er nicht in Reinkultur und ist deshalb wahrscheinlich ein Symbiont oder Parasit, der nicht ohne Partner/Wirt leben kann.

Die Domäne der Archaeen wird vor allem aufgrund von molekularbiologischen Analysen in die vier Hauptgruppen **Euryarchaeote, Crenarchaeota, Nanoarchaeota** und **Korarchaeota** eingeteilt, wobei die beiden letzteren Gruppen noch nicht fest etabliert sind.

Aufgaben

(1) Definieren Sie Biotechnologie und zeigen Sie auf, in welchen Sparten Mikroorganismen eingesetzt werden.

(2) Erklären Sie den Begriff Metagenom und seine Bedeutung in der Mikrobiologie.

(3) Beschreiben und nennen Sie die häufigsten Zellformen von Bakterien.

(4) Grenzen Sie die verschiedenen Fortbewegungsarten von Bakterien voneinander ab und erklären Sie die Bedeutung und den Mechanismus der Chemotaxis.

(5) Erklären Sie, wie Umweltsignale bei Bakterien zu Reaktionen wie Fortbewegung führen.

6. Geben Sie die Zellbestandteile von Bakterien mitsamt ihren Funktionen in der Zelle an.
7. Beschreiben Sie den Aufbau der bakteriellen Zellhülle bei gramnegativen Bakterien im Vergleich zu der von grampositiven.
8. Stellen Sie die Besonderheiten der Zellwandsubstanz Murein heraus und erklären Sie die Wirkung von β-Laktam-Antibiotika auf diese Struktur.
9. Vergleichen Sie die Eigenschaften und Komponenten der äußeren Membran gramnegativer Bakterien mit denen der Zellmembran.
10. Beschreiben Sie die Antigene, die bei gramnegativen Bakterien vorhanden sind oder sein können.
11. Geben Sie an, welche Dauerformen Bakterien bilden können und erklären Sie die Bildung und Eigenschaften von Endosporen.
12. Erklären Sie die phänotypische Klassifizierung von Bakterien und deren Kriterien.
13. Nennen und unterscheiden Sie die Sauerstoffklassen der Bakterien.
14. Geben Sie wichtige Gruppen der Bakterien an und ordnen Sie sie den grampositiven und -negativen Bakterien zu.
15. Charakterisieren Sie die Milchsäurebakterien nach Vorkommen, Einteilung und Stoffwechsel.
16. Zeigen Sie Gemeinsamkeiten und Unterschiede zwischen Bacillaceen und Clostridien auf.
17. Nennen Sie die phylogenetischen Hauptgruppen der Bakterien mit Beispielgattungen und charakterisieren Sie die Gruppen.
18. Unterscheiden Sie vertikalen und horizontalen Gentransfer.
19. Erklären Sie Transformation und Kompetenz von Bakterien.
20. Beschreiben Sie den Vorgang der Konjugation und die Rollen von F-Plasmiden bei *E. coli*.
21. Grenzen Sie allgemeine und spezielle Transduktion voneinander ab.
22. Beschreiben Sie die Funktion der Restriktionsendonukleasen für die Bakterienzelle.
23. Nennen und beschreiben Sie ein Beispiel für die Übertragung prokaryontischer DNA auf eukaryontische Zellen.
24. Erklären Sie den Begriff chemolithotrophe Bakterien und geben Sie einige bei Bakterien vorkommende diesbezügliche Stoffwechseltypen an.
25. Stellen Sie die Möglichkeiten der Energiegewinnung bei chemoorganotrophen Bakterien dar und unterscheiden Sie zwischen aerober und anaerober Atmung. Geben Sie Beispiele für bakterielle Formen der anaeroben Atmung an.
26. Geben Sie die bei Bakterien möglichen Abbauwege für Glukose an und zeigen Sie die wichtigsten Unterschiede auf.
27. Erläutern Sie die Bedeutung von Gärungen im Zusammenhang mit der Energieausbeute und den Stoffumsätzen der Zellen.
28. Beschreiben Sie die wichtigsten Gärungstypen bei Bakterien und nennen Sie die Gärungsprodukte, die hierbei gebildet werden.
29. Nennen Sie Besonderheiten im Zellaufbau der Archaeen im Vergleich zu Bakterien sowie Standorte, an denen Arten der Archaeen gefunden werden.
30. Beschreiben Sie die besonderen Fähigkeiten von hyperthermophilen, acidophilen, alkaliphilen sowie halophilen Archaeen.
31. Erläutern Sie die Methanbildung im Stoffwechsel der methanogenen Archaeen und nennen Sie die nutzbaren Wachstumssubstrate.
32. Nennen und grenzen Sie die vier Hauptgruppen der Archaeen voneinander ab.

2 Pilze und Protozoen

Pilze und Protozoen sind Mikroorganismen mit eukaryontischer Zellstruktur, die einen Zellkern und Organellen wie z. B. Mitochondrien besitzen. Aufgrund ihrer geringen Größe werden sie zu den Mikroorganismen gerechnet.

Bild 1
Fruchtkörper des Fliegenpilzes

2.1 Pilze

Pilze sind eukaryontische Organismen, die früher zu den Pflanzen gezählt wurden, da sie rein äußerlich mehr den Pflanzen als den Tieren ähnelten und ihre Fruchtkörper wie Pflanzen einen festen Standort aufwiesen. Allerdings betreiben Pilze keine Fotosynthese und sind deshalb nicht wie die Pflanzen fototroph. Die Zellwände der Pilze enthalten das Zuckerpolymer Chitin (s. S. 45) und nicht wie die der Pflanzen Zellulose.

Heute bilden Pilze ein eigenes Reich neben den Pflanzen und Tieren. Molekularbiologische Analysen haben inzwischen gezeigt, dass die Pilze sogar enger mit den Tieren als mit den Pflanzen verwandt sind. Die beiden verwandten Organismengruppen eint die heterotrophe Ernährungsweise.

Alle Pilze werden heutzutage zu den Mikroorganismen gezählt, obgleich bei einigen von ihnen die Fruchtkörper mit dem Auge gut sichtbar sind (Bild 1). Diese Fortpflanzungsorgane der Pilze werden nur zeitweilig gebildet. Der größte Anteil eines Pilzes besteht aus mikroskopisch kleinen fadenförmigen Zellen, den sogenannten **Hyphen**, die im Erdreich oder in einer anderen festen Grundlage existieren und den eigentlichen Pilzorganismus ausmachen. Die Gesamtheit der filamentösen Zellen wird **Myzel** genannt.

Pilze besitzen folgende charakteristische Merkmale:

- Pilze sind **Eukaryonten** und ihre Zellen besitzen einen Zellkern sowie Organellen wie z. B. Mitochondrien.
- Pilze sind **heterotroph** und sie benötigen organische Substanzen, die sie in gelöster Form in die Zellen aufnehmen. Sie können eine riesige Zahl natürlicher und oft künstlich hergestellter Verbindungen abbauen und aus ihnen Energie zum Wachstum gewinnen.
- Die Mehrzahl der Pilzarten ist **mehrzellig** und besitzt fadenförmige Zellen, die eine geringe Differenzierung und Arbeitsteilung aufweisen.
- Zu den Pilzen werden auch die als **Einzeller** lebenden Hefen (s. Kap. II.2.1.3) gezählt.

Pilze sind heterotrophe **Eukaryonten**, die entweder mehrzellige Aggregate aus filamentösen Zellen, den **Hyphen**, bilden oder als Einzeller leben und dann **Hefen** genannt werden.

In den meisten Böden finden Pilze auf abgestorbenen pflanzlichen und tierischen Substraten ideale Lebensbedingungen und spielen eine wichtige Rolle bei der Verrottung der organischen Substanzen in der Erde. Der Gehalt an Pilzmyzel nimmt in der Tiefe der Böden aufgrund der geringeren Menge an Nahrungsquellen deutlich ab. Besonders pilzreich sind Waldböden. Manche Pilze können komplex aufgebaute Verbindungen der Zellwände von Pflanzen wie beispielsweise Zellulose und Hemizellulose aufspalten und verwerten.

Fast ausschließlich Pilze sind in der Lage den Holzstoff **Lignin** abzubauen. Pilze unterscheiden sich in ihren Fähigkeiten, die pflanzlichen Makromoleküle abzubauen. Die **Braunfäulepilze** bauen die Zellulose ab und das dunkelbraune, brüchige Lignin bleibt zurück. Die **Weißfäulepilze** hingegen bauen das Lignin so ab, dass die faserige helle, fast weiße Zellulose übrigbleibt.

Lignin
Dreidimensionales aromatisches Polymer, das Bestandteil der Zellwände verholzter pflanzlicher Gewebe ist

Pilze mineralisieren als **Destruenten** organische Substanzen zu CO_2 und anorganische Stoffe. Verschiedene Pilze sind spezialisiert auf **schwer abbaubare Naturstoffe** wie Zellulose und Lignin.

Mykorrhiza

Mehr als 80 % aller Landpflanzen gehen im Wurzelraum eine symbiontische Beziehung mit Pilzen ein, die **Mykorrhiza** genannt wird. Der Vorteil der Mykorrhiza für die Pflanzen besteht in der besseren Nutzung des Nährstoffangebots der Erde. Das Pilzmyzel bietet gegenüber dem Wurzelsystem eine vielfach größere Oberfläche und kann einen wesentlich größeren Bodenbereich erschließen. Der Vorteil für den Pilz liegt darin, dass er von der Pflanze Kohlenhydrate erhält, die dieser als Energiequelle nutzt.

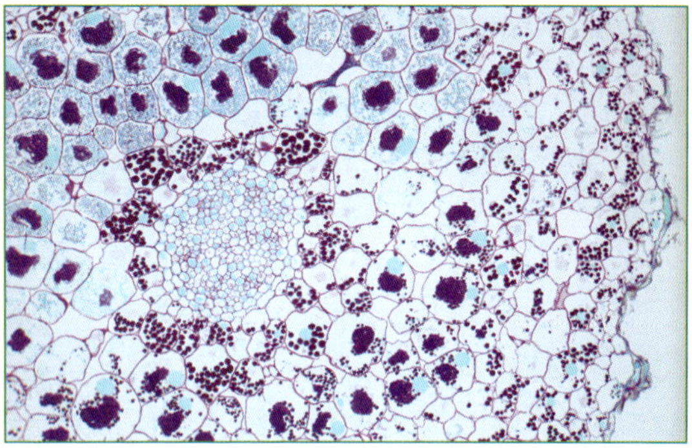

Bild 1
Mikroskopischer Querschnitt einer Orchideenwurzel mit zahlreichen Pilzhyphen im Zellinneren (25-fache Vergrößerung)

- Bei der **Ektomykorrhiza** bildet der Pilz einen Mantel aus Pilzzellen um die Wurzelspitzen. Die Pilzhyphen dringen jedoch nicht in die Zellen ein.
- Bei der **Endomykorrhiza** erstreckt sich ein Teil des Pilzmyzels in das Erdreich hinein und ein anderer in die Zellen der Wurzelrinde des Pflanzenpartners (Bild 1). Die **arbuskuläre Mykorrhiza** ist wahrscheinlich der am weitesten verbreitete Typ der Endomykorrhiza. Hierbei wachsen **Arbuskel** in das Innere der pflanzlichen Wurzelzellen. Sie können dort Nährstoffe sowie Wasser abgeben und Kohlenhydrate aufnehmen.

Eine **Mykorrhiza** ist eine Symbiose zwischen Pilzen und dem Wurzelbereich höherer Pflanzen, wobei die Pilze die Nährstoffaufnahme aus dem Boden übernehmen. Als **Ektomykorrhiza** umspinnt das Pilzmyzel die pflanzlichen Haarwurzeln nur äußerlich und als **Endomykorrhiza** wächst es zudem in die Zellen hinein.

Arbuskel
Büschelförmig verzweigte Membranausstülpungen der Hyphen

Zellen der Pilze

Die **Zellen** der Pilze sind wesentlich größer als die der Bakterien. Der Durchmesser einer Hefezelle beträgt etwa 10 Mikrometer, zehnmal größer als der der meisten Bakterien.

Die Zellhyphen der Pilze können durch Querwände, genannt **Septen**, unterteilt sein. Diese Querwände haben z. B. eine zentrale Pore, durch die Zellbestandteile, sogar Organellen und Zellkerne hindurchgelangen können. Die einzelnen Zellen der Pilzhyphen sind daher nicht völlig voneinander getrennt. Die **Zellwände** der Hyphenpilze enthalten als Baustoffe Chitin, Hemizellulosen, Lipide und Proteine. Die Hauptbestandteile der Zellwand von Hefen sind aus Glukose bzw. **Mannose** aufgebaute Polysaccharide.

Mannose
Zur Glukose stereoisomeres Monosaccharid (Hexose)

Die im Vergleich zu Bakterien wesentlich größeren Pilzzellen besitzen **Zellwände**, die bei Hyphenpilzen Chitin und bei Hefen Glukose- und Mannose-Polysaccharide enthalten.

2.1.1 Wachstum und Fortpflanzung von Hyphenpilzen

Die Hyphen, die Zellform der überwiegenden Mehrheit aller Pilzarten (Bild 1), können sich bei vielen Arten verzweigen. Sie wachsen im Erdboden in alle Richtungen, sodass die vorhandenen Nährstoffe optimal aufgenommen werden können.

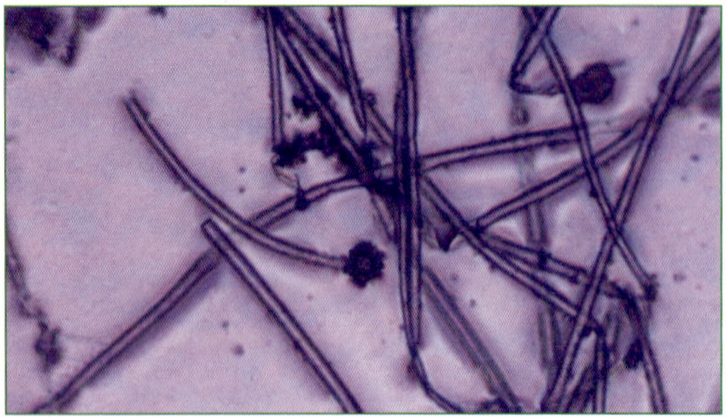

Bild 1
Pilzhyphen

Als **Substratmyzel** wachsen die Hyphen über weite Strecken im Boden oder in Lebensmitteln (Bild 2). Ein meist kleinerer Teil des Myzels, das **Luftmyzel** genannt wird, ragt über den Nährboden hinaus. Pilze zeichnen sich durch ein Spitzenwachstum aus, da sie fast ausschließlich an den Spitzen der Hyphen wachsen. Ältere Hyphenteile enthalten kaum noch Zytoplasma oder Organellen. Die Zellbestandteile können Querwände passieren und bewegen sich in stetem Strom auf die Wachstumszonen zu, wo sie verstärkt gebraucht werden.

Bei manchen Pilzarten können die Hyphen innerhalb des Myzels miteinander verschmelzen. Dadurch verwandelt sich das Myzel in ein vielfach verflochtenes Netz von Röhren. Aus diesem Grund kann solch ein Pilzorganismus seine Zytoplasmabestandteile auf verschiedenen Wegen zu den Wachstumszonen transportieren. Wenn einzelne Hyphen zerstört werden, kann das Myzel in seiner Gesamtheit weiter genutzt werden.

Das **Gesamtgewicht** der Hyphen eines einzelnen Pilzes kann beträchtlich sein und Hunderte von Kilogramm ausmachen, da das Myzel sich über mehrere Hektar Bodenfläche ausbreiten kann. Ein Hallimasch-Pilz ist wahrscheinlich **das größte Lebewesen** der Welt. Er befindet sich im Boden des US-Staates Oregon und sein Gesamtgewicht wird auf 600 Tonnen geschätzt. Molekularbiologische Tests zeigten, dass es sich um ein und denselben Organismus handelt.

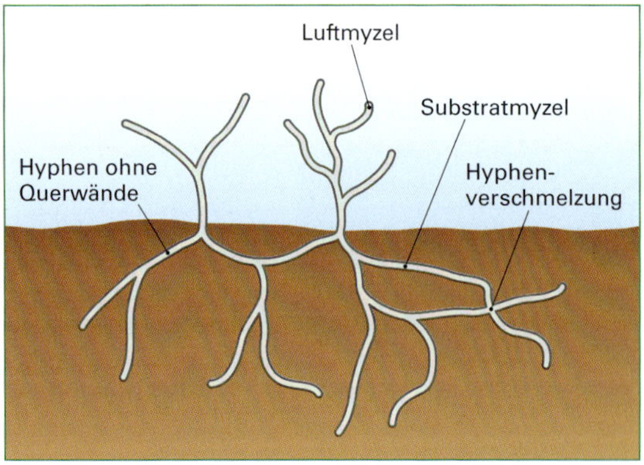

Bild 2
Pilzmyzel

Die Hyphen eines Pilzorganismus bilden ein Netzwerk von oft großen Ausmaßen, das als **Myzel** bezeichnet wird. Es kann Stoffe über weite Entfernungen durch Hyphenzellen transportieren, die miteinander verschmelzen können, um zerstörte Bereiche zu umgehen.

Sporen
Spezialisierte Zellen, die der Verbreitung dienen und nach Keimung zu einem neuen Organismus auswachsen können

Asexuelle Fortpflanzung

Pilze können sich sowohl ungeschlechtlich (asexuell) als auch geschlechtlich (sexuell) vermehren. Die ungeschlechtliche Vermehrung über **Sporen** ist bei Pilzen besonders häufig.

Hyphenpilze sind festsitzende und zum Wachstum auf organische Substanzen angewiesene Organismen. Wenn ihre Nahrungsquellen aufgebraucht sind, müssen sie in der Lage sein, in neue Lebensräume zu gelangen, was ihnen durch die Bildung von Sporen ermöglicht wird. Die **Pilzsporen** sind Ruhestadien der Zellen, die Jahre und Jahrzehnte überleben können, selbst in extrem heißen oder kalten Klimazonen.

Pilzsporen sind sehr widerstandsfähig gegenüber **Trockenheit**, besitzen aber nicht die hohe Hitzeresistenz der bakteriellen Sporen.

Viele Pilzsporen werden **in die Luft abgegeben**, vom Wind mitgenommen und verbreitet. Diese Sporen sind trocken. Die Sporen anderer Pilzarten sind von einer schleimigen Schicht eingehüllt. Solche Sporen können nicht mit Luftströmungen wegfliegen, aber sie können **von Tieren weitergetragen** werden. Pilze wie die Stinkmorchel und andere locken mit ihrem penetranten Geruch Insekten wie Fliegen und Käfer an, die die Sporen verbreiten. Trüffelpilze ziehen mit ihrem Duft Mäuse und andere Nager an, welche die Pilze fressen. Die Sporen werden später mit dem Kot der Tiere unversehrt wieder ausgeschieden und können auskeimen.

Sporulation
Prozess der Sporenbildung bei Mikroorganismen wie Pilzen und Bakterien

Die **Sporulation** von Pilzen kann auf mehreren Wegen erfolgen (Bild 1):

- **Arthrosporen** entstehen durch das Zerbrechen von Hyphen. Bei dieser **Fragmentierung** von Hyphen entstehen Einzelzellen, die von einer sehr dicken Zellwand umgeben sind und die zu einem eigenständigen Pilz heranwachsen können.
- **Chlamydosporen** sind besonders dickwandige Sporen, die der Überdauerung ungünstiger Lebensbedingungen dienen und im Inneren oder endständig aus Hyphenzellen entstehen.
- **Endosporen** oder **Sporangiosporen** werden endogen im Inneren sogenannter **Sporangien** gebildet.
- **Exosporen, Konidiosporen** oder **Konidien** werden exogen gebildet und am Ende von Hyphen fortwährend abgeschnürt. Die Bildung erfolgt an Lufthyphen mit oft besonderen Sporenbildungsorganen, die **Konidienträger** oder **Konidiophoren** genannt werden.

Sporangien
Sporenbehälter mit äußerer Hülle

Mitose
Kern- bzw. Zellteilung, bei der die beiden Tochterzellen den gleichen Chromosomensatz wie die Mutterzelle haben

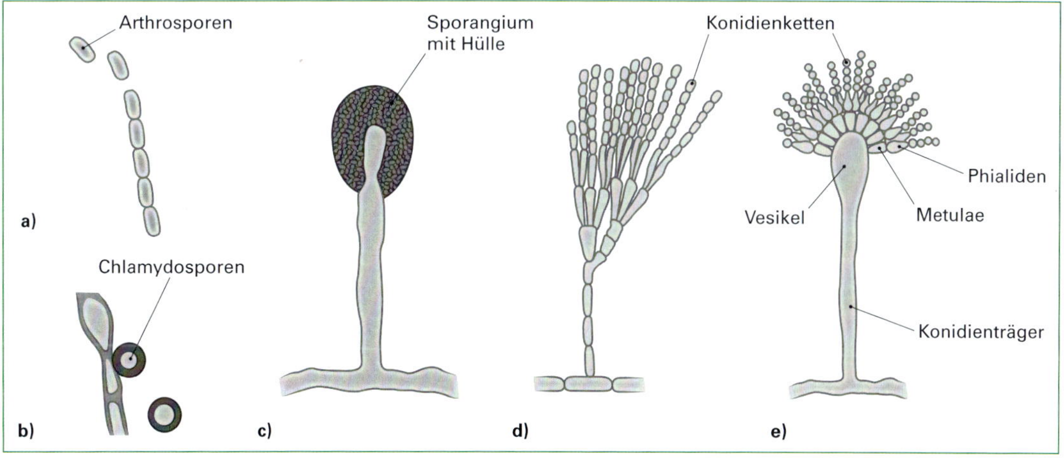

Bild 1
Asexuelle Sporenbildung bei Pilzen: a) Arthrosporen, b) Chlamydosporen, c) Sporangiosporen bei *Mucor*, d) Konidien bei *Penicillium*, e) Konidien bei *Aspergillus*

Da asexuell gebildete Sporen aus einer **Mitose** hervorgehen, werden sie auch **Mitosporen** genannt. Besonders häufig werden von Schimmelpilzen Konidien gebildet und die Fortpflanzungsorgane sind oft für die jeweilige Pilzart charakteristisch und dienen der Erkennung bzw. Bestimmung des Pilzes. Beispielsweise wird der Schimmelpilz *Aspergillus* aufgrund seiner Vermehrungsformen Gießkannenschimmel genannt, da die Form an den Kopf einer Gießkanne beim Gießen erinnert (Bild 1). Hingegen wird der ebenfalls weitverbreitete Schimmelpilz *Penicillium* aufgrund der Form der ungeschlechtlichen Vermehrungsorgane Pinselschimmel genannt.

Haploid
Zustand des Zellkerns, wenn der doppelte (diploide) Chromosomensatz durch die Meiose auf einen halbierten Satz reduziert und von jedem Chromosom nur ein Exemplar vorhanden ist

Die **Bildung von Sporen** dient der Vermehrung, Überdauerung und Ausbreitung der Pilze.

Asexuell gebildete Sporen können je nach Pilzart als **Exosporen** (**Konidien**) durch Abschnürung am Ende von Lufthyphen, als **Endosporen** in einem geschlossenen Sporenbehälter, als besonders dickwandige **Chlamydosporen** oder als **Arthrosporen** durch Fragmentierung der Hyphen entstehen.

Aus dem Pilzmyzel wachsen die Sporenbildungsorgane heraus, die bei *Aspergillus*-Pilzen folgendermaßen aufgebaut sind: Eine blasenförmige Zelle, die **Vesikel** genannt wird, ist von einer Schicht aus Zellen, den sogenannten **Metulae**, umgeben. Diese Zellen tragen die Sporen bildenden **Phialiden**, die die Konidien kettenförmig abschnüren (Bild 1, S. 207).

Aspergillus flavus

lat. *aspergillum*: Wedel zum Besprengen; *flavus*: gelb

- Vorkommen: fast überall im Boden und als Sporen in der Luft, sehr häufig in warmen und tropischen Ländern
- Bildet septierte Hyphen innerhalb eines festen Nährbodens und Schimmel von gelb-grünlicher Farbe
- Produziert hochtoxische, krebserregende Aflatoxine (Abkürzung von *Aspergillus-flavus*-Toxin)
- Kann allergische Reaktionen auslösen
- Wurde als „Fluch der Pharaonen" bekannt, da im Grab des Tutenchamun große Mengen Sporen gefunden wurden und später an den Ausgrabungen Beteiligte starben

Sexuelle Fortpflanzung

Homologe Chromosomen
Chromosomen, die von den beiden Elternorganismen stammen und die gleichen Gene enthalten

Neben der ungeschlechtlichen Sporenbildung können viele Pilze sich auf sexuellem Wege vermehren und dabei sexuelle Sporen bilden. Diese Entwicklung wird unter bestimmten Wachstumsbedingungen beispielsweise bei Mangel an Nährstoffen eingeleitet.

Die sexuelle Fortpflanzung beginnt mit der Verschmelzung der Hyphen zweier Pilzorganismen oder sogar durch Selbstbefruchtung innerhalb desselben Myzels. Bei Pilzen kann nicht von einem männlichen und weiblichen Geschlecht geredet werden, sondern nur von **Paarungstypen**, die als plus und minus bezeichnet werden. Die Paarungstypen sind äußerlich vollkommen gleich, unterscheiden sich lediglich genetisch und biochemisch.

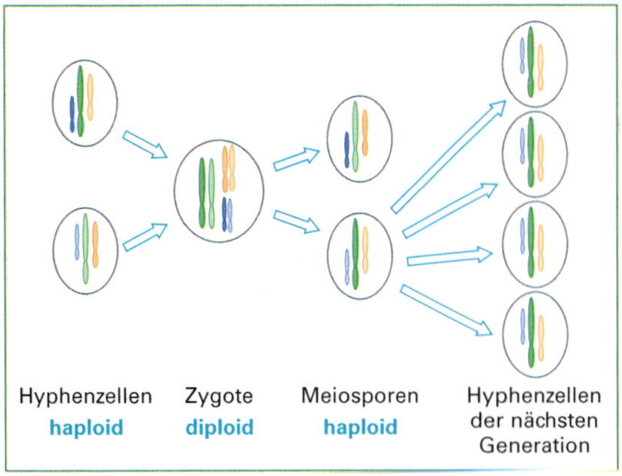

Bild 1 **Sexuelle Fortpflanzung bei Pilzen**

Von Ausnahmen wie der Bäckerhefe *Saccharomyces cerevisiae* abgesehen, besitzen die meisten Pilze fast die gesamte Lebenszeit **haploide** Zellkerne (Bild 1). Deshalb sind im Gegensatz zu den diploiden Pflanzen und Tieren Pilze besonders anfällig für Mutationen, da sie keine **homologen Chromosomen** und damit keine Gene in doppelter Ausführung besitzen.

Die bei der sexuellen Fortpflanzung stattfindende Verschmelzung der Zellen, genannt **Plasmogamie**, und die Verschmelzung der Zellkerne, die **Karyogamie**, erfolgen bei vielen Pilzarten nicht zur gleichen Zeit, sodass die Zellen mehrere Zellkerne besitzen können.

Die Verschmelzung haploider Zellkerne zweier Geschlechtszellen (Gameten) zu einem diploiden Kern (Zygote) erfolgt bei vielen Pilzen kurze Zeit vor der Bildung der sexuellen Sporen. Diesem Schritt folgt oft direkt eine Meiose oder Reduktionsteilung (s. S. 75). Die dabei auf sexuellem Wege gebildeten haploiden Sporen werden **Meiosporen** genannt und in charakteristischen Sporenbildungsorganen hergestellt, wie beispielsweise:

- Die **Zygosporen** der Zygomyzeten
- Die **Ascosporen** der Ascomyzeten
- Die **Basidiosporen** der Basidiomyzeten

Sexuell gebildete Sporen können wie die Mitosporen bei der ungeschlechtlichen Vermehrung zu einem neuen Myzel auskeimen.

Pilze können sich unter bestimmten Umweltbedingungen **sexuell vermehren**, indem die Zellen zweier **Paarungstypen** zu einer diploiden Zelle verschmelzen. Im Rahmen einer Meiose werden haploide sexuelle Sporen (Meiosporen) gebildet, Zygosporen, Ascosporen bzw. Basidiosporen, die direkt zu einem Myzel auskeimen können.

2.1.2 Einteilung der Pilze

Die Zahl der weltweit vorkommenden Pilzarten beträgt nach Schätzungen über eine Million. Pilze sind damit eine der artreichsten Gruppen der Lebewesen. Tabelle 1 zeigt die aus biologischer Sicht bestehenden Hauptgruppen der Pilze.

Die bei der geschlechtlichen Vermehrung gebildeten Strukturen und dabei ablaufenden Prozesse sind wichtige Merkmale, die der Einteilung der Pilze dienen. Viele Pilzarten können sich allerdings sexuell nicht mehr vermehren bzw. diese Fähigkeit wurde bei ihnen noch nicht beobachtet. Auch die Anwesenheit von Septen, die die Hyphen in Einzelzellen unterteilen, ist ein wichtiges Merkmal zur Klassifizierung der Pilze. Die Arten, die nicht eindeutig einer der genannten Hauptgruppen zugeordnet werden können, werden in die Gruppe der *Fungi imperfecti* (Deuteromyzeten) positioniert.

Tabelle 1 Phylogenetische Hauptgruppen der Pilze*

	Hauptgruppen	Beschreibung	Arten (Auswahl)
I	Chytridiomyzeten (Flagellatenpilze, Töpfchenpilze)	„Ursprüngliche" Gruppe meist einzelliger Pilze, die begeißelte (bewegliche) Sporen und Keimzellen besitzen.	
II	Zygomyzeten (Jochpilze)	Vertreter bilden während der sexuellen Fortpflanzung jochartigen Brücken zwischen den Hyphen.	*Mucor mucedo* *Rhizopus nigricans*
III	Glomeromyzeten (Arbuskuläre Mykorrhizapilze)	Vertreter bilden eine symbiontische Beziehung zu Pflanzen aus, die Endomykorrhiza.	
IV	Ascomyzeten (Schlauchpilze)	Die Zellen sind durch Septen voneinander getrennt und enthalten meist nur einen Zellkern. Die Ascosporen werden in charakteristischen Schläuchen, den Asci gebildet.	*Aspergillus niger* *Penicillium roqueforti* *Claviceps purpurea*
V	Basidiomyzeten (Ständerpilze)	Die Zellen sind durch Septen voneinander getrennt und enthalten meist zahlreiche Zellkerne. Die Basidiosporen werden an keulenförmigen Sporenständern, den Basidien, gebildet.	*Agaricus bisporus* *Boletus edulis* *Puccinia graminis*

Chytridiomyzeten

Die Chytridiomyzeten oder Flagellatenpilze sind meist einzellige Pilze, die begeißelte und damit bewegliche Stadien besitzen, was den Namen „Flagellatenpilze" (*Flagellen*: Geißeln) erklärt. Deswegen wurden sie lange Zeit nicht als Pilze betrachtet, obgleich sie besonders mit den Jochpilzen eng verwandt sind.

Chytridiomyzeten sind einzellige Pilze mit beweglichen Zellstadien.

Joch
Zuggeschirr, mit dem zwei Ochsen vor einen Wagen oder Pflug gespannt werden

Zygomyzeten

Der deutsche Name der Zygomyzeten, Jochpilze, leitet sich von einer besonderen Zellform ab, die bei der sexuellen Fortpflanzung beobachtet wird. Bei der Verschmelzung von Zellen der beiden Elterntypen entsteht eine Verbindungsbrücke, die wie ein **Joch** aussieht. Überwiegend erfolgt die Vermehrung aber durch ungeschlechtlich gebildete Sporen, die am Ende langer Lufthyphen im Inneren von Sporenbehältern gebildet werden.

Bild 1
Myzel mit Sporangien von *Mucor*

Die Jochpilze leben meist auf abgestorbenen Pflanzen bzw. Tieren oder auf Lebensmitteln. Sie haben Hyphen ohne Querwände und ihnen gehören einige typische Schimmelpilze an, wie der weitverbreitete Köpfchenschimmel *Mucor* (Bild 1) und der Brotschimmel *Rhizopus*. Das Myzel von *Mucor*, das auf Brot, Obst und Gemüse, aber häufig auch auf Dung gefunden wird, ist weiß bis grau mit sichtbaren schwarzen Punkten, den asexuellen Sporenbildungsorganen (Sporangien). Jochpilze werden vor allem in fernöstlichen Ländern für die Herstellung fermentierter Lebensmittel aus Soja wie z. B. **Tempeh** genutzt.

Zu den **Zygomyzeten** oder **Jochpilzen** gehören zahlreiche Schimmelpilze, die Sporen im Inneren der Sporenbildungsorgane produzieren.

Ascomyzeten

Ascomyzeten oder Schlauchpilze sind die artenreichste Gruppe der Pilze. Sie besitzen ein Myzel aus verzweigten Hyphen, das mit Septen untergliedert ist. Die asexuelle Fortpflanzung über Konidiosporen hat für ihre Vermehrung die größte Bedeutung.

Tempeh
Grundnahrungsmittel in Indonesien, das durch Beimpfung von gekochten Sojabohnen mit verschiedenen *Rhizopus*-Arten entsteht

Die auf sexuellem Wege gebildeten haploiden Sporen werden **Ascosporen** genannt. Die Zellkerne der Keimzellen verschmelzen im Inneren meist kleiner, mit dem Auge nicht sichtbarer Fruchtkörper, direkt gefolgt von der Meiose. Die sexuellen Sporen entwickeln sich in geschlossenen, schlauchartigen Zellen, den **Asci**, nach denen die Pilzgruppe benannt wurde (Bild 1, S. 211).

Aflatoxine
Von Schimmelpilzen der Gattung *Aspergillus* ausgeschiedene, hitzestabile Giftstoffe (Mykotoxine)

Einige Ascomyzeten haben in der Biotechnologie große Bedeutung. Pilze der Gattung *Aspergillus* werden industriell eingesetzt, um Verbindungen wie Zitronensäure und Enzyme zu produzieren. Organismen dieser Gattung sind oft für Verderb von Lebensmitteln verantwortlich. *Aspergillus*-Arten wie z. B. *A. flavus* bilden überdies hochgiftige Substanzen, insbesondere die **Aflatoxine**.

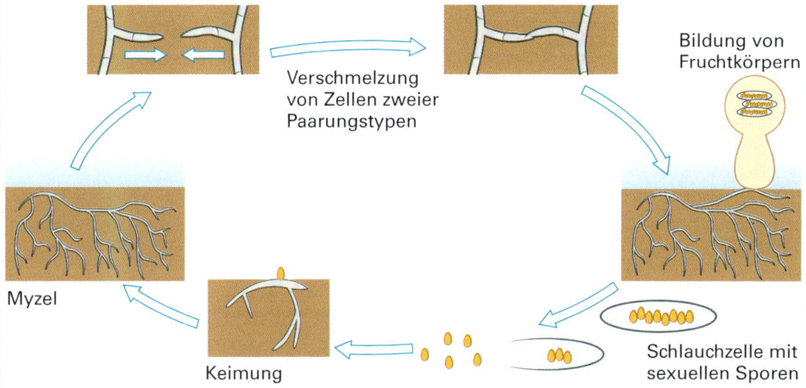

Bild 1
Sexuelle Bildung von Ascosporen am Beispiel von *Aspergillus*

Häufige Verderberreger sind auch *Penicillium*-Pilze, die andererseits als Edelpilze für die Reifung von Käse und Wurst unverzichtbar sind. *P. chrysogenum* ist außerdem als Produzent des Antibiotikums Penicillin wirtschaftlich von enormen Wert, seitdem es gelang, Stämme zu züchten, die hohe Ausbeuten an Penicillin liefern.

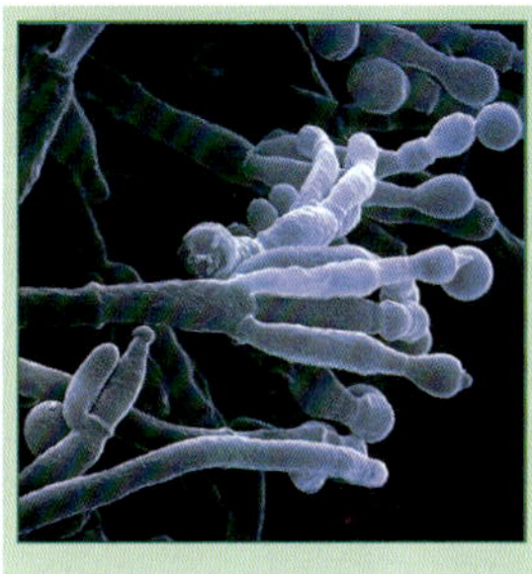
Okapia KG Michael Grzimek & Co

Penicillium chrysogenum

lat. *penicillus*: Pinsel; griech. *chrysos*: gold

- Vorkommen: fast überall, auch auf verdorbenen Nahrungsmitteln
- Bildet gelb-grüne bis blau-violette Pilzrasen
- Optimales Wachstum bei ca. 25 °C, Minimaltemperatur bei 4 °C
- Bildet pinselartige Konidienträger
- Wichtiger industrieller Produzent des Antibiotikums Penicillin
- Von *Alexander Fleming* als erster Antibiotikabildner entdeckt, damals unter dem Namen *Penicillium notatum*

Größere Vertreter der Schlauchpilze wie die Speisemorchel (*Morchella*) und die Trüffel (*Tuber*) werden als Speisepilze geschätzt.

Ascomyzeten oder **Schlauchpilze** bilden bei der geschlechtlichen Vermehrung schlauchförmige Sporenbehälter (Asci) aus. Die Pilzgruppe enthält **Schimmelpilze** wie z. B. *Aspergillus* und *Penicillium*, die biotechnologisch eingesetzt werden, sowie essbare Pilze wie z. B. Trüffel.

Eine Vielzahl von Schlauchpilzen sind Schadpilze, die als **Parasiten** von Pflanzen Krankheiten auslösen. Der **Echte Mehltau des Getreides** wird von dem Schlauchpilz *Erysiphe graminis* verursacht. Das Myzel des Pilzes schnürt auf der Blattoberseite große Menge an Konidien ab, die für das bemehlte Aussehen der infizierten Pflanzen sorgen.

Parasiten
Leben in oder an einem anderen Organismus und ernähren sich auf seine Kosten

Der Erreger der **Graufäule** *Botrytis cinera* kann Früchte bereits am Baum befallen. Neben Stein- und Kernobst sind besonders Erdbeeren gefährdet. Bei Befall von Weinbeeren mit diesem Pilz kommt es zur Edelfäule der Trauben, die bei Trockenbeerenauslese-Weinen erwünscht ist.

Die ***Fusarium*-Pilze**, die auf Getreide sehr toxische Mykotoxine (s. S. 324) bilden, infizieren die Pflanzen während ihrer Vegetationsperiode. In tropischen Ländern findet man besonders häufig *Fusarium*-Pilze und mit den Giftstoffen belastete Getreideprodukte.

Mutterkorn
Dunkle, kornähnliche Pilzgeflechte in Getreideähren, vor allem von Roggen, die giftige Mykotoxine enthalten

Ergotismus
Erkrankung nach Aufnahme von Mykotoxinen des Pilzes *Claviceps purpurea*

Jahrhundertelang ist der Mutterkornpilz *Claviceps purpurea* gefürchtet. Der Pilz bildet auf Getreideähren das sogenannte **Mutterkorn**. Diese aus Pilzhyphen gebildeten Überdauerungsformen fallen bei der Kornreife ab und überwintern im Boden. Über Mehl und Brot können die toxischen Mutterkornstoffe den Körper erreichen und Krankheitssymptome auslösen. Die Erkrankung wird **Ergotismus** genannt und führt zu Halluzinationen, Muskelkrämpfen und sogar zum Absterben von Gliedmaßen. Aus den Mutterkörnern werden verschiedene Arzneimittel gewonnen, die z. B. bei Migräne und zur Weheneinleitung eingesetzt werden. Zur Gewinnung von Mutterkörnern werden Roggenfelder gezielt mit dem Pilz beimpft oder der Pilz in Bioreaktoren gezüchtet.

Zahlreiche Ascomyzeten rufen **Pflanzenkrankheiten** hervor, z. B. *Erysiphe graminis*, der Erreger des Echten Mehltaus, *Botrytis cinera*, der Erreger der Graufäule und *Fusarium*, der Getreidepflanzen befällt. *Claviceps purpurea* bildet auf Getreideähren das **Mutterkorn**, das beim Menschen zur Ergotismus-Erkrankung führt, aber auch als Arzneilieferant dient.

Basidiomyzeten

Die Basidiomyzeten (Ständerpilze) sind die am höchsten entwickelte Pilzgruppe, zu der auch die überwiegende Zahl der Pilze zählt, die mit dem bloßen Auge wahrgenommen werden können. Die Gruppe ist nach den **Basidien** oder Sporenständern benannt, den Zellen, die die sexuell gebildeten Basidiosporen tragen.

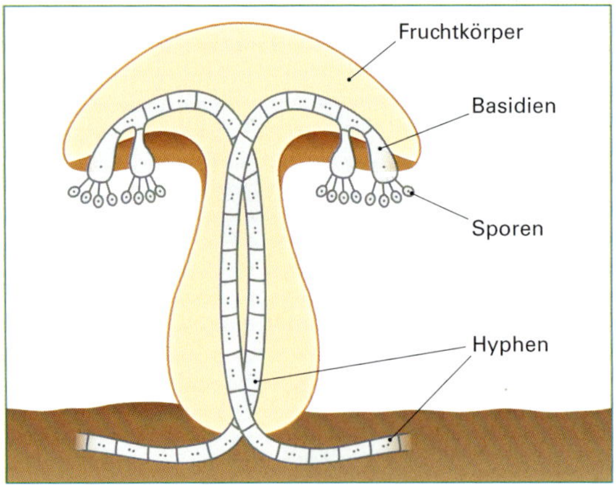

Bild 1
Schematischer Aufbau des Fruchtkörpers der Hutpilze als Beispiel für die Basidiomyzeten

Basidiomyzeten bilden ein oft weitreichendes, verzweigtes Myzel aus Hyphen, deren Zellen durch Septen voneinander getrennt sind und oft zahlreiche Zellkerne enthalten. Sie vermehren sich auf sexuellem Wege, indem sie die uns als „Pilze“ bekannten sichtbaren Fruchtkörper bilden. Sie sind die Fortpflanzungsorgane mehrzelliger Pilze, in denen allerdings keine **Früchte**, sondern Sporen produziert werden. Dazu gehören auch die Hutpilze mit ihren hutähnlichen Fruchtkörpern (Bild 1).

Bei den Basidiomyzeten werden die haploiden Sporen nicht wie bei Schlauchpilzen innerhalb von Zellen ausgebildet, sondern von den Basidien oder Ständerzellen nach außen abgeschnürt (Bild 1). Meist entstehen pro Basidie vier Sporen, die an stielartigen Ausstülpungen gebildet werden.

Basidiomyzeten oder **Ständerpilze** sind eine Pilzgruppe mit oft großen Fruchtkörpern, in denen am Ende besonderer Zellen, den Basidien, sexuelle Sporen abgeschnürt werden.

Frucht
Aus dem Fruchtknoten und anderen Blütenteilen hervorgegangenes Organ der Blütenpflanzen, das der Verbreitung der Samen dient

Auch in der Gruppe der Basidiomyzeten gibt es Arten, die Pflanzen infizieren und **Pflanzenkrankheiten** auslösen. Bekannt und bedeutsam sind die Brandpilze und die Rostpilze, die als Parasiten auf vielen Wild- und Kulturpflanzen zu Hause sind. Von **Brandpilzen** infizierte Getreideähren wirken aufgrund der dunklen Farbe der Sporenlager wie verbrannt. Die **Rostpilze**, die an den Blättern rostig-rote Pusteln und Flecken hervorrufen, sind durch komplexe sexuelle Entwicklungsgänge verbunden mit einem Wirtswechsel gekennzeichnet. Der Schwarzrost *Puccinia graminis* muss beispielsweise erst auf der Berberitze wachsen, bevor er Getreide infizieren kann.

In der Gruppe der Ständerpilze sind zahlreiche **Speisepilze** zu finden. Während Pilze wie der Champignon (*Agaricus bisporus*) schon seit Jahrzehnten mit großer wirtschaftlicher Bedeutung kultiviert werden (Bild 1), können andere Pilze trotz enormer Anstrengungen nicht gezüchtet werden. Waldpilze wie der Steinpilz (*Boletus edulis*) gelangen nur durch Sammeltätigkeit in den menschlichen Konsum. Der Grund dafür besteht darin, dass diese Pilze nicht allein leben, sondern eine Mykorrhiza mit den Wurzeln der Waldbäume eingehen.

Bild 1
Champignon-Pilzzucht

Während einige Arten der Basidiomyzeten **Pflanzenkrankheiten** wie die Brandpilze und die Rostpilze hervorrufen, sind andere für den Menschen wichtige **Speisepilze**, die zum Teil kultiviert werden können.

Schimmelpilze

Die Schimmelpilze sind keine biologische Gruppe, deren Vertreter dieselbe evolutionäre Abstammung besitzen. Sie lassen sich systematisch gesehen den Joch- oder den Schlauchpilzen zuordnen.

Als Schimmelpilze werden die Pilze bezeichnet, die mit dem Auge erkennbare, weißliche oder gefärbte Überzüge, genannt **Schimmel**, auf Lebensmitteln und einigen anderen Materialien bilden. Schimmelpilze tragen wesentlich zum Verderb von Lebensmitteln bei und können eine Vielzahl organischer Materialien zerstören.

Bild 2
Befall einer Apfelsine mit *Penicillium*-Schimmelpilz

Folgende **Eigenschaften** sind für Schimmelpilze typisch:

- Schimmelpilze besiedeln vor allem feste und halbfeste **Nahrungsquellen** (Bild 2) und ernähren sich von organischen Substanzen.
- Sie wachsen in Form von Hyphen und bilden ein oft weitverzweigtes **Myzel** in den Nahrungsquellen.
- Sie **vermehren** sich überwiegend ungeschlechtlich durch Bildung von **Sporen** (Konidien), die in großen Massen als Schimmel sichtbar sind. Schimmelpilze besitzen keine auffälligen Fruchtkörper.
- Viele Schimmelpilze scheiden Giftstoffe aus, sogenannte Mykotoxine.

Die **Verfärbung des Schimmels**, der schwarz, grün, rot, gelb oder braun sein kann, rührt allein von der Farbe der Sporen her, das Myzel ist weiß bis farblos. Pilzsporen sind zum Schutz gegen UV-Strahlen oft stark pigmentiert.

Schimmelpilze sind für die **Zerstörung** verschiedener Materialien wie Holz, Papier, Tapeten, Kunststoffe, Leder, Farben und Lacken verantwortlich. Auch in Wohnungen und Gebäuden sind die Aktivitäten der Schimmelpilze gefürchtet. Feuchtigkeit ist eine wichtige Voraussetzung für Schimmelpilzwachstum und die Bildung von Kondenswasser, oft an den kältesten Stellen im Raum, führt häufig zu Pilzbefall.

Schimmelpilze können nur dann Wände und Decken in Wohnungen bewachsen, wenn sie an verwertbare organische Substanzen gelangen. Dies können

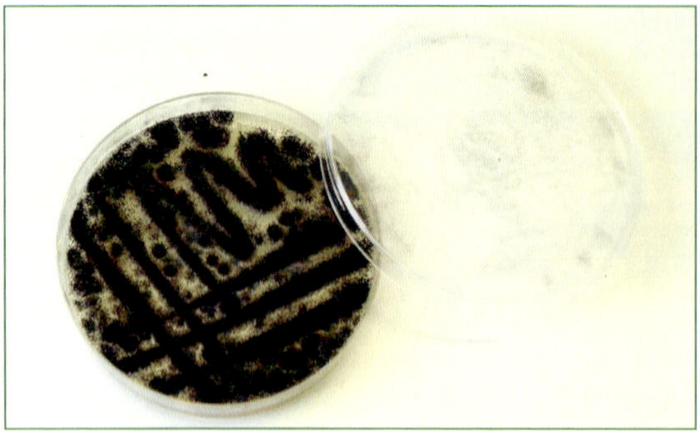

Bild 1 Agarplatte mit *Aspergillus*

Substanzen sein, die sie aus Tapeten, Kleister oder manchmal auch dem Putz herauslösen können. Sind Schimmelpilze auf Steinen oder Glas anzutreffen, die selbst keine organischen Nährstoffe besitzen, können organische Verbindungen in Stäuben aus der Luft die Grundlage ihrer Existenz sein.

Schimmelpilze sind besonders gefährlich, weil sie toxische Substanzen bilden können, die **Mykotoxine** (s. S. 324). Das stärkste bekannte Schimmelpilzgift ist das Aflatoxin, das von *Aspergillus*-Arten (Bild 1) ausgeschieden wird und – über längere Zeit aufgenommen – Leberkrebs verursachen kann. Schimmelpilze sind außerdem eine häufige Ursache von Verderbprozessen bei Lebensmitteln.

Schimmelpilze sind Hyphenpilze, die organische Substanzen abbauen und feste sowie halbfeste Nahrungsquellen besiedeln. Sie können toxische Substanzen, die **Mykotoxine**, ausscheiden und Materialzerstörung sowie Lebensmittelverderb verursachen.

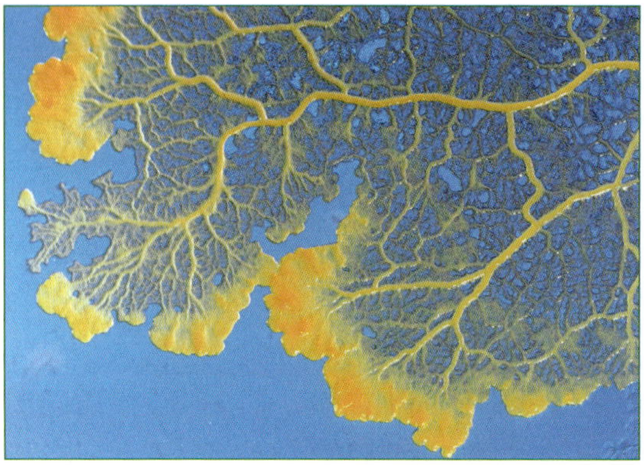

Bild 2 Plasmodium des Schleimpilzes *Physarum*

Schleimpilze und Zellulosepilze

Die früher als **niedere Pilze** bezeichneten Schleimpilze und die Zellulosepilze sind trotz ihres Namens keine echten Pilze und werden nicht mehr dem Reich der Pilze zugeordnet.

Die **Schleimpilze** (Myxomyzeten) sind ein- oder mehrzellige Lebewesen, die Ähnlichkeiten zu Pilzen wie auch zu Protozoen (s. Kap. II.2.2) aufweisen. Wie Pilze können sie Sporen bilden und haben oft einen komplexen Lebenszyklus mit morphologisch extrem unterschiedlichen Stadien. Wie die Protozoen haben Schleimpilze bewegliche Phasen, in denen sie sich über feste Oberflächen wie z. B. verrottendes Holz fortbewegen, das von vielen Schleimpilzen besiedelt wird. Myxomyzeten ernähren sich von Bakterien und anderen Mikroorganismen, die sie mithilfe der Phagozytose (s. S. 82) aufnehmen. Im Einzelnen können folgende Stadien bei ein und demselben Schleimpilzorganismus beobachtet werden:

Plasmodium
Vielkernige zellwandlose Zelle mit amöboider Bewegung (außerdem: Gattungsname des Malariaerregers)

Pseudopodien
Vorübergehende Ausstülpungen der Zelle bei Amöben, die der Fortbewegung und der Nahrungsaufnahme dienen

- **Amöben**, die sich kriechend fortbewegen, entstehen bei trockenen Umweltbedingungen.
- Als **Flagellaten**, die in feucht-nasser Umgebung gebildet werden, schwimmen Schleimpilze mithilfe von Geißeln.
- Ein **Plasmodium**, ein großes zytoplasmatisches Gebilde mit vielen Zellkernen, entsteht, wenn zwei haploide Zellen aufeinandertreffen und zu einer diploiden Zygote verschmelzen (Bild 2).

  Das Plasmodium bildet röhrenartige Zellstrukturen und bewegt sich mithilfe von **Pseudopodien** (griech.: Scheinfüßchen) amöbenartig fort. Plasmodien können Milliarden von Zellkernen enthalten. Sie stellen die größten Einzelzellen auf der Erde dar und können beispielsweise bei *Physarum* bis zu 80 cm groß werden.
- Unter bestimmten Umweltbedingungen werden **Fruchtkörper** ausgebildet, in denen der Vermehrung dienende Sporen reifen.

Schleimpilze (Myxomyzeten) sind keine typischen Pilze und besitzen Merkmale tierischer Einzeller. Sie zeichnen sich durch die zeitweilige Bildung einer vielkernigen, riesig großen Zelle aus, des **Plasmodiums**.

Die **Zellulosepilze** (Oomyzeten, Algenpilze oder Eipilze) sind näher mit Algen verwandt als mit den echten Pilzen. Zahlreiche Arten leben als **Saprophyten** im Wasser oder Boden z. B. auf toten Insekten oder Pflanzen. Zur Gruppe der Oomyzeten gehören auch Arten, die als Parasiten Pflanzen oder Wassertiere befallen. Zellulosepilze können sich ungeschlechtlich oder geschlechtlich vermehren. Bei der ungeschlechtlichen Vermehrung werden begeißelte Sporen gebildet, die Zoosporen genannt werden.

Saprophyten
Lebewesen, die sich von abgestorbenem pflanzlichem oder tierischem Material ernähren

Ähnlich wie die echten Pilze bilden die Zellulosepilze ein Myzel aus Hyphen, die meist nicht durch Septen (Querwände) unterteilt sind. Ihre Zellwand ist wie bei Pflanzen aus Zellulose und nicht aus dem für Pilze charakteristischen Chitin aufgebaut. Die Zellmembranen unterscheiden sich in ihrer Zusammensetzung von denen der echten Pilze, da sie beispielsweise keine Steroide enthalten.

Die Gruppe enthält einige Krankheitserreger, die bei Kulturpflanzen bedeutende Schäden verursachen. Der Zellulosepilz *Plasmopara viticola* ist als Falscher Mehltau der Weinrebe gefürchtet. Die Art *Phytophthora infestans* ruft bei Kartoffeln die Kraut- und Knollenfäule hervor, die besonders in feucht-kühlen Sommern auftritt und zu großen Ernteeinbußen führen kann. Dabei wachsen die Pilzmyzelien innerhalb der Blätter und lassen sie verdorren. Die Sporen bildenden Organe wachsen aus den Spaltöffnungen heraus und bilden einen weißen schimmelartigen Belag (Bild 1).

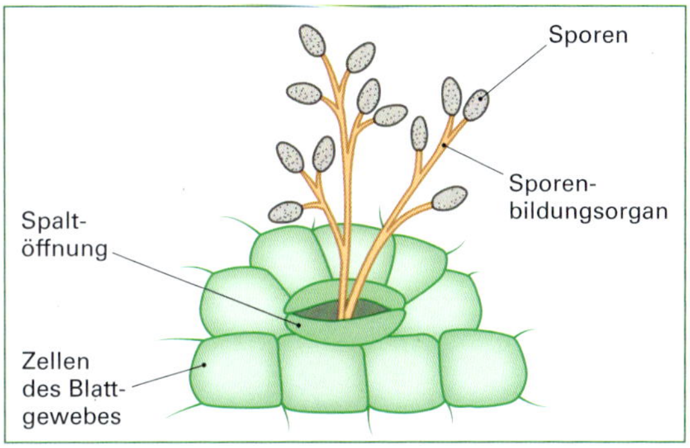

Bild 1
Der Zellulosepilz *Phytophthora infestans*

Die heutzutage nicht mehr zu den Pilzen gerechneten **Zellulose-** oder **Algenpilze (Oomyzeten)** leben als Saprophyten von totem oder als Parasiten von lebendem organischem Material. Einige sind wichtige Schädlinge von Kulturpflanzen.

Tödlicher Pilz bedroht Existenz der Amphibien

Fast die Hälfte aller bekannten Amphibienarten weist einen Rückgang der Populationen auf und 32 % der Amphibienarten sind vom Aussterben bedroht. Der weltweite Artenrückgang bei Amphibien, der viel größer als beispielsweise bei Säugetieren ist, wird nicht nur durch den fortschreitenden Verlust von Lebensräumen verursacht.

Der Pilz *Batrachochytrium dendrobatidis*, der Amphibien befällt und bei ihnen die Chytridiomykose genannte Krankheit verursacht, wird für die Auslöschung vieler Amphibienarten mitverantwortlich gemacht. Der Pilz, genannt Chytridpilz, gehört zu den in Böden und vor allem in Gewässern lebenden Chytridiomyzeten, eine ursprüngliche Gruppe meist einzelliger Pilze, die sich noch nicht so stark wie andere Pilze an das Landleben angepasst haben. Da die Sporen des Chytridpilzes im Wasser lange überlebensfähig sind, breitet er sich besonders in Fließgewässern schnell aus.

Normalerweise ist der Chytridpilz harmlos und baut abgestorbenes Pflanzenmaterial ab. Eine Infektion mit dem Pilz kann bei vielen Arten der Amphibien vor allem bei Fröschen jedoch heutzutage tödlich verlaufen. Der Pilz greift die Amphibienhaut an und verschließt die Poren der Haut. Da Amphibien in starkem Maße über die Haut atmen, droht ihnen der Erstickungstod.

Wahrscheinlich stammt der Chytridpilz ursprünglich aus Afrika und besiedelt dort die Haut der afrikanischen Krallenfrösche, ohne sie zu schädigen. Möglicherweise wurde der Pilz über einen Schwangerschaftstest, bei dem die Krallenfrösche verwendet werden, weltweit verbreitet. Wenn Krallenfroschweibchen Urin einer schwangeren Frau, der bestimmte Hormone enthält, gespritzt wird, legen die Frösche innerhalb kurzer Zeit Eier ab.

Vorwiegend in Mittel- und Südamerika sowie in Australien sind zahlreiche Amphibienarten in ihrem Bestand durch den Pilz gefährdet. Die Ausbreitung des Pilzes noch zu stoppen, ist so gut wie unmöglich.

Bild 1 Einem Frosch wird eine Schleimprobe der Haut zur Untersuchung auf Vorhandensein des Chytridpilzes entnommen

Bild 2 Presshefe aus *Saccharomyces cerevisiae*

2.1.3 Hefen

Hefen sind Pilze, die wie die Bakterien als **Einzeller** leben und eine kugelförmige oder ovale Gestalt haben. Im Gegensatz zu den in der Industrie seit langer Zeit gezüchteten **Kulturhefen** werden die in der Natur vorkommenden Hefen als **wilde Hefen** bezeichnet. Diese können bei der industriellen Anwendung zu Produktionsausfällen führen.

Von den zurzeit bekannten ca. 600 Hefe-Arten ist nur bei einigen eine sexuelle Vermehrung bekannt. Von denen können viele aufgrund der Bildung von Ascosporen der Gruppe der Ascomyzeten zugeordnet werden, darunter auch die Gattungen *Candida* und *Saccharomyces*.

Saccharomyces cerevisiae

griech. *myces*: Pilz; lat. *saccharum*: Zucker; *cerevisiae*: des Bieres

- Auch Bäckerhefe, Backhefe oder Bierhefe aufgrund des Einsatzes bei der Brot- und Bierherstellung genannt
- Vorkommen: fast überall in der Natur, besonders im Boden
- Vermehrung durch Knospung (Sprossung) oder Ascosporen
- Fakultativ anaerob, vergärt Zucker zu CO_2 und Ethanol
- Eukaryontischer Modellorganismus der molekularbiologischen und zellbiologischen Forschung
- Wird industriell zur Spiritusproduktion, zur Herstellung von Enzymen und Vitaminen sowie als Geschmacksverstärker verwendet

Candida albicans ist ein wichtiger und häufiger Vertreter der Gattung *Candida*, der häufig auf den Schleimhäuten von Menschen und Säugetieren zu finden ist (Bild 1). *C. albicans* zählt zu den fakultativ pathogenen Erregern, die nur unter für den Keim günstigen Bedingungen eine Erkrankung, eine sogenannte **Candidose**, auslösen können.

Candidose
Infektion durch Pilze der Gattung *Candida* wie z. B. Mundsoor (weißer Belag im Mund- und Rachenraum)

Saccharomyces ist die für die Lebensmittelherstellung wichtigste Hefegattung. Deren bekannteste Art ist die oft als Bäckerhefe oder Backhefe bezeichnete *S. cerevisiae*. Sie ist der erste eukaryontische Organismus, dessen Genom vollständig sequenziert wurde, das aus etwa 6300 Genen (zum Vergleich *E. coli*: ca. 5000 Gene) besteht.

Als ein Modellorganismus in der molekularbiologischen und zellbiologischen Forschung dient *S. cerevisiae* beispielsweise der gentechnischen Produktion von Glykoproteinen. Als Eukaryonten sind Hefen in der Lage, Proteine zu glykosylieren, d. h. Zuckerketten an die Proteine anzuheften.

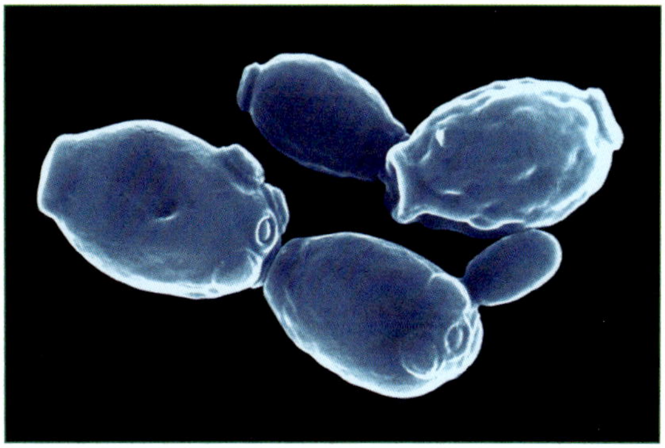

Bild 1
Candida-Hefen mit Sprossnarben

Wachstum und Vermehrung von Hefen

Die meisten Hefen wie die Bäckerhefe *Saccharomyces cerevisiae* vermehren sich ungeschlechtlich durch **Sprossung** oder **Knospung** (Bild 2a) und werden als **Sprosshefen** bezeichnet. Auf der Zelloberfläche erscheint zuerst eine kleine Ausstülpung, die Spross genannt wird. Zusammen mit Zellorganellen wandert ein neu durch Mitose gebildeter Zellkern in den Zellspross ein. Hat der Spross nach einer Wachstumsperiode in etwa die Größe der Mutterzelle erreicht, kann er sich abtrennen und ein eigenständiges Leben beginnen.

An der ehemaligen Kontaktstelle der Mutterzelle bleibt eine Narbe zurück. Die Mutterzelle kann anschließend an einer anderen Stelle der Oberfläche einen weiteren Spross bilden. Ist ihre gesamte Oberfläche mit Sprossnarben bedeckt, haben die Hefezellen ihre Vermehrungsfähigkeit verloren. Sprosshefen sterben im Gegensatz zu den potenziell unsterblichen Bakterien nach Bildung von etwa 40 Tochterzellen ab.

Einige Hefen, die der Gattung *Schizosaccharomyces* angehören, vermehren sich wie die Bakterien durch Querteilung in der Zellmitte, sodass zwei gleich große Zellen entstehen (Bild 2b). Diese Hefen werden **Spalthefen** genannt.

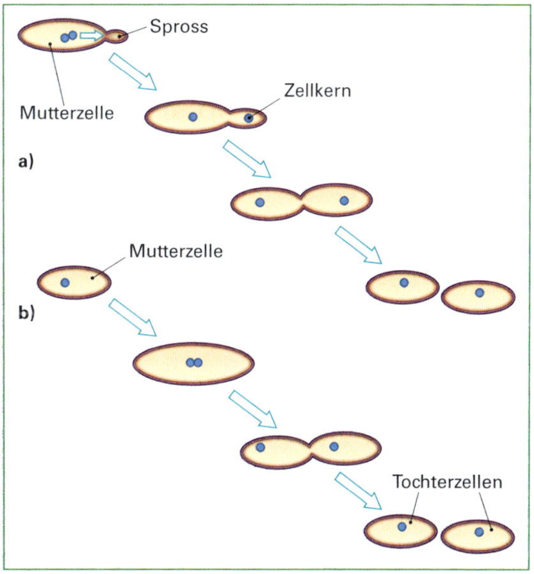

Bild 2
Vermehrung von Hefen durch
a) Sprossung und
b) Querteilung

Sprosshefen, die die Mehrzahl der Hefearten ausmachen, vermehren sich durch **Sprossung (Knospung)**. Eine Tochterzelle entsteht, indem ein kleiner Auswuchs an der Mutterzelle gebildet wird, der in der Größe zunimmt und zuletzt abgeschnürt wird.

Spalthefen teilen sich gleichmäßig in der Mitte der Zelle (Querteilung).

Sprosshefen bilden häufig **Pseudomyzelien** oder **Sprossmyzelien** aus. Dies sind Zellverbände, die durch Sprossung der Zellen gebildet werden und aus oft lang gestreckten Zellen bestehen. Sie haben im mikroskopischen Bild Ähnlichkeit mit einem echten Myzel. Die Hefe *Candida albicans* kann beispielsweise als Einzelzelle oder myzelartig wachsen. Die hefeartigen Zellformen sind rundlich-oval. Längliche, durch Sprossung entstandene Hefezellen hängen dann in Ketten als Pseudomyzelien zusammen. Darüber hinaus kann der Pilz auch echte Hyphen bilden, die vor allem im Rahmen einer *Candida*-Infektion entstehen.

Pheromone
Chemische Substanzen, die von einem Individuum in kleinen Mengen freigesetzt werden und z. B. als Sexuallockstoffe der Kommunikation mit Artgenossen dienen

Sowohl haploide als auch diploide Hefezellen können sich bei *S. cerevisiae* durch Knospung vermehren. Haploide Hefezellen können entweder den Paarungstyp (*mating types*) a oder α besitzen, die äußerlich gleich sind. Sie können nach einer Paarung (*mating*) zweier Zellen der beiden Partner in den diploiden Zustand übergehen. Der Paarungstyp haploider Zellen wird durch lediglich einen Genort auf einem der 16 Chromosomen von *S. cerevisiae* bestimmt (MAT Gen-Lokus, benannt nach: *mating type*). An diesem Genort werden **Pheromone** kodiert. Diese a-Faktoren bzw. α-Faktoren genannten Sexuallockstoffe werden von den Zellen freigesetzt und können an die Zellen des jeweils anderen Paarungstyps binden. Sie lösen eine Verschmelzung der Zellen beider Organismen aus, sodass eine diploide Zygote entsteht, die über die Chromosomen und Gene beider Paarungszellen verfügt. Die Zygote kann entweder eine Meiose mit der Bildung haploider a- oder α-Zellen durchlaufen oder sich im diploiden Zustand asexuell durch Knospung weitervermehren.

Hefen wie *S. cerevisiae* haben eine einfache sexuelle Fortpflanzung, bei der die haploiden Zellen zweier **Paarungstypen** zu diploiden Zellen fusionieren.

Hefen werden wie die meisten Sporen vor allem durch den Wind verbreitet und können wie die Sporen der Schimmelpilze regelmäßig in Luftproben nachgewiesen werden.

Stoffwechsel von Hefen

Hefen wie *Saccharomyces cerevisiae* sind zumeist fakultativ aerob. Sie führen in Gegenwart von Sauerstoff einen Atmungsstoffwechsel durch und in O_2-Abwesenheit einen fermentativen Stoffwechsel, die **alkoholische Gärung** (Bild 1, S. 219). Bei der Atmung werden vor allem Monosaccharide wie Glukose abgebaut. Dabei wird in der Glykolyse und im Citrat-Zyklus Energie in Form von ATP gewonnen und CO_2 als Endprodukt ausgeschieden.

Ist der Sauerstoff verbraucht, schalten Hefen auf die alkoholische Gärung um. Dabei wandeln sie den Großteil der in der Glykolyse entstandenen Brenztraubensäure in Acetaldehyd und danach in Ethanol um, das neben Kohlendioxid als Gärungsprodukt freigesetzt wird.

Die Gesamtbilanz der alkoholischen Gärung lautet:

$$C_6H_{12}O_6 + 2\ ADP + 2P_i \rightarrow 2\ C_2H_5OH + 2\ CO_2 + 2\ ATP$$

Substratstufenphosphorylierung
Membranunabhängige Energiekonservierung, bei der ein energiereicher Phosphatrest auf ADP übertragen wird

Gärende Hefezellen gewinnen in der Glykolyse durch **Substratstufenphosphorylierung** ATP. Bei der Oxidation der Glukose entstehen reduzierte Cofaktoren (NADH), die ohne sauerstoffgetriebene Atmung für die Zelle von geringem Wert sind. NADH muss wieder zu NAD^+ oxidiert werden, um dem Stoffwechsel erneut als Elektronenakzeptor zur Verfügung zu stehen. Deshalb übertragen die reduzierten Cofaktoren ihre Elektronen mithilfe des Enzyms Alkoholdehydrogenase auf Acetaldehyd. Das hierbei entstehende Ethanol wird ausgeschieden.

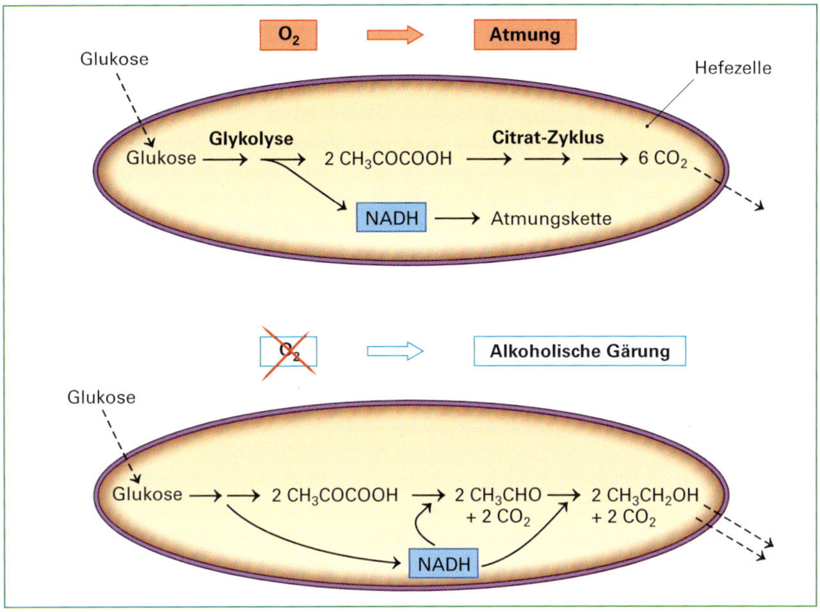

Bild 1
Stoffwechsel von Hefen in An- und Abwesenheit von Sauerstoff

Bei der alkoholischen Gärung werden nur 2 mol ATP pro mol eingesetzter Glukose gewonnen, da ein Großteil der Energie noch in den Gärungsprodukten enthalten ist. Die Energiegewinnung der Hefe ist bei der Gärung 19-mal geringer als im Atmungsstoffwechsel. Das Wachstum ist deshalb unter anaeroben Bedingungen entsprechend langsamer als bei Sauerstoffanwesenheit. Soll eine möglichst hohe Biomasse erreicht werden, müssen die Hefekulturen unter Belüftung und damit aerob betrieben werden.

Die Hefe *Saccharomyces* ist fakultativ aerob und führt unter anaeroben Bedingungen eine **alkoholische Gärung** durch, bei der Glukose in Ethanol und CO_2 umgewandelt wird.

Im Gegensatz zu den Hyphenpilzen mit einem breiten Nährstoffspektrum sind Hefen auf wenige, gut vergärbare Substrate spezialisiert und ernähren sich von wasserlöslichen Zuckern, von Mono- und Disacchariden. Aufgrund ihrer Stoffwechseleigenschaften werden die meisten Hefen in der Natur dort angetroffen, wo zuckerreiche Lebensräume vorhanden sind, wie z. B. auf vergärenden Früchten oder in Säften.

Als Einzeller können Hefen gut in Flüssigkeiten leben. Die Bildung von Ethanol hat für Hefen, die in Biotopen mit Bakterien konkurrieren, enorme Vorteile, da Alkohole in höheren Mengen das Wachstum von Mikroorganismen hemmen. Die fett- und lipidlöslichen Verbindungen reichern sich in den Membranen der Zellen an und stören deren Funktionen.

Die Ethanol produzierenden Hefen können Alkohole in höheren Konzentrationen tolerieren als die meisten anderen Mikroben. Bei Alkoholkonzentrationen über 16 % werden fast alle Mikroben abgetötet.

Die Höhe der **Alkoholtoleranz** von Hefen und anderen Mikroben hängt von den Lipiden ab, mit denen sie ihre Zellmembran aufbauen. Je nach Organismus und Nährsubstraten weisen die Lipide der Hefen Unterschiede in Struktur und Mengenanteilen auf.

Industrielle Nutzung von Hefen

Saccharomyces cerevisiae ist die industriell am häufigsten verwendete Hefe, aber auch andere Hefen werden eingesetzt. Etwa 110000 t Backhefe werden in Deutschland pro Jahr in Hefefabriken hergestellt. Die Hefen werden als gepresste Frischhefe mit einem Wassergehalt von ca. 70 % (Presshefe), als Trockenhefe oder Flüssighefe im Handel angeboten. Es existieren zahlreiche Anwendungsbereiche von Hefen in der Industrie und im täglichen Leben:

Hefeextrakt
Konzentrat der löslichen Inhaltsstoffe von Hefezellen

Triebmittel
Stoffe, die in einen Teig Gase (z. B. Kohlenstoffdioxid) einbringen und ihn auflockern

- Nutzung von Bierhefen beim Bierbrauen.
- Produktion von Wein, bei der neben Reinzuchtstämmen auch natürlich vorhandene Hefen beteiligt sind, die sich auf den Trauben befinden und beim Pressen in den Saft gelangen.
- Herstellung von Ethanol-Kraftstoff (Bioethanol) aus pflanzlichen Rohstoffquellen.
- Wichtige Quelle von Vitamin B.
- Nutzung von **Hefeextrakt** als Geschmacksverstärker und für Nährböden in der Mikrobiologie.
- Einsatz zur Behandlung von Durchfallerkrankungen in der Medizin.
- Einsatz als **Triebmittel** von Backteigen.

Die Gärung der Hefen ist die Gärungsform, die bei der Bier- und Weinherstellung technisch genutzt wird und deshalb verfahrenstechnisch gut untersucht ist. Zwei Phänomene sind dabei von besonderer Bedeutung:

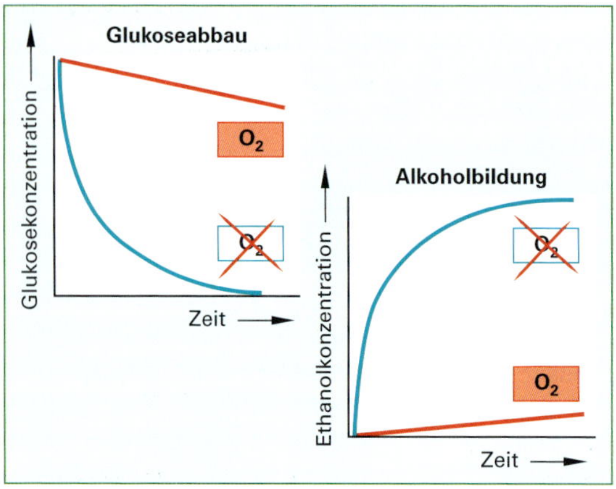

Bild 1
***Pasteur*-Effekt**

- Der ***Pasteur*-Effekt** (benannt nach dem französischen Mikrobiologen *Louis Pasteur*) beschreibt, dass Hefen in Gegenwart von Sauerstoff Zucker langsamer abbauen und die Alkoholbildung gehemmt ist (Bild 1). Zugrunde liegt die bei Belüftung erfolgende Unterdrückung der Gärung.
- Der ***Crabtree*-Effekt** oder Glukose-Effekt (benannt nach dem englischen Biochemiker *Herbert Crabtree*) besagt, dass bei sehr hohen Zuckerkonzentrationen auch unter Anwesenheit von Sauerstoff eine starke Gärtätigkeit der Hefen auftritt und Ethanol gebildet wird.

Der *Crabtree*-Effekt beruht auf einer Überlaufreaktion des Atmungsstoffwechsels und tritt auf, wenn die Kapazitäten der respiratorischen Enzymsysteme überschritten sind.

Der bei Hefen zu beobachtende ***Pasteur*-Effekt** beschreibt die Hemmung des Glukoseabbaus in der Glykolyse durch die von O_2 aktivierte Atmung.
Der ***Crabtree*-Effekt** beschreibt, dass hohe Glukosekonzentrationen unabhängig vom O_2-Gehalt der Kultur eine Alkoholbildung ermöglichen.

Amylasen
Kohlenhydrate abbauende Enzyme (z. B. zu Maltose)

Mälzen
Einleitung des Keimvorganges mit Bildung von Enzymen wie z. B. Amylasen

Beim Prozess des **Bierbrauens** (Bild 1, S. 221) sind die Hefen nicht in der Lage, die Stärke des Getreides direkt zu nutzen. Da die Hefen keine **Amylasen** als Exoenzyme zur Verzuckerung der Stärke ausscheiden, müssen dies bei der Bierherstellung pflanzliche Amylasen leisten. Sie werden beim **Mälzen** in den keimenden Körnern gebildet. Die Enzyme stellen die Zuckersubstrate für die Hefen bereit, indem sie die Stärke spalten und überwiegend in das Disaccharid Maltose umwandeln.

Der eigentliche **Brauprozess** beginnt mit dem Maischen, bei dem das geschrotete Malz warmem Wasser zugegeben wird. In der **Maische** findet bei Temperaturen um 45 °C der weitere enzymatische Abbau der Gerstenstärke statt. Der flüssige Teil der Maische, die **Würze**, wird danach durch Filtern abgetrennt. Beim anschließenden Kochen werden die in der Würze enthaltenen Malzenzyme wie die Amylasen denaturiert. Danach wird auf eine Temperatur abgekühlt, bei der nach Zugabe der Hefen die alkoholische Gärung stattfinden kann.

Bei der Bierherstellung wird zwischen ober- und untergärigen Hefen unterschieden. Die vor allem in früheren Zeiten eingesetzten Hefestämme von *Saccharomyces cerevisiae* besitzen ein Temperaturoptimum bei 15 bis 25 °C. Da diese Hefen im Verlauf der Gärung Zellverbände bilden und mit den CO_2-Blasen im Gärbottich nach oben steigen, werden die entstehenden Biere als **obergärig** bezeichnet. Beispiele sind Altbier, Berliner Weiße und Weizenbier.

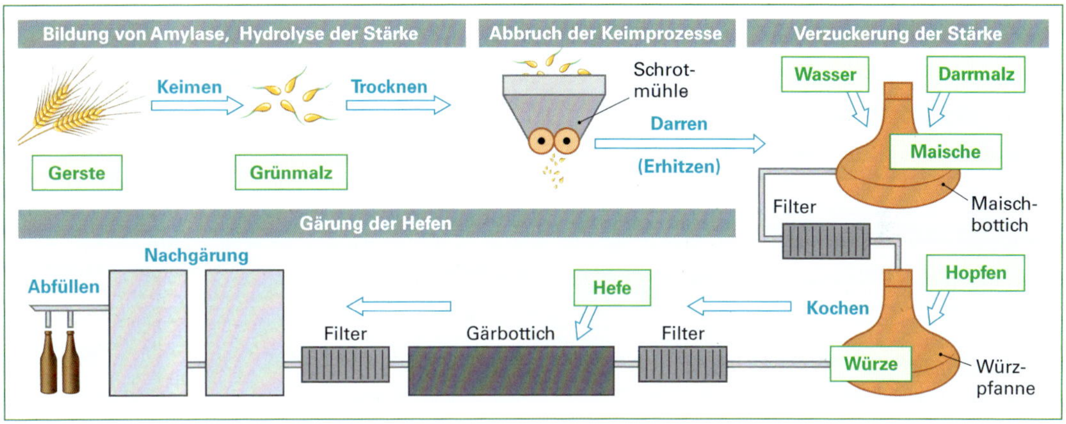

Bild 1
Verfahren der Bierherstellung

Heutzutage werden häufig die Unterarten *S. carlsbergensis* und *S. uvarum* eingesetzt, die aus Züchtungen mit *S. cerevisiae* hervorgegangen sind. In diesem Fall entstehen die sogenannten **untergärigen** Biere, wobei sich die Hefen in der gekühlten Würze verteilen und auch am Boden absetzen. Untergärige Biere wie das „Pilsener" können aufgrund der Eigenschaften der eingesetzten Hefen (Temperaturoptimum: 5 bis 10 °C) bei niedrigeren Temperaturen hergestellt werden. Damit sind sie gegenüber Verderb durch Fremdkeime weniger anfällig.

2.2 Protozoen

Protozoen sind Mikroorganismen mit eukaryontischer Zellstruktur. Die Protozoen (griech.: Urtierchen) werden aufgrund der Fähigkeit, sich fortbewegen zu können, tierische Einzeller genannt. Im Gegensatz zu pflanzlichen Einzellern wie beispielsweise einzelligen Algen besitzen Protozoen keine Pigmente und keine Fähigkeit zur Fotosynthese. Von Pilzen unterscheidet sie die fehlende Zellwand. Protozoen haben eine flexible Zellhülle aus Lipiden und Proteinen, die durch die Unterlagerung von Zytoskelettstrukturen wie Mikrotubuli und Mikrofilamente (s. S. 71) verfestigt sein kann.

Protozoen werden aufgrund ihrer Möglichkeit, sich aktiv zu bewegen, als tierische Einzeller angesehen, die als Eukaryonten über einen Zellkern verfügen, aber **keine Zellwand** besitzen.

Phagozytose
Aufnahme von Nahrungspartikeln mithilfe von Membraneinschnürungen durch die eukaryontische Zelle

Viele Protozoen leben als **Parasiten** von Mensch und Tier, andere sind **frei lebend** und unabhängig von einem Wirtsorganismus. Letztere besiedeln in großer Artenvielfalt Süß- und Salzwasser sowie den Boden.

Die Vermehrung der meisten Protozoen erfolgt durch Teilung der Zelle. Viele Protozoen bilden bei ungünstigen Umweltbedingungen Dauerstadien, die **Zysten** genannt werden. Einige Protozoen ernähren sich, indem sie in Wasser gelöste Substanzen aufnehmen. Andere Protozoen sind in der Lage durch **Phagozytose** größere Teilchen wie komplette Bakterien aufzunehmen, indem sie diese in einer von einer Zellmembran umhüllten Vakuole einschließen. Im Inneren der Zelle werden dann Verdauungsenzyme in diese **Nahrungsvakuolen** hineingeleitet, um die erbeuteten Organismen aufzulösen.

Protozoen können **Parasiten** sein oder leben unabhängig von einem Wirt **frei** im Wasser oder Boden. Sie bilden **Zysten** als Dauerstadien und ernähren sich oft durch **Phagozytose** von Bakterien.

Morphologische Eigenschaften der Zelle und die Art und Weise der Bewegung werden zur Untergliederung der Protozoen genutzt. Die hier vorgestellte Einteilung ist historisch und erfolgt nach einfach feststellbaren Merkmalen. Sie entspricht nicht der natürlichen Verwandtschaft, über die noch keine eindeutigen Erkenntnisse vorliegen. Die Protozoen können nach diesen Gesichtspunkten in vier Gruppen unterteilt werden (Tabelle 1).

Tabelle 1 Hauptgruppen der Protozoen

	Hauptgruppen	Beschreibung	Gattungen (Auswahl)
I	Rhizopoda, Amöben	Fortbewegung mithilfe von Pseudopodien	*Amoeba*
II	Flagellata, Mastigophora, Geißeltierchen	Fortbewegung mithilfe von Geißeln (Flagellen)	*Trypanosoma*
III	Ciliata, Cilophora, Wimperntierchen	Fortbewegung mithilfe von wimpernartigen Cilien	*Paramecium*
IV	Sporozoa, Apicomplexa, Sporozoen	Schlängelnde Fortbewegung, Generationswechsel	*Plasmodium* *Taxoplasma*

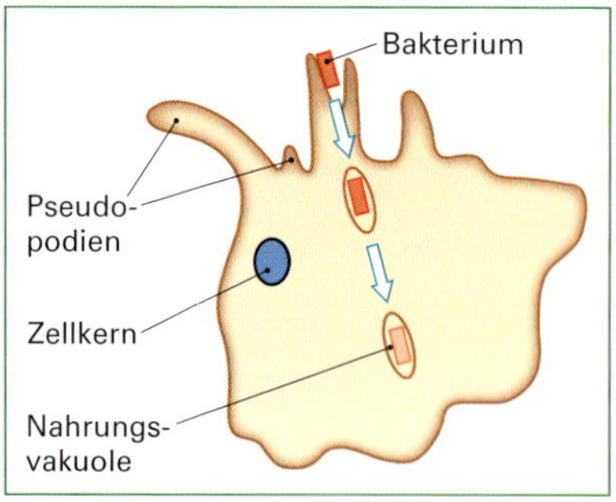

Bild 1 **Amöbenzelle**

Rhizopoda

Die Rhizopoden oder Amöben (Bild 1), die auch Wechseltierchen genannt werden, haben keine feste Form bzw. können ihre Form wechseln. Sie kriechen langsam über Oberflächen und stülpen zur Fortbewegung das Zytoplasma in Richtung ihres Ziels aus. Dabei bilden sie vorübergehend Scheinfüßchen, die **Pseudopodien** genannt werden und auch im Dienst der Ernährung stehen.

Die Rhizopoden umfließen mit den Pseudopodien ihre Beuteorganismen wie z. B. Bakterien, umschlingen die Partikel und verdauen sie in den hierbei entstandenen Nahrungsvakuolen.

Amöben werden häufig in den feuchten Bereichen des Bodens gefunden und können Trockenperioden als Zysten überstehen.

Es gibt neben den typischen schalenfreien Rhizopoden wie *Amoeba* amöbenartige Protozoen, die harte Strukturen wie Schalen oder Endoskelette ausbilden. Die **Foraminiferen**, die zumeist marine **Habitate** bewohnen, bauen sich Gehäuse aus Calciumcarbonat auf. Die **Radiolarien** oder **Strahlentierchen**, die ausschließlich im Meer als Plankton vorkommen, sind eine weitere Gruppe, die innerhalb der Zelle ein Skelett aus Siliziumdioxid errichtet (Bild 1). Auch die **Schleimpilze** haben eine amöboide Lebensweise, werden aber nicht zu den Protozoen gezählt.

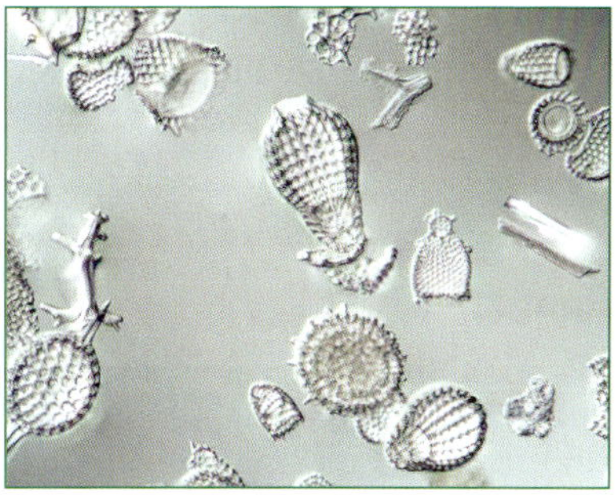

Bild 1
Radiolarien

Habitat
Standort bzw. Lebensraum einer Art

Rhizopoden oder **Amöben** können sich kriechend mithilfe von **Pseudopodien** fortbewegen, die auch der Aufnahme von Nahrung in Nahrungsvakuolen dienen.

Flagellata

Die Flagellaten können sich mit einer oder mehreren Geißeln (Flagellen) fortbewegen und werden deshalb auch Geißeltierchen genannt (Bild 2). Die Geißeln zeigen einen typisch eukaryontischen Aufbau aus Mikrotubuli (s. S. 71). Die farblosen tierischen Flagellaten, die Zooflagellaten, sind einigen Fotosynthese betreibenden Einzellern wie *Euglena* sehr ähnlich, die bisweilen fototrophe Protozoen oder Phytoflagellaten genannt werden (Bild 3).

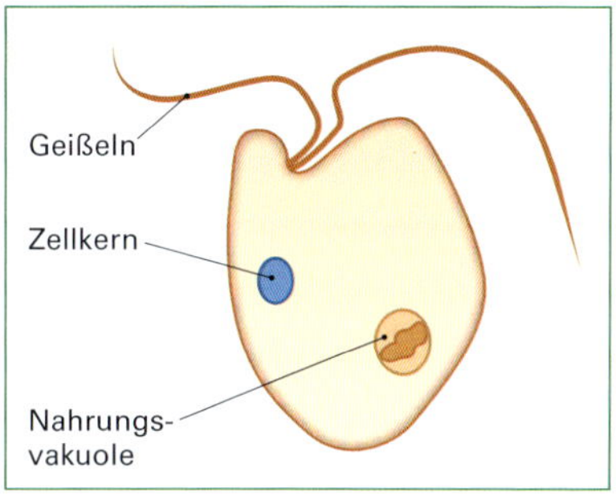

Bild 2
Flagellatenzelle

Einige Phytoflagellaten wie die **Dinoflagellaten** besitzen eine Hülle aus Zellulose, andere aus Kalk oder Kieselsäure aufgebaute Schalen. Die Dinoflagellaten sind eine extrem arten- und formenreiche Gruppe des **Phytoplanktons**. Manche Arten können sich im Meer massenhaft vermehren und sind für die Ernährung vieler Meerestiere von Bedeutung.

Einige Dinoflagellaten produzieren starke Gifte wie z. B. **Saxitoxine**, die sich in Muscheln anreichern können.

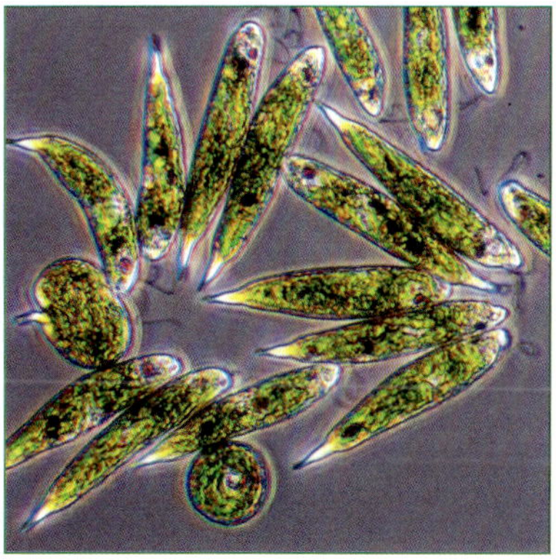

Bild 3 ***Euglena*, ein fototropher Flagellat mit Chloroplasten**

Phytoplankton
Im Wasser schwebende oder schwimmende fototrophe Organismen

Saxitoxine
Neurotoxine (Nervengifte), die über die Nahrungsaufnahme in den Körper gelangen können

Flagellaten wie die **Trypanosomen** sind Parasiten, die einen Wirtswechsel zwischen Wirbeltieren und Insekten durchmachen. Trypanosomen sind Erreger der westafrikanischen Schlafkrankheit und werden durch Stechfliegen oder Mücken übertragen. Sie können in verschiedenen Formen vorliegen und die Geißel nach Eindringen in menschliche Zellen abstoßen.

Flagellaten sind Protozoen, die sich mit typisch eukaryontischen Geißeln fortbewegen. Es gibt heterotrophe Zooflagellaten und fotosynthetisch aktive wie die **Dinoflagellaten**. Einige Flagellaten wie die **Trypanosomen** sind Parasiten und Krankheitserreger.

Sporozoa

Die auch Sporozoen oder Sporentierchen genannten Protozoen bilden keine Sporen, wie sie bei Bakterien und Pilzen als Überdauerungsformen bekannt sind, sondern sogenannte **Sporozoiten** (Bild 1). Diese sind die infektiösen Formen und dienen der Übertragung auf einen neuen Wirt. Sporozoen sind ausschließlich Parasiten und nehmen, wie die Bakterien und Pilze, ihre Nährstoffe nur in gelöster Form auf.

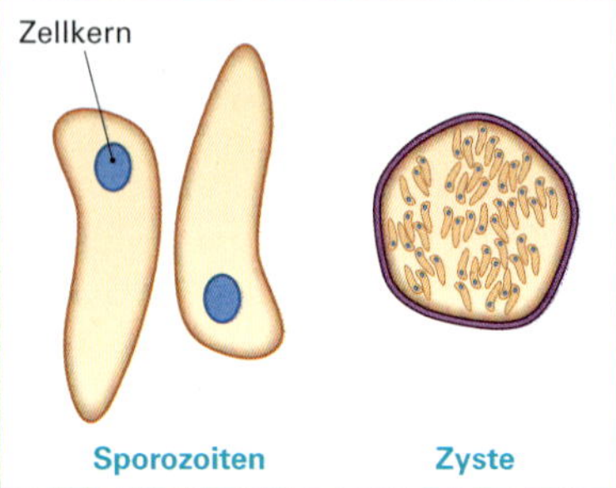

Bild 1 **Sporozoiten, die oft sichelförmig sind, und Zyste der Sporozoen**

Die Sporozoen besitzen keine sichtbaren Fortbewegungsorgane, können aber durch schlängelnde Bewegungen ihren Standort ändern.

Sporozoen sind durch einen **Generationswechsel** ausgezeichnet. Innerhalb ihrer Entwicklung wechseln sie zwischen geschlechtlicher und ungeschlechtlicher Vermehrung. Sie haben oft mehrere Wirte, die sich auf unterschiedliche Weise infizieren können. Die Gruppe enthält gefürchtete Krankheitserreger wie das Malaria hervorrufende *Plasmodium* sowie *Toxoplasma gondii*, der Erreger der **Toxoplasmose**.

Toxoplasmose Infektionskrankheit, die vor allem in der Schwangerschaft zu schweren Komplikationen führen kann und durch kontaminierte Nahrungsmittel wie rohes Schweinefleisch ausgelöst wird

Toxoplasmen können beispielsweise Menschen und Tiere infizieren. Innerhalb tierischer Zellen bilden sie **Zysten** als Dauerstadien, die Tausende von Parasiten enthalten. Beim Verzehr von ungegartem Fleisch werden sie auf den Menschen übertragen. Nach einer geschlechtlichen Vermehrung, die nur im Körper von Katzen stattfindet, bilden Toxoplasmen ein weiteres Dauerstadium, die sogenannte **Oozysten**, in der sich zahlreiche Sporozoiten bilden.

Der Malariaerreger *Plasmodium* bildet Oozysten im Darmgewebe von Mücken. Die Ooozyste vergrößert sich und im Inneren entstehen Tausende von Sporozoiten. Platzt die Oozyste, gelangen die Sporozoiten in die Speicheldrüse der Mücke, und bei einem Stich kann eine Infektion des Menschen erfolgen.

Sporozoen sind Protozoen mit einem Generationswechsel, die ausschließlich als **Parasiten** leben, wie der Malariaerreger *Plasmodium* und der Toxoplasmoseerreger *Toxoplasma gondii*.

Ciliata

Das Pantoffeltierchen mit dem Gattungsnamen *Paramecium* ist ein bekannter Vertreter der Ciliaten oder Wimperntierchen (Bild 1, S. 225). Sie sind häufig über ihre gesamte Oberfläche mit wimpernartigen kleinen Geißeln übersät, die **Cilien** genannt werden. Mit ihnen können sich die Vertreter der Ciliaten äußerst schnell bewegen. Die Cilien werden auch bei der Aufnahme von Nahrung eingesetzt, die in einen Mund- und Schlundbereich der Zelle hineingestrudelt wird.

Teil II Mikrobiologie

Die Ciliaten haben zwei Arten von Zellkernen, was als Kerndualismus bezeichnet wird. Der große **Makrokern**, der mehr DNA enthält, wird für die laufende Proteinsynthese und die Stoffwechselprozesse genutzt. Zusätzlich liegt ein kleiner **Mikrokern** vor, dessen Chromosomen nur der sexuellen Fortpflanzung dienen.

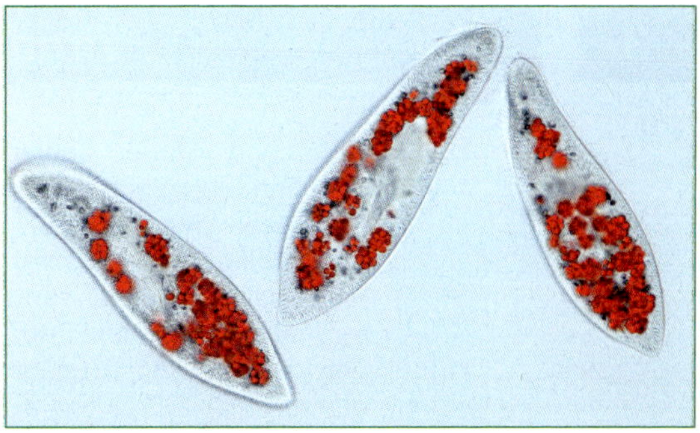

Bild 1
Das Pantoffeltierchen *Paramecium*, gefüttert mit gefärbten Hefezellen

Im Süßwasser lebende Ciliaten besitzen **kontraktile Vakuolen**, die der Osmoregulation dienen. Da die Salzkonzentration und damit der osmotischen Druck innerhalb der Zellen höher als außerhalb ist, fließt aufgrund der **Osmose** ständig Wasser in die Zelle hinein, sodass die zellwandlosen Einzeller ohne diesen Mechanismus platzen würden. Über sie scheiden die Einzeller Wasser aus, indem die Vakuolen sich regelmäßig vergrößern und Flüssigkeit aufnehmen, die anschließend nach außen abgegeben wird.

Die **Ciliaten** sind einzellige Eukaryonten, die zwei unterschiedliche Zellkerne besitzen und deren Zelloberfläche von wimpernartigen Geißeln bedeckt ist. Die **Cilien** dienen der Fortbewegung und der Aufnahme der Nahrung.

Aufgaben

1. Charakterisieren Sie die Pilze als eukaryontische Mikroorganismen sowie als Destruenten organischer Substanzen.
2. Beschreiben Sie, wieso die Mykorrhiza eine Symbiose zwischen Pilzen und höheren Pflanzen darstellt und grenzen Sie die möglichen Symbioseformen der Pilze voneinander ab.
3. Stellen Sie dar, welche Besonderheiten Pilzzellen im Vergleich zu Zellen von Prokaryonten bzw. von anderen Eukaryonten haben.
4. Beschreiben Sie die ungeschlechtliche Vermehrung von Pilzen und erklären sie unterschiedliche Formen der Sporulation.
5. Erklären Sie die Grundzüge der sexuellen Fortpflanzung bei Pilzen.
6. Geben Sie die wichtigsten biologischen Pilzgruppen mit ihren Besonderheiten an und zeigen Sie dabei die evolutionäre Weiterentwicklung auf.
7. Nennen Sie Pilzerreger von Pflanzenkrankheiten sowie die Bedeutung des Mutterkornpilzes *Claviceps purpurea* für den Menschen.
8. Charakterisieren Sie die Schimmelpilze und ordnen Sie sie biologisch ein. Stellen Sie die von ihnen ausgehenden Gefährdungen des Menschen dar.
9. Beschreiben Sie, wie sich *Saccharomyces cerevisiae* vermehrt und grenzen Sie Spross- und Spalthefen voneinander ab.
10. Stellen Sie die wissenschaftliche und die wirtschaftliche Bedeutung von *S. cerevisiae* dar.
11. Erläutern Sie den Verlauf und die Energiegewinnung bei der alkoholischen Gärung der Hefen.
12. Erklären Sie bei der Hefegärung den *Pasteur*-Effekt sowie den *Crabtree*-Effekt.
13. Grenzen Sie Protozoen von anderen eukaryontischen Mikroorganismen ab und nennen Sie wesentliche Lebensweisen von Protozoen.
14. Beschreiben Sie die Charakteristika von Rhizopoden, Flagellaten, Ciliaten und Sporozoen wie Zellstruktur, Beweglichkeit und Lebensweise.

3 Viren und Prionen

Viren und Prionen zählen nicht zu den Lebewesen, obgleich sie aus den gleichen biologischen Verbindungen wie die Lebewesen aufgebaut und den Prozessen der Evolution ebenfalls unterworfen sind. Sie besitzen jedoch keine zelluläre Grundstruktur, keinen eigenen Stoffwechsel und können sich nicht selbstständig, sondern nur in lebenden Zellen von Wirtsorganismen vermehren. Bei den Prionen handelt es sich um Proteine, die Krankheiten verursachen und virusähnliche Eigenschaften besitzen.

3.1 Viren

Viele Viren (Singular: das Virus) sind als Krankheitserreger von Mensch, Tieren und Pflanzen bekannt. Der russische Botaniker *Dimitri Iwanowski* (1864 – 1920) entdeckte die ersten Viren, und zwar die Tabakmosaikviren. *Iwanowski*, der als einer der Begründer der Virologie gilt, zeigte, dass die Mosaikkrankheit von Tabakpflanzen durch ein bakterienfreies Extrakt aus kranken Tabakblättern auf gesunde Pflanzen übertragen wird. Er führte Versuche durch, in denen im Lichtmikroskop nicht sichtbare Erreger durch Filter hindurchgelangten, die Bakterien vollständig zurückhielten, und anschließend bei gesunden Pflanzen eine Erkrankung hervorriefen. Er schloss daraus, dass die infektiösen Partikel wesentlich kleiner als Bakterien sind.

Bild 1
Tabakpflanze mit Krankheitssymptomen (Flecken) verursacht durch den Tabakmosaikvirus

Aufgrund ihrer geringen **Größe** können Viren nur mit einem Elektronenmikroskop sichtbar gemacht werden.

Da Viren **keinen Stoffwechsel** haben, können sie Proteine nicht selber herstellen, keine zelluläre Energie gewinnen und ihr Erbgut nicht replizieren. Sie sind Parasiten, die in Lebewesen eindringen und sie zur Bildung neuer Virenpartikel nutzen. Sie benötigen zu ihrer Vervielfältigung (Reproduktion) unbedingt lebende Zellen, die dabei in der Regel zerstört werden. Da die kleinen Virenpartikel nur die genetischen Informationen für wenige Enzyme besitzen, müssen sie auf verschiedene Enzyme des Wirtes zurückgreifen, die sie benötigen, aber nicht selber herstellen können. Virengenome besitzen vor allem die Informationen, die zur Steuerung des Stoffwechsels einer Wirtszelle erforderlich sind.

Viren müssen allerdings die Enzyme selber kodieren, die im Genom ihrer Wirtszelle nicht vorhanden sind. Viren mit Erbgut aus RNA benötigen beispielsweise eine **RNA-abhängige RNA-Polymerase** zur Replikation des Virusgenoms, die durch ein virales Gen kodiert werden muss. Dieses Enzym hat in einer pro- oder eukaryontischen Zelle keine Funktion und es existiert kein Gen für dieses Enzym.

RNA-abhängige RNA-Polymerase
Enzym, das die Synthese von RNA katalysiert und RNA als Matrize benötigt

> **Viren** sind extrem kleine Partikel, die **keine Lebewesen** sind, da sie keinen eigenen Stoffwechsel haben und sich nicht außerhalb von Zellen, sondern nur in Wirtsorganismen vermehren können.

Die in das System der Wirtszelle eingreifenden und die Zellmaschinerie nutzenden Viren sind höchst spezifisch für ihren Wirtsorganismus. Sie können in der Regel keine anderen Arten infizieren. Aufgrund dieser **Wirtsspezifität** kann ein bestimmtes Virus nur einen bestimmte Organismus und dort oft nur einen Zelltypus infizieren.

Viren sind in großer Zahl und Vielfalt in der biologischen Welt präsent. Nicht nur der Mensch, sondern sämtliche Tiere, Pflanzen und Bakterien sind wahrscheinlich Wirte zahlreicher Virusarten. An allen natürlichen Standorten der Lebewesen werden Viren in großer Zahl und Vielfalt gefunden. Viren werden oft in vier Gruppen unterschieden:

- **Humanviren**, die den Menschen infizieren (Beispiel: Humanes Immundefizienz- oder HI-Virus).
- **Tierviren** oder animale Viren, die Tiere infizieren (Beispiel: Schweinepestvirus).
- **Pflanzenviren** oder Phytoviren, die Pflanzen infizieren (Beispiel: Tabakmosaikvirus).
- **Bakteriophagen** (griech. *phagein*: fressen) oder Phagen, die Bakterien infizieren (Beispiel: *E. coli*-Phage Lambda).

Viren sind **wirtsspezifisch** und in großer **Vielfalt** in der Natur zu finden.

3.1.1 Struktur von Viren

Ein **Viruspartikel** oder **Virion**, die Erscheinungsform der Viren außerhalb der Wirtszelle, besteht nur aus dem Erbmaterial und einer Umhüllung. Das **Genom** der Viren ist wesentlich kleiner als beispielsweise das der Bakterien (Tabelle 1, S. 65). Es enthält die Informationen, die für das Eindringen in die Wirtszellen und die Synthese neuer Viruspartikel benötigt werden. Bei einigen Viren, wie den Pockenviren, ist die für die Lebewesen typische DNA das Erbmaterial. Andere Viren, wie beispielsweise die Polioviren, die Erreger der Kinderlähmung, besitzen Gene aus RNA.

Genom
Gesamtheit der Erbanlagen (Gene)

Das Genmaterial wird von einer Kapsel aus Proteinen eingeschlossen. Dieses sogenannte **Kapsid** besteht aus gleichen Untereinheiten, den **Kapsomeren**, die wiederum alle aus ein und demselben Protein oder aus einem Komplex von wenigen Proteinen bestehen. Kapsid und Nukleinsäure bilden zusammen das **Nukleokapsid**. Bei der Verpackung der Nukleinsäure in der Wirtszelle entsteht die charakteristische Gestalt der Viren als direkte Folge der zumeist spontanen Zusammenlagerung (*self assembly*) der viralen Strukturproteine. Einige Viren führen im Nukleokapsid Enzyme mit sich, die sie in der Wirtszelle in einer frühen Phase der Infektion benötigen.

Viren bestehen aus einer **Erbsubstanz**, die DNA oder RNA sein kann, und einer Umhüllung aus Proteinen, dem **Kapsid**.

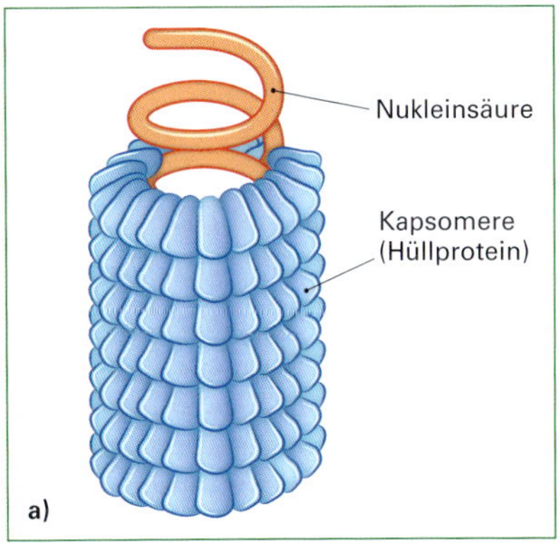

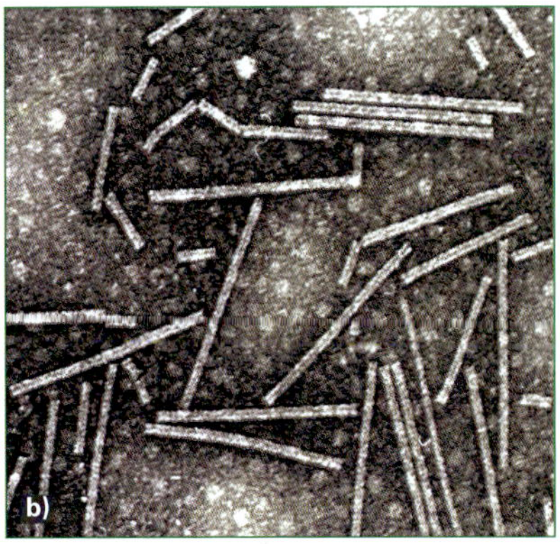

Bild 1
a) Aufbau eines stäbchenförmigen Virus und b) Tabakmosaikvirus (elektronenmikroskopische Aufnahme)

Aufgrund der regelmäßigen Anordnung des Kapsids sind bei Viren zwei Symmetrieformen und eine darauf aufbauende komplexe Form weitverbreitet:

Ikosaeder
Vielflächiger Körper, der 20 Dreiecksflächen und zwölf Ecken besitzt

- Viren mit typischer Stäbchenform, zu denen auch das Tabakmosaikvirus gehört, besitzen eine helikale Symmetrie (Bild 1, S. 227). Bei diesen Viren lagern sich die Kapsomere schraubenförmig um die Nukleinsäure herum an.
- Zahlreiche Viren haben eine **kugelförmige** Gestalt und sind nach dem Symmetrieprinzip des **Ikosaeders** aufgebaut (Bild 1). Die ikosaedrale Symmetrie ist bei Viren häufig, da sie die einfachste Möglichkeit ist, aus einer geringen Zahl gleicher Untereinheiten eine geschlossen Hülle zu bilden.

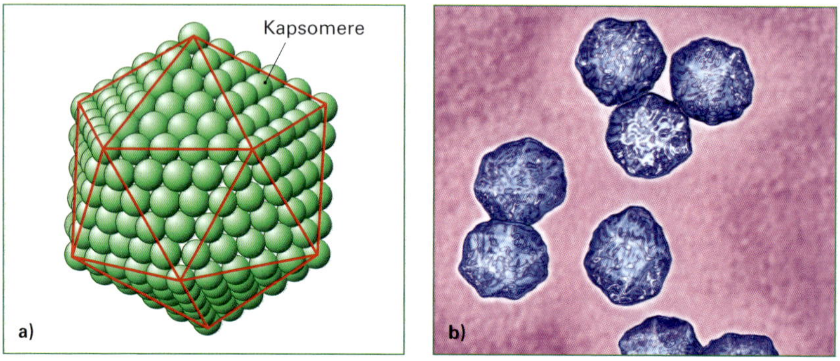

Bild 1
a) Aufbau eines ikosaedrischen Virus und b) Hepatitis-A-Virus (elektronenmikroskopische Aufnahme)

- Bakteriophagen zeigen bisweilen **komplexe Strukturen**, die aus einem ikosaedrischen Kopf und einem stäbchenförmigen Schwanz bestehen (Bild 2). Der Kopf enthält das genetische Material des Virus. Der Schwanz des Phagen ist eine hohle Röhre, die von einer kontraktilen Scheide umgeben ist. Am Ende des Schwanzes befinden sich eine plattenförmige Struktur mit kurzen Stiften und lange Schwanzfäden.

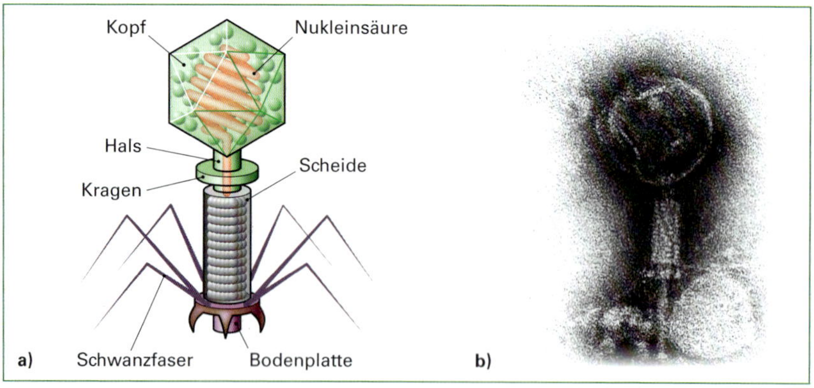

Bild 2
a) Schematischer Aufbau und b) elektronenmikroskopisches Bild eines Bakteriophagen (T4)

Bei manchen Viren wird das Nukleokapsid noch von einer **Membranhülle** umgeben, einer Lipiddoppelschicht mit spezifischen Proteinen, an deren Oberfläche spikesähnliche Proteine herausragen (Bild 1, S. 229). Meist tragen diese Hüllproteine Kohlenhydratketten und sind damit Glykoproteine.

Viren, die solch eine Membranhülle aufweisen, werden **um-** oder **behüllte Viren** genannt, während die membranlosen Viren oft als nackt bezeichnet werden. Die Hüllmembran besteht aus Teilen der Zellmembran der Wirtszelle, enthält aber nicht die Membranproteine des Wirtes, sondern Virusproteine, die für die Adsorption an neue Zellen benötigt werden (s. Kap. II.3.1.2).

Das **Proteinkapsid** von Viren hat oft eine **helikale** stäbchenförmige oder eine **ikosaederförmige** kugelförmige Gestalt. Einige **Bakteriophagen**, Viren von Bakterien, besitzen einen Kopf, der das Virengenom enthält, und einen Schwanz aus unterschiedlichen Strukturelementen. **Behüllte Viren** enthalten eine Membranumhüllung, die der infizierten Wirtszelle entstammt.

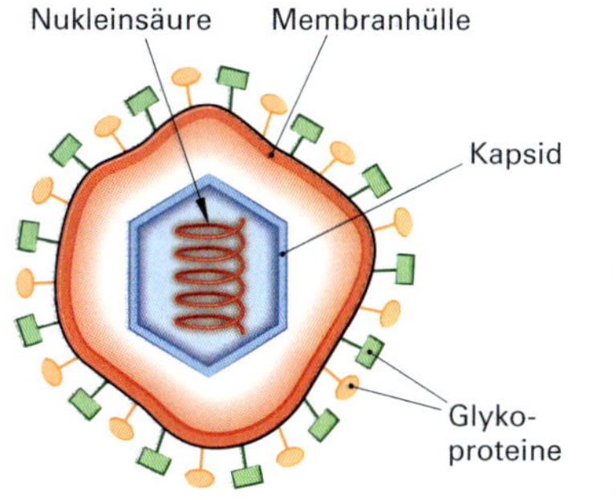

Bild 1
Schematischer Schnitt durch ein behülltes Virus

Klassifikation der Viren

Zur Einteilung der Viren liefert der Virusaufbau wertvolle Kriterien:

- **Nukleinsäure**: RNA oder DNA; einzel- oder doppelsträngig; Polarität (s. S. 231); in Segmenten oder geschlossen.
- Form bzw. Symmetrie des **Kapsids**: Ikosaeder oder helikale Symmetrie.
- Lipidhaltige **Hülle**: vorhanden oder nicht vorhanden.
- Größe des Virenpartikels und molekularbiologische Eigenschaften.

	in der Wirtszelle	Beispiel: Virus	Beispiel: Wirt
dsDNA-Viren	→ mRNA → Protein	Lambda, T4	*Escherichia coli*
ssDNA-Viren	→ dsDNA → mRNA → Protein	M13, ΦX174	*Escherichia coli*
dsRNA-Viren	→ Protein	Rotavirus	Mensch
ss(+)RNA-Viren	→ Protein	FSME-Virus	Mensch
ss(–)RNA-Viren	→ mRNA → Protein	Ebolavirus	Mensch, Primaten
ss(–)RNA-Viren, segmentiert	→ mRNA → Protein	Influenzavirus	Mensch, Vögel
ss(–)RNA-Viren, **Retroviren**	→ dsDNA → mRNA → Protein	HIV	Mensch

Bild 2
Nukleinsäuretypen und Genexpression bei Viren (rot: DNA; grün: RNA; Informationen und Abkürzungen im Text)

Sowohl bei den Viren mit DNA als Erbmaterial als auch den RNA-Viren existieren mehrere Varianten. Bild 2 zeigt die möglichen Virentypen, die strukturelle Unterschiede im Erbgut aufweisen, die wiederum Einfluss auf die Proteinbiosynthese der Viren haben. DNA-Viren (Tabelle 1, S. 230) und RNA-Viren (Tabelle 1, S. 231) sind auch als Krankheitserreger für den Menschen von großer Bedeutung (s. Kap. II.4.5).

DNA-Viren

Es gibt DNA-Viren, die in ihrem Kapsid einen Einzelstrang enthalten (ssDNA: engl. *single strand*), während andere DNA-Viren einen Doppelstrang (dsDNA) besitzen. Außerdem kann das DNA-Erbgut linear (ein offener Strang) sein oder ringförmig verbunden. Der Großteil der DNA-Viren nutzt die DNA-Polymerase der Wirtszelle zur Replikation der Erbsubstanz.

Das Erbgut von **DNA-Viren** kann im Nukleokapsid doppel- oder einzelsträngig, sowie offen (linear) oder geschlossen (zirkulär) vorliegen.

Von den DNA-Viren, die als Krankheitserreger des Menschen bekannt sind, weisen nur die Parvoviren ein Einzelstrangerbgut auf. Die Mehrzahl, darunter die Herpesviren mit zahlreichen Krankheitserregern, besitzen einen DNA-Doppelstrang (Tabelle 1).

Tabelle 1 Humane DNA-Viren

Virusaufbau	Einzel-/ Doppelstrang	Gruppe	Größe in nm	Vertreter	Hervorgerufene Krankheiten
ikosaedrisch, nicht umhüllt	ss	Parvoviren	19 ... 25	Erythrovirus	Ringelröteln Gelenkerkrankungen
	ds	Papovaviren	50	Papillomavirus	Gebärmutterhalskrebs
	ds	Adenoviren	80	Adenovirus	Atemwegsinfektionen
ikosaedrisch, umhüllt	ds	Herpesviren	120	Herpes-simplex-Virus	Genitaler Herpes, Lippenherpes
	ds			Varizella-Zoster-Virus	Windpocken, Gürtelrose
	ds			Cytomegalievirus	Cytomegalie
	ds			Epstein-Barr-Virus	*Pfeiffersches* Drüsenfieber
	ds	Hepadnaviren	42	Hepatitis-B-Virus	Hepatitis B
komplex, umhüllt	ds	Poxviren	230 ... 300	Variolavirus	Pocken
	ds			Vacciniavirus	Kuhpocken

Gut untersucht sind vor allem DNA-Bakteriophagen von *E. coli*, wie die doppelsträngigen **Lambda**-Phagen, die bei Klonierungen eingesetzt werden und als bestuntersuchte Phagen gelten. Das lineare Genom des Lambda-Phagen, das dicht verpackt im Virenkopf eingelagert wird, ist ca. 48000 bp groß und kodiert für etwa 70 Proteine.

Virusresistenz
Widerstandsfähigkeit gegenüber Vireninfektion

Der DNA-Faden von Lambda-Phagen (Bild 1) hat an den Enden kurze einzelsträngige Abschnitte, die komplementär zueinander sind. Sie werden als kohäsive Enden (engl. *sticky ends*) bezeichnet und dienen der Zirkularisierung der Viren-DNA im Inneren der Wirtszelle. Die Ringform ermöglicht den Phagen, ihre DNA über eine *rolling-circle-Replikation* (s. S. 179) zu vermehren.

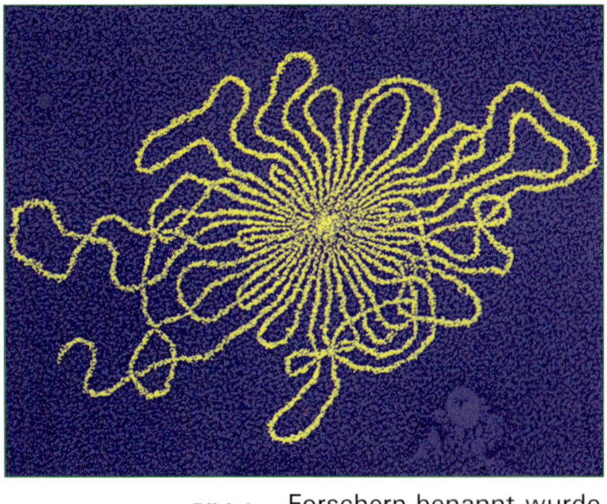

Bild 1
DNA des Lambda-Phagen, freigesetzt aus dem Kapsid (elektronenmikroskopische Aufnahme)

Lambda bindet bei der Infektion von *E. coli*-Bakterien an ein Protein, das für den Membrantransport des Disaccharids Maltose zuständig ist. Bakterien, die gegen Lambda **resistent** geworden sind, können häufig Maltose nicht verwerten, da ihr Transportsystem mutiert ist und sie den Zucker nicht mehr in die Zelle transportieren können.

Der ebenfalls doppelsträngige Bakteriophage T4 (früher T2) wurde schon früh für genetische und molekularbiologische Grundlagenforschung eingesetzt. In dem sogenannten *Hershey-Chase*-Experiment, das nach den durchführenden Forschern benannt wurde, konnte erstmals gezeigt werden, dass die genetischen Informationen in der DNA (des T4-Phagen) und nicht in den Proteinen kodiert sind, die bei der Infektion außerhalb der Wirtszelle verbleiben.

Die Phagen M13 und ΦX174 besitzen ein einzelsträngiges, ringförmiges Genom. Der erstgenannte gehört zu den Ff-Phagen, die eine lange filamentöse Form aufweisen und auch als Klonierungsvehikel eingesetzt werden.

M13 adsorbiert die Coli-Bakterien an der Spitze eines **F-Pilus**. Der Phage ΦX174 ist besonders klein, enthält nur fünf oder sechs Gene und wurde schon im Labor mit einem künstlich zusammengesetzten Genom nachgebaut.

F-Pilus, Sexpilius
Fadenförmiger Zellfortsatz, der bei der Konjugation von Bakterien gebildet wird

Viele gut untersuchte Bakteriophagen von *E. coli* sind DNA-Phagen wie die doppelsträngigen **Lambda-** und **T4-Phagen** sowie die einzelsträngigen Phagen **M13** und **ΦX174**.

RNA-Viren

Auch bei RNA-Viren werden Einzel- und Doppelstrangviren gefunden (Tabelle 1). Bekannte dsRNA-Viren sind beispielsweise die zu den Reoviren gehörenden Rotaviren, während die zu den Calciviren gehörenden Noroviren, ebenfalls häufiger Erreger von Magen-Darm-Erkrankungen, Einzelstränge besitzen.

Tabelle 1 Humane RNA-Viren

Virentyp	Einzel-/ Doppelstrang (Polarität)	Gruppe	Größe in nm	Vertreter (Beispiel)	Hervorgerufene Krankheiten
ikosaedrisch, nicht umhüllt	ss (+)	Picornaviren	24 … 25	Poliovirus	Kinderlähmung
				Coxsackie-Virus	Erkältung, Hirnhautentzündung
				Hepatitis-A-Virus	Hepatitis A
				Rhinovirus	Erkältung
	ss (+)	Calciviren	33	Norovirus	Durchfallerkrankung
	ds	Reoviren	60 … 80	Rotavirus	Durchfallerkrankung
ikosaedrisch, umhüllt	ss (+)	Togaviren	40 … 70	Rötelnvirus	Röteln
	ss (+)	Flaviviren	40	Gelbfiebervirus	Gelbfieber
				FSME-Virus	Frühsommer-Meningoenzephalitis
helikal, umhüllt	ss (+)	Coronaviren	80 … 220	SARS-Virus SARS-CoV-2-Virus	Atemwegserkrankungen (SARS, COVID-19)
	ss (-)	Orthomyxoviren	80 … 120	Influenzavirus	Atemwegserkrankungen (Lungenentzündung)
	ss (-)	Paramyxoviren	100 … 120	Mumpsvirus	Mumps
				Masernvirus	Masern
	ss (-)	Rhabdoviren	80 … 180	Lyssavirus	Tollwut
	ss (+)	Coronaviren	80 … 130	Coronavirus	Erkältung
	ss (-)	Filoviren	80	Ebolavirus	Ebola-Fieber
komplex, umhüllt	ss (-)	Arenaviren	110	Lassavirus	Lassa-Fieber
	ss (+)	Retroviren	100	HI-Virus	AIDS

RNA-Viren, die einen Einzelstrang enthalten, sind häufiger als Doppelstrangviren anzutreffen. Sie können nach der **Polarität ihres RNA-Strangs** unterschieden werden. Hat der Strang eine positive Polarität, kann er direkt für die Proteinbiosynthese genutzt werden, da seine Sequenzen der Basenfolge der mRNA genau entsprechen. Dazu gehört beispielsweise das FSME-Virus, das eine durch Zecken übertragene Erkrankung mit grippeähnlichen Symptomen auslöst, die in einigen Fällen zu einer **Meningoenzephalitis** führt.

Meningoenzephalitis
Entzündung von Gehirn und Hirnhäuten

Hämorrhagisches Fieber
Infektiöse, oft tödliche Erkrankung, die mit hohem Fieber und inneren Blutungen einhergeht

Sind die Sequenzen des ssRNA-Virus komplementär zur mRNA, sodass in der Wirtszelle eine mRNA synthetisiert werden muss, hat der Virusstrang eine negative Polarität. Zu dieser Virusgruppe gehören die gefürchteten Ebolaviren, die ein **hämorrhagisches Fieber** auslösen.

Bei einigen **RNA-Viren** ist die Erbgutsubstanz selbst die mRNA zur Synthese viraler Proteine, bei anderen muss erst mRNA gebildet werden, wobei die Virus-RNA als Matrize dient.

Influenzaviren sind umhüllte Viren, die ebenfalls Einzelstrang-RNA mit negativer Polarität besitzen. Die RNA der Grippeviren ist allerdings nicht zusammenhängend, sondern besteht aus acht voneinander getrennten Segmenten. So kann es bei gleichzeitiger Infektion derselben Zelle mit verschiedenen Influenzaviren leicht zu einer Durchmischung und Neuverteilung der RNA-Segmente kommen, was die Ausbildung neuer Virustypen fördert.

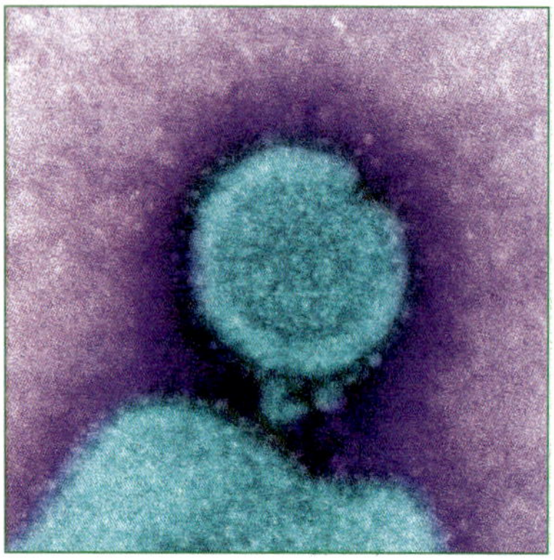

Bild 1
Influenzavirus (elektronenmikroskopische Aufnahme)

Wie die Influenzaviren sind auch andere Viren, besonders RNA-Viren, sehr variabel und können sich Veränderungen der Umwelt (wie z. B. der Wirtszelle) durch Änderungen der Erbsubstanzen schnell anpassen. Das Genom von DNA-Viren verändert sich im Laufe der Evolution langsamer als das von RNA-Viren. Dies liegt daran, dass DNA eine höhere chemische Stabilität als RNA besitzt. Ein weiterer Grund dafür ist, dass die Virus-kodierten RNA replizierenden Enzyme meist keine Korrekturlesefunktionen besitzen, wie sie für DNA-Polymerasen typisch sind.

RNA-Viren, besonders **Influenzaviren** mit segmentierter Nukleinsäure, besitzen eine hohe genetische Variabilität, mit der sie sich auf Umweltänderungen einstellen können.

Viren wie das **HIV** (Humanes Immundefizienz-Virus), dessen Infektion beim Menschen zu AIDS (engl. *acquired immune deficiency syndrome*: erworbenes Immundefektsyndrom) führt, gehören zu den **Retroviren**.

Reverse Transkriptase
Enzym, das einen DNA-Strang mit RNA als Matrize synthetisiert (RNA-abhängige DNA-Polymerase)

Der Haupterreger von AIDS, HIV-1, war ursprünglich ein Virus von Schimpansen und Gorillas, das die Artengrenze übersprungen hat und auf den Menschen übertragen wurde. Diese Viren besitzen Einzelstrang-RNA-Erbgut, das sie als Doppelstrang-DNA in das Genom der Wirtszelle einbauen. Dazu muss die virale RNA mittels eines viruskodierten Enzyms, der **reversen Transkriptase**, in DNA umgeschrieben werden. Diese Strategie hat den Vorteil, dass bei jeder Teilung der vom Virus befallenen Wirtszelle das Virusgenom mit repliziert wird. Biotechnisch hat die reverse Transkriptase (RT) in der Molekularbiologie beispielsweise bei der RT-PCR (s. Kap. III.3.3), bei der RNA in DNA umgeschrieben wird, eine große Bedeutung erlangt.

Retroviren sind einzelsträngige RNA-Viren, die die RNA als Matrize mithilfe der reversen Transkriptase zu DNA umschreiben und diese in das Genom des Wirtes integrieren.

3.1.2 Infektionszyklus von Viren

Die Virenpartikel, die beispielsweise in den menschlichen Körper eingedrungen sind, können nur die Zellen eines Organes infizieren, die für die Virusvermehrung geeignet sind. Das sind z. B. für Hepatitisviren Leberzellen, während Influenzaviren sich im Lungengewebe ausbreiten. Die einzelnen Infektionsschritte weisen bei allen Viren Gemeinsamkeiten auf (Bild 1).

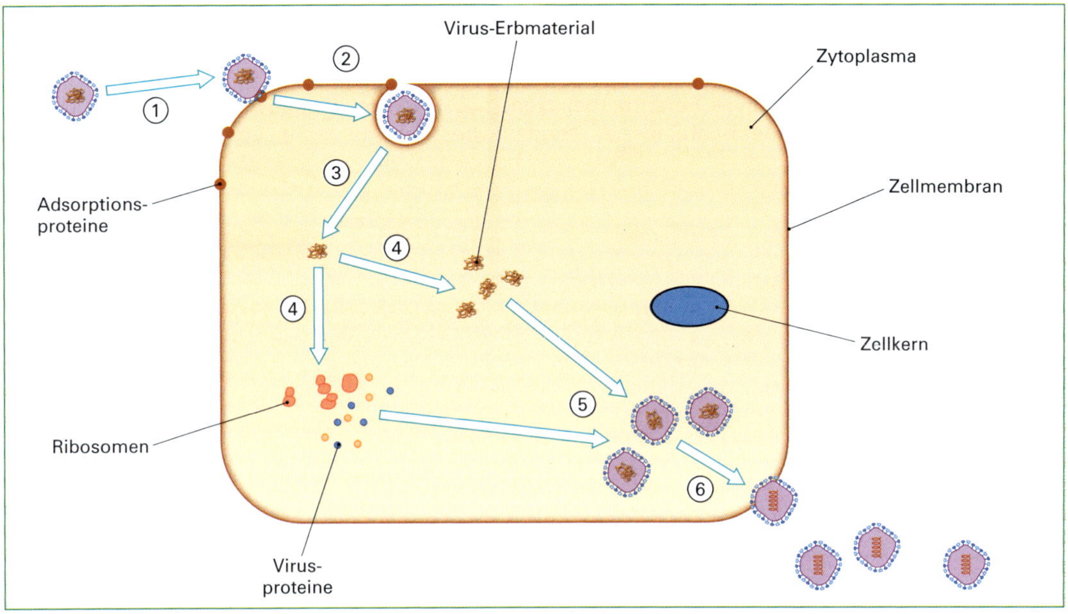

Bild 1
Infektionszyklus von Viren

1. **Adsorption (Anheftung an die Zelloberfläche)**
Da Viren sich nicht aktiv fortbewegen können, gelangen sie per Zufall an ihre Zielzelle, begünstigt durch eine hohe Zahl an Partikeln. Ein Virus besitzt spezifische Proteine, die dazu dienen, Proteine auf der Oberfläche einer Wirtszelle zu erkennen und an sie zu binden. Bakteriophagen adsorbieren zuerst mit den langen Schwanzfäden an ein Protein der Zellhülle, bei gramnegativen Bakterien meist eine Komponente der äußeren Membran. Durch die Adsorption können die Virenpartikel nicht mehr von der Zelle weggespült werden. Die Adsorptionsproteine der Wirtszelle kommen oft nur bei einer Art von Lebewesen oder auch nur in einem Gewebe vor. Die Adsorption erklärt zum Teil die strenge Wirtsspezifität vieler Viren.

2. **Penetration (Eindringen des Virus)**
Der komplette Viruspartikel oder im Falle der Bakteriophagen meist nur die Nukleinsäure dringt durch die Zellhülle in das Zytoplasma der Wirtszelle ein. Einige behüllte Viren verschmelzen mit der Wirtszellmembran (Membranfusion), andere Viren gelangen über **Endozytose** in das Zellinnere. Bei Bakteriophagen wird der Schwanz kontrahiert, die innere Röhre dringt wie bei einer Spritze durch die Zellhülle und das DNA- oder RNA-Molekül des Phagen gelangt ins Zytoplasma. Die Proteinhülle, die für die Virenvermehrung nicht benötigt wird, bleibt außerhalb der Zelle.

Endozytose
Aufnahme von zellfremdem Material in die Zelle (über Einstülpung der Zellmembran, Abschnürung eines Membranteils und Bildung von Vesikeln)

3. **Nukleinsäure-Freisetzung (*Uncoating*)**
Während Bakteriophagen ihre DNA bzw. RNA schon im zweiten Schritt von ihrer Hülle befreit haben, setzen die anderen Viren ihre Nukleinsäure in der Wirtszelle aus ihrer Umhüllung frei, damit deren Informationen zum Bau neuer Virenpartikel abgelesen werden können.

4. **Produktionsphase (Synthese von Virusbestandteilen)**
Zur Replikation des Virus werden Kopien der viralen Erbanlagen durch virale oder bei manchen Viren zelluläre Enzyme produziert. Die Virus-Nukleinsäure wird außerdem zur Synthese von Virusproteinen abgelesen. Die Produktion von Kapsidproteinen und von zur Virenreplikation benötigten Enzymen geschieht an zytoplasmatischen Ribosomen. Virale Membranproteine für die umhüllten Viren werden am endoplasmatischen Retikulum gebildet und zur Zellmembran dirigiert.

5. **Reifephase (Maturation)**
Die Reifung der Viren, der Zusammenbau von Virus-Nukleinsäuren und Kapsidproteinen zu Nukleokapsiden geschieht zumeist spontan, d.h. ohne Hilfe weiterer Enzyme, im Zytoplasma der Wirtszelle.

6. **Virenfreisetzung (Liberation)**
Die massenhaft vermehrten neuen Viruspartikel verlassen die Zelle, wobei die behüllten Viren an der Zellmembran ihre Membranumhüllung erhalten. Die Freisetzung der Virenpartikel ist bei Viren ohne Membranumhüllung mit der Zerstörung bzw. dem Tod der infizierten Zelle verbunden, da die Viren die Zellmembran einer intakten Zelle nicht passieren können. Behüllte Viren hingegen können auch ohne eine Lyse (Auflösung) der Zelle freigesetzt werden. Der Vorgang der Umhüllung mit der Zellmembran, angereichert mit Virusproteinen, wird **Knospung** (engl. *budding*) genannt. Behüllte Viren nutzen die Mechanismen des Membranflusses wie die **Exozytose**, indem sie diese für ihre Zwecke modifizieren und steuern.

Exozytose
Stofftransport aus der Zelle heraus, wobei zytoplasmatische Vesikel mit der Zellmembran verschmelzen

Teil II Mikrobiologie

Der lytische **Infektionszyklus von Viren** kann in die Schritte Adsorption, Penetration, Freisetzung des Virengenoms, Synthese von Virusbestandteilen, Reifung und Virenfreisetzung getrennt werden.

Bei Phagen und anderen Viren wird zwischen virulenten und temperenten Formen unterschieden:

- **Virulente Viren** haben einen **lytischen Infektionszyklus**, bei dem es zur sofortigen Virusreproduktion und Lyse der Wirtszelle kommt. Auch Viren, die nach ihrer Vermehrung die Wirtszelle nicht zerstören, da sie unter Knospung die Wirtszelle verlassen, werden oft hier zugezählt.
- Nach dem Befall einer Wirtszelle können **temperente Viren** wie z.B. die Retroviren oder der *E. coli*-Phage Lambda einen **lysogenen Zyklus** einschlagen (Bild 1). Dabei wird die Viren-DNA ins Erbgut des Wirts integriert und bei jeder Zellteilung mit vervielfältigt. Die in der Wirts-DNA integrierte Viren-DNA wird **Provirus** bzw. **Prophage** genannt. Durch Bestrahlung mit UV-Licht und in seltenen Fällen auch spontan können die Freisetzung des Provirus und die Auslösung eines lytischen Zyklus erfolgen.

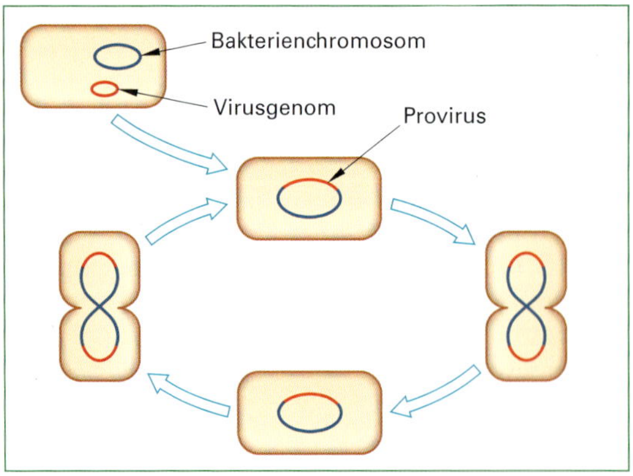

Bild 1
Lysogener Zyklus von temperenten Viren

Virulente Viren bewirken in der Wirtszelle die Produktion neuer Virenpartikel. **Temperente Viren** bauen ihr Genom in das der Wirtszelle ein (lysogener Zyklus).

Vermehrungsverlauf und Nachweis von Viren

Wird der zeitliche Verlauf einer Virusvermehrung betrachtet (Bild 1), stellen sich deutliche Unterschiede zu den für Bakterien typischen **Wachstumsphasen** heraus. Das Wachstum der Viren ist stufenförmig und wird für die Dauer eines Infektionszyklus als **Ein-Stufen-Wachstum** bezeichnet.

Wachstumsphasen
Aufeinanderfolgende Phasen bei der Bakterienvermehrung: Anlaufphase, exponentielle Phase, stationäre Phase und Absterbephase

Viren vermehren sich nicht wie die Bakterien durch Teilung, sondern entstehen durch gleichzeitige Synthese der Virenkomponenten, anschließender Zusammensetzung zu den fertigen, reifen Viren und Freisetzung durch Lyse der Zellen. Die Zeit bis zur Freisetzung, in der keine infektiösen Viren in einer infizierten Zell- oder Bakterienkultur nachgewiesen werden können, heißt **Latenzzeit** oder **Latenzphase**. Sie dauert bei Bakteriophagen 15 bis 25 Minuten und kann wiederum in zwei Phasen unterteilt werden:

- **Eklipse**
  In der infizierten Zelle sind eine bestimmte Zeit lang, die Eklipse (griech. *ekleipsis*: Verschwinden, Finsternis) genannt wird, keine infektiösen Partikel nachzuweisen, da die ursprünglich eingesetzten Phagen in ihre Bestandteile, Nukleinsäure und Proteine, zerlegt sind.

- **Reifung**
  Erst zu Beginn der zweiten Phase sind wieder vollständige und infektiöse Virenpartikel vorhanden, die nun innerhalb der infizierten Zellen angehäuft werden. Diese können aber nur nachgewiesen werden, wenn die Zellen zuerst (z. B. mit Chloroform) zerstört und die Viren künstlich freigesetzt werden.

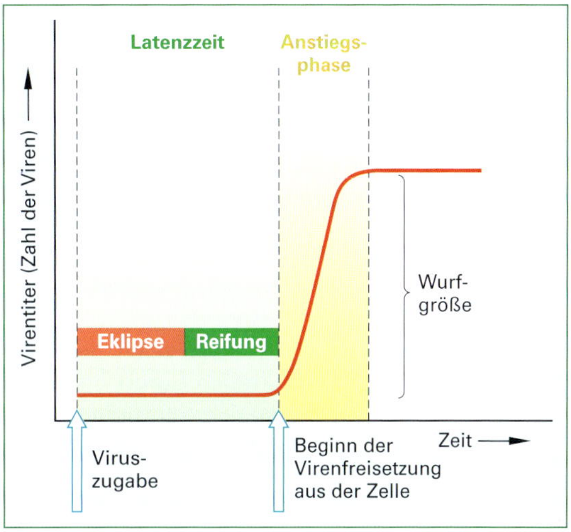

Bild 1
Wachstumskurve von Viren

Anschließend, in der sogenannten **Anstiegsphase**, steigt die Zahl der infektiösen Viren in der Gesamtkultur aufgrund der Freisetzung der neu gebildeten Virenpartikel bis zu einem bestimmtem Plateau an. Der gesamte lytische Zyklus beträgt z. B. bei *E. coli* und T4-Phagen 20 bis 30 Minuten bei 37 °C.

Aus der Zahl der infizierten Zellen und der Zahl der neu gebildeten Virenpartikel kann die sogenannte **Wurfgröße** (engl. *burst size*), die Zahl der Viren pro lysierter Wirtszelle, berechnet werden. Bei einigen Viren können über 1000 neue Virenpartikel in jeder infizierten Zelle entstehen.

Die Wachstumskurve von Viren ist stufenförmig und zeigt eine **Latenzphase**, in der die Virenproduktion in der Wirtszelle stattfindet, und eine **Anstiegsphase**, in der infektiöse Virenpartikel freigesetzt werden.

Virulente Bakteriophagen lassen sich im Labor mit einem sogenannten **Plaque-Test** einfach nachweisen und quantitativ bestimmen, wobei folgende Schritte notwendig sind (Bild 1, S. 236):

1. Zuerst wird eine Suspension von Phagen bereitgestellt. Zur quantitativen Bestimmung werden unterschiedliche Verdünnungsstufen hergestellt.
2. Eine Bakteriensuspension wird angesetzt, in der so viele Bakterien vorhanden sind, dass nicht einzelne Kolonien, sondern ein dicht zusammengewachsener Bakterienrasen bei Bebrütung heranwächst.
3. Beide Suspensionen werden mit flüssigem (d. h. ca. 45 °C heißem) Weichagar (Agar in niedriger Konzentration) gemischt.

Inkubation
Anzüchtung von Bakterienkulturen in einem Wärmeschrank

4. Der Weichagar wird auf Agarplatten gegossen, verfestigt sich und wird bei 37 °C **inkubiert**.
5. Nach einigen Stunden wird ein trüber Bakterienrasen sichtbar, in dem sich an einigen Stellen runde klare Höfe, sogenannte **Plaques**, zeigen, da die Bakterien an diesen Stellen durch die Phagen zerstört und aufgelöst wurden.

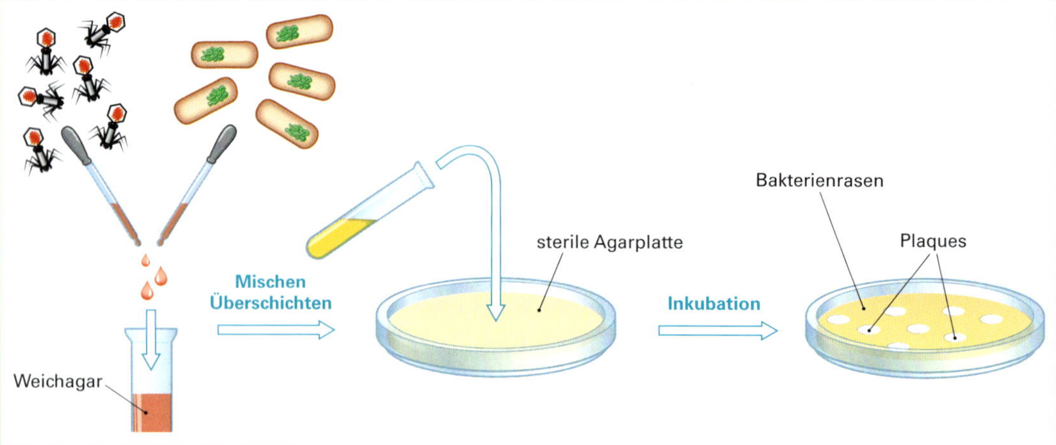

Bild 1
Phagennachweis

Sichtbare Plaques, Löcher im Bakterienrasen, entstehen erst, wenn mehrere Infektionszyklen durchlaufen sind und eine große Zahl von benachbarten Bakterien durch die immer neu freigesetzten Phagen lysiert worden sind. Aus der Verdünnung der Phagensuspension und der Anzahl der Plaques auf der Agarplatte lässt sich dann die Zahl der Viren in der ursprünglichen Phagensuspension berechnen.

Phagen, die ihre Wirtsbakterien lysieren, können im **Plaque-Test** nachgewiesen und die Anzahl der Viren in einer Lösung bestimmt werden.

Die Vermehrung von tierischen und humanen Viren im Labor ist aufgrund der Erfordernis lebender Wirtszellen schwierig. Bis zur Entwicklung der **Zellkultur**-Techniken wurden fast ausschließlich bebrütete Hühnereier zur Virenvermehrung eingesetzt. Bei der Vielzahl virologischer Krankheitserreger ist es notwendig, zuverlässige Methoden zur Identifizierung von Viren zu entwickeln. Diese Verfahren können folgendermaßen eingeordnet werden:

Zellkultur
Kultivierung von Zellen höherer Organismen (Zelllinien) in Nährmedien

Morphologie
Lehre von der Form und Gestalt von Zellen

- In **Plaque-Tests** (oder -Assays), die bei Vermehrung von Viren in **Zellkulturen** eingesetzt werden, kommt es zu einer Veränderung der **Morphologie** der Zellen.
- Einzelne charakteristische **Proteine** des Virus werden mithilfe von **Antikörpern** oder durch **Proteintrennungsmethoden** nachgewiesen (s. Kap. III.1).
- **Molekularbiologische Methoden** der Genidentifizierung, bei denen häufig die Polymerase-Kettenreaktion (PCR) eingesetzt wird, dienen heutzutage zunehmend dem Nachweis viraler Erreger (s. Kap. III.3).
- Die **Elektronenmikroskopie** von Viren ist eine schnelle, aber sehr kostenintensive Methode.

Viren von Tieren und Menschen können durch verschiedene Methoden wie **Plaque-Tests** mit Zellkulturen, Nachweis von viralen **Proteinen** und **Nukleinsäuren** sowie **elektronenmikroskopisch** identifiziert werden.

3.2 Prionen

Anfang der 1980er Jahre trat in Großbritannien eine unbekannte Rinderkrankheit auf, **BSE** (engl. *bovine spongiform encephalopathy*: schwammartige Gehirnerkrankung der Rinder). Als Auslöser der Krankheit konnten weder Bakterien noch Viren ausgemacht werden. Der krankheitsauslösende Stoff konnte im Labor isoliert werden und enthält keine DNA und keine RNA.

Da alle bisher bekannten Infektionserreger DNA oder RNA als Erbmaterial besitzen, musste es sich um einen neuartigen Erregertypus handeln. Das infektiöse Material wurde **Prion** (engl. *proteinaceous infectious particle*) genannt. Es wird z. B. von **Nukleasen** nicht inaktiviert, ist jedoch empfindlich gegenüber **Proteasen** und Methoden, die Eiweiße zerstören. Folglich ist ein Protein der entscheidende infektiöse Bestandteil des Erregers.

Prionen gelten nicht nur als Auslöser von BSE, sondern aller **übertragbaren** (oder **transmissiblen**) **spongiformen Enzephalopathien** (Abk.: TSE) wie z. B. der beim Menschen auftretenden *Creutzfeldt-Jakob*-Krankheit (s. S. 329). Diese Erkrankungen werden auch Prionenkrankheiten genannt. Einige Wissenschaftler bezweifeln allerdings, dass die Prionen wirklich die entscheidenden Verursacher dieser Krankheiten sind.

BSE
Rinderwahnsinn, tödlich verlaufende Erkrankung des zentralen Nervensystems bei Rindern mit Degeneration des Hirngewebes

Nukleasen
Enzyme wie DNasen oder RNasen, die Nukleinsäuren spalten

Proteasen
Enzyme, die Proteine bzw. Peptide abbauen (hydrolysieren)

Prionen sind aus Protein bestehende infektiöse Partikel, die die Entstehung verschiedener Hirnerkrankungen wie beispielsweise BSE hervorrufen.

Wirkungsmechanismus der Prionen

Das pathogene Prion-Protein wurde PrP^Sc^ genannt, da das pathogene Prion-Protein zuerst bei Schafen, die an **Scrapie** erkrankt waren, entdeckt wurde. Lange Zeit war es völlig rätselhaft, wie ein Protein als Krankheitserreger wirken kann und wie die Krankheit auf andere Organismen, z.B. auf Rinder, übertragen wird (s. S. 329). Das als Krankheitserreger wirkende Prion-Protein wurde als ein normaler Zellbestandteil von Menschen und Tieren identifiziert (PrP^C: engl. *prion protein cellular*: zelluläres Prion-Protein).

Scrapie
Erkrankung des Gehirns bei Schafen und Ziegen, dessen englischer Name daher stammt, dass die erkrankten Tiere zuerst an Juckreiz leiden und sich stark kratzen

Alle bislang untersuchten Prion-Gene kodieren für Proteine, die etwa 250 Aminosäuren lang sind.

Das **körpereigene Prion-Protein** unterscheidet sich zwischen Mensch und verschiedenen Säugetierarten geringfügig in wenigen Aminosäuren.

PrP^C ist ein Glykoprotein, das besonders im Gehirn von den Neuronen (Nervenzellen) gebildet wird und über einen Lipidanker außen an der Zellmembran bindet. Das Protein hat offensichtlich mehrere physiologische Funktionen: Es bindet beispielsweise Kupferionen, schützt die Zellen vor freien Radikalen und spielt wahrscheinlich eine Rolle beim Geruchssinn.

Obgleich beide Eiweiße, die natürlich vorkommenden und die krankheitsauslösenden, die gleiche Aminosäuresequenz (Primärstruktur, s. S. 23) haben, besitzen sie eine andere räumliche Faltung (Bild 1).

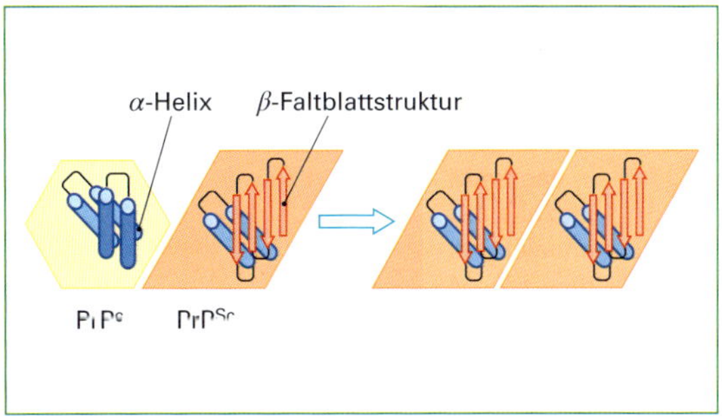

Bild 1
Das Umfaltungsmodell der Prion-Hypothese

- **PrP^C**: Die nicht-infektiöse Form des Prion-Proteins hat als Sekundärstruktur mehrere α-Helices.
- **PrP^{Sc}**: Die infektiöse, pathogene Form besteht zum großen Teil aus β-Faltblattstrukturen.

Das Umfaltungsmodell der **Prion-Hypothese** besagt nun, dass bei Kontakt der beiden Proteinformen eine Konformationsänderung eintritt und PrP^{C} in PrP^{Sc} umgewandelt wird. Das normale zelluläre Prion-Protein wird in den Neuronen nach einer bestimmten Zeit, wie alle Proteine, wieder abgebaut (Bild 1a).

In infizierten Zellen treten jedoch krankmachende Prionen, die auf unbekannte Weise in die Zelle gelangt sind oder in extrem seltenen Fällen auch spontan (zufällig) entstehen, mit den zellulären Proteinen in Kontakt. Dabei erzwingen sie die Umwandlung der normalen Proteinform in die eigene Form des infektiösen Erregers und lösen dadurch eine Kettenreaktion aus (Bild 1b). Die sich nun in der Zelle immer mehr anreichernden pathogenen Formen, die Prionen, können aufgrund ihrer besonderen Faltung nicht von den zelleigenen Enzymen abgebaut werden.

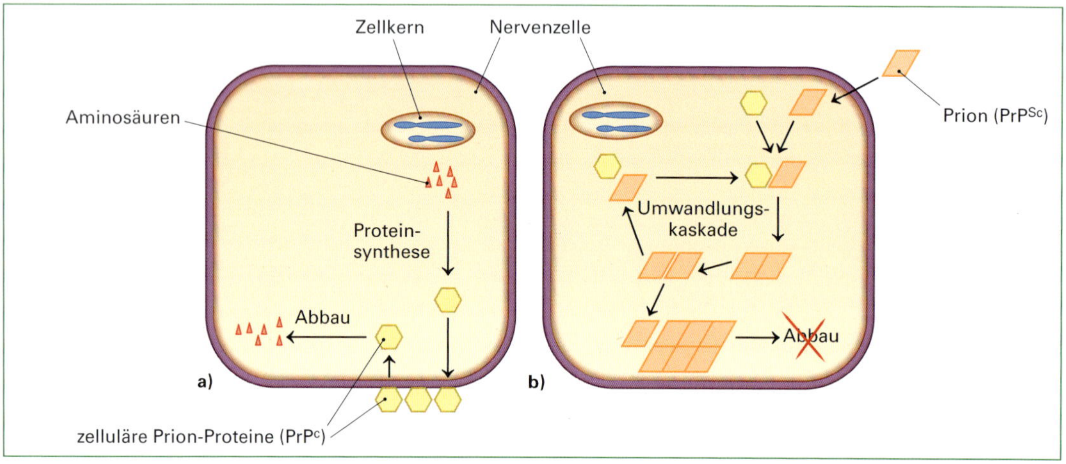

Bild 1
Entstehung einer infektiösen Prionenkrankheit

Nach dem **Umfaltungsmodell der Prion-Hypothese** können sich die pathogenen Prionen in Nervenzellen vervielfältigen, indem sie die Tertiärstruktur der zellulären Prionproteine verändern und ihnen die eigene Struktur aufzwingen. Die deformierten Proteine können nicht abgebaut werden und bilden Aggregate, die sich im Hirngewebe ablagern.

Prionen sind im Vergleich zu Mikroben und Viren äußerst stabil und werden mit den üblichen Inaktivierungs- und Desinfektionsverfahren nicht zerstört.

Aufgaben

1. Stellen Sie die Gemeinsamkeiten von Viren und Prionen dar.
2. Begründen Sie, weshalb Viren nicht zu den Lebewesen gezählt werden.
3. Erläutern Sie den Aufbau von stäbchen- und kugelförmigen Viren sowie von Bakteriophagen und nennen Sie die Kriterien, die zur Klassifikation der Viren eingesetzt werden.
4. Stellen Sie die Besonderheiten von RNA-Viren dar und nennen Sie einige von ihnen hervorgerufene Krankheiten.
5. Begründen Sie, weshalb Influenzaviren eine hohe genetische Variabilität besitzen.
6. Beschreiben Sie die Schritte eines Infektionszyklus von Viren eukaryontischer Wirte und unterscheiden Sie den lytischen vom lysogenen Infektionszyklus.
7. Erklären Sie die Begriffe Ein-Stufen-Wachstum, Wurfgröße, Eklipse sowie Reifung bei der Vermehrung von Viren.
8. Erläutern Sie, wie virulente Bakteriophagen im Labor nachgewiesen werden können.
9. Erläutern Sie die Prion-Hypothese als Ursache des Ausbruchs von Prionenerkrankungen.

4 Mikroorganismen in Umwelt und technischen Verfahren

Bild 1
Verfärbungen durch Bakterien und Algen an einem Geysir

Bakterien und Archaeen haben fast alle Lebensräume der Erde erobert. Sie werden in den niedrigsten Schichten des Grundwassers, in 11 000 m tiefen Meeresgräben, selbst in Gesteinsschichten von mehreren Hundert Meter Tiefe gefunden. Trotz gefährlicher UV-Strahlung sind noch in 50 km Höhe der Atmosphäre lebende Bakterien anzutreffen, ebenso wie in den kilometertiefen Eisschichten der Pole und in heißen Quellen.

Bakterien und Archaeen vermögen sich an die verschiedenen Umweltbedingungen der Erde optimal anzupassen, auch wenn diese noch so lebensfeindlich erscheinen. Die **Anpassung** beruht vor allem auf den Veränderungsmöglichkeiten der Gene durch Mutationen, die bei ihnen aufgrund der rasanten Vermehrung und fortwährenden Bildung neuer Generationen besonders häufig auftreten sowie auf horizontalen Gentransfer (s. S. 177). Die Anpassung an neue Lebensräume wird durch die Evolutionskräfte wie die Selektion (Kap. I.6) vorangetrieben. Entsprechend existieren Mikroorganismen in einer riesigen Vielfalt an genetischen Informationen und an Stoffwechseltypen.

> Mikroorganismen sind auf der Erde fast überall zu finden. Bakterien und Archaeen vermögen in mannigfaltigen **Lebensräumen** zu existieren.

Mikroorganismen stellen einen wichtigen Bestandteil jedes **Ökosystems** dar. Sie bilden einen Teil der Biozönose, der Lebensgemeinschaft aller Lebewesen eines Ökosystems. Gemeinschaften von Mikroorganismen, die sich aus Populationen verschiedener Arten zusammensetzen, werden **Mikrobiota** oder **Mikroflora** genannt.

Ökosystem
Funktionelle Einheit aus Organismen und Umwelt in einem räumlich abgrenzbaren Lebensraum

Reinkulturen, die im Labor genutzt werden, um die Eigenschaften und Leistungen von Mikroorganismen zu untersuchen, sind an natürlichen Standorten so gut wie nie vorhanden. In natürlichen Systemen stehen Populationen von Bakterien und anderen Mikroben in vielfältigen Beziehungen untereinander und in Wechselwirkung mit der sie umgebenden Umwelt.

Reinkultur
Kultur von Mikroorganismen, die nur aus Zellen einer Art oder eines Stammes besteht, bzw. die Nachkommenschaft einer einzelnen Zelle

Mikroorganismen werden unter Laborbedingungen oft den bestmöglichen Wachstumsbedingungen ausgesetzt, die extrem schnelles Wachstum, besonders bei Bakterien, erlauben. Dagegen sind die Keime in der Natur meist deutlich anderen Bedingungen ausgesetzt, die für sie nicht optimal sind. Die Substrate, die im Labor im Überschuss angeboten werden, sind in natürlichen **Habitaten** oft in extrem geringen Konzentrationen vorhanden. Beispielsweise ist in einem stehenden Gewässer das Nähstoffangebot zeitlich unregelmäßig und die räumliche Verteilung nicht gleichmäßig. Die Mikroorganismen eines Ökosystems können wie folgt unterteilt werden:

Habitat
Standort bzw. Lebensraum einer Art

- **Autochthone** Mikroorganismen sind ortsansässig und in ihrem Lebensraum immer vorhanden. Sie sind an Nährstoffe und Bedingungen optimal angepasst, die im Ökosystem typischerweise vorkommen.
- **Allochthone** Mikroorganismen sind nicht ständig in einem Ökosystem anwesend. Sie werden durch die Luft oder über andere Wege zu bestimmten Zeiten eingeschleppt.

Während in einem Gewässer typische Wasserkeime wie *Pseudomonas aeruginosa* zu der autochthonen Mikrobiota gehören, ist dies beispielsweise für *Escherichia coli* nicht der Fall. *E. coli* ist ein Bewohner des Ökosystems Darm, der außerhalb des Darmtrakts eine Zeit lang überleben kann. Das Bakterium gilt deshalb als ein Indexorganismus oder Indikator für eine fäkale Verschmutzung, die auf eine Belastung durch Darm bewohnende Krankheitserreger hindeutet.

Mikroorganismen sind Teil der Biozönose in den Ökosystemen auf der Erde. Die **Mikrobiota** oder **Mikroflora** besteht aus permanent anwesenden **autochthonen** und aus **allochthonen** Mikroorganismen mit nur zeitweiliger Anwesenheit im Ökosystem.

Das **Gesetz vom Minimum** von *Justus von Liebig* (1803 – 1878) besagt, dass die Vermehrungsrate einer Art von demjenigen Faktor bestimmt wird, der in der geringsten Menge vorliegt. Unter naturnahen Bedingungen ist somit für Mikroorganismen ein essenzieller Nährstoff für das Wachstum limitierend. Seine Konzentration beschränkt die Wachstumsgeschwindigkeit oft auf einen Bruchteil des Möglichen. Dabei sind viele Bakterien, die in natürlichen Habitaten um limitierende Substrate konkurrieren, an extrem niedrige Nährstoffkonzentrationen angepasst.

Die Abhängigkeit der Wachstumsrate μ von der Konzentration c_S des Substrates, das im Minimum ist, lässt sich durch folgende Gleichung darstellen, die der *Michaelis-Menten*-Gleichung für Enzyme (s. S. 111) entspricht:

$$\mu = \mu_{max} \cdot \frac{c_S}{K_S + c_S}$$

μ_{max} ist die maximale Wachstumsrate, die bei hohen Substratkonzentrationen erreicht wird. K_S ist die Halbsättigungs- oder Affinitätskonstante, die die Konzentration angibt, bei der die Wachstumsrate aufgrund der Substratlimitierung halb so groß wie μ_{max} ist. Je geringer der K_S-Wert, desto besser können geringe Substratkonzentrationen genutzt werden.

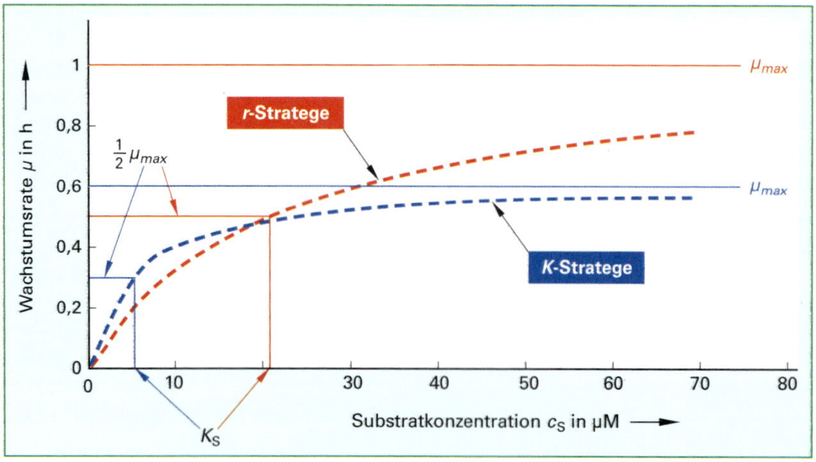

Bild 1
Mikroorganismen mit *r*-Strategie (rot) und *K*-Strategie (blau); Erklärung im Text

Da jeder Lebensraum nur begrenzte Mengen an Nahrung, Energie und Lebensraum zur Verfügung stellen kann, muss die Vermehrung von Mikroorganismen bei Erreichen einer bestimmten Organismenzahl zum Stillstand kommen: Der Lebensraum hat eine maximale Aufnahmefähigkeit oder **Kapazität**. In jedem Ökosystem leben Mikroorganismen, die verschiedene maximale

Wachstumsraten besitzen und somit bei hohen Substratkonzentrationen unterschiedlich schnell wachsen können (Bild 1, S. 240).

Mikroorganismen mit einer ***r*-Strategie** (*r*: Rate, Wachstumsrate) sind schnell wachsende Arten und gut an hohe Substratkonzentrationen angepasst (μ_{max}: hoch). Bei niedrigen Substratkonzentrationen haben sie oft niedrige Wachstumsraten (K_S: hoch).

Mikroben mit einer ***K*-Strategie** (*K*: Kapazität) können besser niedrige Substratkonzentrationen ausnutzen (K_S: niedrig). Sie erreichen bei hohen Konzentrationen allerdings keine hohen Wachstumsraten (μ_{max}: niedrig). Bei diesen Mikroben ist die Affinität zum Substrat meist groß und sie können effizienter als *r*-Strategen Spuren von Nährstoffen in ihren Zellen anreichern. Dies gelingt ihnen vor allem durch den Besitz äußerst effektiver Transportsysteme, die organische Substrate sowie anorganische Nährstoffe auch dann aufnehmen können, wenn diese nur in Spuren vorliegen.

Im Gegensatz dazu sind *r*-Strategen im Vorteil, wenn hohe Substratmengen das Ökosystem erreichen. Welche Strategie den Organismen einen evolutionären Selektionsvorteil verleiht, ist von den Gegebenheiten des Ökosystems abhängig.

Mikroorganismen konkurrieren in der Natur um limitierende Substrate. Organismen mit ***K*-Strategie** sind an niedrige Nährstoffkonzentrationen angepasst, während Mikroben mit ***r*-Strategie** bei hohen Substratkonzentrationen im Vorteil sind.

Die Lebensgemeinschaften der Mikroorganismen an natürlichen Standorten können heutzutage mit molekularbiologischen Methoden in Proben untersucht werden, die direkt der Natur entstammen. Dazu wird beispielsweise die **FISH-Methodik** (Abk.: Fluoreszenz In-situ Hybridisierung) eingesetzt, mit der auch unbekannte Bakterien mikroskopisch sichtbar gemacht werden. Dabei werden Gensonden genutzt, die mit einem fluoreszierenden Farbstoff gekoppelt sind. Die **Gensonden** haben bestimmte Sequenzen von Nukleotiden, die komplementär zu Abschnitten der 16S rRNA ist. Sie binden und markieren Bakterien, deren ribosomale RNA geringe Ähnlichkeiten zu schon bekannten Arten aufweist.

Gensonde
Spezifische DNA- oder RNA-Sequenz, mit deren Hilfe ein gesuchtes Gen im Genom eines Organismus oder in einer Genbank identifiziert werden kann

4.1 Mikroorganismen in globalen Stoffkreisläufen

Etwa 10^{30} Zellen von Mikroorganismen sind auf der Erde vorhanden. Sie stellen damit etwa die Hälfte der weltweiten Biomasse und spielen für globale Vorgänge eine wichtige Rolle. Die Biomasse der Lebewesen besteht zwar aus zahlreichen chemischen Verbindungen, aber nur aus wenigen Elementen. Durch die Auf- und Abbauprozesse der Organismen zirkulieren die Elemente wie z. B. Kohlenstoff (C) und Stickstoff (N), für die Lebewesen einen besonders hohen Bedarf aufweisen, sowohl zwischen den Lebewesen als auch innerhalb der **Biosphäre**. Diese Prozesse werden als **biogeochemische Stoffkreisläufe** bezeichnet, da biologische und geologische bzw. chemische Prozesse zusammenwirken.

Biosphäre
Der von Lebewesen besiedelte Bereich der Erde

An den biogeochemischen Stoffkreisläufen sind die Mikroorganismen durch die Vielfalt ihrer Stoffwechselformen und den hohen Anteil an der Biomasse maßgeblich beteiligt. Sie tauschen durch Nährstoffaufnahme, chemische Umwandlungen und Ausscheidung von Abfallprodukten ständig chemische Substanzen mit der Umwelt aus.

Autotrophe Organismen können aus CO_2 organische Verbindungen wie Kohlenhydrate, Fette und Proteine synthetisieren.

Heterotrophe Organismen nutzen organischer Stoffe zur Energiegewinnung und zum Aufbau körpereigener Biomasse.

Die in den Stoffkreisläufen beteiligten Organismen können in drei ernährungsphysiologische Typen unterteilt werden (Bild 1).

- **Produzenten** oder **Primärproduzenten** bauen energiereiche organische Verbindungen aus abiotischen Quellen auf. Die **autotrophen** Lebewesen sind häufig fototrophe Organismen wie Pflanzen, Algen und Bakterien, die zur Energiegewinnung die Lichtenergie nutzen können.
- **Konsumenten** leben von der Biomasse, die von den Produzenten gebildet wird. Die **heterotrophen** Organismen sind nicht in der Lage, ihre Nahrung aus anorganischen Stoffen zu gewinnen.
- **Destruenten,** auch **Saprophyten** genannt, wie Pilze und Bakterien bauen die toten Reste der Produzenten und Konsumenten zu anorganischen Verbindungen ab. Sie stellen damit in globalen Kreisläufen die mineralischen Rohstoffe wieder zur Verfügung.

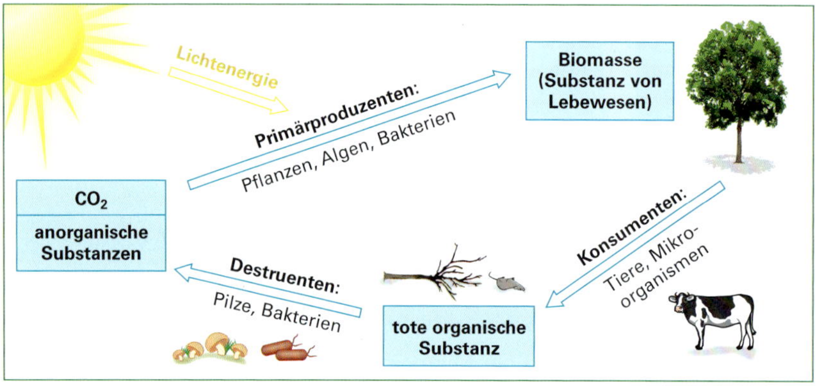

Bild 1
Kreislauf der Biomasse unter Beteiligung von Produzenten, Konsumenten und Destruenten

Unter den **Produzenten** gibt es zahlreiche autotrophe Bakterien und einige Archaeen, die insgesamt einen großen Beitrag bei der Produktion von Biomasse, der **Primärproduktion**, leisten. Zu ihnen gehören die fototrophen Bakterien, die die Fähigkeit zur Fotosynthese besitzen, wie die Cyanobakterien, die Purpurbakterien, die Grünen Schwefelbakterien und die Grünen Nichtschwefelbakterien. Ein Teil der produzierten Biomasse wird bereits von den Produzenten in Kohlenstoffdioxid zurückgewandelt.

Copepoden Kleine Krebse (Ruderfußkrebse), die fast sämtliche Gewässer der Erde besiedeln

Zooplankton Gesamtheit der frei im Wasser schwebenden tierischen Mikroorganismen und Kleinlebewesen

Die **Konsumenten** ernähren sich entweder direkt von der Produzentenbiomasse, wie die bakterienfressenden **Copepoden** des marinen **Zooplankton**, oder in weiteren Stufen von anderen Konsumenten, wie dies die fleischfressenden Tiere tun. Konsumenten wandeln einen Teil der Biomasse in eigenes Zell- oder Körpermaterial um und bauen dabei zur Energiegewinnung Biomasse über die Atmung in CO_2 um. Die Biomasse der Lebewesen nimmt auf jeder Nahrungsebene der Konsumenten um etwa den Faktor 10 ab.

Pilze und viele **Bakterienarten** spielen als **Destruenten** eine wichtige Rolle im Biomassekreislauf auf der Erde, da sie die organische Substanz abbauen, die von den Produzenten aufgebaut werden. Diese Mikroben mineralisieren die abgestorbene Pflanzen und Tiere. Sie produzieren dabei Kohlenstoffdioxid sowie anorganische Substanzen (Mineralstoffe) wie Nitrate, Sulfate und Phosphate, die wiederum von den Produzenten benötigt werden.

Autotrophe Mikroorganismen und Pflanzen bilden als **Produzenten** mithilfe der Fotosynthese Biomasse. Sie wird vor allem von tierischen **Konsumenten** in körpereigene Biomasse umgewandelt, wobei ein Teil der organischen Verbindungen zu CO_2 veratmet wird. Als **Destruenten** mineralisieren Pilze und Bakterien organische zu anorganischen Substanzen.

Teil II Mikrobiologie

4.1.1 Kohlenstoffkreislauf

Da das Element Kohlenstoff in Lebewesen am meisten enthalten ist, spielt der Kohlenstoffkreislauf eine zentrale Rolle. Auf der Erde existiert Kohlenstoff in unterschiedlichen Formen an verschiedenen Stellen:

- Organische Verbindungen in lebender und toter Biomasse.
- Kohlenstoffdioxid (CO_2) in der Atmosphäre.
- Das im Meerwasser gelöste Kohlenstoffdioxid, Bicarbonat (HCO_3^-) und Carbonat (CO_3^{2-}).
- Anorganische Carbonate z. B. in Gesteinen.
- Organische Verbindungen im **Humus**.
- Organische Verbindungen in fossilen Brennstoffen wie Kohle, Erdöl und Erdgas.

Humus
Gesamtheit der toten organischen Substanz eines Bodens, die in Mineralböden einen durchschnittlichen Anteil von 85 % aufweist

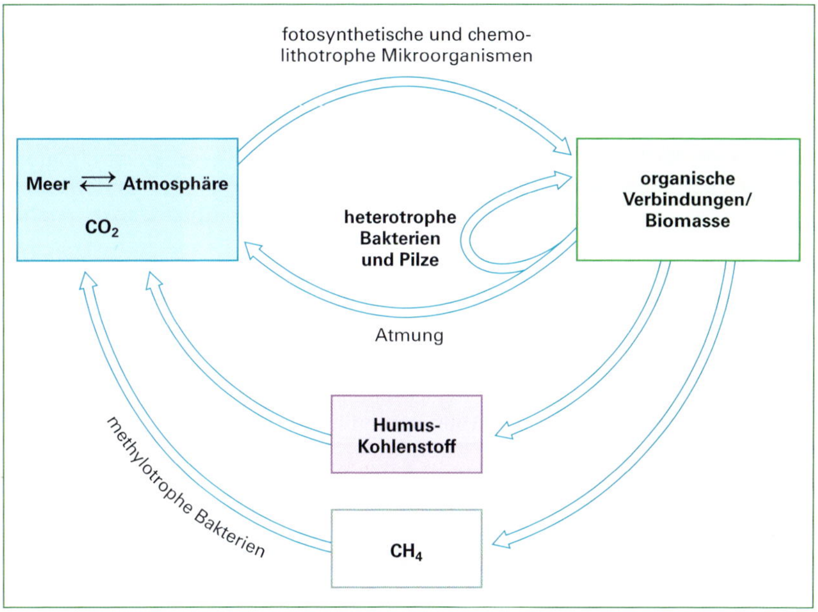

Bild 1
Stoffkreislauf des Kohlenstoffs

Der Transfer des Kohlenstoffs zwischen den verschiedenen Vorkommen wird im Kohlenstoffkreislauf dargestellt (Bild 1). Kohlenstoffdioxid befindet sich in der Atmosphäre in einer relativ geringen Konzentration (0,03 – 0,04 %) und steht in ständigem Austausch mit dem in aquatischen Systemen gelösten Gas und den anorganischen C-Verbindungen wie Bicarbonat.

Durch fotosynthetische Bakterien und Eukaryonten wie die Pflanzen wird der Kohlenstoff des CO_2 in die Biomasse der Produzenten überführt. Auch chemolithotrophe Bakterien (s. S. 186) bilden unter Nutzung chemischer Energiequellen in geringem Maße organische Substanz.

Die Synthese organischer Kohlenstoffverbindungen aus CO_2 wird als **Kohlenstoffdioxidfixierung** oder **Kohlenstoffdioxidassimilation** bezeichnet. Sie verläuft bei Pflanzen und den Cyanobakterien über die Stoffwechselreaktionen des *Calvin*-Zyklus (s. S. 122). Dabei wird der Kohlenstoff mit Elektronen aus Wassermolekülen reduziert und Sauerstoff freigesetzt. Bei anderen autotrophen Bakterien und Archaeen, die in der Lage sind, mit CO_2 als einziger Kohlenstoffquelle zu wachsen, existieren weitere Wege der CO_2-Fixierung, ohne dass O_2 gebildet wird. Diese oft anaeroben Mikroorganismen tragen mengenmäßig nur in geringem Maße zur Bildung von Biomasse bei.

Kohlenstoff durchläuft einen **Kreislauf**, in dem neben Pflanzen fotosynthetische und chemolithotrophe Mikroorganismen CO_2 fixieren und Biomasse produzieren.

Die bei der Primärproduktion gebildeten organischen Verbindungen dienen allen anderen Lebewesen als Kohlenstoffquelle für den Energie- und Baustoffwechsel. Ein Großteil der Biomasse wird durch heterotrophe Mikroorganismen mineralisiert und der Kohlenstoff zu CO_2 oxidiert. Daran sind vor allem aerobe, zum Teil auch anaerobe gärende Bakterien und Pilze beteiligt. Ein Teil des Kohlenstoffs wird nach dem Tod von Lebewesen im Boden als Humus gebunden (Humifizierung). Da die Humusbestandteile von Mikroorganismen oft schwer abbaubar sind, wird dieser Kohlenstoff wesentlich langsamer in den CO_2-Pool der Atmosphäre zurückgeführt.

Beim mikrobiellen **aeroben Abbau** von organischen Verbindungen mit O_2 als Elektronenakzeptor wird der Kohlenstoff zu CO_2 umgewandelt.

Methanhydrat
Gas-Wasser-Gemisch, das nur bei niedrigen Temperaturen sowie hohem Druck stabil ist und bei Erwärmung zerfällt

Ein Teil des Kohlenstoffs wird bei der Mineralisation in der anaeroben Nahrungskette als **Methan** (CH_4) freigesetzt. Auch Methan ist wie CO_2 ein Treibhausgas und hat Einfluss auf die globale Klimaentwicklung. Es ist ungefähr 25-mal wirksamer als CO_2 und trägt eventuell zum globalen **Treibhauseffekt** bei. Methan entsteht durch die Tätigkeit der **methanogenen Archaeen** (s. S. 254) bei der Rinderhaltung in der Landwirtschaft, in Klärwerken und Mülldeponien. Reisfelder (Bild 1) sind eine der wichtigsten Quellen für atmosphärisches Methan, da es aufgrund der Überflutung der Felder zu einer Limitierung der Sauerstoffdiffusion und zur Entstehung anoxischer Bedingungen in den Böden kommt. An den Kontinentalrändern der Meere lagern außerdem enorm große Mengen an CH_4 in Form von **Methanhydrat**.

Bild 1
Reisterrassen

Methan kommt nur in Spuren in der Atmosphäre vor (0,0002 %), da es meist am Entstehungsort mikrobiell abgebaut wird. In Gegenwart von O_2 wird Methan als Energiequelle für das Wachstum durch aerobe **methanotrophe Bakterien** genutzt. Sie gehören zu den **methylotrophen Bakterien**, die organische Substrate ohne Kohlenstoff-Kohlenstoff-Bindung als Kohlenstoffquelle nutzen können. Diese gramnegativen, obligat aeroben Bakterien spielen eine wichtige Rolle beim globalen CH_4-Abbau. Sie sind auf die Verwertung von C_1-Verbindungen, wie Methan, Methanol, methylierte Amine und Formaldehyd, spezialisiert. C-Verbindungen mit mehreren Kohlenstoffatomen wie Zuckermoleküle können sie nicht abbauen.

Methan kann unter anoxischen Bedingungen ebenfalls abgebaut werden. Dazu sind **anaerobe Archaeen** in der Lage, die Essigsäure als Endprodukt bilden und ausscheiden. Sie leben in einer **Symbiose** mit ebenfalls anaeroben sulfatreduzierenden Bakterien, die die Essigsäure weiter zu CO_2 oxidieren.

Symbiose
Lebensgemeinschaft verschiedener Organismen, von der beide Partner Vorteile haben

Der **anaerobe Abbau** der Biomasse führt bei Beteiligung methanogener Archaeen zur Bildung von CO_2 und CH_4. Methan wird nach der Entstehung vorwiegend aerob durch methanotrophe Bakterien zu CO_2 oxidiert.

4.1.2 Stickstoffkreislauf

Stickstoffverbindungen spielen eine zentrale Rolle im Stoffwechsel der Lebewesen (Bild 1). Stickstoff besitzt einen Anteil von etwa 15 % an der lebenden Biomasse. Das Element ist Bestandteil der Aminosäuren der Proteine, der Purin- und Pyrimidinbasen von Nukleinsäuren sowie anderer wichtiger Metaboliten.

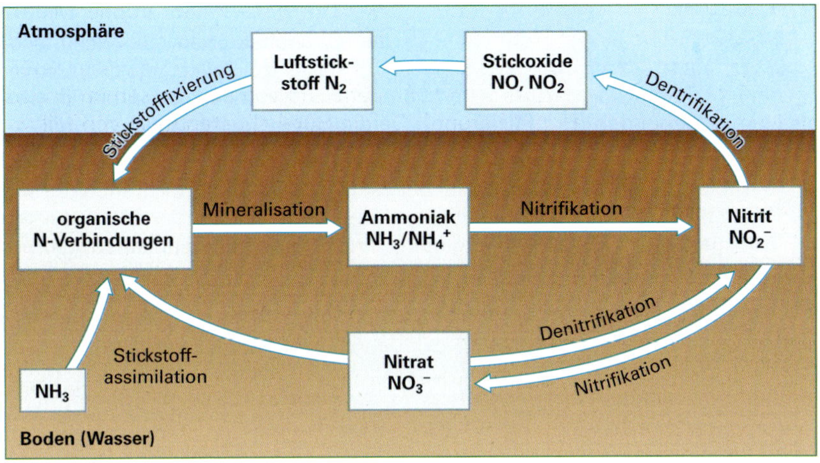

Bild 1
Stoffkreislauf des Stickstoffs

Die anorganischen N-Verbindungen, die im Boden vorhanden sein können, sind **Ammonium** (NH_4^+) bzw. **Ammoniak** (NH_3) sowie Nitrat (NO_3^-) und Nitrit (NO_2^-). Letztere Verbindung oxidiert meist in wenigen Stunden zu Nitrat und ist somit nur kurzweilig vorhanden. Sowohl Ammonium als auch Nitrat können in Form der gelösten Salzionen von Pflanzen wie von vielen autotrophen und heterotrophen Bakterien aufgenommen und zum Aufbau der Biomassekomponenten eingesetzt werden. Während Ammonium direkt als Aminogruppe in Aminosäuren eingebaut werden kann, muss der stark oxidierte Stickstoff der Nitrate zuerst auf die Stufe von Ammoniak reduziert werden. Nitrat wird zu diesem Zweck zunächst zu Nitrit, danach weiter reduziert und zuletzt in Aminosäuren eingebaut. Dieser Vorgang der **Assimilation** wird als **Stickstoffassimilation** oder **Ammoniumassimilation** bezeichnet.

Ammonium
Kation, das bei der Reaktion von Ammoniak mit Wasser entsteht und das mit Anionen Salze bildet

Ammoniak
Stark stechend riechendes, giftiges Gas

Bei der landwirtschaftlichen Erzeugung pflanzlicher Biomasse werden stickstoffhaltige Düngemittel eingesetzt, die zu einem Eintrag von Nitrat in Gewässer und ins Grundwasser führen können. In den vergangenen Jahrzehnten haben die Nitratgehalte der Grundwässer deutlich zugenommen, auch aufgrund der hohen Löslichkeit von Nitrat in Wasser.

Assimilation
Umwandlung von aufgenommenen Substanzen in körpereigene organische Stoffe

Bei der **Stickstoffassimilation** werden anorganische N-Verbindungen wie Ammonium oder Nitrat von Pflanzen und Mikroorganismen in organische Verbindungen, vor allem in Aminosäuren und Nukleotide, umgewandelt.

N-Verbindungen sind in der **Atmosphäre** ebenfalls vorhanden, vor allem der Luftstickstoff N_2 (ca. 78 %). Stickoxide wie NO und NO_2 können durch mikrobielle Aktivitäten oder technische Verbrennungsprozesse in die Atmosphäre gelangen. N_2 besteht aus zwei Stickstoffatomen, die über eine sehr stabile Dreifachbindung miteinander verbunden sind (Bild 1, S. 246).

N_2 kann nur unter sehr hohem Energieaufwand aufgebrochen werden, weshalb N_2 sehr reaktionsträge ist. Der Luftstickstoff kann von eukaryontischen Zellen nicht genutzt und in organische Verbindungen eingebaut werden.

N_2 kann jedoch von einigen Prokaryonten mithilfe des Enzyms **Nitrogenase** zu Ammonium reduziert werden. Die Nitrogenase der meisten Bakterien ist ein sauerstoffempfindliches Enzym, das bei Kontakt mit Sauerstoff irreversibel geschädigt wird.

a) $|N \equiv N|$

b) $N_2 + 8\,H^+ + 8\,e^- \longrightarrow 2\,NH_3 + H_2$

Bild 1
a) Formel von elementarem Stickstoff (Valenzstrichformel), b) Reaktion der Stickstofffixierung

Drei Gruppen von Bakterien sind zur sogenannten **Stickstofffixierung** oder **Stickstoffbindung** in der Lage:

- **Cyanobakterien**, die dazu spezialisierte Zellen, die Heterozysten, bilden, in denen der O_2-produzierende Teil der Fotosynthese (Fotosystem II) inaktiviert wird.
- **Symbiontische Bakterien**, wie beispielsweise das Knöllchenbakterium *Rhizobium* (s. S. 273), das in Symbiose mit Pflanzen lebt und dessen Nitrogenase durch Leghämoglobin, einer hämoglobinähnlichen Verbindung, vor O_2 geschützt wird.
- Einige **frei lebende Bakterien** wie z.B. *Azotobacter.*

Einige Bakterien können **Stickstofffixierung** betreiben, indem sie mithilfe des sauerstoffempfindlichen Enzyms **Nitrogenase** den reaktionsträgen Luftstickstoff N_2 zu Ammonium reduzieren.

Oxidative Desaminierung
Abspaltung einer Aminogruppe, wobei eine α-Ketosäure, Ammonium und reduzierte Coenzyme entstehen

Aerobe und anaerobe Mikroorganismen mineralisieren als Destruenten N-haltige Biomasse zu Ammonium. Dieser Prozess wird **Ammonifikation** genannt. Es handelt sich dabei vor allem um Mikroben, die eine Proteolyse, eine Hydrolyse der Proteine zu Aminosäuren, durchführen. Anschließend werden die Aminosäuren in die Zelle aufgenommen. Im ersten Schritt des Abbaus erfolgt eine **oxidative Desaminierung**, wobei NH_4^+ freigesetzt wird.

Bei der **Ammonifikation** wird Stickstoff aus stickstoffhaltigen organischen Stoffen durch Mikroorganismen als Ammoniak (NH_3) freigesetzt.

Denitrifikation ist der Abbau von Nitrat zu gasförmigen Stickstoffverbindungen wie Stickstoffmonoxid (NO), Distickstoffoxid (N_2O) und vor allem molekularem Stickstoff N_2. **Denitrifizierende** Bakterien sind bestimmte heterotrophe und einige autotrophe Bakterien. Sie können bei O_2-Mangel Nitrat (oft auch Nitrit) als Elektronenakzeptor für die Oxidation von organischen Stoffen oder von H_2 nutzen und über eine anaerobe Atmung (Nitratatmung) Energie gewinnen. Denitrifikanten sind beispielsweise viele *Bacillus-*, *Paracoccus-* und *Pseudomonas-*Arten sowie Enterobacteriaceen, die fakultativ anaerob sind und primär Sauerstoff, falls vorhanden, nutzen.

Die im Laufe der Denitrifikation entstehenden Gase können in die Atmosphäre entweichen. In den Böden, in denen aufgrund eines Nässestaus O_2-Mangel entsteht, können Stickstoffverluste auftreten.

Bei der **Denitrifikation** wird Nitrat für die Oxidation von organischen Stoffen von fakultativ anaeroben Bakterien zur Energiegewinnung genutzt. Stickstoff wird dabei unter Sauerstoffmangel als N_2 in die Atmosphäre freigesetzt.

Chemotrophe Bakterien
Bakterien, die Energie aus chemischen (exergonen) Stoffumsetzungen gewinnen

Bei der **Nitrifikation** wird das im Boden vorhandene Ammonium durch aerobe **chemotrophe Bakterien** abgebaut und als Energiequelle für den Stoffwechsel genutzt.

Teil II Mikrobiologie

Ammonium wird dabei zunächst zu Nitrit (NO_2^-) und dann zu Nitrat (NO_3^-) oxidiert. Dieser zweistufige und strikt sauerstoffabhängige Prozess wird durch verschiedene Bakterien durchgeführt.

1. Zuerst wird Ammoniak von sogenannten **Nitrosobakterien** wie *Nitrosomonas* mit molekularem Sauerstoff zu Nitrit als Endprodukt oxidiert. Nitrite sind toxisch und können von Bakterien in hohen Konzentrationen nicht toleriert werden. Das Nitrition reagiert mit den Eisenatomen in eisenhaltigen Enzymen, die dadurch inaktiviert werden.
2. Im zweiten Schritt, der von **Nitrobakterien** wie *Nitrobacter* durchgeführt wird, wird Nitrit mit molekularem Sauerstoff zu Nitrat oxidiert.

Die **nitrifizierenden** Bakterien sind chemoautotroph: Sie können ihren Kohlenstoffbedarf aus Kohlenstoffdioxid decken und benötigen keine organischen Verbindungen. Die Bakterien bauen Kohlenstoffdioxid über den *Calvin*-Zyklus in ihr Zellmaterial ein.

Im Wasser werden Ammoniumverbindungen unter Sauerstoffverbrauch ebenfalls zu Nitraten umgesetzt. Dies kann zu einer starken Belastung des Sauerstoffhaushalts in einem Gewässer führen. Allerdings ist seit einigen Jahren auch eine anaerobe Ammoniumoxidation (Abk.: Anammox) bekannt. Dabei wird Ammonium unter anaeroben Bedingungen oxidiert, während Nitrit statt O_2 den Bakterien als Elektronenakzeptor dient. Molekularer Stickstoff N_2 entsteht als Endprodukt.

Nitrifikation ist die Umsetzung von Ammonium über Nitrit zu Nitrat in einem zweistufigen Prozess durch Bakterien, der unter Sauerstoffverbrauch durchgeführt wird. Bei der anaeroben Ammoniumoxidation entsteht aus Ammonium (Elektronendonator) und Nitrit (Elektronenakzeptor) Luftstickstoff.

Die langsam wachsenden nitrifizierenden Bakterien sind im Boden und Wasser weit verbreitet und spielen eine wichtige Rolle bei der Abwasserreinigung.

4.1.3 Schwefelkreislauf

Das Element Schwefel unterliegt in der Natur ebenfalls einem Kreislauf, der wesentlich durch die Stoffwechselaktivitäten von Mikroorganismen bestimmt wird (Bild 1).

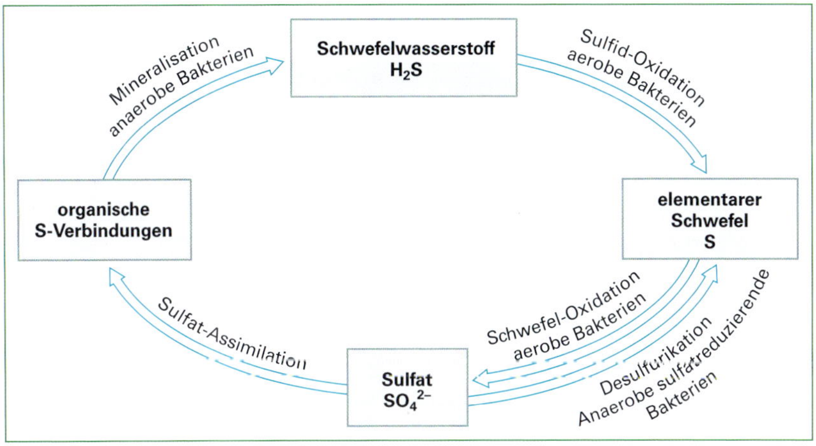

Bild 1
Stoffkreislauf des Schwefels

Schwefel ist ein essenzieller Bestandteil aller Lebewesen. Er ist in den Aminosäuren Methionin und Cystein sowie in einigen Cofaktoren von Enzymen wie **Biotin**, **Thiaminpyrophosphat** und **Coenzym A** enthalten.

Biotin, Vitamin B7 oder H
Vitamin, das als prosthetische Gruppe von Carboxylase-Enzymen dient

Thiaminpyrophosphat, TPP, Vitamin B1
Coenzym von verschiedenen Enzymen wie z.B. Decarboxylasen

Coenzym A, CoA
Coenzym, das z.B. im Fettsäurestoffwechsel Carbonsäuregruppen auf andere Substrate überträgt

An einigen Standorten der Erde ist gelber **elementarer Schwefel** zu finden, der vulkanischen Ursprungs ist oder als Ergebnis mikrobieller Aktivitäten angereichert wird. Im Boden und Wasser liegt Schwefel zumeist in oxidierter Form als Sulfat (SO_4^{2-}) vor. **Sulfate**, die Salze der Schwefelsäure, sind in verschiedenen Mineralien wie z. B. Calciumsulfaten (Gips u. a.) vorhanden.

In reduzierter Form liegt Schwefel als **Schwefelwasserstoff** (H_2S) vor, ein schon in geringen Konzentrationen nach faulen Eiern riechendes, sehr giftiges Gas. **Sulfide** sind die Salze von H_2S mit dem Sulfid-Anion S^{2-}. Schwefelwasserstoff führt zur Ausfällung von Metallen wie z. B. Eisen als schwarzes Eisensulfid, das unlöslich ist. Schwarze Bereiche in Sedimenten oder anderen Ökosystemen sind Anzeichen für anaerobe mikrobielle Prozesse, da bei Bildung von Schwefelwasserstoff dunkle Eisen- oder andere Metallsulfide gebildet werden.

Bei der **assimilatorischen Sulfatreduktion**, die Pflanzen, Pilze und Bakterien durchführen, wird Schwefel als anorganisches Sulfat in die Zelle aufgenommen. Die Sulfationen werden bis auf die Stufe von H_2S reduziert und dann in Zellkomponenten wie Aminosäuren eingebaut.

Dissimilation
Abbau organischer Verbindungen zum Zwecke der Energiegewinnung

Bei der **assimilatorischen Sulfatreduktion** wird Sulfat aufgenommen und für die Biosynthese von schwefelhaltigen Aminosäuren reduziert.

Bild 1
Schwefelsee im Yellowstone National Park, in dem schwefeloxidierende Bakterien zu finden sind

Bestimmte obligat anaerobe Bakterien, sogenannte Desulfurikanten oder sulfatreduzierende Bakterien, führen eine **dissimilatorische Sulfatreduktion** durch (**Desulfurikation**). Organische Verbindungen wie Laktat und andere organische Säuren sowie Wasserstoff (H_2), die oft in mikrobiellen Prozessen als Endprodukte entstehen, können von sulfatreduzierenden Bakterien oxidiert werden, wobei die freigesetzten Elektronen auf Sulfat geleitet werden (Sulfatatmung). In marinen Habitaten nutzen Desulfurikanten sogar Erdölverbindungen und spielen damit eine wichtige ökologische Rolle. Im Meerwasser ist Sulfat mit einer Konzentration von ca. 8 % des Gesamtsalzgehaltes nach Na^+ und Cl^- das dritthäufigste Ion.

Bei der **dissimilatorischen Sulfatreduktion** setzen strikt anaerobe sulfatreduzierende Bakterien organische Verbindungen zur Energiegewinnung um, wobei Sulfat als Elektronenakzeptor der anaeroben Atmung dient.

Die ausschließlich von Bakterien durchgeführte **Oxidation anorganischer Schwefelverbindungen** verläuft typischerweise in zwei Schritten:

- Oxidation von H_2S/Sulfiden zu Schwefel (oder auch direkt zu Sulfat).
- Oxidation von elementarem Schwefel zu Sulfat.

Dabei wird elementarer Schwefel als Zwischenstufe abgelagert, je nach Bakterienart entweder innerhalb oder außerhalb der Zelle. Beteiligt sind zum einen fototrophe, meist anaerobe Bakterien (z. B. die Gattungen *Chromatium* und *Chlorobium*) mit einer anoxygenen Fotosynthese und farblose chemoautotrophe, meist aerobe Bakterien und Archaeen.

Einzigartiges Ökosystem gefunden

Im Jahr 1986 wurde an der Schwarzmeerküste in Rumänien die Höhle von Movile entdeckt. Sie ist ein einzigartiges Ökosystem, das eine artenreiche Gemeinschaft von Bakterien, Pilzen und wirbellosen Tieren beherbergt. Das vor mehreren Millionen Jahren entstandene ausgedehnte Höhlensystem ist seit über einer halben Million Jahre von der Landoberfläche abgeschnitten, sodass keine durch Pflanzen oder andere Fototrophe produzierte Biomasse die Höhle erreicht. Sie wurde entdeckt, als Geologen einen Schacht in den Kalkstein trieben, um den Untergrund für den Bau eines Kraftwerks zu prüfen.

Die Höhle bildet ein völlig autarkes Reich von oft bizarren Lebewesen, das sich über Hunderte von Quadratkilometern erstreckt. Die Tierarten haben sich im Laufe der Jahrtausende an die lichtlose Umgebung angepasst und ihre Sehorgane und die Farbpigmente der Haut völlig zurückgebildet. Nur über eine Luftschleuse und unter strengen Vorkehrungsmaßnahmen dürfen Forscher diesen Ort betreten, um den einmaligen Lebensraum nicht durch Organismen oder Bestandteile der oberirdischen Welt zu verfälschen.

Das Höhlensystem von Movile ist teilweise durch Grundwasser überflutet, das hohe Mengen an reduzierten Verbindungen wie NH_4^+, CH_4 und H_2S enthält, die aus dem Gestein freigesetzt werden. Die Atmosphäre des Höhlensystems enthält hohe Konzentrationen an Schwefelwasserstoff und geringe an Sauerstoff. Auf den Wasseroberflächen schwimmen gallertartige Bakterienmatten, in denen neben methanotrophen vor allem schwefeloxidierende Bakterien beheimatet sind. Sie nutzen die chemische Energie, die bei Schwefelwasserstoffoxidationen frei wird, um als Primärproduzenten Biomasse zu produzieren.

Die für Menschen lebensfeindliche Höhle von Movile ist das einzige bisher bekannte Ökosystem auf dem Festland der Erde, das auf der Aktivität chemoautotropher Bakterien basiert. Dies ist nur möglich, da die Höhle vollständig von der Außenwelt und damit vom Licht abgeschlossen ist.

4.2 Die anaerobe Nahrungskette

Überall dort, wo in der Natur nährstoffreiche Bedingungen und intensive Zersetzungsaktivitäten von Mikroorganismen vorliegen, entstehen **anoxische Lebensräume**, in denen anaerobe Bakterien, Archaeen und Protozoen leben:

- Darm-/Verdauungstrakt von Menschen und Tieren, z. B. im **Pansen.**
- Schlecht durchlüftete Böden, z. B. geflutete Reisfelder und Sümpfe.
- Tiefere Schichten stehender Gewässer.
- Sedimente von Gewässern.

Pansen
Der größte der vier Mägen von Wiederkäuern, in dem die zellulosereiche Nahrung mithilfe von Bakterien und methanogenen Archaeen abgebaut wird

Der Zuwachs von neuer Zellmasse verläuft bei der anaeroben Zersetzung organischer Stoffe sehr langsam. Wegen des geringen Energiegewinns in den Gärungen und anaeroben Atmungen können nur etwa 5 % der umgesetzten organischen Verbindungen in eigene Zellsubstanz umgewandelt werden, während zu etwa 95 % Methan (CH_4) und Kohlenstoffdioxid (CO_2) entsteht (Bild 1).

Aerobe Mikroorganismen bilden hingegen aus ca. 50 % der organischen Substrate neue Biomasse, da ihre Atmung energetisch effektiver ist. Die restlichen Kohlenstoffsubstrate werden auf der höchst oxidierten Stufe des Kohlenstoffs als CO_2 freigesetzt.

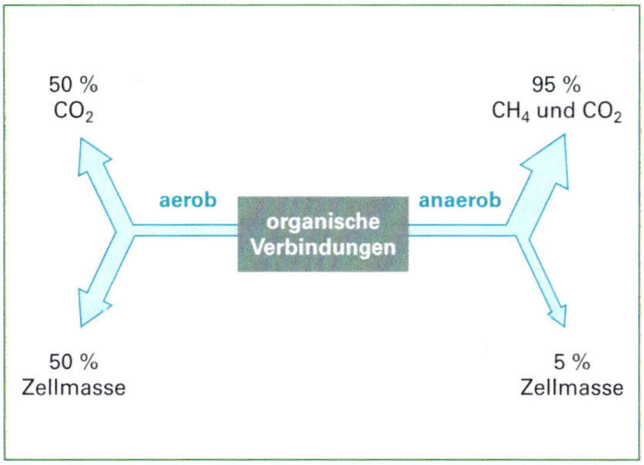

Bild 1 Aerobe und anaerobe Bildung von Biomasse

Nahrungskette
Die linearen Beziehungen zwischen verschiedenen Organismengruppen, von denen die einen Nahrungsgrundlage der anderen sind

Nahrungsnetz
Darstellung aller Nahrungsbeziehungen zwischen den Organismengruppen eines Ökosystems

Tabelle 1 zeigt, dass sich die Generationszeiten von anaeroben und aeroben Mikroorganismen entsprechend stark unterscheiden. Im Gegensatz zu Aerobiern, die den gesamten Abbauprozess in einer einzigen Zelle durchführen können, sind beim anaeroben Abbau in den Ökosystemen eine Vielzahl unterschiedlicher Mikroorganismen und Stoffwechseltypen beteiligt.

Die komplexen Prozesse werden anaerobe **Nahrungskette** bzw. anaerobes **Nahrungsnetz** genannt. Beim anaeroben Abbau laufen schrittweise Gärungen und anaerobe Atmungen ab, wobei die ausgeschiedenen Endprodukte des Stoffwechsels einer Bakteriengruppe von Vertretern einer anderen aufgenommen werden und ihnen als Substrat dienen.

In der **anaeroben Nahrungskette** werden organische Stoffe in anoxischen Lebensräumen unter Kooperation von Bakterien und Archaeen abgebaut. Dabei entstehen große Mengen von Methan und CO_2, während nur etwa 5 % der umgesetzten Verbindungen in neue Biomasse überführt wird.

Tabelle 1 Generationszeiten von Mikroorganismen

anaerobe Bakterien	*Bacteroides*	ca. 20 h
	Clostridien	bis 30 h
	Acetogene Bakterien	ca. 30 h
anaerobe Methanogene	*Methanosarcina*	bis 10 d
	Methanococcus	bis 10 d
aerobe Bakterien	*Escherichia coli*	15 ... 45 min
	Belebtschlammbakterien	ca. 1 h

Phasen der anaeroben Nahrungskette

Die anaerobe Nahrungskette kann in vier Teile gegliedert werden (Bild 1, S. 251):

Exoenzyme
Enzyme von Mikroorganismen, die in die Umwelt ausgeschieden werden

1. **Hydrolytische Phase**
   Zu Beginn der anaeroben Nahrungskette stehen Polymere der Biomasse wie z. B. Zellulose, Stärke, Lipide, Proteine, die nicht direkt in die Zellen aufgenommen werden können. Sie werden von anaeroben Mikroorganismen, die **Exoenzyme** wie Amylasen, Cellulasen, Chitinasen, Proteasen oder Lipasen ausscheiden, in Monomere und andere lösliche Verbindungen hydrolysiert, d. h. in Bruchstücke gespalten.

2. **Versäuerungsphase**
   In der zweiten Phase werden die in Schritt 1 entstandenen Zucker, Aminosäuren sowie Fettsäuren aufgenommen und zu kurzkettigen Säuren und Alkoholen umgewandelt. Es entstehen insbesondere Laktat, Buttersäure, Propionsäure, Ethanol und Methanol sowie die Gase H_2 und CO_2. Hierbei sind die Bakterien beteiligt, die die Exoenzyme ausscheiden, aber auch Mikroben, die keine extrazellulären Enzyme produzieren. Die in dieser Phase tätigen Organismen besitzen einen Gärungsstoffwechsel wie *Clostridium*-Arten, Milchsäurebakterien sowie Vertreter der Enterobacteriaceen.

3. **Acetogenese (Essig-bildende Phase)**
   Durch weitere Bakterien mit Gärstoffwechsel findet ein Abbau der längerkettigen Säuren und der Alkohole zu Essigsäure, CO_2 und H_2 statt. Die von den primären Gärorganismen zuerst gebildeten Gärungsprodukte werden durch hierauf spezialisierte Bakterien, die **sekundären Gärer**, weiter umgesetzt. Aus CO_2 und H_2 kann durch die Tätigkeit einer besonderen Organismenklasse, den acetogenen Bakterien, Acetat gebildet werden.

4. **Methanogenese (Methanbildung)**
Durch methanogene Archaeen wird im letzten Schritt anaerober Zersetzungsprozesse aus H_2 und CO_2 Methan gebildet. Eine weitere Gruppe von Methanogenen ist in der Lage, Essigsäure in CO_2 und CH_4 umzusetzen. Erstere werden **hydrogenotrophe** (Wasserstoff verwertende) Methanbildner, letztere **acetoklastische** (Acetat-spaltende) Methanogene genannt.

Kohlenstoffdioxid, das am Ende der anaeroben Abbaukette entsteht, wird sowohl durch gärende Bakterien als auch durch methanogene Archaeen gebildet. Methan, das noch eine beträchtliche Menge Energie enthält, die jedoch unter anaeroben Bedingungen nicht genutzt werden kann, wird ausschließlich durch Methan-bildende Archaeen produziert. Da Methanogene nur C_1-Verbindungen, Wasserstoff und Acetat als Substrate verwerten können, sind sie auf die Aktivitäten anderer anaerober Mikroorganismen angewiesen, die ihnen ihre Gärungsprodukte zur Verfügung stellen.

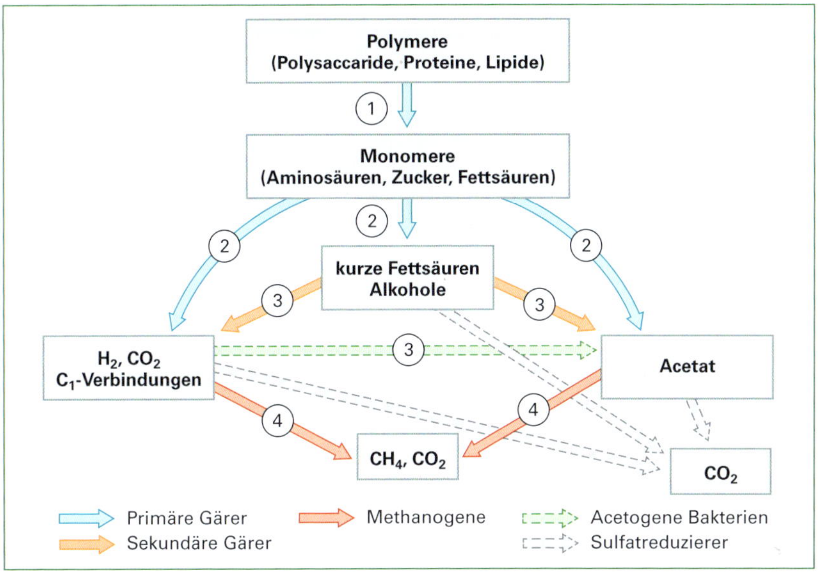

Bild 1
Die anaerobe Nahrungskette mit vier Abbauphasen

Der anaerobe Abbau von organischen Stoffen kann in vier Phasen eingeteilt werden:

1. In der **Hydrolysephase** werden polymere Makromoleküle durch Exoenzyme in lösliche Teilstücke gepalten.
2. In der **Versäuerungsphase** werden von Gärorganismen neben organischen Säuren auch Alkohole, CO_2 und H_2 gebildet.
3. In der **Acetogenese**-Phase setzen spezielle Gärer und acetogene Bakterien die Gärprodukte weiter zu Acetat und C_1-Verbindungen um.
4. Bei der **Methanogenese** sind methanogene Archaeen aktiv, die die Endprodukte der anaeroben Nahrungskette CO_2 und CH_4 freisetzen.

Liegen in O_2-freien Habitaten schwefelhaltige Verbindungen wie Sulfat vor, spielen **sulfatreduzierende Bakterien** eine wichtige Rolle. Diese Bakterien sind strikt anaerob und nutzen Wasserstoff als Substrat. Wenn sulfatreduzierende Bakterien zusammen mit methanogenen Archaeen am selben Ort vorkommen, konkurrieren beide Organismengruppen um das gemeinsam genutzte Substrat H_2. Sulfatreduzierende Bakterien oxidieren organische Verbindungen ausschließlich zu CO_2 und bilden gleichzeitig Schwefelwasserstoff (H_2S) als Reduktionsprodukt der Sulfate.

Symbiose
Lebensgemeinschaft verschiedener Organismen, von der beide Partner Vorteile haben

Reinkultur
Züchtung von Mikroorganismen, die alle von einer einzigen Zelle abstammen

4.2.1 Syntrophe Mikroorganismen

Die vier Phasen der anaeroben Nahrungskette lassen sich nicht strikt trennen, zumal die beteiligten Mikroorganismen oft dicht nebeneinanderliegen und aus thermodynamisch-energetischen Gründen miteinander kooperieren müssen.

Die sekundär gärenden Bakterien bilden beispielsweise mit den methanogenen Archaeen besonders enge **symbiontische** Beziehungen aus, die **Syntrophie** genannt werden. Darunter wird die energetische Abhängigkeit von zwei verschiedenen Organismen verstanden, die nur gemeinsam eine bestimmte Substanz abbauen können. Der eine Partner kann seine Stoffwechselreaktion z. B. den Abbau einer Fettsäure zu H_2 und Acetat nur ausführen, wenn gleichzeitig der Partnerorganismus seine Reaktion durchführt, nämlich die Nutzung des Wasserstoffs zur Reduktion von CO_2 zu Methan.

Liegen beide Partner, H_2-Produzent und H_2-Konsument, räumlich eng zusammen, kommt es zu einem sogenannten **Interspezies H_2-Transfer** (Bild 1), sodass der als Elektronenträger wichtige Wasserstoff nicht über weite Strecken diffundieren muss. Wird dem ersten Partner das Reaktionsprodukt H_2 nicht abgenommen und der H_2-Partialdruck durch andere Organismen nicht niedrig gehalten, ist die Energie liefernde Reaktion des H_2-Produzenten nicht mehr exergonisch. Auf der anderen Seite sind die Methanbildner auf den Wasserstoff dringend für ihren Stoffwechsel angewiesen.

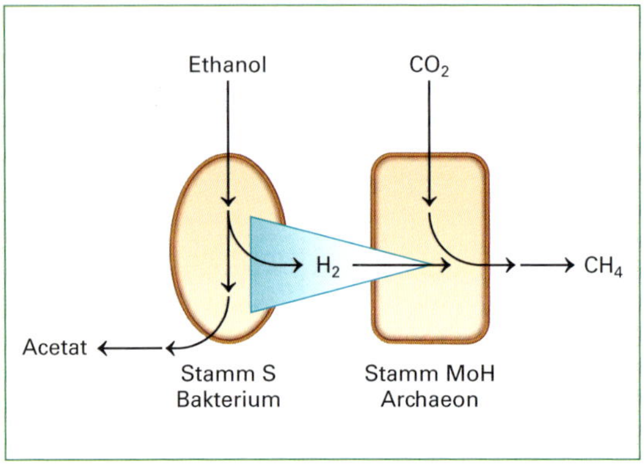

Bild 1 ***Methanobacillus omelianskii*-Kultur mit Interspezies H_2-Transfer**

Syntrophe Organismen können nur schwer in **Reinkultur** gehalten werden, da sie ohne ihren Partnerorganismus nicht oder nur schlecht wachsen. Der erste Nachweis einer syntrophen Kultur erfolgte an einer Ethanol-oxidierenden Kultur, die zuerst als eine Reinkultur angesehen wurde und den Artnamen *Methanobacillus omelianskii* erhielt (Bild 1). In Wirklichkeit handelte es sich um die Assoziation zweier Organismen, von Bakterien und Archaeen. Von denen oxidierte das Bakterium, der S-Stamm, Ethanol zu Acetat und H_2, während der methanogene Stamm MoH den Wasserstoff für die Reduktion von CO_2 zu Methan benötigt.

Syntrophe Mikroorganismen sind Organismen verschiedener Arten, die miteinander kooperieren, um bestimmte Stoffwechselleistungen zu erbringen und Substrate abzubauen, die von einer Art allein nicht verwertet werden können.

Biogas
Gasförmiger Energieträger mit der Hauptkomponente Methan

Blockheizkraftwerk
Anlage zur Gewinnung elektrischer Energie sowie Wärme, die z. B. ein Fernwärmenetz betreiben kann

4.2.2 Biogasbildung

Auf industriellem Wege wird Methan als **Biogas** in landwirtschaftlichen Biogasanlagen und in den Faultürmen von Kläranlagen gewonnen. Biogas kann aufgrund seines hohen Energiegehaltes vielfältig genutzt werden.

Da bei der Gewinnung von Biogas Biomasse in O_2-Abwesenheit durch Mikroorganismen umgesetzt wird, stellen **Biogasanlagen** anaerob geführte Bioreaktoren dar. Entweder Bioabfälle oder nachwachsende Rohstoffe können eingesetzt werden, um einen Energieträger zu produzieren, der zur Stromerzeugung, zur Einspeisung in ein Gasversorgungsnetz oder zum Antrieb von Fahrzeugen eingesetzt werden kann. Biogas wird in Deutschland häufig in **Blockheizkraftwerken** verwertet.

Das bei der **Abwasserreinigung** in Kläranlagen entstehende Biogas wird Klär- oder Faulgas genannt. Bei der Reinigung von Abwasser (s. Kap. II.4.3.4) wird der Klärschlamm einem gesteuerten anaeroben Abbauprozess in sogenannten **Faultürmen** unterworfen. Der Schlamm aus dem Vorklärbecken sowie der aus dem Nachklärbecken werden in den Faulturm gebracht (s. S. 262), in dem er 20 bis 30 Tage unter Luftausschluss verbleibt. Bei einer Temperatur von 30 – 37 °C wird der Klär- oder Faulschlamm von Bakterien und methanogenen Archaeen in Biogas umgewandelt. Die dabei verbleibenden restlichen Feststoffe können in der Landwirtschaft als Dünger verwendet, falls sie nicht durch Schwermetalle zu stark belastet sind, oder nach einem Entwässerungsprozess verbrannt werden.

Bild 1 **Faultürme einer Kläranlage**

Biogas besteht zum großen Teil aus dem brennbaren Methan und enthält bis zu 45 % CO_2 (Tabelle 1). Biogas enthält neben weiteren Gasen in Spuren auch Schwefelwasserstoff, da Schwefel in natürlichen Materialien fast immer vorhanden ist. Vor der technischen Nutzung des Biogases muss das H_2S durch Gasreinigungsverfahren entzogen werden. Neben den Gasen entsteht in Biogasanlagen ein mikrobiell nicht weiter abbaubares Substanzgemisch, genannt **Gärrest**, das oft Feststoffe enthält und als organischer Dünger eingesetzt werden kann.

Tabelle 1 Zusammensetzung von Biogas

Bestandteil	Formelzeichen	Konzentration*
Methan	CH_4	60 % ... 80 %
Kohlendioxid	CO_2	20 % ... 45 %
Wasserdampf	H_2O	2 % ... 7 %
Wasserstoff	H_2	0 % ... 3 %
Sauerstoff	O_2	0 % ... 1 %
Stickstoff	N_2	0 % ... 1 %
Ammoniak	NH_3	0 % ... 1 %
Schwefelwasserstoff	H_2S	0 % ... 1 %

* %: volumetrischer Raumanteil

Als **Ausgangsstoffe** für die Biogasproduktion eignen sich verschiedene Materialien:

- Vergärbare Abfallstoffe wie Klärschlamm, Biomüll oder Speisereste.
- Tierische Ausscheidungen wie Gülle (überwiegend) oder Mist.
- Nicht genutzte/verwertbare Pflanzenreste.
- Gezielt angebaute schnell wachsende Pflanzen (Energiepflanzen), wie Getreide, sowie **Maissilage** und Grassilage.

Silage
Durch Milchsäuregärung konserviertes Pflanzenmaterial, oft als hochwertiges Futtermittel genutzt

Aufgrund der verschiedenen Ausgangsstoffe kann bei der Biogasgewinnung unterschiedlich viel Methan pro Masseeinheit erzeugt werden, je nachdem ob mehrheitlich Kohlenhydrate, Proteine, Fette oder Lignozellulose als Substrate für die Mikroorganismen vorliegen. Das vorhandene Verhältnis der Substrate führt außerdem zu einem variablen Methangehalt des Biogases. So liefern besonders Fette und Proteine ein energiereiches Biogas.

Auch Kohlenhydrate in Form von Stärke oder Mono- und Disacchariden sind zur Biogasproduktion gut geeignet. Zellulose und Hemizellulose sind die mengenmäßig am häufigsten in der pflanzlichen Biomasse vorkommenden Polysaccharide. Sie bilden zusammen mit **Lignin** die Hauptbestandteile der **Lignozellulose**, die Gerüstsubstanz der pflanzlichen Zellwände. Diese Substanz dient der Pflanze als Schutz vor mikrobiellen Angriffen und erschwert ihre Verrottung. Lignozellulose ist jedoch für Biogasanlagen von besonderer Bedeutung, da die Trockenmasse pflanzlicher Zellen durchschnittlich zu etwa 80 % aus dieser Substanz besteht.

Lignin
Dreidimensionales Polymer, aufgebaut aus aromatischen Alkoholen und Bestandteil der Zellwände verholzter pflanzlicher Gewebe

Zellulose, die eng nebeneinanderliegende Faserstrukturen mit kristallinen Bereichen bildet, kann nur langsam von Bakterien und Pilzen abgebaut werden. Lignin ist aufgrund seiner komplexen chemischen Struktur durch Enzyme von Mikroorganismen besonders schwer angreifbar. Der Holzstoff ist unter anaeroben Bedingungen mikrobiologisch gar nicht oder extrem langsam abbaubar, sodass Pflanzenmaterialen mit hohen Ligninanteilen wie beispielsweise Holz in Biogasanlagen praktisch nicht umgesetzt werden. Pflanzenmaterialien mit geringem Anteil an Lignozellulose wie junges Gras sowie Stängel von Mais und Getreide werden wesentlich besser mikrobiell abgebaut.

Biogas wird in Biogasanlagen und in Faultürmen von Kläranlagen aus nachwachsenden, pflanzlichen Rohstoffen oder Bioabfällen gewonnen. Der Hauptbestandteil des brennbaren Biogases ist **Methan**, dessen Anteil im Biogas von der Zusammensetzung sowie der mikrobiellen Abbaubarkeit der Ausgangsstoffe abhängt.

An der Biogasbildung beteiligte Mikroorganismen

Die Biogasbildung erfolgt entlang der anaeroben Nahrungskette, die in mehrere aufeinanderfolgende Phasen unterteilt werden kann (Bild 1, S. 251). Die **hydrolytische Spaltung** der Polysaccharide, vor allem der Zellulose, in die Zuckerbausteine ist der langsamste und damit geschwindigkeitsbestimmende Schritt beim anaeroben Abbau vieler Pflanzenmaterialien. Dies liegt an der schlechten Zugänglichkeit der Lignozellulosestruktur für hydrolytische Enzyme aufgrund der Verkrustung der Polysaccharidfasern mit Lignin.

Bild 1
Biogasanlage

Zellulolytische (Zellulose-spaltende) Bakterien führen die ersten Schritte des Abbaus der Lignozellulose durch. Einige Arten der Clostridien wie z. B. *Clostridium thermocellum* sind dazu in der Lage, indem sie einen engen Kontakt mit ihrem Substrat eingehen. Sie bilden multifunktionelle Enzymkomplexe, die auf der Zellhülle der Bakterien aufgelagert sind und zahlreiche Enzymmonomere (Cellulasen) enthalten. Diese Enzymkomplexe werden **Cellulosomen** genannt.

Verschiedene Bakterien scheiden weitere zum Abbau der unterschiedlichen polymeren Substrate erforderliche Exoenzyme aus. In den Zellen oft der gleichen Bakterien werden die Bausteine über unterschiedliche Stoffwechselwege meist zu Säuren vergärt. Die enge Kooperation der anaeroben Säuerungsmikroben wird durch die Substratumsetzungen synthropher Bakterien (S. 252) deutlich.

Bei der anschließenden Methanbildung sind hydrogenotrophe Archaeen, die H_2 und CO_2 als Substrate benötigen, und acetoklastische Methanogene, die Acetat umsetzen, beteiligt.

Die Mikroorganismen, die in den beiden Hauptprozessen Hydrolyse/Versäuerung und Methanbildung aktiv sind, bevorzugen unterschiedliche Milieubedingungen (s. Tabelle 1, S. 255), was in einstufigen technischen Verfahren der Biogasbildung vernachlässigt werden muss. In **zweistufigen Verfahren** werden die beiden Hauptprozesse Hydrolyse/Versäuerung und Methanbildung getrennt und sie erfolgen in verschiedenen Reaktorräumen.

Beispielsweise bevorzugen die an der Hydrolyse und Versäuerung beteiligten Mikroorganismen ein leicht saures Milieu, während die an der Methanbildung beteiligten Archaeen einen neutralen pH-Wert favorisieren. Außerdem haben die meisten Methanogenen ein Wachstumsoptimum bei höheren Temperaturen als die Vergärer. Die Methanbakterien besitzen entweder im mesophilen Temperaturbereich bei etwa 37 °C oder in einem thermophilen Bereich von über 50 °C ihr Wachstumsoptimum.

Tabelle 1 Mikrobielle Wachstumsfaktoren mit Einfluss auf den Prozess der Biogasgewinnung

	Phase: Hydrolyse und Versäuerung	Phase: Methanbildung
Temperatur	25 °C ... 35 °C	mesophil: 33 °C ... 42 °C thermophil: 50 °C ... 58 °C
pH-Wert	5,2 ... 6,3	6,7 ... 7,5
C:N-Verhältnis	10 ... 45 : 1	20 ... 30 : 1
Redoxpotenzial	+400 ... –300 mV	< –250 mV
Spurenelemente	ohne besondere Ansprüche	Ni, Co, Mo, Se

Da die Biogasbildung bei Prozessen mit höheren Temperaturen schneller erfolgt, können die Verweilzeiten der Substrate im Reaktor verringert werden. Ein Biogasverfahren bei Temperaturen über 50 °C hat überdies den Vorteil, dass gleichzeitig eine **Hygienisierung** des Substrates stattfindet. Jedoch entwickelt sich im mittleren Temperaturbereich eine größere Vielfalt von Mikroorganismen, sodass der Prozess stabiler ist und nicht so leicht eine Störung bei Schwankungen der Wachstumsfaktoren eintritt. Deshalb werden die meisten landwirtschaftlichen Biogasanlagen im mesophilen Temperaturbereich betrieben.

Hygienisierung
Abtötung gesundheitsschädlicher Keime durch Hitze (vergleichbar einer Pasteurisierung)

Eine Voraussetzung für eine optimale Nährstoffversorgung der Mikroorganismen bei der Biogasproduktion ist ein ausgewogenes Verhältnis der beiden mengenmäßig wichtigsten Nährstoffelemente Kohlenstoff und Stickstoff. Das **C/N-Verhältnis** sollte für einen ungestörten Prozessverlauf im Bereich 10 : 1 bis 30 : 1 liegen, da die Mikroorganismen auch Stickstoff für die Bildung neuer Zellsubstanz in relativ hohen Mengen benötigen.

C/N-Verhältnis
Massenverhältnis von Kohlenstoff (C) zu Stickstoff (N) in pflanzlichem Material oder im Boden

Ist das C/N-Verhältnis zu klein (genannt: eng), besteht ein Stickstoffüberschuss, und es kann zu einer unerwünscht hohen Bildung von Ammoniak (NH_3) kommen. Methanogene Archaeen benötigen außerdem bestimmte Spurenelemente wie Nickel und Kobalt.

Enthalten die Biogas-Kohlenstoffquellen zu viel Schwefel, werden die anaeroben **sulfatreduzierenden Bakterien** bevorteilt. Das durch diese Bakterien gebildete H_2S wirkt in der Biogasanlage toxisch auf die Methanogenen und hemmt deren Aktivität. Deshalb sollte das Substrat der Biogasanlagen nicht zu eiweißreich sein, da organisch gebundener Schwefel vor allem in Proteinen enthalten ist.

Für die Biogasgewinnung ist eine komplexe Mikroflora bestehend aus einer Vielzahl von Bakterien und Archaeen der **anaeroben Nahrungskette** verantwortlich. Die beiden Hauptprozesse sind die **Hydrolyse und Versäuerung**, die zumeist durch gärende Bakterien erfolgt, sowie die **Methanbildung**, durchgeführt von methanogenen Archaeen.

4.3 Mikroorganismen in Gewässern

Grundwasser
Wasser im Boden, das durch Versickern der Niederschläge oder aus Seen und Flüssen in den Erdboden gelangt

In fast allen natürlichen Gewässern sind Mikroorganismen in großer Vielfalt vorhanden. Allerdings unterscheiden sich die einzelnen Habitate mit Süßwasser wie Seen, Teiche und Flüsse oder mit Salzwasser wie die oberen Meeresschichten und die Tiefsee voneinander deutlich. Von den Oberflächengewässern kann das **Grundwasser** unterschieden werden.

Wasser von stehenden oder fließenden Gewässern, das sauber und damit nährstoffarm ist, hat einen geringen Keimgehalt. Oberflächengewässer, welche geringe Nährstoffkonzentrationen aufweisen, werden als **oligotroph** (griech. *oligos*: wenig, gering; *trophe*: Nahrung) bezeichnet. In solchen Gewässern werden selten mehr als 100 Keime pro Milliliter gefunden.

Bild 1
Eutropher Süßwassersee

Hingegen sind **eutrophe** Gewässer (griech. *eu*: gut) nährstoffreich und enthalten zahlreiche Mikroorganismen. Eine **Eutrophierung** ist selten ein natürlicher Prozess, sondern oft eine von Menschen verursachte Erhöhung des Nährstoffangebotes in Gewässern, besonders von Nitrat und Phosphat. Sie wird durch die Einleitung von Abwässern hervorgerufen oder durch den Düngereintrag landwirtschaftlich genutzter Flächen. In einem eutrophen Gewässer kommt es zu einer Erhöhung der Primärproduktion durch die fotosynthetisch aktiven Organismen.

Oligotrophe Gewässer besitzen niedrige Konzentrationen an Nährstoffen und eine geringe Biomasse. In **eutrophen** Gewässern ist die Biomasseproduktion aufgrund des Nährstoffeintrages durch Abwässer oder Landwirtschaft hoch.

4.3.1 Süßwasserseen

Gemäßigte Klimazone
Zone zwischen den Subtropen und der kalten Zone mit großen Unterschieden zwischen den Jahreszeiten

Sommerstagnation
Schichtung eines Sees im Sommer

Beispielhaft für die zahlreichen aquatischen Ökosysteme soll ein **Süßwassersee** der **gemäßigten Klimazone** näher dargestellt werden. Solche Seen zeigen eine charakteristische Schichtung von der Oberfläche bis in die Tiefe des Sees.

Die Schichtung bildet sich regelmäßig im Sommer und im Winter, während es im Frühjahr und Herbst zu einer Durchmischung oder Zirkulation des Sees kommt. Diese Prozesse stehen in engem Zusammenhang mit der besonderen Eigenschaft von Wasser, bei 4 °C seine höchste Dichte zu besitzen, während wärmeres und kälteres Wasser leichter ist und hochsteigt.

Die **Sommerstagnation** (Bild 1, S. 257) wird vor allem durch temperaturabhängige Dichteunterschiede im Wasserkörper hervorgerufen:

- **Epilimnion** (Oberflächenwasser)
  Das oberflächennahe Wasser unterliegt großen Temperaturschwankungen im Laufe der Jahreszeiten. Auch innerhalb eines Tages verändert sich die Wassertemperatur besonders im Sommer stark. Da das Wasser an der Oberfläche durch Wind und Strömungen mit Luft durchmischt wird und Sauerstoff ins Wasser diffundiert, ist der O_2-Gehalt zu allen Jahreszeiten hoch. Das Epilimnion ist im Sommer relativ nährstoffarm, da die anorganischen Verbindungen zu dieser Zeit durch die Primärproduktion stark verbraucht werden.

- **Metalimnion** (Thermokline, Sprungschicht)
  An dieser Stelle kann im Sommer in einer relativ schmalen Schicht eine starke Temperaturabnahme gemessen werden, mit der parallel meist auch der Sauerstoffgehalt abnimmt.

- **Hypolimnion** (Tiefenwasser)
  Im tieferen Wasserkörper herrscht zu allen Jahres- und Tageszeiten eine fast konstante Wassertemperatur von 4 °C, die zu einem Stillstand des Wassers mit hoher Dichte am Seeboden führt. Aufgrund fehlender Durchmischung hat dieses Wasser im Sommer eine sehr niedrige Sauerstoffkonzentration, da die Atmungsaktivitäten von Bakterien zu einem starken O_2-Verzehr führen.

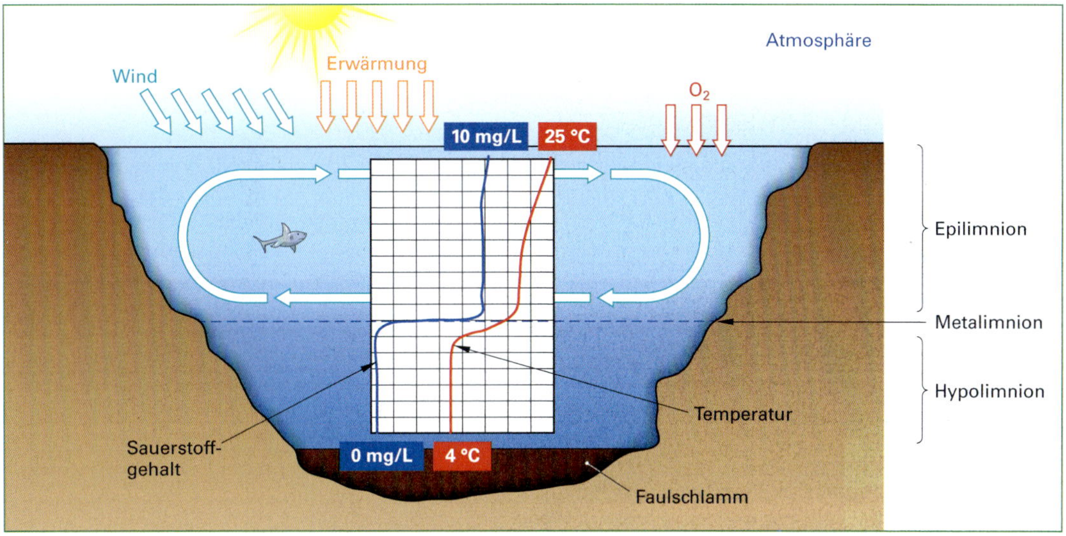

Bild 1
Temperaturschichtung eines stehenden Gewässers im Sommer

Eine Thermokline mit einem starken Temperatursprung bildet sich gewöhnlich im Sommer. Sie verhindert, dass das kalte Tiefenwasser nach oben steigt. Es kann keine vollständige Zirkulation, sondern nur eine Durchmischung des Epilimnions stattfinden. Die Sommerschichtung löst sich im Herbst wieder auf. Dann kommt es, hervorgerufen durch Wind und geringe Dichteunterschiede aufgrund des Temperaturabfalls, zu einer Durchmischung oder Zirkulation des Sees. Im Winter überlagert oft kaltes Wasser mit einer geringeren Dichte das mit 4 °C wärmere, aber dichtere Wasser in der Tiefe. Im Frühjahr kommt es bei einer gleichmäßigen Temperaturverteilung im Wasserkörper wieder zu einer vollständigen Zirkulation.

In einem stehenden Gewässer kommt es im Sommer zur **Sommerstagnation**, zur Ausbildung dreier Schichten im Wasserkörper:

1. Das **Epilimnion** an der Oberfläche, das warm, sauerstoffreich und lichtdurchflutet ist.
2. Das **Metalimnion**, eine Grenzschicht mit starker Abnahme von Temperatur und O_2-Gehalt.
3. Das **Hypolimnion** in der Tiefe, das kalt, anoxisch und arm an bzw. ohne Licht ist.

Schichtung bzw. Zirkulation beeinflussen den Sauerstoff- und Nährstoffgehalt im Wasser und bestimmen damit zusammen mit dem Lichteinfall die Verteilung der unterschiedlichen Gruppen der Mikroorganismen.

Phytoplankton
Im Wasser schwebende oder schwimmende fototrophe Organismen

Zooplankton
Gesamtheit der frei im Wasser schwebenden tierischen Mikroorganismen und Kleinlebewesen

Die **Primärproduktion** in Gewässern findet in der lichtdurchfluteten Wasserzone durch das **Phytoplankton** statt und hängt von der Lichtmenge, dem Vorliegen von Nährstoffen und der Temperatur des Wassers ab (Bild 1).

Im **Epilimnion** sind neben den Algen und einigen grünen Pflanzen die Cyanobakterien fotosynthetisch aktiv. Diese Organismen produzieren mit einer oxygenen Fotosynthese Sauerstoff und liefern damit den für alle aeroben heterotrophen Organismen wichtigen Grundstoff der Atmung. Die durch Primärproduktion im Sommer gebildete Biomasse und die Bakterienbiomasse wird teilweise in die des **Zooplanktons** umgewandelt.

Tote Biomasse und abgestorbene Mikroorganismen werden im Epilimnion von heterotrophen Bakterien abgebaut. Dabei wird durch aerobe Mikroorganismen viel Sauerstoff verbraucht, der nur bis zum **Metalimnion** zur Verfügung steht, da die Grenzschicht die Vermischungsprozesse verhindert.

Im **Epilimnion** wird durch Cyanobakterien und Algen als Produzenten Biomasse gebildet. Sie wird durch aerobe Bakterien als Destruenten unter O_2-Verbrauch mineralisiert, sofern sie nicht ins Hypolimnion absinkt.

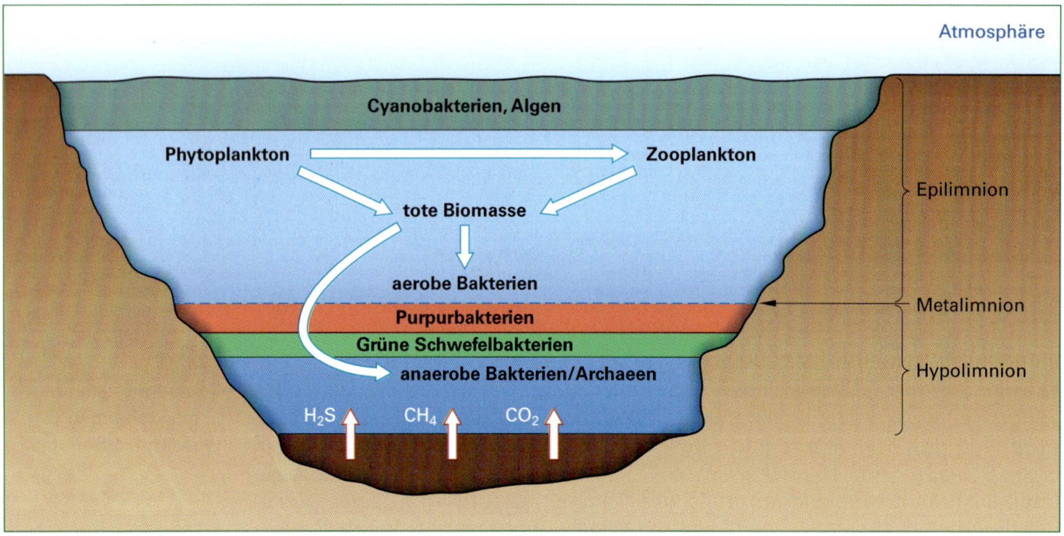

Bild 1
Mikrobielle Aktivitäten in einem See während der Sommerstagnation

In den sauerstofffreien Wasserschichten des **Hypolimnions** halten sich Bakterien mit einer **anoxygenen Fotosynthese** wie die anaeroben **Purpurbakterien** auf. Bei optimaler Lichtintensität sowie hohen H_2S-Konzentrationen können sie sich stark entwickeln und hohe Zelldichten erreichen. Die **Grünen Schwefelbakterien** und die Grünen Nichtschwefelbakterien leben ebenfalls in den anoxischen Wasserschichten. Da sie nur geringe Lichtintensitäten zur Fotosynthese benötigen, sind sie die fototrophen Mikroorganismen, die sich am tiefsten im Gewässer aufhalten.

Die anaeroben Fotosynthesebakterien produzieren keinen Sauerstoff und benötigen reduzierte Schwefelverbindungen wie z. B. Schwefelwasserstoff als Elektronendonatoren. Sie absorbieren Licht mithilfe von Bakteriochlorophyllen und charakteristischen Carotinoiden (s. S. 57), die zu einer Färbung der Ansammlungen fototropher Bakterien im Wasser führen. Die Carotinoide verleihen den Purpurbakterien eine rote, purpurne oder braune Farbe. Aufgrund ihrer Pigmentausstattung können die Purpurbakterien im UV- und langwelligen Rotbereich Licht absorbieren.

Teil II Mikrobiologie

Dass fototrophe Bakterium in tieferen Wasserschichten leben können, in denen das Licht zum großen Teil vom Wasser und von anderen fototrophen Organismen absorbiert worden ist, verdanken sie hauptsächlich ihren Carotinoiden. In Tiefen von über 10 m dringt noch blau-grünes Licht mit einer Wellenlänge im Bereich von 500 nm vor, das von den Carotinoiden der Grünen Bakterien und der Purpurbakterien genutzt werden kann.

Im **Hypolimnion** sind anaerobe Fotosynthesebakterien wie Purpurbakterien und Grüne Bakterien aktiv, die auf reduzierte Verbindungen wie H_2S angewiesen sind. Sie nutzen mithilfe von Bakteriochlorophyllen und Carotinoiden das Restlicht effektiv, das in größere Tiefen gelangt.

Im Hypolimnion sind anaerobe Bakterien sowie Archaeen aktiv. Da die Abbauaktivität der anaeroben Bakterien geringer ist, kann die organische Materie, die in das Hypolimnion absinkt, nicht vollständig abgebaut werden. Sie sedimentiert auf den Boden und reichert sich in den **Gewässersedimenten** an. In den Sedimenten selbst sind zahlreiche anaerobe Bakterien aktiv, die abgesunkenes biologisches Material abbauen und dabei Methan, CO_2 und H_2S freisetzen. Der aus abgestorbenen Lebewesen bestehende Schlamm auf dem Boden stehender Gewässer wird auch **Faulschlamm** genannt.

Die Destruenten des Hypolimnions und Faulschlamms mineralisieren organische Verbindungen, wobei u. a. Nitrate und Phosphate entstehen. Diese für die Primärproduzenten wichtigen Nährsalze können aufgrund des fehlenden Wasseraustauschs nicht ins Epilimnion gelangen, sodass die Primärproduktion des Epilimnions im Sommer limitiert ist. Hingegen entstehen beim anaeroben Abbau von organischen sulfatreichen Verbindungen durch sulfatreduzierende Anaerobier reduzierte Schwefelverbindungen, die die anaeroben fototrophen Bakterien für ihre Fotosynthese benötigen.

Anaerobe Bakterien bauen im **Hypolimnion** und in den **Gewässersedimenten** organische Verbindungen ab. Sie produzieren Gase wie Methan, CO_2 und H_2S, die teilweise im Hypolimnion wieder oxidiert werden.

Bioindikatoren
Lebewesen, welche auf Umwelteinflüsse mit Veränderungen ihrer Lebensfunktionen oder -strukturen reagieren

4.3.2 Gewässerbelastung und Abwasserreinigung

Gewässer werden mit einer Vielzahl von Stoffen aus Haushalten und Industrie belastet, die zum Teil durch Mikroorganismen schnell abgebaut werden. Einige Stoffe können sehr lange im Gewässer verbleiben. Als Maß für die Belastung der Gewässer dienen häufig natürliche Anzeiger wie **Bioindikatoren**, die Zusammensetzung der Lebewesen im Gewässer sowie die An- oder Abwesenheit bestimmter Pflanzen, Tiere und Mikroorganismen. Während einige die Gewässer bewohnenden Organismen organische Verschmutzungen gut aushalten, kommen andere nur in unverschmutzten oder wenig verschmutzten Gewässern vor. Solch eine Zusammenstellung von Mikroorganismen und größeren Lebewesen zur Ermittlung des Verschmutzungsgrades von Fließgewässern ist das sogenannte **Saprobiensystem** (griech. *saprós*: faul; *bios*: leben), das der Einordnung in **Gewässergüteklassen** dient.

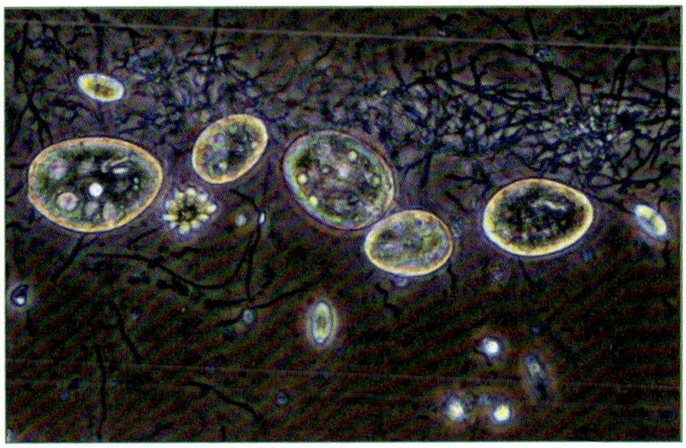

Bild 1 **Protozoen (Ciliaten) und Bakterien in Wasser der Güteklasse 4**

Algenblüte
Schnell eintretende massenhafte Vermehrung der Algen (oder Cyanobakterien), erkennbar durch Verfärbung und Trübung des Wassers

- **Güteklasse I:** nicht oder wenig verschmutzt
  Das Wasser ist nährstoffarm und sauerstoffreich, die Besiedlung gering, aber mit großem Artenreichtum.
- **Güteklasse II:** mäßig verschmutzt
  Bei zunehmender Verunreinigung und dadurch gutem Nährstoff- bzw. Nahrungsangebot sind die Wasserorganismen (Pflanzen, Algen, Tiere, Mikroorganismen) arten- und mengenmäßig reichlich vorhanden.
- **Güteklasse III:** stark verschmutzt
  Massenentwicklungen widerstandsfähiger Mikroorganismen treten bei geringer Artenvielfalt auf, bisweilen **Algenblüten** und Sauerstoffmangel.
- **Güteklasse IV:** übermäßig verschmutzt
  Geringe Sauerstoffgehalte bis völlige O_2-Abwesenheit führen zu massenhaftem Auftreten von Abwasserbakterien, Absterben von höheren Organismen sowie anaeroben Abbauvorgängen und Fäulnisprozessen.

Fließgewässer wie Flüsse und Bäche besitzen eine **natürliche Reinigungskraft**, die darauf beruht, dass heterotrophe Mikroben die Wasserschmutzstoffe abbauen und die organischen Verbindungen in anorganische zerlegen (Mineralisation). In klarem Wasser können schon 10^6 Mikroben pro mL vorhanden sein. Steigen der Schmutzgehalt und der Abwassereintrag in die Gewässer, steigt auch der Keimgehalt. Häusliches Abwasser enthält beispielsweise hohe Bakteriendichten (bis 10^9 pro mL).

Bei Eintrag hoher Schmutzfrachten kommt es zuerst zur Vermehrung von Bakterien mit Atmungsstoffwechsel und aufgrund dessen zur Erniedrigung des Sauerstoffgehalts des Wassers (Bild 1). Bei langsam fließenden Gewässern kann es nach der Einleitung zu völligem Sauerstoffdefizit im Wasser kommen: Das Gewässer kippt um und erlaubt das Wachstum anaerober Mikroorganismen. Der typische Geruch von Schwefelwasserstoff, verursacht durch die Aktivität sulfatreduzierender Bakterien, zeugt von O_2-freien Bedingungen, bei denen tierische Lebewesen wie Fische absterben.

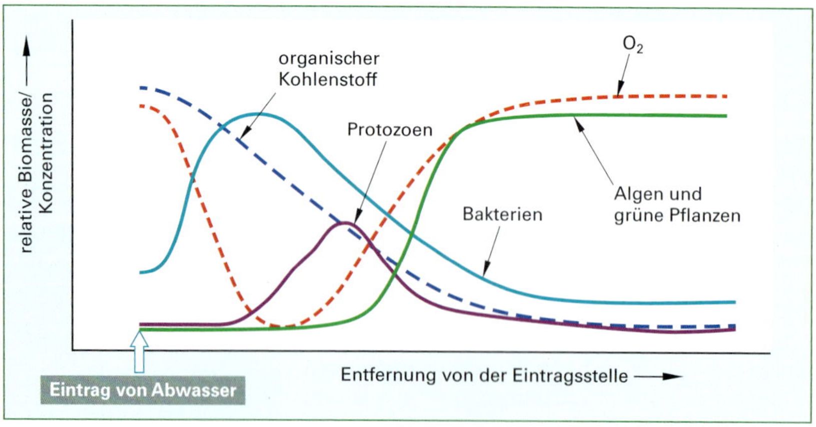

Bild 1
Chemische und biologische Parameter nach Einleitung von Abwasser in ein Fließgewässer

Mit Abnahme der organischen Wasserbelastung aufgrund weiterer Entfernung zur Einleitung oder aufgrund der vergangenen Zeit nimmt der O_2-Gehalt wieder zu. Die Zahl der Bakterien sinkt, da diese ohne Nährstoffe absterben oder durch Protozoen gefressen werden. Bei der Mineralisation der Mikroorganismen wird aus N-haltigen Verbindungen wie z. B. Proteinen Ammoniak freigesetzt, das im weiteren Verlauf bei Wiederzunahme des O_2-Gehaltes durch nitrifizierende Bakterien zu Nitrat oxidiert wird. Anschließend kann es wegen der Bildung anorganischer Verbindungen zu einer Massenentwicklung von Algen und grünen Pflanzen kommen, die wiederum O_2 freisetzen.

Abwasserreinigung

In **Kläranlagen** wird die Mineralisation organischer Verbindungen durch aerobe Mikroorganismen genutzt, wobei die Voraussetzungen für den Abbau der Schmutzfrachten durch die Abwassertechnik so günstig gestaltet werden, dass die Inhaltsstoffe des Abwassers schnell und vollständig umgesetzt werden. Das Abbaupotenzial der Mikroben hängt von der Zusammensetzung und Herkunft der Abwässer ab, die folgendermaßen unterschieden werden:

- **Kommunale Abwässer** aus Haushaltungen enthalten zumeist leicht abbaubare Stoffe, die z. B. aus Fäkalien und Speiseresten stammen, und werden in öffentlichen Abwasseranlagen geklärt.
- **Industrieabwässer** werden oft in speziellen werkseigenen Kläranlagen gereinigt, bevor sie in öffentliche Kläranlagen eingeleitet werden. Abwässer aus Nahrungsmittel produzierenden Betrieben sind meist gut, die Abwässer anderer Industrien oft schwer abbaubar.

Leicht abbaubare Schmutzstoffe bestehen zum großen Teil aus Kohlenhydraten, Proteinen sowie Fetten und damit aus den gleichen Komponenten wie die Biomasse der Mikroorganismen. Daneben können **schwer abbaubare Substanzen** im Abwasser vorkommen, die von Mikroorganismen nicht oder nur langsam verwertet werden können. Dies können bei Haushaltsabwässern Rückstände von Medikamenten wie z. B. Antibiotika, Hormonen oder Schmerzmitteln sowie **Detergenzien** aus Wasch- und Reinigungsmitteln sein.

Wasserbelastungen durch anorganische Verbindungen wie Schwermetalle und Salze können mikrobiell nicht entfernt werden, aber durchaus in hohen Konzentrationen Mikroorganismen hemmen. In Abwässern aus Industriebetrieben wie chemischen Produktionsstätten, Kokereien, **Galvanikbetrieben**, **Gerbereien** oder Färbereien sind oft toxische Stoffe in hohen Konzentrationen enthalten, die nur mit speziellen Verfahren gereinigt werden können.

> Bei der **biologischen Reinigung von Abwasser** laufen die gleichen Prozesse wie bei der natürlichen Selbstreinigung ab. Vor allem aerobe Bakterien bauen die organischen Verbindungen der Wasserschmutzstoffe ab und produzieren dabei Biomasse sowie anorganische Substanzen.

Detergenzien
Substanzen mit einem hydrophoben und einem hydrophilen Strukturanteil, die die Oberflächenspannung von Wasser herabsetzen

Galvanik
Oberflächenbehandlung und -beschichtung von Metallen mit Entstehung salz- und metallionenreicher Abwässer

Gerberei
Tierhäute zu Leder verarbeitender Betrieb, in dem durch den Einsatz von Gerbstoffen toxische und organisch hoch belastete Abwässer entstehen

Verfahren zur Abwasserreinigung

Kommunale Kläranlagen (Bild 1, S. 262) haben zuerst eine **mechanische Reinigungsstufe**, die zur Abtrennung fester Stoffe dient. Diese werden über Grobrechen und Sandfang herausgefiltert oder setzen sich in einem ruhigen Becken, dem Vorklärbecken, ab. Während ungelöste Stoffe, wie Papier und Fäkalfeststoffe, am Boden sedimentieren, schwimmen andere, wie Fette, an der Oberfläche auf. Dabei entsteht der **Primärschlamm**, der bei den meisten Kläranlagen in den Schlammeindicker kommt, in dem er zusammen mit dem überschüssigen Schlamm aus der aeroben Belebungsstufe eingedickt wird.

Die im Wasser gelösten Stoffe werden danach in der **biologischen Reinigungsstufe** abgebaut. Mehrere auf Sauerstoffeintrag beruhende Verfahren können zur Reinigung kommunaler Abwässer angewendet werden.

Das **Belebtschlammverfahren** (engl. *activated sludge*) ist heutzutage das in Deutschland am häufigsten angewendete Reinigungsverfahren. Es muss allerdings in beträchtlicher Weise Energie zur Belüftung und Sauerstoffversorgung der aeroben Mikroben zugeführt werden, um diese ausreichend mit O_2 zu versorgen.

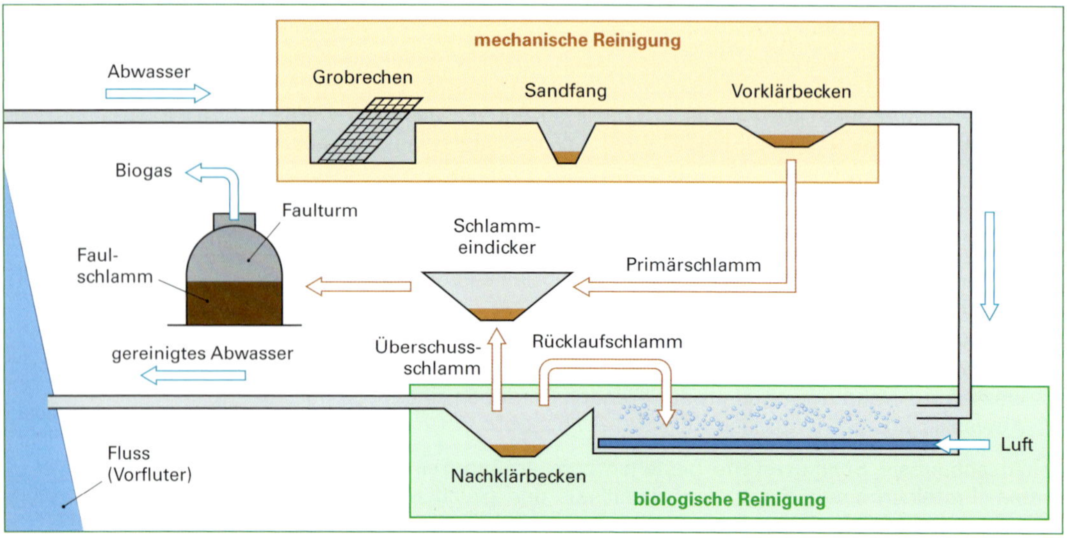

Bild 1
Aufbau einer Kläranlage mit Belebtschlammverfahren

In großen, gut durchmischten Becken (Belebungsbecken) werden die organischen Schmutzstoffe nicht nur von frei schwimmenden Mikroben abgebaut, sondern auch von Mikroorganismen, die sich zu Zellverbänden zusammenlagern, die **Flocken** genannt werden. Das Anwachsen der bakteriellen Biomasse wird durch die Fresstätigkeiten von Protozoen, Würmern und Insektenlarven begrenzt.

Das **Belebtschlammverfahren** ist das häufigste Verfahren der aeroben Abwasserreinigung. Dabei dient eine massive Belüftung der Sauerstoffversorgung der aeroben Mikroben, die im Abwasser zu Flocken aggregieren und in der Schwebe gehalten werden.

In der biologischen Reinigungsstufe findet auch ein mikrobieller **Abbau von Ammoniak** bzw. Ammonium statt, das als Spaltprodukt beim Harnstoff- und Proteinabbau auftritt. Diese **Nitrifikation** (s. S. 246), die Bildung von Nitrat, ist eine Reaktion mit hohem Sauerstoffbedarf der nitrifizierenden Bakterien, die in den Belebungsbecken stattfindet.

Für die vollständige Stickstoffelimination bei der Abwasserreinigung ist weiterhin eine **Denitrifikation** (s. S. 246) notwendig, die Umwandlung des Nitrat-Stickstoffs zu molekularem Stickstoff und Stickoxiden. Sie läuft im Gegensatz zur Nitrifikation ausschließlich in nicht belüfteten Klärbecken ab, wenn kein gelöster Sauerstoff im Wasser vorhanden ist. Durch die Kombination beider Prozesse können anorganische Stickstoffverbindungen zu gasförmigem Stickstoff umgesetzt werden, der in den Stickstoffkreislauf der Atmosphäre zurückgelangt. Denitrifikation und Nitrifikation können allerdings nicht gleichzeitig erfolgen. Die beiden Prozesse können entweder hintereinandergeschaltet werden oder im selben Becken erfolgen, wenn beispielsweise durch Ein- und Ausschalten der Belüftung sauerstoffarme mit O_2-reichen Phasen wechseln.

Der in Harnstoff und organischen Schmutzstoffen gebundene und meist als Ammoniak freigesetzte **Stickstoff** wird in belüfteten Klärbecken durch aerobe nitrifizierende Bakterien zu Nitraten umgesetzt. Anschließend wandeln denitrifizierende Bakterien, die in anaeroben Zonen aktiv sind, einen großen Teil des Nitrats in molekularen Luftstickstoff um.

Die Abtrennung der bakteriellen Biomasse vom gereinigten Abwasser erfolgt in einem nachgeschalteten ruhigen Nachklärbecken durch Sedimentation: Die Bakterienaggregate setzten sich als **Belebtschlamm** ab. Ein Teil des Schlamms, der sogenannte **Rücklaufschlamm**, wird zum Belebungsbecken zurückgepumpt und reichert das neu zugeführte Abwasser mit Bakterien an. Der **Überschussschlamm** und Schlamm aus der Vorklärung können im Faulturm ausfaulen.

© Thomas Leiss, Fotolia.com

Bild 1
Kläranlage

Die Zusammensetzung der Bakterienpopulation der biologischen Reinigungsstufe ist davon abhängig, welche Keime mit dem Abwasser in die Kläranlage gelangen und wie gut sie sich dort vermehren können. Deshalb hat jede Kläranlage ihr eigenes Profil an Bakterien. Toxische Stoffe können zum Absterben von Bakterienarten führen und die Reinigungsleistung zusammenbrechen lassen.

Die **Schlammrückführung** ist ein zentrales Element des Belebtschlammverfahrens zur Regeneration der Bakterienkultur. Dazu sollte der Belebtschlamm gute Absetzeigenschaften aufweisen, damit er vom gereinigten Abwasser getrennt werden kann. In bestimmten Fällen sind die Belebtschlammflocken leichter als Wasser und steigen als **Blähschlamm** zur Oberfläche auf. Vor allem durch massenhaftes Wachstum fädiger Mikroorganismen (s. S. 270) kommt es zur Blähschlammbildung. Dies kann verhindern, dass genügend Schlamm im System Belebungsbecken/Nachklärbecken gehalten werden kann, sodass die Reinigungsleistung sinkt. Besonders die langsam wachsenden Bakterien wie die Nitrifikanten sind davon betroffen. Ein Weg, die Auswaschung der Nitrifikanten zu verhindern, ist die **Immobilisation** der Bakterien auf Festkörpern, auf denen sich die Mikroorganismen meist problemlos ansiedeln.

Immobilisation
Anhaftung und Ansiedlung von Mikroorganismen an oder in Aufwuchskörpern

Die im Schlamm enthaltenen Mikroorganismen können sich bei einer hohen Zelldichte bzw. Schlammkonzentration nicht weiter vermehren und treten dadurch in die stationäre Wachstumsphase (s. S. 290) ein. Sie nutzen dann die mit dem Abwasser eingetragenen Nährstoffe für ihren Erhaltungsstoffwechsel, bauen keine weitere Biomasse in Form von Klärschlamm auf, sondern veratmen die Substrate unter Bildung von CO_2. Dies führt zu einer Verringerung des Überschussschlammes.

Der eingedickte Schlamm wird in einigen Kläranlagen einer Behandlung zur **Hygienisierung** unterzogen, bei der der Schlamm z. B. auf die Pasteurisierungstemperatur von 60 °C erhitzt wird. Oft wird der eingedickte Schlamm in einen Faulturm gepumpt und durchläuft dort eine anaerobe Behandlung. Auch im Faulschlamm, der 25 bis 30 Tage im Faulturm verbleibt, sterben mit der Zeit die pathogenen Keime ab.

Hygienisierung
Abtötung von gesundheitsschädlichen Keimen und Wurmeiern durch Hitze oder Chemikalien

In Kläranlagen fallen verschiedene Sorten von **Schlämmen** an, die zum großen Teil aus der Biomasse der Abwassermikroben bestehen. In einigen Anlagen wird der Klärschlamm **hygienisiert**, um Erreger abzutöten.

In vielen kommunalen Kläranlagen wird **Phosphor** in einer dritten, der chemischen Reinigungsstufe durch eine **Fällungsreaktion** z. B. mit Eisen- oder Aluminiumsalzen entfernt, um eine Eutrophierung der Gewässer zu verhindern. Phosphate können auch biologisch eliminiert werden. Schon beim Abbau der organischen Kohlenstoffverbindungen werden sie teilweise von den Bakterien in die Biomasse eingebaut.

Fällung
Ausscheiden eines gelösten Stoffes aus einer Lösung durch Zusätze von geeigneten Substanzen

Außerdem kann genutzt werden, dass zahlreiche Bakterien Polyphosphate als Reservestoffe in den Zellen akkumulieren und diese zur Synthese von ATP hydrolysieren können. Dies wird wie die Stickstoffeliminierung durch einen Wechsel von anaeroben und aeroben Zonen gefördert.

Die **Phosphatelimination** im Abwasser kann chemisch über Fällungsmittel oder biologisch durch Polyphosphat anreichernde Bakterien erfolgen.

Zum **Belebtschlammverfahren** gibt es für die aerobe Abwasserreinigung Alternativen, bei denen ein Anwachsen der Biomasse an feste Oberflächen eine Rolle spielt:

- **Tauchkörperverfahren**
  Der Tauchkörper, ein Besiedlungskörper für Mikroorganismen aus Scheiben oder Walzen, dreht sich kontinuierlich oder periodisch und taucht mit einem Teil des Körpers aus dem Abwasser auf. Dabei kann der Biofilm aus Abwassermikroben Sauerstoff aus der Atmosphäre aufnehmen.

- **Tropfkörperverfahren**
  Der Tropfkörperreaktor ist mit Festkörpern wie Lavagestein gefüllt, auf denen sich ein Biofilm aus verschiedenen Mikroben, hauptsächlich Bakterien, Pilzen und Protozoen bildet (Bild 1). Das zu reinigende Abwasser wird von oben auf den Tropfkörper gesprüht und sickert nach unten, wobei seine Abfallfracht abgebaut wird. Möglichst kleine Festkörper im Tropfkörper sorgen für eine große Kontaktfläche und gute Abbauleistungen.

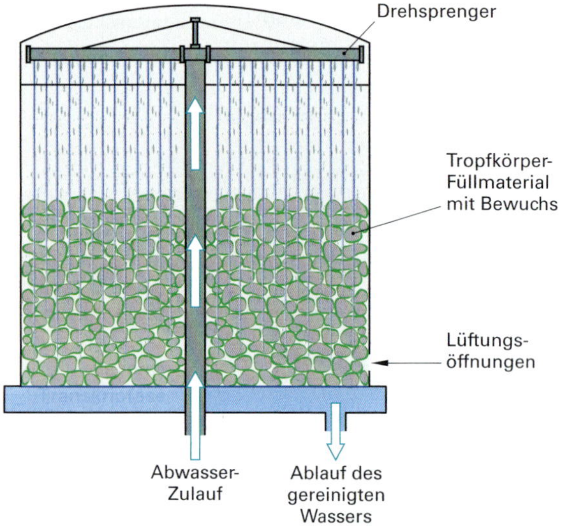

Bild 1
Tropfkörper

Die O_2-Versorgung der aeroben Mikroben geschieht in diesem Verfahren von allein. Die Luft wird aufgrund der Wärmeentwicklung der immobilisierten Mikroorganismen von unten nach oben durch den Tropfkörper gesaugt.

Die aerobe biologische Abwasserreinigung kann über **Tauchkörperreaktoren**, die abwechselnd Kontakt mit dem Abwasser und mit der Luft haben, oder **Tropfkörper** betrieben werden. Bei Letzterem wird das Abwasser über ein Bett mit Füllkörpern verrieselt, die von Mikroorganismen in Biofilmen besiedelt sind.

Es gibt verschieden Kenngrößen, die eine erfolgreiche Abwasserreinigung dokumentieren. Eine wichtige Bedeutung hat der **biochemische Sauerstoffbedarf** (Abk.: BSB), der den Gehalt an biologisch abbaubaren Stoffen im Abwasser darstellt. Es handelt sich um den O_2-Verbrauch, der aufgrund der Oxidation der organischen Stoffe durch aerobe Mikroorganismen entsteht. Der BSB-Wert ist ein Summenparameter, da nicht der Abbau von Einzelverbindungen bestimmt wird.

Gemessen wird oft der BSB5-Wert, bei dem der Sauerstoffbedarf der Mikroorganismen während einer Messzeit von fünf Tagen und unter definierten Bedingungen ermittelt wird. Die bakterielle Oxidation von Ammoniak zu Nitrat, die langsamer verläuft, soll beim BSB nicht mit erfasst werden.

Der **BSB-Wert (Biochemischer Sauerstoffbedarf)** gibt die Sauerstoffmenge an, die zum Abbau der im Wasser vorhandenen organischen Stoffe durch aerobe Mikroorganismen innerhalb eines bestimmten Zeitraums benötigt wird. Er dient der Beurteilung der Größe sowie der Abbaubarkeit der organischen Schmutzfracht.

Das gereinigte Abwasser wird in ein Fließgewässer, den sogenannten **Vorfluter** eingeleitet. Es enthält meist noch größere Mengen an Mikroorganismen sowie an Fäkalkeimen und damit möglicherweise pathogene Keime. Der Indikator der Fäkalcoliformen (s. S. 266) wird am Ablauf in Konzentrationen oft von über 10^4 pro 100 mL gemessen, womit es die Normen von Trinkwasser (s. Kap. II.4.3.3) stark überschreitet.

Besonders stark mit organischen Stoffen befrachtete Industrieabwässer und Abwässer, die in ihrer Zusammensetzung nicht so komplex wie die kommunalen sind, können über rein **anaerobe Reinigungsverfahren** behandelt werden. Abwässer mit hohen Mengen an gut vergärbaren Kohlenhydraten wie z. B. in der Stärke- oder Zellstoffindustrie sind für Anaerobtechniken geeignet, die im Vergleich zu aeroben Prozessen einige Vorteile bieten:

- Geringer Platzbedarf für die Anlage.
- Keine Energie zur Belüftung notwendig.
- Geringere Bildung von Biomasse (Schlamm).
- Nutzung des gewonnenen Biogases zur Energiegewinnung.

Bild 1
Industrielle Kläranlage mit Hochbiologiesystem

Aufgrund noch relativ hoher Restkonzentrationen ist jedoch eine aerobe Endbehandlung vor Einleitung in den Vorfluter weiterhin erforderlich. Technisch werden meist Verfahren eingesetzt, bei denen die anaerobe Biomasse unter Einsatz von Trägermaterialien immobilisiert wird. Durch solche Systeme gelingt die Zurückhaltung der Biomasse im Bioreaktor, da anaerobe Bakterien und Archaeen wesentlich langsamer als aerobe Mikroorganismen wachsen.

Höhere organische Abwasserbelastungen lassen sich gut durch **anaerobe Reinigungsverfahren** aufbereiten und können zur Methanproduktion genutzt werden. Allerdings ist in der Regel eine weitere Reinigungsstufe mit aerober Technik für eine ausreichende Abwasserklärung notwendig.

Für industrielle Abwässer konzipiert sind **Hochbiologiesysteme** bzw. **Biohochreaktoren**, die mit platzsparender Bauweise Abwässer vor allem in der chemischen Industrie biologisch aerob reinigen (Bild 1). In bis zu 35 m hohen Türmen bauen aerobe Mikroorganismen die Abwasserstoffe ab, oft auch organische Stoffe, die nicht in der Natur vorkommen. In den Hochbiologiesystemen wird ausgenutzt, dass der Luftsauerstoff, der am Boden des Reaktors eingeblasen wird, sich aufgrund des hohen hydrostatischen Drucks in der Wassersäule und der langen Verweilzeit beim Aufsteigen an die Oberfläche wesentlich besser lösen kann.

4.3.3 Trinkwasser und Fäkalindikatoren

Trinkwasser gilt als ein Lebensmittel, da es zum Verzehr durch den Menschen bestimmt ist. Die ordnungsgemäße Aufbereitung und Kontrolle von Trinkwasser ist eine entscheidende Voraussetzung für die Gesundheit der Bevölkerung. Da viele Lebensmittel bei ihrer Herstellung mit Wasser in Kontakt kommen, z. B. beim Kühlen, Kochen und Waschen, ist die Verwendung von sauberem Trinkwasser wichtig. Das Risiko der Übertragung von pathogenen Keimen wird dadurch reduziert.

Vor allem in den vergangenen Jahrhunderten haben immer wieder durch Trinkwasser übertragene Erreger zu Epidemien mit zahlreichen Erkrankten und Toten geführt (Tabelle 1).

Tabelle 1 Durch Trinkwasser verursachte Epidemien (Auswahl)

Erkrankung/Erreger	Jahr	Ort	Erkrankte (gerundete Zahlen)	Todesfälle
Cholera/*Vibrio cholerae*	1892	Hamburg	17000	8600
Typhus/*Salmonella* Typhi	1946/48	Neuötting	1000	100
Hepatitis A/Hepatitis-A-Virus	1955	Neu-Delhi, Indien	29000	-
Bakterienruhr/*Shigella*	1978	Ismaning	2500	-
Lamblienruhr/*Giardia lamblia*	1985	Bristol, Großbritannien	100	-
Kryptosporidiose/ *Cryptosporidium parvum*	1993	Milwaukee, USA	>400000	?
Norovirusinfektion	1998	La Neuveville, Schweiz	3500	-
E. coli O157 (EHEC)-Infektion	2000	Walkerton, USA	2300	18

Die **Trinkwasser-Verordnung** (Abk.: TrinkwV) wurde in Deutschland im Jahre 2001 erlassen und enthält Schutzvorschriften und Begriffsbestimmungen für das Trinkwasser

Trinkwasser ist keimarm, aber nicht völlig keimfrei, da eine typische Wasserflora vorhanden ist. Es darf laut **Trinkwasser-Verordnung** bis zu 100 Keime pro mL enthalten. Trinkwasser muss jedoch auf die Anwesenheit von **Fäkalindikatoren** untersucht werden. Da Trinkwasser aus praktischen Gründen nicht auf alle möglicherweise vorhandenen Krankheitskeime untersucht werden kann, wird die Tatsache genutzt, dass die meisten Erreger Darmbakterien sind und auf fäkal-oralem Weg übertragen werden.

Indikatoren oder Indexkeime zeigen die Anwesenheit fäkaler Verunreinigungen und damit die Möglichkeit der Anwesenheit pathogener Mikroben an. Als Indikatororganismen werden in der Regel nicht-pathogene Mikroorganismen genutzt, die mit dem Kot von Menschen und warmblütigen Tieren (Säugetiere und Vögel) ausgeschieden werden. Folgende Fäkalindikatoren, oft aus der Gruppe der Enterobacteriaceen (Bild 1, S. 267), werden allgemein in Wasser- und Hygieneuntersuchungen, oft über spezielle Selektivnährmedien (s. Kap. IV.3.3), ermittelt:

- ***Escherichia coli***, der klassische Anzeiger einer Fäkalverschmutzung, ist ein harmloser Bewohner des menschlichen und tierischen Dickdarms, der in einigen pathogenen Varianten als Krankheitserreger auftritt.
- **Coliforme** oder **gesamtcoliforme** Keime, eine schnell und leicht zu bestimmende Gruppe von *E. coli* und einigen anderen Bakterien wie *Enterobacter* und *Klebsiella*, vermögen bei 35 °C Laktose abzubauen und dabei Säuren und Gas zu bilden.
- **Fäkalcoliforme** Keime besitzen die Kennzeichen für Coliforme. Sie können sich außerdem noch bei einer Temperatur von 45 °C vermehren und sind damit mit großer Wahrscheinlichkeit Darmbakterien von warmblütigen Tieren.

- **Enterobacteriaceen** oder **Enterobakterien** (s. S. 174), zu denen etwa 20 verschiedene Gattungen, u. a. *Salmonella*, gehören, können aerob sowie anaerob Glukose abbauen, aber nur teilweise Laktose verwerten.
- **Enterokokken** (veraltet: Fäkalstreptokokken), Darmbewohner von Menschen und warmblütigen Tieren, kommen in großen Mengen in Fäkalien vor. Sie überleben im Wasser in der Regel länger als *E. coli*, können jedoch auch aus anderen Biotopen stammen.
- ***Clostridium perfringens*** hat als Krankheitserreger eine große Bedeutung. Aufgrund der Fähigkeit der Endosporenbildung kann er länger als beispielsweise *E. coli* oder Enterokokken überleben und somit auf eine länger zurückliegende fäkale Verunreinigung hinweisen.

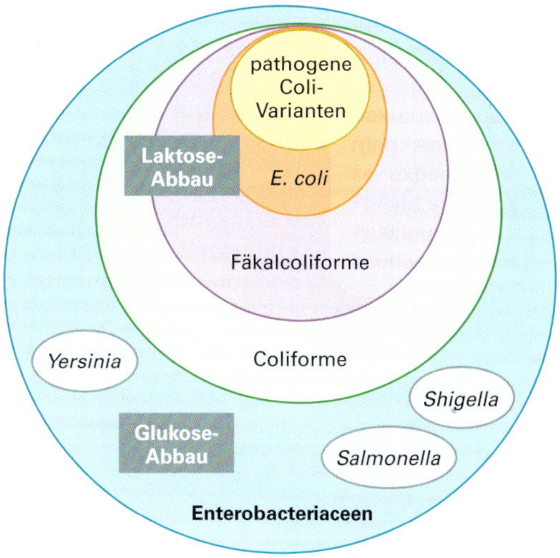

Bild 1
Enterobacteriaceen und Indikatororganismen

Trinkwasser gilt als mikrobiologisch sicher, also frei von Krankheitserregern, wenn keine **coliformen Keime** und damit keine *E. coli*-Bakterien in 100 mL gefunden werden. Die Gruppe der Coliformen enthält Keime, die nicht fäkalen Ursprungs sein müssen, sodass eine Fäkalverschmutzung weniger wahrscheinlich ist, als wenn *E. coli* selbst nachgewiesen wird. Fäkalcoliforme Keime hingegen weisen eindeutiger als coliforme auf fäkale Verunreinigungen hin, da Umweltkeime meist kein so hohes Temperaturmaximum haben.

In der Trinkwasserhygiene werden **Indikatororganismen**, zumeist aus der Gruppe der Enterobacteriaceen, stellvertretend für die durch Trinkwasser übertragbaren Krankheitserreger nachgewiesen, um eine Wasserverschmutzung durch Fäkalien anzuzeigen.

In Wasser, das als Trinkwasser genutzt werden soll, können neben bakteriellen Krankheitserregern **pathogene Viren und Protozoen** vorkommen.

Die in der Wasseranalytik benutzten Fäkalindikatoren sind jedoch allesamt Bakterien, deren Fehlen in Wasserproben keine Abwesenheit von pathogenen Viren sowie Protozoen bedeuten muss. Diese können eine höhere Widerstandsfähigkeit in der Umwelt als Bakterien besitzen und eventuell länger in Wasser überleben.

Indikatororganismen aus der Gruppe der Enterobacteriaceen werden oft bei Untersuchungen von **Lebensmitteln** und des **Hygienezustandes** von Gegenständen usw. genutzt. Das Vorkommen von *E. coli* in Lebensmitteln muss nicht unbedingt auf eine fäkale Verschmutzung hinweisen, sondern kann in Hygienedefiziten des Herstellungsbetriebs begründet sein: *E. coli*-Bakterien können sich unter geeigneten Bedingungen auch außerhalb des Darmtrakts vermehren.

Trinkwasser ist ein streng kontrolliertes Lebensmittel, das keine krankheitserregenden Keime enthalten darf. **Fäkalindikatoren** wie coliforme Keime dienen dem Nachweis von Fäkalverunreinigungen und zeigen die mögliche Anwesenheit pathogener Bakterien, Viren und Protozoen an.

Oligotrophe Bakterien
Mikroorganismen, die sehr geringe Konzentrationen an Nährstoffen zum Wachstum benötigen und oft durch höhere Substratmengen gehemmt werden

Opportunistischer Erreger
Keime, die einen geschwächten Körper infizieren z. B. bei Personen mit schwachem Immunsystem

Pandemie
Länder- und kontinentübergreifende Ausbreitung von Infektionskrankheiten

4.3.4 Typische Wassermikroorganismen

In fast allen Wasserproben lassen sich Mikroorganismen, darunter besonders viele Bakterien, nachweisen, allerdings in deutlich unterschiedlichen Konzentrationen. Viren sind ebenfalls in Süß- und Meerwasser in großer Fülle vorhanden.

Mikroorganismen, deren natürlicher Standort Gewässer darstellen, sind meist optimal an eine nährstoffarme Umgebung angepasst und werden als **oligotroph** bezeichnet. Diese **Wasser**- oder **Feuchtkeime** haben meist ein geringeres Temperaturoptimum als viele andere Keime, da die Temperatur in Gewässern sowie im Grundwasser normalerweise niedrig ist.

Die meisten typischen Wasserbakterien wie z. B. viele **Pseudomonaden** sind keine Bedrohung der menschlichen Gesundheit. *Pseudomonas aeruginosa* ist jedoch ein **opportunistischer Krankheitserreger**, der eine Blutvergiftung (Sepsis) sowie viele andere Krankheitsbilder hervorrufen kann. Der Keim kommt sehr häufig in Oberflächengewässern und in Leitungswasser vor. Daneben sind die Bakterien überall dort, wo ein feuchtes Milieu herrscht, wie z. B. Waschbecken, Duschen, Wasserschläuchen und Toiletten, leicht zu finden.

Pseudomonas aeruginosa ist ein typischer Wasserkeim und ein opportunistischer Krankheitserreger, der Menschen mit geschwächter Immunabwehr infizieren kann.

Bild 1
***Robert Koch*, der Entdecker der Cholerabakterien**

Zahlreiche Bakterienarten der Gattung *Vibrio*, genannt **Vibrionen**, leben in Süßwasser. Einige Arten sind an mäßig hohe Salzkonzentrationen angepasst und können aus Meerwasser isoliert werden.

Ein gefürchteter Krankheitserreger des Menschen ist *Vibrio cholerae*, der die schwere, oft tödliche Durchfallkrankheit Cholera hervorruft. Als erster hat *Robert Koch* 1893 bei einem Cholera-Ausbruch in Ägypten den Erreger aus dem Darm eines verstorbenen Patienten isoliert und in Reinkultur gezüchtet.

Cholera ist heute noch in den ärmeren Ländern Afrikas, Amerikas und Asiens ein Problem. Als Hauptgrund hierfür gilt die mangelnde Hygiene bei der Trinkwasseraufbereitung. Vor allem im 18. und 19. Jahrhundert haben Cholera-**Pandemien** zahlreiche Menschen das Leben gekostet. Bei der letzten Cholera-Epidemie in Deutschland im Jahre 1892 starben in Hamburg fast 9000 Menschen.

Vibrio parahaemolyticus ist eine in fernöstlichen Ländern gefürchtete Bakterienart. Sie verursacht häufig Magen-Darm-Erkrankungen und wird durch nicht gegarten Fisch oder Meeresfrüchte übertragen. Auch *Vibrio vulnificus* verursacht Infektionen nach dem Verzehr von kontaminierten Meeresfrüchten, insbesondere Austern. Außerdem können diese Bakterien beim Schwimmen im Meer durch offene Wunden in den Körper eindringen und schwere Wundinfektionen auslösen.

Vibrionen sind überwiegend Wasserbewohner mit mehreren humanpathogenen Vertretern wie *Vibrio cholerae* dem Erreger der Cholera, der durch verunreinigtes Trinkwasser übertragen wird. Arten der Gattung *Vibrio* können **Wundinfektionen** oder nach dem Verzehr kontaminierter Meerestiere **Lebensmittelinfektionen** verursachen.

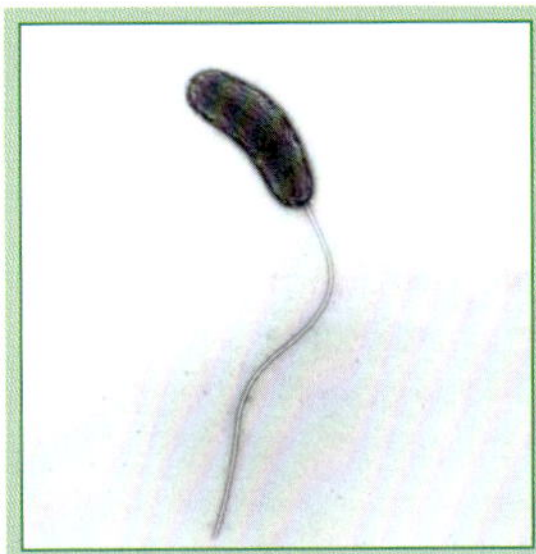

Vibrio cholerae

Name aufgrund der Beweglichkeit (lat. *vibrare*: schwingen, zittern) und der Krankheit

- Begeißeltes, fakultativ anaerobes, gramnegatives Bakterium
- Vorkommen: in den Ausscheidungen Erkrankter sowie in Fluss- und Meerwasser
- Erreger der Cholera, einer schweren Durchfallerkrankung
- Kolonisiert den Dünndarm und bildet dort das Choleratoxin, den Hauptauslöser des Elektrolytenverlusts
- Existiert in über 100 Serotypen mit unterschiedlicher Pathogenität
- Vom Bakteriologen *Robert Koch* (1843–1910) zum ersten Mal isoliert

Legionellen sind typische Süßwasserkeime, in allen Oberflächengewässern und im Grundwasser sind sie in geringer Anzahl vorhanden. Sie können mit dem **Rohwasser** in die Wasseraufarbeitungssysteme und ins Trinkwasser gelangen. Legionellen leben bevorzugt in Biofilmen (s. Kap. II.4.5.1). Sie werden dort von Protozoen als Nahrungspartikel aufgenommen, können sich häufig in den Zellen von Amöben ihrer Verdauung widersetzen und sich sogar intrazellulär vermehren.

Rohwasser
Unbehandeltes Wasser vor der Wasseraufbereitung

Durch Einatmen von erregerhaltigen **Aerosolen** kann es zu einer Legionelleninfektion kommen, wenn die Wassertröpfchen hohe Konzentrationen an Bakterien enthalten. Unter den Legionellen, die schwere Lungenentzündungen hervorrufen können, ist vor allem *Legionella pneumophila* weitverbreitet. Eine Übertragung von Mensch zu Mensch findet nicht statt.

Aerosol
Mischung aus Luft (bzw. Gas) und einer fein verteilten Flüssigkeit (oder einem fein verteilten Feststoff)

Potenzielle Risikoquellen für eine Legionelleninfektion sind:

- Warmwasserversorgungsanlagen mir Aerosolbildung z.B. Duschen und Wasserhähne.
- Luftbefeuchtungsanlagen mir Aerosolbildung, Feinsprühnebel z.B. zur Frischhaltung von ausgestelltem Obst.
- Whirlwannen, Schwimmbeckenbereich.
- Offene Kühltürme und Kühlaggregate von Klimaanlagen.

Bei Maßnahmen zur Verminderung des Legionellenwachstums in Wasserleitungen und Wassersystemen muss die hohe Temperaturtoleranz der Keime berücksichtigt werden.

Unter 20 °C vermehren sich Legionellen langsam, sodass bei diesen Temperaturen nur geringe Keimkonzentrationen vorliegen und das Erkrankungsrisiko klein ist. Erst über 25 °C steigt die Vermehrungsrate deutlich an und bis etwa 50 °C können sich Legionellen gut vermehren. Über 60 °C kommt es zu einem schnellen Absterben der Keime.

Legionellen sind weitverbreitete, oft in Biofilmen vorhandene Umweltkeime. Vor allem die Art *Legionella pneumophila* kann über Aerosole ausgelöste schwere Lungenentzündungen hervorrufen. Die Keime können sich in Wassersystemen von Gebäuden wie Wasserleitungen vermehren.

Eine massenhafte Vermehrung von Legionellen (über 10^6 pro 100 mL) kann auch in belüfteten biologischen **Abwasserreinigungsstufen** stattfinden und bei entsprechender Verbreitung über die Luft zu Legionellenausbrüchen führen. Eine wichtige Rolle bei der Vermehrung der Keime spielen offensichtlich erhöhte Temperaturen des Abwassers, beispielsweise im Sommer, und das reichliche Vorkommen von Protozoen in Kläranlagen.

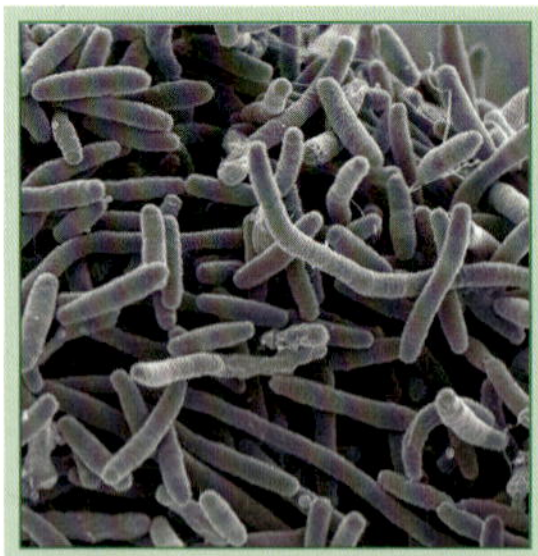

Legionella

Benannt nach der Legionärskrankheit (1976 nach einem Treffen von US-Kriegsveteranen aufgetreten und erstmals beschrieben)

- Weitverbreitetes gramnegatives Wasserbakterium
- Erreger der Legionellose (Legionärskrankheit), zumeist: *Legionella pneumophila* (Pneumonie: Lungenentzündung)
- Kein Überleben in Wasserleitungen bei Temperaturen über 60 °C
- Oft in Schwimmbecken und haustechnischen Installationen wie z. B. Klimaanlagen zu finden
- Infektion der Lunge kann nach Einatmen von zerstäubtem Wasser (z. B. beim Duschen) erfolgen

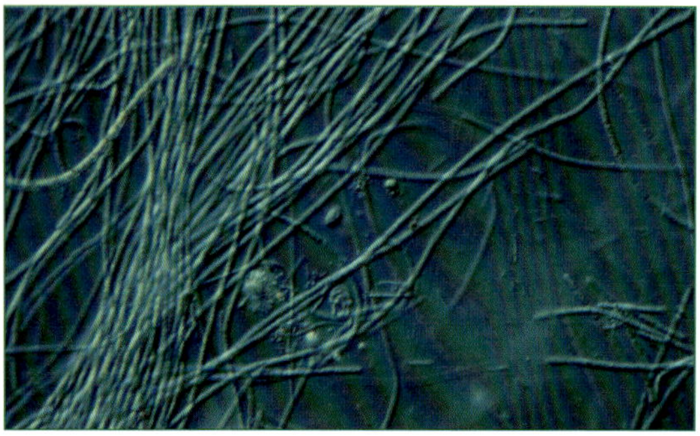

Bild 1 ***Sphaerotilus natans*, der Abwasserpilz**

Typische **Abwasserbakterien** sind nur in mit Schmutzstoffen stark belasteten Habitaten zu finden. Die z. B. in Kläranlagen existierenden Mikroorganismen haben gänzlich andere Wachstumsbedürfnisse als Keime in sauberem Wasser. In Abwässern, langsam fließenden Gewässern und Teichen, die einen hohen Gehalt an organischen Stoffen aufweisen, kommt ***Sphaerotilus natans*** vor (Bild 1). Das Bakterium hat einen Atmungsstoffwechsel und kann bei sehr geringen Sauerstoffgehalten wachsen, wie sie für stark belastete Abwässer typisch sind. Aufgrund seines Standortes und des myzelartigen Aussehens ist *Sphaerotilus* unzutreffend als **„Abwasserpilz"** bekannt.

Die gramnegativen, durch Geißeln beweglichen und stäbchenförmigen Bakterien bilden meist lange Ketten, die von einer röhrenförmigen Scheide umgeben sind. Die Röhren können mit einem Ende an festen Oberflächen angeheftet sein und bilden große, weißlich-flockige Überzüge.

Die Bakterien sind mit den Scheiden nicht fest verbunden und können sich in ihnen fortbewegen. Die Lebensweise als Scheidenbakterien hat in verschmutzten Fließgewässern Vorteile. Die Bakterien werden ständig mit neuen Nährstoffen versorgt und die Stoffwechselprodukte fortgespült. Außerdem sind die Bakterien durch die Scheiden gut geschützt. In Kläranlagen kann *Sphaerotilus* durch die Bildung von langen Röhrenmassen zusammen mit schleimigen Ausscheidungen zur Bildung von Blähschlamm beitragen.

4.4 Mikroorganismen im Boden

In einem Gramm Erdboden, der anorganische sowie organische Materialien und viele verschiedene Nährstoffe enthält, können sich Milliarden (10^9) von **Bakterien** aus Tausenden von Arten befinden. Die Mannigfaltigkeit der Einzelsubstanzen in der Erde bringt eine reiche Vielfalt vorhandener Keime mit sich. Auch die Heterogenität des Bodens ist für die mikrobielle Lebenswelt von großer Bedeutung. Wasser, Sauerstoff sowie die Substrate sind nicht homogen wie in Flüssigkeiten, sondern auf kleinstem Raum höchst ungleich verteilt und oft stark an mineralische Bodenpartikel gebunden.

Bild 1 zeigt einen Bodenpartikel, der neben Wasser und Luft mineralische Anteile wie z.B. Tonpartikel sowie organische Bestandteile enthält. Die organische Substanz in Böden besteht überwiegend aus **Humus**, der einen komplexen Aufbau haben und in Nähr- und Dauerhumus unterschieden werden kann. Der **Nährhumus** besteht zum großen Teil aus Polysacchariden wie Zellulose und Stärke sowie einfach abbaubaren Bestandteilen. Er wird durch Bakterien und Pilze relativ schnell, in einigen Wochen oder Monaten, zersetzt.

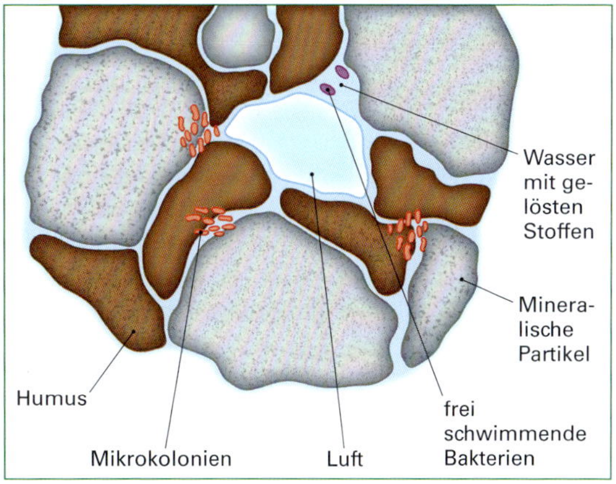

Bild 1
Bodenpartikel

Der **Dauerhumus** entsteht durch die Aktivitäten von Mikroorganismen und Bodentieren aus Pflanzenteilen wie z.B. holzigen Strukturelementen. Dieser Humus enthält äußerst stabile Polymere wie Harze oder Lignin. Dauerhumus besteht überwiegend aus den bräunlich gefärbten **Huminstoffen**, die aromatische Ringsysteme und unterschiedliche funktionelle Gruppen wie z.B. Carboxylgruppen enthalten. Huminstoffe wirken, wie auch die Tonminerale des Bodens, als Ionenaustauscher. Sie absorbieren Ionen und organische Verbindungen, die dadurch den Mikroorganismen nicht zur Verfügung stehen. Die Bestandteile des Dauerhumus werden im Gegensatz zum Nährhumus sehr langsam abgebaut.

Humus
Gesamtheit der toten organischen Substanz eines Bodens

4.4.1 Erdboden als Standort von Bakterien und Pilzen

Wachsende Bakterien und Pilze existieren vor allem in den dünnen Wasserfilmen, die die Bodenteilchen umgeben, und an den Oberflächen der Pflanzenwurzeln. Wenige Bakterien befinden sich frei in den Bodenlösungen, überwiegend sind sie als Mikrokolonien oder Bakterienaggregate fest an Bodenteilchen angeheftet. Im Boden existieren zahlreiche psychrotolerante Bakterien (s. S. 298), da die Temperaturen, zumindest in tieferen Bodenschichten, relativ niedrig sind.

Die **Mikrostandorte** von Mikroben verändern sich schnell, vor allem wenn bei Wetteränderungen ein trockenes oder feuchtes Bodenmilieu entsteht, mit gravierenden Folgen für die Mikrobiota. Bei Trockenheit schrumpfen die Wasserbeläge der Erdpartikel. Dadurch steigen die Salzkonzentrationen auf **osmotische Werte** an, die die Aktivitäten der Mikroorganismen hemmen können. Bei Bodennässe ist der Transport von Gasen, von CO_2 und O_2, wegen der fehlenden Lufträume stark eingeschränkt und die anoxischen Bereiche dehnen sich aus. Die oft mangelhaften Sauerstoffverhältnisse des Bodens führen zur Anwesenheit vieler anaerober Keime im Boden.

Der **osmotische Wert** ist abhängig von der Teilchenzahl aller gelösten Stoffe und bestimmt, ob Wasser durch Osmose in eine Zelle hinein- oder herausströmt.

Böden sind komplexe Lebensräume, die von Bakterien und Pilzen dicht besiedelt sind. Der Erdboden bietet Mikroorganismen eine Vielzahl unterschiedlicher und variabler **Mikrostandorte**.

Da der Erdboden regelmäßig austrocknet, sind in ihm vor allem Bakterien zu finden, die **Überdauerungsformen** (s. S. 166) bilden können. Dazu zählen Aktinomyzeten und Endosporen bildende Bazillen und Clostridien. Der Boden kann außerdem **Fäkalkeime** und damit möglicherweise Krankheitserreger beherbergen. Dies ist der Fall, wenn er mit Jauche, Mist oder Gülle gedüngt wird und wenn Vieh oder Geflügel auf ihm gehalten wird. Die Mikroben des Erdbodens können leicht, z. B. durch hochspritzende Wassertropfen bei Regen, auf oberirdische Pflanzenteile von Gemüse gelangen.

Mykorrhiza
Symbiose zwischen Pilzen und dem Wurzelbereich höherer Pflanzen, wobei die Pilze die Nährstoffaufnahme aus dem Boden übernehmen

In den meisten Böden finden **Pilze** an abgestorbenen pflanzlichen und tierischen Substraten ideale Lebensbedingungen. Sie spielen eine wichtige Rolle bei der Verrottung der organischen Substanzen. Durch die meist oberirdische massenhafte Bildung von Sporen können sie ihren Standort verändern und in neue Lebensräume eindringen. Der Gehalt an Pilzmyzel und -sporen nimmt in der Tiefe der Böden aufgrund der geringeren Menge an Nahrungsquellen deutlich ab. Besonders pilzreich sind Waldböden. Im Wald sind viele Baumwurzeln von einem dichten Pilzgeflecht umgeben. Oft sind mehr als 90 % aller Waldbäume von **Mykorrhiza**-Pilzen besiedelt.

Mikroorganismen im Boden sind häufig **Bakterien**, die Dauerformen wie Endosporen bilden, und **Pilze**, die in symbiontischer Beziehung zu Pflanzen leben. In Böden, die mit Fäkalien gedüngt werden, muss mit **pathogenen Keimen** gerechnet werden.

Im Boden wurzelnde Pflanzen dringen in immer neue Bodenbereiche vor und erschließen kontinuierlich neue Nährstoffe und Wasservorräte. Der unmittelbar an eine lebende Wurzel angrenzende Raum im Boden wird als **Rhizosphäre** bezeichnet. Sie ist der Lebensraum für zahlreiche Bakterien und Pilze. Die Rhizosphäre wird durch organische Substanzen geprägt, die von den Pflanzenwurzeln abgegeben werden und **Exsudate** genannt werden. Bis zu 30 % des über die Fotosynthese gebundenen Kohlenstoffs kann über die Wurzeln wieder abgegeben werden.

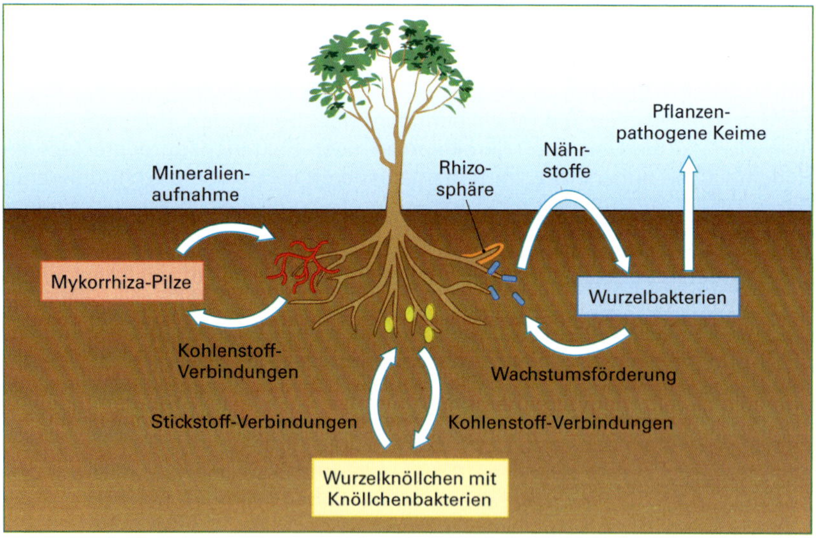

Bild 1
Interaktionen von Bodenmikroorganismen mit Pflanzen

Die Verfügbarkeit von leicht abbaubaren Verbindungen wie Zucker und Aminosäuren sowie ein für Mikroorganismen günstigerer pH-Wert können dazu führen, dass die Organismendichte und die mikrobielle Aktivitäten in der Rhizosphäre wesentlich höher sind als im wurzelfernen Bereich.

Die Rhizosphärenbakterien, die von den pflanzlichen Substanzen leben, können die Aufnahme von Mineralstoffen und damit das Wachstum der Pflanzen positiv beeinflussen. Die Anwesenheit der symbiontischen Bakterien verhindert außerdem die Ausbreitung von Krankheitserregern, die Pflanzen infizieren.

Teil II Mikrobiologie

Die **Rhizosphäre**, der die Wurzeln umgebende Raum, ist besonders stark von Mikroorganismen besiedelt. Die symbiontischen Rhizosphärenbakterien bauen pflanzliche Ausscheidungsprodukte ab und stimulieren dabei das Wachstum der Pflanzen.

Stickstofffixierung
Fähigkeit, den Stickstoff (N_2) der Luft zu Ammonium (NH_4^+) zu reduzieren und damit als Stickstoffquelle zum Wachstum zu nutzen

Einige Bodenbakterien können eine Symbiose mit Pflanzen eingehen und gewinnen dabei die Fähigkeit, eine **Stickstofffixierung** durchzuführen. Dies sind Bakterien der Gattung *Rhizobium*, die zu den α-Proteobakterien gehören. Die Rhizobien infizieren Leguminosen (Schmetterlingsblütler, eine Untergruppe der Hülsenfrüchtler) wie Soja, Klee und Lupinen. Geraten die Bakterien an die Wurzelhaare dieser Pflanzen im Erdboden, dringen sie in diese ein. Sie vermehren sich dort und wandeln sich innerhalb der Pflanzenzellen morphologisch um. Die dünnen, stäbchenförmigen Bakterienzellen werden verdickt und verzweigt: Diese abgerundeten Zellformen werden **Bakteroide** genannt. Sie schütten Signalstoffe aus, sodass die benachbarten Wurzelzellen sich teilen und vergrößern. Dadurch entstehen die für die *Rhizobium*-Symbiose typischen Wurzelverdickungen, die **Wurzelknöllchen**. Die *Rhizobium*-Bakterien werden deshalb **Knöllchenbakterien** genannt.

Bild 1
Wurzelknöllchen

In den Wurzelknöllchen sind die Rhizobien in der Lage, den für Pflanzen an und für sich wertlosen Luftstickstoff in Ammonium umzuwandeln. Das Ammonium wird den Pflanzen für den Baustoffwechsel zur Verfügung gestellt, während die Bakterien organische Verbindungen erhalten, die sie als C-Quelle nutzen. Durch die Symbiose sind die Pflanzen unabhängig von stickstoffhaltigen Mineralien im Boden. Sterben die Pflanzen ab, gelangen zahlreiche Rhizobien zurück in die Erde.

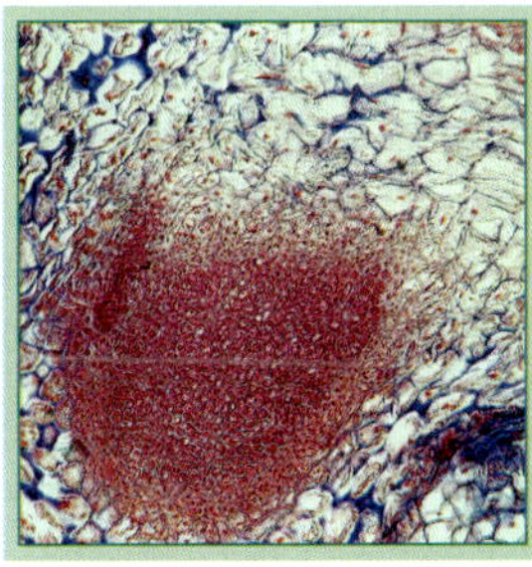

Rhizobium

griech. *rhiza*: Wurzel; *bios*: Leben

- Gramnegatives aerobes Bakterium
- Als „Knöllchenbakterium" bekannt
- Verbreitetes Bodenbakterium, das in die Wurzelhaare von Leguminosen eindringen kann
- Kann in Symbiose mit Pflanzen aus der Familie der Hülsenfrüchtler (Leguminosen) leben und eine N_2-Fixierung durchführen

Aufgrund der Stickstoffbindung durch die Knöllchenbakterien haben Leguminosen für viele Ökosysteme und für landwirtschaftlich genutzte Böden eine große Bedeutung. Durch Anbau von Leguminosen als **Zwischenfrucht** kann der Einsatz von Stickstoffdünger stark reduziert werden.

Zwischenfrucht
Feldfrucht, die zwischen anderen Feldfrüchten als Gründüngung angebaut wird

Bakterien der Gattung ***Rhizobium*** können als **Knöllchenbakterien** den Luftstickstoff fixieren, d. h. zu Ammonium reduzieren. Dazu müssen sie mit Pflanzen aus der Gruppe der Hülsenfrüchtler eine Symbiose eingehen, die es den Pflanzen erlaubt, auch ohne N-haltige Mineralien im Boden zu wachsen.

4.4.2 Abbau von Schadstoffen in Böden

Altlasten
Bodenflächen, die aufgrund unsachgemäßen Umgangs mit Schadstoffen eine Gefahr darstellen

Eine große Anzahl von Böden in Deutschland besitzt sogenannte **Altlasten**, wo oft Stoffe mit toxischen Eigenschaften in hohen Mengen lagern, von denen Gefahren für Natur und Mensch ausgehen. Sie können folgendermaßen unterteilt werden:

- Ehemalige Abfalldeponien und sonstige Orte, an denen Abfälle beseitigt wurden.
- Ehemalige Produktions- oder Verarbeitungsbetriebe, in denen mit umweltgefährdenden Stoffen umgegangen wurde.
- Standorte, an denen Schadstoffe aufgrund von Unfällen oder sorglosem Umgang mit Chemikalien in den Boden gelangt sind.
- Rüstungsaltlasten, vor allem die während der beiden Weltkriege produzierten Explosivstoffe und chemischen Kampfstoffe.

Xenobiotika, Fremdstoffe
Ausschließlich vom Menschen synthetisierte chemische Verbindungen

Von den Schadstoffen kann vor allem durch belastetes Grundwasser, aber auch über die Luft oder über Nahrungsmittel, die auf diesem Boden angebaut werden, eine Gefährdung für den Menschen ausgehen. Wenn die Schadstoffe organischer Natur sind, ist in vielen Fällen eine biologische Bodensanierung durch Mikroorganismen erfolgreich. Sogar die meisten **Xenobiotika**, die in der Natur nicht gebildet werden, können von Bakterien oder Pilzen abgebaut werden.

Zahlreiche Mikroorganismen können die Schadstoffe als Energiequelle zum Wachstum nutzen und neben Biomasse CO_2 produzieren. Häufig kommt es nur zu einem Teilabbau der Schadstoffe, die als sogenannte ***Dead-end*-Stoffwechselprodukte** freigesetzt werden, nicht weiter abbaubar sind und im Boden eine fortwährende Gefahr darstellen.

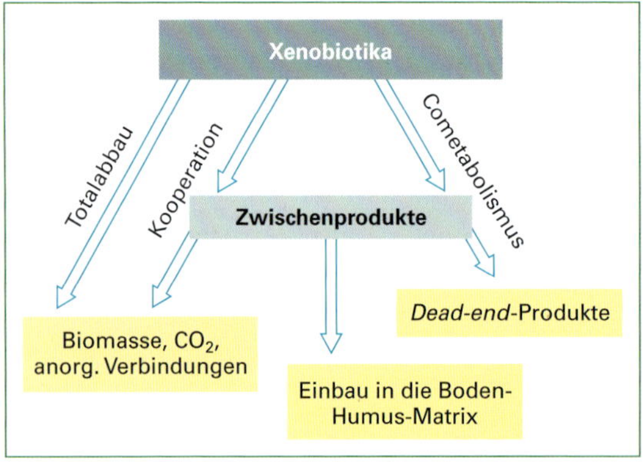

Bild 1
Abbaumöglichkeiten von Xenobiotika

Die Abbauprodukte können manchmal von anderen Bodenmikroben in Kooperation weiter umgesetzt werden oder bei der Humifizierung (s. S. 271) in die organische Bodenfraktion eingebaut werden.

Viele Schadstoffe werden durch Mikroorganismen cometabolisch umgesetzt, wenn sie für den Stoffwechsel keinen erkennbaren Nutzen haben. Als **Cometabolismus** wird die Notwendigkeit bezeichnet, dass zum Abbau eines Schadstoffes ein weiterer Nährstoff, ein Cosubstrat, vorhanden sein muss, das allein der zellulären Energiegewinnung dient. Eine Ursache des Phänomens sind unspezifische Enzyme, die nicht nur die Substrate, sondern auch die Schadstoffe umsetzen und oft zur Bildung von *Dead-end*-Metaboliten führen.

Die in **Altlasten** vorgefundenen Schadstoffe können in bestimmten Fällen durch eine **biologische Bodenbehandlung** beseitigt werden. Dabei werden die Fähigkeiten von Bakterien und Pilzen genutzt, organische Verbindungen als Substrate zu verwerten.

Häufig kommt es bedingt durch cometabolische Umsetzungen nur zu einem Teilabbau der Schadstoffe und Bildung von ***Dead-end*-Produkten.**

Unter **aeroben Bedingungen** können zahlreiche organische Verbindungen relativ gut mikrobiell abgebaut werden (Tabelle 1). Sie werden von den Mikroorganismen als Kohlenstoff und Energie lieferndes Substrat benutzt und im Atmungsstoffwechsel oxidiert. Besonders gut werden die Alkane der Mineralöle abgebaut, die zuerst am Kettenende oxidiert werden.

Tabelle 1 Schadstoffe und biologische Abbaubarkeit

Schadstoffgruppe	Vorkommen	Abbaubarkeit
Alkane	Mineralöle z. B. in Kraftstoffen, Heizölen oder Schwerölen	aerob gut, falls nicht zu lang oder stark verzweigt
Monozyklische Aromaten z. B. Benzol, Toluol, Phenol	Weitverbreitet in Natur und in der chemischen Produktion	aerob gut, anaerob oft möglich
Chloraromaten z. B. Chlorbenzole, Chlorphenole	Zwischenprodukte der chemischen Industrie, biozid wirksame Stoffe, Lösemittel	einfach und gering chlorierte Verbindungen mit guter Abbaubarkeit
Polyzyklische aromatische Kohlenwasserstoffe (PAK) z. B. Benzpyren, Naphthalin	Teere, Teeröle, Rückstände von Kokereien und Gaswerken	möglich bei Verbindungen mit bis zu 4 Ringen, geringe oder keine Löslichkeit in Wasser
Polychlorierte Biphenyle (PCB)	Hydraulikflüssigkeit, Schmieröle,	je höher der Grad der Chlorierung, desto schlechter abbaubar
Nitroaromaten z. B. Trinitrotoluol (TNT)	Sprengstoffe	teilweise abbaubar
Pestizide (nicht einheitliche Stoffgruppe, oft halogeniert) z. B. DDT, Lindan	Landwirtschaftlich genutzte Flächen, bei guter Löslichkeit oft im Grundwasser	je nach Struktur und Chlorierungsgrad gut bis sehr schlecht, einige sind persistent
Kurzkettige Halogenkohlenwasserstoffe z. B. Perchlorethylen	Lösungsmittel, oft zu Reinigungszwecken eingesetzt	möglich, häufig nur anaerob
Dioxine (Soweso-Gifte), Furane	Verunreinigungen in der Chemie sowie Verbrennungsprodukte	nicht genau bekannt, Grundgerüst abbaubar, gering abbaubar in stark halogenierter Form
Azofarbstoffe (Ausgangsstoff: Anilin)	Textilfarbstoffe	schlecht, einige besser anaerob

Der Abbau von Schadstoffen in O_2-Abwesenheit ist bislang wenig untersucht worden. **Anaerob** verlaufen einige Schritte beim Abbau von Chloraromaten wie die reduktive **Dehalogenierung**. Nur wenige Mikroorganismen sind in der Lage, eine Dechlorierung vor der Spaltung des aromatischen Rings zu katalysieren. Bei einigen Schadstoffen wie beispielsweise bei Dioxinen und Furanen sind grundlegend verschiedene Abbauschritte, nämlich aerobe und anaerobe, miteinander gekoppelt.

Dehalogenierung
Abspaltung von Chloridgruppen und anderen Halogenen von einer organischen Verbindung

Einige organische Umweltgifte wie beispielsweise polyzyklische aromatische Kohlenwasserstoffe (PAK), die aus mehreren kondensierten Benzolringen bestehen, oder hochchlorierte Verbindungen können nicht oder nur extrem langsam von Mikroben abgebaut werden. Stoffe, die in der Umwelt unverändert liegen bleiben, werden **persistent** genannt.

Viele **Abbaumechanismen,** wie die von Mineralölkohlenwasserstoffen, erfordern aerobe Bedingungen. Einige Abbauschritte z. B. bei chlorierten Verbindungen verlaufen hingegen nur anaerob. Naturfremde Substanzen, die **Xenobiotika**, können **persistent** sein.

Umfang und Geschwindigkeit des biologischen Schadstoffabbaus werden durch Eigenschaften der Schadstoffe und der Bodenverhältnisse bestimmt:

- **Molekülstrukturen** und die **Wasserlöslichkeit** beeinflussen den biologischen Abbau. Stoffe mit hoher Zahl von Chloratomen oder geringer Löslichkeit können nur langsam oder gar nicht abgebaut werden.
- Eine hohe **Toxizität** der Verbindungen auf die abbauenden Mikroorganismen verbunden mit einer entsprechenden **Konzentration** im Boden erschwert oder verhindert den Abbau.
- Sind die Schadstoffe beispielsweise eng an Bodenpartikel gebunden, werden die mikrobiellen Prozesse behindert. Tonige sowie humushaltige Böden besitzen hohe Adsorptionskräfte für viele organische Substanzen. Die **Bioverfügbarkeit** der Schadstoffe hängt von den Eigenschaften und der Struktur des Bodens ab. Sie kann durch Zugabe von Stoffen wie Rindenmulch oder Kompost verbessert werden.

Bioverfügbarkeit
Grad, zu dem Chemikalien für den Austausch zwischen biologischen Systemen zur Verfügung stehen

Die **biologische Abbaubarkeit** ist von der Wasserlöslichkeit und dem strukturellen Aufbau der Verbindungen abhängig. Sie wird auch durch die Konzentration im Boden, die Toxizität sowie der Bioverfügbarkeit bestimmt.

Da die Organismen beim Abbau der Schadstoffe neue Biomasse bilden, müssen für sie akzeptable Lebensbedingungen am Standort herrschen. Das Wachstum und die Abbauleistungen der Mikroorganismen können durch gezielte Maßnahmen gefördert werden. Dabei werden zumeist die **Milieubedingungen** für die Mikroben im Boden verbessert:

- **Belüftung** zur Verbesserung der O_2-Versorgung oder Zugabe von H_2O_2 (O_2-Lieferant).
- **Nährstoffzufuhr** durch Zugabe von anorganischen Salzen oder organischen Substraten (bei Cometabolismus) bzw. von Nitrat (alternativer Elektronendonator) zur Förderung der denitrifizierenden Bakterien bei O_2-Mangel.
- Beeinflussung der **Temperatur** und des **Wassergehalts**.
- **Erhöhung der Bioverfügbarkeit** durch Auflockerung des Bodens oder Einsatz von **Tensiden**.

Tenside
Substanzen, die die Oberflächenspannung einer Flüssigkeit herabsetzen

Die **autochthone Bodenflora** stellt bei Bodensanierungen gewöhnlich die am besten geeigneten Mikroorganismen, da diese das Abbaupotenzial für genau die vorliegenden Schadstoffe besitzen. Meist haben sich diese Mikroben im Laufe der Zeit optimal an die Schadstoffe und die Bodenbedingungen angepasst. Nur selten existieren Bedingungen, unter denen der Einsatz von im Labor gezüchteten Spezialkulturen oder gentechnisch veränderten Mikroorganismen geboten ist. Dies kann der Fall sein, wenn am Standort nur ein unzureichendes Abbaupotenzial oder überhaupt keine mikrobielle Abbauaktivität vorhanden ist. Spezialkulturen benötigen eine Gewöhnungszeit, um sich an ihre schwer abbaubaren Substrate besser anzupassen.

Autochthone Organismen
Am Fundort (ständig) anwesende Organismen

Vor der Anwendung biologischer Behandlungsverfahren müssen Voruntersuchungen zur Machbarkeit der Sanierung durchgeführt werden. Zuerst sollte in einem **Abbautest** überprüft werden, ob Mikroorganismen die Schadstoffe grundsätzlich, d. h. unter optimalen Bedingungen, abbauen können. Danach können in **Simulationstests** die besonderen Bedingungen für die Mikroben vor Ort nachgestellt werden. Dazu sollte das angestrebte Sanierungsverfahren im Labormaßstab nachgebildet werden.

Zum Abbau von Bodenschadstoffen sind die **Milieubedingungen** der Mikroorganismen von entscheidender Bedeutung. Durch Belüftung, Nährstoffzugabe und andere Maßnahmen können sie in Sanierungsverfahren verbessert werden. In der Regel sind die **autochthonen Bodenorganismen** geeigneter als im Labor gezüchtete Stämme.

Verfahren der biologischen Altlastensanierung

Bei vielen nicht biologischen Bodensanierungsverfahren ist es üblich, den belasteten Boden auszuheben und ihn auf einer geeigneten Deponie zu lagern, ohne dass eine Eliminierung der Schadstoffe erfolgt. Bei der oft eingesetzten Verbrennung in thermischen Behandlungsanlagen geht der für die Bodenfruchtbarkeit wichtige Humus meist verloren und ein mehr oder weniger totgebrannter Boden entsteht, der mit besonderen Methoden revitalisiert werden muss. Deponierung und thermische Behandlung sind zudem mit hohen Transportkosten verbunden.

Die biologische Bodensanierung mithilfe von Mikroorganismen ist besonders attraktiv, weil Bakterien und Pilze die Problemstoffe oft direkt an Ort und Stelle des Schadensfalles zu anorganischen Verbindungen mineralisieren. Die Bodenfruchtbarkeit bleibt dabei vollständig erhalten. Biologische Behandlungsverfahren werden folgendermaßen eingeteilt:

- ***In-situ*-Verfahren**, bei denen die Sanierung unmittelbar dort im Boden erfolgt, wo die Schadstoffe vorliegen.
- ***Ex-situ*-Verfahren**, in denen zuerst die kontaminierte Erde dem Boden entnommen wird und danach saniert wird.

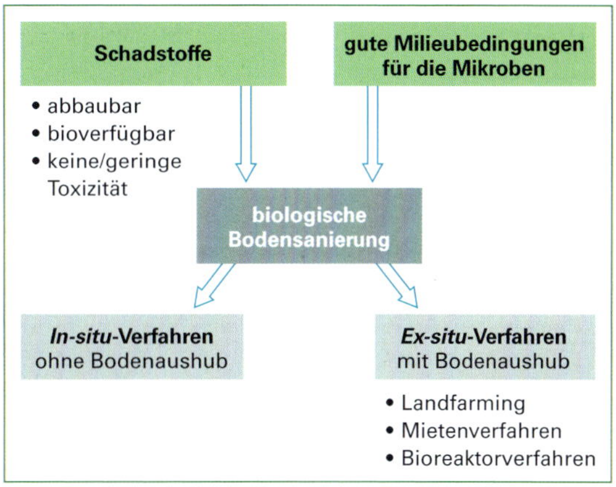

Bild 1
Voraussetzungen und Verfahren der biologischen Bodensanierung

Biologische ***Ex-situ*-Verfahren** werden bevorzugt, wenn das kontaminierte Bodenmaterial ein geringes Volumen besitzt und mit wenig Aufwand ausgehoben werden kann. Sie kommen ebenfalls zum Einsatz, wenn die bestehende bzw. geplante Nutzung des Grundstücks eine rasche Sanierung der Bodenkontamination verlangt. Bei ***Ex-situ*-Reinigungsverfahren** sind folgende Alternativen möglich:

- ***Landfarming:*** Der kontaminierte Boden wird **ausgekoffert** und auf einem abgedichteten Untergrund verteilt. Bei Bedarf werden Nährstoffe und Strukturverbesserer für den Boden zugesetzt. Der kontaminierte Boden befindet sich in einer dünnen Lage von etwa einem halben Meter und kann wiederholt mit landwirtschaftlichen Maschinen (z. B. Pflügen) zur Auflockerung und Belüftung bearbeitet werden.
- **Mietenverfahren:** Der ausgekofferte Boden wird zuerst gut durchmischt und bei Bedarf werden Nährstoffe sowie Wasser zugesetzt. Das Material wird oft in Hallen auf einem abgedichteten Grund zu Beeten in Höhe von ca. 2 m aufgeschüttet. Diese sogenannten Mieten können aktiv über Rohrsysteme belüftet und bewässert werden. Häufiges Bodenwenden und eine kontinuierliche Reinigung der Abluft sind in der Regel erforderlich.
- **Bioreaktorverfahren:** Der Boden wird in große geschlossene Reaktoren wie z. B. Drehtrommeln gebracht, dort durchmischt und behandelt. Die zum Schadstoffabbau erforderlichen Bedingungen können dort optimal analysiert und eingestellt werden. Sehr feinkörniger Boden, in dem die

Auskoffern
Ausbaggern von kontaminiertem Erdreich

ausreichende Versorgung der Mikroorganismen mit Wasser und Sauerstoff unzureichend ist, kann in Bioreaktoren behandelt werden. Bei diesen kostenintensiven Verfahren können Problemsubstanzen wie PAK (s. Tabelle 1, S. 275) abgebaut werden.

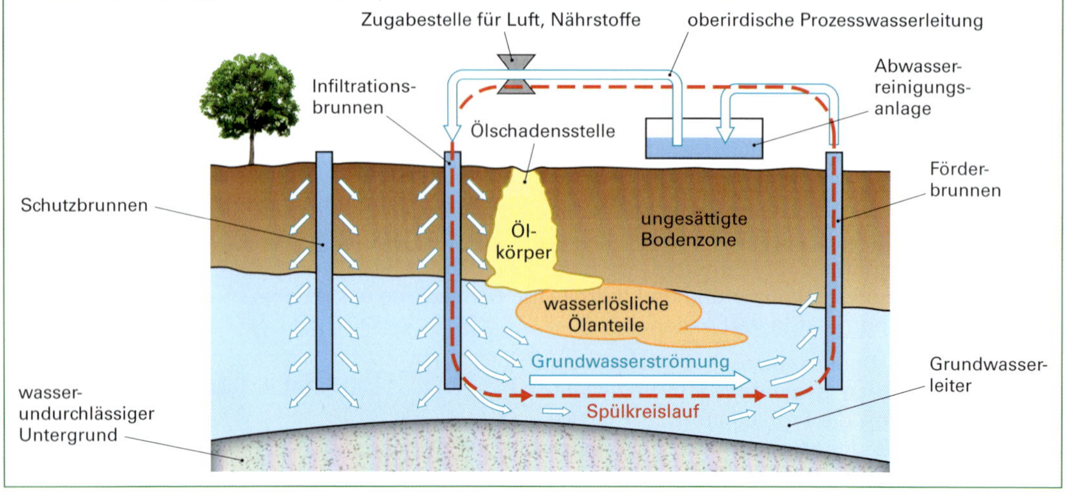

Bild 1
Biologische *In-situ*-Sanierung eines Ölschadens

Der biologische Abbau der Schadstoffe in ***In-situ*-Verfahren** erfolgt direkt und ohne Aushub im Bereich der Altlast und wird auch zur Reinigung des Grundwassers eingesetzt. Die *In-situ*-Sanierung erfordert in der Regel den Eintrag von Sauerstoff, der für den aeroben Abbau der Schadstoffe notwendig ist, und von gelösten Nährstoffen wie Ammonium- und Phosphatsalzen. Für die Planung und Durchführung der Sanierung ist vor allem die Wasserlöslichkeit der Schadstoffe von Bedeutung. Für eine biologische *In-situ*-Sanierung sollten sich die Schadstoffe zum großen Teil in der wassergesättigten Bodenschicht (Grundwasserleiter) befinden oder die Schadensstelle sollte in Kontakt mit der Grundwasserströmung stehen.

Die biologischen Verfahren der Bodensanierung können direkt an Ort und Stelle (*in-situ*) oder nach Auskofferung des Bodens in speziellen Anlagen (*ex-situ*) durchgeführt werden. Zu Letzteren gehören ***Landfarming***, **Mietenverfahren** und Sanierung in **Bioreaktoren**.

Bild 1 zeigt die *In-situ*-Sanierung eines **Ölschadens**. Da viele Einzelkomponenten von Ölen nicht wasserlöslich sind und Öl in Wasser eine eigene Phase bildet, schwimmt das Öl aufgrund seiner geringeren Dichte auf Wasseroberflächen auf. Die Öl abbauenden Bakterien reichern sich an der Grenzfläche zwischen den beiden Phasen an. So können sie aus beiden Phasen die Substanzen entnehmen, die sie zum Wachstum benötigen.

Ungesättigte Bodenzone
Grundwasserfreier Bodenbereich, in dem die Poren der Bodenpartikel nur teilweise mit Wasser gefüllt sind

Schadstoffe wie Mineralöle können von Mikroben gut abgebaut werden, wenn ein **Spülkreislauf** errichtet wird. Dieser dient dazu, den Ölkörper, der sich zum großen Teil in der **ungesättigten Bodenzone** befindet, zu durchfließen, sodass Schadstoffsubstanzen ins Grundwasser überführt werden. Dazu wird ein Wasserentnahmebrunnen (Förderbrunnen) im Grundwasserabstrom hinter der Schadensstelle errichtet. Das hier entnommene Prozesswasser kann mit Mikroorganismen, Nährstoffen und Luft angereichert und im Oberlauf des Grundwasserstromes wieder in den Boden gepumpt werden (Infiltrationsbrunnen).

Um zu verhindern, dass das Prozesswasser in die falsche Richtung fließt, werden kreisförmig um die Infiltrationsstelle Schutzbrunnen errichtet, an denen

Wasser eingepumpt wird. Aufgrund dieser Maßnahme muss das Spülwasser des Infiltrationsbrunnens den Ölkörper durchströmen. Da viele Schadstoffe mit dem Spülwasser aus dem Boden an die Oberfläche gelangen, kann die Bodensanierung mit einer Abwasserreinigung (s. S. 261) kombiniert werden.

4.5 Mikroorganismen an Grenzflächen und interzelluläre Kommunikation

Der bei Weitem größte Teil der Mikroorganismen in der Umwelt lebt nicht in **planktonischer Lebensweise** als isolierte einzelne Zellen, sondern in dünnen **Schleimschichten auf Oberflächen**. Lebensgemeinschaften von Mikroorganismen sind auf nahezu allen Oberflächen anzutreffen, die ständig oder zeitweise mit Wasser in Kontakt stehen. Jeder Stein in einem Bach oder anderem Gewässer hat eine glitschige, fest anheftende Schicht an der Oberfläche, die vor allem aus Bakterien besteht, aber auch Protozoen, Pilze und bei Lichteintritt Algen enthalten kann.

Diese oft hoch entwickelte Lebensform spielt sich an den Grenzen zwischen flüssigen, festen und/oder gasförmigen Medien ab. Wasser, Bodenpartikel und Luft bilden **Grenzflächen**, die den dort vorhandenen Mikroben erlauben, Vorteile aus den verschiedenen Medien zu ziehen:

- **Feste Strukturen** bilden meist die Grundlage für den Aufwuchs der Mikroben. Sie können auch ein Reservoir für nutzbare Mineralien und andere Substanzen sein.
- Die **wässrige Phase** enthält in gelöster Form die für die Versorgung der Zellen notwendigen Nähstoffe. Zum Wachstum von Mikroorganismen ist Wasser selbst unabdingbar.
- Die **Luft** enthält nicht nur den für alle aeroben Mikroben lebenswichtigen Sauerstoff. Auch andere Gase wie CO_2, H_2S und CH_4, die sich nur begrenzt in Wasser lösen, haben für viele Mikroorganismen große Bedeutung.

4.5.1 Biofilme

An diesen Grenzflächen bilden sich voneinander abhängige Lebensgemeinschaften aus Mikrobenarten mit unterschiedlichen Stoffwechseleigenschaften, die sogenannten Biofilme. In der Grenzflächenschicht zwischen Wasser und Luft bilden sich Biofilme in Form von Kahmhäuten oder Schwimmschichten.

Die Grenzfläche, auf der sich der Biofilm bildet, wird **Substratum** genannt. Biofilme auf festen Unterlagen in wässriger Umgebung, die besonders häufig vorgefunden werden, sind inzwischen gut untersuchte Ökosysteme.

Bild 1
Kahmhaut auf Wasseroberfläche eines Schleusenkanales

Biofilme sind wichtige ökologische Nischen von Mikroorganismen, die nahezu überall in der Natur vorkommen. Es handelt sich um Mikroben in Schleimfilmen, die sich an **Grenzflächen** zwischen Gas-, Flüssig- und Festphasen angesiedelt haben.

Natürliche Biofilme sind fast nie Reinkulturen, sondern Mischpopulationen aus zahlreichen Bakterienarten.

Synergie
Zusammenwirken verschiedener Organismen bzw. Kräfte, sodass die Gesamtwirkung größer als die Summe der Wirkungen der einzelnen Komponenten ist

In den Biofilmen bilden die Mikroorganismen kleine Verbände, oder Konsortien, die **Mikrokonsortien** genannt werden. Es handelt sich um Mischkolonien, aus verschiedenen Bakterienspezies. In diesen Zellaggregaten können Prozesse wie z. B. synthrophe Abbauleistungen (s. Kap. II.4.2.1) stattfinden, zu denen die einzelnen Mikroorganismen nicht in der Lage sind. Dies wird als **Synergie** bezeichnet. Da im Biofilm verschiedene Mikroorganismen miteinander in engem Kontakt existieren, werden die Möglichkeiten des Gentransfers unter Bakterien intensiv genutzt. Gene können beispielsweise über Plasmide leicht auf andere Organismen übertragen werden.

Für die Mikroorganismen von Biofilmen ist charakteristisch, dass sie eine extrazelluläre Matrix aus Schleim bilden, indem sie große Mengen langkettiger polymerer Substanzen ausscheiden. Es sind vor allem Polysaccharide, Proteine und Nukleinsäuren, die als **extrazelluläre polymere Substanzen (EPS)** bezeichnet werden. Diese Substanzen bilden zusammen mit Wasser ein schwammartiges und quellfähiges Gel, **Hydrogel** genannt, das wichtige Funktionen erfüllt:

- Es schließt die Mikroben ein und hält sie zusammen, sodass die Mikroorganismen immobilisiert sind.
- Es bindet den Biofilm fest an die Oberfläche.
- Es absorbiert Nährstoffe aus der Flüssigphase.
- Es dient als extrazelluläres Verdauungssystem, indem es die von Bakterien ausgeschiedenen Exoenzyme zurückhält. Abgestorbene Mikroben dienen anderen Biofilmorganismen als Nahrungsgrundlage.

Biofilme enthalten in der Regel unterschiedliche Mikroorganismen, die in **Mikrokonsortien** synergistische Aktivitäten durchführen können. Die Mikroben sind in einer Matrix **extrazellulärer polymerer Substanzen (EPS)** aus Polysacchariden, Proteinen und Nukleinsäuren immobilisiert.

Durch die Absorption gelöster und partikulärer Stoffe werden Nährstoffe in der EPS-Matrix akkumuliert, sodass Biofilme selbst unter äußerst **nährstoffarmen** Bedingungen existieren können. Deshalb werden Biofilme auch in oligotrophen aquatischen Ökosystemen und in technischen Anlagen, die mit Reinstwasser betrieben werden, angetroffen.

Diffusion
Spontane Bewegung gelöster Substanzen entlang ihres Konzentrationsgefälles

In der Biofilmmatrix sind keine Strömungen vorhanden, sodass Stoffe nur mittels **Diffusion** transportiert werden. Dadurch entstehen **Konzentrationsgradienten** für gelöste Stoffe und Gase. In tieferen Biofilmschichten kommt es leicht zu Mangel an Substraten und zur Bildung von anaeroben Zonen. So können auf engem Raum Mikroorganismen mit völlig unterschiedlichen Eigenschaften existieren.

Biofilme können auch unter Bedingungen starker **Nährstoffknappheit** bestehen. In der EPS-Matrix liegen **Konzentrationsgradienten** vor, die den Biofilm räumlich unterteilen und die Aktivität der Organismen beeinflussen.

Biofilme können sich innerhalb einiger Stunden oder weniger Tage entwickeln. Dies geschieht in unterschiedlicher Weise, abhängig von den Strömungszuständen um den Biofilm und zahlreichen anderen Faktoren. Die Grenzfläche zur wässrigen Phase kann eben sein oder unregelmäßig geformt, wenn z.B. fadenförmig Auswüchse in die Flüssigkeit hineinwachsen. Ältere Biofilme sind meist mit Öffnungen, Hohlräumen und Gängen durchsetzt, die wassergefüllt sind und den Stofftransport erleichtern, wenn dort Strömungen auftreten. Die **Entstehung von Biofilmen** an natürlichen Standorten kann zeitlich in vier Phasen unterteilt werden (Bild 1, S. 281):

1. **Adhäsion:** Schwimmende planktonische Bakterien setzen sich an der Oberfläche der festen Phase fest, besonders wenn diese mit organischen Substanzen belegt ist. Die Anheftung der Mikroorganismen ist zunächst reversibel und geht dann in einen irreversiblen Zustand über, wobei die nicht mehr benötigten Flagellen abgeworfen werden.
2. **Kolonisierung:** Die Mikroorganismen vermehren sich und bilden Mikrokolonien, die aus Bakterien der gleichen Art bestehen. Zuerst erfolgt die Besiedlung in der Fläche, später werden dreidimensionale Strukturen gebildet. Gleichzeitig kommt es zur Produktion der extrazellulären polymeren Substanzen.
3. **Reifung des Biofilms:** Die Mikrokolonien der Biofilmorganismen können zusammenwachsen. Neu hinzukommende planktonische Mikroorganismen lagern sich an der Oberfläche des entstandenen Biofilms an und vermehren sich. Es entstehen Mikrokonsortien und der Biofilm wächst in die Wasserphase hinein.
4. **Alterung des Biofilms:** Aufgrund der zunehmenden Dicke des Biofilms und der Bildung von Gas durch die Mikroorganismen wird der Biofilm instabil. Biofilmstücke gehen verloren (engl. *sloughing*) und werden von der Wasserströmung mitgerissen. Außerdem werden einzelne schwimmfähige Zellen, sogenannte Schwärmerzellen, freigesetzt, um neue Lebensräume besiedeln zu können.

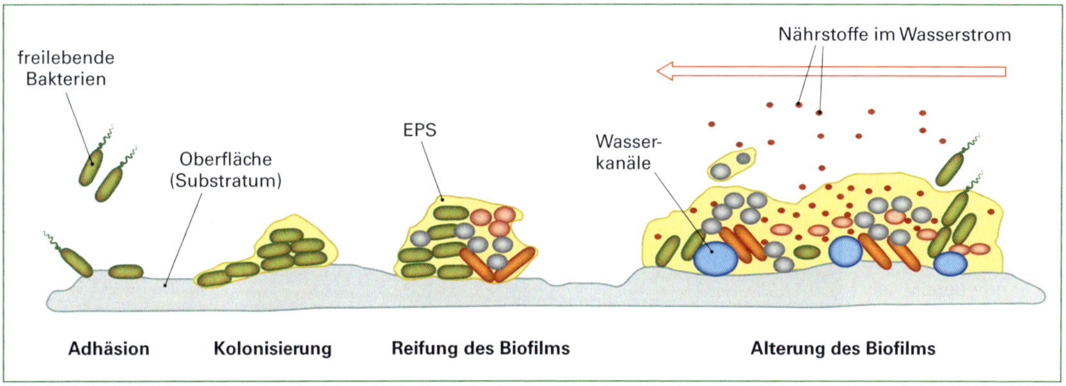

Bild 1
Entstehung eines Biofilms

Die Entstehung von Biofilmen kann in die Phasen der **Adhäsion** (Anheftung schwimmender Bakterienzellen), **Kolonisierung** (Zellwachstum und Bildung von EPS), **Reifung** (Bildung von Mikrokonsortien mir synergistischen Aktivitäten) sowie **Alterung** des Biofilms (Abgabe von Biofilmteilen und Einzelzellen) unterteilt werden.

Bedeutung von Biofilmen in Natur und Technik

Biofilme können für den Menschen durchaus vorteilhaft sein und technisch genutzt werden:

- Bei der zur **Selbstreinigung von Gewässern** (s. S. 260) sind zum großen Teil Mikroorganismen in Biofilmen beteiligt.
- Verfahren der **Abwasserreinigung** nutzen Biofilme z. B. beim Tropfkörperverfahren (s. S. 264).
- In der **Lebensmittelindustrie** wird in Reaktoren mit immobilisierter Biomasse beispielsweise aus Ethanol Speiseessig hergestellt.

Biotransformation Enzymatische Veränderung von Substanzen mithilfe von Mikroorganismen, Zellen sowie isolierten Enzymen

Filter trennen Stoffgemische voneinander, ohne diese dabei substanziell zu verändern

- **Biofilmreaktoren** werden von der chemischen Industrie für **Biotransformationen** eingesetzt.
- In der **biologischen Abluftreinigung** finden Biofilme in verschiedenen Verfahren Anwendung.

Bei der biologischen Abluftreinigung kommen häufig sogenannte **Biofilter** zum Einsatz. Dabei handelt es sich eigentlich nicht um **Filter**, sondern um Bioreaktoren, in denen Mikroorganismen Schad- und Geruchsstoffe der Luft aufnehmen und in ihrem Stoffwechsel abbauen. In Biofiltern werden organische Stoffe von Bakterien und Pilzen unter O_2-Verbrauch zu CO_2 und Wasser abgebaut. Einige Mikroorganismen können auch die gasförmigen anorganischen Verbindungen H_2S und NH_3, die zu starken Geruchsbelästigungen führen, zu geruchsneutralen Salzen (SO_4^{2-} und NO_3^-) oxidieren.

Bei der biologischen Abluftreinigung ist es notwendig, dass die Substanzen der zu reinigenden Abluft von der Gasphase in die **wässrige Phase** übergehen. Fast alle organischen Verbindungen, die sich in Wasser lösen, können von Mikroorganismen verwertet werden. Die biologische Abluftreinigung erfolgt relativ störungsfrei, solange keine Säuren, Laugen oder toxischen Stoffe die biologischen Prozesse hemmen und den Mikroorganismen genügend Sauerstoff zugeführt wird.

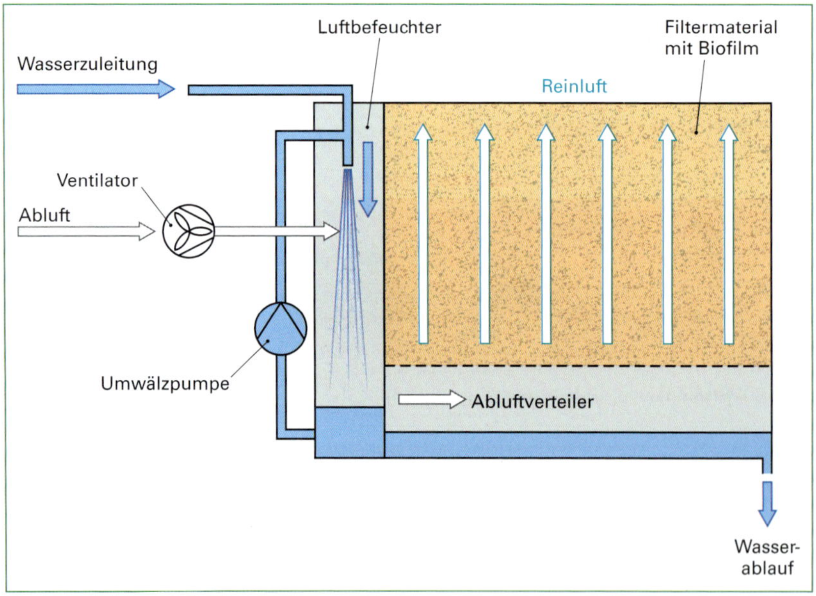

Bild 1
Biofilter

In einer Biofilteranlage (Bild 1) wird über einen Ventilator die Abluft angesaugt und zunächst in eine Vorstufe geführt, in der die Abluft temperiert und befeuchtet wird. Dadurch wird den Biofilmmikroben bei geeigneten Temperaturen genügend Wasser zum Wachstum zur Verfügung gestellt. Anschließend durchströmt die Abluft das Filterbett von unten nach oben.

Das **Filtermaterial**, auf dem die Mikroorganismen Biofilme bilden, ist wie Torf, Kokosfasern, Baumrinde oder Wurzelholzschnipsel zumeist biologischer Herkunft. Neben den Abgaskomponenten werden auch die schwer abbaubaren Substanzen des organischen Filtermaterials allmählich von den Mikroben als Energiequelle genutzt. Die Biofilmgrundlagen stellen somit den Mikroorganismen zusätzlich Nährstoffe für Hungerzeiten zur Verfügung, wenn mit der Abluft nicht genügend neue Nahrungsstoffe angeliefert werden. Nach einigen Jahren ist deshalb das Filtermaterial weitgehend selbst abgebaut und muss ausgewechselt werden.

Der **Biowäscher** ist eine weitere Möglichkeit der biologischen Abluftreinigung. Hier werden die Abgasinhaltsstoffe zuerst im Wasser gelöst und danach mikrobiell abgebaut. Dabei strömt die zu reinigende Abluft durch eine Schicht von Füllkörpern, meist kleinen, zylindrischen oder kugelförmigen Kunststoffkörpern, die ständig von oben mit Wasser berieselt werden. Auf den Oberflächen der Körper bilden sich die Biofilme. Es gibt auch Biowäscher mit frei suspendierten Mikroorganismen, die ähnlich wie im Belebungsbecken (s. S. 262) die Schadstoffe abbauen.

Biofilme werden in zahlreichen **technischen Anwendungen** genutzt, wie z. B. bei der Abwasserreinigung. In der biologischen Abluftreinigung werden Biofilme in **Biofilteranlagen** und **Biowäschern** eingesetzt.

Die Bildung und übermäßige Verbreitung von Biofilmen, die in technischen Anlagen als **Biofouling** bezeichnet wird, kann auch unerwünschte Wirkungen haben.

- In Wasser bzw. Flüssigkeiten führenden Anlagen, Leitungen (z. B. Wasserrohren) und Geräten (z. B. Wärmetauschern) kann es zu Verstopfungen, Ablagerungen und damit **Betriebsbeeinträchtigungen** kommen.
- Bei der **Biokorrosion** kommt es im Zusammenspiel von Biofilmorganismen und physikochemischen Faktoren zu Materialzerstörungen.
- In der **Schifffahrt** erhöht der Bewuchs von Schiffsrümpfen den Reibungswiderstand und führt zu erheblichen Mehraufwendungen für Treibstoff.
- Bei einem großen Teil der **Infektionskrankheiten** (z. B. Wundinfektionen) schützen sich die pathogenen Keime durch Biofilmbildung vor dem Immunsystem.
- Auf Zähnen bilden sich **Karies** auslösende Biofilme, die **Plaques** genannt werden.
- Biofilme entstehen leicht auf Oberflächen von **medizinischen Instrumenten**, wie beispielsweise Blasenkathetern oder **Implantaten**.

Karies
Zerstörung des Zahnschmelzes und des Dentins nach Besiedelung der Zahnoberfläche mit Bakterien

Implantat
Künstliches Produkt oder Organteil, das in den Körper z. B. als Ersatz fehlender Körperteile eingesetzt wird

Die **Scherkraft** ist umso höher, desto schneller eine Flüssigkeit an einer Oberfläche vorbeifließt und Reibung erzeugt

Biofilme können als **Biofouling** in technischen Anlagen zu hohen wirtschaftlichen Schäden führen. Im menschlichen Körper können ebenfalls Biofilme entstehen und schwere **Infektionen** auslösen.

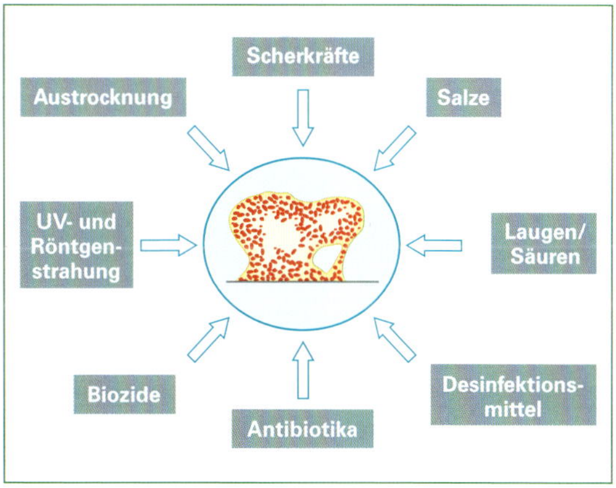

Bild 1
Bakterien im Schutz des Biofilms

Eine wichtige Bedeutung des Biofilms für die Mikroorganismen besteht darin, dass er einen vielfältigen **Schutz vor Umwelteinflüssen** darstellt und ihnen die Möglichkeit verschafft, auch unter ungünstigen Umweltbedingungen zu überleben (Bild 1). Zum einen sind die Biofilmorganismen nicht den **Scherkräften** der Strömung ausgesetzt. Zum anderen bietet der Biofilm mit seiner EPS-Matrix Schutz vor Austrocknung, vor hohen Salzbelastungen, bei extrem hohen oder niedrigen pH-Werten, vor UV- und Röntgenstrahlung sowie in Gegenwart vieler Substanzen, die toxisch für Mikroorganismen sind.

Biofilme verleihen Mikroorganismen Schutz vor extremen pH-Werten, toxischen Substanzen und anderen schädlichen **Umwelteinflüssen**.

Die oft extrem hohe **Antibiotikaresistenz** von pathogenen Bakterien im Biofilm stellt die Medizin vor große Probleme. Biofilme im menschlichen Körper z. B. auf Implantaten sind nicht nur vor der Immunabwehr gut geschützt, sondern können durch hohe Antibiotikagaben kaum noch behelligt werden.

Als ein weiterer Vorteil der immobilisierten Lebensweise von Mikroorganismen werden in Biofilmen ständig Überdauerungszellen (s. S. 271) gebildet. Dies geschieht in tiefer gelegenen Biofilmbereichen, die z. B. unter Substratmangel leiden, da oberflächennahe Organismen die Nährstoffe verbraucht haben. Die Dauerzellen können selbst die Zerstörung kompletter Biofilme überstehen und eine Neubesiedlung einleiten.

Die hohe **Antibiotikaresistenz** von Biofilmorganismen im menschlichen Körper stellt ein bislang ungelöstes medizinisches Problem dar. Aufgrund der Bildung von **Dauerzellen** im Biofilm können Bakterienpopulationen auch unter widrigsten Umweltbedingungen überleben.

4.5.2 Zell-Zell-Kommunikation

Die Bildung der Fruchtkörper bei den Myxobakterien ist ein klassisches Beispiel für die Kommunikation zwischen einzelnen Bakterienzellen. Bei Nahrungsmangel strömen Millionen von Zellen in koordinierter Weise aufeinander zu und bilden pilzfruchtkörperähnliche Strukturen, indem sich die vielen Einzelzellen in bestimmter Weise zusammenlagern. Für die Steuerung dieser Prozesse sind direkte Kontakte der Zellen notwendig.

Pheromon
Hormonartiger chemischer Stoff, der nach außen abgegeben und zwischen Individuen einer Art ausgetauscht wird

Zahlreiche Bakterien können sich untereinander auch ohne Zellkontakt mit Botenstoffen verständigen, die ähnlich wie die **Pheromone** von Tieren wirken und **Bakterienpheromone** genannt werden. Wahrscheinlich in jeder Kolonie und in allen anderen Zellverbänden, die von Bakterien gebildet werden, tauschen Bakterienzellen solche Signalstoffe miteinander aus, um Informationen zu erhalten.

Bild 1
Laternenfisch mit Leuchtorgan aus biolumineszierenden Bakterien

Bakterien kommunizieren untereinander mit **Bakterienpheromonen,** die ausgeschieden und von anderen Zellen aufgenommen werden.

Zahlreiche der bislang aufgeklärten Kommunikationssysteme von Bakterien sind ***Quorum Sensing*** **(QS)-Systeme**, die z. B. die Bildung eines **Biofilms** und weitere Vorgänge bei der Biofilmentwicklung steuern.

Über *Quorum-Sensing*-Systeme können Ansammlungen von Bakterien ihre Populationsdichte erkennen. Unter dem aus der lateinischen Sprache stammenden Begriff *Quorum* wird in der Politik die notwendige Anzahl von Stimmen verstanden, die bei einer Abstimmung oder Wahl erreicht werden muss, damit diese gültig ist. Auf die Biologie übertragen ist *Quorum Sensing* (engl. *sensing*: fühlend, messend) ein Prozess der Kommunikation, durch den Mikroorganismen in der Lage sind, die Konzentration eines Signalstoffs zu ermitteln, bei deren Überschreiben eine Änderung des Verhaltens eintritt. Dies kann überall geschehen, wo Bakterien auf engem Raum angereichert sind.

Durch *Quorum-Sensing*-Systeme können Bakterien die Zelldichte feststellen und bestimmte Aktivitäten auslösen, die beispielsweise zur Entstehung eines Biofilms führen können.

Biolumineszenz
Auf biochemischen Reaktionen beruhende Lichtausstrahlung durch Lebewesen (Insekten, marine Mikroorganismen)

Die **Biolumineszenz**, das bekannteste Beispiel für ein QS-System, ist ein Prozess, der von sogenannten Leuchtbakterien ausgelöst wird. Zu diesen Keimen gehören die gramnegativen marinen Bakterien *Aliivibrio fischeri* (früher: *Vibrio fischeri*) und *Photobacterium*. Ihr Leuchten lässt sich beobachten, wenn frisch gefangene tote Meeresfische kühl aufbewahrt werden. Einige Tage später leuchtet die Oberfläche stellenweise, wenn die Fische in völliger Dunkelheit beobachtet werden. Leuchtbakterien kommen auch in besonderen Organen von Tiefseetieren vor (z. B. Laternenfische (Bild 1, S. 284), Tintenfische), mit denen sie in Symbiose leben.

Luziferasen
Gruppe bei Tieren und Bakterien unterschiedlicher Enzyme, die Licht durch Oxidation bestimmter Substrate produzieren

Die Biolumineszenz wird durch Enzyme verursacht, die **Luziferase** genannt werden und unter Sauerstoffverbrauch Licht erzeugen. Das Leuchten der Bakterien erfolgt nur in Gegenwart von Sauerstoff.

Die Reaktion des Leuchtvorgangs führt bei Bakterien zur Oxidation eines langkettigen Aldehyds in eine Carbonsäure und zur gleichzeitigen Umsetzung eines reduzierten Flavinmononukleotids (FMN).

$$FMNH_2 + O_2 + R\text{-}CHO \rightarrow FMN + R\text{-}COOH + H_2O + \text{Licht}$$

Diese Enzyme werden von einer Bakterienpopulation zu einem bestimmten Zeitpunkt in allen Zellen synthetisiert. Erst die gemeinsame Aktivität vieler Zellen gewährleistet, dass das Leuchten überhaupt für andere Organismen erkennbar ist und damit eine Funktion für die Population oder den Wirt hat.

Die Biolumineszenz mariner Bakterien beruht auf der O_2-abhängigen Tätigkeit der **Luziferase** und wird nur bei hoher Zelldichte erzeugt.

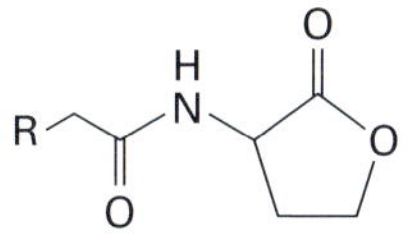

Bild 1
N-Acyl-Homoserin-Lacton, Signalstoffe des *Quorum Sensing*

Die **Signalstoffe** des *Quorum Sensing* sind bei gramnegativen Bakterien **N-Acyl-Homoserin-Lactone (AHL)**, während bei grampositiven Oligopeptid-Signalstoffe identifiziert wurden. Die N-Acyl-Seitenketten der AHL (R in Bild 1) unterscheiden sich, sodass jede Bakterienart eine eigen Klasse von Signalmolekülen ausscheidet oder sogar mehrere bei unterschiedlichen QS-Systemen. Die artspezifischen Verbindungen werden von Enzymen, die als AHL-Synthase bezeichnet werden, mit geringer, aber konstanter Rate synthetisiert. Die **amphiphilen** Signalmoleküle können frei durch Zytoplasmamembranen und Zellwände diffundieren und reichern sich außerhalb der Zelle an. Die Leuchtbakterien erfahren durch diese Signalstoffe, die in Bakterienzellen ebenfalls hineindiffundieren, wann die Population eine bestimmte Größe erreicht hat, die ausreichend ist, um mit der Enzymsynthese zu beginnen.

Amphiphile Stoffe
Stoffe, die sowohl hydrophile als auch hydrophobe Eigenschaften besitzen

Die Signalstoffe sind als **Autoinduktoren** (*autoinducer*) an der Regulation der Genexpression beteiligt. Sie induzieren als **Induktor** nicht nur die Gene für die Lichterzeugung wie die Luziferase oder für die Bildung eines Biofilms, sondern als Autoinduktor in einer positiven Rückkopplung auch das Gen für ihre eigene Produktion (Bild 1, S. 286). Die AHL-Signalmoleküle binden bei einem kritischen Schwellenwert an ein Regulatorprotein, das dadurch aktiviert wird und als Transkriptionsaktivator fungiert. Somit ist gewährleistet, dass nur bei hoher Zelldichte eine hohe Konzentration an Autoinduktormolekülen vorliegt und die QS-Produkte von allen Zellen synthetisiert werden.

Induktor
Stoff in der Zelle, der die Transkription negativ regulierter Gene steigert

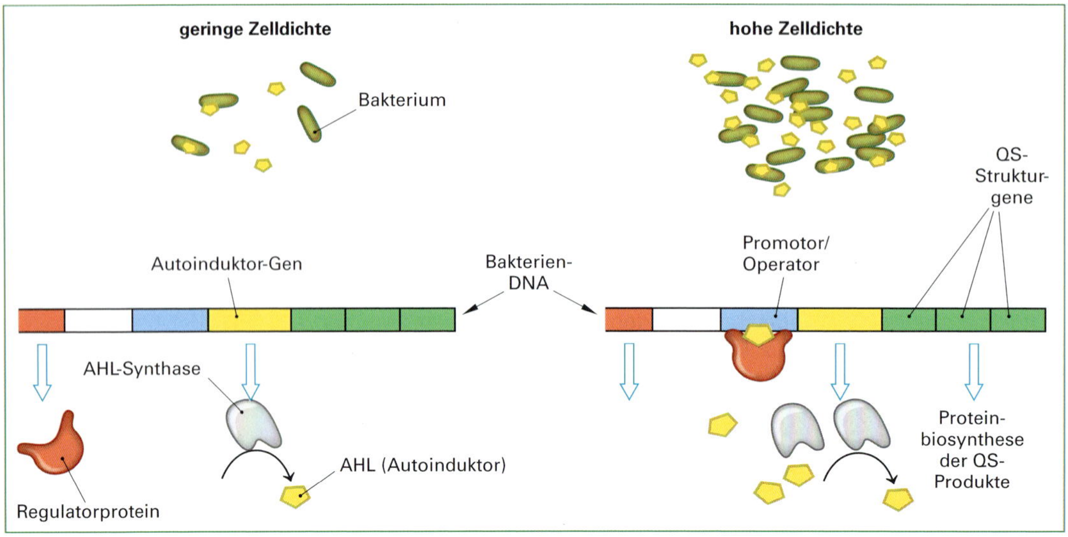

Bild 1
Das bakterielle *Quorum Sensing*-System

In *Quorum Sensing*-Systemen sind membranpermeable **Signalmoleküle**, häufig **N-Acyl-Homoserin-Lactone**, beteiligt, die als Autoinduktoren wirken und die Transkription des eigenen Gens und der Gene für die QS-Produktion ankurbeln.

Tabelle 1 Beispiele für *Quorum Sensing*

QS-Systeme	Bakterium
Biofilmbildung, Produktion extrazellulärer Polysaccharide/ Virulenzfaktoren	*Pseudomonas aeruginosa*
Biolumineszenz	*Vibrio fischeri, Photobacterium*
Produktion von Virulenzfaktoren	*Staphylococcus aureus, Vibrio cholerae*
Sekretion von Antibiotika	*Serratia, Erwinia*
Kompetenz, DNA-Transfer	*Streptococcus pneumoniae, Bacillus subtilis*
Konjugativer Plasmidtransfer	*Agrobacterium tumefaciens*
Symbiose mit Pflanzen	*Rhizobium*

Pathogene Bakterien koordinieren die Bildung von **Virulenzfaktoren** (Pathogenitätsfaktoren, s. S. 320) durch QS-Systeme (Tabelle 1). Bakterien wie *Pseudomonas aeruginosa* vermehren sich, in den menschlichen Körper gelangt, zuerst ohne ihn zu schädigen. Die Expression der Virulenzfaktoren startet bei einer bestimmten Zelldichte, wenn die Keime zahlreich genug sind, um sich gemeinsam dem Immunsystem zu widersetzen. Die Bildung eines Biofilms und die Produktion extrazellulärer Polymere sind dabei wichtige Schritte bei der Entwicklung einer Infektion. Die Blockierung von *Quorum Sensing*, z.B. durch die enzymatische Zerstörung der Signalstoffe der Bakterien, wird als therapeutische Möglichkeit gesehen, die Biofilmbildung und den Ausbruch der Erkrankung zu verhindern.

Pathogene Keime steuern über *Quorum Sensing*-Systeme die Ausprägung von **Virulenzfaktoren** wie der Biofilmbildung und damit eine erfolgreiche Infektion.

Die Vielzahl von gramnegativen Bakterien, die in der Rhizosphäre eng assoziiert mit Pflanzen leben, synthetisieren QL-Signalmoleküle. Die in Symbiose Stickstoff fixierenden Rhizobien (s. S. 273) scheiden beim Eindringen in die Pflanzen verschiedene AHL-Moleküle aus. *Agrobacterium tumefaciens* nutzt *Quorum Sensing* zur Übertragung seiner DNA in die Pflanzenzelle.

Aufgaben

(1) Erläutern Sie die Bedeutung von Reinkulturen für die Mikrobiologie.

(2) Unterscheiden Sie autochthone von allochthonen Mikroorganismen.

(3) Erklären Sie das Gesetz vom Minimum und sein Einfluss auf die Wachstumsgeschwindigkeit von Mikroorganismen.

(4) Stellen Sie die Bedeutung des Elements Kohlenstoff für Lebewesen dar.

(5) Beschreiben Sie die Wege im Kohlenstoffkreislauf und unterscheiden Sie den aeroben und den anaeroben Abbau der Biomasse.

(6) Nennen und beschreiben Sie die wesentlichen Verbindungen und Prozesse im Stickstoffkreislauf und stellen Sie die Bedeutung der Denitrifikation dar.

(7) Unterscheiden Sie die assimilatorische von der dissimilatorischen Sulfatreduktion.

(8) Beschreiben Sie die vier Phasen der anaeroben Nahrungskette und nennen Sie die wichtigsten Gruppen der daran beteiligten Mikroorganismen.

(9) Erläutern Sie die Bedeutung der syntrophen Mikroorganismen in der anaeroben Nahrungskette.

(10) Geben Sie die Zusammensetzung von Biogas an und nennen Sie Mikroorganismen und wichtige Wachstumsfaktoren beim Prozess der Biogasgewinnung.

(11) Stellen Sie die Einordnung von Fließgewässern in Gewässergüteklassen nach dem Saprobiensystem und den Verlauf wichtiger chemischer und biologische Parameter nach Einleitung von Abwasser dar.

(12) Nennen und erklären Sie Verfahren der Abwasserreinigung, bei denen Biofilme eine besondere Rolle spielen.

(13) Stellen Sie die Vor- und Nachteile der anaeroben Reinigungsverfahren von Abwasser dar.

(14) Erläutern Sie die Notwendigkeit und die Methoden der Untersuchung von Trinkwasser auf Fäkalindikatoren.

(15) Grenzen Sie Legionellen von anderen Wasserkeimen ab. Zeigen Sie auf, bei welchen Temperaturen sich Legionellen am besten vermehren.

(16) Beschreiben Sie die Charakteristika, die Bakterien und Pilze mit dem Standort Erdboden auszeichnen.

(17) Erläutern Sie, wie Bakterien der Gattung *Rhizobium* Stickstofffixierung durchführen können.

(18) Beschreiben Sie, welche Schadstoffe von Mikroorganismen im Boden abgebaut werden können und welche Bedingungen dafür relevant sind.

(19) Stellen Sie dar, mit welchen Methoden eine biologische Bodensanierung mithilfe von Mikroorganismen geleistet werden kann.

(20) Erklären Sie einen Biofilm als typische Lebensweise von Mikroorganismen und grenzen sie ihn vom Leben in wässrigen Flüssigkeiten ab.

(21) Erläutern Sie die Phasen der Entstehung von Biofilmen an natürlichen Standorten.

(22) Benennen und beschreiben Sie technische Anwendungen von Biofilmen. Erklären Sie das Phänomen des Biofoulings.

(23) Nennen Sie Beispiele für die hohe Antibiotikaresistenz von Biofilmorganismen.

(24) Erläutern Sie, wie Bakterien untereinander kommunizieren, und beschreiben Sie die Mechanismen von *Quorum Sensing*-Systemen sowie ihre Ausprägungen bei unterschiedlichen Bakterien.

5 Wachstum von Mikroorganismen

Wachstum und Vermehrung sind bei Mikroorganismen, vor allem bei Bakterien fest aneinandergekoppelte Prozesse. Unter **Wachstum** wird die Zunahme der Zellmasse oder Biomasse und unter **Vermehrung** die Zunahme der Zellzahl verstanden.

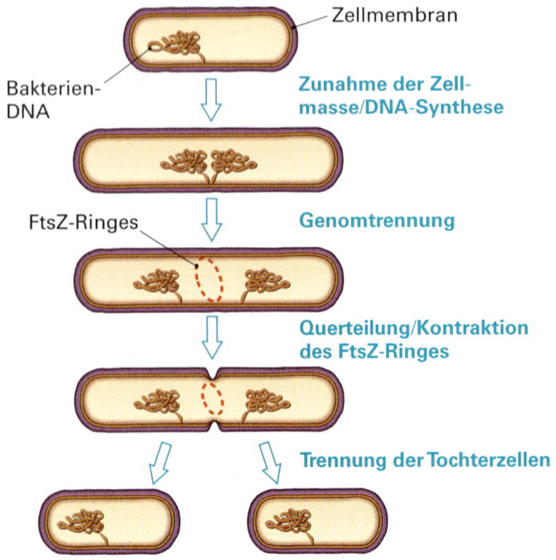

Bild 1 Zellteilung von Bakterien

> Bei Bakterien sind **Wachstum** und **Vermehrung** gekoppelte Prozesse der Zunahme der Zellmasse bzw. der Zellzahl.

Wird Wachstum und Vermehrung für die **einzelne Bakterienzelle** betrachtet, so nimmt deren Volumen durch die Synthese neuer Zellmaterialien immer mehr zu, bis für die Zelle eine kritische Größe erreicht ist (Bild 1). Die Transportwege für Stoffe werden zu weit, sodass die Stoffumsätze abnehmen. Die Bakterienzelle leitet die Vorgänge zur Zellteilung in Form einer **Querteilung** ein, wobei das Zellvolumen halbiert wird.

Vor der Teilung wird zunächst in dem Prozess der Replikation (s. Kap. I.4.1) die DNA verdoppelt. Das bakterielle ringförmige Chromosom ist im mittleren Zellbereich an der Zellmembran angeheftet und auch die kopierten DNA-Stränge bleiben an der Membran angeheftet. Der Anheftungspunkt der DNA ist eine bestimmte Stelle des Chromosoms, der Ori C (von engl. *origin*: Ursprung), an der die Replikation startet. Zwischen den Anheftungspunkten wird neues Membranmaterial eingebaut und dabei die beiden DNA-Kopien voneinander wegbewegt. Außerdem schnürt sich die Membran nach innen ein. Es entsteht ein Ring aus bestimmten Proteinen, den **FtsZ**-Molekülen, der sich immer stärker zusammenzieht. Dabei bildet sich eine Scheidewand aus Zellmembran und -wand. Es entstehen letztendlich zwei getrennte identische Tochterzellen, die beide einen kompletten Satz an Erbinformationen enthalten.

FtsZ
Zellteilungsprotein der Bakterien (Abk.: fibrilläres temperatursensitives Protein Z), das den Z-Ring an der Position der Scheidewand bildet und den bakteriellen Teilungsvorgang einleitet

> Bakterien vermehren sich durch **Querteilung**, bei der die Bakterienzelle ihr Volumen halbiert. Dabei entstehen zwei gleiche Tochterzellen mit eigenen Bakterienchromosomen, die vorher durch Replikation synthetisiert und aufgrund Verankerung in der Membran getrennt werden.

Die bei der Zellteilung entstehenden Tochterzellen können unbeschränkt weiterwachsen, solange günstige Wachstumsvoraussetzungen (s. Kap. II.5.3) vorhanden sind. Aus einer Zelle werden 2, nach der nächsten Zellteilung 4, dann 8, 16, 32 (exponentielle Reihe). Normalerweise teilen sich die Zellen jedoch in einer Kultur nicht zur gleichen Zeit (synchron) und die Zellzahl nimmt nicht stufenförmig, sondern kontinuierlich zu.

Andere Mikroorganismen haben davon abweichende Wachstumsformen. Hyphenpilze wachsen als lange Zellfäden an der Spitze der Hyphen. Die meisten Hefen vermehren sich durch Sprossung (s. S. 217).

Die Vermehrungsweise von Bakterien durch Querteilung führt zu einer exponentiellen Erhöhung der Zellzahl und damit der Zellmasse. **Exponentielles Wachstum** bedeutet, dass in einem bestimmten Zeitraum die vorhandene

Zellmasse verdoppelt wird. Der Zuwachs ist proportional zum anwesenden Zellbestand. Bei linearem Wachstum, das für höhere Organismen typisch ist, wird hingegen eine konstante Menge an Zellen pro Zeitintervall neu gebildet.

> Unter günstigen Umweltbedingungen zeigen Mikroorganismen wie die Bakterien **exponentielles Wachstum**.

Der Vermehrungsmodus der Bakterien führt dazu, dass die Zellzahl nach wenigen Generationen explosionsartig anwächst. Die Zeitdauer, die eine bestimmte Bakterienart benötigt, um die Zellzahl zu verdoppeln, wird **Generationszeit** (*g*) genannt. Sie beträgt bei schnell wachsenden Bakterien wie z. B. *E. coli* unter optimalen Wachstumsbedingungen 15 bis 20 Minuten, kann jedoch bei anderen Keimen wesentlich länger sein und mehrere Stunden oder sogar Tage betragen. Die Generationszeit entspricht der Vermehrungszeit t dividiert durch die Anzahl der Generationen n.

$$g = \frac{t}{n}$$

Das Zeitintervall zur Verdopplung der Zellmasse heißt Verdopplungszeit (t_d). Sofern sich die Zellgröße und -zusammensetzung während des Wachstums nicht ändern, sind beide Größen gleich ($g = t_d$).

Die Gesamtzahl N der Bakterien in einer Kultur ist bei exponentiellem Wachstum von der Ausgangszellzahl N_0 und der Anzahl der Generationen n abhängig.

$$N = N_0 \cdot 2^n$$

Die Anzahl der Generationen kann bei Kenntnis von N und N_0 folgendermaßen berechnet werden:

$$n = \frac{\log N - \log N_0}{\log 2}$$

Die Vermehrung von Mikroorganismen lässt sich auch durch die **Wachstumsrate** μ beschreiben. Der Zuwachs der Biomasse x zu einem Zeitpunkt t ist dx/dt und hängt ab von der aktuellen vorhandenen Biomasse x und der Wachstumsrate μ ab:

$$\frac{dx}{dt} = \mu x$$

Die Wachstumsrate μ ist die Zunahme der Zellmasse pro Zeiteinheit und in der exponentiellen Wachstumsphase erreicht ein Organismus seine maximale Wachstumsrate. Für das Verhältnis der Wachstumsrate zur Verdopplungszeit t_d ergibt sich:

$$\mu = \frac{\ln 2}{t_d}$$

5.1 Wachstumsphasen

In einem **Wachstumsexperiment** wird frisches Nährmedium beimpft, d.h. eine geringe Bakterienmenge steril zugegeben, und anschließend in regelmäßigen Abständen Proben gezogen und die Zellzahl bzw. Zellmasse bestimmt.

Die Ergebnisse können in halblogarithmischer Form (log x oder ln x gegen die Zeit) aufgetragen werden. Dabei wird ersichtlich, dass eine Bakterienkultur in einem flüssigen Medium unterschiedliche Wachstumsphasen durchläuft.

Eine typische **Wachstumskurve** von Bakterien enthält vier Wachstumsphasen (Bild 1)

1. **Lag-Phase (Anlaufphase)**
   Die Zelldichte der Kultur bleibt anfangs aufgrund nicht vorhandenen Wachstums konstant. Die frisch in die Kultur eingebrachten Bakterien müssen sich auf ihre neue Umwelt wie z.B. das frische Kulturmedium einstellen, indem sie Stoffwechselwege aktivieren und neue Enzyme bilden. Anschließend beginnt die Zellkonzentration langsam anzusteigen, da sich die Zellen zu teilen beginnen. Die Dauer der Anlaufphase hängt vor allem vom Zustand (Vitalität) der eingeimpften Bakterien ab und von der Größe der Umstellungen im Stoffwechsel.

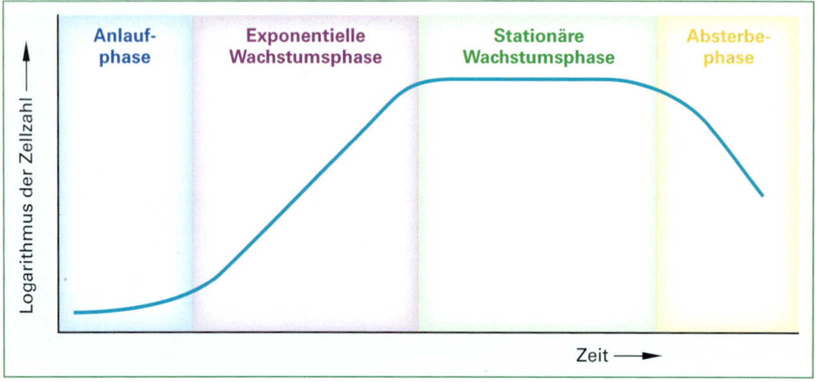

Bild 1
Wachstumsphasen einer Bakterienkultur

2. **Log-Phase (Exponentielle Wachstumsphase)**
   Die Wachstumsrate erreicht einen maximalen konstanten Wert. Die Bakterien vermehren sich mit minimaler Generationszeit. Nur in dieser Wachstumsphase nimmt die Zelldichte exponentiell zu. Die Dauer dieser Phase hängt davon ab, wann die zum Wachstum benötigten Mediumsbestandteile aufgebraucht sind oder ausgeschiedene Stoffwechselprodukte das Wachstum hemmen. In der logarithmischen Auftragung zeigt die exponentielle Phase einen linearen Anstieg der Zellzahl.

3. **Stationäre Phase**
   Bei Erschöpfung der Nährstoffe, Anhäufung hemmender Stoffwechselprodukte und bei Sauerstoffmangel im Falle von aerob wachsenden Bakterien können sich die Zellen nicht weiter vermehren. Die Zelldichte der Kultur bleibt in dieser Phase in etwa konstant, da sich einige Zellen noch teilen, andere absterben und lysieren (auflösen). Die weiterlebenden Mikroorganismen stellen ihren Stoffwechsel um und betreiben einen Erhaltungsstoffwechsel mit Verbrauch von Reservestoffen.

4. **Absterbephase**
   In der dieser Phase nimmt die Anzahl der lebenden Zellen drastisch ab und die gemessene Zelldichte sinkt: Die Bakterien sterben ab. Dies ist leicht daran erkennbar, dass sich die Zellen auch nach Übertragung in ein frisches Nährmedium nicht mehr vermehren können.

Die vier typischen **Wachstumsphasen** einer bakteriellen Flüssigkultur sind:

1. Die **lag-Phase** mit keinem oder verzögertem Wachstum.
2. Die **log-Phase** mit exponentiellem Wachstum.
3. Die **stationäre Phase** mit konstanter Zelldichte.
4. Die **Absterbephase** mit Abnahme der Zelldichte.

5.2 Wachstum in statischen und kontinuierlichen Kulturen

Eine Bakterienkultur, die die vier typischen Wachstumsphasen zeigt, ist eine **statische Kultur**, die auch ***Batch*-Kultur** (engl. *batch*: Stapel) oder **diskontinuierliche Kultur** genannt wird. Bei einer statischen Kultur wird eine Nährlösung mit Mikroorganismen beimpft und anschließend die Kultur bei geeigneter Temperatur bebrütet. Während des gesamten Kulturverlaufes werden die von den Bakterien verbrauchten Nährstoffe nicht ersetzt und keine Stoffwechselendprodukte oder Biomasse entfernt. Nur die Entnahme von Proben zur Wachstumsmessung und die Zugabe kleiner Mengen an Säure oder Lauge zur pH-Wert-Regelung sowie Mittel zur Schaumbekämpfung begleiten das Kulturverfahren. Nach einer bestimmten Zeit muss die Kultur aus Mangel eines Substrats zwangsläufig die logarithmische Wachstumsphase beenden, wenn nicht schon vorher das Kulturmilieu zu stark verändert wurde.

Die **statische** oder **diskontinuierliche Kultur** ist eine Kultur von Mikroorganismen in einem geschlossenen System, in dem die Zellen nur so lange wachsen, bis ein Faktor im Nährmedium das Wachstum limitiert.

Eine **kontinuierliche Kultur** stellt im Gegensatz zur statischen Kultur kein geschlossenes, sondern ein offenes System dar. Durch ständige Zufuhr neuer Nährlösung und Entnahme von (verbrauchtem) Nährmedium und von Biomasse werden die Wachstumsbedingungen konstant gehalten. Mit einer bestimmten Durchflussgeschwindigkeit wird die Kultur aus einem Vorratsgefäß mittels einer Pumpe ständig mit sterilem frischem Medium versorgt.

Die Kultur aerober Mikroorganismen wird darüber hinaus zur O_2-Versorgung mit steriler Luft begast, die mit den anderen Kulturbestandteilen über ein Rührwerk gleichmäßig im Bioreaktor verteilt wird. Überschüssiges Nährmedium mit Bakterien wird mithilfe eines Überlaufs entnommen und in einem Auffanggefäß gesammelt, sodass das Kulturvolumen gleich groß bleibt (Bild 1).

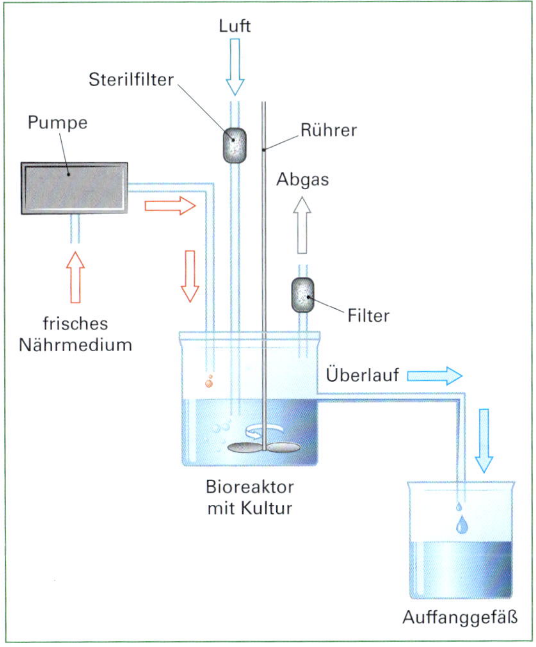

Bild 1 **Kontinuierliche Kultur in einem Chemostaten**

Kontinuierliche Kulturen sind Dauerkulturen, in denen kontinuierlich frisches Medium zugegeben wird, um die Mikroorganismen für längere Zeit im exponentiellen Wachstum zu halten.

Zwei kontinuierliche Kultivierungsmethoden sind verbreitet:

- In einem **Turbidostaten** wird die Bakterienkonzentration (Zelldichte) mithilfe einer Trübungsmessung (s. S. 465) bestimmt und durch externe Regulierung des Zu- und Abflusses eingestellt.
- Der **Chemostat** ist hingegen ein selbstkorrigierendes System. Die Konzentration an Mikroorganismen bleibt konstant, wenn die Kultur nach einer Anlaufzeit ein Fließgleichgewicht erreicht hat.

Kinetik
Zeitlicher Verlauf von Reaktionen, z. B. von Enzymen oder Zellen

Kontinuierliche Verfahren können als Turbidostat oder Chemostat betrieben werden. Im Gegensatz zu einem Turbidostaten stellt sich in einem Chemostaten nach einiger Zeit eine Selbstregulation des Systems ein.

Das Wachstum in einem **Chemostaten** ist substratbegrenzt (limitiert), d. h. sie wird durch die Konzentration eines der Substrate im Medium bestimmt. Die Abhängigkeit der Wachstumsrate von der Substratkonzentration wurde von *Jaques Monod* mit der sogenannten *Monod*-**Kinetik** dargestellt und entspricht dem *Michaelis-Menten*-Modell der Enzymkinetik (s. S. 111). Bild 1 zeigt, dass die Wachstumsrate μ bei niedriger Substratkonzentration proportional zur Konzentration ansteigt und bei hoher Substratkonzentration sich einem konstanten Wert (μ_{max}) nähert. Ähnlich der Affinitätskonstante K_M bei Enzymen kann eine Konstante K_S für Mikroorganismen, die bei halber Substratsättigung wachsen, ermittelt werden.

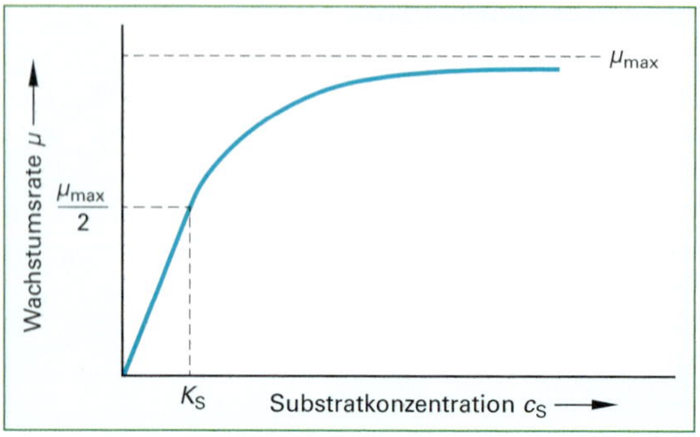

Bild 1
Abhängigkeit der Wachstumsrate μ von der Substratkonzentration

Während bei einer *Batch*-Kultur in der log-Phase alle notwendigen Substrate gesättigt, also im Überschuss vorliegen und die Wachstumsrate nicht begrenzen, wachsen Mikroorganismen im Chemostaten bevorzugt in einem Fließgleichgewicht (engl. *steady state*), bei dem die Substratkonzentration die Vermehrungsrate der Zellen beeinflusst (Bild 2).

Dem Kulturgefäß eines Chemostaten wird mit der Zuflussrate F ($mL \cdot h^{-1}$) frische Nährlösung zugeführt und gleichzeitig verbrauchtes Medium abgeführt. Im Fließgleichgewicht ergibt sich damit bei einem konstanten Reaktorvolumen V folgende Verdünnungsrate D (engl. *dilution*) der Kultur:

$$D = \frac{F}{V}$$

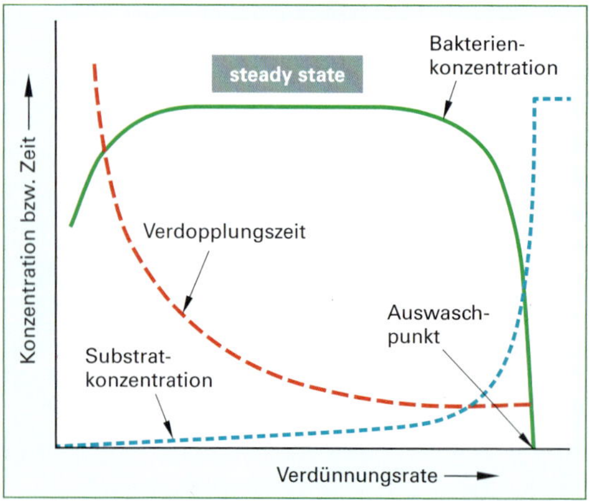

Bild 2
Kulturparameter einer kontinuierlichen Kultur in Abhängigkeit von der Verdünnungsrate

Im Fließgleichgewicht ist die Zelldichte bzw. Biomasse der Kultur konstant. Der Verlust an ausgespülten Zellen entspricht dann genau dem Zuwachs der Biomasse durch Wachstum.

Wird beispielsweise die Durchflussgeschwindigkeit der Kultur erhöht, sinkt aufgrund des Ausflusses von Zellen die Bakteriendichte. Da nun den im Reaktor verbleibenden Zellen mehr Nährstoffe zur Verfügung stehen, können diese aufgrund der *Monod*-Kinetik schneller wachsen und das Gleichgewicht im Chemostaten wiederherstellen. Nur darf die Verdünnungsrate nicht höher als die maximale Wachstumsrate der Organismen sein, die ansonsten aus dem Reaktor ausgewaschen werden (Auswaschpunkt des Chemostaten).

Die Änderung der Reaktorbiomasse in der Zeit entspricht somit der Zunahme der Zellen durch das Wachstum (bestimmt durch die Verdünnungsrate μ) und der Abnahme durch den Abfluss (bestimmt durch die Verdünnungsrate D) und beide Größen sind im Fließgleichgewicht gleich:

$$\frac{dx}{dt} = \mu x - Dx = 0$$

Daraus folgt, dass im *steady state* $\mu x = Dx$ bzw. $\mu = D$ ist.

Durch die Festlegung einer physikalischen Größe (nämlich $D = F/V$) kann die Wachstumsgeschwindigkeit der Bakterien eingestellt werden.

Das Wachstum der Mikroorganismen in einem Chemostaten ist **substratlimitiert.** Die Mikroben vermehren sich nicht mit maximaler, sondern mit einer geringeren Wachstumsrate, die durch die Verdünnungsrate bestimmt wird. Die kontinuierliche Kultur strebt ein **Fließgleichgewicht** an, in dem die Zelldichte der Kultur konstant gehalten wird.

Kontinuierliche Prozesse haben gegenüber diskontinuierlichen Verfahren eine Reihe von **Vorteilen**:

- Kontinuierliche Verfahren haben eine größere **Produktivität**, sodass Bioreaktoren mit kleinerem Volumen zum Einsatz kommen können. Außerdem ist der Arbeitsaufwand aufgrund des automatisierten Verfahrens erheblich geringer.
- Sie können oft wochenlang ohne Unterbrechung laufen, während *Batch*-Verfahren nach kurzer Produktionsphase neu angesetzt werden müssen. Es entfallen die für *Batch*-Kulturen typischen **Totzeiten** zum Füllen, Entleeren, Aufheizen, Abkühlen, Reinigen und Sterilisieren des Reaktors.

Produktivität
Die pro Volumen- und Zeiteinheit von einer Kultur gebildete Menge eines Produkts oder Biomasse

Kontinuierliche Verfahren können jedoch auch **Nachteile** besitzen:

- Kontinuierliche Kulturen sind häufig **störanfälliger** als *Batch*-Systeme, vor allem auch wegen der oft längeren Laufzeiten. Beispielsweise können Infektionen mit Umgebungskeimen im Laufe der Betriebszeiten die Produktion beeinträchtigen. Statische Kulturen laufen hingegen zumeist ohne größere technische Probleme in Laboren und in der Industrie.
- Durch den Einsatz desselben Reaktors für verschiedene diskontinuierliche Produktionsprozesse wird eine hohe **Flexibilität** erreicht.

Kontinuierliche Kulturen sind meist wirtschaftlicher als *Batch*-Kulturen, da sie höhere Ausbeuten an Zellmasse oder Produkten liefern. Sie sind jedoch oft aufwendiger und anspruchsvoller z. B. in der Steriltechnik.

In **semikontinuierlichen Produktionsverfahren** oder ***Fed-batch*-Verfahren** (engl. *fed*: gefüttert) werden in bestimmten Intervallen die Kulturmedien erneuert bzw. verändert. Entweder werden neue Nährsubstrate zugegeben oder die Kulturmedien werden aus dem Reaktor komplett entfernt und durch neues Nährmedium ersetzt.

Bioreaktoren

Ein Bioreaktor, auch **Fermenter** bezeichnet, ist ein Behälter, in dem Mikroorganismen oder eukaryontische Zellen unter optimierten Bedingungen kultiviert werden. Im Labor eingesetzte Bioreaktoren haben häufig ein Volumen von 1 bis 10 Liter. Industriefermenter, in denen Enzyme oder andere wertvolle Substanzen von Mikroorganismen produziert werden, können Tausende Liter Kulturflüssigkeit beinhalten. Werden solch große Volumina an Nährmedien zur Kultivierung eingesetzt, werden die Kulturen stufenweise in immer größere Bioreaktoren überimpft. Dadurch kann ein gutes Anwachsen der Mikroben mit maximalen Ausbeuten an Biomasse bzw. Bioprodukten im Hauptfermenter erzielt werden.

Um eine optimale Produktivität der Bioprozesse erreichen zu können, muss eine **Prozessoptimierung** stattfinden. Die Betriebsweise der Bioreaktoren muss, wie auch die eingesetzten **Stämme** und die Nährmedien, für jede Produktion optimiert werden.

Stamm
Kulturstamm, Reinkultur, im Labor eingesetzte Zelllinie

Sensor
Bauelement, das eine physikalische Größe wie Temperatur oder Druck in elektrische Signale umwandelt

Sonde
Einrichtung zur Probenahme, bzw. zur Gewinnung keimfreien Filtrates in Bioreaktoren

Steriltechnik
Verfahren, mit denen Gegenstände und Materialien durch thermische oder chemische Methoden von lebenden Mikroorganismen befreit werden

Der Bioreaktor muss in seinen Prozessbedingungen an die Umweltparameter, die in dem natürlichen Lebensraum der Mikroorganismen herrschen, angepasst werden. Von Bedeutung sind der pH-Wert, die Temperatur, der Sauerstoffgehalt sowie die Art und Konzentration der Nährstoffe. Wichtig sind eine gute Durchmischung des Reaktorinhalts und eine ausreichende Sauerstoffversorgung der Zellen.

Durch Messung und Regelung der Prozessgrößen müssen diese über die gesamte Kulturdauer in optimalen Bereichen gehalten werden. Mithilfe von **Sensoren** und **Sonden** können viele Prozessgrößen direkt im Nährmedium (*on-line*) ständig gemessen werden. Beispielsweise muss die Temperatur im Optimum gehalten werden, gerade da die kultivierten Mikroorganismen durch ihren Stoffwechsel selber Wärme erzeugen, die abgeführt werden muss. Eine zu hohe Reaktortemperatur verlangsamt nicht nur den Stoffwechsel, sondern kann zur Abtötung der Kultur führen. Die fortwährende Sterilität der Anlage muss durch entsprechende **Steriltechniken** gewährleistet sein, damit es nicht zum Eindringen von Fremdkeimen in den Bioreaktor kommt (s. Kap. IV.2.1). Dies gilt auch für Zuleitungen und Probenentnahmeventile.

In **Bioreaktoren** werden Mikroorganismen unter optimalen Bedingungen gezüchtet, um große Ausbeuten an Biomasse oder mikrobiellen Produkten zu erhalten. Dazu ist eine **Überwachung** und **Steuerung** der Prozessbedingungen wie Temperatur, pH-Wert und Gehalt an gelöstem Sauerstoff notwendig.

Das gebräuchlichste Bioreaktormodell ist der **Rührkesselreaktor** (Bild 1). In ihm wird die Durchmischung mit beweglichen mechanischen Einbauten wie **Rührwerken** und unbeweglichen Strombrechern auf der Reaktorinnenwand erreicht. Der von aerob wachsenden Bakterien benötigte, im Kulturmedium gelöste Sauerstoff wird ständig durch Begasung mit steriler Luft (oder reinem Sauerstoffgas) nachgeliefert. Der Gehalt kann mit einer Sauerstoffsonde kontinuierlich gemessen werden.

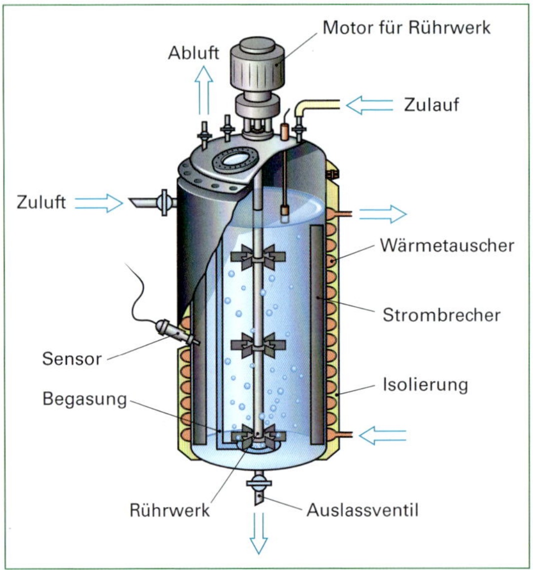

Bild 1
Rührkesselreaktor

Zur Temperaturregelung ist ein Rührkesselreaktor meist mit einem Doppelmantel oder mit Rohrschlangen versehen. Die Temperatur im Reaktorinneren wird ständig gemessen.

Da sich der pH-Wert bei Züchtungen von Mikroorganismen z. B. durch Bildung von CO_2 und von sauren oder alkalischen Abbauprodukten häufig verändert, muss dieser über eine pH-Sonde in der Nährlösung gemessen werden. Säuren und Laugen können aus Vorratsbehältern in notwendiger Dosis zugepumpt werden. Die häufig im Verlaufe der Kultivierung entstehenden großen Mengen an Schaum können durch Zugabe von Antischaummitteln reduziert werden.

Ein viel verwendeter Reaktortyp ist der **Rührkesselreaktor**, in dem die Kultur mit steriler Luft begast und mit einem Rührwerk durchmischt wird.

5.3 Wachstumsvoraussetzungen für Mikroorganismen

Das Wachstum der Mikroorganismen ist von einer ausreichenden Versorgung mit Nährstoffen abhängig. Wasser als die wichtigste Voraussetzung von Leben muss auf jeden Fall in genügender Höhe und in für Mikroben verfügbarer Form zur Verfügung stehen, wobei der a_W-Wert des Mediums und der Wassergehalt der Luft eine Rolle spielen (s. Kap. II.5.3.4).

Darüber hinaus müssen weitere Umweltbedingungen, wie z. B. Temperatur und pH-Wert, für eine Vermehrung geeignet sein (Bild 1). Je nach Sauerstoffbedürfnis der jeweiligen Mikroorganismen muss O_2 in genügender Konzentration vorhanden oder abwesend sein, wobei das Redoxpotenzial des Nähmediums eine wichtige Einflussgröße darstellt.

Bakterien haben je nach Art oft sehr unterschiedliche Wachstums- und Nährstoffbedürfnisse. Sie sind zum Teil im Labor einfach zu erfüllen, sodass die Keime leicht kultiviert werden können. Häufig jedoch sind die Ansprüche der Mikroben so komplex, dass sich die Mikroorganismen nicht außerhalb ihres natürlichen Standorts vermehren und im Labor nicht gezüchtet werden können.

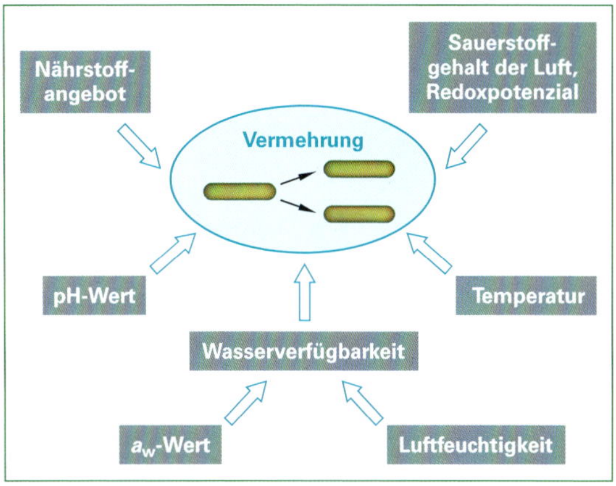

Bild 1
Wachstumsvoraussetzungen für Mikroorganismen

Zum Wachstum einer Kultur müssen die spezifischen **Wachstums- und Nährstoffansprüche** erfüllt sein, die besonders bei Bakterien höchst unterschiedlich sein können.

5.3.1 Nährstoffbedarf

Die chemische Zusammensetzung der Zellen aus Elementen gibt Auskunft über die elementaren Nährstoffansprüche der Mikroorganismen (Tabelle 1, S. 296). Die Funktion der Elemente liefert Informationen über die quantitativen Bedürfnisse wachsender Bakterien. Beispielsweise müssen die Elemente, die zum Aufbau von Eiweißen benötigt werden, in hohen Mengen zur Verfügung gestellt werden. Proteine machen 50 bis 70 % der Trockenmasse von Bakterien aus.

In einem Nährmedium, das der Kultivierung von Mikroorganismen dient, müssen alle Nährstoffe oder Substrate, die die Zellen zum Wachstum benötigen, in gelöster Form enthalten sein. Der Begriff **Substrat** wird in unterschiedlichen Bedeutungen benutzt. Er bezeichnet nicht nur die einzelnen Nährstoffe des Kulturmediums, sondern oft den gesamten Nährboden oder auch nur die Kohlenstoff- und Energiequelle (s. unten). Das Nährmedium ist aus folgenden Komponenten zusammengesetzt:

- Die **Kohlenstoff- und Energiequelle**, das Wachstumssubstrat für heterotrophe Bakterien, muss in einer hohen Konzentration zugegeben werden, da Bakterienzellen zu 50 % aus Kohlenstoff bestehen. Bei Züchtungen (Kultivierungen) im Labor wird häufig Glukose als C-Quelle genommen. Eine weitverbreitete Eigenschaft von Mikroorganismen ist die Fähigkeit, solche Zucker abzubauen, die mengenmäßig in der Natur dominieren. Viele Bakterien können mit Glukose als einziger organischer Verbindung auskommen.

Heterotroph
Organismen, die sich von organischen Stoffen ernähren und sie in körpereigene Substanzen umwandeln

Kationen
Positiv geladene Teilchen

Atmungskette
Eine Abfolge elektronentransportierender Enzymkomplexe, die in der Zellmembran atmender Bakterien Elektronen vom Substrat auf Sauerstoff übertragen

- **Stickstoff**, das in sämtlichen Aminosäuren enthalten ist, wird neben den Kohlenstoffverbindungen in hohen Mengen zum Wachstum benötigt. Als Stickstoffquelle können Mikroorganismen unterschiedliche organische (Amine) oder anorganische Verbindungen (Nitrate, Ammoniumverbindungen) verwerten. Es gibt einige Bakterien, die den Luftstickstoff (N_2) reduzieren und nutzen können (Stickstofffixierung, s. S. 246).
- **Phosphor**, ein wesentlicher Bestandteil der Nukleinsäuren, wird benötigt und kann in Form von Phosphaten den Nährmedien zugegeben werden.
- **Schwefel**, das in reduzierter Form in die Aminosäuren eingebaut wird und für die Synthese von Proteinen benötigt wird, kann als Sulfat zur Verfügung gestellt werden.
- Bakterien brauchen **Kalium-, Calcium-** und **Magnesiumionen** zum Wachstum, einige Spezialisten auch Natriumionen. Diese **Kationen** sind als Bestandteile bestimmter Enzyme notwendig. Zweiwertige Kationen dienen vor allem der Stabilisierung der Zellmembran und der Zellwand.
- Weiterhin werden von Bakterien in geringen Konzentrationen **Metallionen** wie z. B. Cobalt, Mangan und Kupfer, sogenannte **Spurenelemente**, benötigt. Sie sind oft als Verunreinigung in ausreichender Menge in anderen Chemikalien vorhanden. In aeroben Organismen wird Eisen zum Aufbau der Komponenten der **Atmungskette** in relativ hohen Konzentrationen benötigt.

Tabelle 1 Nährstoffbedürfnisse von Bakterien

Element	Symbol	Anteil an der Trockenmasse in %	Nährstoff (Beispiel)
Kohlenstoff	C	50	$C_6H_{12}O_6$
Sauerstoff	O	20	H_2O, O_2
Stickstoff	N	14	NH_4Cl
Wasserstoff	H	8	H_2O
Phosphor	P	3	K_2HPO_4
Schwefel	S	1	$FeSO_4 \cdot 7\ H_2O$
Kalium	K	1	K_2HPO_4
Magnesium	Mg	0,5	$MgSO_4 \cdot 7\ H_2O$
Calcium	Ca	0,5	$CaCl_2 \cdot 2\ H_2O$
Eisen	Fe	0,2	$FeSO_4 \cdot 7\ H_2O$

Von einigen Bakterien werden zusätzlich organische Verbindungen, die **Wachstumsfaktoren** oder **Ergänzungsstoffe** genannt werden unbedingt zum Wachstum benötigt. Dazu gehören Vitamine und Aminosäuren. Mikroorganismen können anhand der Substanzen, die sie zum Wachstum benötigen, unterteilt werden:

- **Prototrophe** Zellen können alle benötigten organischen Wachstumsfaktoren selbst synthetisieren, sodass diese im Kulturmedium nicht mitgeliefert werden müssen.
- **Auxotrophe** Mikroorganismen sind auf bestimmte organische Wachstumsfaktoren angewiesen. Oft handelt es sich dabei um Mutanten, die nach einer im Labor ausgelösten Mutation ein zur Synthese dieses Stoffes wichtiges Enzym verloren haben.

Heterotrophe Bakterien benötigen zum Wachstum eine verwertbare organische Kohlenstoff- und Energiequelle sowie Stickstoff, Schwefel und Phosphor liefernde Verbindungen. Essenziell sind weiterhin Kalium-, Calcium- und Magnesiumionen, einige Spurenelemente sowie für auxotrophe Bakterien bestimmte organische Wachstumsfaktoren.

Zahlreiche Bakterien benötigen Gase der Luft zum Wachstum. Fototrophe und einige andere Mikroorganismen, besonders Anaerobier, benötigen **Kohlenstoffdioxid** im Baustoffwechsel. CO_2 kann deshalb das Wachstum dieser Keime limitieren.

Eine wichtige Rolle für viele Mikroorganismen spielt **Sauerstoff**, das von aeroben Organismen im Atmungsstoffwechsel benötigt wird. Für die Mikroben ist nur das im Wasser gelöste Gas verfügbar.

Da die Löslichkeit des Sauerstoffgases im Wasser gering ist, enthalten Flüssigkeiten wie Nährmedien nur geringe O_2-Konzentrationen. Bei der Kultivierung der Bakterien muss die ständige Versorgung gewährleistet werden.

Für anaerob wachsende Mikroben ist darüber hinaus das **Redoxpotenzial** von Bedeutung, das durch das mengenmäßige Verhältnis von Oxidations- und Reduktionsmitteln im Kulturmedium bestimmt wird. In Gegenwart von O_2 ist es in der Regel positiv, in seiner Abwesenheit negativ. Am einfachsten ist das Redoxpotenzial mit bestimmten Farbstoffen wie z. B. Resazurin bestimmbar, die **Redoxindikatoren** genannt werden und bei Änderung des Redoxpotenziales eine andere Farbe annehmen.

Redoxindikator
Substanz, dessen reduzierte und oxidierte Form verschiedenfarbig ist, sodass der Zustand des Redoxpotenzials erkannt werden kann

Aerob wachsende Bakterien wie *Pseudomonas*-Arten benötigen hohe (positive) Redoxpotenzial-Werte. Man findet beispielsweise diese Pseudomonaden deshalb nur auf der Oberfläche von Lebensmitteln und nicht in ihrem Inneren. Hingegen können viele aerobe *Bacillus*-Arten auch bei niedrigeren Redoxpotenzialen wachsen.

Anaerobe Bakterien können sich nur bei negativen Redoxpotenzialen vermehren. Durch die Abgabe reduzierender Verbindungen ins Nährmedium wird das Redoxpotenzial zum Wachstumsvorteil der Mikroben weiter abgesenkt.

Tabelle 1 Wachstumsansprüche von Bakterien an das Redoxpotenzial

Organismus	Sauerstoffverhalten	Redoxpotenzial wachsender Zellen in mV
Pseudomonas	aerob	+500 ... +100
Staphylococcus aureus	fakultativ anaerob	+200 ... −200
Clostridium	anaerob	ca. −300

Das **Redoxpotenzial**, das von Sauerstoff und anderen Oxidations- und Reduktionsmitteln im Nährmedium abhängt, bestimmt das Wachstumsvermögen von aeroben und anaeroben Mikroorganismen.

Biotop
Natürlicher Lebensraum von Lebewesen

5.3.2 Einfluss der Temperatur

Sofern die Voraussetzungen zum Leben wie z. B. das Vorhandensein von flüssigem Wasser erfüllt sind, können Mikroorganismen bei allen möglichen Temperaturen leben. Die Temperaturspanne der Mikroben reicht von ca. −12 °C bis über 115 °C. Jede einzelne Mikroorganismenart hat allerdings einen begrenzten Temperaturbereich, den sie zur Vermehrung nutzen kann. Diese Wachstumsbereiche spiegeln die Umweltverhältnisse der Organismen in ihrem **Biotop** wider und können sich von Art zu Art stark voneinander unterscheiden.

Die Temperatur hat einen bestimmenden Einfluss auf die Wachstumsgeschwindigkeit von Mikroorganismen, da der Stoffwechsel der Zellen auf enzymatisch katalysierten Reaktionen beruht. Diese laufen bei zu geringen oder zu hohen Temperaturen nicht ab, da die für die Funktion wichtige räumliche Struktur der Enzymproteine von der Temperatur abhängig ist.

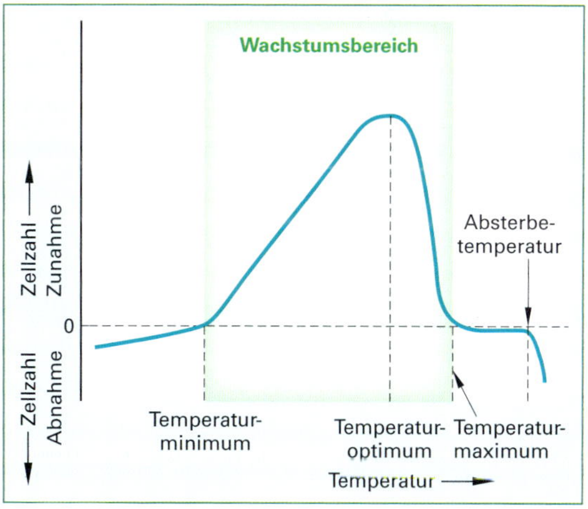

Bild 1
Einfluss der Temperatur auf das Wachstum

Beim Unterschreiten eines **Temperaturminimums** werden Stoffwechsel und Wachstum eingestellt (Bild 1), während die Zellen in der Mehrzahl lebensfähig bleiben.

Steigt die Temperatur an, erhöht sich auch die Wachstumsgeschwindigkeit und zwar bis zu einem **Temperaturoptimum**. Bei einer Temperaturerhöhung von 10 °C kann mit einer Verdoppelung der Reaktionsgeschwindigkeiten in der Zelle und damit des Wachstums gerechnet werden (RGT-Regel, s. S. 112).

Steigt die Temperatur über das Optimum, nimmt die Wachstumsgeschwindigkeit wieder ab. Beim Überschreiten eines **Temperaturmaximums** werden die Enzyme der Zelle und auch die Zellmembran funktionsunfähig. Bei noch höheren Temperaturen im Bereich von 60 bis 70 °C werden die Zellen so stark geschädigt, dass die Zellen nicht mehr vermehrungsfähig sind. Eine wichtige Anpassung der Bakterien an hohe und niedrige Temperaturen ist die Aufrechterhaltung der Fluidität und Stabilität der mikrobiellen Zellmembran (s. Kap. I.3.3.2).

Mikroorganismen sind an die **Temperatur** ihrer natürlichen Umwelt angepasst. Sie besitzen ein **Temperaturminimum** und ein **Temperaturmaximum**, die untere und die obere Wachstumsgrenze, und ein **Temperaturoptimum**, bei dem sie sich mit höchster Wachstumsrate vermehren.

Temperaturklassen

Mikroorganismen können nach ihrem Temperaturverhalten in folgende Gruppen unterteilt werden (Bild 1):

- **Psychrophile** (griech. *psychros*: kalt; *philos*: Freund) sind Kälte liebende Mikroben, die ein Temperaturminimum von unter 10 °C und ein niedriges Temperaturmaximum (unter 20 °C) haben.
- **Psychrotolerante** oder **psychrotrophe** (griech. *trepho*: sich ernähren) Mikroorganismen können bei Kühltemperaturen wie z. B. 5 °C wachsen, haben jedoch eine optimale Wachstumstemperatur zwischen 20 und 30 °C.
- **Mesophile** (griech. *mesos*: mittel) Mikroorganismen wie *E. coli* sind auf mittlere Temperaturen (10 bis 45 °C) angewiesen und haben oft ein Temperaturoptimum von 37 °C.
- **Thermophile** Organismen können sich bei Temperaturen von über 50 °C vermehren und haben ein Temperaturoptimum von 60 bis 70 °C.
- **Hyperthermophile** besitzen ein Temperaturoptimum von über 80 °C.

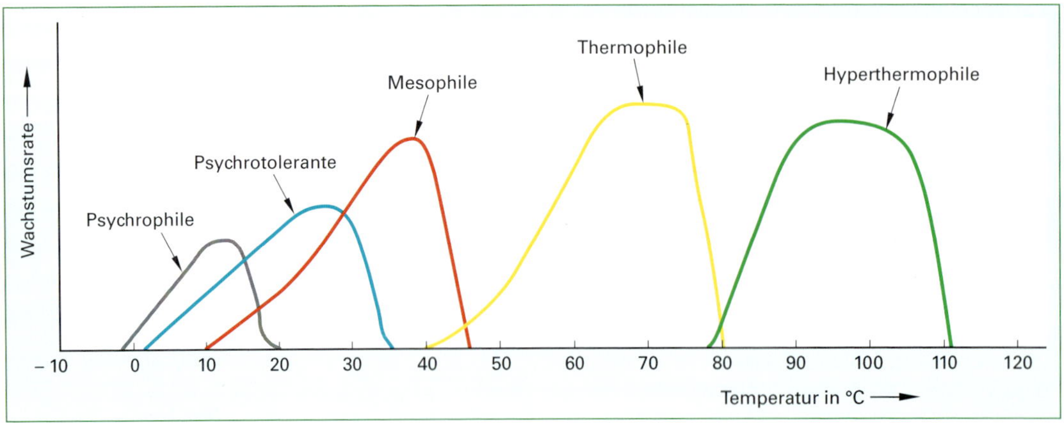

Bild 1
Temperaturklassen der Mikroorganismen

Psychrophile Mikroorganismen sind auf der Erde häufig vorhanden. Der größte Teil der Biosphäre, des von Leben erfüllten Raums der Erde, weist überwiegend oder sogar permanent Temperaturen unter 5 °C auf. In der Tiefsee werden zahlreiche Bakterien und Archaeen mit einem Temperaturoptimum von ca. 4 °C gefunden. Auch Mikroorganismen, die in **Permafrostböden** leben, sind an die niedrigeren Temperaturen ihrer Umwelt angepasst. Einige psychrophile Keime können sich noch bei Temperaturen unter dem Gefrierpunkt in Bodenbereichen vermehren, in denen neben Eis flüssiges Wasser vorkommt.

Permafrostboden
Dauerfrostboden, der in einer gewissen Tiefe ständig gefroren ist

Psychrophile Mikroben sind auf der Erde weitverbreitet. Sie besitzen ein Temperaturoptimum bei niedrigen Temperaturen und können bei mittleren Temperaturen nicht wachsen.

Psychrotolerante Bakterien vermehren sich bevorzugt bei mittleren und eingeschränkt bei niedrigen Temperaturen. Sie können in einem relativ großen Temperaturbereich leben, unterhalb 4 °C können sie zumeist nicht mehr wachsen. Kältetolerante Bakterien werden häufig in Kühleinrichtungen gefunden, wie z. B. der Lebensmittelkeim *Listeria monocytogenes*.

Psychrotolerante Mikroben, die sich beispielsweise in gekühlten Lebensmitteln vermehren können, besitzen ein Wachstumsoptimum bei mittleren Temperaturen.

Zu den **mesophilen** Mikroorganismen gehören viele bekannte Bakterien wie z. B. *Escherichia coli*, die sich bei 37 °C am schnellsten vermehren. Diese Keime wachsen bei dieser Temperatur im Optimum, weil sie aus dem Darmtrakt des Menschen oder von gleichwarmen Tieren stammen und an die Körpertemperatur ihres Wirtes angepasst sind.

Im Gegensatz zu vielen anderen Mesophilen kann sich *E. coli* noch bei 44 °C vermehren. Pathogene Arten des Lebensmittelkeims *Campylobacter*, die ein Temperaturoptimum von über 40 °C und ein Maximum von 45 °C besitzen, werden als thermophile *Campylobacter* bezeichnet; eigentlich gehören sie jedoch zu den mesophilen Keimen. *Campylobacter*-Bakterien kommen häufig bei Vögeln (z. B. Hühnern) vor, die mit 38 bis 42 °C eine höhere Körpertemperatur als Säugetiere besitzen.

Mesophile Bakterien haben ein Temperaturoptimum von 37 °C, wenn sie an den Körper des Menschen oder von Säugetieren angepasst sind.

Thermophile und **hyperthermophile** Mikroorganismen finden sich bei den Archaeen sowie den Bakterien. Zahlreiche Archaeen können zu den Hyperthermophilen gezählt werden. Sie existieren an Standorten mit entsprechend hohen Temperaturen wie z. B. vulkanischen Gebieten, in der Tiefsee oder in heißen Quellen auf dem Festland. Hyperthermophile besitzen zum Teil Temperaturoptima über 100 °C. Die Hitzestabilität der Zellen wird durch stabile Nukleinsäuren und Enzyme sowie einzigartige Membranlipide gewährleistet. Die DNA- und Proteinstabilität wird durch einen hohen **GC-Gehalt**, besondere zelluläre Substanzen wie Hitzeschutzproteine sowie spezifische Strukturen der Proteine verursacht.

GC-Gehalt
Anteil der Basen Guanin und Cytosin an der Gesamtheit der DNA-Basen

Neben einigen Bakterien sind zahlreiche Archaeen **thermophil** oder **hyperthermophil**. Sie besitzen besonders hitzestabile Membranen und Enzyme.

Tabelle 1 Verdopplungszeiten für verschiedene Bakterienarten*

Bakterium	Wachstumstemperatur in °C	Verdopplungszeit in min
Pseudomonas fluorescens	5	250 ... 500
Geobacillus stearothermophilus	60	10
Escherichia coli	37	20

*Züchtung der Bakterien in **Komplexmedien**

Komplexmedium Nährmedium zur optimalen Nährstoffversorgung aus chemisch nicht exakt bestimmten Substanzen

Der Vergleich der **Wachstumsgeschwindigkeiten** dreier Bakterienarten mit unterschiedlichen Temperaturvorlieben zeigt, dass die Verdopplungszeiten bei höheren Wachstumstemperaturen oft wesentlich kürzer als bei niedrigen sind. *Pseudomonas fluorescens*, ein am Verderb von Lebensmitteln beteiligter Keim, ist psychrotolerant, und Zellen, die bei Temperaturen von 5 °C wachsen, benötigen vier bis acht Stunden, um einmal ihre Zellzahl zu verdoppeln (Tabelle 1).

Hingegen teilen sich die thermophilen Bakterien von *Geobacillus stearothermophilus* (früher *Bacillus stearothermophilus*), ein Sporen bildendes, grampositives Bakterium, bei 60 °C sechsmal pro Stunde. Mesophile wie *E. coli* können ihre Biomasse etwa dreimal pro Stunde verdoppeln.

Sinken die Temperaturen, verringert sich nicht nur die Geschwindigkeit des exponentiellen Wachstums, auch die **Anlaufphase** (lag-Phase) erhöht sich dramatisch. Oft beginnt das Wachstum bei Temperaturen unter 20 °C erst nach Tagen.

Hitzeinaktivierung und dezimale Reduktionszeit

Denaturierung Meist irreversible Zerstörung der räumlichen Struktur von Proteinen

Bei Temperaturen, die über die maximale Wachstumstemperatur hinausgehen, kommt es verstärkt zur Zerstörung von Proteinen und Schäden an der Zellmembran. Die zellulären Proteine werden **denaturiert** und verlieren ihre Funktion, z. B. als Enzym. Die lipidhaltige Zellmembran wird fluide und löchrig, sodass wichtige Zellbestandteile verloren gehen. Bakterien überleben in der Regel Temperaturen von 10 bis 20 °C über dem Wachstumsmaximum mithilfe ihrer zahlreichen Reparatursysteme. Bei noch höheren Temperaturen führen die Schädigungen dann zum **Hitzetod** bzw. zur **Hitzeinaktivierung** der Zellen.

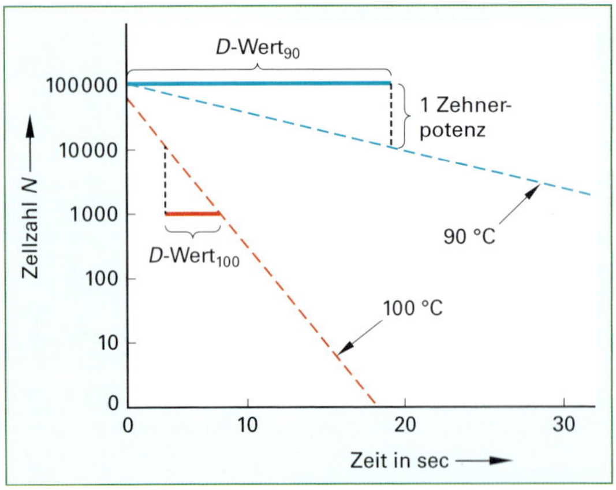

Bild 1 Hitzeinaktivierung von Mikroorganismen und *D*-Werte

Neben der Temperatur bestimmt die Zeitdauer der Hitzeeinwirkung das Ausmaß der Inaktivierung der Keime. Bei einer bestimmten Temperatur und in einem konstanten Zeitraum nimmt die Zahl der überlebenden Keime gewöhnlich exponentiell ab.

Wird die Zahl der überlebenden Zellen logarithmisch aufgetragen (Bild 1), wird eine Gerade erhalten, aus der die dezimale Reduktionszeit oder der *D*-Wert bestimmt werden kann. Der ***D*-Wert** ist die Zeit, die notwendig ist, um die Keimzahl auf ein Zehntel zu verringern. Sie ist für eine bestimmte Temperatur und Zellpopulation konstant. Anders gesagt ist der *D*-Wert die Dauer der Erhitzung, die bei einer gewissen Temperatur 90 % der Keime abtötet. Der *D*-Wert ist unabhängig von der vorhandenen Zellkonzentration.

Wird die Temperatur von 90 °C auf 100 °C erhöht, sinkt der *D*-Wert (Bild 1, S. 300), da die Geschwindigkeit der Hitzeabtötung von der herrschenden Temperatur abhängig ist.

Je höher die eingesetzte Temperatur ist, umso geringer ist die Zeit, die zur Inaktivierung aufgebracht werden muss. Wird z. B. *Salmonella* Typhimurium 12 Sekunden auf 60 °C erhitzt, werden 90 % der Mikroorganismen abgetötet. Bei einer Gesamtanfangskeimzahl von 10^6 Keimen würde eine Erhitzung von $6 \cdot 12 = 72$ sec ausreichen, um alle Bakterien abzutöten.

Die **Hitzeinaktivierung** von Mikroorganismen wird durch die **dezimale Reduktionszeit** oder den **D-Wert** charakterisiert, die Erhitzungsdauer, bei der eine Zellpopulation auf 10 % des Ausgangswertes reduziert wird.

Tabelle 1 Beispiele für D-Werte

Salmonella Typhimurium	Vegetative Bakterien	0,2 … 6,5 min bei 60 °C
Geobacillus stearothermophilus	Endosporen	2 … 5 min bei 120 °C
Aspergillus	Hyphen	15 min bei 60 °C
	Konidien	> 60 min bei 80 °C
Byssochlamys	Ascosporen	1 min bei 93 °C
Norovirus	Viren	> 30 min bei 60 °C

In welchem Maß Einzeller durch Hitze abgetötet werden, ist von Mikroorganismus zu Mikroorganismus unterschiedlich (Tabelle 1). Unterscheiden sich die Erhitzungsbedingungen oder die Kultivierungs- bzw. Wachstumsumstände bei demselben Organismus, werden oft deutlich andere D-Werte erhalten.

Besonders hohe D-Werte haben die Endosporen von Bakterien. Auch Pilzsporen haben zum Teil wesentlich höhere Inaktivierungszeiten als normale Zellen bzw. Hyphen, besonders bei dem zu den Ascomyzeten gehörenden Schimmelpilz *Byssochlamys*.

5.3.3 Einfluss des pH-Werts

Die meisten Mikroorganismen wachsen optimal bei einem neutralen pH-Wert, da ihre Enzyme nur im neutralen Bereich aktiv sind. Da die Zellmembran jedoch in begrenztem Maße für H_3O^+-Ionen undurchlässig ist, kann ein neutraler pH-Wert in der Zelle auch bei einem leicht niedrigeren pH-Wert außerhalb der Zelle aufrechterhalten werden. Bei einem deutlich zu niedrigen pH-Wert im Medium und damit zu hohen Protonengradienten kann die Zellmembran die Ansäuerung des Zellinneren und damit die Inaktivierung der dort vorhandenen Enzyme nicht verhindern.

Die meisten **Bakterien** wie beispielsweise *E. coli* bevorzugen deshalb einen neutral bis schwach sauren Bereich von etwa pH 5 bis 8. Sie haben bei pH 7 ihre höchste Wachstumsrate (Bild 1, S. 302). Einige Bakterien sind **acidophil**, d. h. sie favorisieren ein saures Milieu. Die zur Herstellung saurer Milch- und Gemüseprodukte verwendeten Milchsäurebakterien wie z. B. *Lactobacillus* können noch bei einem pH-Wert von 4 wachsen. Auch Essigsäurebakterien vermehren sich bei pH-Werten unter 5.

Zahlreiche **Pilze** wie beispielsweise der Schimmelpilz *Aspergillus* wachsen in einer noch saureren Umgebung und setzen sich dort gegenüber anderen Mikroorganismen durch. Diese Pilze vermehren sich in einem pH-Bereich von 2 bis 4, allerdings wesentlich langsamer als im neutralen Bereich.

Im sauren pH-Bereich ist bakterielles Wachstum und damit Konkurrenz um Wachstumssubstrate nur noch selten vorhanden. Die Pilze, die im sauren und neutralen pH-Bereich wachsen können, werden als **säuretolerant** bezeichnet.

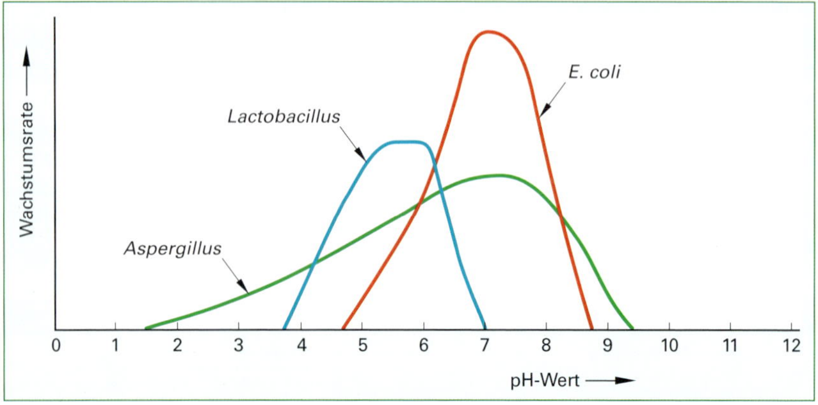

Bild 1
Wachstum von Bakterien und Pilzen bei unterschiedlichen pH-Werten

Extrem acidophile Bakterien oder Archaeen existieren in Lebensräumen mit pH 1, wie z. B. einigen industriellen Abwässern. Einige Archaeen können sogar in 1 N Salzsäure (pH 0) leben. Mikroorganismen, die **alkaliphil** sind und an ein alkalisches Milieu gebunden sind, sind selten, sodass stark basische Standorte oft nicht von Organismen besiedelt sind.

Tabelle 1 zeigt eine Einteilung der Mikroorganismen nach ihrem pH-Verhalten.

Tabelle 1 Einfluss des pH-Werts auf Mikroorganismen

Typen	Namensbedeutung	Wachstumsgrenzen	Vertreter	Standortbeispiele
Neutrophile	Bei neutralem und leicht saurem pH-Wert wachsende Mikroben	pH 5 und pH 8	Großteil der Mikroben	Gewässer, Körper
Acidophile	Bei niedrigem pH-Wert wachsende Mikroben	pH 3 ... pH 4	Milchsäurebakterien	Verrottende Pflanzen, Lebensmittel
Extrem acidophile	Bei sehr niedrigem pH-Wert wachsende Mikroben	pH 1 (z. T. 0)	*Sulfolobus*	Abwässer, saure Seen
Alkaliphile	Bei hohem pH-Wert wachsende Mikroben	pH 11	*Bacillus alcalophilus*	Natronseen
Säuretolerante	Bei neutralem und saurem pH-Wert wachsende Keime	pH 2 ... pH 4	Viele Pilze	Scheide, Lebensmittel

Die meisten Bakterien vermehren sich ausschließlich in einem **pH-Bereich** von etwa 5 bis 8. Pilze und bestimmte Bakterien wie die Milchsäurebakterien sowie Essigsäurebakterien wachsen auch in einem saureren Milieu.

Viele Mikroorganismen verändern aktiv das pH-Milieu ihrer Umgebung. Gärende Bakterien wie Milchsäurebakterien, Essigsäurebakterien oder Enterobacteriaceen scheiden in hohen Mengen Säuren wie Milch-, Ameisen- und Essigsäure aus.

Deshalb müssen Nährböden **Puffersubstanzen** wie z. B. Phosphate enthalten, um den pH-Wert zu stabilisieren und ein Wachstum in der exponentiellen Wachstumsphase zu ermöglichen (s. S. 413).

5.3.4 Einfluss der Wasseraktivität (a_w-Wert)

Mikroorganismen benötigen zum Wachstum und für alle Stoffwechselaktivitäten Wasser. Bakterien bestehen wie alle Zellen zum größten Teil aus Wasser (80 bis 90 %), das für alle Lebensvorgänge notwendig ist. Bei Abwesenheit von Wasser werden Stoffwechsel und Vermehrung der Mikroorganismen eingestellt und es kann zum Absterben der Zellen kommen.

Bakterien und Pilze besiedeln häufig nicht flüssige und wasserarme Substrate wie zahlreiche Lebensmittel, in denen zwar Nährstoffe in großer Fülle, jedoch Wasser nur begrenzt zur Verfügung stehen. Ob Mikroorganismen auf solchen Substraten wachsen können, hängt nicht vom **Wassergehalt** der Produkte ab. Entscheidend für das Wachstum ist die Menge an freiem, ungebundenem Wasser, das von den Mikroben aufgenommen und genutzt werden kann. Die gelösten Substanzen von Nährböden und die Inhaltsstoffe der Lebensmittel, wie z. B. Salze, Zucker und Proteine, bilden Hydrathüllen und binden Wassermoleküle, die den Mikroorganismen nicht mehr zur Verfügung stehen.

Wassergehalt
Anteil des gesamten vorhandenen Wassers in einem Stoff

Als Maß für das verfügbare oder freie Wasser ist der Begriff **Wasseraktivität** oder **a_w-Wert** (engl. *activity of water*) eingeführt worden. Die Konzentration an freiem Wasser ist proportional dem Wasserdampfdruck über einer wässrigen Lösung bzw. dem Nährsubstrat. Erhöht sich die Konzentration der wasserbindenden Substanzen, sinkt der Wasserdampfdruck über der Lösung. Der a_w-Wert ist definiert als das Verhältnis des Wasserdampfdrucks über der Lösung bzw. dem Lebensmittel (pL) zum Wasserdampfdruck von reinem Wasser (p_W) bei einer bestimmten Temperatur:

$$a_w = \frac{pL}{p_w}$$

Reines Wasser hat damit einen a_w-Wert von 1,0. Der Zusatz einer wasserbindenden Substanz bewirkt, dass der a_w-Wert geringer wird. Absolut wasserfreie Stoffe haben einen a_w-Wert von 0.

> Die **Wasseraktivität** oder der **a_w-Wert** ist ein Maß für das Vorhandensein von freiem Wasser, das für Mikroorganismen lebenswichtig ist.

Der optimale a_w-Wert liegt für die meisten Bakterien zwischen 0,998 und 0,980. Bei niedrigerer Wasseraktivität werden sie immer stärker in ihrem Wachstum gehemmt. Bei einem a_w-Wert unter 0,95 stellen fast alle Bakterienarten die Vermehrung vollständig ein.

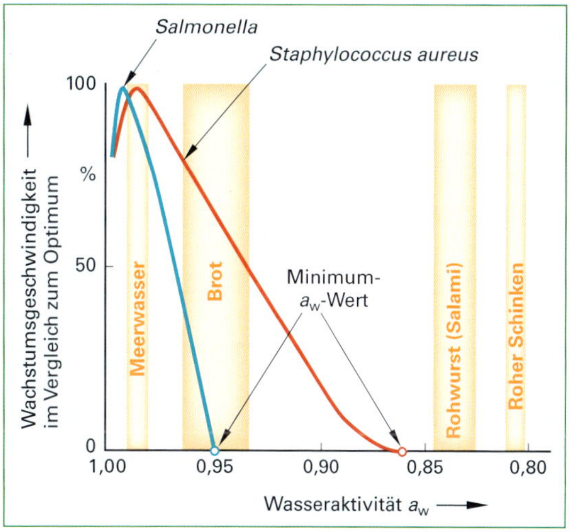

Bild 1
Wachstum von Bakterien bei unterschiedlichen Wasseraktivitäten

Bild 1 zeigt, dass die Wachstumsansprüche von Bakterien an die Wasseraktivität unterschiedlich sind. Das Verhalten bei geringen Wasseraktivitäten ist besonders gut für Mikroorganismen untersucht, die in oder auf Lebensmitteln wachsen können und zum Verderb beitragen oder als Erreger von Lebensmittelerkrankungen bekannt sind.

Das Lebensmittelvergiftungen verursachende Bakterium *Staphylococcus aureus* ist besonders widerstandsfähig gegenüber a_w-Wert-Absenkungen und vermehrt sich bis zu einer minimalen Wasseraktivität von 0,86. Damit kann es noch auf Lebensmitteln wie Brot wachsen, während die Vermehrung in Rohwurst wie Salami oder rohem Schinken aufgrund des a_w-Wertes nicht möglich ist.

Viele Pilze können sich bei niedrigen a_w-Werten vermehren. Dies sind beispielsweise Schimmelpilze verschiedener Arten von *Penicillium* und *Aspergillus*. Einige Schimmelpilze, die **xerotolerant** (griech. *xeros*: trocken) oder **osmotolerant** genannt werden, sind an hohe Trockenheit angepasste Spezialisten. Sie benötigen allerdings in extrem wasserarmen Substraten sehr lange, oft Wochen, bis zum Entstehen eines größeren Myzels. Auch einige Hefen sind xerotolerant und wachsen beispielsweise in konzentrierten Zuckerlösungen. Die größten Trockenheitsspezialisten wie die Hefe *Zygosaccharomyces rouxii* können noch a_w-Werte knapp über 0,6 ertragen. An Standorten mit einer Wasseraktivität von 0,6 und tiefer können sich überhaupt keine Mikroorganismen mehr vermehren.

Die **relative Luftfeuchtigkeit** gibt an, wie viel Prozent des maximalen Wasserdampfgehaltes die Luft enthält. Sie ist temperaturabhängig, da der maximale Wasserdampfgehalt bei Temperaturerhöhung ansteigt.

Bakterien bevorzugen zumeist wasserreiche Substrate mit hohen a_w-Werten (über 0,98). Einige Hyphenpilze und Hefen sind an hohe Trockenheit und extrem geringe Wasseraktivitäten angepasst.

Der a_w-Wert von festen Nährböden und Lebensmitteln ist proportional zur **relativen Feuchtigkeit** der direkt mit ihnen in Kontakt stehenden Luft. Dies wird für die Messung der Wasseraktivität genutzt. Da ständig ein Austausch von Feuchtigkeit zwischen Nährboden und Luft stattfindet, stellt sich mit der Zeit ein Gleichgewicht ein, bei dem genauso viel Wasser aufgenommen wie abgegeben wird. Die relative Luftfeuchtigkeit (z. B. 97 %) entspricht in diesem Moment der Wasseraktivität (a_w = 0,97) des Nährbodens oder Lebensmittels.

Aufgaben

1. Beschreiben Sie die Vorgänge bei der Zellteilung von Bakterien.
2. Erklären Sie, weshalb Bakterien exponentielles Wachstum aufweisen können und definieren Sie Generationszeit und Wachstumsrate.
3. Nennen Sie die vier typischen Phasen einer Wachstumskurve von Bakterien und erklären Sie deren Entstehung.
4. Grenzen Sie das Wachstum von Mikroorganismen in statischen und kontinuierlichen Kulturen voneinander ab.
5. Charakterisieren Sie das Wachstum in einem Chemostaten und begründen Sie, weshalb es sich um ein selbstkorrigierendes System handelt.
6. Nennen Sie die Vor- und Nachteile von kontinuierlichen Kultivierungsverfahren.
7. Erläutern Sie die Einflussfaktoren, die beim Betrieb von Bioreaktoren berücksichtigt werden müssen, und beschreiben Sie den Aufbau eines Rührkesselreaktors.
8. Erklären Sie die Nährstoffbedürfnisse von Bakterien und benennen Sie die wichtigen Komponenten, aus denen ein Nährmedium zusammengesetzt ist.
9. Beschreiben Sie die Ansprüche von Bakterien an Sauerstoff sowie die Versorgungsmöglichkeiten mit dem Gas.
10. Stellen Sie die Bedeutung der Temperatur für Mikrobenwachstum dar und nennen sowie beschreiben Sie die vorhandenen Temperaturklassen.
11. Unterscheiden Sie psychrotolerante von psychrophilen Bakterien und stellen Sie die Bedeutung der mesophilen Bakterien für den Menschen dar.
12. Erklären Sie die besondere zelluläre Anpassung von Hyperthermophilen.
13. Beschreiben Sie den Einfluss des pH-Werts auf das Wachstum von Mikroorganismen und erklären Sie, weshalb die meisten Keime im neutralen pH-Wertbereich leben.

6 Mikrobiologie des Menschen

Der Mensch beherbergt an seiner Oberfläche und im Magen-Darm-Trakt eine riesige Zahl von Mikroorganismen, etwa 10^{14} Einzeller, und damit eine etwa 10-fach höhere Zahl als die der menschlichen Zellen. Nur ein sehr geringer Anteil dieser menschlichen Mikroben sind Krankheitserreger, die eine Infektion auslösen und den Körper schädigen, die meisten sind harmlos oder nützlich.

Der Mensch kann wie alle anderen vielzelligen Organismen gar nicht ohne die Vielzahl von mikrobiellen Arten leben, mit denen er sich während seiner Stammesgeschichte zusammen entwickelt hat. Die vielzelligen Organismen wie der Mensch, die dauerhaft mit Mikroben assoziiert sind, werden als **Metaorganismen** bezeichnet. Die Mikroorganismen haben komplexe, zum großen Teil noch unbekannte Einflüsse auf Immunabwehr, Stoffwechsel und Individualentwicklung des Menschen.

Der Mensch ist ein **Metaorganismus**, der zusammen mit einer großen Zahl verschiedener Mikroorganismen existiert, die vielfältige Beziehungen zum Menschen haben.

Eine **Flora** stellt eigentlich eine Pflanzengemeinschaft dar, der Begriff ist auch für Mikroorganismen gebräuchlich.

6.1 Mikrobiom des Menschen

Zum Zeitpunkt der Geburt wird der Mensch von Bakterien und anderen Mikroben besiedelt und beherbergt sein Leben lang artenreiche mikrobielle Lebensgemeinschaften. Die Keime besiedeln alle erreichbaren **Körperoberflächen**, die Haut, die Schleimhäute und die davon umgebenen Körperhöhlungen wie Magen und Darm. Die Besiedelung des menschlichen Körpers, die **Kolonisation** genannt wird, ist zeitlebens vorhanden. Sie leistet einen wichtigen Beitrag zur Erhaltung der Körperfunktionen. Die Mikroorganismengemeinschaften des menschlichen Körpers, die aus Bakterien, Pilzen und Protozoen bestehen, werden **Mikrobiom** oder **Normalflora** bezeichnet.

Kolonisationsresistenz
Hemmung der Ansiedlung von Krankheitserregern durch ungefährliche Mitglieder der Normalflora

Das menschliche Mikrobiom enthält residente (lat. *residere*: niederlassen) und transiente (lat. *transire*: vorbeigehen) Mikroorganismen. **Residente** Keime sind ständig an bestimmten Körperstellen vorhanden. Sie vermehren sich dort und schaden dem gesunden Körper nicht. Sie üben einen schützenden Effekt aus, da sie durch ihre Anwesenheit die Ansiedlung pathogener Mikroben verhindern bzw. diese Keime, die nicht so gut an ihren Standort angepasst sind, verdrängen. Dieser Effekt wird **Kolonisationsresistenz** genannt. Ein Schutz vor Infektionen wird darüber hinaus dadurch erreicht, dass die residenten Mikroorganismen die Immunabwehr stimulieren, antimikrobielle (Mikroben hemmende) Substanzen produzieren und die unspezifische Abwehr wie z. B. den Säuremantel der Haut fördern.

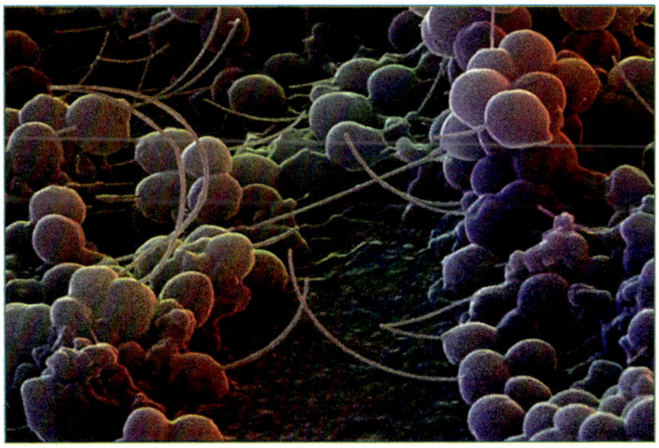

Bild 1 ***Staphylococcus epidermidis*** **auf der Haut**

Transiente Mikroorganismen sind hingegen die Keime des Mikrobioms, die aus der Umwelt auf die Haut oder Schleimhäute gelangen und sich dort nur für eine kurze Zeit niederlassen. Darunter können pathogene Keime sein.

Der menschliche Körper ist an seinen Oberflächen, der Haut und den Schleimhäuten, dicht mit Mikroorganismen besiedelt.

Das **Mikrobiom** oder die **Normalflora** des Menschen besteht aus **residenten** Mikroorganismen, die ständig vorhanden sind und vor pathogenen Keimen schützen, sowie aus **transienten** Mikroorganismen, die nur vorübergehend anwesend sind.

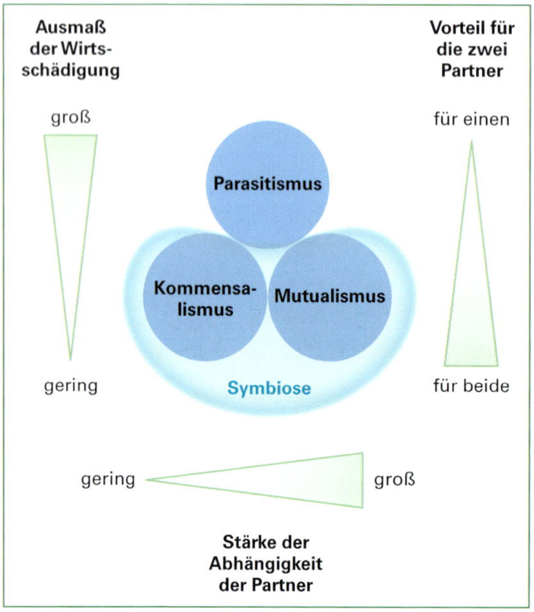

Bild 1
Beziehungen im Zusammenleben zwischen Mikroorganismen und Wirt

Bei Mikroorganismen, die einen Wirtsorganismus wie den Menschen besiedeln, wird zwischen parasitären und saprophytischen Mikroben unterschieden:

- **Parasiten** sind Organismen, die sich von einem anderen Lebewesen (Wirt) ernähren. Sie schädigen den Wirt, indem sie z. B. Zellen zerstören oder ihm wichtige Nährstoffe entziehen. Normalerweise töten sie ihren Wirt nicht, da sie damit ihre eigene Lebensgrundlage verlieren würden. Parasiten sind gleichzeitig pathogen, wenn sie zu deutlichen Schädigungen führen und Krankheiten hervorrufen.
- **Saprophyten** (griech. *sapros*: verfault) sind Organismen, die von totem oder abgestoßenem organischen Material leben und, falls sie einen Wirt besiedeln, diesen nicht schädigen. Sie sind im Gegensatz zu vielen Parasiten nicht pathogen.

Die saprophytischen Mikroorganismen des Menschen, die ihren Wirt nicht schädigen und sich z.B. von Nahrungsrückständen ernähren, werden als Kommensale (lat. *commensalis*: Mitesser) bezeichnet. **Kommensalismus** ist eine Möglichkeit einer symbiontischen Beziehung mit geringer Wirtsschädigung und Abhängigkeit der Partner (Bild 1). **Mutualismus** ist eine weitere Form der Symbiose zwischen Mikroorganismen und Mensch, aus der beide Partner, also auch der Mensch, einen eindeutigen Nutzen ziehen.

Die Mikrobengemeinschaften des Menschen, die zumeist aus Bakterien und eukaryontischen Amöben bestehen, haben an ihren Standorten eine typische Zusammensetzung (Tab. 1, S. 308).

Hautflora

Haarfollikel
Haarbalg, der die Haarwurzel umschließt

Talgdrüsen
Fett produzierende Drüsen in der Haut des Menschen

Die Haut des gesunden Menschen ist von verschiedenen harmlosen Mikroorganismen, besonders von Bakterien besiedelt. Während trockene Hautbereiche wie z. B. die Unterarme geringe Keimzahlen aufweisen, werden in feuchten Regionen wie den Achselhöhlen und dem Genitalbereich hohe Keimzahlen gefunden (Bild 1, S. 307).

Ein großer Teil der Hautflora befindet sich im Bereich der **Haarfollikel** und in tiefen Hautbereichen. Viele Bakterien siedeln sich in unmittelbarer Nähe von Schweiß- und **Talgdrüsen** an und scheiden flüchtige Substanzen aus, die den Schweißgeruch ausmachen. Zahlreiche Hautbakterien wie beispielsweise die Corynebakterien spalten Hautfette zu Fettsäuren, die für das saure Milieu auf der Haut verantwortlich sind.

Zur Hautflora gehören vor allem grampositive Keime, die in der Regel widerstandsfähiger als gramnegative Bakterien gegenüber Trockenheit sind. Der häufigste Hautkeim ist *Staphylococcus epidermidis* (Bild 1, S. 305), der normalerweise keine Pathogenität hat, aber beispielsweise bei Personen mit einem geschwächten Immunsystem **Nosokomialinfektionen** auslösen kann.

Nosokomialinfektionen
Infektionen, die bei einem Krankenhausaufenthalt ausgelöst werden

Der gewöhnlich harmlose Hautkeim *Propionibacterium acnes* ist an der Entstehung von **Akne** beteiligt, allerdings nur bei einer gestörten Talgproduktion.

> Die **Haut** ist vor allem an feuchten Stellen mit grampositiven Bakterien wie *Staphylococcus epidermidis* besiedelt, die eine wichtige Rolle bei der Abwehr pathogener Keime spielen.

Normalflora im Mund-, Nasen- und Rachenraum

Auf den feuchten Schleimhäuten in Mund, Nase und Rachen entwickelt sich eine gänzlich andere Mikrobengemeinschaft als auf der Haut. Im **Mund** eines Menschen finden sich zahlreiche Mikroorganismen, darunter Hunderte von Bakterienarten, obgleich der Mundspeichel antibakterielle Stoffe wie Lysozym enthält.

Die Bakterien sind zum großen Teil fest an die Schleimhäute und Zähne angeheftet. Sie bilden auf den Zähnen Beläge, sogenannte **Plaques**, die beispielsweise für die Entstehung von **Karies** verantwortlich sind. Es handelt sich hierbei um komplex aufgebaute Biofilme, die Speicheleiweiße, Nahrungsreste und Mineralien enthalten.

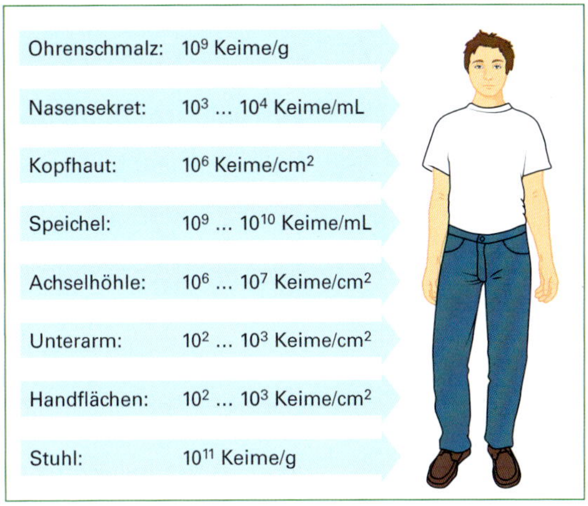

Bild 1
Besiedlung von Haut, Sekreten und Ausscheidungen des Menschen durch Mikroorganismen

An Bakterien werden in der Mundhöhle verschiedene Streptokokken wie *Streptococcus mutans* gefunden. Sie gehören zu den Milchsäurebakterien, die Milchsäure ausscheiden und die Zahnsubstanz (Zahnschmelz) angreifen. Außerdem bilden sie hochmolekulare Polysaccharide wie z. B. **Dextrane**, die aus Glukosemolekülen bestehen und der Anheftung der Zellen dienen. Hefen der Art *Candida*, die harmlose Saprophyten sind, werden des Öfteren im Mund gefunden, wie auch auf anderen Schleimhäuten. Bei übermäßigem Wachstum können sie im Mund **Soor** auslösen.

Soor
Infektion der Schleimhaut durch *Candida*-Pilze, mit sichtbaren weißen Flecken

> In der **Mundhöhle** sind zahlreiche Bakterien, vor allem Streptokokken, lokalisiert. Die Mundkeime bilden Beläge auf den Zähnen, sogenannte **Plaques**, setzen sich damit fest und fördern die Kariesbildung.

Im **Nasen-Rachen-Raum** existiert eine Mikroorganismengemeinschaft aus anaeroben und aeroben Bakterien und Hefen. Eine besondere Bedeutung haben hier Staphylokokken, die an sich harmlose Mitglieder der Normalflora sind. Bei kleinen Wunden können sie jedoch in das Gewebe eindringen, sich dort vermehren und ihren Wirtsorganismus schädigen. Staphylokokkenerkrankungen sind heutzutage hoch problematisch, da die *S. aureus*-Stämme sehr oft eine Resistenz gegenüber mehreren Antibiotika besitzen (MRSA: methicillinresistenter *Staphylococcus aureus*). 20 Prozent der Bevölkerung sind ständig und ca. 60 Prozent zeitweise mit *Staphylococcus aureus*-Bakterien im Nasen-Rachen-Raum besiedelt.

Der **Nasen- und Rachen-Raum** vieler Menschen wird von *Staphylococcus aureus*-Keimen besiedelt, die heutzutage oft Vielfachresistenzen gegenüber Antibiotika besitzen.

Tabelle 1 Mikrobiom des Menschen

Organ	Zellzahl	Vorkommende Arten und Gruppen
Haut	10^3 ... 10^6/cm²	*Staphylococcus epidermidis*, Streptokokken, Microkokken, Propionibakterien, Corynebakterien
Mundhöhle	10^8 ... 10^{10}/mL	Streptokokken (z. B. *S. mutans*), Fusobakterien, Aktinomyzeten, Laktobazillen, Staphylokokken, *Bacteroides, Mycoplasma*
Magen	10^4/mL	*Helicobacter, Enterococcus, Lactobacillus*
Darm	10^{11}/mL	Laktobazillen, Clostridien, *Escherichia coli, Bacteroides, Bifidobacterium, Eubacterium, Fusobacterium, Ruminococcus*
Vagina	10^5 ... 10^8/mL	Laktobazillen, Enterobacteriaceen, Streptokokken, Staphylokokken, Corynebakteren, *Bacteroides*

Normalflora im Magen-Darm-Trakt

Trotz des niedrigen pH-Wertes von ca. 1,0 ist auch der **Magen** von Mikroorganismen besiedelt. Im Magen vieler Menschen leben *Helicobacter pylori*-Bakterien, die an der Entstehung von Magengeschwüren und Schleimhautentzündungen beteiligt sind. Eine chronische Infektion mit *H. pylori* gilt als ein Risikofaktor für die Entstehung von Magenkrebs. In Deutschland sind etwa 25 % der Erwachsenen mit *Helicobacter* besiedelt, die meisten Betroffenen zeigen allerdings keinerlei Krankheitssymptome. Der Keim nistet sich in der Schleimschicht ein, der die Magenschleimhaut vor Selbstverdauung schützt. *H. pylori* verfügt über mehrere Mechanismen zum Schutz vor dem sauren Milieu. Beispielsweise scheiden die Bakterien das Enzym **Urease** aus. Das Produkt der Harnstoffspaltung Ammoniak erhöht den pH-Wert in der Umgebung.

Urease
Enzym, das Harnstoff (H_2N-CO-NH_2) in Ammoniak und Kohlenstoffdioxid spaltet

Im Magen des Menschen existieren säuretolerante Keime wie z. B. *Helicobacter pylori*, der eine Rolle bei Entstehung von Magengeschwüren und -krebs spielen kann.

Im **Darm** existiert eine Vielzahl von Bakterienarten, mehr als 1000 verschiedene Arten werden vermutet. Auch Protozoen und Pilze wie die Hefe *Candida albicans* kommen dort vor. Durch seine relativ große Oberfläche bietet der Darmtrakt vielen Mikroorganismen optimale Besiedelungsmöglichkeiten. Der Dünndarm ist aufgrund der starken **Peristaltik** und der Anwesenheit von Verdauungsenzymen und **Gallensäuren**, welche die Festsetzung und Vermehrung von Mikroorganismen hemmen können, nicht so dicht besiedelt wie der Dickdarm. Dort ist die Biomasse der Bakterien sehr hoch, sodass die Trockenmasse des Kots zu ca. 30 % aus Bakterien besteht.

Peristaltik
Wellenförmiges Zusammenziehen der Darmwand, die so den Darminhalt durchmischt und vorwärts transportiert

Jeder Mensch hat eine individuelle Zusammensetzung der Darm- oder Intestinalflora, alle Menschen besitzen jedoch einige Bakterienarten gemeinsam. Die Zahl der Gene der Darmkeime übersteigt weit die Zahl der Gene im menschlichen Zellkern.

Gallensäuren
In der Leber gebildete Cholesterinderivate, die bei der Aufnahme der Nahrungsfette beteiligt sind

Im **Dünndarm** herrscht eine residente Flora aus Laktobazillen und Enterokokken. *Escherichia coli* und die mit den Milchsäurebakterien verwandten Bifidobakterien gehören ebenfalls zur Dünndarmflora.

Während die Dünndarmflora hauptsächlich aus fakultativ anaeroben und aerotoleranten Bakterien besteht, sind im **Dickdarm** fast ausschließlich obligate Anaerobier vorhanden. Dort gehört die große Mehrheit der Keime zu den Firmicutes und der *Bacteroides*-Gruppe. Zahlreiche Arten der Milchsäurebakterien und der Bifidobakterien sind für die Ansäuerung des Dickdarminhalts verantwortlich und verhindern somit eine starke Vermehrung z. B. von Enterobacteriaceen.

Die Darmflora spielt eine wichtige Rolle für den Körper des Menschen und für seine Verdauung:

- Verhinderung der Ansiedlung von pathogenen Keimen (Kolonisationsresistenz).
- Stimulation und Beeinflussung des Immunsystems und Zentralnervensystems durch Bildung pharmakologisch wirksamer Stoffe.
- Bildung und Versorgung des Körpers mit Vitaminen (z. B. Thiamin, Riboflavin und Vitamin B12).
- Unterstützung der Verdauung von Nahrungsbestandteilen.
- Abbau sowie Entgiftung von Nahrungsbestandteilen.

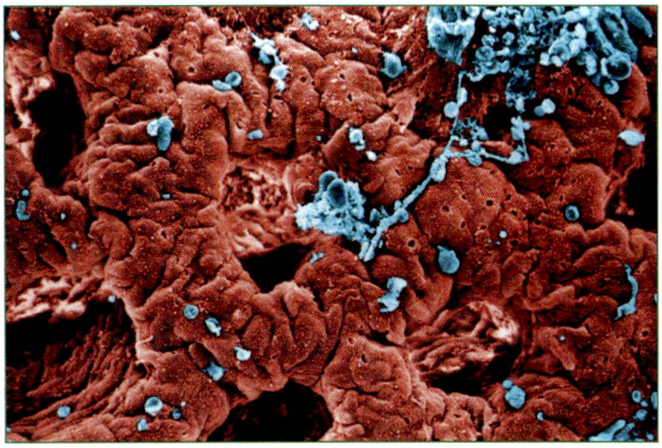

Bild 1
Darmflora auf der Darmschleimhaut

Der **Verdauungstrakt** ist besonders dicht mit fakultativ und obligat anaeroben Bakterien unterschiedlicher Arten besiedelt. Die Darmflora erfüllt wichtige Aufgaben z. B. bei der Verdauung und der Abwehr von Darmpathogenen. Sie beeinflusst die Aufnahme von Nährstoffen sowie das Immun- und Nervensystem.

Scheidenflora

Die Keimbesiedelung der Vagina, die Scheidenflora, erfüllt wichtige Funktionen in der Abwehr von Krankheitserregern. Vor allem Milchsäurebakterien wie *Lactobacillus acidophilus* beeinflussen entscheidend das Milieu der Scheide. Die Laktobazillen werden nach ihrem Entdecker *Döderlein*-Stäbchen genannt. Sie können sich in der nahezu eisenfreien Umgebung der Scheide besser als andere Keime vermehren. Die Milchsäurebakterien setzen die Glukosebausteine des in der Vagina vorhandenen **Glykogens** in Milchsäure um. Dadurch wird in der Scheide erwachsener Frauen der pH-Wert auf unter 4,5 gesenkt. Pilze gehören in der Vagina nur zur transienten Flora.

Glykogen
Aus Glukose aufgebautes verzweigtes Polysaccharid, das im menschlichen Organismus die Speicherform der Kohlenhydrate darstellt

Zu einer anhaltenden Besiedelung der Scheide durch Milchsäurebakterien kommt es erst mit dem Einsetzen der Östrogenproduktion in der Pubertät. Das Hormon Östrogen bewirkt in der Scheide eine erhöhte Versorgung der Milchsäurebakterien mit ihren Zuckersubstraten. Nach der Menopause kommt es durch den Abfall des Östrogenspiegels wieder zu einer Veränderung des pH-Wertes und in der Zusammensetzung der Scheidenflora. Die Milchsäurebakterien werden durch eine Besiedelung abgelöst, die jener der Haut vergleichbar ist.

Die **Scheidenflora** besteht in der Zeit zwischen Pubertät und Menopause fast ausschließlich aus Milchsäurebakterien, die für ein saures Milieu der Vagina sorgen.

6.2 Mikroorganismen als Krankheitserreger

Infektion
Eintritt von Krankheitserregern in einen Organismus sowie Ansiedlung und Vermehrung der Keime im Körper

Weltweit sind siebzig Prozent aller Erkrankungen des Menschen Infektionserkrankungen, die durch Mikroorganismen verursacht werden. Bei einer **Infektion** dringen **pathogene** d. h. krankheitserregende Mikroorganismen in den Körper ein und vermehren sich dort, meist in bestimmten Organen. Entwickeln sich als Folge einer Infektion Krankheitssymptome, so spricht man von Infektionskrankheit. Ansonsten handelt es sich um eine **stumme** oder **latente Infektion**, bei der die Erreger, wie z. B. Herpesviren, im Wirt überleben können, ohne dass Symptome auftreten.

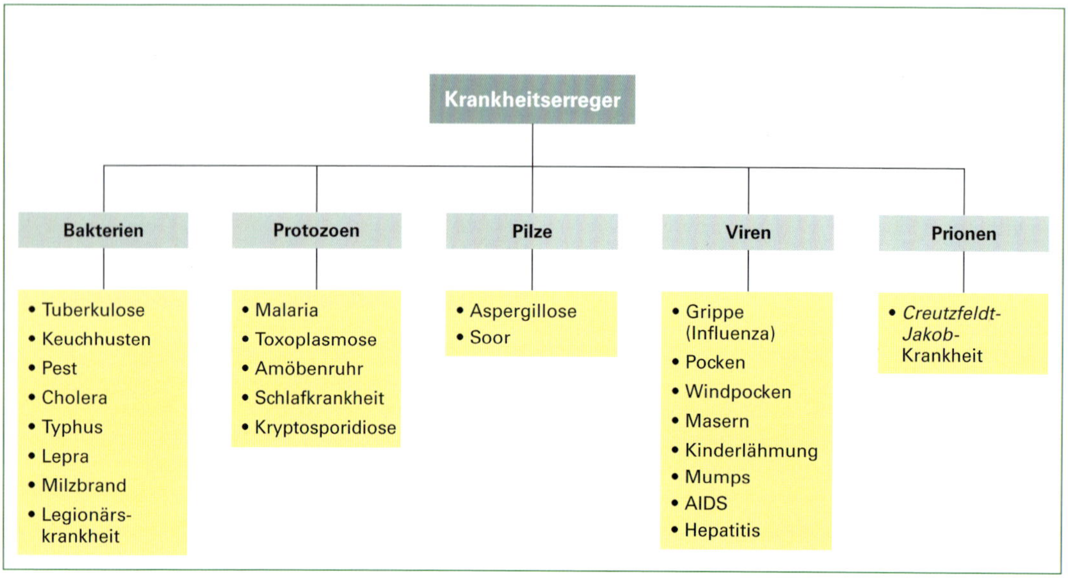

Bild 1
Infektionserreger des Menschen und hervorgerufene Erkrankungen

Bild 1 zeigt beispielhaft, welche Gruppen von Mikroorganismen für einige weltweit wichtige Infektionskrankheiten des Menschen verantwortlich sind. **Menschenpathogene Infektionserreger** sind häufig Bakterien und Protozoen sowie in wesentlich geringerem Ausmaß Pilze. Daneben spielen pathogene Einheiten, die wie Viren und Prionen keine Lebewesen sind, für die menschliche Gesundheit eine große Bedeutung.

> Mikroorganismen, vor allem Bakterien und Protozoen, sowie zahlreiche Viren beeinflussen als Krankheitserreger die Gesundheit des Menschen. Bei einer **Infektion** dringen Keime in den Körper ein und vermehren sich in ihm.

Erreger mit der genetischen Ausstattung für Krankheitsfaktoren (abgesehen von Prionen, s. Kap. II.3.2) können sich im Körper festsetzen, vermehren und zum Teil schädliche Giftstoffe (Toxine) ausscheiden. Dies wird durch die Begriffe Pathogenität und Virulenz beschrieben, die jedoch unterschiedlich benutzt werden:

- Als **Pathogenität** wird die Fähigkeit eines Erregers bezeichnet, überhaupt eine Krankheit bei einem bestimmten Wirt auszulösen.
- Der Begriff **Virulenz** bezeichnet die Aggressivität der Erreger, das Ausmaß der krankheitserregenden Eigenschaften, die sich in der Schwere der Schädigung des Erkrankten ausdrückt.

Krankheitserreger können in obligat pathogene und fakultativ pathogene (opportunistische) Erreger eingeteilt werden.

- **Obligat pathogene** Krankheitserreger, wie z. B. die Tollwuterreger, führen (fast) immer zu einer Erkrankung.
- **Opportunistische** Erreger, wie z. B. *Pseudomonas aeruginosa* (s. S. 268), verursachen nur unter bestimmten Umständen, wie z. B. bei einer Schwächung der Immunabwehr, eine Erkrankung. Diese Keime sind häufig Bestandteil der Normalflora.

Opportunistische Krankheitserreger führen nicht in jedem Fall zu einer Infektion, sondern nutzen eine geschwächte Verfassung des Körpers aus.

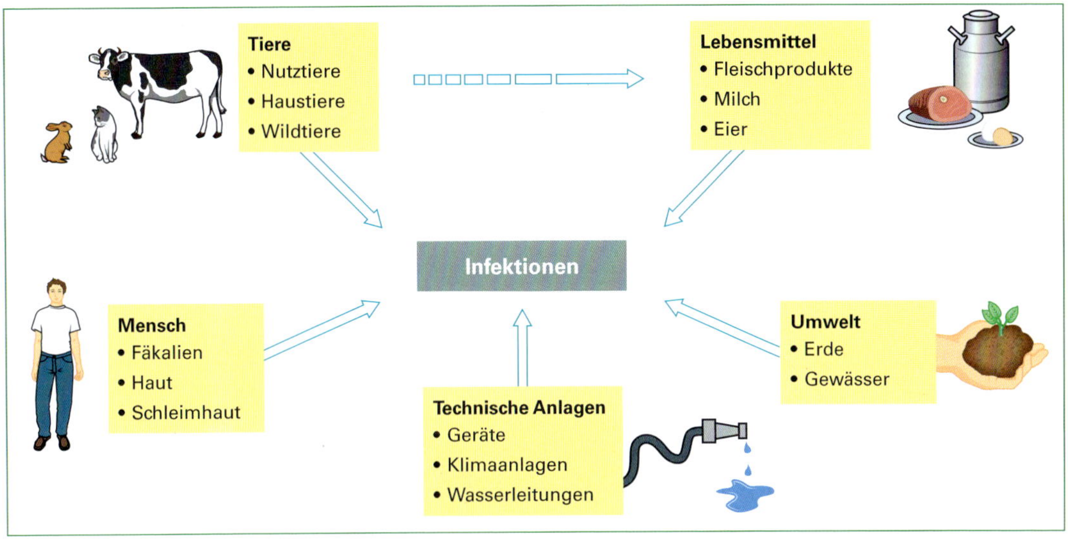

Bild 1
Erregerreservoire bei Infektionskrankheiten

Erregerreservoire

Erregerreservoire oder natürliche Reservoire sind die Quellen (Infektionsquellen), in denen sich Krankheitserreger vor der Infektion aufhalten. Ihre Kenntnis hilft, die Übertragung dieser Keime zu verhindern. Je nach Erreger können unterschiedliche Reservoire ausgemacht werden (Bild 1):

- Lebewesen wie **Menschen** und **Tiere** sind häufige Erregerreservoire. Besonders **tierische Lebensmittel** enthalten von Tieren stammenden Krankheitserreger.
- In Umwelträumen wie **Gewässer** und im **Boden** können z. B. als Endosporen oder über Fäkalien eingetragen Krankheitserreger vorkommen.
- **Technische Anlagen** wie Klimaanlagen und Wasserleitungen können in einigen Fällen von Pathogenen z. B. Legionellen besiedelt sein.

Der **Mensch** selbst kann Träger der pathogenen Keime sein, die aus seiner Normalflora stammen und opportunistische Erreger sind. Als Erkrankter oder latent Infizierter gibt er Krankheitserreger ab, beispielsweise scheidet er nach Darminfektionen pathogene Keime mit dem Stuhl aus.

Viele Erreger des Menschen weisen einen nicht humanen Ursprung auf und waren bzw. sind heute noch symbiontische oder pathogene (tierpathogene) Keime von **Tieren**. Häufig besiedeln sie den tierischen Darmtrakt und haben sich im Laufe der Evolution an die Körperbedingungen von Säugetieren angepasst. Durch den engen Kontakt mit Tieren, vor allem in der Nutzviehhaltung, und durch den Einsatz von tierischen Exkrementen als Dünger in der Landwirtschaft konnten zahlreiche tierische Keime auf den Menschen überspringen. Einige Keime gewannen das Vermögen, auch den Menschen zu besiedeln und bei ihm Erkrankungen auszulösen.

Neben den Menschen selbst haben viele Tiere, vor allem Nutztiere, eine große Bedeutung als **natürliches Reservoir** von Krankheitserregern. Einige Keime der Umwelt sind ebenfalls pathogen.

Zahlreiche Erreger zirkulieren sowohl in Tieren als auch in Menschen. Die von ihnen hervorgerufenen Infektionskrankheiten werden **Zoonosen** (griech. *zōon*: Tier; nósos: Krankheit) genannt, wenn die Erreger wechselseitig zwischen Menschen und Tieren übertragen werden können. Krankheitserreger, welche die Artgrenzen überschreiten können, sind für den Menschen besonders gefährlich. Beispielsweise sind Influenzaviren, die Grippeerreger des Menschen, gefürchtet, da sie sich in Schweinen und Vögeln ebenfalls vermehren und dort genetisch verändern können.

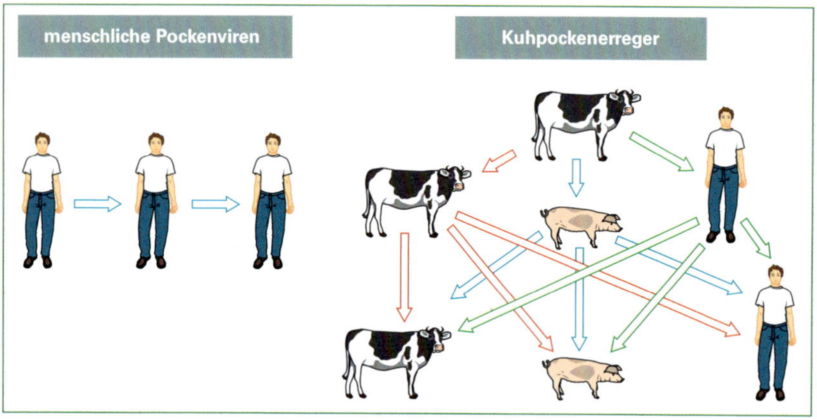

Bild 1
Auf den Menschen beschränkte Infektionserreger (links) sowie Zoonoseerreger

Reservoir
Biotope oder Lebewesen, in denen (potenzielle) Krankheitserreger überdauern

Artenbarriere
Eigenschaft pathogener Keime, als Folge spezifischer Anpassungen nur Individuen einer Art zu besiedeln und zu infizieren

Solche Erreger können aufgrund ihrer natürlichen **Reservoire** nicht ausgemerzt werden. Die menschlichen **Pockenviren** konnten hingegen aufgrund von globalen Impf- und Bekämpfungsprogrammen 1980 für ausgerottet erklärt werden. Dies war möglich, weil die Erreger die **Artenbarriere** nicht überspringen konnten. Hingegen können die Erreger der **Kuhpocken** neben Rindern auch Menschen und andere Tierarten wie Schweine infizieren (Bild 1). Ein weiteres Beispiel sind die vermutlich von Nagetieren auf Menschen übertragenen **Affenpockenviren**, die mit den humanen Pockenviren verwandt sind, jedoch zu einer milder verlaufenden Infektion führen.

Der Großteil der Zoonosen wird über Lebensmittel übertragen, z. B. über das Fleisch von Schlachttieren. Beispielsweise sind Erkrankungen durch Salmonellen Zoonosen, da zahlreiche *Salmonella*-Stämme sowohl Menschen als auch Nutztiere infizieren können.

Zahlreiche Infektionskrankheiten sind **Zoonosen**, die vom Tier auf den Menschen übertragbar sind. Die Erreger können die Artenbarriere überspringen.

Übertragung von Krankheitserregern

Den Krankheitserregern stehen unterschiedliche Wege offen, von den Infektionsquellen in den menschlichen Körper zu gelangen. Je nach der Herkunft der Erreger wird zwischen **endogener Infektion**, bei der die Erreger aus der körpereigenen Bakterienflora stammen und beispielsweise eine Schwächung des Immunsystems ausnutzen, und **exogener Infektion** unterschieden. Bei Letzterer kommen die Krankheitserreger aus der Umgebung des Menschen, von anderen Menschen, von Tieren oder von jedem beliebigen Gegenstand, auf dem sich krankheitserregende Keime befinden.

Pathogene Keime gelangen über bestimmte Stellen in das Innere des Körpers, die sogenannten **Eintrittspforten** der Keime (Bild 1). Von den Eintrittspforten aus erreichen die Erreger leicht Gewebe oder Organe, in denen sie sich vermehren können.

Pathogene Keime können beispielsweise über den Verdauungstrakt in den Organismus eindringen. Der gesamte Verdauungstrakt, vom Mund bis zum Dickdarm, wird meist als eine Körperhöhle betrachtet, die nicht zum eigentlichen Körper gehört. Eintrittsstellen für Keime können außerdem die Atemwege, Geschlechtsorgane oder Wunden in Haut und Schleimhäuten sowie Stiche und Bisse von Tieren sein.

Eintrittspforten der Erreger sind vornehmlich die Schleimhäute des Körpers und Unterbrechungen der intakten Hautstruktur.

Tuberkulose
Durch *Mycobacterium tuberculosis* verursachte ernste Infektionserkrankung mit Befall der Lunge und später auch anderer Organe

Folgende **Übertragungswege** von Erregern sind von besonderer Bedeutung:

- **Tröpfcheninfektion**
  Über eine Tröpfcheninfektion werden vor allem die Mikroorganismen übertragen, die Atmungsorgane wie die Lunge infizieren. Schnupfen-, Corona- und Grippeviren sind Beispiele für Erreger, die über kleine Flüssigkeitstropfen in der Luft übertragen werden. Auch **Tuberkulose** wird fast immer durch keimhaltige Hustentröpfchen der Luft verbreitet. Tröpfchen, die Bakterien und Viren enthalten, werden von erkrankten Personen beim Husten, Niesen und beim Sprechen ausgeschleudert. Mit der Atemluft gelangen sie in die Respirationswege anderer Menschen. Die Mehrzahl dieser Erreger ist sensitiv gegenüber Austrocknung und nach einiger Zeit in der Luft nicht mehr infektionsfähig.

Bei der **Tröpfcheninfektion** werden Bakterien und Viren über kleine Flüssigkeitströpfchen in der ausgeatmeten Luft übertragen.

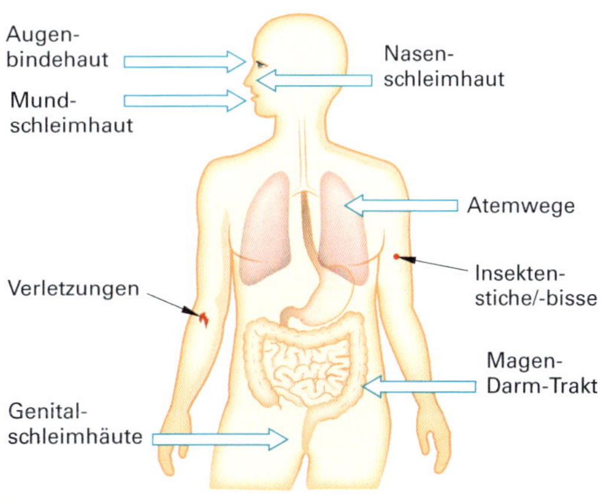

Bild 1
Eintrittspforten von Mikroorganismen

- **Austausch von Körpersekreten**
  Zahlreiche Keime wie die AIDS verursachenden HIV-Viren vermehren sich im Blut oder in Blutzellen und sterben außerhalb des Körpers schnell ab. Sie werden deshalb nur über Körperflüssigkeiten direkt von Mensch zu Mensch übertragen. Solche Körperflüssigkeiten können Blut, Sperma, Speichel, Schweiß oder Muttermilch sein. Ob die Aufnahme dieser Sekrete zu einer Infektion führt, hängt davon ab, ob die Krankheitserreger in genügend hoher Konzentration in den jeweiligen Flüssigkeiten vorhanden sind. Die beispielsweise äußerst geringen Virenmengen in Schweiß und Speichel reichen beispielsweise bei HIV-Viren für eine Ansteckung nicht aus. Die Eintrittspforten für die Mikroben sind meist kleine Wunden oder kaum sichtbare Einrisse der Schleimhäute.

Durch Aufnahme oder Austausch von **Körpersekreten** wie z. B. Blut werden verschiedene virale Erreger übertragen.

FSME
Frühsommer-Meningoenzephalitis
Infektiöse, durch Viren übertragene Entzündung der Hirnhäute

Lyme-Krankheit, Borreliose
Infektionskrankheit, die durch Bakterien aus der Gruppe der Spirochäten (*Borrelia burgdorferi*) ausgelöst wird

- **Übertragung durch Tiere**
Viele Krankheitserreger gelangen mithilfe von Tieren in den Körper des Menschen. Tollwutviren werden übertragen, wenn tollwutinfizierte Tiere einen Menschen beißen. Verschiedene Insekten und Zecken durchstechen oder durchbohren die menschliche Haut, um Blut zu saugen, wobei Keime ins Blutsystem gelangen können. Durch Stiche bzw. Bisse von Zecken werden Krankheiten wie **FSME** und die **Lyme-Krankheit** übertragen.

Insekten, Zecken und andere **Tiere** übertragen durch Bisse oder Stiche Erreger von infizierten Menschen oder Tieren auf gesunde Individuen.

- **Direkte Kontaktinfektion**
Bei der direkten Kontaktinfektion werden die Erreger durch Körperberührung übertragen, wie z. B. beim Händeschütteln. Durch Handschuhe, Händewaschen oder Händedesinfektion kann das Risiko der Erregerübertragung reduziert werden.

Bei Körperberührung wie Händeschütteln können Keime über eine **direkte Kontaktinfektion** übertragen werden.

- **Schmierinfektion, fäkal-orale Übertragung**
Eine Schmierinfektion ist eine indirekte Kontaktinfektion. Sie kann erfolgen, wenn ein Gegenstand angefasst wird, der mit infektiösem Material verunreinigt ist, und anschließend die Keime in Eintrittspforten gelangen. Schmierinfektionen geschehen häufig über den fäkal-oralen Weg, wenn fäkal, d. h. mit dem Darminhalt, ausgeschiedene Erreger oral, d. h. mit dem Mund, aufgenommen werden. Dies geschieht oft beim Essen oder Trinken. Neben Kot können auch andere Körperflüssigkeiten, wie der keimreiche Eiter infizierter Wunden, zu einer Schmierinfektion führen. Viele Bakterien wie Salmonellen und einige Viren (Tabelle 1) sind in der Lage, diesen Infektionsweg zu durchlaufen. Dazu müssen sie so robust sein, dass sie längere Zeit außerhalb des Körpers überleben können.

Schmierinfektionen bzw. **fäkal-orale Infektionen** sind indirekte Kontaktinfektionen, bei denen Erreger, die aus Körperausscheidungen stammen, durch den Mund aufgenommen werden.

Tabelle 1 Übertragungswege von viralen Krankheitserregern

Übertragungsweg	Übertragungsmedium bzw. Vektor (Überträger)	Virale Erreger (Auswahl)	Erkrankung
Tröpfcheninfektion	Lufttröpfchen	Rhinovirus Influenzavirus	Schnupfen Grippe
Austausch von Körpersekreten	Blut u. a. Körperflüssigkeiten	HIV Hepatitis-B-Virus	AIDS Hepatitis B
Übertragung durch Tiere	Insekten (z. B. Mücken, Flöhe), Zecken u. a. Tiere	FSME-Virus Tollwutvirus	Hirnhautentzündung Tollwut
Direkte Kontaktinfektion	Nicht vorhanden	Herpes-simplex-Virus	Lippenherpes
Fäkal-orale Übertragung bzw. Schmierinfektion	Lebensmittel, Wasser	Poliovirus Hepatitis-A-Virus	Kinderlähmung Hepatitis A

Das Abwehrsystem des Körpers

Der Körper verfügt über zahlreiche Einrichtungen zur Abwehr von Infektionserregern. Die **natürlichen Körperbarrieren** müssen von pathogenen Keimen zuerst überwunden werden. Die Haut und die Schleimhäute sowie die **Normalflora** verhindern den Zutritt pathogener Keime.

Normalflora
Besiedelung der Körperoberflächen mit zumeist harmlosen Bakterien

Der von den Schleimhäuten gebildete Schleim behindert den Zutritt von fremden Keimen. In den **Bronchien** sorgt die **Schleimproduktion** dafür, dass eingeatmete Erreger nicht weiter eindringen und durch die Bewegung der Flimmerhaare aus den Atemwegen befördert werden. Der Husten- und Niesreflex unterstützt das Atemsystem, die Keime zu entfernen. Ein Großteil der Keime, die in den Verdauungstrakt gelangen, wird durch die **Magensäure** oder im **Dünndarm** inaktiviert. Erbrechen und Diarrhö sorgen dafür, dass Bakterientoxine schnellstmöglich aus dem Körper entfernt werden.

Bronchien
Luftwege des Atemsystems unterhalb der Luftröhre

Der Eisenspiegel im **Blutserum** ist außerdem so niedrig, dass nur wenige Bakterien sich im Blut vermehren können.

Der Körper verfügt über zahlreiche mechanische und physiologische **Schutzmechanismen** zur Abwehr von Infektionserregern.

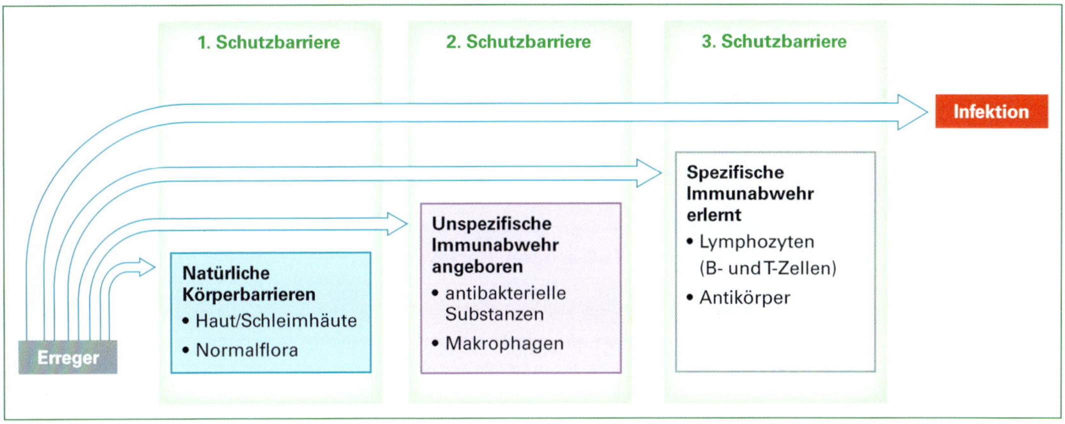

Bild 1
Abwehrsystem des Körpers

Nach Überwindung dieses ersten Schutzwalls kommen die weiteren Abwehrmechanismen ins Spiel, die unspezifische und die spezifische Immunabwehr (Bild 1). Das Abwehrsystem „höherer" Organismen ist das **Immunsystem**, das die Fähigkeit besitzt bzw. im Laufe des individuellen Lebens entwickelt, zwischen eigenen und fremden Strukturen zu unterscheiden.

Die unspezifische Immunabwehr

Die unspezifische Immunabwehr wird auch die **angeborene Immunantwort** genannt. Sie ist in der Lage, viele Krankheitserreger bereits beim allerersten Kontakt unschädlich zu machen. Es wird heute davon ausgegangen, dass 99 Prozent aller Infektionen über das angeborene Immunsystem erfolgreich bekämpft werden. Die Struktur der hieran beteiligten Proteine ist über Gene der Chromosomen festgelegt und kann daher nicht an Veränderungen der Erreger angepasst werden. Bei der angeborenen Immunantwort sind humorale und zelluläre Faktoren im Einsatz:

Humorale Faktoren (lat. *humor*: Flüssigkeit), d. h. in den Körperflüssigkeiten gelöste Faktoren, sind beispielsweise die **Interferone** oder das Komplementsystem.

Interferone
Vorwiegend gegen Viren gerichtete und als körpereigene Signalstoffe dienende Proteine

Beim **Komplementsystem** handelt es sich um eine Gruppe von etwa 20 Eiweißen, die zumeist inaktiv im Blut vorliegen, bei Kontakt mit körperfremden Zellen kaskadenartig reagieren und die Zellen auflösen.

Der Körper bildet außerdem antibakterielle Substanzen wie verschiedene Peptide und Enzyme, die Erreger schon früh ausschalten können. So zerstört das **Lysozym** in Mundspeichel, Atemwegen und Tränenflüssigkeit die Zellwände von Bakterien (s. S. 162).

Zu den **Abwehrzellen** des unspezifischen Systems gehören folgende Zellen:

- Fresszellen wie die **Makrophagen** können in Gewebe einwandern, durch Phagozytose Erreger aufnehmen und mithilfe von Enzymen abbauen.
- Als weitere Fresszellen gehören die **Granulozyten** zur unspezifischen Abwehr, weiße Blutzellen (Leukozyten), deren Name von zahlreichen Körnchen (Granula) im Zytoplasma herrührt.
- Die **natürlichen Killerzellen** können als fremd erkannte Zellen zerstören, vor allem virusinfizierte Zellen und Tumorzellen, ohne vorher mit ihnen in Kontakt gewesen zu sein.

Die **unspezifische (angeborene) Immunabwehr** dient der schnellen Abwehr von Infektionserregern und setzt lösliche (humorale) Proteinfaktoren wie z. B. Interferone, Lysozym und die Proteine des Komplementsystems zur Keimvernichtung ein. Zelluläre Komponenten sind Immunzellen wie Makrophagen, Granulozyten und die natürlichen Killerzellen.

Zytokine
Proteine, die eine modulierende Wirkung auf Zellen des Immunsystems ausüben

Die angeborene Immunantwort nutzt aus, dass Erreger oft eine Reihe von unveränderlichen Merkmalen, von Mustern, besitzen, die sie eindeutig von körpereigenen Zellen unterscheiden. Die Immunzellen erkennen diese Erregermerkmale durch verschiedene Rezeptoren in ihren Membranen. Zu diesen gehören die **Toll-artigen Rezeptoren** (engl. *Toll-like Receptors*, TLRs), die Strukturen von zahlreichen Erregertypen erkennen und daraufhin Gene aktivieren. Es kommt zu einer Ausschüttung von Signalstoffen wie **Zytokinen**, die letztendlich eine Entzündung im Gewebe auslösen.

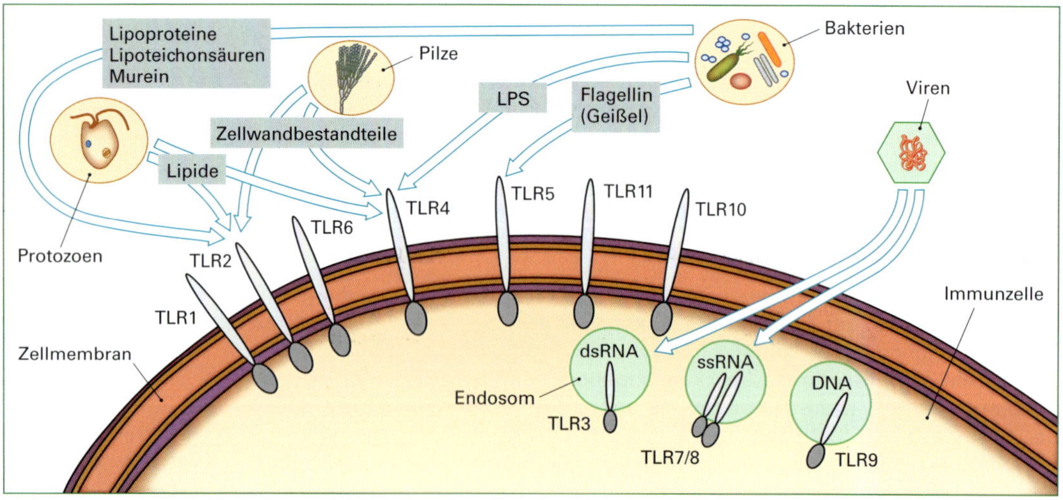

Bild 1
Erkennung durch Toll-artige Rezeptoren im angeborenen Abwehrsystem

Der erste Mustererkennungsrezeptor dieser Gruppe, das Toll-Protein, wurde in der Fruchtfliege *Drosophila melanogaster* gefunden, und weitere wurden aufgrund der hohen Homologie zueinander als Toll-artige Rezeptoren bezeichnet. Bisher wurden 10 TLRs im menschlichen Genom nachgewiesen.

Am besten untersucht ist der Rezeptor TLR 4, der gramnegative Bakterien anhand von LPS erkennt. Andere Rezeptoren erkennen Bestandteile der Bakterienwand grampositiver Bakterien, bestimmte Merkmale von Nukleinsäuren wie einzel- oder doppelsträngige RNA (ssRNA, dsRNA), die für einige Viren typisch sind, sowie kurze DNA-Sequenzen.

Einige TLRs binden auch verschiedene Bestandteile der Zellwände von Pilzen sowie besondere Lipide von Protozoen und erkennen damit auch Infektionserreger aus diesen Mikroorganismengruppen. Mehrere TLRs werden auf der Oberfläche der Immunzellen exprimiert, andere TLRs werden ausschließlich in intrazellulären Kompartimenten wie **Endosomen** gefunden. Einige der Rezeptoren (z. B. TLR 7 und 8) bilden mit anderen Komplexe, wodurch Protein-Dimere entstehen.

Endosomen
Vesikuläre (bläschenartige) Zellorganellen, die durch Endozytose entstehen

Membranrezeptoren der Zellen der angeborenen Immunabwehr, die **Toll-artigen Rezeptoren**, erkennen konservierte allgemeine Strukturen von Bakterien, Pilzen, Protozoen und Viren und setzen eine Immunreaktion in Gang.

Die spezifische Immunabwehr

Die spezifische Immunabwehr ist die **adaptive Immunantwort** (lat. *adaptare*: anpassen), die erst nach dem Kontakt mit dem Erreger entwickelt wird. Sie beruht auf einer hohen Spezifität der Reaktionen von Immunzellen und löslichen Faktoren und beinhaltet eine jahrelange Gedächtnisfunktion.

Den humoralen Teil des Systems stellen die **Antikörper (Immunglobuline)** dar. Diese Proteine werden von Plasmazellen (s. unten) produziert und ausgeschüttet. Die Antikörper sind spezifisch gegen **Antigene** gerichtet. Ein bestimmtes Antigen induziert bei erstmaligem Kontakt die Produktion von solchen Antikörpern, die räumlich zu dem Antigen passen, mit diesem „Fremdstoff" einen Komplex bilden und ihn damit erkennen.

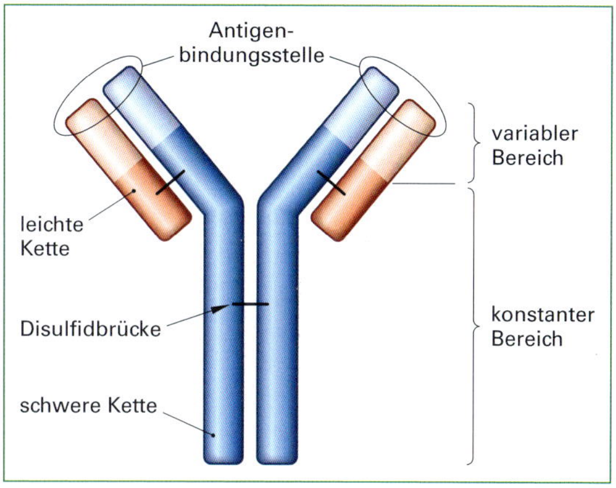

Bild 1 Aufbau der Antikörper

Immunglobuline haben eine Form wie ein „Y" und sind aus jeweils zwei identischen schweren (großen) und zwei leichten (kleinen) Ketten aufgebaut, die durch Disulfidbrücken miteinander verbunden sind (Bild 1). An den beiden Armen befinden sich variable Bereiche, die bei jedem Antikörper andere Aminosäuresequenzen besitzen und die Antigenbindungsstelle enthalten. Diese passt zu dem Antigen wie ein Schlüssel zum Schloss.

Antigene
Bestandteile von fremden Zellen oder Substanzen, an die sich Antikörper und bestimmte Rezeptoren von Immunzellen spezifisch binden können

Antikörper (Immunglobuline) sind Proteinverbindungen, die der Körper als Reaktion auf eindringende Krankheitserreger bildet und die spezifisch **Antigene**, Strukturen der Fremdstoffe, binden. Dadurch erkennt das Immunsystem die gleichen Erreger bei einem neuen Körperkontakt wieder.

B- und T-**Lymphozyten** sind die Zellen des adaptiven Immunsystems:

- **B-Lymphozyten** entstehen im Knochenmark (engl. *bone*) und sind nach ihrem Entstehungsort benannt. Sie besitzen in ihrer Zellmembran Rezeptoren für ein bestimmtes Antigen, das sie erkennen und binden kön-

Lymphozyten
Untergruppe der weißen Blutzellen (Leukozyten) im Dienste des Immunsystems

nen. Als Folge dieses Kontaktes werden die B-Lymphozyten mithilfe von Zytokinen zur Teilung angeregt und es entstehen die **Plasmazellen**, die Immunglobuline ausschütten. Nach Ende des Infektes nimmt die Zahl der Plasmazellen schnell wieder ab. Einige der B-Zellen bleiben in einem inaktiven Zustand zurück. Diese **Gedächtniszellen** können bei erneutem Kontakt mit dem gleichen Antigen in kurzer Zeit zur Plasmazelle reifen.

Antigenpräsentation
Prozess, bei dem Moleküle (Antigene) so an spezielle Proteinkomplexe der Zellmembran gebunden werden, dass sie für Immunzellen erkennbar sind

- **T-Lymphozyten** machen den größeren Teil der Lymphozyten aus. Sie werden in der **T**hymusdrüse geprägt und bilden keine Antikörper. Sie besitzen Membranrezeptoren mit denen sie Antigene und **antigenpräsentierende** Zellen erkennen. T-Zellen besitzen zahlreiche Rezeptoren für Antigene. Sie wandern durch den Körper und überwachen ständig die Membranzusammensetzung der Körperzellen auf Veränderungen, die z. B. auf eine Infektion durch Erreger schließen lassen. Sie spielen eine Rolle bei der Steuerung der Immunantwort und sind für die Erkennung und Zerstörung von Viren und den von ihnen infizierten Körperzellen wichtig. Eine Gruppe der T-Zellen, die **T-Helferzellen**, kann durch die Ausschüttung von Signalstoffen die Immunantwort und besonders die Makrophagen aktivieren.

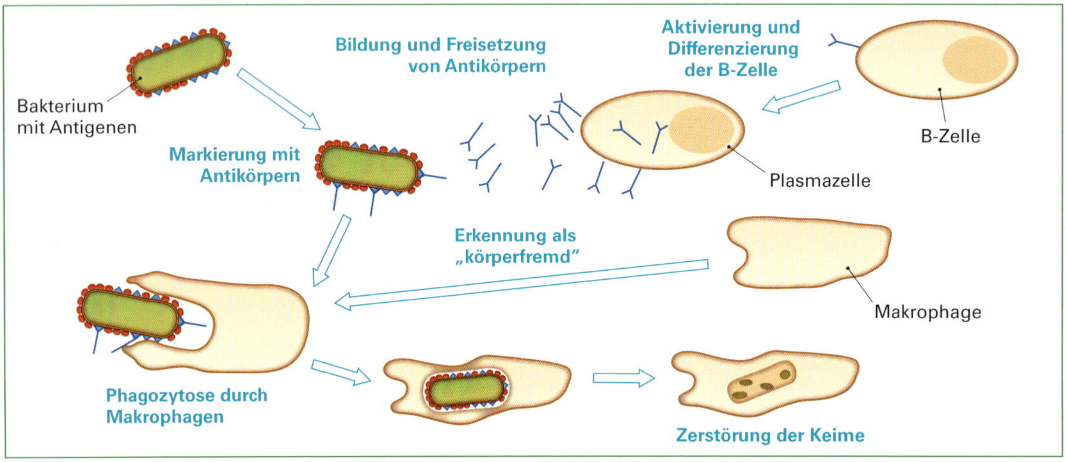

Bild 1
Erkennung und Abtötung von Bakterien durch das Immunsystem

Bakterien besitzen auf ihrer Oberfläche oft zahlreiche Strukturen, die Antigene darstellen (Bild 1). An diese heften sich die Antikörper an und signalisieren damit den Makrophagen und anderen Immunzellen, dass diese Partikel „körperfremd“ sind. Sie werden über Phagozytose durch die Fresszellen aufgenommen. Auf diese Weise arbeitet die erlernte mit der angeborenen Immunabwehr zusammen.

Die **spezifische (adaptive) Immunabwehr** ist der Teil des Immunsystems, der gezielt gegen bestimmte Keime gerichtet ist, die beim ersten Kontakt als köperfremd erkannt werden. Dies geschieht mithilfe von Immunzellen, den Antikörper produzierenden **B-Lymphozyten** sowie den **T-Zellen**, die zwischen körpereigenen und -fremden Strukturen differenzieren können.

6.2.1 Bakterien als Krankheitserreger

Obgleich der Großteil der Bakterien keine Erkrankungen hervorruft, sind doch zahlreiche Bakterien Krankheitserreger (Tabelle 1, S. 319). Erst Ende des 19. Jahrhunderts stellten die Bakteriologen *Robert Koch* (1822–1895) und *Louis Pasteur* (1843–1895) erstmals einen beweiskräftigen Zusammenhang zwischen einer Infektionskrankheit und bakteriellen Erregern dar.

Tabelle 1 Bakterielle Krankheitserreger

Erreger	Form	Eigenschaften	Gruppenzugehörigkeit	Vorkommen	Krankheit
Bacillus cereus	Stäbchen	Stämme mit Wachstum bei 4 °C	Bacillaceen (Endosporenbildner)	Weitverbreitet, Erdboden	Durchfallerkrankung
Bacillus anthracis	Stäbchen	Sehr widerstandsfähige Sporen	Bacillaceen (Endosporenbildner)	In Deutschland sehr selten	Milzbrand
Campylobacter jejuni	Spirillen	Kein Wachstum unter 30 °C	Proteobakterien	Darmtrakt von Tieren	Durchfallerkrankung
Chlamydia trachomatis	Kokken	Sehr geringe Größe, als Parasit innerhalb der Wirtszellen	Chlamydien	Weitverbreitet, besonders in tropischen Ländern	Eileiterentzündungen
Clostridium botulinum	Stäbchen	Bildet starkes Nervengift	Clostridien (Endosporenbildner)	Erdboden, Wasser	Botulismus
Clostridium perfringens	Stäbchen	Sporen überleben bei 60 °C	Clostridien (Endosporenbildner)	Erdboden, Darmtrakt	Gasbrand, Durchfallerkrankung
Clostridium tetani	Stäbchen	Bildet Nervengift	Clostridien (Endosporenbildner)	Erdboden	Wundstarrkrampf
Escherichia coli	Stäbchen	Einige Stämme pathogen	Enterobacteriaceen	Darmtrakt von Tier und Mensch	Durchfallerkrankung
Legionella pneumophila	Stäbchen	Überlebt bei 50 °C, oft in Biofilmen	Proteobakterien	Wasserleitungen	Legionärskrankheit
Listeria monocytogenes	Stäbchen	Wachstum bei 0 °C bis 44 °C	grampositive Bakterien	Erdboden, Wasser, rohe Lebensmittel	Listeriose
Mycobacterium leprae	unregelmäßig	Anzucht im Labor nicht möglich	Aktinomyzeten	Makrophagen, Nervenzellen	Lepra (Aussatz)
Mycobacterium tuberculosis	unregelmäßig	Spezielle dicke Zellwand	Aktinomyzeten	Makrophagen der Lunge	Tuberkulose
Salmonella enteritidis	Stäbchen	2000 verschiedene Serovare	Enterobacteriaceen	Darmtrakt	Salmonellose, Typhus
Shigella	Stäbchen	Eng mit *E. coli* verwandt	Enterobacteriaceen	Darmtrakt	Bakterienruhr
Staphylococcus aureus	Kokken	Antibiotikaresistente Formen	grampositive Bakterien	Schleimhäute	eitrige Entzündungen
Streptococcus mutans	Kokken	Bildet Biofilme z. B. Zahnbelag	Milchsäurebakterien	Mund, Zähne	Karies
Streptococcus pneumoniae	Kokken	Von Kapsel umgeben	Milchsäurebakterien	Schleimhäute	Lungenentzündung
Vibrio cholerae	kommaförmig	Bildet das Choleratoxin	Proteobakterien	Wasser	Cholera
Yersinia enterocolitica	Stäbchen	Wächst bis −1 °C	Enterobacteriaceen	Darm von Tieren	Durchfallerkrankung
Yersinia pestis	Stäbchen	Übertragung durch Flöhe	Enterobacteriaceen	Nager z. B. Ratten	Pest

Die **Henle-Koch-Postulate** wurden von *Jakob Henle* im Jahr 1840 formuliert und im Jahr 1882 von *Robert Koch* endgültig abgefasst

Reinkultur
Population von Mikroorganismen, entstanden nach Beimpfen eines Nährmediums mit isolierten Einzelzellen

Nicht immer ist ein ursächlicher Zusammenhang zwischen Keim und Infektionserkrankung eindeutig. Dass wirklich ein bestimmter Mikroorganismus der Verursacher (Erreger) einer neu auftretenden Infektionskrankheit ist, kann durch Überprüfung der drei **Henle-Koch-Postulate** nachgewiesen werden. Diese stellen drei Forderungen auf:

1. Wenn ein Erreger die Ursache einer Erkrankung ist, sollte er in den Erkrankten z. B. mikroskopisch nachzuweisen sein.
2. Die bei einem Erkrankten isolierten Mikroorganismen sollten in **Reinkultur** im Labor gezüchtet werden können.
3. Die angezüchteten Mikroorganismen müssen – auf ein geeignetes Versuchstier übertragen – zur Ausbildung einer typischen Erkrankung führen und danach erneut mikroskopisch und in Reinkultur nachweisbar sein.

Mithilfe der drei **Henle-Koch-Postulate** wird überprüft, ob ein bestimmter Mikroorganismus der Auslöser der Infektionskrankheit ist.

Pathogenitätsfaktoren

Pathogene Keime besitzen zahlreiche vom Erbgut kodierte Faktoren, die für eine Infektion notwendig sind und die sie genetisch von nicht pathogenen Bakterien unterscheiden. Dies sind Elemente wie Zellwandbestandteile, Zellanhängsel oder Stoffwechselprodukte wie Toxine, die von der Zelle abgegeben werden. Diese Faktoren werden **Pathogenitätsfaktoren** (oder **Virulenzfaktoren**) genannt. Pathogene Keime bilden sie nur nach Bedarf und steuern deren Produktion über *Quorum Sensing*-Systeme (s. S. 284). Die Gene für die Pathogenitätsfaktoren sind auf mobilen genetischen Elementen wie Plasmiden lokalisiert oder als **Pathogenitätsinseln** in Gruppen (Clustern) inselartig verstreut im Bakterienchromosom integriert.

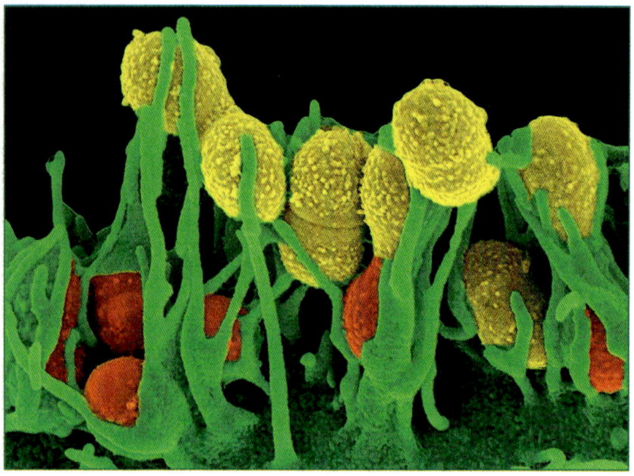

Bild 1 Streptokokken während der Infektion (Invasion)

Die Pathogenitätsfaktoren verleihen den Erregern die Fähigkeit, im Körper des Infizierten zu überleben. Viele pathogene Bakterien vermögen bei einer Infektion an Wirtszellen zu binden und haften zu bleiben, in Zellen einzudringen und sie zu zerstören, sowie Giftstoffe zu bilden und in die richtigen Zellen zu übertragen. Nicht alle pathogenen Keime dringen in Körperzellen ein. Beispielsweise verbleiben Zellen des **Choleraerregers** *Vibrio cholerae* im Darminneren (Bild 2). Dort vermehren sie sich und produzieren das Choleratoxin, das in die Darmzellen eindringt, zu einem Verlust von Salzen und Wasser der Darmzelle führt und eine schwere Durchfallerkrankung auslöst.

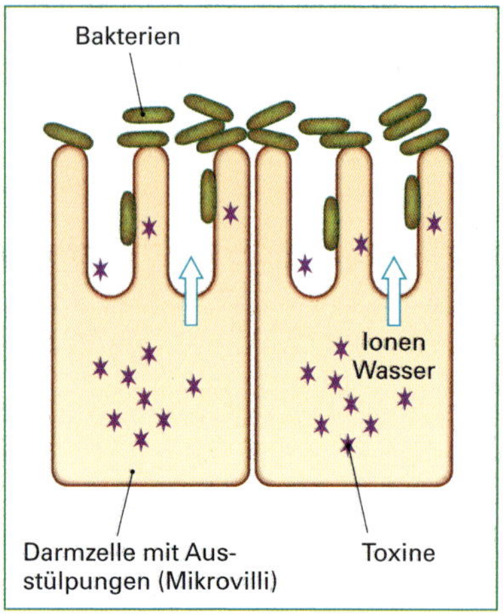

Bild 2 Infektion von *Vibrio cholerae*

Bakterielle Erreger benötigen zur erfolgreichen Infektion **Pathogenitätsfaktoren**, die über Plasmide oder chromosomal kodiert werden.

Bei einer Infektion können mehrere Phasen unterschieden werden (Bild 1, S. 321), in denen die Pathogenitätsfaktoren zum richtigen Zeitpunkt von den Erregern benötigt werden und die Bildung eingeleitet wird:

1. **Adhäsion (Adhärenz)**
Bestimmte Zellstrukturen und Proteine, die **Adhäsine**, ermöglichen den Bakterien die spezifische Bindung bzw. Anheftung an das Gewebe des Wirtes. Solche Faktoren sind z. B. die Pili (s. S. 67), Proteine der äußeren Zellmembran bei gramnegativen sowie Zellwandmoleküle bei grampositiven Bakterien. Sie binden spezifisch an molekulare Oberflächenstrukturen der Wirtszellen, die bei einer erfolgreichen Infektion unbedingt vorhanden sein müssen (Bild 1).

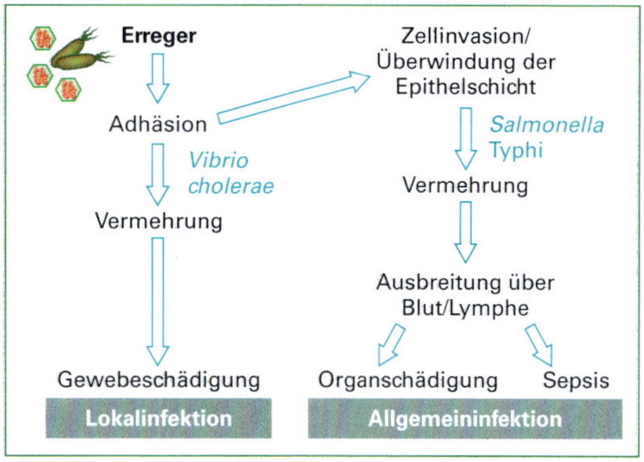

Bild 1
Verlauf bakterieller Infektionen

2. **Zellinvasion**
Das Eindringen der Mikroorganismen in Körpergewebe bzw. in die Zellen des Wirtsorganismus ist für viele pathogene Bakterien ein entscheidender Schritt im Infektionsverlauf. Die Bakterien können dadurch den Angriffen des Immunsystems entgehen und sind auch nicht mehr eventuellen Antibiotika ausgesetzt. Der Invasionsprozess erlaubt es ihnen, durch bestimmte Zellschichten wie dem **Epithel** hindurchzugelangen und in tief gelegene Wirtsgewebe und Organe einzuwandern (Bild 1, S. 322).

Die Bakterien dringen entweder mithilfe von Pathogenitätsfaktoren, den **Invasinen**, in Epithelzellen oder, wie oft bei Darmpathogenen, in die M-Zellen ein. **M-Zellen** sind Bestandteil der Darmschleimhaut, gehören zum Immunsystem und können Keime zu den Makrophagen transportieren.

Die pathogenen Keime werden meist über einen der Endo- bzw. Phagozytose ähnelnden Mechanismus von der Körperzelle aufgenommen. Dies wird von den Pathogenen veranlasst, indem Bakterienproteine in die Zelle eingeschleust werden, häufig über eine spritzenartige Struktur, die **Typ-III-Sekretionssystem** genannt wird.

Epithel
Oberste Zellschicht des Haut- und Schleimhautgewebes

Typ-III-Sekretionssystem
Proteinaggregat in der bakteriellen Zellhülle mit einer Nadelstruktur, das der Übertragung von Pathogenitätsfaktoren dient

3. **Vermehrung und Ausbreitung**
Eine Kolonisation (Vermehrung) erfolgt nach Eindringen in die Zelle oder bei einigen Erregern direkt nach der Adhäsion. Ist die dabei stattfindende Ausbreitung auf den engeren Raum beschränkt, findet eine **Lokalinfektion** statt. Einige pathogene Keime sind in der Lage, das Blut- oder Lymphsystem zu erreichen und von dort weiter entfernte Organe zu besiedeln, es kommt zu einer **generalisierten Infektion (Allgemeininfektion)**.

Salmonellen sind fähig, in Makrophagen zu überleben und sich zu vermehren, obgleich diese Zellen Teile des Immunsystems sind, die eigentlich für die Ausrottung eindringender Keime zuständig sind. Einige Salmonellentypen können eine Durchfallerkrankung hervorrufen, eine Lokalinfektion des Dünndarms, andere wie *Salmonella* Typhi und *S.* Paratyphi eine Allgemeininfektion, die **Typhus** oder **Paratyphus** genannt wird.

Typhus ist eine Infektionskrankheit, die durch einen stufenförmigen Fieberanstieg gekennzeichnet ist. **Paratyphus** verläuft meist etwas kürzer und milder.

Eine Bakterieninfektion besteht meist aus mehreren **Phasen**, in denen die Bakterien unterschiedliche Pathogenitätsfaktoren produzieren: das Anheften (**Adhäsion**) an Oberflächenstrukturen der Wirtszelle, das Eindringen (**Invasion**) in Wirtszellen, die **Vermehrung** und **Ausbreitung** der Keime.

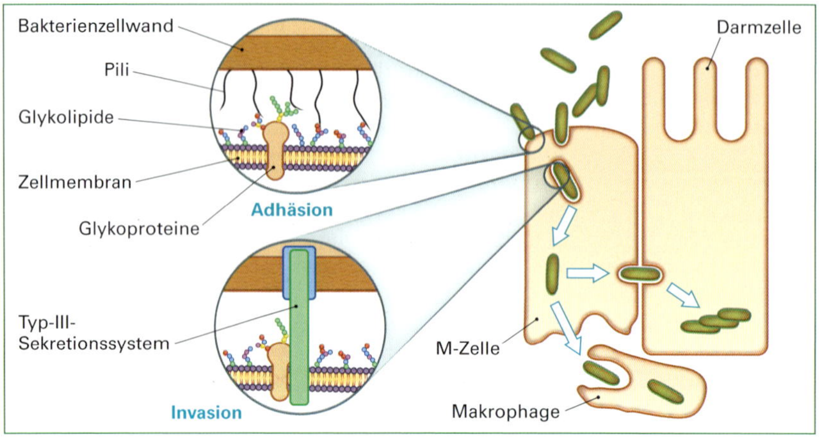

Bild 1 **Infektionsphasen von darmpathogenen Keimen**

Bakterientoxine

Im Laufe der Infektionen werden von pathogenen Bakterien Substanzen, die Bakterientoxine, produziert, um die Abwehrmechanismen des Körpers zu unterlaufen. Sie führen zu Schädigungen im Körper und damit zu Krankheitssymptomen. Unterschieden werden Endo- und Exotoxine.

Die **Endotoxine** bestehen aus Lipopolysacchariden der Zellhülle gramnegativer Bakterien. Die endogenen Bestandteile der Bakterienzellen werden erst nach deren Absterben frei und verursachen im Körper Fieber und unter Umständen eine Entzündung. Aufgrund dieser Wirkung werden Endotoxine als **pyrogene** (griech. *pyros*: Feuer) Substanzen bezeichnet.

Endotoxine werden von sich auflösenden gramnegativen Bakterien freigesetzt und sind **pyrogen** (fieberauslösend).

Exotoxine hingegen werden schon von lebenden Bakterien gebildet und ausgeschieden. Es handelt sich um Proteine, die im Gegensatz zu den Endotoxinen zumeist temperaturempfindlich sind. Sie weisen eine spezifische toxische Wirkung auf bestimmte Wirtszellen oder Zellfunktionen auf.

Der Wirkungsmechanismus der Exotoxine ist unterschiedlich. Einige von ihnen wirken als Enzym im Zytoplasma der Wirtszelle zellschädigend. Andere Toxine, die membranaktiven oder Poren-bildenden Toxine, erhöhen die Permeabilität der Membranen, die dann nicht mehr als Stoffaustauschbarriere dienen können. Diese Toxine werden **Hämolysine** genannt, wenn sie die Membran der Erythrozyten perforieren können und somit eine Auflösung der roten Blutkörperchen (Hämolyse) verursachen.

Nach dem Wirkungsort werden unterschieden:

- **Enterotoxine** greifen Strukturen und Funktionen im Darm an. Die Toxine können wie das Choleratoxin im Darm gebildet werden und sind die Ursache von Durchfallerkrankungen. Die von *Staphylococcus aureus* ausgelösten Lebensmittelvergiftungen werden durch Enterotoxine bewirkt, die außerhalb des Körpers produziert werden, hitzestabil sind und beim Garen der Speisen nicht zerstört werden.
- **Neurotoxine** werden Toxine genannt, die auf das Nervensystem wirken. Beispielsweise produziert *Clostridium botulinum* hochgiftige Botulinumtoxine (Botulinustoxine), die die Signalübertragung von Nerven- zu Muskelzellen an den **Synapsen** hemmen. *C. tetani*, der Erreger des Wundstarrkrampfs, bildet die Tetanustoxine, die ebenfalls Synapsen hemmen.

Synapse
Kontaktstelle zwischen den Enden einer Nervenfaser und den nachgeschalteten Nerven- oder Muskelzellen

Zahlreiche Toxine bestehen aus zwei oder noch mehr Teilen (Proteinmodulen), die sogenannten **AB-Toxine**. Der eine Teil, der A-Teil, besitzt die zelltoxische Aktivität und der B-Teil wird zum Eindringen in die Zielzelle benötigt und vermittelt die spezifische Bindung an Membranstrukturen.

Exotoxine sind Proteine, die von lebenden Bakterien gebildet und zur Unterstützung der Infektion ausgeschüttet werden. Häufig sind die Giftstoffe **Enterotoxine**, die wie das Choleratoxin den Darm schädigen. Einige Toxine sind extrem giftige **Neurotoxine** wie das die Signalübertragung von Nervenzellen störende Botulinumtoxin.

Lebensmittelinfektionen und -vergiftungen

Ein Großteil aller in Deutschland ausbrechenden Infektionskrankheiten wird über Lebensmittel übertragen. Die Erkrankungen und die nachgewiesenen Erreger sind nach dem Infektionsschutzgesetz (IfSG) meldepflichtig und jährlich werden ca. 200000 Erkrankungsfälle gemeldet. Bei **Lebensmittelinfektionen** dringen die in den Nahrungsmitteln enthaltenen Keime über den Mund in den Körper ein, zuerst in den Magen-Darm-Trakt, vermehren sich und scheiden körperschädigende Substanzen aus. Neben Viren und Protozoen sind vor allem Bakterien Erreger einer lebensmittelbedingten Erkrankung (Tabelle 1).

Tabelle 1 Bakterielle Erreger von Lebensmittelinfektionen

Krankheitserreger	Reservoire
Salmonella	Mensch, Tiere
Campylobacter	Hühner, Schweine, Rinder
Escherichia coli-EHEC und andere Stämme	Mensch, Tiere
Shigella	Mensch
Listeria monocytogenes	Tiere, Umwelt
Vibrio chloerae	Mensch, Umwelt (z. B. Wasser)
Vibrio parahaemolyticus	Meerestiere
Yersinia enterocolitica	Schweine, Geflügel
Clostridium perfringens	Erdboden, Tiere, Mensch

Während in den vergangenen Jahren die Zahl der Salmonellenerkrankungen zurückging, wird in der heutigen Zeit ein vermehrtes Auftreten anderer pathogener Lebensmittelkeime wie *Campylobacter*-Bakterien beobachtet.

Nicht alle Krankheitserreger rufen eine Infektion hervor, einige verursachen Vergiftungen. Bei **Lebensmittelvergiftungen** (Lebensmittelintoxikationen), werden Toxine aufgenommen, die von Bakterien oder Pilzen schon in den Lebensmitteln und Speisen gebildet werden und den Körper schädigen. **Botulismus** ist bei erwachsenen Menschen eine besonders ernste Vergiftungserkrankung, ausgelöst durch von *Clostridium botulinum* produzierte Toxine. Mikrobiell ausgelöste Vergiftungserkrankungen sind nicht ansteckend, da die Keime meist nicht in den Körper eindringen.

Botulismus
Häufig tödliche Lebensmittelvergiftung, die durch den Verzehr verdorbener Konserven ausgelöst werden kann

6.2.2 Pilze als Krankheitserreger

Pilze können in einigen Fällen zu Infektionen des Menschen führen, die **Mykosen** genannt werden. Pilzinfektionen sind häufig endogene Infektionen, die durch Kommensalen der Normalflora verursacht werden. Sie können beispielsweise bei Erkrankungen auftreten, die das Immunsystem schwächen oder bei Personen, deren körpereigene Bakterienflora nach einer Antibiotikabehandlung stark dezimiert ist. Eine Lungenentzündung, die durch den Erreger *Pneumocystis jirovecii* ausgelöst wird, ist solch eine **opportunistische Infektion**, die häufig bei Personen auftritt, die an AIDS erkrankt sind.

Mykose
Durch Pilze hervorgerufene Erkrankung

Mykosen lassen sich ähnlich wie bakterielle Infektionen in **lokale** oder **oberflächliche** Mykosen, wie z. B. Mykosen der Haut, der Nägel und der Schleimhäute, sowie in **systemische Mykosen** einteilen. Bei Letzteren dringen die Erreger, oft über die Lunge, in den Blutkreislauf ein und befallen innere Organe.

Aufgrund der medizinischen Bedeutung werden Pilze (s. Kap. II.2) oft nach dem **D-H-S-System** untergliedert:

- **D**ermatophyten (griech. *derma*: Haut; *phyton*: Pflanze) sind Hyphenpilze, die Gewebe wie Haut, Haare oder Nägel infizieren, in denen viel Keratin (s. S. 30) enthalten ist, das sie über das Enzym Keratinase aufschließen. Zu den Dermatophyten gehören die drei Gattungen *Microsporum*, *Trichophyton* und *Epidermophyton*.
- **H**efen (Sprosspilze) wie *Candida* können Infektionen der Schleimhäute hervorrufen, sogenannte **Candidosen**. Besiedelungen des Verdauungstrakts durch *Candida albicans* sind meist harmlos, können allerdings bei einer Abwehrschwäche zu einer ernsten Erkrankung führen.
- **S**chimmelpilze wie *Aspergillus fumigatus* können in seltenen Fällen als exogene Infektion die Lungenerkrankung **Aspergillose** hervorrufen. Da besonders stark immungeschwächte Personen, z. B. Tumorpatienten, betroffen sind, verlaufen diese systemischen Mykosen oft tödlich. Sporen von Schimmelpilzen können außerdem Allergien und Asthma auslösen.

Candidose
Infektionen durch Hefen der Gattung *Candida* wie z. B. Mundsoor (weißer Belag im Mund- und Rachenraum)

Mykosen, Infektionen durch Pilze, treten oft bei Personen mit geschwächtem Immunsystem auf und werden durch opportunistische Erreger der Normalflora ausgelöst. Infektionen der Schleimhäute werden oft durch ***Candida*-Hefen** hervorgerufen und systemische Mykosen durch **Schimmelpilze** wie *Aspergillus*. Mykosen der Haut, Haare oder Nägel können durch **Dermatophyten** auch bei gesunden Menschen verursacht werden.

Antimykotika sind Arzneistoffe, die bei Pilzinfektionen angewendet werden. Sie unterscheiden sich aufgrund ihrer Wirkungsweise und der chemischen Struktur:

- **Polyen-Antimykotika**, die in der Zellmembran der Pilze Poren bilden (Nystatin, Natamycin, Amphotericin B)
- Hemmstoffe der Synthese des Sterins Ergosterin, eines Membranbestandteils von Pilzen (Clotrimazol)
- Hemmstoffe der Zellwandsynthese (Griseofulvin)
- Hemmstoffe der RNA-, DNA-Synthese und von Enzymen

Polyen-Antimykotika
Organische Verbindungen mit Doppelbindungen, die mit den Sterinverbindungen in der Zellmembran wechselwirken

Neben Infektionen sind Vergiftungen durch **Mykotoxine** eine weitere Bedrohung der menschlichen Gesundheit. Die für Menschen und Tiere giftigen Stoffwechselprodukte werden von zahlreichen Schimmelpilzarten gebildet (Tabelle 1, S. 325). Verschimmelte Nahrungsmittel enthalten häufig Mykotoxine. Die Stoffe gehören höchst verschiedenen chemischen Stoffgruppen an, wodurch sie auch unterschiedliche gesundheitliche Wirkungen erzielen. Im Unterschied zu den Bakterientoxinen lösen die Pilztoxine aufgrund ihres niedrigen Molekulargewichts keine Antikörperbildung aus und führen nicht zu einer Immunabwehr des Körpers.

Die **Aflatoxine** gehören zu den Natursubstanzen mit der stärksten Krebs auslösenden Wirkung. Sie werden von *Aspergillus flavus* (s. S. 208) sowie einigen anderen Aspergillen gebildet. **Akute Vergiftungen** durch Aflatoxine, die direkt nach der Aufnahme eintreten, sind heutzutage beim Menschen selten, da die Gefährlichkeit verschimmelter Futter- und Lebensmittel inzwischen weithin bekannt ist. Werden Mykotoxine über längere Zeit in erheblichen Mengen mit der täglichen Nahrung aufgenommen, können sie jedoch zu **chronischen Erkrankungen** führen. Einige Mykotoxine können das Erbgut verändern (mutagen), das Krebsrisiko erhöhen (karzinogen) oder Missbildungen hervorrufen (teratogen).

Tabelle 1 Mykotoxine

Mykotoxine	Toxinbildner	Toxische Eigenschaften*	Häufig belastete Lebensmittel
Aflatoxine z. B. Aflatoxin B1, B2, G1, G2 und M1	*Aspergillus*-Arten z. B. *A. flavus*	Krebserregend, Erbgut verändernd, lebertoxisch	Reis, Gewürze, Mais, Nüsse, Milch, Milchprodukte, Tierinnereien
Ochratoxine	*Aspergillus*- und *Penicillium*-Arten	Leber- und nierentoxisch, krebserregend	Getreide, Nüsse, Reis, Mais, Kaffee, Bier
Patulin	*Aspergillus*- und *Penicillium*-Arten	Zell- und blutschädigend, krebserregend	Obst (vor allem Äpfel), Gemüse
Fusarientoxine z. B. Zearalenon, Trichothecene, Fumonisine	*Fusarium*-Arten	Immunsystem schädigend, krebserregend, embryonale Fehlbildungen fördernd	Getreide, Nüsse, Mais
Mutterkorntoxine (Ergotalkaloide)	*Claviceps purpurea*	Fehlgeburten fördernd, neurotoxisch	Getreide, besonders Roggen

* z T. ohne eindeutigen wissenschaftlichen Beweis

Mykotoxine sind von Schimmelpilzen ausgeschiedene Stoffwechselprodukte, die über Lebensmittel aufgenommen werden. Sie können **akute Vergiftungen** oder bei regelmäßiger Zufuhr in geringen Mengen **chronische Erkrankungen** hervorrufen.

6.2.3 Protozoen als Krankheitserreger

Zahlreiche Protozoen können schwerwiegende Infektionskrankheiten auslösen (Tabelle 1, S. 326). Besonders in tropisch heißen Ländern sind Protozoenerkrankungen häufig und eine große Herausforderung für die Gesundheitsvorsorge. An **Malaria**, die hauptsächlich durch den Stich von Stechmücken der Gattung *Anopheles* übertragen wird, erkranken weltweit jährlich über 300 Millionen Menschen. Das charakteristische Krankheitszeichen der Malaria ist periodisches Auftreten von hohem Fieber. Die verschiedenen schweren Verlaufsformen der Malaria werden von wahrscheinlich fünf *Plasmodium*-Arten mit unterschiedlicher geografischer Verbreitung verursacht.

Die **Amöbenruhr** mit *Entamöba histolytica* als Erreger ist mit ca. 50 Millionen Fällen pro Jahr eine ebenfalls häufige Protozoenerkrankung. Die Amöben sind vor allem in tropischen und subtropischen Gegenden verbreitet, wo bis zu 70 % der Bewohner von den Einzellern besiedelt sind. Falls solche Protozoenerkrankungen in Mitteleuropa auftreten, haben sie oft in tropischen Ländern ihren Ursprung. Jedoch sind einige Protozoenkrankheiten auch in europäischen Ländern verbreitet, wie z. B. Erkrankungen durch *Toxoplasma, Trichomonas* und *Giardia lamblia*.

Protozoenerreger haben in nördlichen Breiten meist andere Infektionswege als in tropischen Ländern, in denen sie oft durch Insektenstiche auf den Menschen übertragen werden und anfangs im Blut erscheinen. Diese Protozoen, wie beispielsweise die Malariaerreger, befallen häufig Blutzellen. Von dort aus können sie dann verschiedene Körperorgane erreichen.

In nicht tropischen Ländern werden krankheitserregende Protozoen meist über kontaminiertes Trinkwasser oder verunreinigte Nahrung aufgenommen. Die Krankheitserreger siedeln sich zuerst im Darm an und später evtl. in anderen Zielorganen. So werden die Erreger der **Toxoplasmose** vor allem durch Lebensmittel oder Trinkwasser übertragen.

Die erstmalige Infektion von Frauen durch den Erreger *Toxoplasma gondii* während der Schwangerschaft ist besonders gefährlich, da die Protozoen über die Plazenta auf den Fötus gelangen können. Als Folge der *Toxoplasma*-Infektion können Missbildungen der Föten sowie Augenschäden und spätere Erkrankungen im Kindesalter auftreten.

Trichomonaden werden hauptsächlich beim Geschlechtsverkehr übertragen. *Trichomonas*-Erkrankungen gehören zu den häufigsten sexuell übertragenen Infektionen.

Tabelle 1 Infektionserkrankungen durch Protozoen

Erreger	Gruppenzugehörigkeit	Vorkommen/Übertragung	Krankheit
Cryptosporidium parvum (Cryptosporidien)	Sporozoen	Rinder / Trinkwasser (fäkal kontaminiert)	Kryptosporidiose
Entamöba histolytica (Ruhramöben)	Amöben	Mensch, Tiere / Lebensmittel, Wasser (fäkal kontaminiert)	Amöbenruhr (Amöbiasis)
Giardia lamblia (Lamblien)	Flagellaten	Mensch, Tiere / Lebensmittel, Wasser (fäkal kontaminiert)	Lamblienruhr (Lambliasis)
Plasmodium (Plasmodien)	Sporozoen	Säugetiere / Stechmücken	Malaria
Sarcocystis (Sarkosporidien)	Sporozoen	Rinder, Schweine / rohes Fleisch	Sarkosporidose
Toxoplasma gondii (Toxoplasmen)	Sporozoen	Tiere z. B. Schweine, Katzen / rohes Fleisch, Katzenkot	Toxoplasmose
Trichomonas vaginalis (Trichomonaden)	Flagellaten	Genitalbereich des Menschen / Geschlechtsverkehr	Trichomoniasis
Trypanosoma cruzi (Trypanosomen)	Flagellaten	Tiere / Lebensmittel, Wasser mit Kot von Raubwanzen	Chagaskrankheit in Mittel- und Südamerika
Trypanosoma brucei (Trypanosomen)	Flagellaten	Rinder, Antilopen / Tsetsefliegen	Afrikanische Schlafkrankheit (Trypanosomiasis)

Protozoenerkrankungen, wie beispielsweise die Malaria, haben in tropischen Ländern, in denen die Infektion oft über Insektenstiche erfolgt, eine große Bedeutung. In Mitteleuropa treten Erkrankungen meist nach Aufnahme kontaminierter Lebensmittel oder von Trinkwasser auf.

6.2.4 Viren und Prionen als Krankheitserreger

Viren sind einfach aufgebaute Partikel aus Erbmaterial, einer umgebenden Kapsel aus Eiweißen und bisweilen einer zusätzlichen Lipidhülle (s. Kap. II.3.1), die sich als Parasiten in menschlichen und anderen Zellen (Wirtszellen) vermehren. Wenn dabei Schädigungen und Krankheitssymptome auftreten, sind Viren für die Organismen, in die sie eindringen, Krankheitserreger. Sowohl bei den DNA-Viren (Tabelle 1, S. 230) als auch RNA-Viren (Tabelle 1, S. 231) sind zahlreiche Erreger des Menschen bekannt. Viren weisen oft höhere Mutationsraten als Bakterien auf und können sich so schnell an Abwehrmechanismen des Körpers oder an andere Wirte anpassen.

Wirtsspezifität
Maß der Spezialisierung und Anpassung eines Parasiten an seinen Wirt, oft bestimmt durch Proteine der Virenhülle, die die Anheftung an die Zelloberfläche ermöglichen

Viele Viren, die tierische oder pflanzliche Zellen infizieren, sind für Menschen völlig gefahrlos, da Viren meist eine hohe **Wirtsspezifität** besitzen. Dass dies nicht immer der Fall ist, zeigen Viren, die als Auslöser von **Zoonosen** (s. S. 312) bekannt sind.

Einige Viren werden sowohl bei Tieren als auch bei Menschen gefunden, ohne dass bekannt ist, ob es sich um die gleichen Virusstämme handelt. Da die humanpathogenen Stämme in Tieren meist keine Krankheit hervorrufen, handelt es sich wahrscheinlich nicht um Zoonosen.

Eine eindeutige Zoonose stellt die **Tollwut** dar, eine durch Lyssaviren verursachte Infektion. Sie kann eine meist tödlich verlaufende Gehirnentzündung hervorrufen, an der Menschen und nahezu alle Säugetiere erkranken können.

Viren benutzen dieselben Eintrittspforten und Übertragungswege wie Bakterien. Verschiedene Viren können über Lebensmittel tierischen Ursprungs auf den Menschen übertragen werden, oft ist jedoch der Mensch die Infektionsquelle:

- **Noroviren**, häufige Erreger von Durchfallerkrankungen, können sowohl Menschen als auch Rinder, Schweine und andere Tiere infizieren.
- **Rotaviren** sind die häufigste Ursache von Durchfallerkrankungen bei Kindern. Sie sind bei Haus- und Nutztieren weitverbreitet und führen in Entwicklungsländern jährlich zu Hunderttausenden von Todesfällen.
- **Polioviren** werden fäkal-oral übertragen. Infektionen können symptomlos verlaufen oder eine **Poliomyelitis** hervorrufen. Polioviren gehören zu den Enteroviren, einer Untergruppe (Gattung) der Picornaviren.
- **Hepatitis-A-Viren** werden durch verunreinigtes Wasser oder Lebensmittel (Muscheln) sowie durch engen Personenkontakt übertragen.

Poliomyelitis, Polio, Kinderlähmung
Virale Infektionskrankheit des Zentralnervensystems, die zu Lähmungen führen kann

Einige Humanviren können wie die Bakteriophagen einen **lysogenen Infektionszyklus** einschlagen (s. S. 234). Beispielsweise dringen Herpes- und HI-Viren in den Zellkern ihrer Wirtszellen ein, bauen ihre DNA in das Genom der Wirtszelle ein und verbleiben dort lebenslang. Diese Viren etablieren eine **latente Infektion**, die meist symptomlos verläuft, jedoch immer wieder zu akuten Infektionsausbrüchen führt.

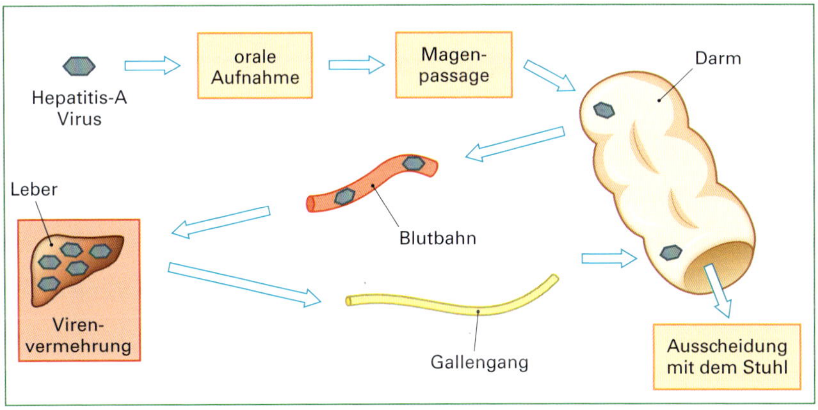

Bild 1
Infektionsverlauf von Hepatitis-A-Viren

Hepatitis-A-Viren besitzen einen ausschließlich **lytischen Infektionszyklus**. Sie werden über den Mund aufgenommen und gelangen zuerst in den Darm, von dem aus sie über das Blutsystem die Leber erreichen (Bild 1). Dies ist das einzige Organ im Körper, in dessen Zellen sich die Hepatitis-A-Viren vermehren. Die Virusnachkommen gelangen über die Gallenflüssigkeit zurück in den Darm, aus dem sie mit dem Stuhl ausgeschieden werden. Die Hepatitis A heilt meist ohne ernsthafte Komplikationen nach einiger Zeit aus.

Andere **Hepatitiden** hervorrufende Viren sind wesentlich gefährlicher für den Menschen. Dies ist beispielsweise für das Hepatitis-C-Virus der Fall, das durch Blut und Blutkonserven übertragen wird. Bei etwa 80 Prozent der Erkrankungen kommt es zu einer dauerhaften Leberentzündung, einer **chronischen Hepatitis**.

Hepatitis
Leberentzündung, meist hervorgerufen durch eine Infektion der viralen Erreger A, B, C, D, E oder F

Interferon
Substanz, die der Körper zur Abwehr von Krankheitserregern wie Viren selber herstellt und die das Immunsystem aktiviert

Die Hepatitis C kann nach 20 bis 40 Jahren zur Entwicklung einer Leberzirrhose oder zu Leberkrebs führen. Hepatitisviren gehören nicht zu einer Virenfamilie, sondern zu verschiedenen Virengruppen, und haben deshalb unterschiedliche Übertragungswege.

Die **Virulenz von Viren** ist, ähnlich wie bei Bakterien, höchst unterschiedlich. Einige Viruserreger, wie beispielsweise die Schnupfen verursachenden Rhinoviren oder die Lippenherpes auslösenden Herpesviren, sind harmlos. Dies liegt an der Fähigkeit des **Immunsystems**, die Infektion schnell zu stoppen. Zytotoxische T-Lymphozyten sind auf die Abwehr von Viren spezialisiert und lysieren die Körperzellen, die von Viren befallen sind. Außerdem produzieren Wirtszellen, die von Viren befallen sind, **Interferon** und geben den Signalstoff an die Nachbarzellen weiter.

Hämorrhagisches Fieber
Infektiöse, oft tödliche Erkrankung, die mit hohem Fieber und inneren Blutungen einhergeht

Andere Viren sind extrem virulent wie die Marburg- und Ebolaviren, die ein **hämorrhagisches Fieber** auslösen, das innerhalb kurzer Zeit tödlich enden kann. Ebolaviren können neben dem Menschen andere Primaten wie Gorillas und Schimpansen infizieren. Wieder andere Viren, wie die AIDS verursachenden HI-Viren, haben eine **Strategie der Anpassung** entwickelt, mit der sie sich sehr schnell ausbreiten können. Sie sind äußerst erfolgreich, weil sie ihre Wirte über längere Zeit hinweg nicht gravierend schädigen. In diesem Zeitraum produzieren sie ständig neue Viruspartikel, die den Körper verlassen und auf andere Personen übertragen werden können. Im Laufe der Evolution haben sich bei diesen Viren die Stämme durchgesetzt, die am besten an ihren Wirt und damit in ihrem Reservoir angepasst sind.

Viren sind häufige Infektionserreger des Menschen. Zahlreiche von ihnen verursachen harmlose Krankheiten, die vom Immunsystem erfolgreich bekämpft werden. Andere Viren, die an den Menschen als Wirt nicht gut angepasst sind, führen zu einem schnellen Tod, währen gut angepasste Viren ihren Wirt lange Zeit zur Virusproduktion nutzen.

Zellkultur
Züchtung von isolierten menschlichen, tierischen oder auch pflanzlichen Zellen, ähnlich einer Bakterienkultur, bei der einige Zellen eine unbeschränkte Fähigkeit zur Teilung besitzen

Serologischer Nachweis
Nachweis von Antikörpern im Patientenblut, die gegen einen Keim oder ein Virus gerichtet sind

Behandlung von Viruserkrankungen

Da Viren sich grundsätzlich nur in lebenden Zellen vermehren, lassen sie sich zur Diagnostik nicht wie Bakterien auf festen Agar-Nährböden oder in flüssigen Nährmedien züchten. Einige Viren können in Hühnereiern, andere in **Zellkulturen** gezüchtet werden. Die Züchtung von Viren zum Nachweis des Erregers bei einer Erkrankung ist schwierig und langwierig, während ein **serologischer Nachweis** der Viren meist einfacher ist.

Von Viren hervorgerufene Krankheiten, wie z. B. die Immunschwäche AIDS, sind medikamentös schwer behandelbar. Virale Erkrankungen können nicht mithilfe von Antibiotika bekämpft werden, die nur gegen Bakterien gerichtet sind. Erschwerend kommt bei der Behandlung hinzu, dass die Virusvermehrung vollständig innerhalb der Zellen des Wirtsorganismus abläuft, die nicht durch die Behandlungssubstanzen geschädigt werden dürfen. Gegen Viren gibt es inzwischen einige **Hemmstoffe**, die allerdings oft nicht sehr spezifisch sind. Viele dieser Stoffe greifen in die Synthese der DNA oder RNA ein, die bei der Virusvermehrung stark aktiviert ist. Auch Interferone, die mithilfe gentechnischer Verfahren heutzutage produziert werden, können in der Virustherapie eingesetzt sein.

Immunität
Fähigkeit des Körpers, bestimmte Pathogene ohne Entstehung von Krankheitssymptomen auszuschalten

Aufgrund der mangelhaften Therapiemöglichkeiten bei Virusinfektionen sind Vorbeugemaßnahmen wichtig. Die wichtigsten bilden die **Schutzimpfungen**. Dabei werden dem Körper in der Regel abgetötete oder abgeschwächte Krankheitserreger zugeführt, die eine Immunantwort auslösen. Durch Impfungen wird eine spezifische **Immunität** gegenüber diesen Erregern erzeugt.

Der Engländer *Edward Jenner* (1749–1823) führte die erste dokumentierte Impfung durch. Seine Behandlung mit harmlosen Kuhpockenviren erbrachte eine Immunität gegenüber den wesentlich gefährlicheren Pockenviren, die beide aufgrund ihrer Verwandtschaft hinreichend ähnliche Antigene besitzen.

Da Viruskrankheiten nicht mithilfe von Antibiotika behandelt werden können, sind **Schutzimpfungen** als vorbeugende Maßnahme von Bedeutung.

Prionen als Krankheitserreger

Die relativ selten auftretenden Prionenerkrankungen werden auch als **übertragbare spongiforme Enzephalopathien** (schwammartige Gehirnerkrankungen) bezeichnet, da im Endstadium der Krankheit schwammartige Veränderungen der Gehirnstruktur auftreten. Prionenerkrankungen sind bei Menschen und Tieren bekannt. Sie entstehen in einigen Fällen nach Übertragung von Prionen, die damit als Krankheitserreger anzusehen sind, obgleich sie keine Nukleinsäuren und damit kein eigenes Erbmaterial enthalten (s. S. 237). In anderen Fällen ist keine Ansteckung bzw. Prionenübertragung offensichtlich und die Erkrankung erfolgt spontan aus unbekannten Gründen. Einige Wissenschaftler vertreten die Hypothese, dass diese Erkrankungen von einem unbekannten Virus oder virusähnlichen Erregern ausgehen.

Tabelle 1 Prionenkrankheiten

Krankheit	Vorkommen (Wirt)	Verbreitung
Creutzfeldt-Jakob-Krankheit	Mensch	Weltweit
Neue Variante der *Creutzfeldt-Jakob*-Krankheit	Mensch	Überwiegend in Großbritannien
Kuru	Mensch	In Papua-Neuguinea
Scrapie	Schaf, Ziege	Weltweit
BSE	Rind	Überwiegend in Europa, besonders Großbritannien

Prionenerkrankungen verlaufen bislang immer tödlich und es sind keine Therapiemöglichkeiten bekannt. Bei den bekannten Prionenkrankheiten (Tabelle 1) kommt es zu einer Degeneration des Hirngewebes, die häufig mit Ablagerungen von Proteinen einhergeht, die **Amyloid-Plaques** genannt werden.

Die bei Schafen und Ziegen auftretende Krankheit **Scrapie** (Traberkrankheit) ist die am längsten bekannte spongiforme Enzephalopathie. Sie wurde schon vor 250 Jahren in England beschrieben. Die Rindererkrankung **BSE** (Rinderwahnsinn) trat Mitte der 1980er Jahre als vorher unbekannte Tierseuche zunächst in England auf. Als Ursache der Tiererkrankung gilt, dass Rinder mit Tierfutter aus den gemahlenen Kadavern von Schafen gefüttert wurden, die wahrscheinlich an Scrapie verendet waren. Im Jahr 1992, auf dem Höhepunkt der BSE-Fälle, wurden über 37 000 Fällen weltweit gezählt.

Die häufigste Prionenkrankheit des Menschen ist die ***Creutzfeldt-Jakob*-Krankheit**, von der überwiegend ältere Leute betroffen sind. Die *Creutzfeldt-Jakob*-Krankheit wurde erstmals 1920 von den Neurologen *Hans-Gerhard Creutzfeldt* und *Alfons Jakob* als eine tödlich verlaufende Nervenkrankheit beschrieben. Die Krankheit beginnt mit Verwirrtheitszuständen, Halluzinationen, Schwindel oder Sehstörungen. Im weiteren Verlauf kommt es zu der raschen Entwicklung einer Demenz, begleitet von Störungen der Feinmotorik und der Koordination. In etwa 15 Prozent der Fälle ist die Krankheit eine familiär auftretende Erbkrankheit. Meist tritt die Krankheit aber vereinzelt und ohne sichtbare Ursache auf.

Vor allem in Großbritannien trat im Zuge der BSE-Epidemie zum ersten Mal eine **neue Variante der *Creutzfeldt-Jakob*-Krankheit** auf, die sich von der klassischen Form in mehreren Aspekten unterscheidet. Wissenschaftler gehen mehrheitlich davon aus, dass diese Variante durch den Verzehr von BSE-verseuchtem Rindfleisch entsteht, bei der offensichtlich BSE-Erreger, Prionen, auf den Menschen übertragen werden.

Erkrankungen nach Fehlern bei medizinischen Behandlungen, wie Operationen mit ungenügend sterilisierten neurochirurgischen Instrumenten, zeigen, dass auch die klassische *Creutzfeldt-Jakob*-Krankheit eine Infektionskrankheit ist. Diese Übertragungsmöglichkeit von Erregern wird **iatroger Weg** (griech: vom Arzt erzeugt) genannt. In einigen Fällen führte eine Hormontherapie zum Ausbruch der *Creutzfeldt-Jakob*-Krankheit. Das verabreichte Wachstumshormon war mit Prionen kontaminiert, da es aus dem Hirnmaterial von Menschen gewonnen wurde, unter denen sich Erkrankte befunden hatten.

Inkubationszeit
Zeit vom Eindringen des Erregers in den Körper bis zum Ausbruch der Krankheit mit dem Auftreten der ersten Symptome

Prionenkrankheiten brechen oft erst nach langen **Inkubationszeiten** aus. Am Beispiel der Krankheit **Kuru** konnten Wissenschaftler zum ersten Mal beweisen, dass eine Prionenkrankheit durch infektiöses Hirnmaterial übertragen wird. Bei Eingeborenen in Papua-Neuguinea trat in den 50er Jahren des 20. Jahrhunderts seuchenartig die tödliche Krankheit auf. Sie wurde durch kannibalistische Riten verbreitet, bei denen das Gehirn Verstorbener von Stammesangehörigen verspeist wurde.

Prionen spielen als Krankheitserreger bei einigen Krankheiten von Tieren und Menschen eine Rolle. Obgleich sie kein Erbgut enthalten, können Prionen in seltenen Fällen auf den Menschen übertragen werden und tödliche Erkrankungen wie die ***Creutzfeldt-Jakob*-Krankheit** auslösen.

6.2.5 SARS-CoV-2 Coronaviren

Reservoir
Biotope oder Lebewesen, in denen (potenzielle) Krankheitserreger überdauern

Coronaviren verursachen vorwiegend milde Erkältungskrankheiten. Einige Varianten können jedoch schwerwiegende Erkrankungen, vor allem Lungenentzündungen hervorrufen. Drei Verursacher von schweren Atemwegsinfektionen sind erst vor kurzer Zeit aus tierischen **Reservoirs** auf den Menschen übergetreten und haben sich von Mensch zu Mensch übertragen.

- Im Jahre 2003 verbreitete sich von China ausgehend ein Coronavirus, das ein schweres akutes Atemwegssyndrom auslöste. Das SARS-CoV-1 (*Severe Acute Respiratory Syndrome Coronavirus Type 1*) genannte Virus infizierte mehr als 8 000 Menschen und etwa jeder 10. Infizierte verstarb.
- Im Jahr 2012 riefen MERS-Coronaviren (*Middle Eastern Respiratory Syndrome*) schwere und oft tödliche Erkrankungen hervor. Der Erreger trat zunächst, wie der Name sagt, in Ländern der arabischen Halbinsel auf.
- Im Jahre 2019 in China und 2020 in Europa trat eine Atemwegserkrankung mit zum Teil schweren Verläufen auf, die COVID-19 (*Corona Virus Disease 2019*) genannt wurde. Sie wurde durch ein neuartiges Coronavirus verursacht, das den Namen SARS-CoV-2 erhielt.

  Am 11. März 2020 erklärte die Weltgesundheitsorganisation WHO die Epidemie offiziell zu einer weltweiten Pandemie.

SARS-CoV-2 führt, verglichen mit den beiden anderen Viren, bei Erkrankten deutlich seltener zum Tod. Allerdings wird SARS-CoV-2 effektiver übertragen, vor allem die Varianten, die durch Mutationen des in China entdeckten Ausgangsstammes entstanden sind.

Die Zahl der Todesfälle und die Schwere der Krankheitsverläufe hängt bei COVID-19 stark von den Risikofaktoren, insbesondere vom Alter ab. Je älter ein Mensch ist, desto schwächer und unzulänglicher reagiert sein Immunsystem auf neu auftretende Krankheitserreger. Weitere wichtige Risikofaktoren sind Vorerkrankungen, besonders vom Atmungs- und vom Herz-Kreislauf-System, z. B. Bluthochdruck. Auch starkes Übergewicht führt zu ungünstigen Krankheitsprognosen und hat in den USA zu hohen Todesraten geführt. Außerdem können wie bei allen Infektionskrankheiten längerfristige Beschwerden (*Long Covid*) und Folgeschäden, beispielsweise Autoimmunerkrankungen, auftreten.

Besonders bei älteren Menschen, deren Immunsystem geschwächt ist, und bei Personen mit chronischen Erkrankungen verursacht SARS-CoV-2 schwerwiegende und oft tödliche Krankheitsverläufe.

Coronaviren

Coronaviren sind wie Grippeviren umhüllte RNA-Viren mit einem ähnlichen Aufbau. Der Name ist auf das charakteristische kranz- bzw. kronenförmige Aussehen im Bild des Elektronenmikroskops zurückzuführen. Coronaviren sind nicht nur beim Menschen, sondern auch bei Säugetieren und Vögeln weit verbreitet. Diese Viren können häufig die **Artengrenze** überspringen und ihr Wirtsspektrum erweitern. Woher SARS-CoV-2 ursprünglich kam und wie es die Artenbarriere übersprungen hat, ist nicht geklärt. Die ersten Fälle von COVID-19 traten wahrscheinlich in der chinesischen Stadt Wuhan auf. Es ist bekannt, dass Fledermäuse Träger nahe verwandter Coronaviren sind, die beim Überspringen auf den Menschen besonders aggressiv sind.

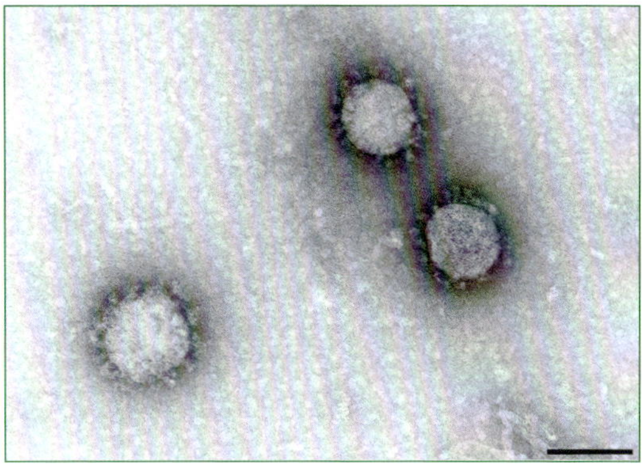

Bild 1
SARS-Coronaviren (Transmissions-Elektronenmikroskopie)

Die meisten Menschen bekommen schon früh im Leben Kontakt mit den altbekannten Coronavirustypen, die vorwiegend milde Erkältungssymptome verursachen. Sie bilden anschließend eine **Immunität** aus, wodurch der Organismus ausreichende Abwehrmechanismen gegenüber Angriffen dieser Viren besitzt. Das Immunsystem kann bei der Begegnung mit den Erregern meist schnell und erfolgreich reagieren, z. B. durch die Bildung spezifischer Antikörper und **T-Lymphozyten** (T-Zellen). Obgleich in der Bevölkerung generell vor Einsetzen der Impfungen kein Immunschutz gegenüber dem neuartigen COVID-19-Virus bestand, haben einige Personen durch frühere Kontakte mit den Corona-Erkältungsviren eine zumindest schwache Immunität (Kreuzimmunität).

Immunität
Fähigkeit des Körpers, bestimmte Pathogene ohne Entstehung von Krankheitssymptomen auszuschalten

Das Genom von SARS-CoV-2 ist in hohem Maße (96 %) identisch mit dem Genom von Coronaviren, die bei Fledermäusen zu finden sind. Das SARS-Virus hat dort wahrscheinlich seinen Ursprung und die Artenbarriere übersprungen.

T-Lymphozyten
Gruppe weißer Blutzellen, die im Thymus ausreifen und wichtige Komponenten der spezifischen Immunabwehr sind

Das ACE2-Protein, der Virenrezeptor

Inzwischen sind zahlreiche Erkenntnisse zu den molekularen Besonderheiten von SARS-CoV-2 gewonnen worden. In der Lipidhülle der Coronaviren sind verschiedene Proteinmoleküle eingebaut, die nach außen ragen. Besonders groß sind die ***Spike*-Proteine**, die **S-Proteine** genannt werden. Das Coronavirus SARS-CoV-2 heftet sich mithilfe dieser S-Proteine an Rezeptoren der Wirtszellen.

SARS-CoV-2 benutzt das in der Zellmembran integrierte Protein ACE2 (Angiotensin konvertierendes Enzym 2) als **Rezeptor**, um in die Wirtszellen hineinzugelangen. Der Rezeptor ACE2 ist in hoher Dichte in den Zellen der menschlichen Atemwege zu finden. Er ist auch in anderen Geweben und Organen vorhanden, die deshalb ebenfalls Ziel der Viren sein können. Die Lunge ist mit ihrer großen Oberfläche besonders anfällig für inhalierte Viren. Als physiologische Funktion ist ACE2 an der Regulation des Flüssigkeits- und Elektrolythaushalts des Körpers beteiligt und kann auch den Blutdruck beeinflussen.

Neutralisierende Antikörper verhindern, dass Viruspartikel eine Zelle effektiv infizieren, z. B. indem sie die Bindung an den Rezeptor blockieren.

Das neue Coronavirus kann mit seinem S-Protein etwa 10-mal stärker an das Zielprotein auf der Oberfläche seiner Wirtszellen binden als das SARS-Virus aus dem Jahr 2003, eventuell ein wichtiger Grund für die höhere Infektiösität. Kann das Immunsystem des Menschen gegen das S-Protein schnell genug passende Antikörper bilden, schützen diese in der Regel vor einem bedrohlichen Infektionsverlauf. Sie werden dann **neutralisierende Antikörper** genannt und sind auch für die Entwicklung von Impfstoffen von großer Bedeutung.

Teil II Mikrobiologie

Infektionsverlauf

Die Bindung des S-Proteins an den Rezeptor ist die Voraussetzung für das Eindringen des Virus in die Zellen. Das S-Protein ist von zahlreichen Zuckermolekülen, den Glykanen, umhüllt, die es im Wirt vor Antikörpern schützen. Das Protein besitzt außerdem flexible gelenkartige Bereiche, in denen die Aminosäurebausteine sehr beweglich sind. Sie erleichtern den Kontakt zu dem Rezeptor und anderen Proteinen der Zellmembran wie z. B. Proteasen.

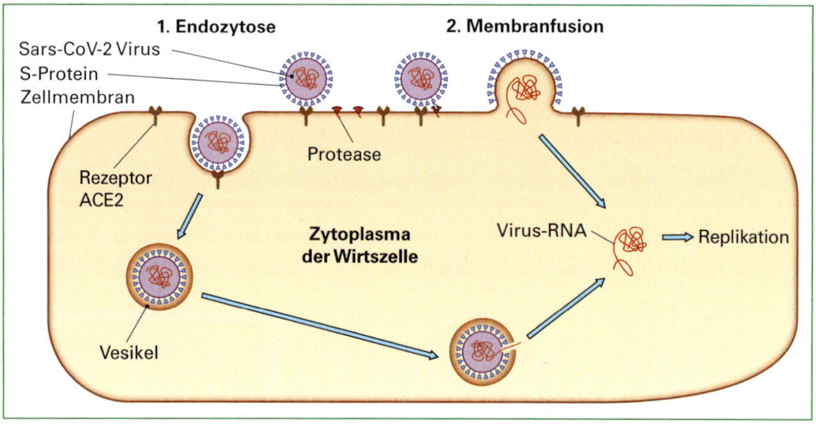

Bild 1
Eindringen von Coronavirus SARS-CoV-2 in die Wirtszelle

Denn SARS-Viren können, aber müssen den Weg über eine **Endozytose** zum Eintritt in die Zelle nicht nutzen (Bild 1). Eine Aufnahme über eine Endozytose führt dazu, dass die Viren in der Zelle zuerst in Vesikeln eingeschlossen sind, aus denen sie ihre RNA freisetzen müssen. Jedoch können diese Endosomen leicht in Lysosomen umgewandelt werden, sodass es zum Abbau der Virenpartikel kommt.

Endozytose Aufnahme von zellfremdem Material durch Einstülpung der Zellmembran, Abschnüren des Membranteils und Bildung eines Vesikels

Stattdessen können die SARS-Viren davon profitieren, dass ihr S-Protein an der Zellmembran durch eine spezielle Protease, die TMPRSS2 (transmembrane Serinprotease 2), die z. B. auf Atemwegszellen zu finden ist, gespalten wird. Dadurch kann es zu einer direkten Fusion der lipophilen Virushülle mit der Zellmembran kommen. Durch die proteolytische Spaltung werden mehrere hydrophobe Aminosäuren des S-Proteins freigelegt. Diese haben die Tendenz, in die lipophile Phase der Zellmembran einzutauchen. Ist dadurch eine Verbindung geschaffen, wird gleichzeitig eine neue Faltung des S-Proteins induziert, die den Abstand zwischen Virushülle und Zellmembran so stark reduziert, dass es zu einer **Verschmelzung** der Membranen kommt. Somit kann die RNA der SARS-Viren im Vergleich zum Endozytoseweg viel schneller und effektiver in die Zelle eindringen, was für die hohe Ansteckungsfähigkeit der Viren von Bedeutung ist.

Das S-Protein kann auch durch eine weitere Protease der Wirtszelle, die **Furin** genannt wird, geschnitten werden. Dies führt wahrscheinlich dazu, dass die Viren leichter in die Zellen eintreten und diese mit nicht-infizierten Zellen verschmelzen. Dadurch können sich die Viren im Körper auszubreiten, ohne die Wirtszelle zu verlassen, und damit den Kontakt mit Antikörpern vermeiden.

> SARS-Coronaviren können mit dem S-Protein am ACE2-Rezeptor binden und dann nach Spaltung durch die Proteasen TMPRSS2 und eventuell Furin effektiv in Wirtszellen eindringen.

Nachdem das Genom der SARS-Viren in die Wirtzelle eingedrungen ist, kann die intrazelluläre Vermehrung der RNA-Viren eingeleitet werden. Dazu müssen die Gensequenzen abgelesen und in Proteine umgesetzt (**Translation**) werden. Das Virus kodiert etwa 30 verschiedene Proteine. Davon sind vier **Strukturproteine** der Viruspartikel, wie z.B. das S-Protein, zwei andere Proteine der Lipidhülle und das Protein des Nukleokapsids. Die übrigen **nicht-strukturellen Proteine** (NSPs) werden nicht in das Viruspartikel eingebaut. Die meisten dieser Proteine dienen dazu, die Zellmaschinerie zu übernehmen oder neue RNA zu synthetisieren. Für Letzteres synthetisieren die Viren ihre RNA-abhängige RNA-Polymerase, die RNA für neue Virenpartikel und mRNA für die Synthese der Strukturproteine bereitstellt.

Translation
Der zweite Schritt der Proteinbiosynthese, bei der die mRNA (*messenger* RNA) an Ribosomen in ein Protein übersetzt wird

In der Zelle werden zwei extrem lange RNA-Abschnitte gemeinsam translatiert. Es entstehen sogenannte **Polyproteine**. Eine viral kodierte Protease zerschneidet diese in viele einzelne Proteine, in die NSPs 1 bis 16. Ein Coronaprotein, das früh im Infektionsverlauf entsteht, ist **NSP1**, das direkt in die Zellprozesse eingreift und sie stört. Dieses Protein hat mehrere Funktionen:

- NSP1 veranlasst die Herstellung von speziellen Wirtsproteinen, RNAsen, die alle mRNAs abbauen, welche nicht durch das Virus markiert worden sind.
- Es bremst die zelluläre Proteinbiosynthese, indem es an Ribosomen so bindet, dass mRNAs der Wirtszelle nicht mehr hineingelangen können.
- Es stört den Transfer der im Zellkern gebildeten Boten-RNAs ins Zytoplasma, in dem die Ribosomen vorhanden sind. Wahrscheinlich verschließt das virale Protein die Kernporen. Dadurch können auch solche mRNA-Moleküle den Zellkern nicht mehr verlassen, die Signalproteine wie die **Interferone** kodieren, die benachbarte Zellen vor dem Virusbefall warnen. SARS-CoV-2 bekämpft so effektiv das angeborene Immunsystem.

> SARS-CoV-2 kann die Proteinbiosynthese effektiv ausschalten und damit die Interferonausschüttung zur Warnung benachbarter Zellen verhindern.

Die Infektion führt schon nach kurzer Zeit zu einem radikalen Umbau der Zellstrukturen. Das Virus verändert Zellorganellen wie das **endoplasmatische Retikulum** (ER) und den Golgi-Apparat.

Endoplasmatisches Retikulum (ER)
Weit verzweigtes Membransystem der Zelle, das der Synthese bzw. Modifizierung von Membrankomponenten und Proteinen dient

Aus dem ER mit seinen flachen, membranumschlossenen Hohlräumen entstehen blasenähnliche Strukturen mit einer Doppelmembran, in denen wahrscheinlich die RNA vervielfältigt und virale Proteine synthetisiert werden. Auch bei der **Reifung der Viruspartikel** und beim Verlassen der Zelle ist SARS-CoV2 in der Lage, unterschiedliche Wege zu nutzen:

- Der Zusammenbau an der Innerseite der Zellmembran und die anschließende Umhüllung mit der Membran der Wirtszelle stellen den gewöhnlichen Weg für membranumhüllte Viren dar.
- Die Knospung aus den Membranen des Golgi-Apparates, über den die Viren anschließend ausgeschleust werden, wurde bei SARS-CoV-2 beobachtet.

Die Vielfalt möglicher Infektionsprozesse in humanen Zellen erklärt, warum es schwierig ist, wirkungsvolle Medikamente gegen die Coronaviren zu finden. Oft haben die Viren Möglichkeiten, die durch die Arzneimittel blockierten Schritte zu umgehen.

Ansteckung und Übertragung

Aerosole
Sehr kleine Tröpfchen mit einem Durchmesser unter 5 µm, die lange in der Luft schweben können

Der Hauptübertragungsweg von SARS-CoV-2 ist die Aufnahme virushaltiger Partikel über den Luftweg beim Atmen, Husten und Niesen sowie beim Sprechen. Die Übertragung geschieht durch größere Flüssigkeitströpfchen sowie durch **Aerosole**. Beim Husten und Niesen entstehen vermehrt größere Tröpfchen, die mit höheren Virenmengen belastet sind; beim Schreien und Singen werden verstärkt Aerosole ausgeschieden. Eine Übertragung durch kontaminierte Oberflächen ist in der unmittelbaren Umgebung der infektiösen Person nicht auszuschließen, da die Coronaviren auf Flächen wie z.B. Tischen einige Zeit lang infektiös bleiben. Dies ist aber von sekundärer Bedeutung.

Eine Übertragung der Viren kann von infizierten Personen ausgehen, die bereits Krankheitszeichen entwickelt haben, auch wenn diese Symptome noch relativ schwach sind. Darüber hinaus kann sich jemand bei Personen innerhalb von 1 bis 2 Tagen vor deren Erkrankung anstecken. Außerdem gibt es Ansteckungen durch Personen, deren Infektion durch einen positiven PCR-Test erkannt werden kann, die aber nicht erkranken (asymptomatische Infektion). Auch Menschen mit Impfung können sich weiterhin nach Kontakt mit SARS-CoV-2 infizieren und die Viren ausscheiden.

SARS-CoV-2 gilt als besonders leicht übertragbar, da es sich über Flüssigkeitströpfchen mit großer Virenlast, aber auch über Aerosole verbreitet. Nicht nur Erkrankte, auch Infizierte ohne Symptome sind ansteckend.

Genetische Besonderheiten von Coronaviren

Genotyp
Gesamtheit der in den Genen festgelegten Erbinformationen

Phänotyp
Durch Gene und Umweltfaktoren bestimmtes äußere Erscheinungsbild eines Organismus

Coronaviren besitzen das größte bekannte Genom aller RNA-Viren. Sie können deshalb eine beträchtliche Zahl von Genen mitbringen, die ihnen bei der Vermehrung in menschlichen Zellen nützlich sind. Das Virusgenom besteht aus einzelsträngiger RNA (ssRNA) mit positiver Polarität (s. Kap. II.3.1.1). Coronaviren sind wie andere RNA-Viren (Influenza- und Noroviren) im **Genotyp** sehr variabel und können sich neuen Wirten durch genetische Veränderungen anpassen. Auf zahlreiche RNA-Viren muss sich das Immunsystem immer wieder neu einstellen, sodass auch eine Impfung nur kurzfristig schützen kann.

Generell wird von **Virusvarianten** gesprochen, wenn sich mehrere Mutationen im Genom ansammeln und die Gensequenz so verändert ist, dass ein anderer **Phänotyp** entstanden ist.

Beispielsweise kann das Virus ansteckender oder virulenter als das „Ursprungsvirus" geworden sein. Grundlage für die Entstehung neuer Virusvarianten sind Mutationen, die bei der Replikation der Viren auftreten, wenn es bei den RNA-Kopiervorgängen zu Fehlern kommt.

Alle RNA-Viren benötigen zur Synthese ihres Genoms eine **RNA-Polymerase**, deren Erbanlage sie selbst besitzen und in die infizierte Zelle mitbringen müssen. Dieses Enzym besitzt in der Regel keine **Korrekturlesefunktion**. Bei Coronaviren wurde jedoch eine Korrekturlesefunktion des RNA-synthetisierenden Enzyms entdeckt. Dies spricht dafür, dass Coronaviren grundsätzlicher stabiler als z. B. Influenzaviren sind und weniger oft mutieren.

Beim **Korrekturlesen** werden schon eingebaute Nukleotide wieder ausgeschnitten, wenn die korrekte Paarung zur komplementären Base nicht stimmt, und durch korrekte ersetzt.

Da inzwischen eine riesige Anzahl von SARS-CoV-2-Genomen sequenziert worden ist, kann die Entstehung von Mutationen und das Auftauchen neuer Varianten gut verfolgt werden. Der Ursprung von Varianten wie **Omikron**, die 32 Mutationen im S-Protein und über ein Dutzend Mutationen in anderen Teilen des Virus hat, ist hingegen nicht klar. Da keine näher verwandten Viruslinien als Zwischenstufen identifiziert wurden, wird vermutet, dass die Erreger unkontrolliert in Wild- oder Nutztieren zirkulieren konnten und dort ihre Eigenschaften stark verändert haben. Es ist bekannt, dass Sars-CoV-2 verschiedene Tierarten wie z. B. Nerze infizieren und zurück auf Menschen springen kann.

Impfungen und RNA-Impfstoffe

Zugelassenen Impfstoffen zum Schutz vor COVID-19 wird eine gute Wirksamkeit bescheinigt, insbesondere vor dem Eintreten schwerwiegender Krankheitsverläufe. Allerdings lässt der Impfschutz nach einigen Monaten wieder nach und die Wahrscheinlichkeit der Ansteckung und Infektion nimmt zu.

Zu den zugelassenen Impfstoffen gehören neuartige **RNA-Impfstoffe**, die zum ersten Mal weltweit eingesetzt wurden. Diese enthalten einen Teil der Erbinformation des SARS-Virus in Form von mRNA. Dieser RNA-Bauplan der Impfstoffe wird von Körperzellen benutzt, um ein Oberflächeneiweiß, das S-Protein, oder einen Teil davon mithilfe der Ribosomen zu synthetisieren. Im Körper stellt das Produkt ein Antigen dar, gegen welches das Immunsystem Antikörper und spezifische T-Zellen bildet. Die Körperzellen präsentieren Bruchstücke dieses Antigens über **MHC-Proteine** (*major histocompatibility complex*) den Immunzellen. Wenn diese Peptide als fremdartig erkannt werden, lösen sie eine spezifische Immunantwort aus (Bild 1).

MHC-Proteine Moleküle der Zellmembran, die auf fast allen Körperzellen zu finden sind und Informationen über den in einer Zelle vorhandenen Proteinbestand liefern

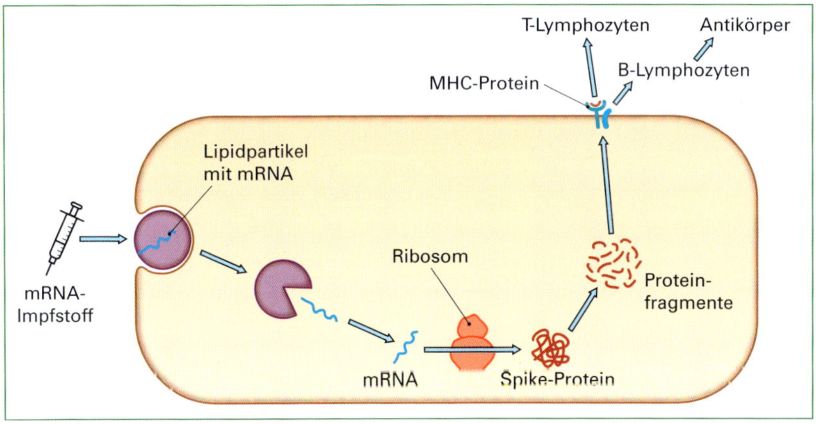

Bild 1
Wirkmechanismus von mRNA-Impfstoffen

Die mRNA-Impfstoffe haben den Vorteil, dass sie aus einer einfachen Struktur bestehen und deshalb in kurzer Zeit Impfdosen in großen Mengen hergestellt werden können. Die mRNA wird im Impfmaterial in **Lipid-Nanopartikeln** verpackt.

Lipid-Nanopartikel Lipidhüllen (Liposomen) mit einem festen Kern

Darin ist, insbesondere bei niedrigen Temperaturen, die fragile Nukleinsäure geschützt und stabiliert. Außerdem wird dadurch die Aufnahme des fremden Genmaterials in eine Körperzelle über eine Endozytose ermöglicht.

Tests auf den Coronavirus SARS-CoV-2

Nukleotide
Grundbausteine der DNA und RNA, bestehend aus Monosaccharid, Phosphat und einer der Nukleinbasen

Schon zu Beginn der Pandemie wurde das Genom von SARS-CoV-2 aufgeklärt und die Sequenz der **Nukleotide** ermittelt und veröffentlicht. Dadurch war es möglich, einen **PCR-Test** (s. Kap. III.3.3) zu entwickeln, der die Anwesenheit dieser Viren in den oberen Atemwegen nachweisen kann und damit indirekt die Infektion eines Menschen. Wer über den PCR-Test positiv auf SARS-CoV-2 getestet wird, muss nicht zwangsläufig infektiös sein. Nachgewiesen werden nämlich nicht nur aktive Viren, sondern Virus-RNA, die in den Schleimhäuten vorhanden sein kann, auch wenn sich Viren nicht vermehren können.

Inzwischen können **Antigentests** auf SARS-CoV-2 zu schneller verfügbaren Ergebnissen führen. Antigen-Schnelltests weisen bei einer Infektion bestimmte Proteine der äußeren Hülle des Coronavirus in den Schleimhäuten der Atemwege nach und können die verschiedenen Virusvarianten von SARS-CoV-2 ähnlich gut erkennen. Der Antigen-Schnelltest ist in Sensitivität und Spezifität dem PCR-Test unterlegen. Eine geringere Sensitivität bedeutet, dass eine größere Virusmenge notwendig ist, um ein positives Ergebnis anzuzeigen. Außerdem ist der Antigentest nicht so spezifisch, denn häufiger werden ohne Anwesenheit der SARS-Viren positive Ergebnisse angezeigt.

Wenn der Körper Antikörper gegen den Erreger gebildet hat, können Antikörpertests dies nachweisen und damit eine abgelaufene Infektion oder die Immunreaktion auf eine Impfung anzeigen. **Antikörpertests** geben keine Hinweise, ob eine Infektion akut ist oder schon länger zurück liegt. Auch zum Immunschutz gegen eine erneute Infektion können sie keine gewichtige Aussage machen.

6.2.6 Antibiotika und Antibiotikaresistenzen

Antibiotika (griech. *anti*: gegen; *bios*: Leben) sind organische Verbindungen, die bereits in geringer Konzentration das Wachstum von Mikroorganismen, in der Regel Bakterien, hemmen oder diese abtöten. Es handelt sich somit um antimikrobielle bzw. antibakterielle Wirkstoffe. Stoffe, die wie die Desinfektionsmittel erst in höherer Dosis wirken, zählen nicht zu den Antibiotika.

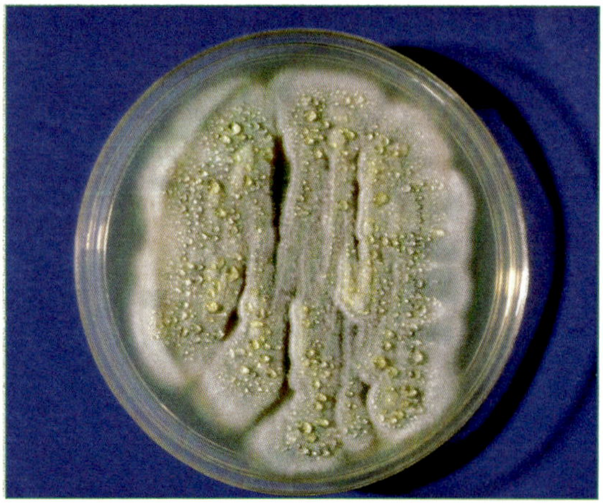

Bild 1
Nährboden mit dem Penicillin-Produzenten *Penicillium chrysogenum*

Antibiotika werden in der Regel zur Behandlung von Infektionskrankheiten verwendet. In der klassischen Definition wirken Antibiotika ausschließlich gegen Bakterien. Sie gehören zusammen mit den Antimykotika, die gegen Pilze wirken, und gegen Viren wirksamen Stoffen (Virostatika) zu der Gruppe der **Antiinfektiva**. Darüber hinaus produziert der menschliche wie der tierische Organismus sogenannte **Defensine**, kleine Peptide, die der Abwehr von mikrobiellen Erregern dienen und ebenfalls als antibiotische Wirkstoffe bezeichnet werden.

Antibiotika sind Substanzen, die in geringer Dosis Bakterien abtöten oder deren Wachstum hemmen. Der Oberbegriff **Antiinfektiva** schließt die Substanzen mit ein, die andere Infektionserreger hemmen bzw. abtöten.

Alexander Fleming (1881–1955) gilt als Entdecker des **Penicillins**, des ersten Antibiotikums, das als Reinstoff eingesetzt wurde. *Fleming* fiel 1928 bei seiner Rückkehr aus den Sommerferien auf, dass auf einem mit Staphylokokken beimpften Agar-Nährboden ein Schimmelpilz gewachsen war und sich die Bakterien in der Nachbarschaft des Pilzes nicht vermehrt hatten. Es handelte sich um den Schimmelpilz *Penicillium notatum* (heutiger Name: *P. chrysogenum*). *Flemings* Beobachtungen und Veröffentlichungen fanden zunächst wenig Beachtung. Erst in der Zeit des Zweiten Weltkriegs wurde der Wirkstoffe des Pilzes, das Penicillin, isoliert und in größeren Mengen gewonnen. Im Jahr 1941 wurden die ersten Patienten damit behandelt und Penicillin erzielte den Durchbruch zur Therapie von bakteriellen Infektionen. Nach seiner Entdeckung trug Penicillin zur Rettung unzähliger Menschenleben bei.

Die ersten Antibiotika waren Stoffwechselprodukte von Pilzen sowie Bakterien und damit biologischen Ursprungs. Etliche Antibiotika werden inzwischen zum Teil (halbsynthetisch) oder vollständig chemisch synthetisiert; einige werden von gentechnisch veränderten Mikroorganismen produziert.

Zahlreiche Antibiotika werden als natürliche **Stoffwechselprodukte** von Pilzen und Bakterien gebildet. Zur Therapie von bakteriellen Infektionen werden oft Antibiotika eingesetzt, die vollsynthetisch oder teilsynthetisch hergestellt werden.

Antibiotika haben eine charakteristische **Wirkungsweise**: Sie können bakteriostatisch oder bakterizid wirken (Bild 1). Dies ist vor allem abhängig von ihrem Wirkungsmechanismus, oft auch von der zugegebenen Dosis.

Bakteriostatische Substanzen hemmen lediglich die Vermehrung der Zellen, ohne sie abzutöten. Zur Aufklärung der Eigenschaften der Antiinfektiva wird die Konzentration des Antibiotikums ermittelt, bei der die Hemmung vollständig ist. Die **minimale Hemmkonzentration (MHK)** ist die niedrigste Wirkstoffkonzentration mit vollständiger vermehrungshemmender Wirkung (s. Kap. IV.8.2).

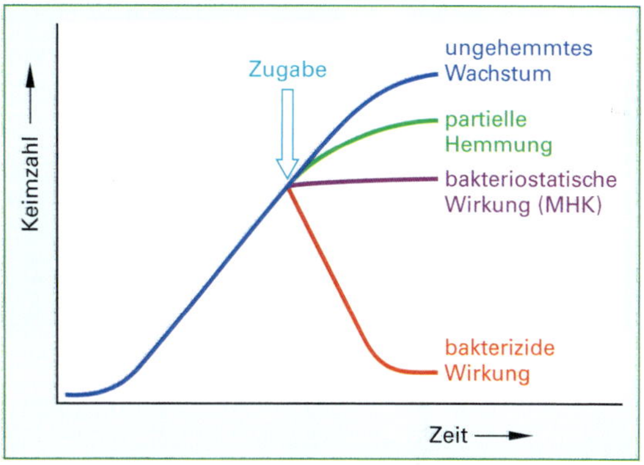

Bild 1
Bakteriostatische und bakterizide Wirkung von Hemmstoffen

Bakterizide Antibiotika schädigen irreversibel die Vermehrungsfähigkeit der Keime. Dazu gehören die bakteriolytischen Antibiotika, die eine Lyse der Zelle herbeiführen, wie z. B. die Penicilline, oder Wirkstoffe, die direkt die Zellmembran zerstören. Bakterizide Antibiotika erfordern allerdings zumeist, dass sich die Keime bei einer Therapie in einer Phase der Vermehrung befinden.

Antibiotika unterscheiden sich in ihrem **Wirkmechanismus** und dem **Angriffsort** in der bakteriellen Zelle. Penicillin und andere greifen in die Synthese der Zellwandsubstanz Murein ein, die ausschließlich bei Bakterien vorkommt. Da diese Antibiotika in der eukaryontischen Zelle keinen Wirkungsort haben, ist ihre medizinische Anwendung frei von ernsten **Nebenwirkungen**. Allerdings wirken sie auch nicht gegen Pilze, Protozoen oder Viren.

Andere Antibiotika greifen weitere Strukturen oder Mechanismen der Bakterienzelle an, die in menschlichen Zellen nicht vorkommen (Bild 1, S. 338). Sie hemmen beispielsweise die Proteinsynthese an den bakteriellen 70-S-Ribosomen, die bakterielle DNA-Replikation und spezielle Stoffwechselwege in Bakterien wie die **Folsäuresynthese**. Aus diesem Grund haben viele Antibiotika bei richtiger therapeutischer Anwendung keine Nebenwirkungen.

Folsäure
Vitamin der B-Gruppe, das im Körper in das Coenzym Tetrahydrofolsäure (C_1-Gruppenüberträger) umgewandelt wird

Allerdings stören solche Antibiotika, die an eine der beiden Untereinheiten der Bakterien-Ribosomen binden, auch die Ribosomen der Mitochondrien, die wie die von Bakterien vom 70S-Typ sind.

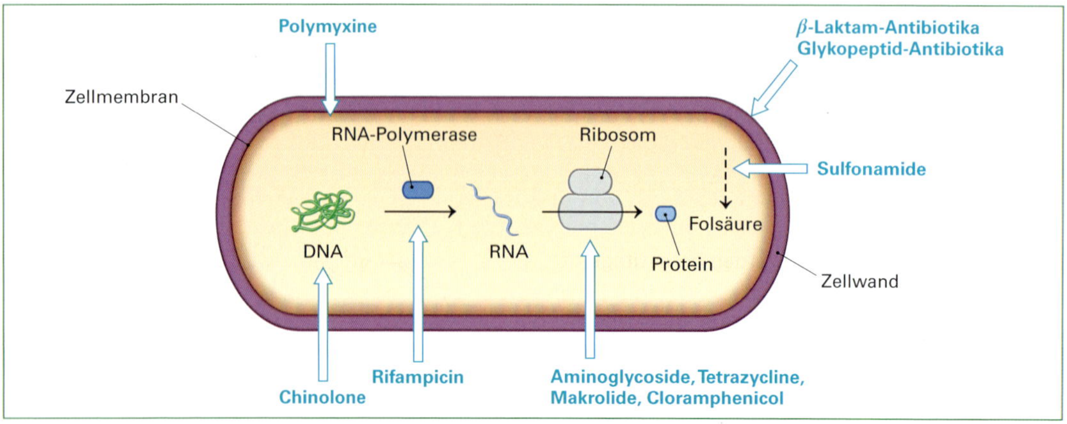

Bild 1
Wirkungsorte von Antibiotika in der Bakterienzelle

Wirkungsspektrum
Bakterien, die aufgrund des spezifischen Wirkmechanismus eines Antibiotikums empfindlich oder unempfindlich sind

Die **Wirkungsspektren** der Antibiotika sind unterschiedlich. Penicillin G (s. S. 162), das zuerst entdeckte Antibiotikum, wirkt beispielsweise hauptsächlich gegen grampositive Bakterien. Die Zellhülle der meisten gramnegativen Bakterien ist dank der äußeren Membran für zahlreiche Antibiotika undurchlässig. Je nach dem Umfang ihres Wirkungsspektrums können die einzelnen Antibiotika in der medizinischen Behandlung den **Schmalbandantibiotika** mit kleinem und **Breitbandantibiotika** mit großem Wirkungskreis zugeordnet werden.

Antibiotika können nach ihrer **Wirkungsweise** in **bakteriostatische**, die die Vermehrung der Bakterien hemmen, und **bakterizide**, die die Keime abtöten, eingeteilt werden. Antibiotika haben einen speziellen **Angriffsort** in der bakteriellen Zelle und sind aufgrund unterschiedlicher Strukturen der Bakterien nur gegen bestimmte Bakterien wirksam **(Wirkungsspektrum).**

Da Antibiotika nur gegen Bakterien und nicht gegen Viren wirken, können Antibiotika bei reinen Virusinfekten nicht zur Therapie eingesetzt werden. Oft werden trotzdem Antibiotika verordnet, weil an den durch Viren angegriffenen Organen in der Folge leicht Infektionen durch Bakterien auftreten (Superinfektionen).

Beispiele für Antibiotika

Etwa 8000 antibiotische Substanzen sind heutzutage bekannt, davon werden etwa 100 in der Human- und Veterinärmedizin angewendet. β-Laktam-Antibiotika, vor allem die Penicilline, Aminopenicilline und Cephalosporine, waren in den letzten Jahren die in Deutschland am häufigsten verordneten Substanzen, gefolgt von Tetrazyklinen und Makroliden. Folgende Gruppen von Antibiotika können unterschieden werden:

- **β-Laktam-Antibiotika**
  Eine der größten und wichtigsten Antibiotikagruppen sind die β-Laktam-Antibiotika. Diese Antibiotika haben einen viergliedrigen β-Laktamring als gemeinsame Struktur (Bild 1, S. 339). Sie binden kovalent an die Penicillin-Bindeproteine, die in der Zellwand lokalisiert sind und am Entstehen von Peptidbindungen im Murein beteiligt sind (s. S. 162).

Diese Antibiotika sind nur bakterizid gegenüber Bakterien, die sich in der Teilungsphase befinden, also für wachsende Bakterienpopulationen.

Die beiden wichtigsten Gruppen der β-Laktam-Antibiotika sind die Penicilline und die Cephalosporine. Es gibt inzwischen zahlreiche unterschiedliche **Penicilline**, die entweder aus *Penicillium*-Pilzen gewonnen oder halb- bzw. vollsynthetisch hergestellt werden.

Cephalosporine werden von dem Pilz *Cephalosporium* gebildet. Sie werden heutzutage oft halbsynthetisch hergestellt. Cephalosporine weisen ein einheitliches ringförmiges Grundgerüst auf, welches an unterschiedlichen Bindungsstellen modifiziert werden kann. Vertreter der β-Laktam-Antibiotika sind auch Monobactame und Carbapeneme. Letztere sind **Reserveantibiotika**, die bei leichten Infektionen nicht verwendet werden, um eine Resistenzentwicklung zu vermeiden.

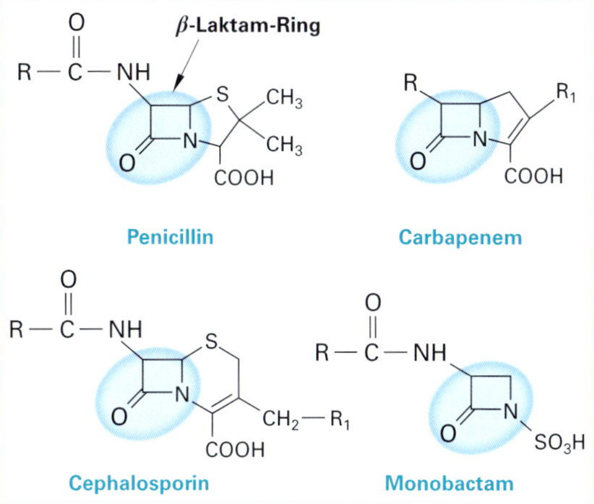

Bild 1
β-Laktam-Antibiotika

Ampicillin ist ein in der Molekularbiologie weitverbreitetes Selektionsmittel, das zu den **Aminopenicillin**-Antibiotika gehört. Es wird bei der Transformation (s. S. 178) von **Vektoren** in Bakterienzellen dem Nährmedium beigegeben, sodass nur die Bakterien überleben können, die bei der Transformation den Vektor mit der Ampicillinresistenz aufgenommen haben.

Reserveantibiotika
Antibiotika, die bei besonders schweren Infektionen eingesetzt werden, oder wenn die Erreger Resistenzen gegen andere Antibiotika entwickelt haben

Glykopeptid-Antibiotika

Diese Gruppe von Antibiotika ist ebenfalls in der Lage, den Aufbau der bakteriellen Zellwand zu stören. Die Antibiotika, zu denen **Vancomycin** gehört, sind wichtige Reserveantibiotika, die z. B. gegen multiresistente *Staphlyococcus aureus*-Stämme eingesetzt werden können. Vancomycin hemmt den Aufbau der Mureinzellwand grampositiver Bakterien, indem es die Quervernetzung der Peptidseitenketten durch das Enzym Transpeptidase (s. S. 162) blockiert.

Die medizinisch und wirtschaftlich wichtige Gruppe der **β-Laktam-Antibiotika**, zu denen Penicilline, Cephalosporine, Monobactame und Carbapeneme zählen, sowie die **Glykopeptid-Antibiotika** hemmen die Mureinsynthese der bakteriellen Zellwand.

Aminopenicilline
β-Laktam-Antibiotika, die durch eine Aminogruppe in der Restgruppe R des Penicillins charakterisiert sind

Polymyxine

Diese Stoffe gehören zu den **Polypeptid-Antibiotika**, verzweigte, zyklische Peptide aus mehreren Aminosäuren. Ähnlich wie ein Lipid besitzen sie eine Polarität, die durch eine gebundene hydrophobe Fettsäure entsteht. Sie können sich in die Zellmembran von Bakterien einlagern und stören deren Funktionen wie z. B. Transportprozesse sowie die Permeabilitätseigenschaften.

Polypeptid-Antibiotika wie die **Polymyxine** wirken auf die Zellmembran und erhöhen deren Permeabilität.

Vektor
Genetisches Element wie z. B. ein Plasmid, das benutzt wird, um Gene in andere Zellen zu übertragen

- **Aminoglykosid-Antibiotika**
Die Aminoglykoside sind eine große Gruppe von Oligosaccharid-Antibiotika, in denen Aminozucker mit zyklischen Kohlenwasserstoffbausteinen verbunden sind. In diese Gruppe gehören bekannte Antibiotika wie Streptomycin (Bild 1), Kanamycin, Gentamycin und Neomycin. Diese Antibiotika hemmen die Proteinbiosynthese, indem sie irreversibel an der 30-S-Untereinheit des Ribosoms binden, sodass keine Proteine mehr gebildet werden können.

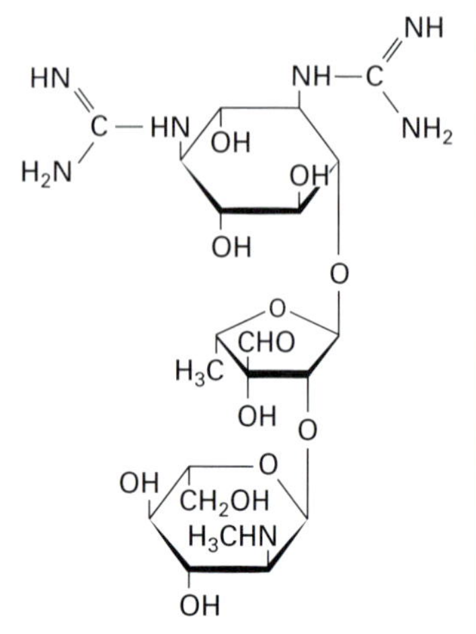

Bild 1 Streptomycin

- **Makrolid-Antibiotika**
Makrolid wie z. B. Erythromycin sind bakteriostatisch wirksame Antibiotika, die neben *β*-Laktam-Antibiotika als gut verträglich gelten. Makrolide, auch Makrolaktone genannt, sind organische ringförmige Moleküle, die eine intramolekulare Estergruppe (Lakton) enthalten und oft glykosidisch gebundene Zuckergruppen. Makrolid-Antibiotika werden aus *Streptomyces*-Arten gewonnen. Diese Antibiotika sind Inhibitoren der Proteinsynthese, sie binden an die 50-S-Untereinheit des Ribosoms.

- **Tetrazycline**
Tetrazyclin wird von Bakterien der Art *Streptomyces aureofaciens* produziert. Weitere Wirkstoffe mit ähnlichem Aufbau können von anderen Streptomyzeten gewonnen werden. Diese Antibiotika besitzen ein gemeinsames Grundgerüst aus vier organischen Ringen mit jeweils sechs C-Atomen und unterscheiden sich durch verschiedene Substituenten an den Ringen (Bild 2).

Tetrazycline sind ebenfalls Hemmstoffe der Proteinsynthese. Sie stören die Funktion der 30-S-Untereinheit und verhindern die Bindung der Aminoacyl-tRNA an die Ribosomen und somit die Verlängerung der Peptidkette. Tetrazycline sind wichtige Antibiotika, die in der Humanmedizin Anwendung finden. Als Breitbandantibiotika hemmen sie mit bakteriostatischer Wirkungsweise fast alle grampositiven und gramnegativen Bakterien.

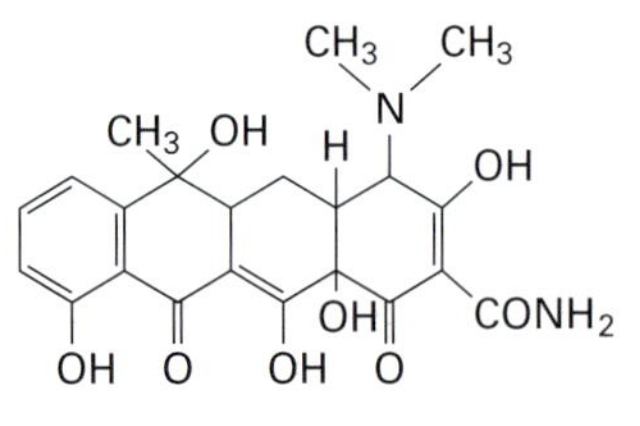

Bild 2 Tetrazyclin

- **Chloramphenicol**
Dieses Antibiotikum besitzt ein breites Spektrum gegen grampositive und gramnegative Erreger. Chloramphenicol (Bild 1, S. 341) wird aufgrund seiner Nebenwirkungen nur noch selten als Reserveantibiotikum angewendet.

Die antibiotische Wirkung von Chloramphenicol wird in der Mikrobiologie und Molekularbiologie allerdings häufig genutzt, um gezielt das Wachstum von Bakterien zu inhibieren, wenn beispielsweise die Vermehrung von Hefen gewünscht ist.

Aminoglykoside, Makrolide, Tetrazykline und **Chloramphenicol** hemmen die bakterielle Proteinbiosynthese, indem sie sich an Komponenten der Ribosomen anlagern.

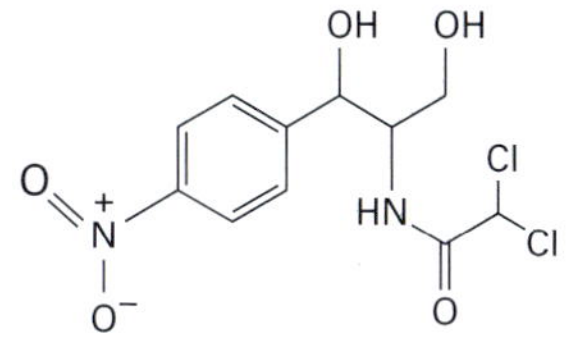

Bild 1
Chloramphenicol

- **Chinolone**
  Die älteren nicht fluorierten Chinolone werden nicht mehr eingesetzt, da sie in ihrer antibakteriellen Aktivität gegenüber den fluorierten Chinolonen deutlich schwächer sind. Die wichtigsten **Fluorchinolone** sind Ciprofloxacin, Levofloxacin und Moxifloxacin. Diese Antibiotika werden synthetisch hergestellt und hemmen das Enzym **DNA-Gyrase**. Die Verbindungen werden deshalb Gyrasehemmer genannt. Die Zugabe von Chinolonen behindert die Replikation der Bakterienzellen.

Chinolone hemmen die DNA-Replikation von Bakterien und werden oft als **Gyrasehemmer** bezeichnet.

DNA-Gyrase
Enzym, das bei der DNA-Replikation für das Entdrillen (Entspannen) der DNA-Stränge benötigt wird, wenn der DNA-Doppelstrang in Einzelstränge umgewandelt wird

- **Rifamycine**
  Wichtigster Vertreter dieser Gruppe ist **Rifampicin**. Dies halbsynthetisch hergestellte, bakterizid wirkende Antibiotikum wird zur Behandlung von Tuberkulose und Lepra eingesetzt. Es hemmt die Transkription durch Blockierung der DNA-abhängigen RNA-Polymerase in Bakterien. Die RNA-Polymerase in Säugerzellen wird nur bei höheren Konzentrationen inhibiert.

Rifampicin aus der Gruppe der Rifamycine behindert die Transkription und damit die mRNA-Synthese von Bakterien.

- **Sufonamide**
  Diese Antibiotika sind die ersten wirksamen antibakteriellen Mittel, die schon in den 30er Jahren des 20. Jahrhunderts eingesetzt wurden. Sie werden synthetisch hergestellt und hemmen in Bakterien die Synthese von Folsäure. Dieses Metabolit spielt eine wichtige Rolle bei der Bildung von Nukleinsäuren in Bakterien.

  Die Wirkung der Sulfonamide beruht darauf, dass sie als **Antimetabolite** der p-Aminobenzoesäure wirken und kompetitiv ein Enzym des Stoffwechselweges der Folsäuresynthese hemmen (s. S. 113). Die Substanzen werden Folsäureantagonisten genannt, da sie die Wirkung des Vitamins Folsäure aufheben.

  Menschliche Zellen werden nicht beeinträchtigt, da sie Folsäure nicht selbst bilden können. Menschen und Säugetiere müssen Folsäure als Vitamin mit der Nahrung aufnehmen. Die Wirkungsweise ist bakteriostatisch, da nur wachsende Bakterienzellen DNA synthetisieren und nicht wachsende keine Folsäure benötigen.

Antimetabolite
Verbindungen, die in ihrer chemischen Struktur natürlichen Substraten ähneln, sodass es zu einer Enzymhemmung kommen kann

Sulfonamide behindern als Folsäureantagonisten die bakterienspezifische Synthese der Folsäure.

Antibiotikaresistenzen

Viele Antibiotika sind in den letzten Jahren gegen einzelne Erreger unwirksam und die Keime resistent geworden. Resistenzen lassen sich hinsichtlich ihrer Entstehung folgendermaßen einteilen:

- Bei **primären (natürlichen) Resistenzen** hat ein Antibiotikum bei einer bestimmten Gruppe oder Spezies eine Wirkungslücke. So wirken beispielsweise sämtliche Cephalosporine nicht bei **Enterokokken**.
- Bei **sekundären (erworbenen) Resistenzen** entsteht ein Verlust der Wirksamkeit eines Antibiotikums bei einem primär nicht resistenten Bakterium durch eine Mutation oder durch Übertragung von Resistenzgenen.

Enterokokken
Im Darm von Tieren und Menschen, in der Umwelt, sowie in Lebensmitteln vorkommende Milchsäurebakterien

Durch die Wege des bakteriellen Gentransfers werden resistente Gene, die oft auf Vektoren wie Plasmiden lokalisiert sind, an andere Bakterien der gleichen Spezies oder an andere Bakterienarten weitergegeben. Die Gene können über Transformation, Transduktion oder Konjugation (s. Kap. II.1.1.3) in die Zelle aufgenommen, dem Erbgut der Bakterien zugefügt und eventuell in das Bakterienchromosom integriert werden. Die Beibehaltung der Resistenzgene bzw. der Plasmide erfordert Stoffwechselenergie, sodass sie langfristig nur unter Selektionsbedingungen in der Zelle erhalten bleiben.

Antibiotikaresistenz ist die Fähigkeit von Mikroorganismen, nicht durch Antibiotika abgetötet oder im Wachstum gehemmt zu werden. Krankheitserreger können gegen ein oder mehrere Antibiotika resistent werden, sodass sie eine medizinische Behandlung überleben. Resistenzen entstehen durch Mutationen oder über Transfer von Plasmiden mit Resistenzgenen.

Eine Resistenz kann auf molekularer Ebene durch verschiedene Mechanismen verursacht werden (Bild 1, S. 343):

① **Spaltung des Antibiotikums**
Einige resistente Bakterien bilden Enzyme, die das Antibiotikum spalten und unschädlich machen. Beispielsweise hydrolysieren β-Laktamasen Penicilline am β-Laktam-Ring, sodass die Antibiotika nicht mehr an den Zielproteinen binden und die Mureinsynthese stören können.

② **Modifikation des Antibiotikums**
Einige Antibiotika werden in resistenten Bakterien verändert, indem Phosphat- oder organische Gruppen angehängt werden. Chloramphenicol kann durch eine Chloramphenicol-Acetyltransferase inaktiviert werden. Das Enzym überträgt unter Verbrauch von Acetyl-CoA Acetylgruppen auf das Antibiotikum. Das acetylierte Antibiotikum kann nicht mehr an Ribosomen binden.

③ **Veränderung des Angriffsortes**
Die RNA-Polymerase sowie die Ribosomen sind wichtige Ziele von Antibiotika. Haben sie aufgrund von Mutationen eine modifizierte Struktur, können die Antibiotika nicht mehr an ihre Zielobjekte binden. Beispielsweise führt oft eine Mutation im Gen der RNA-Polymerase dazu, dass das Antibiotikum Rifampicin nicht mehr die Transkription hemmen kann. Einige resistente Bakterien bilden zu den von Antibiotika angegriffenen Zielen **alternative Proteine**, die die Funktion ersetzen können. Beispielsweise bilden einige Bakterien alternative Penicillin-Bindeproteine, die nicht von β-Laktam-Antibiotika inaktiviert werden.

④ **Veränderung der Durchlässigkeit der Zellmembran oder äußeren Membran**
Antibiotika müssen die Zellmembran und bei gramnegativen Bakterien zusätzlich die äußere Membran überwinden, um in das Zellinnere zu diffundieren. Die Mureinschichten der Zellwand können aufgrund ihrer Porengröße den Eintritt der Antibiotika nicht verhindern. β-Laktam-Antibiotika müssen bei gramnegativen durch die äußere Membran zur Mureinschicht gelangen, um die Schritte der Mureinbiosynthese zu hemmen, die im **periplasmatischen Raum** stattfinden. Verändert sich bei ihnen die Permeabilität der äußeren Membran, z. B. durch Mutationen der Gene der Porinproteine (s. S. 163), können sie resistent werden.

Periplasmatischer Raum
Zellkompartiment zwischen Zellmembran und äußerer Membran bei gramnegativen Bakterien

⑤ **Aktiver Transport aus der Zelle (Efflux)**
Bakterien besitzen Membranproteine, die Endprodukte des Stoffwechsels und schädliche Substanzen nach außen transportieren. Viele resistente Bakterien können bestimmte Antibiotika aktiv mithilfe solcher Membranproteine aus der Zelle pumpen. So besitzen *E. coli*-Zellen häufig ein Pumpsystem (AcrAB-TolC), das neben Gallensalzen und Detergenzien auch eine Vielzahl von Antibiotika aus der Zelle transportieren kann.

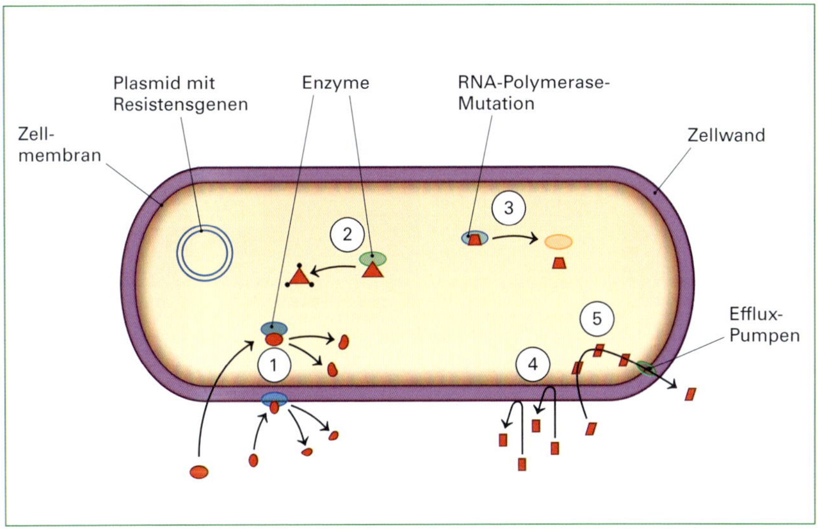

Bild 1
Mechanismen der Antibiotikaresistenz bei Bakterien (Antibiotika: rot gefärbte Symbole, Erklärungen im Text)

Medizinische Aspekte der Resistenzentwicklung

Die Entwicklung von Resistenzen wird durch die Evolutionsfaktoren Mutation und Selektion (Kap. I.6.1) vorangetrieben. Bakterien mit Resistenzgenen existierten schon vor dem Zeitalter der industriellen Antibiotikaproduktion, da Antibiotika bildende Bakterien und Pilze auf der Erde allgegenwärtig sind und waren. Der weitverbreitete Einsatz von Antibiotika in der heutigen Zeit fördert durch Selektion die Bakterien mit Genen, die eine Resistenz gegen die eingesetzten Antibiotika besitzen, und führt zu einer Anreicherung dieser Keime in den Biotopen.

Durch den Antibiotikaeinsatz entsteht nicht nur ein Selektionsdruck auf bakterielle Krankheitserreger. Auch nicht pathogene Mikroorganismen können Vektoren wie Plasmide mit Antibiotikaresistenzen enthalten und an der Weitergabe von Resistenzgenen beteiligt sein.

Etwa 70 Prozent der Bakterien, die Infektionen in Krankenhäusern verursachen, sind zurzeit gegen mindestens ein Antibiotikum resistent. Mehrfachresistenzen nehmen zu, sodass zahlreiche Infektionsfälle nicht mehr oder sehr schwierig behandelbar sind.

Die Zunahme von Resistenzen wird vor allem im breiten Einsatz der Antibiotika in der **Humanmedizin** gesehen. Das Verhalten von Ärzten und Patienten, Antibiotika ohne zwingende Notwendigkeit zu verabreichen, in zu geringer Dosierung einzusetzen oder die Antibiotikabehandlung zu früh abzubrechen, trägt zur Bildung und Verbreitung resistenter Keime bei. Besonders besorgniserregende Neuentwicklungen von Resistenzen werden aus Ländern in Asien und Afrika berichtet, in denen Antibiotika nahezu frei verkäuflich sind.

Auch in der **Tierzucht und -medizin** werden jedes Jahr große Mengen Antibiotika eingesetzt und eine steigende Zahl antibiotikaresistenter Stämme gefunden. Erbgutvergleiche zeigen allerdings zumeist, dass die resistenten Keime von Nutztieren nicht identisch mit denen sind, die beim Menschen gefunden werden. Die Antibiotika und die resistenten Bakterien gelangen durch fäkale Ausscheidungen von Menschen und Tieren in die Umwelt, wo die Entwicklung von resistenten Keimen weiter voranschreiten kann. Antibiotikaresistente Bakterien sind in Kläranlagen und vor allem in Abwässern von Krankenhäusern vorhanden.

Die Resistenzentwicklung gegenüber den wichtigen ß-Laktam-Antibiotika beruht oft auf der Bildung von **β-Laktamasen** (Bild 1). Diese Enzyme, die die Öffnung des β-Laktam-Rings katalysieren, werden nach ihren Zielobjekten in Penicillinasen, Cephalosporinasen und Carbapenemasen unterschieden.

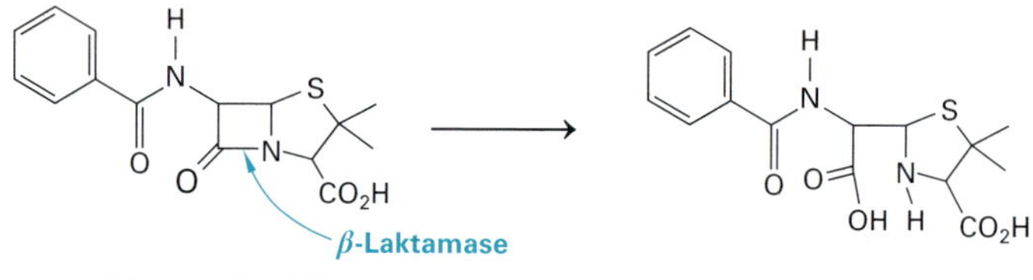

Bild 1
Spaltung von Penicillin G durch β-Laktamasen

β-Laktam-Antibiotika werden in ihrer medizinischen Anwendung oft mit **β-Laktamase-Inhibitoren** wie Clavulansäure kombiniert. Diese Hemmstoffe haben eine ähnliche chemische Struktur wie β-Laktam-Antibiotika und blockieren die von vielen Bakterien gebildeten β-Laktamasen. Cephalosporine werden von vielen β-Laktamasen nicht inaktiviert und haben ein breiteres Wirkspektrum als Penicilline.

Die Entwicklung und Einführung zahlreicher neuer β-Laktam-Antibiotika haben zum Auftreten und zur Verbreitung neuer **Resistenzenzyme** geführt:

- ***Extended-spectrum*** **Beta-Laktamasen (ESBL)**, die eine besonders große Zahl von Antibiotika mit β-Laktam-Ring spalten können.
- **AmpC-β-Laktamasen (AmpC)**, die viele Enterobacteriaceen von Natur aus chromosomal besitzen und eine Resistenz gegen Penicilline (z. B. Ampicillin: amp) sowie Cephalosporine der zweiten und dritten Generation, aber nicht der vierten (neuesten) Generation vermitteln.
- **Carbapenemasen**, die neben Penicillinen und Cephalosporinen auch Carbapeneme spalten können, zu denen die **New Delhi metallo-β-Laktamasen** (NDM-1) gehören, die in Enterobacteriaceen entdeckt wurden und diese resistent gegen fast sämtliche Reserveantibiotika macht.

Zahlreiche resistente Bakterien bilden **β-Laktamasen**, die den β-Laktam-Ring hydrolysieren und β-Laktam-Antibiotika inaktivieren. Einige dieser Enzyme, die vor allem bei Enterobacteriaceen zu finden sind, sind in der Lage, ein großes Spektrum der Antibiotika und therapeutisch wichtige Reserveantibiotika zu spalten.

Die gegen fast alle β-Laktam-Antibiotika resistenten **ESBL-Bakterien** sind zumeist Enterobacteriaceen (s. S. 174). Sie spielen eine bedeutende Rolle als Erreger von nosokomialen Infektionen. ESBL-Keime werden auf tierischen Lebensmitteln wie Wurstwaren sowie auf pflanzlichen wie Salate, Gemüse und Sprossen häufig nachgewiesen. Die oft hohe Belastung von Produkten der ökologischen Landwirtschaft mit multiresistenten Keimen wird auf die Düngung mit Fäkalien wie Gülle zurückgeführt.

Methicillin
β-Laktam-Antibiotikum, das durch die meisten β-Laktamasen nicht gespalten und inaktiviert werden kann

Methicillinresistente *Staphylococcus aureus* (MRSA) sind nicht nur gegen das Antibiotikum **Methicillin** resistent, sondern gegen nahezu alle β-Laktam-Antibiotika. Sie rufen insbesondere in Krankenhäusern tödlich verlaufende Infektionen nach Operationen hervor. Bei Nutztieren kommt ein spezifischer MRSA-Stamm (CC398) vor, der zur Besiedlung und zu Infektionen bei landwirtschaftlich tätigen Personen führen kann.

Nosokomiale Infektionen
Infektionen, die bei einem Krankenhausaufenthalt ausgelöst werden

Die Weiterverbreitung von multiresistenten Keimen in Krankenhäusern kann durch gute Händehygiene verringert werden, da die Übertragung der Erreger bei **nosokomialen Infektionen** am häufigsten durch die Hände des medizinischen Personals erfolgt. Im Kampf gegen MRSA-Infektionen sind Schulungen zur Verbesserung der Händehygiene wertvoll. Beispielsweise muss das Händedesinfektionsmittel lange genug (in der Regel 30 Sekunden) einwirken bzw. verrieben werden und alle Handbereiche wie z. B. auch die Fingerzwischenräume eingeschlossen werden (Bild 1).

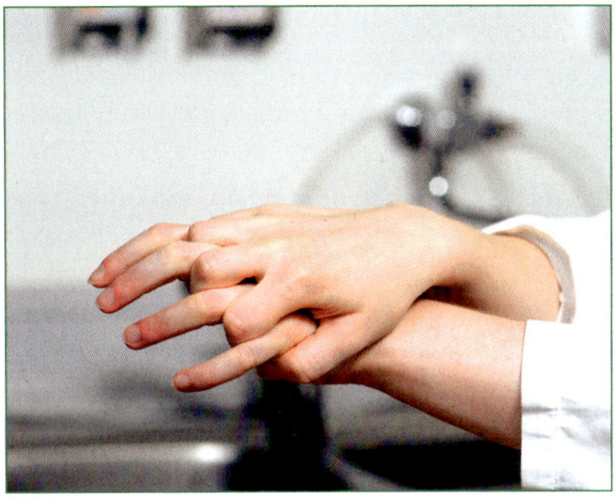

Bild 1
Gute Händehygiene kann Infektionen mit multiresistenten Keimen verhindern

Warum sind Bakterien in Biofilmen vor Antibiotika geschützt?

Eine Lungeninfektion durch Pseudomonaden ist besonders gefährlich, weil Bakterien wie *Pseudomonas aeruginosa* in der Lunge Schleimschichten um ihre Zellen aufbauen und dabei unempfindlich gegen die meisten Antibiotika werden. Bakterielle Infektionen sind mit Antibiotika nur schwer zu bekämpfen, wenn die pathogenen Keime sich in Biofilmen angesiedelt haben. Oft tolerieren die Biofilmkeime das Tausendfache der Dosis eines Antibiotikums, die sonst zur Keimabtötung ausreicht, und sie sind sogar mit Desinfektionsmitteln nicht auszuschalten.

Manchmal ist es der im Biofilm gebildete Schleim, der verhindert, dass die Antibiotika in die Bakterienzellen gelangen, weil die Hemmstoffe deutlich langsamer diffundieren und die Zellen mehr Zeit haben zu reagieren. Teilweise werden die Wirkstoffe von den Makromolekülen des Schleims abgefangen und gebunden. Experimente zeigen aber, dass einige Antibiotika nahezu ungehindert durch die Matrix eines Biofilms passieren.

Die Bakterien überleben vor allem deswegen, weil sich einige von ihnen in einem stoffwechselinaktiven Zustand befinden, in dem nahezu alle Lebensfunktionen abgeschaltet sind. Diese „schlafenden" Bakterienzellen werden als *Persister* bezeichnet. In wachsenden Kolonien und Populationen von Bakterien scheint etwa eines von hunderttausend Bakterien in so einem völlig inaktiven Zustand zu sein.

Wahrscheinlich handelt es sich um einen Prozess, bei dem zufällige Fluktuationen in der Konzentration von Metaboliten dazu führen, dass bei einigen wenigen Zellen ein Schwellenwert überschritten wird und der *Persister*-Modus eingeleitet wird. Bei allen Infektionen überleben auf diese Weise einige Bakterienzellen bei einer Antibiotikabehandlung, aber diese wenigen Zellen können meist durch das Immunsystem ausgeschaltet werden.

Diese *Persister*-Zellen sind offenbar für die auffallende Widerstandskraft der Biofilme verantwortlich, denn sie können nicht durch die Immunzellen ausgeschaltet werden. Die Nachkommen dieser überlebenden Bakterienzellen sind gegenüber dem Antibiotikum genau so empfindlich wie alle anderen Zellen. Es handelt sich somit um eine Toleranz und nicht um eine Resistenz. Nur letztere ist aufgrund der Vererbung der Resistenzgene beständig. Alle bisher untersuchten Bakterienarten bilden *Persister*-Zellen. Sie dürften für die meisten wiederaufflammenden Infektionen nach Ende der Antibiotikatherapie verantwortlich sein.

Aufgaben

1. Erklären Sie die Kolonisationsresistenz von Keimen und unterscheiden Sie transiente von residenten Mikroorganismen.
2. Beschreiben Sie unter Einbeziehung der Plaques auf den Zähnen das Mikrobiom des Menschen in der Mundhöhle.
3. Stellen Sie die Normalflora von Magen, Dünn- und Dickdarm mit ihren besonderen Eigenschaften dar.
4. Erklären Sie die Begriffe Erregerreservoir sowie Zoonose und nennen Sie Beispiele dafür.
5. Beschreiben Sie die wichtigsten Infektions- oder Übertragungswege von Krankheitserregern.
6. Erläutern Sie die Schutzbarrieren des Körpers zur Abwehr pathogener Keime.
7. Beschreiben Sie die Grundzüge und die Bedeutung der angeborenen Immunantwort unter Einbeziehung der Toll-artigen Rezeptoren des Immunsystems.
8. Erklären Sie die spezifische Immunabwehr mitsamt ihren Komponenten.
9. Nennen Sie bakterielle Krankheitserreger und die von ihnen hervorgerufenen Krankheiten.
10. Geben Sie an, wie der ursächliche Zusammenhang zwischen Keim und Infektionserkrankung geklärt werden kann.
11. Vergleichen Sie Endo- und Exotoxine im Aufbau und Wirkmechanismus und geben Sie die Einteilung der Bakterientoxine nach dem Wirkungsort an.
12. Erläutern Sie, welche Pilze Krankheitserreger des Menschen sind und geben Sie die wichtigsten Mykotoxine sowie häufig damit belastete Lebensmittel an.
13. Nennen Sie Beispiele für Protozoen als Krankheitserreger des Menschen.
14. Geben Sie virale Krankheitserreger an, die über Lebensmittel auf den Menschen übertragen werden können.
15. Erläutern Sie Besonderheiten der Diagnostik und Therapie von Viruserkrankungen.
16. Vergleichen Sie die neue Variante der *Creutzfeldt-Jakob*-Krankheit mit der klassischen Erkrankungsform und stellen Sie den Zusammenhang mit der Rindererkrankung BSE her.
17. Definieren Sie Antibiotika und vergleichen Sie die Substanzen mit Desinfektionsmitteln.
18. Beschreiben Sie, welche Wirkmechanismen und zellulären Angriffsorte Antibiotika besitzen.
19. Nennen sie die medizinisch wichtigsten Gruppen der Antibiotika.
20. Grenzen Sie β-Laktam-Antibiotika in Struktur und Wirkort von anderen Antibiotika ab.
21. Erklären Sie, wie Antibiotikaresistenzen evolutionär entstehen und durch welche Mechanismen sie auf molekularer Ebene wirksam sind.
22. Geben Sie an, welche Resistenzenzyme bei ESBL-Stämmen auftreten.

Teil III Bioanalytische Arbeitsmethoden

Die **Bioanalytik** beschäftigt sich mit den Methoden, die in der Biologie und in einigen anderen naturwissenschaftlichen Fächern zur Untersuchung biologischer Systeme angewendet werden. Diese Arbeitstechniken werden auch als **biochemische** oder **biotechnische** Methoden bezeichnet. Sie werden in allen Fachrichtungen der Biologie eingesetzt, die ihre Untersuchungen überwiegend in Laboren durchführen, wie z. B. in der Molekularbiologie, der Mikrobiologie und der Zellbiologie. Die Bioanalytik ist ein Teilgebiet der **chemischen Analytik**, die die Aufgabe hat, Substanzen mit einer Vielzahl verschiedener Verfahren und Geräte zu identifizieren und sie mengenmäßig zu erfassen.

Dabei wird als **Probe** entweder die Gesamtheit eines Stoffes oder Stoffgemisches, z. B. ein Zellextrakt, oder eine möglichst repräsentative Teilmenge davon, die **Stichprobe**, untersucht.

Die Bioanalytik untersucht vor allem **biologische Makromoleküle**, d. h. kettenartige Verbindungen wie Proteine und Nukleinsäuren, die eine hohe Molekülmasse besitzen, aus sich wiederholenden Bausteinen aufgebaut sind und in den Zellen von Lebewesen vorkommen. Trotz des generell gleichen Aufbaus zeichnen sich diese Makromoleküle aufgrund der besonderen Abfolge ihrer jeweiligen Bausteine durch eine große Vielzahl an Funktionen aus.

Als Labortechniken sind insbesondere Methoden von Bedeutung, die der Isolierung, dem Nachweis einer Verbindung in der Probe, der Bestimmung ihrer Konzentration sowie der Charakterisierung ihrer Struktur dienen.

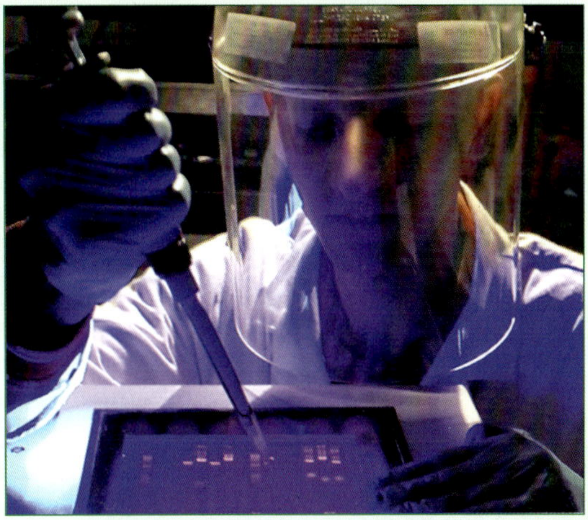

Bild 1 **Auswertung eines DNA-Agarosegels**

Die in diesem Buchteil vorgestellten bioanalytischen Arbeitsmethoden haben folgende Schwerpunkte:

- **Proteine** (Eiweiße) sind aus Aminosäuren aufgebaute Makromoleküle (s. Kap. I.2.1). Jeder Zelltyp hat eine besondere Zusammensetzung an Proteinen, die für die Eigenschaften der Zelle von entscheidender Bedeutung ist. Wissen über Strukturen und Funktionen von Proteinen hat das molekulare Verständnis biologischer Prozesse enorm vergrößert.
- **Nukleinsäuren**, DNA und RNA, sind aus einzelnen Bausteinen, den Nukleotiden, aufgebaute Makromoleküle (s. Kap. I.2.4). Die DNA dient der Speicherung des Erbguts, während die RNA als Informationsüberträger bei der Transkription bzw. Translation eine bedeutende Rolle spielt. In der Methodik ist heutzutage die **PCR** unverzichtbar. Mit ihrer Hilfe können beliebige DNA-Abschnitte außerhalb der Zelle vervielfältigt werden. Eine andere wichtige Methodik ist die **Klonierung**, die das Ziel hat, ein DNA-Fragment innerhalb von Zellen zu vermehren, um seine Eigenschaften zu untersuchen oder in weiteren Prozessen weiterzuverwenden.
- **Immunologische Methoden**, wie der ELISA-Test, sind ebenfalls von großer analytischer Bedeutung. Sie dienen dazu Proteine und Viren, aber auch niedermolekulare Verbindungen wie Hormone, Toxine und Pestizide in einer Probe nachzuweisen.
- Durch **enzymatische Analysen** können Stoffkonzentrationen bestimmt werden. In solchen Tests werden spezifisch arbeitende Enzyme eingesetzt, die die zu analysierenden Substanzen als Substrat umsetzen.

Beim Umgang mit Gefahrstoffen, die vom Körper über die Lunge, durch Hautresorption sowie über die Schleimhäute aufgenommen werden können, müssen besondere Verhaltensregeln und Schutzvorschriften beachtet werden, die in Sicherheitsdatenblättern, Betriebsanweisungen und Laborordnungen ausgeführt sind. Informationen liefert die GESTIS-Stoffdatenbank (www.dguv.de/ifa/stoffdatenbank).

1 Proteinanalytik

Proteine sind in allen Organismen vorkommende Makromoleküle mit den vielfältigsten Eigenschaften. Sie spielen bei fast allen biologischen Strukturen und Prozessen eine zentrale Rolle.

Das vorliegende Kapitel gibt eine Einführung in folgende Verfahren der Proteinanalytik:

- Die **Proteinisolierung** bzw. **-aufreinigung** ist ein Prozess, der aus mehreren aufeinanderfolgenden Trennschritten besteht (s. Kap. III.1.1).
- Die **quantitative Bestimmung** der Proteinkonzentration, bei der ermittelt wird, in welcher Menge oder Konzentration ein Stoff in einer Probe vorhanden ist, kann mithilfe des *Bradford*-Tests erfolgen (s. Kap. III.1.2).
- Zur **Auftrennung** von Proteinen (und anderer Biomoleküle) können chromatografische und elektrophoretische Methoden eingesetzt werden. Mit einer SDS-PAGE kann die Größe der Proteine ermittelt werden (s. Kap. III.1.3).
- Die **Übertragung** und **Fixierung** von Proteinen auf spezielle Membranen können mithilfe eines *Western Blots* nach der Trennung der Proteine erfolgen (s. Kap. III.1.4).

1.1 Isolierung von Proteinen

Die Reinigung oder Isolierung eines Proteins, d. h. die Abtrennung aller anderen Proteine sowie der anderen Makro- und Mikromoleküle, ist die Voraussetzung für weitergehende Untersuchungen von Proteinstruktur und -funktion. Das Ziel einer Proteinisolierung ist somit die Vermeidung von biologischen Substanzen, die Struktur- und Funktionsaufklärungen eines Proteins stören. Sind die physikalisch-chemischen Eigenschaften eines Proteins wie Ladung und Größe bekannt, können diese bei der Entwicklung einer **Strategie zur Proteinisolierung** eingesetzt werden. Wenn völlig **unbekannte Proteine** aufgereinigt werden, müssen meist zahlreiche methodische Schritte ausprobiert werden, bevor eine erfolgreiche Methode erkannt wird. Die folgenden Arbeitstechniken sind bei einer Proteinisolierung von besonderer Bedeutung:

- **Chromatografische Methoden** wie z. B. die **Ionenaustauschchromatografie** oder die Affinitätschromatografie (s. Kap. III.1.3.2) dienen der Proteintrennung.
- **Elektrophoretische Verfahren**, bei denen elektrisch geladene Moleküle in einem elektrischen Feld wandern, beinhalten Gelelektrophoresen wie die SDS-PAGE (s. Kap. III.1.3.3).
- Bei der **Extraktion** werden Proteine mithilfe eines Extraktionsmittels aus einem Stoffgemisch isoliert.
- Die **Fällung**, auch Präzipitation genannt, beinhaltet das Reinigen eines gelösten Stoffes aus einer Lösung durch ein Fällungsmittel.
- Durch **Filtration** können Proteine aus einer Lösung isoliert werden.
- Eine **Sedimentation** wie z. B. die Zentrifugation kann zur Proteinisolierung eingesetzt werden.
- Die **Evaporation** ist eine Gefriertrocknung von Biomolekülen.

Herkunft/Quelle

Um die Proteinreinigung möglichst effektiv zu gestalten, sollte ein **Ausgangsmaterial** verwendet werden, das das gesuchte Protein schon in möglichst hoher Menge enthält. Einige biologische Materialien wie z. B. Bakterienkulturen scheiden das gewünschte Protein aus den Zellen aus. Dann befindet es sich im extrazellulären Nährmedium und damit in einer Lösung, die sich oft direkt für Reinigungsschritte z. B. chromatografischer Art eignen. **Intrazelluläre Proteine**, die im Zytoplasma lokalisiert sind, müssen hingegen zuerst aus den Zellen oder Gewebeverbänden freigesetzt werden (Bild 1, S. 349).

Eine Zelle kann an die tausend verschiedene Proteine enthalten und dabei das gesuchte Protein nur in äußerst geringen Mengen. Deshalb ist es oft sinnvoll, das Protein der Wahl nicht aus dem Ausgangsorganismus zu isolieren, sondern das zugehörige Gen zu identifizieren und zu klonieren.

Solch eine Klonierung beinhaltet die Isolierung gewünschter DNA-Abschnitte und die Vervielfältigung genetisch identischer DNA-Moleküle.

Dann kann das Gen in einen anderen Organismus z. B. in ein Bakterium wie *E. coli* transferiert werden. Die gentechnisch veränderten Mikroorganismen synthetisieren die gewünschten Genprodukte, die **rekombinante Proteine** genannt werden. Die Expression solch eines Gens kann einen Großteil des Gesamtproteins der Zelle (bis zu 40 %) ausmachen. Einige Bakterien können rekombinante Proteine sogar in die Nährlösung ausscheiden.

Aufschlussverfahren (Zelllyse)

Der erste Schritt der Proteinreinigung ist bei intrazellulären Proteinen der Aufschluss von Gewebe und Zellen sowie die Freisetzung der Proteine. Die Zerstörung der Zellhülle aus Zellmembran und evtl. Zellwand wird auch Zelllyse (lysieren: auflösen) genannt. Verschiedene Techniken werden eingesetzt, um Proteine aus Bakterien, pflanzlichen oder tierischen Zellen herauszulösen.

Dafür sind die **unterschiedliche Struktur** und die **Stärke der Zellumhüllungen** verantwortlich:

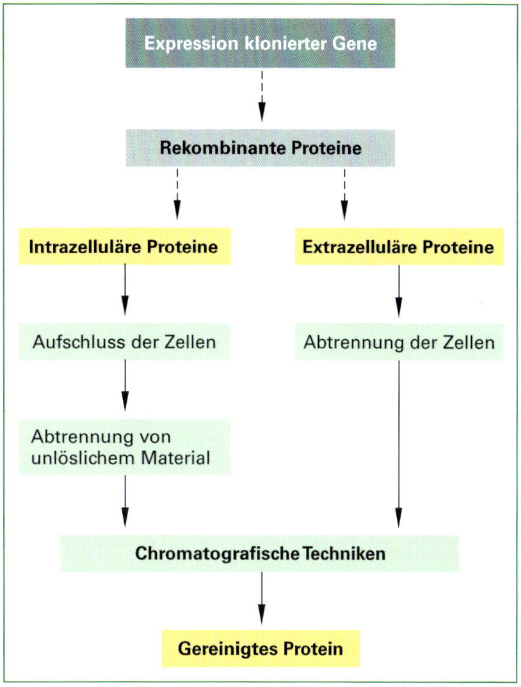

Bild 1 Verlaufsschema unterschiedlicher Proteinisolierungen

- **Mechanischer Aufschluss**
  Für den Aufschluss der Zellen von Pflanzen und Bakterien, die stabile Zellwände besitzen, gibt es eine große Zahl von Möglichkeiten, mechanische Hilfsmittel zu nutzen. Eingesetzte Verfahren sind das Zerreiben in einem Mörser (z. B. mit Sand), das Zerschneiden durch rotierende Messer im Ultra-Turrax oder das Durchpressen einer Zellsuspension bei hohem Druck durch ein enges Ventil in einer *French-Press*.

  Mit einem **Homogenisator** können einige Gewebe und Zellen auf relativ sanfte Weise aufgeschlossen werden. Ein Homogenisator ist ein Gefäß mit einem exakt darin passenden Kolben, der die Zellen durch Auf- und Abbewegen sowie Drehen des Kolbens zum Platzen bringt. Der Vorgang wird als Homogenisieren und die aufgeschlossene Lösung aus Zellbestandteilen wird oft unabhängig von der Aufschlussmethode als **Zellhomogenisat** bezeichnet.

- **Enzymatische oder chemische Zelllyse**
  Bei Zellen, die eine Zellwand besitzen, werden häufig **Enzyme** eingesetzt, die speziell diese Strukturen angreifen und abbauen. Bei Pflanzenzellen kommen als Enzyme Cellulasen zur Anwendung, die den Hauptbestandteil von pflanzlichen Zellen, die Zellulose, abbauen, und bei Bakterienzellen wird Lysozym (s. S. 161) eingesetzt.

  Das Aufschlussverfahren unterstützend werden häufig **Detergenzien** zugegeben, die die Zellmembranen auflösen. Wenn membrangebundene Proteine isoliert werden sollen, müssen Detergenzien eingesetzt werden. Sie solubilisieren die Membranproteine, d. h. sie machen sie wasserlöslich, indem sie die in der Membran lokalisierten hydrophoben Proteinanteile vom Kontakt mit dem wässrigen Lösungsmittel abschirmen.

- **Osmotische Zelllyse**
  Zellen, die wie die tierischen Zellen keine Zellwand besitzen, können durch eine osmotische Lyse zum Zerplatzen gebracht werden. Werden die Zellen in eine hypotonische Lösung, also mit geringerer Konzentration gelöster Teilchen, übertragen, dringt Wasser in die Zellen ein, die nach kurzer Zeit aufplatzen.

Dem Aufschluss der Zellen schließt sich meist ein Zentrifugationsschritt an, bei dem das unlösliche Zellmaterial wie z. B. Zellwandreste sedimentiert und damit von der löslichen Proteinfraktion getrennt wird (Bild 1). Bei einer **Zentrifugation**, der Trennung von Substanzen unterschiedlicher Masse durch Zentrifugalkraft in einer Zentrifuge, werden die Zellkomponenten zumeist auf der Basis von Größe und Dichte aufgetrennt.

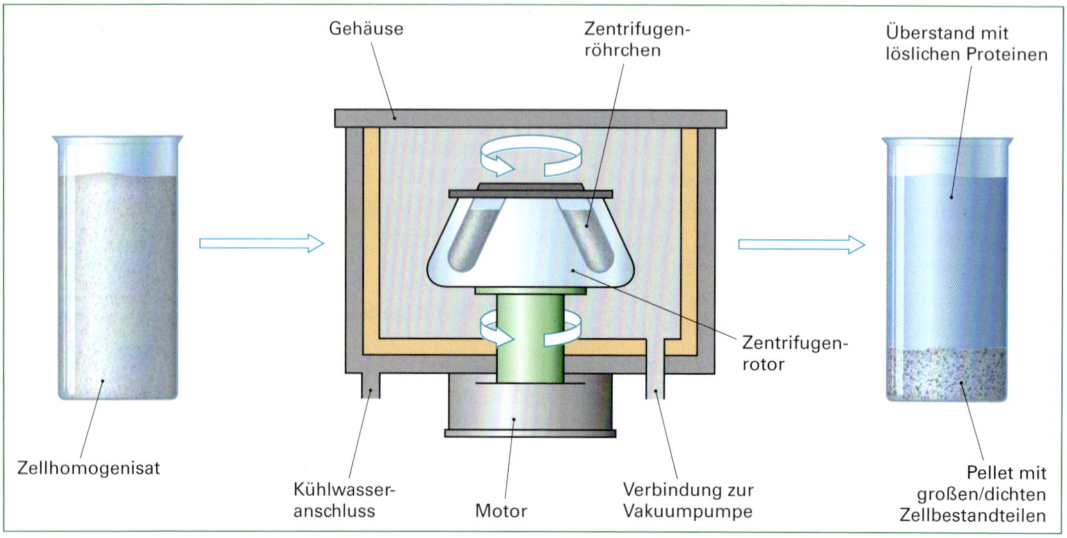

Bild 1 Trennung von Zellen oder Zellbestandteilen in einer Ultrazentrifuge

Große und dichte Teilchen wandern aufgrund der Zentrifugalbeschleunigung im sich drehenden Teil der Zentrifuge, dem Rotor, nach außen. Sie sedimentieren als Pellet auf dem Boden des Zentrifugenröhrchens, während gelöste Proteine im Überstand verbleiben. In biologischen Laboratorien werden **Ultrazentrifugen** eingesetzt, die extrem hohe Beschleunigungskräfte von bis zu 10^6 g (g = Erdbeschleunigung) erzeugen können. Ultrazentrifugen rotieren mit bis zu 500 000 Umdrehungen/min. Deswegen muss im Rotorraum ein Vakuum erzeugt werden, damit keine zu starke Wärmeentstehung durch Luftreibung auftritt.

Stabilität

Relativ schwache Bindungskräfte wie elektrostatische Wechselwirkungen und Wasserstoffbrücken stabilisieren die dreidimensionale Struktur eines Proteins (s. Kap. I.2.1.4). Geringe Änderungen der Konformation, also der räumlichen Struktur der Proteine, die eng mit der biologischen Aktivität verbunden ist, können zu einem völligen Funktionsverlust führen. Wird ein zytoplasmatisches Protein aus seiner natürlichen Umgebung entfernt, kann es irreversibel geschädigt werden.

Bei einer Proteinisolierung ist es wichtig, dass die physiologischen Bedingungen des Proteins wie der **pH-Wert** und die **Ionenstärke**, ein Maß für die Gesamtkonzentration der Ionen in einer Lösung, aufrechterhalten werden, indem ein geeignetes Puffersystem eingesetzt wird. Die Löslichkeit eines Proteins wird stark von der Ionenstärke und dem vorhandenen Ionentyp beeinflusst. Viele Proteine sind außerdem empfindlich gegenüber hohen Sauerstoffkonzentrationen, da sie leicht Disulfidbrücken ausbilden.

Zu hohe **Temperaturen** führen fast immer zu Schädigungen und Konformationsänderungen von Proteinen. Zügiges Arbeiten und ständige Kühlung der Proteinfraktionen z. B. auch während der Zentrifugation kann dies verhindern. Weiterhin ist zu bedenken, dass Proteine von einigen Enzymen, den Proteasen angegriffen und abgebaut werden können. Da diese Enzyme beim Zellaufschluss z. B. aus bestimmten Organellen freigesetzt werden können, ist es oft notwendig, die Proteinisolierung in Anwesenheit von Hemmstoffen der Proteasen durchzuführen. Beispielsweise werden Metalloproteasen, die ein Metallion im aktiven Zentrum besitzen, durch EDTA, Citrat und andere Chelatoren gehemmt. Chelatoren sind Verbindungen mit der Fähigkeit, zwei- oder mehrwertige Kationen in stabilen Komplexen zu fixieren.

Grad der Reinheit

Während für viele biochemische oder biophysikalische Untersuchungen eine Reinheit von 95 % ausreichend ist, werden für die Kristallisation von Proteinen hochreine Proteinlösungen benötigt. Die **Proteinkristallisation** ist ein üblicher Weg zur Bestimmung der räumlichen Proteinstruktur. Nur hochreine und konzentrierte Proteinlösungen können regelmäßige Kristalle bilden, die mithilfe der Röntgenbeugung untersucht werden können.

Therapeutische Proteine für pharmazeutische Zwecke erfordern ebenfalls höchste Reinheit und dürfen nicht mehr als 0,1 % Verunreinigungen aufweisen. Oft ist es notwendig, mehrere unterschiedliche Reinigungsmethoden nacheinander einzusetzen, um ein bestimmtes Protein in gewünschter Reinheit zu erhalten.

1.2 Nachweis und Konzentrationsbestimmung von Proteinen

Eine Proteinisolierung erfordert eine möglichst spezifische und empfindliche Nachweismethode für das gesuchte Protein, um es von anderen Eiweißen unterscheiden zu können. Für Enzyme (s. Kap. I.5.2) kann ein substratspezifischer **Enzym-Assay** aufgebaut werden. Dabei wird nach Zugabe des Substrats, dem Ausgangsstoff einer enzymatisch katalysierten Reaktion, die Umsetzungsrate dieses Stoffes bestimmt, von der auf die Menge an aktivem Enzym geschlossen werden kann. Wichtige Messgrößen sind die **Gesamtaktivität** der Proteinlösung in Unit (U) oder Katal (kat) und die **spezifische Aktivität** (Aktivität pro Proteinmenge, U/mg). Letztere gibt an, wie groß der Anteil des gesuchten Enzyms vom Gesamtprotein in der Lösung ist. Nach jedem Reinigungsschritt sollte ein Enzymtest durchgeführt werden, um eine Kontrolle der durchgeführten Arbeiten zu erhalten. Ist die spezifische Aktivität erhöht, wurde das gewünschte Enzym angereichert, indem unerwünschte Proteine abgetrennt wurden.

Sollen Proteine gereinigt werden, die keine Enzyme sind, müssen andere Nachweismethoden entwickelt werden. Ist das gereinigte Protein schon verfügbar, können damit Tiere immunisiert und Antikörper (s. S. 317) hergestellt werden, die eine sichere Identifikation der zu reinigenden Proteine ermöglichen. Wenn das Molekulargewicht des zu isolierenden Proteins bekannt ist, kann der Fortschritt der Proteinreinigung mit einer SDS-PAGE (s. Kap. III.1.3.3) überprüft werden.

Bei einer **quantitativen Proteinbestimmung** wird der mengenmäßige Anteil dieser Makromoleküle in der Probe bestimmt. Nicht die unterschiedlichen Proteine in der Probe, sondern der Gesamtanteil an Proteinen soll ermittelt werden, also die Proteinkonzentration (z. B. in mg/mL oder µg/mL Probe). Dabei können sowohl Gemische aus unterschiedlichen Proteinen untersucht werden oder eine bestimmte Proteinart, die beispielsweise bei einem Proteinreinigungsverfahren erhalten wird. Quantitative Proteinanalysen kommen bei der Isolierung und Reinigung eines Proteins z. B. eines Enzyms zum Einsatz. Nach jedem Reinigungsschritt wird die Menge des Zielproteins z. B. über die Bestimmung der enzymatischen Aktivität (s. Kap. III.5) und gleichzeitig die Menge sämtlicher in der Probe vorhandener Proteine bestimmt. Dadurch kann erkannt werden, ob der Reinigungsschritt zu einer Abtrennung der nicht gesuchten Proteine geführt hat und der Anteil des zu isolierenden Proteins in der Gesamtproteinmenge zugenommen hat. Zur Bestimmung der Proteinkonzentration werden Verfahren der Fotometrie genutzt.

1.2.1 Grundlagen der Fotometrie

Bei der Fotometrie wird Licht einer bestimmten Wellenlänge durch eine Probe gestrahlt, die sich in einer Küvette, einem Glas- oder Plastikgefäß mit planparallelen Seitenflächen für optische Untersuchungen, befindet. Enthält die Probe eine Lösung mit einem Farbstoff, wird von den Farbstoffmolekülen Licht im sichtbaren Bereich, also elektromagnetischer Strahlung im Bereich von etwa 400 bis 800 nm, aufgenommen. Dieser Vorgang wird **Absorption** genannt und beruht auf der Aufnahme von Licht (elektromagnetischer Strahlung) durch Elektronen von Atomen in Molekülen. Beispielsweise absorbieren die Blätter der Pflanzen mithilfe von Chlorophyll und anderen Farbstoffen vorwiegend rotes, langwelliges Licht. Die Blätter erscheinen dem Auge aufgrund der nicht absorbierten Lichtanteile in der Komplementärfarbe Grün.

Die farbigen gelösten Stoffe, deren Konzentration gemessen werden soll, absorbieren nur das Licht einer bestimmten Farbe. In der Fotometrie wird mit **monochromatischem Licht** gearbeitet, d.h. mit Licht einer bestimmten Wellenlänge bzw. eines engen Spektralbereiches. In vielen Fotometern wird es erzeugt, indem das polychromatische Licht z.B. einer Quecksilberdampflampe durch einen auswechselbaren Filter gelenkt wird (Bild 1). Die Lichtstärke oder -intensität wird von einem Detektor gemessen, der das Licht in ein elektrisches Signal umwandelt und zur Anzeige bringt.

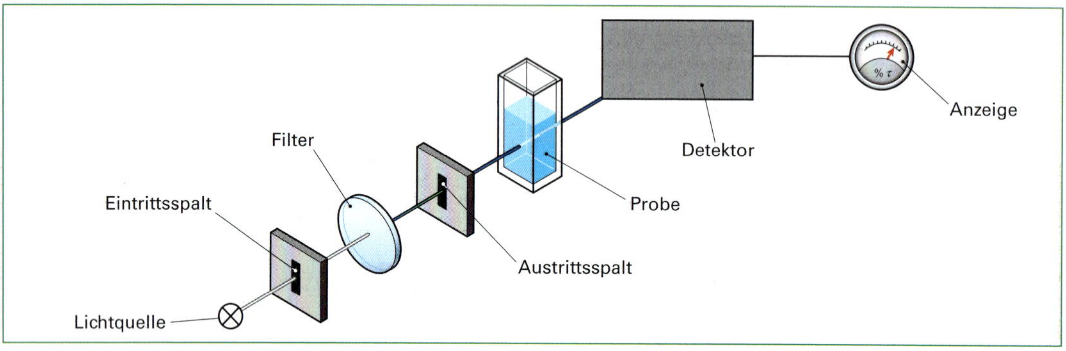

Bild 1 Strahlengang eines Fotometers zur Absorptionsmessung

Beim Durchgang durch die Farbstofflösung nimmt aufgrund der Absorption die Lichtintensität ab. Das Fotometer misst sowohl die Intensität des eintretenden Lichtstrahls (I_0) und die Intensität des austretenden Lichtstrahls (I). Das Fotometer berechnet die Lichtschwächung, die Verminderung der Lichtintensität, die als **Extinktion *E*** (auch gebräuchlich: Absorptionsmaß *A*) bezeichnet wird. Es handelt sich bei der Lichtschwächung um eine exponentielle Funktion und die Extinktion ist der negative dekadische Logarithmus des Verhältnisses von I und I_0. Die Extinktion ist dimensionslos.

Die Lichtschwächung wird für monochromatisches Licht der Wellenlänge λ durch das ***Bouguer-Lambert-Beer*-Gesetz** beschrieben, das folgendermaßen lautet:

$$E = \lg\left(\frac{I}{I_0}\right) = \varepsilon \cdot c \cdot d$$

Die auch *Lambert-Beersches* Gesetz genannte spektrale Beziehung besagt, dass die Extinktion umso höher ist, je höher die Konzentration (c) der gefärbten Stoffe in der Probenlösung ist. Die Extinktion ist ebenfalls proportional zur Schichtdicke (d) der Küvette. Außerdem ist sie abhängig von einem Extinktionskoeffizienten (ε, dekadischer molarer Extinktionskoeffizient), einem von der eingesetzten Wellenlänge abhängigen Faktor.

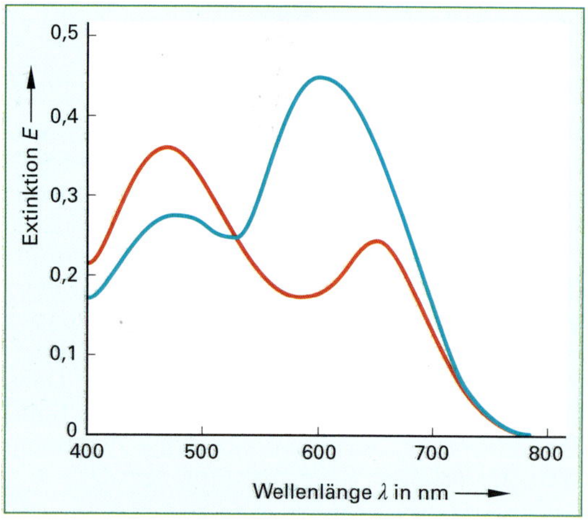

Bild 2 Absorptionsspektrum des Farbstoffs der *Bradford*-Proteinbestimmung, Coomassie-Blau, ohne (rot) und mit Bindung (blau) an Protein

Wird eine farbige Verbindung mit kontinuierlich zunehmender Wellenlänge fotometrisch gemessen, wird ein Absorptionsspektrum von UV- oder sichtbarem Licht durch chemische Verbindungen in Abhängigkeit von der Wellenlänge aufgenommen (Bild 2). Es zeigt, bei welchen Wellenlängen Farbstoffe besonders stark Licht aufnehmen.

Die Wellenlänge, bei der eine Verbindung ein **Absorptionsmaximum** besitzt, da dort der Extinktionskoeffizient am höchsten ist, ist besonders für eine fotometrische Proteinbestimmung geeignet. Dabei wird der Proteinlösung in unbekannter Konzentration ein Stoff (Reagenz) zugesetzt, der vollständig und selektiv mit Proteinen reagiert (z.B. eine Bindung eingeht). Das hierbei entstandene Produkt aus Stoff und Protein zeigt in einem anderen Wellenlängenbereich als die proteinlose Verbindung ein Absorptionsmaximum, bei dem gemessen werden kann.

1.2.2 *Bradford*-Proteinbestimmung

Der *Bradford*-Test ist eine nach dem amerikanischen Biochemiker *Marion M. Bradford* benannte Methode zur Bestimmung von Proteinen bis zu einer Konzentration im Bereich Mikrogramm pro Milliliter. Der Test wird häufig in Laboren angewandt, da sich diese Methode aufgrund ihrer schnellen und einfachen Durchführbarkeit bewährt hat.

Zur Bestimmung der Proteinkonzentration durch einen *Bradford*-Test wird der Farbstoff **Coomassie-Brillant-Blau** G-250, auch Coomassie-Blau genannt, verwendet. Der Triphenylmethanfarbstoff, eine von Triphenylmethan abgeleitete Farbstoffgruppe, lagert sich an die Seitenketten von basischen Aminosäuren der Proteine an. Die ungebundene Form des Farbstoffs hat eine rote Farbe mit einem Absorptionsmaximum bei 465 nm (Bild 2, S. 352). Gebunden an ein Protein ändert sich das Absorptionsspektrum, das nun ein Maximum bei 595 nm aufweist. Gleichzeitig kommt es zu einer sichtbaren Farbänderung der Lösung, nämlich einer Blaufärbung (Bild 1). Die Proteinkonzentration kann durch Extinktionsmessung bei dieser Wellenlänge bestimmt werden, da die fotometrisch gemessene Schwächung der Lichtintensität proportional zur Proteinkonzentration ist.

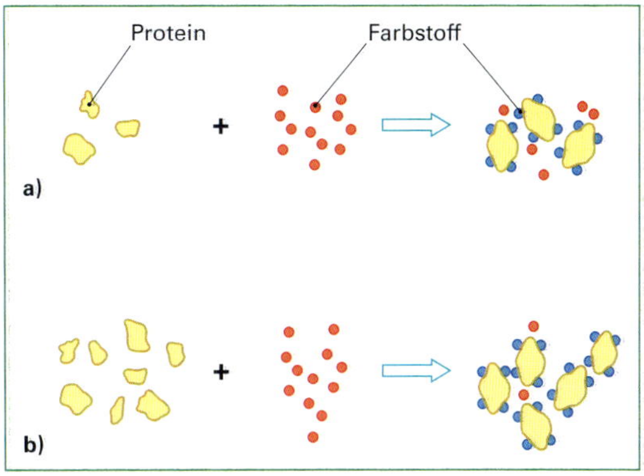

Bild 1 Bindung von Coomassie-Blau an Protein in geringer (a) und in hoher (b) Konzentration mit Farbänderung im *Bradford*-Test

Das Ausmaß der Farbreaktion und die gemessene Extinktion sind von Testbedingungen (z. B. der Temperatur) und den jeweiligen Proteinen abhängig, die im Test vorliegen. Deshalb muss parallel zur Bestimmung der Proben eine Kalibrierung durchgeführt werden. Außerdem überlagern sich die Absorptionsspektren der beiden Formen bei der Wellenlänge, an der gemessen wird, da auch das ungebundene Coomassie bei 595 nm absorbiert (Bild 2, S. 352). Deshalb besteht nur in einem kleinen Konzentrationsbereich ein lineares Verhältnis zwischen Absorption und der vorhandenem Proteinkonzentration.

Zur **Kalibrierung** von Proteingemischen werden Standardproteine benutzt wie z. B. Lysozym oder Rinder-Serum-Albumin. Wenn die Konzentration eines bestimmten und bekannten Proteins ermittelt wird, sollte diese auch zur Kalibrierung eingesetzt werden.

Verfahren: *Bradford*-Proteinbestimmung
(1) Die Proteinbestimmung kann in Reagenzgläsern oder direkt in 3-mL-Küvetten durchgeführt werden, wobei die Proben mit dest. H_2O auf 1 mL aufgefüllt werden. Außerdem kann die Messung in einer 96-Well-Platte durchgeführt werden.
(2) Zur Kalibrierung wird eine Protein-Standardlösung mit der Konzentration 1 mg/mL angesetzt und davon wiederum eine Reihe von Verdünnungen hergestellt. Werden beispielsweise 100, 200, 300 usw. bis 800 µL der Eichlösung eingesetzt, sind entsprechend 100, 200, 300 usw. µg/mL Protein im Test.
(3) Von jeder Kalibrierkonzentration und von den Proben werden Doppelbestimmungen angesetzt.
(4) Anschließend wird 1 mL der Reaktionslösung, die aus dem Farbstoff, Ethanol und Phosphorsäure besteht, zugegeben und gründlich gemischt.
(5) Innerhalb eines Zeitraums von 5 bis 60 Minuten (z. B. nach 10 Minuten) kann die Extinktion bei 595 nm gegen einen Leerwert gemessen werden. Der Leerwert wird in gleicher Weise wie die Proben hergestellt, enthält aber kein Protein.

Auswertung

Die für die Auswertung notwendige **Kalibrierungskurve** wird erstellt, indem die zur Kalibrierung eingesetzten Konzentrationen der Proteinlösungen gegen die gemessene Extinktion grafisch aufgetragen werden.

Die auch Standardkurve genannte Auftragung (Bild 1) sollte in einem gewissen Konzentrationsbereich eine Gerade darstellen. Sie kann dort zur Auswertung der Proben mit unbekannten Proteinkonzentrationen herangezogen werden. Dazu werden die den Extinktionen der Proben entsprechenden Proteinkonzentrationen auf der y-Achse abgelesen. Unter Berücksichtigung der Verdünnungen und der eingesetzten Volumina können die Probenwerte auf die Proteinkonzentrationen in den Ausgangslösungen umgerechnet werden. Bei zu hohen Proteinmengen in der Probe bzw. Proteinkonzentrationen wird die Kurve zu flach, um eine korrekte Auswertung durchzuführen.

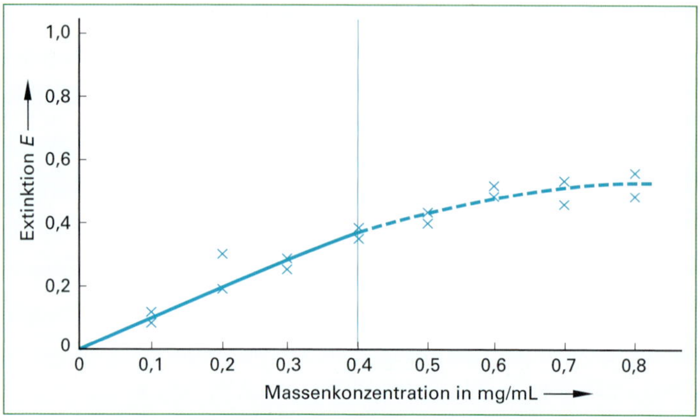

Bild 1 **Kalibrierkurve bei der *Bradford*-Proteinbestimmung**

Fehler und Störungen	Empfehlungen
▶ Proteinmenge in der Probe ist zu hoch, sodass die Extinktionswerte nicht im linearen Bereich der Kalibrierungskurve liegen.	✔ Die Probe sollte im Test verdünnt eingesetzt werden.
▶ Detergenzien, wie z. B. SDS in einer Konzentration über 0,2 % in der Probe, stören den *Bradford*-Test und führen zu falschen Ergebnissen.	✔ Detergenzien sollten aus den Proteinproben eliminiert oder eine Kalibrierung in Gegenwart der Störsubstanzen durchgeführt werden.
▶ Denaturierungsmittel, wie Harnstoff oder Guanidiniumchlorid, stören den *Bradford*-Test.	✔ Denaturierungsmittel sollten aus den Proteinproben eliminiert oder eine Kalibrierung in Gegenwart der Störsubstanzen durchgeführt werden.
▶ Reduktionsmittel wie DTT (Dithiothreitol) stören den Test.	✔ Reduktionsmittel sollten aus den Proteinproben eliminiert oder eine Kalibrierung in Gegenwart der Störsubstanzen durchgeführt werden.

1.3 Auftrennung von Proteinen

Trennungsmethoden nutzen verschiedene chemische oder auch physikalische Eigenschaften von Molekülen, um diese von anderen Molekülen zu isolieren. Proteine können mittels Chromatografie oder SDS-PAGE getrennt werden, während DNA und RNA meist mithilfe von Elektrophoresen aufgetrennt werden.

1.3.1 Säulenchromatografie über Gelfiltration

Chromatografische Techniken werden zur Trennung von Proteinen, RNA, DNA wie auch von zahlreichen anderen Molekülklassen eingesetzt. Die Auftrennung eines Stoffgemisches durch Chromatografie erfordert zwei unterschiedliche Phasen, eine stationäre (nicht bewegliche) Phase und eine mobile Phase. Die **mobile Phase** sorgt für den Transport der Substanzen durch die Säule. An der **stationären Phase** finden Wechselwirkungen mit den Komponenten des zu trennenden Gemisches statt, sodass einzelne Substanzen aufgehalten werden und ihr Durchfluss verzögert wird.

Bei der Säulenchromatografie wird die stationäre Phase (hier Säulenmatrix genannt) in eine Säule aus Glas oder Stahl gepackt, durch die eine Flüssigkeit, die mobile Phase, fließt und als Eluat die Säule verlässt.

Neben der Säulenchromatografie gibt es Verfahren, bei denen die Trennung auf einer ebenen Oberfläche stattfindet (Beispiele: Papier- und Dünnschichtchromatografie).

Bei chromatografischen Methoden sind besonders zwei physikalisch-chemische Prozesse von Bedeutung.

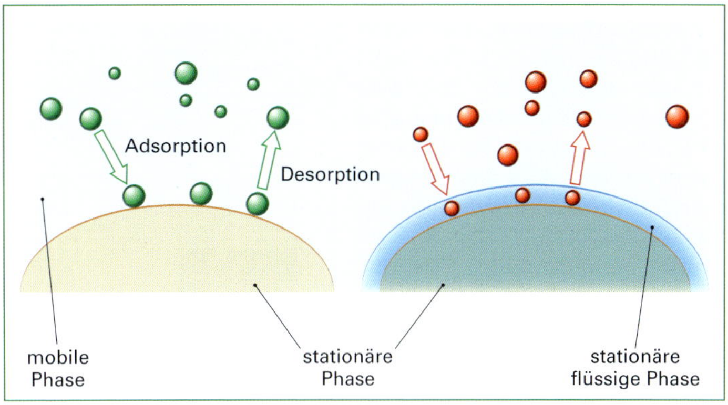

Bild 1 Adsorption/Desorption und Verteilung in Flüssigkeitsphasen bei der Chromatografie

- **Das Adsorptions- und Desorptionsgleichgewicht**
  Die Adsorption ist die Anlagerung, die nicht kovalente Bindung einer Substanz an die Oberfläche eines Festkörpers, der in der Chromatografie die stationäre Phase darstellt. Die Desorption ist der umgekehrte Vorgang, die Ablösung von der Oberfläche. Beide Prozesse sind sich stetig wiederholende Vorgänge, die von den chemischen Eigenschaften aller beteiligten Stoffe abhängig sind. Wird eine zu trennende Substanz stärker gebunden, wird sie länger aufgehalten und wandert langsamer im Fluss der mobilen Phase (Bild 1).

- **Das Verteilungsgleichgewicht**
  Die unterschiedliche Verteilung von gelösten Substanzen in der Flüssigkeitsschicht, die die stationäre Phase umgibt, und in der Flüssigkeit der mobilen Phase führt ebenfalls zu ungleichen Wanderungsgeschwindigkeiten und damit zur Trennung von Substanzen. Ist ein Stoff in der mobilen Phase schlechter als in der stationären Flüssigkeitsphase löslich, dann wird er sich länger in der stationären Phase aufhalten und langsamer die Säule passieren.

Bei einer Säulenchromatografie wird zuerst die Probe mit dem Proteingemisch oben auf die Säule aufgetragen (Bild 2). Danach kann das Elutionsmittel, die mobile Phase, zugegeben werden.

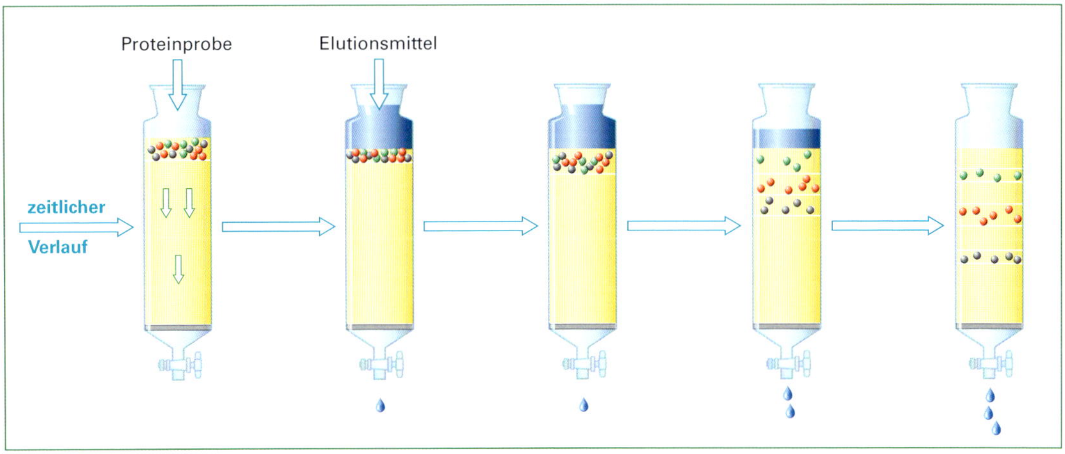

Bild 2 Säulenchromatografische Auftrennung eines Proteingemisches

Das **Elutionsmittel**, auch Eluent, Lösemittel oder Lösungsmittel genannt, ist bei biologischen Proteintrennungen eine Pufferlösung, die den pH-Wert bei der Chromatografie stabil halten soll. Sie transportiert die Substanzen der Probe mit unterschiedlicher Geschwindigkeit durch die Säule, sodass es zu einer Auftrennung kommt.

Das zentrale Element einer automatisierten **Anlage zur Säulenchromatografie** ist die Säule (Trennsäule) mit einer geeigneten Säulenfüllung (Bild 1). Die Säule wird am oberen Ende über eine Pumpe mit einem Vorratsgefäß verbunden, welches das Elutionsmittel enthält. Wird das Elutionsmittel mit einer Förderpumpe zur Säule transportiert, kann ein konstanter Volumenstrom über die Trennsäule fließen. Das Probenmaterial wird entweder manuell am Säulenkopf aufgegeben oder wie bei der HPLC (*High Pressure Liquid Chromatography*) bzw. Gaschromatografie über ein automatisches Probeaufgabesystem mit einer Spritze injiziert. Bei der **Gaschromatografie** ist die mobile Phase ein Gas und die zu analysierenden Stoffe müssen gasförmig bzw. verdampfbar sein. Die **Hochdruck-Flüssigkeitschromatografie** oder **HPLC** ist eine Sonderform der Säulenchromatografie, bei der die mobile Phase mit hohem Druck durch eine Stahlsäule mit geringem Durchmesser gepumpt wird.

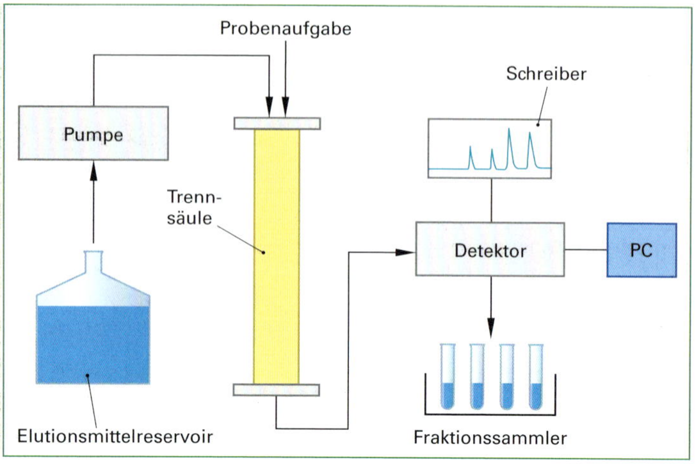

Bild 1 Schematischer Aufbau einer Anlage zur Säulenchromatografie

Mithilfe eines **Detektors** können die aus der Säule austretenden Substanzen im sogenannten Eluat registriert werden. Bei Proteintrennungen kann beispielsweise das Eluat durch einen UV-Detektor fließen, der kontinuierlich die Lichtabsorption bei 280 nm misst. Diese Absorption ist proportional zur jeweiligen Proteinkonzentration. Mit einem Schreiber kann der Zeitpunkt des Austritts und die Menge der Substanz abgebildet werden. Die Signale des Detektors erscheinen grafisch als *Peak* (engl. *peak*: Gipfel). Die Signale können außerdem mithilfe eines PC-Systems ausgewertet werden.

Die in der Säule getrennten Substanzen können zur weiteren Untersuchung mithilfe eines Fraktionssammlers in Fraktionen getrennt aufgefangen werden.

Ausschlusschromatografie oder Gelfiltration

Die Ausschlusschromatografie ist eine weitverbreitete Methode, um Proteine voneinander zu isolieren oder von Verunreinigungen in einer bestimmten Größenordnung zu trennen. Mit ihr können Proteine entsprechend ihrer Größe aufgetrennt werden, wobei unterschiedliche Säulenmaterialien mit verschiedenen Maschenweiten (Porengrößen) eingesetzt werden können. Das Verfahren kann auch zur Trennung von DNA und Polysacchariden genutzt werden.

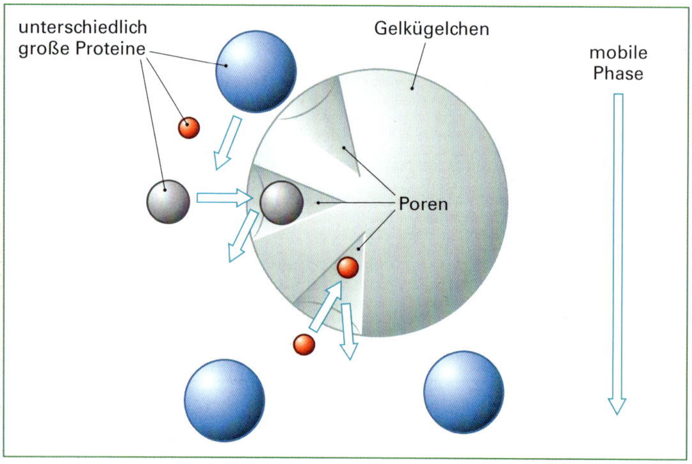

Bild 2 Wirkung des Gelfiltrationsmaterials als Molekularsieb

Die auch Gelfiltration genannte Trennungstechnik ist eine besondere chromatografische Methode, da Adsorptions- und Verteilungsprozesse hier keine Rolle spielen: Die Proteine werden ausschließlich aufgrund ihrer unterschiedlichen Größen getrennt (Bild 2). Besitzen die Proteine eine globuläre Struktur (s. S. 30) korrespondiert die Proteingröße mit dem Molekulargewicht der Moleküle.

Die stationäre Phase besteht bei der Gelfiltration aus Gelkügelchen mit einer porösen Oberfläche. Die Poren des Gelfiltrationsmaterials wirken wie ein **molekulares Sieb**: Die großen Teilchen der mobilen Phase können unbehindert durch die Säule fließen, während die kleinen Moleküle in die Poren des Gels diffundieren und dort aufgehalten werden.

Zur Gelfiltration werden unterschiedliche **Säulenmaterialien** wie Sephadex, ein Markenname für Dextrane (verzweigte Polymere aus Glukose), als stationäre Phase verwendet. Gele mit verschiedener Porenweite sind verfügbar, die bestimmen, welche Proteine zurückgehalten werden bzw. welche ungehindert eluieren können. Proteine, die größer als die Poren der stationären Phase sind, werden unabhängig von ihrer konkreten Größe überhaupt nicht aufgehalten und wandern schnell über die Säule. Die Grenze, ab der Proteine in einem Säulenmaterial nicht mehr zurückgehalten werden und die gleich schnell wandern, wird **Ausschlussgrenze** genannt. Sephadex G 50 ist beispielsweise ein Gel mit Poren, in die globuläre Proteine mit einem Molekulargewicht über ca. 50 000 Dalton nicht mehr hineingelangen.

Verfahren: Säulenchromatografie
(1) Ein Säulenmaterial mit einem für die Proteine geeigneten Trennbereich muss ausgewählt werden.
(2) Die Glassäule sollte gefüllt (gepackt) werden, indem das in Puffer ausgequollene und abgesetzte Gelmaterial luftblasenfrei in die Säule gegossen wird. Das Auslaufen der Säule wird durch eine Fritte (Glas- oder Keramikfilter) oder einen Wattebausch im Auslauf verhindert.
(3) Die Säule wird mit Puffer gespült, bis die Durchflussgeschwindigkeit konstant ist. Die Säule darf zu keinem Zeitpunkt trocken laufen.
(4) Die Proteinprobe sollte in möglichst konzentrierter Form am oberen Ende auf die Säule aufgegeben werden (Beladung).
(5) Das Elutionsmittel wird manuell oder mittels einer Pumpe zugeführt und bis zum Chromatografieende ständig nachgegeben.
(6) Die getrennten Flüssigkeitsschichten können am unteren Säulenende fraktionsweise entnommen werden (z. B. in Reagenzgläsern mithilfe eines Fraktionssammlers).

Fehler und Störungen	Änderungs- und Optimierungsmöglichkeiten
▶ An zahlreichen Stellen können Fehler gemacht werden oder Störungen auftreten. ▶ Die korrigierenden Maßnahmen können nur mit gründlicher systematischer Fehlersuche gefunden werden. ▶ Vor allem bei schlechter Trennung (ersichtlich z. B. an breiten *Peaks* und Überlagerungen der *Peaks*) ist eine Verfahrensüberarbeitung notwendig.	✔ Größe der Säule ✔ Partikelgröße der stationären Phase ✔ Fließgeschwindigkeit der mobilen Phase ✔ Menge der Beladung der Säule mit Probenmaterial ✔ Temperatur (Proteine können bei zu hoher Temperatur denaturieren!) ✔ Elutionsmittel (Puffer, pH-Wert, Ionenstärke) ✔ Änderung des Chromatografieverfahrens (s. u.)

Auswertung eines Chromatogramms

Bild 1, S. 358 zeigt ein **Chromatogramm**, eine zeitabhängige Messkurve des Detektors, in dem die Detektorsignale aufgezeichnet werden und die am Säulenende getrennten Proteinfraktionen als *Peaks* erscheinen. Jeder *Peak* steht für mindestens eine Komponente der Probe. Ein *Peak* kann jedoch von mehreren Substanzen hervorgerufen werden, wenn es auf der Säule nicht zu einer Trennung gekommen ist und zwei oder mehr unterschiedliche Substanzen gleich schnell gewandert sind.

Die Verzögerung des Durchflusses der Substanzen aufgrund unterschiedlicher Verteilungen in mobiler und stationärer Phase, wird **Retention** genannt. Entsprechend wird die Zeit, die eine Substanz für die Säulenstrecke von der Probenaufgabe bis zum Detektor benötigt, **Retentionszeit** (t_R) genannt. Die Retentionszeit ist für eine Substanz bei exakt gleichen chromatografischen Bedingungen konstant.

Die Zeitdauer, die schon die mobile Phase benötigt, um die Chromatografie-Anlage von der Probenzugabe bis zum Detektor zu durchfließen, wird **Durchflusszeit** (früher Totzeit) genannt.

Auch eine Substanz ohne Retention in der Säule durchläuft diese Zeitphase t_0. Die Differenz aus Retentionszeit und Durchflusszeit wird **Nettoretentionszeit** bezeichnet ($t_N = t_R - t_0$). Sie entspricht damit der Zeit, in der die Substanz von der stationären Phase aufgehalten wird.

Aufgrund der Konstanz der Retentionszeiten für eine bestimmte Substanz kann ein unbekannter *Peak* identifiziert werden. Wird ein Stoff als Standard (Reinsubstanz) unter gleichen Bedingungen chromatografiert, sollten die Retentionszeiten identisch sein. Der Standard kann auch direkt der Probe zugesetzt werden, die chromatografiert wird. Der *Peak* der identischen Verbindung in der Probe sollte dann entsprechend der zugegebenen Menge größer werden.

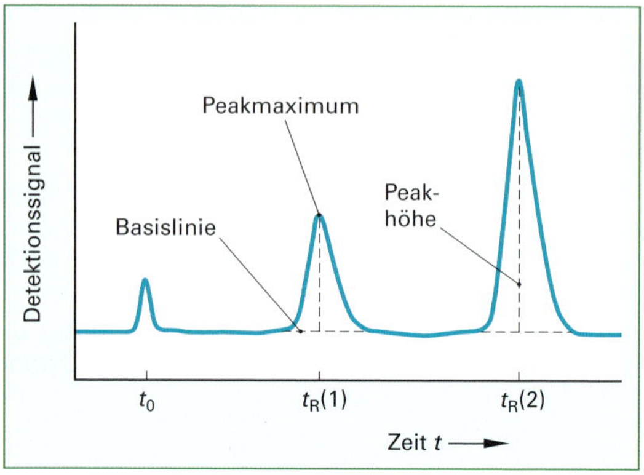

Bild 1 Chromatogramm

Bei der Ausschlusschromatografie können Proteine, die aufgrund ihrer Größe von der stationären Phase nicht zurückgehalten werden, die Säule nach der Durchflusszeit t_0 verlassen. Proteine, die von der Gelmatrix zurückgehalten werden, eluieren später. Das Chromatogramm (Bild 1) zeigt, dass die drei Proteine der Probe (s. Bild 2, S. 355) beim Durchgang durch die Säule getrennt wurden und als getrennte *Peaks* erscheinen.

$t_R(1)$ entspricht dabei der Zeit, die ein relativ großes Protein benötigt, um die Säule zu passieren. $t_R(2)$ stellt eine Probenkomponente dar, die eine kleinere Größe bzw. Masse aufweist und entsprechend später eluiert. Die Retentionszeiten können zur Bestimmung der Molekülgrößen bzw. -massen genutzt werden, wenn Standardproteine bei der Chromatografie mitgeführt werden.

Da die Signalstärke des Detektors von der Anzahl der Teilchen im Durchflussvolumen abhängig ist, kann ein Chromatogramm auch **quantitative Informationen** über die Mengen bzw. Konzentrationen der Proteinfraktionen liefern. Dazu muss die Größe eines *Peaks* ermittelt werden, was auf mehrere Arten möglich ist:

- Die **Bestimmung der *Peak*-Höhe** (Entfernung des *Peak*-Maximums von der Basislinie), ist eher eine Abschätzung der Stoffkonzentration, da hierbei die Breite des *Peaks* vernachlässigt wird. Die Basislinie kann als gerade Strecke vom *Peak*-Anfang zum *Peak*-Ende gezeichnet werden. Diese Auswertung sollte nicht bei unsymmetrischen *Peaks* oder bei *Peaks* erfolgen, die sich überlagern.
- Zur **Bestimmungen der Fläche** in vereinfachter Form kann das Produkt von *Peak*-Höhe und *Peak*-Breite ermittelt werden, wobei letzterer Parameter auf halber *Peak*-Höhe genommen wird. Einfache Methoden sind auch das Auftragen der *Peaks* auf Millimeterpapier sowie Auszählen der Kästchen oder das Ausschneiden und anschließendes Wiegen. Eine genauere Flächenbestimmung ist heutzutage über computergestützte Integration der Messkurven möglich.

Eine Kalibrierung der quantitativen Analyse des chromatografischen Verfahrens kann mithilfe von Standardsubstanzen durchgeführt werden. Dazu können Reinsubstanzen von definierter Menge zusammen mit der Probe chromatografiert werden.

1.3.2 Ionenaustausch- und Affinitätschromatografie

Wichtige Methoden zur Trennung von Proteinen sind die Ionenaustauschchromatografie und die Affinitätschromatografie.

Mithilfe der **Ionenaustauschchromatografie** können Stoffe anhand ihrer Ladung voneinander isoliert werden. Bei diesem Chromatografieverfahren sind an der stationären Phase Kationen oder Anionen kovalent gebunden, die entgegengesetzt geladene Teilchen der mobilen Phase anziehen und damit zurückhalten. Die stationäre Phase, die meist aus organischen Polymeren besteht, wird Ionenaustauscher genannt, wobei zwischen **Kationen-** und **Anionenaustauscher** unterschieden werden muss. Ein Kationenaustauscher besitzt anionische Gruppen z. B. Carboxylgruppen, ein Anionenaustauscher kationische Gruppen wie z. B. Aminogruppen.

Da Proteine in unterschiedlichem Maße saure und basische funktionelle Gruppen in den Restgruppen enthalten, können sie oft gut mit der Ionenaustauschchromatografie getrennt werden. Bild 1 zeigt, wie an einem Anionenaustauschergel anionische Proteine an den positiven Ladungen der stationären Phase gebunden werden und ihr Durchfluss verzögert wird.

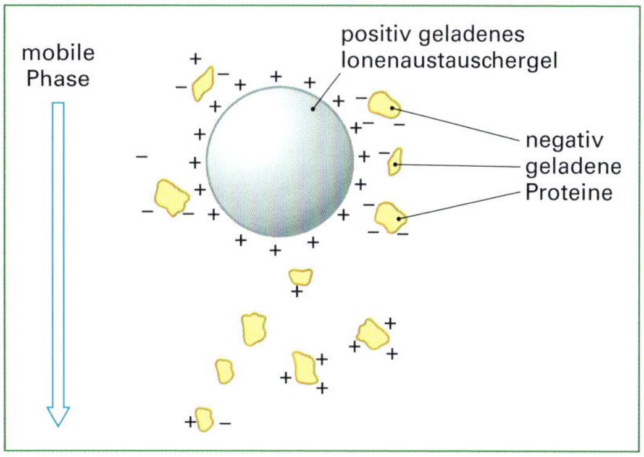

Bild 1 Molekulare Abläufe bei der Ionenaustauscherchromatografie

Bei der **Affinitätschromatografie** werden Moleküle, sogenannte **Liganden**, mit der Säulenmatrix kovalent vernetzt, die mit einer hohen Affinität (Bindungsstärke) ein bestimmtes Protein aus der mobilen Phase binden können. Die Bindung erfolgt nach dem Schlüssel-Schloss-Prinzip: Ligand und Protein müssen eine Stelle besitzen, an der sie räumlich perfekt zueinander passen (Bild 2).

Beispielsweise kann die enge Bindung zwischen Antigenen und **Antikörpern** genutzt werden, um ein Protein chromatografisch zu isolieren. Dazu müssen vom Protein zuerst Antikörper gewonnen werden, z. B. indem sie in einen Tierkörper gespritzt werden und dort die Bildung spezifischer Antikörper anregen. Anschließend können die aus dem Blut isolierten Antikörper als Liganden mit der Gelmatrix kovalent verbunden werden. Enge Wechselwirkungen, die zur Affinitätschromatografie eingesetzt werden, bestehen auch zwischen Enzymen und ihren Substraten oder einem Coenzym sowie zwischen Nukleinsäuren und dazu komplementären Nukleinsäuresträngen.

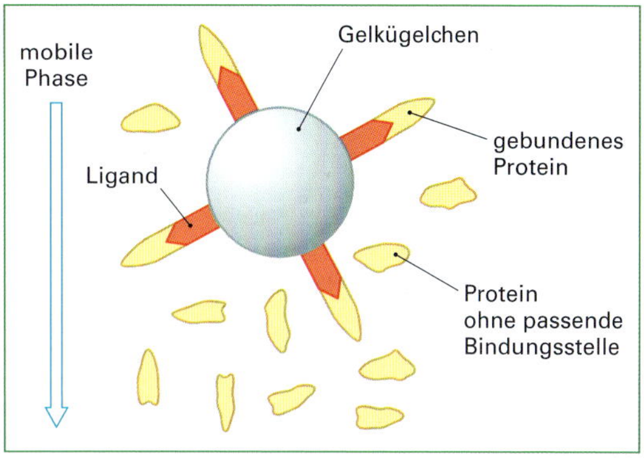

Bild 2 Molekulare Abläufe bei der Affinitätschromatografie

Die Affinitätschromatografie ist aufgrund der Gewinnung und Kopplung der Liganden sehr arbeitsaufwendig, führt aber meist zu guten Trennungsresultaten.

1.3.3 Elektrophoresen

In der Molekularbiologie werden häufig Elektrophoresen durchgeführt, da diese eine einfache und schnelle Methode darstellen, um Biomoleküle wie Proteine und DNA aufzutrennen.

Mithilfe von Elektrophoresen können Gemische von Biomolekülen durch ihre verschiedenen Ladungen und Größen voneinander getrennt werden. Die Wanderung der Moleküle erfolgt meist in einem Trägermaterial z. B. einem Gel. Es gibt neben trägergebundenen auch trägerfreie Systeme. Folgende Parameter sind bei einer trägergebundenen Gelelektrophorese von Bedeutung für geladene Moleküle:

- Die **Größe** und **Gestalt** der Moleküle hat einen wichtigen Einfluss auf die Beweglichkeit von Molekülen innerhalb eines Trägermaterials. Wenn die Biomoleküle größer sind, wandern sie langsamer im Gel.
- Die **Nettoladung** der Moleküle spielt ebenfalls eine Rolle. Bei gleicher Größe wandern die hochgeladenen Teilchen besonders schnell.
- Je nachdem wie groß die Proteine sind, die aufgetrennt werden sollen, muss die **Porengröße des Gels** variiert werden. Wenn kleinere Proteine aufgetrennt werden sollen, muss die Porengröße des Gels kleiner sein.
- Eigenschaften des **Puffers** wie der pH-Wert, die Temperatur und die Ionenstärke können Einfluss auf die Elektrophorese nehmen.
- Eine Erhöhung der **elektrischen Stromstärke** beschleunigt die Elektrophorese.

Natriumdodecylsulfat-Polyacrylamid-Gelelektrophorese (SDS-PAGE)

Die Natriumdodecylsulfat-Polyacrylamid-Gelelektrophorese ist eine häufig angewandte Methode, um Proteine voneinander zu trennen. Durch die Anlagerung von SDS (engl. *Sodium Dodecyl Sulfate*) an die Proteine werden diese denaturiert und negativ geladen. Auf diese Weise entstehen Proteinanionen, bei denen die Größe der Ladung proportional zu ihrer Molekülgröße ist. Proteine mit einem kleineren Molekulargewicht wandern unter diesen Bedingungen schneller über ein Gel als Proteine, die ein größeres Molekulargewicht besitzen. Durch die SDS-PAGE kann so das Molekulargewicht unbekannter Proteine ermittelt werden, wenn bekannte **Proteinstandards** im Gel mitlaufen.

Es gibt zwei verschiedene Arten des **Gelaufbaus**:

- Bei der **diskontinuierlichen** Gelelektrophorese (Bild 1) besteht das Gel aus dem Sammel- und dem Trenngel, wobei sich Letzteres unterhalb des Sammelgels befindet. Das Sammelgel hat größere Poren, sodass sich die Proteine hier nicht trennen, jedoch auf einer Linie sammeln bzw. konzentrieren. Im Gegensatz dazu hat das Trenngel eine kleinere Porenweite und soll die Proteine der Größe nach trennen. Sammel- und Trenngel besitzen unterschiedliche Puffersysteme.
- Bei **kontinuierlichen** Elektrophoresegelen wird auf ein Sammelgel verzichtet und der gleiche Puffer wird zur Herstellung des Trenngels wie auch für die Elektrophorese verwendet.

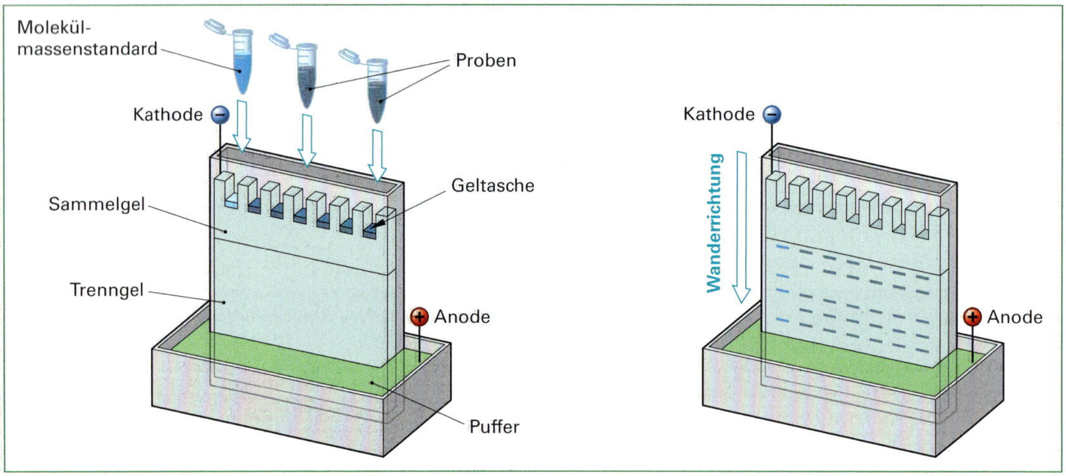

Bild 1 Beladung eines diskontinuierlichen Gels und Elektrophorese

Um die Proteine nur der Größe nach aufzutrennen, müssen ansonsten gleiche Laufbedingungen im Gel geschaffen werden. Dazu werden die Proteine hitzedenaturiert, die Eigenladung der Proteine aufgehoben und sie mit der gleichen negativen Ladung versehen (Bild 2). Die Proben werden in einem Lade- bzw. Probenpuffer hitzebehandelt, was in Anwesenheit des anionischen Detergenz SDS zur Denaturierung der Proteine führt. Gleichzeitig bewirkt die reduzierenden Verbindung β-Mercaptoethanol, dass die Disulfidbrücken der Proteine gespalten werden.

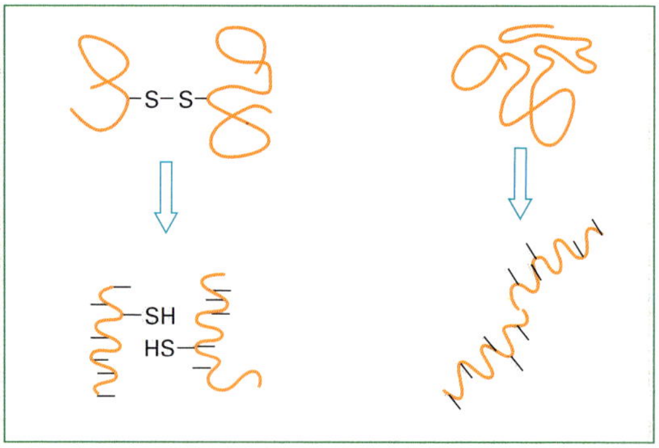

Bild 2 Proteinumwandlung bei der SDS-PAGE

Bei der Elektrophorese werden die negativ geladenen Proteine zum positiven Pol gezogen. Dabei muss auf die richtige Anordnung von Anode und Kathode geachtet werden, damit die Wanderrichtung nicht in die falsche Richtung erfolgt.

Als Träger- bzw. Gelsubstanz wird bei einer SDS-PAGE meistens **Polyacrylamid** verwendet, das sich durch Kettenpolymerisation aus den Molekülen Acrylamid und N,N'-Methylenbisacrylamid aufbaut. Niederprozentige Acrylamidgele haben größere Poren als Gele mit einem höheren Acrylamidanteil.

So können mithilfe eines fünfprozentigen Acrylamidgels Proteine der Molekularmasse 60 bis ca. 300 kDa aufgetrennt werden, während bei einem zehnprozentigen Gel Proteine mit 17 bis 70 kDa Masse getrennt werden.

Acrylamid hat eine gesundheitsschädliche krebserregende Wirkung, weswegen mit dieser Substanz besonders vorsichtig gearbeitet werden muss. Da SDS ebenfalls gesundheitsschädlich ist, sollten möglichst 10%ige Stammlösungen dieses Stoffes hergestellt und eingesetzt werden.

Bei beiden Gelsystemen wird eine Taschenschablone benutzt, in deren Öffnungen die Proben aufgetragen werden. Bei der Herstellung diskontinuierlicher Gele sollte darauf geachtet werden, dass das Trenngel innerhalb von 30 bis 60 Minuten vollständig getrocknet ist, bevor die Lösung des Sammelgels dazugegeben wird.

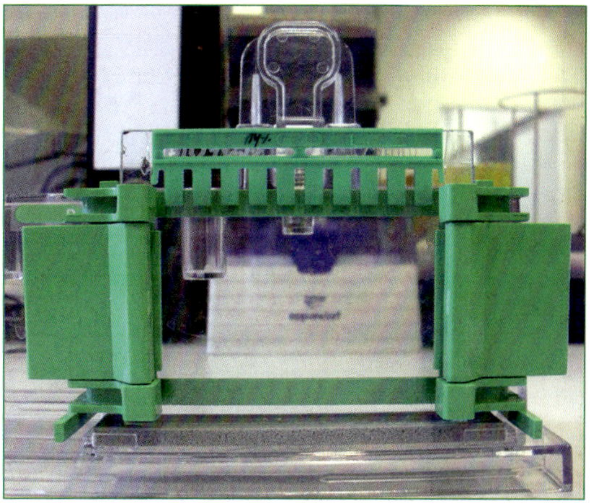

Bild 1 Aufbau einer Gel-Apparatur für eine diskontinuierliche SDS-PAGE

Zum Nachweis der getrennten Proteine kann der Farbstoff **Coomassie-Brillant-Blau** eingesetzt werden, der unspezifisch an fast alle Proteine bindet. Beim Färben eines Gels mit einer Färbelösung, die diesen Farbstoff beinhaltet, werden die einzelnen Proteinbanden blau gefärbt. Ab 0,1 µg Protein in einer Bande ist die Färbung nachweisbar. Mithilfe einer Entfärbelösung kann die Färbung wieder rückgängig gemacht werden. Bei geringeren Proteinmengen ist auch eine Silberfärbung möglich, die empfindlicher, aber auch zeitaufwendiger als eine Coomassie-Blau-Färbung ist. Weitere Nachweismöglichkeiten für Proteine stellen Fluoreszenzfarbstoffe dar. Bei geringen Proteinmengen können die Proteine vor der Elektrophorese damit kovalent markiert werden. Außerdem kann das Gel nach der Elektrophorese in einem *Western Blot* genutzt werden, um die Proteine auf einer Membran zu fixieren (s. S. 363).

Durch einen Protein-Molekülmassenstandard kann die Größe der Banden ermittelt werden, indem der Standard mit der Laufweite des Proteins verglichen wird. Mithilfe von bestimmten Geldokumentationssystemen, die eine Kameranutzung beinhalten, kann ein Foto von dem Gel gemacht werden.

Verfahren: Gelherstellung und Ablauf einer diskontinuierlichen SDS-PAGE

1. Zuerst wird die Trenngel-Lösung hergestellt. Ein 7,5-prozentiges Trenngel enthält 3,75 mL 30 % Acrylamid, 5,63 mL Trenngel-Puffer (Tris-HCl, 1 mol/L, pH 8,8), 5,34 mL H_2O, 150 µL 10 % SDS, 120 µL 10 % APS (Ammoniumperoxodisulfat) und 12 µL Temed (Tetramethylethylendiamin). APS und Temed werden als Letztes hinzugegeben, da durch sie das Gel relativ schnell polymerisiert.
2. Diese Trenngel-Lösung wird vorsichtig mit einer Pasteurpipette zwischen zwei senkrechte vormontierte Glasplatten gefüllt (siehe Bild 1) und anschließend mit Isopropanol bedeckt, um einen geraden Gelabschluss zu erreichen.
3. Für ein fünfprozentiges Sammelgel (0,75 mm x 16 cm x 16 cm) werden 0,83 mL 30 % Acrylamid, 0,63 mL Sammelgel-Puffer (Tris-HCl, 1 mol/L, pH 6,8), 3,46 mL H_2O, 50 µL 10 % SDS, 25 µL 10 % APS und 5 µL Temed eingesetzt.
4. Wenn das Trenngel nach 30 bis 60 Minuten richtig ausgehärtet ist, wird das Isopropanol entfernt und die Sammelgel-Lösung und die Taschenschablone hinzugefügt. Das Sammelgel benötigt 30 bis 45 Minuten um auszupolymerisieren. Bei beiden Gelen muss darauf geachtet werden, dass keine Luftblasen entstehen.

Probenvorbereitung

1. Die Proteinlösung wird im Verhältnis 3 zu 1 mit dem Probenauftragspuffer versetzt (1,75 mL Sammelgel-Puffer, 1,5 mL Glyzerin, 5 mL 10 % (*w/v*) SDS, 0,5 mL β-Mercaptoethanol, 1,25 mL Bromphenolblau, gesättigt, in 0,1 % Ethanol) und gemischt.
2. Die Hitzedenaturierung der Proben erfolgt bei 100 °C für 3 bis 5 Minuten.

(3) Dann können die Proben bei −20 °C eingefroren oder weiter verwendet werden.

(4) Die Proben werden 5 Minuten bei 10000 *g* zentrifugiert, um unlösliche Materie zu entfernen.

Beladung des Gels

(1) Das vollständig polymerisierte Gel wird in die Elektrophorese-Apparatur gegeben und die Kammern sowie die Gelkassette werden mit Elektrophoresepuffer (144 g Glyzerin, 30 g Tris-Base, 10 g SDS, auf 1 L H_2O auffüllen) gefüllt. Alle entstandenen Luftblasen müssen entfernt werden.

(2) Anschließend werden die Proben sowie der Molekülmassen-Standard aufgetragen, indem sie vorsichtig und langsam mittels Pipetten oder Spritzen in die Taschen gegeben werden (Bild 1, S. 360). Jede Tasche kann mit 25 bis 50 µg Gesamtprotein in 20 µL Gesamtvolumen beladen werden.

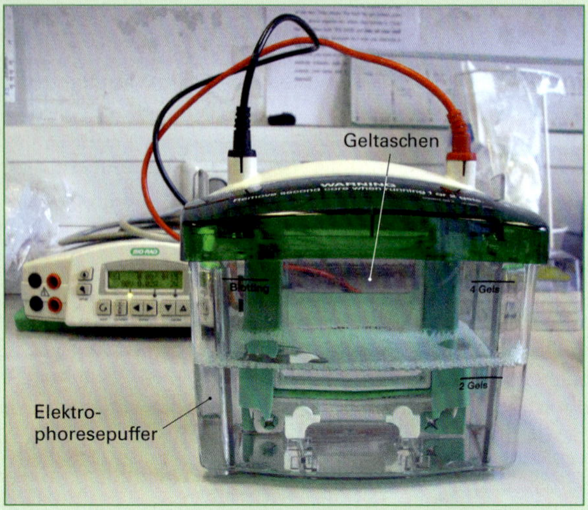

Bild 1 **Durchführung einer SDS-PAGE**

Elektrophorese

(1) Die Elektrophorese sollte bei einer konstanten Stromstärke von ca. 10 mA durchgeführt werden. Die Stromstärke kann auf 15 mA erhöht werden, wenn die Proben das Trenngel erreicht haben.

(2) Die Elektrophorese sollte abgestoppt werden, wenn die Lauffront des Farbstoffs Bromphenolblau austritt bzw. den unteren Gelrand erreicht.

Coomassie-Blau-Färbung

(1) Das Gel wird in 200 mL Färbelösung (0,25 % (*w/v*) Coomassie-Brillant-Blau R-250, 45 % (*v/v*) Ethanol, 9,2 % (*v/v*) Essigsäure) gegeben und leicht geschwenkt. Nach ungefähr 45 Minuten ist das Gel gefärbt. Je nach Dicke des Gels kann dieser Vorgang auch kürzer bzw. länger dauern.

(2) Die Färbelösung wird entfernt und die Entfärbelösung (30 % (*v/v*) Ethanol, 10 % (*v/v*) Essigsäure) wird hinzugegeben, bis die gewünschte Färbestärke vorhanden ist. Die Lösung sollte eventuell gewechselt werden.

Fehler und Störungen	Empfehlungen
▶ Das Gel polymerisiert nicht (APS oder TEMED nicht hinzugefügt).	✔ Alle Gellösungen sollten neu angesetzt werden (die APS-Lösung frisch ansetzen).
▶ Das Gel polymerisiert zu schnell.	✔ Gellösungen sollten neu angesetzt werden, da evtl. die APS-Konzentration zu hoch ist.
▶ Die Proteine gelangen nicht in das Sammelgel.	✔ Die Polarität der Elektroden sollte überprüft werden.
▶ Die Banden sind nicht sichtbar oder ineinander verlaufen.	✔ Der Versuch sollte mit größeren bzw. geringeren Proteinmengen in den Proben wiederholt werden.
▶ Keine Banden sind sichtbar bzw. nicht die erwarteten Banden.	✔ Die Elektrophorese sollte früher beendet werden, da ansonsten die Proteine aus dem Gel herauslaufen.
▶ Die Proteine gelangen nicht in das Trenngel.	✔ Die Acrylamidkonzentration des Trenngels sollte verringert werden.
▶ Die Proteine wandern zu nah an der Bromphenolblau-Front.	✔ Die Acrylamidkonzentration sollte erhöht werden.
▶ Nur der Massenstandard wandert in das Trenngel, die Proben nicht.	✔ Die Probenvorbereitung sollte überprüft werden, da Proteine evtl. nicht genügend mit SDS beladen sind.

1.4 *Blotting*

Ein wichtiges Verfahren in der Molekularbiologie ist das *Blotting*, bei dem Proteine oder Nukleinsäuren auf eine Membran übertragen werden. Um diese Moleküle aufzutrennen und zu detektieren, gibt es drei verschiedene *Blotting*-Methoden:

- Mithilfe eines ***Western Blot*** können Proteine auf eine Trägermembran übertragen und detektiert werden.
- Die Übertragung von Desoxyribonukleinsäure (DNA) und Detektion auf eine Membran oder einen Filter wird ***Southern Blot*** genannt.
- Der ***Northern Blot*** dient der Übertragung und Detektion von Ribonukleinsäure (RNA) auf eine Membran.

Der Begriff *Blotting* leitet sich vom englischen Wort *blotting paper* für Löschpapier ab. Auf dem Löschpapier entsteht ebenfalls ein identischer Abdruck eines Originals durch Übertragung von Molekülen.

Der britische Molekularbiologe *Edwin Southern* entwickelte im Jahr 1975 die Übertragungsmethode für DNA. In Anlehnung an diesen Namen wurden anschließend die anderen zwei *Blotting*-Verfahren benannt. Bei allen drei Methoden werden die Makromoleküle zuerst durch eine Gelelektrophorese der Größe nach aufgetrennt (s. Kap. III.1.3.3). Anschließend werden die Moleküle auf eine Membran oder einen Filter übertragen sowie fixiert. Mithilfe von Antikörpern oder Sonden werden die gesuchten Makromoleküle markiert bzw. visualisiert.

Western Blot

Der *Western Blot*, auch **Immun-*Blot*** genannt, ist eine weitverbreitete Methode, um Proteine durch bestimmte enzymatische Nachweise zu detektieren und die Proteinmengen zu quantifizieren. Das *Blotting* kann auf zwei verschiedene Arten durchgeführt werden:

- Mithilfe des **Gel-*Blots*** werden die Proteine durch eine Elektrophorese der Größe nach aufgetrennt und von dem Gel auf eine Membran übertragen.
- Bei einem **Dot-*Blot*** wird eine Mischung aller Proteine direkt als Fleck auf die Membran transferiert. Es gibt somit keine Auftrennung nach Molekülgröße durch eine Gelelektrophorese.

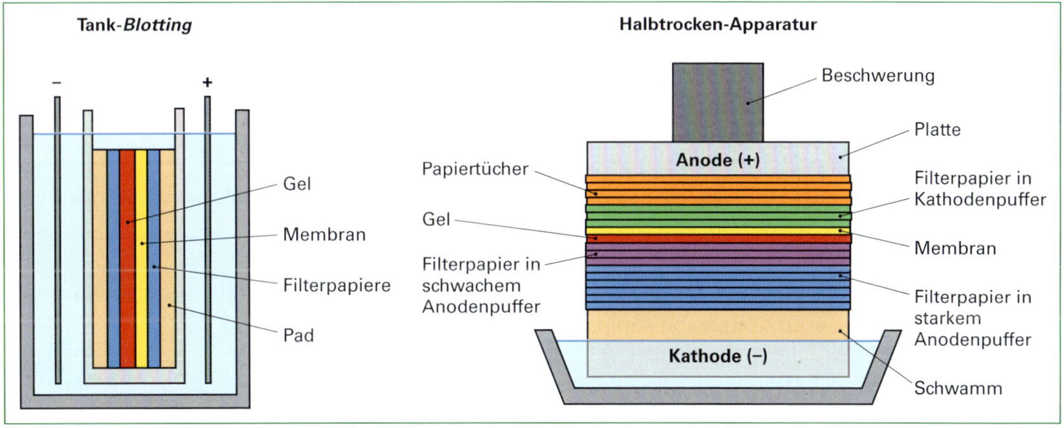

Bild 1 Schematischer Aufbau eines Tank-*Blottings* und einer Halbtrocken-Apparatur

Beim *Western Blot* wandern die Proteine aus dem Polyacrylamidgel auf eine Membran. Dazu wird ein senkrecht zum Gel gerichtetes elektrisches Feld angelegt, sodass die Proteine in Richtung der Anode wandern. Die Proteine bleiben je nach Membranmaterial aufgrund hydrophober, ionischer oder polarer Wechselwirkungen an der Membranoberfläche haften. Sie sind nach dem *Blotting* für verschiedene weitere Methoden zugänglich. Beim **Gel-*Blot*-Verfahren** bleibt das Muster der elektrophoretischen Auftrennung erhalten. Das Verfahren kann als Tank-*Blotting* (Nass-Apparatur) oder mit der Halbtrocken-Apparatur durchgeführt werden (Bild 1). Der Aufbau der Halbtrocken-Apparatur ist einfacher als der der Nass-Apparatur.

Das **Tank-*Blotting*** erfolgt in Puffertanks, an deren Wänden Elektroden angebracht werden. Das Gel und die Membran werden zwischen Filterpapiere gelegt und in eine Gitterkassette geklemmt.

Zwischen die Plattenelektroden der **Halbtrocken-Apparatur** werden Filterpapiere, Membran und Gel sandwichartig aufgebaut. Die Membran muss, von der Anode aus gesehen, zuerst eingebaut werden, damit die Proteinbanden nicht in die Filterpapiere geblottet werden. Alle Bestandteile wie die Membran, das Gel und die Filterpapiere sollten während des gesamten *Blotting*-Prozesses feucht gehalten werden.

Bei beiden Apparaturen muss darauf geachtet werden, dass beim Aufbau alle Luftblasen entfernt werden, um Stellen auf der Membran zu verhindern, in denen das *Blotting* nicht funktioniert. Wenn die Spannung angelegt wird, sollte auf die richtige Polung geachtet werden, damit die Proteine auf die Membran transferiert werden können.

Für den *Western Blot* gibt es verschiedene **Membranen**, die beispielsweise aus Nitrozellulose, Nylon, Polyvinylidenfluorid (PVDF) oder Polypropylen bestehen. Diese Materialien sind in der Lage Proteine zu binden und sollten daher nur mit Handschuhen angefasst werden.

Die Membran sollte nach dem *Blotting*-Schritt zur Kontrolle mit Farbstoffen wie Ponceau S und Direktblau 71 gefärbt werden, die unspezifisch an fast alle Proteine binden. Dies zeigt, ob der Transfer der Proteine auf die Membran erfolgt ist. Die Färbung mit dem Stoff Direktblau 71 ist schneller durchführbar und kostengünstiger.

Detektion und Visualisierung der Proteine

Beim *Western Blot* spielen **Antikörper** eine wichtige Rolle, um Proteine spezifisch zu detektieren und von anderen Proteinen zu unterscheiden. Antikörper sind hochspezifische Proteine, die spezifisch an Bereichen der Oberfläche von bestimmten Antigenen, an sogenannte **Epitope**, binden.

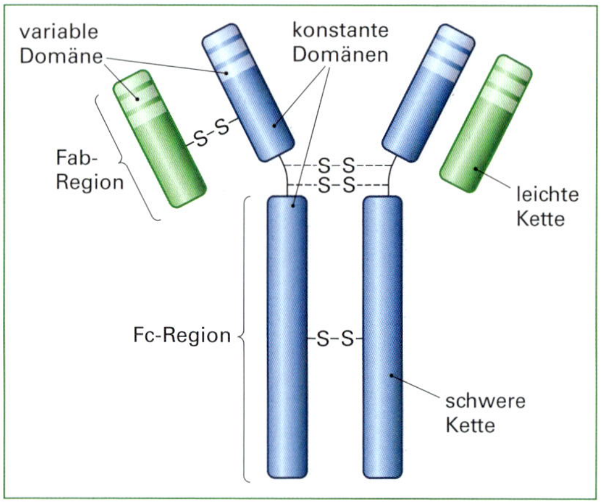

Bild 1 Schematischer Aufbau eines Antikörpers

Beim *Blotting* werden meist **monoklonale Antikörper** eingesetzt, die völlig identisch sind, von einer bestimmten einzelnen B-Zelle (s. S. 312) produziert werden und mit exakt demselben Epitop reagieren. Sie werden meist mit einem speziellen Herstellungsverfahren in der Maus produziert. Im Gegensatz dazu reagieren **polyklonale Antikörper** mit verschiedenen Epitopen eines Proteins, da sie ein Gemisch von spezifischen Antikörpern darstellen. Sie werden meist im Kaninchen hergestellt, denen ähnlich wie bei der Impfung beim Menschen ein Antigen ins Blut gespritzt wird.

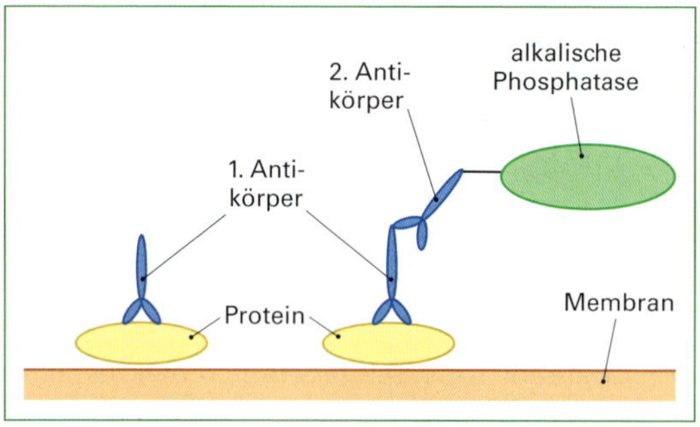

Bild 2 Schematischer Aufbau der Detektion eines Proteins mithilfe von Antikörpern

Antikörper weisen eine Ypsilon-Form auf (Bild 1). Sie bestehen aus zwei identischen leichten und zwei identischen schweren Ketten von Aminosäuren, die über Disulfidbrücken miteinander verbunden sind. Die leichten Ketten bestehen aus zwei Domänen, einer variablen und einer konstanten, während die schweren Ketten aus drei konstanten und zwei variablen Bereichen aufgebaut sind.

Mithilfe von spezifischen Erst- und Zweitantikörpern kann ein bestimmtes Protein detektiert werden. Der **Erstantikörper** bindet mit seinem variablen Ende, dem Fab-Anteil, spezifisch an ein Epitop des Antigens, wobei das Antigen hier das gesuchte Protein darstellt (Bild 2). Der **zweite Antikörper** bindet an den konstanten Fc-Teil des ersten Antikörpers und besitzt eine nachweisbare Komponente, indem z.B. ein Fluoreszenzfarbstoff oder eine alkalische Phosphatase angehängt ist.

Verfahren: Gel-*Blot* (Halbtrocken-Apparatur)
SDS-PAGE
(1) Der erste Schritt des *Western Blots* ist eine SDS-PAGE, um die Proteine zu trennen.
Blotting
(1) Die Filterpapiere werden in die jeweiligen Puffer gelegt und feucht gehalten.
(2) Die Polyvinyldifluorid-Membran (PVDF) wird zur Aktivierung kurz in technisches Methanol und danach in den schwachen Anodenpuffer gegeben.
(3) Die *Blot*-Apparatur wird gestapelt, indem auf sechs Filterpapiere aus dem starken Anodenpuffer (Tris, 0,3 mol/L, 20 % (*v/v*) Methanol, pH 10,4), drei Filterpapiere aus dem schwachen Anodenpuffer (Tris, 0,025 mol/L, 20 % (*v/v*) Methanol, pH 10,4) gelegt werden. Anschließend werden die PVDF-Membran, das Gel und danach die drei Filterpapiere aus dem Kathodenpuffer (Tris, 0,025 mol/L, 20 % (*v/v*) Methanol, 6-Aminocapronsäure, 0,04 mol/L, pH 9,4) aufgelegt.
(4) Dann wird die *Blot*-Apparatur zusammengebaut und beschwert. Bei diesem Aufbau muss darauf geachtet werden, dass alle Bestandteile mit Puffern feucht gehalten und mit Handschuhen behandelt werden. Eventuelle Luftblasen können durch Rollen mit einer Pipette oder Ähnlichem entfernt werden.
(5) Anschließend wird eine konstante Stromstärke von 54 mA pro Gel für ungefähr 70 Minuten eingestellt.
Ponceau-S-Färbung (optional)
(1) Zur Färbung wird die Membran 5 bis 10 Minuten in eine Schale mit Ponceau-S-Färbelösung (2 % (*w/v*) Ponceau S, 30 % (*w/v*) Trichloressigsäure, 30 % (*w/v*) Sulfosalicylsäure) gegeben. Gefärbte Banden wie die Markerbanden können mit einem Bleistift markiert werden.
(2) Anschließend wird der Farbstoff 1 bis 2 Minuten mit PBS ausgewaschen, bis die Banden verschwunden sind.
Blockierung
(1) Um unspezifische Bindungen zu vermeiden, wird die Membran in einen Blockierungs-Puffer, z. B. Milchpulver-Lösung (5 % Trockenmilchpulver in PBS), gegeben. Dazu wird die Membran in diesem Puffer 30 Minuten bis zu 2 Stunden auf einem Wippschüttler inkubiert.
Inkubation der Membran mit dem Erstantikörper
(1) Der Erstantikörper wird in Milchpulver-Lösung (5 % Trockenmilchpulver in PBS) gegeben und 1 bis 6 Stunden unter Schwenken inkubiert. Der Hersteller des Antikörpers gibt normalerweise die Verdünnung für den Antikörper an.
(2) Anschließend wird die Membran 3 Mal 10 Minuten mit einer Lösung aus PBS und Tween 20 (0,05 % Tween 20 in PBS) gewaschen, um unspezifisch gebundene Substanzen und überschüssige Antikörper zu entfernen.
Inkubation der Membran mit dem Zweitantikörper
(1) Die Membran wird zu dem spezifisch passenden zweiten Antikörper gegeben, der ebenfalls in Milchpulver gelöst ist.
(2) Anschließend wird die Membran alle 5 bis 10 Minuten in der PBS-Tween-20-Lösung gewaschen.
Detektion durch Chemilumineszenz
(1) Die Entwicklerlösung (z. B. *ECL Plus Western Blotting Detection System, GE Healthcare*) wird nach Herstellerangaben verdünnt und einige Minuten im Dunkeln erwärmt.
(2) Die Membran wird 2 Minuten lang in ECL-Entwicklerlösung gegeben und z. B. mithilfe des LAS 4000 (*Luminescent Image Analyzer*, Fujifilm) dokumentiert.

Zur Visualisierung der gesuchten Proteine werden verschiedene Nachweismethoden eingesetzt:

- Der Zweitantikörper kann durch ein **radioaktives Isotop** oder einen **Fluoreszenzfarbstoff** markiert werden.
- Mithilfe von **Chemilumineszenz** wird durch eine chemische Reaktion elektromagnetische Strahlung im Bereich des sichtbaren Lichts emittiert bzw. ausgesendet.

- Ein **Enzym**, das eine farblose Substanz in einen **Farbstoff** umwandelt, kann an den zweiten Antikörper gekoppelt werden.

Die meisten enzymatischen Nachweise erfolgen mit der **alkalischen Phosphatase** oder der **Meerrettich-Peroxidase**. Mithilfe der alkalischen Phosphatase, die als Marker an den sekundären Antikörper gebunden ist, wird die Umwandlung von Substraten wie z. B. 3,3′,5,5′-Tetramethylbenzidin (TMB) in farbige Produkte katalysiert. Mithilfe von chemilumineszierenden Substraten wie dem ECL (*enhanced chemiluminescence*) *Western Blot* Substrat kann die Peroxidase detektiert werden. Bei der **Chemilumineszenz** als chemischer Nachweisreaktion wird Licht im UV- oder sichtbaren Bereich genutzt. Die Aussendung des Lichts kann mithilfe eines Röntgenfilms nachgewiesen werden.

Neben dem Nachweis eines bestimmten Proteins dient der *Western Blot* der Analyse der **Proteinmenge**, da die Intensität der Banden mit der Proteinmenge in Zusammenhang steht. Es ist üblich, die aufgetragenen Proteinmengen mit einem Antikörper gegen ein Haushaltsgen, ein nicht reguliertes Gen wie z. B. Aktin, das unabhängig von äußeren Einflüssen ständig gebildet wird, zu analysieren, um beispielsweise Ungenauigkeiten des Pipettierens beim Auftragen auszugleichen.

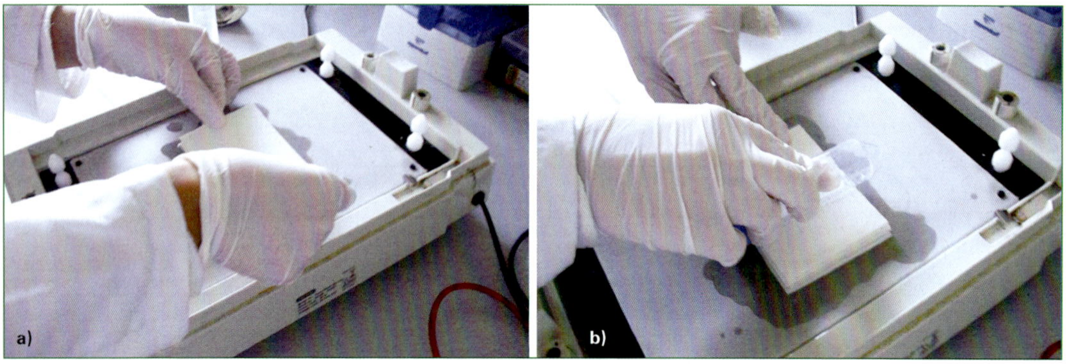

Bild 1 Aufbau einer *Blotting*-Apparatur, a) Auflegen des Gels, b) Entfernen der Luftblasen

Fehler und Störungen	Empfehlungen
▶ Die Banden sind nicht sichtbar.	✔ Der Versuch sollte mit größeren Proteinmengen und mit einer Positivkontrolle wiederholt werden.
▶ Bei der Positivkontrolle ist keine Proteinbande sichtbar.	✔ Der Versuch sollte wiederholt werden, da evtl. Kathode und Anode vertauscht wurden.
▶ Die Banden laufen ineinander über.	✔ Der Versuch sollte mit geringeren Proteinmengen wiederholt werden.
▶ Die Banden laufen nicht auf der erwarteten Größenposition.	✔ Der Versuch sollte mit einer anderen Verdünnung des Antikörpers durchgeführt werden.
▶ Das Signal ist diffus oder es sind Schatten vorhanden.	✔ Der Sandwich-Aufbau sollte enger gestaltet werden, da evtl. die Membran nicht nah genug an dem Gel war. Es sollte kürzer mit der ECL-Lösung exponiert werden, wenn Chemifluoreszenz zur Detektion verwendet wird.
▶ Es sind Stellen im *Blot*, an denen die Übertragung nicht funktioniert hat.	✔ Luftblasen im Sandwich-Aufbau sollten sorgfältig entfernt werden (z. B. durch Rollen mit einer Glaspipette oder ähnlichem Gegenstand, s. Bild 1b).
▶ Ein lokaler unspezifischer Hintergrund ist sichtbar.	✔ Die Membran sollte vorsichtig mit Handschuhen und mit einer stumpfen Pinzette am Rand bewegt oder mehr Filterpapiere beim *Blotting* eingesetzt werden.
▶ Der unspezifische Hintergrund ist gleichmäßig verteilt.	✔ Die Membran in der Blockierungslösung sollte länger inkubiert werden.
▶ Es sind unspezifische Wolken neben den Banden zu sehen.	✔ Längere Inkubationszeiten mit der Blockierungslösung sollten ausprobiert oder geringere Erst- bzw. Zweitkörperkonzentrationen benutzt werden.

2 DNA- und RNA-Analytik

Die Analysen der Makromoleküle DNA und RNA (s. Kap. I.2.4) werden heutzutage in der Grundlagenforschung und in vielen Anwendungsbereichen häufig angewendet, wie z. B. bei Abstammungsuntersuchungen oder in der Kriminaltechnik:

- Die **DNA-Isolierung** gehört zum Standardrepertoire biologischer Labore (s. Kap. III.2.1).
- Für Anwendungen im Bereich der **RNA-Aufreinigung** bzw. -Isolierung stehen verschiedene Methoden zur Verfügung (s. Kap. III.2.2).
- Nachweis und **Konzentrationsbestimmung** von DNA und RNA dienen der Identifizierung und Quantifizierung der Nukleinsäuren (s. Kap. III.2.3).
- Zur Auftrennung von Nukleinsäuren wird die **DNA-Gelelektrophorese** verwendet (s. Kap. III.2.4).
- Der ***Southern Blot*** dient der Detektion von spezifischen DNA-Fragmenten, während der ***Northern Blot*** der Detektion von RNA-Fragmenten dient (s. Kap. III.2.5).
- **DNA-Sequenzierungen** werden oft von spezialisierten Laboren durchgeführt (s. Kap. III.2.6).
- Eine **PCR** dient der Vervielfältigung von bestimmten DNA-Fragmenten (s. Kap. III.3.3).
- Der **genetische Fingerabdruck** ist ein DNA-Profil, das nur auf ein Individuum spezifiziert wird (s. Kap. III.3.4).

2.1 Isolierung von DNA

Die Reinigung oder Isolierung von DNA ist die Trennung von DNA von allen anderen Makro- und Mikromolekülen z. B. in einer Lösung oder in einem Gemisch. Zur DNA-Isolierung sind verschiedene Methoden einsetzbar. Die Art der Nukleinsäure und die sich anschließende Verwendung entscheidet, welches der folgenden Verfahren verwendet wird.

Die Isolierung von Nukleinsäure beginnt mit der Lyse der Proben, um die DNA aus der Zelle und bei eukaryontischen Zellen auch aus dem Zellkern freizusetzen. Ein schonender Zellaufschluss wird durch die Verwendung von Enzymen erreicht, während mechanische Verfahren wie z. B. die Ultraschallbehandlung zur Zerstücklung von großen DNA-Molekülen führen kann.

Nach der Zelllyse kann die DNA z. B. durch Anionenaustauschchromatografie (s. S. 358) gewonnen werden. Nach einem Waschschritt kann die DNA durch eine Extraktion von den Proteinen getrennt werden. Zur Isolierung von DNA können folgende Methoden angewandt werden:

- Bei der **Phenol/Chloroform-Extraktion** von lysierten Zellen entstehen drei Phasen (Bild 1): Die RNA sammelt sich meist in der oberen wässrigen Phase, die vorsichtig von der Interphase getrennt werden kann. Die DNA befindet sich bei einem niedrigen pH-Wert größtenteils in der mittleren Phase. In der unteren, organischen Phase können Proteine und Lipide gefunden werden. Diese Art der Isolierung ist einfach und schnell, allerdings ist die Phasentrennung nicht immer gut sichtbar.
- Die **Säulen-basierten Verfahren** ergeben eine saubere DNA-Isolierung, da hierbei nur RNA und DNA an die Säule binden können. Im Vergleich zur Phenol-Chloroform-Extraktion ist diese Methode teurer, weswegen sie oft für wichtige Proben angewandt wird.
- Methoden, die **Silikagel** benutzen, nutzen die Bindung von Nukleinsäure mit Silikasubstanzen bei hohen Konzentrationen von chaotrophen Salzen. RNA und DNA werden durch dieses Verfahren gleichzeitig isoliert.
- Bei der **Anionenaustauschchromatografie** bindet die negativ geladene DNA an positiv geladene Moleküle des Trägermaterials. Anschließend wird eine DNA-Fällung mit Ethanol durchgeführt.

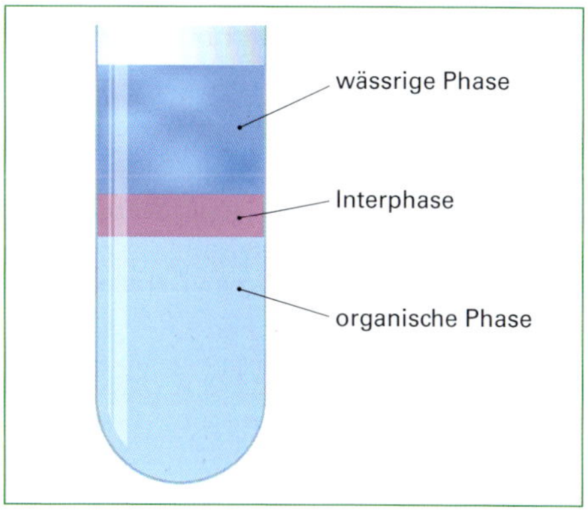

Bild 1 Phasenbildung der Phenol-Chloroform-Extraktion

Herkunft/Quelle

Die Nukleinsäure kann aus verschiedenen Quellen wie beispielsweise aus Bakterien, Zellkulturen, Geweben, Vollblut, Serum und Blutplasma isoliert werden. Als **chromosomale DNA** wird die DNA bezeichnet, die in einer eukaryontischen Zelle im Zellkern vorliegt. Auch die DNA von Prokaryonten wird chromosomale DNA genannt, obgleich sie strukturell anders aufgebaut ist. Weiterhin kann spezifisch die extrachromosomale **Plasmid-DNA** aus Bakterien wie *E. coli* gewonnen werden. Außerdem können die Genome von Phagen wie z. B. von λ-Phagen isoliert werden.

Je nachdem wie die Quelle der zu isolierenden DNA ist, variiert das Verfahren, das zur Zelllyse genutzt wird. Beispielsweise muss eine Gewebeprobe homogenisiert werden, was bei Vorliegen einzelner Zellen meist nicht notwendig ist.

Aufschlussverfahren

Der erste Schritt der DNA-Isolierung (Bild 1) ist der Aufschluss von Zellen sowie Geweben und die Freisetzung der DNA. Bei der Zelllyse wird die Zellhülle aus Zellmembran und evtl. Zellwand zerstört.

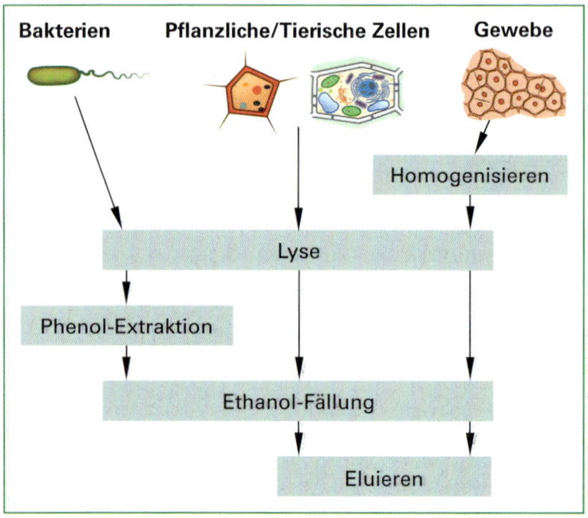

Bild 1 Verlaufsschema unterschiedlicher DNA-Isolierungen

- **Enzymatischer Aufschluss von Zellen**
  Kombinationen von Enzymen wie z. B. Lysozym und Proteinase K können zur Lyse von Bakterienzellen führen. Lysozym kann die glykosidischen Bindungen zwischen N-Acetylmuraminsäure und N-Acetylglukosamin in der Zellwandsubstanz Peptidoglycan hydrolysieren. Proteinase K spaltet Peptidbindungen von Membranproteinen und kann bei der Zerstörung der Bakterienmembran nützlich sein. Das proteolytische Enzym kann verwendet werden, um die in Zellysaten freigesetzten RNasen und DNasen schnell zu inaktivieren.

- **Zelllyse durch Detergenzien**
  Mit bestimmten Detergenzien wie z. B. Natriumdodecylsulfat (SDS) oder Triton X-100 können tierische und menschliche Zellen aufgeschlossen werden. Eine Kombination von SDS und NaOH führt zum Zellaufschluss. SDS denaturiert Proteine und hemmt DNasen, die Nukleinsäure spalten können, irreversibel. Triton X-100 kann bei Anwesenheit von hohen Lithiumchloridkonzentrationen die Membranen aufbrechen.

Stabilität

DNA ist in Abwesenheit von DNA spaltenden Enzymen vergleichsweise stabil, sodass sie kurzzeitig bei Raumtemperatur gelagert werden kann. DNasen, die die Hydrolyse von DNA in kürzere Molekülketten oder die Einzelbausteine katalysieren, können z. B. durch Proteasen inaktiviert werden. Zum Abbau der DNA benötigen DNasen zweiwertige Metallionen wie Mg^{2+} als Cofaktoren. Außerdem führen zu hohe Temperaturen zu einer Denaturierung der DNA, sodass aus den Doppelsträngen Einzelstränge entstehen. Die Aufbewahrung von Nukleinsäure erfolgt gelöst in Puffer (z. B. TE-Puffer, Tris-HCl, 10 mmol/L, pH 8,0 und EDTA, 1 mmol/L) für kürzere Zeiträume bei 4 °C und für längere Zeit bei −20 °C.

Grad der Reinheit

Der Grad der Reinheit der gewonnenen DNA unterscheidet sich durch das Verfahren zur DNA-Isolierung:

- Die Säulen-basierten Methoden führen zu reinerer DNA als die Phenol-Chloroform-Extraktionen.
- Bei den klassischen Verfahren ist der Reinheitsgrad der DNA nur gering und es kommt oft zu Kontaminationen. Deswegen sollte die Nukleinsäure durch Salzfällungen oder organische Extraktion gereinigt werden.

- Die Methoden, die auf Silikagel beruhen, führen zu einer hohen Reinheit der DNA, sodass die gewonnene DNA direkt für weitere Analysen wie z.B. PCRs benutzt werden kann.
- Mithilfe einer Isolierung anhand der Anionenaustauschchromatografie wird in der Regel sehr reine DNA gewonnen.

Außerdem variiert der Reinheitsgrad der gewonnenen DNA aufgrund der Reinheitsunterschiede der benutzten Materialien. Wenn z.B. mit DNA verunreinigtes Wasser zur Lagerung der DNA verwendet wird, kann die Ziel-DNA mit Fremd-DNA kontaminiert werden.

2.1.1 Isolierungsmethoden

Zur Isolierung von chromosomaler DNA aus Geweben wird meist ein Kit verwendet wie z.B. das **QIAamp DNA Mini Kit** (Qiagen, Hilden). Bei einer Probe, die 25 mg eines Gewebes enthält, kann bis zu 40 µg DNA gewonnen werden.

Verfahren: Isolierung von chromosomaler DNA aus Geweben
Homogenisierung
(1) Anfangs werden 25 mg der Gewebeprobe in 80 µL PBS gegeben und homogenisiert oder mit einem Mörser zerkleinert.
Lyse
(1) Um das Gewebe zu lysieren, wird eine Proteinase-K-Lösung zu der Probe gegeben und bei 55 °C inkubiert bis das Gewebe lysiert ist.
RNase-Verdau (optional)
(1) Eine Behandlung mit RNase kann folgen, wenn RNA nicht in der Probe erwünscht ist. 20 µL der RNase-Lösung werden zu der Probe gegeben und langsam gemischt.
(2) 200 µL AL-Puffer werden zu der Probe gegeben, gemischt und 10 Minuten bei 70 °C inkubiert.
Ethanol-Fällung
(1) Anschließend werden 200 µL 96- bis 100 %iges Ethanol hinzugegeben und erneut gemischt. Der Ansatz wird auf die Säule des Kits gegeben.
Waschschritte
(1) 500 µL des AW1-Puffers werden hinzugefügt und eine Minute bei 6000 *g* zentrifugiert.
(2) Nachdem die Säule in ein neues Auffanggefäß gegeben wird, kann 500 µL des AW2-Puffers hinzugefügt werden. Dann wird die Probe 3 Minuten bei höchster Geschwindigkeit zentrifugiert.
Eluieren
(1) Nachdem die Säule in ein neues Auffanggefäß gegeben wird, kann zum Eluieren der DNA 2 Mal in Folge 200 µL AE-Puffer hinzugegeben werden. Die Probe wird eine Minute inkubiert und dann eine Minute bei 6000 *g* zentrifugiert.
(2) Die gewonnene DNA kann für weitere Methoden benutzt werden bzw. zur Lagerung in TE-Puffer gelöst werden.

Isolierung des Bakterienchromosoms

Neben Plasmiden kann auch das gesamte bakterielle Chromosom isoliert werden, wozu beispielsweise das QIAamp DNA Mini Kit (Qiagen, Hilden) verwendet werden kann.

Verfahren: Isolierung von DNA aus Bakterien
(1) Die Bakterien werden mit einer sterilen Impföse oder einer Pipettenspitze entnommen.
(2) Dann werden die Bakterien in 180 µL Lysepuffer z.B. ATL-Puffer des QIAamp DNA Mini Kits gelöst und kräftig gemischt.
(3) Die Lyse und die DNA-Isolierung werden wie im Kit angegeben durchgeführt (z.B. mit dem QIAamp DNA Mini Kit, siehe: Isolierung von chromosomaler DNA aus Geweben).

Klassische Isolierung von DNA aus eukaryontischen Zellen

Zur Isolierung von Nukleinsäuren aus Zellen müssen die Zellmembranen zerstört werden, um an die DNA innerhalb des Zellkerns zu gelangen. Hierfür werden bestimme Detergenzien benutzt wie z. B. SDS oder Triton X-100.

Anschließend muss die DNA von den anderen Zellbestandteilen getrennt werden. Unter anderem kann eine Extraktion mit organischen Lösungsmitteln z. B. ein Gemisch aus Phenol, Chloroform und Isoamylalkohol durchgeführt werden. Dabei entsteht eine proteinreiche, organische sowie eine wässrige Phase, in der sich die Nukleinsäure befindet.

Verfahren: Isolierung von DNA aus tierischen und pflanzlichen Zellen
(1) Von einer Suspensionskultur wird 1 mL abgenommen und in ein 1,5 mL-Reaktionsgefäß überführt.
(2) Anschließend wird die Probe 5 Minuten bei 5000 *g* zentrifugiert, um das Zellmaterial im Sediment zu erhalten.
Lyse
(1) Es wird so viel Lysepuffer z. B. ATL-Puffer des QIAamp DNA Mini Kits hinzugegeben, dass insgesamt 180 µL Endvolumen vorhanden sind.
(2) Die Lyse und die DNA-Isolierung werden, wie im Kit angegeben, durchgeführt (z. B. mit dem QIAamp DNA Mini Kit, siehe: Isolierung von chromosomaler DNA aus Geweben).

Isolierung von Plasmid-DNA

Folgende Parameter spielen bei der Isolierung von Plasmid-DNA eine Rolle:

- Die Kopienanzahl der Plasmide.
- Der verwendete Wirtsstamm.
- Das Kulturvolumen, das Kulturmedium und die Kulturdichte.
- Das Antibiotikum, das zur Selektion benutzt wird.

Wenn eine geringe Menge an Plasmid-DNA benötig wird, kann eine Minipräparation ausgehend von 1–10 mL Flüssigmedium durchgeführt werden, während eine Großpräparation mit einem Volumen von 100–200 mL zu einer wesentlich größeren DNA-Ausbeute führt. Die kleinen ringförmigen, extrachromosomalen Plasmide können relativ einfach aus bakteriellen Zellen freigesetzt werden, die chromosomale DNA zerbricht bei der Isolierung leichter.

Verfahren: Minipräparation von Bakterien-DNA
(1) Die Bakterien wie z. B. *E. coli* werden mit einem Plasmid transformiert und eine Nacht lang inkubiert.
(2) 1,5 mL der Kultur wird in ein 1,5 mL-Reaktionsgefäß gegeben und eine Minute zentrifugiert.
(3) Das Medium wird dekantiert und das Bakterienpellet in 100 µL der eiskalten Lösung I (Glukose, 50 mmol/L, EDTA, 10 mmol/L, Tris-HCl, 25 mmol/L, pH 8,0) gegeben. Anschließend wird das Pellet gelöst und 5 Minuten bei Raumtemperatur inkubiert.
Alkalische Lyse
(1) Lösung II (NaOH, 0,2 mol/L, 1 % SDS) muss frisch angesetzt werden. Von dieser Lösung werden 200 µL zu dem Ansatz hinzugefügt und es wird vorsichtig gemischt. Der Ansatz wird 5 Minuten auf Eis inkubiert.
(2) 150 µL der eiskalten Lösung III (Kaliumacetat, 3 mol/L, pH 4,8) werden hinzugegeben und gemischt. Dann wird 5 Minuten auf Eis inkubiert und 10 Minuten bei 12000 *g* und 4 °C zentrifugiert.
Phenolextraktion
(1) Der Überstand wird in ein neues Reaktionsgefäß gegeben und mit einem Volumen **Phenol** (Phenol/Chloroform/Isoamylalkohol, 25/24/1) gemischt. 5 Minuten wird bei 12000 *g* zentrifugiert.

(2) In der **oberen wässrigen Phase** befindet sich die DNA und in der unteren die organischen Proteine. Deswegen wird die obere Phase vorsichtig abgenommen, ohne die Interphase zu berühren, und in ein neues 1,5 mL-Reaktionsgefäß gegeben.	
Fällung durch Ethanol	
(1) Es werden 2 Volumenteile kaltes Ethanol hinzugegeben, 2 Minuten inkubiert und 10 Minuten bei 12000 *g* zentrifugiert.	
Waschschritt	
(1) Ein Volumen 70%iges Ethanol wird hinzugegeben und 5 Minuten bei 12000 *g* zentrifugiert.	
(2) Die DNA wird an der Luft getrocknet, in TE-Puffer gelöst und bei –20 °C gelagert.	

Fehler und Störungen	**Empfehlungen**
▶ Die DNA ist nicht rein genug für eine weitere Analyse oder es treten Kontaminationen mit Fremd-DNA oder durch andere Moleküle auf.	✔ Die DNA kann aufgereinigt werden, um reinere bzw. konzentriertere DNA zu gewinnen.
▶ Es wurde nicht genügend DNA gewonnen, um eine weitere Analyse durchzuführen.	✔ Durch eine Aufreinigung der DNA wird die DNA konzentrierter, sodass die DNA-Mengen ausreichend sind. Ansonsten kann es sein, dass die Art der DNA-Isolierung nicht optimal gewählt wurde.

2.2 Isolierung von RNA

Weitergehende Analysen wie quantitative Bestimmungen von Ribonukleinsäuren werden durch die Abtrennung aller anderen Makro- und Mikromoleküle möglich. Die **Reinigung** oder **Isolierung der RNA** kann auf verschiedene Weise aus Zellen oder aus unterschiedlichen Geweben erfolgen (Bild 1, S. 372). Dies hängt davon ab, welche der folgenden Ribonukleinsäuren isoliert werden soll und wie der Verwendungszweck ist.

Sechs verschiedene Klassen von RNAs sind bekannt: ribosomale RNA (rRNA), Transfer-RNA (tRNA), Mikro-RNA (miRNA), Boten-RNA (mRNA), nukleäre RNA (nRNA), mitochondriale RNA (mtRNA) und kleine interferierende RNA (siRNA). Den größten RNA-Anteil in Zellen mit bis zu 90 % stellen die ribosomalen RNAs dar.

Die folgenden Methoden zur RNA-Isolierung unterscheiden sich vor allem in der Inhibierung der RNasen, RNA abbauende Enzyme, und dienen hauptsächlich der Isolierung von m- und mtRNA:

- Mithilfe der **Phenol-Chloroform-Extraktion** entstehen drei unterschiedliche Phasen: die obere wässrige RNA-Phase, die mittlere DNA-Phase und die untere, organische Protein- sowie Lipid-Phase. Diese Methode der Isolierung ist kostengünstig sowie zeitsparend und wird zur Gewinnung für RNA benutzt, die bei *Real-Time*-PCRs weiterverwendet werden soll.
- Die **Säulen-basierten Verfahren** ergeben RNA-Fraktionen mit größerer Reinheit, da nur RNA- bzw. DNA-Moleküle an die Säulen binden können. Dabei wird die DNA durch DNasen abgebaut, sodass nur RNA gewonnen wird. Diese Methode ist teurer als die Extraktionsmethode und wird für Proben verwendet, bei denen eine schwierige RNA-Isolierung erwartet wird. Die wässrige Phase, in der sich die RNA befindet, muss vorsichtig abgenommen werden, sodass keine Kontaminationen durch die Interphase auftreten, in der sich Proteine befinden. Probleme können auftreten, wenn das Gewebe, aus dem die RNA zu isolieren ist, sehr lipidhaltig ist. In diesem Fall kann z. B. das *Lipid Extraction Kit* (Qiagen, Hilden) eingesetzt werden.

Da RNA eine temperaturempfindliche Substanz ist, sollten alle Arbeiten strikt auf Eis durchgeführt werden. Außerdem muss auf RNA abbauende **Ribonukleasen** (RNasen) geachtet werden. RNasen sind Enzyme, die nahezu in allen Zellen und Geweben vorkommen. Sie katalysieren die Hydrolyse von Phosphodiesterbindungen in RNA-Strängen und können teilweise nach einer Denaturierung wieder renaturieren. Die RNasen, die bei der RNA-Isolierung inhibiert werden müssen, sind der wesentliche Grund für unterschiedliche Isolierungsmethoden für RNA und DNA.

Dem Wasser und den Lösungen wird häufig **Diethylpyrocarbonat** (DEPC) hinzugefügt, da diese Substanz RNasen inhibiert, sodass die RNA nicht abgebaut werden kann. DEPC bindet kovalent an primäre und sekundäre Amine, z.B. an wichtige Histidinseitenketten in den aktiven Zentren vieler RNAsen, die dadurch irreversibel inhibiert werden. Mit DEPC sollte vorsichtig gearbeitet werden, da es sich um ein Karzinogen handelt. Alle verwendeten Geräte müssen steril sein und es sollte mit Handschuhen gearbeitet werden, um Kontaminationen möglichst zu vermeiden.

Im Anschluss an eine RNA-Isolierung kann mithilfe des Enzyms **Reverse Transkriptase** RNA in cDNA (*complementary* DNA) umgewandelt werden, wodurch eine quantitative Analyse mithilfe von PCRs oder *Real-Time*-PCRs möglich ist.

Herkunft/Quelle

Die Gesamt-RNA kann aus unterschiedlichen Quellen wie z.B. Bakterien, Hefen, pflanzlichen sowie tierischen Zellen und Geweben isoliert werden.

Bei der Isolierung von RNA aus Bakterien wird unterschieden, ob es sich um grampositive oder gramnegative Organismen handelt. Diese variieren in dem Aufbau der Zellwand (s. S. 162).

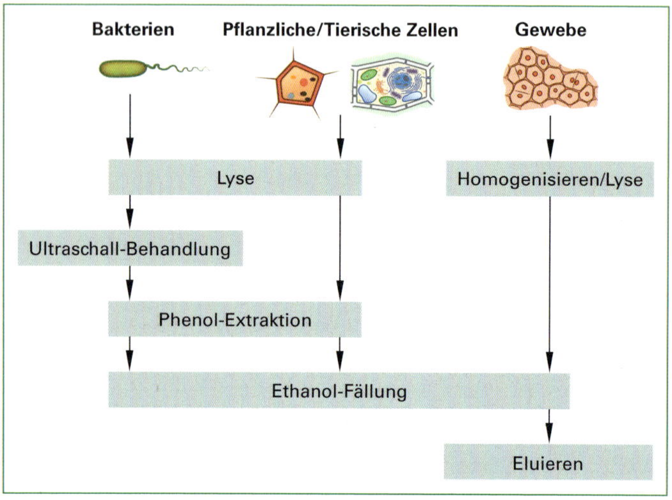

Bild 1 **Verlaufsschema unterschiedlicher RNA-Isolierungen**

Aufschlussverfahren (Zelllyse)

Das Verfahren der Zelllyse hängt von der Quelle der RNA ab:

- **Grampositive Bakterien** werden anhand von Ultraschall und Detergenzien lysiert, während die Zellwand **gramnegativer Bakterien** durch Lysozym und Protoplasten durch SDS aufgeschlossen werden können.
- **Pflanzliche Zellen** werden mechanisch lysiert, während die Zelllyse bei **tierischen Zellen** je nach Art der Zellen variiert werden muss.
- **Gewebe** werden mechanisch aufgeschlossen und mithilfe eines Homogenisators homogenisiert.

Stabilität

RNA ist aufgrund der zusätzlichen Hydroxylgruppe etwas anfälliger für hydrolytischen Abbau als DNA, besonders in alkalischer Lösung. RNA abbauende RNasen benötigen im Gegensatz zu DNasen keine zweiwertigen Metallionen wie Mg^{2+} als Cofaktoren. RNA kommt weitgehend einzelsträngig und nicht als stabiler Doppelstrang wie die DNA vor.

RNA sollte in DEPC-Wasser gelöst und aufbewahrt werden, damit die RNasen nicht aktiv werden. Für längere Zeiträume wird RNA bei −80 °C gelagert.

Nachweis und Grad der Reinheit

Um die Menge an gewonnener RNA zu bestimmen, kann eine UV-Absorptionsspektroskopie durchgeführt werden. Eine Extinktionseinheit von 260 nm entspricht ungefähr 40 µg RNA. Die Küvetten für die Spektroskopie sollten eine halbe Stunde in 0,1 % (*w/v*) DEPC gespült und mit DEPC-H_2O gewaschen werden. Außerdem muss auf den pH-Wert geachtet werden. Dieser sollte bei ca. 7,5 liegen, da geringere pH-Werte eine Kontamination von Proteinen begünstigen.

Der Grad der Reinheit der gewonnenen RNA kann durch eine UV-Spektroskopie bestimmt werden. Wenn die RNA rein ist, ist das Verhältnis der Wellenlänge 260 nm zu 280 nm zwischen 1,7 und 2. Wenn das Verhältnis kleiner als 1,7 ist, sollte Protein z.B. durch Phenol-Extraktion abgetrennt werden.

Während der RNA-Isolierung kann es zu **Kontaminationen durch DNA** kommen, die z.B. bei *Real-Time*-PCRs störend sein kann. Diese Kontaminationen können durch einen DNase-Verdau der Proben behoben werden. Die DNase muss RNase frei sein, um den Abbau der RNA zu vermeiden.

2.2.1 Isolierungsmethoden

Abhängig von der eingesetzten Quelle können verschiedene RNA-Isolierungsmethoden zum Einsatz kommen. Grampositive Bakterien wie Staphylokokken oder Bazillen können mit einer Ultraschallbehandlung aufgeschlossen werden.

Verfahren: Isolierung der Gesamt-RNA aus grampositiven Bakterienzellen
(1) Anfangs werden 10 mL der Bakterienkultur 10 Minuten bei 12 000 *g* sowie 4 °C zentrifugiert.
Lyse
(1) Der Überstand wird abgenommen und das Pellet in 0,5 mL Lysepuffer (Tris-HCl, 30 mmol/L, pH 7,4, NaCl, 100 mmol/L, EDTA, 5 mmol/L, 1 % (*w/v*) SDS, 100 µg/mL Proteinase K) aufgenommen.
(2) Dem Lysepuffer sollte erst kurz vor Gebrauch Proteinase K hinzugegeben werden.
(3) Dieser Ansatz wird in ein 1,5 mL-Reaktionsgefäß überführt und auf Trockeneis eingefroren.
Ultraschall
(1) Die Zellen werden wieder aufgetaut und eine Ultraschallbestrahlung von 3 Mal 10 Sekunden bei 30 W wird durchgeführt.
(2) Die Probe wird eine Stunde lang bei 37 °C inkubiert.
Extraktion 1
(1) Ein Volumen Phenol/$CHCl_3$/Isoamylalkohol (25/24/1, *v/v/v*) wird hinzugegeben und gemischt.
(2) Der Ansatz wird fünf Minuten bei 12 000 *g* zentrifugiert und die wässrige Phase in ein neues Gefäß gegeben.
Extraktion 2
(1) Ein Volumen Phenol/$CHCl_3$/Isoamylalkohol (25/24/1, *v/v/v*) wird zu dem Ansatz hinzugegeben und gemischt.
(2) Dann werden 15 µL NaCl, 5 mol/L, und 1,2 mL eiskaltes Ethanol zu 400 µL der Probe gegeben.
RNA-Fällung
(1) Die Proben werden 30 Minuten bei –70 °C inkubiert und anschließend 15 Minuten bei 12 000 *g* sowie 4 °C zentrifugiert.
(2) 500 µL 70%iges Ethanol werden hinzugegeben. Die RNA wird 5 Minuten in der Luft getrocknet und in Wasser gelöst.

Bei der RNA-Isolierung aus Zellkulturen werden die Zellen in Gegenwart des Denaturierungsmittels Guanidinthiocyanat aufgeschlossen, da dieses zelluläre RNasen effektiv inhibiert.

Verfahren: Isolierung von Gesamt-RNA aus Zellkulturen
Lyse
(1) Die Zellen werden mit kaltem PBS gewaschen und 4 mL Lysepuffer (Guanidinthiocyanat, 4 mol/L, Natriumcitrat, 25 mmol/L, pH 7, β-Mercaptoethanol, 0,1 mol/L, 0,5 % (*w/v*) Sarkosyl) werden zu den Zellen gegeben.
(2) Dem Lysepuffer sollte kurz vor Gebrauch β-Mercaptoethanol hinzugefügt werden.
Extraktion
(1) Anschließend werden 0,025 Volumen Natriumacetat (2 mol/L) hinzugefügt und danach ein Volumen Phenol/$CHCl_3$/Isoamylalkohol (25/24/1, *v/v/v*) hinzugegeben.
(2) Die wässrige obere Phase, in der sich die RNA befindet, wird in ein 1,5 mL-Reaktionsgefäß gegeben.

RNA-Fällung
(1) Ein Volumen eiskaltes Isopropanol wird hinzugefügt und über Nacht bei –20 °C inkubiert.
(2) Das Pellet wird mit 70%igem Ethanol gewaschen, 5 Minuten getrocknet und in Wasser gelöst.

Isolierung von Gesamt-RNA aus Geweben

Das Gewebe sollte nach Entnahme möglichst schnell in ein Reaktionsgefäß gegeben werden und in flüssigem Stickstoff eingefroren werden. Für längere Lagerungen bis zur RNA-Isolierung kann die Probe bei –80 °C gelagert werden.

Eine weitere Möglichkeit ist das Gewebe in RNA*later* (Ambion, Austin, USA) aufzubewahren. Die Konservierungswirkung von RNA*later* beruht darauf, dass alle Enzyme im Gewebe einschließlich der RNasen inaktiviert werden. Die RNA-Isolierung kann beispielsweise mit dem **RNeasy Mini Kit** (Qiagen, Heiden) durchgeführt werden:

Verfahren: Isolierung von Gesamt-RNA aus Geweben
Homogenisieren
(1) Ungefähr 25 mg eines Gewebes werden in einem Lyse-Puffer (z. B. in 500 μL QIAzol *Lysis Reagent*) im gekühlten Homogenisator homogenisiert.
Fällung
(1) Die Probe wird in ein 1,5 mL-Reaktionsgefäß gegeben, 100 μL Chloroform werden hinzugegeben und der Ansatz wird 15 Sekunden geschüttelt. Anschließend wird die Probe bei Raumtemperatur für 2 Minuten inkubiert.
(2) Die Probe wird 15 Minuten bei 4 °C auf höchster Stufe zentrifugiert und die obere Phase wird in ein neues *Eppendorf*-Gefäß überführt.
(3) 600 μL 70%iges Ethanol werden zugegeben und es wird gut gemischt.
(4) 600 μL des Ansatzes werden auf die Säule des RNeasy Mini Kits gegeben. Es wird 15 Sekunden bei 10 000 *g* zentrifugiert und der Durchfluss wird verworfen.
(5) Die restliche Flüssigkeit wird auf die Säule gegeben, 15 Sekunden bei 10 000 *g* zentrifugiert und der Durchfluss wird verworfen.
DNase-Verdau (optional)
(1) Um Verunreinigungen der RNA durch genomische Kontaminationen zu verhindern, kann ein DNA-Verdau durchgeführt werden.
(2) 350 μL RW1-Puffer (Waschpuffer) werden zum Waschen auf die Säule gegeben und es wird 15 Sekunden bei 10 000 *g* zentrifugiert. Der Durchfluss wird erneut verworfen.
(3) 10 μL DNase1 Stammlösung (aus dem RNase-freiem DNase-Set von Qiagen) werden mit 70 μL RDD-Puffer (DNase-Puffer) gemischt und auf die Säule gegeben.
(4) Die Probe wird 15 Minuten bei 30 °C inkubiert.
(5) Zum Waschen werden erneut 350 μL RW1-Puffer auf die Säule gegeben und 15 Sekunden zentrifugiert. Der Durchfluss wird verworfen.
Waschschritte
(1) Wenn kein DNase-Verdau durchgeführt wird, werden 700 μL des RW1-Puffers auf die Säule geben.
(2) Anschließend wird zentrifugiert und der Durchfluss verworfen. 500 μL RPE-Puffer (Präparationspuffer) werden auf die Säule gegeben und es wird 15 Sekunden zentrifugiert.
(3) Die Flüssigkeit wird verworfen. Dann werden 500 μL RPE-Puffer auf die Säule gegeben und 2 Minuten zentrifugiert. Anschließend wird der Durchfluss verworfen.
(4) Die Säule wird in ein neues *Eppendorf*-Gefäß gegeben und eine Minute zentrifugiert.
Eluieren
(1) Anschließend wird die Säule in ein 1,5 mL-*Eppendorf*-Gefäß gegeben. 30 μL RNase freies Wasser werden auf die Säule gegeben, um die RNA zu eluieren.

(2) Nach einer Minute Inkubationszeit wird die Probe 2 Minuten bei 10000 *g* zentrifugiert.

(3) Die RNA wird in DEPC-Wasser gelöst und bei –80 °C eingefroren oder für weitere Analysen benutzt.

Fehler und Störungen	Empfehlungen
▶ Die RNA ist durch genomische DNA kontaminiert.	✔ Ein DNase-Verdau sollte durchgeführt werden.
▶ Es wird zu wenig RNA für eine genaue Messung bzw. andere Methoden gewonnen.	✔ Die RNA-Isolierung sollte wiederholt werden, indem z.B. mehr Ausgangsmaterial eingesetzt wird. ✔ Die RNA kann aufgereinigt werden, um mehr RNA von größerer Reinheit zu gewinnen.

2.3 Nachweis und Konzentrationsbestimmung von DNA und RNA

Die Ausbeute an DNA wird durch die Ausgangsmenge der Probe und die Art des Probenmaterials bestimmt. Aus 10^9 Bakterien wie *E. coli* kann beispielsweise zwischen 17 und 19 µg DNA gewonnen werden. Um die Konzentration von DNA zu bestimmen, kann entweder ein Standardfotometer (s. S. 352) oder ein **Nanodrop** zur Quantifizierung von Mikro-Volumen der Proben genutzt werden.

Zwei verschiedene Arten von Nanodrop-Geräten können verwendet werden, ein UV-Spektrometer oder ein Fluorospektrometer. Beide können die Konzentration von Nukleinsäuren in Lösung bestimmen. Das Fluorospektrometer misst die Fluoreszenz, während das UV-Spektrometer die Absorption des UV-Lichts an einer bestimmten Wellenlänge misst.

Mit einem Fotometer wird die Verminderung der Lichtintensität, die als Extinktion E bezeichnet wird, gemessen (s. Kap. III.1.2.1). Bei einer **Wellenlänge von 260 nm** erfolgt die Konzentrationsbestimmung von DNA. Bei einer Extinktion (E_{260}) von 1 liegen 50 µg/mL DNA vor. Für genaue Analysen sollte E_{260} zwischen 0,1 und eins liegen.

DNA kann je nach verwendeter DNA-Isolierungsmethode mit RNA, Proteinen oder auch Resten von Phenol kontaminiert sein. Während eine Kontamination mit RNA oder Phenol (Absorptionsmaximum bei 270 bis 275 nm) fotometrisch bei einer Wellenlänge von 270 nm nicht nachweisbar ist, gibt das Verhältnis der Nukleinsäure- zur Proteinabsorption Auskunft über die Reinheit einer Nukleinsäurelösung. Da das Absorptionsmaximum von Proteinen bei 280 nm liegt, charakterisiert das Verhältnis der Absorptionswerte bei 260 und bei 280 nm die Reinheit der Proben. Wenn das Verhältnis $E_{260/280}$ zwischen 1,7 und 1,9 liegt, handelt es sich um relativ reine Nukleinsäure. Bei einem Wert von 1,5 ist das Verhältnis von Protein zu DNA eins zu eins.

Die Länge der isolierten DNA-Stücke kann mithilfe einer Gelelektrophorese bestimmt werden. Mithilfe dieses Verfahrens können ebenfalls die Mengen der DNA geschätzt werden, wenn Proben mit möglichst ähnlichen und bekannten Konzentrationen zum Vergleich aufgetragen werden.

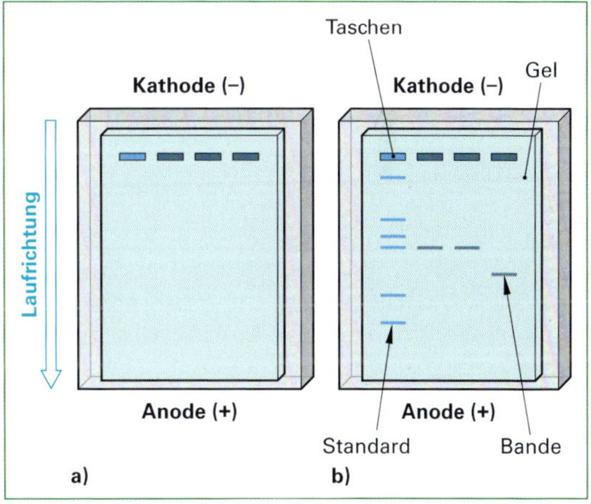

Bild 1 Schematischer Aufbau einer DNA-Gelelektrophorese, a) vor und b) nach der Auftrennung

2.4 Auftrennung von Nukleinsäuren durch Gelelektrophorese

Gelelektrophoresen mit dem Polysaccharid Agarose können zur Trennung von Nukleinsäuren eingesetzt werden. Da Agarosegele wesentlich größere Poren besitzen als beispielsweise Polyacrylamidgele, eignen sie sich gut zur Trennung von hochmolekularer DNA. Sie dienen auch der Identifizierung sowie Reinigung von DNA-Fragmenten, Plasmid-DNA oder auch RNA.

Mithilfe der DNA-Agarose-Gelelektrophorese können doppel- und einzelsträngige DNA-Fragmente oder auch Plasmid-DNA aufgetrennt werden, wenn ihr Durchmesser über 10 nm ist. DNA-Fragmente mit einer Größe zwischen 0,1 und 60 kb können durch die Gelelektrophorese durch unterschiedliche Agarosekonzentrationen aufgetrennt werden.

Bei der Agarose-Gelelektrophorese wird das Gel hergestellt, indem die Agarose in einem Puffer gelöst und dann aufgekocht wird. Die Konzentration der Agarose im Puffer richtet sich nach der Größe der Nukleinsäurefragmente. Größere Fragment werden besser mit einem niederprozentigen Agarosegel aufgetrennt, während für kleinere Fragmente ein höher prozentiges Gel verwendet wird.

Nachdem das Gel gegossen ist, wird gewartet bis es erstarrt ist und die Proben werden in die Taschen aufgetragen. Während einer Elektrophorese wandern größere DNA-Fragmente langsamer als kleinere Fragmente, da die Poren des Gels wie ein Sieb wirken und kleinere Fragmente besser hindurchgelangen können. Die Phosphatgruppen der DNA sind negativ geladen, wodurch die DNA-Fragmente zu dem positiven Pol wandern. Nachdem die Proben die gewünschte Strecke auf dem Gel zurückgelegt haben, können die Banden durch UV-Licht sichtbar gemacht werden.

Verfahren: Agarose-Gelelektrophorese von DNA

Probenvorbereitung

1. 0,4 bis 2 % Agarose wird in Pufferlösung z. B. TAE-Puffer (Tris-Acetat-EDTA-Puffer, 50-facher Tris-Base, 2 mol/L, Essigsäure, 1 mol/L, EDTA, 0,1 mol/L, auf pH 8,3 einstellen) gelöst. Beispielsweise wird für ein 1,3%iges Gel, mit dem DNA-Fragmente von einer Größe zwischen 0,4 und 6 kb aufgetrennt werden können, 2,6 g Agarose in Puffer gelöst.
2. Die Lösung wird in der Mikrowelle erhitzt bzw. vorsichtig aufgekocht, bis keine Schlieren mehr zu sehen sind.
3. Das Gel wird auf 50 bis 60 °C abgekühlt.
4. Die flüssige Agarose wird zwischen zwei Glasplatten, Trägerfolien oder in Flachbett-Apparaturen gegossen.
5. Entstandene Luftblasen müssen entfernt werden und eine Taschenschablone wird in die flüssige Agarose gestellt/gedrückt.

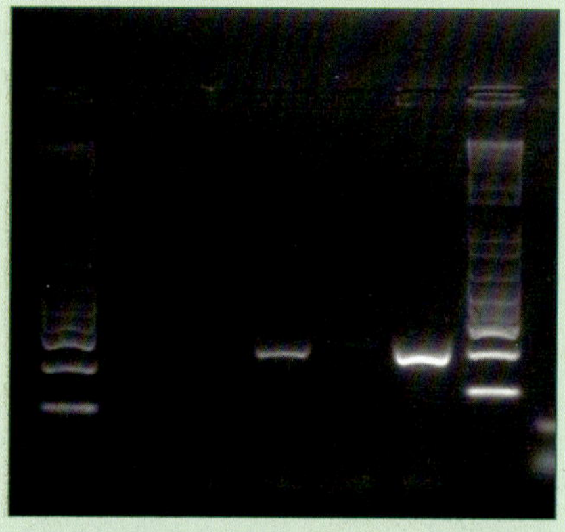

Bild 1 **Ergebnis einer Gelelektrophorese (Banden in 1. und 7. Spur: DNA-Standards)**

6. Anschließend wird das Gel 30 bis 60 Minuten inkubiert. Danach wird TAE-Puffer über das ausgehärtete Gel gegeben.
7. Der DNA wird im Verhältnis 1 zu 5 oder 1 zu 3 mit Auftragspuffer (50 % (*v/v*) Glyzerin, 0,2 % (*w/v*) SDS, 0,5 % (*w/v*) Bromphenolblau, 0,5 % (*w/v*) Xylencyanol in TAE-Puffer) hinzugegeben, damit beim Auftragen in die Geltaschen die Proben sichtbar sind.
8. Der DNA-Größenstandard wird mit diesem Puffer versetzt und die Ansätze werden gut gemischt.
9. Nachdem das Gel ausgehärtet ist, können die Proben und ein Größenstandard vorsichtig und langsam mit einer Pipette in die Taschen des Gels gefüllt werden. Das Probenmaterial darf nicht neben die Taschen fließen und das Gel nicht durchstochen werden.

Elektrophorese und Visualisierung

1. Nachdem die Proben und der Größenmarker aufgetragen wurden, wird der Deckel der Elektrophorese-Apparatur geschlossen. In der Gelkammer, die mit Puffer gefüllt ist, wird ein Spannungsfeld mit 5 Volt/cm angelegt.
2. Die Elektrophorese dauert z. B. bei einem 1%igen Gel (200 mm x 200 mm) 4 bis 8 Stunden. Sie wird abgestoppt, wenn der Farbstoffmarker z. B. Bromphenolblau weit genug gelaufen ist.
3. Bei Färbung der DNA mit Ethidiumbromid können die Banden mit UV-Licht sichtbar gemacht und dokumentiert werden.

Auswertung

Zur Auswertung werden die Banden der Proben mit denen des Größenstandards verglichen (Bild 1, S. 376). Dadurch kann festgestellt werden, wie groß die verschiedenen DNA-Fragmente sind. Wenn z. B. eine Bande der Probe genauso weit läuft wie die Bande des Größenstandards von 9 Kilobasen (kb), dann ist das DNA-Fragment ungefähr 9 kb groß.

Fehler und Störungen	Empfehlungen
▶ Die Proben wandern in die falsche Richtung.	✔ Die Polung der Elektrophorese muss überprüft werden.
▶ Die DNA-Fragmente trennen sich nicht auf.	✔ Da eventuell die Agarosekonzentration zu hoch oder zu gering gewählt wurde, sollte die Agarosekonzentration geändert werden.
▶ Statt Banden ist ein verschmierter Bereich erkennbar.	✔ Die Elektrophorese sollte wiederholt werden, da eventuell die Tasche mit der Pipette zerstochen wurde, sodass die Probe zwischen Gel und Kammerboden gelaufen ist.
▶ Die Agarose schmilzt während der Elektrophorese.	✔ Da eventuell nicht genügend Laufpuffer vorhanden ist, sollte der Puffer aufgefüllt oder ein Puffer mit einer höheren Pufferkapazität eingesetzt werden.
▶ Die Banden sind unscharf, da z. B. die Proben beim Auftragen in die Geltaschen aus dem Gel diffundieren.	✔ Wenn viele Proben aufgetragen werden, kann ein Teil der Proben schon in das Gel übertragen werden, indem die Elektrophorese für einige Minuten gestartet wird.

2.5 *Blotting* von Nukleinsäuren

Edwin Southern entwickelte 1975 den ***Southern Blot*** oder die **DNA-Hybridisierung**, ein Verfahren zum Nachweis von spezifischen DNA-Fragmenten in einem großen komplexen DNA-Gemisch.

Southern Blot

Vor einem *Southern Blot* wird meist genomische DNA z. B. aus Zellen oder Geweben isoliert und durch ein oder mehrere **Restriktionsenzyme** aufgespalten. Diese Enzyme werden auch als Restriktionsendonukleasen oder molekulare Scheren bezeichnet. Sie können DNA an spezifischen Stellen (bestimmte Sequenzen) erkennen sowie schneiden. Restriktionsenzyme kommen in Zellen von Eukaryonten und Prokaryonten vor. Bei Bakterien dienen sie der Abwehr von Phagen, da die Enzyme artfremde DNA schnell abbauen können. Die eigene DNA kann durch Methylierung bestimmter Sequenzen vor dem Abbau geschützt werden.

In biotechnologischen Methoden werden oft die Restriktionsenzyme vom Typ 2 verwendet, da diese innerhalb oder in der Nähe der Erkennungssequenz schneiden können und kein ATP benötigen. Diese Erkennungssequenzen sind oft palindromisch aufgebaut und der Schnitt der Enzyme kann gerade oder versetzt sein.

Bei dem Verdau von chromosomaler DNA mit Restriktionsenzymen entstehen so viele Banden, dass bei einer Gelelektrophorese keine diskreten Banden zu sehen sind. Aus diesem Grund werden spezifische DNA-Fragmente mittels Sonden durch den *Southern Blot* identifiziert.

Die verschieden großen DNA-Fragmente werden anfangs durch eine **Gelelektrophorese** der Größe nach aufgetrennt. Nach dieser Elektrophorese wird die DNA depuriniert, um die Diffusionsrate aus dem Agarosegel auf eine Membran zu erhöhen. Bei einer **Depurinierung** durch hohe Temperaturen und starke Säuren werden Purinbasen des DNA-Doppelstrangs, entweder Adenin oder Guanin, durch Hydrolyse abgespalten.

Anschließend wird die DNA chemisch z. B. durch Alkalien denaturiert, sodass Einzelstränge entstehen. Die DNA-Fragmente werden bei dem sich anschließenden ***Blotting***-Schritt von dem Gel auf eine Membran übertragen und dort fixiert.

Der *Blotting*-Schritt kann auf drei verschiedene Arten durchgeführt werden:

- Bei dem **Kapillar-*Blot*** wird die DNA mithilfe einer Pufferlösung durch die Kapillarkraft aus dem Gel auf die Membran transportiert. So erfolgt die Übertragung durch einen Pufferfluss, indem eine Membran auf das Gel gelegt wird und der Fluss in Richtung der Membran erfolgt. Bei dem *Downward*-Blot (absteigend) liegt die Membran unter dem Gel, sodass der Pufferfluss von oben nach unten erfolgen muss (Bild 1).
- Der **Vakuum-*Blot*** nutzt die Kräfte eines Vakuums für die Übertragung, sodass die DNA-Fragmente durch einen Unterdruck auf die Membran gezogen werden. Dieser *Blot* ist schneller als der Kapillar-*Blot*.
- Bei dem **Elektro-*Blot*** wird eine elektrische Spannung angelegt, durch die die negativ geladenen DNA-Fragmente zu dem positiven Pol und somit auf die Membran gelangen.

Die Membran wird prähybridisiert, um unbesetzte Bindungsstellen zu blockieren und somit den Hintergrund zu reduzieren sowie falsch positive Signale zu verhindern. Nach dem *Blotting*-Schritt können die spezifischen DNA-Fragmente durch komplementäre einzelsträngige **Gensonden** detektiert und chemisch, radioaktiv oder mithilfe von Fluoreszenz markiert werden. Als Sonden können Oligonukleotide, DNA- bzw. RNA-Fragmente oder PCR-Produkte verwendet werden. Die Sonden können durch Hybridisierung an die komplementären DNA-Fragmente binden. Anschließend werden die Sonden, die nicht hybridisieren konnten, entfernt und die Banden können durch ihre Markierung sichtbar gemacht werden. Bei einer **radioaktiven Markierung** kann die Membran auf einen Röntgenfilm gelegt werden, wodurch sich die Banden schwärzen. Wenn mit einer **chemisch markierten Sonde** z. B. **DIG** (Glykosid Digoxigenin, Biotin) gearbeitet wird, kann die enzymatische Reaktion auf der Membran detektiert werden. Die DIG-markierten, hybridisierten Sonden werden durch ein Anti-DIG-Alkalische-Phosphatase-Konjugat nachgewiesen. Anschließend werden die Substrate der alkalischen Phosphatase, das Nitroblau-Tetrazoliumsalz (NBT) und 5-Brom-4-Chlor-3-Indolylphosphat (X-Phosphat), zur Detektion hinzugegeben, wodurch die enzymatische Reaktion gestartet wird. Wenn die Banden sichtbar geworden sind, kann die Reaktion abgestoppt und das Ergebnis ausgewertet werden.

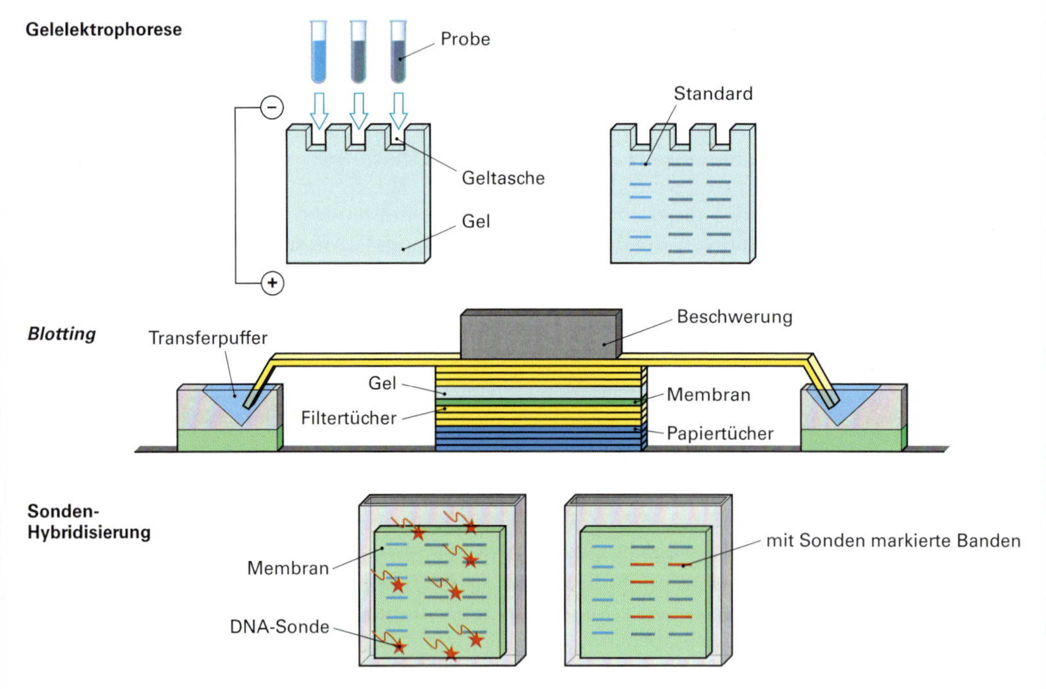

Bild 1 Schematischer Aufbau und Ablauf eines *Downward*-Kapillar-*Blots*

Verfahren: *Downward*-Kapillar-*Blot*

Restriktionsverdau und Gelelektrophorese

(1) Anfangs wird das DNA-Gemisch mithilfe von Restriktionsenzymen über Nacht aufgespalten, indem z. B. auf 10 µg der genomischen DNA 1 µL des Enzyms gegeben werden und das Volumen auf 40 µL mit destilliertem Wasser aufgefüllt wird.

(2) Die einzelnen Fragmente werden über eine Agarose-Gelelektrophorese aufgetrennt. Zusätzlich zu den DNA-Proben sollte ein Größenstandard aufgetragen werden, um die Zuordnung der DNA-Fragmente zu vereinfachen.

Depurinierung und Denaturierung

(1) Das Gel wird vorsichtig für 15 Minuten in HCl-Lösung, 0,25 mol/L, geschüttelt.

(2) Anschließend wird das Gel 15 Minuten mit NaOH-Lösung, 0,4 mol/L, behandelt, um die DNA-Doppelstränge aufzubrechen.

Blotting

(1) Der *Blotting*-Schritt kann für 2 Stunden oder über Nacht (12 Stunden) durchgeführt werden. Der Aufbau erfolgt, indem auf Papiertücher 3 Filterpapiere, darauf die Membran und auf die Membran das Gel gelegt werden.

(2) Darauf folgen 3 Filtertücher und eine Flüssigkeitsbrücke, deren Enden in Transferpuffer (NaOH, 0,4 mol/L) getränkt sind. Die Membran kann z. B. eine Nylonmembran sein. Bei diesem *Blot*-Aufbau ist es wichtig, dass sich keine Luftblasen zwischen den Schichten befinden.

(3) Die Membran wird in 2 bis 6-fachen SSC-Transferpuffer (20-facher SCC-Puffer: NaCl, 3 mol/L, Na-Citrat, 0,1 mol/L) neutralisiert und auf Filterpapier getrocknet.

Prähybridisierung

(1) Die Membran wird kurz in 2 bis 6-fachem SSC-Puffer inkubiert. Zur Prähybridisierung (z. B. mit Roti-Hybriquick von Roth) wird die Membran eine Stunde lang bei 68 °C in Prähybridisierungspuffer aufgekocht.

(2) Anschließend wird die Membran mit 5 mL Prähybridisierungspuffer eingeschweißt und über Nacht im Wasserbad (oder im Hybridisierungsofen) bei 68 °C inkubiert.

(3) Dann wird die Membran zwei Mal fünf Minuten bei 68 °C in SSC-Puffer (2-facher SSC, 0,1 % SDS) inkubiert, 2 Mal 15 Minuten in 0,1-fachem SSC-Puffer (0,1-facher SSC, 0,1 % SDS) gewaschen und danach erneut eine Minute mit NRB1 (Maleinsäure, 100 mmol/L, NaCl, 150 mmol/L, pH 7,6).

Blockierung

(1) Die Membran wird zum Blockieren für eine Stunde in NRB2 (1 % Roche Blockierungs-Reagenz in NRB1) gegeben und eine Minute in NRB1 gewaschen.

Detektion

(1) Wenn die Sonden z. B. chemisch mit DIG (Glykosid Digoxigenin, Biotin) markiert werden, erfolgt die Detektion folgendermaßen: Zu 20 mL NRB2 wird 4 µL DIG-Antikörperkonjugat hinzugegeben, die Membran wird in dieser Lösung eingeschweißt und 45 Minuten lang inkubiert.

(2) Dann wird sie 2 Mal 15 Minuten in NRB1 und 2 Minuten in NRB3 (Tris/HCl, 10 mmol/L, pH 9,5, NaCl, 10 mmol/L, $MgCl_2$, 50 mmol/L) gewaschen.

(3) In 10 mL NRB3 werden 45 µL Nitroblau-Tetrazoliumsalz (NBT) und 35 µL 5-Brom-4-Chlor-3-Indolylphosphat (X-Phosphat) zugegeben. Die Membran wird mit diesem Ansatz eingeschweißt und im Dunkeln inkubiert, bis die Banden zu erkennen sind.

(4) Das Abstoppen der Reaktion erfolgt durch Waschen mit H_2O

Sondenentfernung

(1) Eine Lösung aus 250 mL 0,1 % SSC und 0,1 % (*w/v*) SDS wird aufgekocht und die Membran 15 bis 30 Minuten in diese heiße Lösung gegeben. Dadurch können die hybridisierten Gensonden entfernt und die Membran kann mit anderen Nukleinsäuresonden behandelt werden. Dieser Vorgang kann bei einer guten Membranqualität bis zu 20 Mal wiederholt werden.

Fehler und Störungen	Empfehlungen
▶ Ein Hintergrund oder falsch positive Signale entstehen bei der Detektion.	✔ Wenn die Nylonmembran nach der Hybridisierung austrocknet, könnte die Sonde irreversibel an die Membran binden.
▶ Es sind keine spezifischen Banden entstanden.	✔ Der Versuch sollte wiederholt und alle Bedingungen bzw. Lösungen überprüft werden. Beispielsweise können Probleme beim Transfer auftreten, wenn der Transferpuffer falsch verdünnt ist.
▶ Die Banden sind nicht vollständig.	✔ Luftblasen innerhalb der *Blot*-Apparatur müssen vermieden werden.

Northern Blot

Der *Northern Blot*, auch ***Northern* Hybridisierung** genannt, wurde in den 70er Jahren von *James Alwine, James Kemp* sowie *George Stark* in Amerika entwickelt. Er wird häufig angewendet, um Genexpressionen zu analysieren. Diese Hybridisierung dient der Detektion von spezifischen **RNA-Fragmenten** und gleicht dem *Southern Blot* in vielen Teilen der Ausführung.

Vor der Hybridisierung wird RNA aus Zellen isoliert, die im Gegensatz zum *Southern Blot* nicht durch Enzyme gespalten wird. Die RNA-Fragmente werden gelelektrophoretisch aufgetrennt und anschließend auf einer **Diazobenzyloxymethyl-(DBM)-Membran** fixiert. Es können auch Nylon- oder Nitrozellulosemembranen verwendet werden. Die spezifischen RNA-Fragmente können durch Hybridisierung mit komplementären Gensonden markiert werden. Somit kann durch einen *Northern Blot* die Menge der spezifischen mRNA sowie deren Größe bestimmt werden.

2.6 DNA-Sequenzierung

Die DNA-Sequenzierung dient dazu, die Basensequenz eines beliebigen DNA-Strangs zu ermitteln. Mittlerweile sind viele Genome von Pro- und Eukaryonten komplett sequenziert worden. Um einen DNA-Doppelstrang zu sequenzieren, können verschiedene Methoden eingesetzt werden:

- Die **Kettenabbruchmethode** nach *Sanger* ist die klassische DNA-Sequenzierungsmethode. Sie benutzt bestimmte markierte Nukleotide, die durch die DNA-Polymerase eingebaut werden.
- Die Methode von ***Maxam* und *Gilbert*** beruht auf der basenspezifischen chemischen Spaltung der DNA durch geeignete Reagenzien und einer gelelektrophoretischen Auftrennung der Fragmente nach Größe.
- Bei der **Pyrosequenzierung** wird durch ein Enzymsystem unter Beteiligung einer Luziferase erfasst, wie die DNA-Polymerase Nukleotide an den neu gebildeten DNA-Strang synthetisiert.
- Die **Nanopore-Sequenzierung** erfolgt ohne eine Neusynthese von DNA. Vielmehr wird die Spannungsveränderung beim Transport der DNA durch eine winzige Pore einer Membran gemessen. Diese Spannungsänderung ist für jede der vier Nukleotidbasen unterschiedlich hoch.

DNA-Sequenzierung nach *Sanger*

Die Kettenabbruchmethode wurde Mitte der 70er Jahre von *Frederick Sanger* und *Alan Coulson* entwickelt und wird auch **Didesoxymethode** genannt, da die modifizierten Nukleotide anstelle einer Hydroxylgruppe am dritten Kohlenstoffatom des Zuckers nur ein Wasserstoffatom enthalten. Mithilfe dieser Methode können nur 200 bis 400 Nukleotide in einer Reaktion analysiert werden.

Im ersten Schritt der Kettenabbruchmethode werden vier unterschiedliche Reaktionsansätze hergestellt, bei denen zusätzlich zu den anderen Bestandteilen jeweils eines der vier verschiedenen ddNTPs (Didesoxyribonukleosidtriphosphate) wie z.B. ddCTP in einen Ansatz gegeben wird. Für jeden der vier Ansätze sind folgende Bestandteile notwendig: die DNA-Polymerase, die DNA-Matrize, die radioaktiv markierten *Primer*, der Enzympuffer und die vier Desoxyribonukleosidtriphosphate (dNTP). Eine große Menge der Desoxyribonukleotide wird mit einer kleinen Menge der modifizierten Nukleotide kombiniert.

Heutzutage werden die radioaktiven Markierungen durch **Fluoreszenzfarbstoffe** ersetzt, da die Visualisierung mit diesen Farbstoffen einfacher und ungefährlicher ist.

Nach der Hitzedenaturierung der DNA-Doppelstränge können die radioaktiv markierten *Primer* mit dem DNA-Einzelstrang hybridisieren. Anschließend erfolgt die Synthese des Gegenstranges, indem die DNA-Polymerase von 5′ in 3′-Richtung ausgehend vom *Primer* den DNA-Strang verlängert, indem sie komplementär zu der DNA-Matrize Basen einbaut. Bei dem zufälligen Einbau der modifizierten Nukleotide kann der DNA-Strang nicht weiter in 3′-Richtung verlängert werden, da am 3′ des Zuckerrestes die Hydroxylgruppe zur Verknüpfung mit einem neuen Nukleotid fehlt. Es kommt zum **Abbruch der DNA-Kette**, da keine weitere kovalente Bindung geschlossen werden kann. Dadurch dass an unterschiedlichen Stellen des DNA-Strangs zufällig ein modifiziertes Nukleotid eingebaut und somit die Reaktion an verschiedenen Stellen abgestoppt wird, entstehen Fragmente verschiedener Länge. Diese Fragmente enden alle mit der gleichen Base z. B. bei Verwendung von ddCTP mit der Base Cytosin. Danach werden die verschiedenen großen DNA-Fragmente mittels DNA-Gelelektrophorese aufgetrennt. Über die radioaktiv markierten *Primer* bzw. die Fluoreszenzfarbstoffe können die Banden sichtbar gemacht werden. Wenn die *Primer* durch Fluoreszenzfarbstoffe markiert werden, kann die Fluoreszenz mit einem Laser angeregt werden und ein Bild erstellt werden. Bei radioaktiven *Primern* ist es aufwendiger, die Banden sichtbar zu machen, da das Gel erst vorbehandelt werden muss. Die Leserichtung zur Sequenzierung ist der Laufrichtung der Gelelektrophorese entgegengesetzt (Bild 1). Bei der erhaltenen Sequenz ist weiterhin darauf zu achten, dass diese komplementär zu der zu analysierenden Sequenz ist.

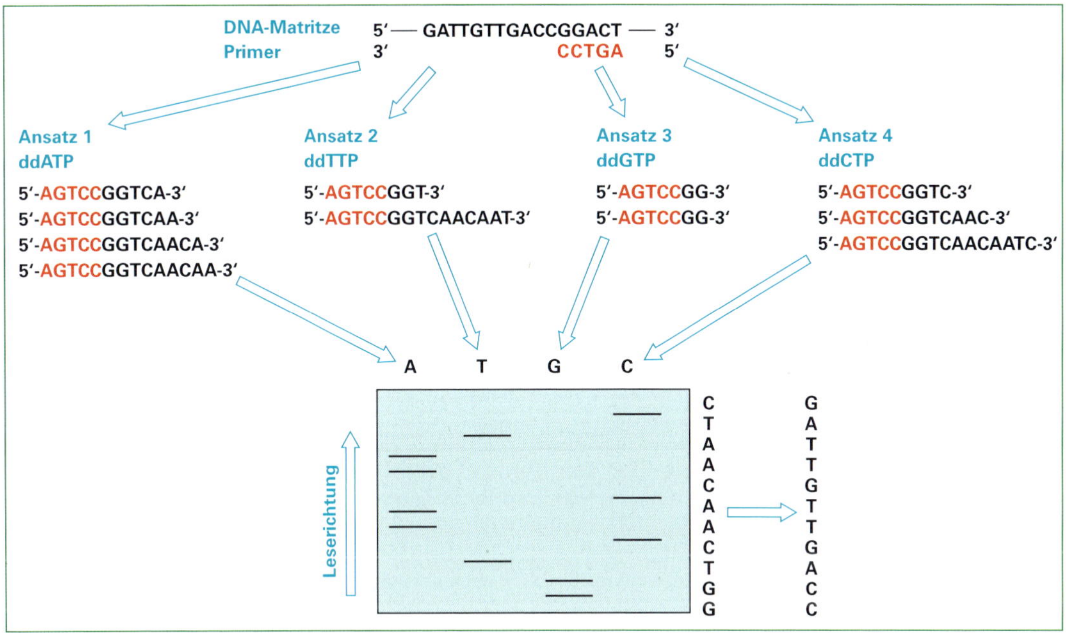

Bild 1 **Schematischer Aufbau einer DNA-Sequenzierung nach *Sanger***

Die hier vorgestellte Sequenzierungsmethode wird mit der **DNA-Polymerase Sequenase** (z. B. aus dem Sequenase Version 2.0 DNA *Sequencing Kit*) durchgeführt, da diese Polymerase schnell synthetisiert und eine geringe 3′-5′-Exonukleaseaktivität besitzt. Zur radioaktiven *Primer*-Markierung wird (α^{35}S)-dATP benutzt. Dabei muss darauf geachtet werden, dass beim Arbeiten mit Radioaktivität bestimmte Sicherheitsvorkehrungen getroffen werden müssen.

Diese Sequenzierung teilt sich in zwei verschiedene Reaktionen auf: Die Markierungsreaktion dient dem Einbau der *Primer*, während die Kettenabbruchreaktion das Einbauen der ddNTPs ermöglicht. Es muss darauf geachtet werden, dass die Reagenzien immer in der gleichen Reihenfolge in die verschiedenen Ansätze pipettiert werden, damit die Reaktionszeiten nicht zu stark variieren. Durch Verringerung der dNTP-Konzentration bei der Markierungsreaktion (z. B. auf 0,5 µmol/L), werden kürzere DNA-Fragmente gewonnen, sodass die Sequenz nahe am *Primer* ausgewertet werden kann. Zum Gewinn längerer Fragmente können die Konzentrationen von dNTP und (α^{35}S)-dATP erhöht werden.

Verfahren: DNA-Sequenzierung nach *Sanger*
Vorbereitung
(1) (α^{35}S)-dATP wird mit einer spezifischen Aktivität von 500 bis 1000 Ci mmol^{-1} eingesetzt. Die Sequenase wird kurz vor Gebrauch auf eine Endkonzentration von 1 U µL^{-1} verdünnt. Es werden die vier Terminationsansätze aus jeweils Nukleotid-Lösungen mit 80 µmol/L dem modifizierten Abbruchsnukleotids mit 8 µmol/L und NaCl mit 50 mmol/L hergestellt. Beispielsweise enthält der ddA-Ansatz 8 µmol/L ddATP, 80 µmol/L dATP, 80 µmol/L dCTP, 80 µmol/L dGTP, 80 µmol/L TTP und 50 mmol/L NaCl.
***Primer*-Hybridisierung**
(1) 3 bis 5 µg der denaturierten Plasmid-DNA wird mit 7 µL H_20 gemischt und in ein 1,5 mL-Reaktionsgefäß gegeben. 5 Mal 2 µL Puffer (200 mmol/L Tris-HCl, pH 7,5, 250 mmol/L NaCl, 100 mmol/L $MgCl_2$ und 25 mmol/L DTT) und 1 µL der *Primer*, welcher auf 1 bis 2 pmol · µL^{-1} in Wasser verdünnt wurde, wird hinzugefügt. Der Ansatz wird 2 Minuten bei 65 °C inkubiert und 30 Minuten abgekühlt. Etwa 2 Stunden lang kann dieser Mix auf Eis gekühlt aufbewahrt werden.
Markierungsreaktion
(1) Der Ansatz wird kurz zentrifugiert und weiterverwendet. Anschließend werden 2 µL dNTP (1,5 µmol/L dCTP, 1,5 µmol/L dGTP, 1,5 µmol/L dTTP), 0,5 bis 1 µL (α^{35}S)-dATP und 2 µL Sequenase (DNA-Polymerase) hinzugegeben sowie 5 Minuten lang inkubiert.
Kettenabbruchreaktion
(1) Je 2,5 µL des Terminationsansatzes werden in vier verschiedene Reaktionsgefäße gegeben und vor Gebrauch eine Minute bei 37 °C inkubiert. Anschließend werden je 3,5 µL des Ansatzes in die vier Gefäße gegeben, gemischt und 5 bis 10 Minuten bei 37 °C inkubiert.
(2) 4 µL der Stopplösung (95 % Formamid, 20 mmol/L EDTA, 0,05 % (*v/v*) Bromphenolblau, 0,05 % (*v/v*) Xylencyanol) werden in jedes Gefäß hinzugefügt und gemischt. Bei einer Elektrophorese am gleichen Tag werden die Proben auf Eis aufbewahrt oder sie werden bei –20 °C eingefroren.
Gelelektrophorese
(1) Die verschiedenen DNA-Fragmente werden mithilfe einer Agarose-Gelelektrophorese aufgetrennt.
Auswertung
(1) Die radioaktiv markierten Banden können durch Belichtung auf einem Film sichtbar gemacht werden.

Fehler und Störungen	Empfehlungen
▶ Keine Banden sind sichtbar, da die *Primer* verwechselt wurden, das Enzym nicht funktionsfähig war oder ein Bestandteil nicht hinzugegeben wurde.	✔ Der Versuch sollte wiederholt werden. Alle Bestandteile und Bedingungen sollten kontrolliert werden und höhere *Primer*-Konzentrationen ausprobiert werden. ✔ Eine neue Enzymcharge kann eingesetzt werden.
▶ Die Banden sind sehr schwach erkennbar, da die DNA-Synthese nicht gut ablief.	✔ Der Versuch sollte wiederholt werden (neues Enzym benutzen, Kontaminationen verhindern, Konzentrationen der *Primer* überprüfen).
▶ Ein Reaktionsansatz zeigt schwache Banden bzw. die DNA-Fragmente sind zu kurz.	✔ Eventuell wurde in einem Ansatz das Verhältnis von ddNTP zu dNTP so gewählt, das zu viel ddNTP vorhanden war.
▶ Es werden unspezifische Banden sichtbar.	✔ Verunreinigungen durch Nukleasen in den Reagenzien müssen vermieden werden.
▶ Die Banden sind diffus.	✔ Der Versuch sollte wiederholt werden (das Gel ist nicht fest geworden oder die Proben wurden vor Auftragung nicht denaturiert).
▶ An manchen Stellen sind sehr schwache Signale sichtbar.	✔ Die Reaktion sollte mit höheren Temperaturen durchgeführt werden.

3 Klonierung und PCR

Bei einer **Klonierung** werden spezifische DNA-Fragmente isoliert, in einen Vektor integriert und innerhalb eines Wirtssystems identisch vervielfältigt (amplifiziert). Im Gegensatz dazu werden beim **Klonen** komplette Organismen genetisch identisch hergestellt.

Eine Klonierung ist beispielsweise sinnvoll, wenn ein bestimmtes Protein isoliert werden soll, das in sehr geringen Mengen im Organismus exprimiert wird. Um größere Proteinmengen zu gewinnen, kann das zugehörige Gen identifiziert und in einen Wirtsorganismus kloniert werden. Diese gentechnisch veränderten Wirte sind meist Mikroorganismen wie *E. coli*. Nach einer erfolgreichen Klonierung werden die gewünschten Genprodukte, die als rekombinante Proteine bezeichnet werden, in höheren Mengen erzeugt.

3.1 Klonierung eines DNA-Fragments

Die Fremd-DNA-Fragmente, die in einen Vektor integriert werden, können aus folgenden Quellen gewonnen werden:

- Genomische DNA, die aus tierischen oder pflanzlichen Zellen sowie Mikroorganismen isoliert werden kann.
- PCR-Produkte bzw. cDNA.
- Plasmid-DNA.

Eine Klonierung beruht auf dem Einfügen eines zu amplifizierenden DNA-Fragments in ein **Vektorsystem**, meist ein Plasmid. Verschiedene Vektoren dienen als Werkzeuge bei unterschiedlichen biotechnologischen Anwendungen.

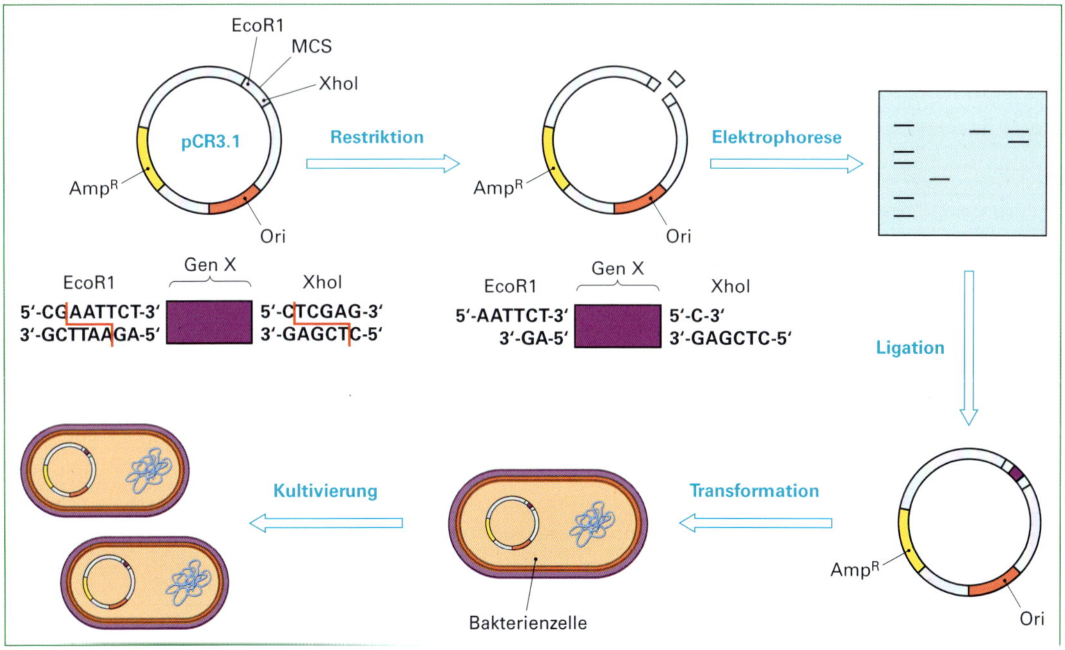

Bild 1 Schematischer Aufbau einer Klonierung

Bei Klonierungen muss das **Plasmid** an spezifischen Stellen des DNA-Doppelstrangs mithilfe von Restriktionsendonukleasen (s. S. 181) geschnitten werden. Das Behandeln von DNA mit Restriktionsenzymen wird auch **Restriktionsverdau** genannt. Viele dieser Enzyme binden an palindromische DNA-Sequenzen, die aus 4, 6 oder 8 Basenpaaren bestehen. Ein Beispiel ist das Restriktionsenzym **EcoR1**, das erste gefundene Restriktionsenzym aus dem Stamm R (engl. *rough*) von *E. coli* (Bild 1).

Teil III Bioanalytische Arbeitsmethoden

Das Enzym EcoR1 erkennt eine Sequenz aus vier Basenpaaren und bildet überhängende sogenannte **klebrige Enden**. So werden ungleich lange Enden eines DNA-Doppelstrangs bezeichnet, die durch eine spezifische, versetzte Schnittweise von Restriktionsenzymen entstehen. Diese Enden können sich an komplementäre, klebrige Enden eines anderen DNA-Doppelstrangs anlagern und durch die Enzyme Ligasen leichter verbunden werden als glatte Enden.

Das **zu amplifizierende DNA-Fragment** wird durch eine PCR aus dem Genom isoliert, indem die gleichen Schnittstellen durch Verwendung der gleichen Restriktionsenzyme erzeugt werden. Wenn die Schnittstellen zwischen dem Plasmid und dem zu amplifizierenden DNA-Fragment identisch sind, können sie sich im Reagenzglas durch Basenpaarung spezifisch verbinden und somit in den Vektor integriert werden. Mithilfe der DNA-Ligasen können die DNA-Einzelstränge miteinander verknüpft (ligiert) werden. Die Vektoren, die die Fremd-DNA enthalten, werden anschließend in Bakterienzellen oder andere Zellen eingeschleust. Dieses Einbringen von DNA in eine Wirtszelle über eine Transformation (s. S. 178) erfolgt in sogenannten **kompetenten Zellen**, die in der Lage sind, DNA aus der Umgebung bzw. dem Medium aufzunehmen. Innerhalb eines Wirtssystems wird die DNA dann in einer wachsenden Bakterienkultur vermehrt. Dadurch kann eine große Menge der DNA gewonnen werden, die beispielsweise für therapeutische Zwecke verwendet werden kann.

Verfahren: Klonierung von Gen X (Bild 1, S. 383)

(1) Gen X soll in das Plasmid **pCR3.1** integriert werden. In diesem Plasmid befinden sich unter anderem ein Mehrfachklonierungsbereich (MCS, *multiple cloning site*) mit Erkennungssequenzen für die Restriktionsenzyme EcoR1 und XhoI, ein Ampicillinresistenzgen (Amp^R) und der Replikationsursprung (Ori).

Restriktionsverdau

(1) Der Restriktionsansatz für den Vektor enthält z. B. 2 µg DNA, 2 µL Restriktionspuffer, 2 µL BSA (engl. *bovine serum albumin*), 1 µL EcoR1 (10 U/µL), 1 µL XhoI (10 U/µL) und 11 µL H_2O. Der Ansatz für das Insert besteht aus folgenden Bestandteilen: 40 µL mit 200 ng DNA, 6 µL Restriktionspuffer, 6 µL BSA, 1 µL EcoR1 (10 U/µL), 1 µL XhoI (10 U/µL) und 6 µL H_2O.

(2) Beide Ansätze werden eine Stunde lang bei 37 °C inkubiert.

Gelelektrophorese

(1) Anschließend werden die DNA-Fragmente durch eine Gelelektrophorese ihrer Größe nach aufgetrennt. Anhand der erwarteten Größen können die Insert- und die Vektorbande identifiziert und anschließend ausgeschnitten werden. Die DNA wird aus der Agarose z. B. mithilfe eines Gel-Extraktions-Kits (Qiagen) extrahiert und kann quantifiziert werden.

Ligation von Fragment und Vektor

(1) Bei der Ligation mit der T4-Ligase wird ein spezieller Ligationspuffer (z. B. von Promega) sowie 1 U T4-Ligase in den Ansatz gegeben. Außerdem wird die DNA von Insert und Vektor zugefügt, wobei das molare Verhältnis von Insert zu Vektor 2 zu 1 (bis 4 zu 1) sein sollte. Dieser Ansatz wird 12 bis 16 Stunden bei 16 °C inkubiert.

Transformation und Kultivierung

(1) Anfangs müssen kompetente Bakterienzellen z. B. *E. coli* hergestellt werden, indem sie z. B. in einer CaCl-Lösung (0,1 mol/L) inkubiert werden. Dann werden die Zellen 10 Minuten auf Eis inkubiert.

(2) Der Ligationsansatz wird zu 200 µL der Bakteriensuspension kompetenter Zellen gegeben. Dieser Ansatz wird eine halbe Stunde auf Eis inkubiert, danach eine Minute bei 42 °C im Wasserbad (Hitzeschock) und erneut 10 Minuten auf Eis.

(3) Dann werden 1,2 mL LB-Medium (s. S. 419) hinzugegeben und die Zellen für 70 Minuten bei 37 °C kultiviert. Anschließend wird der gesamte Ansatz auf einer Ampicillin (s. S. 327) enthaltenden LB-Agarplatte ausgestrichen und für 16 Stunden bei 37 °C inkubiert.

Identifizierung von Zellen

(1) Wenn Kolonien auf der Platte entstehen, sind die Bakterien resistent gegenüber dem Antibiotikum Ampicillin geworden, da sie den Vektor mit dem Resistenzgen aufgenommen haben. Allerdings ist nicht sicher, dass das gewünschte DNA-Fragment in diesem Vektor integriert ist.

Selektion

Die Selektion des gewünschten Klons kann indirekt oder direkt erfolgen:

- Bei einer **direkten Selektion** liegt die **MCS (*multiple cloning site*)** des Plasmids innerhalb eines Antibiotikaresistenzgens oder des *lacZ*-Gens. Wenn ein DNA-Fragment innerhalb der MCS-Stelle integriert wird, ist das Gen nicht mehr funktionsfähig. Somit kann die Bakterienzelle, die dieses Plasmid aufnimmt, nicht mehr auf dem Antibiotikum wachsen bzw. das *lacZ*-Genprodukt nicht bilden.
- Bei der **indirekten Selektion** wird aus den Zellen der Kolonien, die nach der Klonierung getestet werden sollen, die Plasmid-DNA z. B. mit einer Mini-Präparation (s. S. 370) isoliert. Anschließend kann die Sequenz auf die Anwesenheit des gesuchten DNA-Fragments analysiert werden. Alternativ kann die Vektor-DNA mit Restriktionsenzymen verdaut und die Fragmente erneut über eine Gelelektrophorese aufgetrennt werden. Anhand des Bandenmusters und der Größe der Banden können die richtigen Klone identifiziert werden.

Fehler und Störungen	Empfehlungen
▶ Es haben sich keine Kolonien auf der Agarplatte gebildet.	✔ Der ganze Versuch muss wiederholt und überdacht werden, da eventuell ein Fehler im Versuchsablauf aufgetreten ist. ✔ Die *Primer*, die Ligase und die anderen Bestandteile sollten überprüft werden. ✔ Eine DNA-Aufreinigung kann die Klonierung stören.
▶ Das zu klonierende Fragment ist zu groß (ab 3 kb).	✔ Wenn ein relativ großes Fragment kloniert werden soll, können besser solche Vektoren benutzt werden, die größere Fragmente integrieren können (s. Kap. III.3.2).
▶ Keiner der vorhandenen Klone ist positiv, d. h. keiner ist der gewünschte Klon.	✔ Der ganze Versuch muss wiederholt und alle Bestandteile der Methode überprüft werden. Der Versuch sollte überdacht werden, da mehrere Gründe (z. B. *Primer*, Puffer der Ligase oder die Ligase selbst) für das Misslingen verantwortlich sein können. ✔ Weiterhin könnte die zu klonierende DNA toxisch auf die Bakterienzellen wirken, sodass das Vektorsystem geändert werden muss.

3.2 Vektorsysteme

Verschiedene Vektortypen, also DNA-Vehikel, die sich in einer Zelle autonom replizieren können und mit deren Hilfe Fremd-DNA in eine Zelle eingeschleust wird, sind für unterschiedliche biotechnologische Verfahren geeignet. Die häufigsten verwendeten Vektorsysteme in der Molekularbiologie sind **DNA-Plasmide** von Bakterien. Die mögliche Größe des einzubauenden DNA-Fragmentes und die Expression eines eukaryontischen Gens in Bakterien werden davon beeinflusst, welche Vektoren ausgewählt werden. Vektorsysteme besitzen folgende wichtige Eigenschaften bzw. Merkmale:

- Die **Größe** der Vektorsysteme kann variieren. Der Vektor sollte allerdings so klein sein, dass er in das Genom der Bakterien gut integriert werden kann.
- Der **Replikationsursprung**, auch Ori (engl. *origin of replication*) abgekürzt, ermöglicht, dass die Vektoren sich unabhängig vom Bakterienchromosom vermehren können. Dadurch können mehrere Plasmide innerhalb eines Wirtes vorkommen. Diese Anzahl an Plasmiden wird auch **Kopienzahl** genannt und ist in der Regel relativ gering (unter zwölf). Der **Mehrfachklonierungsbereich**, MCS, ist ein DNA-Bereich innerhalb des Plasmids, in dem vermehrt spezifische Restriktionsstellen zu finden sind. Dieser Bereich erlaubt es, das Plasmid an verschiedenen Stellen spezifisch zu spalten und DNA-Fragmente zu integrieren.
- Die **Markergene** dienen zur Selektion der Bakterien, die das Plasmid in ihr Genom integriert haben. Oft handelt es sich um Antibiotikaresistenzgene oder um das *lacZ*-Gen.

Bei der Verwendung eines **Antibiotikaresistenzgens** kann getestet werden, ob das zu klonierende Fragment in dieses Gen eingebaut wurde. Wenn die Bakterien das Plasmid mit Fremd-DNA in ihr Genom integriert haben, ist das Resistenzgen nicht mehr funktionsfähig und die Bakterien sterben in Anwesenheit des Antibiotikums. Auf einem Agar-Nährboden, der das Antibiotikum enthält, werden keine Bakterienkolonien gebildet.

Das ***lacZ*-Gen** kodiert für ein Enzym, die β-Galactosidase (s. S. 104), die das Substrat X-Gal abbauen kann. Durch die Hydrolyse dieses farblosen Substrats entsteht eine blaue Verbindung, weswegen diese Methode auch Blau-/Weiß-Selektion genannt wird. Wenn die Fremd-DNA innerhalb des *lacZ*-Gens integriert wurde, sind die Bakterienkolonien weiß, da sie X-Gal nicht umwandeln können. Somit sind die Bakterien, bei denen kein Insert vorhanden ist, blau gefärbt.

- **RNA-Polymerase-Promotoren** erlauben der RNA-Polymerase, an die DNA zu binden und die mRNA von bestimmten DNA-Bereichen zu synthetisieren. So können z.B. Sonden aus RNA hergestellt werden.

Für spezielle Aufgaben werden spezifische Vektoren benötigt. Einige Beispiele für Vektortypen sind:

- **Bakterielle Plasmidvektoren** werden bevorzugt zur DNA-Klonierung verwendet und besitzen eine maximale Insertgröße von 6 bis 12 kb. Sie kommen natürlich extrachromosomal in Bakterien vor und können sich autonom replizieren. Beispiele für Plasmide sind z.B. pBluescript und pUC19.
- **Bakteriophagen** können als Vektorsystem dienen. Ein Beispiel ist der Bakteriophage **Lambda** (λ), dessen Genom circa 49 kb groß und linear aufgebaut ist. Ein zu klonierendes DNA-Fragment kann in die Mitte dieses Genoms integriert werden, sodass keine Gene, die für die Virenreplikation essenziell sind, beeinflusst werden. Diese veränderte DNA wird in Virushüllen verpackt und kann in das Bakteriengenom integriert werden, wenn die Phagen Bakterien infizieren.
- **Cosmide** sind Plasmide, die aus dem Phagen Lambda stammende COS-Enden (engl. *cohesive ends*) besitzen. Dies sind kurze einzelsträngige Abschnitte, die komplementär zueinander sind. Sie dienen nach der DNA-Injektion in den Wirt dazu, dass die Phagen-DNA zu einem Ring geschlossen werden kann.
- **Expressionsvektoren** werden benutzt, um die Expression von bestimmten Genen stark zu induzieren und so bestimmte Proteine herzustellen. Hierzu werden Promotoren benötigt, die in den jeweiligen Wirtsorganismen funktionieren. Diese Organismen sind meist Bakterien, weil diese sich schnell vermehren können.
- **Künstliche Bakterienchromosomen** werden auch **BAC-Vektoren** (engl. *bacterial artificial chromosomes*) genannt. Sie sind zirkulär aufgebaut und bevorzugen Bakterien als Wirt. Die Kopienzahl dieser Systeme ist gering, d. h. es befinden sich nur ein oder zwei der Vektoren in einer Zelle. Der Vorteil dieses Systems ist, dass die zu integrierende DNA bis zu 300 kb groß sein kann.
- **Künstliche Hefechromosomen** werden als **YAC-Vektoren** (engl. *yeast artificial chromosomes*) abgekürzt. Sie sind kleine Vektoren und liegen wie die BAC linear vor. Die Klonierung der YAC findet in Bakterienzellen statt und anschließend können sie in die eukaryontischen Hefen wie *Saccharomyces cerevisiae* integriert werden. Diese Vektoren können sogar ein Fremd-DNA-Fragment, das bis zu 1000 kb groß ist, aufnehmen.
- **Ti-Vektoren** (Tumor induzierend) sind Plasmide, die ca. 200 kb groß sind und in dem Bodenbakterium *Agrobacterium tumefaciens* vorkommen (s. S. 183).

Vektortyp	Größe in kb	Maximale Insertgröße in kb
Bakterielle Plasmidvektoren	<10	6 ... 12
Bakteriophagen	10-50	25
Cosmide	<10	35
Künstliche Bakterienchromosomen	<300	300
Künstliche Hefechromosomen	350	200 ... 1000
Ti-Vektoren	200	variiert

3.3 PCR (Polymerase-Kettenreaktion)

Die Polymerase-Kettenreaktion (*Polymerase Chain Reaction*, PCR), die 1985 von *Kary Mullis* entdeckt wurde, dient der exponentiellen Amplifikation von spezifischen DNA-Fragmenten. Eine PCR-Maschine, auch Thermocycler genannt, sorgt dafür, dass die DNA-Synthese in Zyklen nacheinander automatisch ablaufen kann. Die enzymatische Amplifikation der DNA-Fragmente wird mithilfe von **DNA-Polymerasen** durchgeführt, die bei hohen Temperaturen funktionsfähig (thermostabil) bleiben. Somit muss nicht in jedem weiteren Zyklus neue Polymerase hinzugefügt werden. Folgende Bestandteile werden in einer PCR benötigt:

- Die DNA-Matrize, die auch DNA-*template* (Vorlage) genannt wird.
- Die vier verschiedenen Nukleotide (Bausteine) der DNA.
- Eine thermostabile Polymerase wie die **Taq-Polymerase**, die aus dem Bakterium *Thermus aquaticus* isoliert wird.
- Die ***Primer***, spezielle Oligonukleotide, um die Synthese des neuen DNA-Strangs als Startpunkt für die Polymerase zu initiieren und spezifische DNA-Fragmente einzugrenzen.
- Ein Puffer.

Es werden *forward* (vorwärts) und *backward* (rückwärts oder reverse) *Primer* benötigt, um das zu amplifizierende DNA-Fragment spezifisch einzugrenzen. Der *forward Primer* bindet an den *Sense*-Strang (Matrizen-Strang der DNA, der für die Transkription benutzt wird), während der *backward Primer* an den *antisense*-Strang bindet.

Eine PCR wird in drei verschiedene Schritte eingeteilt, die sich anschließend wiederholen (Bild 1):

1. **Denaturierung der DNA-Stränge (*Denaturation*)**
   Die DNA-Doppelstränge werden durch thermische Denaturierung voneinander getrennt, indem die Temperatur auf 94 bis 96 °C erhöht wird. Die Denaturierung erfolgt dadurch, dass die Wasserstoffbrücken zwischen den Strängen bei den hohen Temperaturen aufbrechen und DNA-Einzelstränge entstehen.

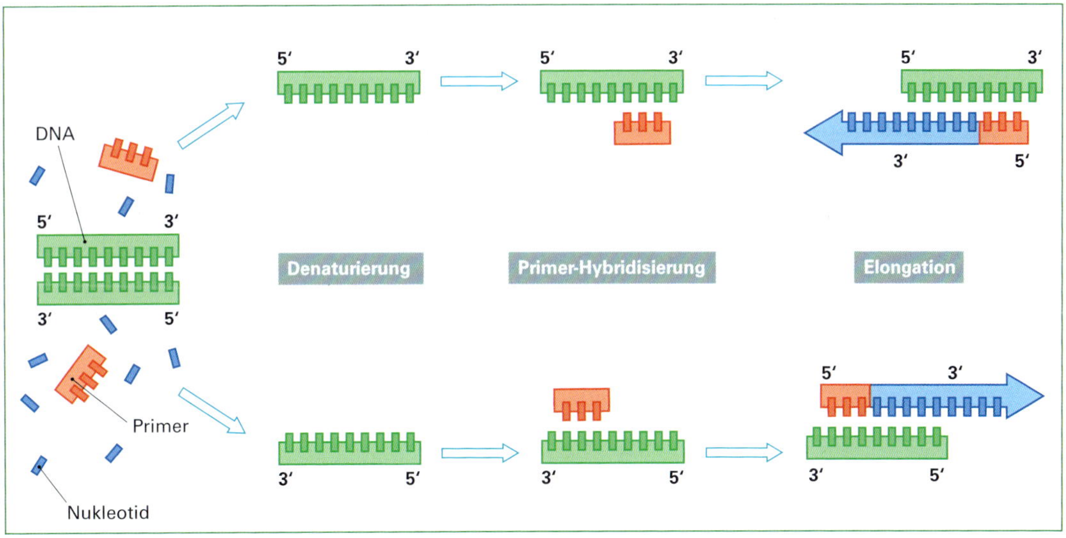

Bild 1 Schematischer Ablauf einer PCR

2. **Hybridisierung der Oligonukleotide (*Annealing*)**
   Die Hybridisierung dient der spezifischen Anlagerung von *Primern* an die flankierenden DNA-Bereiche, wobei die Temperatur auf 40 bis 60 °C erniedrigt wird. Die Temperatur ist abhängig von der Länge sowie Sequenz der *Primer*. Beispielsweise muss bei einem hohem GC-Gehalt der *Primer*-Sequenz eine höhere Temperatur angewendet werden. Die *Primer* dienen der Polymerase als Startpunkt für die Elongation.

3. **Polymerase Reaktion (*Elongation*)**
Die komplementäre Verlängerung der DNA-Abschnitte erfolgt durch die DNA-Polymerase bei ca. 70 °C und beginnt am 3'-Ende beider Oligonukleotide. Es entstehen zwei identische DNA-Doppelstränge des gewünschten Bereiches.

Auf die Elongation folgt eine erneute Erhöhung der Temperatur, um die neu gebildeten DNA-Stränge wieder voneinander zu trennen und einen neuen Zyklus zu beginnen. Diese drei Schritte einer PCR werden 20 bis 36 Mal wiederholt. Mithilfe der exponentiellen Amplifikation bei einer PCR werden 2^n Kopien hergestellt, wobei n die Anzahl der Zyklen darstellt. Somit werden bei sechs Zyklen schon 64 Kopien des zu amplifizierenden DNA-Abschnitts hergestellt und bei 30 Zyklen sind es schon über eine Milliarde DNA-Kopien.

Verfahren: PCR

(1) Die Vorbereitungsschritte der PCR sollten auf Eis durchgeführt werden. Die benötigten Bestandteile können bei Raumtemperatur aufgetaut werden, während die Polymerase immer auf Eis gehalten werden sollte.

Vorbereiten des Mastermix

(1) Anfangs wird ein Mastermix aus folgenden Bestandteilen hergestellt: Pro Ansatz werden 12,5 µL H_2O, 4 µL 5-facher PCR-Puffer, 0,4 µL dNTPs (10 mmol/L), 1 µL *forward Primer* (10 pmol/µL), 1 µL *backward Primer* (10 pmol/µL) sowie 0,1 µL Taq-Polymerase in ein Reaktionsgefäß gegeben und gut gemischt. Zusätzlich zu den DNA-Proben sollten in jeder PCR eine Negativkontrolle, bei der anstatt DNA H_2O verwendet wird, und eine Positivkontrolle, eine bekannte DNA, angesetzt werden.

DNA-Zugabe und PCR

(1) Jeweils 1 µL der DNA von den Proben wird in die jeweiligen PCR-Reaktionsgefäße gegeben. 19 µL des Mastermix werden hinzugefügt, sodass das Endvolumen 20 µL beträgt. Dieser Ansatz wird gemischt.

(2) Die PCR-Reaktionsgefäße müssen gut verschlossen werden, bevor sie in das PCR-Gerät gestellt werden und das jeweilige Programm gestartet wird.

(3) Nachdem das PCR-Gerät das Programm beendet hat, kann der Ansatz auf ein Agarosegel aufgetragen werden, um die Größe der entstandenen Banden zu ermitteln oder zur Mengenquantifizierung.

Fehler und Störungen	Empfehlungen
▶ Es können Kontaminationen mit Fremd-DNA auftreten.	✔ Es sollte sauber gearbeitet werden, um Kontaminationen zu vermeiden. Eine Negativkontrolle, bei der der PCR-Ansatz ohne *template*-DNA verwendet wird, sollte bei jeder PCR mitgeführt werden.
▶ Das PCR-Ergebnis zeigt unspezifische Banden.	✔ Die *Annealing*-Temperatur sollte verändert werden. Zur Optimierung dieser Temperatur kann eine Gradienten-PCR durchgeführt werden, bei der getestet wird, in welchem Temperaturbereich die PCR optimal abläuft.
▶ Es sind keine Banden sichtbar z. B. aufgrund eines Pipettierfehlers oder da ein PCR-Bestandteil fehlte oder nicht intakt war.	✔ Der Versuch sollte wiederholt werden. Wenn z. B. die Taq-Polymerase dem Ansatz nicht hinzugefügt wurde, kann kein PCR-Produkt entstehen. ✔ Zu geringe oder zu große Mengen eines Bestandteiles stören die PCR. ✔ Wenn Pipettierfehler ausgeschlossen werden können, kann die *template*-DNA-Menge oder die Zyklenzahl erhöht werden.
▶ Die *Primer*-Wolken (diffuse Bereiche am Ende der Laufbahn) sind zu nah an den Banden.	✔ Ein höherprozentiges Agarosegel oder eine längere Laufzeit des Gels sollte ausprobiert werden.

Die Amplifikation von RNA kann mithilfe einer **Reversen Transkriptase-PCR** (RT-PCR) erfolgen. Wenn beispielsweise die mRNA-Menge in einem Gewebe zu gering ist, um sie mithilfe eines *Northern Blots* zu detektieren, kann eine RT-PCR durchgeführt werden. Dabei wird die mRNA durch das Enzym Reverse Transkriptase in DNA (cDNA: *complementary* DNA) umgewandelt. Mit spezifischen *Primern* können dann davon bestimmte DNA-Abschnitte beliebig oft amplifiziert werden. So können selbst geringste mRNA-Mengen durch eine PCR quantifiziert werden.

3.3.1 *Real-Time*-PCR

Die ***Real-Time*-PCR** ist eine PCR-Methode, die eine schnelle Expressionsanalyse und eine Quantifizierung der synthetisierten DNA ermöglicht. Diese wird mithilfe von Fluoreszenz gemessen, die bei jedem PCR-Zyklus erfasst wird. Die Fluoreszenz nimmt proportional mit der Menge der entstehenden PCR-Produkte zu und ist damit auch proportional zu der Menge an Ausgangs-DNA. Dazu werden Fluoreszenz-markierte Sonden verwendet, die spezifisch mit Stellen der zu analysierenden Sequenz hybridisieren können. Zusätzlich zu den *Primern* binden diese Sonden an die DNA. Bei der *Real-Time*-PCR sind verschiedene Sondentypen möglich:

- Der **SYBR *Green*-Farbstoff** kann sich in doppelsträngige DNA einlagern, wodurch sich die Zunahme an PCR-Produkten bestimmen lässt.
- Das Prinzip der **FRET-Sonden** (Fluoreszenz-Resonanz-Energie-Transfer) beruht auf der Energieübertragung von einem angeregten Farbstoff, dem Donor, auf einen zweiten Farbstoff, den Akzeptor. Dies kann allerdings nur ablaufen, wenn Donor und Akzeptor in räumlicher Nähe sind.

Die **TaqMan-Sonden** beruhen auf dem gleichen Fluoreszenzprinzip und binden spezifisch an die Ziel-DNA. Sie besitzen an einem Ende einen **Fluorophor**, einen Fluoreszenzfarbstoff, und an dem anderen Ende einen **Quencher**, der die Fluoreszenz unterdrückt. Wenn die Taq-Polymerase an die DNA bindet und den Gegenstrang synthetisiert, wird die Sonde von der DNA gelöst und abgebaut. Durch die 5′-3′-Exonukleaseaktivität der Taq-Polymerase wird die Sonde hydrolytisch gespalten, sodass der Quencher von dem Fluorophor getrennt, und die Fluoreszenz messbar wird (Bild 1).

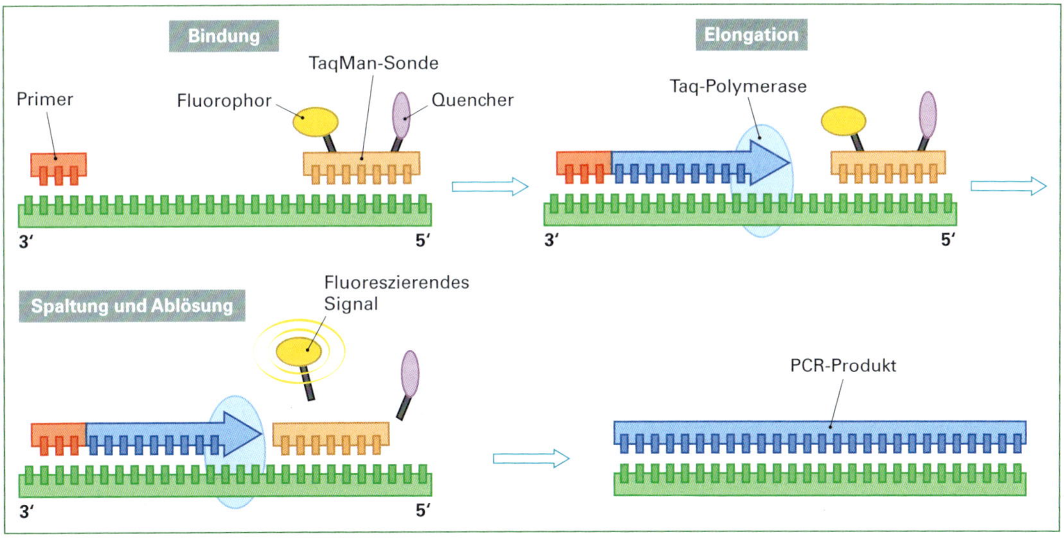

Bild 1 Schematischer Aufbau einer *Real-Time*-PCR (mit TaqMan-Sonden)

Die **Quantifizierung** erfolgt mithilfe einer internen Kontrolle durch ein **Haushaltsgen** wie z. B. Gapdh (Glyceraldehyd-3-phosphat-Dehydrogenase). Solch ein Gen wird im Grundstoffwechsel von Zellen konstitutiv exprimiert. Mit diesem Referenzgen kann ein relativer Mengenvergleich durchgeführt werden, indem ein Verhältnis der Expressionsmenge des Gens von Interesse durch die Expressionsmenge des Haushaltsgens gerechnet wird. Hierbei sollte davon ausgegangen werden, dass die Expression des Haushaltsgens unter den gegebenen Behandlungen nicht verändert wird.

Oft werden RNA-Expressionen mithilfe der *Real-Time*-PCR quantifiziert, indem aus der RNA mithilfe des Enzyms Reverse Transkriptase cDNA hergestellt wird und diese DNA kann dann in der *Real-Time*-PCR eingesetzt bzw. quantitativ bestimmt werden (Bild 1).

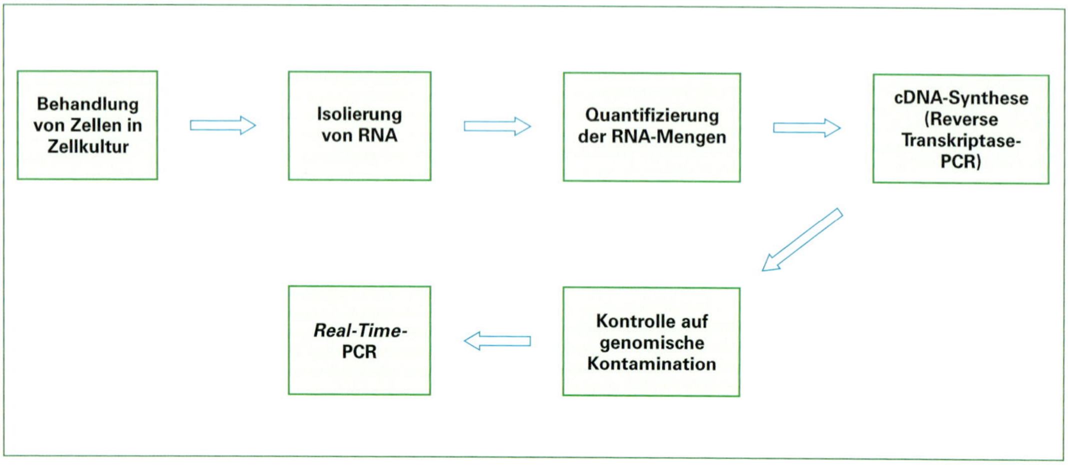

Bild 1 **Mögliches Verlaufsschema einer Analyse der RNA-Expression**

Die *Real-Time*-PCR misst CT-Werte (*Cycle Threshold*) in der exponentiellen Phase, in der alle Bestandteile der PCR noch genügend vorhanden sind und das PCR-Produkt sich mit jedem Zyklus verdoppelt. Der CT-Wert stellt den Schwellwert über dem Hintergrund dar und je niedriger der CT-Wert ist, desto mehr DNA ist in der jeweiligen Probe vorhanden. Bei einem CT-Wert von 20 ist beispielsweise viel Expression vorhanden, während bei einem CT-Wert von 40 eine geringe Expression vorliegt.

Verfahren: *Real-Time*-PCR mit TaqMan-Sonden

Mastermix 1

(1) Der erste Mastermix muss für jede DNA-Probe und für die Wasser-Negativkontrolle hergestellt werden. Pro Ansatz werden jeweils 3 µL DNA (eventuell verdünnt), 6 µL H_2O und 1 µL TaqMan Universal PCR Master Mix hinzugegeben. Der Universalmix wird bei −20 °C gelagert und vor Gebrauch auf Raumtemperatur aufgewärmt. Der vollständige Mix sollte gut gemischt werden.

Mastermix 2

(1) Für jeden TaqMan-**Genexpressions-Assay** (TaqMan-Sonden mit spezifischen PCR-*Primern* z. B. von *Life Technologies*) wird ein Mastermix hergestellt.

(2) Dieser Assay besteht aus spezifischen *Primern* für eine bestimmte Ziel-Sequenz und muss in Aliquots bei −20 °C gelagert werden. Da diese Assays lichtempfindlich sind, sollte im Dunkeln gearbeitet werden. Pro Ansatz wird 9 µL TaqMan Universal PCR Mastermix und 1 µL TaqMan-Assay hinzugefügt und gut gemischt.

(3) Es werden Duplikate oder Triplikate verwendet und von dem Mix werden jeweils 10 µL in die jeweiligen *Wells* auf eine 96 *Well Real-Time*-PCR-Platte gegeben. Der Mastermix 1 der verschiedenen Proben wird sorgfältig in die jeweiligen *Wells* pipettiert.

Je 10 µL des zweiten Mastermix werden in die jeweiligen *Wells* pipettiert.

Die *Well*-Platte muss geschlossen, gemischt und 5 Minuten lang bei 1500 *g* zentrifugiert werden.

(4) Die fertige Platte wird in die Maschine gestellt und das PCR-Programm gestartet.

Auswertung

(1) Mithilfe der ermittelten CT-Werte kann die relative Expression analysiert werden. Im Anschluss kann das PCR-Produkt auf ein Agarosegel aufgetragen werden, um zu kontrollieren, ob das PCR-Produkt die richtige Bandengröße aufweist.

Fehler und Störungen	Empfehlungen
▶ Die Amplifizierung erfolgt später als erwartet.	✔ Die Qualität der RNA-Proben könnte zu gering sein oder es sind zu wenig *template*-Sequenzen vorhanden. ✔ Die reverse Transkription sollte auf einen optimalen Ablauf kontrolliert werden.
▶ In der Negativkontrolle (normaler PCR-Ansatz, nur H_2O statt DNA) wird ein Produkt gemessen.	✔ Der Versuch sollte mit neuen Materialien wiederholt werden, da eines der Reagenzien kontaminiert sein kann.
▶ Kein Produkt ist feststellbar, da z. B. ein Bestandteil vergessen wurde oder die reverse Transkription nicht funktioniert hat.	✔ Es sollte kontrolliert werden, ob die reverse Transkriptase funktioniert. ✔ Weiterhin muss überprüft werden, ob der richtige TaqMan-Assay verwendet wurde. ✔ Weitere Gründe können die mangelnde Probenqualität oder zu wenig *template*-Sequenzen sein.
▶ Eine geringe PCR-Effizienz ist vorhanden, da die Proben PCR-Inhibitoren enthalten oder die *Primer* nicht optimal gewählt sein könnten.	✔ PCR-Inhibitoren sollten vermieden werden. ✔ Temperaturen der PCR optimieren oder andere *Primer* verwenden. ✔ Fehler beim Pipettieren können zu diesem Ergebnis führen.

3.4 DNA-*Fingerprinting*

Die Methode des DNA-*Fingerprintings*, auch **genetischer Fingerabdruck** genannt, beinhaltet eine PCR-Analyse, bei der bestimmte Bereiche der DNA vervielfältigt werden. Der genetische Fingerabdruck ist ein sehr **spezifisches DNA-Profil** eines Individuums. Er kommt in der Forensik bzw. der Gerichtsmedizin zum Einsatz, um Proben z. B. von einem Tatort einem Individuum zuzuordnen. Wenn beispielsweise ein Blutspritzer auf dem Boden gefunden wurde, kann eine Probe entnommen und mithilfe einer PCR so oft vervielfältigt werden, dass ein Profil erstellt werden kann.

Der genetische Fingerabdruck kann vielfältig eingesetzt werden:

- In der Forensik bzw. **Gerichtsmedizin** können Angeschuldigte entlastet bzw. beschuldigt werden, ein Verbrechen verübt zu haben.
- Der **Vaterschaftstest** dient dazu, festzustellen, ob ein Mann der leibliche Vater eines Kindes ist.
- **Verwandtschaftsanalysen** können den Mitgliedern einer Familie dazu dienen, einen Stammbaum zu erstellen.
- In der **Medizin** kann der genetische Fingerabdruck z. B. bei der Untersuchung der individuellen Genome auf Krankheitsgene eingesetzt werden.

Um ein spezifisches Profil zu erhalten, werden tandemartige Wiederholungssequenzen in der DNA (z. B. Sequenzen wie ATATAT... oder GTAGTA...) analysiert:

- **Minisatelliten-DNA** oder **VNTR** (*variable number tandem repeats*) besteht aus einer Nukleotidabfolge von 10 bis 150 Nukleotiden (Bild 1, S. 392). Sie wird von der Mutter sowie von dem Vater vererbt, sodass das Muster nie identisch mit einem Elternteil ist. Diese Regionen liegen hauptsächlich auf den Telomeren (Enden der Chromosomen). VNTRs werden mithilfe von Restriktionsenzymen und einem *Southern Blot* nachgewiesen.
- **Mikrosatellitensequenzen** oder **STR** (*short tandem repeats*) sind Wiederholungen von ein bis sieben Nukleotiden, die an unterschiedlichen Stellen der DNA vorkommen können. STRs können durch eine PCR vervielfältigt und analysiert werden.

Diese **repetitiven Sequenzen** sind nicht kodierend, d. h. sie befinden sich in den Bereichen der DNA, in denen keine Gene von Polymerasen abgelesen werden. Die tandemartigen Wiederholungen können fünf bis 20 Mal hintereinanderliegen.

Die Anzahl der Wiederholungen einer **STR** ist variabel, wenn unterschiedliche Individuen untersucht werden. Je nachdem wie viele Wiederholungen vorhanden sind, entstehen verschieden große DNA-Fragmente in einer PCR, bei der spezifische *Primer* für die Wiederholungssequenzabschnitte verwendet werden. Diese Abschnitte können mithilfe einer Gelelektrophorese der Länge nach aufgetrennt und durch UV-Licht sichtbar gemacht werden. Die Anzahl der **VNTR**-Wiederholungen ist ebenfalls je nach Individuum variabel. Diese Loki werden durch bestimmte Restriktionsendonukleasen aus der DNA herausgeschnitten und dann mittels eines ***Southern Blots*** sichtbar gemacht. Es ist sehr unwahrscheinlich, dass zwei Individuen an einem VNTR- oder STR-Lokus die gleiche Anzahl an Wiederholungen aufweisen. Wenn mehrere VNTR- oder STR-Loki analysiert werden, steigt die Wahrscheinlichkeit für ein spezifisches DNA-Profil. Bei eineiigen Zwillingen ist das DNA-Profil gleich, sodass keine spezifische Analyse möglich ist.

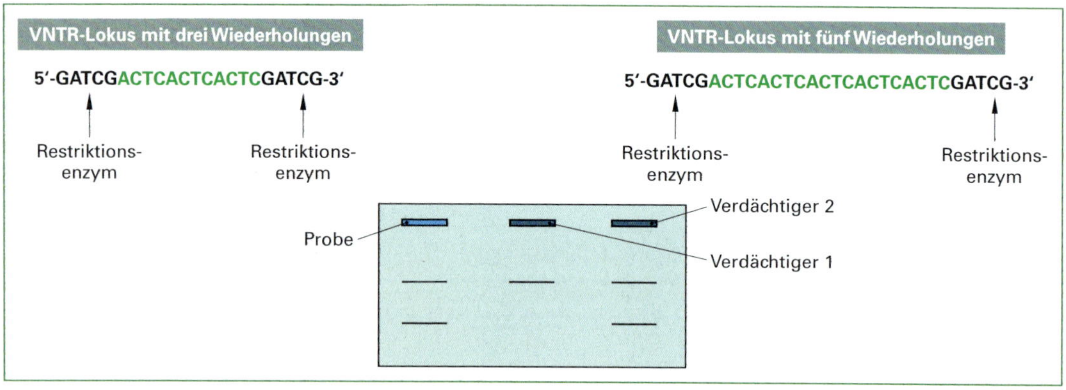

Bild 1 **Schematischer Aufbau eines DNA-*Fingerprintings***

Verfahren: Genetischer Fingerabdruck einer VNTR-Region

Probengewinnung

1. Eine Probe, die DNA (von mindestens 50000 Zellkernen) enthält, wird z.B. von einem Tatort aufgenommen und danach die DNA isoliert (s. Kap. III.2.1).

Restriktionsverdau

1. Die DNA wird mit speziellen Restriktionsenzymen geschnitten, die sich in 3'- und in 5'-Richtung der VNTR-Region befinden.

Gelelektrophorese

1. Eine Gelelektrophorese wird durchgeführt, um die verschieden langen DNA-Fragmente zu trennen. Je kürzer die VNTR-Loki sind, desto schneller wandern diese DNA-Fragmente durch das Gel. Neben den Proben wird ein Größenstandard mit aufgetragen.

Denaturierung und *Blotting*

1. Das Gel wird nach der Elektrophorese wie im *Southern Blot* behandelt (s. S. 377), d. h. die DNA-Fragmente werden denaturiert, beim *Blotting* auf eine Membran übertragen und darauf fixiert.

Behandlung mit Gensonden

1. Anschließend werden bestimmte markierte Gensonden zu der Membran gegeben, die eine komplementäre Basensequenz zu Nachbarbereichen des VNTR-Lokus enthalten, und sich deshalb mit den gesuchten DNA-Fragmenten hybridisieren. Die Markierung kann z.B. über Radioaktivität erfolgen.

Visualisierung und Auswertung

1. Ein Röntgenfilm wird aufgelegt, sodass sich die Bereiche auf der Membran schwärzen, an denen die Sonden mit den DNA-Fragmenten hybridisieren konnten, und spezifische Bandenmuster entstehen.
2. Die Banden der Proben werden mit denen des Größenstandards verglichen, um festzustellen, wie groß die verschiedenen DNA-Fragmente sind.

Fehler und Störungen	Empfehlungen
▶ Die Proben sind eventuell kontaminiert.	✔ Kontaminierte Proben dürfen nicht verwendet werden, da sie zu falschen Ergebnisse führen können.
▶ Der Verdacht besteht, dass Proben vertauscht wurden.	✔ Der Versuch sollte wiederholt werden, wenn Unklarheit über die Reihenfolge der Proben besteht.
▶ Für die Methode liegt eine zu geringe Menge an DNA vor.	✔ Die DNA der Probe sollte nach der Isolierung mit einer PCR vervielfältigt werden.

Die **RFLP-Analyse (Restriktionsfragmentlängenpolymorphismus)** ist eine weitere Methode, um ein spezifisches DNA-Profil zu ermitteln. Sie wird oft verwendet, wenn in den Proben genügend DNA vorhanden ist. Hierbei werden Restriktionsendonukleasen benutzt, um die DNA an spezifischen Stellen zu schneiden. Je nachdem wie oft die Nukleasen die DNA schneiden, entstehen unterschiedlich viele und verschieden lange DNA-Fragmente. Durch eine Gelelektrophorese können die Fragmente getrennt werden.

4 Immunologische Methoden (ELISA)

Immunologische Methoden wie der ELISA (*Enzyme Linked Immunosorbent Assay*, enzymgekoppelter Immunbindungsansatz) identifizieren Antigen-Antikörper-Wechselwirkungen mithilfe einer enzymatischen Farbreaktion. Diese Verfahren dienen dem Nachweis und der Quantifizierung von biologischen Molekülen. Meist bindet ein Primärantikörper direkt an das Antigen, also das gesuchte Molekül, während ein Zweitantikörper an den Primärantikörper bindet und eine Markierung aufweist.

Die **ELISA-Methode** wurde anfangs der 1970er Jahre entwickelt. Der Zweitantikörper wird in vielen Verfahren mit einem Enzym markiert. Die durch dieses Reporterenzym katalysierte Reaktion dient als Nachweis für das Vorhandensein des Antigens. Die Katalyse des Reporterenzyms kann auf **Chemilumineszenz** beruhen, meist jedoch auf der Bildung eines gefärbten Produkts. Die Konzentrationsänderung des durch die enzymatische Reaktion entstandenen Farbstoffs kann nach dem ***Bouguer-Lambert-Beer*-Gesetz** fotometrisch verfolgt werden (s. Kap. III.1.2.1). Somit ist über die Farbintensität eine quantitative Bestimmung der Antigenkonzentration möglich.

Mit dieser Methode können Proteine, Viren, Toxine und Hormone detektiert werden. Die Funktionsweise dieser Methode ist ähnlich der des *Western Blots*. Es wird allerdings keine Membran, sondern eine Mikrotiterplatte verwendet. In diesen Platten befinden sich meist 96 *Wells*, also kleine Reaktionsgefäße. Folgende Möglichkeiten des Aufbaus sind unter anderen möglich:

- Mithilfe eines **kompetitiven Immun-Assays** kann ein Antigen detektiert werden, wenn für dieses entweder nur ein einzelner spezifischer Antikörper zur Verfügung steht oder wenn das Antigen nicht über ausreichende Bindungsstellen für die ungehinderte Bindung von zwei Antikörpern verfügt. Hierbei wird ein für das Antigen spezifischer Antikörper an die Mikrotiterplatte gebunden. Es erfolgt die Zugabe der Probenlösung, die den Analyten enthält, sowie einer zweiten Lösung mit dem nachzuweisenden Antigen in bekannter Konzentration und mit einer Markierung. Sowohl das in der Probenlösung in unbekannter Konzentration vorliegende unmarkierte Antigen als auch das markierte konkurrieren um die Bindung an den gebundenen Antikörper. Je niedriger die Konzentration des Antigens in der Probe ist, desto mehr markiertes Antigen wird demzufolge an den Antikörper gebunden. Über die quantitative Bestimmung der Markierung und den Vergleich mit einer Standardreihe sind der Nachweis des Antigens und die Messung seiner Konzentration möglich.
- Bei dem ***Sandwich*-ELISA**, einem **nicht kompetitiven** Assay, werden zwei verschiedene Antikörper verwendet, die beide an das gleiche Antigen allerdings an verschiedene Stellen binden (Bild 1, S. 394). Dabei ist ein Antikörper an eine Festphase gekoppelt (*coating antibody*, Fänger-Antikörper) und der andere ist mit einem Reporterenzym (*detection antibody*, Detektor-Antikörper) verbunden. Die gebundene Enzymaktivität wird über den Substratumsatz gemessen. Es ist auch ein indirekter Nachweis möglich, wenn der zweite Antikörper nicht Enzym gekoppelt ist und noch ein Antikörper-Enzym-Konjugat verwendet werden muss.

Der ***Sandwich*-ELISA** kann mithilfe von Mikrotiterplatten oder Teströhrchen als Festphase durchgeführt werden und der Detektion eines bestimmten Proteins in einer proteinreichen Lösung (z. B. Insulin im Blut) dienen. Zu Beginn des Verfahrens werden die Proben in die Mikrotiterplatten-Vertiefungen gegeben und inkubiert. Durch mehrere Waschschritte werden die nicht bzw. unspezifisch gebundenen Antikörper entfernt. Dann folgt die Inkubation mit dem zweiten Antikörper, dem zur Detektion bestimmte Enzyme angehängt sind. Beispiele für solche Enzyme sind die **Peroxidase** aus dem Meerrettich (HRP, *horseradish peroxidase*) oder die **alkalische Phosphatase** (AP). Bei der HRP wird als Farbstoffsubstrat o-Phenylendiamin und bei AP p-Nitrophenylphosphat verwendet. Die AP kann einen Phosphatrest des Substrats abspalten, sodass ein Farbumschlag auf gelb erfolgt.

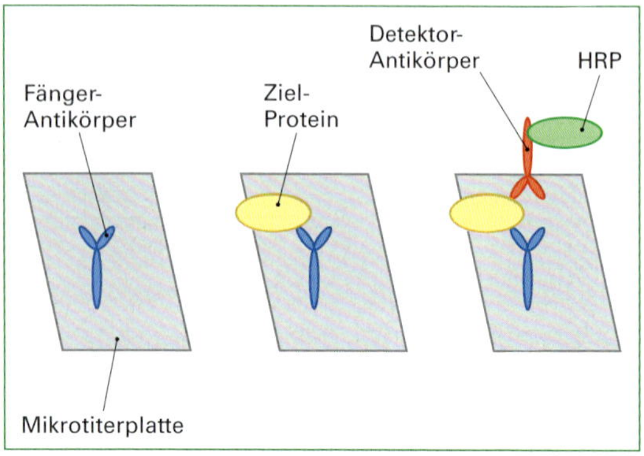

Bild 1 **Schematischer Aufbau eines *Sandwich*-ELISAs**

Verfahren: ELISA

Inkubation mit dem Fänger-Antikörper

(1) Der Fänger-Antikörper wird mit PBS verdünnt, sodass die Endkonzentration 1 bis 10 µg/mL beträgt. 50 bis 100 µL werden pro *Well* auf die Mikrotiterplatte gegeben. Die Platte wird versiegelt und über Nacht bei 4 °C inkubiert.

(2) Die Platte wird 3 Mal mit PBS/Tween 80 gewaschen und die Reste der Waschlösung werden entfernt.

Blockierung der nicht besetzten Bindestellen

(1) In jedes *Well* werden 200 µL des Blockierungspuffers gegeben (z. B. Leinco UltraBlock-FISH Blockierungspuffer). Anschließend wird die Platte verschlossen und 2 Stunden bei 37 °C inkubiert.

(2) Die Standards und die Proben werden mit dem Blockierungspuffer zu den gewünschten Konzentrationen verdünnt. Je 100 µL der Proben und Standards werden in die jeweiligen *Wells* gegeben. Die Platte wird versiegelt und eine Stunde bei 37 °C inkubiert.

(3) Die Platte wird 3 Mal mit PBS/Tween gewaschen.

Inkubation mit dem Detektor-Antikörper

(1) Der Detektor-Antikörper wird mit dem Blockierungspuffer auf 0,25 bis 2 µg/mL verdünnt.

(2) 100 µL des Ansatzes werden in die *Wells* gegeben. Dann wird die Platte verschlossen und eine Stunde bei 37 °C inkubiert. Ein Waschschritt erfolgt, indem die Platte 3 Mal mit PBS/Tween gereinigt wird.

(3) Das UltraAvidin-HRP Konjugat (z. B. von Leinco) wird mit Blockierungspuffer auf die optimale Konzentration, meistens 1/500 bis 1/2000, verdünnt.

(4) In die *Wells* wird jeweils 100 µL des Ansatzes gegeben. Die Platte wird verschlossen und eine halbe Stunde bei Raumtemperatur inkubiert. Ein Waschschritt erfolgt, indem die Platte 5 Mal mit PBS/Tween gereinigt wird.

Detektion

(1) 100 µL der Substratlösung (z. B. TMB *Microwell Substrate*) wird in die *Wells* geben. Die Substratlösung muss vor dem Gebrauch auf Raumtemperatur aufgewärmt werden. Die Inkubationszeiten liegen zwischen 20 und 30 Minuten.

(2) Zum Abstoppen der Reaktion wird je 50 µL einer Stopplösung (z. B. Leinco) den *Wells* hinzugefügt. Die enzymatische Reaktion kann fotometrisch verfolgt und bei 450 nm abgelesen werden.

Auswertung

(1) Es wird eine Verdünnungsreihe des Antigens durchgeführt, bei der die Konzentrationen vorgegeben werden. Die unbekannten Konzentrationen können mithilfe des *Bouguer-Lambert-Beer*-Gesetzes und einer Kalibrierungskurve (s. Bild 1, S. 354) bestimmt werden.

Fehler und Störungen	Empfehlungen
▶ Die Substratlösung kann abgelaufen sein.	✔ Nur wenn das Substrat farblos ist, kann es im ELISA eingesetzt werden.
▶ Es werden nicht genügend Waschschritte durchgeführt.	✔ Die Anzahl der Waschschritte kann erhöht werden.
▶ Das benutzte Wasser scheint Kontaminationen aufzuweisen.	✔ Das Wasser muss durch sauberes ersetzt werden.
▶ Ein Kit wird verwendet, das nicht mehr funktioniert.	✔ Zu hohe Temperaturen oder zu häufiges Auftauen sowie Einfrieren können das Kit beschädigen.
▶ Im Labor ist die Raumtemperatur während des Versuches zu hoch oder zu niedrig.	✔ Die Raumtemperatur sollte zwischen 18 und 25 °C sein.

5 Enzymatische Bestimmung von Stoffkonzentrationen

Enzymatisch können beispielsweise die Konzentrationen von Zuckern wie Glukose, Fruktose, Mannose und Saccharose bestimmt werden. Außerdem werden häufig Bestandteile von Lebensmitteln, organische Säuren wie Apfelsäure und Milchsäure sowie Ethanol und Stickstoffverbindungen auf diese Weise analysiert.

Die enzymatische Bestimmung von Stoffkonzentrationen, auch **Substratbestimmung** oder **Enzymtest** genannt, wird verwendet, um Moleküle, die sich sehr ähnlich sind, voneinander zu differenzieren und zu quantifizieren. Hierfür wird die Eigenschaft der Enzyme, dass sie sehr substratspezifisch sind, genutzt. In der Lebensmittelindustrie kann beispielsweise die Milchsäure im Joghurt, die es in der rechtsdrehenden und linksdrehenden Form gibt, untersucht werden. Bei Medikamenten, die aus Aminosäuren bestehen, kann die rechtsdrehende Form wirkungslos oder schädlich sein, während die andere Form die erwünschte Wirkung erzielt.

Das Prinzip der Substratbestimmung ist, das Substrat so umzuwandeln, dass optisch nachweisbare Moleküle direkt oder indirekt entstehen. Oft spielen Redoxreaktionen eine Rolle, wobei die Cosubstrate NAD^+ oder $NADP^+$ als Reduktions- oder Oxidationsmittel (s. S. 115) dienen.

Die **Glukosekonzentration** kann enzymatisch in physiologischen Lösungen wie Blut, Serum, Plasma, Harn und Liquor bestimmt werden. Glukose besitzt eine wichtige Rolle im Energiestoffwechsel vor allem in der Glykolyse (s. S. 127). Eine enzymatische Bestimmungsmethode der Glukosekonzentration ist der **Hexokinase-Test**, in dem das Enzym Hexokinase Glukose unter ATP-Verbrauch in Glukose-6-phosphat umwandelt (Bild 1).

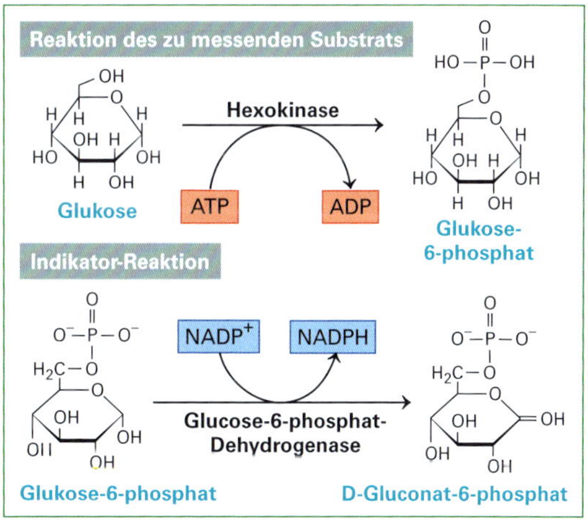

Bild 1 **Enzymatische Reaktionen im Glukose-Enzymtest**

In dieser ersten Reaktion, in der das zu messende Substrat Glukose umgesetzt wird, ist keine der beteiligten Substanzen gut fotometrisch messbar. Aus diesem Grund wird eine zweite Reaktion als Indikator benötigt: Glukose-6-phosphat wird durch das Enzym Glukose-6-phosphat-Dehydrogenase zu D-Gluconat-6-phosphat oxidiert, wobei gleichzeitig $NADP^+$ zu NADPH reduziert wird. NADP ist ein wichtiger Elektronenüberträger der Zelle, der hier als Oxidationsmittel dient. Das Enzym, die Dehydrogenase, ist sehr spezifisch, d. h. sie wandelt nur Glukose-6-phosphat um und somit wird durch die Indikatorreaktion auch die Spezifität der enzymatischen Messung gewährleistet.

$$\text{Glukose} + \text{ATP} \xrightarrow{\text{Hexokinase}} \text{Glukose-6-phosphat} + \text{ATP}$$

$$\text{Glukose-6-phosphat} + \text{NAP}^+ \xrightarrow{\text{Glukose-6-phosphat-Dehydrogenase}} \text{D-Gluconat-6-phosphat} + \text{NADPH} + \text{H}^+$$

Die Moleküle $NADP^+$ und NADPH sind NAD^+ und NADH (Bild 1, S. 115) strukturell ähnlich, sie besitzen nur eine zusätzliche Phosphatgruppe an dem zweiten C-Atom des Riboserings. Aufgrund der Adeninkomponente, die in beiden Stoffen vorhanden ist, absorbieren diese Moleküle elektromagnetische Strahlung im UV-Bereich (Bild 1).

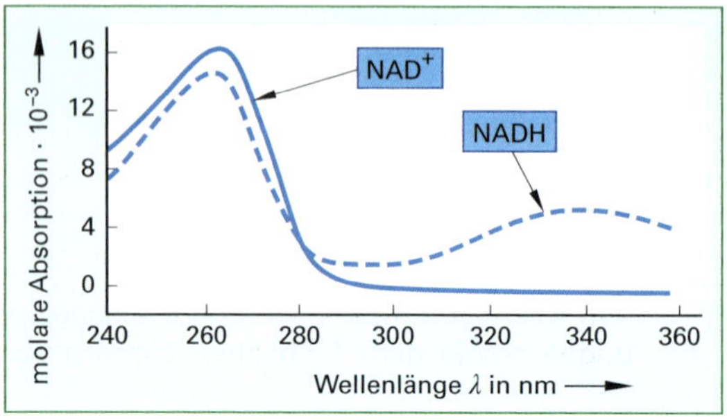

Bild 1 Absorptionsspektren von $NAD(P)^+$ und NAD(P)H

NAD^+ und $NADP^+$ sowie die reduzierten Formen haben ein gemeinsames Absorptionsmaximum im Bereich von 260 nm. Sind die Cosubstrate reduziert, zeigen sie ein zweites Absorptionsmaximum bei einer Wellenlänge von 340 nm. Die fotometrische Bestimmung erfolgt bei 340 nm, da die Umwandlung der oxidierten in die reduzierte Form, z. B. von $NADP^+$ zu NADPH, bei dieser Wellenlänge fotometrisch verfolgt werden kann.

Die im Test gemessene NADPH-Konzentration (bzw. NADH) entspricht der Glukosekonzentration, da pro vorhandenem Glukosemolekül ein Molekül NADPH entsteht.

Bei einer enzymatischen Bestimmung ist es wichtig, dass genau pipettiert wird und alle Messungen in Form von Doppelbestimmungen durchgeführt werden. Letzteres soll eventuelle Fehler minimieren, indem kontrolliert wird, dass die Doppelbestimmungen nicht mehr als 10 % voneinander abweichen. Von diesen Doppelbestimmungen wird der Mittelwert für weitere Berechnungen verwendet.

Verfahren: Enzymatische Bestimmung von Glukose
Leerprobe vorbereiten
(1) In eine 1 mL-Küvette mit einer Schichtdicke von 1 cm werden 340 µL $NADP^+$/ATP/Pufferlösung (Tris/HCl, 0,3 mol/L, pH 7,8, $MgSO_4$, 4 mmol/L, $NADP^+$, 6 mmol/L, ATP, 10 mmol/L) und 20 µL Glukoselösung (unbekannte Konzentration) gegeben. Anschließend wird die Küvette auf 995 µL mit H_2O aufgefüllt. Der Inhalt der Küvette wird mit einer Pipette gut durchgemischt.
Messung des Leerwerts
(1) Dann wird die Küvette in ein Fotometer gestellt und die Messung erfolgt bei 340 nm. Dieser Wert wird als Nullwert bzw. Leerwert (Blank) verwendet.
Messung der Proben
(1) Zur Messung der Proben werden 5 µL der Enzymlösungen (Hexokinase, Glukose-6-phosphat-Dehydrogenase, je 2 mg/mL) in die Küvette pipettiert, der Ansatz wird gut gemischt und erneut fotometrisch bestimmt.
(2) Steigende Konzentrationen der Enzymlösung werden getestet, bis keine Änderung der Adsorption mehr messbar ist.

Die Glukosekonzentration kann mithilfe des *Bouguer-Lambert-Beer*-Gesetzes berechnet werden: Um die **Extinktionsdifferenz ΔE** zu berechnen wird die Extinktion des Leerwerts von der Extinktion der Probe abgezogen. Die unbekannte Glukosekonzentration wird nach folgender Formal berechnet:

$$c = \frac{F \cdot V \cdot \Delta E}{\varepsilon \cdot v \cdot d}$$

c steht für die unbekannte Glukosekonzentration, F für den Verdünnungsfaktor der Probe, V für das Gesamtvolumen des Ansatzes, v für das Probenvolumen, d für die Schichtdicke der Küvette, ε für den Extinktionskoeffizienten von NADPH bei 340 nm und ΔE für die Extinktionsdifferenz. Durch Einsetzen der Variablen kann die unbekannte Konzentration ermittelt werden. Um Glukosekonzentrationen in einer wässrigen Lösung zu bestimmen, werden ca. 15 bis 20 Minuten benötigt. Es ist darauf zu achten, dass die Probelösungen so verdünnt werden, dass die Messwerte innerhalb des für den Test geeigneten Messbereichs liegen.

Teil IV Mikrobiologische Arbeitsmethoden

Mikroorganismen und ihre Stoffwechselprodukte spielen in vielen Arbeitsfeldern eine wichtige Rolle. Daher werden mikrobiologische Methoden in vielen naturwissenschaftlichen, medizinischen und biotechnischen Laboren angewendet.

Die Arbeitsmethoden der Mikrobiologie werden in diesem Buchteil mit präzisen und praxisnahen Anleitungen sowie dem fachlichen Hintergrund vorgestellt. Die Vielzahl klassischer und moderner Methoden erfordert eine Beschränkung auf die wichtigsten und gängigsten Labortechniken.

Bild 1 Flüssigkulturen von Bakterien

Die geringe Größe der Mikroorganismen, besonders der Bakterien, erfordert den Einsatz besonderer Methoden, die es möglich machen, die Lebewesen zu untersuchen. Das mikrobiologische Methodenspektrum weist Besonderheiten auf, deren Beherrschung im mikrobiologischen Labor unverzichtbar ist:

- Die Erstellung und Bewahrung von **Reinkulturen** ist in mikrobiologischen Laboren von großer Bedeutung. Nur Mikroorganismen in Reinkulturen, die über die Vermehrung einer einzelnen isolierten Zelle angelegt werden, können reproduzierbar auf ihre Eigenschaften untersucht werden.
- Um Reinkulturen nicht mit anderen Keimen zu verunreinigen, müssen Laborwerkzeuge und Kulturgefäße durch **Sterilisationsverfahren** entkeimt werden. Eine **Kontamination**, das Eindringen anderer Mikroorganismen, kann durch Vorkehrungen vermieden werden, die als „steriles Arbeiten" jedem Mikrobiologen geläufig sein sollten.
- In mikrobiologischen Laboren werden vorzugsweise die Mikroorganismen untersucht, die sich durch eine **schnelle Vermehrung** auszeichnen. Solche Mikroorganismen bilden in kurzer Zeit hohe Zellzahlen, mit denen sie die geringe Größe der einzelnen Zelle ausgleichen. Eine sichtbar getrübte Bakteriensuspension enthält beispielsweise pro mL mindesten 10 Millionen Zellen, oft erheblich mehr. Die Arbeit mit schnell wachsenden, gut bekannten Laborkeimen wie *Escherichia coli* hilft Zeit zu sparen und Untersuchungen in vernünftigen Zeiträumen durchzuführen.
- In vielen Laboren werden Mikroorganismen untersucht, die aus der **Umwelt** stammen. Dies können Mikroorganismen sein, die mit besonderen und neuartigen Fähigkeiten ausgestattet sind, die z. B. beim Abbau von Schadstoffen hilfreich sind. Des Weiteren muss das Gefährdungspotenzial von Keimen erfasst werden, die in hygienisch relevanten Bereichen wie Krankenhäusern und Lebensmittelbetrieben gefunden werden. Geeignete Tests zur **Identifizierung** unbekannter Mikroben sowie zur Identitätsbestätigung der eingesetzten Laborkulturen sind wichtige Bestandteile des mikrobiologischen Methodenspektrums.

Bild 2 Agar-Nährböden zur Kultivierung von Mikroorganismen

- Für Untersuchungen einzelner Zellen ist das **Mikroskop** mitsamt Färbemethoden in der Mikrobiologie noch immer unverzichtbar.
- Mikroorganismen werden unter ausgewählten und sterilen Bedingungen kultiviert. Hierzu können zahlreiche **Nährmedien** bzw. Nährböden eingesetzt werden.
- Für die Messung und Kontrolle des Wachstums einer Flüssigkultur ist eine regelmäßige quantitative **Bestimmung der Keimzahlen** bzw. der Zellmasse notwendig.

1 Sicherheitsvorkehrungen und steriles Arbeiten

Für das Arbeiten mit lebenden Organismen in einem mikrobiologischen Labor gelten besondere Sicherheitsbestimmungen. Die Labormitarbeiter müssen darauf achten, dass keine Mikroorganismen unkontrolliert aus den Kulturgefäßen nach außen gelangen, um sich selbst und andere vor einer Infektion zu schützen, wenn mit pathogenen Keimen gearbeitet wird. Da Mikroorganismen überall in der Umwelt vorhanden sind, ist es notwendig, eine Kontamination von Kulturen zu vermeiden. Keime können durch die Luft, durch Menschen und durch verkeimte Gegenstände und Geräte eingebracht werden.

1.1 Gefahren und Risikogruppen

Die gesundheitliche Sicherheit der Beschäftigten und deren Arbeitsschutz beim Umgang mit Mikroorganismen regelt die **Biostoffverordnung** (BioStoffV). Mikroorganismen und Viren, die beim Menschen Infektionen oder toxische Wirkungen hervorrufen können, werden als **biologische Agentien** oder **Arbeitsstoffe** bezeichnet. Sie werden entsprechend dem von ihnen ausgehenden Gefährdungsrisiko in vier Risikogruppen eingeteilt (Tabelle 1).

In der **Risikogruppe 1** sind Mikroorganismen zusammengefasst, von denen bei Beachtung der Sicherheitsvorschriften und Hygienemaßnahmen im Allgemeinen keine Gefährdungen ausgehen. Dazu gehören typische Laborstämme wie *E. coli* K12 und in der Lebensmittelproduktion eingesetzte Milchsäurebakterien wie *Lactobacillus acidophilus*.

Die **Risikogruppe 2** enthält Krankheitserreger wie *Legionella pneumophila*, ein Bakterium, das die Legionärskrankheit hervorruft (s. S. 270), sowie Viren wie der Grippe- oder Influenzaerreger.

Tabelle 1 Risikogruppen biologischer Agentien (Auswahl)

Risikogruppe	Beispiele	Gefährdungsrisiko	Schutzstufe im Labor
1	*Bacillus subtilis* *Lactobacillus acidophilus* *E. coli* K12 *Pseudomonas fluorescens* *Aspergillus niger*	keines oder sehr gering	S 1
2	*Bacillus cereus* *Legionella pneumophila* *Aspergillus flavus* Influenzavirus	mäßig	S 2
3	*Bacillus anthracis* *Mycobacterium tuberculosis* HI-Virus Hepatitis-C-Virus	hoch	S 3
4	Ebolavirus Marburgvirus	sehr hoch	S 4

In **Risikogruppe 3** sind Krankheitserreger enthalten, die schwere Krankheiten beim Menschen hervorrufen können und eine ernste Gefahr für die Beschäftigten darstellen. Darunter sind der AIDS-Erreger (HI-Virus) und Viren, die die bisweilen zu Leberkrebs führende Hepatitis C auslösen.

Die **Risikogruppe 4** enthält krankheitserregende Viren, gegen die eine wirksame Vorbeugung oder eine Behandlung zurzeit noch nicht möglich ist. Das Ebola- und das Marburgvirus verursachen oft tödliche Infektionskrankheiten, die zur Gruppe der hämorrhagischen Fiebererkrankungen gehören (s. S. 328).

Die Biostoffverordnung ordnet den vier Risikogruppen vier **Schutzstufen** (Sicherheitsstufen) zu. In Laboratorien der Schutzstufe 1 (S 1) darf beispielsweise mit Organismen der Risikogruppe 1 gearbeitet werden. Hier sind lediglich die gewöhnlichen Sicherheitsbestimmungen und Hygienemaßnahmen einzuhalten, während in Schutzstufe 2 weitere Bestimmungen hinzukommen. So ist der Zutritt zu den Laboren auf benannte Beschäftigte beschränkt. Bei der Schutzstufe 3 muss neben weiteren Maßnahmen ein Unterdruck im Labor herrschen, um ein Entweichen der biologischen Agentien zu verhindern. Die höchsten Anforderungen werden an Labore der Schutzstufe 4 gestellt, die beispielsweise baulich abgetrennt sein müssen und deren Zu- und Abluft gefiltert werden muss.

Die Mikroorganismen, mit denen in mikrobiologischen Forschungs- und Routinelaboren umgegangen wird, sind überwiegend für den Menschen ohne jegliche Gefahr. Allerdings können pathogene von nicht pathogenen Keimen nicht immer klar abgegrenzt werden, wie das Beispiel opportunistischer Krankheitserreger (s. S. 268) zeigt.

Außerdem wird häufig **unbekanntes Probenmaterial** auf Mikroorganismen untersucht, in dem möglicherweise gefährliche Keime anwesend sind. Oft ist es nicht möglich, das Probenmaterial bestimmten Risikogruppen zuzuordnen. Werden Isolierungen, Anreicherungen oder Keimzahlbestimmungen von Umweltproben gemacht, ist die Herkunft von entscheidender Bedeutung:

- Bei Material aus natürlichen Räumen wie Gewässern und Böden ist die Anwesenheit pathogener Keime sehr unwahrscheinlich.
- Stammen Proben aus Abfällen oder Abwasser, besteht eine höhere Wahrscheinlichkeit, dass Keime vorhanden sind, die den Menschen gefährden.
- Enthalten die Proben tierische oder menschliche Ausscheidungen, insbesondere Fäkalien, muss mit Pathogenen gerechnet werden. Dies gilt auch für klinisches Material jeglicher Art.

Alle in mikrobiologischen Laboren tätigen Personen müssen eine Sicherheitsbelehrung erhalten haben und in sterilen Arbeitstechniken und mikrobiologischen Arbeitstechniken unterwiesen worden sein. Für das Arbeiten mit pathogenen Keimen ist eine Erlaubnis der zuständigen Behörde erforderlich.

1.2 Steriles Arbeiten

Sterilität ist die unbedingte Voraussetzung für mikrobiologisches Arbeiten. Durch **steriles Arbeiten** sollen Kontaminationen, wie z.B. durch Keime in der Luft, verhindert werden. Nährböden, Gefäße und Geräte zur Kultivierung von Mikroorganismen müssen durch bestimmte Entkeimungsverfahren sterilisiert werden. Das bedeutet, dass alle lebenden Keime abgetötet werden. Ferner müssen die Gefäße, in denen sich definierte Reinkulturen befinden, vor erneuter Kontamination geschützt werden. Folgende **Regeln** und **Sicherheitsvorschriften** müssen in einem mikrobiologischen Labor beachtet werden:

- Vor Beginn der Arbeit, nach jeder Pause und bei Tätigkeitsende müssen die **Hände** mit Händedesinfektionsmittel (s. S. 407) behandelt oder zumindest gründlich gewaschen werden. Bei sichtbarer Verschmutzung sollten die Hände gewaschen werden. Nach direktem Kontakt mit biologischem Material müssen die Hände desinfiziert werden.
- Die **Arbeitsflächen** sind frei und sauber zu halten. Sie sind vor und nach Beendigung der Tätigkeiten mit Desinfektionsmitteln abzuwischen.
- Die Bildung von **Aerosolen** biologischer Herkunft ist zu vermeiden. Sie können bei Labortätigkeiten wie Pipettieren und Schütteln von offenen Kulturen entstehen.
- Während des Arbeitens sollten **Fenster** und **Türen** geschlossen sein.
- Sterile Arbeiten sind in der Nähe der **Flamme des Bunsenbrenners** auszuführen, da die aufsteigende heiße Luft das Sedimentieren von Luftkeimen im Arbeitsbereich verhindert.
- Kulturen von Mikroorganismen müssen vor ihrer Entsorgung autoklaviert und benutzte Objektträger desinfiziert werden. Bewachsene Agarplatten und kontaminierte Einweggegenstände wie Pipettenspitzen werden in autoklavierbaren Beuteln gesammelt und durch Autoklavieren inaktiviert. Der im Labor ausgehängte **Hygieneplan** mit Hinweisen zur Abfallentsorgung, Händehygiene und Flächendesinfektion muss beachtet werden.
- Wachsen **Myzelien von Pilzen** die gesamte Agarplatte zu, sollte diese nicht geöffnet, sondern autoklaviert werden, da die Pilze die Luft mit Pilzsporen belasten.
- Wenn **biologisches Material verschüttet** wird oder in Kontakt mit der Arbeitsfläche bzw. Einrichtung kommt, müssen die entsprechenden Stellen unverzüglich gereinigt und desinfiziert werden.
- **Kulturen mit unbekannten Mikroorganismen**, wie z. B. Anreicherungen aus der Umwelt, können pathogene Keime enthalten und müssen entsprechend sorgfältig behandelt werden. Besonders mit Kulturen, die von Menschen oder Tieren stammende Mikroorganismen enthalten können, sollte mit Vorsicht umgegangen werden. Entsprechende Nährbodenplatten sollten nur von erfahrenen Mitarbeitern geöffnet und ansonsten mit Verschlussfolie versiegelt werden.

- Beim Umgang mit **Gefahrstoffen**, die vom Körper durch Einatmen über die Lunge, durch Hautresorption sowie über die Schleimhäute und den Verdauungstrakt aufgenommen werden können, müssen besondere Verhaltensregeln und Schutzvorschriften beachtet werden, die in Sicherheitsdatenblättern, Betriebsanweisungen und Laborordnungen ausgeführt sind. Informationen zu Gefahrstoffen liefert die GESTIS-Stoffdatenbank (www.dguv.de/ifa/stoffdatenbank).

1.3 Sicherheitswerkbänke

Weit häufiger als am Laborabzug sitzen Biologen an biologischen **Steril**- oder **Sicherheitswerkbänken** (*Cleanbench*). Sie dienen zum einen dem Schutz der Arbeitenden vor Infektionen durch Keime am Arbeitsplatz. Außerdem sollen Sterilbänke Kontaminationen der Arbeitsmaterialien verhüten und damit das sterile Arbeiten erleichtern. Die Sterilbank ist ein Arbeitstisch mit einem Gehäuse und einer speziellen Belüftung. Sie soll durch Lenkung des Luftstroms verhindern, dass Mikroorganismen und Aerosole unkontrolliert im Raum verteilt werden bzw. nach außen dringen. Sicherheitswerkbänke für mikrobiologische Arbeiten werden in drei Klassen unterteilt:

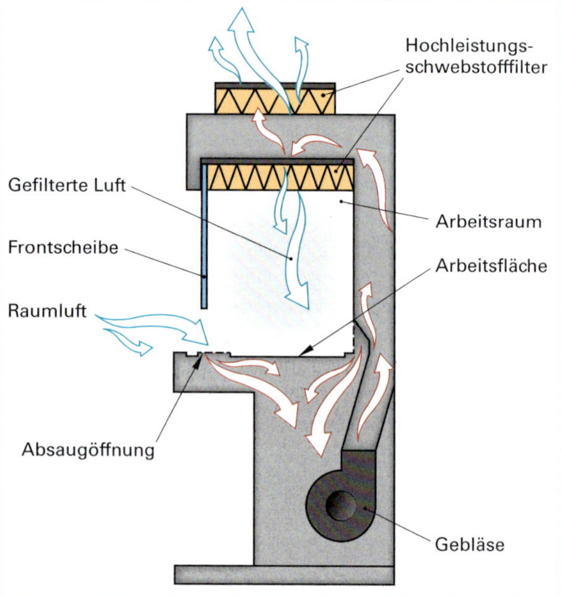

Bild 1 Sicherheitswerkbank (Klasse 2)

- **Sicherheitswerkbänke der Klasse 1**
  Die geringste Sicherheit bieten Sterilbänke der Klasse 1, die vor allem dem Schutz vor Infektionen dienen. Die Bänke saugen Raumluft ohne Filterung an und leiten die Luft im Arbeitsgerät nach oben. Dort werden die luftgetragenen Keime, Aerosole und Partikel über ein HEPA-(*High-Efficiency Particulate Air*)-Filter ausgefiltert.
- **Sicherheitswerkbänke der Klasse 2**
  Die im Innenraum zirkulierende Luft wird durch zwei HEPA-Filter sterilfiltriert (Bild 1). Ein Großteil des Luftstroms wird über ein Hauptfilter nach unten zu den Absaugöffnungen an den Rändern der Arbeitsfläche geführt. Dabei entsteht eine laminare Strömung, ein gleichmäßiger Luftvorhang ohne Turbulenzen. Ein geringer Teil der Luft wird über ein zweites Hochleistungsschwebstofffilter in den Raum abgegeben oder abgeführt. Gleichzeitig wird Raumluft aus dem Laboratorium durch die Arbeitsöffnung in die vorderen Absaugöffnungen angesaugt. Dadurch entsteht eine starke Luftströmung, die verhindert, dass Partikel aus der Raumluft in den Arbeitsraum gelangen.
- **Sicherheitswerkbänke der Klasse 3**
  Diese Sicherheitswerkbänke sind vorgeschrieben für Arbeiten mit Mikroorganismen der Risikogruppe 4 und bestehen aus einem völlig geschlossenen Arbeitsraum, in dem ein Unterdruck herrschen muss. Sie verfügen über fest installierte luftdichte Handschuhe und Schleusen für Werkzeuge und Arbeitsmaterial.

In Steril- oder Sicherheitswerkbänke werden Luftströme gelenkt und gefiltert, um Kontaminationen der Arbeitsmaterialien zu verhindern und die Beschäftigten vor Infektionen zu schützen. Folgende **Arbeitsregeln** sollten unter der Sicherheitswerkbank eingehalten werden:

- **Störungen des laminaren Luftstroms** sollten vermieden werden. Deshalb sollte auf schnelle und heftige Bewegungen verzichtet werden. Die Luftschlitze dürfen nicht verdeckt werden.
- Die Bildung von **Aerosolen** sollte möglichst verhindert werden. Dies gilt vor allem für Arbeiten mit Flüssigkulturen, Schütteln und Rühren von Flüssigkeiten sowie das Pipettieren.
- In der Sicherheitswerkbank sollten **keine für die Arbeit unnötigen Gegenstände** lagern.
- **Bunsenbrenner** sollten z. B. über einen Fußschalter nur bei Bedarf gezündet werden.

2 Verfahren zur Keimabtötung

Neben Gründen des sterilen Arbeitens können die Verfahren zur Abtötung von Mikroorganismen und Inaktivierung von Viren anderen Zielen dienen, wie z. B. der Hygiene und der Erhöhung der Haltbarkeit von Lebensmitteln. Grundsätzlich können folgende Prozesse der Keimeliminierung unterschieden werden:

- **Sterilisationen** sind Verfahren der vollständigen Entkeimung, bei denen alle vorhandenen Mikroorganismen einschließlich der bakteriellen Sporen abgetötet werden.
- Die **Desinfektion** ist eine teilweise Entkeimung, die die Abtötung vor allem der krankheitserregenden Keime zum Ziel hat.
- Bei der **Pasteurisierung** sollen zur Haltbarmachung von Lebensmitteln durch kurzzeitige Erhitzung vegetative (vermehrungsfähige) Mikroorganismenzellen abgetötet werden.

Das meist gültige Indiz für den Erfolg der Abtötung ist der nicht-reversible Verlust der Wachstumsfähigkeit der Zellen. Verschiedene physikalische und chemische Möglichkeiten zur Abtötung von Keimen stehen der Mikrobiologie zur Verfügung:

- **Thermische Verfahren**, die mit und ohne Wasserdampf betrieben werden.
- **Chemische Verfahren**, die insbesondere bei der Desinfektion genutzt werden (Desinfektionsmittel).
- **Strahlung** wie z. B. UV-Licht.
- **Filtrationsverfahren**, bei denen Mikroorganismen als Partikel über Filter zurückgehalten werden.
- **Hochdruckverfahren** zur produktschonenden Eliminierung von Mikroorganismen in Lebensmitteln.

Die weitaus meisten eingesetzten Verfahren nutzen die Empfindlichkeit der Mikroben gegenüber hohen Temperaturen. Die Ursachen für die Abtötung von Mikroorganismen sind die Zerstörung der Zellmembran und die Inaktivierung von Enzymen, die als Proteine bei hohen Temperaturen denaturieren.

2.1 Sterilisationsverfahren

Die **Sterilisation**, die Abtötung aller Mikroorganismen, muss die hitzeresistenten Ruhestadien (z. B. Endosporen) einschließen. Es gibt verschiedene Sterilisationsverfahren, die nach ihrer praktischen Eignung für die Entkeimung von Gegenständen und Flüssigkeiten ausgesucht werden müssen (Tabelle 1).

Tabelle 1 Sterilisationsmethoden

Verfahren	Kennzeichen	Geeignete Objekte	Nachteil
Feuchte Hitze (Autoklavieren)	Erhitzen auf 121 °C für mind. 15 min	Wässrige Lösungen z. B. Nährmedien, Kunststoffgegenstände, z. B. Pipettenspitzen	Zeitaufwendig
Trockene Hitze (Heißluft)	Erhitzen auf 180 °C für mind. 2 Std.	Leere Glas- und Metall-Gefäße, Glas-Petrischalen	Sehr zeitaufwendig
Ausglühen	Bis zum Glühen in der Brennerflamme erhitzen	Impfösen, Impfnadeln	Brandgefahr
Abflammen	Eintauchen in 70%igen Alkohol, durch Brennerflamme ziehen	Metall- und Glaswerkzeuge	Sterilität unsicher
Chemische Sterilisation	Begasung mit Ethylenoxid	Petrischalen aus Polystyrol, Einmalartikel	Toxisches Gas (nur Industrieverfahren)
Bestrahlung	Einsatz einer UV-Lampe	Oberfläche einer Laborbank	Strahlungsgefahr
Sterilfiltration	Einsatz keimundurchlässiger Filter	Vitaminlösung und andere hitzelabile Substanzen	Kontamination bei Undichtigkeit
	Einsatz eines Wattefilters	Luft	Nur bei Luftleitungen

Welche Sterilisationsmethode gewählt wird, ist davon abhängig, wie empfindlich die Materialien der Gefäße, die Nährböden und Werkzeuge auf das Verfahren reagieren. Sterilisationsmethoden, die die zellabtötende Einwirkung von **hohen Temperaturen** nutzen, werden bevorzugt eingesetzt. Während Glas hohe Temperaturen aushalten kann, werden viele Arbeitsmaterialien aus Kunststoffen bei Hitzeverfahren jedoch zerstört. Kunststoffprodukte werden deshalb oft als Einwegartikel in steriler Form vom Laborbedarfhandel angeboten.

2.1.1 Sterilisationsverfahren mit feuchter Hitze

Das **Autoklavieren** ist eine wichtige und in Labor sowie Industrie häufig angewandte Sterilisierungsmethode, bei der im Sterilisiergut vorhandene Keime mit hoher Zuverlässigkeit abgetötet werden. Dabei werden feuchte Hitze bzw. Wasserdampf zur Abtötung der Keime eingesetzt. Die Dampfanwendung erniedrigt die Temperaturresistenz der Bakteriensporen, die bei Wasserbenetzung quellen und dadurch hitzeempfindlicher werden.

In einem Druckbehälter, dem **Autoklav**, können Temperaturen von weit über 100 °C erzielt werden (Bild 1). Bei einem Druck von 2 bar wird überhitzter Dampf von 121 °C erzeugt. Dazu wird im Autoklavboden Wasser zum Sieden gebracht und der erzeugte Dampf treibt durch ein geöffnetes Ventil die im Gefäß enthaltene Luft aus. Nach Verschluss des Ventils steigt die Dampftemperatur parallel mit dem ansteigenden Druck auf den gewünschten Wert.

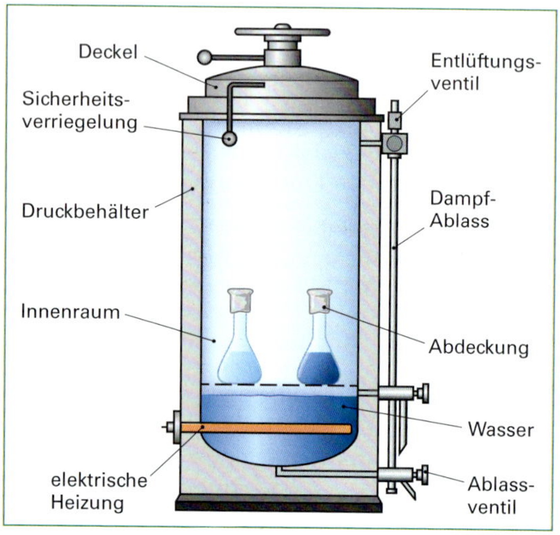

Bild 1 Aufbau eines Autoklavs

Der Austausch der Gasphase durch Wasserdampf ist für eine sichere Sterilisation im Autoklav erforderlich. Für das Erreichen der Autoklaviertemperatur muss die Luft im Innenraum verdrängt werden, ansonsten ist bei vorgegebenem Druck die Temperatur im Autoklav niedriger (Tabelle 1). Deshalb muss neben dem Dampfdruck immer auch die Autoklaviertemperatur überwacht werden.

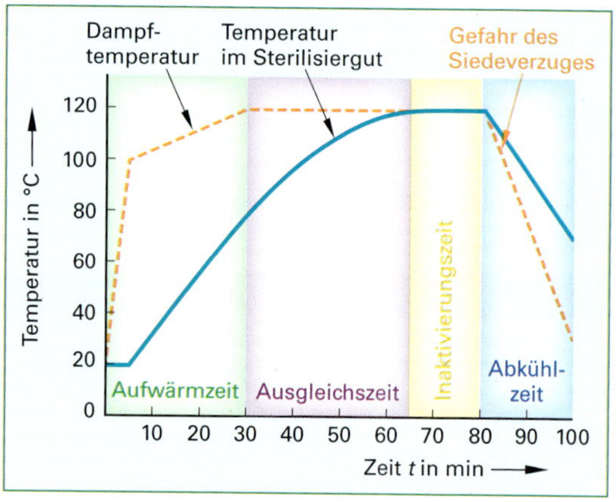

Bild 2 Temperaturverlauf einer Sterilisation bei 121 °C im Autoklav

Der zeitliche Ablauf der Sterilisation ist in Bild 2 dargestellt. Nach Beendigung der **Aufwärmzeit** ist die Sterilisierungstemperatur erreicht, meist 121 °C. Die Autoklaviertemperatur muss während der **Ausgleichszeit** in allen Bereichen des Sterilisiergutes erreicht werden. Beim Autoklavieren größerer Volumina müssen deshalb längere Vorlaufzeiten einberechnet werden. Danach beginnt die eigentliche **Inaktivierungszeit** von 15 bis 20 Minuten, in der auch die hitzeresistenten Endosporen abgetötet werden. Beim **Abkühlen** eines Autoklavs, bei dem der Überdruck auf Atmosphärendruck zurückgeht, ist besondere Vorsicht geboten. Zu schnelles Abkühlen oder zu frühes Öffnen des Autoklavs kann zu Siedeverzug und Überkochen mit Spritzgefahr führen.

Tabelle 1 Abhängigkeit der Temperatur vom Dampfdruck im Autoklav

Dampfdruck in bar	Temperatur in °C
2	121
3	134
4	144

Bei der Entnahme sterilisierter Gegenstände aus dem Autoklav müssen diese vor einer erneuten

Kontamination (Rekontamination) geschützt sein. Deshalb werden beispielsweise die Öffnungen von Glasgefäßen mit Aluminiumfolie umwickelt und Pipetten in geeigneten Metallbüchsen autoklaviert.

Aufgrund der von Temperaturen und erhöhtem Druck ausgehenden Gefahren sollte ein Autoklav nie ohne Einführung und Kontrolle eines erfahrenen Benutzers verwendet werden.

Verfahren: Sterilisation im Autoklav	
1	Das Autoklaviergut wird zusammengestellt, mit Autoklavierband (Indikatorstreifen) versehen, das nach erfolgreichem Autoklavieren gefärbt ist, und beschriftet.
2	Gegenstände werden in geschlossene Behälter gegeben oder in Alufolie eingepackt.
3	Gefäße mit Flüssigkeiten werden maximal zu zwei Drittel gefüllt und mit Stopfen oder Alufolie abgedeckt. Schraubdeckelverschlüsse dürfen zur Vermeidung von Glasbruch bei Überdruck nicht fest angezogen sein.
4	Die Wasserfüllung des Autoklavs wird kontrolliert und bei Bedarf demineralisiertes Wasser (und z. T. Leitungswasser) zugegeben.
5	Die zu sterilisierenden Gefäße und Gerätschaften werden möglichst in Körben auf dem Einlegeboden platziert.
6	Autoklaviertür bzw. -deckel werden geschlossen, gewünschte Autoklavierzeit und -druck eingestellt, Heizung bzw. Zeitschaltuhr eingeschaltet und das Autoklavierprogramm gestartet.
7	Bei manuell zu betätigenden Autoklaven wird das Entlüftungsventil nach Erreichen einer Temperatur über 100 °C geschlossen.
8	Beim Autoklavieren von Flüssigkeiten sollte der Autoklav auf etwa 80 °C abgekühlt werden, bevor das Sterilisiergut entnommen werden kann.

Zur **Überprüfung** von thermischen Sterilisationsprozessen können chemische Indikatoren wie z. B. Teststreifen oder Bioindikatoren, die in Ampullen erworben werden können, benutzt werden. Beispielsweise werden die besonders hitzeresistenten Endosporen von *Geobacillus stearothermophilus* eingesetzt, die im mittleren Bereich des Autoklavs in das Sterilisiergut gelegt werden.

Fehler und Störungen	Empfehlungen
▶ Wird zu lange autoklaviert, können in Nährmedien unerwünschte Nebenprodukte entstehen.	✔ Halten Sie die Sterilisierzeiten so kurz wie möglich.
▶ Enthalten Nährmedien Glukose oder andere Zucker, können bei hohen Temperaturen Maillard-Reaktionen auftreten, wobei es zu einer starken Braunfärbung der Lösungen kommt.	✔ Autoklavieren Sie Zucker nicht zusammen mit Aminosäuren, Peptiden und Ammoniumsalzen im selben Gefäß.
▶ Bei niedrigen pH-Werten kann eine Hydrolyse der organischen Verbindungen auftreten.	✔ Autoklavieren Sie keine zu sauren Lösungen.
▶ Hochkonzentrierte Agar-Nährmedien können nach dem Autoklavieren Trübungen und Phasen hoher Dichte enthalten.	✔ Durchmischen Sie die Agar-Lösungen gut, bevor diese autoklaviert werden; manchmal ist ein kurzes Erhitzen, evtl. Aufkochen notwendig.
▶ Vitamine, Antibiotika oder andere hitzeempfindliche Substanzen können beim Autoklavieren zerstört werden.	✔ Geben Sie in diesen Fällen steril filtrierte Lösungen nach dem Autoklavieren zu.
▶ Einige Substanzen wie Phosphate können nach dem Autoklavieren und Abkühlen ausfallen.	✔ Autoklavieren Sie Phosphatpuffer als Stocklösung separat und mischen Sie ihn erst danach mit dem Rest der Lösung.

Nur in Ausnahmefällen sollte ein haushaltsüblicher Schnellkochtopf (Dampfdrucktopf) an Stelle eines Autoklavs verwendet werden, da darin üblicherweise nur ca. 115 °C erreicht werden.

Die **Tyndallisation**, die von dem britischen Physiker *John Tyndall* entwickelt wurde, ist eine weitere, nur noch selten angewendete Methode der Sterilisierung von Nährmedien und Lebensmitteln (Bild 1). Bei diesem Verfahren, das auch **fraktionierte Sterilisation** genannt wird, wird dreimal hintereinander mit längeren Ruhephasen dazwischen, z. B. an drei aufeinanderfolgenden Tagen, erhitzt. Die erste Erhitzung im Dampftopf für beispielsweise 30 min auf 100 °C führt dazu, dass vegetative Zellen abgetötet werden, während Endosporen in großer Zahl überleben. In den nun folgenden 12- bis 24-stündigen Ruhezeiten keimen zahlreiche Endosporen aufgrund einer Aktivierung durch die Erhitzung aus und können im zweiten bzw. dritten Erhitzungsschritt abgetötet werden. Bei diesem Verfahren kann allerdings nicht von einer vollständigen Abtötung aller Keime ausgegangen werden, da ein komplettes Auskeimen aller Sporen nicht gewährleistet ist.

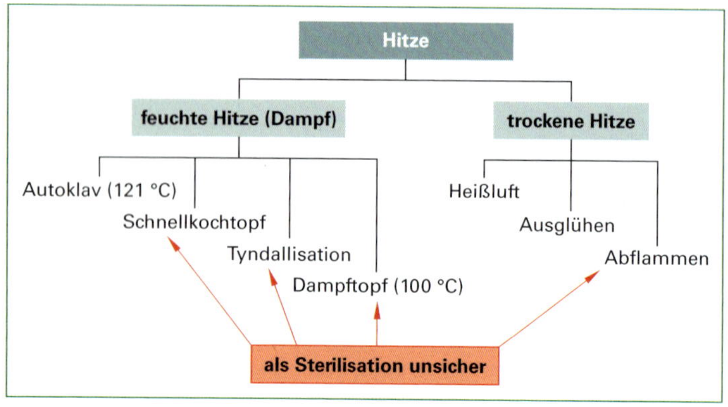

Bild 1 **Entkeimungsverfahren durch Hitze**

Das Erhitzen in einem **Dampftopf bei 100 °C** ist ebenfalls ein Verfahren der Entkeimung mit feuchter Hitze, das aber lediglich eine Desinfektion (s. S. 406) darstellt. Hierbei werden nur die vegetativen Zellen der Bakterien und Pilze abgetötet, während viele Bakteriensporen stundenlanges Kochen durchaus tolerieren.

2.1.2 Sterilisationsverfahren mit trockener Hitze

Eine Sterilisation kann auch ohne Wasserdampf durch Anwendung trockener Hitze erreicht werden. Hierbei müssen wesentlich höhere Temperaturen als beim Autoklavieren angewendet werden, da die trockene Luft thermische Energie schlechter als Wasserdampf überträgt. Gefäße und Geräte aus Glas werden meist bei 180 °C mit Heißluft in einem **Sterilisations**- oder **Trockenschrank** sterilisiert. Die reine Sterilisationszeit beträgt bei dieser Temperatur ca. 30 Minuten, allerdings müssen noch Aufheiz- und Abkühlzeiten hinzugerechnet werden. Bei niedrigeren Temperaturen muss entsprechend länger sterilisiert werden, bei 150 °C beispielsweise etwa 3 Stunden.

Metall- und Glasgeräte können durch kurzes Erhitzen in einer Brennerflamme oberflächlich sterilisiert werden. Die metallenen Impfgeräte wie **Impföse** und **Impfnadel**, die zur Übertragung von Biomasse dienen (s. S. 416), können in der Brennerflamme durch **Ausglühen** schnell und sicher sterilisiert werden (Bild 2).

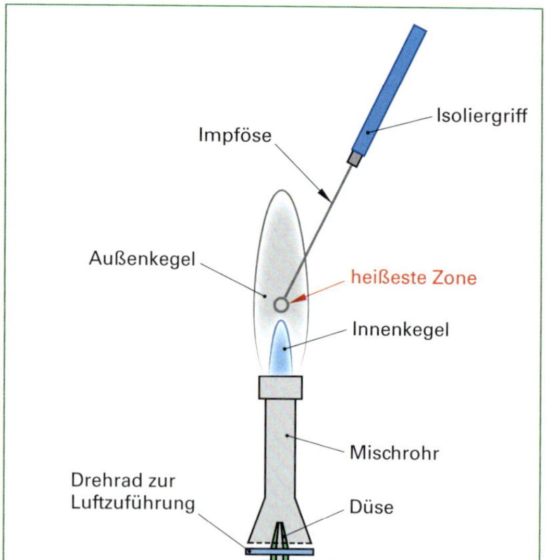

Bild 2 **Ausglühen von Impföse und Impfnadel in der Flamme des Teclubrenners**

Der Bunsenbrenner und der Teclubrenner werden in der Mikrobiologie am häufigsten benutzt. Bei Letzterem wird die Luft von unten in ein Mischrohr zugeführt, was zu einer etwas höheren Flammentemperatur von ca. 1200 °C führt.

Der Spalt zur Luftzuführung kann durch ein Drehrad unter der konischen Erweiterung des Kamins vergrößert oder verkleinert werden. Am besten wird der Lufteinlass so weit geöffnet, dass eine nicht leuchtende Flamme mit blauem Kegel entsteht, die wesentlich heißer als die leuchtende Flamme ist. Durch Ausglühen im äußeren Teil des Kegels der Brennerflamme werden Impfösen und Impfnadeln bei Temperaturen von über 1000 °C schnell und zuverlässig sterilisiert.

Impfösen und -nadeln werden **vor** und **nach jedem Gebrauch** in der Brennerflamme sterilisiert.

Verfahren: Ausglühen der Impföse
(1) Der Bunsen- oder Teclubrenner wird auf eine nicht leuchtende, leicht prasselnde Flamme eingestellt.
(2) Die Impföse wird am Halter gegriffen und zuerst einige Male langsam durch die Flamme gezogen, um ein Verspritzen von anhaftendem Biomaterial zu vermeiden.
(3) Die Spitze (Öse) und der anschließende Draht der Impföse werden anschließend so lange über den Innenkegel der Brennerflamme gehalten, bis sie zur Rotglut glühen.
(4) Vor der Benutzung muss etwa 20 Sekunden gewartet werden, damit die Impföse erkaltet.
(5) Alternativ kann kurz in den sterilen Teil eine Agarplatte gestochen werden, um dadurch die Hitze abzuführen.
(6) Nach dem Überimpfen muss die Impföse erneut sterilisiert werden, bevor sie z. B. in einem Impfösen-(oder Reagenzglas-)Ständer abgestellt wird.

Scheren und Pinzetten sowie hitzesterilisierte Glasgeräte wie Pipetten können zur schnellen äußeren Entkeimung **abgeflammt**, d. h. kurz in die Brennerflamme gehalten werden. Glasspatel werden vor dem Abflammen in 70%igen Alkohol getaucht, um durch Entflammen des Ethanols die sterilisierende Wirkung zu unterstützen. Auch Kulturgefäße werden an den Öffnungen nach dem Öffnen und vor dem Verschließen kurz durch die Flamme gezogen. Bei dieser Methode ist neben der Brandgefahr nachteilig, dass Keime in Luftpolstern überleben können und Endosporen häufig nicht abgetötet werden.

Welche Sterilisationsmethode gewählt wird, ist vor allem davon abhängig, wie empfindlich die Materialien der Gefäße, Nährböden und Werkzeuge auf das Verfahren reagieren. Während Glas hohe Temperaturen aushalten kann, können Arbeitsmaterialien aus Kunststoffen bei trockener Hitze zerstört werden. Letztere werden oft vom Laborbedarfshandel aus autoklavierbaren Materialien oder als sterile Einwegartikel angeboten.

2.1.3 Hitzeunabhängige Sterilisationsverfahren

Lösungen, die hitzeempfindliche Vitamine, Antibiotika oder andere organische Verbindungen enthalten, können nicht mit hohen Temperaturen sterilisiert werden. Sie werden in der Regel durch **Sterilfiltration** entkeimt. Hierbei werden Filter aus Zellulose oder Kunststoffen verwendet, deren Poren eine Größe von 0,2 oder 0,45 μm aufweisen. Für die Sterilisation von Flüssigkeiten werden oft Vorsatzfilter für Spritzen eingesetzt (Bild 1). Die in einer Flüssigkeit enthaltenen Bakterien werden wie alle Partikel vom Filter zurückgehalten. Solche Bakterienfilter halten vorwiegend an der Oberfläche die Partikel zurück, die nach einiger Zeit zu einer Verstopfung des Filters führen können (Bild 1, S. 406).

Einige extrem dünne Keime wie Spirochäten (s. S. 156) und die Viren können die Filter ungehindert passieren. Dies gilt auch für Mykoplasmen, die aufgrund der fehlenden Zellwand verformbar sind und sich durch die Poren durchschlängeln.

Bild 1 **Sterilfiltration von Lösungen**

Die Sterilfiltration von Luft und anderen Gasen, z. B. zur Belüftung von Kulturen, erfolgt ebenfalls mithilfe von bakteriendichten Filtern. Dazu werden mikroporige Metallfilter, Porzellan- und Glasfritten oder mit Watte bzw. Glaswolle gefüllte Glasröhren eingesetzt, die vor dem Einsatz selbst sterilisiert werden müssen.

Chemikalien können ebenfalls zur Sterilisation eingesetzt werden. Im Labor ist 70%iger Alkohol (Ethanol oder Isopropanol) gebräuchlich (Gefährdungen: s. Tabelle 1, S. 407).

Zum Abtöten von Mikroorganismen kann auch **UV-Strahlung** genutzt werden. UV-Strahlung in hoher Dosis und mit einer Wellenlänge um 260 nm tötet Zellen ab, indem sie die Erbsubstanz DNA schädigt, die bei dieser Wellenlänge die Strahlung absorbiert. Da UV-Strahlen nur eine geringe Eindringtiefe besitzen, ist ihr Einsatz begrenzt. Sie kann beispielsweise für die Oberflächenbehandlung z. B. von Labortischen genutzt werden. UV-Strahler können zur Entkeimung der Raumluft eingesetzt werden. Hierbei sollte darauf geachtet werden, dass keine Personen in der Zeit im Labor anwesend sind, sodass sich ein Einsatz in der Nacht anbietet.

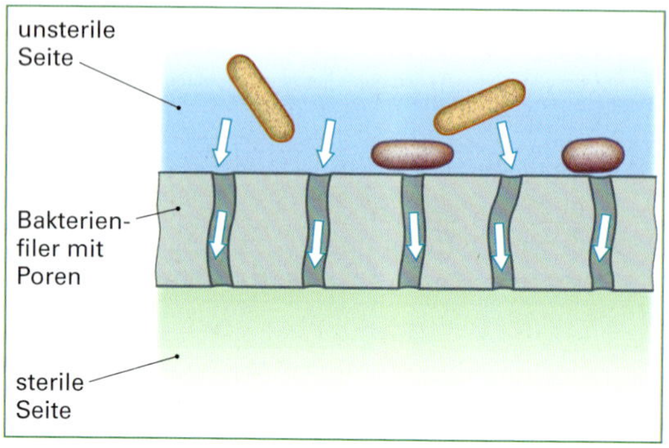

Bild 1 Bakterienfilter

Bei der industriellen Sterilisation von medizinischen Einwegartikeln wird **ionisierende Gammastrahlung** aufgrund ihrer stark mutagenen und keimabtötenden Wirkung eingesetzt. Häufig wird Cobalt-60 als Strahlungsquelle verwendet.

2.2 Desinfektion und Pasteurisation

Mit Desinfektion und Pasteurisation stehen Maßnahmen der teilweisen Entkeimung zur Verfügung, die von Sterilisationstechniken zur vollständigen Entkeimung abzugrenzen sind.

Desinfektion

Eine Desinfektion dient der Abtötung der krankheitserregenden Mikroorganismen und soll die Übertragung von pathogenen Keimen verhindern. Sie ist für die Hygiene, bei medizinischen Tätigkeiten und im Bereich der Herstellung und Verarbeitung von Lebensmitteln von großer Wichtigkeit.

In der Praxis bedeutet eine Desinfektion oft eine Verringerung der Keimzahl durch die Inaktivierung leicht zugänglicher Keime. Bei der Überprüfung der Wirksamkeit von Desinfektionsmitteln wird häufig verlangt, dass eine erfolgreiche Desinfektion die Keimzahl um fünf Logarithmenstufen (log-Stufen) reduziert, d. h. dass 99,999 % der vorhandenen Keime abgetötet werden. Die Zeit, die dazu benötigt wird, ist als **Einwirkzeit** definiert.

Desinfektion kann grundsätzlich auf zwei Arten erfolgen:

- **Thermisch** durch Anwendung hoher Temperaturen, z. B. mit heißem Wasser von 70 °C.
- **Chemisch** mithilfe von Desinfektionsmitteln.

Bei der **chemischen Desinfektion** werden die Mikroorganismen durch die Einwirkung bestimmter chemischer Substanzen inaktiviert (Tabelle 1, S. 407). Es gibt Desinfektionsmittel, die wie bei der Händedesinfektion am menschlichen Körper angewendet werden und gesundheitlich unbedenklich sowie hautverträglich sein müssen. Daneben gibt es zahlreiche weitere Mittel, die zur Flächen-, Raum- und Gerätedesinfektion geeignet sind.

Desinfektionsmittel unterscheiden sich in ihren Anforderungen:

- Sie besitzen ein charakteristisches **Wirkungsspektrum** und sollen möglichst gegen Bakterien, Pilze, Viren und Bakteriensporen wirksam sein.
- Sie wirken mit unterschiedlicher **Geschwindigkeit** und sollen während ihrer Anwendung möglichst nicht zu schnell inaktiv werden.

- Sie sollen eine gute **Verträglichkeit** gegenüber Materialen bzw. der Haut bei Händedesinfektionsmitteln besitzen.
- Sie sollen **umweltverträglich** und biologisch abbaubar sein, da Desinfektionsmittel oft in hohen Konzentrationen in biologische Kläranlagen gelangen.
- Sie sollten bei den Mikroorganismen **keine Resistenzen** hervorrufen, auch wenn sie in zu niedrigen Dosen verabreicht werden, die nicht zur Abtötung ausreichen.

Tabelle 1 Desinfektionsmittel: Wirkstoffe und Anwendung

Wirkstoffe	Chemikalien	Wirkungsspektrum	Anwendungsbereich	Gefährdungen, Nachteile
Aldehyde	Formaldehyd, Glutaraldehyd	Praktisch uneingeschränkt	Raum-, Geräte- und Flächendesinfektion (Formaldehyd), Vireninaktivierung (Glutaraldehyd)	Gesundheitsschädlich, schleimhautreizend, Brand-/Explosionsgefahr, evtl. krebsauslösend (Formaldehyd)
Alkohole	Ethanol, Propanol, Isopropanol	Kaum wirksam gegen bakterielle Sporen und hüllenlose Viren	Haut- und Handdesinfektion, Desinfektion kleinerer Flächen	Hautentfettend, rasche Verdunstung, Brand-/Explosionsgefahr
Aktive Sauerstoffverbindungen	Wasserstoffperoxid, Ozon, Peressigsäure	Praktisch uneingeschränkt	Flächendesinfektion, Flüssigkeitsdesinfektion	Z. T. ätzend, Explosionsgefahr bei > 15 %, biologisch abbaubar, instabil
Halogenverbindungen	Natriumhypochlorit, Chlordioxid, Natriumchlorit, Jodverbindungen	Wirksam gegen Viren und Sporen, nicht gegen einige grampositive Bakterien und Hefen	Wäschedesinfektion	Schleimhautreizend, biologisch schwer abbaubar, instabil, korrosiv für Metalle
Phenole	Kresol, Chlor-Kresol, Chlor-Xylenol	Wenig wirksam gegen Sporen und Viren	Desinfektionstauchbäder, Scheuer- und Flächendesinfektion	Gesundheitsschädlich, biologisch schwer abbaubar, korrosiv
Quaternäre Verbindungen	Benzalkonium	Eingeschränkt wirksam gegen vegetative Bakterien und Viren	Gerätedesinfektion	Ungiftig und hautfreundlich, zum Teil biologisch nicht abbaubar

Bei der **Anwendung** sind die Konzentrationen der Mittel und ihre Einwirkzeit strikt einzuhalten. Daher sollten Produktinformationen des Herstellers immer genau gelesen und beachtet werden. Zur Auswahl von Desinfektionsmitteln werden Listen vom Verbund für Angewandte Hygiene e.V. (VAH), von der Deutschen Veterinärmedizinischen Gesellschaft (DVG) und vom Robert-Koch-Institut (RKI) herausgegeben.

Alkohole sind die Desinfektionsmittel, die am schnellsten wirken. Alkoholische Lösungen mit Ethanol, werden häufig zur Hände- und auch zur Flächendesinfektion eingesetzt. Die Alkohole 1-Propanol oder 2-Propanol (Isopropylalkohol) können ebenfalls benutzt werden und sind noch wirksamer und hautfreundlicher als Ethanol. Eingesetzt werden nur Alkohol-Wasser-Gemische mit z. B. 70 % Ethanol. Das beigemischte Wasser bewirkt, dass der Alkohol die Zellwand und Zytoplasmamembran der Bakterien besser durchdringen kann. Wasserfreie Alkohole hemmen lediglich das Wachstum von Bakterien und töten die Keime nicht ab.

Bei der Benutzung von Alkoholen sollte darauf geachtet werden, dass sie **leicht entzündlich** sind.

Die **Händedesinfektion** dient in Medizin, Hygiene sowie bei der Lebensmittelherstellung vor allem der Eliminierung von Krankheitserregern auf der Haut der Hände, um die Übertragung dieser Keime zu verhindern. Die Desinfektion führt zu einer deutlichen Reduzierung der transienten Hautflora (s. S. 305).

Hingegen ist die hauteigene Flora, die die Haut vor pathogenen Keimen schützt, davon wenig betroffen. Die Verteilung des Desinfektionsmittels auf den Händen muss sicherstellen, dass sämtliche Hand-, Finger- und die Nagelbereiche benetzt werden.

Die **hygienische Händedesinfektion** wird von der **chirurgischen Desinfektion** der Hände unterschieden, die vom Operationspersonal durchgeführt wird und die Unterarme bis zum Ellbogen mit einbezieht. Dadurch wird vor chirurgischen Eingriffen neben transienten Keimen auch ein Großteil der hauteigenen Keime entfernt und das Risiko einer möglichen Infizierung des Patienten während der Operation deutlich verringert.

Bild 1 Händedesinfektion

Verfahren: Hygienische Händedesinfektion
(1) Ringe, Armbanduhren und Armreife werden abgelegt, da die Flüssigkeit die Haut unterhalb des Schmucks nicht erreicht. Lange oder künstliche Fingernägel, die schwer zugängliche Stellen für Keime liefern, beeinträchtigen ebenfalls die Wirkung der Händedesinfektion.
(2) Nur trockene Hände werden desinfiziert.
(3) Eine genügend große Menge des Händedesinfektionsmittels (z. B. 2 Hube aus dem Wandspender) wird entnommen und damit alle Flächen der Hände benetzt. Handflächen werden auf Handflächen und Handrücken gerieben. Die Finger, insbesondere Nagelbereiche und Fingerkuppen, sowie die Zwischenräume der Finger müssen einbezogen werden.
(4) Die erforderliche Einwirkzeit (siehe Herstellerangaben, oft 30 Sekunden) muss eingehalten werden.

Pasteurisierung

Die Pasteurisation ist nach dem französischen Mikrobiologen *Louis Pasteur* (1822 – 1895) benannt und bezeichnet ein im 19. Jahrhundert entwickeltes Verfahren zur Verlängerung der Haltbarkeit von Nahrungsmitteln. Beim Pasteurisieren werden Lebensmittel kurzfristig erhitzt, allerdings nur bis auf eine Temperatur, die unter 100 °C liegt.

Durch Pasteurisieren sollen alle vegetativen Zellen von Mikroorganismen abgetötet werden. Im Gegensatz zum Sterilisieren werden keine Endosporen inaktiviert. Das Pasteurisieren spielt eine wichtige Rolle bei der **Konservierung von Lebensmitteln** wie z. B. von Milch und Fruchtsäften. In den Lebensmitteln sollen zum einen möglicherweise vorhandene Krankheitserreger wie z. B. Salmonellen vernichtet werden. Zum anderen soll die Verderbnisflora so weit dezimiert werden, dass die Zeit der Haltbarkeit deutlich verlängert wird. Durch die kurze Hitzeeinwirkung bei relativ niedriger Temperatur sollen Nährwert, Geschmack und Konsistenz des Lebensmittels nicht stark verändert werden.

Die Pasteurisierung von Milch wird zumeist durch **Kurzzeiterhitzung**, z. B. auf 72 bis 75 °C für 15 bis 40 Sekunden erreicht. Danach wird die Milch sofort wieder abgekühlt und kommt als frische Milch in den Handel.

Eine weitere Möglichkeit der Pasteurisierung ist die **Dauererhitzung** auf ca. 62 bis 65 °C für etwa 15 bis 30 Minuten. Bei beiden Methoden kommt es nur zu einer geringen Denaturierung der Milchproteine. Die **ESL-Milch** (engl. *extended shelf life*: längeres Leben im Regal) wird mit thermischen Verfahren, z. T. mit einer Sterilfiltration kombiniert, gewonnen. Sie muss genau wie die traditionell pasteurisierte Milch gekühlt gelagert werden. Aufgrund einer höheren Erhitzung besitzt sie jedoch eine längere Haltbarkeit.

Bei der **Ultrahochkurzzeiterhitzung** wird Milch für 2 bis 3 Sekunden auf 135 bis 150 °C erhitzt. Hierbei handelt es sich um eine Sterilisation, da alle lebenden Keime und zumindest ein Großteil der Endosporen abgetötet werden. Diese ultrahochtemperierte Milch wird als UHT- oder H-Milch bezeichnet und ist im Gegensatz zu pasteurisierter Milch längere Zeit auch ohne Kühlung haltbar.

3 Kultivierung von Mikroorganismen

In der Mikrobiologie werden **Rein-** und **Mischkulturen** unterschieden. Eine Mischkultur besteht im Gegensatz zu einer Reinkultur aus unterschiedlichen Mikroorganismen. Aus der Zellpopulation einer Mischkultur kann durch **Isolierung** von Einzelzellen (s. Kap. IV.3.5) eine Reinkultur gewonnen werden (Bild 1). Mischkulturen liegen vor, wenn eine Kultur durch unsteriles Arbeiten kontaminiert wird oder wenn ein Nährboden mit einer Probe aus der Umwelt angeimpft wird.

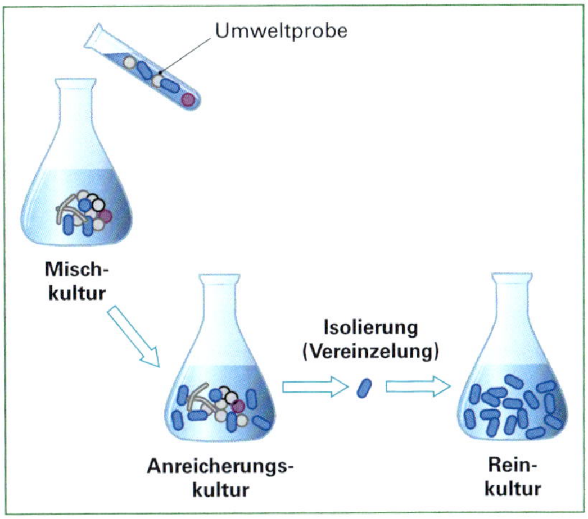

Bild 1 **Weg von der natürlichen Mischkultur zur Reinkultur**

Eine weitere Form der Mischkultur ist die **Anreicherungskultur**. Sie bietet spezielle Wachstumsbedingungen, die das Wachstum einiger Organismen fördern und anderer hemmen und damit für bestimmte Mikroorganismen günstiger sind als für andere. Solch eine Mischkultur dient dazu, diese Mikroben anzureichern, d. h. ihre Zahl in der Gesamtpopulation zu vergrößern. Beispielsweise sollte zur Anreicherung von N_2-fixierenden Bakterien ein Nährmedium ausgesucht werden, das keine Stickstoffsubstanzen wie Nitrate oder Ammonium sowie keine organischen N-Verbindungen enthält. Diese Nährstoffe können zwar von N_2-fixierenden Bakterien genutzt werden, aber eben auch von vielen anderen Mikroorganismen.

Eine anschließende Isolierung ermöglicht dann die Gewinnung der gewünschten Reinkultur, wenn diese Keime in der Anreicherungskultur zahlenmäßig dominieren.

Bei der Kultivierung müssen für die jeweiligen Mikroorganismen günstige Wachstumsbedingungen geschaffen und aufrechterhalten werden (Bild 2). Dabei sind stets folgende vier Fragen von Bedeutung:

- In welchen **Gefäßen** und mit welcher **Gefäßgröße** sollen die Mikroorganismen gezüchtet und Biomasse gebildet werden?
- Soll unter **aeroben** oder **anaeroben** Bedingungen kultiviert werden und wie kann eine O_2-Versorgung der Zellen gewährleistet werden?
- Bei welcher **Temperatur** soll die Kultivierung stattfinden?
- Welches **Nährmedium** soll die Grundlage des Wachstums sein?

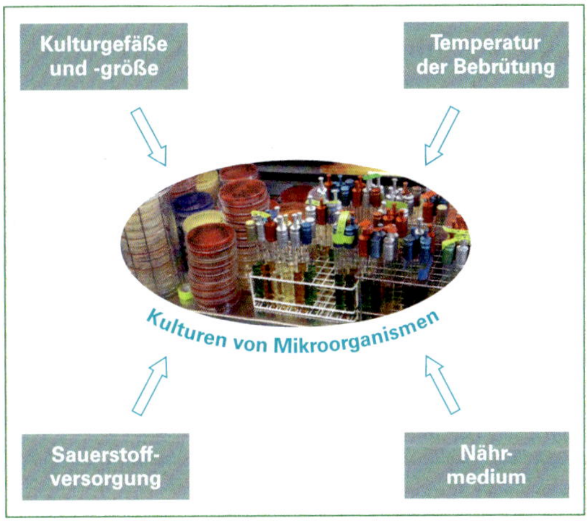

Bild 2 **Einflussfaktoren bei der Kultivierung von Mikroorganismen**

Oberflächen- und Flüssigkulturen

Zur Kultivierung von Mikroorganismen werden Kulturgefäße benötigt, die die Nährmedien für die Mikroorganismen enthalten (Bild 1, S. 410). Dabei können Mikroorganismen entweder auf festen Nährböden oder in flüssigen Nährlösungen gezüchtet werden. Auf festen Nährböden wie Agarplatten entstehen sogenannte **Oberflächenkulturen** wie beispielsweise **Kolonien**, in denen sich Bakterien in enger Nachbarschaft teilen und vermehren (s. S. 428). Als Kulturgefäße sind Petrischalen mit einer genormten Größe (Durchmesser: 90 mm) im Einsatz. Petrischalen sind heutzutage aus Kunststoff (Polystyrol), während andere Kulturgefäße meist aus Glas bestehen.

Oberflächenkulturen können auch auf flüssigen Nährmedien entstehen und werden **Deckenkulturen** genannt. Sie werden beispielsweise von Bakterien wie Essigsäurebakterien gebildet oder von Myzelbildenden Pilzen. Die zusammenhängende Haut aus Mikroorganismen wird oft **Kahmhaut** genannt.

Alternativ können Mikroorganismen in einer Flüssigkeitsphase, in sogenannten **Submers**- oder **Flüssigkulturen**, gezüchtet werden und sind dort in der gesamten Nährlösung suspendiert. Hierbei sind unterschiedliche Kulturgefäße im Einsatz, je nach Größe der Kultur und vor allem den Sauerstoffbedürfnissen der Mikroorganismen.

3.1 Kultivierung von Mikroorganismen mit Sauerstoff

Aerobe Mikroorganismen können sowohl auf festen Nährböden als auch in flüssigen Nährmedien gezüchtet werden. Oberflächenkulturen sind besonders geeignete Kulturverfahren zur Züchtung von Mikroorganismen, die entweder als **Aerobier** oder als **fakultative Anaerobier** Sauerstoff nutzen. Die an der Oberfläche von Agar-Nährmedien oder als Kahmhaut auf Flüssigkeiten wachsenden Mikroorganismen werden gut mit O_2 versorgt, da der in der Gasphase vorhandene Sauerstoff aufgrund kurzer Wege schnell an die Zellen gelangen kann.

In einer wachsenden **Kolonie**, in der eine besonders hohe Zelldichte auf kleinem Raum vorliegt, entstehen dennoch steile Gradienten der O_2- und der Nährstoffkonzentrationen, sodass nur noch an den Rändern der Kolonie gute Wachstumsvoraussetzungen vorliegen. Liegen Kolonien auf der Agar-Oberfläche nahe beieinander, führt die Sauerstoff- und die Nährstoffbegrenzung dazu, dass die Kolonien klein bleiben. Um die Belüftung zu verbessern, können **Petrischalen mit Nocken**, kleine Stege im Deckel, eingesetzt werden. Da solche Platten leicht austrocknen, sollten sie nach der Bebrütung unbedingt mit Parafilm, einer dehnbaren Verschlussfolie, verschlossen werden.

Deckenkulturen werden bei der Kultivierung von strikt aeroben Hyphenpilzen z. B. zur Antibiotikaproduktion eingesetzt. Dafür sind besonders geformte Kulturgefäße geeignet, wie z. B. Fernbach- oder Penicillinkolben sowie Kolleschalen, die den Kulturen eine große Oberfläche bieten (Bild 1).

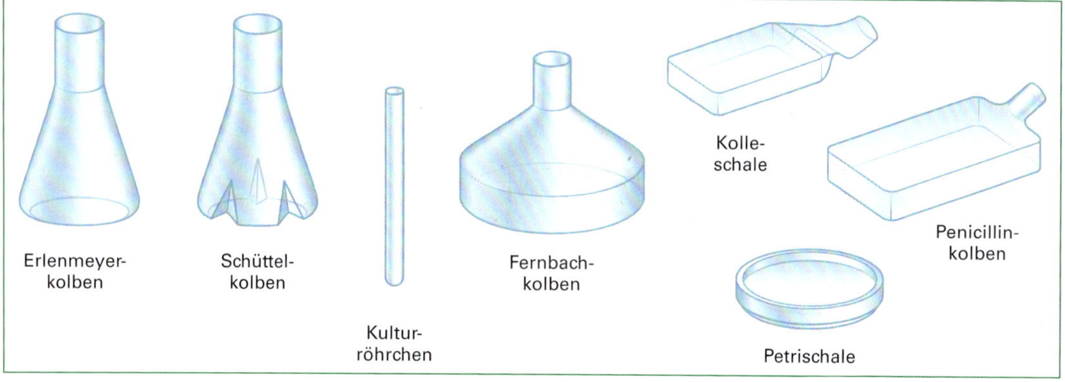

Bild 1 Kulturgefäße

In **Submerskulturen** ist die Versorgung mit Sauerstoff wegen der geringen Wasserlöslichkeit von O_2 und der relativ weiten Diffusionswege stark eingeschränkt. Deshalb muss besonders in den großvolumigen Kulturen für eine gute Belüftung gesorgt werden, ohne die rasch anaerobe Bedingungen entstehen würden. Es gibt mehrere Möglichkeiten, die O_2-Versorgung zu verbessern:

- **Kulturen mit großen Oberflächen**
  In flachen Flüssigkeitsschichten (bis zu 1 cm) werden Gefäße eingesetzt, die auch für Deckenkulturen genutzt werden. In solchen **Standkulturen**, die nicht durchmischt werden, entsteht allerdings bei höheren Zelldichten O_2-Mangel. Wie auch bei anderen Kulturverfahren ist ein geringes Kulturvolumen, im Vergleich zum Gefäßvolumen, für die Sauerstoffversorgung günstig.

- **Schütteln**
  Das Schütteln ist eine schonende Möglichkeit, die Mikroorganismen mit Sauerstoff zu versorgen.

Der Übergang des Sauerstoffs von der Gasphase in die Flüssigphase und damit der Sauerstoffeintrag in die Kultur sind kritische Größen in den Wachstumsprozessen. Sie werden von der Größe und Form des Kulturgefäßes sowie von Füllmenge und Schüttelrate beeinflusst.

Die Kulturen befinden sich oft in Erlenmeyerkolben mit **Schikanen**, die zum Rühren auf Schüttelmaschinen gesetzt und deshalb **Schüttelkolben** oder **Schikanekolben** genannt werden. Die O_2-Versorgung ist in Schüttelkolben aufgrund der besseren Durchmischung und der Vergrößerung sowie der ständigen Erneuerung der Gasaustauschfläche wesentlich besser als in geschüttelten Erlenmeyerkolben. Bei geringen Medienvolumina (z. B. 5 mL) werden für Flüssigkulturen meist Reagenzgläser eingesetzt, die als **Kulturröhrchen** bezeichnet werden. Aufgrund des ungünstigen Verhältnisses von Oberfläche zu Gesamtvolumen ist die O_2-Versorgung in den engen Röhrchen schwierig.

▶ **Rühren**
Wird der Kultur vor dem Autoklavieren ein Magnetrührstab zugegeben, kann durch effektives Rühren auf einem **Magnetrührer** die O_2-Versorgung gewährleistet werden.

▶ **Einleiten von Luft**
Besonders in Fermentern, in denen bei hohen Kulturvolumina hohe Zelldichten erreicht werden sollen, ist eine aktive Belüftung durch Einleitung von Luft, evtl. sogar von reinem Sauerstoffgas erforderlich.

Neben den Kulturgefäßen müssen bei Schüttelkulturen geeignete **Verschlüsse** eingesetzt werden. Sie sollten in der Lage sein, dem Luftsauerstoff Zutritt zu ermöglichen, und gleichzeitig das Eindringen von Fremdkeimen und damit eine Kontamination verhindern.

Kulturgefäße werden heutzutage meistens mit Aluminiumkappen verschlossen, die in vielen Größen geliefert werden können. Kulturröhrchen können mit einer Metallkappe (Kapsenbergverschluss) abgedeckt werden. Watte- oder Zellstoffstopfen, die durch Rollen selber hergestellt werden können, werden ebenfalls benutzt. All diese Verschlüsse müssen einen Gasaustausch ermöglichen, wobei die Luftströmung so gelenkt und verringert wird, dass Luftkeime sich absetzen oder am Deckelmaterial adsorbieren. Die Watte- bzw. Zellstoffstopfen dürfen auf keinen Fall feucht werden. Ansonsten werden die kapillaren Räume verstopft, der Transport von Sauerstoff reduziert und ein Durchtritt von Mikroorganismen nach innen oder nach außen ermöglicht.

Bild 1 Flüssigkulturen im Schüttelinkubator

3.2 Kultivierung von Mikroorganismen ohne Sauerstoff

Strikt anaerobe Mikroorganismen müssen in völliger Abwesenheit von gelöstem Sauerstoff und unter Ausschluss von Luft kultiviert werden. Diese Keime können die toxischen O_2-Produkte wie H_2O_2 und Sauerstoffradikale, die in ihren Zellen bei O_2-Zutritt entstehen, nicht eliminieren, da ihnen die Enzyme dazu fehlen. Einige Anaerobier benötigen darüber hinaus ein niedriges Redoxpotenzial (s. S. 297).

Die Kultivierung von anaeroben Mikroorganismen, die weniger anspruchsvoll sind, kann in jedem mikrobiologischen Labor erfolgen. Hingegen ist die Züchtung anaerober Organismen, die hinsichtlich O_2-Eliminierung und Redoxpotenzial hohe Ansprüche stellen, nur in Laboren mit Spezialausrüstungen wie einer **Anaerobenkammer** möglich. Eine Anaerobenkammer ist ein gasdicht verschlossener Arbeitsraum mit einer O_2-freien Gasatmosphäre (z. B. 10:10:80%ige H_2-CO_2-N_2-Mischung). Die Kammer wird über eine Schleuse mit Arbeitsmaterialien beschickt und ist über Handschuhe bedienbar, die in die Vorderwand eingelassen sind.

Folgende Maßnahmen sind bei jeder Anaerobierzüchtung nützlich:

- Durch **Aufkochen** einer Nährlösung (z. B. beim Autoklavieren) wird O_2 aus dem Medium getrieben.
- Das **Abkühlen** aufgekochter Lösungen sollte rasch erfolgen, wobei das erneute Lösen von Luft-O_2 z. B. durch gasdichte Verschlüsse verhindert werden sollte.
- In **Kulturgefäßen** muss die Luftphase entfernt bzw. ein gasdichter Abschluss wie z. B. ein Butylgummistopfen vorhanden sein.
- Zur O_2-Eliminierung und Erniedrigung des Redoxpotenzials können **reduzierende Stoffe** wie Cystein, Na-Thioglycolat oder Na-Sulfid den Nährmedien zugegeben werden.
- Zur Kontrolle des anaeroben Milieus werden **Redoxindikatoren** wie Resazurin zugegeben, das durch eine rosa Verfärbung eingedrungenen Sauerstoff anzeigt.
- In mit sauerstofffreier Nährlösung **randvoll gefüllten** Röhrchen oder Glasflaschen mit Schraubverschluss können Anaerobier, die kein Gas bilden, kultiviert werden.

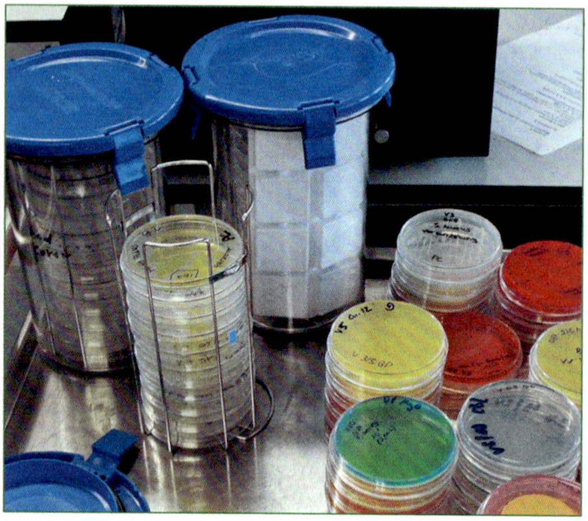

Bild 1 **Anaerobiertöpfe**

Anaerobier wie Clostridien, die O_2 tolerierende Endosporen bilden, können auf Agar-Nährböden kultiviert werden, die nach dem Animpfen in Gegenwart von Sauerstoff in gasdichten **Anaerobiertöpfen** (Bild 1) inkubiert werden. Deren Gasphase kann durch mehrmaliges Evakuieren und Begasen mit einem N_2-CO_2-Gemisch ausgetauscht werden. Andere Verfahren entfernen den Sauerstoff auf chemischem Wege. Kommerziell erhältliche Beutel werden dem Anaerobentopf beigefügt, die O_2 katalytisch entfernen oder binden und gleichzeitig CO_2 erzeugen.

Bebrütung und Kultivierungstemperaturen

Unter **Bebrütung** wird die Züchtung von Mikroorganismen unter geeigneten Wachstumsbedingungen verstanden, insbesondere bei einer günstigen konstanten Temperatur. Mikroorganismen wachsen innerhalb eines art- oder stammspezifischen Temperaturbereichs (s. S. 298). Zur Kultivierung wird meist die optimale Wachstumstemperatur genutzt, die für Darmbakterien wie *E. coli* 37 °C beträgt. Viele Wasser- und Bodenkeime, die niedrigere Temperaturen bevorzugen, werden besser bei Temperaturen von 28 oder 30 °C inkubiert.

Wird die optimale Wachstumstemperatur der Mikroorganismen nicht eingehalten, muss die Kultivierungsdauer entsprechend verlängert werden. Bei 37 °C wachsen viele in Laboren eingesetzte Bakterienarten innerhalb eines Tages auf Agarplatten zu gut sichtbaren Kolonien und in Flüssigkulturen zu deutlicher Trübung bis in die stationäre Phase heran.

Beimpfte Agarplatten werden in **Brutschränken** (Inkubatoren) bebrütet. Die üblichen Brutschränke in einem mikrobiologischen Labor haben Temperaturen zwischen 25 und 60 °C eingestellt. Für Anwendungen, die tiefere Temperaturen erfordern, gibt es spezielle Kühlbrutschränke. Brutschränke sollten nicht zu voll gefüllt werden, um eine optimale Luftzirkulation und gleichmäßige Erwärmung zu erreichen. In **Bruträumen** können großvolumige Flüssigkulturen auf Schüttelinkubatoren mit der gewünschten Temperatur gezüchtet werden. **Wasserbad-Inkubationsschüttler** ermöglichen gleichzeitiges Temperieren und Schütteln von Kulturen. Sie sind für Kurzzeitbebrütungen und Temperaturuntersuchungen besonders gut geeignet, da sie viel schneller als ein Brutschrank die gewünschte Temperatur erreichen.

Die Bebrütung von Agarplatten erfolgt stets über Kopf, d. h. mit dem Deckel unten. Dadurch wird verhindert, dass das eventuell am Deckel der Petrischale vorhandene Kondenswasser auf den Agar herunterläuft oder -tropft und sich die Zahl bzw. das Muster der Einzelkolonien verändert.

3.3 Nährmedien

Nährmedien werden in flüssiger Form als **Nährlösung** oder **Nährbouillon** eingesetzt. Sie können mithilfe von Agar als Gel verfestigt werden und werden dann oft als **Nährboden** bezeichnet. Nährmedien müssen folgende Anforderungen der Mikroorganismen für gute Wachstumsbedingungen erfüllen:

- Ausreichend Wasser (entsalzt oder destilliert, kein Leitungswasser).
- Ausreichende Mengen von Nährstoffen, um die Nährstoffansprüche (s. Kap. II.5.3.1) der darauf wachsenden Mikrobenarten zu erfüllen.
- Ein geeigneter pH-Wert (s. Kap. II.5.3.3), der durch einen **Puffer** annähernd konstant gehalten wird.
- Eine geeignete Osmolarität (Konzentration osmotisch wirksamer Teilchen) bzw. ein geeigneter a_W-Wert (s. Kap. II.5.3.4).

Der pH-Wert von Nährmedien für Bakterien liegt zumeist im neutralen bis leicht alkalischen Bereich (7,0 bis 7,5). Dies ermöglicht das Wachstum einer Vielzahl unterschiedlicher Bakterien, die während des Wachstums CO_2 oder Säuren bilden und das Medium ansäuern. Ein Puffer muss den pH-Wert stabilisieren, ohne dass die Mikroorganismen durch die vorliegenden Puffersubstanzen gehemmt werden. Viele in Biochemie und Molekularbiologie eingesetzte Puffer wirken jedoch inhibitorisch.

Als Puffer in Nährmedien wird häufig Phosphatpuffer in einer Konzentration von 20 bis 50 mM eingesetzt. Er besteht in wässriger Lösung aus $H_2PO_4^-$- und HPO_4^{2-}-Ionen, deckt den Bedarf der Zellen an Phosphor und hält den pH-Wert während der Kultivierung im Bereich von 6 bis 8 aufrecht.

3.3.1 Arten von Nährmedien

Durch eine geeignete Zusammenstellung der Komponenten lässt sich ein Nährmedium an vielfältige Züchtungs- und Untersuchungsziele anpassen. Nährmedien können nach ihrer Zusammensetzung und dem Verwendungszweck folgendermaßen unterschieden werden:

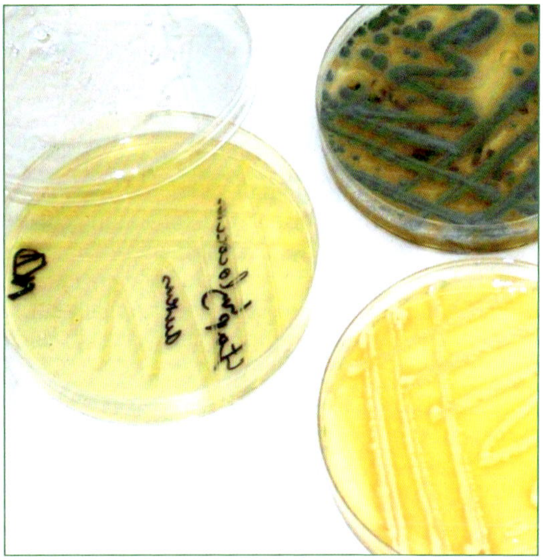

Bild 1 Kulturen von Bakterien und Pilzen auf Agar-Nährböden

- **Komplexnährmedien**
  In komplexen Nährmedien sind Nährstoffe mit nicht genau bekannter chemischer Zusammensetzung vorhanden. Komplexmedien enthalten beispielsweise **Extrakte** wie Fleischextrakt oder Hefeextrakt sowie **Peptone** (Proteinhydrolysate) wie z. B. Trypton (mithilfe des Dünndarmenzyms Trypsin abgebaute Proteine). Peptone für Nährmedien können aus dem Milchprotein Casein, Fleisch, Gelatine oder aus Sojamehl gewonnen werden. Das aus Gerstenmalz gewonnen Malzextrakt ist aufgrund seines hohen Gehaltes an Kohlenhydraten, vor allem an Maltose, besonders für die Herstellung von Nährböden für Hefen und Schimmelpilzen geeignet. Die Zusammensetzung der Extrakte ist nicht definiert, alle liefern jedoch Aminosäuren, Mineralsalze und zahlreiche Vitamine. Komplexmedien erlauben das Wachstum einer großen Zahl von Bakterien- und Pilzarten mit unterschiedlichen Nährstoffbedürfnissen.

- **Synthetische Nährmedien**
  Synthetische (definierte) Nährmedien bestehen aus chemisch exakt definierten Substanzen, die im Einzelnen bekannt sind. Sie sind auf die Bedürfnisse spezieller Bakterienarten zugeschnitten.

- **Minimalmedien**
  Minimalmedien sind synthetische Nährmedien, die essenzielle Nährstoffe enthalten, d. h. nur die Substanzen, die für den darauf wachsenden Organismus absolut notwendig sind. Sie enthalten beispielsweise keine Vitamine, wenn die Keime diese selber herstellen können.

Zur Untersuchung des Stoffwechsels sind Minimalmedien notwendig. Sie sind in der Herstellung aufwendig, viele Bakterien wie *E. coli* benötigen jedoch außer der Energie- und Kohlenstoffquelle (z. B. Glukose) nur wenige anorganische Substanzen. Bei einigen Keimen müssen noch Spurenelemente zugegeben werden. Spurenelemente werden nicht einzeln, sondern als Stammlösung angesetzt (Tabelle 1). Spurenelemente sind in geringen Konzentrationen als Verunreinigung in anderen Chemikalien, im Agar oder im Wasser vorhanden.

▶ **Vollmedien**

Vollmedien enthalten im Gegensatz zu Minimalmedien viele Verbindungen, die die Mikroorganismen selbst synthetisieren können und deshalb nicht unbedingt benötigen. Vollmedien ermöglichen höhere Wachstumsraten als Minimalmedien. Werden z. B. in den Medien Aminosäuren zugegeben, brauchen Enzyme der Zelle sie nicht selbst bilden und diese Enzyme müssen nicht synthetisiert werden. Die Organismen sparen Energie und Zeit für andere Syntheseleistungen. Ein Vollmedium ist gleichzeitig ein Komplexmedium. Das in der Mikrobiologie am häufigsten verwendete Vollmedium zur Anzucht von *E. coli* ist das LB-Medium (engl. *lysogeny broth*, s. S. 419).

Tabelle 1 Spurenelemente-Lösung*

Substanz	Volumen bzw. Masse
HCl 25 % (w/v)	10 mL
$FeCl_2 \cdot 4\ H_2O$	1,5 g
$CoCl_2 \cdot 6\ H_2O$	190 mg
$CuCl_2 \cdot 2\ H_2O$	2 mg
$ZnCl_2$	70 mg
$NiCl_2 \cdot 6\ H_2O$	24 mg
$MnCl_2 \cdot 4\ H_2O$	100 mg
$Na_2MoO_4 \cdot 2\ H_2O$	36 mg
H_3BO_3	6 mg

*Beispiel einer Stammlösung nach *Pfennig*, die als 1/1000 Verdünnung zugegeben wird

▶ **Selektivnährmedien**

Selektivnährmedien sind aufgrund ihrer Zusammensetzung nur für das Wachstum bestimmter Mikroorganismen geeignet. Das Wachstum anderer Mikrobenarten kann durch Hemmstoffe oder Antibiotika verhindert werden. Beispielsweise begünstigen oft Kulturmedien für Hefen und Schimmelpilze durch den niedrigen pH-Wert und Zuckerreichtum das Pilzwachstum. Durch Zugabe von Antibiotika kann das Bakterienwachstum zusätzlich unterdrückt werden.

▶ **Differenzierungsmedien**

Differenzierungs- oder Indikatormedien sind Medien, die der Unterscheidung bzw. Identifizierung von Mikroorganismen dienen. Die Nährböden enthalten beispielsweise pH-Indikatoren, die pH-Wert-Änderungen anzeigen, wenn die Keime z. B. Kohlenhydrate verwerten und organische Säuren ausscheiden. Der Farbwechsel des pH-Indikators führt zu einer Verfärbung der Kolonien sowie oft der Umgebung der Kolonien auf der Agarplatte. Differenzierungsmedien sind häufig gleichzeitig Selektivmedien wie z. B. das VRBD-Nährmedium (s. S. 420).

Chromogene Nährmedien sind Differenzierungsmedien, die sogenannte **Chromogene** enthalten. Diese Substanzen können von bestimmten Bakterien durch ein spezifisches Enzym hydrolytisch gespalten werden, sodass ein charakteristischer Farbstoff freigesetzt wird. Bakterienarten, die solche Enzyme besitzen, bilden gefärbte Kolonien und können leicht von Bakterien ohne Enzymbesitz unterschieden werden. So ein Enzym ist beispielsweise die häufig genutzte **β-D-Glucuronidase**, die z. B. 4-Methylumbelliferyl-β-D-glucuronid im Nähmedium spaltet, wobei eine Verbindung entsteht, die unter langwelligem UV-Licht fluoresziert.

Verfestigungsmittel für feste Nährböden

Zur Kultivierung von Mikroorganismen und zur Gewinnung von Reinkulturen durch Vereinzelung (s. Kap. IV.3.5) werden überwiegend **Agar-Nährböden** verwendet. Zu ihrer Herstellung werden den Nährlösungen 15 bis 20 g Agar pro L zugegeben.

Agar-Agar, kurz Agar genannt, ist ein Gelierungsmittel, das aus den Zellwänden von Rotalgen gewonnen wird und in der Mikrobiologie der Verfestigung von Nährmedien dient. Agar besteht aus mehreren Polysacchariden mit dem Hauptbestandteil **Agarose**, der Gel bildenden Substanz. Agarose ist aufgebaut aus D-Galaktose und 3,6-Anhydro-L-Galaktose, die glykosidisch miteinander verbunden sind. Agar hat gegenüber anderen Verfestigungsmitteln wie Gelatine den Vorteil, dass es bei den hohen Temperaturen der Sterilisation stabiler ist und auch bei höheren Bebrütungstemperaturen nicht verflüssigt wird.

Agar kann außerdem von gewöhnlichen Bakterien nicht abgebaut werden, sodass der Nährboden bei Bakterienwachstum nicht aufweicht. Als alternatives Verfestigungsmittel für Nährböden wird bisweilen **Gellan** verwendet, ein mikrobiell hergestelltes Polysaccharid. Da es bei Temperaturen bis 120 °C stabil bleibt, kann es für Kultivierungen von thermophilen Mikroorganismen eingesetzt werden.

3.3.2 Animpfen von Nährmedien

Unter Über- oder Animpfen ist in der Mikrobiologie gemeint, dass unter Sterilbedingungen eine bestimmte Menge an Mikroorganismen in ein keimfreies Nährmedium übertragen wird. Das Biomaterial wird als **Inokulum** (Plural: Inokula) bezeichnet.

Ein steriles **flüssiges Nährmedium** kann mit einem Teil einer angewachsenen Flüssigkultur angeimpft werden. Zum Überimpfen werden oft über Nacht geschüttelte Kulturen, sogenannte **Übernachtkulturen**, eingesetzt. In ihnen befinden sich die Zellen vieler in Laboren gebräuchlicher Bakterienstämme nach 10 bis 12 Stunden Vermehrung in der frühen stationären Phase.

Die Kulturen haben eine maximale Zellzahl erreicht und die übertragenen Zellen wachsen meist an, ohne dass eine längere lag-Phase (s. S. 290) auftritt.

Bild 1 **Agar-Agar als Feststoff**

Werden hingegen Bakterienkulturen zu lange bebrütet oder z. B. im Kühlschrank über längere Zeit gelagert, enthalten die Kulturen häufig eine große Zahl an Zellen, die entweder abgestorben sind oder in einen Überdauerungszustand eingetreten sind. Solche Kulturen sind zum Animpfen eines Nährmediums schlecht geeignet. Wichtig ist ebenfalls, dass flüssige Medien nicht mit einer zu hohen Zellzahl angeimpft werden, da dann die Zellen zu schnell in die stationäre Phase bzw. Absterbephase gelangen.

Alternativ kann mit einer ganzen oder einem Teil einer **Kolonie**, die einer Agarplatte entnommen wird, angeimpft werden. Bei Übertragung des Inokulums in einen Schüttelkolben kann durch Verschmieren der Zellmasse an der Glaswandung das Suspendieren der Zellen verbessert werden. Dazu wird das Impfmaterial mit der Impföse dicht oberhalb des Flüssigkeitsspiegels gut verrieben und wiederholt mit der Kulturflüssigkeit abgewaschen. Beim Animpfen mit Koloniematerial kann aufgrund der wesentlichen Änderung der Lebensbedingungen für die Mikroben eine deutliche lag-Phase auftreten.

Auf folgende Maßnahmen sollte generell beim Überimpfen Wert gelegt werden:

- Alle Kulturgefäße und Agarplatten müssen vor dem Beimpfen eindeutig **beschriftet** werden (Medium, Mikroorganismus oder Probe, Datum, Name des Durchführenden), damit keine Verwechslungen eintreten.
- Überimpfen sollte unter sorgfältiger Beachtung der Regeln des **sterilen Arbeitens** und möglichst in Sterilwerkbänken durchgeführt werden. Kulturgefäße und Agarplatten sollten nur solange wie nötig geöffnet und Kulturgefäße möglichst schräg gehalten werden, um das Risiko von Luftkontaminationen zu reduzieren. Die Ränder und Verschlüsse von Kulturgefäßen werden nach dem Öffnen und vor dem Verschließen der Gefäße abgeflammt.
- Die Bildung von **Aerosolen** beim Entnehmen oder Mischen von Impfmaterial sollte vermieden werden, z. B. indem Flüssigkeiten nicht heftig geschüttelt, sondern durch kreisende Bewegungen gemischt werden.
- Kulturmedien und Agar-Nährböden, die im **Kühlschrank** gelagert werden, sollten vor dem Überimpfen auf Raum- oder Bebrütungstemperatur gebracht werden, um die Mikroorganismen nicht durch einen Temperaturschock zu schädigen.

Zum Überimpfen können folgende Werkzeuge (Bild 1) eingesetzt werden:

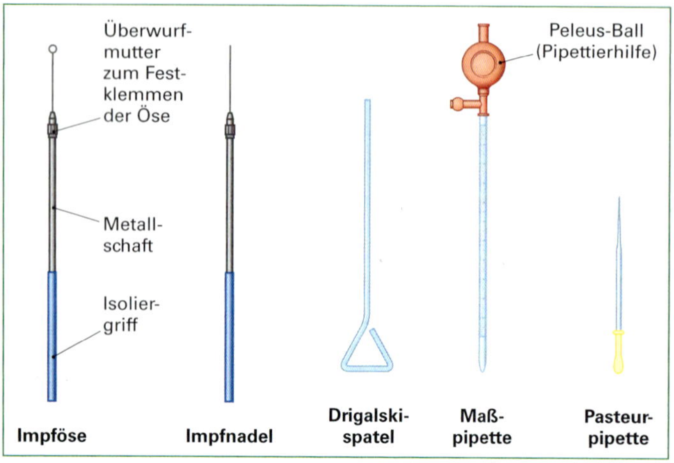

Bild 1 **Mikrobiologische Werkzeuge zum Überimpfen**

- **Impföse:** Sie besteht aus einem Isoliergriff (auch Kollehalter genannt), mit einem Metallstab, an dessen Spitze ein hitzefester Metalldraht, die eigentliche Impföse, eingespannt ist. Dieser Draht kann aus einer Legierung aus Platin (80 %) und Iridium (20 %) bestehen oder als kostengünstigere Variante aus Edelstahl, deren Metalloberfläche durch Erhitzen und Oxidationen geschädigt wird. Die Impföse dient zum Animpfen von Agarplatten, z. B. um durch einen Vereinzelungsausstrich (s. S. 429) Einzelkolonien zu gewinnen. Übertragen werden können sowohl Kolonien bzw. Teile davon oder flüssige Inokula. Durch die Oberflächenspannung entsteht in der Öse ein Flüssigkeitsfilm, der 1 bis 10 µL Kulturflüssigkeit und damit eine beträchtliche Zahl an Zellen enthält.
- **Impfnadel:** Hierbei handelt es sich um einen geraden, nicht zu einer Öse gebogenen Draht. Durch Einstechen der mit Mikroorganismen beladenen Impfnadel werden Agarstichkulturen in Röhrchen angeimpft. Sie dient auch zur Entnahme von Impfmaterial aus einer kleinen, dicht neben anderen Kolonien liegenden Kolonie. Die Impfnadel wird wie die Impföse durch Ausglühen in der Brennerflamme sterilisiert.
- **Drigalskispatel:** Der Spatel, der aus Glas oder Metall bestehen kann, wird zur gleichmäßigen Verteilung von Mikroorganismen auf eine Agarplatte gebraucht. Eingesetzt wird er für eine Lebendzellzahl-Bestimmung (s. Kap. IV.7.1). Drigalskispatel werden eingewickelt in Aluminiumfolie mit trockener Heißluft sterilisiert. Der Spatel kann außerdem durch Abflammen mit Ethanol in der Brennerflamme sterilisiert werden. Dazu wird er in ein Becherglas mit 70%igem Ethanol gestellt und vor jedem Gebrauch kurz in die Flamme des Gasbrenners gehalten. Alternativ können vorsterilisierte Einweg-Drigalskispatel aus Kunststoff verwendet werden.
- **Pipetten:** Mit Messpipetten, Pasteurpipetten sowie den Kunststoffspitzen einer automatischen Pipette (Kolbenhubpipette) können nach erfolgter Sterilisierung Flüssigkulturen übertragen werden. Mess- und Pasteurpipetten sind aus Glas und werden mit trockener Hitze sterilisiert, Kunststoffspitzen können autoklaviert werden. Pipetten dienen der Übertragung von flüssigen Inokula. Mit Ausnahme der Pasteurpipette können berechnete Volumina mithilfe von Pipetten angeimpft werden, um eine gewünschte Anfangszelldichte der Kultur zu erhalten.

3.3.3 Herstellung von festen Kulturmedien

Die häufig in der Mikrobiologie genutzten Medien werden industriell hergestellt und als **Trockennährböden** angeboten. Sie müssen nach den Anweisungen des Herstellers zubereitet und verwendet werden. Diese Nährböden, die alle Komponenten mitsamt Agar als Pulver oder **Granulat** enthalten, müssen nur mit Wasser versetzt sowie sterilisiert werden. Bei einigen Nährböden werden **Supplemente** angeboten, die beispielsweise Antibiotika enthalten und nach dem Autoklavieren zugemischt werden.

Trockennährböden haben den Vorteil einer standardisierten Zusammensetzung und im Gegensatz zu fertigen Agarplatten eine fast unbegrenzte Haltbarkeit. Fertige Agarplatten, ob selbst gegossen oder gekauft, sind nur einige Tage bis wenige Wochen haltbar. Bei Agarplatten, die Farbstoffe enthalten, ändern sich mit der Zeit auch die Farbeigenschaften, die somit einen Hinweis auf das Alter der Platten geben.

Zur **Herstellung von Agar-Nährböden** werden die Komponenten des Nährmediums zusammen mit Agar angesetzt, autoklaviert und in sterile Petrischalen gegossen. Das verwendete Wasser sollte destilliert oder entmineralisiert sein und darf keine Hemmstoffe gegen Mikroorganismen enthalten. Sämtliche Mediumskomponenten müssen darin gelöst sein, da sie ansonsten den Mikroorganismen bei der Kultivierung nicht zur Verfügung stehen. Chemikalien und Nährbodenbestandteile sollten für bakteriologische Zwecke geeignet sein.

Das Verfestigungsmittel **Agar**, das in kaltem Wasser nicht löslich ist, schmilzt erst bei Erwärmung auf Temperaturen von 80 bis 90 °C und wird dabei klar. Die bei Raumtemperatur trübe Agar-Nährlösung braucht in der Regel nicht erhitzt werden, da das Schmelzen des Agars bei den hohen Temperaturen im Autoklav eintritt.

Nach Autoklavieren und Abkühlen auf etwa 50 °C können Agarplatten gegossen werden. Das Agarmedium wird bei ca. 45 °C fest und es bildet sich ein stabiles großporiges Gel, in dem Wasser und gelöste Substanzen frei diffundieren können. Der gegossene Agar ist bei Temperaturen bis etwa 70 °C beständig.

Bewährt hat sich das **Gießen der Agarplatten in Stapeln** von 10 bis 15 Platten, statt sie nebeneinander zu legen (Bild 1, S. 418). Dabei werden die Petrischalen nacheinander beginnend mit der untersten gefüllt, wobei der Deckel mitsamt den darauf liegenden Petrischalen angehoben wird. Dieses Verfahren spart Stellfläche, die z. B. in einer Sterilwerkbank begrenzt ist. Zum anderen führt das langsame Abkühlen der Agarplatten im Stapel zu einer geringen Bildung von Kondenswasser an den Innenseiten der Deckel der Petrischalen.

Verfahren: Zubereitung und Gebrauch von festen Nährmedien (Agarplatten)
(1) Aus 1 Liter Agar können mindestens 50 Platten gegossen werden (15 bis 20 mL pro Platte).
(2) Die notwendigen Mengen des Nährmediums werden berechnet und die Bestandteile in einer Nährbodenflasche oder einem Erlenmeyerkolben eingewogen.
(3) Die entsprechende Menge entmineralisierten Wassers wird mithilfe eines Messzylinders oder der Waage zugegeben, gemischt und die Mediumssubstanzen werden gelöst.
(4) Der pH-Wert wird gegebenenfalls kontrolliert und eingestellt.
(5) Falls nicht bereits im Nährboden enthalten, wird nun so viel Agar zugegeben, dass eine Endkonzentration von 1,5 bis 2 % im Nährmedium vorhanden ist.
(6) Das Gefäß wird z. B. mit einer Alukappe verschlossen und autoklaviert (s. S. 403).
(7) Vor dem Gießen wird die Arbeitstischfläche mit 70%igem Ethanol desinfiziert. Es sollte in der Nähe der Brennerflamme gearbeitet werden, und Fenster und Türen sollten geschlossen bleiben.
(8) Der autoklavierte Agar-Nährboden wird auf 60 bis 50 °C im Wasserbad abgekühlt und danach werden bei Bedarf getrennt autoklavierte Lösungen oder sterilfiltrierte hitzeempfindliche Substanzen zugemischt.
(9) Der Agar wird in Petrischalen gegossen, wobei der Deckel der Petrischale kurz angehoben und schräg über das Unterteil gehalten wird. Dann werden 15 bis 20 mL in die Petrischalen gefüllt, sodass der Boden gut bedeckt ist. Luftblasen im Agar können durch kurzes Befächeln mit der entleuchteten Brennerflamme entfernt werden.
(10) Die Agarplatten können nun bei geschlossenem Deckel auf der Laborbank erkalten.
(11) Die Platten werden nach Verfestigung am Boden der Petrischale entlang seiner Außenseite mit Namen und Datum gekennzeichnet.
(12) Die Agarplatten werden lichtgeschützt und geschlossen z. B. in den Plastiktüten, in denen sich die sterilen Petrischalen befanden, gelagert, um zu starken Feuchtigkeitsverlust und damit Schrumpfen des Agargels zu vermeiden.
(13) Vor Gebrauch werden die Platten auf vorhandene Kolonien (Kontaminationen) geprüft.

Fehler und Störungen	Empfehlungen
▶ Hat sich Kondenswasser am Deckel gebildet, besteht die Gefahr, dass es auf die Oberfläche der Agarplatte läuft.	✔ Entfernen Sie Kondenswasser am Deckel durch schnelles Herunterschlagen des Deckels. ✔ Bringen Sie im Kühlschrank gelagerte Agarplatten mehrere Stunden lang auf Raumtemperatur, bevor sie benutzt werden.
▶ Viele der gegossenen Platten sind kontaminiert und haben eine oder mehrere Kolonien.	✔ Gießen Sie die Agarplatten nahe an der Brennerflamme und halten Sie den Deckel der Petrischalen beim Gießen direkt über dem Unterteil, um Luftkontaminationen zu verhindern. ✔ Gießen Sie die Agarplatten in einer Sterilwerkbank, da hier die geöffneten Petrischalen nicht oder weniger oft kontaminiert werden.
▶ Die zubereiteten Nährbodenplatten zeigen Trübungen, Farbabweichungen und andere Qualitätsmängel.	✔ Vermeiden Sie zu hohe Temperaturen und zu langes Erhitzen des Nährbodens und kühlen Sie die autoklavierten Nährböden rasch mit kaltem, fließendem Wasser auf Gießtemperatur ab.
▶ Das Agargel ist zu weich.	✔ Überhitzen Sie den Nährboden bei der Zubereitung nicht und kontrollieren Sie den pH-Wert (evtl. zu niedrig).

3.3.4 Beispiele für Nährmedien

Unterschiedliche Verwendungszwecke und Untersuchungsziele haben zur Entwicklung einer großen Zahl von Nährmedien für Bakterien und Pilze geführt, von denen einige häufig gebräuchliche Medien hier vorgestellt werden. Zur Herstellung des Mediums werden die Nährstoffe gemäß der Rezeptur gemischt, in demineralisiertem Wasser gelöst und anschließend meist im Autoklav sterilisiert.

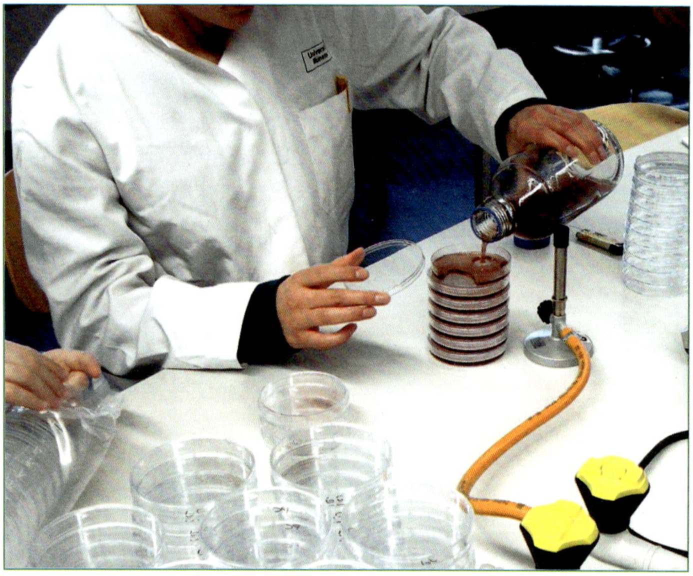

Bild 1 Gießen von Agarplatten in sterile Petrischalen

Je nach Mikroorganismus kann es günstig sein, den in den Rezepturen vorgeschlagenen pH-Wert zu ändern und den Kulturen anzupassen. Bei selbst hergestellten Nährböden sollte der pH-Wert vor dem Autoklavieren eingestellt werden. Es kann bei einigen Medien notwendig sein, den pH-Wert nach dem Autoklavieren noch mal zu überprüfen. Auch kann es bisweilen vorteilhaft sein, den in den Rezepturen vorgeschlagenen NaCl-Gehalt der Medien zu erniedrigen, wie z. B. bei salzsensitiven Mikroorganismen.

Die hier vorgestellte Zusammensetzung der Medien ist in dem Sinne typisch, dass Variationen der Komponenten in Art und Menge nicht ungewöhnlich sind und die Nützlichkeit der Medien nicht einschränken.

Plate-Count-Agar (PC-Agar)

Der Komplexnährboden enthält keine Hemmstoffe oder Indikatorsubstanzen und wird häufig zur Bestimmung der Gesamtkeimzahl z. B. in Lebensmitteln eingesetzt.

Zusammensetzung (pro Liter):
5,0 g Pepton aus Casein
2,5 g Hefeextrakt
1,0 g Glukose
15 g Agar
pH 7,0

Zur Bestimmung der Keimzahl in Milch und Milchprodukten werden vor der Sterilisation zusätzlich 1,0 g/L Magermilchpulver eingemischt.

LB-Medium (LB-Agar)

Das Vollmedium zur Kultivierung von Bakterien wird in der Mikrobiologie häufig verwendet.

Zusammensetzung (pro Liter):
10 g Trypton
5,0 g Hefeextrakt
5,0 g NaCl
15 g Agar (für Agarplatten)
pH 7,0

CASO-Agar

CASO (Caseinpepton-Sojamehlpepton)-Agar ist ein universeller Nährboden zur Anzucht zahlreicher Bakterien und Pilze.

Zusammensetzung (pro Liter):
15 g Pepton aus Casein
5,0 g Pepton aus Sojamehl
5,0 g NaCl
15 g Agar
pH 7,3

Blutagar

Blutplatten und Kochblutplatten dienen der Züchtung verschiedener Bakterien, die im Labor schwer zu kultivieren sind. Dazu zählen viele pathogene Mikroorganismen. Mit Blutagarplatten können Bakterienstämme darauf getestet werden, ob sie eine **Hämolyse** (Auflösung von Erythrozyten) hervorrufen und einen **Hof** um die Kolonie bilden (s. S. 431).

Der Nährboden besteht zu 5 bis 10 % aus **defibriniertem** Blut, in dem das Gerinnungsprotein Fibrin entfernt wurde. Das in den Nährböden eingesetzte Blut kann wegen der Temperaturempfindlichkeit der Blutzellen nicht sterilisiert werden. Für die Zubereitung von Blutagarplatten wird häufig eine fertige Basismischung der Bestandteile, mit Ausnahme des Blutes, verwendet und autoklaviert.

Zusammensetzung des Basis-Nährmediums (pro Liter):
10 g Herz-Extrakt (oder Soja-Trypton)
5,0 g NaCl
10 g Pepton aus Fleisch
15 g Agar
pH 7,3

Nach Abkühlung auf eine Temperatur unter 50 °C wird das **aseptisch** gewonnene, defibrinierte Blut eingemischt und das fertige Nährmedium in Petrischalen gefüllt.

Der **Kochblutagar** ist eine nährstoffreiche Version des Blutagars, bei dem kurzzeitiges Erhitzen auf 80 °C zu einer Zerstörung der Erythrozyten führt. Dadurch werden verschiedene Faktoren der Blutkörperchen in das Nährmedium freigesetzt, die auch von Bakterien genutzt werden können, die selbst nicht hämolysierend wirken.

Vollmedium zur Kultivierung von Bakterien

Das Medium wird zur Züchtung verschiedener Bakterienarten eingesetzt. Es enthält zur Hemmung des Pilzwachstums Cycloheximid, das die Proteinsynthese eukaryontischer Zellen inhibiert.

Zusammensetzung (pro Liter):
- 5,0 g NaCl
- 0,2 g Hefeextrakt
- 0,5 g Pepton
- 15 g Agar
- pH 7,3

Cycloheximid wird nach dem Autoklavieren und Abkühlen auf etwa 50 °C in einer Endkonzentration von 75 mg/l zugeben.

Glukose-Mineralsalz-Medium

Das Minimalmedium kann zur Züchtung von *E. coli* und anderen Bakterien genutzt werden. Je nach Organismus, verwendeten Glasgeräten und Chemikalien kann das Zufügen einer Spurenelemente-Lösung (s. S. 414) notwendig sein.

Zusammensetzung (pro Liter):
- 3,0 g KH_2PO_4
- 6,0 g Na_2HPO_4
- 1,0 g NH_4Cl
- 1,0 g NaCl
- 0,12 g $MgSO_4$
- 0,01 g $CaCl_2$
- 5,0 g Glukose
- pH 7,4

VRBD-Medium (Selektivmedium für Enterobacteriaceen)

Das Medium enthält Kristallviolett (V für *violet*), Neutralrot (R für *red*), Gallensalze (B für *bile salts*) und Glukose (D für *dextrose*).

VRBD-Agar dient zum Nachweis von Enterobacteriaceen. Die Gallensalze und das Kristallviolett im Medium wirken selektiv und verhindern das Wachstum von grampositiven Bakterien. Vor allem gramnegative Darmbakterien können die im Dünndarm vorhandenen membranaktiven Gallensalze aufgrund des Besitzes einer äußeren Membran tolerieren. Für die differenzierende Wirkung des Mediums ist der pH-Indikator Neutralrot verantwortlich, der unter pH 7 eine rote Farbe annimmt. Deshalb sind rote Kolonien auf diesem Agar mit hoher Wahrscheinlichkeit Enterobacteriaceen, die Glukose abbauen können und dabei Säuren bilden. Zusätzlich fallen um die roten Kolonien herum Gallensäuren aus und sogenannte **Präzipitatshöfe** entstehen.

Zusammensetzung (pro Liter):
- 7,0 g Pepton aus Gelatine
- 5,0 g NaCl
- 3,0 g Hefeextrakt
- 10 g Laktose
- 1,5 g Gallensalze
- 0,03 g Neutralrot
- 0,002 g Kristallviolett
- 15 g Agar
- pH 7,0

Das Nährmedium darf nicht autoklaviert werden, sondern wird unter Rühren vorsichtig für etwa 10 min auf 100 °C erhitzt.

BRILA-Bouillon (Brillantgrün-Galle-Laktose-Bouillon)

Das Selektivmedium für Coliforme kann im Rahmen des Nachweises des Fäkalindikators *E. coli* (z. B. MPN-Technik, s. Kap. IV.7.1.3) eingesetzt werden.

Brillantgrün hemmt das Wachstum unerwünschter Begleitorganismen. Darmbewohnende Enterobakterien wie *E. coli* sind aufgrund des Besitzes ihrer äußeren Membran gegen die Gallensalze unempfindlich. Die Vergärung von Laktose unter Gasbildung ist ein Hinweis auf die Anwesenheit von fäkalen Coliformen. Das Gas wird mittels *Durham*-Röhrchen (s. S. 463) aufgefangen und nachgewiesen. Die nicht fäkalen Coliformen wachsen ebenfalls in der BRILA-Bouillon, entwickeln aber meistens kein Gas.

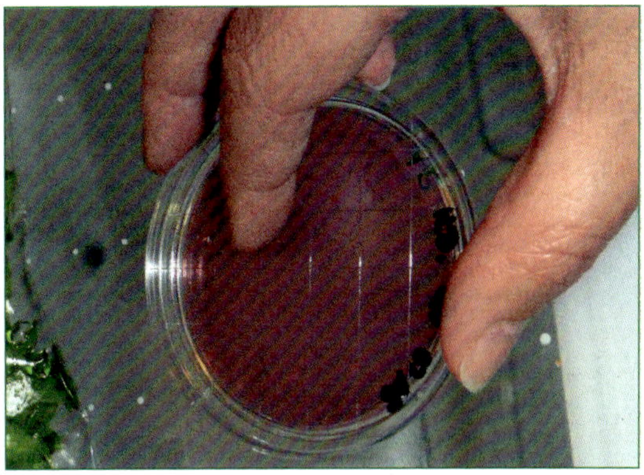

Bild 1 VRBD-Agarplatte als Abklatschplatte

Zusammensetzung (pro Liter):	
	10 g Pepton aus Casein
	20 g Rindergalle
	10 g Laktose
	0,03 g Brillantgrün
	pH 7,0

Baird-Parker-Agar (Selektivmedium für Staphylokokken)

Der Nährboden enthält die Verbindungen Pyruvat und Glyzin, die auf Staphylokokken selektiv wachstumsfördernd wirken, sowie Lithiumchlorid und Tellurit, die andere Mikroorganismen im Wachstum hemmen.

Der Nährboden ist nicht transparent, da ihm Eigelb zugegeben wird, das durch **Exoenzyme** von Staphylokokken, zumeist der Art *Staphylococcus aureus* zersetzt wird. In der Regel handelt es sich dabei um koagulasepositive Staphylokokken (s. S. 436), die Krankheitserreger des Menschen sind, während koagulasenegative Staphylokokken nicht pathogene Besiedler von Haut und Schleimhäuten sind.

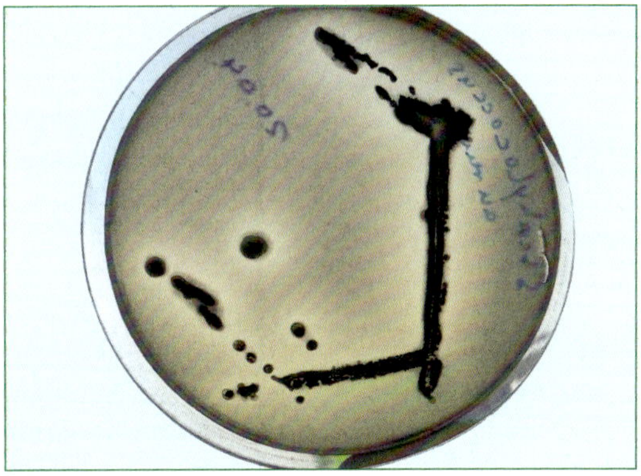

Bild 2 *Baird-Parker*-Agarplatte mit *Staphylococcus aureus*

Zur genaueren Differenzierung der Bakterienkolonien sollten die Anleitungen der Hersteller der Trockennährböden genutzt werden.

Zusammensetzung (pro Liter):	
	10 g Pepton aus Casein
	5,0 g Fleischextrakt
	1,0 g Hefeextrakt
	10 g Natriumpyruvat
	12 g Glyzin
	5,0 g Lithiumchlorid
	Agar 20 g
	pH 6,8

Nach dem Autoklavieren und Abkühlen auf 50 °C werden 50 mL Eigelb-Tellurit-Emulsion und evtl. 50 mg/L Sulfamethazin dem Grundmedium eingemischt.

S. aureus-Bakterien zeigen auf diesem Festboden zwei charakteristische Merkmale:

- Schwarze Kolonien infolge der Staphylokokken-charakteristischen Reduktion des Tellurits zu Tellur und
- transparente Höfe mit Ringbildungen, die durch Abbau von Lipiden und Proteinen verursacht werden.

Endo-Agar (Selektivmedium für Coliforme und _E. coli_)

Der vom japanischen Mikrobiologen *Shigeru Endo* entwickelte Selektivnährboden, der oft in der Wasseruntersuchung eingesetzt wird, dient dem Nachweis von *E. coli* sowie Coliformen (s. S. 266).

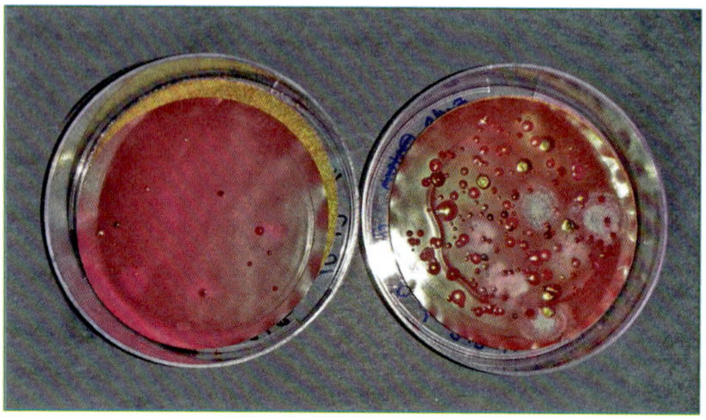

Bild 1 ***Endo*-Agar mit Kolonien von *E. coli* (grün-metallisch) und Coliformen (rot)**

Die Mediumsbestandteile Natriumsulfit und Fuchsin hemmen besonders grampositive Bakterien, jedoch nicht Enterobakterien. *E. coli* und Coliforme verwerten das Disaccharid Laktose und bilden dabei Säuren und Acetaldehyd. Diese Verbindung wiederum setzt den Farbstoff Fuchsin aus dem Fuchsin-Sulfit-Komplex frei, welcher dann die Kolonien tiefviolett bis rot färbt. Bei *E. coli* ist diese Reaktion so intensiv, dass Fuchsin auskristallisiert und dadurch den Kolonien einen grünschimmernden Metallglanz (Fuchsinglanz) verleiht.

Zusammensetzung (pro Liter):	13 g Fleischpepton
	10 g Laktose
	3,5 g Kaliumhydrogenphosphat
	0,3 g Fuchsin
	4,0 g Natriumsulfit
	20 g Agar
	pH 7,5

Chinablau-Laktose-Agar

Der Nährboden ist ein nicht selektives Differenzierungsmedium, das frei von Hemmstoffen ist. Die Verwendung des Nährbodens wird zur Keimzahlbestimmung in Milch und Milchprodukten empfohlen.

Der Farbstoff Chinablau zeigt als pH-Indikator Säurebildung an. Laktosepositive Bakterien, die Laktose abbauen können, verfärben Chinablau nach tiefblau. Die laktosenegativen Keime, die auf Pepton und Fleischextrakt wachsen können, bilden farblose Kolonien. Chinablau-Laktose-Agar ermöglicht das Wachstum sowohl von Milchsäurebakterien als auch vieler Enterobacteriaceen.

Coliforme Keime, die ebenfalls Laktose verwerten, können beispielsweise mit dem Katalase-Test (s. S. 435) oder durch Gramfärbung (s. S. 454) von Milchsäurebakterien unterschieden werden.

Zusammensetzung (pro Liter):	3,0 g Fleischextrakt
	5,0 g Pepton aus Casein
	5,0 g NaCl
	10 g Laktose
	0,5 g Chinablau
	15 g Agar
	pH 7,0

MRS-Agar

Der Nährboden wurde von *deMan, Rogosa* und *Sharpe* entwickelt, um auf einem Nährboden sämtliche *Lactobacillus*-Arten kultivieren zu können. Der Nährboden ist zur Züchtung von Milchsäurebakterien allgemein geeignet und wird zur Untersuchung von Lebensmitteln empfohlen.

Der MRS-Nährboden enthält spezielle Wachstumsfaktoren wie Polysorbat, Magnesium und Mangan sowie ein reichhaltiges Angebot an Aminosäuren und Vitaminen, die zum Wachstum der anspruchsvollen Milchsäurebakterien benötigt werden. Ammoniumcitrat und Acetat unterdrücken das Wachstum vieler anderer Bakterien. Da das Medium jedoch nur eine geringe Selektivität besitzt, können auch einige andere Bakterien, Hefen und Schimmelpilze eingeschränkt wachsen.

Zusammensetzung (pro Liter):
10 g Pepton aus Casein
8,0 g Fleischextrakt;
4,0 g Hefeextrakt
20 g Glukose
2,0 g Kaliumhydrogenphosphat
1,0 g Tween 80
2,0 g Ammoniumhydrogencitrat
5,0 g Natriumacetat
2,0 g Magnesiumsulfat
0,04 g Mangansulfat
14 g Agar
pH 6,2

Die Agarplatten sollten möglichst in einer mit CO_2 angereicherten Atmosphäre (z. B. 5 % CO_2) im Anaerobentopf bebrütet werden. Milchsäurebakterien sind meist aerotolerant und können auch aerob kultiviert werden. Zum Wachstum von O_2-sensitiveren Arten sollte ein Koch'scher Plattenguss (s. Kap. IV.7.1.2) durchgeführt und möglichst dicke Platten gegossen werden. Nach Abkühlung und Erstarrung des Agars können die Platten mit sterilem MRS-Nährboden überschichtet werden.

Malzextrakt-Agar

Der Nährboden wird zur Züchtung und Bestimmung der Keimzahl von Pilzen, insbesondere von Hefen und Schimmelpilzen, genutzt. Wird der pH-Wert auf 5,0 bzw. 3,5 erniedrigt, wird in geringem bzw. größerem Umfang das Wachstum der Bakterien unterdrückt.

Zusammensetzung (pro Liter):
30 g Malzextrakt
5,0 g Pepton
15 g Agar
pH 5,6

Der Nährboden sollte aufgrund des niedrigen pH-Wertes nicht länger als notwendig (ca. 10 Minuten) autoklaviert werden, da er sonst seine Fähigkeit verliert, fest zu werden.

Pilz-Medium mit Chloramphenicol

In diesem Medium wird durch den niedrigen pH-Wert und die Zugabe des Antibiotikums Chloramphenicol das Wachstum von Bakterien eingeschränkt.

Zusammensetzung (pro Liter):
3,0 g Hefeextrakt
3,0 g Malzextrakt
5,0 g Pepton
10 g Glukose
80 mg Chloramphenicol
20 g Agar
pH 6,2

Würze-Agar (*Wort*-Agar)

Das Medium enthält eine hohe Konzentration an Zuckern (Maltose) und ist damit zur Kultivierung von Pilzen und speziell Hefen gut geeignet. Der niedrige pH-Wert unterdrückt das Wachstum von Bakterien fast vollständig. Der Nährboden wird bei der Produktionskontrolle von zuckerreichen Getränken empfohlen, in denen Hefen vorherrschend sind.

Zusammensetzung (pro Liter):
15 g Malzextrakt
12,75 g Maltose
2,75 g Dextrin
1,0 g di-Kaliumhydrogenphosphat
1,0 g Ammoniumchlorid
0,75 g Pepton
15 g Agar
pH 4,8

3.4 Stammkulturen

Die Stammhaltung dient der Langzeiterhaltung von Mikroorganismen sowie der Erhaltung der Eigenschaften der Stämme, ohne dass diese sich durch Mutationen und andere genetische Abweichungen verändern. Die Stammkulturen ermöglichen es, jederzeit auf die biochemischen und physiologischen Leistungen der Stämme zurückzugreifen, mit denen Experimente durchgeführt wurden.

Es gibt für Mikroorganismen kurzzeitige sowie langfristige Methoden der Aufbewahrung, die alle folgende Ziele haben:

Tabelle 1 Möglichkeiten der Stammhaltung

Kultivierungsmethode	Dauer
• Versiegelte Agarplatte	Wenige Wochen
• Schräg-/Stichagar-Röhrchen	Einige Monate
• Gefroren bei –20 °C	Monate oder Jahre
• Gefroren bei –70 °C	Einige Jahre
• gefriergetrocknet • In flüssigem Stickstoff eingefroren • Kommerzielle Stammsammlungen	Viele Jahre

- Die Kultur darf nicht durch andere Keime kontaminiert werden.
- Die Zellen müssen vermehrungsfähig bleiben.
- Die Eigenschaften des Stammes dürfen nicht beeinträchtigt werden.

Die Technik der Stammhaltung richtet sich nach der gewünschten Dauer der Lagerung und der Anforderung, schnell und einfach an frisches Impfmaterial zu kommen (Tabelle 1).

Agarkultur-Methoden

Eine kurzfristige Aufbewahrungsmethode für Reinkulturen ist das **periodische Überimpfen** auf feste Agar-Nährböden in Petrischalen. Die Agarplatten werden zumeist unter Anwendung einer fraktionierten Ausstrichmethode (s. S. 428) beimpft.

Je nach Organismus sind die Mikroorganismen auf Agarplatten nur einige Tage bis wenige Wochen lebensfähig; nur Sporenbildner können so länger gehalten werden. Außerdem trocknen die Agarplatten mit der Zeit aus, was durch das Zukleben der Platten mit Parafilm (Versiegelung) etwas hinausgezögert werden kann. Diese Methode der Stammhaltung ist auf die Dauer arbeitsaufwendig und fehleranfällig, da es beim häufigen Überimpfen leicht zu Kontaminationen oder Verwechslungen kommen kann. Langfristig muss mit dem Verlust der Kultur gerechnet werden.

Agarschräg- und Agarstich-Kulturen sind weitere Möglichkeiten der Stammkonservierung über mehrere Monate. Es handelt sich um Agar-Nährböden in Röhrchen (Bild 1, S. 425), die aufgrund einer kleineren Oberfläche als Agarplatten nach längerer Zeit einen geringeren Wasserverlust aufweisen. Um möglichst vitale Zellen zu erhalten, sollten vor der Stammkonservierung frische Flüssigkulturen angelegt und eingesetzt werden.

Verfahren: Herstellung von Agarschräg-Kulturen

1. Die benötigte Gesamtmenge an Vollmedium (z. B. LB-Medium, 5 mL pro Röhrchen) mit 1,5%igem Agar wird angesetzt. Der Agar wird durch Erhitzen verflüssigt, gut durchgemischt und in 5 mL Portionen in 20 mL-Reagenzgläser pipettiert.
2. Die Reagenzgläser werden mit Stopfen oder Alukappen verschlossen und autoklaviert.
3. Bevor der Agar beim Abkühlen fest wird, werden die Röhrchen auf eine Kante (z. B. leeres Reagenzglas) gelegt, sodass der Agar in Schrägform erstarren kann.
4. Auf der schrägen Agarfläche werden die Bakterien einer Reinkultur mit der Impföse wellenförmig von unten nach oben ausgestrichen.
5. Anschließend werden die Stammkulturen (z. B. bei 37 °C) bebrütet, bis aufgrund des Bakterienwachstums ein deutlicher Strich erkennbar ist.
6. Die angewachsenen Kulturen werden mit Parafilm durch Umwicklung der Alukappe verschlossen, um Feuchtigkeitsverluste zu reduzieren, und im Kühlschrank bei 4 °C aufrecht stehend gelagert.

Fehler und Störungen	Empfehlungen
▶ Die Agarschräg-Kulturen enthalten nach einiger Zeit keine lebende Biomasse mehr.	✔ Überimpfen Sie die Kulturen öfter, da der Agar-Nährboden mit der Zeit austrocknet und die Mikroorganismen absterben.
▶ Die Kulturen sind kontaminiert.	✔ Legen Sie immer mehrere Kulturen parallel an und halten Sie davon mindestens eine ungeöffnet in Reserve.
▶ Bei der Lagerung sammelt sich im unteren Teil des Röhrchens Kondenswasser an.	✔ Streichen Sie beim Animpfen nicht am untersten Teil des Schrägagars aus.

Stichagar-Röhrchen werden zum Erstarren nicht schräg gelegt, sondern aufrecht gestellt (Bild 1). Sie können durch Einstechen mit einer Impfnadel angeimpft werden. Agarstich-Kulturen mit Schraubverschluss oder einem gasdichten Stopfen können zum Aufbewahren von anaeroben Reinkulturen verwendet werden.

Stammkulturen von Anaerobiern können vor Sauerstoffzufuhr auch durch Überschichten mit **Paraffin** geschützt werden, das in geschmolzener Form 1 bis 2 cm hoch auf den Agar-Nährboden gegeben wird.

Bei vielen Bakterien und Pilzen kann die Überlebensdauer beträchtlich erhöht werden, wenn die Agar-Stammkulturen mit sterilem **Paraffinöl** (flüssiges Paraffin) überschichtet werden. Das Paraffinöl schützt vor Austrocknung und verlangsamt den Stoffwechsel der Zellen. Die Kulturen bleiben dann oft einige Jahre vermehrungsfähig.

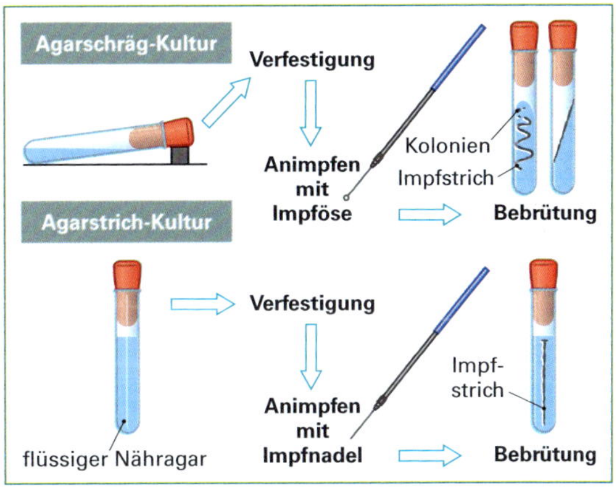

Bild 1 **Herstellung von Agarschräg- und Agarstich-Kulturen**

Gefriermethoden

Für die langfristige Aufbewahrung von Mikroorganismen haben sich Methoden bewährt, bei denen die Zellen eingefroren werden. Allerdings führen Einfrieren und Auftauen zu Schädigungen und evtl. zur Abtötung der Mikroorganismen, da sich in den Zellen Eiskristalle bilden. Durch wiederholtes Auftauen entstehen immer größere Kristalle, die die Membranen der Zellen zerstören. Grampositive Bakterien sind hierbei wesentlich unempfindlicher als gramnegative. Es ist für alle Mikroben vorteilhaft und für einige Keime überlebensnotwendig, wenn sie in einem Schutzmedium eingefroren werden. Für Bakterien, Hefen und Hyphenpilze wird vorzugsweises **Glyzerin als Schutzstoff** eingesetzt.

Glyzerin kann leicht ins Innere der Zellen gelangen und die Hydrathüllen von Enzymen und auch die Zellmembran stabilisieren. Ein anderer gebräuchlicher Stabilisator ist DMSO (Dimethylsulfoxid).

Eine ausgewachsene Kultur oder die abzentrifugierten Zellen der Kultur können vor dem Einfrieren mit einer sterilem Glyzerinlösung gemischt werden, wobei die Endkonzentration mindesten 10 % sein sollte. Oft enthalten die sogenannten **Glyzerinkulturen** höhere Konzentrationen an Glyzerin. Sie werden in sogenannte **Kryoröhrchen** gefüllt und eingefroren.

Verfahren: Herstellung und Gebrauch von Glyzerinkulturen
(1) Eine Reinkultur (z. B. von 100 mL Volumen) wird bis Beginn der stationären Phase gezüchtet.
(2) Die Kultur wird abzentrifugiert (10 min, 5000 *g*).
(3) Die sedimentierten Zellen werden in 10 mL Vollmedium (z. B. LB-Medium) resuspendiert.
(4) Nach Zugabe von 10 mL sterilem Glyzerin (z. B. 87%ig) wird die Zellsuspension gemischt und in zehn sterile Kryoröhrchen aufgeteilt. Die Röhrchen sollten nicht ganz gefüllt werden, sondern nur bis zu 80 % des maximal graduierten Volumens, sodass eine Volumenausdehnung der Flüssigkeit im verschlossenen Röhrchen möglich ist.
(5) Anschließend werden die Kryoröhrchen bei –20 °C oder –70 °C eingefroren und gelagert.
(6) Zur Wiederanzucht einer tiefgefrorenen Stammkultur wird ein Kryoröhrchen sofort nach der Entnahme aus dem Tiefkühlschrank möglichst rasch aufgetaut (z. B. in einem Becherglas mit auf 37 °C temperiertem Wasser) und ein Aliquot entnommen.
(7) Alternativ kann zur Entnahme eines Inokulums ein steriler Zahnstocher benutzt werden, der mit einer abgeflammten Pinzette angefasst wird.
(8) Mit dem Zahnstocher wird ein oder mehrmals in die gefrorene oder leicht angetaute Glyzerinkultur gestochen, die danach sofort wieder eingefroren wird.
(9) Der Zahnstocher wird in ein Kulturröhrchen mit sterilem LB-Medium gegeben und z. B. bei 37 °C inkubiert.

Fehler und Störungen	**Empfehlungen**
▶ Die Zellen der Glyzerinkulturen sind nach einiger Zeit nicht mehr vital.	✔ Zu häufiges Auftauen und Wiedereinfrieren der Kryoröhrchen schädigt die Zellen.
▶ Werden die Kulturen tiefgefroren gelagert, können die Kulturen bei einem Geräteausfall Schaden nehmen.	✔ Lagern Sie die Kryoröhrchen an zwei verschiedenen Standorten.
▶ Mit tiefgefrorenen Zellen angeimpfte Kulturen wachsen nicht oder schlecht an.	✔ Bebrüten Sie die Kulturen unter für den Mikroorganismus optimalen Bedingungen.

Eine gute und zuverlässige Variante stellt das Einfrieren von Mikroorganismen zusammen mit **Glas-** oder **Keramikperlen** dar, an denen die Organismen adsorbieren. So können sie für viele Jahre im Tiefkühlschrank aufbewahrt werden.

Zur Herstellung werden die Mikroorganismen aus einer Flüssigkultur oder als Kolonien mit einem Glyzerin-Nährmedium, das die Trägerperlen enthält, in einem Kryoröhrchen gemischt und eingefroren (Bild 1, S. 427). Bei Bedarf können einzelne Perlen dem Kryoröhrchen entnommen werden, ohne dass das Röhrchen aufgetaut werden muss. Die Wiederanzucht der Mikroben, **Reaktivierung** genannt, erfolgt nach sterilem Überführen einer Trägerperle in ein steriles flüssiges Nährmedium oder auf eine Agarplatte. Über die Agaroberfläche kann die Perle mithilfe einer sterilen Impföse oder Impfnadel gerollt werden, wobei die anhaftende Suspension auftaut und die Zellen auf dem Agar haften bleiben.

Die mögliche Lagerungsdauer eingefrorener Stammkulturen ist wesentlich von der **Gefriertemperatur** abhängig. Werden Kulturen bei –20 °C eingefroren, können einige Organismen einige Jahre, andere nur wenige Monate überleben. Besser ist das Einfrieren bei –70 °C, das Bakterien, Hefen und Hyphenpilzen langjähriges Überleben ermöglicht und in vielen Laboren zur Stammhaltung genutzt wird.

Bei Temperaturen unter –130 °C können die meisten Mikroorganismen nahezu unbegrenzt aufbewahrt werden, da keinerlei Stoffwechselvorgänge oder Enzymreaktionen sowie keine Eisbildung in den Zellen stattfinden.

Diese Temperatur wird erreicht, indem die Kryoröhrchen oder Ampullen mit Biomasse in der **Dampfphase über flüssigem Stickstoff** gelagert werden. Die Stammkulturen werden in gut isolierten Tanks aus Aluminium oder Edelstahl mit Flüssigstickstoff aufbewahrt, ohne sie unmittelbar in den flüssigen N_2 einzutauchen, da dies zu feinen Rissen in der Gefäßwand führen kann. Die Konservierung mit Flüssigstickstoff ist allerdings sehr kosten- und arbeitsintensiv, da das allmählich verdampfende Gas stets nachgefüllt werden muss. Außerdem ist der Umgang mit dem extrem kalten Gas gefährlich und die einschlägigen Sicherheitsbestimmungen (z. B. Kälteschutzhandschuhe) müssen strikt eingehalten werden.

Die **Gefrier- oder Vakuumtrocknung (Lyophilisation)** ist eine gebräuchliche, aber aufwendige Methode zur Stammerhaltung. Um gefriergetrocknete Kulturen anzulegen, muss eine Gefriertrocknungsanlage (Lyophilisator) zur Verfügung stehen. In diesem Gerät wird zuerst das Biomaterial zusammen mit Schutzstoffen (z. B. 20%ige Magermilch) eingefroren, die die Überlebensrate der Zellen erhöhen. Danach wird das Eis im Vakuum durch **Sublimation** (direkter Übergang vom festen in den gasförmigen Aggregatzustand) entfernt, indem dem tiefgefrorenen Material das Wasser entzogen wird. Das Lyophilisat enthält nur noch etwa 1 % Wasser, da auch gebundenes Wasser im Hochvakuum entfernt wird. Die Mehrzahl der Bakterien und der Sporen bildenden Pilze kann so für 5 bis 10 Jahre sicher konserviert werden.

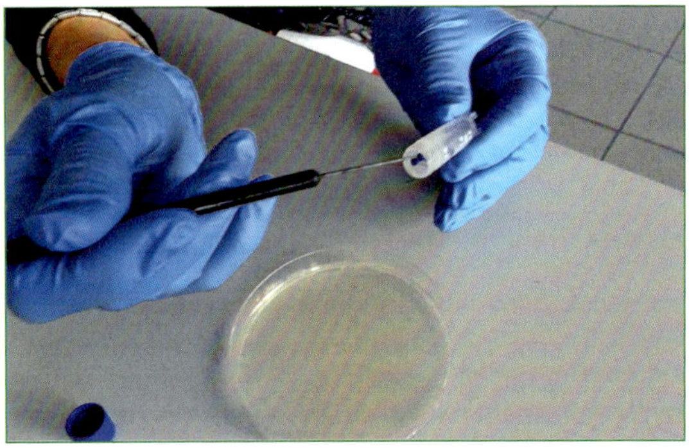

Bild 1 Entnahme einer Trägerperle aus einem Kryoröhrchen

Dauerhaft werden Stammkulturen von Mikroorganismen in öffentlichen **Kulturensammlungen** vorrätig gehalten. Beispielsweise hält das *Leibniz-Institut – Deutsche Sammlung von Mikroorganismen und Zellkulturen* (DSMZ) in Braunschweig neben mehr als 20000 Bakterien und Pilzen auch pflanzliche Zellkulturen, Pflanzenviren sowie menschliche und tierische Zellkulturen bereit. Die Sammlung wurde unter dem Namen *Deutsche Sammlung von Mikroorganismen* (DSM) in Göttingen gegründet. Es gibt in anderen Ländern weitere wichtige Stammsammlungen wie z. B. die *American Type Culture Collection* (ATCC) in den USA.

Solche Institutionen dienen der Stammerhaltung aller beschriebener Bakterienstämme, der Katalogisierung der Stämme und der Bereitstellung von Untersuchungsmaterial für mikrobiologische Laboratorien. Wissenschaftler können hier ihre neu isolierten und beschriebenen Stämme hinterlegen. Jedes Bakterium bekommt eine Katalognummer wie z. B. DSM-291 für den **Typusstamm** von *Pseudomonas putida*. Ein Typusstamm ist ein Stamm, der in seinen Eigenschaften typisch für eine neu beschriebene Art ist. In wissenschaftlichen Publikationen über bestimmte Bakterienarten wird in der Regel auf die durch die Sammlungen vergebenen Katalognummern verwiesen.

3.5 Gewinnung von Reinkulturen

Kultivierungen von Mikroorganismen erfolgen gewöhnlich in Form einer **Reinkultur**. Diese Kultur besteht aus gleichen Zellen, d. h. aus genetisch einheitlichen Organismen. Um dies zu gewährleisten, geht die Züchtung zu Beginn immer von einer einzelnen Zelle aus, sodass ein sogenannter **Zellklon** entsteht. Nur wenn eine einzelne Zelle von allen anderen isoliert wird und diese sich ohne Kontamination durch Umgebungskeime vermehren kann, ist sichergestellt, dass die Kultur wirklich ein Zellklon und damit die Nachkommenschaft einer einzelnen Zelle ist. Eine Reinkultur besitzt immer konstante genotypische und phänotypische Eigenschaften aufgrund der einheitlichen Genome und Stoffwechselleistungen der Zellen.

Isolierung einer Reinkultur

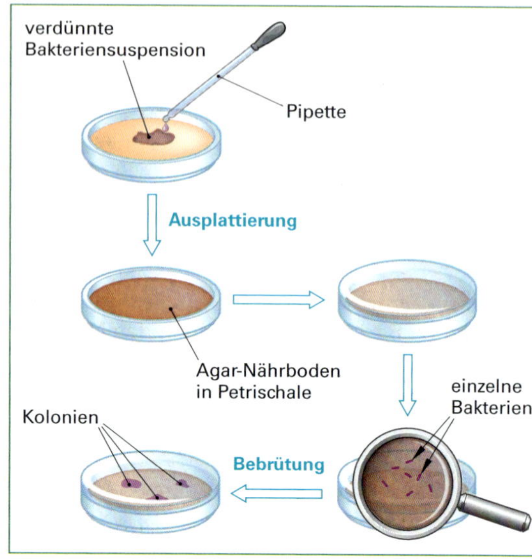

Bild 1 **Vereinzelung und Vermehrung von Bakterien auf Agarplatten**

Auf der Oberfläche einer Agarplatte ist die **Isolierung** (Abtrennung einer einzelnen Zelle) aus einer Mischkultur relativ leicht möglich (Bild 1). Dazu kann eine Bakteriensuspension auf einen Agar-Nährboden pipettiert werden, dessen Zelldichte stark verdünnt wurde, sodass nur wenige Bakterien in der Suspension (< 100) vorhanden sind. Dazu dient in der Regel eine Verdünnungsreihe (s. S. 458). Wird diese Suspension durch Ausplattierung (s. Kap. IV.7.1.1) auf dem Agar verteilt, liegen die einzelnen Bakterienzellen auf der Agaroberfläche weit voneinander entfernt. Anschließend kann die beimpfte Agarplatte zur Bebrütung in einen Wärmeschrank mit einer Temperatur von beispielsweise 37 °C gestellt werden. Die Bakterien vermehren sich, und die Nachkommenschaft jeder Zelle wächst zu einer mit dem Auge sichtbaren **Kolonie** heran.

Die Isolierung einer Reinkultur auf einer Agarplatte wird erschwert, wenn die Mikroorganismen keine typischen, auf eine Stelle begrenzten Kolonien bilden. Hefen und Bakterien bilden meist fest umrissene Kolonien, während viele Hyphen bildende Pilze sich durch die stete Vergrößerung des Luft- und Bodenmyzels schnell über die gesamte Agarplatte ausbreiten können.

Einige Arten wie z. B. *Proteus mirabilis*-Bakterien, die zu den Enterobacteriaceen gehören, bilden auf Agarmedien keine Kolonien, sondern breiten sich flächig in konzentrischen Ringen über die gesamte Agarplatte aus. Dieses Phänomen wird als **Schwärmen** bezeichnet und beruht auf einer besonders starken Beweglichkeit der Bakterienzellen, die sich zu Schwärmer-Zellverbänden zusammenlagern. Das Schwärmen wechselt mit Phasen ab, in denen aufgrund neuer ausreichender Nährstoffquellen das Schwärmen eingestellt wird, sodass sich Ringe bilden.

Einige *Bacillus*-Arten wie *Bacillus mycoides*, die eng mit dem lebensmittelpathogenen Bakterium *B. cereus* verwandt sind, bilden auf Agar sich immer weiter ausdehnende spiralnebelartige Kolonien, die aus zahlreichen kleinen Einzelkolonien bestehen. Sie können ebenfalls die gesamte Agarplatte einnehmen und andere Kolonien überwachsen.

Fraktionierter Ausstrich

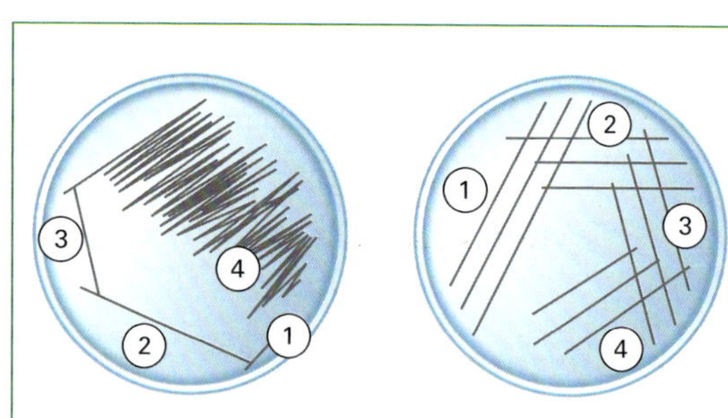

Bild 2 **Mögliche Ausstricharten auf Agaroberflächen (Reihenfolge der Striche nummeriert)**

Zur Gewinnung von Einzelkolonien und damit einer Reinkultur von Bakterien kann auf einer Agarplatte ein fraktionierter Ausstrich gemacht werden, der auch **Vereinzelungsausstrich** oder **Verdünnungsausstrich** genannt wird. Im Verlauf des Ausstriches kommt es auf der Oberfläche einer einzigen Agarplatte zur Trennung und Vereinzelung der aufgetragenen Bakterienzellen.

Die Strichtechniken des Ausstrichs sind von Labor zu Labor verschieden (Bild 2). Dabei werden Einzelstriche, Strichserien oder geschwungene Striche ausgeführt. Die Fraktionierung des Verfahrens mit mehreren Unterbrechungen zur Sterilisierung der Impföse führt zur Verdünnung der an der Impföse haftenden Biomasse. Spätestens in der letzten Fraktion bleiben einzelne Zellen mit großem Abstand voneinander auf der Agaroberfläche liegen. Diese werden nach der Bebrütung zu Einzelkolonien.

Verfahren: Fraktionierter Ausstrich

(1) Benötigt werden eine sterile Agarplatte, eine Platte mit einer Bakterienkultur oder alternativ eine angewachsene Flüssigkultur und eine Impföse an einem Arbeitsplatz mit Brennerflamme.

(2) Die Agarplatten werden am Boden mit den notwendigen Angaben beschriftet.

(3) Die Impföse wird in der Brennerflamme bis zur Rotglut ausgeglüht und anschließend (z. B. durch Einstechen in das Nährmedium der sterilen zu beimpfenden Platte) abgekühlt.

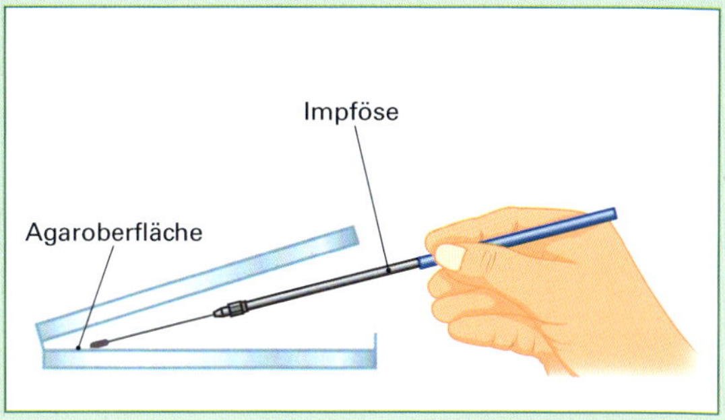

Bild 1 Richtige Haltung der Impföse beim Ausstrichverfahren

(4) Mit der Impföse wird durch Einstechen/Berühren einer Kolonie ein wenig Biomasse (nicht oder kaum sichtbar) aufgenommen.

(5) Alternativ kann mit der Impföse ein flüssiges Inokulum aus einem Kulturmedium aufgenommen werden, wobei ein möglichst geringes Volumen übertragen werden sollte.

(6) Die sterile Agarplatte wird geöffnet, wobei der Deckel stets über der Agarplatte gehalten wird.

(7) Der erste Impfstrich wird gezogen, indem die Öse mit ihrem Eigengewicht auf die Agaroberfläche gelegt und sie über die Oberfläche geführt wird (Bild 1).

(8) Nach jedem Impfstrich bzw. jeder Strichserie wird die Impföse ausgeglüht.

(9) Nach Erkalten der ausgeglühten Impföse wird der zweite Strich ausgeführt, der zuerst den vorher gemachten Strich kreuzt, wobei ein Teil der Biomasse des ersten Strichs durch die Impföse wieder aufgenommen wird.

(10) Auf die gleiche Weise wird ein dritter und evtl. vierter Impfstrich ausgeführt.

(11) Nach Beendigung des Ausstrichs wird die Agarplatte mit dem Deckel geschlossen und die Öse erneut ausgeglüht. Die Agarplatte wird im Brutschrank bebrütet.

Fehler und Störungen	**Empfehlungen**
▶ Es sind weder komplette Striche noch Kolonien angewachsen.	✔ Wiederholen Sie den Ausstrich, da evtl. die Impföse nicht genügend abgekühlt war.
▶ Es sind überall angewachsene Striche, aber keine Einzelkolonien entstanden.	✔ Vergessen Sie nicht, die Impföse nach jedem Strich bzw. jeder Strichserie auszuglühen. ✔ Setzen Sie am Anfang nicht zu viel Biomasse ein.
▶ Die Einzelkolonien sind keine Reinkulturen.	✔ Führen Sie die Methode mehrmals hintereinander aus, da manchmal Zellen unterschiedlicher Arten fest aneinander haften.
▶ Es sind Furchen im Agar, in denen Wachstum auftritt.	✔ Vermeiden Sie Kratzer auf der Agaroberfläche, indem Sie die Impföse in einem möglichst spitzen Winkel und ohne Druck über die Oberfläche bewegen (Bild 1).
▶ Die Kolonien zerfließen oder breiten sich auf dem Agar aus.	✔ Benutzen Sie ausreichend trockene Agarplatten. ✔ Bebrüten Sie die Agarplatten nicht zu lange.
▶ Schwärmende Bakterien erscheinen auf der Agarplatte.	✔ Erhöhen Sie die Agarkonzentration auf 30 bis 40 g/L oder wenden Sie das Gussplattenverfahren an (s. S. 460).

Viele Mikroorganismen z. B. aus Anreicherungskulturen liegen im Impfmaterial nicht als Einzelzellen vor, sondern in Zellaggregaten. Diese Zellverbände werden ähnlich wie Biofilme durch Schleime zusammengehalten und lassen sich nur schwer auftrennen. Hier empfiehlt es sich, vor dem Ausstrich eine homogene Zellsuspension herzustellen. Dazu kann das Impfmaterial in sterilem Peptonwasser (0,1 g/L Pepton aus Fleisch) evtl. mit Zusatz von **Tween 80** (Polysorbat 80) suspendiert werden.

Um die Zellen zu trennen, muss dazu kräftig mit einem Reagenzglasmixer (z. B. Vortex) gemischt werden.

Kontrolle der Reinkultur

Zur Kontrolle der Reinkultur können Kolonien makroskopisch und mikroskopisch untersucht werden.

- **Makroskopisch** wird das Aussehen der Kolonien auf jeder ausgestrichenen Platte geprüft, evtl. unter Zuhilfenahme einer Stereolupe. Falls eine Reinkultur vorliegt, müssen die Kolonien in Form und Farbe gleich sein. Sie können sich jedoch in der Größe unterscheiden, die von der Nährstoffversorgung und damit der Nähe zu anderen Kolonien abhängig ist.
- **Mikroskopisch** wird die Reinheit überprüft, indem Material von Kolonien mikroskopiert wird. Bei Bakterien können zuerst die lebenden Zellen bei etwa 1000-facher Vergrößerung im Phasenkontrastverfahren (s. S. 450) untersucht werden. Anschließend kann eine Gramfärbung zur Bestimmung des Gramtyps bzw. zur Kontrolle eines einheitlichen Gramverhaltens aller Zellen einer Kolonie durchgeführt werden.

Die mikroskopische Kontrolle ist allerdings nur eingeschränkt aussagekräftig. Da sich sehr viele Bakterien äußerlich stark ähneln, kann bei einem einheitlichen Aussehen im mikroskopischen Bild nicht zwingend auf Vorliegen einer Reinkultur geschlossen werden. Wenn die Zellen unterschiedliche Zellformen aufweisen, liegt wahrscheinlich keine Reinkultur vor. Jedoch gibt es auch sogenannte **pleomorphe** Bakterien und Hefearten (griech. *pleon*: mehr; *morphe*: Gestalt), die in Gestalt und Größe nicht einheitlich sind. Dieses Phänomen tritt besonders bei Zellen einer Kolonie auf. Während sich die Zellen einer Flüssigkultur meist in derselben Wachstumsphase (s. Kap. II.5.1) befinden, trifft dies für Koloniezellen nicht zu. Ältere Kolonien wachsen oft nur noch am Rand. Die Zellen in der Koloniemitte haben die aktive Wachstumsphase verlassen, was bei vielen Bakterien zu Änderungen der Zellgestalt führt.

Kontaminierende Organismen einer angeblichen Reinkultur sind überdies meist in so niedrigen Konzentrationen eingeschleppt, dass sie mikroskopisch nicht erfasst werden können. In der Praxis werden deshalb die Vereinzelungsverfahren ein- oder mehrfach wiederholt, sodass sich mit größerer Wahrscheinlichkeit Reinkulturen entwickeln können.

4 Identifizierung von Mikroorganismen

Durch kulturelle, mikroskopische, biochemische und molekularbiologische Methoden können Mikroorganismen identifiziert und ihre **taxonomische** Einordung (s. Kap. II.1.1.2) erkannt werden. Die Methoden können teilweise schon einzeln aussagekräftig sein, oft werden sie in einer bestimmten Reihenfolge nacheinander angewendet.

Die **Herkunft** der Probe ist bei der Identifizierung von Keimen von großer Bedeutung, da sie das mögliche Keimspektrum in der Regel bereits stark einschränkt. Viele Standorte werden nur von bestimmten Mikroorganismen besiedelt.

Die Identifizierung von Bakterien läuft nach einer strukturierten Vorgehensweise ab (Bild 1), wobei wichtig ist, dass wirklich **Reinkulturen** zur Untersuchung eingesetzt werden. Durch regelmäßig durchgeführte Verdünnungsausstriche kann dies gesichert werden.

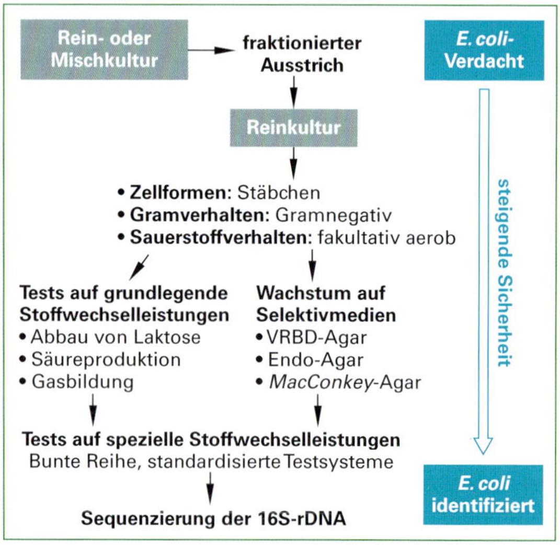

Bild 1 **Vorgehensweise bei Identifizierungen am Beispiel von *Escherichia coli***

Die taxonomischen Gruppen der Bakterien besitzen meist übereinstimmende Eigenschaften wie Zellformen und Stoffwechselleistungen. Deshalb werden zuerst in der **Grobdifferenzierung** die phänotypischen Eigenschaften, d. h. die zellulären und physiologischen Kennzeichen der Bakterien sowie das Gramverhalten (s. S. 454) bestimmt.

Als **Bunte Reihe** werden Methoden zur **Feindifferenzierung** von Bakterien bezeichnet, die meist aus Reagenzröhrchen mit verschiedenen Nährmedien bestehen. Nach Bebrütung und Zugabe bestimmter Reagenzien sind die Stoffwechselleistungen durch Farbstoffbildung oder Farbumschlag zu erkennen (s. S. 433). Heutzutage werden oft kommerziell erhältliche Testsysteme eingesetzt, die zumeist die Bakterienspezies ermitteln können. Molekulargenetische Identifizierungen können die phänotypischen Bestimmungen bestätigen bzw. ersetzen diese Methoden in immer stärkerem Maße.

Für einige Keime wie *Escherichia coli* stehen aufgrund seiner Bedeutung als Fäkalindikator eine Vielzahl von Tests und von Selektivnährböden zu Verfügung. Die Zuordnung vieler anderer Mikroorganismen zu einer der etwa 5000 verschiedenen heutzutage bekannten Prokaryontenarten ist hingegen eine vielschichtige und schwierige Aufgabe. Sie kann unter Zuhilfenahme von Handbüchern mit **Bestimmungsschlüsseln** gelöst werden, wie z. B. *Bergey's Manual of Determinative Bacteriology* und *Bergey's Manual of Systematic Bacteriology*.

4.1 Klassische mikrobiologische Tests

Unterschiedliche mikrobiologische Tests der unbekannten Stämme (Isolate) sowie Untersuchungen der von den Mikroorganismen gebildeten Produkte, die durch Indikatorzusätze nachgewiesen werden, haben eine lange Tradition bei der Identifizierung und Differenzierung von Bakterien.

Makroskopische Untersuchung von Bakterienkolonien und Agarplatten

Bakterienkolonien auf Agarplatten können vielfältige Eigenschaften und Gestalten besitzen, die bei der Identifizierung behilflich sein können. Folgende Koloniemerkmale (Bild 1) werden unterschieden:

- **Rand** (Kolonie von oben betrachtet).
- **Form** (Kolonie von der Seite betrachtet).
- **Färbung** (verursacht durch Pigmentbildung, oft von der Bebrütungstemperatur abhängig).
- **Glanz** (verursacht durch Bildung extrazellulärer Substanzen und Verbindungen der Zelloberfläche)

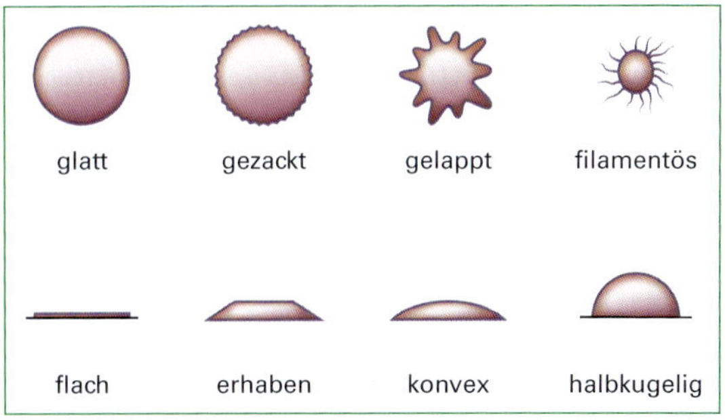

Bild 1 Ränder (oben) und Formen (unten) von Bakterienkolonien.

Auf verschiedenen Selektivnährböden wie z. B. dem *Baird-Parker*-Agar (s. S. 421) zeigen Kolonien eine charakteristische **Hofbildung**, die zur Identifizierung wichtig ist. Auf Blutagar (s. S. 419) bilden einige Bakterien mit der Fähigkeit der **Hämolyse** eine klare Zone (Klärungshof) um ihre Kolonien. Drei verschiedene Hämolyseformen werden unterschieden:

- **α-Hämolyse (vergrünende Hämolyse)**
  Es entstehen grünliche Zonen um die Kolonien, die durch Abbau des Hämoglobins zu farbigen Produkten verursacht werden. Die Auflösung der roten Blutkörperchen findet nicht vollständig statt.
- **β-Hämolyse (vollständige Hämolyse)**
  Es werden klare, durchsichtige Höfe um die Kolonien gebildet, in denen alle roten Blutkörperchen zerstört sind und das Hämoglobin vollständig abgebaut ist.
- **γ-Hämolyse**
  Es ist keine Hofbildung erkennbar, da keine Hämolyse stattfindet (nur dem Namen nach).

Eine einfache Klassifikation der **Streptokokken** beruht auf der Eigenschaft der Stämme, auf Blutagar Hämolysehöfe zu bilden. „Vergrünende" Streptokokken sind z. B. Bakterien mit einer α-Hämolyse.

Auch aus dem **Geruch**, der von einer Reinkultur auf einer Agarplatte ausgeht, können Schlüsse gezogen werden, da die Mikroorganismen oft flüchtige Stoffwechselprodukte ausscheiden.

Typische Düfte von Mikroorganismen sind:

- Hefen: bierig
- Clostridien: Fäulnis, Buttersäure
- Essigsäurebakterien: Essig
- Pseudomonaden: aromatisch, fruchtig
- Streptomyzeten: erdig
- Milchsäurebakterien: leicht säuerlich, Sauermilch
- Sulfatreduzierende Bakterien: H_2S, faule Eier

Mikroskopische Untersuchungen

Mithilfe mikroskopischer Methoden (s. Kap. IV.6) können morphologische Eigenschaften der Zellen wie Form und Begeißelung erkannt werden. Bakterien besitzen zwar unterschiedliche Formen (Bild 1, S. 152), die mikroskopische Untersuchung ist allerdings oft nicht dabei hilfreich, die jeweilige Art zu identifizieren, da es eine hohe Zahl verschiedener Arten von Kokken oder Stäbchenbakterien gibt.

Abhängigkeit des Wachstums von Sauerstoff

Das Sauerstoffverhalten von Mikroorganismen (s. S. 170) lässt sich in einfacher Weise zeigen. Ein frisch autoklavierter und auf ca. 45 °C abgekühlter Agar-Nährboden wird in sterile Röhrchen aufgeteilt, die mit Reinkulturen angeimpft werden. Die Röhrchen werden gut durchmischt, sodass sich die Zellen gleichmäßig im Nährboden verteilen, und danach bebrütet. Strikt aerobe Keime können sich nur in der obersten Schicht des Mediums vermehren, fakultativ anaerobe Mikroben wachsen im gesamten Nährboden und anaerobe Keime nur im unteren O_2-freien Teil des Nähragars.

Kultivierung auf verschiedene Nährmedien

Da die Nährstoffansprüche der Mikroorganismengruppen unterschiedlich sind, können aus Umweltproben isolierte Keime mithilfe verschiedener Nährmedien differenziert werden (Grobdifferenzierung). Diese Nährböden werden Differenzierungsmedien genannt (s. S. 414).

Bild 1 Identifizierung mit Nährmedien durch Picken und Ausstreichen (links), Differenzierungsmedium nach Bebrütung (rechts)

Um verschiedene unbekannte Isolate (Reinkulturen) gleichzeitig zu untersuchen und in die Mikroorganismengruppen einzuordnen, kann eine Technik eingesetzt werden, die in der Molekularbiologie bei der Suche nach Mutanten oder Klonen verwendet wird. Dabei werden hintereinander mehrere Agarplatten, die verschiedene Nährmedien enthalten, mit dem Material einer Kolonie bestrichen.

Dies geschieht für jedes Isolat an einer vorgegebenen Stelle der Agarplatte, die mithilfe einer untergelegten Schablone zugeordnet werden kann (Bild 1, S. 432). Dazu werden sterilisierte Zahnstocher aus Holz benutzt, die aufgrund ihres porösen Materials leicht Bakterien aufnehmen und auch bei wiederholtem Ausstreichen noch Mikroorganismen zum Animpfen der Agarplatten liefern.

Verfahren: Identifizierung mit Differenzierungsmedien

1. Jeweils eine Agarplatte der unterschiedlichen Differenzierungsmedien (wie z. B. VRBD-Agar, *Baird Parker*-Agar, MRS-Agar, Malzextrakt-Agar, PC-Ampicillin-Agar und PC-Agar; s. Kap. IV.3.3.4) werden nebeneinander bereitgelegt. Die PC-Agarplatte kommt zum Schluss und dient als Kontrolle, dass die Inokula der Agarplatten ausreichend waren.
2. Alle Agarplatten werden mit einem „V" am Rand der Unterseite der Petrischale markiert.
3. Die Schablonen werden so unter die Petrischalen gelegt, dass das „V" der Schablone unter dem „V" auf der Petrischale liegt.
4. Eine Kolonie des ersten unbekannten Isolats wird mit einem sterilen Zahnstocher gepickt, d. h. etwas Koloniematerial wird durch Einstechen aufgenommen.
5. Auf allen Agarplatten wird die Teilfläche Nr. 1 des Schablonenrasters mit einem kurzen Strich angeimpft. Es wird für ein Isolat nur ein Zahnstocher benutzt, der zwischendurch nicht erneut mit Koloniematerial versehen werden muss.
6. Jedes weitere Isolat wird mit einem neuen sterilen Zahnstocher auf die nächste gekennzeichnete Fläche ausgestrichen. Die benutzten Zahnstocher werden gesammelt und können nach dem Autoklavieren erneut verwendet werden.
7. Die angeimpften Agarplatten werden bei den Temperaturen, die für die Nährböden empfohlen werden, ein bis zwei Tage bebrütet.
8. Nach der Bebrütung werden die Differenzierungsmedien ausgewertet und die Wachstumsergebnisse in einer Tabelle zusammengestellt.

Bunte Reihe und IMViC-Reaktionen

Als **Bunte Reihe** wird eine Technik zur Identifikation von Bakterien bezeichnet, die vor allem auf Farbreaktionen beruht. Sie besteht aus Reagenzröhrchen, die verschiedene Nährmedien enthalten und mit der zu bestimmenden Kultur angeimpft werden. Die Nährmedien enthalten oft farbige Reagenzien und Indikatoren, mit denen bestimmte Eigenschaften wie Enzymaktivitäten, der Abbau von Substraten oder die Bildung von Stoffwechselprodukten nachgewiesen werden sollen.

Zur Unterscheidung der Enterobakterien, vor allem zur Identifizierung von *Escherichia coli* als Anzeiger einer Fäkalverschmutzung, werden insbesondere die **IMViC-Reaktionen** durchgeführt. Sie fallen bei *E. coli* anders als bei den übrigen Enterobacteriaceen aus und unterscheiden den Indikatorkeim beispielsweise von *Enterobacter aerogenes*, der nicht ein typischer Darmkeim ist. Es handelt sich dabei um vier Tests, für die die Buchstaben IMViC stehen (Tabelle 1):

Tabelle 1 Ergebnisse der IMViC-Reaktionen

	I	M	V	C
Escherichia coli	+	+	-	-
Enterobacter aerogenes	-	-	+	+
Shigella	-	+	-	-
Klebsiella	-	-	+	+
Salmonella	-	+	-	+
Proteus mirabilis	-	+	-	+
Citrobacter freundii	-	+	-	+

- **Indol-Test** (Buchstabe: I)
  Der Test dient zum Nachweis des Enzyms Tryptophanase, das die Aminosäure Tryptophan zu Indol, Pyruvat und Ammoniak spaltet.

  Indolbildung kann nur in kohlenhydratfreien, peptonhaltigen Nährböden nachgewiesen werden. Nach Zugabe des Indol-Reagenzes 4-Dimethylaminobenzaldehyd (auch *Kovacs*-Reagenz genannt) entsteht bei *E. coli* ein kirschroter Farbstoff.

- **Methylrot-Probe** (Buchstabe: M)
  Der Test erfasst, ob die Bakterien beim Abbau von Glukose große Mengen an Säuren produzieren. Enterobacteriaceen vergären Glukose und bilden dabei unterschiedliche Gärungsprodukte.

Bei *E. coli* überwiegen die sauren Produkte wie Acetat, Formiat und Laktat.

Bei *Enterobacter* fallen diese Säuren nur intermediär an, am Ende der Gärung überwiegen nicht saure Produkte.

Der pHWert des Mediums wird durch den pH-Indikator Methylrot angezeigt.

- ***Voges-Proskauer*-Nachweis** (Buchstabe V)
  Die *Voges-Proskauer*-Reaktion ist ein Nachweis auf Acetoin, ein von *Enterobacter* gebildetes neutrales Gärungsprodukt.

  Acetoin wird mit **Kreatin** unter Verstärkung der Reaktion durch die aromatische Verbindung α-Naphthol angezeigt, indem ein roter Farbstoff entsteht.

- **Citratverwertung** (Buchstabe C)
  Einige Enterobacteriaceen wie *Enterobacter* können eine Citrat-Lyase bilden, die ihnen gestattet, auf Citrat als einziger C-Quelle zu wachsen. Verbunden mit der Aufnahme der Säure in die Bakterien ist ein pH-Anstieg im Medium.

  Die Alkalisierung wird durch den im Nährmedium enthaltenen pH-Indikator Bromthymolblau angezeigt.

Der klassische IMViC-Test kann durch Tests auf Schwefelwasserstoffbildung, Stärkeverwertung, Harnstoffverwertung, Hydrolasen oder Decarboxylasen erweitert werden.

Gram-Differenzierung mit KOH

Das Gramverhalten von Bakterien einer Kolonie kann an Stelle einer aufwendigen und zeitintensiven Gramfärbung (s. S. 454) durch den einfach durchzuführenden KOH-Test festgestellt werden.

Durch das Einwirken einer 3%igen KOH wird die Zellwand der gramnegativen Bakterien aufgelöst, die DNA tritt aus den Zellen aus und erhöht die Viskosität der Lösung. Dies kann mit dem bloßen Auge erkannt werden. Bei grampositiven Bakterien, die eine dickere Murein-Zellwand besitzen (s. S. 158), ist die Lauge zu schwach, um die Zellwand zu lysieren.

Bild 1 Fadenbildung beim KOH-Test

Verfahren: KOH-Test	
1	Mit der Pasteurpipette werden 2 bis 3 Tropfen 3%ige Kaliumhydroxidlösung auf einen Objektträger gegeben.
2	Mit der Impföse wird eine Bakterienkolonie aufgenommen und in dem Tropfen verrührt.
3	Alternativ wird aus einer Flüssigkultur 1 mL abzentrifugiert und das Sediment für den Test verwendet.
4	Nach 15 bis 20 Sekunden wird die Impföse flach aufgelegt und vorsichtig hochgezogen. Wird nach maximal einer Minute eine Schleimbildung oder ein Fadenziehen beobachtet, so sind die Bakterien der Kolonie mit großer Wahrscheinlichkeit gramnegativ. Grampositive Bakterien zeigen solch eine Viskositätszunahme nicht.

Der Test gilt bei frischen Kulturen bzw. Kolonien als sehr zuverlässig, bei älteren Kolonien kann es zu Änderungen des Gramverhaltens kommen.

Gram-Differenzierung mit dem Alanyl-Aminopeptidase-Test

Das Enzym Alanyl-Aminopeptidase ist in der Zellwand von Bakterien lokalisiert. Es kann bei der Zellwandbiosynthese Alanin aus der Peptidseitenkette des Mureins abspalten. Das Enzym kommt fast ausschließlich in gramnegativen Bakterien vor. Der Aminopeptidase-Test kann deshalb ebenfalls zur Feststellung des Gramverhaltens von Bakterien genutzt werden.

Zum Nachweis können Teststäbchen mit L-Alanin-4-nitroanilid als Enzymsubstrat verwendet werden.

Verfahren: Aminopeptidase-Test

1. Eine Einzelkolonie wird möglichst von einem indikator- und farbstofffreien Nährboden mit der Impföse abgenommen.
2. Eine Negativkontrolle mit einem bekannten grampositiven Keim wie z. B. *Bacillus subtilis* sollte immer parallel durchgeführt werden.
3. Die Kolonien werden in einem Reagenzröhrchen mit 0,2 mL destilliertem Wasser suspendiert, bis eine deutliche Trübung eintritt.
4. Ein Teststäbchen wird mit der Reaktionszone in die Suspension gestellt (oder alternativ das Enzymsubstrat zugegeben) und bei 37 °C 10 (maximal 30) Minuten inkubiert.
5. Bei Vorliegen eines gramnegativen Bakteriums kommt es zu einer Gelbfärbung der Reaktionszone bzw. der Suspension.

Oxidase-Test

Der Oxidase-Test ist ein einfaches und schnelles Verfahren zum Nachweis des Enzyms Cytochrom-c-Oxidase. Dieses Membranprotein, das die Reduktion von O_2 zu H_2O katalysiert, ist eine Komponente der Atmungskette von eukaryontschen Zellen und auch vieler Bakterien.

Mikroorganismen, die das Enzym bilden, oxidieren in Anwesenheit von Luftsauerstoff eines von mehreren bekannten Oxidase-Reagenzien, wie z. B. *Kovacs*-Reagenz (Tetramethyl-p-phenylendiamin). Die dabei entstehende oxidierte Form des Reagenzes hat eine blau-violette bis purpurne Färbung. Kommerzielle Tests mit Teststreifen können eingesetzt werden. Dieser Test dient häufig zur Differenzierung gramnegativer Bakterien, z. B. von Enterobacteriaceen (oxidasenegativ) und Pseudomonaden (oxidasepositiv).

Verfahren: Oxidase-Test

1. Der Test sollte mit einer jungen, bis zu 24 Stunden alten Kultur durchgeführt werden, die möglichst nicht von einem Selektivmedium stammt.
2. Es kann eine Platin-Impföse oder ein Holzstäbchen verwendet werden; Eisen- oder Nickel-Chrom-Ösen können zu falsch positiven Resultaten führen.
3. Einige Tropfen Oxidase-Reagenz werden auf ein Stück Filterpapier gegeben und mit einer sichtbaren Menge Biomasse der zu bestimmenden Bakterien vermischt. Alternativ können Oxidase-Teststreifen verwendet werden, auf deren Reaktionszone Koloniematerial verrieben wird.
4. Eine Dunkelblau- bis Schwarzfärbung innerhalb von 30 oder 60 Sekunden nach Zugabe des Reagenzes (siehe Herstellerangaben) zeigt eine positive Oxidase-Reaktion an. Bei keiner oder einer späteren Reaktion sind die Bakterien der Kolonie oxidasenegativ.
5. Kontrollen (z. B. *Pseudomonas aeruginosa*) sollten wegen der begrenzten Haltbarkeit des Reagenzes mit durchgeführt werden.

Katalase-Test

Das Enzym Katalase wird von den meisten aeroben und fakultativ anaeroben Bakterien gebildet. Zusammen mit der Superoxid-Dismutase, die Wasserstoffperoxid (H_2O_2) aus Sauerstoffradikalen bildet, schützt es vor den toxischen Auswirkungen eines O_2-abhängigen Stoffwechsels. Katalase setzt das Wasserstoffperoxid zu Wasser und molekularem Sauerstoff um.

$$2H_2O_2 \xrightarrow{\text{Katalase}} 2H_2O + O_2$$

Bild 1 **Positiver Katalase-Test**

Die meisten Mikroorganismen, die in Gegenwart von Sauerstoff wachsen, bilden das Enzym und sind katalasepositiv. Milchsäurebakterien sind hingegen katalasenegativ, da sie keinen Atmungsstoffwechsel besitzen. Der Katalase-Test kann deshalb zur Identifizierung und Differenzierung von grampositiven Bakterien verwendet werden. Er eignet sich beispielsweise dazu, katalasepositive Staphylokokken von katalasenegativen Streptokokken und Enterokokken zu unterscheiden.

Verfahren: Katalase-Test

1. Eine 3%ige Wasserstoffperoxidlösung sollte wegen der begrenzten Haltbarkeit mindestens wöchentlich aus einer 30%iger Stammlösung frisch angesetzt werden.
2. Ein Tropfen der 3%igen H_2O_2-Lösung wird mit einer Pasteurpipette auf einen Objektträger gegeben. Mit einer Impföse wird ausreichend Bakterienmaterial von einer Kolonie in den Tropfen übertragen und verrührt. Alternativ können 1 bis 2 Tropfen H_2O_2 mit einer Pipette direkt auf die Kolonie einer Agarplatte (kein Blutagar) gegeben werden, die möglichst von anderen Kolonien gut getrennt ist.
3. Enthalten die Bakterien der Kolonie das Enzym Katalase, schäumt die Lösung aufgrund der O_2-Bildung nach wenigen Sekunden auf, bzw. bilden sich Blasen (katalasepositiv). Bei katalasenegativen Kolonien bleibt das Aufschäumen aus.

Koagulase-Test

Der Test dient dem Nachweis des sogenannten *Clumping*-Faktors, den pathogene Staphylokokken wie *Staphylococcus aureus* besitzen. Bei harmlosen Staphylokokken wird er zumeist nicht angetroffen. Der *Clumping*-Faktor ist ein Protein der Bakterienzellwand (zellgebunden), welches direkt an Fibrinogen bindet und eine Koagulation auslöst. Ein weiterer, von Staphylokokken ausgeschiedener löslicher Koagulationsfaktor, die Plasmakoagulase, kann in einem anderen Test nachgewiesen werden.

Verfahren: Koagulase-Test

1. Eine Staphylokokken-Kolonie wird auf einem Objektträger (maximal eine Minute) mit einem Tropfen eines Reagenzes verrieben, das Fibrinogen-beschichtete Latexpartikel enthält.
2. Wenn die Koagulase-Reaktion positiv und der *Clumping*-Faktor vorhanden ist, entsteht beim Verreiben aufgrund der Gerinnung von Fibrinogen zu Fibrin eine Agglutination (Auftreten von Flocken).
3. Bei Vorliegen einer milchigen Trübung ist die Koagulase-Reaktion negativ.
4. Zur Kontrolle einer spontan auftretenden Agglutination wird Koloniematerial in 3,5%iger NaCl-Lösung verrieben.

Identifizierung mit kommerziellen Testsystemen

Die Überprüfung zahlreicher biochemischer Reaktionen ist über kommerziell erhältliche Testsysteme möglich, wie beispielsweise der ***EnteroPluri*-Test** (Liofilchem, Italien; auch unter dem Namen ***Entero Testtubes*** erhältlich) oder die **API Systeme** (bioMérieux, Nürtingen). Für bestimmte Anwendungsbereiche (z. B. Artbestimmung von Enterobacteriaceen oder Pseudomonaden) stehen solche Testkits zur Verfügung, die es erlauben, eine große Zahl von Tests mit geringem Arbeitsaufwand durchzuführen.

Mit dem Testsystem *EnteroPluri* können Enterobakterien und einige verwandte Arten biochemisch differenziert werden. Das *EnteroPluri*-System ist ein in sich geschlossenes, in Kammern aufgeteiltes Kunststoffröhrchen. In seinen 12 Kammern (Bild 1) sind spezielle Nährböden enthalten, die den gleichzeitigen Nachweis von 16 biochemischen Eigenschaften ermöglichen. Das Teströhrchen wird mit Zellen einer Einzelkolonie der zu bestimmenden Bakterienkultur beimpft und anschließend bebrütet. Aus der Kombination

Bild 1 ***EnteroPluri*-Test oder *Entero Testtubes***

der Wachstumseigenschaften und der Enzymtests lassen sich die Gattung und oft die Art anhand eines Bestimmungsschlüssels ermitteln (in Buchform oder als online-Datenbank vorhanden).

Verfahren: Identifizierung von Enterobakterien mit dem Testsystem *EnteroPluri*

1. Der zu identifizierende Organismus sollte als Reinkultur auf einem nicht selektiven Vollmedium kultiviert werden und möglichst 24, höchstens 48 Stunden alt sein.
2. Durch einen Oxidase-Test (s. S. 435) sollte zuerst bestätigt werden, dass es sich um einen Vertreter der Enterobacteriaceen-Familie handelt.
3. Die Kappen auf beiden Seiten des Systems werden abgeschraubt. Unter einer Kappe befindet sich die Spitze der Impfnadel, mit der ohne Ausglühen Material einer Einzelkolonie aufgenommen wird.
4. Die Impfnadel wird langsam und unter leichtem Drehen durch alle Kammern des Teströhrchens gezogen. Sie wird dann wieder so weit eingeschoben, bis die Einkerbung bei der Eingangsöffnung liegt, und dann an der Einkerbung abgebrochen.
5. Mit dem abgebrochenen Ende der Impfnadel werden die vorgestanzten Löcher der Plastikfolie der letzten 8 Kammern (Adonit bis Citrat) durchstoßen, da diese Bebrütungen aerob verlaufen sollen.
6. Beide Kappen werden wieder aufgeschraubt und die Teströhrchen stehend (Glukose-Kammer oben) oder liegend (Plastikfolie unten) bei 37 °C für 18 bis 24 Stunden bebrütet.
7. Nach der Bebrütung werden die positiven Reaktionen durch Vergleich mit einem Standardbild oder einem unbeimpften Testsystem ermittelt und auf dem Auswertungsschema notiert. Jedes positive Testergebnis wird durch Einkreisen der Nummer unter der entsprechenden Kammer auf dem Ergebnisbogen gekennzeichnet.
8. Erst nach dieser Auswertung werden mit einer Spritze die Reagenzien für den Indol-Test (3 bis 4 Tropfen *Kovacs*-Reagenz) und den VP (*Voges-Proskauer*)-Test in die entsprechenden Kammern gegeben. Auf letzteren Test kann verzichtet werden, wenn die „Datenbank ohne VP" gewählt wird.
9. Wenn diese Tests positiv verlaufen, werden die entsprechenden Nummern auf dem Bogen ebenfalls eingekreist. Danach werden die 5 Summen der eingekreisten Zahlen, wie im Auswertungsbogen angegeben, gebildet (Bild 1).
10. Die Auswertung ergibt dadurch eine 5-stellige Code-Zahl, zu der die zugehörige Bakterienart im Identifizierungsschlüssel gefunden werden kann.

Die Farbänderungen bei positiven Reaktionen können eine größere oder eine geringere Farbintensität als die angezeigten Standardfarben ergeben. Einige Enterobacteriaceen zeigen beispielsweise schwache Stoffwechselreaktionen, sodass auch hellere Farbtöne derselben Grundfarbe als positiv zu bewerten sind.

Der Glukoseabbau in der ersten Kammer muss in jedem Fall positiv ausfallen. Ist er negativ, dann wurde nicht richtig beimpft oder der Keim ist kein Enterobakterium. Die dem Testsystem zugrundeliegende Datenbank enthält zahlreiche aus klinischen Proben isolierte Organismen und kann bei Enterobacteriaceen, die aus der Umwelt isoliert wurden, Abweichungen aufweisen.

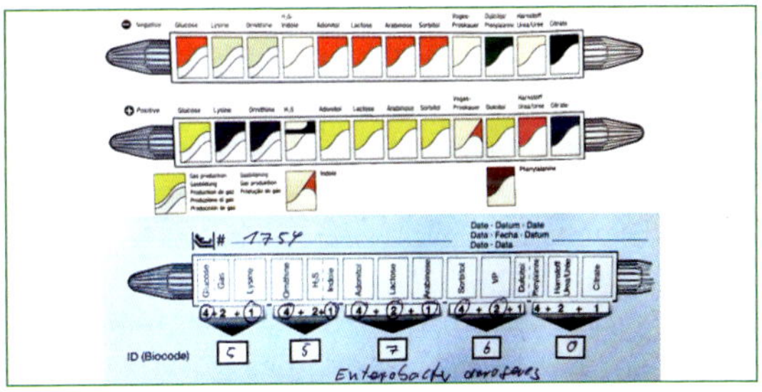

Bild 1 **Auswertung von EnteroPluri**

4.2 Molekularbiologische Diagnostik

Klassische mikrobiologische Untersuchungen werden zunehmend durch molekularbiologische Methoden ersetzt. Molekulare Nachweisverfahren identifizieren Bakterien aufgrund ihres genetischen Materials und setzen häufig die Polymerase-Kettenreaktion (PCR, s. Kap. III.3.3) ein. Ein Vorteil molekularbiologischer Methoden ist die Möglichkeit, Mikroorganismen zu identifizieren, die im Labor nicht oder schwer zu kultivieren sind.

Für die Identifizierung und systematische Einordnung von Bakterien werden die Gene für die 16S rRNA untersucht, die universell in allen Bakterien vorkommen. Die 16S-rRNA-Gene sind zu großen Teilen aufgrund der wichtigen Rolle der Ribosomen in der Zelle stark konserviert.

Die konservierten, einheitlichen Bereiche sind von variablen Abschnitten unterbrochen, die zwischen den unterschiedlichen Bakterienarten deutlich differieren. Die molekularbiologische Identifizierung kann in mehrere Schritte unterteilt werden (Bild 1).

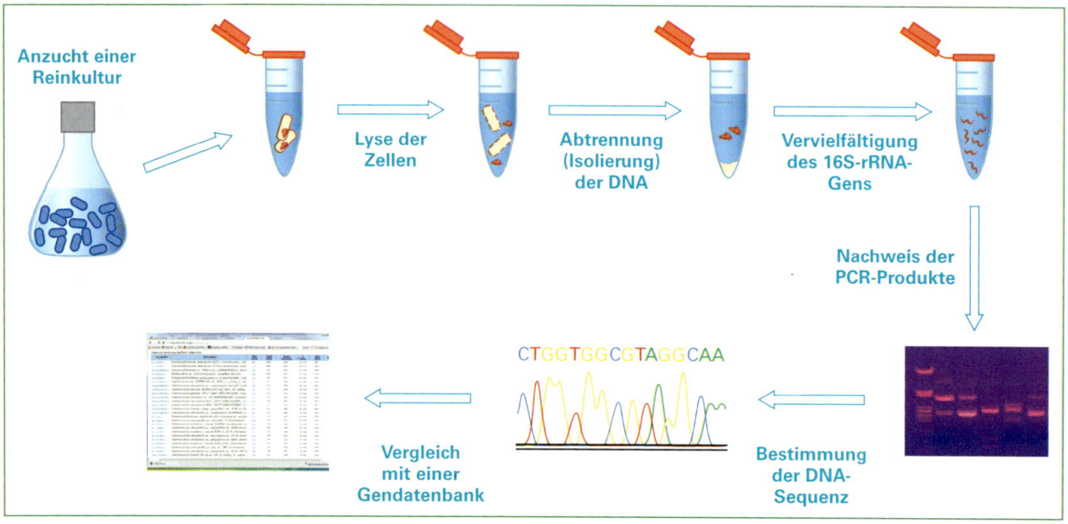

Bild 1 Schritte der molekularbiologischen Identifizierung von Bakterien

Isolierung der DNA

Die Isolierung der DNA muss von Reinkulturen ausgehen, die als Bakterienkolonien oder Flüssigkulturen vorliegen können. Letztere müssen unter Sterilbedingungen abzentrifugiert werden. Es können beispielsweise 1 mL-Proben in sterile Reaktionsgefäße (*Eppendorf* Cups) überführt und zentrifugiert werden.

Um die DNA aus den Bakterienzellen freizusetzen, müssen die Zellen lysiert werden. Der Zellaufschluss kann mit Natronlauge (0,05M NaOH) für eine Minute bei 100 °C durchgeführt werden. Dabei geht das komplette Genom (Bakterienchromosom und Plasmide) der Bakterien in die Lyselösung über. Nach Abzentrifugieren der Zellreste befindet sich die DNA im Überstand und kann für die PCR verwendet werden.

Amplifizierung eines Abschnitts der DNA mittels PCR

Ziel der PCR-Amplifizierung ist es, ein Genfragment von etwa 500 bp des 16S-rRNA-Gens aus der isolierten DNA zu vervielfältigen, um genügend DNA für die Bestimmung der DNA-Sequenz zu erhalten. Die Amplifizierung erfolgt unter Verwendung von ***Primern*** aus konservierten Bereichen des 16S-rRNA-Gens, die der DNA-Polymerase als Startpunkt für die Synthese von DNA dienen.

Eine Möglichkeit, die Bildung der PCR-Produkte zu verfolgen, ist die Nutzung von DNA-Farbstoffen wie ***SYBR Green I***. Dieser Fluoreszenzfarbstoff lagert sich in die DNA ein und bindet an doppelsträngige DNA, wodurch die Fluoreszenz der Farbstoffe ansteigt.

Die PCR-Reaktion kann in einem 0,2 mL PCR-Reaktionsgefäß durch Pipettieren der folgenden Komponenten angesetzt werden:

1. *SYBR Green* Supermix aus DNA Polymerase, Reaktionspuffer, $MgCl_2$ und Desoxyribonukleosidtriphosphaten (dNTPs).
2. H_2O.
3. Zwei 16S-rRNA-Gen-sequenzspezifische Primer.
4. Bakterien-DNA (meist verdünnt eingesetzt).

Bei einer größeren Anzahl von Reaktionsansätzen ist es wegen der zu pipettierenden kleinen Volumina vorteilhaft, einen **Mastermix** herzustellen. Dieser enthält mit Ausnahme der DNA-Probe alle Bestandteile des Reaktionssatzes. Als Kontrollen sollten eine Negativkontrolle (H_2O statt der DNA-Probe) und eine Positivkontrolle (z. B. *E. coli*-DNA) mitgeführt werden.

Alle Reagenzien und der fertige Ansatz müssen ständig auf Eis gelagert werden. Die Reaktionsansätze und Kontrollen werden gut gemischt und kurz zentrifugiert. Die Reaktionsgefäße werden danach in den ***Thermocycler*** gestellt und ein geeignetes Temperatur-Zeit-Programm wird gestartet.

Die quantitative Amplifizierung der DNA-Fragmente kann mithilfe der ***Real-Time*-PCR** (s. Kap. III.3.3.1) erfolgen. Die PCR-Reaktionen bestehen aus den drei Schritten Denaturierung, *Annealing* sowie Elongation und es werden im PCR-*Thermocycler* 30 bis 40 Synthesezyklen durchlaufen. Die PCR-Bedingungen wie die *Annealing*-Temperatur sind für jeden *Thermocycler* und für die verwendete Polymerase anzupassen.

Nachweis der Amplifikate mithilfe einer Gelelektrophorese

Aus dem Abstand der beiden *Primer* im 16S-rRNA-Gen ergibt sich die Größe der bei der PCR entstehenden Produkte. Die PCR-Amplifikate können über eine **Agarose-Gelelektrophorese** (s. S. 376) aufgetrennt werden. Die Größe der bei der PCR synthetisierten DNA-Fragmente kann mithilfe von mitlaufenden DNA-Größenstandards bestimmt werden. Die Agarose-Gelelektrophorese muss ergeben, dass bei der PCR ein Fragment in einer Größe entstanden ist, die bei dem eingesetzten *Primer*paar erwartet wird.

Die DNA-Banden können mit *GelRed* angefärbt werden, eine unter UV-Licht stark fluoreszierende Verbindung. *GelRed* ist ein ungiftiges Derivat von Ethidiumbromid, das wie *GelRed* sich in die DNA-Struktur einlagert.

Sequenzierung des DNA-Abschnitts

Kann aufgrund der Gelelektrophorese-Banden auf eine erfolgreiche PCR geschlossen werden, wird der restliche Ansatz aus dem PCR-Reaktionsgefäß über eine Mini-Säulenchromatografie gereinigt. Dies kann mithilfe eines kommerziellen PCR-Reinigungskits erfolgen.

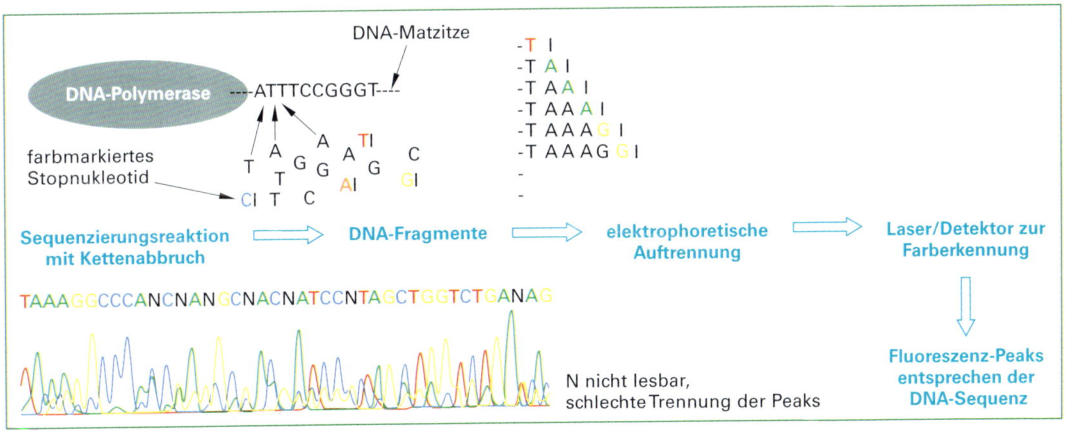

Bild 1 DNA-Sequenzierungsreaktion und Sequenzanalyse

Die anschließende Sequenzierung nach *Sanger* (s. Kap. III.2.6) erfolgt heutzutage vorwiegend mit einer Mischung von ungefärbten und mit Fluoreszenzfarbstoffen markierten Basenbausteinen, die sich an die **DNA-Matrize** anlagern und von einer DNA-Polymerase verknüpft werden (Bild 1). Jeder der vier markierten DNA-Bausteine ist mit einem unterschiedlichen Farbstoff gekoppelt und ihr zufälliger Einbau beendet die Kettenbildung. In der Sequenzierungsreaktion wird eine Vielzahl von DNA-Fragmenten erzeugt, die sich jeweils in der Länge um ein Nukleotid unterscheiden und an einem Ende mit einem der vier Fluoreszenzfarbstoffe markiert sind.

Die entstehenden unterschiedlich langen Nukleotidketten werden der Größe nach elektrophoretisch aufgetrennt. Die vier unterschiedlichen Fluoreszenzsignale werden mithilfe eines Lasers detektiert und als getrennte *Peaks* dargestellt. Die *Peaks* werden von einer Software den entsprechenden Nukleotiden Adenin (A), Guanin (G), Cytosin (C) und Thymin (T) zugeordnet und so wird eine Nukleotidsequenz erhalten. Die Sequenzierungsreaktion kann als gut bewertet werden, wenn die *Peak*-Signale gut voneinander getrennt sind.

Auswertung der Sequenzdaten

Die gefundenen DNA-Sequenzen können zur Auswertung in eine geeignete Analyse-Software geladen werden. Der Vergleich der ermittelten DNA-Sequenz mit den Einträgen in den vorhandenen Datenbanken erlaubt die Identifizierung der Mikroorganismen, wenn die entsprechenden Daten der Keime vorhanden sind.

In einer **Sequenzdatenbank** wie der *GenBank* des *National Center for Biotechnology Information* (NCBI; http//ncbi.nlm.nih.gov/sites/entrez) liegen inzwischen weit über eine Million 16 S-rRNA-Sequenzen von Bakterien vor. Mit dem von NCBI entwickeltem Programm *BLAST N* kann die Datenbank durchsucht werden. Als Ergebnis der Datenbankrecherche werden die Bakterienstämme mit der höchsten Homologie zu der analysierten 16 S-rRNA-Sequenz ausgegeben. Bei einer Sequenzhomologie von über 98 % kann relativ verlässlich auf die Gattung und Art der analysierten Bakterienprobe geschlossen werden.

5 Mikrobiologische Umwelt- und Hygieneuntersuchungen

Die Untersuchung von Umweltproben dient häufig dazu, Gesundheitsgefährdungen durch pathogene Keime zu erkennen und Mängel aufzuheben, die in der Hygiene auftreten. Die Hygiene ist zur Vorbeugung des Auftretens von Infektionskrankheiten in zahlreichen Bereichen von großer Bedeutung:

- Medizinische Hygiene (z. B. Krankenhaushygiene), insbesondere auch bei der Bekämpfung von antibiotikaresistenten Erregern.
- Lebensmittel- und Haushaltshygiene zur Abwehr von Lebensmittelinfektionen und -vergiftungen.
- Körper- und Wäschehygiene.
- Wasserhygiene z. B. zum Schutz der Qualität des Trinkwassers.

5.1 Wasseruntersuchungen

Die Wasserhygiene beschäftigt sich mit der mikrobiologischen Qualität von Trinkwasser und anderen Wasserarten wie von Schwimmbeckenwasser und Badegewässern. Wasserproben unterscheiden sich je nach Herkunft stark in den Keimkonzentrationen und müssen mit verschiedenen Untersuchungsmethoden aufbereitet werden.

- Bei **hohen** Keimkonzentrationen wird eine Teilportion (**Aliquot**) der Probe oder einer Verdünnung der Probe direkt auf die Oberfläche einer Agarplatte gegeben, mit einem Drigalskispatel ausgestrichen und nach dem Ausplattierungsverfahren die Lebendkeimzahl bestimmt (s. Kap. IV.7.1.1).
- Bei **geringen** Keimkonzentrationen erfolgt die Filtration eines definierten Wasservolumens durch ein Bakterienfilter (Membranfiltration), das danach auf eine feste Nährbodenoberfläche aufgelegt wird (Bild 1).

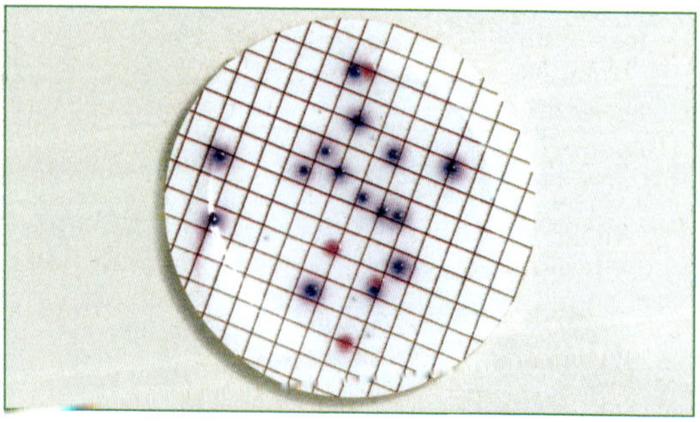

Bild 1 Membranfilter von *E. coli*-Kolonien (blauviolett) auf chromogenem Nährboden (s. S. 414)

Die **Membranfiltration** oder **Membranfiltermethode** dient zur Keimzahlbestimmung und mikrobiologisch-hygienischen Überprüfung von Flüssigkeiten wie Trinkwasser und flüssigen Lebensmitteln. Die quantitative Nachweismethode ermöglicht eine **Anreicherung** von Keimen aus größeren Flüssigkeitsvolumina.

Die Proben werden durch Membranfilter mit einem Porendurchmesser von 0,45 µm oder kleiner filtriert, sodass alle Bakterien vom Filter aufgefangen werden (s. S. 405). Die Filter werden anschließend auf die Oberfläche von Nährböden gelegt, ohne dabei umgedreht zu werden, und im Brutschrank bebrütet. Die Seite mit den Gitternetzlinien muss oben liegen.

Bild 1 **Auflegen des Filters auf die Nährkartonscheibe**

Über die Poren des Membranfilters erfolgt die Aufnahme von Nährstoffen durch die sich vermehrenden Mikroorganismen. Auf der Oberfläche des Membranfilters entwickeln sich kleine Kolonien, die ausgezählt und auf das Probenvolumen hochgerechnet werden können.

Als feste Nährböden sind bei der Membranfiltration neben Agarplatten vor allem **Nährkartonscheiben** gebräuchlich (Bild 1). Dies sind sterile Nährböden in trockener Form, die bereits in kleinen Petrischalen eingelegt sind. Die steril verpackten Platten können lange Zeit bei Raumtemperatur gelagert werden. Nach Anfeuchten mit Wasser sind die Nährkartonscheiben gebrauchsfertig.

Verfahren: Membranfiltration

Probennahme

1. Vor der Entnahme von Trinkwasserproben werden Zapfhähne aus Metall zur Entkeimung gründlich abgeflammt oder mit Alkohol desinfiziert. Das Standwasser sollte einige Minuten abfließen können.
2. Wasserproben werden in gekennzeichnete, sterile Flaschen gefüllt, lichtgeschützt sowie gekühlt transportiert und gelagert. Innerhalb von 24 Stunden nach der Probenahme müssen sie untersucht werden.

Vorbereitung der Nährkartonscheiben

1. Die Petrischalen der benötigten Nährkartonscheiben werden zur Kennzeichnung der Proben beschriftet.
2. Die Petrischalen werden kurz geöffnet und die Nährkartonscheiben mit 3,0 bis 3,5 mL sterilem demineralisiertem Wasser befeuchtet.

Vorbereitung des Filtrationsgeräts (Bild 1, S. 442)

1. Metallteile des Filtrationsgeräts werden im Trockenschrank (180 °C, 2 Stunden) oder durch Abflammen sterilisiert. Die Gummidichtungen werden gesondert bis zum Gebrauch in 70%igem Ethanol eingelegt.
2. Das Filtrationsgerät wird mithilfe eines Stopfens auf eine Saugflasche gesetzt, die über einen Vakuumschlauch und eine *Woulff'*sche Flasche mit einer Laborpumpe (oder einer Wasserstrahlpumpe) verbunden wird. Absaugvorrichtungen, die aus einem Unterteil mit 3 oder 6 angeschweißten Filtertischen bestehen, werden ebenfalls über einen Vakuumschlauch an eine Woulff'sche Flasche und die Vakuumquelle angeschlossen.
3. Mit einer sterilen (abgeflammten) Pinzette wird der Dichtungsring auf den Filtertisch des Geräteunterteils gelegt, danach die Metallfritte.
4. Danach wird mit steriler Pinzette der (zum Nährkarton passende) Membranfilter aus der Sterilverpackung vorsichtig entnommen und mit dem Gitternetzaufdruck nach oben aufgelegt. Ein evtl. vorhandenes farbiges Filterschutzblatt wird verworfen. Der Aufsatz (Trichter) wird wieder aufgesetzt.
5. Der Dichtungsring im Deckel wird eingefügt, der Belüftungsstutzen im Deckel mit Watte oder Alufolie abgedichtet und die Aufsätze werden über die Verschlussklammer geschlossen.

Filtration
(1) Die zu untersuchende Probenmenge wird in den Aufsatz bei hochgenommenem Deckel eingefüllt.
(2) Die Filter müssen mit mindestens 5 mL Flüssigkeit bedeckt sein. Ist das Probenvolumen geringer, wird erst mit sterilem Wasser oder physiologischer Kochsalzlösung (0.9%ige NaCl-Lösung) das ergänzende Volumen zugegeben.
(3) Die Vakuumpumpe wird eingeschaltet und der Absperrhahn am Filtrationsgerät geöffnet, sodass die Probe unter Vakuum abgesaugt wird. Die an der Wand des Aufsatzes noch haftenden Keime können mit steriler Flüssigkeit abgespült werden.
(4) Nach Durchlauf der Probe (kein Wasser mehr auf dem Filter) wird der Absperrhahn geschlossen und der Filter vorsichtig mit einer sterilen Pinzette abgehoben.
(5) Der Membranfilter wird so auf die angefeuchtete Nährkartonscheibe gelegt, dass die Gitternetzseite nach oben zeigt. Dabei wird der Filter so abgerollt, dass er guten Kontakt zum Nährboden bekommt.
(6) Die Nährkartonscheiben mit aufgelegten Membranfiltern werden aufrecht (Deckel nach oben) bebrütet, die Temperatur ist vom verwendeten Nährmedium abhängig.
(7) Anschließend wird die Koloniezahl bestimmt und das Ergebnis wird als Koloniezahl pro L oder mL Wasservolumen angegeben.

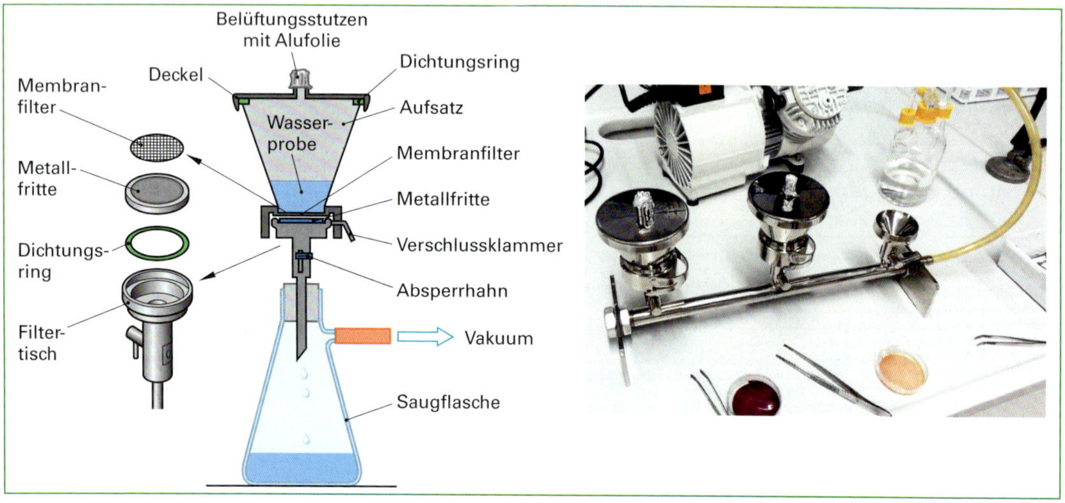

Bild 1 **Aufbau eines Wasserfiltrationsgeräts (links), Absaugvorrichtung mit drei Filtrationsgeräten (rechts)**

Fehler und Störungen	Empfehlungen
▶ Auf dem bebrüteten Nährboden sind keine Kolonien.	✔ Beschädigen Sie den Membranfilter beim Auflegen nicht, da ansonsten die Probe mit den Keimen durch den Riss durchläuft.
▶ Auf der bebrüteten Nährkartonscheibe sind sehr kleine Kolonien.	✔ Geben Sie mehr Wasser bei der Anfeuchtung zu.
▶ Auf der bebrüteten Nährkartonscheibe sind zusammengeflossene Kolonien.	✔ Geben Sie weniger Wasser bei der Anfeuchtung zu.
▶ Die Kolonien auf dem Filter sind zu dicht oder in zu geringer Zahl.	✔ Filtrieren Sie ein geringeres oder ein größeres Wasservolumen bzw. ändern Sie die Verdünnung der Probe.
▶ Die Kolonien auf dem Filter sind ungleichmäßig verteilt.	✔ Geben Sie bei Proben, die kleiner als 5 mL sind, zuerst sterile Kochsalzlösung auf den Filter.

▶ Der Membranfilter auf dem bebrüteten Nährboden ist aufgewölbt und ohne Kolonien.	✔ Rollen Sie den Membranfilter beim Auflegen ab, sodass keine Luftblasen eingeschlossen werden.
▶ Die Wasserprobe hat Schwebstoffe, die auf dem Filter zurückgehalten werden.	✔ Proben, die einen hohen Gehalt an unlöslichen Feststoffen haben, müssen zuerst über einen Vorfiltrationszusatz filtriert werden.

5.2 Luftuntersuchungen

In der Landwirtschaft, in Bereichen der Abfallentsorgung wie der Kompostierung sowie in medizinischen Einrichtungen wie Krankenhäusern sind Beeinträchtigungen der Gesundheit durch Mikroorganismen in der Luft möglich. Neben Pilzsporen und Viren sind austrocknungsresistente Bakterien wie Endosporenbildner in der Luft zu finden. Als Gefahr gelten neben Infektionserregern vor allem die Luftsporen von Schimmelpilzen, die allergische Erkrankungen wie Asthma auslösen können.

Die hygienische Qualität der **Raumluft** ist auch ein entscheidendes Kriterium in der Pharma- und Kosmetikindustrie, wo zum Teil steril oder sehr keimarm gearbeitet werden muss, sowie bei der Herstellung von Lebensmitteln. In der Lebensmittel produzierenden Industrie wird in kritischen Fällen unter sogenannten Reinluftbedingungen produziert, um den Anfangskeimgehalt zu reduzieren und die Haltbarkeit der Lebensmittel zu erhöhen.

Der Keimgehalt der **Außenluft** schwankt, ebenso wie seine Zusammensetzung je nach Jahreszeit und Standort zwischen 100 und 500 Keimen pro m^3 Luft. Der Keimgehalt in Innenräumen kann deutlich höher als der der Außenluft liegen, wobei ein wichtiger Faktor die Anzahl der dort anwesenden Personen ist. Mikroorganismen befinden sich meist nicht frei und einzeln in der Luft, sondern innerhalb von Bioaerosolen (feste Partikel oder Flüssigkeitströpfchen mit Mikroorganismen). Zur Luftkeimmessung können verschiedene Verfahren der Keimsammlung eingesetzt werden:

- Das **Sedimentationsverfahren**, eine einfache passive Methode ohne Geräteeinsatz.
- Das **Impaktionsverfahren**, eine Methode, die auf ein Luftkeimsammelgerät angewiesen ist und die Partikel der angesaugten Luft auf einen eingelegten Nährboden ablagert.
- Das **Luftfiltrationsverfahren**, bei dem die Luft durch spezielle Membranfilter oder lösliche Gelatinefilter gesaugt wird, die anschließend auf einem Agar-Nährboden inkubiert werden.
- Das **Impingementverfahren** (engl. *impingement*: Zusammenstoß), bei dem die keimhaltige Luft mit hoher Geschwindigkeit senkrecht auf die Oberfläche einer Sammelflüssigkeit (z. B. Wasser) prallt, sodass die biologischen Partikel in der Flüssigkeit zurückbleiben.

Bei der Luftkeimmessung können je nach den zu bestimmenden Mikroorganismen unterschiedliche Nährmedien (s. Kap. IV.3.3) eingesetzt und auf den Schritt der Keimsammlung folgend entsprechend inkubiert werden.

Sedimentationsverfahren

Beim Sedimentationsverfahren werden die Luftkeime erfasst, die sich innerhalb einer bestimmten Zeit auf der Oberfläche einer geöffneten Agarplatte absetzen. Abhängig von der Keimbelastung der Luft sollten die Petrischalen 10 bis 30 min geöffnet werden. Je länger das Verfahren durchgeführt wird, desto höher ist die Zahl der Kolonien pro Agarplatte.

Von den Bioaerosolen der Luft wird nur ein Bruchteil der vorhandenen Bakterien und Schimmelpilze sedimentiert. Viele Schimmelpilze bilden sehr kleine und leichte Sporen, die sehr lange in der Luft schweben und sich nur wenig absetzen. Sie können mit dem Sedimentationsverfahren nicht erfasst werden.

Verfahren: Bestimmung der Luftkeimzahl im Sedimentationsverfahren

1. Agar-Nährbodenplatten werden in der benötigten Zahl hergestellt bzw. vorbereitet (beschriftet). Zur Bestimmung der Gesamtkeimzahl können PC-Platten und zur Bestimmung der Zahl der Hefen und Schimmelpilze Würze-Agarplatten eingesetzt werden.
2. Die Agarplatten werden an ausgesuchten Stellen platziert und die Petrischalen werden für eine definierte Zeit (z. B. 30 min) geöffnet. Die Öffnungszeit hängt von der zu erwartenden Keimzahl der Luft ab.

(3)	Anschließend wird der Deckel der Petrischale wieder aufgelegt und die Agarplatten werden im Brutschrank (meist bei 30 °C) bebrütet.
(4)	Die Kolonien auf den Platten werden gezählt. Das Ergebnis wird in KBE pro Platte oder pro cm^2 sowie pro Zeiteinheit angegeben. Eine Agarplatte mit einem Plattendurchmesser von 9 cm weist eine Fläche von 64 cm^2 auf.

Fehler und Störungen	Empfehlungen
▶ Auf den bebrüteten Agar-Nährböden sind wenige Kolonien (<10) vorhanden.	✔ Verlängern Sie die Öffnungszeiten der Agarplatten. ✔ Überprüfen Sie, ob die Platten ausgetrocknet sind.
▶ Auf den bebrüteten Agar-Nährböden sind sehr viele Kolonien, die schlecht auswertbar sind.	✔ Verkürzen Sie die Öffnungszeiten der Agarplatten.
▶ Die Kolonien sind zusammengewachsen bzw. Schimmelpilz-Myzel überwächst die Agarplatte.	✔ Überprüfen Sie die Bildung von Kondenswasser im Deckel oder am Plattenrand. ✔ Verkürzen Sie die Bebrütungszeit und evtl. die Öffnungszeiten der Agarplatten.

Sedimentationsverfahren haben den Nachteil, dass sie keine Aussage über die Gesamtmenge an Mikroorganismen in der Luft geben. Von Vorteil ist allerdings, dass sie preisgünstig und einfach sind, sowie schnelle Ergebnisse liefern.

Die Verfahren geben beispielsweise gute Hinweise darauf, wie viele Keime während der Lebensmittelherstellung und -verarbeitung durch Sedimentation auf die Produkte gelangen können. Das Sedimentationsverfahren kann dazu beitragen, betriebseigene Standards aufzubauen.

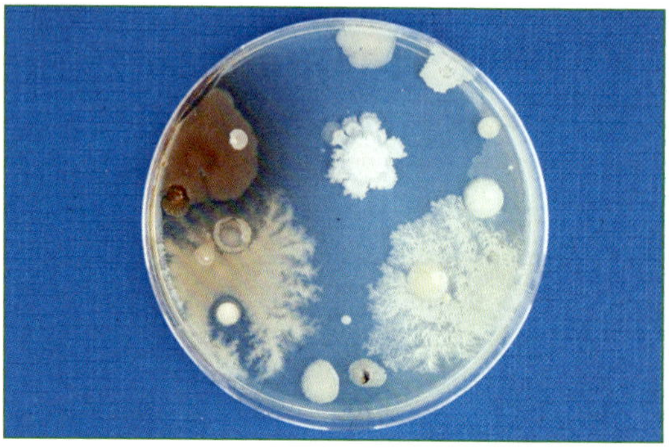

Bild 1 Agarplatte mit Kolonien von Luftkeimen

Impaktionsverfahren

Beim häufig angewendeten Impaktionsverfahren können Ergebnisse höherer **Reproduzierbarkeit** als beim Sedimentationsverfahren erhalten werden. Hierbei wird mit einem speziellen Gerät, dem **Luftkeimsammelgerät**, ein definiertes Luftvolumen angesaugt und dabei Luftkeime aktiv eingesammelt. Die angesaugte Luft wird auf ein festes Nährmedium geschleudert (Impaktion). Dabei wird der partikeltragende Luftstrom mit hoher Geschwindigkeit über einem festen Nährboden parallel zu seiner Oberfläche umgeleitet, sodass die keimhaltigen Partikel bei der Richtungsänderung infolge ihrer Trägheit auf die Agarplatte aufprallen.

Verfahren: Bestimmung der Luftkeimzahl im Impaktionsverfahren	
(1)	Die Handhabung der Geräte wird vom jeweiligen Hersteller beschrieben. Allgemein sollten folgende Punkte berücksichtigt werden.
(2)	Bei tragbaren Geräte sollten zuerst die Akkus bzw. Batterien vollständig geladen werden.
(3)	Die Nährbodenplatten oder -streifen werden in der benötigten Zahl hergestellt bzw. vorbereitet.
(4)	Die Lochplatte und die Geräteteile, durch die die angesaugte Luft geleitet wird, sollten mit einem üblichen Desinfektionsmittel desinfiziert werden.
(5)	Der Luftkeimsammler sollte auf eine stabile Unterlage gestellt werden und ein vorhandener Deckel entfernt werden.
(6)	Das ausgewählte Luftvolumen wird durch die Veränderung der Ansaugzeit eingestellt.
(7)	Bei Nutzung von Agar-Nährbodenplatten werden diese auf die Petrischalenhalterung gesetzt und der Petrischalendeckel entfernt. Anschließend erfolgt der Start der Messung.

(8) Die Nährbodenplatten oder -streifen werden entnommen und im Brutschrank bebrütet.

(9) Die Kolonien werden gezählt und die Keimzahl auf 1 m^3 Luftdurchsatz berechnet. Da bei hohen Luftkeimkonzentrationen mehrere Partikel an derselben Stelle des Nährbodens abgeschieden werden können, können bei einigen Geräten Berechnungstabellen für die Korrektur dieses Fehlers einbezogen werden.

Es gibt eine große Zahl unterschiedlicher Geräte verschiedener Hersteller. Da einige dieser Geräte unabhängig vom Stromnetz betrieben werden können, erlauben sie Probenahmen an nahezu allen Standorten. Die meisten Geräte saugen die Luft mit konstantem Luftdurchsatz (z. B. 100 L/min) durch eine perforierte Platte (Lochplatte) an. Der Luftstrom wird auf die Oberfläche der eingelegten Agarplatte oder eines Nährbodenstreifens geleitet.

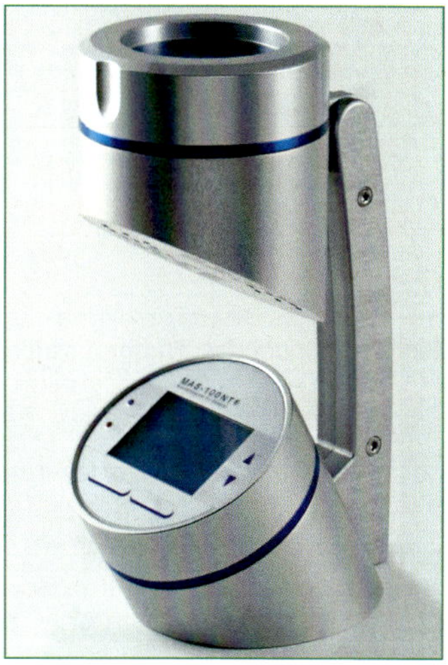

Bild 1 Luftkeimsammelgerät

5.3 Oberflächenuntersuchungen

Die Untersuchung von Oberflächen dient der Kontrolle von Hygiene und Sauberkeit, z. B. in medizinischen Einrichtungen und in Lebensmittel produzierenden Betrieben:

- Beim **Tupferabstrichverfahren** werden definierte Flächen mit einem feuchten, sterilen Tupfer abgewischt und die Keime auf feste Nährmedien überführt.
- **Abklatschplatten** (Kontaktplatten) sind spezielle Nährbodenplatten, die auf den Gegenstand gelegt werden, um ein geeignetes Nährmedium direkt mit der zu testenden Oberfläche in Kontakt zu bringen.
- **Klebestreifen** können zur Übertragung von Keimen genutzt werden, die besonders an schwer zugänglichen Stellen auf die Flächen gedrückt, wieder gelöst und danach auf eine Agarplatte gehalten werden.
- Beim **Abschwemmverfahren (Abspülverfahren)** werden die auf einer Oberfläche anwesenden Mikroorganismen mit einer sterilen Spülflüssigkeit abgespült und aufgefangen. Die Auffangflüssigkeit kann anschließend auf den Keimgehalt untersucht werden. Das Verfahren wird bei innenliegenden Oberflächen wie Rohren und bei Körpern von Schlachttieren angewendet.
- Das **Biolumineszenzverfahren** ist eine Schnellmethode, die den universellen Energieüberträger ATP nachweist, der in allen vitalen Zellen vorhanden ist. Damit können sowohl Mikroorganismen als auch pflanzliche und tierische Zellen erfasst werden. Die Methode ist zur Erfassung von keimhaltigen Schmutzresten gut geeignet (Verschmutzungsindikator). Sie lässt jedoch keinen Rückschluss auf den Gehalt an Mikroorganismen zu.

Tupferabstrichverfahren

Die Durchführung eines Tupferabstrichs ist auch bei unebenen Oberflächen möglich, die mit dem Abklatschverfahren nicht beprobt werden können. Das Verfahren wird häufig angewendet, da es einfacher und kostengünstiger als z. B. das Abschwemmverfahren ist, mit dem auch schwer zugängliche Oberflächen beprobt werden können.

Tupferabstrichverfahren können bei der Kontrolle von Reinigungs- und Desinfektionsmaßnahmen eingesetzt werden. Türklinken und Wasserhähne sowie Maschinenteile, Rohrwandungen, Dichtungen und Pumpenteile können hiermit beprobt werden.

Die Flächen werden mit einem sterilen Tupfer abgewischt, der danach direkt auf einer Agarplatte ausgestrichen oder in 0,9%iger NaCl-Lösung ausgespült wird. Diese kann anschließend in entsprechenden Verdünnungen mithilfe des Ausplattierungsverfahrens (s. Kap. IV.7.1.1) quantitativ auf die Keimzahl der Probe hin untersucht werden.

Um das **Verfahren** zu **standardisieren** und eine definierte Flächengröße beproben zu können, werden Schablonen (z. B. für eine Fläche von 20 cm^2) eingesetzt. Die Schablonen sind aus flexiblem und biegsamem Kunststoff oder Leichtmetall, sodass sie sich unebenen Oberflächen anpassen können.

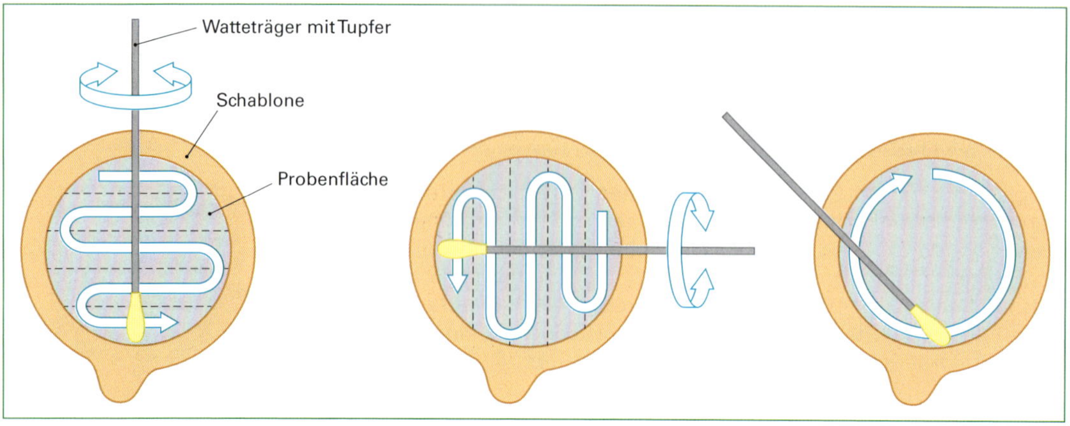

Bild 1 Technik des Tupferabstrichs mit runder Schablone

Verfahren: Tupferabstrich (Bild 1)

1. Bei trockenen Oberflächen wird der sterile Tupfer aus Baumwollwatte zuerst angefeuchtet (kurz in sterile 0,9%iger NaCl-Lösung eingetaucht), bei feuchten Flächen können die Tupfer direkt eingesetzt werden.
2. Die desinfizierte Schablone wird auf die zu untersuchende Oberfläche gedrückt, sodass sie nicht verrutschen kann. Ist das Verwenden einer Schablone an der Beprobungsstelle nicht möglich, sollte die Größe der abgetupferten Fläche ausgemessen bzw. nach Augenmaß bestimmt werden.
3. Die zu untersuchende Fläche wird abgestrichen, indem der Tupfer unter leichtem Drehen und kräftigem Druck mäanderförmig in zwei Richtungen (im rechten Winkel zueinander) sowie zweimal kreisförmig am Schablonenrand über die Fläche geführt wird.
4. Die Tupfer sollten nach Möglichkeit sofort untersucht werden, ansonsten können sie maximal 24 Stunden bei 4 °C aufbewahrt werden, wodurch weiteres Keimwachstum gestoppt wird.
5. Mit einem Seitenschneider wird der Wattekopf steril abgeschnitten, der dabei in ein steriles 1,5-mL-Reaktionsgefäß (*Eppendorf* Cup) mit 1 mL 0,9%iger NaCl-Lösung überführt wird.
6. Alternativ kann der Tupfer bei einer hohen Keimbelastung in ein steriles Röhrchen mit 10 mL Flüssigkeit eingeführt werden. Dabei können im nächsten Schritt mehr Keime abgeschüttelt werden, aber wegen der 10-fach höheren Verdünnung wird die Nachweisgrenze erhöht.
7. Die 1,5-mL-Reaktionsgefäße mit den Tupfern werden auf einem Schüttelgerät ca. 15 Sekunden bei maximaler Geschwindigkeit geschüttelt.
8. Danach wird mithilfe einer Kolbenhubpipette 100 µL auf einen Agar-Nährboden pipettiert und mit dem Ausplattierungsverfahren ausgestrichen. Bei Erwartung höherer Keimzahlen kann zusätzlich eine dezimale Verdünnungsreihe hergestellt werden (s. S. 458).

Die Ergebnisse der Tupfermethode sind stark vom individuellen Untersucher abhängig, sodass Untersuchungen durch verschiedene Personen nur mit Vorbehalt verglichen werden können.

Die Methode hat außerdem gravierende **systematische Fehler**. Es kann oft nur ein geringer Teil der Keime, die sich auf den jeweiligen Oberflächen befinden, in der Keimzahlbestimmung wiedergefunden werden (z. T. nur 1 %). Beim Kontakt des Tupfers mit der zu untersuchenden Oberfläche bleiben nicht alle Mikroorganismen am Tupfer haften und beim Schütteln geht davon nur ein Teil in die Flüssigkeit über.

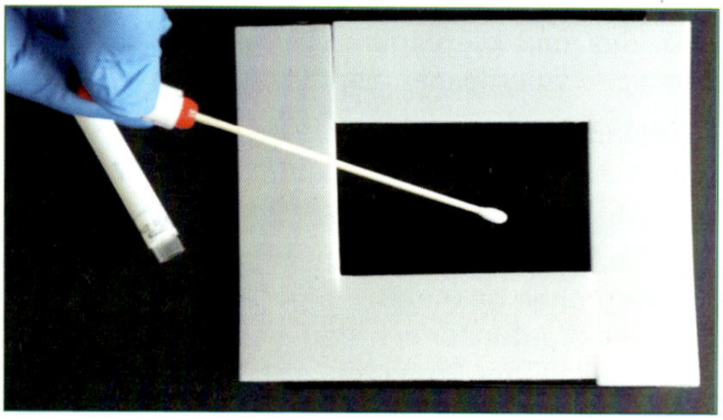

Bild 2 Tupferabstrich mit zweigeteilter Plastikschablone

Abklatschverfahren

Abklatschplatten werden zur Keimzahlbestimmung **auf glatten und trockenen Oberflächen** sowie auf Textilien und Händen von Personen zur Überprüfung der Personalhygiene verwendet. Im Rahmen der Flächendesinfektion lassen sich Aussagen über den Erfolg von Desinfektionsmaßnahmen machen, wenn vor- und nachher beprobt wird.

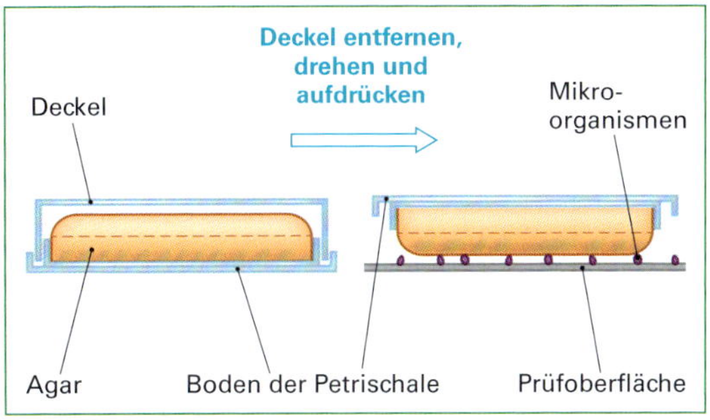

Bild 1 RODAC-Abklatschplatte vor (links) und bei Gebrauch (rechts)

Für mikrobiologische Überprüfungen in Lebensmittelbetrieben werden häufig RODAC-Abklatschplatten (engl. *Replicate Organism Detection And Counting*) eingesetzt (Bild 1). Es handelt sich dabei um kleine Petrischalen (Durchmesser: ca. 6 cm) mit einem Agar-Nährboden. Es können Vollmedien zur Bestimmung der Gesamtkeimzahl oder Selektivmedien z. B. für Pilze oder Enterobacteriaceen genutzt werden.

Die konvexen Nährmedien-Oberflächen von RODAC-Abklatschplatten wölben sich über den Rand des Schalenbodens. Dadurch wird ein optimaler Kontakt mit der zu untersuchenden Fläche gewährleistet, sodass die kontaktfähigen Mikroorganismen am Agarpolster haften bleiben. Das Abklatschverfahren ist zur Überprüfung von Oberflächen mit geringen Rautiefen gut geeignet, wie z. B. von Arbeitstischen und Schneidebrettern.

Verfahren: Abklatschverfahren mit RODAC-Platten
(1) Der Deckel der RODAC-Abklatschplatten wird abgenommen und die überstehende Agaroberfläche wenige Sekunden lang leicht mit möglichst gleichem Druck auf die Prüfoberfläche gedrückt. Mit einer abrollende Bewegung wird verhindert, dass Luftblasen zwischen Nährboden und Prüffläche verbleiben. Dabei sollte die RODAC-Agarplatte nicht seitlich verschoben werden.
(2) Der Deckel wird wieder aufgelegt, die Platte beschriftet und für Transport und Lagerung zugeklebt (z. B. mit Tesafilm) oder in einen sauberen bzw. sterilen Beutel (*Safety-Bag*) gegeben.
(3) Danach werden die Nährböden umgedreht (Deckel unten) in den Brutschrank gestellt und bei entsprechender Temperatur inkubiert.
(4) Die Auswertung erfolgt durch Auszählen der Kolonien und die Koloniedichte pro cm^2 sollte angegeben werden. Die Oberfläche des RODAC-Abklatsch-Nährbodens hat zur Erleichterung der Zählung auf der Rückseite ein Gitternetz und eine Fläche von insgesamt 24 cm^2.

Der Gebrauch von Abklatsch-Nährböden birgt bei unerfahrenen Nutzern die Gefahr, dass der Nährboden seitlich mit den Fingern und anderen Objekten berührt wird und es zu einer Kontamination kommt. Die Reinigung und Desinfektion der Hände kann zur Vorbeugung dienen.

Die Bewertung der auf den Abklatschplatten ermittelten Anzahl der Kolonien ist von den jeweiligen hygienischen Anforderungen abhängig.

Abklatschmethoden müssen als quantitative Keimbestimmungen kritisch gesehen werden, da die Mikroorganismen nur teilweise von der Fläche auf den Nährboden übergehen. Bei Oberflächen mit einem höheren Keimgehalt besteht die Gefahr der Überwucherung und des Zusammenwachsens von Kolonien.

Bild 2 Durchführung einer Abklatschprobe in einem Kühlschrank

Als Alternative zu RODAC-Platten können **Kontaktstreifen**, ***Dip-Slides*** oder **Abklatschpaddel** eingesetzt werden (Bild 1), die halbquantitativen Keimzahlbestimmungen auf Flächen und außerdem in Flüssigkeiten dienen. In der humanmedizinischen Diagnostik zur Keimzahlbestimmung von Urin dienend, zeichnen sie sich durch eine große Vielfalt an Selektivnährböden aus.

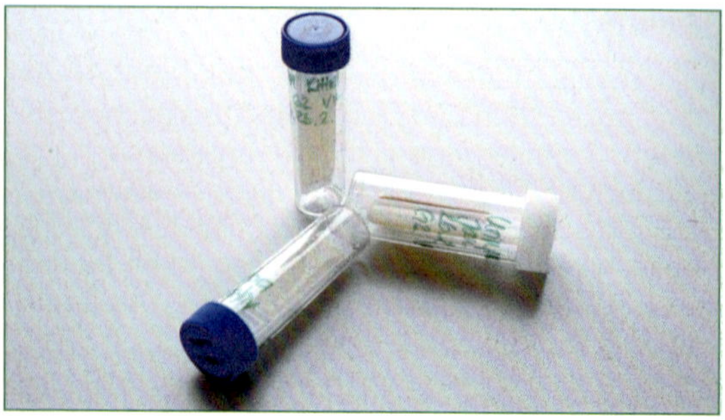

Bild 1 Dip-Slides

Dip-Slides bestehen aus einem Nährbodenträger mit zwei Seiten, die gewöhnlich unterschiedliche Agar-Nährböden enthalten. Der mit einem Griff versehene Agarträger muss vor der Probennahme einem Behälter (Röhrchen) entnommen werden, in das er nach dem Abklatsch wieder zur Bebrütung zurückgegeben wird. Dieses zweischichtig aufgebaute System ermöglicht durch zwei aufeinanderfolgende Abklatschschritte den getrennten Nachweis beispielsweise von Bakterien sowie Hefen und Pilzen.

Bei der Verwendung von Kontaktstreifen muss eine vollständige Berührung der Kontaktfläche mit der beprobten Oberfläche erfolgen. Die Auswertung erfolgt oft nicht durch genaue Auszählung, sondern über eine Abschätzung der Koloniezahlen durch Vergleich mit Musterbildern.

6 Mikroskopische Methoden

Das Lichtmikroskop ist das klassische Hilfsmittel in der Mikrobiologie, da Einzeller fast immer eine Größe unterhalb der Auflösungsgrenze des menschlichen Auges besitzen. Das Mikroskop ermöglicht es, mit dem Auge nicht aufzulösende Objekte vergrößert darzustellen.

6.1 Mikroskopieren von Mikroorganismen

Ein Lichtmikroskop vergrößert ein biologisches Objekt in zwei Stufen mithilfe von zwei Linsensystemen, dem Okular und dem Objektiv. Linsen sind durchsichtige Körper z. B. aus Glas, die gekrümmte Oberflächen besitzen und die Richtung der Lichtstrahlen verändern. Bild 1, S. 449 zeigt ein Mikroskop mit seinen wichtigsten Bedienungselementen. Der prinzipielle Aufbau aus folgenden Bauteilen ist bei allen Mikroskopen gleich:

- Das **Objektiv** ist das dem biologischen Objekt zugewandte Linsensystem. Es sorgt für die erste Vergrößerungsstufe und stellt ein vergrößertes, seitenverkehrtes Zwischenbild her.
- Das **Okular** (lat. *oculus*: Auge) ist das dem Auge zugewandte Linsensystem, welches das Zwischenbild des Objektivs nochmals vergrößert.
- Der **Tubus** ist die Röhre zwischen dem Objektiv und dem Okular, in dem die Lichtstrahlen verlaufen.
- **Lichtquellen** sind Körper, die Licht selbst erzeugen wie z. B. eine Glühlampe.
- Die **Leuchtfeldblende** ist eine Irisblende, mit der der Durchmesser des Lichtstrahls und somit die Größe des ausgeleuchteten Feldes reguliert werden kann.
- Der **Kondensor** ist ein optisches System aus Linsen oder Spiegelflächen, das die Lichtquelle abbildet. Er hat die Aufgabe, die gesamte Öffnungsweite des Objektivs, die **Apertur**, mit Licht auszufüllen, um so eine größtmögliche Auflösung zu erreichen.
- Die **Kondensor-** oder **Aperturblende** befindet sich unterhalb des Kondensors und ist eine Blende, mit der Kontrast, Schärfentiefe und Auflösung reguliert werden können.
- Der **Objekttisch** befindet sich über dem Kondensor, auf ihm liegt das zu untersuchende biologische Objekt, das **Präparat**.
- Bessere Mikroskope besitzen einen **Kreuztisch**, auf dem das Präparat in einen Führungsmechanismus eingespannt und über Grob- und Feintriebe bewegt werden kann.

Die **Vergrößerung** im Mikroskop errechnet sich aus dem Produkt der Vergrößerungen beider Linsensysteme. Beispielsweise ergibt ein Okular mit einer Vergrößerung um das 10-fache und ein Objektiv mit einer 40-fachen Vergrößerung eine 400-fache Gesamtvergrößerung.

Für die Qualität eines mikroskopischen Bildes sind zwei Faktoren entscheidend:

- Die **Auflösung** ist der kleinste Abstand zweier Strukturelemente, die gerade noch getrennt wiedergegeben werden.
- Der **Kontrast** ist der Helligkeitsunterschied zwischen verschiedenen Bildelementen.

Das **Auflösungsvermögen** *d* ist der minimale Abstand zwischen zwei Punkten, die im mikroskopischen Bild getrennt abgebildet werden. Es ist abhängig vom Öffnungs- oder Aperturwinkel eines Objektivs *NA* und wird durch die Wellenlänge des verwendeten Lichts λ in nm begrenzt.

$$d = \frac{\lambda}{2 \cdot NA}$$

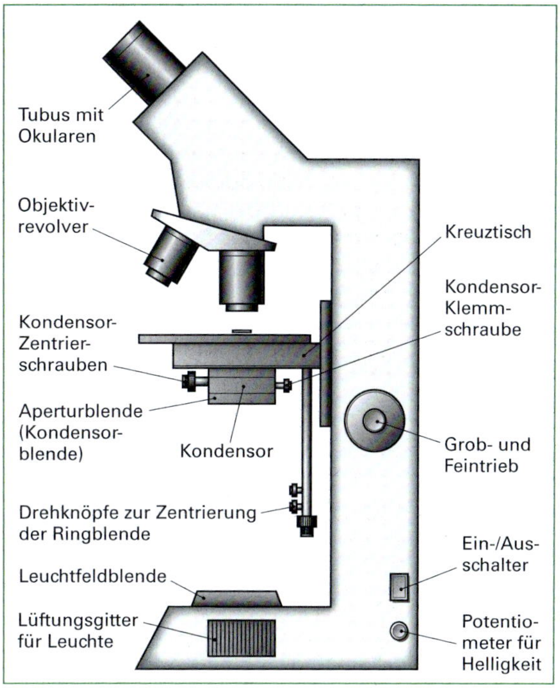

Bild 1 Aufbau des Lichtmikroskops

Die **numerische Apertur** *NA* ist ein Wert, der als Qualitätskriterium des Objektivs und Maß für das erreichbare Auflösungsvermögen des Mikroskops gilt. Sie ist das Produkt des Sinus des halben Öffnungswinkels α und dem Brechungsindex *n* des Mediums zwischen Objektiv und Objekt.

$$NA = n \cdot \sin\alpha$$

Zwischen der Frontlinse des Objektivs und dem Präparat befindet sich zumeist Luft mit einem Brechungsindex von 1. Für das Auflösungsvermögen ist es günstig, wenn der Zwischenraum von einem Medium mit höherem Brechungsindex wie Immersionsöl ($n = 1{,}5$) ausgefüllt wird.

Aufgrund der Beschränkung des Auflösungsvermögens gelingt es mit dem **Lichtmikroskop** nicht, zwei weniger als 0,3 µm entfernte Punkte getrennt nebeneinander abzubilden. Lichtmikroskope können zwar Vergrößerungen über 1000-fach erreichen, bei Vergrößerungen über 500-fach werden die Bilder jedoch nur größer, feine Strukturen gewinnen nicht an Auflösung

Mit einem **Elektronenmikroskop** können über 100 000-fache Vergrößerungen erzielt werden. In diesen Geräten werden Elektronen im elektrischen Feld mit 12 000 V beschleunigt und durch elektromagnetische Linsen, Spulen mit einem Eisenkern, im Vakuum gebündelt. Es entstehen Elektronenstrahlwellen, die wesentlich kürzer sind als die des Lichts. In der Praxis können damit noch Punkte, die nur 10 nm voneinander entfernt sind, als getrennte Strukturen aufgelöst werden.

Es gibt verschiedene Typen von Elektronenmikroskopen, die beiden wichtigsten sind die Transmissions- und die Rasterelektronenmikroskope:

- Beim **Transmissionselektronenmikroskop (TEM)** werden die Elektronenstrahlen durch einen extrem dünnen Schnitt geleitet. Aufgrund der Absorption von Elektronen entsteht ein Bild.
- Beim **Rasterelektronenmikroskop (REM)** wird die Oberfläche eines Objekts mit Elektronenstrahlen abgetastet. Die Primärelektronen des Elektronenstrahls dringen einige Nanometer tief ein und schlagen aus den Atomen des Objekts sogenannte Sekundärelektronen heraus, die von einem Detektor aufgefangen und ausgewertet werden.

Während mit Elektronenmikroskopen nur fixierte und damit leblose Organismen erforscht werden, können mit einem Lichtmikroskop lebende Mikroorganismen untersuchen werden. Das zu untersuchende biologische Objekt, das **Präparat**, wird auf einen **Objektträger**, ein rechteckiges Glasplättchen, gelegt oder aufgetragen. Mikrobiologische Präparate sind bei normaler mikroskopischer Betrachtung so kontrastarm, dass sie durch das Mikroskop kaum sichtbar werden. In der Praxis kommen deshalb verschiedene mikroskopische Betrachtungsverfahren zum Einsatz:

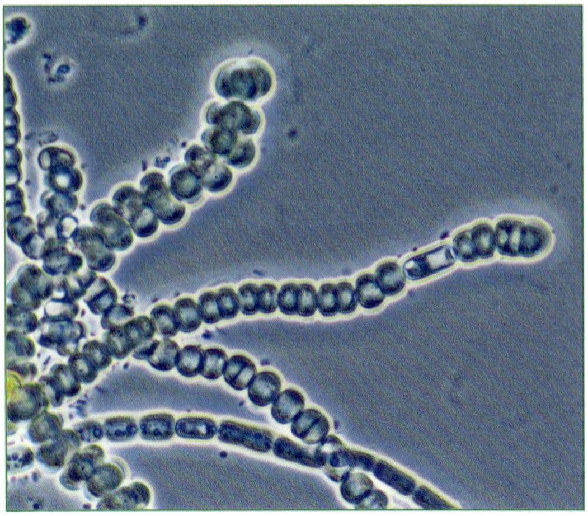

Bild 1 Phasenkontrastmikroskopisches Bild von Cyanobakterien (*Fischerella musicola* (250-fache Vergrößerung))

- **Hellfeldmikroskopie**
  Bei dem gängigsten Mikroskopierverfahren, wird das Präparat vom Licht durchstrahlt. Das Objekt erscheint an den Stellen dunkler, an denen ein Teil der Lichtstrahlen absorbiert wird. Kontrastarme mikrobiologische Präparate können durch Färbungen in sichtbare **Absorptionsobjekte** oder **Amplitudenobjekte** umgewandelt werden, die dadurch kontrastreich werden.

  Gefärbte Präparate absorbieren einen Teil des durchfallenden Lichts. Die Schwächung der Helligkeit beruht dabei auf einer Verkleinerung der Amplitude der Lichtwellen.

- **Phasenkontrastmikroskopie**
  Dabei werden Präparate mit fast durchsichtigen Strukturen in **Phasenobjekte** oder **Verzögerungsobjekte** umgewandelt. Dies sind typischerweise Bakterien, da Strukturen von Bakterienzellen das Licht kaum absorbieren. Die Lichtwellen werden jedoch beim Passieren des Objekts verzögert, während die Amplitude unverändert bleibt. Das durchfallende Licht besitzt gegenüber Lichtwellen, die die Zelle nicht passieren, eine Phasendifferenz, die in der Phasenkontrastmikroskopie zur Erzeugung eines Kontrasts ausgenutzt wird.

  Durch die Benutzung des Phasenkontrastverfahrens kann nur der Kontrast erhöht werden, die Auflösung wird nicht verbessert. Die Phasenkontrasteinrichtung eines Mikroskops besteht aus Objektiven mit Phasenkontrastringen im Inneren und dem Phasenkontrastkondensor mit mehreren Ringblenden.

- **Dunkelfeldmikroskopie**
  Dies ist ein mikroskopisches Verfahren, bei dem kein direktes Licht in das Objektiv gelangt. Der Bilduntergrund bleibt völlig dunkel und die Bildentstehung beruht nur auf dem Licht, das durch Beugung an den Strukturen des Präparats abgelenkt und vom Objektiv aufgenommen wird.

  Das Verfahren ist für feine, transparente Strukturen geeignet, ohne dass eine vorherige Färbung des Präparats erforderlich ist.

- **Fluoreszenzmikroskopie**
  Sie beruht darauf, dass einige natürliche Moleküle wie z. B. **Chlorophyll** einen Teil des von ihnen absorbierten Lichts in Form einer langwelligeren Strahlung wieder abgeben. Weiterhin können durch sogenannte Fluorochrome mikroskopische Präparate gefärbt und zum Fluoreszieren gebracht werden.

  Durch Einsatz dieser Fluoreszenzfarbstoffe können so bestimmte Komponenten und Strukturen der Zelle markiert werden. Ein bekannter Fluoreszenzfarbstoff ist beispielsweise **Acridinorange**, durch den Zellkerne bei Anregung mit blauem Licht eine grüne Fluoreszenz zeigen.

Die Bedienung eines Mikroskops sollte nur nach gründlicher Einführung und unter Zuhilfenahme der Bedienungsanleitung erfolgen. Das Mikroskop kann seine volle Leistungsfähigkeit nur erbringen, wenn sämtliche Einstellungen richtig durchgeführt werden.

Verfahren: Bedienung des Mikroskops
(1) Der Objekttisch (Kreuztisch) wird runtergedreht und das Präparat in die Halterung eingespannt.
(2) Der Kondensor wird in die höchste Stellung gebracht, die Mikroskopierleuchte eingeschaltet und die Leuchtfeldblende geöffnet.
(3) Das Präparat wird in den Strahlengang gebracht, der durch den Lichtfleck sichtbar ist.
(4) Ein kleines Objektiv (z. B. 10er) wird am Revolver in den Strahlengang gedreht, bis es einrastet.
(5) Mit dem Grobtrieb wird der Objektträger an das Objektiv herangeführt, während von der Seite beobachtet werden kann, dass das Objektiv nicht auf das Deckgläschen drückt.
(6) Anschließend wird in das Okular geblickt. Zuerst werden über den Grobtrieb Objektiv und Präparat wieder voneinander entfernt, um das Präparat scharf zu stellen. Wenn das Präparat zu erkennen ist, wird zur weiteren Fokussierung mit dem Feintrieb gearbeitet. Bei kontrastarmen Objekten wie Bakterien kann zuerst auf eine Luftblase, einen Schmutzpartikel oder auf den Rand des Deckglases scharf gestellt werden.
(7) Die Kondensorblende wird langsam geschlossen, um den Kontrast zu erhöhen, wobei jedoch die Auflösung abnimmt.
(8) Die Mikroskopbeleuchtung wird auf angenehme Helligkeit eingestellt und mit der Leuchtfeldblende die Ausleuchtung angepasst.
(9) Das zu untersuchende Objekt wird zentriert, d. h. in die Mitte des Sehfelds gebracht, damit es mit einem stärkeren Objektiv bei kleinerem Sehfeld noch erfasst wird.
(10) Das nächst größere Objektiv wird durch Drehen des Objektivrevolvers eingeschwenkt. Eine Fokussierung des Bildes wird durch minimales Drehen am Feintrieb vorgenommen. Dabei muss vorsichtig vorgegangen werden, um das Objektiv wegen des geringeren Abstands zum Präparat nicht zu beschädigen.
(11) Bei lichtschwächerem Bild kann die Helligkeit über die Leuchtfeldblende erhöht und anschließend mit der Kondensorblende das Bild optimiert werden.
(12) Nach Beendigung der Untersuchung wird zuerst der Objekttisch abgesenkt und erst danach das Präparat entfernt.

Bei Verwendung eines Phasenkontrastmikroskops muss nach jedem Objektivwechsel die zum Objektiv passende Ringblende am Kondensor ausgewählt werden. Objekte mit hoher Lichtbrechung wie beispielsweise Endosporen von Bakterien können dann wesentlich heller als der Hintergrund wahrgenommen werden.

Mikroskopieren von Lebendpräparaten

Mikroorganismen können in wässriger Umgebung lebend untersucht werden. Sollen solche **Lebend-** oder **Nativpräparate** längere Zeit beobachtet werden, muss verhindert werden, dass sie eintrocknen. Bei kleinen Objekten wie Bakterien ist es von Bedeutung, dass mit einem **Immersionsobjektiv** die Auflösung erhöht werden kann. Dabei wird der Zwischenraum zwischen Präparat und Frontlinse mit Immersionsöl ausgefüllt.

Verfahren: Mikroskopieren eines Lebendpräparates mit Ölimmersion
(1) Bei der Untersuchung von Koloniematerial wird zuerst ein kleiner Tropfen einer 0,9%iger NaCl-Lösung auf die Mitte eines Objektträgers gebracht.
(2) Mit einer sterilisierten Impföse oder Impfnadel wird eine geringe, kaum sichtbare Menge Zellmaterial der Kolonie entnommen und, vom Rande des Tropfens ausgehend, allmählich durch Verreiben mit der Flüssigkeit vermischt, sodass ein gleichmäßiger Feuchtigkeitsfilm entsteht.
(3) Bei einer Flüssigkultur wird mit einer sterilen Pasteurpipette eine Probe entnommen und in ein Röhrchen gegeben. Bei deutlicher Trübung im Röhrchen wird so weit mit Flüssigkeit (z. B. 0.9%iger NaCl-Lösung) verdünnt, bis die Trübung schwach ausgeprägt ist. Davon wird ein kleiner Topfen mit einer Pasteurpipette mittig auf einen sauberen Objektträger gegeben.

4. Ein sauberes Deckglas wird an den Rändern gefasst und blasenfrei aufgelegt, indem es schräg auf den Objektträger aufgesetzt und an den Tropfen herangezogen wird (Bild 1, S. 453). Das Deckglas wird vorsichtig auf das Präparat fallen gelassen, um den Einschluss von großen Luftblasen zu verhindern. Die Flüssigkeit auf dem Objektträger soll den gesamten Raum unter dem Deckglas ausfüllen, aber nicht am Deckglasrand hervorquellen. Das Deckglas, dessen Oberseite trocken sein muss, sollte fest aufliegen.
5. Das Präparat wird unmittelbar nach der Herstellung zunächst mit schwächster Vergrößerung, anschließend mit stärkerer Vergrößerung mikroskopiert.
6. Wird das Präparat nicht sofort untersucht oder soll es für längere Zeit genutzt werden, muss verhindert werden, dass es austrocknet. Als Verdunstungsschutz kann das fertige Präparat mit Vaseline (oder Nagellack) an den Rändern abgedichtet werden. Dazu wird Vaseline langsam erwärmt, bis sie flüssig wird, und mit einem Pinsel rund um das Deckglas aufgetragen.
7. Alternativ kann nach einigen Minuten der mikroskopischen Untersuchung ein Tropfen Flüssigkeit dicht an den Rand des Deckglases gesetzt werden, sodass er unter das Deckglas gesaugt wird und den Flüssigkeitsfilm auffüllt.

Ölimmersion

1. Das Ölimmersionsobjektiv ist immer mit „Öl“ oder „Oil“ gekennzeichnet, andere Objektive dürfen nicht mit Immersionsöl benutzt werden. Für die Ölimmersion ist bei vielen Mikroskopen das 100er, bei einigen auch das 40er Objektiv geeignet. Das Ölimmersionsobjektiv liefert nur zusammen mit Immersionsöl ein gutes Bild.
2. Zuerst wird der Objektivrevolver ohne Senkung des Objekttischs weitergedreht, bis er in einer Mittelstellung zwischen den Objektiven steht.
3. Dann wird ein Tropfen Immersionsöl aus einer umgedrehten Öltropfflasche auf das Deckglas (an der Stelle des Lichtflecks) gegeben.
4. Das 100er Objektiv kann jetzt weiter gedreht und eingerastet werden, sodass die Frontlinse in das Öl eintaucht.
5. Die Schärfe wird vorsichtig mit dem Feintrieb eingestellt, da der Abstand zwischen Objektivfrontlinse und Präparatoberfläche sehr gering ist.
6. Nach Beendigung der Untersuchung werden die Ölreste mit einem weichen, trockenen Lappen von der Frontlinse abgewischt, am Ende der Arbeit zusätzlich mit einem mit Reinigungsbenzin/-flüssigkeit befeuchteten Lappen.

Fehler und Störungen	Empfehlungen
▶ Auf dem Objektträger entstehen beim Verreiben Klumpen bzw. Flocken und kein gleichmäßiger Film.	✔ Geben Sie das einer Kolonie entnommene Zellmaterial nicht direkt in den Tropfen, sondern verdünnen Sie es vom Rand ausgehend immer mehr mit der Flüssigkeit.
▶ Die Zellen sind im mikroskopischen Bild zu dicht und kompakt.	✔ Verdünnen Sie die Zellsuspension stärker bzw. stellen Sie auf dem Objektträger einen nur leicht getrübten Flüssigkeitsfilm her.
▶ Das Deckglas schwimmt auf der Flüssigkeit.	✔ Legen Sie das Filterpapier längs an den Rand des Deckglases an und saugen Sie Flüssigkeit ab, bis nur noch ein dünner Flüssigkeitsfilm unter dem Deckglas ist.
▶ Die Schärfentiefe ist sehr gering und die Objekte werden immer wieder unscharf.	✔ Saugen Sie mit Filterpapier Flüssigkeit ab, da der Flüssigkeitsraum zu hoch ist, bzw. justieren Sie kontinuierlich mit dem Feintrieb die Schärfe nach.
▶ Mit dem Immersionsobjektiv werden keine Strukturen gefunden.	✔ Stellen Sie vor der Benutzung des Ölimmersionsobjektivs bei schwächerer Vergrößerung das Präparat scharf, durchsuchen Sie es dann und zentrieren Sie das Objekt.
▶ Die Frontlinse des Immersionsobjektivs stößt an das Deckglas.	✔ Stellen Sie ein neues Präparat her, da der mit Flüssigkeit ausgefüllte Raum zwischen Deckglas und Objektträger zu hoch ist.

Beim Mikroskopieren von Keimen, die evtl. **Krankheitserreger** sind, müssen Vorsichtsmaßnahmen eingehalten werden. So sollten Gegenstände wie Objektträger oder Filterpapier, die mit Keimen verunreinigt sein können, nicht mit bloßen Händen angefasst werden und später sterilisiert oder gefahrlos entsorgt werden.

Bewegungen der Bakterien, die aktiv (Begeißelung) oder passiv (Flüssigkeitsströmungen) sein können, stören häufig die mikroskopische Untersuchung. Die Zugabe von 1 % Methylzellulose wirkt dem durch Erhöhung der Viskosität der Flüssigkeit entgegen. Die Zellen können auch am Glas fixiert werden, indem auf einem Deckglas ein gleichmäßiger Ausstrich der Zellen gemacht (s. Kap. IV.6.2), der an der Luft getrocknet wird. Anschließend wird das Deckglas umgedreht, auf den Objektträger mit einem kleinen Tropfen Wasser gelegt und mikroskopiert.

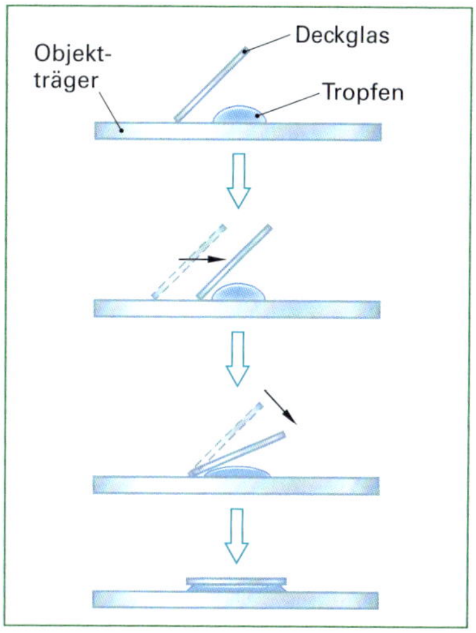

Bild 1 Vorgehensweise bei Flüssigpräparaten

6.2 Färbungen von Mikroorganismen

Färbungen werden angewandt, wenn bestimmte Eigenschaften der Mikroorganismen ermittelt oder Strukturen sowie Einschlüsse in den Zellen nachgewiesen werden sollen. Sie sind auch sinnvoll, wenn kein Phasenkontrastmikroskop zur Verfügung steht. Beim Färben kann es jedoch leicht zu Artefakten kommen, wie z. B. zum Schrumpfen der Zellen.

Die meisten der in der Mikrobiologie verwendeten **Farbstoffe** wie Kristallviolett, Fuchsin oder Methylenblau sind basische Farbstoffe, die an Zellkomponenten wie DNA, RNA und Proteine binden. Durch einfaches Anfärben mit basischen Farbstoffen kann eine **Kontrasterhöhung** von Bakterienzellen erreicht werden. Die Bestimmung der vorliegenden Mikroorganismen kann dadurch erleichtert werden.

Die Größe und Form der Zellen sowie die Anordnung der Zellen in Verbänden können dann mikroskopisch gut erkannt werden. Die häufigsten **Formen von Bakterien** sind Kokken, die einzeln, in Paaren, in Ketten, Vierer-Paketen oder Haufen vorkommen, sowie Stäbchen, die kurz, lang, gekrümmt, spiralig gewunden oder verzweigt sind, sowie in Ketten auftreten können (s. S. 156).

Verfahren: Färbung bakterieller Zellen mit Methylenblau

1. Eine alkalische Methylenblaulösung wird hergestellt (1,5 g in 100 mL 96%igem Ethanol gelöst und mit 300 mL 0,01%iger wässriger KOH-Lösung gemischt) und in einer Spritzflasche zur Färbung bereitgestellt.

Hitzefixierung

1. Ein kleiner Tropfen Leitungswasser wird auf einen sauberen, fettfreien Objektträger gegeben.
2. Eine geringe Menge Zellmaterial wird mit der sterilisierten Impföse oder Impfnadel in kreisenden Bewegungen gleichmäßig mit dem Wasser vermischt und als dünner Film auf dem Objektträger ausgestrichen. Der Ausstrich wird ca. 15 Minuten an der Luft getrocknet.
3. Der trockene Ausstrich wird mit der Schichtseite nach oben dreimal durch die Brennerflamme gezogen (Bild 1, S. 454), sodass es zu einer Hitzefixierung der Bakterien kommt. Dann wird er für einige Minuten abgekühlt.

Anfärbung

1. Der Ausstrich wird auf eine Färbebank gelegt und für ca. 30 Sekunden mit der Methylenblaulösung überschichtet (Bild 2, S. 454).
2. Die Färbelösung wird abgekippt und der Objektträger mit Wasser aus der Spritzflasche vorsichtig abgespült, bis keine Farbwolken mehr sichtbar sind.
3. Das feuchte Präparat kann sofort mit einem überlegten Deckglas mikroskopiert werden. Alternativ kann das Präparat an der Luft getrocknet werden und ohne Deckglas mikroskopiert werden.

Fehler und Störungen	Empfehlungen
▶ Die Zellen sind im mikroskopischen Bild zu dicht zusammen.	✔ Streichen Sie das Zellmaterial auf dem Objektträger zu einem dünnen und gleichmäßigen Film aus.
▶ Auf dem Objektträger entsteht kein gleichmäßiger Film, da sich die Suspension zu kleinen Tropfen zusammenzieht.	✔ Machen Sie den Objektträger durch Reinigung mit Ethanol fettfrei.

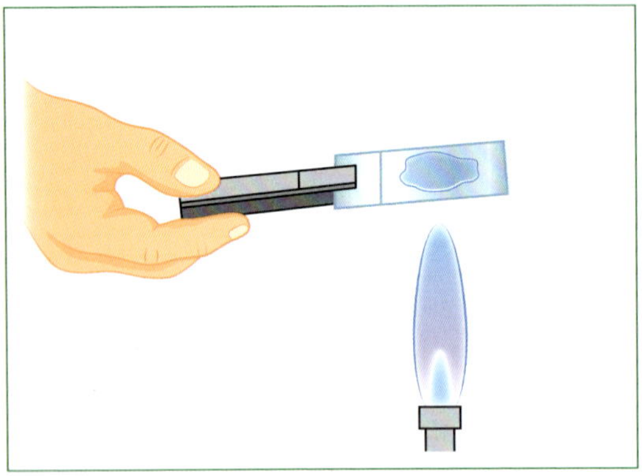

Bild 1 Durchführung der Hitzefixierung

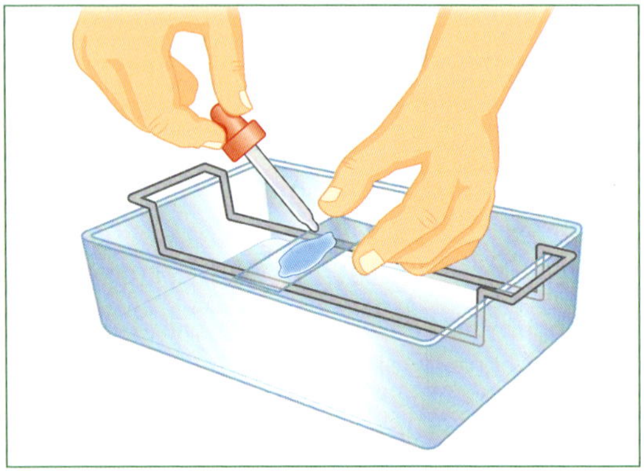

Bild 2 Farbstoffzugabe an der Färbebank

Gramfärbung

Der dänische Bakteriologe *Christian Gram* (1853 – 1938) hat vor über 100 Jahren eine Methode zur Färbung von Bakterien entwickelt, die bis auf den heutigen Tag in der Mikrobiologie von großer Bedeutung ist. Die nach ihm benannte ***Gramfärbung*** sagt etwas darüber aus, wie die Zellwand der jeweiligen Bakterien aufgebaut ist (s. Kap. II.1.1.1). Da bei Bakterien zwei grundsätzlich verschiedene Zellwandtypen vorkommen, kann die Gramfärbung zur Einteilung der Bakterien und zur Identifizierung von unbekannten Keimen genutzt werden. Gramnegative und grampositive Bakterien sind außerdem in der Reaktion auf Antibiotika und Hemmstoffe unterschiedlich.

Die Gramfärbung von Bakterien kann in fünf Schritte unterteilt werden (Bild 1, S. 455):

1. Zuerst erfolgt eine **Hitzefixierung** (s. S. 453), wobei die Bakterien durch Hitze strukturschonend abgetötet werden. Die Zellen werden dabei fest an das Glas des Objektträgers gebunden und können nicht mehr abgespült werden.
2. Zur **Färbung** wird eine Lösung aus einem basischen Farbstoff wie Kristallviolett (auch Gentianaviolett genannt) eingesetzt. Der Farbstoff dringt in alle Zellen ein und bindet an die Makromoleküle der Bakterien.
3. Bei der **Beizung** mit Lugol'scher Lösung, die einen Iod-Kaliumiodid-Komplex enthält, entstehen in den Bakterienzellen Farbstoff-Iod-Komplexe, die im Gegensatz zum reinen Farbstoff wasserunlöslich sind. Alle Zellen sind dunkelblau gefärbt.
4. Der **differenzierende Schritt** ist die Behandlung der Bakterienzellen mit Ethanol, das eine dehydratisierende Wirkung hat. Dabei verliert die Zellwand ihr gebundenes Wasser. Bei grampositiven Bakterien, die eine sehr dicke Zellwand aus vielen Schichten Murein besitzen, entsteht eine für den Farbstoffkomplex undurchlässige Barriere. Die Zellwandschichten dieser Bakterien stapeln sich eng aufeinander und bilden ein engmaschiges Netz. Die in Ethanol löslichen Farbkomplexe verbleiben in den Zellen der grampositiven Bakterien. Bei gramnegativen Bakterien werden sie durch den Alkohol ausgewaschen, sodass eine **Entfärbung** eintritt.
5. Die **Gegenfärbung** mit Safranin- oder Karbolfuchsinlösung dient dazu, die entfärbten gramnegativen Keime durch eine weitere Färbung besser erkennbar und von grampositiven unterscheidbar zu machen.

Verfahren: Gramfärbung

(1) **Reagenzien** (Behälter sollten nach Gebrauch dicht verschlossen und lichtgeschützt gelagert werden)

- Färbelösung (2 g Kristallviolett in 20 mL 96%igem Ethanol gelöst und mit 80 mL 1%iger wässriger NH_4-Oxalat-Lösung gemischt, vor Gebrauch frisch filtriert)
- Lugol'sche Lösung (1 g Iod mit 2 g K-Iodid im Mörser verrieben und in 300 mL H_2O gelöst)
- Entfärber (96%iger Ethanol)
- Gegenfärbelösung (250 mg Safranin in 10 mL Ethanol gelöst und auf 100 mL H_2O aufgefüllt)

(2) Der Objektträger sollte zuerst mit Ethanol entfettet werden.

(3) Mit einer sterilen Pasteurpipette wird ein Tropfen einer nicht zu dicht gewachsenen Flüssigkultur oder mit der ausgeglühten Impföse Koloniematerial auf den Objektträger übertragen.

(4) Das Koloniematerial wird in einem Tropfen 0,9%iger NaCl-Lösung verrührt oder und zu einem dünnen (schwach getrübten) Film ausgestrichen.

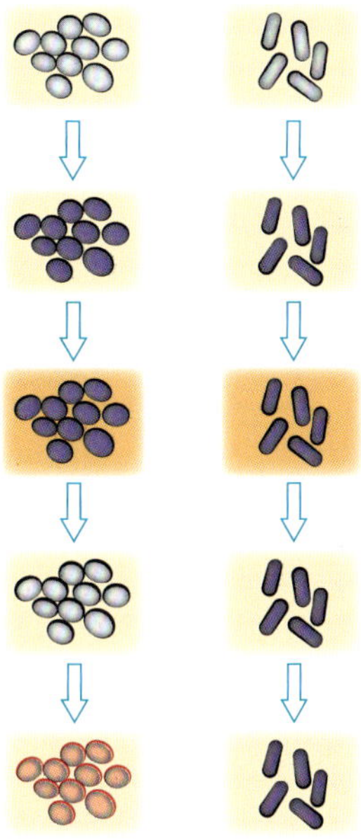

Bild 1 **Schritte der Gramfärbung**

(5) Auf demselben Objektträger können Kontrollen ausgestrichen werden (s. unten).

(6) Eine Hitzefixierung des Ausstrichs wird durchgeführt (s. S. 453).

(7) Nach Abkühlen wird der Objektträger auf ein Färbegestell oder eine Färbebank gelegt.

(8) Die Färbelösung wird aufgetropft, bis der Ausstrich vollkommen bedeckt ist. Nach einer Minute wird die Färbelösung abgegossen, aber nicht mit Wasser abgespült.

(9) Danach wird Lugol'sche Lösung aufgetropft und nach einer Minute abgegossen und mit demineralisiertem Wasser (oder Leitungswasser) vorsichtig gewaschen.

(10) Die Entfärbelösung wird tropfenweise über den Objektträger laufen gelassen, bis kein Farbstoff mehr ausgewaschen werden kann.

(11) Vorsichtig wird mit Wasser gespült, bis die Entfärbelösung vollständig entfernt ist.

(12) Der Ausstrich wird mit Safraninlösung überdeckt und nach ca. 30 Sekunden mit Wasser abgespült.

(13) Das Präparat wird an der Luft getrocknet, im Hellfeld bei 1000-facher Vergrößerung unter Ölimmersion mikroskopiert und mit den Kontrollen verglichen. Grampositive Bakterien sind blauviolett und gramnegative rot gefärbt (Bild 1).

Zur Beurteilung, ob die Färbungen wie vorhergesehen ausfallen, sollten möglichst auf demselben Objektträger Kontrollen durchgeführt werden. Dazu werden auf der eine Seite des unbekannten Stammes ein grampositives und auf der anderen Seite ein gramnegatives Bakterium ausgestrichen und mitgefärbt.

Zur Durchführung der Gramfärbung von bakteriologischen Präparaten können heutzutage auch Färbeautomaten eingesetzt werden, die in 5 bis 10 Minuten Minuten bis zu 12 Objektträger gleichzeitig färben.

Die Gramfärbung ist ein wichtiger Schritt in der Identifizierung unbekannter Bakterien (s. Kap. IV.4). Die Färbung ergibt reproduzierbare Ergebnisse, wenn die angegebenen Vorschriften genau eingehalten werden.

Die Bakterien für die Gramfärbung sollten einer frisch gewachsenen Kolonie entstammen, die möglichst nicht älter als 24 Stunden ist. Bei älteren Zellen können untypische Ergebnisse auftreten. So können die Zellwände grampositiver Bakterien bisweilen das falsche Färbeverhalten zeigen. Diese Bakterien werden als gramlabil oder gramvariabel bezeichnet.

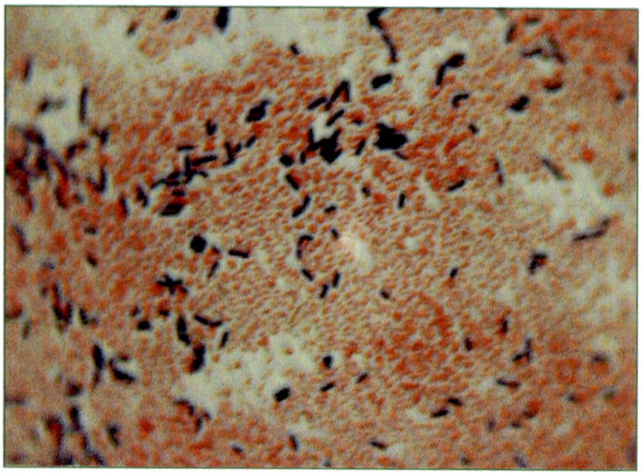

Bild 1 ***Bacillus cereus*** **(blauviolett: grampositiv) und** ***E. coli*** **(rot: gramnegativ) nach der Gramfärbung**

Sporenfärbung

Andere Färbungen dienen besonderen Untersuchungszielen wie der Darstellung besonderer Zellformen oder von Zellbestandteilen.

Die **Endosporen** (s. S. 167) von Bakterien sind auch ohne Färbung aufgrund starker Lichtbrechung zumeist mikroskopisch sichtbar. Um sie besser von der Umgebung unterscheiden zu können, werden die Sporen mit **Malachitgrün** oder mit **Karbolfuchsin** angefärbt. Der Farbstoff Fuchsin in einer phenolhaltigen Lösung (veraltet: Karbolsäure oder Karbol) wird Karbolfuchsin genannt. Bei einer Färbung von Sporen wird die Sporenwand durch Erhitzen für den Farbstoff permeabel gemacht. Eine Gegenfärbung der vegetativen Zellen, die im Gegensatz zu den Sporen beim Waschen mit Wasser wieder entfärbt werden, kann mit Safranin erfolgen.

Verfahren: Sporenfärbung

1. Die Zellen werden ausgestrichen und hitzefixiert.
2. Der Objektträger wird mit Malachitgrünlösung (5%ige wässrige Lösung) bedeckt.
3. Der Ausstrich wird 3 Minuten mit der Brennerflamme erhitzt. Dabei muss eine Schutzbrille getragen werden. Die Flamme sollte nicht zu heiß (besser: leuchtend) sein, und die Färbelösung sollte nicht kochen (öfters kurz aus der Flamme nehmen). Bevor die Färbelösung eintrocknet, wird etwas Lösung nachpipettiert.
4. Die Färbelösung wird unter fließendem Leitungswasser abgespült.
5. Der Ausstrich wird ca. 5 Minuten lang mit Safraninlösung bedeckt (250 mg Safranin in 10 mL Ethanol gelöst und auf 100 mL H_2O aufgefüllt).
6. Die Safraninlösung wird mit Wasser abgespült und der Objektträger getrocknet.
7. Die Färbung wird im Hellfeld mit dem 40er oder 100er Objektiv mikroskopiert.

Die Form der Endosporen, ihre Lage in den stäbchenförmigen Zellen von Bazillen und Clostridien sowie ihre Größe im Vergleich zur Mutterzelle sind bei Bakterienarten charakteristisch und können zur Identifizierung der Mikroorganismen genutzt werden (Bild 2).

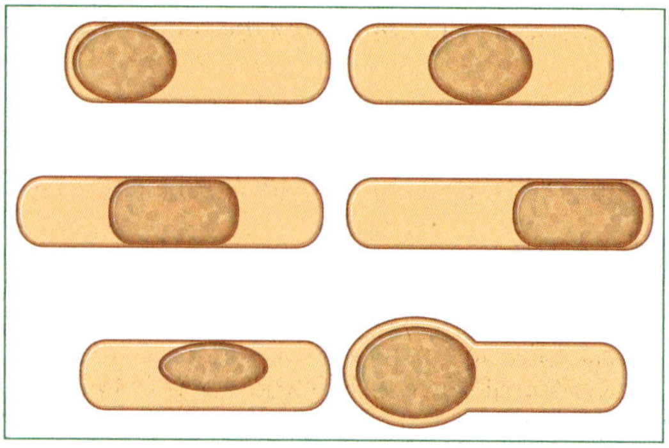

Bild 2 Endosporen mit Unterschieden in Form, Lage und Größe

Geißelfärbung

Bakteriengeißeln sind ohne spezielle Färbung im Lichtmikroskop nicht sichtbar. Um den Begeißelungstyp der Zellen zu erkennen, kann eine Geißelfärbung z.B. nach der Methode von *Leifson* durchgeführt werden. Das Beizen mit pflanzlichen Gerbstoffen, den Tanninen, zu denen verschiedene Polyhydroxyphenole zählen, bewirkt zuerst ein starkes Aufquellen der Geißelproteine.

Danach wird der rote Triphenylmethanfarbstoff Fuchsin zugegeben, und die Flagellen werden mikroskopisch sichtbar.

Weitere spezielle Färbemethoden

Im Lichtmikroskop sind ohne Anfärbung oft körnchenförmige Einlagerungen, genannt **Granula**, sichtbar, die meist Speicherstoffe enthalten. Wenn Bakterien sich aufgrund von Nährstoffmangel nicht mehr vermehren können, ihnen aber anorganisches Phosphat und ein Energiesubstrat zur Verfügung stehen, bilden sie sogenannte **Volutin**- oder **Polyphosphat**-Granula. Sie bestehen aus langen Polyphosphatketten und stellen bei vielen Bakterien Phosphatreservestoffe sowie Energiespeicher dar. Sie erscheinen nach Anfärbung mit Methylenblau (s. S. 453) dunkelblau gefärbt.

Fettartige Speichersubstanzen sind mit lipophilen Farbstoffen wie Sudanschwarz nachweisbar. Glykogen kann mit einer Iod-Kaliumiodid-Lösung (Lugol'sche Lösung) nachgewiesen werden.

Der Nachweis von **Kapseln** (s. S. 165) und **Schleimhüllen** ist durch Zusatz von schwarzer Tusche möglich. Schleime sind farblos und haben den gleichen Brechungsindex wie Wasser, sodass sie im Phasenkontrastmikroskop nicht sichtbar sind. Die Tuschepartikel können aufgrund ihrer Größe weder in die Zellen noch in die sie umgebenden Schleimkapseln eindringen. Es handelt sich um eine Negativdarstellung, bei der die Mikroorganismen und ihre Umhüllungen nicht, sondern nur deren Umgebung angefärbt werden (Bild 1).

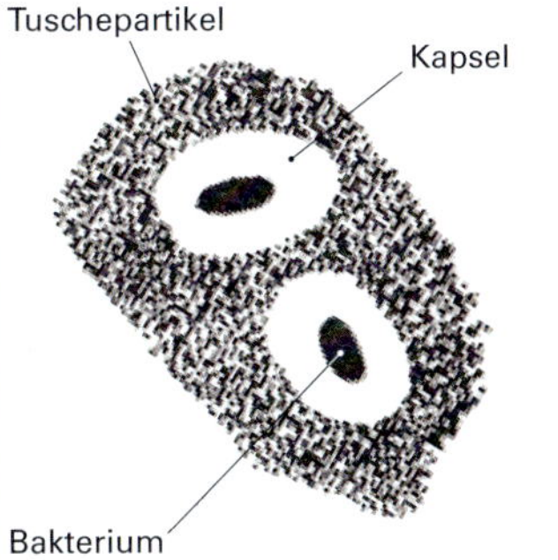

Bild 1 Kapseldarstellung mithilfe von Tusche

Darüber hinaus ermöglichen spezielle Färbemethoden die Erkennung und den Nachweis besonderer Gruppen von Krankheitserregern. Die ***Ziehl-Neelsen*-Färbung** dient der Erkennung von **säurefesten Bakterien**, insbesondere von Mykobakterien wie z. B. *Mycobacterium tuberculosis* (Tbc-Bakterien). Die einzigartige Zellwand der Mykobakterien besitzt wachsartige Substanzen und ist eine Barriere für viele Stoffe, die nur mit einer drastischen Hitzebehandlung gebrochen werden kann.

Das hitzefixierte Präparat wird dabei mehrmalig mit einer Phenol-Fuchsin-Lösung angefärbt und bis kurz vor dem Siedepunkt erhitzt. Können so die Farbstoffmoleküle in die Zelle eingebracht werden, werden sie sogar bei gleichzeitiger Behandlung mit Ethanol und 3 % Salzsäure im Zellinneren festgehalten und nicht ausgespült. Deshalb werden die Tuberkulosebakterien als säurefest bezeichnet.

7 Keimzahlbestimmungen und Wachstumsmessungen

Für die Messung und Kontrolle des Wachstums einer Flüssigkultur ist eine regelmäßige quantitative Bestimmung der Keimzahlen notwendig, um z. B. zu erfassen, ob die Zellen sich in der exponentiellen Wachstumsphase befinden.

Für einzellige Mikroorganismen, wie viele Bakterien und Hefen, stehen verschiedene Methoden zur Verfügung, die entweder die Zellzahl oder die Zellmasse (Biomasse) bestimmen. Diese Größen sind oft, aber nicht immer miteinander gekoppelt. Bakterien sind in der exponentiellen Wachstumsphase meist **Standardzellen**, deren Zellgröße und -zusammensetzung (Protein, DNA usw.) sich nicht verändert. Zellzahl, Zellmasse sowie beispielsweise die Proteinmasse nehmen mit derselben Rate zu und können alle zur Wachstumskontrolle genutzt werden.

In anderen Wachstumsphasen und bei einigen anderen Mikroorganismen generell, z. B. bei fädig wachsenden, ist die Zellgröße und -zusammensetzung variabel und Zellzahl oder die Zellmasse korrelieren nicht miteinander.

Bei Bakterien sind die gebräuchlichsten Verfahren der Zellzahlbestimmung:

- **Ausplattierung** einer Verdünnungsreihe (s. Kap. IV.7.1.1).
- **Trübungsmessung** am Fotometer (s. Kap. IV.7.2.1).
- **Zellzählung** mithilfe von Zählkammer und Mikroskop (s. Kap. IV.7.2.2).

7.1 Bestimmung der Lebendkeimzahl

Werden Keimzahlbestimmungen mithilfe von Kulturverfahren durchgeführt, kann die Anzahl lebensfähiger Zellen der Bakterien oder Pilze ermittelt werden. Nur die Keime, die sich unter den gewählten Züchtungsbedingungen zu Kolonien vermehren, werden sichtbar und können ausgezählt werden. Hingegen werden die Einzeller, die entweder tot sind oder unter den Bedingungen nicht wachsen können, durch die Messung nicht erfasst.

Bei Lebendzellzahlbestimmungen ist es oft erforderlich, zunächst die Probe oder Ausgangskultur unter sterilen Bedingungen zu verdünnen. Um möglichst genau zu analysieren, wird das Verdünnen üblicherweise in mehreren Schritten und oft im Verhältnis von 1:10 durchgeführt (dezimale Verdünnungsreihe) (Bild 1). Ein Verdünnungsschritt bedeutet somit eine Zugabe von einem Teil einer Bakteriensuspension zu neun Teilen steriler Verdünnungslösung wie z. B. physiologischer Kochsalzlösung (0,9%ige NaCl-Lösung). Es sollte nicht Kulturmedium zur Verdünnung eingesetzt werden, da sich die Zellen während des Verdünnungsverfahrens weiter vermehren würden.

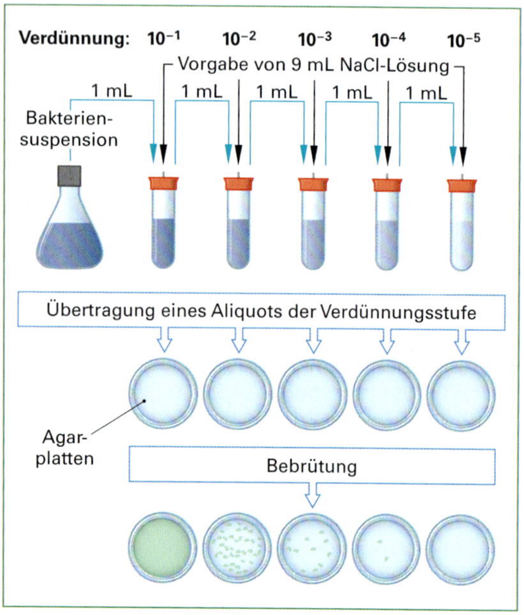

Bild 1 Lebendzellzahlbestimmung mit Verdünnungsreihe

7.1.1 Ausplattierungsverfahren

Das wichtigste Verfahren zur Lebendzellzahlbestimmung ist das **Ausplattierungsverfahren** oder **Spatelplattenverfahren**. Dabei wird ein Aliquot der Verdünnungsstufen, zumeist ein Volumen von 100 µL (0,1 mL), auf die Oberfläche von Agarplatten gegeben und mithilfe eines Drigalskispatels verteilt. Die lebensfähigen Zellen bilden nach einer Bebrütung von einem oder mehreren Tagen Kolonien, die mit dem Auge gut sichtbar sind.

Die Lebendzellzahlbestimmung wird üblicherweise mit einem Vollmedium wie dem PC-Agar (s. S. 418) durchgeführt, um sämtliche lebenden Zellen zu erfassen. Es können jedoch auch bei bestimmten Fragestellungen Selektivmedien verwendet werden. Die Wachstumsbedingungen wie die Temperatur bei der Bebrütung richten sich nach den erwarteten Eigenschaften der untersuchten Mikroben.

Die sterile Verdünnung der Probe sollte so weit reichen, dass das auf den Agar gegebene Aliquot der Verdünnungsstufe zu einer gut auszählbaren Zahl von Kolonien (10 bis 300) führt, wenn das Aliquot genau diese Zahl an Zellen enthält. Um beispielsweise die Zellzahl einer Bakteriensuspension mit gerade einsetzender Trübung (etwa 10^7 Zellen pro mL) zu bestimmen, sollte das Aliquot mit dem Volumen von 0,1 mL, das ausplattiert wird, etwa 10^2 Zellen enthalten. Dies bedeutet, dass die Zellkonzentration der ausplattierten Verdünnungsstufe 10^3 pro mL sein sollte. Somit müssen von der Probe mit 10^7 Zellen pro mL 4 dezimale Verdünnungsstufen hergestellt werden (Tabelle 1).

Tabelle 1 Beispiel einer dezimalen Verdünnung zur Zellzahlbestimmung

Verdünnung	unverdünnt	10^{-1}	10^{-2}	10^{-3}	10^{-4}	10^{-5}
Keime pro mL	10^7	10^6	10^5	10^4	10^3	10^2
Keime pro 0,1 mL Aliquot (≈Agarplatte)	10^6	10^5	10^4	10^3	10^2	10^1

Nicht jede Verdünnungsstufe muss ausplattiert werden, sondern nur die, die wahrscheinlich durch Zählung der Kolonien ausgewertet werden können. Wird wie im Beispiel erwartet, dass die vierte dezimale Verdünnung (10^{-4}) eine günstige Zahl an Kolonien auf der Platte, nämlich 100, aufweist, dann sollte nur noch die vorhergehende und die nachfolgende Verdünnungsstufe (10^{-3} und 10^{-5}) ausplattiert werden.

Verfahren: Lebendzellzahlbestimmung über Ausplattierungsverfahren

Verdünnungsreihe (Bild 1, S. 458)

1. Zuerst muss überlegt werden, wie viele Zehnerschritte bei der Verdünnung der Kultur bzw. der Probe notwendig sind, um gut auswertbare Agarplatten zu erhalten.
2. Pro Verdünnungsstufe wird eine, bei Doppelbestimmungen werden zwei Agarplatten (z. B. LB-Nährmedium) benötigt.
3. Mithilfe einer Glaspipette werden je 9 mL 0,9%-ige NaCl-Lösung in 20 mL-Reagenzgläser gegeben und die Reagenzgläser mit Alukappen verschlossen.
4. Die Reagenzgläser werden autoklaviert und müssen danach auf Raumtemperatur abkühlen.
5. Die Gefäße der Reihe werden mit 10^{-1}, 10^{-2} usw. beschriftet. Ebenfalls müssen die Agarplatten an ihrem Bodenrand (Probe, Verdünnungsstufe usw.) bezeichnet werden.
6. Die Verschlüsse der Röhrchen werden gelockert aufgesetzt, sodass sie gut mit einer Hand abgenommen und gehalten werden können.
7. Die folgenden Arbeitsschritte müssen steril ausgeführt und die Verschlüsse nur so lange wie nötig abgenommen werden. Die Schritte sollten auch zügig durchgeführt werden, da die Zellen in der Verdünnungslösung langsam absterben.
8. Das erste Reagenzglas (10^{-1}) wird geöffnet und der Öffnungsrand abgeflammt (einmal langsam durch die Flamme gezogen) und genau 1 mL der Kultur bzw. der Probe (vorher gut mischen) zugegeben.
9. Danach wird das wieder geschlossene Röhrchen auf einem Reagenzglasmixer für ca. 20 Sekunden geschüttelt.
10. Diesem Röhrchen werden mit einer sterilen Pipette oder Pipettenspitze 1 mL entnommen, der in das zweite Reagenzglas (10^{-2}) gegeben wird.
11. Die folgenden Verdünnungsstufen werden auf die gleiche Weise hergestellt, wobei die gute Durchmischung der Röhrchen auf keinen Fall vergessen werden darf.

Ausplattierung

1. Aus jeder Verdünnungsstufe, die ausplattiert werden soll, werden nach kurzem Durchmischen 100 µL Suspension (in besonderen Fällen auch 50 µL oder 200 µL) mit einer Pipette entnommen und auf die Oberfläche der Agarplatte gegeben.
2. Der Drigalskispatel wird in 70%igen Ethanol eingetaucht und dann kurz in der Brennerflamme abgeflämmt.
3. Der sterilisierte Spatel wird zum Abkühlen für einige Sekunden auf eine keimfreie Stelle der Agarplatte gedrückt.

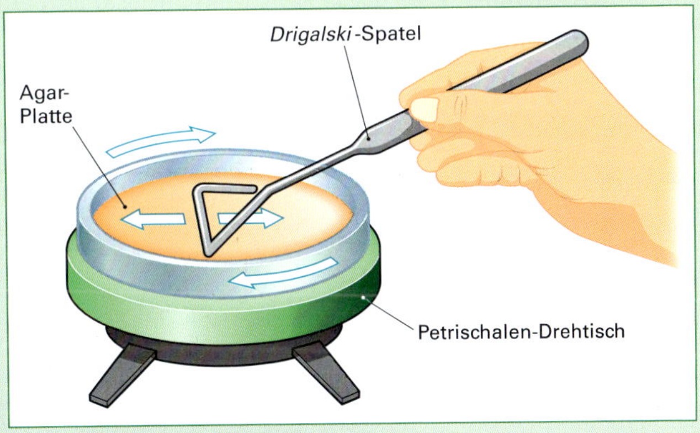

Bild 1 Ausplattierung von Agarplatten

4. Die aufgetragene Flüssigkeitsmenge wird durch kreisende Bewegungen des Spatels gleichmäßig auf der Agaroberfläche verteilt, wobei die Petrischale mit der freien Hand (z. B. mithilfe eines Drehtischs) gedreht werden kann (Bild 1).
5. Sobald die Flüssigkeit in den Agar eingerieben ist und der Spatel nicht mehr leicht gleitet, wird das Einplattieren beendet und der Deckel der Petrischale geschlossen.
6. Die Agarplatten werden bei einer Temperatur z. B. von 37 °C für 1 bis 2 Tage bebrütet.
7. Danach werden die Kolonien auf jeder Platte evtl. mithilfe eines Zählgerätes ausgezählt, wobei sie am Boden der Petrischale mit einem Punkt markiert werden können, um Mehrfachzählungen zu vermeiden.

Fehler und Störungen	Empfehlungen
▶ Das Einreiben der Probe dauert sehr lange, bis ein Widerstand bemerkbar ist. ▶ Auf den bebrüteten Agarplatten befinden sich ein trüber Bakterienfilm oder zerfließende Kolonien.	✔ Benutzen Sie nicht zu feuchte Agarplatten, gegebenenfalls im Trockenschrank vortrocknen.
▶ Auf keiner Agarplatte haben sich Kolonien gebildet.	✔ Lassen Sie den Spatel lange genug abkühlen, sonst werden die auf der Agarplatte zu verteilenden Mikroorganismen abgetötet. ✔ Vergessen Sie das Schütteln (Mischen) der Röhrchen nicht.
▶ Die Kolonien bilden einen Rasen oder können wegen hoher Anzahl und geringer Größe nicht ausgezählt werden.	✔ Plattieren Sie höhere Verdünnungsstufen aus, damit weniger Kolonien pro Platte entstehen.
▶ Agarplatten einer Verdünnungsstufe, die keine oder wenige Kolonien aufweisen müssten, haben einen dichten Bakterienrasen.	✔ Kontrollieren Sie die Agarplatten vor Benutzung auf schon vorhandene Kolonien (Kontaminationen), sonst werden diese Kolonien mit ausgestrichen.
▶ Die Kolonien sind nur auf einem Teil der Agarplatte.	✔ Bestreichen Sie die gesamte Fläche der Platte gleichmäßig mit dem Spatel.
▶ Koloniezahl zwischen Parallelplatten variiert stark.	✔ Mischen Sie die Verdünnungsstufe, die benutzt wird, vor dem Plattieren noch mal. ✔ Vermeiden Sie Pipettierfehler (z. B. Luft ansaugen).

Alternativ zu einer Verdünnungsreihe mit 10 mL Gesamtvolumen kann eine Reihe mit 1 mL Gesamtvolumen durchgeführt werden. Dazu wird 100 µL der Probe mit einer Kolbenhubpipette in ein steriles 1,5-mL-Reaktionsgefäß (*Eppendorf* Cup) mit 900 µL Verdünnungslösung gegeben, gut durchgemischt und mit der Mischung die nächste Verdünnungsstufe angesetzt.

7.1.2 Gussplattenverfahren

Das Gussplattenverfahren wurde schon im Labor von *Robert Koch* entwickelt und wird deshalb auch ***Koch'scher* Plattenguss** genannt. Bei diesem Verfahren wird der noch flüssige Agar-Nährboden in die Petrischale gegossen, in der sich bereits die Probe befindet. Die meisten Kolonien, die sich bei der Bebrütung des erstarrten Nährbodens entwickeln, befinden sich nicht auf der Oberfläche, sondern innerhalb des Agar-Nährbodens. Einige Kolonien können die Agaroberfläche durchbrechen.

Das Gussplattenverfahren hat im Vergleich zum Ausplattierungsverfahren einige Nachteile, weshalb es auch seltener eingesetzt wird.

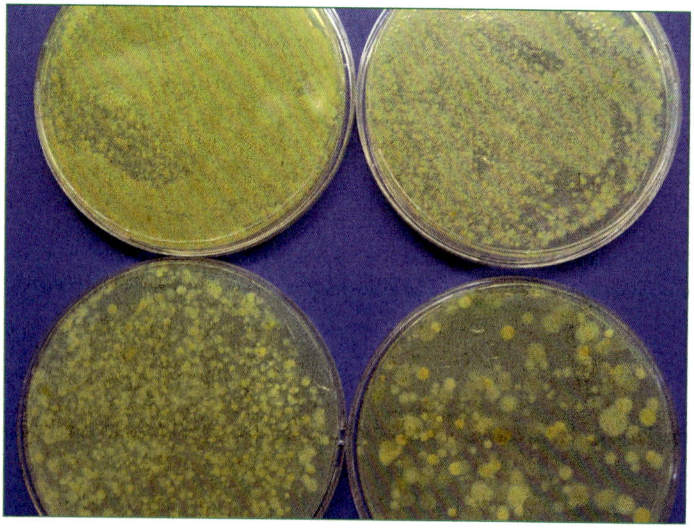

Bild 1 Ausplattierte Verdünnungsstufen (von links oben nach rechts unten zunehmende 10er-Verdünnungen) einer Lebendzellzahlbestimmung

Die **Nachteile** des Gussplattenverfahrens sind:

- Das Verfahren ist arbeits- und zeitaufwendiger, da es weniger gut vorbereitet werden kann.
- Innerhalb des Agars ist die für aerobe Keime notwendige **Sauerstoffversorgung** wesentlich schlechter als auf der Oberfläche, sodass diese Keime langsamer wachsen und kleinere Kolonien bilden.
- Hitzeempfindliche Mikroorganismen können bei diesem Verfahren geschädigt werden, sodass streng auf die Gießtemperatur des Nährmediums geachtet werden muss.
- Kolonien, die überimpft werden sollen, müssen evtl. tief aus der Agarschicht ausgegraben werden.

Das Gussplattenverfahren bietet jedoch auch einige **Vorteile**:

- Es können größere Probenvolumina, beispielsweise 1 mL, in den Agar-Nährboden gegeben werden, wodurch die **Nachweisgrenze** niedriger als beim Ausplattierungsverfahren ist. Keimzahlen unterhalb der Nachweisgrenze können nicht nachgewiesen werden, wenn z. B. Lebensmittelproben bei der Untersuchung homogenisiert und dabei verdünnt werden.
- Das Verfahren ist für Proben geeignet, in denen schwärmende Mikroorganismen vorhanden sind, die sich im Agar nicht ausbreiten können.
- Mikroorganismen, die wie die Mikroaerophilen bei hoher O_2-Konzentration schlecht wachsen, können sich im Agarinneren besser vermehren.

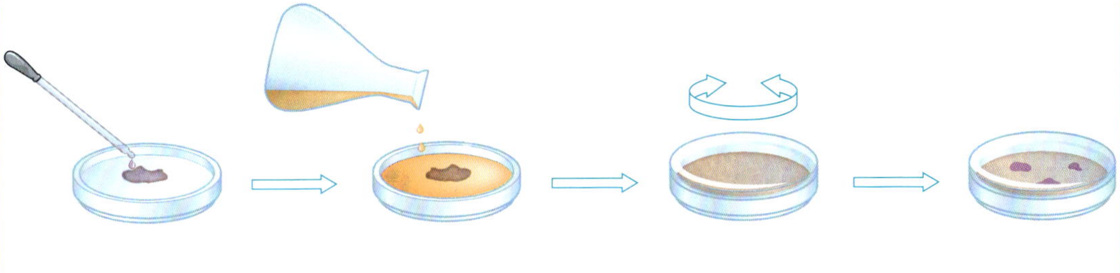

Bild 1 **Schritte des Gussplattenverfahrens**

Verfahren: Gussplattenverfahren (Bild 1)
(1) Zuerst werden leere Petrischalen und Verdünnungsröhrchen beschriftet.
(2) Das autoklavierte Agarmedium wird bei 50 °C im Wasserbad warmgehalten. Alternativ kann für jede Petrischale ein Reagenzglas mit flüssigem Agar-Nährboden (10 bis 15 mL) in ein auf 55 °C temperiertes Wasserbad gestellt werden.
(3) Die Verdünnungsreihe der Probe wird in 10er Verdünnungsschritten (s. S. 458) unter sterilen Bedingungen hergestellt.
(4) Je 1 mL der zur Keimzahlanalyse bestimmten Verdünnungsstufen wird in sterile Petrischalen pipettiert. Danach wird flüssiges Agarmedium (ca.15 mL bzw. der Inhalt der Röhrchen) in die Petrischalen gegossen und sofort mit der Probe vorsichtig vermengt.
(5) Alternativ kann jeweils 1 mL einer Verdünnungsstufe direkt in ein Röhrchen mit flüssigem Nähragar pipettiert werden, das kurz zuvor aus dem Wasserbad genommen wird. Vor dem Ausgießen der Röhrchen sollte das außen anhaftende Wasser mit Zellstoff abgewischt werden.
(6) Zum Mischen wird eine langsame 8-förmige Bewegung der Petrischale auf der Laborbank einige Sekunden lang durchgeführt, wobei die Benetzung des Deckels durch den flüssigen Agar vermieden werden muss.
(7) Anschließend werden die Agarplatten zum Erkalten ca. 20 Minuten stehen gelassen.
(8) Danach können die Agarplatten umgedreht und bebrütet werden.

Fehler und Störungen	Empfehlungen
▶ Die Agarplatten enthalten keine Kolonien oder weniger als erwartet.	✔ Benutzen Sie nicht zu heißen Agar, da die Mikroorganismen absterben können.
▶ Der Nährboden erstarrt zu früh, sodass keine gute Durchmischung mit der Probe möglich ist.	✔ Holen Sie das Agar-Reagenzglas nicht zu früh aus dem Wasserbad; evtl. kann die Wasserbadtemperatur leicht erhöht werden.
▶ Die Kolonien sind nicht gut erkennbar.	✔ Legen Sie die Platten zum Zählen auf einen dunklen Untergrund und mit dem Boden nach oben.
▶ Die Kolonien sind ungleichmäßig verteilt.	✔ Mischen Sie sofort und evtl. länger nach dem Agarguss.

7.1.3 Titerverfahren (MPN-Bestimmung)

Titerverfahren wie die MPN-Technik (engl. ***m**ost **p**robable **n**umber*: wahrscheinlichste Keimzahl) dienen zum Nachweis sehr niedriger Konzentrationen an Mikroorganismen allgemein oder an spezifischen Keimen; eine Erfassung von weniger als 100 Keimen/mL ist möglich. Die Verfahren verwenden flüssige Nährmedien statt Agarplatten. Dabei wird als **Keimtiter** das kleinste Volumen einer Probe (bzw. die höchste Verdünnung) definiert, in dem noch ein Mikroorganismus nachgewiesen werden kann.

Die Probe wird bei diesen Verfahren wie bei anderen kulturellen Bestimmungsmethoden in Zehnerstufen verdünnt. Von jeder Verdünnungsstufe werden mehrere Kulturröhrchen mit Nährlösung angeimpft (Bild 1). Alle Röhrchen, in deren Inokulum sich ein oder mehrere Keime befinden, werden nach der Bebrütung aufgrund der Vermehrung der Mikroorganismen trüb. Es wird davon ausgegangen, dass die Kulturröhrchen, die nicht trüb werden, keinen vermehrungsfähigen Keim erhalten haben.

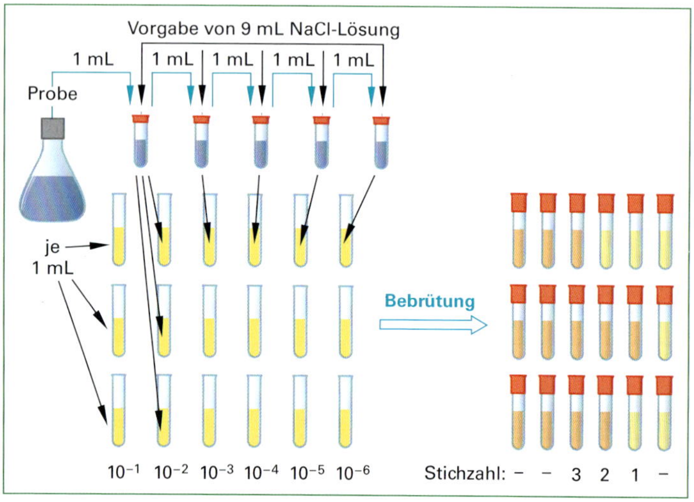

Bild 1 Ablauf eines MPN-Titerverfahrens

Die zeitaufwendige Methode ist geeignet für Keime, die schlecht auf Oberflächen wachsen. Da in Flüssigkulturen keine Aussage getroffen werden kann, ob eine positive Wachstumsreaktion (Trübung) durch eine oder mehrere Zellen bewirkt wird, werden Aussagen über die wahrscheinlichste Keimzahl angestrebt. Ein statistisch abgesichertes Titerverfahren ist das **MPN-Verfahren**, in dem mindestens 3 Parallelansätze untersucht werden.

Verfahren: MPN-Titerverfahren (Bild 1)
(1) Pro Verdünnungsstufe werden drei (für genauere Werte: fünf oder mehr) Kulturröhrchen mit z. B. 9 mL Nährlösung angesetzt, autoklaviert und abgekühlt.
(2) In einer Verdünnungsreihe (s. S. 458) wird eine Probe in Zehnerschritten mit 0,9%-iger NaCl-Lösung verdünnt.
(3) Mit je 1 mL derselben Verdünnungsstufe werden immer drei Kulturröhrchen beimpft. Ein Satz Röhrchen wird zur Kontrolle mit sterilem Verdünnungsmittel beimpft.
(4) Nach der Bebrütung wird für jede Verdünnungsstufe die Zahl der Röhrchen registriert, in denen Trübung auftritt.

Zur **Auswertung** wird nach jener Parallelreihe (Verdünnungsstufe) mit der höchsten Verdünnung gesucht, bei der noch alle drei Parallelansätze Wachstum zeigen. Bei den beiden folgenden Verdünnungsstufen sollten dann nicht mehr alle Röhrchen bewachsen (positiv) sein.

Aus der jeweiligen Anzahl der positiven Röhrchen in diesen Stufen ergibt sich, in der Reihenfolge fortschreitender Verdünnung notiert, eine Kombination aus drei Zahlen, die **Stichzahl** (Bild 1, S. 462). Ihr kann anhand von statistischen Berechnungen (Tabelle 1) eine wahrscheinliche Keimzahl (MPN) zugeordnet werden, die aus der Tabelle abgelesen wird. Diesen Wert multipliziert man mit dem Verdünnungsfaktor der niedrigsten Verdünnungsstufe der drei eingesetzten Verdünnungsstufen (im Beispiel: 10^3) und erhält die wahrscheinliche Keimzahl pro mL der unverdünnten Probe.

Beispiel

Verdünnungsstufe	10^{-1}	10^{-2}	10^{-3}	10^{-4}	10^{-5}	10^{-6}
Positive Röhrchen	3	3	3	2	1	0

Stichzahl: 321 → MPN-Wert: 15,0 → Keimzahl/mL unverdünnte Probe: $1{,}5 \cdot 10^4$

Bakterien können auch durch den Nachweis eines typischen Stoffwechselprodukts erfasst werden. Bei der Bestimmung des **Colititers** wird in einem *Durham*-Röhrchen Gas aufgefangen und damit die Gasbildung aus Laktose als Nachweis von coliformen Bakterien ausgenutzt.

Ein ***Durham*-Röhrchen** ist ein kleines, einseitig verschlossenes Glasröhrchen, das mit der Öffnung nach unten in ein Kulturgefäß eingesetzt wird

Tabelle 1 MPN-Werte bei drei parallelen Ansätzen

Stichzahl	MPN	Stichzahl	MPN
001	0,3	222	3,5
010	0,3	223	4,0
011	0,6	230	4,0
020	0,6	231	3,5
100	0,4	232	4,0
101	0,7	300	2,5
102	1,1	301	4,0
110	0,7	302	6,5
111	1,1	310	4,5
120	1,1	311	7,5
121	1,5	312	11,5
130	1,6	313	16,0
200	0,9	320	9,5
201	1,4	321	15,0
202	2,0	322	20,0
210	1,5	323	30,0
211	2,0	330	25,0
212	3,0	331	45,0
220	2,0	332	110
221	3,0	333	>110

7.1.4 Weitere Bestimmungsmethoden

Zur Bestimmung der Lebendzellzahl können verschiedene andere Methoden eingesetzt werden, die manchmal mit einem geringeren Arbeitsaufwand verbunden sind.

Spiralplattenmethode

Bei dieser Methode wird die Probe von einem Spiralplattengerät automatisiert auf Agarplatten aufgetragen. Eine definierte Menge an Probelösung wird spiralförmig auf einer sich drehenden Agarplatte verteilt. Die Technik beruht auf der Verwendung einer logarithmischen (archimedischen) Spirale, sodass die Volumenauftragung auf der Spirale exponentiell abnimmt. Eine einzige Spirale beinhaltet somit unterschiedliche Probenkonzentrationen, die entlang der Spirale verteilt werden. Nach der Inkubation der Agarplatten können die entlang der Spirale angewachsenen Bakterienkolonien ausgezählt und mithilfe einer spezifischen Zählschablone ausgewertet werden. Die Bestimmung der Keimzahl kann auch mittels Bildanalyse oder Laser erfolgen.

Die aufgrund der Gerätebereitstellung kostenintensive Methode ermöglicht, die Anzahl an Petrischalen deutlich zu reduzieren und auf zeitaufwendige Serienverdünnungen zu verzichten. Eine einzige Spiralplatte erspart meist die Beimpfung von 3 Agarplatten.

Tropfplattenverfahren

Bei der Methode werden auf derselben Agarplatte mehrere Verdünnungsstufen aufgetragen. Die Nährbodenplatten, die gut vorgetrocknet sein sollten, werden auf der Unterseite in gleich große, meist sechs Segmente unterteilt und mit den Verdünnungsstufen der später aufgebrachten Proben beschriftet.

Mit einer Kolbenhubpipette werden von den einzelnen Verdünnungsstufen 20 µL in die Mitte der jeweiligen Segmente getropft, ohne dass die Tropfen mit einem Spatel verteilt werden. Nach ca. 20 Minuten Eintrocknungszeit können die Agarplatten in den Brutschrank gestellt, bebrütet und anschließend durch Koloniezählung ausgewertet werden.

Petrifilmverfahren

Das Petrifilmverfahren ist eine einfache und schnelle Methode, bei der keine agarhaltigen Nährmedien in Petrischalen benötigt werden. Das System besteht aus einer Deck- und einer Unterfolie, die das getrocknete Fertigmedium und ein quellbares Polysaccharid enthalten. Das Verfahren zeichnet sich durch einen geringer Platzbedarf im Brutschrank aus. Bei der Anwendung wird die Deckfolie angehoben, 1 mL der Probe auf die Kultivierungszone pipettiert und mithilfe eines Stempels gleichmäßig verteilt. Nach der anschließenden Bebrütung können die Kolonien ausgezählt werden.

Membranfiltration

Mithilfe von Membranfiltern definierter Porengröße (z. B. 0,45 µm) können Bakterien von einer Probelösung abgetrennt werden. Nach Bebrütung auf einem Nährmedium erfolgt die Bestimmung der Keimzahl durch Auszählung der Kolonien. Das Verfahren ist auf wässrige (filtrierbare) Proben beschränkt und wird auch zur Wasseranalyse genutzt (s. Kap. IV.5.1).

7.1.5 Keimzahlberechnung

Kulturelle Keimzählverfahren beruhen auf der Annahme, dass jede vorhandene Zelle zur Bildung einer mit dem Auge sichtbaren Kolonie führt und umgekehrt jede Kolonie aus nur einer Mikroorganismenzelle entsteht. Die erste Annahme ist nur beschränkt richtig, da nur die Mikroorganismen sich vermehren können, deren Wachstumsbedingungen erfüllt sind. Andererseits ist ebenfalls bekannt, dass Zellgruppen bei der Auftragung der Probe nicht immer getrennt werden oder sehr nahe beieinanderliegende Kolonien zusammenwachsen, sodass eine Kolonie aus mehreren Zellen entstanden sein kann. Um dies zu berücksichtigen, wird oft nicht von der Keimzahl, sondern von der **Anzahl koloniebildender Einheiten** (**KBE** oder **KbE**, engl. *colony forming units*: CFU) gesprochen.

Der häufig gebrauchte Begriff **Gesamtkeimzahl** ist insofern irreführend, dass bei kulturellen Verfahren der Keimzählung bestimmte Wachstumsbedingungen (z. B. Nährboden, Temperatur) gewählt werden müssen. Wird z. B. von aerober mesophiler Keimzahl gesprochen, so sind bestimmte Kultivierungsbedingungen direkt vorgegeben. Diese können niemals die Vermehrung aller Mikroorganismen aus der Probe ermöglichen.

Bei der Auszählung der Kolonien der Agarplatten können nur **auswertbare Platten** berücksichtigt werden. Als auswertbar gelten alle Platten mit diskreten, nicht zusammengewachsenen Kolonien in einer Größenordnung von 10 bis 300. Liegen die Koloniezahlen darüber oder darunter können noch Schätzungen der KBE gemacht oder Mindest- bzw. Maximalwerte angegeben werden. Bei Schätzungen der KBE brauchen nur Sektoren der Agarplatten (z. B. die Hälfte oder ein Viertel) ausgezählt werden.

Kann nur eine Agarplatte ausgewertet werden, kann aus der Verdünnungsstufe direkt auf die KBE/mL Probe (unverdünnt) geschlossen werden. Dabei muss beachtet werden, dass das Ausspateln von üblicherweise 0,1 mL im Ausplattierungsverfahren einen zusätzlichen Verdünnungsfaktor von 10 bedeutet:

$$\text{KBE} \cdot 1/\text{Verdünnungsstufe} \cdot 10 = \text{KBE/mL}$$

Bei genaueren Untersuchungen werden Doppel- oder Dreifachbestimmungen (pro Verdünnungsstufe) durchgeführt. Wird nur eine Verdünnungsstufe ausgewertet, sollte der Mittelwert der Parallelplatten berechnet werden. Häufig können Platten aus zwei verschiedenen Verdünnungsstufen ausgewertet werden. Dabei sollte zuerst darauf geachtet werden, dass aufgrund der Verdünnung der Probe in Zehnerstufen ein ca. 10-facher Unterschied in der Zahl der Kolonien bei Agarplatten aufeinanderfolgender Verdünnungsstufen besteht (s. Bild 1, S. 460). Ist dies nicht der Fall, ist die Analyse nicht aussagekräftig.

Bei Auswertung mehrerer Verdünnungsstufen erfolgt die Berechnung der Keimzahl der unverdünnten Probe anhand des **gewogenen arithmetischen Mittels**. Dazu wird die Summe aller ausgezählten Kolonien durch die Summe der untersuchten Probevolumina dividiert, um die Anzahl der Mikroorganismen pro mL (oder g) der untersuchten Probe zu erhalten.

Gewogenes arithmetisches Mittel $\bar{c} = \frac{\Sigma c}{n_1 \cdot 1 + n_2 \cdot 0{,}1}$

Σc ist die Summe der Kolonien aller Agarplatten, die zur Berechnung herangezogen werden.

n_1 ist die Anzahl der Agarplatten der niedrigsten auswertbaren Verdünnungsstufe.

n_2 ist die Anzahl der Agarplatten mit der nächsthöheren auswertbaren Verdünnungsstufe.

d ist der Verdünnungsfaktor der niedrigsten ausgewerteten Verdünnungsstufe, die sich auf n_1 bezieht.

Beispiel einer Doppelbestimmung:

1. KBE der Verdünnungsstufe 10^{-5}: beide Platten je ca. 2000 (geschätzt)
2. KBE der Verdünnungsstufe 10^{-6}: 1. Platte = 240 2. Platte = 210
3. KBE der Verdünnungsstufe 10^{-7}: 1. Platte = 30 2. Platte = 25

Zur Berechnung der Keimzahl werden nur die Agarplatten der beiden höheren Verdünnungsstufen herangezogen, da die Keimzahlen der Stufe 10^{-5} über 300 liegen und außerdem nur geschätzt wurden.

$$\bar{c} = \frac{240 + 210 + 30 + 25}{2 \cdot 1 + 2 \cdot 0{,}1} = 230 \text{ (bezogen auf die Verdünnungsstufe } 10^{-6}\text{)}$$

$\bar{c} = 230 \cdot 10^6 = 2{,}3 \cdot 10^8$ (bezogen auf 1 mL der Ausgangslösung)

Sind bei einer Keimzahlbestimmung auf sämtlichen Agarplatten keine Kolonien nachweisbar, so kann nicht als Ergebnis auf eine Probenkeimzahl von 0 geschlossen werden. In diesem Fall muss die KBE-Zahl in Beziehung zur niedrigsten untersuchten Verdünnung gesetzt werden. Ist beispielsweise bei der Verdünnung von 10^{-2} kein Keimnachweis vorhanden, dann ist die Keimzahl $< 10^2$.

7.2 Bestimmung der Gesamtkeimzahl und Zellmasse

Bei Bestimmungsmethoden der Gesamtkeimzahl oder der Zellmasse (Biomasse) ist keine Unterscheidung zwischen toten und lebenden d. h. vermehrungsfähigen Zellen möglich. Dafür sind diese Verfahren wie die fotometrische Trübungsmessung oder die Zellzählung in einer Zählkammer schnell durchführbar und auswertbar, sodass sie auch für die Kontrolle des Wachstums von Flüssigkulturen von Bakterien und Hefen genutzt werden können.

7.2.1 Trübungsmessung

Die Messung der **Trübung** oder **optischen Dichte (OD)** mithilfe eines Fotometers ist eine einfache und in vielen Laboren gebräuchliche Methode der Zellzahlbestimmung, die eine sofortige Aussage über den Wachstumsverlauf einer Flüssigkultur erlaubt.

Die Methode beruht darauf, dass Partikel in einer Suspension, wie Bakterien und Hefezellen, das eingestrahlte Licht streuen, d. h. in verschiedene Richtungen ablenken. Die so entstehende Trübung kann bei hohen Zellkonzentrationen auch mit bloßem Auge wahrgenommen werden. Sie ist umso größer, umso mehr Zellen sich in der Suspension befinden.

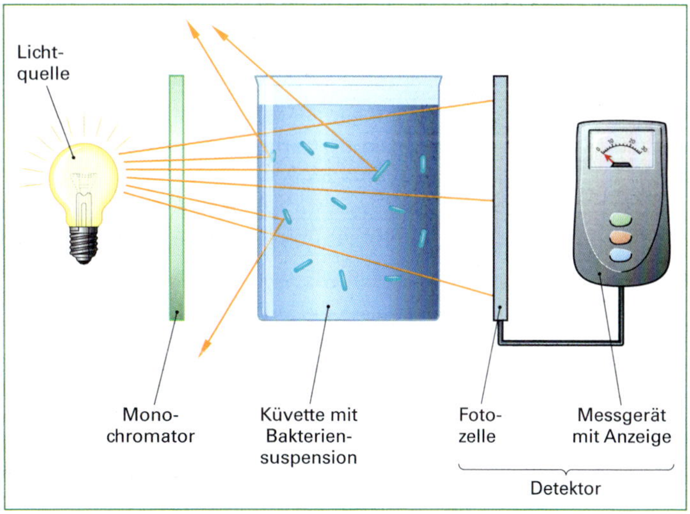

Bild 1 Vereinfachte Darstellung der Trübungsmessung im Fotometer

Die **Streuung des Lichts** kann in einem Fotometer gemessen werden, indem Licht einer bestimmten Wellenlänge und Intensität durch die zu untersuchende Probensuspension gestrahlt wird, die sich in einer Küvette befindet (Bild 1, S. 465). Durch Messung, wie viel der ursprünglichen Intensität nach dem Durchgang noch vorhanden ist, kann die Abnahme bzw. Schwächung der Lichtstrahlung fotometrisch bestimmt werden (s. Kap. III.1.2.1). Die Abschwächung der Strahlung wird **Extinktion** genannt. Liegt wie bei der Trübungsmessung Streuung des Lichts und nicht Absorption (Aufnahme von Strahlungsenergie) vor, wird auch von **scheinbarer Extinktion** gesprochen.

Messungen der optischen Dichte können mit ausreichender Genauigkeit in einem **Einstrahlfotometer** durchgeführt werden. In diesen Geräten werden Probenküvette und Leerwert-(Referenz-)Küvette nacheinander in denselben Strahlengang gebracht. Auch in einem **Zweistrahlfotometer** kann gemessen werden, in dem die Messstrahlung mithilfe eines schnell rotierenden Spiegels aufgespalten wird und zwei Strahlengänge zwischen Monochromator und Detektor verlaufen.

Eingestrahlt wird Licht einer Wellenlänge zwischen 500 und 600 nm. In diesem Bereich findet Absorption von Licht durch die meist farblosen Mikroorganismen nicht oder kaum statt. Grundlage der Trübungsmessung ist das ***Bouguer-Lambert-Beer*-Gesetz**. Es besagt, dass die Streuung des durch Flüssigkeiten fallenden Lichts der Konzentration der streuenden Partikel in der Flüssigkeit (Zellzahl) und der Schichtdicke des durchstrahlten Mediums (Dicke der Küvette) proportional ist. Die durch die Mikroorganismen hervorgerufene Trübung ist jedoch nur in einem bestimmten Bereich proportional der Zellzahl.

Verfahren: Trübungsmessung (OD-Messung) in einem Einstrahlfotometer
① Das Fotometer wird eingeschaltet und nach einer Erwärmungszeit die Wellenlänge eingestellt, bei der gemessen werden soll (z. B. 600 nm).
② Falls noch nicht durchgeführt, muss zuerst der lineare Messbereich ermittelt werden (s. unten).
③ Eine Küvette (Schichtdicke 10 mm) wird mithilfe einer Pipette mit zellfreier Suspensionslösung (oft das sterile Kulturmedium) zur Messung des Leerwerts gefüllt.
④ Die Leerwert-Küvette wird in den Küvettenhalter des Fotometers gestellt, in den Strahlengang gebracht und der Deckel geschlossen.
⑤ Der Lichtweg wird blockiert und die Anzeige der Extinktion auf ∞ (oder der **Transmission** auf 0 %) eingestellt. Dann wir der Lichtweg geöffnet und auf Extinktion = 0 (oder Transmission = 100 %) gestellt.
⑥ Die Probe der Bakterien- oder Hefesuspension wird in eine Küvette pipettiert und möglichst sofort danach gemessen. Dabei wird die Küvette zu etwa zwei Drittel befüllt, sodass der Messstrahl durch die Flüssigkeit geht.
⑦ Wird die Messung nicht sofort durchgeführt, können die Probenküvetten mit Parafilm verschlossen und vor der Messung einige Male umgedreht werden, damit die eingebrachte Zellsuspension durchmischt wird. Um das weitere Wachstum in der Küvette zu hemmen, können die Küvetten auf Eis runtergekühlt werden. Entstehendes Kondenswasser sollte vor der Messung abgewischt werden.
⑧ Die Küvette mit der Probe wird anstatt der Leerwert-Küvette in das Fotometer eingesetzt, der Deckel geschlossen und kurz gewartet, bis der Anzeigewert konstant ist.
⑨ Der Messwert (OD_{600nm}) wird notiert und die Küvette wieder dem Fotometer entnommen.

Zur **Ermittlung des geeigneten Messbereichs** der Streuungsmessungen kann die OD-Messung einer Verdünnungsreihe mit unterschiedlichen Zellkonzentrationen desselben Mikroorganismus durchgeführt werden. Dazu wird beispielsweise eine dichte Bakteriensuspension von ca. 10^9 Zellen pro mL (100 %) genommen und mit der Suspensionslösung verdünnt. Es sollten Bakteriensuspensionen entstehen, die 10, 20, 30 usw. bis 90 % der Zelldichte enthalten. Dabei wird eine 10%ige Suspension durch Mischung von 1 mL der 100%igen Bakterienlösung und 9 mL Suspensionsflüssigkeit hergestellt, und die anderen Suspensionen in entsprechender Weise. Als Suspensionslösung ist 0,9%ige NaCl-Lösung einem Kulturmedium vorzuziehen, damit keine weitere Vermehrung mehr stattfinden kann.

Werden die OD-Messungen gegen die Zelldichte in einer Eichkurve (Bild 1) aufgetragen, kann der lineare Messbereich leicht erkannt werden. Die Trübung ist gewöhnlich nur bis etwa 0,5 – 0,8 linear proportional der Zellzahl bzw. Zellmasse. Bei höheren Zellkonzentrationen müssen die Proben dementsprechend verdünnt werden, sodass die Messwerte im linearen Bereich der Kalibrierkurve liegen. So kann bei Messung einer OD von 1 die Probe 1:2 oder 1:5 verdünnt werden, während eine 1:10-Verdünnung aufgrund des größeren Verdünnungs- und Messfehlers ungünstiger ist.

Die fotometrische Bestimmung der Zelldichte ist nur bei Reinkulturen möglich, die beim Wachstum eine einheitliche Zellform und -größe besitzen, da sich bei Änderungen der Morphologie der Zellen auch deren Streuungseigenschaften verändern.

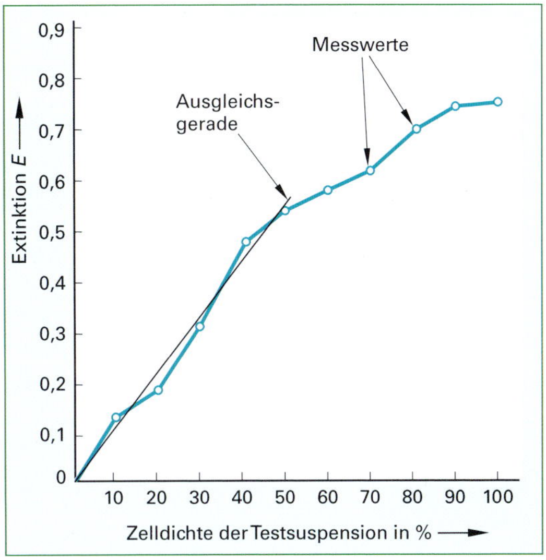

Bild 1 Eichkurve für die Trübungsmessung

Die Trübungsmessung ist eine **indirekte Methode** der Zellzahlbestimmung, da zur Bestimmung der absoluten Zellzahl oder Zellmasse erforderlich ist, dass die Beziehung zwischen optischer Dichte und Zellzahl oder Zellmasse ermittelt wird. Dazu kann parallel die Zellzahl direkt gemessen werden z. B. mit einer Zählkammer. Für jede Mikroorganismenart muss eine Proportionalität zu einer direkten Methode der Keimzahlbestimmung aufgestellt werden.

7.2.2 Zählkammerbestimmung

Bei dieser Methode werden die Zellen von Mikroorganismen in einem exakt von einer Zählkammer vorgegebenem Volumen unter dem Mikroskop ausgezählt. Die Methode eignet sich für Kulturflüssigkeiten und Proben, die eine relativ große Zahl von Zellen enthalten. Zählkammern gibt es in verschiedenen Ausführungen und einige der Zählkammertypen sind zur Zählung von Blutzellen entwickelt worden.

Eine Zählkammer ist ein spezieller Objektträger, in dessen Mitte zwischen zwei Außenstegen ein definiertes Zählfeld auf einem etwas tiefer gelegenen Mittelsteg eingraviert ist (Bild 2). Das Gitternetz auf diesem Mittelsteg besteht aus großen und kleinen Quadranten, die der Zählung der Zellen dienen. Da die Oberfläche des Mittelsteges z. B. bei der vielbenutzten ***Thoma*-Zählkammer** 0,02 mm (für Bakterien) oder 0,1 mm (für Hefen) unter einem plan geschliffenen Deckglas liegt, entsteht ein Hohlraum mit definiertem Volumen. Die Größe des Kleinquadrats und die Gesamtfläche des Zählfelds sind meist auf der Zählkammer eingraviert.

Bei der *Thoma*-Kammer besitzt das gesamte Zählnetz eine Fläche von 1 mm^2 und ist in insgesamt 400 Kleinquadrate eingeteilt. Zusätzlich sind 16 Großquadrate aus jeweils 16 Kleinquadraten durch breitere Linien abgeteilt.

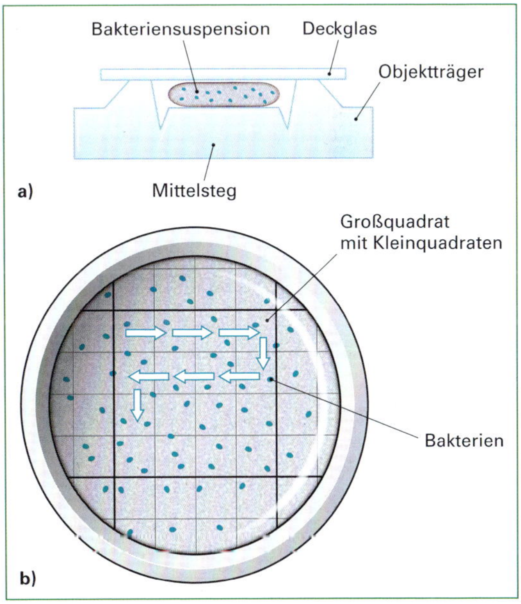

Bild 2 Bakterienzählkammer: a) Querschnitt und b) mikroskopische Sicht

Die **Neubauer-Zählkammer** kann ebenfalls zur Zählung von Mikroorganismen sowie von Blutzellen wie beispielsweise Erythrozyten eingesetzt werden. Das Zählgitter besteht bei der Neubauer-Zählkammer aus 9 Großquadraten mit einer Fläche von je 1 mm^2.

Die Zählung von Bakterien gilt als relativ ungenau, da systematische Fehler auftreten, wie die Adsorption der Bakterien am Glas und Schwankungen des Flüssigkeitsvolumens in der Zählkammer aufgrund von **Kapillareffekten**. Die Zellzahlbestimmung der deutlich größeren Hefezellen ist genauer.

Verfahren: Zellzahlbestimmung mit der Zählkammer
(1) Zählkammer und Deckglas werden möglichst nur seitlich an den Kanten angefasst. Das Deckglas wird über die drei Stege der Zählkammer gelegt und mit Zellstoff an den Rändern fest auf die Seitenstege gepresst.
(2) Die Probe sollte unmittelbar vor der Zählung gut homogenisiert werden, da sich Bakterien und vor allem Hefen auf Grund der Schwerkraft rasch absetzen.
(3) Mit einer Pasteurpipette (aus Polyethylen) oder Kolbenhubpipette wird ein Teil der Suspension aufgenommen. Ein kleiner Tropfen wird auf den mittleren Steg der Zählkammer dicht am Deckglasrand gesetzt, sodass die Flüssigkeit durch Kapillarkräfte zwischen Stegoberfläche und Deckglas gesaugt wird, bis der Raum zwischen Mittelsteg und Querrinne gefüllt ist.
(4) Die Zählkammer wird unter das Phasenkontrastmikroskop gelegt, mit einem schwachen Objektiv das Liniennetz scharf gestellt und dann auf 400-fache Vergrößerung umgestellt.
(5) Eine bestimmte Anzahl von Großquadraten wird ausgezählt, sodass mind. 100 Zellen (für genaue Bestimmungen: 400) gezählt werden. Dabei leistet ein Handzählgerät gute Dienste.
(6) Die in einem Großquadrat liegenden Kleinquadrate sollten nach einem bestimmten System (Weg) durchgemustert werden, um z. B. Kleinquadrate nicht doppelt auszuzählen und um Zellen, die auf den Grenzen liegen, nur einmal zu zählen (s. Bild 2b, S. 467). Die Anzahl Zellen pro Kleinquadrat sollte zwischen 2 und 12 liegen, ansonsten muss die Bakteriensuspension verdünnt werden.

Sofort nach durchgeführter Zählung wird das Deckgläschen abgenommen und die Mikroorganismensuspension entfernt. Dazu können Zählkammer und Deckglas vorsichtig mit fließendem Wasser und anschließend mit 70 % Ethanol oder 2-Propanol gespült bzw. gereinigt werden. Anschließend werden die Kammer und das Deckglas mit einem fusselfreien weichen Tuch abgetrocknet. Vor allem das plan geschliffene Deckglas sollte sehr vorsichtig behandelt werden, da es wesentlich teurer als ein normales Deckglas ist.

Mithilfe eines Umrechnungsfaktors, der sich aus dem Volumen der Zählkammer ergibt, kann aus der mittleren Zellzahl pro Großquadrat die Zelldichte einer Kultur (Zellzahl/mL) errechnet werden.

Umrechnungsfaktoren für die *Thoma*-Kammer sind:

- $1{,}25 \cdot 10^6$ (Kammertiefe: 0,02 mm, für Bakterien)
- $2{,}5 \cdot 10^5$ (Kammertiefe: 0,1 mm, für Hefen)

Fehler und Störungen	**Empfehlungen**
▶ Die Zellen sind im mikroskopischen Bild nicht gut verteilt, sondern kommen an einigen Stellen gehäuft vor.	✔ Mischen Sie das Probenmaterial gut durch und füllen Sie die Zählkammer neu.
▶ Die Zellen sind klein und kaum erkennbar.	✔ Färben Sie die Zellen mit Methylenblau an (s. S. 453).
▶ Es sind zu viele Zellen in der Probe.	✔ Führen Sie eine Verdünnung der Probe mit 0,95%iger NaCl-Lösung (z. B. 1:5 oder 1:10) vor der Zählung durch.
▶ Die Bakterien sind aufgrund Beweglichkeit nicht zählbar.	✔ Setzen Sie Formaldehyd zur Abtötung der Zellen zu.
▶ Die Zellen sind stark verklumpt.	✔ Setzen Sie ein Tensid wie SDS (Natriumdodecylsulfat) in geringer Konzentration der Probe zu und schütteln Sie gut durch.
▶ Es sind zu wenige Zellen in der Probe.	✔ Wählen Sie eine andere Methode wie das Ausplattierungsverfahren oder die Filtration der Suspension auf einem Membranfilter.

7.2.3 Weitere Bestimmungsmethoden

Zur Bestimmung der Zellzahl oder -masse können weitere Verfahren eingesetzt werden.

Feuchtmasse

Zur quantitativen Bestimmung der Zellmasse kann die Feuchtmasse der Zellen erfasst werden. Durch Zentrifugation oder Filtration können Bakterien- oder Pilzkulturen entnommene Proben vom Nährmedium getrennt werden. Die Bestimmung des Feuchtgewichts ist wegen des variablen Wassergehalts der Zellen relativ ungenau.

Trockenmasse

Eine Bestimmung des Trockengewichts ist wesentlich zuverlässiger als die Bestimmung der Feuchtmasse. Bei Mikroorganismen, die nicht in Einzelzellen wachsen sondern größere Zellaggregate bilden, oder die wie viele Pilze als Myzel wachsen, wird häufig eine Bestimmung des Trockengewichts durchgeführt.

Dazu werden meist bestimmte Kulturvolumina auf einem sterilen Filter abfiltriert, um die Zellen möglichst schnell von der Kulturflüssigkeit zu trennen. Die Filter können danach z. B. bei 100 °C bis zur Gewichtskonstanz getrocknet und am nächsten Tag ausgewertet werden, indem auf der Waage das Trockengewicht ermittelt wird. Die Methode ist sehr zeitintensiv und bringt zum Teil falsche oder ungenaue Ergebnisse. Die Zunahme der Trockenmasse kann auf Bildung von Speicherstoffen beruhen und nicht auf der Vermehrung der Zellen. Das Nährmedium kann außerdem nicht gelöste Bestandteile enthalten, die bei der Bestimmung mit erfasst werden, wenn sie nicht durch Waschschritte entfernt werden.

Proteinbestimmung

Die Proteine von Mikroorganismen lassen sich gut zur Bestimmung der Zellmasse nutzen, da die Biomoleküle oft einen großen und konstanten Teil der Zelle ausmachen (ca. 50 %). Häufig angewendete Verfahren sind der *Bradford*-Test, die *Biuret*- sowie die *Lowry*-Methode (s. Kap. III.1.2). Diese Methoden sind erheblich empfindlicher als die Bestimmung der Trockenmasse auf der Waage, sodass Proben mit weniger Mikroorganismen gemessen werden können.

Zuerst müssen die Zellen vom Nährmedium durch Zentrifugation oder Filtration abgetrennt und gründlich gewaschen werden. Mediumssubstanzen, die den Test stören können, werden dadurch entfernt. Die Zellen werden durch alkalische Lyse in Natronlauge aufgeschlossen (z. B. 5 min bei 95 °C in 0,1 N NaOH), sodass die zellulären Proteine in Lösung gehen. Die Durchführung der Proteinbestimmung sollte von der Aufstellung einer Eichkurve (s. S. 354) begleitet werden, um die gemessenen Extinktionswerte in Proteinmengen umrechnen zu können.

Coulter-Counter und Durchflusszytometer

Viele medizinisch-mikrobiologische Labore können zur Zellzahlbestimmung auf elektronische Zählgeräte zurückgreifen. Der ***Coulter*-Counter** ist ein Gerät zur Bestimmung der Zellzahl und des Zellvolumens, das zur Zählung von Blutzellen sowie von Bakterien und Hefen geeignet ist. Hierbei werden die Zellen in einer **Elektrolytlösung** suspendiert und mit konstanter Strömungsgeschwindigkeit durch eine Kapillare gesaugt. Während der Messung wird über zwei Elektroden, eine innerhalb und eine außerhalb der Kapillare, eine Spannung angelegt. Beim Durchtritt der Zelle durch die Kapillaröffnung verdrängt die Zelle eine ihrem Volumen entsprechende Menge der Elektrolytlösung. Die Widerstandsänderung beim Durchtritt durch die Messkapillare wird erfasst und ist ein Maß für das Volumen der Zellen.

Die **Durchflusszytometrie** kann zur Analyse von eukaryontischen Zellen sowie Bakterien verwendet werden. Bei dem Verfahren werden die Zellen einzeln nacheinander durch den Messbereich eines Laserstrahls geführt und das dabei entstehende Streulicht- oder Fluoreszenzsignal von einem Detektor ausgewertet. Neben der einfachen Bestimmung der Zellzahlen können durch Anfärben der Zellen mit einem fluoreszierenden Farbstoff wie **SYBR *Green* I** lebende von toten Zellen unterschieden werden.

8 Resistenztestung

Die Bestimmung der Wirkung bestimmter Antibiotika auf Mikroorganismen wird als **Antibiogramm** bezeichnet. Bakterien unterschiedlicher Arten reagieren auf ein und dasselbe Antibiotikum nicht gleich. Zur Empfindlichkeitsprüfung von mikrobiellen Krankheitserregern und anderen Keimen gegen Hemmstoffe wie Antibiotika können verschiedene qualitative und quantitative Tests eingesetzt werden.

8.1 Agardiffusionstest

Der Agardiffusionstest ist ein in der Medizin gebräuchlicher Test, um festzustellen, mit welchem Antibiotikum ein bestimmter Krankheitserreger wirkungsvoll bekämpft werden kann. Er kann auch zur Untersuchung anderer antimikrobieller Hemmstoffe wie z. B. von ätherischen Ölen eingesetzt werden.

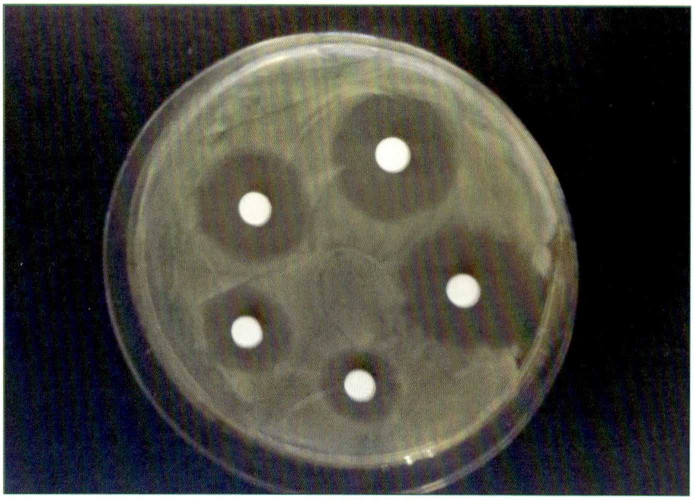

Bild 1 Nährboden mit Agardiffusionstest

Das auch **Hemmhoftest** oder **Blättchen-Diffusionstest** genannte Experiment wird auf festen Nährmedien in Form von Agarplatten durchgeführt. Auf diese werden Filterpapierplättchen gelegt, die mit wachstumshemmenden Stoffen getränkt sind. Die Antibiotika oder andere Hemmstoffe können in verschiedenen Konzentrationen auf derselben Agarplatte eingebracht werden. Die Stoffe breiten sich im Agar durch Diffusion in alle Richtungen des Nährbodens aus. Alternativ zu der Filterblättchen-Methode können mit einem sterilen Bohrer, z. B. Korkbohrer, Löcher von 0,6 bis 0,8 mm Durchmesser in den Agar gestanzt werden, in die die Hemmstoffe gegeben werden.

Der Agar-Nährboden wird zunächst mit dem Teststamm angeimpft. Danach wird der Hemmstoff oder das Antibiotikum aufgebracht und die Agarplatte wird bebrütet. Nach der Bebrütung ist ein dichter Bakterienrasen herangewachsen, der rund um die Filterscheibchen durch nicht bewachsene kreisrunde Hemmhöfe unterbrochen ist, die durch wirksame Hemmstoffe hervorgerufen werden.

Verfahren: Agardiffusionstest
(1) Zuerst werden die Agarplatten am Schalenboden u. a. mit dem Teststamm, dem Antibiotikum und den eingesetzten Konzentrationen beschriftet. Um bis zu 5 Filterblättchen auf einer Agarplatte zu platzieren, können die Petrischalen am Boden in entsprechend viele Sektoren unterteilt werden.
(2) Der Agar-Nährboden wird mit dem zu testenden Keim beimpft, indem das Inokulum (z. B. 0,1 mL einer gut gewachsenen Übernachtkultur) mit dem Drigalskispatel gleichmäßig auf der Agaroberfläche verteilt wird. Alternativ kann der Nährboden mit einer Schicht Flüssigagar bedeckt werden, die eine Suspension des Teststamms enthält.
(3) Dann werden sterile Filterscheibchen mit dem Antibiotikum in definierten Konzentrationen getränkt, indem entsprechende Volumina einer Antibiotikumstammlösung steril auf die Filterblättchen pipettiert werden.
(4) Die Blättchen werden mit einer sterilen Pinzette so auf den Agar aufgelegt, dass sie möglichst großen Abstand voneinander haben und sich in den eingezeichneten Sektoren befinden.

(5) Die Agarplatten werden, ohne umgedreht zu werden, für 1 bis 2 Tagen bebrütet, bis ein gleichmäßiger Bakterienrasen mit Hemmhöfen entstanden ist.

(6) Bei der Auswertung werden die Durchmesser der Hemmhöfe mit einem Lineal ausgemessen.

Das Antibiotikum bildet um die Plättchen einen Konzentrationsgradienten aus, sodass je nach der Empfindlichkeit der Bakterien auf das Antibiotikum unterschiedlich große Hemmhöfe entstehen. Außerhalb des Hemmhofs ist die Konzentration des Antibiotikums so niedrig, dass die Bakterien trotz Vorhandensein des Antibiotikums wachsen können (Bild 1, S. 470).

Der Hemmhofdurchmesser ist abhängig von der eingesetzten Antibiotikakonzentration, der Empfindlichkeit der Keime sowie von weiteren Faktoren wie Animpfdichte, Nährmedium und Diffusionsgeschwindigkeit der Substanzen. Es besteht auch keine direkte Proportionalität zwischen Hemmhofgröße und Antibiotikakonzentration, weil das Antibiotikum im Agar in alle Richtungen diffundiert.

Der Agardiffusionstest kann die Resistenz oder Sensibilität eines Keims auf ein Antibiotikum in bestimmter Konzentration nachweisen, kann aber nicht aussagen, welche Konzentration zur Wachstumshemmung ausreichend ist.

Der **Epsilometer-Test** oder **E-Test** ist eine Variante des Agardiffusionstests. Hierbei wird statt mehrerer Filterplättchen ein Papierstreifen mittig auf den Agar-Nährboden gelegt. Dieser ist mit einem Antibiotikum getränkt, dessen Konzentration vom Anfang bis zum Ende des Streifens kontinuierlich zunimmt. Bei der Bebrütung des aufgetragenen Teststamms entsteht ein ellipsenförmiger Hemmhof.

8.2 MHK-Bestimmung (Verdünnungsreihen-Test)

Die **minimale Hemmkonzentration (MHK)** oder **minimale inhibitorische Konzentration (MIK)** ist die geringste Konzentration eines Hemmstoffs, bei der die Vermehrung des Mikroorganismus unter *in-vitro*-Bedingungen (nicht im lebenden Organismus) gehemmt wird. Diese Größe kann durch Verdünnungsreihen-Tests bestimmt werden, die flüssige Nährmedien verwenden und in Kulturröhrchen oder automatisiert auf Mikrotiterplatten durchgeführt werden.

Im Test werden die Antibiotika in einer Reihe von Kulturröhrchen von einer wirksamen Konzentration ausgehend so weit verdünnt, dass sie nicht mehr die Zellvermehrung der Bakterien hemmen (Bild 1).

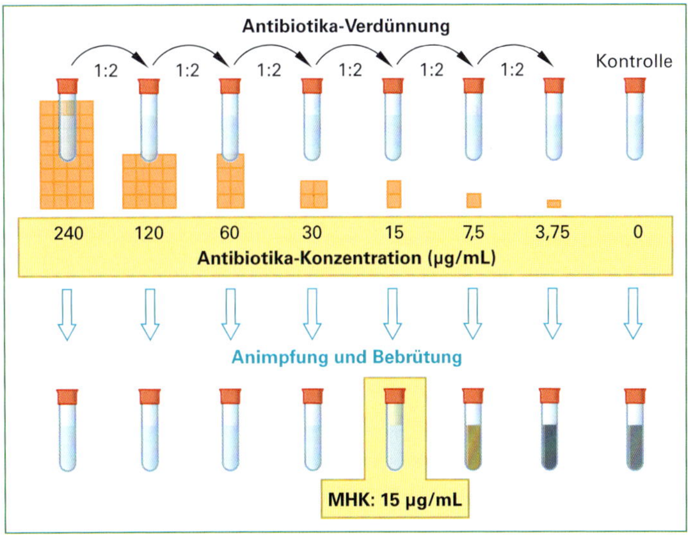

Bild 1 **Durchführung einer MHK-Bestimmung**

Kulturröhrchen mit hohen Antibiotikakonzentrationen bleiben klar und durchsichtig, da das Bakterienwachstum, das zu einer Trübung führt, gehemmt ist. Bei einer mittleren Antibiotikakonzentration kann es zu einer geringen Trübung der Nährlösung in den Kulturröhrchen kommen, da reduzierte Wachstumsraten zu geringeren Zelldichten führen. Bei geringen Antibiotikakonzentrationen, die keine Wirkung auf die Bakterienzellen besitzen, und in der Kontrolle, zu der keine Antibiotika zugegeben wurde, tritt ungehemmtes Wachstum und eine starke Trübung des Nährmediums ein.

Die Ergebnisse können mit dem Auge (visuell) oder – für genauere Analysen – fotometrisch abgelesen und bewertet werden.

Verfahren: MHK-Bestimmung (Bild 1, S. 471)
(1) Zuerst werden Kulturröhrchen mit 3 mL Nährlösung (z. B. LB-Medium, S. 419) und ein Röhrchen mit 6 mL gefüllt und alle Röhrchen anschließend autoklaviert.
(2) Nach Abkühlung der autoklavierten Kulturröhren wird in das erste Reagenzglas von einer konzentrierten Antibiotikastammlösung so viel zugegeben, dass die höchste Konzentration eingestellt ist (240 µg/mL). Das Volumen sollte in diesem ersten Röhrchen der Reihe doppelt so hoch sein (6 mL) wie in den anderen.
(3) Die Antibiotika werden anschließend in einer Verdünnungsreihe mit den sterilen Kulturröhrchen verdünnt (z. B. 120 µg/mL, 60 µg/mL, 30 µg/mL usw.). Dazu wird aus dem durch Schütteln gut gemischten ersten Röhrchen die Hälfte (3 mL) entnommen und in das zweite Röhrchen mit 3 mL Medium pipettiert, sodass die Konzentration des Antibiotikums 1:2 verdünnt ist.
(4) Das zweite Röhrchen mit insgesamt nun 6 mL wird danach ebenfalls gut geschüttelt und das Antibiotikum dieses Röhrchens in gleicher Weise (jeweils 3 mL) in die folgenden Röhrchen weitergegeben und verdünnt.
(5) Alternativ können die Antibiotika in absteigender Konzentration direkt aus mehreren Stammlösungen den Kulturröhrchen zupipettiert werden.
(6) Die Verdünnungsstufen des zu testenden Antibiotikums werden mit dem zu testenden Stamm angeimpft (z. B. jeweils 0,1 mL einer Übernachtkultur).
(7) Als Kontrollen werden ein beimpftes Röhrchen ohne Hemmstoff und ein unbeimpftes Röhrchen mit Hemmstoffzusatz in gleicher Weise bebrütet.
(8) Nach der Bebrütung von 18 bis 24 Stunden bei 30 oder 37 °C kann der Versuch visuell ausgewertet und mit den Kontrollen verglichen werden. Die niedrigste Antibiotikakonzentration, bei der keine Trübung und damit kein sichtbares Bakterienwachstum erkennbar ist, gilt als minimale Hemmkonzentration (MHK).
(9) Zur fotometrischen Auswertung werden 2 bis 3 mL der Verdünnungsstufen mit einer Kolbenhubpipette entnommen, in Messküvetten überführt und die optische Dichte (s. S. 466) im Fotometer bestimmt.

Alternativ zum Animpfen nach der Antibiotikazugabe bzw. -verdünnung kann die Nährlösung ohne vorheriges Portionieren autoklaviert werden. Das Medium kann dann zuerst mit einer Übernachtkultur angeimpft und nach Durchmischung in sterilisierte leere Kulturröhrchen gefüllt werden. Dies hat den Vorteil, dass alle Röhrchen die exakt gleiche Zellzahl aufweisen.

Zusätzlich zur MHK kann die **minimale bakterizide Konzentration (MBK)** für den Testkeim ermittelt werden, die minimale Antibiotikadosis zur Abtötung der Zellen. Dazu wird von den Proben, in denen keine Zunahme der optischen Dichte erfolgt, eine Lebendzellzahlbestimmung durchgeführt und mit der antibiotikafreien Kontrolle der Bakterien verglichen. Die Verdünnungsstufe mit der kleinsten Antibiotikakonzentration, bei der 99,9 % des Inokulums abgetötet wird, ist der Wert der MBK.

Die gemessenen MHK-Ergebnisse werden genutzt, um Erreger in die Kategorien sensibel, intermediär und resistent gegenüber einem Antibiotikum einzuteilen. Bei der Prüfung und Auswahl der Antibiotika für eine Therapie werden folgende Beurteilungskategorien verwendet:

- **Sensibel** (S): Bakterienstamm, der *in vitro* von einer Konzentration des Antibiotikums inhibiert wird, die mit einer hohen Wahrscheinlichkeit zu einer erfolgreichen medizinischen Therapie führt.
- **Intermediär** (I): Bakterienstamm, der *in vitro* von einer Konzentration des Wirkstoffs gehemmt wird, die mit einem unsicheren therapeutischen Ergebnis assoziiert ist.
- **Resistent** (R): Bakterienstamm, der *in vitro* von einer Konzentration dies Wirkstoffs inhibiert wird, die mit einer hohen Wahrscheinlichkeit nicht für eine Therapie geeignet ist.

Die Beurteilung geschieht anhand von Grenzwerten, die beispielsweise vom Arbeitsausschuss „Chemotherapeutische Untersuchungsmethoden“ im Deutschen Institut für Normung (DIN) für die einzelnen Erregergruppen festgelegt werden.

9 Die mikrobiologische Lebensmittelanalyse

Bei einer mikrobiologischen Lebensmittelanalyse wird der Gehalt an bestimmten Mikroorganismen ermittelt, in der Regel mit klassischen Kulturverfahren, um den mikrobiologischen Status eines Lebensmittelproduktes zu beurteilen. Heutzutage können auch molekularbiologische Methoden eingesetzt werden. Der Nachweis bakterienspezifischer DNA-Sequenzen über ein PCR-Verfahren (s. S. 387) ist allerdings kein Beleg für die Präsenz lebender Zellen in den Lebensmitteln, hier können aber beispielsweise RNA-Expressionen mithilfe der *Real-Time*-PCR (s. S. 389) untersucht werden.

Die Analyse soll Auskunft über die mikrobiologische Sicherheit und Stabilität von Lebensmitteln geben, indem sie das Spektrum anwesender Mikroorganismen untersucht und direkt oder indirekt auf Krankheitserreger und Verderborganismen hinweist. Eine Bewertung der Ergebnisse anhand von genormten oder als Empfehlung veröffentlichten Grenzwerten lässt erkennen, ob das Lebensmittel verzehrbar und im Markt verkehrsfähig ist.

9.1 Untersuchungsparameter

Neben der Erfassung einzelner Gruppen bzw. Arten von Mikroorganismen ist die Ermittlung der **Gesamtkeimzahl** ein wichtiger Untersuchungsparameter. Bei dieser Bestimmung werden sämtliche Bakterien und Pilze erfasst, die sich auf einem Vollmedium bei bestimmten Bebrütungsbedingungen vermehren können. Als Agar-Nährboden wird üblicherweise *Plate-Count*-Agar (abgek.: PC-Agar, s. S. 418) eingesetzt. Da die Nährböden bei 30 °C unter aeroben Bedingungen bebrütet werden, wird der Parameter auch aerobe mesophile Gesamtkeimzahl genannt.

Für viele Lebensmittel kann davon ausgegangen werden, dass bei hohen Gesamtkeimzahlen auch die Zahl der Verderbniserreger hoch ist. Ebenso steigt die Wahrscheinlichkeit, dass pathogene Mikroorganismen im Produkt vorkommen. Einer hohen Gesamtkeimzahl können Hygienemängel bzw. Herstellungsfehler zugrunde liegen. Anhand von Selektivmedien (s. S. 414) werden zusätzlich einzelne Gruppen erfasst, um weitere Informationen über die mikrobielle Zusammensetzung zu erhalten.

- **Enterobacteriaceen (Enterobakterien)**
  Zahlreiche Enterobacteriaceen kommen im menschlichen und tierischen Darm vor und sind deshalb Indikatoren für Fäkalverschmutzungen (s. Kap. II.4.3.3). Sie sind in rohen Lebensmitteln wie z. B. rohem Gemüse oder Salat anzutreffen, teils als natürlicher Bewuchs der Pflanzen, teils als Folge fäkaler Verunreinigungen. Werden sie in erhitzten Produkten gefunden, kann dies mit einer ungenügenden Erhitzung oder einer nachträglichen Verunreinigung erklärt werden. Einige Enterobacteriaceen wie z. B. Salmonellen können Magen-Darm-Infektionen verursachen.

  Als Art der Enterobacteriaceen werden die gewöhnlich nicht pathogenen *E. coli*-Bakterien miterfasst. Obgleich diese typische Darmbakterien sind, können sie auch außerhalb des Darmtrakts längere Zeit überleben. Der direkte Nachweis von *E. coli* ist ein deutlicherer Beleg für Hygienemängel als der von Enterobacteriaceen.

- **Staphylokokken**
  Staphylokokken sind als Haut- und Schleimhautkeime bekannt; sie können auch in Starterkulturen z. B. für Rohwurst enthalten sein. Von besonderem Interesse ist die Spezies *Staphylococcus aureus*. Diese Staphylokokkenart reagiert im Koagulase-Test (s. S. 436), welcher als sicherer Nachweis für diese pathogenen Bakterien gilt, positiv. *S. aureus* kann beim Wachstum Toxine produzieren, die Lebensmittelvergiftungen hervorrufen und durch Erhitzung des Lebensmittels nicht zerstört werden. Diese Art kommt bei vielen Menschen auf den Schleimhäuten des Nasen- und Rachenraumes vor, sowie in eiternden Wunden. Die Bakterien gelangen beispielsweise durch Husten, Niesen oder beim Sprechen ins Lebensmittel. Ihre Anwesenheit kann auf eine mangelhafte Personalhygiene hindeuten; sie können aber ebenso bei Euterentzündungen von Rindern in Rohmilch gelangen.

- **Bakterielle Sporenbildner**
  Bakterien, die wie Bazillen und Clostridien Endosporen (s. S. 167) bilden, können mithilfe von PC-Agarplatten nach vorheriger Pasteurisierung der Proben nachgewiesen werden. Endosporen sind in Erde und Staub häufig zu finden. Ein wichtiger Vertreter ist *Bacillus cereus*, der oft in trockenen Produkten vorkommt, z. B. in Gewürzen und Getreideprodukten wie Reis. *B. cereus*-Bakterien können sowohl Lebensmittelinfektionen als auch -vergiftungen hervorrufen.

- **Schimmelpilze und Hefen**
  Für Schimmelpilze und Hefen gibt es selektive Nährböden, die durch hohen Zuckergehalt, niedrigen pH-Wert und evtl. Antibiotikazugabe das Wachstum von Bakterien verhindern. Die Kolonien von Hefen, die Bakterienkolonien ähneln, können von den watteartigen Schimmelpilzkolonien leicht differenziert werden. Hefen und Schimmelpilze spielen als Verderborganismen vieler Lebensmittel eine große Rolle und beeinflussen damit die Haltbarkeit der Produkte.

- **Milchsäurebakterien**
  Milchsäurebakterien, vor allem Laktobazillen, spielen in vielen Lebensmitteln eine wichtige Rolle. Sie werden in verschiedenen Lebensmitteln als Starterkultur zugesetzt und sind dann in hohen Mengen erwünschter Bestandteil des Lebensmittels, z. B. bei Rohwürsten. In anderen Lebensmitteln sind sie unerwünscht und ein Indikator für Verderbprozesse.

- **Pathogene Bakterien**
  Der Keimgehalt von Infektionserregern wie Salmonellen, *Campylobacter*, *Listeria monocytogenes* und pathogenen *E. coli*-Stämmen (z. B. EHEC) kann über spezielle Verfahren und Nährböden bestimmt werden. Der Nachweis dieser Erreger kann allerdings nur in dafür zugelassenen Laboren durchgeführt werden und wird hier nicht weiterbehandelt.

Eine mikrobiologische Lebensmittelanalyse besteht aus mehreren aufeinanderfolgenden Aufgaben, wobei die Schritte 4, 5, 6 und 7 mit einer Lebendzellzahlbestimmung gleichzusetzen sind (Tabelle 1).

Tabelle 1 Durchführung der mikrobiologischen Lebensmittelanalyse

	Schritt	Methodik
1	Festlegung des Untersuchungsspektrums und -ablaufs	Keimzahlschätzung aufgrund Lebensmitteleigenschaften
2	Probenahme vom Lebensmittel	steril und repräsentativ
3	Zerkleinern/Homogenisieren der Proben	Einsatz im Stomacher bei festen/halbfesten Lebensmitteln
4	Verdünnung der Homogenisate	Verdünnungsreihe (10er Schritte)
5	Animpfung der Agar-Nährböden	Ausplattierungsverfahren (Auswahl)
6	Bebrütung der Nährböden	entsprechend Nährbodenvorschrift
7	Auswertung der Nährböden	Berechnung des gewogenen arithmetischen Mittels
8	Bewertung der Ergebnisse und Einordnung des Lebensmittels	abhängig vom Lebensmittel, anhand der DGHM-Warn- und Richtwerte

9.2 Festlegung des Untersuchungsspektrums und -ablaufs

Für jedes Lebensmittel muss gesondert betrachtet werden, ob und welche Mikroorganismen zu erwarten sind. Die Höhe der Keimzahlen im Lebensmittel wird abgeschätzt, um die homogenisierten Proben soweit zu verdünnen, dass auf den Nährboden-Platten Kolonien in einer Zahl entstehen, die ausgewertet werden können. Zu hohe Verdünnungen resultieren in Nährböden ohne Bewuchs, zu niedrige ergeben Agarplatten mit zusammengewachsenen und nicht zählbaren Kolonien.

Fermentierte Lebensmittel, die mithilfe von Mikroorganismen erzeugt und anschließend nicht hitzebehandelt werden, haben durchweg hohe Keimzahlen, oft von 10^6 bis 10^8/g. Das Gleiche trifft für Lebensmittel zu, die mikrobiell anfällig sind und aufgrund ihres Alters oder ungünstiger Lagerbedingen als verdorben gelten können. Anders sind Lebensmittel zu bewerten, die hitzebehandelt werden oder wachstumsungünstige Eigenschaften wie niedrige pH- oder a_w-Werte besitzen. Bei ihnen kann von geringen Keimgehalten unter 10^2/g ausgegangen werden.

Lebensmittel, die nicht zur Keiminaktivierung pasteurisiert wurden, haben eine produkttypische Mikroorganismenbesiedlung, die bei der Analyse zu berücksichtigen ist. Aufgrund der mikrobiellen Wachstumsdynamik können sich Produkte des gleichen Lebensmittels stark voneinander unterscheiden. Hier ist die Vorgeschichte der einzelnen Produkte zu berücksichtigen. Von Bedeutung ist neben den Lagerungsbedingungen, wie z.B. der Kühlung, die Verpackung, die mehr oder weniger keimdicht sein kann. Hier besteht die Möglichkeit, dass es bei Beschädigungen der Verpackung zu Kontaminationen der Produkte gekommen ist.

Fast immer wird bei einer mikrobiologischen Lebensmittelanalyse die Gesamtkeimzahl bestimmt. Weitere häufig untersuchte Parameter sind die in Bild 1 gezeigten Mikroorganismengruppen. Es kommen hierbei oft die angegebenen Selektivnährböden zum Einsatz, die zum klassischen Repertoire der Mikrobiologie gehören.

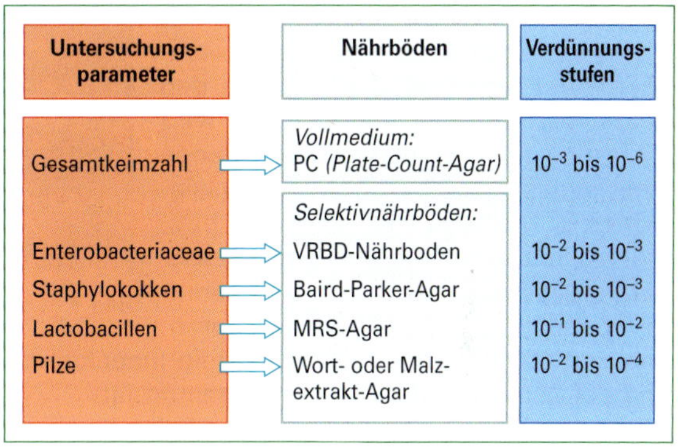

Bild 1 Verfahrensmuster einer mikrobiologischen Lebensmittelanalyse

Enterobacteriaceen, die als Indikatoren für Fäkalverschmutzungen gelten, können auf VRBD-Nährböden (s.S. 420) sicher identifiziert werden. Vielfach, z.B. bei Verdacht von Hygienemängeln, ist ein Nachweis von Staphylokokken angebracht. Der Einsatz von Baird Parker-Nährböden (s.S. 421) erlaubt dabei, allein durch Betrachtung der Koloniemerkmale mit großer Sicherheit zwischen Koagulase-negativen und -positiven Staphylokokken zu differenzieren. Hefen und Schimmelpilze können bei Verdacht von Erdverschmutzungen mit Wort-Agar (s.S. 424) untersucht werden, während hohe Gehalte an Milchsäurebakterien (MRS-Agar, s.S. 423) in vielen Lebensmitteln ein Zeichen für Verderb sind. Zur Versuchsplanung muss überlegt werden, welche Stufen der Verdünnungsreihe zur Ausplattierung günstig sind.

9.3 Probenahme

Die Probenahme muss unter aseptischen Bedingungen erfolgen. Die sterilen Probengefäße, empfohlen wird Einwegmaterial, müssen für die Probenahme vorbereitet, z.B. beschriftet sein. Die Werkzeuge sollten sterilisiert sein. Ersatzweise können Messer, Zangen, Löffel usw. in eine 70%ige Ethanol-Lösung getaucht und abgeflämmt werden. Die Hände sollten vor der Probenahme möglichst desinfiziert werden. Erfolgt die Probenahme bei offenen Lebensmitteln, sollte sie möglichst schnell durchgeführt werden.

Die Probennahme sollte möglichst repräsentativ erfolgen, indem von verschiedenen Stellen des zu beprobenden Produktes Material für die Probe entnommen wird. Ist das Lebensmittel nicht homogen und besteht z.B. aus festen und flüssigen Anteilen, sollte die Probe beide Anteile in repräsentativen Mengen enthalten. Bei großen Chargen von Lebensmitteln kann die Repräsentativität gesteigert werden, wenn mehrere Einzelproben einer Charge zu einer Sammelprobe vereint werden.

Die Proben müssen so schnell wie möglich gekühlt und in das Labor gebracht werden, wobei die Einhaltung der Kühlkette gewährleistet sein muss. Das Einfrieren der Probe ist nur in Ausnahmefällen zulässig, da dadurch die vorhandenen Mikroorganismen zumindest teilweise abgetötet und die Ergebnisse verfälscht werden. Die Proben sollten möglichst am selben Tag, spätestens am Folgetag im Labor bearbeitet werden.

9.4 Zerkleinern/Homogenisieren der Proben

Bei festen oder halbfesten Lebensmitteln sollten die Proben in einem Stomacher®-Laborhomogenisator gemischt und homogenisiert werden, um die Mikroorganismen in die flüssige Phase zu überführen. Die Stomacher®-Geräte arbeiten mit zwei Paddeln, welche kontinuierlich auf die Probe einschlagen, die sich in einem sterilen Kunststoffbeutel befindet (Bild 1).

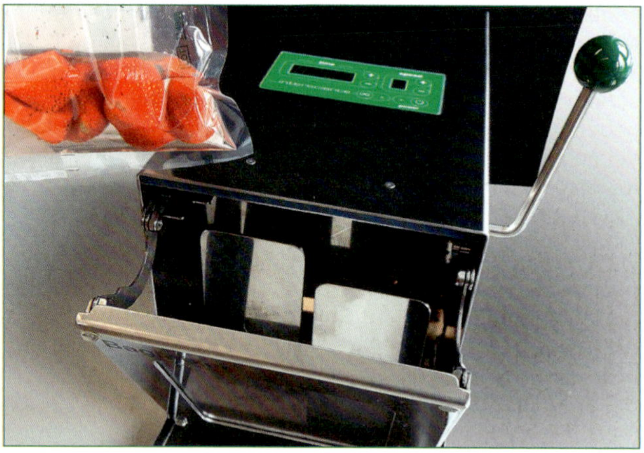

Bild 1 **Lebensmittelprobe vor dem Homogenisieren**

Bei festen Lebensmitteln ist es in der Regel notwendig, das Probenmaterial zuerst mit einem sterilen Messer oder einer sterilen Schere zu zerkleinern. Es werden anschließend 10 g des Probenmaterials in den sterilen Kunststoffbeutel eingewogen. Dabei sollte darauf geachtet werden, dass keine harten Bestandteile wie Knochen, Schrot, Obstkerne oder Körner in den Stomacherbeutel gegeben werden, die den Beutel perforieren können. Dann wird die Probe mit der neunfachen Menge einer sterilisierten Verdünnungsflüssigkeit (z. B. 0,9%ige NaCl-Lösung), evtl. ergänzt mit 2 % Tween 80 zur besseren Emulgierung fettreicher Lebensmittel, versetzt und zwei Minuten homogenisiert. Dazu wird der Beutel in die Innenkammer gestellt, sodass er am oberen Rand übersteht und bei Schließen der Tür festgeklemmt ist.

9.5 Lebendzellzahlbestimmung

Die so entstandene Erstverdünnung (10^{-1}) kann anschließend in einer dezimalen **Verdünnungsreihe** weiterverdünnt werden (s. S. 459). Die einzelnen Verdünnungsstufen dienen als gemeinsame Grundlage für die Keimzahlbestimmung verschiedener Mikroorganismen auf den jeweiligen Nährböden.

Zur **Animpfung der Nährbodenplatten** wird standardmäßig das Ausplattierungsverfahren eingesetzt (s. S. 458). Die Übertragung von Probenaliquots (0,1 mL, max. 0,2 mL) sollte zügig durchgeführt werden, da mit einem allmählichen Absterben der Keime in den Verdünnungsröhrchen gerechnet werden muss. Eine Parallelbestimmung durch doppeltes Ausplattieren auf zwei gleichen Agarplatten erhöht die Aussagekraft der Untersuchung. Werden geringe Keimzahlen (z. B. unter 10^2/g) erwartet, kann statt eines Ausplattierungsverfahren das Gussplattenverfahren (s. S. 460) genutzt werden. Dieses erlaubt, größere Aliquotvolumina einzusetzen (1 mL), sodass die Nachweisgrenze um eine Zehnerpotenz gesenkt werden kann. Das Gussplattenverfahren empfiehlt sich auch bei der Keimzahlbestimmung von Milchsäurebakterien. Einige der aerotoleranten Milchsäurebakterien können sich bei einer aeroben Kultivierung innerhalb der Agarschicht besser vermehren und sichtbare Kolonien bilden. Falls ein Spiralplattengerät zur Verfügung steht, kann die Spiralplattenmethode (s. S. 463) eingesetzt werden, um die Zahl verwendeter Agarplatten zu reduzieren.

Die **Bebrütung** der Nährböden erfolgt entsprechend den Vorschriften der Hersteller der Nährmedien. So werden VRBD-Platten für 24 Stunden bei 37 °C inkubiert und anschließend die Kolonien gezählt. PC-Platten sollten frühestens nach zwei Tagen Bebrütung ausgewertet werden, Malz- oder Wort-Agar für Pilze nicht vor drei Tagen. Die **Zählung** der Kolonien und die Auswertung erfolgen wie auf S. 464 beschrieben. Werden mehrere Verdünnungsstufen berücksichtigt, muss das gewogene arithmetische Mittel berechnet werden. Die Keimgehalte werden auf 1 g Probenmaterial umgerechnet.

9.6 Bewertung der Ergebnisse und Einordnung des Lebensmittels

Grundsätzlich sollten zur Beurteilung folgende Kriterien berücksichtigt werden:

- Herstellungsweise und Zustand des untersuchten Lebensmittels
- Quantität und Qualität der Proben
- Sensitivität und Spezifität von Untersuchungsverfahren und Nährböden
- Art der Untersuchungsparameter (pathogene Keime, Indikatoren für Verderb, Fäkalverschmutzung oder Hygienemängel) und Indikatorspezifität
- Mikrobiologische Kriterien (Grenzwerte, Richtwerte)

In der EU gibt die Verordnung (EG) Nr. 2073/2005 Auskunft über gesetzlich vorgeschriebene mikrobiologische Kriterien für Lebensmittel. Ansonsten kann die Bewertung der Ergebnisse der Keimzahlbestimmungen nach den Empfehlungen anerkannter Fachkreise durchgeführt werden, insbesondere der Deutschen Gesellschaft für Hygiene und Mikrobiologie (DGHM). Die „Mikrobiologischen Richt- und Warnwerte" der DGHM (zu beziehen beim Beuth Verlag, Berlin) gelten für Lebensmittel im Markt, d. h. für Lebensmittel während der Haltbarkeitsdauer. Die DGHM-Empfehlungen haben eine hohe Relevanz, da für viele Lebensmittelkategorien keine gesetzlichen Werte existieren.

Mikrobiologische **Richtwerte** geben Informationen, welche produktspezifischen Mikroorganismen in dem Lebensmittel zu erwarten sind und welche Keimgehalte bei Einhaltung einer guten Hygienepraxis akzeptabel sind. Werden die angegebenen **Warnwerte** überschritten, ist dies ein Hinweis darauf, dass Prinzipien einer guten Hygiene- oder Herstellungspraxis missachtet wurden. Bei einer Überschreitung der Warnwerte für pathogene Bakterien muss von einer Gesundheitsgefährdung des Verbrauchers ausgegangen werden. Das Lebensmittelprodukt ist als nicht verkehrsfähig einzuordnen.

Sachwortverzeichnis

B

C

F

G

H

Q

R

U

V

Abkürzungsverzeichnis

A	Adenin
ADP	Adenosindiphosphat
AE-Puffer	Elutionspuffer
AHL	N-Acyl-Homoserin-Lacton
AL-Puffer	Lysepuffer (Hersteller: Qiagen)
Amp	Ampicillin (Antibiotikum)
AP	Alkalische Phosphatase (Enzym)
APS	Ammoniumperoxodisulfat
ATP	Adenosintriphosphat
ATL-Puffer	Lysepuffer (Hersteller: Qiagen)
AW-Puffer	Waschpuffer (Hersteller: Qiagen)
BAC	*Bacterial artificial chromosomes*
BSA	*Bovine serum albumin* (Eiweiß: Rinderalbumin)
C	Cytosin
cDNA	*Complementary* DNA
$CHCl_3$	Chloroform
CT	*Cycle threshold*
dATP	Desoxyadenosintriphosphat
dCTP	Desoxycytosintriphosphat
ddNTP	Didesoxyribonukleosidtriphosphate
DEPC	Diethylpyrocarbonat
dGTP	Desoxyguanintriphosphat
DBM	Diazobenzyloxymethyl
DIG	Digoxigenin
DMSO	Dimethylsulfoxid
DNA	Desoxyribonukleinsäure
DNase	Desoxyribonuklease
dNTPs	Desoxyribonukleosidtriphosphate
ds	*Double strand* (Doppelstrang)
dTTP	Desoxythymidintriphosphat
E. coli	*Escherichia coli*
EDTA	Ethylendiamintetraessigsäure
ELISA	*Enzyme Linked Immunosorbent Assay*
FRET	Fluoreszenz-Resonanz-Energie-Transfer
G	Guanin
Gapdh	Glycerinaldehyd-3-phosphat-Dehydrogenase
HPRT	Hypoxanthin-Phosphoribosyl-Transferase
HRP	*Horse radish peroxidase* (Peroxidase aus Meerretich)
KBE	koloniebildende Einheiten
Kb	Kilobasen
K_M	Michaelis-Menten-Konstante
LB	*lysogeny broth* (Nährboden)
LPS	Lipopolysaccharide
MCS	*Multiple cloning site* (Mehrfachklonierungsbereich)
MHK	minimale Hemmkonzentration
MPN	*Most probable number*
mRNA	*Messenger-RNA*
NAD	Nicotinamidadenindinukleotid
NADP	Nicotinamidadenindinukleotid-Phosphat
NBT	Nitroblautetrazoliumchlorid
NRB1	Maleinsäure-Puffer
NRB2	Blockierungs-Reagenz (Hersteller: Roche)
NRB3	Waschpuffer
OD	Optische Dichte (Trübungsmesswert)
Ori	*Origin of replication* (Replikationsursprung)
PBS	phosphatgepufferte Salzlösung
PC	*Plate count* (Nährboden)
PCR	*Polymerase chain reaction* (Polymerase-Kettenreaktion)
PMF	Proton motive force
PVDF	Polyvinylidenfluorid
RDD	DNase-Puffer (Hersteller: Qiagen)
RNA	Ribonukleinsäure
RNase	Ribonuklease
RPE	Präparationspuffer (Hersteller: Qiagen)
RFLP	Restriktionsfragmentlängen-polymorphismus
rRNA	ribosomale *RNA*
RT	Reverse Transkriptase
RW1	Waschpuffer (Hersteller: Qiagen)
S	*Svedberg* (Sedimentationskoeffizient)
SDS	Natriumdodecylsulfat
SDS-PAGE	Natriumdodecylsulfat-Polyacrylamid-Gelelektrophorese
ss	*Single strand* (Einzelstrang)
SSC	*Standard saline citrate* (150 mmol/L NaCl, 15 mmol/L Natriumcitrat)
STR	*Short tandem repeats*
T	Thymin
TAE	Tris-Acetat-EDTA
Taq	*Thermus aquaricus*
TE-Puffer	Tris-EDTA-Puffer
Temed	N,N,N',N'-Tetramethylethylendiamin
Ti	Tumor induzierend (Plasmid)
TLR	*Toll-like receptors*
Tris	Tris(hydroxymethyl)-aminomethan
UV	Ultraviolett
VRBD	*Violet red bile dextrose* (Nährboden)
VNTR	*Variable number tandem repeats*
x-Phosphat	5-Brom-4-Chlor-3-Indolylphosphat
YAC	*Yeast artificial chromosomes*